高等学校专业教材

 中国轻工业"十三五"规划教材

生物化学
（第二版）

王永敏　姜　华　主编

中国轻工业出版社

图书在版编目（CIP）数据

生物化学/王永敏，姜华主编. —2版. —北京：中国轻工业出版社，2025.7

高等学校专业教材　中国轻工业"十三五"规划教材
ISBN 978-7-5184-3546-3

Ⅰ.①生… Ⅱ.①王… ②姜… Ⅲ.①生物化学—高等学校—教材　Ⅳ.①Q5

中国版本图书馆CIP数据核字（2021）第118046号

责任编辑：马　妍

策划编辑：马　妍　　　责任终审：张乃柬　　　封面设计：锋尚设计
版式设计：锋尚设计　　　责任校对：吴大朋　　　责任监印：张　可

出版发行：中国轻工业出版社（北京鲁谷东街5号，邮编：100040）
印　　刷：三河市国英印务有限公司
经　　销：各地新华书店
版　　次：2025年7月第2版第3次印刷
开　　本：787×1092　1/16　印张：32.25
字　　数：730千字
书　　号：ISBN 978-7-5184-3546-3　　定价：68.00元
邮购电话：010-85119873
发行电话：010-85119832　　010-85119912
网　　址：http://www.chlip.com.cn
Email：club@chlip.com.cn
版权所有　侵权必究
如发现图书残缺请与我社邮购联系调换
251174J1C203ZBQ

本书编写人员

主　编　王永敏（齐鲁工业大学）
　　　　姜　华（齐鲁工业大学）

参编人员　（按姓氏笔画排列）
　　　　丁　烽（齐鲁工业大学）
　　　　孙　锐（齐鲁工业大学）
　　　　孙忠军（山东师范大学）
　　　　张兴丽（齐鲁工业大学）
　　　　韩　宁（齐鲁工业大学）
　　　　檀琮萍（齐鲁工业大学）

第二版前言 | Preface

《生物化学》自2017年出版以来得到众多高校师生的选用和认可。但在教材使用过程中发现一些明显的不足需要修订与补充。

《生物化学》第二版由王永敏、姜华主编，编写以基础生物化学内容为主，在充分尊重第一版教师编写成果的基础上做了一些内容的完善和补充，错误之处得以修正，以使教材内容更全面、系统，并增补了生物化学研究的新成果、新进展、新的研究手段和方法等内容。

《生物化学》第二版共17章。本次修订主要增加了第十七章重组DNA技术，着重介绍了重组DNA技术的基本原理及应用；调整第七章激素内容，替换成生物膜的内容；增加了糖、脂质的分离纯化技术；完善补充了核酸的内容；精简了糖代谢与脂质代谢的内容；修改完善了蛋白质合成的有关内容；替换修改了一些图片，使第二版教材内容更充实完善，各章节条理清晰、相互衔接，概念准确明了，内容深度适中，阐述深入浅出。教材仍然保留了【延伸阅读】内容，其中又引入了部分新内容，学生通过自学有关内容，可进一步激发学习兴趣，培养科研思维。

本教材可作为生物工程、食品科学与工程、食品质量与安全专业及其他生命科学专业的生物化学基础课教材。

《生物化学》第二版教材编写分工如下：绪论、第七章（生物膜）、第八章（新陈代谢总论与生物氧化）、第十一章（蛋白质的降解及氨基酸代谢）、第十二章（核酸的降解与核苷酸代谢）、第十六章（物质代谢的调节与控制）、第十七章（重组DNA技术）由齐鲁工业大学王永敏编写；第一章（糖类化学）、第四章（核酸化学）、第十五章（蛋白质的生物合成）由齐鲁工业大学姜华编写；第三章（蛋白质化学）由齐鲁工业大学丁烽编写；第五章（酶化学）由齐鲁工业大学檀琮萍编写；第六章（维生素和辅酶）由齐鲁工业大学檀琮萍和丁烽共同编写；第九章（糖代谢）、第十章（脂质代谢）由齐鲁工业大学张兴丽编写；第十三章（DNA的生物合成）、第十四章（RNA的生物合成）由齐鲁工业大学韩宁编写；第二章（脂质化学）由齐鲁工业大学孙锐编写；大量图片的绘制与修改由山东师范大学孙忠军完成。全书统稿校对由王永敏、姜华完成。

本书的编写得到齐鲁工业大学食品科学与工程学院领导的关心和支持；山东师范大学孙忠军老师在图片绘制与修改中做了大量工作，在此一并表示衷心感谢。

由于编者水平所限，书中难免仍有不当甚至错误之处，敬请读者批评指正。

编者
2021年6月

第一版前言 Preface

在近二十多年的时间里，生物科学的研究突飞猛进，它不仅吸引了学术界的关注，而且也在很大程度上影响着我们的日常生活。这其中基础领域生物化学的惊人进展更是为生物科学、生物技术的进步和发展提供了助力。因此，学好生物化学这门基础课，对于生物技术、生物工程、食品科学与工程、食品质量与安全、制药工程及其他生命科学专业的学生及从业人员就显得尤为重要。

今日的生物化学在广度和深度上都发生了巨大的变化，特别是核酸及蛋白质两类分子的研究成果层出不穷，并由此发展出分子生物学这门独立学科就是一例证。面对如此浩瀚的内容更新，生物化学教材囊括的内容越来越多，程度越来越深。要学好生物化学，必须付出时间的成本。但是，在注重学生能力培养，不断压缩课堂教学学时的背景下，如何在有限的学时内完成高质量的教与学就成了我们必须思考的问题。显然，解决这个问题的关键在于与生物化学进展相适应的教学安排、课堂讲授及适合的教科书的使用。

本教材编写以基础生物化学内容为主，兼顾生物化学原理在生物工程、食品工程、生物技术及医学等领域的应用。在章节安排上，仍采用读者广泛认同的先"静态"后"动态"再"基因信息"的编排次序。书中基本概念力求阐述准确，内容深度适中，紧扣生物化学的基本内容，又力求反映生物化学研究的新成果、新进展、新的研究手段和方法，以达到巩固基础、开阔视野、加强对学生的科学素养和能力培养的目的。为此，在教材的延伸阅读内容中引入了部分最新研究动态、有趣的科学故事以及与生化理论相关的生活常识等，学生通过自学有关内容，可激发学习兴趣，培养科研思维。

本教材适合70学时左右的教学选用。可作为生物技术、生物工程、食品科学与工程、食品质量与安全、制药工程及其他生命科学的生物化学基础课教材。

本教材主要由齐鲁工业大学生物化学课程组的教师联合编写，临沂大学和德州学院的有关老师参与了部分内容的编写。他们都是长期从事生物化学教学和科研工作、富有经验的教师。具体编写分工如下：本书的绪论、第八章（新陈代谢总论与生物氧化）、第十一章（蛋白质的降解和氨基酸代谢）、第十二章（核酸的降解和核苷酸代谢）由齐鲁工业大学王永敏编写；第一章（糖类化学）、第十五章（蛋白质的生物合成）由齐鲁工业大学姜华编写；第七章（激素化学）、第九章（糖代谢）、第十章（脂质代谢）由齐鲁工业大学张兴丽编写；第二章（脂质化学）由齐鲁工业大学孙锐编写；第三章（蛋白质化学）由齐鲁工业大学丁烽编写；第四章（核酸化学）由临沂大学李文丽编写；第五章（酶化学）由齐鲁工业大学檀琮萍编写；第六章（维生素和辅酶）由齐鲁工业大学檀琮萍和丁烽共同编写；第十三章（DNA的生物合成）、第十四章（RNA的生物合成）由齐鲁工业大学韩宁编写；第十六章（物质代谢的调节与控制）

由齐鲁工业大学王永敏和德州学院曹际云共同编写。全书由王永敏、姜华统稿。

在教材编写过程中得到了齐鲁工业大学轻工学部邵秀芝主任、食品学院崔波院长的鼓励和大力支持；山东师范大学孙忠军为书中图片的修改做了大量工作。在此一并表示衷心的感谢。

由于编者水平所限，加上时间仓促，书中难免有不当甚至差错之处，敬请读者提出宝贵意见并给予批评指正，以便再版加以完善。

王永敏

2016 年 3 月

目录 Contents

绪 论 ·· 1
  一、生物化学的涵义 ·· 1
  二、生物化学研究的主要内容 ·· 2
  三、生物化学的发展简史 ··· 4
  四、如何学好生物化学 ·· 6
  【延伸阅读】 ·· 7

第一章 糖类化学 ··· 8
  第一节 概述 ·· 8
  第二节 单糖 ·· 10
  第三节 寡糖 ·· 20
  第四节 多糖 ·· 23
  第五节 糖结构分析 ·· 36
  【延伸阅读】 ··· 37

第二章 脂质化学 ··· 39
  第一节 概述 ·· 39
  第二节 甘油三酯和蜡 ·· 41
  第三节 磷脂和鞘脂 ·· 48
  第四节 衍生脂质 ··· 52
  第五节 脂质的提取、分离与分析 ································ 55
  【延伸阅读】 ··· 56

第三章 蛋白质化学 ··· 58
  第一节 概述 ·· 58
  第二节 氨基酸 ··· 61
  第三节 肽 ·· 80
  第四节 蛋白质分子的结构与功能 ································ 83

第五节　蛋白质的重要理化性质 …………………………………………… 96
　　　第六节　蛋白质的分离纯化与鉴定 ………………………………………… 101
　　【延伸阅读】………………………………………………………………………… 110

第四章　核酸化学 ……………………………………………………………… 113
　　　第一节　概述 ………………………………………………………………… 113
　　　第二节　核酸的化学组成 …………………………………………………… 114
　　　第三节　核酸的分子结构 …………………………………………………… 118
　　　第四节　核酸及核苷酸的性质 ……………………………………………… 128
　　　第五节　核酸的分离提取和纯化 …………………………………………… 135
　　【延伸阅读】………………………………………………………………………… 137

第五章　酶化学 ………………………………………………………………… 139
　　　第一节　概述 ………………………………………………………………… 139
　　　第二节　酶催化作用的机制 ………………………………………………… 149
　　　第三节　酶促反应动力学 …………………………………………………… 157
　　　第四节　酶活力的测定和分离纯化 ………………………………………… 172
　　　第五节　酶的应用 …………………………………………………………… 176
　　【延伸阅读】………………………………………………………………………… 179

第六章　维生素和辅酶 ………………………………………………………… 181
　　　第一节　概述 ………………………………………………………………… 181
　　　第二节　水溶性维生素及有关辅酶 ………………………………………… 182
　　　第三节　脂溶性维生素 ……………………………………………………… 192
　　【延伸阅读】………………………………………………………………………… 195

第七章　生物膜 ………………………………………………………………… 197
　　　第一节　概述 ………………………………………………………………… 197
　　　第二节　生物膜的化学组成与结构 ………………………………………… 200
　　　第三节　物质的跨膜转运 …………………………………………………… 207
　　【延伸阅读】………………………………………………………………………… 215

第八章　新陈代谢总论与生物氧化 …………………………………………… 217
　　　第一节　新陈代谢总论 ……………………………………………………… 217
　　　第二节　生物氧化 …………………………………………………………… 224
　　　第三节　电子传递体系及氧化磷酸化 ……………………………………… 240
　　【延伸阅读】………………………………………………………………………… 257

第九章　糖代谢 ... 259
- 第一节　多糖的酶促降解 ... 259
- 第二节　葡萄糖的酵解 ... 263
- 第三节　糖的有氧氧化 ... 273
- 第四节　磷酸戊糖途径 ... 284
- 第五节　糖原的分解与合成代谢 ... 290
- 第六节　糖异生 ... 297
- 【延伸阅读】 ... 301

第十章　脂质代谢 ... 303
- 第一节　脂肪的分解代谢 ... 303
- 第二节　脂肪的合成代谢 ... 313
- 第三节　磷脂和鞘脂的代谢 ... 320
- 第四节　胆固醇的代谢 ... 325
- 【延伸阅读】 ... 332

第十一章　蛋白质的降解及氨基酸代谢 ... 333
- 第一节　概述 ... 333
- 第二节　氨基酸的分解代谢 ... 337
- 第三节　氨基酸的合成代谢 ... 351
- 第四节　个别氨基酸的代谢与健康 ... 364
- 第五节　谷氨酸发酵 ... 366
- 【延伸阅读】 ... 369

第十二章　核酸的降解及核苷酸代谢 ... 371
- 第一节　核酸的降解 ... 371
- 第二节　核苷酸的分解代谢 ... 375
- 第三节　核苷酸的合成代谢 ... 381
- 【延伸阅读】 ... 391

第十三章　DNA 的生物合成 ... 393
- 第一节　DNA 复制 ... 393
- 第二节　反转录作用 ... 405
- 第三节　DNA 的损伤（突变）与修复 ... 407
- 【延伸阅读】 ... 413

第十四章　RNA 的生物合成 ... 415
- 第一节　RNA 转录 ... 416

第二节　RNA 转录后的加工 …………………………………………………… 423
　　【延伸阅读】 ………………………………………………………………… 427

第十五章　蛋白质的生物合成 ………………………………………………… 429
　　第一节　遗传密码 …………………………………………………………… 429
　　第二节　核糖体与 RNA 在蛋白质合成中的作用 …………………………… 435
　　第三节　蛋白质的生物合成 ………………………………………………… 438
　　第四节　蛋白质的转运 ……………………………………………………… 447
　　【延伸阅读】 ………………………………………………………………… 449

第十六章　物质代谢的调节与控制 …………………………………………… 451
　　第一节　物质代谢的相互联系 ……………………………………………… 451
　　第二节　物质代谢的调节和控制 …………………………………………… 453
　　第三节　能荷对糖代谢的调节 ……………………………………………… 472
　　第四节　代谢调控与发酵工业生产 ………………………………………… 473
　　【延伸阅读】 ………………………………………………………………… 477

第十七章　重组 DNA 技术 …………………………………………………… 479
　　第一节　DNA 克隆基础 ……………………………………………………… 479
　　第二节　重组 DNA 技术的应用 ……………………………………………… 492
　　【延伸阅读】 ………………………………………………………………… 499

参考文献 ………………………………………………………………………… 502

绪论

一、生物化学的涵义

生物化学（biochemistry）是介于生物与化学之间的一门边缘交叉学科，是应用化学理论和方法，从分子水平上研究生物体的化学组成和生命活动中所进行的化学变化及其调控规律，从而阐明生命现象本质的一门学科。

活生物（living organism）从单细胞的细菌、酵母到多细胞的高等动、植物都是由细胞构建而成的。细胞是生命的基本单位，内部结构错综复杂。一个最简单的细胞也含有上千种不同的分子，有的参与细胞的结构成分，有的存在于细胞溶胶（cytosol）中。这些分子成分除水、氧、氮和某些无机离子外，主要是蛋白质、核酸、糖类、脂质以及它们的单体亚基（monomeric subunit）等有机分子。这些有机分子在自然界都是生命活动的产物，因此被称为生物分子（biomolecule）。蛋白质、核酸和多糖是分别由几种称为单体亚基的较小分子共价聚合而成的线型高分子，称为生物大分子（biomacromolecule）。脂质因它的聚集体具有大分子的性质而被看成是"准生物大分子"。

生物分子在生物体内不是随机堆积的，而是组织成严谨有序的结构。就单细胞生物来说，胞内的细胞核及各种细胞器如线粒体、叶绿体等，它们是由超分子复合体（或称超分子结构）如生物膜、染色体和核糖体等组建而成，超分子复合体又是由蛋白质、核酸和脂质等大分子缔合而成。这些都说明生物分子组织成细胞是有结构层次（structural hierarchy）的。层次从低到高：单体亚基、大分子、超分子复合体、细胞器直至细胞。对多细胞的生物来说，在细胞这一层次以上，还有组织、器官、系统直至生物个体。由单体亚基聚合成生物大分子是通过共价键连接的。大分子作为结构单元进一步组织成超分子复合体以及再往高层次组织直至形成生物个体，都是借助非共价相互作用完成的。生物大分子、超分子复合体甚至细胞器，不论它们怎样复杂，其本身还不是生命，只有组织成像细胞这样的有序系统，各种生物分子各居其位、各司其职，并处于相互作用中，才能呈现出生命现象。

在这些生物分子中，蛋白质、核酸起着关键性的作用。

在生物化学基础上发展起来的一门新兴学科——分子生物学（molecular biology），主要研究内容为核酸、蛋白质生物大分子的结构与功能，探讨生物体所含基因的结构、基因的功能和基因的表达与调控，以及基因产物——蛋白质或 RNA 的结构和生理功能。从广义上讲，分子生物学是生物化学的重要组成部分，其更深入地从分子水平上揭示生命现象，为生物化学的发展注入了新的生机与活力，使生物化学与分子生物学成为生命科学领域中发展最快的前沿学科之一。由此可见，当今生物化学与分子生物学不能截然分割，二者代表着当前生命科学的主流和发展趋势。

生物化学是一门实验科学，其理论的发展与各种实验技术的发明密切相关。生物化学的研究除采用化学原理和方法外，还运用了物理学、生理学、遗传学、免疫学等原理和技术。同时，生物化学的理论和方法也广泛被其他学科应用。因此，生物化学与其他学科的交叉与融合，既促进了本身的发展，也使其成为生命科学相关学科间相互沟通的共同语言。

二、生物化学研究的主要内容

生物化学研究的内容十分广泛，概括起来主要集中在以下几个方面。

（一）生物体的物质组成及生物分子的结构与功能

生物体是由许多复杂的化学成分按照严格的规律构建起来的。这些化学成分包括无机物、有机小分子和生物大分子。蛋白质、核酸、多糖、蛋白聚糖和复合脂质是体内重要的生物大分子，它们都是由各自基本组成单位按一定顺序和方式构成的多聚体，相对分子质量一般大于10^4。例如，氨基酸是蛋白质的基本组成单位，核苷酸是核酸的基本组成单位，单糖是多糖的基本组成单位等，它们按照各自的方式聚合而成相应的大分子。

对生物大分子的研究，除了确定其一级结构（基本组成单位的种类、排列顺序和方式）外，更重要的是研究其空间结构及其与功能的关系。分子结构是功能的基础，功能是结构的体现。生物大分子的功能主要是通过分子之间的相互识别和相互作用来实现的。例如，蛋白质与蛋白质的相互作用在细胞信号转导中起重要作用；蛋白质与蛋白质、蛋白质与核酸、核酸与核酸的相互作用在基因表达调控中起决定性作用。因此，分子结构、分子识别和分子的相互作用是执行生物信息分子功能的基本要素，这一领域的研究是当今生物化学的热点之一。生物大分子进一步组装成更大的复合体，然后再装配成亚细胞结构、细胞、组织、器官和系统，最后成为能进行生命活动的生物体。

本书第一章至第七章主要介绍生物分子的结构与功能，属于静态生物化学内容。

（二）物质代谢及其调节

生命体不同于无生命体的基本特征是新陈代谢。生物体内各种物质都按一定规律进行代谢，物质代谢是机体与环境不断进行物质交换，并通过物质代谢为生命活动提供能量。体内代谢途径既要适应外环境的变化，又要维持内环境的相对恒定，这需要各条代谢途径之间的互相协调。这样复杂的体系是在多种调节机制控制下完成的。正常的物质代谢是正常生命过程的必要条件，若物质代谢发生紊乱，即可引起疾病。

目前对生物体内的主要物质代谢途径已基本清楚，但仍有众多的问题有待探讨。例如，物质代谢有序性调节的分子机制，细胞信息传递参与多种物质代谢及与其相关的生长、繁殖、分化等生命进程的调节，以及糖、脂代谢紊乱引发的代谢综合征的发病机制等，都是现代生物化学需进一步阐明的重要问题。

生物工程是以获得产品为主要目的的一门应用学科。它的研究内容是如何利用各种生物体最大限度地进行人类所需产品的生产。生物代谢的调节和控制是提高产品的质量和得率的重要理论基础，它是阐明发酵机制、选择工艺途径、提高产品质量、探索新工艺和研制新产品等的基本保证。

本书第八章至第十二章和第十七章主要介绍物质代谢、能量代谢及其调节控制，属于动态生物化学内容。

（三）基因信息传递、表达及其调控

从 DNA 转录生成 RNA，再翻译生成蛋白质，即遗传信息的表达，是生物体内最为复杂的生物化学过程。不过，如此复杂的过程，在生物界却是非常巧妙地用简单的碱基配对和 64 个遗传密码实现的。

DNA 分子的碱基顺序携带着生物的遗传信息，DNA 双螺旋结构中碱基配对是传递和表达遗传信息的基础，世界上绝大多数生物遵循着遗传信息传递的中心法则。蛋白质分子也可以看作是遗传信息的携带者，因为根据已知的蛋白质结构合成 mRNA，mRNA 可反转录成 cDNA，再经 DNA 重组，可以实现遗传信息的逆向传递。

遗传信息传递的过程，需要遗传密码作为媒介。遗传密码是翻译的关键，遗传物质的核苷酸序列通过遗传密码转换为蛋白质的氨基酸序列，才能使遗传信息得以表达，表现出与基因相对应的生物学性状。整个生物界，由微生物到人类，基本通用一套由 64 个遗传密码构成的密码字典。遗传密码在分子水平上把生物界的遗传特性统一起来。正因为如此，将人类的某些基因转移到大肠杆菌中，可以合成人类的蛋白质，成为基因工程技术的理论基础。

尽管 DNA 分子的复制是非常完美精确的，但复制过程中极少数未经修复的错误会使 DNA 的核苷酸序列产生变化，从而改变遗传信息，产生变异。DNA 在世代交替过程中的重组、个体偶然发生的遗传变异与自然选择相结合，产生了绚丽多彩的生物多样性。

DNA 的半保留复制、RNA 的转录及反转录、蛋白质的生物合成过程均涉及大量酶的参与。以遗传信息流的传递和表达为脉络，了解记忆各种酶的功能和基因表达调控的机制，将有利于对遗传信息传递机制的理解。

当今基因分子生物学除了进一步研究 DNA 的结构与功能外，更重要的是研究 DNA 复制、基因转录、蛋白质生物合成等基因信息传递过程的机制及基因表达的时空规律。而目前基因表达调控主要集中在信号转导研究、转录因子研究和 RNA 剪辑研究三个方面。DNA 重组、转基因、基因剔除、新基因克隆、人类基因组及功能基因组研究等的发展，将大大推动这一领域的研究进程。

本书第十三章至第十六章主要介绍生物合成、基因的表达及其调控。第十七章主要介绍了重组 DNA 技术的基本原理及应用。

另外，生物化学是一门实验学科，绝大部分知识和理论都是通过实验发现的。新技术的应用往往成为理论发展的关键。例如，1940 年瑞典 Svedberg 发明超速离心技术，使生化分离制备技术达到了新水平，特别是成功地分离纯化了细胞亚显微结构，推动了生化反应定位研究的进程。1937 年 Tiselius 发明了电泳技术，20 世纪 40 年代英国化学家 Martin 等发明了纸上层析技术，都为生化研究做出了重大贡献。Sanger 对胰岛素的氨基酸顺序分析主要是依靠纸上层析技术完成的。如今，色层分析技术已经发展成多种形式、高灵敏度的分析技术门类，在科研、生产等各种实践领域发挥着重要作用，它不仅用于分析测定，还可用于生化分离制备，现在普遍应用的氨基酸自动分析仪、核苷酸自动分析仪等各种自动化色谱分析仪器都是传统色层分析技术的改进和发展。还有，如果没有同位素标记追踪技术，代谢途径的探索会更加困难；没有 20 世纪 60 年代发现的限制性内切酶和连接酶，也就没有 DNA 重组技术。仅从这几个简单的例证就可以领略到生化实验技术在生化研究工作中的重要地位。

生物化学实验及有关生化技术，是生物化学学习的重要内容。

三、 生物化学的发展简史

生物化学起源于 18 世纪晚期，发展于 19 世纪，在 20 世纪初随着有机化学以及生理学的发展，逐渐成为一门独立的学科。

18 世纪中叶至 20 世纪初可看成是生物化学的初级阶段。主要研究生物体的化学组成。期间对糖类、脂类及氨基酸的性质进行了较为系统的研究；发现了核酸；化学合成了简单的多肽；酵母发酵过程中"可溶性催化剂"的发现，奠定了酶学的基础。

进入 20 世纪后，生物化学的发展极为迅速。20 世纪前 30 年，生物化学的研究继续侧重在生理学和化学两个方面，这时期主要分离和研究了激素、维生素，另外，还发现了人类的必需脂肪酸、必需氨基酸，大大增加了对营养的了解，这段时期是营养学的真正的黄金时代。

20 世纪 30 年代前后最突出的成果之一，是酶的结晶。1926 年美国 J. B. Sumner 从刀豆中首次获得了脲酶的结晶，并证实酶是蛋白质。1930—1936 年 J. H. Northrop 等得到了胃蛋白酶、胰蛋白酶和胰凝乳蛋白酶的结晶，并进一步证实了酶的化学本质是蛋白质，大大推动了酶学的发展。

20 世纪 30 年代另一个重要研究成果是利用化学分析和同位素示踪技术对一些中间代谢途径的阐明。H. A. Krebs 提出了著名的三羧酸循环和尿素循环。20 世纪 40 年代前后，许多生物化学家研究能量代谢，也就是研究代谢过程中能量的产生和利用，指出 ATP 是关键的化合物，并提出了氧化磷酸化的理论，为生物能学的研究奠定了基础。

20 世纪 50 年代开始，生物化学的发展更是突飞猛进，进入了飞速发展的时期。一些新技术、新方法的采用大大推动了生物化学的发展。首先是 1950 年，美国 L. Pauling 等人利用 X 射线衍射技术研究蛋白质的二级结构，提出了著名的蛋白质二级结构构象——α-螺旋。其次是 1955 年英国 F. Sanger 等人完成了牛胰岛素一级结构的测定。在这以后，1965 年我国科学家首次用人工方法合成了具有生物活性的胰岛素。在蛋白质研究方面打开了新的局面。

在蛋白质二级结构的启示下，DNA 的研究取得了重要成果。1953 年美国 J. D. Watson 和英国 F. H. C. Crick 提出了著名的 DNA 双螺旋结构模型，成为生物化学发展史中具有里程碑意义的重大事件，标志着生物化学发展到一个新的阶段——分子生物学阶段。

20 世纪 60 年代代谢调控的研究取得了重大进展。1961 年法国 F. Jacob 和 J. Monod 等人提出了著名的操纵子模型，阐明了原核细胞基因表达调控的机制。

20 世纪 70 年代随着 DNA 重组技术的建立，生物化学的研究进入了生物工程领域。生物工程包括基因工程、蛋白质工程、酶工程、细胞工程和发酵工程等，其中基因工程是生物工程的核心，标志性成果是首例基因工程产品——人胰岛素的合成。

1990 年启动了人类基因组计划，这是人类科学史上最伟大的生命科学工程。这项工程首先在美国启动，很快英国、日本、法国、德国和中国科学家先后加入。中国在 1993 年加入，承担了 1% 的测序任务。

20 世纪末和 21 世纪初，随着人类基因组全序列测定的完成，生命科学进入了后基因组时代，产生了功能基因组学、蛋白质组学和结构基因组学等。以基因工程技术为核心的现代生物技术正在改变着世界，改变着我们的生活。

至今，生物化学对生命现象本质的揭示取得了一系列重要的突破，这一领域获得的诺贝尔奖多达几十项，表 1 中简要列举部分获得诺贝尔奖的研究成果，希望以此为线索，继续探索生命领域的奥秘。

表1　　部分生物化学领域诺贝尔奖成果

获奖时间/年	获奖人	国家	研究内容
1902	E. Fischer	德国	合成糖和嘌呤衍生物
1907	E. Buchner	德国	发现无细胞酵母液发酵现象（是由酶催化）
1926	T. Svedlberg	瑞典	发明超速离心机，用于研究分散体系
1937	W. Haworth	英国	用透视式（Haworth式）表示单糖的环状结构
1937	R. Kuhn/P. Karrer	瑞士	测定了维生素 B_2 的结构，阐明了维生素 B_2 与辅酶的关系
1939	G. Domagk	德国	发现磺胺类药物的抗菌作用
1943	G. Hevesy	匈牙利	利用同位素示踪法研究化学反应过程
1945	A. Fleming 等	英国	发现青霉素及其在治疗传染病中的效果
1946	J. B. Sumner	美国	分离和提纯了结晶蛋白酶
1948	A. W. K. Tiselius	瑞典	发明了电泳技术并发现血清蛋白的组成
1952	A. Martin	英国	发明了分配色谱技术
1953	H. A. Krebs	英国	发现克雷布斯循环（三羧酸循环）
1954	Linus Pauling	美国	发现蛋白质 α-螺旋
1958	F. Sanger	英国	阐明了胰岛素的一级结构
1959	A. Kornberg 等	美国	在大肠杆菌中发现了 DNA 聚合酶
1962	J. D. Watson 等	美国	提出 DNA 双螺旋模型
1965	M. F. Jacob/J. Monod	法国	提出了细菌的操纵子学说
1969	A. D. Hershey 等	美国	证实噬菌体遗传物质是 DNA
1971	E. W. Sutherland	美国	发现了 cAMP 及作为第二信使的作用
1978	P. D. Mitchell	英国	提出化学渗透学说以解释氧化磷酸化的作用机制
1980	W. Gilbert	美国	建立 DNA 化学法测序
1989	T. R. Cech \ S. Altnan	美国	发现了核酶，即核糖核酸具有酶的催化功能
1992	E. H. Fischer	美国	发现酶磷酸化和去磷酸化的调控作用
1993	K. B. Mullis	美国	发明了多聚酶链式反应（PCR）技术
2002	J. B. Fenn 等	美国	用核磁共振（NMR）检测生物大分子的结构
2006	Andrew Fire 等	美国	发现了 RNA 干扰机制
2008	Harald zur Hausen	德国	发现导致子宫颈癌的人乳头状瘤病毒，HPV

续表

获奖时间/年	获奖人	国家	研究内容
2008	Francoise Barre-Sinoussi	法国	发现人类免疫缺陷病毒（即艾滋病病毒，HIV）
2009	Elizabeth Blackburn 等	美国	发现了端粒和端粒酶保护染色体的机理
2010	Robert G. Edwards	英国	创立了体外受精技术，被称为"试管婴儿之父"
2011	Bruce A. Beutler 等	美国	对于先天免疫机制激活的发现
2015	屠呦呦	中国	发现治疗疟疾的新疗法
2016	大隅良典	日本	发现了细胞自噬的机制
2017	Jeffrey C. Hall 等	美国	他们发现 Circadian rhythms（昼夜节律）
2018	James P Alison 等	美国	肿瘤免疫领域

四、如何学好生物化学

生物化学是生物及医、农等各学科必不可少的基础学科，学好生物化学就显得尤为重要。

要想学好生物化学这门课，首先要对这门课感兴趣，从而主动学习。让自己喜欢上生物化学是有理由的：①生物化学在生活中很有用。从"生物化学"课中，你可以得到很多与医药、营养、保健、疾病的预防和治疗等有关的知识。这些知识可以让你受用无穷，而且你也可以将这些知识传播给你的家人和朋友。各种媒体每天都可能出现夸大甚至虚假的医药、保健品的广告，这些广告利用的就是大众缺乏生物化学知识这一点。②学好生物化学是你学好生命科学其他课程的基础，比如细胞生物学、遗传学、分子生物学、植物生理学、微生物学及营养学等。③是考研和工作的需要。如果你将来要考与生命科学有关的研究生，生物化学几乎是必考的课目。

要学好生物化学，平时应该多花点时间去阅读教材。根据教师讲授的内容有重点地阅读。在阅读的时候，要善于提出问题、解决问题，对不明白的问题要及时通过查资料或与老师、同学探讨，及时解决，不要问题集成堆。本教材中延伸阅读中的科学故事及生活常识部分，建议利用课余时间认真阅读并思考，以享受学习生物化学给你带来的乐趣，并思考故事给你带来的启示。

生物化学学习过程中，对糖类、脂类、蛋白质、核酸以及其他有关化学物质的学习，要从化学本质、结构特点、性质及功能角度，深入钻研，弄懂，记熟，反复复习，默念以加强记忆。各物质在细胞中的代谢变化，都有其特定的生物功能。学习研究反应过程和代谢变化规律，既要理解正常代谢与生命现象的关系，还要弄清异常代谢给生物体造成的危害。同时注重生物化学理论在生物工程、食品科学与工程以及医药领域等的实际应用。

生物化学的学习应与先修课程（如有机化学）内容相联系，以促进理解，加强记忆；同时，应注意教材内容的前后联系，前述内容常常需要学到后面才能深入理解，学习后面的内容又离不开前面的知识做铺垫。因此，要注意知识的连贯性，及时复习，总结归纳。

生物化学是一门实验学科，在学好书本知识的同时，要重视实验工作，提高动手能力。

【延伸阅读】

1. http://www.wiley.com/（威利出版社）
2. http://en.wikipedia.org/（维基百科）
3. http://www.cell.com/（细胞杂志）
4. http://cmbi.bjmu.edu.cn/（中国医学生物信息网）

第一章 糖类化学

第一节 概 述

糖类化合物广泛存在于自然界。尤其在植物种子、果实、根和茎等部位更为丰富。糖类物质占植物干重的85%~90%，占细菌细胞干重10%~30%，占动物干重<2%，但动物生命活动所需的能量主要来源于糖类。

大多数的糖类物质是由碳、氢、氧三种元素组成，化学通式一般为 $(CH_2O)_n$ 或者 $C_n(H_2O)_n$，一般情况下氢与氧的原子数比例为2:1，因此在过去的研究中曾误认为这类物质是碳（carbon）的水合物（hydrate），这也是碳水化合物（carbohydrate）得名的原因。后来发现有些糖类物质如鼠李糖（$C_6H_{12}O_5$）和脱氧核糖（$C_5H_{10}O_4$）等，它们的分子中H和O的比例并非2:1，但都属于糖类物质。而一些非糖类物质，如甲醛（CH_2O）、乙酸（$C_2H_4O_2$）、乳酸（$C_3H_6O_3$）等，它们分子中H和O的比例符合2:1，但都不属于糖类，所以"碳水化合物"这一名称并不恰当。为此，国际化学名词重审委员会在1927年曾建议用"糖族"一词代替碳水化合物，但是因为该名称沿用已久，在很多地区仍然广泛使用。

糖类化合物在化学本质上的定义是：它们是多羟基醛、多羟基酮或其衍生物，或水解时能够产生这些化合物的物质。

多羟基醛或多羟基酮：如D-葡萄糖、D-果糖、D-核糖等；
糖类衍生物：如糖醇、糖酸、糖胺、糖苷等；
单糖的聚合物：如蔗糖、麦芽糖、乳糖、淀粉、糖原、透明质酸等。
糖的主要生物功能：
①通过氧化反应提供能量；
②作为能量的储存者；
③为生物大分子的合成提供碳源；
④作为生物体的结构物质；
⑤用于细胞间相互识别。

细胞质膜中糖蛋白和糖脂的寡糖链起着信息分子的作用，这早在血型物质的研究中就有了一定的认识。随着分离分析技术和分子生物学的发展，近20多年来对这些寡糖链的结构和功能有了更深入了解。发现细胞识别、免疫保护、代谢调控、受精机制、形态发生、发育、癌变、衰老和器官移植等都与质膜上的寡糖链有关，并因此出现了一门新的学科，称为糖生物学（glycobiology）。

根据单糖聚合度的不同，可以将糖类物质分为单糖、寡糖和多糖。

单糖（monosaccharide）：不能再被水解成更小分子的糖类，又称简单糖。单糖从化学角度看是多羟基醛或者多羟基酮，如葡萄糖、果糖、半乳糖、核糖等。

D-葡萄糖和D-果糖的结构如下：

$$\begin{array}{cc}
\text{HC=O} & \text{CH}_2\text{OH} \\
\text{H-C-OH} & \text{C=O} \\
\text{HO-C-H} & \text{HO-C-H} \\
\text{H-C-OH} & \text{H-C-OH} \\
\text{H-C-OH} & \text{H-C-OH} \\
\text{CH}_2\text{OH} & \text{CH}_2\text{OH} \\
\text{D-葡萄糖} & \text{D-果糖}
\end{array}$$

寡糖（oligosaccharide）通常是指单糖聚合度在2~20个的糖聚合物。其中最常见的主要有双糖或称二糖（disaccharide），水解时形成2分子单糖，如麦芽糖、蔗糖；三糖（trisaccharide），水解时产生3分子单糖，如棉子糖。

多聚糖是由超过20个以上的单糖链接而成的多聚物，现在对多糖的分类可分为同多糖（homopolysaccharide）和杂多糖（heteropolysaccharide）两种。同多糖水解时只产生一种单糖或者单糖衍生物，如糖原、淀粉和壳聚糖；杂多糖水解时产生一种以上的单糖或单糖衍生物，如透明质酸、肽聚糖（表1-1）。

表1-1　　　　　　　　　　　常见多糖的组成

类别	名称	组成及主要来源
同多糖	淀粉	α-D-葡萄糖；来源于植物
	糖原	α-D-葡萄糖；来源于动物
	纤维素	β-D-葡萄糖；来源于植物
	几丁质	N-乙酰-D-葡萄糖胺；贝壳类
	菊糖	β-D-果糖；多存在于菊科植物根部
	木聚糖	D-木糖；植物多糖
杂多糖	琼脂糖	β-D-半乳糖，β-3,6-脱水-L半乳糖；植物多糖
	透明质酸	β-D-葡萄糖、N-乙酰氨基葡萄糖；来源于微生物、动物
	果胶	D-半乳糖醛酸及甲酯、L-鼠李糖、L-阿拉伯糖；植物多糖
	脂多糖	多种己糖、硫辛酸衍生物、糖脂等；动物多糖
	肽聚糖	肽、N-乙酰氨基葡萄糖、N-乙酰氨基半乳糖；构成细菌细胞壁
	黄原胶	D-葡萄糖、D-甘露糖、D-葡萄糖醛酸、丙酮等；微生物多糖
	阿拉伯胶	半乳糖、L-阿拉伯糖、L-鼠李糖、葡萄糖醛酸；植物多糖

糖类与蛋白质、脂质等生物分子形成的共价结合物如糖蛋白、蛋白聚糖和糖脂等，总称为复合糖或糖复合物（glycoconjugate）。

糖蛋白（glycoprotein）是一类复合糖或一类缀合蛋白质，糖链作为缀合蛋白质的辅基。一般情况下，糖蛋白中的糖链很少含多于15个单糖单位，因此糖链也称寡糖链或聚糖链。

蛋白聚糖（proteoglycan，PG）是一类特殊的糖蛋白，由一条或者多条糖胺聚糖和一个核心蛋白共价连接而成。蛋白聚糖除含糖胺聚糖链外，还有一些 N-或（和）O-连接的寡糖链。与糖蛋白比较，蛋白聚糖按质量计算糖的比例高于蛋白质，糖含量可达95%甚至更高，糖部分主要是不分支的糖胺聚糖链，典型的每条含约80个单糖残基。

糖脂是其非脂成分是糖（单己糖、二己糖等）的脂类，并因醇成分不同分为鞘糖脂（如脑苷脂、神经节苷脂）和甘油糖脂（如半乳糖基二酰基甘油、双半乳糖基二酰基甘油）。

第二节 单 糖

一、单糖的结构

甘油醛是含有三个碳原子的最简单的醛糖，二羟基丙酮是含有三个碳原子的最简单的酮糖。分子式如下：

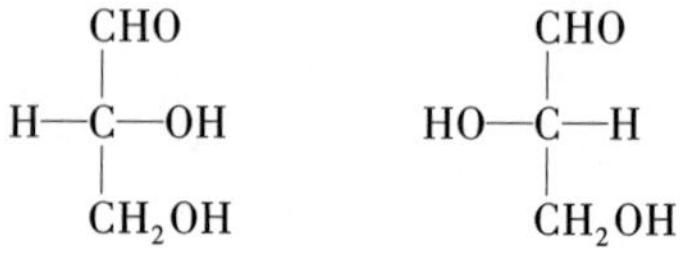

```
       CHO              CHO
   H—C—OH           HO—C—H
      CH₂OH            CH₂OH

    D-甘油醛           L-甘油醛
```

醛糖可以看作是甘油醛的醛基碳下端逐个插入 C * 延伸而成，D-醛糖的立体异构体如图 1-1 所示；酮糖是由二羟丙酮派生而来的，D-酮糖的立体异构体如图 1-2 所示。

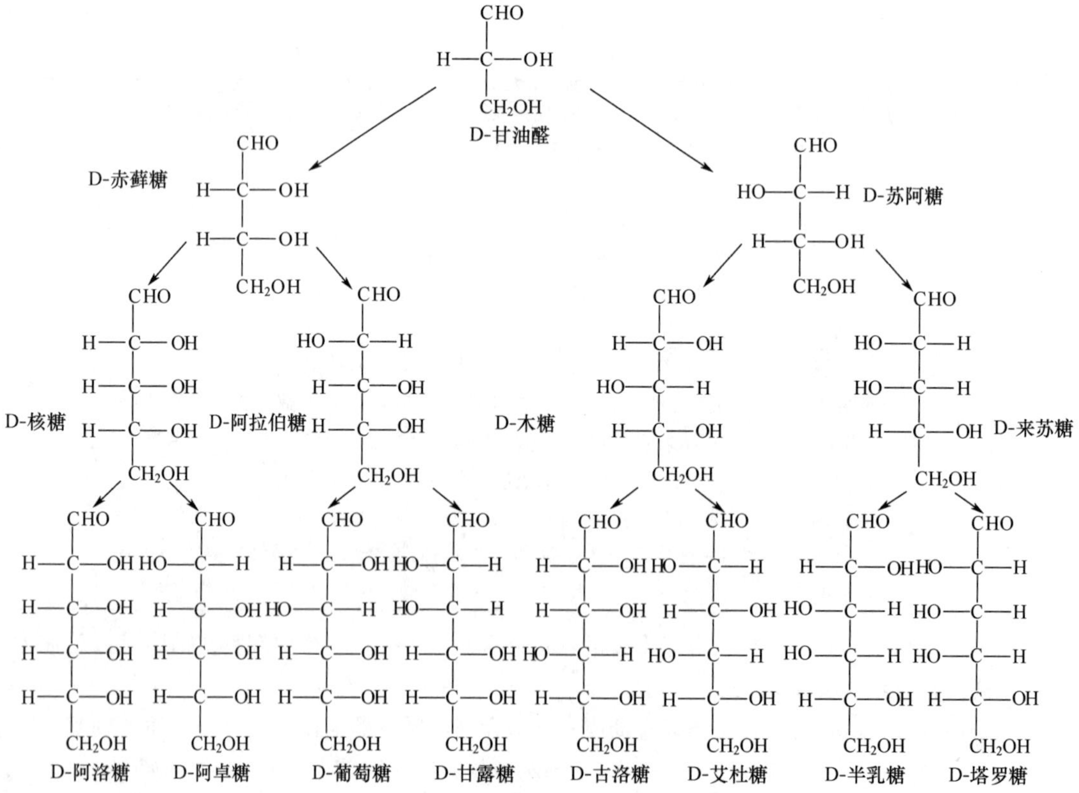

图 1-1 D-醛糖的立体异构体

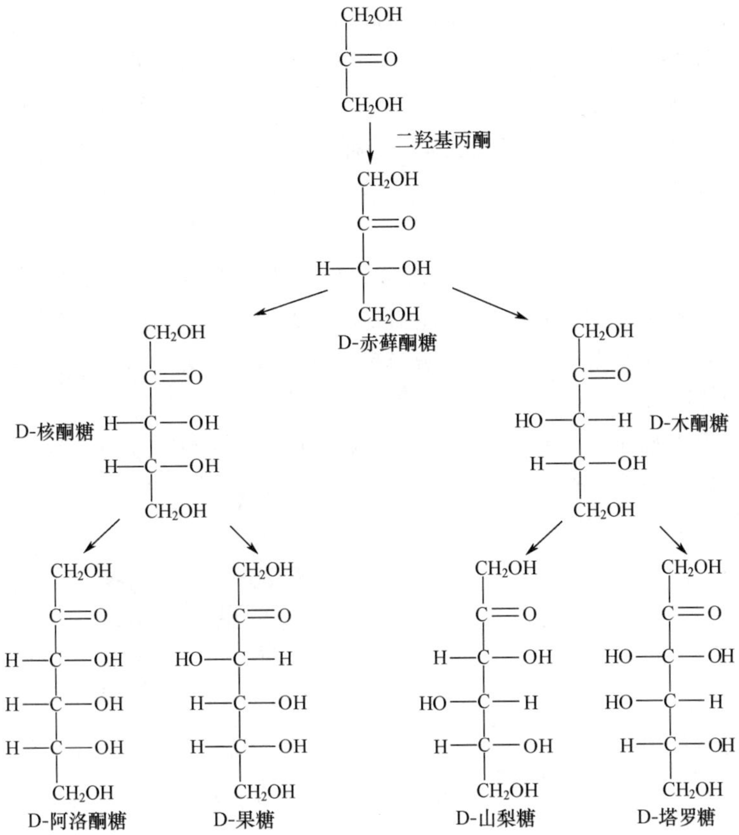

图 1-2 D-酮糖的立体异构体

现以葡萄糖为例对单糖结构加以讨论。

葡萄糖的分子式为 $C_6H_{12}O_6$，其结构式的表示方法有开链结构、环状半缩醛结构的投影式、哈沃斯透视式及构象式。

（一）葡萄糖分子的开链结构及构型

葡萄糖能和 Fehling 试剂或其他醛试剂起反应，证明它的分子中含有醛基。葡萄糖能与乙酸酐结合，产生具有 5 个乙酰基的衍生物，证明它的分子中含有 5 个羟基。葡萄糖与钠汞齐作用，被还原成具有 6 个羟基的山梨醇，而山梨醇是由 6 个碳原子构成的直链醇，证明葡萄糖 6 个碳原子连成一条直链。葡萄糖的链状结构式如下：

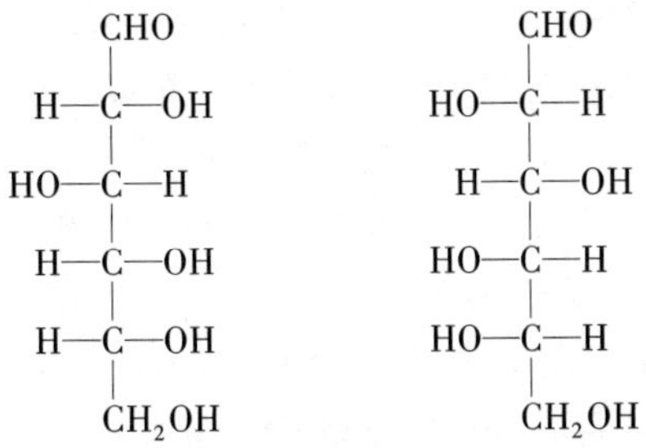

D（+）-葡萄糖　　　L（−）-葡萄糖

下面分别介绍单糖直链结构中涉及的一些概念。

1. 构型（configuration）与构象（conformation）

一种具有相同结构和构型的分子在空间可采取多种形态，分子所采取的形态称为构象。它是分子内所有原子或原子团空间排布所形成的一种立体结构，立体结构的改变不需要共价键的断开，只需要分子中C—C单键的转动就能从一种构象转变为另外一种构象。理论上每个天然物质的分子具有无数构象，但自然界中天然的构象非常稳定，一般情况下只有一种或少数几种特定的构象。

构型是由于化合物分子中某一不对称碳原子上四种不同的取代基团（或原子）的空间排列所形成的一种光学活性立体结构，一个不对称碳原子只能形成两种不同的构型，分子从一种构型变为另一种构型必须发生共价键的断裂或再生成。构型分为两种，D-型和L-型，同一物质的这两种构型可形成互为镜像关系的异构体（对映体）。

下面以含一个不对称碳原子的甘油醛为例说明构型的概念。甘油醛分子中的C_2是一个$C*$，因此甘油醛可以有两种构型，其立体模型和投影式如图1-3所示。

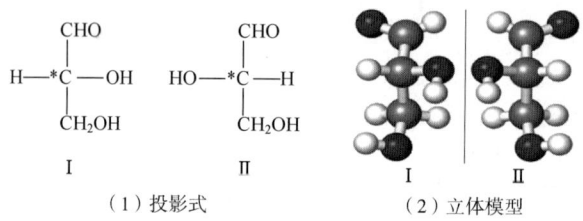

（1）投影式　　（2）立体模型

图1-3　甘油醛投影式和立体模型

如图1-3所示，一个不对称碳原子的取代基在空间里的两种去向是物体和镜像的关系，并且二者不重叠，可见甘油醛（Ⅰ）和（Ⅱ）是两种旋光异构体，它们被称为对映体，两个对映体除具有程度相等而方向相反的旋光性和不同的生物活性外，其他物理和化学性质完全相同。早期虽然对旋光性有一定的研究，但并不知道哪个模型是左旋，哪个是右旋，后来在1906年规定（Ⅰ）为甘油醛的右旋构型，称为D-型；（Ⅱ）为甘油醛的左旋构型，称为L-型，其他碳水化合物的构型参照甘油醛标准。单糖分子也不例外，在其开链结构式投影图中，将氧化程度高的基团（醛基或酮基），写在上方，其余碳原子依次写在下方，最下面是伯醇基（—CH_2OH），在与伯醇基相连的一个不对称碳原子上，羟基的排列方位决定单糖分子的构型。例如，葡萄糖分子的构型决定于第5个碳原子上羟基（C_5—OH）的方位。羟基在右边者为D-型，在左边者为L-型。

自然界中的葡萄糖大都是D-型结构。

在所有的单糖分子中，除了二羟丙酮外，均含有一个以上不对称碳原子，每个不对称碳原子呈现不同的构型。含有n个不对称碳原子的单糖，有2^{n-1}对对映体。

在D-（或L-）甘油醛分子基础上，每增加一个不对称碳原子，都要产生两种立体结构不同的醛糖。因此，丁醛糖有$2^2=4$种；戊醛糖有$2^3=8$种；己醛糖应有$2^4=16$种，其中D-型8种，L-型8种。D-葡萄糖与L-葡萄糖仅是其中的一对镜像异构体，其余异构体是另外一些构型的己醛糖，有D-型及L-型的塔罗糖、半乳糖、艾杜糖、古洛糖、甘露糖、阿卓糖及阿洛糖。

己酮糖分子有 3 个不对称碳原子，故有 $2^3 = 8$ 种异构体，分别成 4 对镜像异构体。由丙糖到己糖的 D-构型谱系如图 1-1 和图 1-2 所示。

2. 同分异构与旋光异构

同分异构或称异构（isomerism），是存在两个或多个具有相同数目和种类的原子并因而具有相同相对分子质量和相同分子式的化合物的现象。同分异构主要有两种类型，一是结构异构（structural isomerism），这是由于分子中原子连接的次序造成的，包括碳链异构体、位置异构体和功能异构体；二是立体异构（stereoisomerism），立体异构体具有相同的结构式，但原子在空间的分布不同。立体异构又可分为几何异构（geometric isomerism）和旋光异构或光学异构（optical isomerism）。几何异构又称顺反异构（cis-trans isomerism），这是由于分子中双键或环的存在或其他原因限制原子间的自由旋转引起的。旋光异构在生物分子中普遍存在，具有重要的生物学意义，它是指：两个或多个分子中由于构型上的差异而表现出不同旋光性能的现象，这些分子互为旋光异构体。旋光异构是由于分子存在手性（chirality）造成的，最常见的是内部存在不对称碳原子。对于单糖来讲，由于不存在几何异构，所以其立体异构等同于旋光异构。对于单糖分子，每增加一个手性碳，产生立体异构体（旋光异构）的数目为 2^n，组成 $2^n/2$ 对镜像异构体（对映体），它们旋光性相反且不可重叠。如 D-G 与 L-G 是一对对映体。

对立体异构体之间的差别区分需要用立体模型、透视式或投影式。

3. 不对称碳原子与旋光性

具有不对称碳原子的化合物都有旋光性，两者是一对孪生子。

不对称碳原子（asymmetric carbon atom）是指与四个不同的原子或者原子团共价连接并因此失去对称性的四面体，又称手性碳原子或手性中心，常用 C* 表示。

有机化合物的旋光性与分子内部的结构有关，根据对称性原理，凡是分子中具有"对称面（镜面）、对称中心或四重交替对称轴"这些对称元素之一的，都可以与镜像叠合，因而都没有旋光性；凡是分子中没有上述三种对称元素的，都不能与它的镜像叠合，因而都有旋光性。如这样的分子，本身不具有与自己镜像叠合的关系，犹如人的左右手，称这种分子具有手性或手性分子（chiral molecule）。

旋光性（optical activity）：当光波通过尼科尔棱镜（Nicol prism）时，棱镜的结构只允许沿某一平面振动的光波通过，其他方向光波被阻断，这种光称为平面偏振光（plan-polarized light）。当这种平面偏振光通过旋光物质（optically active substance）的溶液时，则平面偏振光的偏振面（plan of polarization）会向右（顺时针方向或正向，符号+）旋转或向左（逆时针方向或负向，符号-）旋转。能够使偏振面发生旋转的物质称旋光性物质。能使偏振光的振动面向右旋转（顺时针方向）的物质称右旋光物质，如（+）-甘油醛；能使偏振光的振动面向左旋转（逆时针方向）的物质称左旋光物质，如（-）-甘油醛。如图 1-4 所示。

单糖分子中具有多个不对称碳原子，所以有旋光性。需要注意的是，单糖的 D-型、L-型与旋光性没有必然的对应规律。例如，D-葡萄糖是右旋糖（+），而 D-果糖是左旋糖（-）。每一种物质的旋光性只能通过实验来确定。但是，同一种化合物的 D-型、L-型异构体，旋光方向相反，比旋光度相同。例如，D-葡萄糖是右旋糖（+），则 L-葡萄糖就是左旋糖（-），且比旋光度相同。当其 D-型和 L-型等量混合时，旋光互相抵消，这种现象称为外消旋。

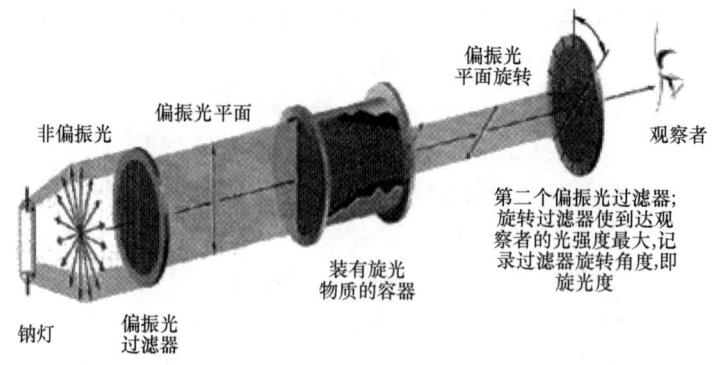

图 1-4　旋光仪的构造原理

（二）　葡萄糖分子的环状结构及 α-异头物，β-异头物

单糖的开链结构，不能解释实验中出现的一些现象，例如，葡萄糖有两种不同的结晶，比旋度和熔点都不相同。一种是能从低于 30℃ 的乙醇中结晶出来的葡萄糖，熔点为 146℃，新配制的水溶液经测定比旋光度增为 +112°，此溶液经过放置后比旋光度会随着时间的推移逐渐下降，达到平衡后固定在 +52.5° 维持不变。另外一种是从 98℃ 的吡啶中结晶出来的葡萄糖，熔点为 150℃，新配制的水溶液比旋光度为 +18.7°，此溶液配制后比旋光度随时间的推移逐渐上升，最后也是固定在 +52.5° 维持不变。我们常称这种旋光度自行改变的现象为变旋现象。这种现象在开链结构中没有办法解释，通过物理和化学的方法证明：结晶状态的单糖是以环状结构存在的。

德国化学家 Fischer E. 在 1893 首次对糖进行了相对系统的研究并提出了糖的环形结构。对于 D-葡萄糖，主要是 C_5 的羟基与 C_1 的羰基能发生成环反应，这样形成的环是六元环，这种反应称为半缩醛反应，通过这种反应能够形成两种六元环状半缩醛，α-D-(+)-葡萄糖和β-D-(+)-葡萄糖就是前面提到的比旋光度和熔点不同的两种结晶葡萄糖。

在溶液中，含有 5 个或更多碳原子的醛糖和酮糖的羰基都可以与分子内的一个羟基反应，形成环式半缩醛。环式半缩醛可以是五元环或六元环结构，环结构中的氧来自形成半缩醛的羟基，所以半缩醛是杂环结构。例如链状葡萄糖的醛基 C_1 既可以与 C_4 的羟基形成半缩醛，也可与 C_5 的羟基形成半缩醛。由于六元和五元半缩醛杂环结构分别与吡喃和呋喃的结构相似，所以形成六元含氧杂环半缩醛的单糖被称为吡喃糖（pyranose），而五元含氧杂环半缩醛单糖称为呋喃糖（furanose）。

由链状结构转变为环形结构时，原羰基的 C_1 成为手性碳，这个手性碳原子上的半缩醛羟基有两种空间取向，形成 α-异构体和 β-异构体。

Fischer 投影式的氧桥过长，在 1926 年 Haworth 提出了透视式表达糖的环状结构，在透视式中，己醛糖的 5 个碳原子和氧原子组成一个垂直于纸面的六角环。异头碳写在右边，而其他的碳原子按照顺时针方向编号，羟基位置在环平面的上方，相当于直链式的左面位置，在平面下方的，相当于直链右面位置。糖的环状结构中 D-型、L-型、α-型、β-型的确定分别是以 C_5 羟甲基和半缩醛羟基在含氧环上的排列决定的，羟甲基在环平面上方的为 D-型，环平面下方的为 L-型。在 D-型中，半缩醛羟基在环平面之下的为 α-型，平面之上的为 β-型。两种结构式如下：

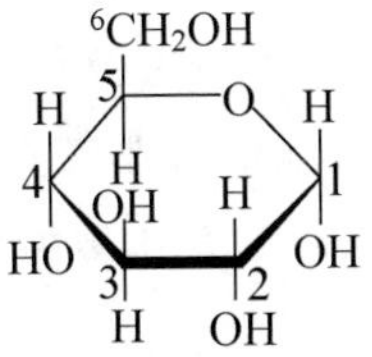

α-D-吡喃葡萄糖 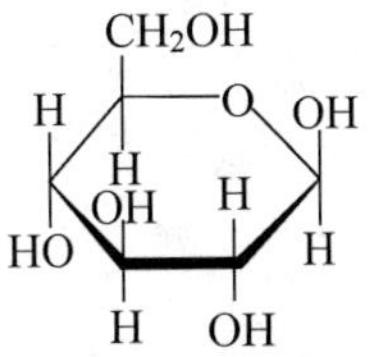　　　　　β-D-吡喃葡萄糖

D-葡萄糖由 Fischer 式改写为 Haworth 式的步骤如图 1-5 所示。

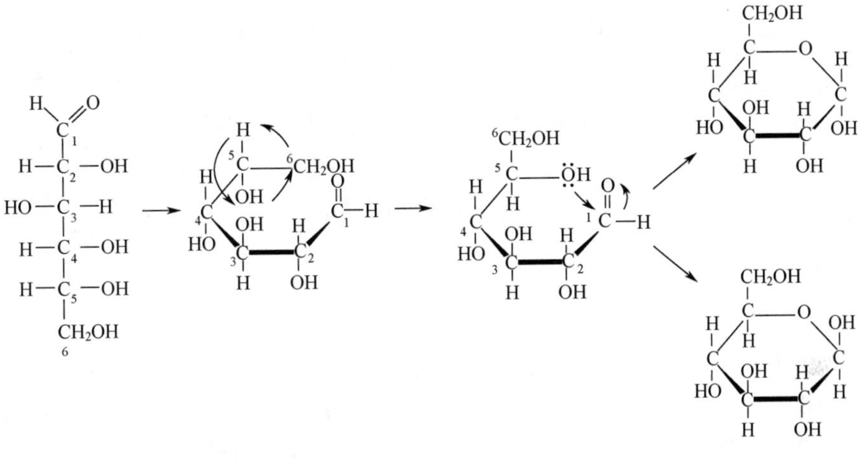

图 1-5　葡萄糖由 Fischer 式改写为 Haworth 式

葡萄糖的环状结构和开链结构的互相变化可以解释变旋现象，平衡混合物中，α-型约占 36%，β-型约占 64%，而游离醛基的开链葡萄糖占不到 0.1%，如图 1-6 所示。

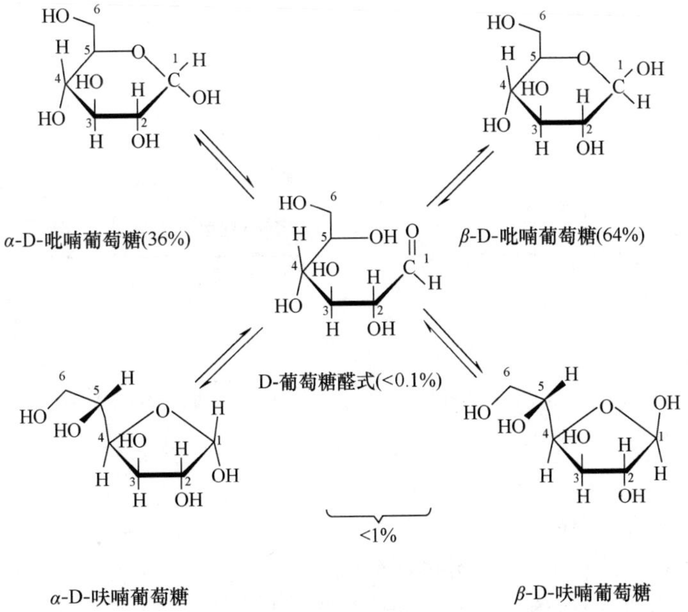

α-D-吡喃葡萄糖(36%)　　　　　β-D-吡喃葡萄糖(64%)

D-葡萄糖醛式(<0.1%)

α-D-呋喃葡萄糖　　　　　β-D-呋喃葡萄糖

<1%

图 1-6　单糖环状结构和开链结构互变

实际上呋喃糖和吡喃糖环并非如 Haworth 所描述的各成环元素都在一个平面上,而是整个环的平面发生折叠形成近似椅形的构象。这种构象无张力,最为稳定。在葡萄糖分子的椅式构象中,醇羟基都在平伏键上,氢原子在直立键上。α-半缩醛羟基在直立键上,β-半缩醛羟基在平伏键上。平伏键伸向分子外侧,热力学上稳定,所以,在水溶液中,β-D-葡萄糖所占比例最大。二者椅式构象如下:

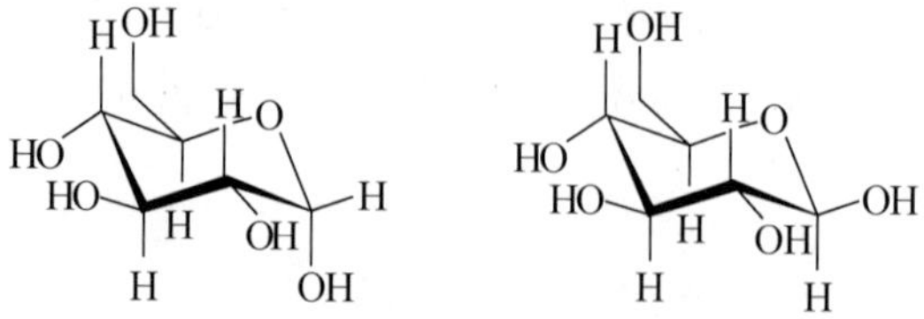

α-D-吡喃葡萄糖 β-D-吡喃葡萄糖

二、单糖的性质

(一) 单糖的物理性质

1. 甜度

各种单糖的甜度不同,常以蔗糖为标准进行比较,相对甜度如表 1-2 所示。

严格说甜度(sweetness)不是物理性质,它属于一种感觉,甜度的比较不可能十分精确。甜度通常用蔗糖作为参照物,以它为 1,果糖几乎是它的两倍,其他的均小于它。

表 1-2 不同单糖甜度

名称	相对甜度	名称	相对甜度
蔗糖	1.00	半乳糖	0.32
果糖	1.75	乳糖	0.16
转化糖	1.30	糖精	400*
葡萄糖	0.74	甜蜜素	30*
木糖	0.40	阿斯巴甜	180*
麦芽糖	0.32	莫内林	2000*

注:* 为非糖甜味剂。

2. 糖的溶解性

单糖分子含有多个羟基,除甘油醛微溶于水外,均易溶于水。单糖微溶于乙醇而不溶于乙醚、丙酮等非极性有机溶剂。

3. 旋光性

几乎所有的单糖及衍生物都有旋光性。

单糖都是无色晶体,具有吸湿性。除丙酮糖外,所有的单糖及其衍生物都具有旋光性,而且许多单糖在水溶液中能发生变旋现象。旋光性是鉴定糖的重要标志,几种常见糖的比旋光度如表 1-3 所示。

表 1-3 不同糖的比旋光度

名称	纯 α-异构体	纯 β-异构体	变旋后的平衡值
D-葡萄糖	+113°	+19°	+52°
D-果糖	−21°	−113°	−91°
D-半乳糖	+151°	+53°	+84°
D-甘露糖	+30°	−17°	+14°
D-乳糖	+90°	+35°	+55°
D-麦芽糖	+168°	+112°	+136°
D-纤维二糖	+72°	+16°	+35°

（二）单糖的化学性质

1. 单糖的氧化

单糖因含有游离羰基，具有还原性，其羟基也可被氧化，含有的游离半缩醛羟基容易被弱的氧化剂（Fe^{3+} 或 Cu^{2+}）氧化的糖称为还原性糖（reducing sugars）。糖被氧化可产生与原糖相同碳原子的酸，糖酸主要有三种类型：

糖在弱氧化剂（如溴水）或者一些特异酶的作用下，醛基被氧化成相应的糖酸，酮糖则不能被溴水氧化，通过该反应可以用于鉴定醛糖和酮糖。

较强氧化剂（稀硝酸）可以将醛基和伯醇羟基都氧化为羧基，产生糖二酸。酮糖则在羰基处断裂，形成两个酸分子。

在生物体内专一性脱氢酶的作用下，仅伯醇羟基碳原子被氧化，生成糖醛酸，如常见的葡萄糖醛酸。

葡萄糖和果糖的氧化反应如下所示：

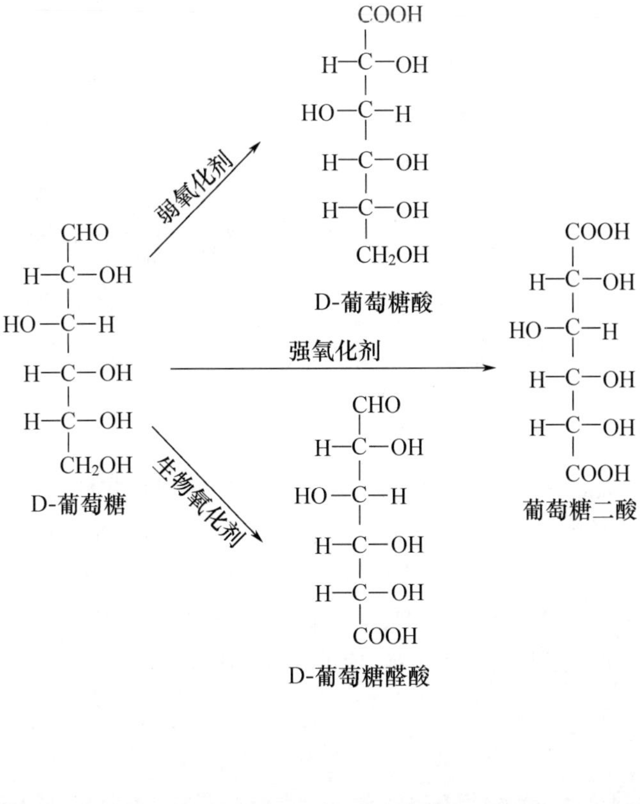

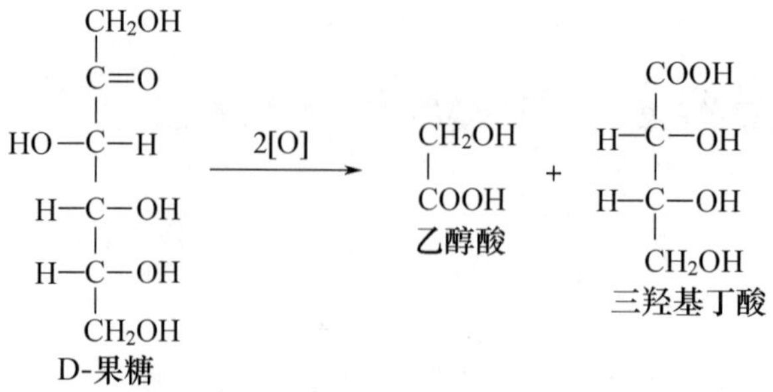

$$\text{D-果糖} \xrightarrow{2[O]} \text{乙醇酸 (CH}_2\text{OH-COOH)} + \text{三羟基丁酸}$$

单糖在碱性溶液中，醛基酮基烯醇化成为活泼的烯二醇，能还原金属离子 Cu^{2+}、Hg^{2+} 和 Ag^+ 等，这种特性被用来进行还原糖的定性、定量分析，是 Fehling 反应的基础。利用 Fehling 反应可定性测定还原糖的存在，估算出糖的浓度。因为醛糖和酮糖都能被这两种试剂氧化，因此不能通过该方法区分醛糖和酮糖。

$$C_6H_{12}O_6 + Ag(NH_3)^{2+} \longrightarrow C_6H_{12}O_7 + Ag$$
$$C_6H_{12}O_6 + Cu(OH)_2 \longrightarrow C_6H_{12}O_7 + Cu_2O$$

2. 单糖的还原

单糖的羰基在适当的还原条件下，如硼氢化锂或钠汞齐处理醛基或酮基，可被还原成多元醇（糖醇），如 D-葡萄糖被还原为 D-山梨醇。酮糖被还原时产生一对差向异构体的糖醇，如 D-果糖被还原成 D-葡糖醇和 D-甘露醇。糖的还原反应如下所示：

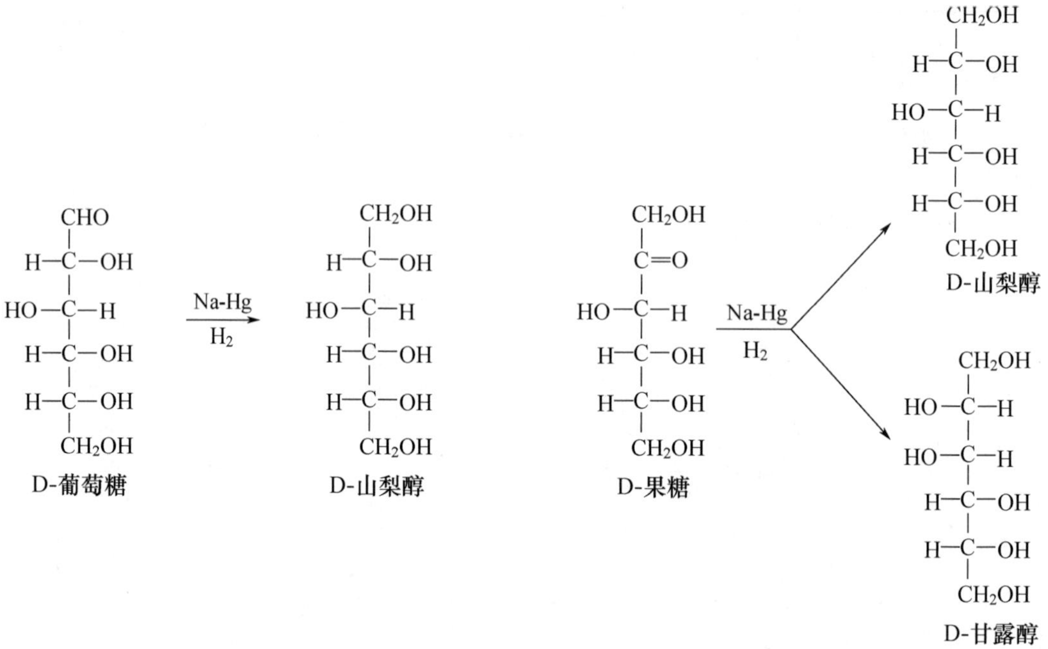

$$\text{D-葡萄糖} \xrightarrow[H_2]{\text{Na-Hg}} \text{D-山梨醇}$$

$$\text{D-果糖} \xrightarrow[H_2]{\text{Na-Hg}} \text{D-山梨醇} + \text{D-甘露醇}$$

3. 形成糖脎

单糖的游离羰基能与 3 分子苯肼作用形成糖脎。苯肼是糖的定性试剂，无论是醛糖还是酮糖都能形成糖脎。糖脎是一种黄色晶体，不溶于水且性质稳定。生成糖脎的反应是发生在 C_1 和 C_2 上，因此在第一、二位碳原子上构型不同而其他碳原子构型相同的差向异构体，必然生成相同的糖脎，如 D-葡萄糖、D-甘露糖、D-果糖。其他各种糖从 C_3 后构型是不同的，其糖脎具有特异的晶型和熔点，因此常用于鉴定不同的糖，D-葡萄糖的成脎反应如下：

$$\text{D-葡萄糖} \xrightarrow[-H_2O]{H_2NNH-C_6H_5} \text{(苯腙中间体)} \xrightarrow[-[H]]{\text{氧化}} \text{(酮肟中间体)} \xrightarrow[-H_2O]{H_2NNH-C_6H_5} \text{D-葡萄糖脎}$$

4. 形成糖酯或糖醚

单糖的醇羟基、半缩醛羟基都可以与酸形成酯。在碱的催化下，酰氯或酸酐处理可将糖酯化，如 D-葡萄糖在吡啶溶液中用乙酸酐处理，乙酰化形成 5-O-乙酰-β-D-吡喃葡萄糖，是葡萄糖结构测定的重要步骤。在生物体内，单糖与磷酸形成各种磷酸酯，如葡萄糖-1-磷酸、果糖-1，6-二磷酸，体内糖的磷酸化多由一些高能磷酸化合物如 ATP 提供磷酸基团以及所需要的能量。

5. 形成糖苷

糖分子的半缩醛（或半缩酮）羟基很活跃，可以与另一分子的羟基、氨基或巯基发生反应，失水形成缩醛（或缩酮）式衍生物——糖苷（glucoside）。非糖部分称为配基，两部分之间的连接键称为糖苷键。糖苷键可以通过氧、氮、硫或碳原子连接，形成的糖苷称为 O-苷、N-苷、S-苷和 C-苷，在自然界中最常见的有 O-苷和 N-苷，O-苷键是单糖聚合物的一级结构键，N-苷键见于核苷中。由于单糖有 α-和 β-型之分，生成的糖苷也有 α-和 β-两种形式。

6. 单糖的脱水反应

单糖在稀的无机酸中稳定，在强无机酸作用下，如 12% 盐酸共热（蒸馏），发生 β-消去反应并发生环化而被脱水，导致戊糖生成糠醛；己糖产生 5-羟甲基糠醛，进一步分解为乙酰丙酸、甲酸和暗色不溶缩合物。糠醛和乙酰丙酸是塑料和医药工业原料。

不同的糠醛与多元酚作用产生特有的颜色反应。

西利万诺夫试验：酮糖在酸的作用下，容易形成羟甲基糠醛，可与间苯二酚反应生成红色缩合物，而醛糖反应则慢得多，通过这个方法可以鉴别酮糖（果糖）和醛糖。

莫利西试验：α-萘酚与糠醛或羟甲基糠醛反应生成紫色缩合物，用以鉴别糖的存在。糠醛与间苯三酚缩合形成朱红色物质，与地衣酚反应生成蓝绿色物质，用以鉴别戊糖。

糖类物质脱水与蒽酮缩合生成蓝绿色复合物，称蒽酮反应，常用于总糖的测定。

生产中常需要测定单糖的浓度，常用的方法有物理和化学方法。物理方法如测样品溶液的折射率、旋光度和利用比重计法进行测定。化学法主要根据单糖的还原性质，如常用3,5-二硝基水杨酸法、福林试剂法和碘量法等。

三、重要的单糖

1. 丙糖和丁糖

常见的丙糖有 D-甘油醛和二羟基丙酮；常见的丁糖有 D-赤藓糖和 D-赤藓酮糖。它们的磷酸酯是糖代谢中重要的中间产物。

2. 戊糖

在自然界存在的戊醛糖主要有 D-核糖、2-D-脱氧核糖、D-木糖和 L-阿拉伯糖，它们大多以聚戊糖或糖苷的形式存在。D-核糖和 2-D-脱氧核糖是核酸的组成部分。D-木糖和 L-阿拉伯糖存在于植物和细菌细胞壁中，是树胶、半纤维素等的组成部分，酵母不能使其发酵。戊酮糖中 D-核酮糖和 D-木酮糖存在于动植物细胞中，其 5-磷酸酯是糖代谢的重要中间产物。

3. 己糖

己糖在自然界分布最广并与机体营养代谢也最为密切。重要的己醛糖有 D-葡萄糖、D-半乳糖和 D-甘露糖，己酮糖则有 D-果糖，酵母菌可以利用并发酵；在自然界中，葡萄糖和果糖都可以游离状态存在，其他糖主要存在于双糖和多糖中。

D-葡萄糖又称右旋糖，其 α-和 β-异头物达到平衡时的比旋值为 $[\alpha]$ = +52.6°，并且葡萄糖是植物淀粉和纤维素的重要组成部分，也是人体和动物重要的能源物质，因为它不需要消化就能直接被人体吸收。在工业上可以用盐酸水解淀粉的方法获取葡萄糖，是重要的食品和制药的工业原料，是合成维生素 C 和制造葡萄糖酸钙等的原料。D-果糖，游离或与葡萄糖和蔗糖存在于水果、甜菜、甘蔗和蜂蜜中，是糖类中最甜的糖。果糖也是寡糖如龙胆糖、松三糖的组分，常以果聚糖形式存在于菊芋中。L-山梨糖是由醋酸杆菌发酵氧化山梨果中的山梨醇转化而来，L-山梨糖是工业上合成维生素 C 的重要中间产物。D-半乳糖和 D-甘露糖是葡萄糖的差向异构体，D-半乳糖是乳糖、棉子糖、琼脂、黏多糖和半纤维素的组分，D-甘露糖是植物黏质和半纤维素的组分。

第三节 寡 糖

寡糖是由 2~20 个单糖单位以糖苷键连接而构成的糖类物质，可溶于水，又称低聚糖，在自然界中普遍存在。自然界中的寡糖最为主要的是双糖和三糖。

一、双 糖

双糖由两分子单糖以糖苷键连接而成，水解后生成两分子单糖。单糖的半缩醛羟基与另一单糖的羟基形成糖苷键，这种二糖因具有半缩醛羟基，故具有还原性和变旋现象；如果两个单糖的糖苷键以半缩醛羟基连接形成的二糖为非还原糖，没有半缩醛羟基，则不具有还原性和变旋现象。下面介绍几种常见寡糖的结构和性质。

1. 麦芽糖（maltose）

麦芽糖是由一个糖苷键连接起来的两个 D-葡萄糖构成的。糖苷键为 α-1,4 糖苷键，因此麦芽糖的命名为 α-D-吡喃葡萄糖基-1,4-D 葡萄糖，如图 1-7 所示。麦芽糖具有变旋现象，易被酵母发酵，大量存在于发芽的谷粒、麦芽中。工业上通过酶促水解淀粉生产麦芽糖。

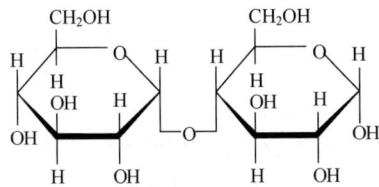

图 1-7　α-D-吡喃葡萄糖基-1,4-D-葡萄糖

如果两分子 α-D-葡萄糖按 α（1→6）糖苷键缩合、失水，生成异麦芽糖。

2. 纤维二糖

纤维二糖［β-D-葡萄糖基-1,4-β-D-葡萄糖］是葡萄糖的另一个二聚体形式，如图 1-8 所示。由 2 分子 D-葡萄糖通过 β-1,4 糖苷键相连而成，具有还原性。纤维二糖与麦芽二糖的区别在于糖苷键，前者是 β-糖苷键，后者是 α-糖苷键。因为纤维二糖是纤维素水解的中间产物，因人体缺乏水解 β-1,4 糖苷键的酶，所以纤维二糖不能被人体利用。

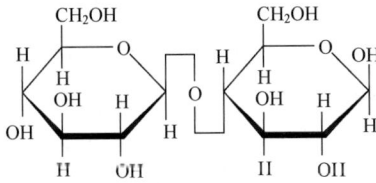

图 1-8　纤维二糖结构

3. 蔗糖

蔗糖又称食糖，［α-D-吡喃葡萄糖基-1,2-β-D-呋喃果糖］，由一分子 α-D-吡喃葡萄糖和一分子 β-D-呋喃果糖通过 α-1,2 糖苷键相连而成，是自然界中最为丰富的二糖，它仅在植物如甜菜、甘蔗及有甜味的果实中合成。蔗糖中的糖苷键是由两个异头碳连接形成的，没有游离的半缩醛羟基，因此没有还原性，如图 1-9 所示。

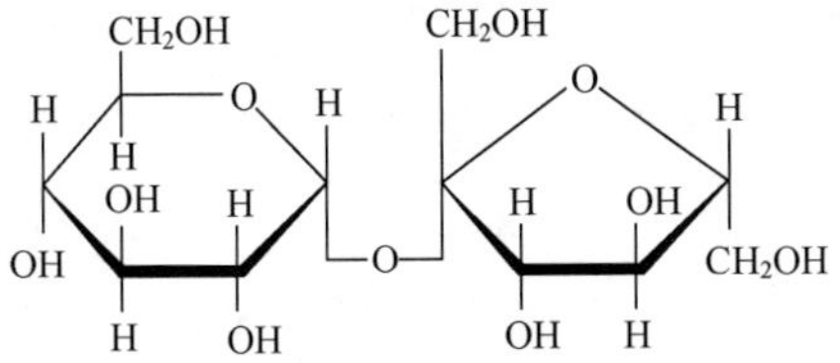

图 1-9　蔗糖结构

在稀酸或转化酶存在时，蔗糖水解成为葡萄糖和果糖，混合物称为转化糖，也就是商业中

经常使用的糖浆，在相同浓度下其甜度大于蔗糖。

4. 乳糖（Lactose）

乳糖存在于牛乳和其他非发酵乳制品（冰淇淋）中，在发酵型物质如酸奶和奶酪中乳糖含量很少，因为在发酵过程中乳糖的一部分转变成了乳酸。乳糖仅在小肠中被吸收，因为小肠内存在乳糖酶能够将其水解成为 D-葡萄糖和 D-半乳糖。如果缺乏乳糖酶，乳糖就在大肠内受厌氧微生物的作用生成乙酸、乳酸和其他短链酸，这些产物积累到一定程度后会引起腹泻等症状。

乳糖是由一分子 D-葡萄糖和一分子 β-D-半乳糖通过 β-1，4 糖苷键相连而成，如图 1-10 所示。乳糖的葡萄糖残基具有一个异头碳，α-形式比较常见。酵母不能发酵乳糖，能够促进对肠道有益的乳酸菌的生长，对调节肠道微生物菌群有益，还能促进钙的吸收。

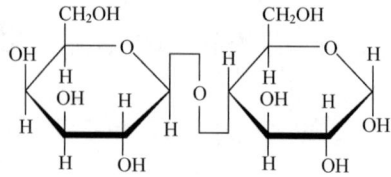

图 1-10 乳糖结构

二、三 糖

三糖是由三分子单糖以糖苷键连接而成的化合物的总称。棉子糖是最为常见的一种，它是半乳糖、葡萄糖和果糖以糖苷键连接的三糖，为非还原性糖，结构如图 1-11 所示。纯净棉子糖为长针状晶体，熔点为 80℃，呈白色或淡黄色，结晶体一般含 5 个结晶水；缓慢加热至 100℃，结晶水失去生成无水棉子糖，该物质的熔点为 118~119℃。棉子糖易溶于水，微溶于乙醇等极性溶剂，不溶于石油醚等非极性溶剂。棉子糖没有吸湿性，相对湿度为 90% 时也不会吸湿结块。

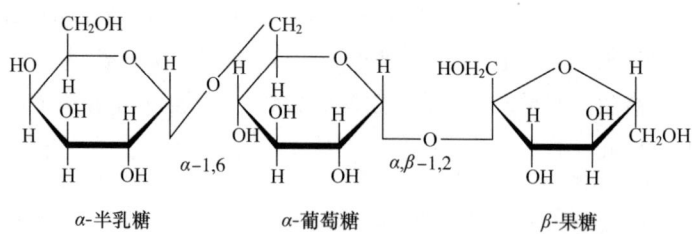

图 1-11 棉子糖的基本结构

三、环 糊 精

环糊精（cyclodextrin, CD）通常是含有 6~12 个 D-吡喃葡萄糖单元的环状低聚糖，目前应用较多的是含有 6、7、8 个葡萄糖单元的分子，分别称为 α-、β- 和 γ-环糊精，构成环糊精的每个葡萄糖单元都是以 α-1，4 糖苷键结合成环，在这个环状结构中，由于连接葡萄糖单元的糖苷键不能自由旋转，环糊精形状呈锥形的圆环，葡萄糖残基 C_6 羟基在环的一个边缘围成锥形的小口，C_2 和 C_3 在另一个边缘围成锥形的大口，如图 1-12 所示。这种结构的特征导致环糊精的边缘亲水而内腔疏水，因此当溶液中亲水性和疏水性物质共存时，疏水性物质会被环内的疏水基吸引而形成包络物。基于这种特性，可以将有些有机分子、无机离子及气体分子等包络在其桶形空腔内，如可使油脂化合物在水中成为可溶态，使挥发性香料、香辛料等物质得以保存，使苦味和异味的药物等变成无味。环糊精与表面活性剂结合可以起到乳化作用。由于环糊精的功能性较强，已作为食品添加剂、药物辅料、化妆品辅料在食品、轻工、化工、医药和农药等领域受到了极大的重视和广泛的应用。

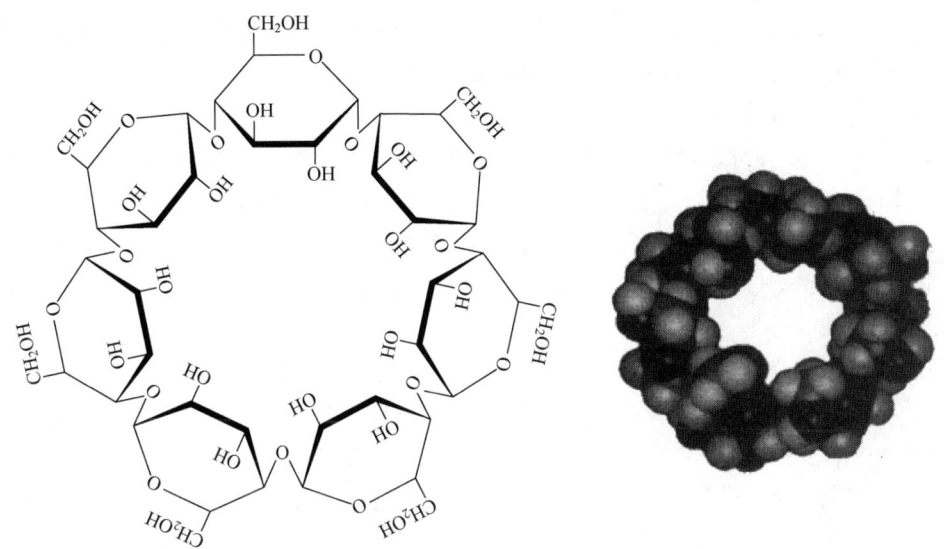

图 1-12 环糊精结构及空间模型图

第四节 多　　糖

多糖是由多个单糖分子通过糖苷键连接形成的大分子糖类，多糖中单糖的个数称为聚合度（DP）。一般多糖 DP 在 200~3000，纤维素的可达 7000~15000。多糖无甜味，无还原性，但具有旋光性，没有变旋现象。多糖在水中不能形成真溶液，但因具备多羟基，可与水分子形成氢键，具有亲水性和水合能力，能吸水膨胀形成胶体溶液。

自然界中 90% 以上的糖以多糖形式存在，目前已发现了数百种天然多糖。如甲壳类动物中的几丁质，植物中的纤维素和生物体主要能量来源淀粉、糖原。

多糖可以被酸完全水解成单糖，可利用气相色谱法和气-质联用法进行测定。可用化学和酶法了解多糖的结构，酶法水解得到低聚糖，分析低聚糖可以知道多糖序列位置和连接方法。

一、多糖的分类

多糖可按其来源、生理功能、组成成分等进行分类。

1. 按来源分类

（1）**植物多糖** 由植物体内光合作用生成的单糖结合而成，多为储藏物质或结构物质，如水不溶性淀粉、纤维素等。另一类植物多糖是从植物、中药材中提取的水溶性多糖，如当归多糖、枸杞多糖、大黄多糖等，这类多糖没有毒性，成为功能性食品研究方向之一。

（2）**动物多糖** 常存在于动物的组织、器官及体液中，包括糖原及水溶性的黏多糖，如肝素、硫酸软骨素、透明质酸等。

（3）**微生物多糖** 常见的有细菌细胞壁肽聚糖、香菇多糖、茯苓多糖、银耳多糖等。这些多糖具有一些生物活性，能抗肿瘤及调节机体免疫等。

2. 按生理功能分类

（1）**贮存多糖** 贮存多糖是作为碳源物质贮存的一类多糖，在需要时可通过生物体酶系统的作用分解而释放能量，因此称为贮存多糖。淀粉和糖原分别是植物和动物的贮存多糖。

（2）**结构多糖** 属于水不溶性多糖，具有硬性和韧性，结构多糖在生长组织里合成，是构成细菌细胞壁或动、植物的支撑组织所需的物质，如几丁质、纤维素。

3. 按组成成分分类

（1）**同聚多糖（均一多糖）** 如淀粉、糖原、纤维素、木糖胶、阿拉伯糖胶和几丁质等。

（2）**杂聚多糖（不均一多糖）** 由不同类型的单糖缩合而成，如肝素、透明质酸和许多来源于植物中的多糖，如当归多糖、茶叶多糖等。

（3）**黏多糖** 是一类含氮的不均一多糖，其化学组成通常为糖醛酸及氨基己糖或其衍生物，有的还含有硫酸，如透明质酸、肝素、硫酸软骨素。黏多糖又称糖胺聚糖。

（4）**结合糖** 如前面的讲述中曾经提到的糖蛋白、蛋白聚糖、糖脂及脂多糖等。

二、几种重要多糖的结构与性质

（一）淀粉

淀粉是高等植物的贮存多糖，是人类粮食和动物饲料中提供能量的主要物质，在植物种子、块根和果实中含量丰富，如大米中含70%～80%，小麦中含60%～65%，马铃薯中含20%左右。淀粉分解过程中能为种子萌发和生长提供所需要的主要能源。

淀粉是白色无定型粉末，没有还原性，不溶于一般有机溶剂。淀粉分为直链淀粉和支链淀粉，经过酸水解的最终产物都是D-葡萄糖，两者均为同聚多糖。两者在结构和性质上有一定区别，它们在淀粉中所占比例随植物品种不同而不同，多数淀粉中直链和支链淀粉的比为（15%～25%）：（75%～85%），有些作物如糯米、蜡质玉米几乎只含有支链淀粉。

1. 淀粉的结构

直链淀粉和支链淀粉的分子大小都是不均一的，分子大小差异很大。直链淀粉又称胶性淀粉，是由α-D-吡喃葡萄糖脱水缩合，通过α-1,4糖苷键相连而成的线性大分子结构，相对分子质量在3万～16万，这相当于200～980个葡萄糖残基连结而成。线形糖链在分子内氢键的作用下，卷曲盘旋成螺旋状，每个螺旋约含有6个D-葡萄糖单位，在主链上还有少数短分支。整个结构中，分子的一端含有游离的半缩醛羟基，称为还原性末端，另一端为非还原性末端。

直链淀粉分子在溶液中的构象呈左手螺旋，每个螺旋圈由6个吡喃葡萄糖组成，螺旋圈的直径为1.4nm，螺距为0.8nm。残基上的游离羟基大都处于螺旋圈内侧，如图1-13所示。

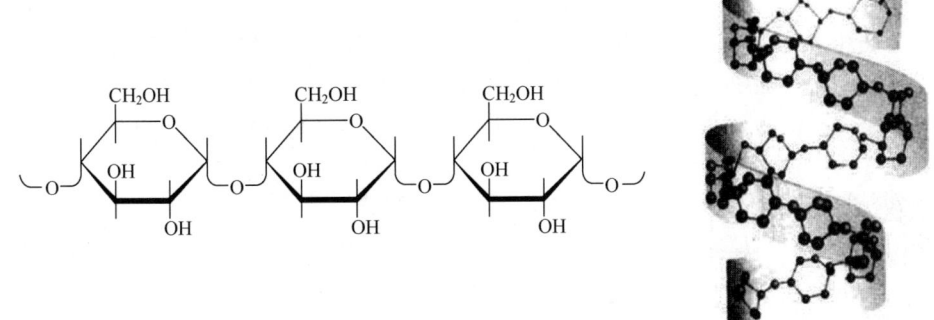

图1-13　直链淀粉结构图

支链淀粉的分子比直链淀粉大，相对分子质量在$1\times10^5\sim1\times10^6$，相当于聚合度为600~6000个葡萄糖残基。它是由α-1,4糖苷键连接成直链（通常24~30个葡萄糖单位），此直链上又可通过α-1,6糖苷键形成侧链，呈树形分枝结构。每一分支平均含有20~30个葡萄糖残基，各分支也是D-葡萄糖残基以α-1,4糖苷键成链，卷曲成螺旋，但在分支节点上则是α-1,6糖苷键，分支之间相距11~12个葡萄糖残基，部分结构如图1-14所示。

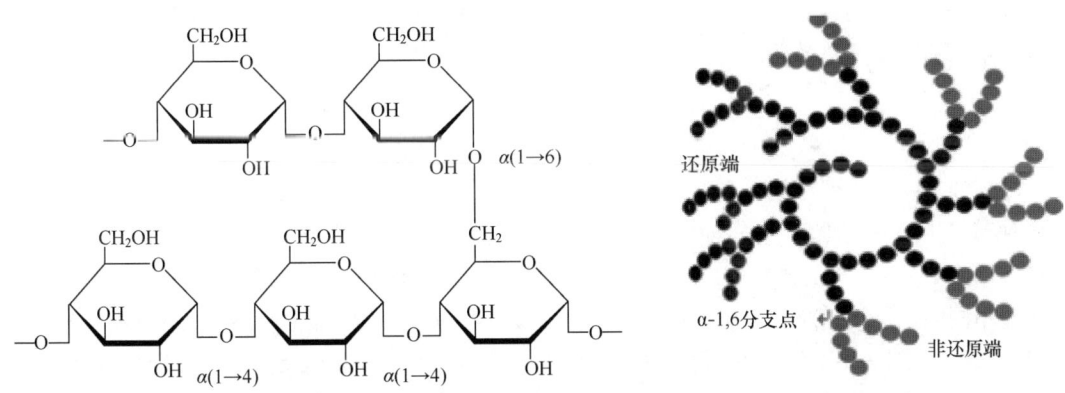

图1-14　支链淀粉结构图

2. 淀粉的糊化和老化

淀粉在植物细胞内以颗粒的形式存在，是淀粉分子的分子集聚。在冷水中不溶解，但在加热的情况下淀粉颗粒吸水而膨胀，分散在水中，形成半透明的胶悬液，此过程称为凝胶化或糊化（gelatinization）。糊化作用的本质是淀粉粒中有序及无序（晶质或非晶质）态的淀粉分子间的氢键断裂，分散在水中成为胶体溶液。糊化后的淀粉又称α化淀粉。将新鲜制备的糊化淀粉浆脱水干燥，可得分散于凉水的无定型粉末，"即食"型的谷物制品制造原理就是淀粉的α化。

凝胶化的直链淀粉缓慢冷却或淀粉凝胶长期放置，淀粉分子可借助分子间的氢键形成不溶的微晶束而沉淀析出，变成不透明甚至产生沉淀的现象，称为淀粉的老化（ageing）或退减现象（retrogradation），其本质是糊化的淀粉分子又自动排列成序，形成致密、高度晶化的不溶解性淀粉分子微束。老化的淀粉不易被淀粉酶作用。

淀粉老化作用的控制在食品工业中有重要的意义。老化作用的最适温度在 2~4℃，如果>60℃或<-20℃都不发生老化，但食品不可长时间放置在高温下，一经加热降至常温便会发生老化，为防止老化，可将淀粉食品速冻至-20℃，使淀粉分子间的水急速结晶，阻碍淀粉分子的相互靠近。直链淀粉与支链淀粉相比，直链淀粉更易老化；聚合度高的淀粉与聚合度低的淀粉相比，聚合度高的易老化。支链淀粉由于高度的分支性，与溶剂水分子以氢键结合，因而易分散在凉水中，加热分散成黏性很大的胶体溶液，这种胶体溶液在冷却后也非常稳定，几乎不发生老化。

3. 碘显色反应

淀粉遇碘液立即显蓝色，反应非常灵敏，常用作淀粉的定性鉴定或指示淀粉水解反应终点。在分析化学上，也常用淀粉作指示剂，指示碘量法氧化还原滴定的终点。

多糖链的螺旋构象是碘显色反应的必要条件。当碘分子落入螺旋圈内时，糖的游离羟基成为电子供体，碘分子成为电子受体，形成淀粉-碘络合物，呈现颜色。如果将显色的溶液加热至 70℃以上，因为糖链螺旋构象破坏，伸展成直链，颜色随之消失，冷却后，颜色重现。

碘显色反应的颜色与葡萄糖链的长度有关。糖链聚合度大于 60 个残基者，显蓝色；小于 20 个残基者显红色；低于 6 个残基的寡糖不显色。因此，直链淀粉显蓝色，纯支链淀粉显紫红色。一般天然淀粉大都是直链和支链淀粉的混合物，遇碘显蓝色。

4. 水解反应及 DE 值

淀粉分子中的葡萄糖苷键对碱比较稳定。在酸或酶的催化下加水分解，最终生成葡萄糖。因此，淀粉的水解又称糖化。反应式如下：

$$(C_6H_{10}O_5)_n + nH_2O \xrightarrow{\text{酸或酶}} nC_6H_{12}O_6$$
$$\text{淀粉} \qquad\qquad\qquad \text{葡萄糖}$$

淀粉的不完全水解产物有糊精、寡糖、麦芽糖等。糊精是淀粉从轻度水解直到变成寡糖之间各种不同相对分子质量中间产物的总称。糊精具有旋光性，能溶于水，不溶于酒精。取淀粉水解液加到 50%~70%的酒精中，若有糊精存在则有白色沉淀析出。不同相对分子质量的糊精遇碘显不同颜色。随相对分子质量逐渐变小，碘显色反应依次为：蓝色糊精→紫色糊精→红色糊精→浅红色糊精→无色寡糖→葡萄糖。生产上，常用酒精沉淀和碘反应了解淀粉水解进程。

随着水解反应的进行，还原糖逐渐增加。测定还原糖量，计算葡萄糖值，可以代表淀粉水解（糖化）的程度。

葡萄糖值，简称 DE 值（dextrose equivalent value），是在淀粉糖浆生产中用于表示淀粉水解程度的术语，其定义为：还原糖总量（按葡萄糖计）占试样中干物质量的质量分数。DE 值越高，说明还原糖越多，剩余的糊精就越少。

$$DE(\%) = \frac{\text{还原糖含量（以葡萄糖表示）}}{\text{淀粉干物质含量}} \times 100\%$$

因为水解液中麦芽糖、麦芽三糖等低聚糖也具有还原性，所以葡萄糖的实际含量比 DE 值低。淀粉完全水解，理论上 DE 值应为 111%。实际上，由于淀粉纯度、水解逆反应生成副产物等因素的影响，DE 值难以达到理论值。

淀粉是生产果葡糖浆的原料，现在的生产方法主要有两种：

第一种方法是酸转化法。淀粉（30%~40%水匀浆）用盐酸调整使其浓度近似为0.12%，于140~160℃加热煮15~20min或直至达到要求的右旋糖（葡萄糖）当量（dextrose equivalent，DE）值，水解结束即停止加热。用碳酸钠调节pH 4.0~5.5，离心沉淀、过滤、浓缩，即得到酸转化果葡糖浆。

第二种方法是酸-酶转化法，即淀粉经酸水解后再用酶处理。酸处理过程与第一种方法相同，采用的酶有α-淀粉酶、β-淀粉酶和葡萄糖糖化酶。选用何种酶取决于所得到的最终产品。例如生产62DE果葡萄糖浆时先用酸转化至DE值达到45~50，经过中和、澄清处理后再添加酶制剂，通常用α-淀粉酶转化，使DE值达到大约62%，然后加热使酶失活。

高麦芽糖糖浆就是一种酸-酶转化糖浆，即先用酸处理至DE值达到20左右，经过中和、澄清后添加β-淀粉酶转化至DE值达到要求位置，然后使酶加热失活。果葡糖浆是一种重要的甜味剂，风味优于蔗糖，是植物淀粉水解和异构化制成的。

5. 淀粉的化学改性

淀粉经适当化学处理，分子中引入相应的化学基团，分子结构发生变化，产生了一些符合特殊需要的理化性能，这种发生了结构和性状变化的淀粉衍生物称为改性淀粉。例如，用次氯酸盐处理淀粉，使部分糖苷键断裂，分子变小，羟基被氧化成羧基或羰基，这种产品为氧化淀粉。用磷酸将淀粉酯化，得到磷酸化淀粉，又称阴离子淀粉。在碱性条件下，用适当的试剂处理，引入叔铵或季铵基团，成为阳离子淀粉。用乙酸酐处理，得到羧甲基淀粉。在碱性条件下，引入羟乙基或羟丙基则成羟烷基淀粉。用丙二醛等双功能试剂处理，淀粉分子被交联成更大的分子，成为交联淀粉等。改性淀粉改变了淀粉原来的糊化性能、黏性、胶凝性、凝沉性和亲水性，可分别作为增稠剂、胶凝剂、黏合剂、分散剂、淀粉膜等，广泛用于纺织、印染、造纸、纸箱、食品、包装以及生化分离分析和生物材料的固定化技术等领域。

（二）纤维素

纤维素（cellulose）是植物细胞壁结构物质的主要成分，构成植物支撑组织的基础。其含量占生物界全部有机碳化合物的一半以上，如作物秸秆、棉、麻和木材等。纤维素通常与半纤维素、果胶和木质素结合在一起，其结合方式和程度对植物食品的质地产生很大的影响。植物在成熟和后熟时质地的变化则是由果胶物质发生变化引起的。由于人体消化道内不存在纤维素酶，因此纤维素连同其他惰性多糖构成植物性食品物料中不可消化的成分，如蔬菜、水果和谷物中的不可消化的糖类化合物统称膳食纤维，纤维素和改性纤维素作为膳食纤维，不能被人体消化，也不能提供营养和热量，但具有促进肠道蠕动的作用。草食动物消化道中存在的微生物可产生水解纤维素的酶，能利用纤维素做养料，将其降解为葡萄糖。纤维素是由1000~10000个β-D-吡喃葡萄糖基通过β-1,4糖苷键连接的没有分支的同聚多糖。纤维素分子中的β-D-吡喃葡萄糖连接方式如下：

纤维素不溶于水、稀酸及稀碱，没有还原性。其结构中的β-1,4糖苷键对稀酸水解有较强的抵抗力。纤维素在浓酸中或用稀酸在加压下水解，可以得到纤维四糖、纤维三糖和纤维二糖，最终产物是 D-葡萄糖。

在自然界中很多微生物能够产生纤维素酶，如某些真菌、细菌都能合成和分泌纤维素酶，可利用纤维素作为碳源，如香菇、木耳的栽培。

纤维素结构中的每个葡萄糖残基含有3个自由羟基，因此能与酸形成酯。将天然纤维素经过适当处理改变性质以适合特殊的需要，称为改性纤维素，比较常见的改性纤维素有下列几种：

（1）羧甲基纤维素（carboxymethylcellulose，CMC）　由纤维素与氯乙酸钠反应生成羧甲基纤维素钠，一般产物的取代度 DS 为 0.3~0.9，聚合度为 500~2000。它是白色吸湿性粉末，可溶于水（热水、冷水），形成具有良好持水性和黏稠性的亲水胶体，是性能良好的混悬剂、乳化剂、黏合剂和延效剂，在食品工业中广泛用作增稠剂，并能经受短时间高温杀菌而不变。羧甲基纤维素有助于食品蛋白质的增溶，如明胶、干酪素和大豆蛋白等。在增溶过程中，羧甲基纤维素与蛋白质形成复合物，特别是在蛋白质等电点附近，可使蛋白质保持稳定的分散体系。

（2）甲基纤维素（methylcellulose，MC）　是纤维素的醚化衍生物，其制备方法与羧甲基纤维素相似，在强碱性条件下将纤维素同三氯甲烷反应即得到甲基纤维素，取代度依反应条件而定，市售产品的取代度一般为 1.1~2.2。

甲基纤维素具有热胶凝性，即溶液加热时能形成凝胶，冷却后又恢复溶液状态。该物质溶液加热时，最初黏度降低，然后迅速增大并形成凝胶，这是由于各个分子周围的水合层受热后破裂，聚合物之间疏水作用增强引起的。甲基纤维素不能被人体消化，是膳食中的无热量多糖。

（3）羟丙基甲基纤维素（hydroxypropyl methylcellulose，HPMC）　是纤维素与氯甲烷、环氧丙烷在碱性条件下反应制备的，取代度通常在 0.002~0.3，可溶于冷水。原因主要是在纤维素分子链中引入了甲基和羟丙基两个基团，从而干扰了羟丙基甲基纤维素分子链的结晶堆积和缔合，因此增加了纤维素的水溶性，但由于极性羟基减少，其水合作用降低。纤维素被醚化后，使分子具有表面活性且易在界面吸附，从而有助于乳浊液和泡沫稳定。

甲基纤维素和羟丙基甲基纤维素可增强食品对水的吸收和保持，特别是可使油炸食品不致过度吸收油脂。在某些保健食品中甲基纤维素起脱水收缩剂和填充剂的作用，在不含面筋的加工食品中作为质地和结构物质。在冷冻食品中用于抑制脱水收缩（特别是在酱汁、肉、水果和蔬菜中），在沙拉调味汁中可作为增稠剂和稳定剂。

带有可交换阴离子基团的纤维素，如二乙基胺乙基纤维素（DEAE 纤维素）、三乙基胺乙基纤维素（TEAE 纤维素）；带有可交换阳离子基团的纤维素，如羧甲基纤维素、磷酸纤维素、磺酸纤维素等，这些具有离子交换功能的改性纤维素在生化分离分析中，具有很强的分辨能力，已经成为实验室层析分离的载体，在生物化学研究中发挥重要作用。

（三）糖原

糖原（glycogen）又称动物淀粉，是动物体内的贮存多糖，主要存在于肝脏及肌肉中，细菌、酵母、真菌中也发现了糖原的存在。

糖原是由 α-D-葡萄糖构成的同聚多糖，相对分子质量在 $2.7 \times 10^5 \sim 3.5 \times 10^6$，结构与淀粉相似，也是带有 α-1,6 分支点的 α-1,4-葡萄糖多聚物。但其分子更大，分支更多，每条链含有 8~10 个葡萄糖单位就出现 α-1,6 糖苷键，结构及示意图如图 1-15 所示。

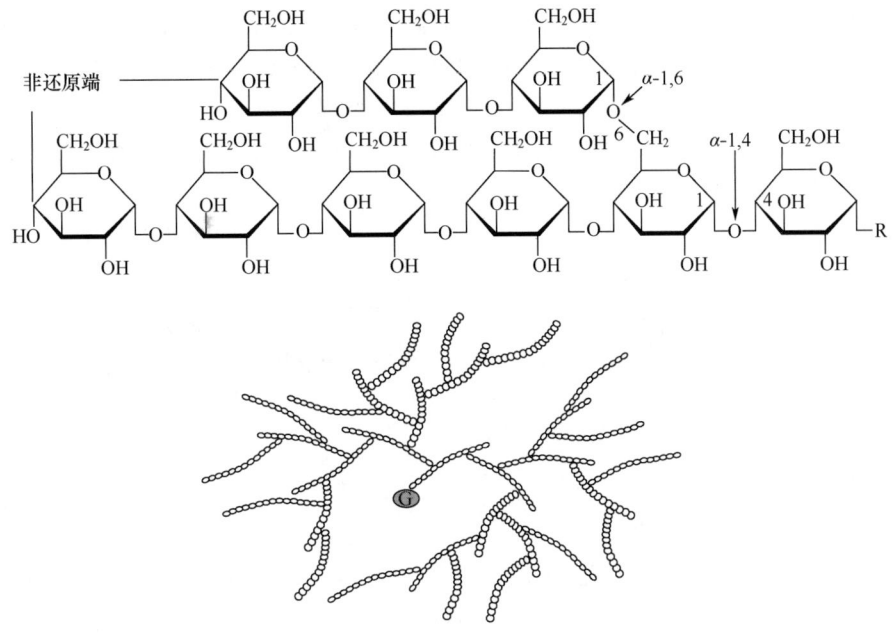

图1-15 糖原的结构及示意图

糖原是无定形粉末，溶于热水，溶解后呈胶体溶液，糖原溶液遇碘呈紫红色，水解的最终产物是D-葡萄糖。

糖原在体内的储存具有重要意义。糖原是体内活动所需能量的重要来源。正常情况下，肝脏中糖原的含量可达10%~20%，肌肉中的含量为4%，人体大约含糖原400g，当血液中葡萄糖含量增高时，多余的葡萄糖就转变成糖原储存在肝脏中；当血液中葡萄糖含量降低时，肝脏中糖原就分解为葡萄糖进入血液，以保持血液中葡萄糖的一定含量，肌肉中的糖原为肌肉收缩提供所需要的能源。

糖原是人和动物餐间以及肌肉剧烈运动时最易动用的葡萄糖储藏库，而葡萄糖是体内各器官的重要代谢燃料，更是大脑唯一直接可利用的燃料。支链淀粉和糖原都是分支的，但糖原分支程度更高，因为每一分支链都以非还原的单糖单位结尾，所以有几个支链的糖原分子就有$n+1$个非还原端。当糖原被用作能源时，每次从非还原端除去一个残基。只作用于非还原端的降解酶（如糖原磷酸化酶）可以在多个支链的非还原端同时工作，加速多聚体转化为单体，有利于即时动用葡萄糖储藏库，以供代谢的急需。

体内糖原的分解及合成受到激素和别构酶的调节。分解所需的主要酶有糖原磷酸化酶、糖原脱支酶和磷酸葡萄糖变位酶；合成所需主要的酶是糖原合酶。糖原合成和分解的生理性调节主要靠胰岛素和胰高血糖素。

（四） 果胶

果胶（pectin）广泛分布在植物体内，存在于植物细胞的胞间层，由α-1，4-D-吡喃半乳糖醛酸单位组成聚合物，主链上还存在α-L-鼠李糖残基，在鼠李糖富集的链段中，鼠李糖残基呈现毗连或交替的位置。果胶的伸长侧链还包括少量的半乳聚糖和阿拉伯聚糖。各种果胶的主要差别是它们的甲氧基含量或酯化度不同，原果胶是未成熟的果实、蔬菜中高度甲酯化且不溶于水的果胶，它使果实、蔬菜具有较硬的质地。

果胶酯酸（pectinic acid）是甲酯化程度不太高的果胶，原果胶在果胶酶和果胶甲酯酶的作用下转变成果胶酯酸。果胶酯酸因聚合度和甲酯化程度不同，若羧基100%被甲酯化，甲氧基（—O—CH₃）的理论含量为16.3%。实践中规定甲氧基含量大于7%者，称为高甲氧基果胶，小于7%者，为低甲氧基果胶。若以DE值为计量，高于50%的果胶称为高甲氧果胶，低于50%称为低甲氧基果胶。果胶结构如图1-16所示。

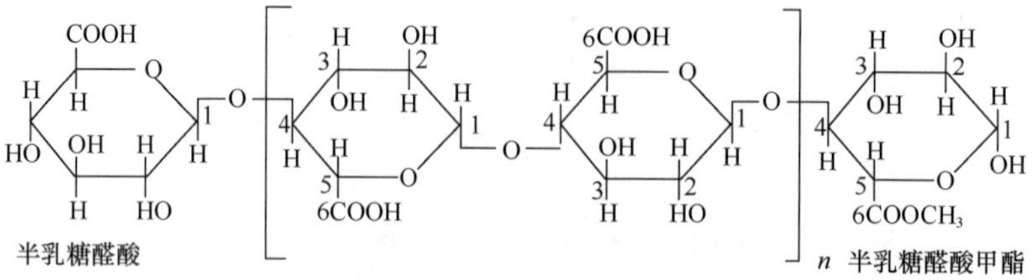

图1-16 果胶结构

商业上生产果胶是以橘子皮和压榨后的苹果渣为原料，在pH 1.5~3.0、60~100℃条件下提取，然后通过离子（如Al^{3+}）沉淀纯化，使果胶形成不溶于水的果胶盐，用酸性乙醇洗涤沉淀，以除去添加的粒子。果胶常用于制作果酱和果冻，生产酸奶的水果基质及饮料和冰淇淋的稳定剂和增稠剂。

果胶的理化性质：

（1）溶解性　果胶酸及果胶在水中溶解度随相对分子质量增加而降低，随酯化程度增加而增加，果胶酸在水中溶解度低于1%。果胶则易溶于水，溶液黏度大，黏度与果胶相对分子质量成正比，稀酸溶液有利于果胶质溶解，因此生产上用稀盐酸分离提取果胶质。果胶质不溶于酒精，可用于对果胶进行定性和定量检验。

（2）胶凝性质　果胶是亲水胶体，其水溶液在适当的条件下可形成凝胶。发生凝胶作用的条件主要有：果胶浓度在0.3%~0.7%及以上，pH 2.0~3.8，蔗糖浓度60%~65%及以上，满足上述条件在室温下即可形成凝胶。该凝胶不受温度影响，即使接近沸腾温度也可胶凝。另外酯化程度与胶凝作用关系密切，高甲氧基果胶只要用蔗糖作脱水剂即可胶凝，低甲氧基果胶则较难胶凝。除了满足上述条件外，金属离子如Ca^{2+}、Mg^{2+}等可作为交联剂。

（3）水解作用　果胶的甲氧基由酶催化或高温高压蒸煮可水解产生甲醇，酒类发酵中的甲醇即来源于此。

（五）琼胶

琼胶（agar）又称琼脂，是石花菜属及其他多种海藻所含的一种多糖胶质。琼胶主要由琼脂糖及琼胶酯组成，琼脂糖是以1，3糖苷键连接的β-D-半乳糖和以1，4糖苷键连接的α-3，6-内醚-L-半乳糖交替连接起来的长链结构；琼胶酯则是琼胶糖的硫酸酯衍生物，并有葡萄糖醛酸残基存在。琼胶中如果琼脂糖含量高，凝胶强度就高，反之则强度低。

琼胶能吸水膨胀，不溶于凉水而溶于热水，1%溶液在35~50℃可凝固成坚实凝胶，熔点80~100℃，可反复融化和凝固，该物质不易被细菌分解，所以是微生物固体培养基的良好支持材料，同时也是生物化学实验中电泳试验的支持物之一。琼胶不能被人体利用，在食品工业中用于果冻、果糕的凝冻剂，在果汁饮料中作浊度稳定剂，在糖果工业中做软糖基料等。除此以外，还有瓜尔豆胶、角豆胶、黄芪胶、鹿角藻胶（卡拉胶）等。

（六）微生物多糖

目前认为微生物多糖是微生物利用现成的碳水化合物进行二次代谢，在细胞内合成向细胞外分泌的产物。大多数是作为荚膜和胞外黏液的成分，产胞外多糖的微生物目前已经发现有50多个属100多个种，主要分布于细菌、真菌和酵母中。

微生物多糖因其使用性能较植物胶优越，并且具有生产周期短、成本低，便于实现工业化生产等优点，已经成为发酵生产的一个新兴领域，如黄原胶、右旋糖苷、茁霉多糖、透明质酸等都在国内实现了工业发酵生产。下面介绍几种常见的微生物多糖的结构、性质和用途。

1. 葡聚糖（dextran）

又称右旋糖酐，是由肠膜明串珠球菌利用蔗糖发酵合成的，生产菌产生一种右旋糖酐蔗糖酶（葡聚糖蔗糖酶），利用蔗糖分子中的葡萄糖合成葡聚糖，如图1-17所示。

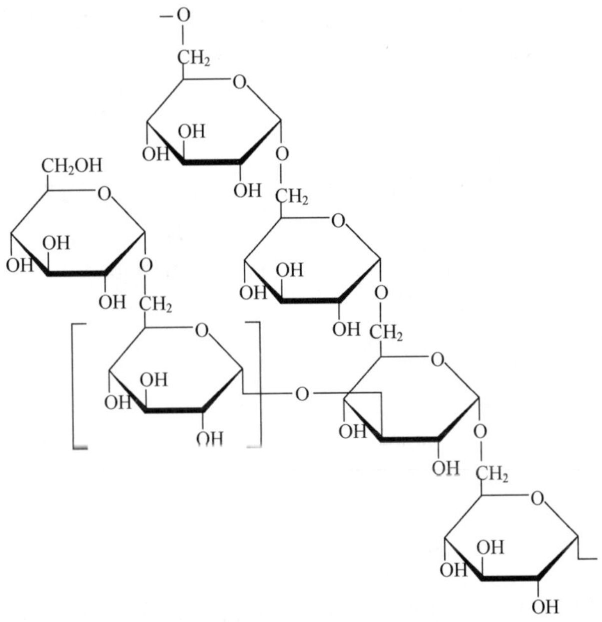

图1-17 葡聚糖的分子结构

葡聚糖是均质多糖，相对分子质量分布很宽，为1.5万~2000万。分子结构中90%~95%的葡萄糖残基以α-1,6糖苷键连接成主链，其余残基以α-1,3糖苷键连接到主链上，也有少数是α-1,2糖苷键或α-1,4糖苷键连接的。右旋糖酐经交联剂处理，被交联形成具有立体网状结构的交联葡聚糖，广泛用于生化分离，商品名为Sephadex，又称分子筛。使用过程中，通过调整交联剂与葡聚糖的配料比例，可以合成交联度大小不同的系列产品，商品型号有SephadexG10、SephadexG15、SephadexG25、SephadexG50、SephadexG75、SephadexG150、SephadexG200和SephadexG300等，型号越大，交联度越小，孔径越大。小型号适用于小相对分子质量混合物样品或小分子与大分子混合样品的分离。Sephadex如再经过加工修饰，可做成具有离子交换功能的层析柱装料，例如DEAE-Sephadex、羟甲基-Sephadex等。

右旋糖酐易溶于水，形成透明溶液，耐高温消毒及反复冷冻与解冻。右旋糖酐作为代血浆已应用于临床，一般用6%的生理盐水溶液，因为它和血浆等渗，黏度也相同。

2. 黄原胶（xanthan gum）

黄原胶是由黑腐病黄色单胞菌在含D-葡萄糖的培养液中合成的混合多糖，相对分子质量在10^6数量级，由D-葡萄糖、D-甘露糖及D-葡萄糖醛酸以3∶3∶2的比例缩合而成，分子中还结合有乙酰基及丙酮酰基，结构未最终确定。

黄原胶分子的主链与纤维素分子类似，是β-D-葡萄糖以β-1,4糖苷键连接而成的多糖链，侧链是杂聚多糖，通过α-1,3-甘露糖苷键连接到主链上。约有半数侧链的非还原性末端的甘露聚糖上连接着丙酮酸，丙酮酸与葡萄糖醛酸的羧基可与金属离子结合。

黄原胶易溶于水，低浓度下具有很高的黏度，有良好的剪切稀释恢复能力和乳胶稳定性及悬浊液稳定性能，几乎不受温度、pH和盐浓度的影响，因此常做增稠剂、悬浮剂、稳定剂、润滑剂等。

3. 透明质酸（hyaluronic acid，HA）

透明质酸又称玻璃酸，是由美国Meyer等在1934年首先从牛眼玻璃体中分离得到的一种以乙酰氨基葡萄糖与葡萄糖醛酸双糖单元交替连接而成的直链酸性黏多糖。

透明质酸是酸性黏多糖，广泛存在于高等动物的关节液、软骨、结缔组织、皮肤及鸡冠等组织和某些微生物的细胞壁中。就目前所知，这是唯一一种在微生物中存在的高等动物组织的黏多糖。分子结构以二糖单位β-D-葡萄糖醛酸-1,3-N-乙酰氨基葡萄糖为基本单位，通过β-1,4糖苷键连接而成，相对分子质量为数十万到数百万，为白色粉末，无特殊异味，旋光度为$-74°$（25℃，0.025%水中），能缓慢但最终完全溶于水，形成黏稠、微乳白色或无色溶液，难溶于有机溶剂。与其他黏多糖不同，它不含硫。由于吸水性极强，为目前所公认的最佳保湿成分。结构如图1-18所示。

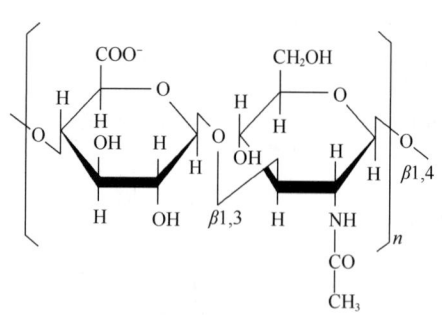

图1-18 透明质酸的分子结构

目前对于HA的提取主要有两种方法：动物组织提取法和微生物发酵法。

动物组织提取法是以人脐带、鸡冠、哺乳动物血清、牛眼玻璃体、鲨鱼皮及鲸鱼软骨等为原料，用适量丙酮或乙醇浸泡过夜，过滤，对原料脱脂、脱水。风干后，将原料改用蒸馏水浸泡一定时间，过滤。滤液分别用氯化钠溶液和氯仿处理，之后加入胰蛋白酶于50℃左右保温酶解一定时间，去除蛋白质、小分子肽、氨基酸、核酸及其他多糖类杂质。混合液经离子交换树脂脱无机离子后得精制HA。该工艺原料来源局限性大，产品提取率极低，仅为1%左右，工艺程序复杂，生产成本高，不宜进行工业化生产。

微生物发酵法是以葡萄糖作碳源，蛋白胨为氮源及其他营养物质组成培养基，接种菌种（常采用马链球菌）后，于特定条件下培养发酵48h。发酵结束后，过滤除去菌丝体蛋白、核酸、有机酸及链球菌代谢生成的其他复杂产物等杂质。再经乙醇沉淀、纯化等程序即能得到高纯度HA产品。该工艺特点是不受原料资源限制，操作简便，无须复杂纯化过程，产率较高，还能按实际需要来设定产品的分子质量，并可进行大批量工业化生产，生产成本较低，是未来生产HA的主要发展方向。

（七）糖胺聚糖

在多细胞动物组织的胞外空隙中充满着胶状的物质称为胞外基质（extracellular matrix，ECM）。ECM 中的杂多糖称为糖胺聚糖（glycosaminoglycan），它曾称黏多糖、氨基多糖或酸性多糖。糖胺聚糖是动物和细菌所特有的，植物中不存在。糖胺聚糖是一类由重复二糖单位构成的线型杂多糖，其通式为（己糖醛酸-己糖胺）$_n$，n 随种类而异。通式中己糖醛酸残基为 D-葡糖醛酸或 L-艾杜糖醛酸。有些糖胺聚糖的一些羟基被硫酸化（磺酸化），这些硫酸基和糖醛酸残基的羧基使糖胺聚糖具有很高的负电荷密度。由于相邻的负荷电基团间的斥力，糖胺聚糖在溶液中采取高度伸展的棒状构象。糖胺聚糖分子中硫酸化单糖残基的特异图案（硫酸化谱）为许多跟它们发生静电结合的配体蛋白质提供了专一性识别。硫酸化的糖胺聚糖与胞外蛋白质连接形成蛋白聚糖（详见本章后述）。

重要的糖胺聚糖有透明质酸、肝素、硫酸软骨素、硫酸角质素等。

（1）透明质酸　透明质酸（hyaluronic acid，HA）是糖胺聚糖中结构最简单的，结构（图 1-18）及特性如上述。

（2）肝素　肝素（heparin）广泛分布在动物的肺、血管壁、肠黏膜中，以肝中含量最多，肝素在体内以与蛋白质结合的形式存在。肝素是动物体内天然的抗凝血物质，可以抑制凝血酶原转变为凝血酶，对于维持血液在血管内流通起着重要作用。临床上应用的肝素几乎都来自猪肠黏膜，主要用于防止血栓的形成及输血用的抗凝剂。

肝素分子由葡萄糖胺和糖醛酸（主要是 L-艾杜糖醛酸，也有少量 D-葡萄糖醛酸）组成基本二糖单位，再以 α-1,4 糖苷键相连接形成多糖（图 1-19）。大多数葡萄糖胺的氨基是硫酸化的，这是肝素和硫酸乙酰肝素独有的结构。

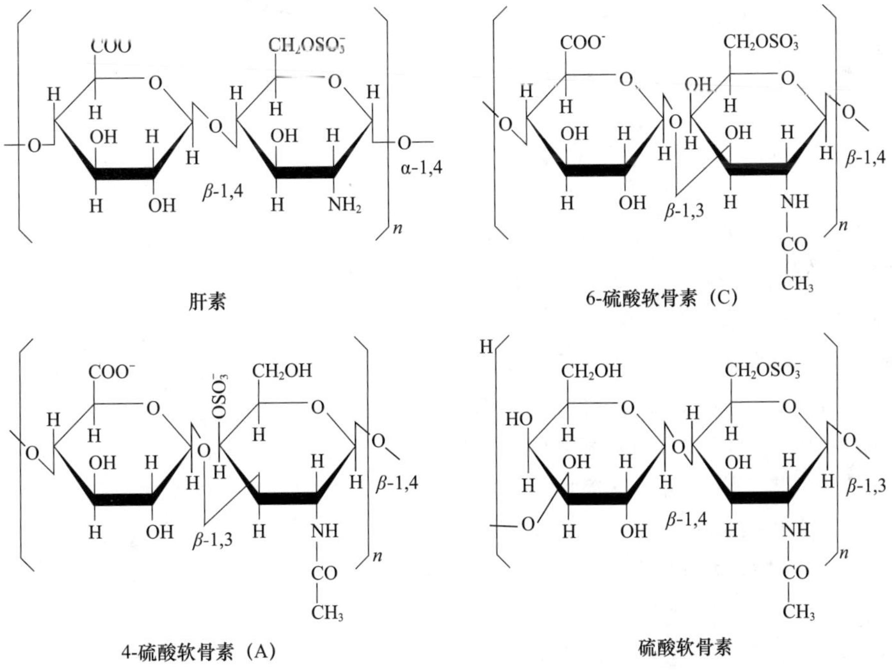

图 1-19　几种糖胺聚糖的分子结构

(3) 硫酸软骨素　硫酸软骨素（chondroitin sulfate）是广泛存在于软骨及结缔组织中的氨基多糖，硫酸软骨素的基本结构与透明质酸的结构相似，只不过，其重复双糖单位中的 N-乙酰葡糖胺被 N-乙酰半乳糖胺取代。硫酸软骨素的 N-乙酰半乳糖胺基的 4 位或 6 位通常被硫酸基取代（图 1-19）。

硫酸软骨素在临床上能较好地降低高血脂患者血清中的胆固醇、三酰甘油，可减少冠心病的发病率和死亡率。

几种糖胺聚糖的组成及分布如表 1-4 所示。

表 1-4　　　　　　　　几种糖胺聚糖比较

糖胺聚糖	己糖胺	糖醛酸	SO_4^{2-}	分布
透明质酸	N-乙酰葡糖胺	D-葡糖醛酸	无	角膜、皮肤、结缔组织
肝素	葡萄糖胺-6-硫酸	L-艾杜糖醛酸 D-葡萄糖醛酸（少量）	有	肝、肺、皮肤、
硫酸软骨素 A	N-乙酰半乳糖胺-4-硫酸	D-葡萄糖醛酸	有	骨、软骨、角膜、皮肤
硫酸角质素	N-乙酰葡萄糖胺-6-硫酸	不含糖醛酸	有	角膜、软骨、骨髓

（八）肽聚糖

肽聚糖（peptidoglycan）的主链是由 N-乙酰葡糖胺（GlcNAc）和 N-乙酰胞壁酸（MurNAc）由 β-1,4 糖苷键交替连接而成。这些多糖链在细胞壁中平行排列，链间通过连接在 MurNAc 残基上的短肽（肽的准确结构决定于细菌的种类）交联起来（图 1-20）。

肽聚糖主链的重复结构有人称它为胞壁肽（muropeptide），胞壁肽是一个连有四肽的二糖单位，四肽的 N 端通过酰胺键与 MurNAc 的乳酸基相连。四肽中氨基酸残基是 D 型和 L 型交替存在的：N 端残基经常是 L-Ala，第 2 残基是 D-Glu，第 3 残基（R）随细菌种属而异，或 L-Lys 或赖氨酸样氨基酸，如 2,6-二氨基庚酸，C 端残基是 D-Ala。在大肠杆菌（E. coli）和其他革兰氏阴性菌中，侧链四肽与侧链四肽直接相连，即一条多糖链上的四肽 D-Ala 的 α-COOH 与相邻多糖链上的四肽第 3 残基的侧链氨基，如 L-Lys 的 ε-NH$_2$ 相连。但在革兰氏阳性菌中四肽侧链之间通过一个由 1~5 个氨基酸组成的交联桥连接，例如金黄色葡萄球菌（S. Aureus）中，四肽侧链之间的交联桥是五聚甘氨酸。实际上肽聚糖是一个由

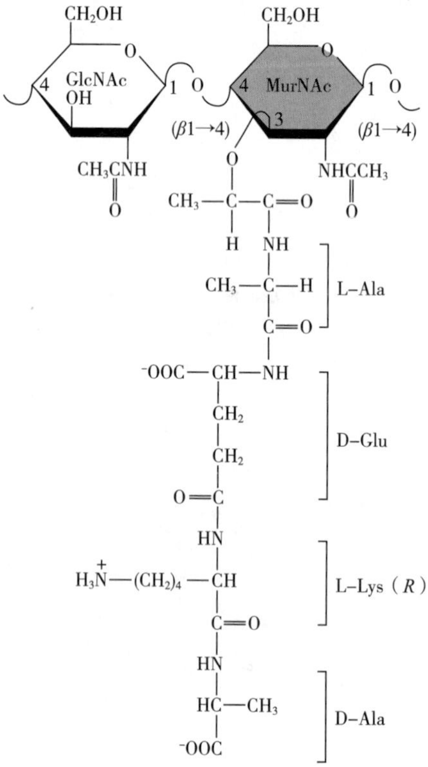

图 1-20　肽聚糖主链的重复单位结构（图中 R 表示有些细菌可能是其他氨基酸）

共价键连接的、包围着整个细菌细胞的刚性囊状大分子，它防止因渗透进水而引起细胞膨胀和破裂。溶菌酶是通过水解 Glc-NAc 和 MurNAc 残基之间的 β-1，4 糖苷键杀死细菌的。溶菌酶分布很广，在卵清、噬菌体和眼泪中都存在。青霉素（penicillin）杀伤细菌是通过干扰肽聚糖中多糖链之间的肽交联桥的形成，使细菌失去抗渗透能力。

（九）糖缀合物（glycoconjugate）

1. 蛋白聚糖与糖蛋白

二者都是糖质与蛋白质的共价缀合物。

蛋白聚糖（proteoglycan）是位于细胞表面或胞外基质中的大分子，通常由一个或几个糖胺聚糖共价结合于膜蛋白或分泌型蛋白质上形成。糖胺聚糖一般是蛋白聚糖中含量最大的成分，按质量计算，糖含量可达95%或更高，它决定了蛋白聚糖的结构，并且是发挥生物活性的主要位点。在许多情形中，蛋白聚糖的生物活性是提供多结合位点，并与细胞表面或胞外基质中的其他蛋白质形成大量氢键和静电相互作用。蛋白聚糖是结缔组织（例如软骨、皮肤、关节）的主要成分，由于多数糖胺聚糖都不同程度地被硫酸化，所以它们是高度亲水的多价阴离子，它们与其他蛋白聚糖、蛋白质以及糖胺聚糖的非共价相互作用为这些组织提供一定的润滑、强度和弹性。

糖蛋白（glycoprotein）含有一种或几种复杂程度不同的寡糖与蛋白质共价相连，糖成分的含量在不同组织细胞有差别，在 1%~80% 变动。糖蛋白一般存在于细胞质膜的外表面、胞外基质以及血液中，细胞内的糖蛋白存于特定的细胞器（如高尔基体、分泌小泡、溶酶体）中。糖蛋白的寡糖部分比蛋白聚糖中的糖胺聚糖链变化要小一些，但是它们含有丰富的信息，形成其他蛋白识别的特异性位点以及结合的高亲和位点。糖蛋白中的寡糖链，序列多变，结构信息丰富，甚至超过核酸和蛋白质。所以，糖蛋白中的寡糖链在细胞识别包括细胞黏着、淋巴细胞归巢、和精卵识别等生物学过程中起重要作用。

糖类与蛋白质或多肽结合形式有两种不同类型的糖苷键（图1-21）：

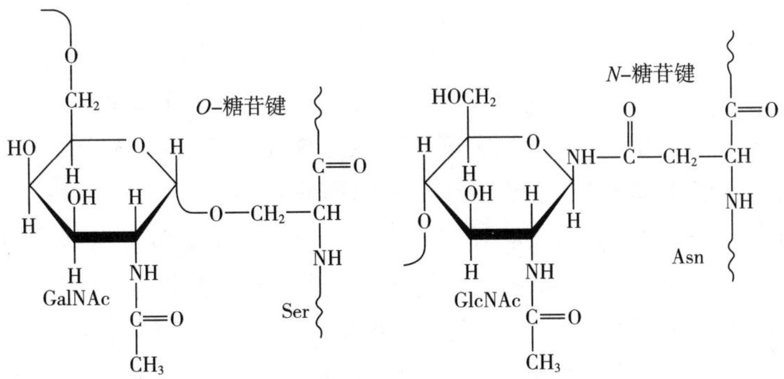

图1-21　O-糖苷键和 N-糖苷键的结构

① N-糖苷键：利用肽链上天冬酰胺的 γ-酰胺氮与糖基异头碳上的半缩醛羟基形成 N-糖苷键。

② O-糖苷键：利用肽链上苏氨酸或丝氨酸（或羟赖氨酸、羟脯氨酸）的羟基与糖基异头碳上的半缩醛羟基形成 O-糖苷键。

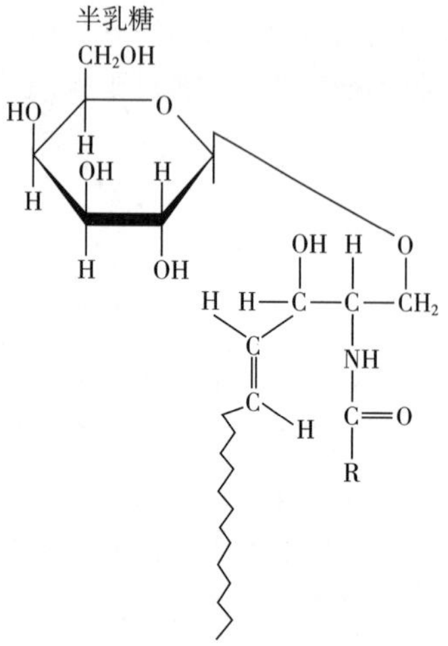

2. 糖脂与脂多糖

糖脂（glycolipid）广泛存在于动物、植物和微生物中，是脂质与糖半缩醛羟基结合的一类复合物。常见的糖脂为脑苷脂和神经节苷脂。图 1-22 表示出脑苷脂中脂质与糖半缩醛羟基之间的连接。

脑苷脂是由二酰甘油和己糖结合而成的化合物，己糖主要是半乳糖、甘露糖或葡萄糖。半乳糖脑苷脂广泛存在于神经组织中。糖基带有磺酸基（—SO_3^{2-}）的脑苷脂称为硫酸脑苷脂。硫酸脑苷脂广泛存在于动物的各器官中，脑组织中最为丰富。

糖基含唾液酸的糖脂称为神经节苷脂。神经节苷脂在神经系统尤其是神经末梢中含量最为丰富，可能与其在神经冲动传递中起递质作用有关。

细胞膜含有各种糖脂，暴露于膜表面的糖脂和糖蛋白是细胞识别的分子基础。

图 1-22　脑苷脂

脂多糖（lipopolysaccharide）主要是革兰氏阴性菌细胞壁所具有的复合多糖，它种类甚多，一般的脂多糖由三部分组成，由外到内为专一性低聚糖链、中心多糖链和脂质。外层专一性低聚糖链的组分随菌株不同而异，是细菌使人致病的部分。中心多糖链不同菌株则多相似或相同，脂质与中心糖链相连接。

第五节　糖结构分析

寡糖在生物学信号传递和识别方面的重要作用日益显现，这推动了对复杂寡糖的结构与立体化学进行分析的方法的发展。与蛋白质和核酸不同，寡糖可以具有很多分支，并且连接方式多样，这使得聚糖的分析变得十分复杂。在糖分析过程中，寡糖通常先从与它们结合的蛋白质或脂类分子上剥离，然后用可以显示化学键位置及立体化学特性的特异性试剂进行分步降解。质谱与核磁共振谱在破译寡糖结构上也有非常大的用处。

糖蛋白或糖脂上的寡糖成分可用高纯度的特定酶进行释放：糖苷酶能特定地水解 O-糖苷键连接或 N-糖苷键连接的寡糖，脂酶可以将糖脂的大部分脂类分子水解下来。糖的混合物也可以用分离蛋白质和氨基酸的方法（如溶剂分级沉淀、离子交换层析和凝胶过滤层析）纯化成单一组分（图 1-23）。共价连接于不溶性基质上的高纯度凝集素通常用于糖的亲和层析中。

用强酸水解寡糖与多糖产生单糖的混合物，然后使之转化成适当的挥发性衍生物，并用气液色谱法进行分离、鉴定与量化，最后可计算出多聚物的所有组成成分。

对于简单的线性多聚物（例如直链淀粉），可在强碱环境下用甲基碘化物处理完整的多糖，将所有自由羟基转化成酸稳定的甲基醚，再在酸溶液中水解甲基化的多糖，由此产生的单糖衍生物中仅有的自由羟基均来自多糖的糖苷键。

为确定每一单糖残基在糖链中所处的位置（包括分支处的单糖分子），可以利用特定的外切糖苷酶，它们可以每一次只在糖的非还原末端去除一个单糖分子，这些酶的独特性使人们能够演绎出糖连接的位置与立体化学特性。

寡糖分析已经越来越多地依赖于质谱与高解析度的核磁共振谱，单独的核磁共振分析已经可以解析出关于多糖的序列、连接位置与异头碳构型的大量信息，这种核磁共振技术对中等大小的寡糖尤为适用。对于多糖与大的寡糖，可以用化学方法或内切糖苷酶进行处理，以水解特定的内部糖苷键，产生若干更短的更易于分析的寡糖。

一些商用仪器与自动分析机已经被用于寡糖结构的常规测定。然而对于具有分支的寡糖，序列测定还存在更多的问题，这些寡糖的分支通过不只一种化学键连接在主链上，从而使对它们进行序列测定的难度远大于对只以单一化学键连接的蛋白质和核酸线性序列的测定。

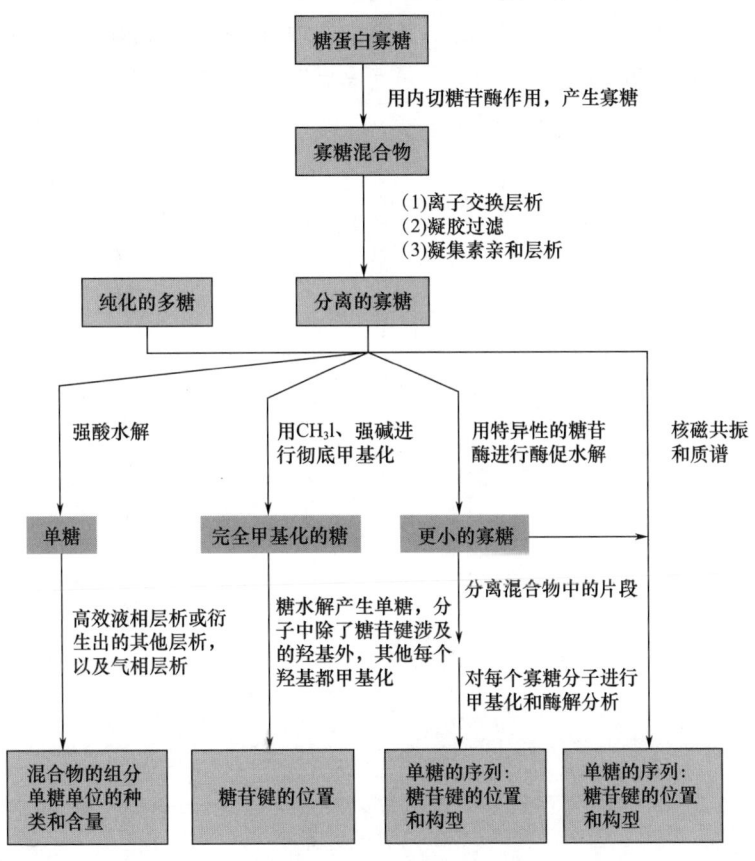

图1-23 糖分析方法

【延伸阅读】

生化与健康——蛀牙与防蛀牙

唾液中充满着细菌，浓度高达每毫升唾液含一百万个细菌，在你刷牙后几分钟之内，唾液中的黏蛋白黏附在牙齿表面，然后，立即有数百万计的口腔细菌结合到这个表面，但只有变形链球菌和乳酸杆菌的共同作用才能导致蛀牙。其中变形链球菌能分泌葡聚糖蔗糖酶（dextransu crase），此酶以蔗糖为底物，催化葡糖基的转移，其作用分为两步：第一步是将蔗糖分解成葡萄糖和果糖，第二步是将释放出来的葡萄糖立即转移到一个正在延伸的多糖分子——葡聚糖（右旋糖酐）的一端。葡聚糖像胶水一样，将唾液中的细菌吸附在牙齿的表面，形成牙菌斑。而乳酸杆菌生活在葡聚糖的内部，利用内部的缺氧环境，并以前面从蔗糖分解释放出来的果糖作为原料，进行乳酸发酵，产生的乳酸导致牙齿表面的 pH 降低，使牙釉质钙开始溶解。即使我们每天产生 1L 唾液，也不能冲走牙齿表面的酸性物质，这是因为葡聚糖对唾液是不透过的。因此养成良好的口腔卫生习惯是很重要的，如每次餐后刷牙和使用牙线，可显著减少牙菌斑的堆积。食用富含钙质的食物，也有助于强化牙齿表面的珐琅质。富含多糖的食品，如水果和蔬菜，也有助于防止蛀牙，原因是葡聚糖蔗糖酶不能使用多糖作为底物，吃水果和蔬菜有助于机械清除牙菌斑。

2010 年 5 月，荷兰格罗宁根大学 Dijkhuizenb 等人得到了葡聚糖蔗糖酶的晶体结构，并阐明了这种酶的催化机制。如果在此基础上，筛选出这种酶的特异性抑制剂，就会为防止蛀牙提供最有效的方法。也许在不远的将来，只要将一点点葡聚糖蔗糖酶的抑制剂添加到牙膏甚至糖果中，龋齿就会成为过去式。

第二章 脂质化学

第一节 概　　述

一、脂质的概念

脂类物质种类繁多，化学结构和化学组成千差万别，但它们都具有一个共同的特征，都是以非极性基团为主要成分。这种非极性结构的特性，导致脂类更易溶于非极性溶剂，如丙酮、乙醚、三氯甲烷和苯，而不易溶于水。脂质这种能溶于有机溶剂而不溶于水的特性称为脂溶性。这种溶解特性使脂类在细胞中具有非常重要的作用，因为它们的非极性基团倾向于相互聚集在一起构成一个屏障即细胞膜，将细胞内物质与细胞外隔离。除此之外，脂类也是细胞内能量的储存和使用形式。

一直以来，脂类的定义都非常模糊，通常是根据其能否溶于有机溶剂这一特性进行定义的。这些定义规则往往会将很多非脂类物质包罗在内，因此经常会引起误解，所以需要一个更精确的定义。脂类实际上是指脂肪酸及其衍生物和与这些化合物的生物合成或生物功能紧密相关的一类物质。

二、脂质的分类

脂质的元素组成主要是碳、氢、氧，有些还含有氮、磷、硫。

1. 根据化学组成分类

根据化学组成，脂质可分为以下三类：

（1）简单脂质（simple lipids）　是由各种高级脂肪酸和甘油或长链醇构成的酯，如三酰基甘油和蜡。

（2）复合脂质（complex lipids）　是除含有脂肪酸和各种醇以外，还含有其他非酯分子成分（磷酸、糖和含氮碱基），如甘油磷脂、鞘磷脂、甘油糖脂、鞘糖脂，其中鞘磷脂和鞘糖脂合称为鞘脂。复合脂质兼有两种不同化合物的理化性质，因而有特殊的生物学功能。

（3）衍生脂质（derived lipids）　由简单脂质和复合脂质衍生而来，也具有脂质的一般性质，如取代烃、固醇类、萜类等。

2. 按生物学功能分类

按生物学功能，脂质可分为以下三类：

(1) 贮存脂质（storage lipid） 它们是三酰基甘油和蜡，三酰基甘油是许多生物的主要贮能形式，蜡是海洋浮游生物的能量储库。

(2) 结构脂质（structural lipid） 即膜脂，包括磷脂、糖脂和胆固醇。

(3) 活性脂质（active lipid） 它们是细胞内的微量成分，但具有重要而专一的生物活性，包括类固醇激素、充当胞内信使的磷脂酰肌醇衍生物、具有激素样作用的前列腺素、脂溶性萜类维生素、光合色素以及作为电子载体的泛醌和质体醌。

三、脂质的生物学功能

1. 脂质是生物细胞的结构组分

磷脂（phospholipids），是一类含磷酸的复合脂质，是生物膜的主要成分。它广泛存在于动植物和微生物中，是一种重要的结构脂质。主要集中在原生质表面，特别是细胞的膜结构中，是生物膜特有的主要组分，细胞所含有的大部分磷脂集中在生物膜中。生物膜所特有的柔软性、半通透性以及高电阻性都与其所含的磷脂有关。同时，细胞质膜上各种脂质、蛋白质、糖类等表面复合物质的存在与细胞的识别、信号转导、特异性和组织免疫等有密切关系。因此，生物膜对细胞的生命活动具有特别重要的作用。

2. 脂质是机体的储存燃料

脂质是机体代谢所需燃料的储存形式。三酰基甘油是动植物主要的储存物质，通过氧化可以供给人类及动植物生命过程所需的热能。1g油脂在体内完全氧化能产生37kJ（9 kcal）能量，是1g糖或蛋白质释放能量的两倍多。例如，棕熊、蛇等冬眠动物在冬眠前累积大量脂肪以储存能量。

3. 脂质是一些活性物质的溶剂

有些生物活性物质必须溶解于脂质中才能在机体中运输并被机体吸收利用，如脂溶性维生素D，脂类物质可以促进这类物质的吸收，而这些物质在体内起着重要的调节细胞代谢的作用。在此，脂质充当了良好的溶剂。

4. 脂质具有保温和保护作用，是天然的润滑剂和防寒剂

在机体及其组织器官的表面脂质可以起到润滑剂的作用，可有效防止机械损伤。另外，皮下脂肪等还能防止热量散失，起着防寒剂的作用。

5. 参与机体代谢调节

脂类中的胆固醇在人体可以转化成多种激素物质，如肾上腺皮质激素和性激素等，进而调节人体的代谢。脂类物质在代谢过程中产生的一些中间产物，如甘油二酯、三磷酸肌醇等是体内重要的代谢调节物质，起着细胞内信号传递的作用。脂溶性维生素A、维生素D、维生素E、维生素K和类胡萝卜素是萜类化合物的衍生物；磷酸丝氨酸能作为凝血因子的激活剂；泛醌在线粒体中作为电子载体，是电子传递链中的重要成分。

第二节 甘油三酯和蜡

脂酰甘油（acyl glycerols），又称脂酰甘油酯（acyl glycerides），即脂肪酸和甘油所形成的酯。根据参与产生甘油酯的脂肪酸分子数，脂酰甘油分为单脂酰甘油、二脂酰甘油和三脂酰甘油三类。

三酰甘油（triacylglycerols）又称甘油三酯（triglycerides），是脂类中含量最丰富的一大类。它是甘油的三个羟基和三个脂肪酸分子缩合、失水后形成的酯。

单脂酰甘油（monoacylglycerols）和二脂酰甘油（diacylglycerols），它们在自然界中存在的量虽然不大，却是多种生物合成反应的中间物。它们（特别是单酰甘油），由于含有游离羟基在水中具有形成分散态的倾向，在食品工业中常被用作乳化剂。

甘油三酯和蜡都是含有脂肪酸的化合物，在活的生物体中普遍存在。前者被生物普遍地用作体内能量的储存形式，蜡是海洋浮游生物的能量储库。

一、甘油三酯

甘油三酯（三酰甘油）是植物和动物细胞贮脂（depot lipids）的主要成分。一般在室温下为液态的称为油（oils），在室温下为固态的称为脂（fats），有时也统称为油脂或中性脂。

（一）酰基甘油酯的结构

中性的酰基甘油是由一分子甘油与三分子脂肪酸酯化而成，反应式如下：

$$\begin{array}{c} CH_2-OH \\ HO-CH \\ CH_2-OH \end{array} + 3R_nCOOH \longrightarrow \begin{array}{c} CH_2-COOR_1 \\ R_2COO-CH \\ CH_2-COOR_3 \end{array}$$

如果 R_1、R_2 和 R_3 相同则称为单纯甘油酯，橄榄油中有 70% 以上的三油酸甘油酯；当 R_n 不完全相同时，则称为混合甘油酯，天然油脂多为混合甘油酯。当 R_1 和 R_3 不同时，则 C_2 原子具有手性，且天然油脂多为 L-型。

常见食用油脂中脂肪酸的组成见表 2-1。

表 2-1　　几种食用油脂的主要脂肪酸组成、熔点及碘值

油脂	熔点/℃	碘值	脂肪酸组成/（g/100g 总脂肪酸）			
			棕榈酸	硬脂酸	油酸	亚油酸
奶油	28~33	26~45	23~26	10~13	30~40	4~5
牛油	40~50	31~47	24~32	14~32	35~48	2~4
羊油	44~52	32~50	均值 25	均值 31	均值 36	均值 4.3
猪油	28~46	46~68	25~28	12~18	43~52	7~9

续表

油脂	熔点/℃	碘值	脂肪酸组成/（g/100g 总脂肪酸）			
			棕榈酸	硬脂酸	油酸	亚油酸
大豆油	-10~16	122~134	7~10	2~5	22~30	50~60
花生油	0~3	88~98	6~10	3~6	40~64	18~38
菜籽油	-10	94~103	3~10	3~10	14~29	12~24
葵花籽油	-16~18	129~136	10~13	10~13	21~39	51~68
玉米油	-10~-20	111~128	8~13	1~4	24~50	34~61
芝麻油	-4~-16	106~117	8~9	4~6	35~49	38~48

（二） 甘油三酯的物理、化学性质

1. 外观

甘油三酯一般无色、无味、无臭，呈现中性，密度<1（固体≈0.8，液体≈0.915~0.94）。

2. 溶解度

甘油三酯不溶于水，也没有形成高度分散态的倾向，溶于非极性溶剂，但低级脂肪酸（C_6 以下）所构成的脂肪可略溶于水。在胆汁酸或乳化剂存在下乳化。甘油二酯和甘油单酯则与甘油三酯不同，由于它们有游离羟基，故有形成高度分散态的倾向，其形成的小微粒称为微团（micelles），甘油二酯和甘油单酯常用于食品工业，可使食物更易均匀分散，便于加工，且二者都可以被机体利用。

3. 熔点

甘油三酯的熔点是由其脂肪酸组成决定的，它一般随饱和脂肪酸的数目和链长的增加而升高（表2-1）。例如，三软脂酰甘油和三硬脂酰甘油在体温下为固态，三油酰甘油和三亚油酰甘油在体内呈液态。猪的脂肪中油酸占50%，猪油的固化点为30.5℃，人脂肪中油酸占70%，人脂固化点为15℃。植物中含有大量的不饱和脂肪酸，因此呈液态。

4. 甘油三酯的同质多晶体

高级脂肪酸甘油三酯一般都存在3~4种晶型。熔融的甘油三酯迅速冷却，即得玻璃质的固体，这在巧克力加工中具有重要意义。

5. 光学活性

甘油本身虽无光学活性，但如果甘油的第1和第3位碳原子上的脂肪酸不相同时，第2位碳原子为不对称碳原子。天然存在的具有一个不对称碳原子的甘油三酯，习惯上按照L-甘油醛衍生物的原则命名。

6. 皂化和皂化值

甘油三酯能在酸、碱或脂酶的作用下水解为脂肪酸和甘油。如果在碱溶液中水解，产物之一是脂肪酸盐（如钠和钾盐），俗称皂；油脂的碱水解称为皂化（作用）（saponification）。皂化1g油脂所需的KOH毫克数称为皂化值（价）（saponification value）。皂化值是甘油三酯中脂肪酸平均链长或甘油三酯平均相对分子质量的量度。

7. 氢化

在催化剂如 Ni 的存在下油脂中的双键与氢发生加成，称为氢化（hydrogenation）。氢化可以将液态的植物油转变成固态的脂，在食品工业中被用于制造人造黄油（margarine）和半固体的烹调脂。

8. 卤化和碘值

不饱和油脂中的烯键与溴或碘发生加成反应而生成饱和的卤化脂，此过程称为卤化（halogenation）。卤化反应中吸收卤素的量反映不饱和键的多少。通常用碘值（价）（iodine value）来表示油脂的不饱和程度。碘值是指 100g 油脂卤化时所能吸收碘的克数。

9. 酸败和酸值

油脂在空气中暴露过久即产生难闻的臭味，这种现象称为酸败（rancidity）。

（1）水解性酸败　由于光、热或微生物的作用，使油脂水解生成脂酸，低级脂酸有臭味，称水解性酸败。

（2）氧化性酸败　由于空气中的氧使不饱和脂酸氧化，产生醛和酮等，称氧化性酸败。

酸值（acid number 或 value）：中和 1g 油脂中的游离脂肪酸所需氢氧化钾的毫克数。

酸败的主要原因：首先，由于油脂的不饱和成分发生自动氧化，产生过氧化物质进而降解成醛酮酸的复杂混合物；其次，微生物的作用，它们把油脂分解为游离的脂肪酸和甘油。一些低级脂肪酸本身就有臭味，脂肪酸经一系列酶促反应也产生挥发性的低级酮。甘油可被氧化成具有异臭的 1，2-环氧丙醛。

（3）影响油脂自动氧化的因素

①油脂的脂肪酸组成：不饱和脂肪酸的氧化速度比饱和脂肪酸快，花生四烯酸：亚麻酸：亚油酸：油酸=40：20：10：1；顺式脂肪酸的氧化速度比反式脂肪酸快；共轭脂肪酸比非共轭脂肪酸快；游离的脂肪酸比结合的脂肪酸快；sn-1 和 sn-2 位的脂肪酸氧化速度比 sn-3 的快。

②温度：温度越高，氧化速度越快，在 21~63℃，温度每上升 16℃，氧化速度加快 1 倍。

③氧气：有限供氧的条件下，氧化速度与氧气浓度成正比。

④光和射线：光、紫外线和射线都能加速氧化。

⑤助氧化剂：过渡金属（Ca、Fe、Mn、Co 等），可以促进氢过氧化物的分解，促进脂肪酸中活性亚甲基的 C—H 键断裂使氧分子活化，一般的助氧化顺序为 Pb>Cu>Se>Zn>Fe>Al>Ag。

油脂氧化会导致油脂的可食用性下降，所以必须采取必要的措施防止对油脂的氧化。常用的方法是将油脂精炼后储藏在低温、避光、去氧包装内，加入抗氧化剂。

（三）脂肪酸

1. 脂肪酸的结构

脂肪酸是由一条 4~36 个碳的烃链和一个末端羧基组成的有机物。按其饱和程度可分为饱和脂肪酸（saturated fatty acid，SFA）和不饱和脂肪酸（unsaturated fatty acid，USFA）。碳原子编号从羧基端到甲基端。

食物中的脂肪酸以链长为 18 碳的为主，如图 2-1 所示。

（1）饱和脂肪酸　碳链中不含双键的为饱和脂肪酸。天然食用油脂中存在的饱和脂肪酸主要是长链（碳数>14）、直链、偶数碳原子的脂肪酸，奇碳链或具支链的极少，而短链脂肪酸在乳脂中有一定量的存在。

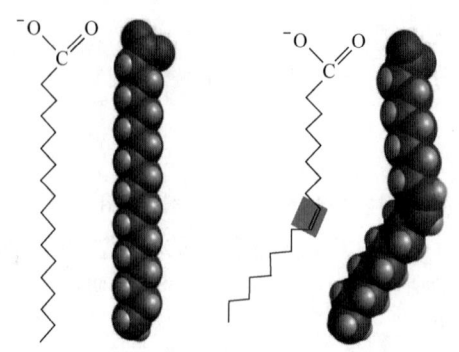

图 2-1 十八碳饱和脂肪酸与单不饱和脂肪酸

（2）不饱和脂肪酸　天然食用油脂中存在的不饱和脂肪酸常含有一个或多个烯丙基（—CH=CH—CH$_2$—）结构，两个双键之间夹有一个亚甲基。不饱和脂肪酸根据所含双键的多少又分为：单不饱和脂肪酸（monounsaturated fatty acid，MUFA），其碳链中只含一个不饱和双键；多不饱和脂肪酸（polyunsaturated fatty acid，PUFA），其碳链中含有两个以上双键。

不饱和脂肪酸由于双键两边碳原子上相连的原子或原子团在空间排列方式不同，有顺式脂肪酸（cis-fatty acid）和反式脂肪酸（trans-fatty acid）之分，脂肪酸的顺、反异构体物理与化学特性都有差别，如顺油酸的熔点为13.4℃，而反油酸的熔点为46.5℃。天然脂肪酸除极少数为反式外，大部分都是顺式结构。在油脂加工和储藏过程中，部分顺式脂肪酸会转变为反式脂肪酸。多不饱和脂肪酸有共轭和非共轭之分，天然脂肪中以非共轭脂肪酸为多，共轭的为少。

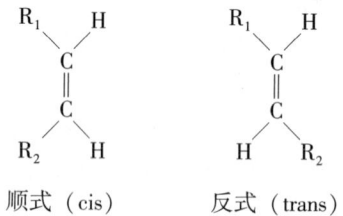

顺式（cis）　　反式（trans）

在天然脂肪酸中，还含有其他官能团的特殊脂肪酸，如羟基酸、酮基酸、环氧基酸以及最近几年新发现的含杂环基团（呋喃环）的脂肪酸等，它们仅存在于个别油脂中。

2. 脂肪酸的命名

脂肪酸的命名主要有以下几种方法：

（1）系统命名法　选择含羧基和双键的最长碳链为主链，从羧基端开始编号，并标出不饱和键的位置，例如亚油酸：

CH$_3$（CH$_2$）$_4$CH=CHCH$_2$CH=CH（CH$_2$）$_7$COOH　　9,12-十八碳二烯酸

（2）数字缩写命名法　缩写为碳原子数：双键数（双键位置）

如 CH$_3$CH$_2$CH$_2$CH$_2$CH$_2$CH$_2$CH$_2$CH$_2$CH$_2$COOH 可缩写为 10∶0

CH$_3$（CH$_2$）$_4$CH=CHCH$_2$CH=CH（CH$_2$）$_7$COOH 可缩写为 18∶2 或 18∶2（9,12）。

（3）俗名或普通名　许多脂肪酸最初是从天然产物中得到的，故常根据其来源命名。例如月桂酸（12∶0）、肉豆蔻酸（14∶0）、棕榈酸（16∶0）等。

一些常见脂肪酸的命名见表2-2。

表 2-2　　　　　　　　　　　　一些常见脂肪酸的名称和代号

数字缩写	系统名称	俗名或普通名	英文缩写
4:0	丁酸	酪酸（butyric acid）	B
6:0	己酸	己酸（caproic acid）	H
8:0	辛酸	辛酸（caprylic acid）	Oc
10:0	癸酸	癸酸（capric acid）	D
12:0	十二酸	月桂酸（lauric acid）	La
14:0	十四酸	肉豆蔻酸（myristic acid）	M
16:0	十六酸	棕榈酸（palmitic acid）	P
16:1	9-十六烯酸	棕榈油酸（palmitoleic acid）	Po
18:0	十八酸	硬脂酸（stearic acid）	St
18:1 (n-9)	9-十八烯酸	油酸（oleic acid）	O
18:2 (n-6)	9,12-十八烯酸	亚油酸（linoleic acid）	L
18:3 (n-3)	9,12,15-十八烯酸	α-亚麻酸（linolenic acid）	α-Ln, SA
18:3 (n-6)	6,9,12-十八烯酸	γ-亚麻酸（linolenic acid）	γ-Ln, GLA
20:0	二十酸	花生酸（arachidic acid）	Ad
20:3 (n-6)	8,11,14-二十碳三烯酸	DH-γ-亚麻酸（linolenic acid）	DGLA
20:4 (n-6)	5,8,11,14-二十碳四烯酸	花生四烯酸（arachidonic acid）	An
20:5 (n-3)	5,8,11,14,17-二十碳五烯酸	EPA（eciosapentanoic acid）	EPA
22:1 (n-9)	13-二十二烯酸	芥酸（erucic acid）	E
22:5 (n-3)	7,10,13,16,19-二十二碳五烯酸	—	—
22:6 (n-6)	4,7,10,13,16,19-二十二碳六烯酸	DHA（docosahexanoic acid）	DHA

3. 天然脂肪酸的特点

（1）大部分是不分支和无环、无羟基的单羧酸。

（2）分子中的碳原子数目一般为偶数，碳骨架长度 4~36，常见 12~24。

（3）饱和脂肪酸中最普遍的是软脂酸和硬脂酸；不饱和脂肪酸中最普遍的是油酸。

（4）高等动、植物的不饱和脂肪酸一般都是顺式结构，反式者很少。顺式用 cis 表示，反式用 trans 表示。不饱和脂肪酸双键的位置有一定的规律性：一个双键者，位置在 9 和 10 碳原子之间，用 $\triangle^9$ 表示。多个双键者也常有一个 $\triangle^9$，其余双键在 $\triangle^9$ 与碳链甲基末端之间，两个双键之间有亚甲基间隔。所以，不饱和脂肪酸很少有共轭双键，只在少数植物中有所发现。

(5) 不饱和脂肪酸的熔点比同等链长的饱和脂肪酸低。

(6) 一般说来，动物脂肪中含饱和脂肪酸多，细菌的脂肪酸也多为饱和脂肪酸，而且，有的脂肪酸具有分支碳链，但种类比动、植物少得多。高等植物和低温生活的动物中不饱和脂肪酸含量高于饱和脂肪酸含量。

（四）必需脂肪酸与多不饱和脂肪酸

1. 必需脂肪酸

哺乳动物和人体不能合成亚油酸和亚麻酸，而它们又是生长所必需的，须由食物供给，故称之为必需脂肪酸。植物油中含丰富的必需脂肪酸。亚油酸是人体合成花生四烯酸，进而合成前列腺素的原料。前列腺素是类似激素的环状 20 碳含氧脂肪酸，有调节肌肉缩张，降血压等多种生理功能。

必需脂肪酸包括：

亚油酸：$CH_3(CH_2)_3(CH_2CH=CH)_2(CH_2)_7COOH$

花生四烯酸：$CH_3(CH_2)_3(CH_2CH=CH)_4(CH_2)_3COOH$

亚麻酸：$CH_3(CH_2CH=CH)_3(CH_2)_7COOH$

花生四烯酸在体内可以由亚油酸合成而得到，在亚油酸充足的情况下，花生四烯酸的缺乏对机体没有影响。当饮食中亚油酸数量较少时，如果花生四烯酸的供应不足，那么花生四烯酸的缺乏症就会表现出来。另外，对那些由亚油酸合成花生四烯酸的酶体系不健全的人来说，如婴儿，也需在膳食中供给花生四烯酸，防止出现必需脂肪酸缺乏症（如婴儿湿疹）。

2. 多不饱和脂肪酸

多不饱和脂肪酸一般是指含两个或两个以上双键、碳链长度在十八个碳原子以上的脂肪酸，目前认为营养上最具价值的脂肪酸有两类，它们是：①$n-6$（或 $\omega-6$）系列不饱和脂肪酸，即从甲基端数，第一个双键在第 6 和第 7 碳原子之间的各种不饱和脂肪酸，主要包括亚油酸、γ-亚麻酸、DH-γ-亚麻酸、花生四烯酸。②$n-3$（或 $\omega-3$）系列不饱和脂肪酸，即从甲基端数，第一个不饱和键在第 3 和第 4 碳原子之间的各种不饱和脂肪酸，主要包括 α-亚麻酸、DHA 和 EPA。它们除了提供给人体必需脂肪酸外，还对人体具有重要的生理功能作用。

此外，值得注意的是，上述这些脂肪酸均是全顺式多烯酸，反式异构体起不到必需脂肪酸的生理作用。必需脂肪酸若缺乏，可引起生长迟缓、生殖障碍、皮肤损伤（出现皮疹等），以及肾脏、肝脏、神经和视觉方面的多种疾病。

人体内存在的两类主要脂蛋白是低密度脂蛋白（LDL）和高密度脂蛋白（HDL）。目前已经证实，LDL 是所有血浆脂蛋白中首要的致动脉硬化性脂蛋白，已经证明粥样斑块中的胆固醇来自血液循环中的低密度脂蛋白。而 HDL 则具有胆固醇逆转作用，即将组织中多余的胆固醇直接地或间接地转运给肝脏组织，再转化为胆汁酸或直接通过胆汁从肠道排出，所以 HDL 是一种抗动脉粥样硬化的血浆脂蛋白，俗称"血管清道夫"。像 HDL 一样具有降血脂作用的还包括 $\omega-3$ 和 $\omega-6$（表 2-3）系列的其他多不饱和脂肪酸如 EPA、DHA 等。这些脂肪酸与胆固醇形成的脂熔点较低，易于乳化、输送和代谢，因此不易在动脉血管壁上沉积。大量的研究证实，用富含多不饱和脂肪酸的油脂代替膳食中富含饱和脂肪酸的动物脂肪，可明显降低血清胆固醇水平。此外，这些多不饱和脂肪酸分子本身还在人体其他许多正常生理过程中起着特殊作用。

表 2-3　　　　　　　　　　　ω-6 和 ω-3 系列脂肪酸

类别		分布范围	生理功能
ω-6 系列脂肪酸	亚油酸	分布最广的一种多不饱和脂肪酸	(1) 降低血清胆固醇；(2) 维持细胞膜功能；(3) 作为某些生理调节物质（如前列腺素）的前体物；(4) 保护皮肤免受射线损伤
	花生四烯酸和DH-γ-亚麻酸	主要存在于花生油、牛乳脂、猪脂肪和牛脂肪等动物中性脂肪及蛋黄、动物内脏中	(1) 花生四烯酸和 DHA 一起对维持视网膜的正常功能起决定作用；(2) DH-γ-亚麻酸具有扩张血管的功能
	γ-亚麻酸	在月见草油、玻璃苣油、黑加仑的种子、母乳、螺旋藻中	(1) 作为体内 ω-6 系列脂肪酸代谢的中间产物，转换成花生四烯酸及 DH-γ-亚麻酸比亚油酸更快；(2) γ-亚麻酸在体内转变成具有扩张血管作用的前列腺环素（PGI_2），保持血栓素 A_2（TXA_2）平衡防止血栓形成，从而起到防治心血管疾病的效果，而且临床上表明具有降血脂作用；(3) 合成前列腺素的前体物质
ω-3 系列脂肪酸	α-亚麻酸	存在于许多植物油中	(1) 在体内代谢可生成 EPA、DHA；(2) α-亚麻酸能明显降低血清中总胆固醇和 LDL 胆固醇水平；(3) 增强机体免疫效应
	DHA 和 EPA	人乳及海洋动物。EPA 主要存在于鳍鱼肝油中，DHA 则主要存在于沙丁鱼、鳕鱼、跳鱼鱼肝油或鱼油中	(1) 改善记忆力，健脑和预防老年痴呆症；(2) 提高人体免疫力和抑癌、抗癌的作用；(3) 在消炎、预防脂肪肝发生及治疗支气管哮喘方面发挥有益作用

二、蜡

蜡（wax）是长链（$C_{14} \sim C_{36}$）脂肪酸（RCOOH）和长链（$C_{16} \sim C_{30}$）一元醇（HOR′）形成的酯。简单蜡酯的通式为 RCOOR′。实际上生物蜡是多种蜡酯的混合物，还常含有烃类以及二元酸等，蜡中发现的脂肪酸一般为饱和脂肪酸，醇可以是饱和醇、不饱和醇或固醇。蜡分子含有一个很弱的极性头（酯基）和一个非极性尾（一般为两条长烃链），因此蜡完全不溶于水。蜡的硬度由烃链的长度和饱和度决定。蜡的熔点（60~100℃）一般比三酰甘油的高。在浮游生物中，那些处于食物链底部的浮游海洋微生物是以蜡作为它们代谢能量的主要储存形式。蜡也有与排水性和硬度相关的功能。某些脊椎动物的皮肤腺分泌蜡来保护它们的毛发及皮肤，使它们柔软、润滑且防水。鸟类尤其是水鸟的羽腺会分泌蜡使它们的羽毛具有憎水性而保护自身。冬青、石楠、有毒长春藤以及许多其他热带植物的叶片会发亮，这是因为叶片表面覆有厚厚的一层蜡，这样可以防止水分过度蒸发，并可以抵御虫害。生物蜡也应用于制药、化妆品及其他工业。下面介绍几个重要的生物蜡：

蜂蜡（bee wax）是蜂腹部蜡腺分泌用以建造蜂巢的材料，完全不透水，熔点为 60~82℃；皂化时主要产生 C_{26} 和 C_{28} 烷酸以及 C_{30} 和 C_{32} 醇。

白蜡（Chinese wax）又称中国虫蜡，是胭脂虫属（Cocusc）的一种昆虫（C. Cerifera），俗称白蜡虫的分泌物，白蜡的主要成分为 C_{26} 醇和 C_{26}、C_{28} 酸所成的酯，熔点为 80~83℃。蜂蜡和白蜡可用作涂料、润滑剂及其他化工原料。

鲸蜡（spermaceti wax）为抹香鲸头部的鲸油冷却时析出的一种白色晶体。抹香鲸（sperm whale）又称巨头鲸，头部占全身总重量的 1/3，头部重量的 90% 由鲸蜡器构成，其中含鲸油约 4t，它是甘油三酯和蜡的混合物。鲸蜡主要成分是由棕榈酸和鲸蜡醇（spermol）即十六烷醇形成的酯，熔点为 42~47℃。

羊毛蜡（wool wax）是从羊毛的洗涤废液中回收的，它具有特殊的性质，能形成一种稳定的半固体状乳胶，含水量高达 80%。羊毛脂（lanolin）是从羊毛蜡中纯化获得的产品，可用作药品和化妆品软膏的底料。羊毛蜡中可皂化部分含烷酸 60%，羟基酸 35%，不可皂化部分为羊毛固醇 44%，胆固醇 31%，烷醇 16% 及其他。所谓可皂化部分是指皂化后能溶于水的成分（脂肪酸盐），不可皂化部分为不溶于水而溶于乙醚的成分。

巴西棕榈蜡（carnauba wax）是天然蜡中经济价值最高的一种。由于它的熔点高（86~90℃）、硬度大和不透水，被用作高级抛光剂，如汽车蜡、船蜡、地板蜡以及鞋油等。巴西棕榈蜡主要是由 C_{24} 和 C_{28} 烷酸及 C_{32} 和 C_{34} 烷醇形成的各种酯的混合物。

第三节 磷脂和鞘脂

磷脂（phospholipid）包括甘油磷脂和鞘磷脂两类，普遍存在于生物体细胞质和细胞膜中，是含磷酸的脂类总称。甘油磷脂是第一大类膜脂，鞘脂是第二大类膜脂，包括鞘磷脂和鞘糖脂。

一、甘油磷脂

甘油磷脂又称磷酸甘油酯，它是生物膜的主要组分。结构式如下：

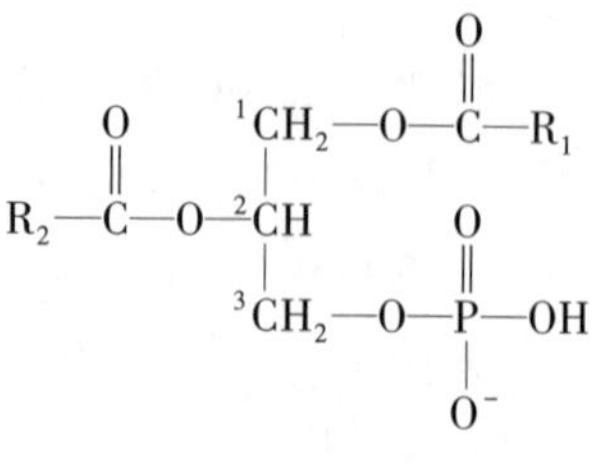

磷脂酸 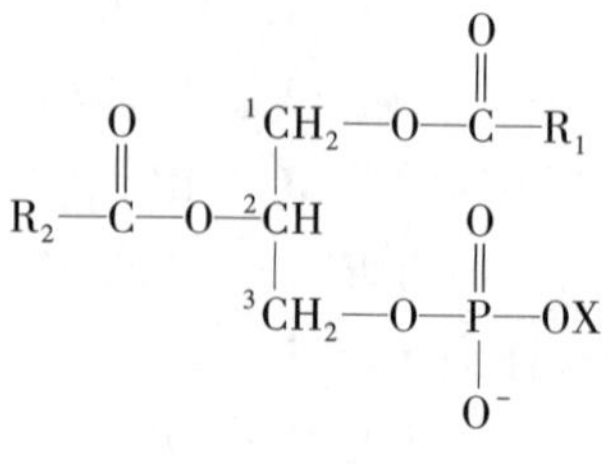　　　　　　　　　　　甘油磷脂

磷脂酸是甘油磷脂的母体化合物，也是甘油磷脂生物合成的重要中间物。甘油磷脂即以甘

油为骨架，甘油中第1、2位碳原子分别与脂肪酸酯基（主要是含16碳的软脂酸和18碳的油酸）相连，第3位碳原子的羟基则与磷酸酯基相连。不同的磷脂，其磷酸酯基组成也不相同。

（一）甘油磷脂的组成

磷脂酸的磷酸基进一步被一个高极性或带电荷的醇（XOH）酯化，形成甘油磷脂。

甘油磷脂是磷脂酸（phosphatidic acid，PA）的衍生物，常见的主要有磷脂酰胆碱（phosphatidyl cholines，PC）、磷脂酰乙醇胺（phosphatidyl ethanolamines，PE）、磷脂酰丝氨酸（phosphatidyl serines，PS）和磷脂酰肌醇（phosphatidyl inositols，PI）等。神经氨基醇磷脂的种类没有甘油醇磷脂多，其典型代表物是分布于细胞膜的神经鞘磷脂（sphingomyelin）。

在食品工业中甘油醇磷脂较重要。水产养殖中，有助于降低虾体体内的胆固醇，提高幼体的成活率和转换率，牲畜养殖中，可以提高脂肪在动物消化道中的分散程度来促进脂类饲料的利用价值，同时有益于动物皮毛的质量。

（二）几种甘油磷脂的结构与性能

（1）磷脂酰胆碱 俗称卵磷脂（lecithin），白色蜡状物质，极易吸水，其不饱和脂肪酸能很快被氧化。各种动物组织、脏器中都含有相当多的磷脂酰胆碱。因为磷脂酰胆碱连接在甘油的α位上，又称α-卵磷脂。

（2）磷脂酰乙醇胺 磷脂质的一种，曾称脑磷脂。脑磷脂最早是从动物的脑组织和神经组织中提取的，在心、肝及其他组织中也有，常与卵磷脂共存于组织中，以脑组织含量最多，占脑干物质重的4%~6%。脑磷脂与卵磷脂结构相似，只是以氨基乙醇代替了胆碱。脑磷脂同样是双亲性物质，但由于分布相对较少，很少用作乳化剂。脑磷脂与血液凝固机制有关，可加速血液凝固。

（3）磷脂酰丝氨酸 是动物脑组织和红血球中的重要类脂物之一，由磷脂酸与丝氨酸构成的。

（4）磷脂酰肌醇 又称肌醇磷脂，是磷脂酸与肌醇构成的磷脂，磷脂酰肌醇常与磷脂酰乙醇胺等混在一起。肝脏和心肌多是磷脂酰肌醇，而脑中多为磷脂酰肌醇磷酸、磷脂酰肌醇二磷酸。

（5）二磷脂酰甘油（disphosphatidyl glycerols） 又称心磷脂，心磷脂含有两个磷脂酸分子，二磷脂酰甘油存在于细菌的细胞膜，也存在于真核细胞的线粒体内膜中。

（6）磷脂酰甘油（phosphatidyl glycerols） 其极性基团是一个甘油分子。细菌的细胞膜中常含有磷脂酰甘油的氨基酸衍生物（特别是L-赖氨酸），赖氨酸与甘油的第三个羟基以酯键相连，称为$3'$-O-赖氨酸脂酰甘油。

（7）缩醛磷脂（plasmalogens） 与前面各种甘油磷脂不同点在于：一个长碳氢链取代脂肪酸以醚键与甘油C_1羟基相连。

几种重要的甘油磷脂如表2-4所示。

表2-4 几种重要的甘油磷脂

X取代基团	X的名称	磷脂名称
—$CH_2CH_2N^+(CH_3)_3$	胆碱	磷脂酰胆碱（卵磷脂）

续表

X 取代基团	X 的名称	磷脂名称
—CH₂CH₂N⁺H₃	乙醇胺	磷脂酰乙醇胺（脑磷脂）
—CH₂CHCOO⁻ (N⁺H₃)	丝氨酸	磷脂酰丝氨酸
—CH₂CHOHCH₂OH	甘油	磷脂酰甘油
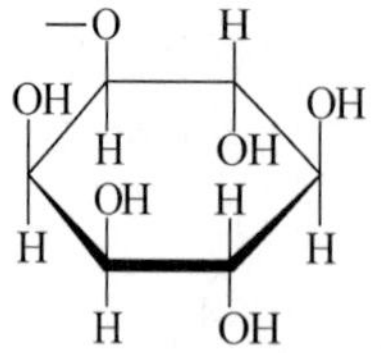 (肌醇环状结构)	肌醇	磷脂酰肌醇
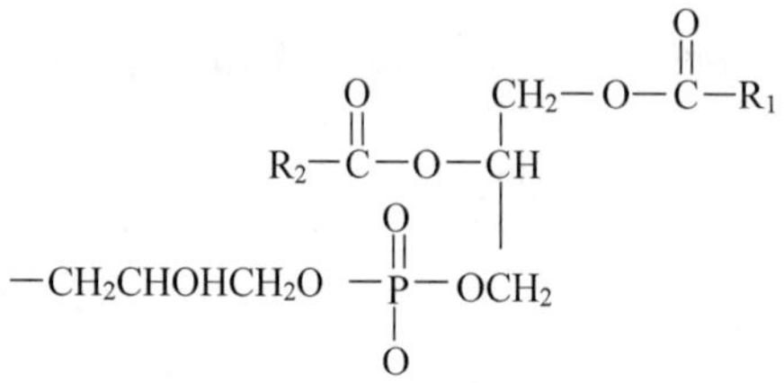 —CH₂CHOHCH₂O—P(O)(O⁻)—OCH₂—CH(O—CO—R₂)—CH₂—O—CO—R₁	磷脂酰甘油	二磷脂酰甘油（心磷脂）

（三）甘油磷脂的性质

1. 氧化作用

纯的甘油磷脂是白色蜡样固体，暴露于空气中则变黑并发生复杂的变化。

2. 溶解性

磷脂一般是不溶于水的，但可溶于含水的非极性溶剂中，不溶于无水丙酮。

3. 极性与电荷

在 pH 7.0 时，磷酸根上有一个负电荷。在 pH 7.0 时，极性的头部带有或不带电荷。

（1）不带电荷　如磷脂酰肌醇、磷脂酰甘油、磷脂酰糖。

（2）带正电荷　如磷脂酰胆碱、磷脂酰乙醇胺。

（3）带兼性离子（偶极离子）　如磷脂酰丝氨酸。

磷脂的特征：磷脂分子中含有亲水性的磷酸基团和亲脂的脂肪酸链，是优良的两亲性分子，这一特性决定了它们在生物膜中的双分子层排列及其与各种蛋白质相结合的特性；具有一个极性的头部和两个非极性的尾部；多数生物膜以甘油磷脂为主，鞘磷脂较少；在同一类磷脂中，脂肪酸的长短和不饱和程度不同。

除了甘油磷脂外，还有甘油糖脂。如 1,2-脂酰-sn-甘油分子中的 sn-3 位置上通过糖苷键连接葡萄糖残基。分子中不含磷酸。

二、鞘氨醇磷脂类

鞘氨醇磷脂类简称鞘磷脂类，在鞘磷脂中，鞘氨醇氨基以酰胺键连接到一脂肪酸上，其羟基以酯键和磷酰胆碱相连。鞘磷脂不含甘油成分；是由长链的鞘氨醇、脂肪酸、极性头基（磷酸、胆碱等）组成的脂类。其结构式如下：

神经酰胺：由脂肪酸与鞘氨醇的氨基连接而成。是所有鞘脂（鞘磷脂、鞘糖脂）的结构母体。鞘磷脂的极性头基通过磷酸二酯键与神经酰胺相连。鞘磷脂主要分布在脑和神经细胞膜中，它以鞘胺醇为骨架，与一条脂肪酸链组成疏水端，而亲水端与甘油磷脂相似。而原核细胞和植物中没有鞘磷脂。

胆碱鞘磷脂、胆胺鞘磷脂与甘油磷脂一起归于磷脂，是组成膜结构的主要成分。胆碱鞘磷脂结构如图 2-2 所示。

图 2-2 胆碱鞘磷脂结构

除了鞘氨醇磷脂外，还有鞘氨醇糖脂。即神经酰胺的 1 位羟基被糖基化形成 β-糖苷化合物，不含磷酸成分，分布于膜外表面，如半乳糖基神经酰胺（Galβ1→1Cer），结构如图 2-3 所示。

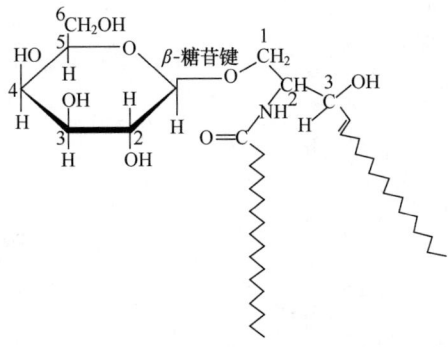

图 2-3 半乳糖基神经酰胺

第四节　衍生脂质

衍生脂质由简单脂质和复合脂质衍生而来，具有脂质的一般性质，如萜类、固醇类、前列腺素及糖脂等。它们在生物体内含量虽不多，但不少是重要的活性脂质，如维生素、激素和前列腺素。

一、萜类

萜类（terpenes）化合物不含脂肪酸，是异戊二烯（isoprene）的衍生物，它们的碳链骨架可用异戊二烯来划分。异戊二烯结构式如下：

$$CH_2=C(CH_3)-CH=CH_2$$

根据所含异戊二烯的数目，可将其分为单萜、倍单萜、双萜、三萜、四萜和多萜等数种。植物中的萜类多数有特殊臭味，而且是各类植物特有油类的主要成分。例如柠檬油含有的柠檬苦素、薄荷含有的薄荷醇（menthol）、樟脑油含有的樟脑（camphor）。

二、类固醇类

类固醇又称甾类或固醇类化合物（steroids），其基本骨架结构是环戊烷多氢菲。在其 C_{10} 和 C_{13} 位置上通常是甲基，称角甲基。带有角甲基的环戊烷多氢菲称甾核（steroid nucleus），如图 2-4 所示。是类固醇的母体。因此固醇又称甾醇。根据甾核上羟基的变化，它又可分为固醇和固醇衍生物。最常见的固醇是胆固醇（图 2-5）。胆固醇在脑、肝、肾和蛋黄中含量很高，它是动物固醇的重要代表。胆固醇是生物膜脂的成分，也是类固醇激素和胆汁酸的前体。

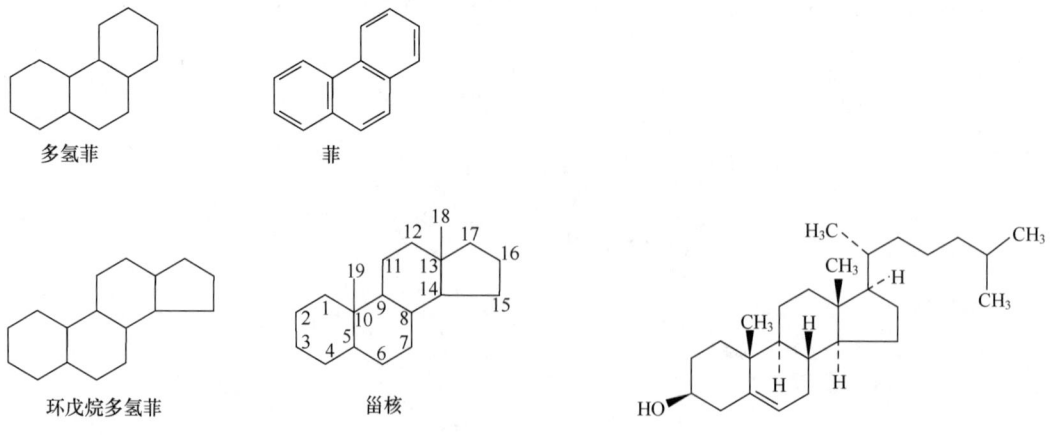

图 2-4　类固醇基本结构　　　　图 2-5　胆固醇的结构

（一）　固醇

固醇在生物界分布甚广，为一环状高分子一元醇。在生物体中它可以游离状态或以与脂肪酸结合成脂的形式存在，它可以分为：动物固醇、植物固醇和酵母固醇。

1. 动物固醇多以酯的形式存在

胆固醇（cholesterol，又称胆甾醇）是脊椎动物细胞的重要组成成分，在神经系统和肾上腺中含量特别丰富，它约占脑的固体物质的 17%。结构如图 2-5 所示。

胆固醇易溶于乙醚、三氯甲烷、苯和热乙醇中，不能皂化。胆固醇主要分布于脑及神经组织中，以及肝、肾、肾上腺、卵巢等合成固醇激素的腺体中。

胆固醇是生物膜的重要成分，羟基极性端分布于膜的亲水界面，母核及侧链深入膜双层，控制膜的流动性，阻止磷脂在相变温度以下时转变成结晶状态，保证膜在低温时的流动性及正常功能。

胆固醇是合成胆汁酸、类固醇激素、维生素 D 等生理活性物质的前体。

动物能吸收利用食物胆固醇，也能自行合成。其生理功能与生物膜的透性、神经髓鞘的绝缘物质以及动物细胞对某种毒素的保护作用有一定关系。

2. 植物固醇（phytosterols）

植物固醇是植物细胞的重要组分，不能为动物吸收。主要有豆固醇（stigmasterol）、麦固醇（sitosterol），如图 2-6 所示。

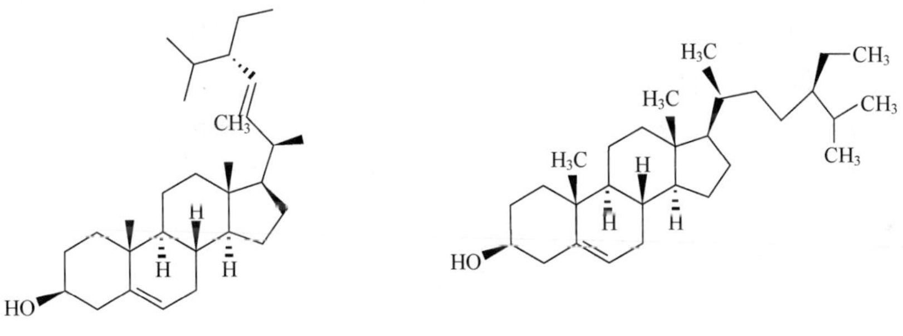

豆固醇　　　　麦固醇

图 2-6　植物固醇的结构

3. 酵母固醇（zymosterols）

酵母固醇存在于酵母菌、霉菌中，麦角固醇（ergosterol）为其典型代表。麦角固醇经日光或紫外照射可转化为维生素 D_2，如图 2-7 所示。

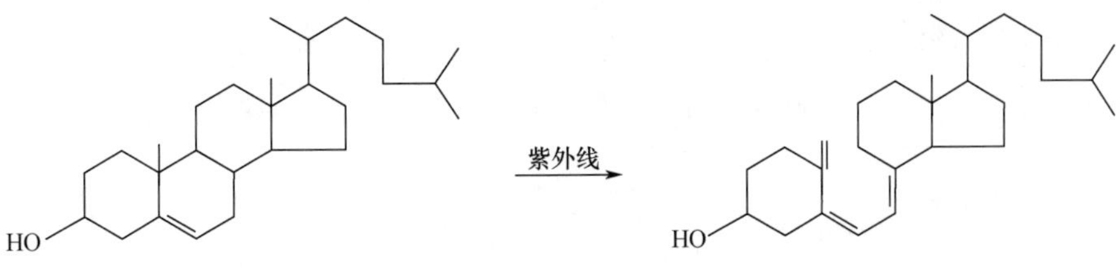

麦角固醇　　　　维生素D_2

图 2-7　酵母固醇的转化

（二） 固醇衍生物

固醇衍生物的典型代表是胆汁酸，具有重要的生理意义。强心苷也是，它是治疗心脏病的重要药物。

(1) **胆汁酸（bile acid）** 在肝中由胆固醇合成，从胆汁中分离得到。大多数脊椎动物胆汁酸能以肽键与甘氨酸或牛黄氨酸结合，分别生成甘氨胆酸或牛磺胆酸，它们是胆苦的主要原因，分别存在于人、牛或猪胆汁中。胆汁酸与脂肪酸或其他脂类，如胆固醇、胡萝卜素形成盐类。它们是乳化剂，能降低水和油脂的表面张力，使肠腔内油脂乳化成微粒，以增加油脂与消化液中的脂肪酶的接触面积，便于油脂肪消化吸收。

(2) **强心苷及蟾毒** 植物中一些糖苷及蟾蜍分泌的毒液可使心搏率减慢，强度增加。这类糖苷称为强心苷（cardiac glycoside）；蟾蜍分泌的毒物称为蟾毒素（bufotoxin），属于药类，其水解产物为一个糖和一个类固醇（非糖部分），有毒部分是配体部分。

强心苷来源于玄参科和百合科植物。它水解后产生糖和苷原。后者为毒素，是固醇类化合物，难溶于水。最常见的强心苷是洋地黄毒素，它存在于洋地黄植物的叶子中。蟾毒不是以糖苷而是以酯的形式存在。

(3) **性激素** 孕酮（progesterone）、睾丸激素（testosterone）和雌二醇（estradiol）。

三、前列腺素

前列腺素（prostaglandins，PG）是具有五碳环，由二十碳多不饱和脂肪酸衍生而来的化合物，它是在前列腺的分泌物中检测出来的，故命名为前列腺素。现知，它存在于大多数哺乳动物组织和细胞中，但含量甚微，10^{-9}g 或更少。

前列腺素能升高体温（发烧），促进炎症（并产生疼痛），调节血流进入特定器官，控制跨膜转运，调整突触传递，诱导睡眠，刺激分娩和月经期间子宫肌肉收缩，具有广泛的生物学活性及生理功能。

四、糖 脂

糖脂（glycolipids）是指含一个或多个糖基的脂类，糖通过其半缩醛羟基以糖苷键与脂质共价相连。根据与脂肪酸酯化的醇不同，糖脂可分为鞘糖脂（glycosphingolipids）、甘油糖脂以及由类固醇衍生的糖脂。糖脂分为中性和酸性两类，分别以脑苷脂（cerebrosides）和神经节苷脂（gangliosides）为代表。

糖脂是糖与脂结合的化合物，是含糖而不含磷酸的脂类，糖为极性"头部"，脂为非极性"尾巴"。

甘油糖脂和鞘糖脂都是两亲性分子，甘油糖脂结构和甘油磷脂不同的是甘油分子中的磷脂基被一个或多个糖残基所替代（图 2-8）。动物细胞膜上所含有的糖脂主要是脑苷脂，细菌和植物细胞中糖脂含量比动物细胞含量高，主要是结构较为复杂的甘油糖脂。

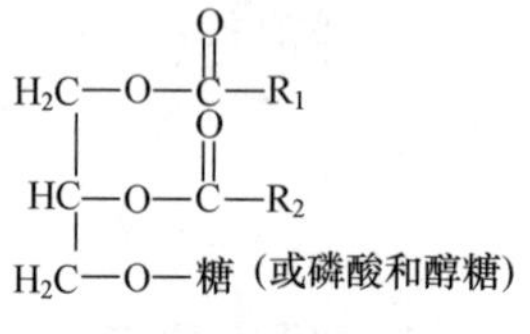

$$\begin{array}{l} H_2C-O-\overset{O}{\underset{\|}{C}}-R_1 \\ HC-O-\overset{O}{\underset{\|}{C}}-R_2 \\ H_2C-O-\text{糖（或磷酸和醇糖）} \end{array}$$

图 2-8　甘油糖脂

细胞膜上的鞘糖脂与细胞生理状况密切相关。鞘糖脂的组成，无论是神经酰胺部分还是糖链部分，都表现出一定的种族、个体、组织以及同一组织内各部分细胞的专一性。即使同一类细胞，在不同的发育阶段，鞘糖脂的组成也不同。正因为某些类型鞘糖脂是某种细胞在某个发育阶段所特有的，所以糖脂常被作为细胞表面标志物质。糖脂又是细胞表面抗原的重要组分，某些正常细胞癌化后，表面糖脂成分有明显变化；一些已分离出来的癌细胞特征抗原，也已证明是糖脂类物质。细胞表面的糖脂还是许多胞外生理活性物质的受体，参与细胞识别和信息传递过程。

第五节　脂质的提取、分离与分析

脂质存在于细胞膜、细胞器和胞外体液如血浆、胆汁、乳和肠液中。欲研究某一特定部分（例如红细胞、线粒体或脂蛋白）的脂质，首先须将它们所在的组织、细胞或细胞器分离出来。由于脂质不溶于水，从组织中提取和随后的分级分离都要求使用有机溶剂和某些特殊技术，这跟用于纯化水溶性分子如蛋白质和糖质是很不相同的。一般说，复杂的脂质混合物分离是根据它们在非极性溶剂中的极性或溶解度差别进行的。含酯键连接或酰胺键连接的脂肪酸的脂质可用酸、碱或高度专一的水解酶处理，水解成可用于分析的成分。

（一）脂质的有机溶剂提取

非极性脂质（甘油三酰、蜡和色素等）用乙醚、三氯甲烷或苯等容易从组织中提取出来，因为这些溶剂不致使脂质因疏水相互作用而集聚在一起。膜脂（磷脂、糖脂、类固醇等）要用极性有机溶剂如乙醇或甲醇提取，这种溶剂既能降低脂质分子间的疏水相互作用，又能减弱膜脂与膜蛋白之间的氢键键合和静电相互作用。常用的提取剂是三氯甲烷、甲醇和水（体积比1∶2∶0.8）的混合液。按此体积比配制的混合液是混溶的，形成一个相。组织（如肝）在此混合液中匀浆以提取所含脂质；匀浆后形成的不溶物包括蛋白质、核酸和多糖用离心或过滤方法除去。向所得的提取液加入过量的水使之分成两个相，上相是甲醇/水，下相是三氯甲烷。脂质留在三氯甲烷相，极性大的分子如蛋白质、多糖进入极性相（甲醇/水）。取出三氯甲烷相并蒸发浓缩，取一部分干燥，称重；其余用于下步分离分析。

（二）脂质的吸附层析分离

被提取的脂质混合物可采用层析方法进行分级分离。例如硅胶柱吸附层析可把脂质分成非极性、极性和带电荷的多个组分。硅胶（silica）是硅酸$Si(OH)_4$的一种形式，一种极性的不溶物。当脂质混合物（三氯甲烷提取液）通过硅胶柱时，由于极性和带电荷的脂质与极性硅胶结合紧密被留在柱上，非极性脂质则直接通过柱子，出现在最先流出的三氯甲烷洗涤液中，然后用逐步提高极性的溶剂洗涤，极性脂质按极性增加的顺序被洗脱。不带电荷的极性脂质（如脑苷脂）可用丙酮洗脱，极性大的或荷电的脂质（如磷脂）可用甲醇洗脱。分别收集各个组分，在不同层析系统中再层析，以分离单种脂质组分。例如磷脂可进一步分离成磷脂酰胆碱、鞘磷脂、磷脂酰乙醇胺等。如果采用高效液相色谱（HPLC）或薄层层析（TLC）进行脂质分离则速度更快，分辨率更高。

（三） 混合脂肪酸的气液色谱分析

层析系统的流动相为气体如氢、氦、氮，固定相为涂渍在固体颗粒表面的液体时，此层析技术称为气液色谱或气液层析（gas-liquid chromatography，GLC）。GLC 分离法也是基于分配过程，即利用样品组分中流动的气相和固定在颗粒表面的液相之间的分配系数不同，达到组分分离的目的。GLC 可用于分离分析混合物中的挥发性成分。除某些脂质具有天然挥发性外，大多数脂质沸点很高，6 个碳以上的脂肪酸沸点都在 200℃ 以上。因此进行分析前必须先将脂质转变为衍生物以增加挥发性（即降低沸点）。为分析油脂或磷脂样品中的脂肪酸，首先需要在甲醇/HCl 或甲醇/NaOH 无水混合物中加热，使脂肪酸成分发生转酯（基）作用（transesterification），从甘油酯转变为甲酯。然后将甲酯混合物进行 GLC 分析。洗脱的顺序取决于柱中固定液的性质以及样品中成分的沸点和其他性质。利用 GLC 技术，各种链长和不同饱和度的脂肪酸可以得到完全分开。

（四） 脂质结构的测定

某些脂质对在专一条件下的降解特别敏感，例如甘油三酯、甘油磷脂和固醇酯中酯键连接的脂肪酸只要用温和的酸或碱处理则被释放。而鞘脂中酰胺键连接的脂肪酸需要在较强的水解条件下才能释放。水解某些脂质的专一性酶也被用于脂质结构的测定。前面谈到过的磷脂酶 A_1、磷脂酶 A_2、磷脂酶 C 和磷脂酶 D 都能断裂甘油磷脂分子中的一个特定的键，并产生具有特别溶解度和层析行为的产物。例如，磷脂酶 C 作用于磷脂，释放一个水溶性的磷酰醇（例如从磷脂酰胆碱释放出磷酰胆碱）和一个三氯甲烷溶的二酰甘油，这些成分可以分别加以鉴定，以确定完整磷脂的结构。专一性水解与产物的 TLC、GLC 或 HPLC 相结合的技术常可用来测定一个脂质的结构。确定烃链的长度和双键位置，质谱分析特别有效。

【延伸阅读】

1. 生化与健康——多不饱和脂肪酸

DHA 和 EPA 经常被称为 ω-3 脂肪酸，这是因为若从碳链末端的甲基碳（ω-碳）开始对碳原子进行编号，这两种脂肪酸在 3 号位都有双键。自 20 世纪 70 年代开始，科学家就发现，生活在格陵兰岛的爱斯基摩人因经常食用富含 ω-3 脂肪酸的鱼类而很少患心血管疾病。在此以后，随着人们对 ω-3 脂肪酸的研究逐步深入，发现 ω-3 脂肪酸具有抗炎症、抗血栓和动脉粥样斑形成、降低血脂、舒张血管的功效，经常食用这类脂肪酸可以显著降低得心血管疾病的风险。EPA 是前列环素合成的前体，而前列环素能抑制血小板凝集，故能减少血栓的形成。DHA 俗称脑黄金，主要存在动物大脑灰质、精子和视网膜组织中。体内的 DHA 可优先被脑组织吸收，并渗入到脑细胞和视网膜细胞膜上的磷脂分子上。脑细胞膜上含有 DHA 的磷脂似乎是轴突形成所必需的。DHA 还能降低血浆中甘油三酯的水平，但其中的机制还不清楚。鱼类是 ω-3 脂肪酸主要来源食物。

2. 生化动态——脂质体的应用

脂质体是一种由磷脂双分子层包被的囊泡状结构，最早由 Alec Bangham 于 1961 年发现。当他将磷脂和水混合以后，超声波处理，脂质体便会自发地形成。自那以后，脂质体不但作为一种简单的膜系统，用于研究膜的各种功能，而且已成为运转多种药物的高效输送系统——从抗肿瘤和抗病毒药物，到治疗脱发的药物。

如果将药物与磷脂溶液放在一起，脂质体在形成过程中就可以把药物包被在里面。这些脂质体可静脉注射或直接用于身体表面。若在脂质体表面引入亲水性分子，可增加它们在血流中存留的时间。为了增加脂质体作用的特异性，还可在脂质体的表面引入导向性分子，如对特定癌细胞特异性的抗体。这样的脂质体引入体内，只会定向地将药物输送到特定细胞，可避免其误伤正常健康的细胞。脂质体还可应用于化妆品，将维生素、中草药剂或其他营养元素包装到脂质体中。当用到皮肤上时，脂质体很容易通过外层的死皮，与内层活的皮肤细胞融合，从而将有效成分输送到皮肤细胞内。

第三章

蛋白质化学

CHAPTER 3

第一节 概 述

蛋白质（protein）是生物体内一类重要的生物大分子，在生物体的结构组成和代谢活动中具有特殊的地位和作用。英文名词 protein 源自希腊文 πρoτo，它是"最原初的"，"第一重要的"意思。蛋白质和核酸是构成细胞内原生质的主要成分，而原生质是生命现象的物质基础。现代生命科学中许多重大的理论问题和应用层面的问题需要通过对蛋白质结构和功能的研究来解决。

人体的蛋白质有 10 万种以上，生物界中的蛋白质达 10^{10} ~ 10^{12} 种，人体中的蛋白质含量可高达总固体量的 45%，酵母细胞中蛋白质的含量达 45% 以上，细菌中蛋白质含量为 50% ~ 80%。植物体中由于糖类物质含量高，蛋白质的含量相对较低，但某些植物种子中也含有较多的蛋白质，如花生仁含蛋白质 25% ~ 30%，大豆含蛋白质 38% 以上。

一、蛋白质的概念

蛋白质是由多种 α-氨基酸按一定的序列通过肽键（酰胺键）缩合而成的，具有较稳定的构象，并具有特定功能的生物大分子。蛋白质是表达生物遗传性状的一类物质，种类繁多，其相对分子质量变化范围很大，从 6000 到 $1×10^6$ 或更大一些。蛋白质相对分子质量的上下限是人为规定的。因为涉及对蛋白质及其相对分子质量概念的理解。下限一般认为从胰岛素开始，其相对分子质量为 5700。有些蛋白质是由两个或更多个蛋白质亚基通过非共价键结合而成的，称为寡聚蛋白质。有些寡聚蛋白质相对分子质量可高达数百万甚至数千万。例如烟草花叶病毒（TMV），是由许多蛋白质亚基和核糖核酸组成的超分子复合物，其相对分子质量约为 $4×10^7$。这些寡聚蛋白质或复合物虽然不是由共价键连接成的整体分子，而在一定条件下可以解离成它们的亚基，但是它们在生物体内是相当稳定的，可以从细胞或组织中以均一的甚至结晶的形式分离出来，并且有一些蛋白质只有以这种寡聚蛋白质的形式存在，其活性才能得到表现。

蛋白质中 20 种氨基酸的平均相对分子质量为 138，但在多数蛋白质中较小的氨基酸占优势，平均相对分子质量接近 128。对氨基酸残基来讲平均相对分子质量为 110。因此，对于那些不含辅基的简单蛋白质，用110除它的相对分子质量即可粗略估计其氨基酸残基的数目。

二、蛋白质的化学组成

（一）蛋白质的元素组成

元素分析发现蛋白质一般含碳、氢、氧、氮和少量硫。有些蛋白质还含有微量的磷、铁、铜、碘、锌和钼等元素。各种蛋白质的含氮量很接近，平均含氮量为16%，即样品中每存在1g元素氮，就说明含有6.25g蛋白质。因此，通过凯氏定氮测得样品中氮元素的百分含量，可以计算出试样中蛋白质含量：

$$样品中蛋白质含量 = 6.25 \times 样品含氮量$$

测定有机物含氮量，通常设法使其转变成无机氮（NH_4^+）再进行测定。首先将含氮有机物与浓硫酸共热进行消化。消化完成后将消化液转入凯氏定氮仪反应室，加入过量的浓氢氧化钠，将NH_4^+转变成NH_3，通过蒸馏把NH_3驱入过量的硼酸溶液接收瓶内，硼酸接受氨后，形成四硼酸铵，然后用标准盐酸滴定，滴定消耗的标准盐酸摩尔数即为NH_3的摩尔数，通过计算即可得出总氮量（包括有机氮和无机氮）。

（二）蛋白质的化合物组成

蛋白质同其他生物大分子一样，由小的结构单体组成，这种结构单体就是氨基酸。有些蛋白质完全由氨基酸构成，不包含其他辅助成分，称为简单蛋白质（simple protein），如核糖核酸酶、胰岛素等。有些蛋白质除了含有由氨基酸构成的蛋白质部分外，还含有非蛋白质成分，非蛋白质部分称辅基（prosthetic group）或配基（ligand），这类蛋白质称为结合蛋白质（conjugated protein）。

$$结合蛋白质 = 多肽链 + 非蛋白质物质（辅基）$$

不同的结合蛋白质辅基的成分相差较大，有些是无机化合物如金属离子、磷酸基团等，有些是小分子有机化合物如血红素、黄素核苷酸等，有些则是大分子如脂类、核酸等。相对而言，结合蛋白质的种类很多，但辅基的种类有限，不同的结合蛋白质可以使用相同的辅基，如肌红蛋白、血红蛋白和细胞色素类蛋白质都含有血红素辅基，而黄素腺嘌呤二核苷酸是许多氧化还原酶的辅基。

三、蛋白质的分类

（一）根据分子形状分类

根据蛋白质分子形状的对称程度，可以将其分为球状蛋白质和纤维状蛋白质。

球状蛋白质对称性好，分子形状接近球形或椭球形，如血液中的血红蛋白，外形接近球状，分子直径为5.5nm。球状蛋白质水溶性较好，种类很多，可行使多种多样的生物学功能。

纤维状蛋白质分子对称性差，外形呈棒状或纤维状，如血液中的血纤维蛋白原，外形如同细长的纺锤体，分子截面直径为3.8nm，而长度达70nm，表现出高度的不对称性。纤维状蛋白质有的能溶于水，如肌球蛋白、血纤维蛋白原等，而大多数不溶于水，是生物体重要的结构成分，或对生物体起保护作用，如胶原蛋白、角蛋白、弹性蛋白、丝心蛋白等。还有一些与运动机能有关，如肌球蛋白。有些纤维状蛋白质是由球蛋白聚集形成的，一般归类于球蛋白，如微管蛋白和肌动蛋白。

（二）根据分子组成分类

根据分子组成可将蛋白质分为两类。

1. 简单蛋白质（或单纯蛋白质）

仅由肽链组成，不包含其他辅助成分的蛋白质称为简单蛋白质（simple protein）。按照溶解度的差别，可将简单蛋白质分为 7 类，其主要特征如表 3-1 所示。

表 3-1　单纯蛋白质的分类

类别	特点	分布	举例
清蛋白	溶于水和稀盐溶液，可用饱和硫酸铵沉淀	所有生物	血清清蛋白、麦清蛋白
球蛋白	可用半饱和硫酸铵沉淀。不溶于水，溶于稀盐溶液为优球蛋白；溶于水的为假球蛋白		血清球蛋白、免疫球蛋白、植物种子球蛋白
醇溶蛋白	不溶于水及无水乙醇，溶于 70%~80% 乙醇	各类植物种子	小麦胶体蛋白、玉米蛋白
谷蛋白	不溶于水，溶于稀酸及稀碱，受热凝固	各类植物种子	米谷蛋白、麦谷蛋白
精蛋白	溶于水和稀盐、稀酸，受热不凝固	与核酸结合成核蛋白存在于动物体中	蛙精蛋白
组蛋白	溶于水和稀酸，不溶于稀氨，受热不凝固		胸腺组蛋白
硬蛋白	不溶于水、盐、稀酸和稀碱溶液	甲壳、毛发、角筋、骨、蚕丝等	角蛋白、胶原蛋白、弹性蛋白、丝心蛋白

2. 结合蛋白质

结合蛋白质（conjugated protein）又称缀合蛋白质。由简单蛋白质和辅助成分组成，辅助成分通常称为辅基。根据辅基的不同，结合蛋白质主要可分为 5 类，其主要特征如表 3-2 所示。

表 3-2　结合蛋白质的分类

类别	特点	分布	举例
核蛋白	辅基是核酸	一切细胞中	核糖体、脱氧核糖核蛋白体
糖蛋白	由蛋白质与糖类结合而成	生物膜和动物血浆等	黏蛋白、许多膜蛋白
脂蛋白	由蛋白质和脂质通过非共价键相连而成	生物膜和动物血浆	卵黄蛋白、血清 β-脂蛋白
色蛋白	由蛋白质和色素组成	一切生物体中	血红素蛋白、黄素蛋白
磷蛋白	由蛋白质和磷酸组成，磷酸往往与丝氨酸或苏氨酸侧链的羟基结合	乳、蛋等生物材料	胃蛋白酶、酪蛋白

（三）根据生物功能分类

蛋白质是生物功能的载体，每种细胞活性都依赖于一种或几种蛋白质。按蛋白质的主要功能将其分为9类。

（1）酶　生物体的各组成部分的自我更新是生命活动的本质，而构成新陈代谢的各种化学反应，几乎都是在生物催化剂酶的作用下完成的。绝大多数酶的化学本质是蛋白质，目前发现的酶种类有数千种。

（2）调节蛋白　许多蛋白质具有调控功能，这些蛋白质称为调节蛋白。其中一类为激素，如调节动物体内血糖浓度的胰岛素、刺激甲状腺的促甲状腺素、促进生长的生长素等。另一类可参与基因表达的调控，它们能激活或抑制基因的转录或翻译。

（3）转运蛋白质　转运蛋白质主要有两类，一类存在于体液中，如血液中的血红蛋白将氧气从肺转运到其他组织，血清蛋白将脂肪酸从脂肪组织转运到各器官。另一类为膜转运蛋白，它们在膜的一侧结合代谢物跨越膜，然后在膜的另一侧将其释放，能将养分如葡萄糖和氨基酸转运到细胞内。

（4）贮存蛋白质　有些蛋白的生物功能是贮存必要的物质，称为贮存蛋白。例如，卵清蛋白为鸟类胚胎发育提供氮源；肌肉组织中的肌红蛋白具有贮存氧气的功能等。

（5）运动蛋白　负责运动的肌肉收缩系统由多种蛋白质构成。肌肉收缩主要由肌球蛋白和肌动蛋白的相对滑动来实现。一些微生物的鞭毛活动、细胞分裂中染色体的协同移动，也都有赖于收缩系统的蛋白质作用。

（6）结构蛋白　高等动物的毛发、肌腱、韧带、软骨和皮肤等结缔组织，昆虫的外表皮，都是以蛋白质作为主要成分的，如胶原蛋白、弹性蛋白、角蛋白等。它们的作用是维持器官、细胞的正常形态，抵御外界伤害，维护机体的正常生理活动。

（7）受体蛋白　受体蛋白是接受和传递信息的蛋白质，如不少激素是通过细胞膜上或细胞内的受体蛋白发挥作用的。

（8）防御蛋白和毒蛋白　有些蛋白质具有防御和保护功能，如抗体能够与相应的抗原结合而排除外来物质对生物体的干扰。凝血酶作用于血纤蛋白原使血液凝固，防止血液的流失。南极和北极的鱼含有的抗冻蛋白能防止低温下血液冷冻，病毒外壳蛋白可保护其核酸免遭破坏。毒蛋白包括动物毒蛋白，蛇毒和蜂毒的溶血蛋白和神经毒蛋白，植物毒蛋白如蓖麻毒蛋白，细菌毒素蛋白如白喉毒素和霍乱毒素。

（9）异常功能蛋白　某些蛋白质具有特殊的功能，如应乐果甜蛋白有着极高的甜度，可作为人工增甜剂。昆虫翅膀的铰合部存在一种具有特殊弹性的蛋白质，称节肢弹性蛋白。某些海洋生物如贝类分泌一类胶质蛋白，能将贝壳牢固地黏附在岩石或其他硬表面上。

第二节　氨　基　酸

一、蛋白质的水解

研究蛋白质的分子组成或生产水解蛋白质制品时，都需要进行蛋白质的水解。蛋白质分子在水解过程中的变化依次为：蛋白质分子→多肽→寡肽→二肽→α-氨基酸。将蛋白质水解到不能再水解的程度，得到α-氨基酸混合液。这种水解作用称为完全水解。

将蛋白质进行适度水解,得到各种水解中间产物及α-氨基酸的混合物。这种水解作用称为不完全水解。不完全水解制品的成分复杂,因水解程度不同,差别很大。微生物培养基用的蛋白胨、牛肉膏、酵母膏等,都属于蛋白质的不完全水解产物。

水解蛋白质的方法包括酸法水解、碱法水解和酶法水解。

酸法水解:用稀硫酸或稀盐酸与蛋白质一起保温,可得到蛋白质不完全水解产物。如蛋白胨、牛肉膏可用此法获得。用6mol/L浓盐酸或4mol/L浓硫酸于110℃高温在真空条件下反应10~24h可将蛋白质完全水解。酸法水解所得的氨基酸不消旋。但色氨酸完全破坏;丝氨酸、苏氨酸、酪氨酸、半胱氨酸小部分遭破坏;天冬酰胺和谷酰胺的酰胺基被水解下来,生成相应的氨基酸和铵离子。两种酰胺的总量可直接由水解液中释放出的氨量求出。

酸法水解应用广,常用于氨基酸分析中。

碱法水解:用稀碱如氢氧化钠与蛋白质一起长时间保温,可得到蛋白质不完全水解产物。培养基用的蛋白胨、牛肉膏可用此法获得。工业上将明胶废渣加水浸泡,加Ca(OH)$_2$调pH 11.0~12.0,100℃保温水解5~6h,经中和、过滤、浓缩、干燥,即可得培养基用蛋白胨。蛋白质与5mol/L氢氧化钠或2mol/L氢氧化钡于110℃在真空或充氮条件下水解10~20h,得到完全水解产物。此法的缺点是使氨基酸普遍发生消旋作用,所得产物是D-和L-氨基酸的混合物。此外,含羟基、巯基、胍基的氨基酸都被破坏,但优点是色氨酸不被破坏。

酶法水解:选择合适的蛋白酶,在适当的pH和温度条件下与蛋白质溶液混匀、保温,经一定时间得到所需的水解产物。这种方法反应条件温和,氨基酸不被破坏,不发生消旋作用。但由于酶的专一性很强,使用单一的蛋白酶不能使蛋白质完全水解。有些酶,如枯草杆菌蛋白酶、胃蛋白酶等专一性差一些,但也不能使蛋白质完全水解。所以,酶法水解主要用于生产部分水解的蛋白质制品,如医用水解蛋白或微生物培养基用的蛋白胨等。酿造生产上,豆腐乳、臭豆腐、酱油等调味品的加工制造,也都是利用微生物的蛋白酶对蛋白质进行不完全水解的过程。啤酒、饮料工业中用蛋白酶水解大分子蛋白质可除去蛋白质混浊,增加产品稳定性。专一性很强的蛋白酶,能定点水解蛋白质分子,在分析蛋白质一级结构的研究中,具有特殊用途。

氨基酸(amino acid)广义上是指分子中既有氨基又有羧基的化合物。从各种生物体中发现的氨基酸已有180多种,但是参与蛋白质组成的常见氨基酸或基本氨基酸只有20种,此外在某些蛋白质中也存在若干种不常见氨基酸。常见氨基酸是由生物遗传密码直接编码的,而不常见氨基酸都是在已合成的肽链上由常见氨基酸经专一酶催化修饰转化而来的。180多种天然氨基酸中大多数是不参与蛋白质组成的,这些氨基酸被称为非蛋白质氨基酸。

二、氨基酸的结构和分类

(一) 蛋白质中的常见氨基酸

1. 常见氨基酸结构通式

组成蛋白质的20种常见氨基酸的结构中心是四面体的α-碳原子,它共价连接一个氨基、一个羧基、一个氢原子和一个可变的R基团,由于R基团的变化形成了不同的氨基酸。氨基酸在中性pH时,羧基以—COO$^-$,氨基以—NH$_3^+$形式存在。这样的氨基酸分子含有一个正电荷、一个负电荷,称为兼性离子。其结构如下:

$$\underset{\text{不带电形式}}{\underset{|}{\overset{\text{COOH 不变部分}}{\underset{R\,可变部分}{H_2N-\overset{\alpha}{C}-H}}}} \qquad \underset{\text{带电形式}}{\overset{\text{COO}^-}{\underset{R}{\overset{+}{H_3N}-\overset{\alpha}{C}-H}}}$$

除脯氨酸外，都属于 α-氨基酸，脯氨酸是 α-亚氨基酸；除甘氨酸外，所有氨基酸都具有不对称碳原子，具有旋光性；凡含有不对称碳原子的化合物都表现光学异构现象，α-氨基酸有两种构型：D-型和 L-型。氨基酸的 D-型和 L-型是参考甘油醛或乳酸的构型来确定的。凡氨基酸 α-碳的构型和 L-甘油醛（或 L-乳酸）相同的就定义为 L-型氨基酸，反之为 D-型氨基酸。从蛋白质水解得到的基本氨基酸均为 L-α-氨基酸，D-型氨基酸不参与蛋白质的分子组成，只在小肽等生理活性分子中存在。构型与旋光方向没有直接对应关系，L-α-氨基酸有的为左旋，有的为右旋，即使同一种 L-α-氨基酸，在不同溶剂也会有不同的旋光度或不同的旋光方向。

2. 常见氨基酸的分类与结构

常见氨基酸分类没有统一规定的方法，根据 R 基的化学结构，可将氨基酸分为脂肪族氨基酸、芳香族氨基酸和杂环氨基酸 3 类，在研究氨基酸的代谢途径时，采用这种分类方式较好。

在研究氨基酸的分离方法，或考虑其在形成蛋白质分子空间结构中的作用时，较好的分类方式是按照 R 基的极性，以及在中性条件下带电荷的情况，将其分为 3 类。

（1）非极性 R 基氨基酸　非极性氨基酸包括 4 种带有脂肪烃侧链的氨基酸（丙氨酸、缬氨酸、亮氨酸、异亮氨酸）、脯氨酸（带有独特的环状结构）、甲硫氨酸（两种含硫氨基酸之一）和 2 种芳香族氨基酸（苯丙氨酸和色氨酸）。这组氨基酸在水中的溶解度比极性 R 基氨基酸小。

（2）不带电荷的极性 R 基氨基酸　这一组共有甘氨酸、丝氨酸、苏氨酸、天冬酰胺、谷氨酰胺、酪氨酸和半胱氨酸共 7 种氨基酸，甘氨酸的 R 基只有一个氢原子，介于极性和非极性之间，多数把它归为极性分子，有时也根据需要将它归入非极性分子。这一组氨基酸中半胱氨酸和酪氨酸的 R 基极性最强。半胱氨酸的巯基和酪氨酸的酚羟基，虽然在 pH 7.0 时电离很弱，但与这组中的其他氨基酸侧链相比失去质子的倾向要大得多。

（3）极性带电荷的 R 基氨基酸　这一类氨基酸又可分成两小类：①极性带负电荷的 R 基氨基酸（包括天冬氨酸和谷氨酸两种酸性氨基酸）；②极性带正电荷的 R 基氨基酸（包括组氨酸、赖氨酸、精氨酸三种碱性氨基酸）。

蛋白质中常见的 20 种氨基酸的结构式、缩写符号见表 3-3。

表 3-3　　常见氨基酸的分类及结构

分类	名称	缩写符号	分子结构式
非极性氨基酸	L-丙氨酸	Ala	$H_3C-\underset{NH_2}{CH}-COOH$

续表

分类	名称	缩写符号	分子结构式
非极性氨基酸	L-缬氨酸	Val	
	L-亮氨酸	Leu	
	L-异亮氨酸	Ile	
	L-苯丙氨酸	Phe	
	L-甲硫氨酸	Met	
	L-脯氨酸	Pro	
	L-色氨酸	Trp	
极性不带电荷氨基酸	L-甘氨酸	Gly	
	L-丝氨酸	Ser	

续表

分类	名称	缩写符号	分子结构式
极性不带电荷氨基酸	L-苏氨酸	Thr	
	L-天冬酰胺	Asn	
	L-谷氨酰胺	Gln	
	L-酪氨酸	Tyr	
	L-半胱氨酸	Cys	
带负电荷氨基酸	L-天冬氨酸	Asp	
	L-谷氨酸	Glu	
带正电荷氨基酸	L-精氨酸	Arg	
	L-组氨酸	His	
	L-赖氨酸	Lys	

按营养特性不同可分为必需氨基酸和非必需氨基酸。所谓必需氨基酸是指在构成人体蛋白质的 20 种氨基酸中，那些人体自身无法合成的、必须从食品中摄取才能满足机体需要的氨基酸，它们是赖氨酸、苏氨酸、甲硫氨酸、缬氨酸、亮氨酸、异亮氨酸、色氨酸和苯丙氨酸等，婴幼儿时期和某些情况（如出现代谢障碍病灶）下组氨酸和精氨酸也需要由外界膳食中直接供给。在营养学上，这两种氨基酸称为半必需氨基酸。其余的 10 种氨基酸可以由人体自身合成而不依赖从外界食物中摄取，被称为非必需氨基酸。

另外，因在食物蛋白质中含量较少并因此影响其他氨基酸吸收利用的必需氨基酸称为限制性氨基酸。植物蛋白质中的赖氨酸、甲硫氨酸、苏氨酸和色氨酸等常是人体和其他多种动物的限制性氨基酸。

（二）蛋白质中的稀有氨基酸

有些氨基酸存在于某些蛋白质中，但不常见。它们都是由相应的常见氨基酸修饰生成的。存在于胶原蛋白中的 5-羟赖氨酸和 4-羟脯氨酸，分别由赖氨酸和脯氨酸经羟基化而生成，分子结构如下：

5-羟赖氨酸　　　　　4-羟脯氨酸

一些氨基酸及其衍生物不参与构建蛋白质，能以游离或结合的形式存在于生物界，具有重要的作用。它们有些是细胞的结构物质，例如，细菌细胞壁的肽聚糖中发现 D-谷氨酸和 D-丙氨酸；有些参与活性物质的分子组成，例如，抗生素短杆菌肽 S 中含 D-苯丙氨酸；还有一些是代谢中间产物，如瓜氨酸、鸟氨酸是尿素循环的中间产物。

三、氨基酸的理化性质

（一）一般物理性质

α-氨基酸为无色晶体，不同氨基酸其晶体形状不相同。氨基酸熔点一般在 200~300℃，氨基酸溶于水，但溶解度各不相同。能溶解于稀酸或稀碱中，但不能溶解于有机溶剂中。各种氨基酸有不同的味感，如甘氨酸具有甜味，谷氨酸呈酸味，其单钠盐呈鲜味。除甘氨酸外，每种氨基酸都有旋光性和一定的比旋光度。

各种常见氨基酸对可见光均无吸收能力。Tyr、Trp、Phe 在近紫外光区有吸收，因为它们的 R 基含有苯环共轭 π 键系统。酪氨酸的最大光吸收波长（λ_{max}）在 275nm，在该波长下的摩尔消光系数 $\varepsilon_{275} = 1.4 \times 10^3$ L/（mol·cm）；苯丙氨酸的 λ_{max} 在 257nm，$\varepsilon_{257} = 2.0 \times 10^2$ L/（mol·cm）；色氨酸的 λ_{max} 在 280nm，$\varepsilon_{280} = 5.6 \times 10^3$ L/（mol·cm）（图 3-1）。大多数蛋白质都含有这些氨基酸残基，所以也有紫外吸收能力，一般最大吸收在 280nm 波长处，可用紫外分光光度法测定蛋白质含量。但是不同的蛋白质中这些氨基酸的含量不同，所以它们的摩尔吸收系数是不完全相同的。

芳香族氨基酸在紫外区呈现较弱的荧光，近年来证明了色氨酸显现磷光，磷光是一种寿命较长的发射光。这些荧光和磷光性质在研究蛋白质结构和动力学中特别有用。

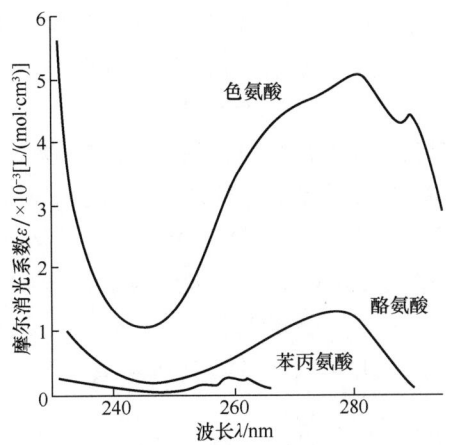

图 3-1 芳香族氨基酸在 pH 6.0 时的紫外吸收光谱

（二）氨基酸的两性解离及等电点

实验证明，氨基酸在水溶液中或在晶体状态时主要是以两性离子的形式存在。所谓两性离子是指在同一个氨基酸分子上含有等量的能放出质子的（如—NH_3^+）正离子和能接受质子的（如—COO^-）负离子，由于正负电荷相互中和而呈电中性，这种形式又称兼性离子或偶极离子。氨基酸溶于水后，它既可接受质子，也可作为质子的供体，故可作为酸又可作为碱，因此氨基酸是两性电解质。

两性电解质分子的解离受环境 pH 的影响。在 pH<1.7 的条件下，混合液中各种氨基酸的可解离基团全部质子化，分子净带正电荷；在 pH>12.5 的条件下，各种氨基酸的可解离基团全都去质子化，分子净带负电荷；在其他 pH 条件下，酸性、碱性、中性氨基酸的解离状况和带电性质会有很大的差别。

例如，中性氨基酸随 pH 变化发生解离的反应过程为：

$$\underset{\substack{\text{正离子}\\(\text{pH}<\text{p}I)}}{\begin{array}{c}\text{COOH}\\H_3N^+\!-\!\overset{|}{\underset{|}{C}}\!-\!H\\R\end{array}}\xrightleftharpoons[]{K_1'\;\;H^+}\underset{\substack{\text{偶极离子}\\(\text{pH}=\text{p}I)}}{\begin{array}{c}\text{COO}^-\\H_3N^+\!-\!\overset{|}{\underset{|}{C}}\!-\!H\\R\end{array}}\xrightleftharpoons[]{K_2'\;\;H^+}\underset{\substack{\text{负离子}\\(\text{pH}>\text{p}I)}}{\begin{array}{c}\text{COO}^-\\H_2N\!-\!\overset{|}{\underset{|}{C}}\!-\!H\\R\end{array}}$$

在不同 pH 的水溶液中氨基酸可解离为正离子、偶极离子或负离子。对氨基酸进行电泳时，在强酸性溶液中氨基酸正离子移向阴极，在强碱性溶液中氨基酸负离子移向阳极。调节氨基酸溶液的 pH，使氨基酸分子以两性离子存在，所带正负电荷相等，即氨基酸所带净电荷为零，在电场中，不向任何一极移动，此时溶液的 pH 称为氨基酸的等电点（isoelectric point，pI）。氨基酸在等电点时溶解度最小，易发生沉淀。发酵生产中，可根据这种性质，从发酵液中提取氨基酸。

各种氨基酸都有其特定的等电点（表 3-4）。中性氨基酸的 pI 在微酸性；碱性氨基酸的 pI 在碱性 pH 范围，酸性氨基酸的 pI 在酸性 pH 范围。等电点（pI）的高低与氨基酸分子两性解离基团的解离平衡常数有一定关系。

在上面列举的解离式中，*K'_1、K'_2 分别为 α-COOH 和 α-NH$_3$ 的表观解离平衡常数（*生物化学中的解离平衡常数用 K' 表示，以区别于物理学中常用的解离常数 K）。K'_1、K'_2 的负对数分别用 pK'_1 和 pK'_2 表示，则中性氨基酸的等电点，在数值上等于两个 pK' 值之和的二分之一：

$$pI = 1/2(pK'_1 + pK'_2)$$

在溶液中氨基酸随 pH 升高而逐级解离时，总是 pK' 值小的基团先解离，pK' 值大者后解离。因此，对于具有三个解离基团的氨基酸，只有靠近等电子的两个 pK' 值影响等电子的浓度。所以，只要正确写出解离反应式，皆可根据等电子两边的 pK' 值计算其 pI。例如 Asp 的 $pK'_{\alpha\text{-COOH}} = 2.09$，$pK'_{\alpha\text{-NH}_3^+} = 9.82$，$pK'_{\text{R-COOH}} = 3.86$。随 pH 由低到高，其解离方程式为：

（图：天冬氨酸的解离方程式）

其等电子在一级、二级解离之间，所以：$pI = 1/2(pK'_1 + pK'_R) = 1/2(2.09 + 3.86) = 2.97$。

碱性氨基酸如组氨酸 $pK'_{\alpha\text{-COOH}} = 1.82$，$pK'_{\alpha\text{-NH}_3^+} = 9.17$，$pK'_R = 6.00$，随 pH 由低到高，其解离方程式为：

（图：组氨酸的解离方程式）

其等电子在二级、三级解离之间，所以：$pI = 1/2(pK'_R + pK'_2) = 1/2(6.00 + 9.17) = 7.59$。

在引入等电点的概念之后，关于氨基酸的解离与环境 pH 的关系则可更确切地描述为：一种氨基酸在低于其等电点的 pH 条件下，其碱性解离大于酸性解离，分子总是显正电性；在高于其等电点的 pH 条件下则相反，分子总是显负电性。在 pH 2.00~11.00 的某一 pH 条件下，混合液中 pI 不同的氨基酸的解离状态各有差异，等电点偏离溶液 pH 越远者，其酸性基团和碱性基团的解离度相差越大，分子所带净电荷（正或负）数量越多。因此，通过调整氨基酸混合液的 pH，造成不同氨基酸电性质的差异，可以通过离子交换、电泳或等电沉淀等技术进行氨基酸的分离制备或分析鉴定。

氨基酸 K'_1 和 K'_2 的值可以通过滴定曲线求得。

将 1mol 甘氨酸溶于水，溶液的 pH 约等于 6.00，此时甘氨酸以兼性离子形式（H_3N^+—CH_2—COO^-）存在。这时用标准氢氧化钠对甘氨酸溶液进行滴定，以加入的氢氧化钠的量（mol）对 pH 作图，则得图 3-2 滴定曲线中曲线 B。在曲线中有一拐点，对应的 pH 为 9.60，此时有一半的兼性离子形式（H_3N^+—CH_2—COO^-）已经转化为阴离子形式（H_2N—CH_2—COO^-）。

（图：甘氨酸的解离方程式）

阳离子(A^+)   兼性离子($A^\pm$)   阴离子(A^-)

根据公式：$K'_2 = [A^-][H^+]/[A^\pm]$ 中 $[A^\pm] = [A^-]$

所以 $K'_2 = [H^+]$，两边取负对数，$-\lg K'_2 = -\lg[H^+]$，即 $pK'_2 = pH$，此时溶液的 pH 即为 pK'_2。如果不用标准氢氧化钠而是用标准盐酸对甘氨酸溶液进行滴定，以加入的盐酸的量（mol）对 pH 作图，则得图 3-2 滴定曲线中曲线 A。在曲线中也有一拐点，对应的 pH 为 2.34，此时有一半的兼性离子形式（H_3N^+—CH_2—COO^-）已经转化为阳离子形式（H_3N^+—CH_2—COOH）。根据公式

$$K'_1 = [A^\pm][H^+]/[A^+] \text{ 中 } [A^\pm] = [A^+]$$

所以 $K'_1 = [H^+]$，两边取负对数，$-\lg K'_1 = -\lg[H^+]$，即 $pK'_1 = pH$，此时溶液的 pH 即为 pK'_1。利用 Handerson-Hasselbalch 公式：

$$pH = pK' + \lg\frac{[\text{质子受体}]}{[\text{质子供体}]}$$

在已知相应 pK'_1 和 pK'_2 时，可计算出在任一 pH 下氨基酸溶液中各种离子所占的比例。

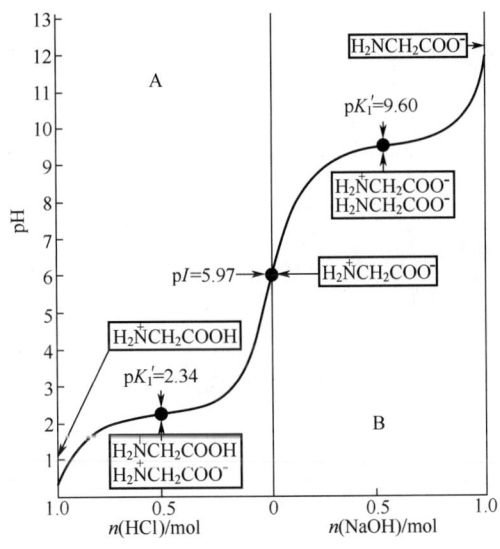

图 3-2　甘氨酸的滴定曲线

常见氨基酸的 pK' 值和 pI 见表 3-4。

表 3-4　　　　　　　　　　　常见氨基酸的 pK' 和 pI

氨基酸	$pK'_{\alpha\text{-COOH}}$	$pK'_{\alpha\text{-NH}_3^+}$	pK'_R	pI
甘氨酸	2.34	9.60		5.97
丙氨酸	2.34	9.69		6.02
缬氨酸	2.32	9.62		5.97
亮氨酸	2.36	9.60		5.98
异亮氨酸	2.36	9.68		6.02
丝氨酸	2.31	9.15		5.68
苏氨酸	2.63	10.43		6.53

续表

氨基酸	$pK'_{\alpha\text{-COOH}}$	$pK'_{\alpha\text{-NH}_3^+}$	pK'_R	pI
天冬氨酸	2.09	9.82	3.86（β-COOH）	2.97
天冬酰胺	2.02	8.80		5.41
谷氨酸	2.19	9.67	4.25（γ-COOH）	3.22
谷氨酰胺	2.17	9.13		5.65
精氨酸	2.17	9.04	12.48（胍基）	10.76
赖氨酸	2.18	8.95	10.53（ε-NH$_3^+$）	9.74
组氨酸	1.82	9.17	6.00（咪唑基）	7.59
半胱氨酸	1.71	8.33	10.78（—SH）	5.02
甲硫氨酸	2.28	9.21		5.75
苯丙氨酸	1.83	9.13		5.48
酪氨酸	2.20	9.11	10.07（—OH）	5.65
色氨酸	2.38	9.39		5.89
脯氨酸	1.99	10.60		6.30

如表 3-4 所示，有些氨基酸除了有 pK'_1 和 pK'_2 外还有 pK'_R，这意味着这些氨基酸除了 α-COOH 和 α-NH$_3^+$ 可以发生解离外，还具有可解离的 R 基团。含一氨基一羧基和不解离 R 基的氨基酸都具有类似甘氨酸的滴定曲线，这类氨基酸的 pK'_1 多在 2.00~3.00，而 pK'_2 多在 9.00~10.00。对于侧链 R 基可解离的氨基酸，相当于三元酸，其滴定曲线较为复杂。图 3-3 所示为酸性氨基酸谷氨酸和碱性氨基酸组氨酸的滴定曲线。

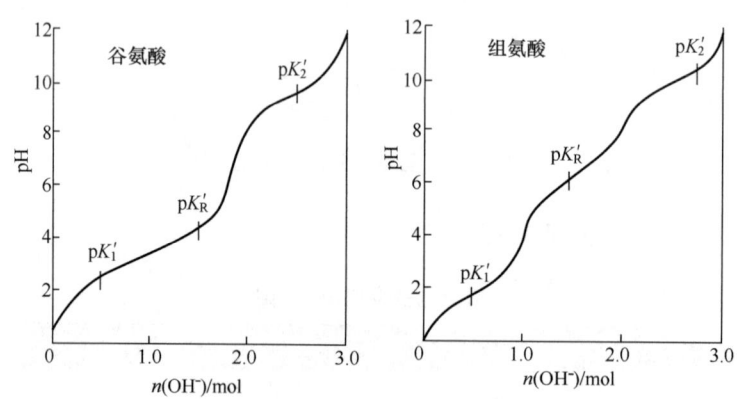

图 3-3 谷氨酸和组氨酸的滴定曲线

从滴定曲线中可以看出，氨基酸在接近 pK' 的 pH 下有较为明显的缓冲作用，此时往溶液中加入酸或碱对 pH 的影响较小，而在其他 pH 范围内没有缓冲作用。20 种常见氨基酸中只有组氨酸 pK'_R 为 6.00，比较接近生理 pH 范围，在此 pH 下有明显的缓冲能力，而其他氨基酸的 pK' 值都不在生理 pH 附近。红细胞中运载氧气的血红蛋白由于含有较多的组氨酸残基，使得它在 pH 7.00 左右的血液中具有显著的缓冲能力，这一点对红细胞在血液中起运输氧气和二氧化碳的作用来说是重要的。

（三）氨基酸的化学性质

氨基酸的化学性质与其分子内的功能基团密切相关，有的性质与 α-氨基有关，有的性质与 α-羧基有关，有的化学反应则是由 α-氨基和 α-羧基共同参与的，还有一些性质与氨基酸的侧链 R 基团有关。

1. α-氨基参与的反应

（1）与亚硝酸反应　含游离氨基的氨基酸能与亚硝酸起反应，定量放出氮气，氨基酸被氧化成 α-羟基酸。含亚氨基的脯氨酸则不能与亚硝酸反应。其反应式如下：

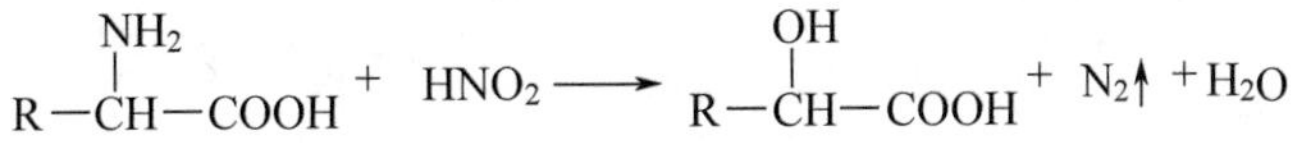

$$R-\underset{\underset{NH_2}{|}}{CH}-COOH + HNO_2 \longrightarrow R-\underset{\underset{OH}{|}}{CH}-COOH + N_2\uparrow + H_2O$$

在标准条件下，测定生成 N_2 体积，可计算出氨基酸的量，这是范斯莱克（Van Slyke）法测定氨基 N 的基础。

（2）与甲醛反应　由于氨基酸是一个弱酸，它完全解离时的 pH 12.0~13.0，这时用一般的指示剂很难准确判断其终点，因而在一般条件下不能直接用酸碱滴定法来定量氨基酸。

在中性 pH 条件下，若在氨基酸溶液中加入过量的甲醛，甲醛能与 α-氨基很快反应，释放出 H^+，生成羟甲基衍生物，如图 3-4 所示。

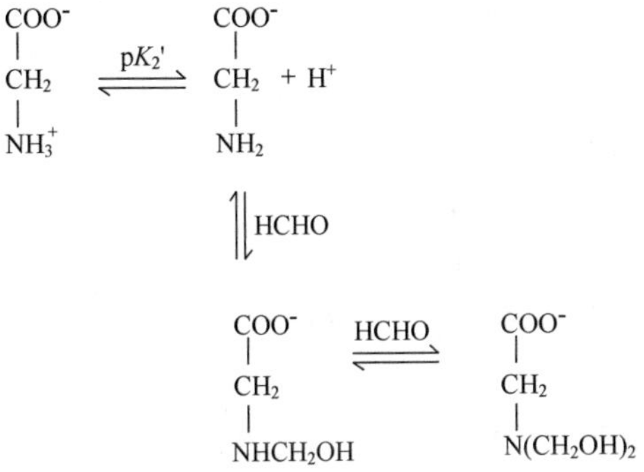

由于羟甲基衍生物的形成，使上述平衡向右移动，促使 $-NH_3^+$ 上 H^+ 释放出来，溶液 pH 很快下降。当溶液中存在 1mol/L 的甲醛时，滴定终点由 pH 12.0 附近移至 9.0 附近，即酚酞指示剂的

图 3-4　甲醛与 α-NH_3^+ 的反应过程

变色区域，这时可用酚酞作指示剂，用标准 NaOH 溶液滴定。每释放出一个 H^+，就相当于有一个氨基氮，根据 NaOH 的消耗量可计算出样品中氨基氮的含量，也就可以计算出氨基酸的含量。这种方法称为甲醛滴定法，实验室及生产上不仅用于测定氨基酸含量，也常用来测定蛋白质水解程度。

（3）与 2,4-二硝基氟苯（DNFB）的反应　氨基酸的 α-氨基与 2,4-二硝基氟苯在弱碱性溶液中作用，生成稳定的 2,4-二硝基苯基氨基酸（DNP-氨基酸）。

生成的 2,4-二硝基苯基氨基酸呈黄色，用非极性溶剂（如乙醚、三氯甲烷等）提取后，再用层析法（纸层析）与标准的 DNP-氨基酸作比较来鉴定。多肽或蛋白质 N 端氨基酸的 α-氨基也能与 DNFB 反应，生成 DNP-多肽或 DNP-蛋白质。经酸水解时，所有的肽键被断开，只有 DNP 仍连在 N 端氨基酸上，形成黄色的 DNP-氨基酸。用乙醚把 DNP-氨基酸抽提出来，所得 DNP-氨基酸进行纸层析分析，从图谱上黄色斑点的位置可鉴定 N 端氨基酸的种类和数目。这一方法被 Sanger 用来鉴定多肽或蛋白质的末端氨基酸，故称为 Sanger 法。其反应式如下：

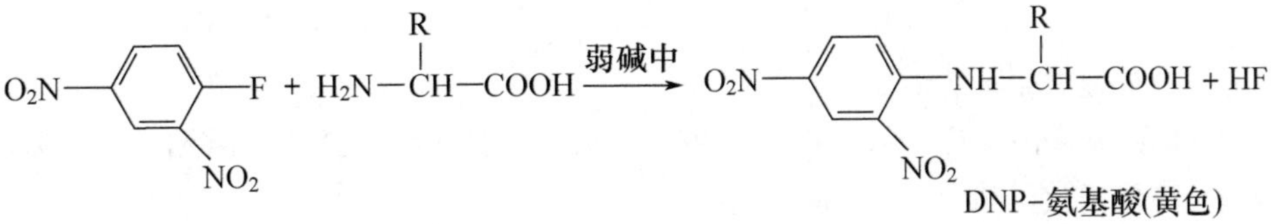

(4) 与异硫氰酸苯酯的反应 在弱碱性条件下，氨基酸中的 α-氨基与异硫氰酸苯酯（PITC）反应，生成相应的苯氨基硫甲酰氨基酸（PTC-氨基酸），此化合物在硝基甲烷中与酸作用，PTC-氨基酸即环化为苯乙内酰硫脲衍生物（PTH-氨基酸），后者在酸中极其稳定。其反应式如下：

$$\text{PITC} + H_2N-CH(R)-COOH \xrightarrow{\text{弱碱中 (40℃)}} \text{PTC-氨基酸} \xrightarrow{\text{硝基甲烷40℃, } H^+} \text{PTH-氨基酸}$$

生成的 PTH-氨基酸，无色，可用乙酸乙酯抽提。

多肽链 N 端氨基酸 α-氨基也可与 PITC 反应，生成 PTC-蛋白质，在酸性溶液中，释放出末端的 PTH-氨基酸和比原来少一个氨基酸残基的多肽链。所得的 PTH-氨基酸经乙酸乙酯抽提后，用层析法进行鉴定，确定肽链的 N 端氨基酸种类。剩余的肽链可以重复应用这种方法测定其 N 端的氨基酸，如此重复多次可测定出多肽链 N 端的氨基酸排列顺序。

2. α-羧基参与的反应

(1) 脱羧反应 生物体内在氨基酸脱羧酶的催化下，氨基酸脱去羧基生成相应的伯胺，放出二氧化碳：

$$R-CH(NH_2)-COOH \xrightarrow{\text{脱羧酶}} R-CH_2-NH_2 + CO_2$$

脱羧酶的专一性很强，一种氨基酸脱羧酶只能催化一种特定的氨基酸脱羧，而不能催化其他氨基酸脱羧。例如，大肠杆菌的 L-谷氨酸脱羧酶，专一催化谷氨酸脱羧：

$$HOOC-CH_2-CH_2-CH(NH_2)-COOH \xrightarrow{\text{L-谷氨酸脱羧酶}} HOOC-CH_2-CH_2-CH_2-NH_2 + CO_2$$

在发酵法生产氨基酸的过程中可以利用该反应来测定氨基酸的产量。加入特定的氨基酸脱羧酶后，利用瓦氏呼吸计可以定量测定 CO_2 的量，从而计算出氨基酸的含量。

(2) 成盐和成酯反应 氨基酸的 α-羧基和羧酸一样，具有成盐和成酯反应。

氨基酸与碱作用即生成盐，例如与 NaOH 作用得到氨基酸的钠盐。调味品味精就是谷氨酸的单钠盐：

$$HOOC-CH_2-CH_2-CH(NH_2)-COOH + NaOH \xrightarrow{-H_2O} HOOC-CH_2-CH_2-CH(NH_2)-COONa$$

氨基酸的重金属盐不溶于水。

氨基酸的羧基和醇反应，则得到相应的酯。例如在通干燥 HCl 气体的条件下，氨基酸与无水甲醇或乙醇作用就得到相应的甲酯或乙酯：

$$\underset{\displaystyle NH_2}{R—CH}—COOH + C_2H_5OH \xrightarrow{\text{干燥 HCl}} \underset{\displaystyle NH_2 \cdot HCl}{R—CH}—COOC_2H_5 + H_2O$$

当氨基酸在成盐、成酯后，羧基的化学性质被掩蔽从而被保护起来，而氨基的化学性质得到加强，容易与酰基、烃基等发生反应。但也有例外，当氨基酸与对硝基苯酚生成相应的对硝基苯酯后，羧基的反应活性反而增强了，易发生酰化反应，这类酯称为活化酯。氨基酸的成盐、成酯反应在多肽和蛋白质人工合成中经常被用到。

（3）成酰氯反应　当氨基酸的氨基用适当的保护基团保护后，其羧基可以和五氯化磷或二氯亚砜等作用生成相应的酰氯：

$$\underset{\displaystyle NH-R'}{R—CH}—COOH + PCl_5 \longrightarrow \underset{\displaystyle NH-R'}{R—CH}—COCl + POCl_3 + HCl$$

R′为氨基保护基团

氨基酸生成相应的酰氯后羧基被活化，容易与另一个氨基酸的氨基之间形成肽键，因而此反应在人工合成多肽中经常使用。

3. α-氨基和 α-羧基共同参加的反应

（1）茚三酮反应　在弱酸性溶液中将 α-氨基酸与茚三酮水合物一起加热，发生较为复杂的氧化还原反应，氨基酸发生氧化脱氨、脱羧，生成相应的醛、氨和二氧化碳，茚三酮被还原生成还原茚三酮。而还原茚三酮、氨和茚三酮共同作用生成一种蓝紫色的物质，反应式如下：

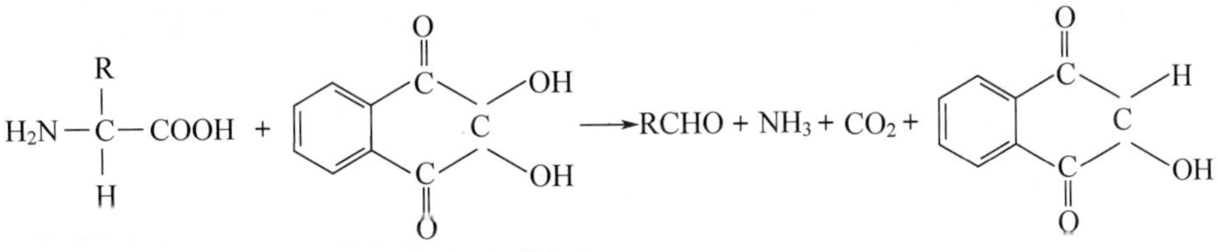

氨基酸　**茚三酮水合物**　**还原茚三酮**

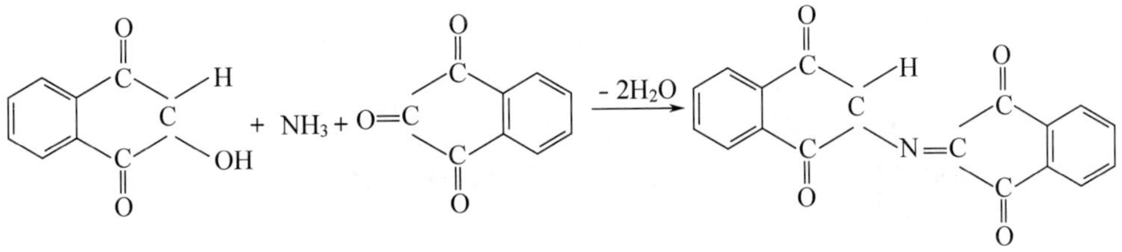

还原茚三酮　**茚三酮**　**蓝紫色化合物**

茚三酮反应非常灵敏，几微克的氨基酸即可与茚三酮显色，因而该反应被应用于氨基酸的定性定量分析。该蓝紫色物质在570nm波长下有最大光吸收，在0.5~50μg/mL，氨基酸的含量与吸光度成正比。

脯氨酸是亚氨基酸，与茚三酮反应并不释放氨气，也不会生成上述蓝紫色物质，而是直接生成一种黄色化合物，此黄色化合物的最大吸收波长在440nm。

（2）合成肽反应　一个氨基酸的氨基和另一个氨基酸的羧基之间脱水缩合生成的酰胺化合物称为肽，形成的酰胺键称为肽键。由两个氨基酸组成的肽称为二肽。例如甘氨酸和丙氨酸反应可生成甘氨酰丙氨酸或丙氨酰甘氨酸：

$$H_2N-CH_2-COOH + H_2N-\underset{CH_3}{\underset{|}{CH}}-COOH \begin{array}{c}\nearrow \\ \searrow\end{array} \begin{array}{l} H_2N-CH_2-\overset{O}{\overset{\|}{C}}-NH-\underset{CH_3}{\underset{|}{CH}}-COOH \\ \text{甘氨酰丙氨酸} \\ \\ H_2N-\underset{CH_3}{\underset{|}{CH}}-\overset{O}{\overset{\|}{C}}-NH-CH_2-COOH \\ \text{丙氨酰甘氨酸} \end{array}$$

由甘氨酸的羧基和丙氨酸的氨基之间形成的二肽称为甘氨酰丙氨酸,而由丙氨酸的羧基和甘氨酸的氨基之间形成的二肽称为丙氨酰甘氨酸,这是两种全然不同的化合物,因而两种不同的氨基酸之间可以形成两种二肽。三种不同的氨基酸之间可以形成六种三肽,而 n 种不同的氨基酸之间可以形成 $n!$ 种不同的多肽。

4. 由侧链 R 基参加的反应

许多氨基酸的侧链 R 基带有可发生化学反应的官能团,包括 Ser、Thr 的羟基,Tyr 的酚羟基,Cys 的巯基,Trp 的吲哚基,His 的咪唑基,Arg 的胍基,Met 的甲硫基,Lys 的 ε-氨基,Asp、Glu 的侧链羧基等,这些氨基酸可发生的反应种类非常多,其中的许多反应被用作氨基酸定性定量分析和蛋白质化学修饰的基础。以下仅介绍几种常见的反应。

(1) Cys 的巯基参加的一些反应 半胱氨酸侧链的巯基(—SH)是一个化学性质很活泼的反应基团,可以发生多种反应。

①巯基很容易被氧化,氧化方式常见的有两种。

在较弱的氧化剂作用下,两个 Cys 的巯基之间发生氧化,连接形成二硫键(—S—S—),产物是胱氨酸(cystine):

$$\underset{\text{半胱氨酸}}{H_2N-\underset{CH_2-SH}{\underset{|}{C}}H-COOH} + \underset{\text{半胱氨酸}}{\underset{HS-CH_2}{\underset{|}{C}}H-COOH \atop H_2N} \underset{\text{还原}}{\overset{\text{氧化}}{\rightleftharpoons}} \underset{\text{胱氨酸}}{H_2N-\underset{CH_2-S-S-CH_2}{\underset{|}{C}}H-COOH \atop COOH}$$

此反应可逆,在还原剂如巯基乙醇、二硫苏糖醇等的作用下,胱氨酸的二硫键打开,重新生成两个半胱氨酸。二硫键广泛存在于蛋白质分子中,它们将不同的多肽链或一条多肽链的不同位点连接到一起,对于稳定蛋白质的空间结构起重要的作用。

在较强氧化剂如过甲酸的作用下,巯基或二硫键被氧化成磺酸基:

$$H_2N-\underset{\underset{SH}{\underset{|}{CH_2}}}{\underset{|}{C}}H-COOH \xrightarrow{HCOOOH} H_2N-\underset{\underset{SO_3H}{\underset{|}{CH_2}}}{\underset{|}{C}}H-COOH$$

此反应不可逆,常在测定蛋白质一级结构时用来打开二硫键。

②巯基容易与烷化剂如碘乙酸、对氯汞苯甲酸等作用生成相应的稳定的烷基化衍生物:

$$\underset{\text{半胱氨酸}}{\underset{NH_2}{\underset{|}{HC}}-CH_2-S^-} + \underset{\text{碘乙酸}}{ICH_2COO^-} \longrightarrow \underset{\text{羧甲基半胱氨酸}}{\underset{\overset{+}{NH_3}}{\underset{|}{HC}}-CH_2-S-CH_2COO^-} + I^-$$

$$\begin{array}{c}\text{COO}^-\\|\\\text{HC}-\text{CH}_2-\text{S}^-+\text{Cl}-\text{Hg}-\!\!\!\!\bigcirc\!\!\!\!-\text{COO}^-\longrightarrow\\|\\\overset{+}{\text{NH}_3}\end{array}\quad\text{对氯汞苯甲酸}$$

$$\begin{array}{c}\text{COO}^-\\|\\\text{HC}-\text{CH}_2-\text{S}-\text{Hg}-\!\!\!\!\bigcirc\!\!\!\!-\text{COO}^-+\text{Cl}^-\\|\\\overset{+}{\text{NH}_3}\end{array}$$

有许多蛋白质的生物活性与 Cys 的巯基直接有关，当烷化剂与巯基作用后可以使这些蛋白质失去活性。

③半胱氨酸 R 侧链上的巯基，可在 pH 8.0 和室温的条件下与 5，5′-二硫双（2-硝基苯甲酸）试剂（Ellman）反应，产生含有—SH 的硝基苯甲酸，产物在波长 412nm 处有最大吸收峰，可通过测定光吸收值来确定半胱氨酸含量。反应的灵敏度很高，在 pH 8.0 的条件下，λ_{412nm} 的摩尔消光系数（或称摩尔吸收系数）ε 高达 13600L·mol^{-1}·cm^{-1}，这一反应可用于测定样品中游离的—SH 含量。其反应式如下：

（硫代硝基苯甲酸）

（2）Tyr 的酚基参加的一些反应　Tyr 的酚羟基在碱性条件下具有还原性，能使福林-酚（Folin-酚）试剂（含磷钼酸和磷钨酸）还原生成蓝色化合物钼蓝和钨蓝，在 680nm 下有最大光吸收。利用福林-酚反应可以对酪氨酸进行定量测定。蛋白质分子由于含有酪氨酸（色氨酸也有该反应），所以福林-酚法也是测定蛋白质含量的常用方法。此外，该反应还被用来测定蛋白酶活力。

Tyr 的酚基在羟基两侧的 3 号位和 5 号位上容易发生亲电取代反应，如发生碘化或硝化。此外还可以和重氮化合物结合生成橘黄色的化合物，此反应被称为 Pauly 反应，也被用于检测酪氨酸。

氨基酸的侧链 R 基引入的化学反应种类非常多，表 3-5 所示为部分基团的化学反应。

表 3-5　　　　　　　　　　　　氨基酸侧链基团的部分化学反应

反应基团	反应种类	主要应用
苯环	与浓硝酸作用产生黄色物质	可用于蛋白质定性试验
Tyr 的酚基	①与福林-酚试剂反应生成蓝色物质 ②和重氮化合物反应生成橘黄色的物质 ③与 $HgNO_3$、$Hg(NO_3)_2$ 和 HNO_3 作用呈红色	可用于 Tyr 及蛋白质的定性定量分析 检测 Tyr（Pauly 反应） 检测 Tyr（Millon 反应）
Trp 的吲哚基	①与乙醛酸及浓硫酸生成紫红色物质 ②与福林-酚试剂反应生成蓝色物质	可用于 Trp 及蛋白质的定性定量分析 可用于 Tyr 及蛋白质的定性定量分析
Arg 的胍基	①在碱性溶液中与 α-萘酚和次溴酸盐作用生成红色物质 ②与硝酸反应生成硝基取代产物	用于蛋白质定性［坂口氏（Sakaguchi）反应］ 可作为胍基保护剂，用于人工肽合成
His 的咪唑基	咪唑基中的亚氨基与三苯甲基或磷酸基结合	有保护咪唑基的作用
Cys 的巯基	①—SH／—S—S—之间相互转化 ②氧化成磺酸基 ③与烷化剂作用	组成氧化还原体系，维持蛋白质结构 Cys 代谢中的反应，打开二硫键 作为巯基酶的抑制剂
羟基（Ser、Tyr）	通过乙酰化、磷酸化作用成酯	在人工合肽时保护羟基，生物体内对蛋白质修饰调控的手段

四、氨基酸的分离及分析鉴定

氨基酸分离分析的方法很多，主要是色谱法和电泳法。下面介绍一些实验室常用方法。

（一）纸色谱法

纸色谱是分离鉴定微量氨基酸最简易有效的方法。纸色谱是以滤纸为惰性支持物的分配色谱，滤纸纤维上的羟基具有亲水性，可吸附水作为固定相，有机溶剂为流动相。当流动相从含有氨基酸样品的滤纸上流过时，各种氨基酸就在此固定相和流动相之间连续不断地抽提分配，根据各种氨基酸在这两相中的分配系数不同，在纸上移动的速度也不同。一些侧链为非极性的氨基酸，如 Leu、Ile、Phe、Trp、Val、Met 等在流动的有机溶剂相中溶解度大些，随流动相移动的速度也快。而侧链为极性的氨基酸，如 Ser、Thr、Glu、Asp、His、Lys、Arg 等在有机溶剂相中溶解度小，在固定相中的溶解度大，随流动相的移动速度就慢。当流动相达到一定位置后，由于各种氨基酸移动速度不同，而分别集中在滤纸的不同部位。将色谱纸烘干，用茚三酮溶液喷雾，并加热显色以确定氨基酸的位置，可以得到清楚的层析图谱。溶质（被分析物）在纸上移动的速率可用 R_f 值来表示，即在一定条件下，被分离的溶质在纸上移动的距离和溶剂所移动的距离之比，又称比移值（图 3-5）。由于各种溶质在一定温度、溶剂等条件下都有特定的 R_f 值，故可根据 R_f 值用于定性鉴别。但通常用已知标准样品同时层析作对照。

$$R_f = \frac{原点到层析点中心的距离}{原点到溶剂前沿的距离} = \frac{氨基酸移动速度}{溶剂移动速度}$$

为了鉴定一种或数种氨基酸,检查其纯度以及研究简单混合物的成分,单向层析很简便。但如果是许多氨基酸的复杂混合物或是蛋白质水解液,则在单向层析上不能得到相当于一种氨基酸的点,因为有些氨基酸的 R_f 值很相近或相同,经单向层析不能分开,则可采用双向层析。即将样品点在一个方形滤纸的角上,先用一种溶剂系统沿滤纸的一个方向进行层析,待干后将滤纸转动 90°用另一溶剂系统进行第二方向层析,干后经显色就得到双向层析图谱。

层析后用茚三酮显色所得的斑点大小与颜色深浅,和样品中氨基酸含量成正比,定量时可把层析谱上氨基酸的蓝紫斑点剪下,用一定溶剂洗脱,在 570nm 波长比色读出光吸收值。然后根据标准曲线可求出其含量。氨基酸双向纸层析图谱见图 3-6。

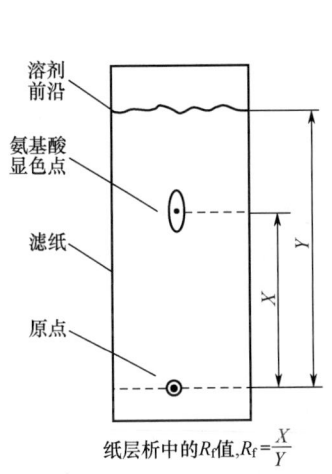

图 3-5 滤纸层析中的 R_f 值

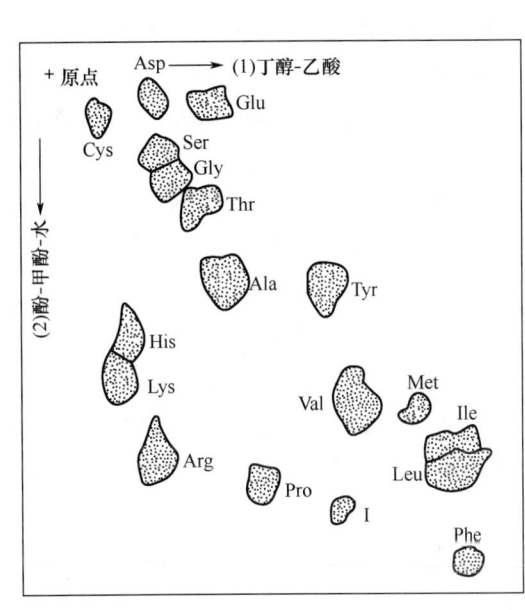

图 3-6 氨基酸的双向纸层析图谱

(二) 薄层色谱法

薄层色谱法是一种快速、微量、操作简便,以吸附作用为主的分离分析方法。根据氨基酸在某一吸附剂上吸附力不同而达到分离的目的。把纤维素、硅胶、氧化铝或聚酰胺等涂在玻板或其他载体上制成薄层,然后将被分析的样品滴加到薄层上,再用适当的溶剂展开,就可使样品得以分离(图 3-7)。若要定量,则把氨基酸斑点取下,用适当溶剂浸泡,再进行测定。

薄层色谱的优点是对混合物分离迅速,一般仅需几分钟到几十分钟,需要的样品量极少,0.1μg 至几微克的样品就可以分离;灵敏度大,一般比纸色谱要高 10~100 倍,甚至样品中仅含 0.01μg 的物质也可被检测,而且设备简单,操作方便。

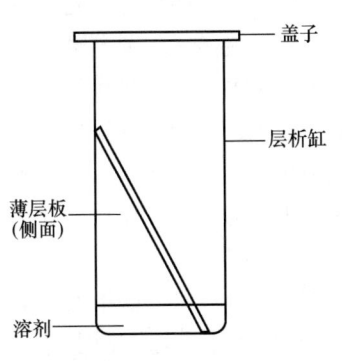

图 3-7 薄层层析示意图

（三）离子交换柱色谱法

离子交换树脂是一种不溶于水、有机溶剂和酸碱的高分子物质，上面带有阴离子或阳离子基团，这些基团能和周围溶液中的其他离子或离子化合物进行交换，而树脂的物理性能不发生改变。应用这种物质进行分离和测定的方法称为离子交换法。由于离子交换过程常在柱中进行，故又称离子交换柱色谱，即在色谱柱内装一定量的树脂，使要分析分离的物质流经这一色谱柱，连续发生交换作用而达到分离的目的。

离子交换树脂的基本骨架一般是由小分子的单体和交联剂共聚而成的网状结构聚合体，有苯乙烯型、丙烯型、环氧型、纤维素型等。以苯乙烯为单体，二乙烯苯为交联剂聚合而成的聚合体称为聚苯乙烯树脂，在树脂骨架上引入不同基团，就可形成不同类型的离子交换树脂。如当引入酸性的磺酸基（—SO_3H）时，为强阳离子交换树脂；引入羧基（—COOH）时为弱阳离子交换树脂；引入碱性的季铵基 [—$N^+(CH_3)_3$] 为强阴离子交换树脂；引入弱碱的叔胺基 [—$N(CH_3)_2$]、仲胺基 [—$NHCH_3$]、伯胺基（—NH_2）时，均为弱阴离子交换树脂。树脂上这些酸性、碱性基团是可以解离的，并能与溶液中其他阳离子、阴离子进行交换反应。

常用于分离氨基酸的是强酸性阳离子交换树脂和强碱性阴离子交换树脂。阳离子交换树脂上的 H^+ 或 Na^+ 可与溶液中的阳离子如阳离子的氨基酸发生交换，并结合在树脂上，反应如下：

$$\text{树脂}—SO_3^-H^+ + R—\underset{\underset{NH_3^+}{|}}{C}HCOOH \rightleftharpoons \text{树脂}—SO_3^-—R\underset{\underset{NH_3^+}{|}}{C}HCOOH + H^+$$

同样阴离子交换树脂上的 OH^-（或 Cl^-）可以与溶液中的阴离子的氨基酸发生交换而结合在树脂上，反应如下：

$$\text{树脂}—NR_3^+OH^- + R—\underset{\underset{NH_2}{|}}{C}HCOO^- \rightleftharpoons \text{树脂}—NR_3^+R\underset{\underset{NH_2}{|}}{C}HCOO^- + OH^-$$

目前氨基酸组成分析，通常采用磺酸型阳离子交换树脂。在使用前先用 NaOH 平衡成 Na 型，然后将 pH 3.0 左右的蛋白质水解液加到 Na 型离子交换柱上，由于在 pH 3.0 时大部分氨基酸呈带正电荷的离子，因此，这些氨基酸能与 Na^+ 交换而结合到树脂上，不同氨基酸上解离基团的 pK 值稍有差别，因此与树脂结合的能力略有不同。在 pH 3.0 时，绝大多数碱性氨基酸通过静电引力与树脂结合最牢，而酸性氨基酸则结合最弱，当分别用不同离子强度和 pH 3.00~5.28 的柠檬酸缓冲液淋洗时，各种氨基酸就以不同速度向下移动，并被逐个先后洗脱下来。一般酸性和极性大的氨基酸先被洗脱下来，接着是脂肪族氨基酸和芳香族氨基酸，最后是碱性氨基酸，经分部收集洗脱液，用茚三酮显色和在 570nm 波长测定光吸收值即可绘得洗脱曲线，并由此计算出该样品中各氨基酸的含量，从洗脱峰的位置可以判断属于何种氨基酸。

氨基酸对磺酸基的聚苯乙烯树脂的作用主要是两种效应：一是与带负电的磺酸基的静电相互作用；二是与非极性的苯环的疏水相互作用。为了使氨基酸从树脂上洗脱下来，需要降低它们之间的亲和力，有效的方法是逐步提高洗脱剂的 pH 和盐浓度（离子强度）。

氨基酸自动分析仪就是根据这一原理制成的，利用该设备可以实现对混合氨基酸溶液的全自动分离并进行定性、定量测定，自动记录测定结果。氨基酸自动分析仪的原理图见图 3-8，氨基酸混合物分离图谱见图 3-9。

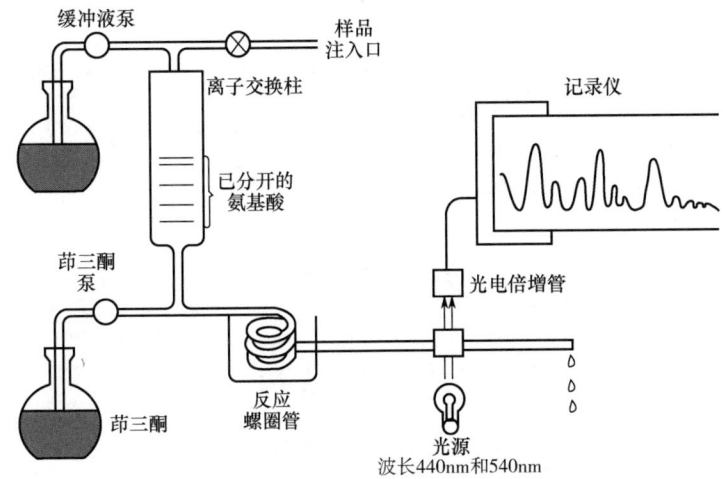

图 3-8　氨基酸自动分析仪图解

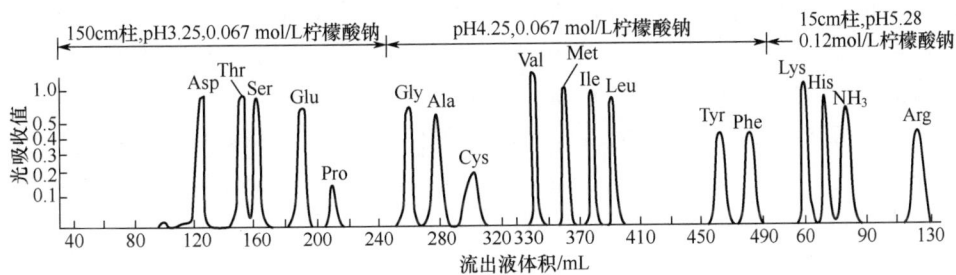

图 3-9　氨基酸自动分析仪对氨基酸混合物分离分析结果

(四) 高效液相色谱法

利用高效液相色谱 (high performance liquid chromatography, HPLC) 法定量分析氨基酸及其衍生物的技术得到了很大发展，常用的有柱前衍生的反相高效液相色谱法和柱后衍生的离子交换法。柱前衍生法是色谱前先在氨基酸上标记一些能产生荧光或在紫外区有较强吸收的化学物质，这样经反相高效液相色谱分离后可以直接用荧光检测仪或紫外检测仪，高灵敏度地检测和定量各种氨基酸。柱后衍生法是经柱色谱分离后的各种氨基酸与显色剂 (如茚三酮、邻苯二甲醛等) 反应，测定反应物的颜色深浅来定量各种氨基酸。

例如，常用 Edman 试剂标记后的各种氨基酸在反相高效液相色谱中进行分离鉴定。氨基酸与 PITC 试剂进行定量的反应，反应产物经酸处理后环化成 PTH-氨基酸，在十八烷基反相高效液相色谱柱上用乙腈进行梯度洗脱，就可以将氨基酸完全分离开，并可以根据 PTH-氨基酸在紫外的吸收系数计算出每一种氨基酸的量。

(五) 电泳法

纸电泳是分离氨基酸的另一种方法。将一滴氨基酸混合液点在滤纸上，然后用一定 pH 的缓冲液润湿滤纸条，将纸条两端浸入电极槽中并施加一定电场。根据氨基酸所带净电荷不同在电场中迁移速度也不同来分离。选择一种 pH，使分离物在此值下解离度相差最大 (电荷量相差最大)。在整个电泳过程中必须保持所选定的 pH 恒定。电荷量相同的氨基酸,由于相对分子质量差异也能分开。

纸色谱和纸电泳可以结合使用。根据电荷和极性两种性质来分离氨基酸。在一维纸层析,结束待干后旋转 90°,在另一维上纸电泳。

第三节 肽

一、肽的结构

一个氨基酸的 α-羧基与另一个氨基酸的 α-氨基脱水缩合形成的共价键称肽键,由此形成的化合物称肽(peptide)。由两个氨基酸组成的肽称为二肽,由三分子氨基酸组成的肽称为三肽,以此类推。一般由 10 个以下氨基酸组成的肽,称为寡肽。由 10~50 个氨基酸连接而成的肽称为多肽。多肽链的结构如图 3-10 所示。

肽链中的氨基酸由于肽键的形成,已经不是原来完整的分子,因此把多肽链中的氨基酸单位称为氨基酸残基。一条多肽链通常含有两个游离末端,含有游离 α-氨基的一端,称为氨基末端(简称 N 端);另一端是游离的 α-羧基称羧基末端(简称 C 端)。在表示肽链中氨基酸残基的顺序时习惯上将 N 端写在左面、C 端写在右面,并从 N 端起编写氨基酸顺序数。

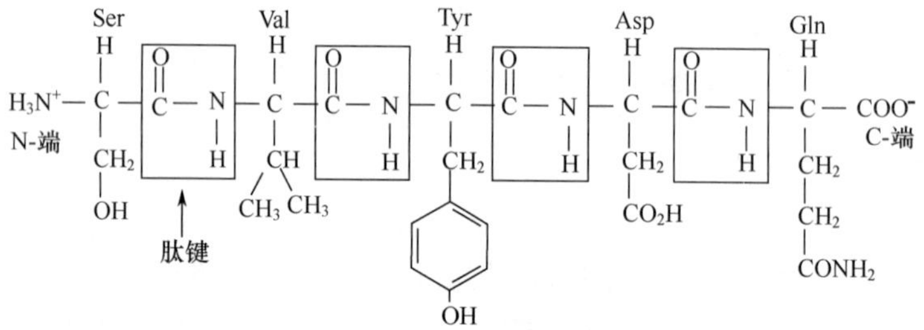

图 3-10 多肽链的结构

多肽化合物命名时,从 N 端开始,连续读出氨基酸残基的名称,除 C 端氨基酸外,其他氨基酸残基的名称均将"酸"改为"酰",例如丝氨酰甘氨酰酪氨酰丙氨酰亮氨酸。更加通用的书写方法是用连字符将氨基酸的三字符号从 N 端到 C 端连接起来,如 Ser-Gly-Tyr-Ala-Leu。多肽链也常用这一方式书写,但近年来由于蛋白质中氨基酸序列的信息已形成庞大的数据库,为了书写方便和减少数据库的容量,更常用的方法是,从 N 端到 C 端,连续写出氨基酸的单字母符号。

用 X 射线衍射法研究模型肽发现,肽键的键长大于 C=N 双键,小于 C—N 单键,肽键有部分双键的性质,不能旋转,使相关的 6 个原子处于同一个平面,称作肽平面(planar unit of peptide)或酰胺平面。肽平面内两个 C_α 多处于反式构型,肽链中的 α 碳原子作为连接点将肽平面连接起来。N—C_α键和C_α—C键可以旋转，规定键两侧基团为顺式排列时为0°，从C_α沿键轴方向观察，顺时针旋转的角度为正值，反时针旋转的角度为负值，N—C_α键旋转的角度为φ，C_α—C键旋转的角度为ψ（图3-11）。

二、肽的理化性质

许多短肽已经得到晶体，晶体的熔点都很高，这说明短肽的晶体是离子晶格，在水溶液中以偶极离子存在。在pH 0~14，肽键中的酰胺氢不解离，因此肽的酸碱性质主要决定于肽键中的游离末端α-氨基、游离末端α-羧基以及侧链R基上的可解离功能基团。在长肽或蛋白质中，可解离的基团主要是氨基酸侧链上的。

肽链中游离α-氨基和游离α-羧基的间隔一般比氨基酸中的大，因此它们之间的静电引力较弱。肽中的末端α-羧基的pK'_a，要比游离氨基酸中的大一些，而末端α-氨基的pK'_a要比氨基酸中的小一些。R基的pK'_a在两者之间区别不大。

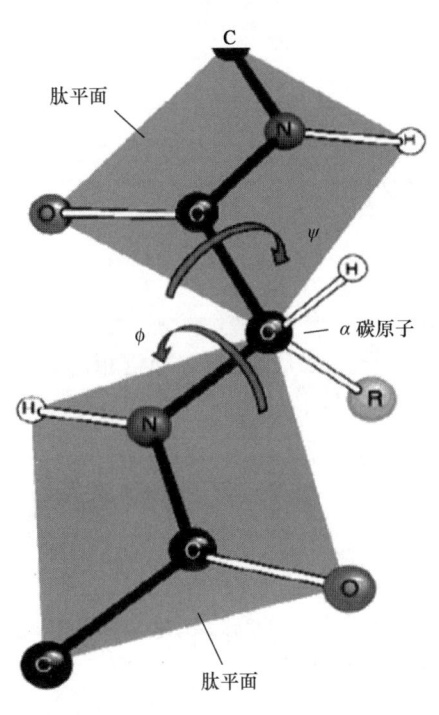

图3-11 多肽链中的肽平面

肽的化学反应也和氨基酸一样，游离的α-氨基、α-羧基和R基可以发生与氨基酸中相应的基团类似的反应。—NH_2末端的氨基酸残基也能与茚三酮发生定量反应，生成呈色物质。这一反应广泛地应用于肽的定性和定量测定。双缩脲反应是肽和蛋白质所特有的，而为氨基酸所没有的一个颜色反应，一般含有两个或两个以上肽键的化合物与$CuSO_4$碱性溶液都能发生双缩脲反应而生成紫红色或蓝紫色的复合物，利用这个反应借助分光光度计可以测定蛋白质的含量。

蛋白质部分水解后所得的各种肽，只要水解过程中不对称碳原子不发生消旋，就具有旋光性，一般短肽的旋光度约等于组成该肽中各个氨基酸的旋光度的总和。但是较长的肽或蛋白质的旋光度则不等于其组成氨基酸的旋光度的简单加和。

三、生物活性肽的功能

生物活性肽是能够调节生物机体的生命活动、具有生理活性的寡肽和多肽的总称。生物活性肽大多以非活性状态存在于蛋白质长链中，被酶解成适当的长度时，其生理活性才会表现出来。已经在生物体内发现了几百种活性肽，参与调节物质代谢、激素分泌、神经活动、细胞生长及繁殖等几乎所有的生命活动。

1. 谷胱甘肽

谷胱甘肽是存在于动植物和微生物细胞中的一种重要的三肽，由谷氨酸、半胱氨酸和甘氨酸组成，用GSH表示。它的分子中有一个由谷氨酸的γ-羧基与半胱氨酸的α-氨基缩合而成的γ-肽键，其结构式如下：

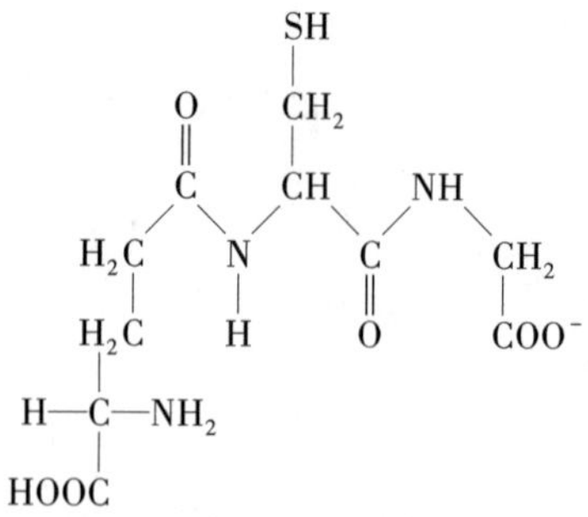

$$\text{谷氨酸} \quad \text{半胱氨酸} \quad \text{甘氨酸}$$

由于GSH中含有一个活泼的巯基，故很容易被氧化，2分子GSH脱氢以二硫键相连成氧化型的谷胱甘肽（GSSG）。

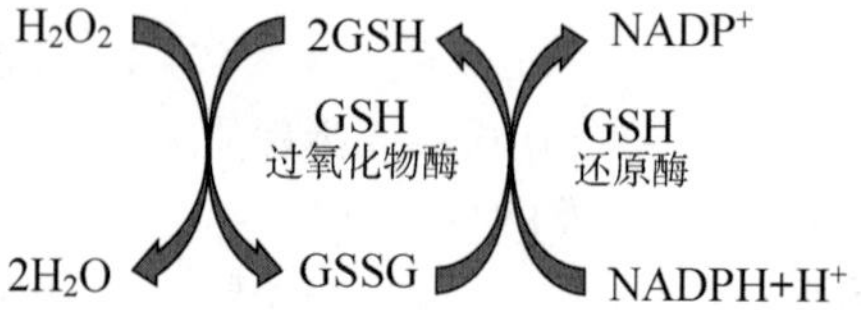

$$H_2O_2 \quad 2GSH \quad NADP^+$$
$$\text{GSH过氧化物酶} \quad \text{GSH还原酶}$$
$$2H_2O \quad GSSG \quad NADPH+H^+$$

谷胱甘肽具有重要的生物功能，如维护蛋白质活性中心的巯基；参与二硫化合物相互转化；谷胱甘肽还是某些酶的辅酶，在体内氧化还原过程中起重要作用等。

2. 催产素和加压素

两者都是下丘脑的神经细胞合成的多肽激素，合成后与神经垂体运载蛋白结合，经轴突运输到垂体，再释放到血液。它们都是九肽，分子中都有环状结构。

Cys—Tyr—Ile—Gln—Asn—Cys—Pro—Leu—Gly—NH$_2$
　　　|——S—S——|
催产素

Cys—Tyr—Phe—Gln—Asn—Cys—Pro—Arg—Gly—NH$_2$
　　　|——S—S——|
加压素

催产素和加压素的结构虽然相似，但由于第3和第8位的两个氨基酸不同，所以两者在生理功能上截然不同。前者使子宫和乳腺平滑肌收缩，具有催产及使乳腺排乳的作用，而后者则促进血管平滑肌收缩，从而升高血压，并有减少排尿的作用，所以又称抗利尿激素。有资料指出加压素还参与记忆过程。

3. 脑肽

脑肽的种类很多，其中脑啡肽是近年来在高等动物脑中发现的镇痛作用强于吗啡的活性肽，从猪脑中分离出两种类型的脑啡肽，两者都是五肽，一种C端氨基酸残基为甲硫氨酸，称为Met-脑啡肽；另一种的C端氨基酸残基为亮氨酸，称为Leu-脑啡肽。其结构如下：

Met-脑啡肽　H-Tyr-Gly-Gly-Phe-Met-OH
Leu-脑啡肽　H-Tyr-Gly-Gly-Phe-Leu-OH

由于脑啡肽是高等动物自身含有的，如果能够人工合成，必然是一类既有镇痛作用而又不会像吗啡那样使病人上瘾的药物。

某些蕈产生的剧毒毒素也是肽类化合物，例如α-鹅膏蕈碱，它是从鹅膏蕈属或称捕蝇蕈属的鬼笔鹅膏中分离出来的，是一个环状八肽，它与真核生物的RNA聚合酶Ⅱ和Ⅲ牢固结合而抑制酶的活性，因而 RNA 的合成不能进行，但不影响原核生物的 RNA 合成。

有些抗生素也属于肽类或肽的衍生物，例如短杆菌肽 S 多黏菌素 E 和放线菌素 D 等。

活性肽可来自体内途径和体外途径。

体内的活性肽多数是从非活性的蛋白质前体经特殊的酶系加工而形成的，加工修饰包括多肽链裂解、酰化、乙酰化和硫脂化等。目前体外途径活性肽的生产方法有：分离纯化存在于生物体中的各类天然活性肽，或利用重组 DNA 技术、酶法、化学法合成活性肽。

我国在活性肽研究方面起步较晚，但发展迅速。随着现代蛋白质工程和生物酶工程技术迅速发展，大量具有特殊功能的活性肽被开发出来，并应用于功能性食品、药品、化妆品、无公害饲料添加剂等领域。

第四节 蛋白质分子的结构与功能

每一种蛋白质都有其特有的氨基酸组成和排列顺序。蛋白质分子是由氨基酸通过肽键相连而成的共价多肽链结构，但是天然的蛋白质分子并不是一条走向随机的松散肽链，每一种蛋白质都具有自己特定的空间结构。为了研究方便，通常将蛋白质的共价结构和空间结构分成不同的层次来描述，人们提出了所谓一级结构、二级结构、三级结构和四级结构的概念。其中蛋白质的二级结构、三级结构和四级结构统称为高级结构或空间结构。

一、蛋白质分子的一级结构与功能

（一） 一级结构的涵义

蛋白质一级结构又称共价结构，是指蛋白质多肽链中氨基酸残基的排列顺序，也称化学结构。蛋白质一级结构是蛋白质分子结构的基础，包含着结构的全部信息，影响着蛋白质分子构象的所有层次。蛋白质的一级结构是由编码该蛋白质的基因序列决定的。事实上，蛋白质的一级结构研究的内容不仅包含肽链中的氨基酸顺序，还包括了肽链的数目、每条肽链的末端残基种类、多肽链内和链间二硫键的位置等。二硫键是由两个半胱氨酸分子的巯基氧化形成的二硫桥—S—S—，它对稳定蛋白质分子的空间构象也起着重要作用。

（二） 分析一级结构的一般程序

对蛋白质一级结构进行测定之前，首先要提纯待分析的蛋白质样品，使其纯度至少在 95% 以上。纯化过程中应避免有共价键的破坏。

鉴定蛋白质纯度较好的方法是层析法和电泳法，特别是采用聚丙烯酰胺凝胶电泳法，是目前鉴定蛋白质纯度应用较广的方法。激素蛋白、酶蛋白和免疫球蛋白等有生物活性的蛋白质采用生物活性测定方法是较理想的。任何蛋白质的纯度鉴定都不能只用一种方法，应该采用两种以上的方法，相互验证，才能肯定蛋白质的纯度。

蛋白质一级结构测定的一般步骤：

1. 多肽链的分离

如果蛋白质分子含一条以上的多肽链，则首先必须分离纯化各肽链。多聚蛋白质的亚基之间是借助非共价相互作用缔合的，所以可以用 8mol/L 尿素，或 6mol/L 盐酸胍，或高浓度盐处理，使多聚蛋白质的亚基分开。一旦拆分后，可以根据大小和（或）电荷的不同分离各肽链。

2. 二硫键的断裂

断开多肽链的链内二硫键（如果是链间二硫键，步骤 2 须先于步骤 1 进行）常用的方法有：①过甲酸氧化切割；②巯基化合物如 2-巯基乙醇或二硫苏糖醇（DTT）还原切割，随后与碘乙酸反应保护游离的—SH。

3. 测定多肽链的氨基酸组成

常用 6mol/L HCl 水解蛋白质，水解产物中的各种氨基酸可用氨基酸分析仪的离子交换柱分离后，用水合茚三酮检测其含量。也可以用 Edman 反应将氨基酸转化为苯硫乙内酰脲衍生物，再用高效液相色谱将其分离，同时进行定量分析。氨基酸分析不能直接给出多肽链中每种氨基酸残基的数目，但可以得出各种氨基酸的比率或百分含量。此外在酸水解过程中，Trp 被破坏，需要通过碱水解或酶水解另行测定。Gln 和 Asn 分别被水解为 Glu 和 Asp，在测序后才能区分 Gln 和 Glu、Asn 和 Asp。

4. 肽链的末端分析

肽链的末端分析包括 N 端和 C 端氨基酸残基的鉴定。

用于 N 端分析的方法很多，下面介绍几种最常用的方法。

（1）二硝基氟苯（DNFB 或 FDNB）法　在氨基酸的化学反应中曾提到 DNFB 与氨基酸 α-NH$_2$ 发生的反应广泛地用于测定多肽和蛋白质中的 N 端氨基酸。多肽或蛋白质的游离末端 NH$_2$ 与 DNFB（Sanger 试剂）反应后，生成 DNP-多肽或 DNP-蛋白质。由于 DNFB 与氨基形成的键对酸水解远比肽键稳定，因此 DNP-多肽经酸水解后，只有末端氨基酸为黄色 DNP-氨基酸衍生物，其余的都是游离氨基酸。只要鉴别所生成的 DNP-氨基酸，便可得知多肽链的 N 端残基，虽然多肽侧链上的 ε-NH$_2$、酚-OH 等也能与 DNFB 反应，但生成的侧链DNP-衍生物，如 ε-DNP 赖氨酸当用有机溶剂（如乙酸乙酯）抽提时将与游离氨基酸一起留在水相，因而容易和 α-DNP 氨基酸区分开来。待分析的 DNP-氨基酸可用纸层析、薄层层析或 HPLC 进行分离鉴定和定量测定。

二硝基氟苯法反应机制：

$$O_2N-C_6H_3(NO_2)-F + H_2N-CHR-\text{肽} \xrightarrow[-HF]{\text{弱碱} \atop pH8.5\sim9} O_2N-C_6H_3(NO_2)-NH-CHR-\text{肽} \xrightarrow{HCl \atop \text{水解}}$$

2,4-二硝基氟苯　　　　　　　　　　　　　　　2,4-二硝基苯肽(DNP-肽)

$$O_2N-C_6H_3(NO_2)-NH-CHR-COOH + \text{混合氨基酸}$$

2,4-二硝基苯氨基酸(DNP-氨基酸)

（2）丹磺酰氯（DNS）法　丹磺酰氯是二甲氨基萘磺酰氯的简称，缩写为 DNS。此方法的原理与 DNFB 法相同，只是用 DNS 代替 DNFB 试剂。由于丹磺酰基具有强烈的荧光，灵敏度比 DNFB 法高 100 倍，并且水解后的 DNS-氨基酸不需要提取，可直接用纸电泳或薄层层析加以鉴定。

丹磺酰氯法反应机制：

$$\text{丹磺酰氯} + \text{NH}_2\text{CHR-CO—肽} \xrightarrow[\text{—HCl}]{\text{pH9.5~10.5}} \text{丹磺酰-肽}$$

$$\text{丹磺酰肽} \xrightarrow{\text{6mol/L 盐酸}} \text{丹磺酰-氨基酸(DNS-氨基酸)} + \text{肽}$$

（3）苯异硫氰酸酯（PITC）法　多肽或蛋白质的末端氨基也和氨基酸的 α-氨基一样能与 PITC（Edman 试剂）作用，生苯氨基硫甲酰多肽或蛋白质，简称 PTC-多肽或蛋白质。后者在酸性有机溶剂加热时，N 端的 PTC-氨基酸发生环化，生成苯乙内酰硫脲的衍生物并从肽链上掉下来，除去 N 端氨基酸后剩下的肽链仍然是完整的，因为 PTC 基的引入只使第一个肽键的稳定性降低。反应液中代表 N 端残基的 PTH-氨基酸，经有机溶剂抽提干燥后，可用薄层层析（如硅胶薄膜或聚酰胺薄膜等）、气相色谱和 HPLC 等进行鉴定。此方法还可以用来测定氨基酸序列。

（4）氨肽酶法　氨肽酶是一类肽链外切酶或称外肽酶，它们能从多肽链的 N 端逐个地向里切。

用于 C 端测定的方法也有很多种，这里介绍几种常用的方法：

（1）肼解法　目前测定 C 端残基的最重要的化学方法。蛋白质或多肽与无水肼加热发生肼解，反应中除 C 端氨基酸以游离形式存在外，肽链中其余的氨基酸都转化为氨基酸肼化物，通过层析法可对其进行分离鉴定。

（2）还原法　肽链 C 端氨基酸也可用硼氢化锂还原成相应的 α-氨基醇。肽链完全水解后，代表原来 C 端氨基酸还原为 α-氨基醇，可用层析法加以鉴别。Sanger 早期就是采用这个方法鉴定胰岛素 A、B 链的 C 端残基。

（3）羧肽酶法　目前测定 C 端残基的各种方法中，以羧肽酶法最为有效，也最常用。羧肽酶是一类肽链外切酶，它专一地从肽链的 C 端开始逐个降解，释放出游离氨基酸。

目前常用的有 4 种羧肽酶 A、B、C 和 Y，A 和 B 分别来自牛胰和猪胰，C 得自柑橘叶，Y 取自面包酵母。研究得最多、使用得最广泛的是羧肽酶 A 和 B。羧肽酶 A 能释放除 Pro、Arg 和 Lys 之外的所有的 C 端残基，而羧肽酶 B 只水解以碱性氨基酸 Arg 和 Lys 为 C 端残基的肽键。羧肽酶 A 和 B 的混合物能释放除 Pro 以外的任一 C 端残基。羧肽酶 Y 可以作用于任何一个 C 端残基，现已被用来设计类似 Edman 序列仪的自动化方案。

5. 肽链的裂解及分离

由于现用的各种测定氨基酸序列的方法，只能连续测定较小的肽段，因此，需要用两种以上不同的方法，在不同的切割位点将长肽链裂解成两套以上大小不等的小肽段，分离后分别测序，然后拼接成长肽链。分离多肽链裂解生成的小肽段，常用层析法，是工作量很大的环节。

①酶裂解法：

a. 胰蛋白酶：这是最常用的蛋白水解酶，专一性强，只断裂 Lys 或 Arg 残基的羧基参与形成的肽键（但若 Lys、Arg 的羧基与 Pro 相连，该酶不能作用）。如果想增加多肽链中胰蛋白酶的断裂点，可以用氮丙啶处理多肽链样品，此时 Cys 残基侧链被修饰成类似 Lys 的侧链，也具有 ε-NH_2。这样，胰蛋白酶便能断裂 Cys 残基羧基端的肽键。

b. 胰凝乳蛋白酶（糜蛋白酶）：断裂 Phe、Trp 和 Tyr 等疏水氨基酸残基的羧基端肽键（但若与它们的羧基相连的是 Pro，该酶不能水解）。如果断裂点邻近的基团是碱性的，裂解能力增强；是酸性的，裂解能力将减弱。

c. 胃蛋白酶：断裂点两侧的残基都是疏水性氨基酸（如 Phe-Phe）。它的专一性与糜蛋白酶类似，与糜蛋白酶不同的是酶作用的最适 pH，前者是 2.0，后者是 8.0~9.0。由于二硫键在酸性条件下稳定，因此确定二硫键位置时，常用胃蛋白酶来水解。

d. 葡萄球菌蛋白酶（Glu 蛋白酶）：在磷酸缓冲液（pH 7.8）中时，能从 Glu 和 Asp 残基的羧基端断裂肽键。在碳酸氢铵缓冲液（pH 7.8）或乙酸铵缓冲液（pH 4.0）中时，只断裂 Glu 残基羧基端的肽键。

e. 梭菌蛋白酶（Arg 蛋白酶）：专门裂解 Arg 羧基端肽键，即使在 6mol/L 尿素中 20h 内仍具活力，这样对不溶性蛋白质的长时间裂解将是很有效的。

②化学裂解法：用化学裂解法获得的肽段一般都比较大，适合在自动序列仪中测定序列，因此化学法对相对分子质量大的蛋白质序列测定是很重要的。

用溴化氰断裂只断裂由甲硫氨酸残基的羧基参与形成的肽键。由于大多数蛋白质只含有很少的甲硫氨酸，因此溴化氰（CNBr）裂解产生的肽段不多。这些肽段可以用胰蛋白酶处理使成更小的肽段。断裂反应在 70% 甲酸中进行，这样可以使卷曲的多肽链松散开来，以便暴露出甲硫氨酸侧链，有利于和 CNBr 反应。

用羟胺（NH_2OH）在 pH9.0 下能专一性地断裂 Asn—Gly 间的肽键。但专一性不强，Asn-Leu 及 Asn-Ala 键也能部分断裂。

6. 测定各个肽段的氨基酸顺序

目前最常用的肽段测序方法是 Edman 降解法，并有自动序列分析仪可供利用。此外尚有酶解法和质谱法等。

7. 确定肽段在多肽链中的次序

利用两套或多套肽段的氨基酸序列彼此间有交错重叠可以拼凑出原来的完整多肽链的氨基酸序列。

8. 蛋白质分子中二硫键位置的确定

如果蛋白质分子中存在链间或链内二硫键，则在完成多肽链的氨基酸序列分析以后，需要对二硫键的位置加以确定，这是因为在测定多肽链的氨基酸序列时，首先需要把蛋白质分子中的全部二硫键拆开。确定二硫键的位置一般采用胃蛋白酶水解原来的含二硫键的蛋白质。所得的肽段混合物可以使用 Brown and Hartlay 的对角线电泳进行分离。

对角线电泳：把水解后的混合肽段点到滤纸的中央，在 pH 6.5 的条件下，进行第一向电泳，肽段将按其大小及电荷的不同分离开来。然后把滤纸暴露在过甲酸蒸气中，使二硫键断裂。这时每个含二硫键的肽段被氧化成一对含磺基丙氨酸的肽。滤纸旋转 90°角再与第一向完全相同的条件下进行第二向电泳。在这里大多数肽段的迁移率未变,并将位于滤纸的一条对角线上,而含磺基丙氨酸的成对肽段比原来含二硫键的肽小而负电荷增加,结果它们都偏离了对角线。肽斑可以用茚三酮显色确定。将每对含磺基丙氨酸的肽段(未用茚三酮显色的)分别取下,进行氨基酸序列分析,然后与多肽链的氨基酸序列比较,即可推断出二硫键在肽链间或(和)肽链内的位置。

直接测定蛋白质的氨基酸序列是很困难的,Sanger 通过近 10 年的工作,于 1953 年完成了牛胰岛素 51 个氨基酸的序列测定。这是氨基酸序列测定的开创性工作,Sanger 因此而荣获了 1958 年的诺贝尔化学奖。

胰岛素的相对分子质量为 5734,由 A、B 两条肽链组成。A 链由 21 个氨基酸组成,B 链由 30 个氨基酸组成。A 链和 B 链之间通过两对二硫键相连,另外 A 链内部 6 位和 11 位的两个半胱氨酸通过二硫键相连形成链内小环,图 3-12 为牛胰岛素的一级结构。

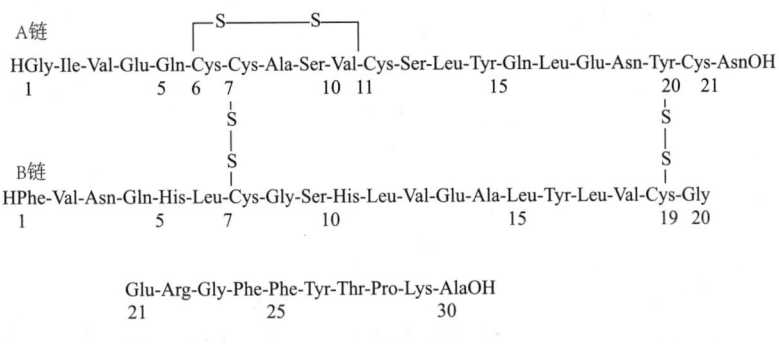

图 3-12 牛胰岛素的一级结构

(三) 一级结构与功能的关系

蛋白质分子的一级结构是形成高级结构的基础,也是蛋白质功能的基础。研究蛋白质分子一级结构与功能的关系主要是研究多肽链中不同部位的残基与生物功能的关系。下面举例说明一级结构与功能的关系。

1. 镰刀型血红蛋白贫血症

分子病是由于编码蛋白质的结构基因的突变或缺失,导致合成了失去正常功能的异常蛋白质或丧失了合成蛋白质的能力,从而造成的先天性遗传性疾病。镰刀型血红蛋白贫血症是最早被认识的一种分子病。正常人血红蛋白(Hb-A)的 β-链第 6 位为谷氨酸,而病人的血红蛋白分子(Hb-S)链的第 6 位为缬氨酸。由于谷氨酸在生理条件下带负电荷,使 Hb-A 相互排斥,不能聚集。缬氨酸为疏水氨基酸,使患者的 Hb-S 在氧气缺乏时聚集成链状,溶解度降低,导致红细胞变形,呈镰刀状,并易于破裂溶血。引起患者头昏、胸闷等贫血症状,严重时可以致死。Hb-A 和 Hb-S 的 β-链结构如下:

```
β-链      1   2   3   4   5   6   7   8
Hb-A     Val-His-Leu-Thr-Pro-Glu-Glu-Lys…
Hb-S     Val-His-Leu-Thr-Pro-Val-Glu-Lys…
```

由此可见,每种蛋白质分子都具有其特定的结构来完成它特定的功能。甚至个别氨基酸的变化就能引起功能的改变或丧失,证实了蛋白质结构与功能的高度统一性。

2. 蛋白质前体的激活

生物体中有许多蛋白质是以无活性的蛋白质前体形式在体内合成分泌的。这些肽链只有以特定的方式断裂后，才呈现出它的生物学活性，这是生物体内一种自我保护及调控的重要方式，是在长期生物进化过程中发展起来的，也是蛋白质分子结构与功能高度统一的表现。一般前体通过某种蛋白酶的限制性水解，切去一个或几个肽段之后，便转变成具有生物活性的蛋白质，如胰岛素原的激活（图3-13）。

3. 细胞色素 c 与种属差异

对不同种属的细胞色素 c 一级结构的研究，也得到类似的结果。细胞色素 c 广泛存在于需氧生物细胞的线粒体中，是一种与血红素辅基共价结合的单链蛋白质，它在生物氧化反应中起重要作用。脊椎动物的细胞色素 c 由 104 个氨基酸组成，相对分子质量约 13000。对将近一百个生物种属（包括动物、植物、真菌、细菌等）细胞色素的一级结构进行比较，发现亲缘关系越近，其结构越相似（表 3-6）。根据它们在结构上差异的程度，可以推测它们在亲缘关系上的远近，从而为生物进化的研究提供了有价值的根据。

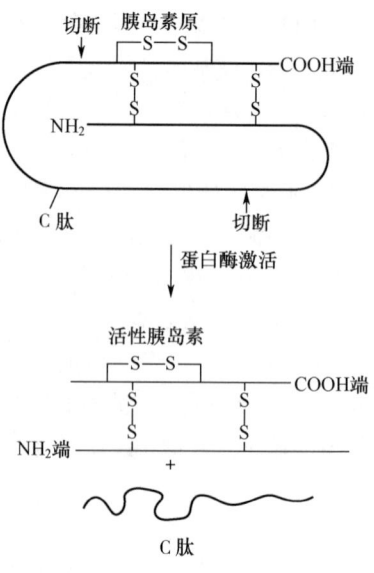

图 3-13　牛胰岛素原的激活

表 3-6　不同生物与人的细胞色素 c 相比较的氨基酸数目差异（以人的细胞色素 c 为基数）

生物	残基差异数	生物	残基差异数
黑猩猩	0	响尾蛇	14
猴子	1	海龟	15
兔	1	金枪鱼	21
猪、牛、羊	10	小蝇	25
狗	11	蛾	31
驴	11	小麦	35
马	12	粗糙链孢霉	43
鸡	13	酵母	44

二、蛋白质的空间结构

（一）维持蛋白质分子构象的化学键

蛋白质的一级结构主要是依靠共价键肽键来维持，蛋白质空间结构的稳定主要依靠大量弱的相互作用的次级键（非共价键）来维持，其中包括氢键、疏水相互作用、范德华力、静电相互作用。这些次级键的键能往往要比共价键低很多（表3-7），单独存在时微不足道，但由于在蛋白质分子中分布广泛、数量巨大，因而在维系高级结构时成为主要力量。此外，还有二硫键和配位键在维持某些蛋白质的构象方面也起着重要作用，如图3-14所示。

表 3-7　　　　　　　　　　　　蛋白质中存在的几种键能大小

化学键	键能/（kJ/mol）	化学键	键能/（kJ/mol）
氢键	13~30	静电相互作用	12~30
范德华力	4~8	二硫键	210
疏水作用	12~20		

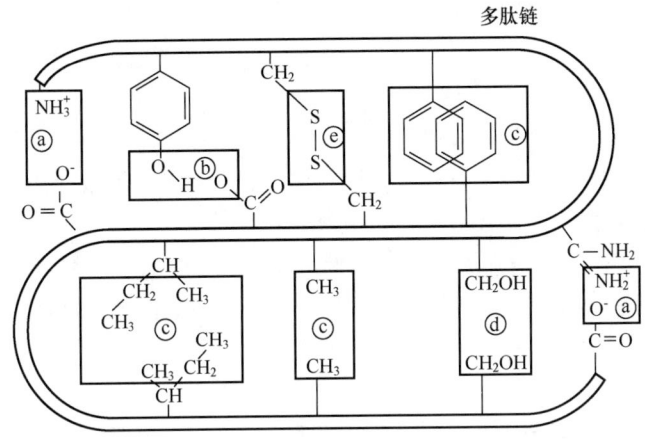

图 3-14　维持蛋白质分子构象的作用力
ⓐ盐键　ⓑ氢键　ⓒ疏水相互作用　ⓓ范德华力　ⓔ二硫键

1. 氢键

氢键本质上是一种静电引力。当电负性强的原子和氢原子形成共价键时，共用电子对偏向电负性强的原子，使氢原子核在另一侧裸露，显正电性。当有另一个电负性强、半径较小、带孤对电子的原子靠近时，产生正负电荷间的静电引力，这就是氢键，表示为：

$$X—H\cdots Y$$

其中 X、Y 都是电负性强的原子，如 F、O、N、S 等，"—"表示共价键，"⋯"表示氢键，X—H 在氢键形成中作为供氢体，而 Y 作为受氢体。

蛋白质肽链中有很多可以形成氢键的基团，在多肽主链上，存在大量的羰基和亚氨基（每个氨基酸残基都含有一个羰基和一个亚氨基），亚氨基是理想的供氢体，而羰基的氧原子是理想的受氢体，它们之间形成氢键：

$$\begin{matrix} RHC & & C=O \\ \diagdown & & \diagup \\ C=O\cdots H—N & \\ \diagup & & \diagdown \\ H—N & & CHR \end{matrix}$$

多肽主链的羰基和亚氨基之间形成的氢键是维持蛋白质二级结构的最主要的作用力。除此之外，有些氨基酸的侧链也带有具有形成氢键能力的基团，例如 Ser、Thr 的羟基，Tyr 的酚羟基，Cys 的巯基，Asp、Glu 的侧链羧基等。蛋白质侧链之间以及侧链与主链之间形成的氢键对维系蛋白质三级结构也有一定的作用。

2. 疏水相互作用

疏水相互作用指非极性基团为了避开水相而相互聚集在一起的作用力，蛋白质含有许多非极性氨基酸残基，如 Leu、Ile、Phe、Val、Trp、Ala、Pro 等，它们的共同特点是避开水相，相互黏附，藏于蛋白质分子内部。在蛋白质形成二级结构时，疏水作用不是至关重要的，但是对蛋白质的三级、四级结构形成和稳定列于诸多因素中的首位。

3. 静电相互作用

静电相互作用习惯上又称盐键，是由于正负离子之间的静电吸引所形成的化学键。组成蛋白质的氨基酸残基中有多种可解离的侧链基团，有带正电荷的基团（如 N 端的 $\alpha-NH_3^+$ 等），也有带负电荷基团的（如 C 端的 $\alpha-COO^-$），这些解离后的带电侧链彼此接近可能产生静电作用。

4. 范德华力

范德华力有三种表现形式：①极性基团（如丝氨酸的羟基）之间，偶极与偶极的相互吸引（定向效应）；②极性基团的偶极与非极性基团的诱导偶极之间的相互吸引（诱导效应）；③非极性基团瞬时偶极之间的相互吸引（色散效应）。

范德华力虽然很弱，但由于它既存在于极性基团之间，又存在于极性基团和非极性基团之间，同时也存在于非极性基团之间，因而分布极为广泛，数量巨大而且具有加和性，所以成为维持三级结构和四级结构的一种不可忽视的作用力。

5. 二硫键

二硫键形成于两个 Cys—SH 之间，属于共价键，它的存在可以将不同的多肽链或者同一条多肽链的不同部位连接到一起。因为只有当肽链形成特定的空间结构后，才能形成正确的二硫键配对，所以二硫键并不指导肽链的折叠，但对其空间构象起稳定作用。二硫键数目越多，蛋白质抗拒外界因素作用的能力就越强。因此在生物体内一些起保护作用的蛋白质往往含有很多二硫键。此外还有一些二硫键是蛋白质行使生物功能所必需的，一旦破坏将导致蛋白质丧失活性。

6. 配位键

配位键是一种特殊的共价键，在成键时两个原子并非各自提供一个共用电子，而是由某个原子单方面提供共用电子对所形成。

有的结合蛋白质分子内含有金属离子，它们对稳定蛋白质空间构象或生物活性是必需的，这些金属离子往往以配位键与蛋白质连接。

（二）蛋白质分子的二级结构

蛋白质分子的二级结构是指肽链主链有规则的盘曲折叠所形成的构象。二级结构仅是主链构象，不讨论侧链基团的空间排布。因为蛋白质主链上的 C=O 和 N—H 是有规则排列的，所以 C=O 和 N—H 之间形成的氢键通常有周期性，使肽链形成 α-螺旋、β-折叠、β-转角等有一定规则的结构。

1. α-螺旋

α-螺旋是蛋白质中最常见、最典型、含量最丰富的二级结构元件（图3-15）。广泛存在于纤维状蛋白和球蛋白中。由于该螺旋最初被发现于 α-角蛋白中，故称 α-螺旋。天然蛋白质中存在的主要是右手螺旋，典型右手 α-螺旋其结构特点如下：

主链环绕中心轴（虚设的）按右手螺旋方向盘旋，每隔3.6个氨基酸残基螺旋上升一圈。每一圈包含3.6个氨基酸残基，螺距0.54nm，平均每个残基旋转100°，高度上升0.15nm。ϕ 和 ψ 取值恒定，$\phi=-57°$，$\psi=-47°$。

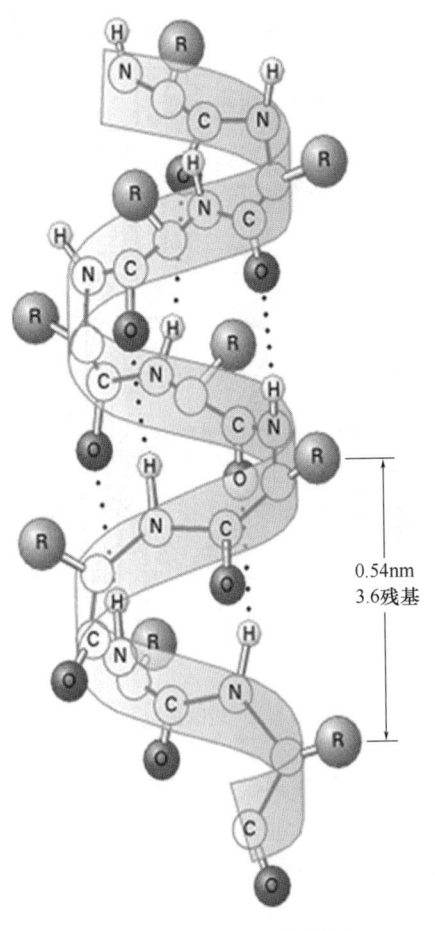

图3-15　α-螺旋结构示意图

大量链内氢键维系 α-螺旋，使其结构非常稳定。由每个残基的C=O与其前面第四个残基的N—H形成链内氢键，氢键的取向几乎与螺旋轴平行。氨基酸残基的侧链伸向外侧，从而减少了与多肽骨架的空间位阻。

α-螺旋结构常用 S_N 表示，S 表示每圈螺旋的残基个数，N 表示氢键封闭环本身的原子数。上述典型的α-螺旋可用 3.6_{13} 表示。

一条多肽链能否形成 α-螺旋以及形成的螺旋是否稳定，与肽链中的氨基酸组成和排列顺序密切相关，一级结构决定了二级结构的形成。如果肽链中连续存在带同种电荷的氨基酸残基，由于电荷间的斥力使螺旋不能稳定存在，这就是多聚赖氨酸在 pH 7 时以无规卷曲存在而在 pH 12 时却能自发形成 α-螺旋的原因。在氨基酸的 β 碳原子上如果有分支，如 Ile、Val、Thr 等，会造成空间阻碍而不能形成 α-螺旋。此外，Pro 的 $C_α$ 参与吡咯环的形成，$C_α$—N 键不能自由旋转，且 Pro 没有 N—H 基，不能形成氢键，所以 Pro 被称为 α-螺旋的强破坏者。Gly 由于侧链是氢原子，其中 ϕ 和 ψ 可以任意取值，形成 α-螺旋所需二面角的概率就很小，也会破坏 α-螺旋。

2. β-折叠

β-折叠是蛋白质分子中又一种常见的二级结构。β-折叠是一种较伸展的构象，是由两条或两条以上的肽段充分伸展并侧向聚集，按肽链长轴方向平行排列在一起，相邻肽链的羰基和亚氨基之间形成有规则的氢键的一种折叠式片层结构（图3-16）。

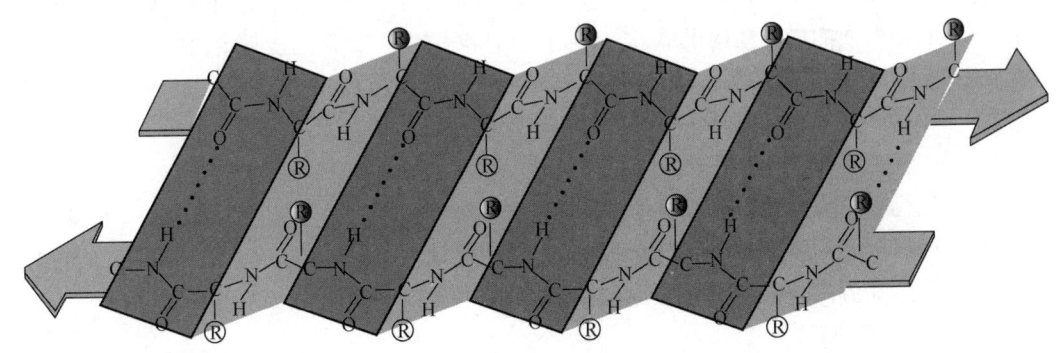

图3-16　β-折叠结构模式

β-折叠的结构特点如下：

β-折叠可以由多条肽链构成，也可由同一条肽链通过回折构成。β-折叠构象靠相邻肽链主链亚氨基（N—H）和羰基氧原子（C=O）之间形成有规律的氢键维系。从图3-16还可看出，β-折叠中氢键主要是在链间而不是链内形成。

与 $C_α$ 相连的氨基酸残基的 R 基垂直于折叠平面，交替分布于片层的上方和下方。

根据肽链排列时的走向不同，β-折叠可以有两种形式，一种是平行式，另一种是反平行式，在平行β-折叠中，相邻肽链是同向的，在反平行折叠片中，相邻肽链是反向的。从能量上看，反平行β-折叠比平行β-折叠更稳定。

β-折叠大量存在于丝心蛋白和角蛋白中，在一些球状蛋白分子中，如溶菌酶、羧肽酶 A、胰岛素等也有少量β-折叠存在。

3. β-转角

自然界的球状蛋白质种类最多，多肽链必须经过弯曲和回折才能形成稳定的球状结构。在很多蛋白质中观察到一种简单的二级结构，称β-转角，或β-弯曲（图3-17）。β-转角是出现在多肽链180°回折处的特殊结构。由 4 个连续的氨基酸残基构成，第一个残基的羰基氧原子(C=O)与第四个氨基酸残基的亚氨基氢原子（N—H）之间形成一个氢键，稳定此构象。甘氨酸缺少侧链，在β-转角中能很好地调整其他残基的空间阻碍，因此容易出现在β-转角。肽链中的脯氨酸不能形成氢键，也容易出现在β-转角的中间部位。

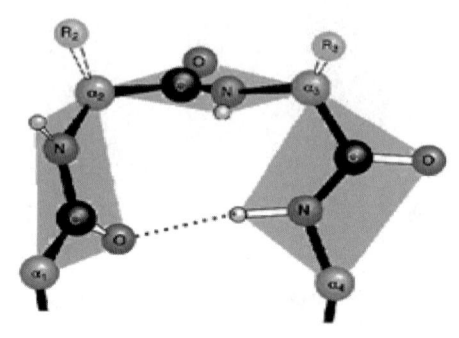

图3-17　β-转角的结构

4. 无规卷曲

无规卷曲是多肽主链不规则随机盘曲形成的构象，在同一种蛋白质分子中出现的部位和结构完全一样，在这种意义上，无规卷曲实际上是有规律的，是一种稳定的构象。但是在不同种类的蛋白质或同一分子的不同肽段所形成的无规卷曲，彼此间没有固定的格式，从这种意义上讲，无规卷曲的结构规律又是不固定的，多种多样的。球蛋白分子中往往含有较多的无规卷曲，它使蛋白质肽链从整体上形成球状构象。无规卷曲与生物活性有关，对外界理化因素极为敏感。酶的功能部位常处于这种构象区域里，所以受到人们的重视。

以上是蛋白质分子中几种最常见的二级结构，它们在不同蛋白质分子中的分布相差很大。例如，纤维状蛋白质的二级结构很单一，α-角蛋白中只有α-螺旋，丝心蛋白中只有β-折叠。而球状蛋白质分子的二级结构一般不是单一构象，而是在主链的不同肽段形成不同的二级结构。

（三）超二级结构和结构域

超二级结构和结构域是介于蛋白质二级结构和三级结构层次的过渡态构象，近年的研究发现，较复杂的球蛋白一般是由几个结构域模块组装而成的。结构域的种类并不很多，却可以组装成种类繁多的球蛋白，所以，超二级结构和结构域的研究备受关注。

1. 超二级结构

超二级结构是介于蛋白质二级结构和三级结构之间的结构层次，是指相邻的二级结构单元组合在一起，彼此相互作用，排列形成规则的、在空间结构上能够辨认的二级结构的聚集体，并充当三级结构的构件。超二级结构有多种类型，主要有三种基本形式：α-螺旋组合（αα）；α-螺旋β-折叠组合（βαβ）和β-折叠组合（βββ）等（图3-18）。

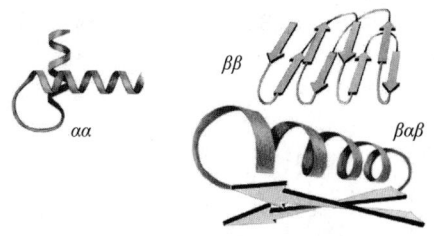

图 3-18 常见的超二级结构

(1) αα　这是一种 α-螺旋束，它经常是由两股平行或反平行排列的右手螺旋段互相缠绕而成的左手卷曲螺旋或称超螺旋。α-螺旋束中还发现有三股和四股螺旋。卷曲螺旋是纤维状蛋白质如 α-角蛋、肌球蛋白和原肌球蛋白的主要结构元件。α-螺旋束也存在于球状蛋白质中，如蚯蚓血红蛋白、烟草花叶病毒外壳蛋白等。

(2) ββ　实际上就是前面讲过的反平行 β-折叠片，只不过在球状蛋白质中多是由一条多肽链的若干段 β-折叠股反平行组合而成，两个 β-股间通过一个短环（发夹）连接起来。

(3) βαβ　最简单的 βαβ 组合又称 βαβ 单元，它是由两段平行 β-折叠股和一段作为连接链的 α-螺旋组成，β-股之间还有氢键相连；连接链反平行地交叉在 β-折叠片的一侧，β-折叠片的疏水侧链面向 α-螺旋的疏水面。作为连接链的除 α-螺旋外还可以是无规则卷曲。

2. 结构域

相对分子质量较大的蛋白质分子，多肽链上相邻的二级结构单元紧密联系，折叠形成两个或多个在空间上可以明显区分的区域，这种由相邻的二级结构单元联系而成的局部性区域称为结构域。多肽链折叠时，每个结构域是独立地、分别地折叠，先形成不同结构域，然后彼此靠拢，形成球状蛋白质分子。因此结构域是多肽链独立折叠单位。对于较大的蛋白质分子或亚基，多肽链往往由两个或两个以上相对独立的结构域缔合成三级结构。某些较小的蛋白质分子只有一个结构域，则结构域和三级结构是一个含义。

根据结构域所含的二级结构的种类和组合方式，结构域大体可分为 4 类：反平行 α-螺旋结构域（全 α 结构域）、反平行 β-折叠结构域（全 β 结构域）、混合型折叠结构域（α，β 结构域）和富含金属或二硫键结构域（不规则小蛋白结构）。有些球状蛋白中 α-螺旋组装成螺旋束，如血红蛋白 β 亚基、木瓜蛋白酶、溶菌酶均有螺旋束结构域。在 α，β 结构域中，多肽链的 β-折叠构象具有轻微的右手扭转倾向，构成作为蛋白质结构骨架的右手扭转 β-折叠，在超二级结构组装过程中有的形成 β-圆桶，如丙糖磷酸异构酶和丙酮酸激酶的结构域，它们的中心部分是平行的 β-折叠链组成的内桶，周围是 α-螺旋（图 3-19）。

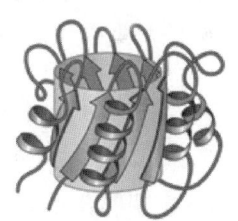 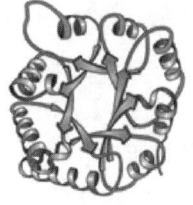 

(1)丙糖磷酸异构酶(侧面)　　(2)丙糖磷酸异构酶(顶面)　　(3)丙酮酸激酶(结构域)

图 3-19　丙糖磷酸异构酶和丙酮酸激酶的结构域

蛋白质之所以形成结构域这样的结构层次，从功能角度看，通过结构域组建活性中心比较灵活方便。结构域的间隙部位常是蛋白质的功能部位，而且不同的间隙可以表现不同的功能。很多多结构域的酶分子的活性部位往往分布在结构域之间的一段连接肽链（通常称为"铰链区"）上，结构域之间的相对运动有利于活性部位结合底物，引起底物的结构变化，也有利于别构酶充分发挥别构调节效应。

（四）蛋白质分子的三级结构

球状蛋白的多肽链在二级结构、超二级结构和结构域等结构层次的基础上，组装而成的完整的结构单元称为三级结构。换句话说，三级结构指多肽链上包括主链和侧链在内的所有原子和原子团在三维空间内的排布。三级结构不涉及一条多肽链上的原子与另一条多肽链的关系，即不涉及相邻的蛋白质分子之间或相邻的亚基之间的关系。球状蛋白质分子的三级结构是由一条多肽链通过部分α-螺旋、β-折叠、β-转角、无规卷曲而形成紧密的球状构象（图3-20）。

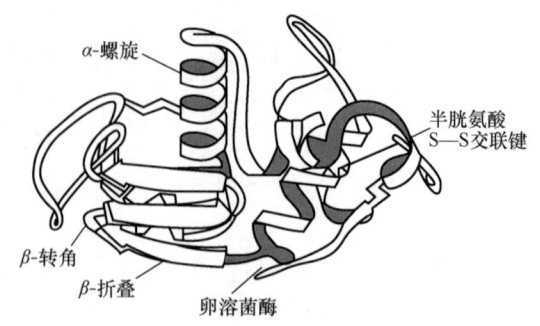

图3-20 卵溶菌酶的三级结构

1963年Kendrew等研究鲸肌红蛋白的X射线衍射图谱，测定它的空间结构，首次搞清楚了一个蛋白质的三维结构。肌红蛋白是哺乳动物肌细胞储存和分配氧的主要蛋白质，这一功能和血红蛋白极为相似，因此它们在结构上也极为相似。肌红蛋白由一条多肽链构成，有153个氨基酸残基和一个血红素辅基，相对分子质量为17 800。其多肽链折叠成八段长度为7~24个氨基酸残基的α-螺旋，α-螺旋之间各有一段1~8个氨基酸残基的松散肽链，在C端也有5个氨基酸残基组成的松散肽链。脯氨酸以及难以形成α-螺旋体的氨基酸如异亮氨酸、丝氨酸多存在于拐角处。肌红蛋白是一种单结构域的蛋白质，整条肽链盘绕成一个致密的外圆中空的不对称结构，分子内部只有1个适合包涵4个水分子的空间。具有极性基团侧链的氨基酸残基几乎全部分布在分子的表面，与水分子结合，使肌红蛋白有良好的可溶性。而非极性的残基则被埋在分子内部，不与水接触。血红素垂直地伸出在分子表面，并通过肽链上的组氨酸残基与肌红蛋白分子相连（图3-21）。

蛋白质晶体结构数据库资料表明，确定晶体结构的蛋白质有300多种。虽然每种球状蛋白质都有自己独特的三维结构，但是它们仍有某些共同特征。

（1）球状蛋白质分子含多种二级结构元件　一种纤维状蛋白质（肌球蛋白除外）只含一种二级结构元件，如α-角蛋白含α-螺旋，丝心蛋白含反平行β-折叠片。然而球状蛋白质分子含有两种或两种以上的二级结构元件，例如溶菌酶含有α-螺旋、β-折叠片、β-转角和无规卷曲等，虽然不同的球状蛋白质中各种元件的含量是不一样的。

（2）球状蛋白质三维结构具有明显的折叠层次　与纤维状蛋白质相比球状蛋白质的结构具有更加明显而丰富的折叠层次。多肽链主链在熵驱动下折叠成借氢键维系的α-螺旋、β-折叠片等二级结构；在一级序列上相邻的二级结构往往在三维折叠中彼此靠近并相互作用形成超二级结构；由超二级结构进一步装配成相对独立的球状实体——结构域或三级结构（对于单结构域蛋白质或亚基）或再由两个或多个结构域（对于多结构域蛋白质或亚基）装配成紧密的球状或椭球状的三级结构，如己糖激酶。如果这是亚基的三级结构，将由三级结构的亚基缔合成四级结构的多聚体，如血红蛋白。

（3）球状蛋白质分子是紧密的球状或椭球状实体　多肽链折叠过程中各种二级结构彼此紧密装配，它们之间也插入松散的肽段。在这较松散的区域有较大的空间可塑性，使构象容易发生变化，可允许活性部位的结合基团和催化基团有较大的活动范围。这是酶与底物、别构酶与调节物、其他功能蛋白与效应物相互作用的结构基础。

（4）大多数非极性侧链（疏水基团）总是埋藏在分子内部，形成疏水核；而大多数极性侧链（亲水基团），总是暴露在分子表面，形成一些亲水区。

球状蛋白质分子80%~90%疏水侧链被埋藏，分子表面主要是亲水侧链，因此球状蛋白质是水溶性的。蛋白质三级结构的稳定性主要依靠次级键来维持，其中疏水作用起了很重要的作用。

（5）在球状蛋白质表面，往往有一内陷的疏水的空穴（裂隙、凹槽），能够容纳一个或两个小分子配体或大分子配体的一部分，它常是蛋白质活性中心的所在地，例如，肌红蛋白表面空穴正好容纳一个血红素分子（图3-21）。

（五）蛋白质分子的四级结构

许多蛋白质由两个或两个以上相互关联的具有三级结构的亚单位组成，其中每一个亚单位称为亚基，亚基间通过非共价键聚合而形成特定的构象，即蛋白质的四级结构。这样的蛋白质被称为寡聚蛋白。蛋白质四级结构研究的内容包含了蛋白质分子中各亚基的立体分布、亚基间的相互作用、亚基的数目和类型，但不涉及亚基本身的构象。

寡聚蛋白分子每一个亚基一般是由一条多肽链组成的，但有的亚基本身也可由两条或多条多肽链组成，这些肽链间以二硫键连接。寡聚蛋白质的亚基数目一般为偶数，其中最常见的是两个或四个亚基，亚基数为奇数的较少见到。

具有四级结构的蛋白质只有当其结构完整、各组成亚基形成聚合体时才有生物活性，若各个亚基分离，则失去其蛋白质的正常生理功能。

血红蛋白的相对分子质量约为65000，亚基组成为$\alpha_2\beta_2$，是由两个α亚基和两个β亚基组成的四聚体蛋白质。其中α链由141个氨基酸残基组成，β链由146个氨基酸残基组成，每一个亚基含有一个血红素辅基。α链和β链的一级结构差别较大，但三级结构却大致相同，并和肌红蛋白相似。血红蛋白分子中的4条链各自折叠卷曲形成三级结构，再通过分子表面的疏水作用力、静电作用和氢键而联系在一起，互相凹凸镶嵌排列，形成一个四聚体的功能单位（图3-22）。

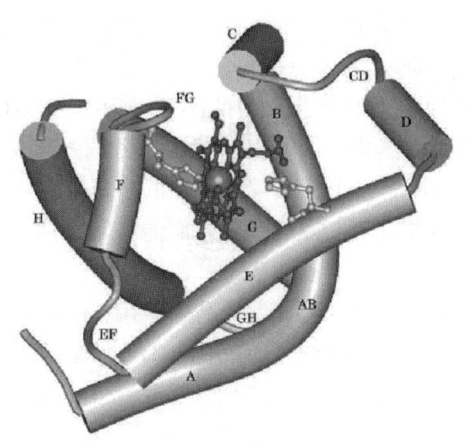

图3-21 肌红蛋白的三级结构图

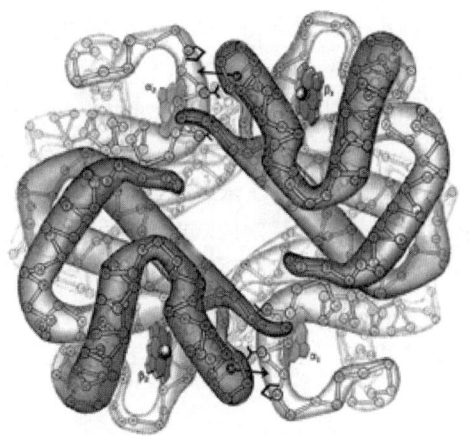

图3-22 血红蛋白分子的四级结构

血红蛋白分子的各个亚基功能相同，都是运输 O_2 和 CO_2。在肺中，O_2 分压高，血红素的亚铁离子以配位键与 O_2 结合（Fe^{2+} 不发生价键的变化），成为氧合血红蛋白，同时释放出 CO_2。在组织中，O_2 分压低，血红素分子释放出 O_2，同时每个亚基的 N 端氨基结合一个 CO_2，成为氨基甲酸血红蛋白。再到肺中，又放出 CO_2，结合 O_2。

但是，α 亚基与 β 亚基对 O_2 的亲和力不同。α 亚基对 O_2 的亲和力比 β 亚基大，所以总是先与 O_2 结合。当一个 α 亚基与 O_2 结合时发生构象的变化，这种变化影响到另一个 β 亚基构象变化，活性随之增强。一对 α、β 亚基的变化又影响到另一对 α、β 亚基构象的变化，活性改变，对 O_2 的亲和力增强 5 倍以上。

像这种寡聚蛋白分子，由于一个亚基与底物结合时发生构象的变化，进而引起其他亚基发生相应的构象变化和活性变化的协同变构作用，称为协同效应。具有协同变构性质的蛋白质称为变构蛋白，蛋白质的协同变构性质是细胞赖以调节代谢活动的基础。

蛋白质形成四级结构可以增强其结构的稳定性，可以在亚基之间的结合区域形成新的功能部位，可以使某些蛋白质具有协同效应。此外，病毒的外壳通常是数百乃至数千相同的蛋白质亚基聚集而成，如果要用一条肽链构成病毒的外壳，则需要一个特大的基因，可见，形成蛋白质亚基的多聚体，可以提高遗传物质的利用效率。总而言之，蛋白质形成四级结构有重要的生物学意义。

第五节　蛋白质的重要理化性质

一、蛋白质的胶体性质

蛋白质相对分子质量大，在水溶液中形成的颗粒（直径在 1~100nm）具有胶体溶液的特征如布朗运动、丁达尔现象、电泳现象、不能透过半透膜以及具有吸附能力等。利用蛋白质不能透过半透膜的性质，可用羊皮纸、火棉胶、玻璃纸等半透膜来分离纯化蛋白质，这个方法称为透析法。具体的操作是将含有小分子杂质的蛋白质放入一个透析袋中，然后置流水中进行透析，此时小分子化合物不断从透析袋中渗出，而大分子蛋白质仍留在袋内，经过一定时间后，就可达到纯化目的，这是实验室或工业生产上提纯蛋白质常用的方法。

蛋白质的水溶液是一种比较稳定的亲水胶体，蛋白质分子表面的亲水基团如 $—NH_2$、$—COOH$、$—OH$、$—CONH_2$ 等，在水溶液中能与水分子起水化作用，使蛋白质分子表面形成一层水化层。蛋白质分子表面上的可解离基团，在适当 pH 条件下，都带有相同的净电荷，与其周围的反离子构成稳定的双电层。蛋白质溶液由于具有水化层与双电层两方面的稳定因素，能在水溶液中使颗粒相互隔开而不致聚合下沉。

由于蛋白质胶体稳定的基本因素是蛋白质分子表面的水化层和同性电荷的作用，若破坏这些因素即可促使蛋白质颗粒相互聚集而沉淀，这就是蛋白质盐析、有机溶剂沉淀法的基本原理。

二、蛋白质的两性电离及等电点

在蛋白质分子中，可解离的基团，主要来自氨基酸残基侧链 R 基团（如 $\varepsilon-NH_2$、

γ-COOH、β-COOH、咪唑基、胍基等）和肽链末端 α-氨基和 α-羧基。如果蛋白质是一类结合蛋白，它还有辅基部分所包含的可解离基团。因此蛋白质和氨基酸一样也是两性电解质，在水溶液中能解离，解离程度和生成的离子情况是由各种蛋白质分子中可解离的基团数和溶液的 pH 所决定的。对某一蛋白质来说，在某 pH 溶液中，它所带的正电荷与负电荷数恰好相等，即净电荷为零时，在电场中它既不向阳极也不向阴极移动，这时溶液的 pH 就称为蛋白质的等电点（pI），在小于 pI 的 pH 溶液中，蛋白质带正电荷，在电场中向阴极移动；若溶液的 pH 大于 pI，则蛋白质带负电荷，在电场中向阳极移动。用 Pr 表示蛋白质，关系可以表示如下：

$$Pr\begin{matrix}NH_3^+\\COOH\end{matrix} \underset{+H^+}{\overset{+OH^-}{\rightleftharpoons}} Pr\begin{matrix}NH_3^+\\COO^-\end{matrix} \underset{+H^+}{\overset{+OH^-}{\rightleftharpoons}} Pr\begin{matrix}NH_2\\COO^-\end{matrix}$$

pH<pI　　　　　　pH=pI　　　　　　pH>pI
净电荷为正　　　　　净电荷=0　　　　　净电荷为负

各种蛋白质的 pI 与其所含氨基酸的种类和数量有关，含碱性氨基酸残基较多的蛋白质，其 pI 都偏碱性，如组蛋白、精蛋白的 pI 都大于 10.00；含酸性氨基酸残基较多的蛋白质，其 pI 都偏酸性，如人血清白蛋白、胃蛋白酶等的 pI 都小于 6.00；表 3-8 所示为几种蛋白质的等电点。

表 3-8　　　　　　　　　　　某些蛋白质的等电点

蛋白质种类	等电点	蛋白质种类	等电点
鱼精蛋白	12.00~12.40	胰岛素（牛）	5.30~5.35
胸腺组蛋白	10.80	明胶	4.70~5.00
溶菌酶	11.00~11.20	血清清蛋白（人）	4.64
细胞色素 c	9.80~10.30	鸡蛋血清蛋白	4.55~4.90
血红蛋白	7.07	胰蛋白酶（牛）	5.00~8.00
血清 γ_1-球蛋白（人）	5.80~6.60	胃蛋白酶	1.00~2.50

每种蛋白质都有特定的 pI 值，但 pI 值并非特征常数。当溶液中有中性盐存在时，蛋白质分子的解离基团除了与 H^+ 发生作用外，还能分别与阳离子（如 Mg^{2+}、Ca^{2+} 等）或阴离子如（Cl^-、HPO_4^{2-} 等）结合而发生带电性质的变化，使 pI 值偏移。因此，pI 并不是一个恒定值，它会因溶液中盐的种类和离子强度的影响而有所不同。蛋白质在纯水中不受其他离子干扰时，使得蛋白质分子带正负电荷相等时的 pH 被称为等离子点，等离子点是蛋白质的特征性常数。由于事实上蛋白质总是处于含有离子的溶液环境中，所以人们通常讨论的都是蛋白质的等电点。

蛋白质在等电点时，以两性离子的形式存在，其总净电荷为 0，这样的蛋白质颗粒在溶液中因为没有相同电荷互相排斥的影响，容易结合成较大的聚集体，所以溶解度最小，容易沉淀析出。在蛋白质的分离、提纯时，常利用这一性质，在不同 pH 条件下，将具有不同 pI 的蛋白质沉淀出来。同时在等电点时蛋白质的黏度、渗透压、膨胀性以及导电能力均为最小。带电的颗粒在电场中可以向电荷相反的电极移动，利用这一性质分离带电荷分子的实验技术称电泳。各种蛋白质的等电点不同，相对分子质量也各不相同，在一个给定 pH 的溶液中，各种蛋白质所带电荷不同，在电场中移动的方向和速度也各不相同。一般来说，颗粒越小，带电荷越多，电泳的速度越快。根据这一原理，就可以从蛋白混合液中将各种蛋白质分离开来。电泳法通常用于实验室、生产或临床诊断来分析分离蛋白质混合物，或作为蛋白质纯度鉴定的手段。

近年来，临床上分析人血清中各类蛋白质的相对比例时，常用醋酸纤维素薄膜作支持物进行电泳，速度快、分离效果好、定量正确、电泳图谱清晰。

三、蛋白质的变性

天然蛋白质因受物理或化学因素的影响，其分子内部有序的空间结构发生变化，致使蛋白质的理化性质和生物学性质都有所改变，但蛋白质的一级结构不被破坏，这种现象称为变性，变性后的蛋白质称为变性蛋白质。

能使蛋白质变性的因素很多，化学因素有强酸、强碱、尿素、胍、去污剂、重金属盐、三氯乙酸、苦味酸等。物理因素有加热（70~100℃）、剧烈振荡或搅拌、紫外线及X射线照射、超声波等。不同蛋白质对各种因素的敏感程度是不同的。

变性蛋白质与天然蛋白质相比在很多性质上都发生了改变，主要表现为：

（1）生物学活性丧失　这是蛋白质发生变性的最重要的标志。有时蛋白质的空间结构发生轻微变化，这时其理化性质可能还没有变化，但生物活性却已经丧失。如酶失去催化能力、血红蛋白失去运输氧的功能、抗体蛋白失去免疫作用等。

（2）各种理化性质的改变　变性蛋白质由于疏水基团外露，溶解度降低，所以变性过程中往往伴随着蛋白质的沉淀。同时，结晶能力丧失、分子不对称性及黏度增加、旋光率改变、颜色反应增强及蛋白质的紫外吸收值增加等。

（3）生化性质改变　变性的蛋白质分子结构松散，容易被蛋白水解酶水解。熟食易于消化就是这个道理。

蛋白质的变性在实际应用上具有重要意义，如临床工作中经常用乙醇、加热、紫外线照射等物理和化学方法进行消毒，使细菌或病毒的蛋白质变性而失去其致病性及繁殖能力。又如在实验工作和生产上制备某些天然状态的蛋白质制品（如疫苗、酶制剂）时，在操作过程中既要避免变性因素（如高温、重金属离子和剧烈搅拌等）引起的变性作用，同时也可以利用变性作用来专一地去除不需要的杂蛋白，通常用加热、蛋白质变性剂，或用表面活性剂变性的方法，都可使杂蛋白变性沉淀，而所需的蛋白质则不受影响，仍留在溶液中。生物体的许多生命现象与蛋白质变性有关，例如紫外照射引起眼睛白内障，主要是由于眼球晶体蛋白的变性凝固。植物种子长久保存后发芽力减小，与蛋白质失水变性有关。

四、蛋白质的沉淀作用

蛋白质由于分子表面带有同种电荷和水化膜，因此在水溶液中形成稳定的胶体。如果在蛋白质溶液中加入适当的试剂，破坏了蛋白质的水膜，或中和了蛋白质表面的电荷，蛋白质就会从胶体溶液中沉淀出来。有多种方法可以促进蛋白质的沉淀。主要包括：

1. 等电点沉淀

调节溶液的pH，使其达到蛋白质的等电点，此时由于蛋白质分子净电荷为0，分子间的斥力消失，双电层的结构也遭到破坏，分子之间容易发生聚集而沉淀。蛋白质在等电点时溶解度最小，利用这一性质还可粗略地测定某些蛋白质的等电点。等电点沉淀不会导致蛋白质变性，只要调节pH偏离等电点附近，蛋白质会重新溶解。但是并不是所有的蛋白质在等电点时都能发生沉淀。有些蛋白质亲水性较强，分子周围水化层较厚，即使处于等电点，由于有水化层的保护，分子之间也不会发生聚集沉淀，或者即使发生沉淀，沉淀得也不完全。

2. 盐析法

在盐浓度很低时，向蛋白质溶液中加入少量的中性盐 [如 NaCl、KCl、$(NH_4)_2SO_4$、Na_2SO_4 等]，蛋白质的溶解度增加，这种现象称为盐溶；而当加入大量的中性盐后，蛋白质溶解度下降，发生絮结沉淀，这种现象称为盐析；盐溶现象的发生是由于少量中性盐的加入有利于双电层的形成，增加了蛋白质和水的亲和力，促进了蛋白质的溶解。而盐析现象的发生是由于高浓度的盐结合了大量的水，降低了水的活度，并且脱去蛋白质分子表面的水化层，加强了蛋白质分子间的直接作用。盐析法沉淀的蛋白质不变性，常用于分离制备有活性的蛋白质。不同蛋白质盐析时所需的盐浓度不同，因此调节盐浓度，可使混合蛋白质溶液中的几种蛋白质分段析出，这种方法称为分段盐析。例如，血清中加硫酸铵至50%饱和度，则球蛋白先沉淀析出，继续加硫酸铵至饱和，则清蛋白（白蛋白）沉淀析出。

3. 有机溶剂沉淀法

向蛋白质溶液中加入一定量的极性有机溶剂（如甲醇、乙醇、丙酮等）会导致蛋白质发生沉淀。这些极性有机溶剂能以任意比例与水混溶，它们可以夺取蛋白质分子表面的水化层，同时使溶液介电常数下降，增加了蛋白质分子间的静电相互作用，从而导致分子间聚集而沉淀。有机溶剂沉淀法也是常用的沉淀蛋白质的方法，但有机溶剂的存在会使蛋白质变性，不过只要确保在低温下操作，并尽可能缩短处理时间，就能将变性减少到很小的程度。蛋白质溶液 pH 在等电点时，沉淀效果更好。有些结构稳定的蛋白质，如超氧化物歧化酶（SOD），在较高温度下用有机溶剂沉淀也不变性。因此，有机溶剂沉淀法也可用于活性蛋白质的分离纯化。

4. 重金属盐沉淀法

当溶液 pH 大于等电点时，蛋白质分子带负电荷，可与重金属离子如 Hg^{2+}、Cu^{2+}、Ag^+、Pb^{2+} 等结合，生成不溶性的盐而沉淀。这种沉淀方法伴随着的是蛋白质的变性。对于误服重金属盐者可以通过大量口服牛乳、蛋清等高蛋白质含量的食物，使它们与重金属离子成盐，再经催吐排出体外而达到解毒的目的。

5. 生物碱试剂和某些酸类沉淀法

生物碱是生物特别是植物中产生的一类复杂的含氮碱性化合物，而生物碱试剂是能与生物碱成沉淀反应的一类试剂，包括鞣酸、苦味酸、钨酸等以及某些酸类包括三氯乙酸、磺基水杨酸、硝酸等。当溶液 pH 小于等电点时，蛋白质分子带正电荷，能与生物碱试剂和酸根负离子结合生成不溶性的盐而沉淀，这种沉淀也伴随着蛋白质的变性。该反应被用来除去杂蛋白。例如在实验室中常用三氯乙酸作为蛋白质的变性沉淀剂除去杂蛋白。在啤酒生产中将麦汁与啤酒花加热共沸，目的之一是利用啤酒花中的苦味酸等物质除去麦汁中的变性蛋白，防止成品啤酒产生蛋白质混浊。

6. 热变性沉淀法

几乎所有的蛋白质在加热变性以后都会凝固沉淀，少量盐类的存在促进凝固过程，而调节 pH 至等电点时，沉淀最为迅速完全。沉淀的原因是加热使得蛋白质发生变性，分子空间结构被破坏，原来分布在分子内部的疏水基团外露，使蛋白质溶解度下降，并且分子表面的水化层也遭到破坏，分子间发生聚集而沉淀。若是溶液 pH 又处于等电点，分子间无斥力存在则更容易沉淀。不过，有些蛋白质在加热变性后并不沉淀，如乳品中的蛋白质。

五、蛋白质的颜色反应

蛋白质分子中的肽键以及某些氨基酸残基侧链上的一些特殊基团能与某些试剂起作用产生颜色反应,应用这些颜色反应可以确定蛋白质的存在。

1. 双缩脲反应

双缩脲是由两分子尿素缩合而成的化合物,将尿素加热到180℃,则两分子尿素缩合成一分子双缩脲,并放出一分子氨。其反应式如下:

$$2\begin{array}{c}NH_2\\|\\C=O\\|\\NH_2\end{array} \xrightarrow{加热} \begin{array}{c}NH_2\\|\\C=O\\|\\NH\\|\\C=O\\|\\NH_2\end{array} + NH_3$$

尿素　　　　双缩脲

蛋白质分子中含有许多和双缩脲结构相似的肽键,因此也能起双缩脲反应,形成红紫色络合物,肽键越多反应颜色越深。通常可用此反应来定性鉴定蛋白质,也可根据反应产生的颜色在540nm处比色,定量测定蛋白质。

2. Millon 反应

米伦试剂为硝酸汞、亚硝酸汞、硝酸和亚硝酸的混合液,蛋白质溶液加入米伦试剂后即产生白色沉淀,加热后沉淀变成红色。酚类化合物有此反应,酪氨酸含有酚基,故酪氨酸及含有酪氨酸的蛋白质都有此反应。

3. 酚试剂反应

在碱性条件下,蛋白质分子中的酪氨酸和色氨酸可与磷钨酸-磷钼酸化合物反应,产生蓝色化合物,蓝色的强度与蛋白质中所含酪氨酸和色氨酸的量成正比。此法是测定蛋白质浓度常用的方法。

福林-酚试剂法灵敏度高,是紫外吸收法的10~20倍、双缩脲法的100倍;操作简单快速,不需要复杂的仪器设备。

4. 乙醛酸反应

在蛋白质溶液中加入乙醛酸,并沿试管壁慢慢注入浓硫酸,在两层之间就会出现紫色环,凡含有引哚基的化合物都有这一反应。色氨酸以及含有色氨酸的蛋白质有此反应,不含色氨酸的白明胶就无此反应。

5. 坂口反应

精氨酸分子中含有胍基,能与次氯酸钠(或次溴酸钠)及 α-萘酚在氢氧化钠溶液中产生红色产物。此反应可以用来鉴定含有精氨酸的蛋白质,也可用来定量测定精氨酸含量。

6. Pauly 反应

组氨酸残基的咪唑基和酪氨酸残基的酚基,在碱性条件下可与重氮化合物(如对氨基苯磺酸重氮盐)反应生成棕红色化合物。

7. 考马斯亮蓝反应

考马斯亮蓝法是利用蛋白质-染料结合的原理,定量测定微量蛋白质浓度的快速、灵敏方法。

六、蛋白质的紫外吸收性质

由于蛋白质分子中的酪氨酸、色氨酸和苯丙氨酸在 280nm 左右有强烈的光吸收，可用这一性质测定溶液中的蛋白质含量。此法不需要任何反应，直接测定蛋白质溶液的 A_{280nm} 和 A_{260nm}，用下列公式可算出蛋白质质量浓度：

$$蛋白质质量浓度（mg/mL） = 1.45A_{280nm} - 0.47A_{260nm}$$

这一方法准确度不很高，但是十分简单方便，在分子生物学实验中常用。

第六节 蛋白质的分离纯化与鉴定

一、蛋白质分离纯化的一般步骤

蛋白质的分离纯化过程大致可分为前处理、粗分级和细分级三个主要步骤。

（一）前处理

对于发酵法生产的蛋白质，发酵液就是分离纯化的对象。而如果是从天然材料中提取蛋白质，则首先需要进行选材，不同的生物材料中，所需目的蛋白的含量显然相差悬殊，人们需要挑选目的蛋白含量高，并且成本低、易于提取的生物材料作为分离纯化的对象。

前处理的任务是将目的蛋白从其所处的复杂环境中释放出来并实现固液分离，形成目的蛋白的溶液，作为下一步分离纯化的原料。

对于胞外蛋白，只需进行简单的固液分离，通过离心或者过滤等手段将细胞除去，得到的清液就可以作为下一步分离纯化的对象了。有些细胞因为比较小或者液体黏度较大而难以除去，可以通过添加适当的絮凝剂，使其絮凝成块状而除去。

对于胞内蛋白，首先需要破碎细胞，将它们游离出来。这些蛋白质处于细胞内的细胞质或特定的细胞器中，或生物膜上。破碎细胞的手段包括匀浆法、研磨法、超声破碎法、自溶法、酶解法等，针对不同的材料，应选用适当的破碎方法。一般来说，动物组织和细胞没有细胞壁，相对易破，常用匀浆法和超声破碎法，前者通过组织捣碎机或匀浆器将组织或细胞绞碎，后者通过高能量的超声波作用于细胞，使细胞膜破裂。植物细胞外有一层由纤维素、半纤维素、果胶质等组成的细胞壁，可通过添加纤维素酶处理，再用研磨的方法促进其破裂。对于微生物细胞，不同的种类其细胞壁的主要成分有所不同，应采用不同方法进行破碎。例如，对于细菌添加溶菌酶，然后配合研磨促使细胞破裂；也可控制条件，利用微生物自身分泌的酶将细胞水解使细胞自溶，或者用超声破碎法破壁，酵母细胞常用超声破碎法或者自溶法破碎。细胞破碎后，用适当的溶剂，如缓冲液或水将目的蛋白从混合物中抽提出来，通过离心或过滤除去细胞碎片即可。如果目的蛋白处于某种特定的细胞器中，则在细胞破碎后通过差速离心的方法将该细胞器与其他物质分开，这样可以除去很多杂质，使后续步骤变得简单。然后再破碎细胞器膜，将目的蛋白抽提至溶液中。若目的蛋白与生物膜结合在一起，可利用超声波或去污剂使膜结构解体，从而可以将蛋白质抽提出来。

（二） 粗分级

经前处理得到的蛋白溶液成分复杂，含有大量的杂质，因此需要首先选用一些粗放的方法将所需蛋白质与大量的杂质分离，除去其中大部分杂质。粗分级的特点是方法简便，处理量大，既能除去大量杂质，又可浓缩蛋白质溶液，但是经粗分级不可能得到纯度很高的蛋白质。盐析、有机溶剂沉淀、等电点沉淀、透析、超滤等都是常用的粗分级手段。如果对产品的纯度要求不高，则通过粗分级就可完成分离提纯的任务，得到的是含有相当一部分杂质的蛋白质产品，例如许多工业用酶，用途决定了其纯度不需要很高，常通过超滤、有机溶剂沉淀等就可达到分离提取目的。如果需要得到纯度高的蛋白质，则必须进一步分离纯化。

（三） 细分级

这是在粗分级的基础上，对样品进一步分离纯化，直到目的蛋白的纯度达到要求。细分级的特点是所用方法的分辨率较高，可基本除去杂质，得到纯度较高的蛋白质，但往往规模较小，处理量不大，且所用仪器设备成本较高，难以满足大规模生产的需要。细分级使用的方法主要包括三大类：层析法、电泳法和超离心法。其中层析法包括凝胶过滤层析、离子交换层析、吸附层析、亲和层析等。电泳法包括纸电泳、凝胶电泳、等电聚焦等。离心法按照离心时的转速分为低速离心（<6000r/min）、高速离心（18000~21000r/min）和超速离心（55000~83000r/min），蛋白质分子颗粒很小，要使其沉降需要使用超速离心。经过细分级，得到的是很纯的目的蛋白溶液，需要时通过结晶和重结晶可得到蛋白晶体。

蛋白质分离纯化过程中需要随时测定目的蛋白含量和总蛋白质含量，以判断该纯化操作是否有效以及蛋白质经纯化后达到了何种纯度。

二、 蛋白质分离纯化技术

（一） 根据分子大小不同分离蛋白质的方法

1. 透析

透析是生化分离中常用的方法，属于粗分级手段，主要用于除去蛋白质样品中的小分子杂质。该方法利用蛋白质的胶体性质，蛋白质分子不能通过半透膜，而有机小分子、无机离子等都能自由通过半透膜。常用的半透膜有羊皮纸、玻璃纸、肠衣及一些合成材料等。用半透膜制成大小不同的袋子称为透析袋，将样品溶液倒入透析袋中，把袋口扎紧，然后将透析袋浸泡在充满蒸馏水的容器中（图3-23）。透析袋内的小分子杂质由于可以自由穿过半透膜，将顺着浓度梯度从透析袋内渗透到容器的水中，直到内外浓度相等，而蛋白质等大分子由于不能通过半透膜，将被截留在透析袋内。这时如果将容器内的液体重新更换成蒸馏水，可以使透析袋内的小分子进一步渗出直至再次达到平衡。通过几次换水和平衡，可以将样品溶液中的小分子杂质基本去除。有时（比如在进行离子交换层析之前）需要将蛋白质置于特定的缓冲液中，只需将上述容器中的蒸馏水换成所需缓冲液，按同样的操作即可达到目的。

2. 超滤

这是20世纪70年代后随合成膜技术的发展而形成的一种膜过滤技术。超滤过程中使用一种微孔滤膜称为超滤膜，是

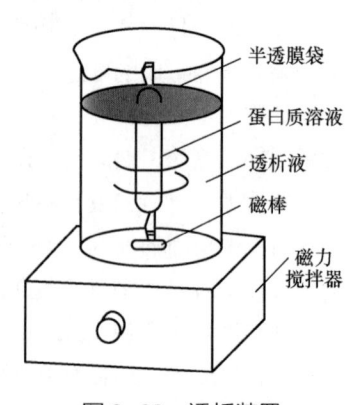

图3-23 透析装置

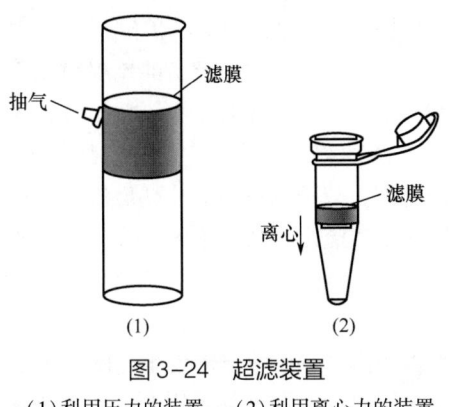

图 3-24 超滤装置
(1) 利用压力的装置　(2) 利用离心力的装置

人工合成的具有一定机械强度的半透性的膜。超滤过程中，对样品溶液施加一定的压力，在压力作用下迫使小分子和水透过超滤膜，而蛋白质等大分子由于不能通过超滤膜而被阻挡在膜内（图3-24）。超滤也是常用的粗分级手段，由于在此过程中不仅能除去小分子物质，还可除去水，因此除了纯化蛋白质外，超滤还是常用的浓缩蛋白质溶液的方法，通过超滤，可将蛋白质溶液的浓度提高几倍乃至几十倍。由于该方法操作简单、快速，处理量大，除了在实验室中得到普遍应用，还适合在工业生产中使用。

3. 凝胶过滤层析

凝胶过滤又称排阻层析、分子筛层析，是实验室常用的蛋白质纯化和相对分子质量测定方法。常用的凝胶是交联葡聚糖凝胶，商品名称是 Sephadex。葡聚糖是一种均一多糖，由 α-D-葡萄糖通过 α-1,6 糖苷键连接形成长链状分子，在主链上由 α-1,3、α-1,4 等糖苷键引出分支。通过交联剂环氧氯丙烷的作用，长链状的葡聚糖分子侧向平行排列并发生交联，生成交联葡聚糖（图3-25）。

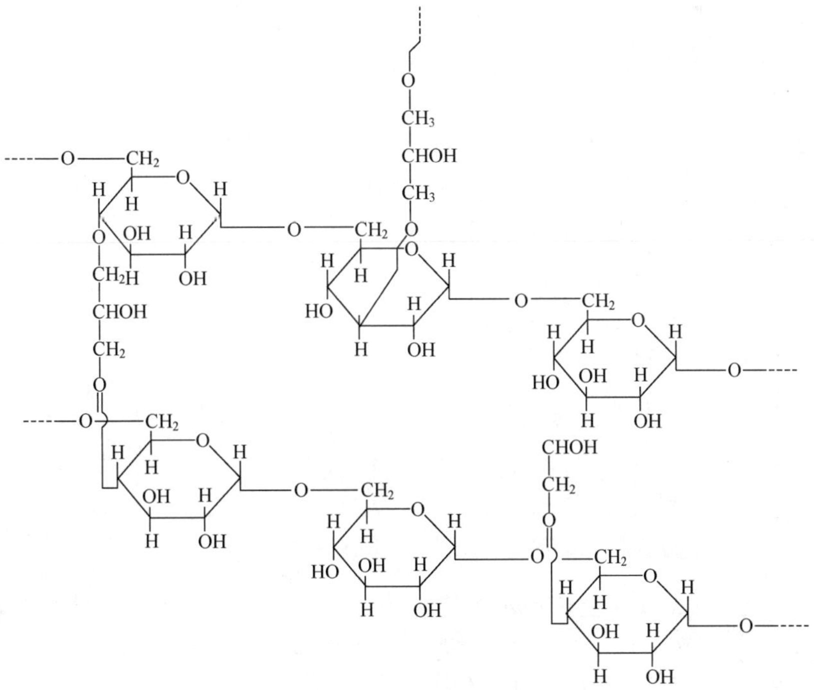

图 3-25 交联葡聚糖的分子结构图

胶层析是依据分子大小这一物理性质进行分离纯化的，凝胶层析的固定相是惰性的具有立体网孔结构、呈珠状颗粒的物质。把样品加到充满着凝胶颗粒的层析柱中，然后用缓冲液洗脱。当含有不同分子大小组分的样品进入凝胶层析柱后，各个组分就向固定相的网孔内扩散，组分的扩散程度取决于网孔的大小和组分分子大小。比网孔孔径大的分子不能扩散到网孔内部，完全被排阻在孔外，只能在凝胶颗粒外的空间随流动相向下流动，它们经历的流程短，所以首先流出；而较小的分子则可以完全渗透进入凝胶颗粒内部，经历的流程长，所以最后流出；而分子大小介于二者之间的分子在流动中部分渗透，渗透的程度取决于它们分子的大小，所以它们流出的时间介于二者之间，分子越大的组分越先流出，分子越小的组分越后流出。这样样品经过凝胶层析后，各个组分便按分子从大到小的顺序依次流出，从而达到了分离的目的（图3-26）。

4. 密度梯度离心

这是一种沉降平衡方法。在离心场中，溶质密度必须大于溶剂密度才能够发生沉降。蛋白质溶液在离心过程中，由于其密度大于水而发生沉降，并且沉降的速度与分子的大小和密度有关。如果介质改为不同浓度的蔗糖溶液（图3-27），非常小心地往离心管中依次加入不同浓度的蔗糖溶液，并且其浓度由下而上逐渐下降，就在离心管中建立了一个由上而下逐渐增大的蔗糖的浓度梯度。显然，蔗糖溶液浓度越大，其密度也就越大，因此这也相当于建立了一个由上而下逐渐增大的密度梯度。小心地将蛋白质样品加到离心管的最上层，然后开始离心，不同的蛋白质都开始发生沉降。当某种蛋白质沉降到与之密度相同的蔗糖溶液中时，就不能继续往下沉降，于是在此处形成一条窄的区带。各种蛋白质分子由于密度各不相同，将停留在离心管的不同位置，形成若干条区带，由此得以分离。离心完毕，可在离心管底部开孔，溶液从下而上陆续排出，进行分部收集，可以按密度不同得到不同的蛋白质组分。

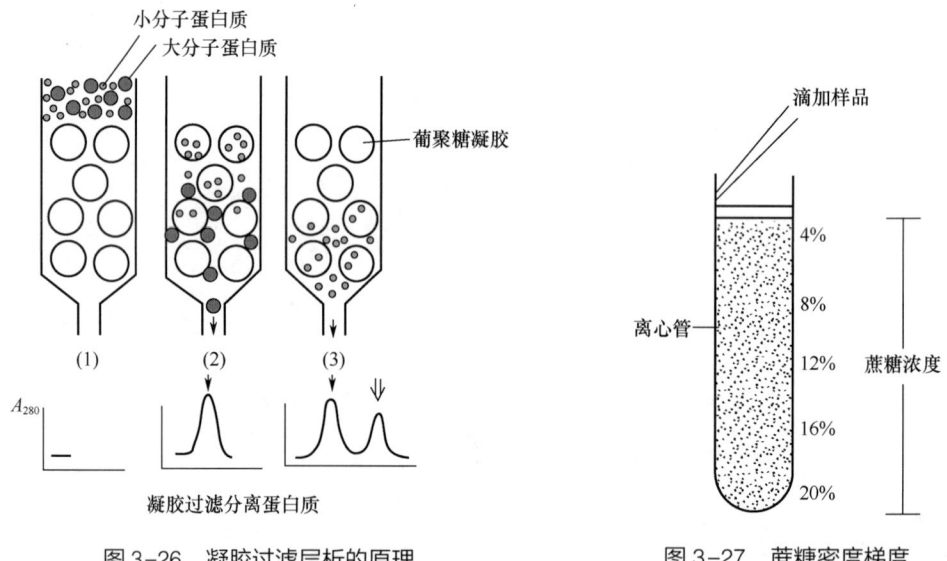

图3-26 凝胶过滤层析的原理

（1）大球是葡萄糖凝胶颗粒　（2）样品上柱后，小分子进入凝胶微孔，大分子不能进入，故洗脱时大分子先洗脱下来　（3）小分子后洗脱出来

图3-27 蔗糖密度梯度

（二）根据溶解度不同分离蛋白质的方法

这类方法都属于粗分级方法，但在改进后也能起到较好的分离纯化效果。常用的方法有等电点沉淀、盐析法和有机溶剂沉淀法，其中等电点沉淀往往难以沉淀完全，常与其他方法配合使用。

1. 盐析法

在蛋白质溶液中加入中性盐（如 NaCl，KCl，$(NH_4)_2SO_4$，Na_2SO_4 等）时，可产生两种现象——盐溶和盐析。

在盐浓度很低的范围内，随着盐浓度增加，蛋白质的溶解度也随之增加，这种现象称盐溶。盐溶作用的发生是由于蛋白质表面电荷吸附盐离子之后，增强了蛋白质和水的亲和力，促进蛋白质的溶解。

与盐溶作用相反，当溶液中盐浓度提高到一定的饱和度时，蛋白质溶解度逐渐降低，蛋白质分子发生絮结，成沉淀析出，这种现象称为盐析。盐析作用的发生机制很复杂，一般认为中性盐与水的亲和力大，又是强电解质，当一定高浓度的中性盐加到蛋白质溶液中时，一方面结合大量自由水，降低水分活度；另一方面夺取蛋白质表面的水化膜，增强蛋白质分子之间互相作用的机会，促其聚集絮结成沉淀析出。不同蛋白质表面电荷量不同，水化膜的厚度不一样，盐析所需要的中性盐浓度也不一样。一般而言，相对分子质量大的容易盐析，相对分子质量越小，所需盐浓度越高。根据这种性质，同一溶液中不同相对分子质量的蛋白质，可通过逐步提高盐浓度的方法逐一沉淀分离出来，这种方法称为分级盐析。

盐析方法操作简便、不需要低温。室温下操作，加盐之后即可长时间放置，对蛋白质不仅没有损害，而且还有保护作用。盐析所得沉淀，用透析、凝胶过滤或超滤方法将盐除去之后，蛋白质又恢复其天然状态。因此，这是制备天然蛋白质制品时常用的沉淀方法。

$(NH_4)_2SO_4$ 是盐析法最常用的中性盐。它具有离子强度大，盐析能力强；有较高的溶解度和较低的溶解度温度系数（例如，0℃时溶解度为 706g/L，25℃时为 766g/L），价格低，对蛋白质不产生副作用等优点。因此，在实验室或大生产中被广泛采用。

盐析与等电点结合沉淀效果更好。一般是先将蛋白质溶液的 pH 调至目的蛋白的等电点，然后再加固体 $(NH_4)_2SO_4$ 或其饱和溶液，使达到一定浓度后，蛋白质即可沉淀析出。

2. 有机溶剂沉淀法

水溶性有机溶剂如丙酮、乙醇等，具有介电常数比较小，与水的亲和力大，能以任何比例与水相溶等特点。当向蛋白质水溶液中加入适量这类溶剂时，它能夺取蛋白质颗粒表面的水化膜，同时，还能降低水的介电常数，增加蛋白质颗粒间的静电相互作用，导致蛋白质分子聚集絮结沉淀。这就是有机溶剂使蛋白质沉淀的基本原理。乙醇为有机溶剂沉淀法最常用的沉淀剂，特别在工业生产中，它有盐析法不可取代的优点。例如，食品级酶制剂的生产，一般都采用酒精沉淀工艺。

有机溶剂沉淀法若与等电点结合，沉淀更易发生，而且彻底。先将提取液 pH 调至目的蛋白质的等电点，再加有机溶剂到所需要的浓度，蛋白质会很快沉淀析出。与盐析法类似，沉淀所需有机溶剂的浓度也与蛋白质相对分子质量有关，相对分子质量大的要求浓度低，相对分子质量小的要求浓度高。不同相对分子质量的混合溶液，可以通过调节有机溶剂的浓度达到分级沉淀的目的。

在对蛋白质的影响方面，与盐析法不同。有机溶剂长时间作用于蛋白质会引起变性。因此，用这种方法进行操作时需要注意：①低温操作。提取液和有机溶剂都需要事先冷却。向提取液中加入有机溶剂时，要边加边搅拌，防止局部过热，引起变性。②有机溶剂与蛋白质接触时间不能过长，在沉淀完全的前提下，时间越短越好，要及时分离沉淀，除去有机溶剂。

等电点盐析和等电点有机溶剂沉淀是制备活性天然蛋白质制品最常用的方法，也适用于变性沉淀。

（三） 根据蛋白质带电性质不同的分离方法

1. 电泳法

在外电场作用下，带电颗粒在电场中移动的现象称为电泳。利用这种现象对不同分子进行分离的技术称为电泳技术。常用的电泳有琼脂糖凝胶电泳、聚丙烯酰胺凝胶电泳等，电泳装置的简单示意图如图 3-28 所示。

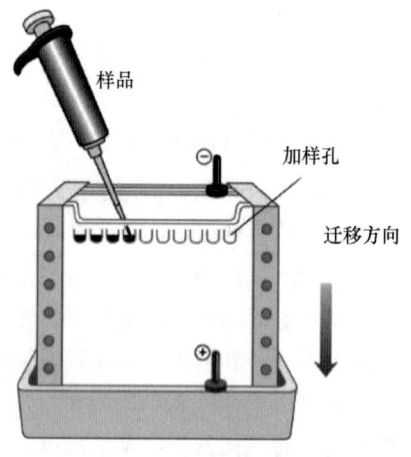

图 3-28　电泳装置示意图

（1）琼脂糖凝胶电泳　琼脂糖凝胶电泳是以琼脂糖为电泳支持物进行的电泳。琼脂糖凝胶的制备是将琼脂糖在所需缓冲液中溶化成清澈、透明的溶液，然后将溶化液倒入胶模中，令其固化。琼脂糖凝胶是具有大量微孔的基质，其孔径尺寸取决于琼脂糖的浓度。琼脂糖具有较高的机械强度，允许在 1% 或更低的浓度下使用，且在这种浓度下仍然有筛分和抗对流的特性。琼脂糖凝胶支持体均匀，区带整齐，分辨率高，重复性好。染色、脱色程序简单、快速，背景色较低，透明而不吸收紫外线，可以直接用紫外检测仪做定量测定。有热可逆性，低熔点的琼脂糖可以容易地回收样品，有利于制备。琼脂糖凝胶很容易干成薄膜，而且不龟裂，适于光密度扫描和永久保存。琼脂糖凝胶是高灵敏度放射自显影的理想材料。

（2）SDS-聚丙烯酰胺凝胶电泳（SDS-PAGE）　SDS-PAGE 可以用于测定蛋白质的相对分子质量（基本原理见本节后面蛋白质相对分子质量的测定）。

（3）等电点聚焦电泳（IEF）　等电点聚焦电泳就是在电泳凝胶液中放入两性电解质载体，当通以直流电时，两性电解质会自发形成一个由阳极到阴极逐步增加的 pH 梯度。蛋白质分子具有两性解离及等电点的特征，当蛋白质放进此体系时，蛋白质移动到与其等电点相当的 pH 位置上，因失去电荷而停止移动。将等电点不同的蛋白质混合物加入有 pH 梯度的凝胶介质中，在电场内经过一定时间后，各组分将分别聚焦在各自等电点相应的 pH 位置上，形成分离的蛋白质区带（图 3-29）。

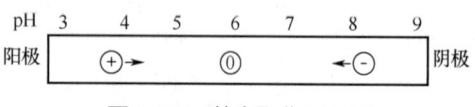

图 3-29　等电聚焦原理图

2. 离子交换色谱法

离子交换色谱是依据蛋白质的两性和等电点作为分离依据的。离子交换剂是由一类不溶于水的惰性高分子聚合物基质通过一定的化学反应共价结合上某种电荷基团形成的。离子交换剂可以分为三部分：高分子聚合物基质、电荷基团和平衡离子。

离子交换剂的大分子聚合物基质可以由多种材料制成，以纤维素（cellulose）、葡聚糖（dextran）、琼脂糖（sepharose）为基质的离子交换剂与水有较强的亲和力，适合蛋白质等大分子物质。

根据与基质共价结合的电荷基团的性质，可以将离子交换剂分为阳离子交换剂和阴离子交换剂。平衡离子是结合于电荷基团上的相反离子，它能与溶液中其他的离子基团发生可逆的交换反应。平衡离子带正电的离子交换剂能与阳离子基团发生交换作用，称为阳离子交换剂；平衡离子带负电的离子交换剂与阴离子基团发生交换作用，称为阴离子交换剂。

各种离子与离子交换剂上的电荷基团的结合是由静电力产生的,是一个可逆的过程。结合的强度与很多因素有关,包括离子交换剂的性质、离子本身的性质、离子强度、pH、温度、溶剂组成等。离子交换色谱就是利用各种离子本身与离子交换剂结合力的差异,并通过改变离子强度、pH 等条件改变各种离子与离子交换剂的结合力而达到分离的目的。

(四) 根据吸附性质不同的分离方法——羟基磷灰石层析

蛋白质提纯中常用的一种吸附剂是羟基磷灰石 [$Ca_{10}(PO_4)_6(OH)_2$],又称结晶磷酸钙,其中的钙离子带有正电荷,能够吸附蛋白质分子中带负电荷的基团。蛋白质与羟基磷灰石结合力的强弱与蛋白质分子所带净电荷数以及电荷在分子表面的分布有关,在用磷酸盐缓冲液进行洗脱时,不同的蛋白质因吸附强弱不同,按由弱到强的顺序依次洗脱下来。羟基磷灰石层析是依靠离子间的作用进行分离,也可以看作是一种特殊的离子交换层析。对于用离子交换层析或凝胶过滤层析不能很好分离的蛋白质,用此法分离有时能取得很好的效果。

(五) 根据生物学特性不同的分离方法

利用蛋白质的生物学特性差异发展而来的亲和层析,是分离蛋白质非常有效的手段,往往通过一步操作就能实现蛋白质的纯化,有着非常高的纯化倍数和回收率。这里的生物学特性是指一些生物分子之间存在着专一性结合的能力,如酶和辅酶、底物、调节因子,激素和受体蛋白,抗原和抗体之间。我们把能与某种蛋白质特异性结合的分子称为配基,由于配基与蛋白质结合具有专一性,除了目的蛋白之外,

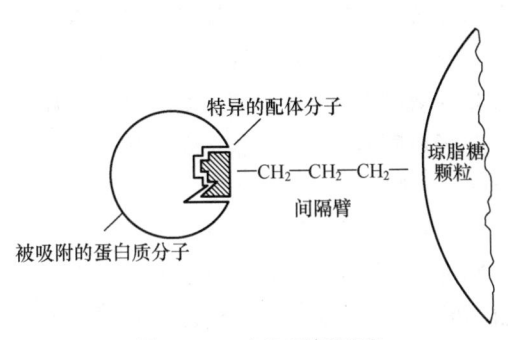

图 3-30 亲和层析原理

其他杂蛋白在层析时均不能发生吸附,从而可以有效分离出目的蛋白。

亲和层析所使用的层析介质由三部分组成:配基、不溶性支持物和间隔臂。

配基与目的蛋白的专一性结合是亲和层析的基础,必须选择适当的分子作为配基,配基既可以是生物大分子也可以是小分子化合物,但必须与目的蛋白之间有专一性结合的能力。例如在纯化溶菌酶时,可以选用壳多糖(溶菌酶的底物)作为配基;纯化乙醇脱氢酶时,可以使用 NAD^+(乙醇脱氢酶的辅酶)作为配基等。

不溶性支持物与离子交换剂类似,亲和层析时的活性配基必须连接在水不溶性的支持物上,最常使用的支持物是琼脂糖凝胶,其余还有纤维素、聚丙烯酰胺、右旋糖酐、硅胶等。

间隔臂,又称连接臂。蛋白质是大分子物质,若配基直接连接在支持物表面,由于空间位阻的关系,配基与蛋白质之间的结合会发生困难,而间隔臂的作用就是使配基和支持物之间保持足够的距离,从而使支持物不会对蛋白质产生空间阻碍(图 3-30)。间隔臂常用长度为几个到十几个碳原子的碳氢链。如果配基本身是蛋白质等大分子,则支持物很少或不会对蛋白质的结合产生空间位阻,这时可以不需间隔臂,将配基与支持物直接连接。

进行层析时,将蛋白质样品上亲和柱,这时目的蛋白被吸附在层析介质上,其余杂质不能被吸附而流出,从而将目的蛋白与杂质分离。

为了将目的蛋白从亲和柱上洗脱下来,有两种方法,分别为非专一性洗脱和专一性洗脱。非专一性洗脱是通过改变洗脱剂的 pH、离子强度、介电常数或温度,使蛋白质与配基的亲和力减弱而被洗脱下来,该方法由于较为简便而常用。但是当亲和柱上结合不止一种蛋白质时,

非专一性洗脱有时会将目的蛋白和杂蛋白同时洗脱下来,达不到纯化的目的。这时可采用专一性洗脱,用含有配基的溶液作为洗脱剂,溶液中的配基与层析介质上的配基竞争结合蛋白质,可以将目的蛋白从亲和柱上洗脱下来,而通过离子作用和其他作用结合在亲和柱上的杂质并不被洗脱,从而将目的蛋白有效的分离。

蛋白质的分离纯化是上述方法及一些其他方法组合运用的过程,对于不同的蛋白质,应按其特性设计出纯化倍数和回收率都较高的方法。如果需要的话,对纯化后的蛋白质可以进行结晶,得到蛋白质晶体。应当指出,混有杂质的蛋白质也能结晶,并且所得晶体也不一定是纯的蛋白质,结晶和重结晶的过程本身也是一种纯化的过程。通过多次重结晶,直至目的蛋白的比活力不再提高,可认为纯化过程完成。

三、 蛋白质的纯度鉴定

蛋白质经过分离纯化是否已经得到纯品需要进行纯度鉴定。理论上,上述分离蛋白质的方法中属于细分级手段的都能用于进行纯度鉴定,而人们常用的是其中分辨率较高的一些方法。凝胶电泳法是最常用的蛋白质纯度鉴定方法,依托于电荷效应和分子筛效应,凝胶电泳法有着很高的分辨率,样品经凝胶电泳只显示出单一区带,是蛋白质纯度的一个指标。若在不同的条件下(例如不同pH条件下)进行电泳都只得到一条区带,则结果就比较可靠。变性条件下的SDS-聚丙烯酰胺凝胶电泳也是纯度鉴定的常用方法,但只适合于不具有四级结构的单体蛋白或者由同一种亚基组成的寡聚蛋白,因为由不同亚基组成的寡聚蛋白在此条件下发生解聚,经电泳本身就会表现为多条区带。对于具有生理活性的蛋白质,可以通过比活力法来检验其纯度,若通过其他方法进一步纯化,发现比活力不能再提高了,也可作为蛋白质样品纯度的依据。

四、 蛋白质相对分子质量的测定

(一) 超速离心沉降速度法

蛋白质溶液在超速离心过程中(>55000r/min),蛋白质分子在强大的离心力作用下,会向离心池底部方向移动,离心池上面成为清液,清液与下面的溶液之间出现一个沉降界面。用光学方法测定界面移动的速度,即为蛋白质的离心沉降速度。不同相对分子质量的蛋白质沉降速度不同。根据下面的公式可以求出溶质的沉降系数:

$$S = \frac{dx/dt}{\omega^2 x}$$

式中　x——界面移动的距离

　　　t——离心的时间

　　　ω——角速度

　　　S——沉降系数

由所得沉降系数S可根据斯维得贝格(Svedberg)方程计算蛋白质相对分子质量:

$$M_r = \frac{RTS}{D(1-\bar{v}\rho)}$$

式中　R——气体常数,8.314J/(mol·K)

　　　T——绝对温度,K

$\bar{v}$——分子的偏微分比体积，即当 1g 溶质加到一个大体积的溶剂中时，溶液体积的增量，蛋白质溶于水的偏微分比体积约为 $0.74 cm^3/g$

D——扩散系数

ρ——溶剂（一般用缓冲液）的密度，g/cm^3

S、D、$\bar{v}$ 和 ρ 都可通过实验求出。

沉降系数 S 是文献中经常使用的一个物理量。其物理意义是溶质颗粒在单位离心场中的沉降速度，量纲为秒。一个 S 单位是 $1\times10^{-13} s$，$8S$ 即 $8\times10^{-13} s$。相对分子质量越大，S 越大。蛋白质的沉降系数大都在 $1\sim200S$。

当一种新发现的大分子（或离心质点），其结构、性质和功能都处在研究过程中时，其名称未定，为了描述方便，常用其沉降系数 S 来表示。例如细菌的核蛋白体为 70S，有大小两个亚基，小亚基是 30S，大亚基是 50S。30S 亚基的组成包括 5SrRNA、16SrRNA 和 23 种蛋白质等。

（二）凝胶过滤法

凝胶过滤法纯化蛋白质的基本原理如前所述（图 3-26）。

从样品上柱开始到某种分子被洗脱下来为止的洗脱液体积称为该分子的洗脱体积（V_e），在层析条件完全相同的情况下，洗脱体积与分子质量的对数（lgM_r）之间存在线性关系（图 3-31）。在测定目的蛋白分子质量之前，先测定几种已知分子质量的标准蛋白的洗脱体积 V_e，以 lgM_r 对 V_e 作图得到标准曲线。在同样的条件下测定样品蛋白的 V_e，从标准曲线上即可求得相对分子质量。

凝胶过滤法测定相对分子质量方法简单，结果准确，相对误差在 5% 以内，但对于变性蛋白质和纤维状蛋白质不适用。

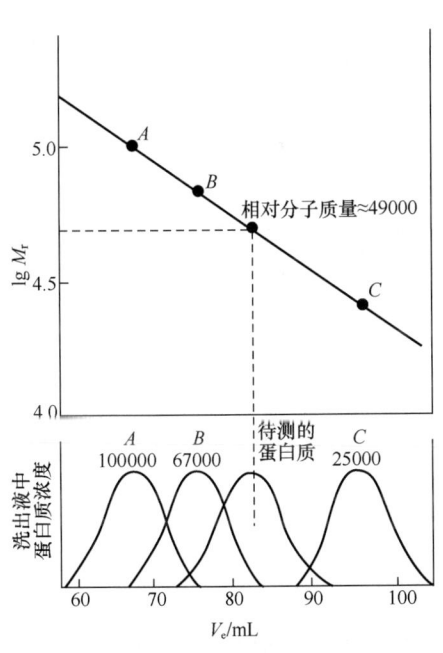

图 3-31　凝胶过滤分子质量标准曲线

（三）SDS-聚丙烯酰胺凝胶电泳法

普通蛋白质电泳的泳动速率取决于荷质比。若将蛋白质置于十二烷基硫酸钠（SDS）溶液中 100℃ 热处理，并加巯基化合物将二硫键打开，则蛋白质变性，伸展成棒状并与 SDS 结合而带上大量的负电荷，变性蛋白质结合 SDS 的量很大，1g 蛋白质约结合 1.4gSDS。这样一来，蛋白质分子本身的原有电荷就相对不重要了。所结合的大量 SDS 负电荷决定着分子的带电性质。蛋白质分子大，结合 SDS 多；分子小，结合 SDS 少。因此，不管分子大小，荷质比是相同的。可见，荷质比对不同相对分子质量的 SDS-蛋白质的电泳迁移率的影响不会有什么差别。凝胶的分子筛效应对长短不同的棒形分子会产生不同的阻力，这是影响迁移率的主要因素。凝胶的浓度（T）和交联度（c）对迁移率也有一定的影响。同一电泳条件下，分子小，受阻小，泳动快，迁移率大。相对分子质量大者，迁移率小。进行 SDS-蛋白电泳时，用一种染料（如溴酚蓝或甲基绿）作为前沿标志。电泳相对迁移率（μ_R）等于蛋白质泳动的距离和原点到前沿距离的比值：

$$\mu_R = \frac{样品迁移距离}{前沿（染料）迁移距离}$$

μ_R 与相对分子质量的对数成一定比例关系，测定几种已知标准相对分子质量的 μ_R，并对相对分子质量对数作图，得一直线，如图 3-32 所示。根据未知相对分子质量的 μ_R 可从图上查得相对分子质量。

这种方法，优点是快速，样品用量少，一次实验可同时测几个样品。缺点是在 SDS 作用下蛋白质发生了变性，对于寡聚蛋白只能测得亚基的相对分子质量。

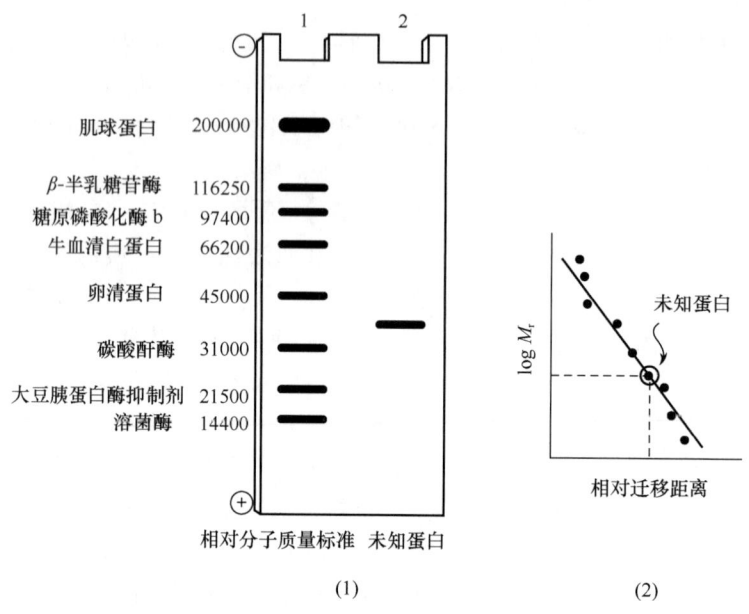

图 3-32 SDS-聚丙烯酰胺凝胶电泳测蛋白质相对分子质量

【延伸阅读】

1. 科学故事——中国首次人工合成了结晶牛胰岛素

1965 年 9 月 17 日，中国科学院生物化学研究所等单位经过 6 年多的艰苦工作，第一次用人工方法合成了一种具有生物活力的蛋白质——结晶牛胰岛素。这是当时人工合成的具有生物活力的最大的天然有机化合物，实验的成功使中国成为第一个合成蛋白质的国家。

蛋白质研究一直被喻为破解生命之谜的关节点。胰岛素是蛋白质的一种。由此，胰岛素的人工合成，标志着人类在揭开生命奥秘的道路上又迈出了一步。

和"两弹一星"一样，中国人在世界上第一次人工合成胰岛素被负载了很多意义，包括科研方面和民族荣誉感方面。尤其让人们津津乐道的是，这是中国科学家与诺贝尔奖几乎零距离的接触。直到这么久过去了，这依然是对中国在科学领域里做出世界上第一流成绩的一个最好证明。

作为一种蛋白质，胰岛素由 A、B 两条肽链，共 17 种 51 个氨基酸组成。人工合成胰岛素，首先要把氨基酸按照一定的顺序连接起来，组成 A 链、B 链，然后再把 A、B 两条链连在一起。这是一项复杂而艰巨的工作，在 20 世纪 50 年代末，世界权威杂志 *Nature* 曾发表评论文章，认为人工合成胰岛素还有待于遥远的将来。

1958年12月底，我国人工合成胰岛素课题正式启动。中国科学院生物化学研究所会同中国科学院上海有机化学研究所、北京大学联合组成研究小组，在前人对胰岛素结构和多肽合成的研究基础上，开始探索用化学方法合成胰岛素。中国科学院上海有机化学研究所和北京大学化学系负责合成A链，中国科学院生物化学研究所负责合成B链，并负责把A链与B链正确组合起来。不到7年，也就是1965年，人工合成胰岛素获得成功。

概括起来，研究过程可以分成三步：第一步，探索把天然胰岛素的A、B两条链，重新组合成胰岛素的可能性。研究小组在1959年突破了这一关，重新组合的胰岛素结晶和天然胰岛素结晶的活力相同、形状一样；第二步，分别合成胰岛素的两条链，并用人工合成的B链同天然的A链结合生成半合成的牛胰岛素。这一步在1964年获得成功；第三步，经过半合成考验的A链与B链相结合后，通过小鼠惊厥实验证明了纯化结晶的人工合成胰岛素确实具有和天然胰岛素相同的活性。

研究小组经过6年多坚持不懈的努力，终于在1965年9月17日，在世界上首次用人工方法合成了结晶牛胰岛素。原国家科学技术委员会先后两次组织著名科学家进行科学鉴定，证明人工合成牛胰岛素具有与天然牛胰岛素相同的生物活力和结晶形状。

随后，1965年11月，这一重要科学研究成果首先以简报形式发表在《科学通报》杂志上，1966年3月30日，全文发表。

自1966年3月"人工全合成结晶牛胰岛素"的研究工作在《科学通报》杂志上对外发表后，许多国家的电视台和报纸先后作了报道。各国科学家纷纷来信表示祝贺。诺贝尔奖获得者、英国剑桥大学教授托德来信为这一伟大的工作向研究者致以最热烈的祝贺。

2. 生化应用——蛛丝/蚕丝复合纤维的制备及其应用价值

作为一种天然的生物材料，蚕丝纤维除了作为伤口缝线以外，还可以用在伤口绷带、人工肌腱、组织骨架和微胶囊上。但同样是丝，蜘蛛丝的强度和弹性要明显高于蚕丝。有实验显示，一束由蜘蛛丝组成的绳子比同样粗细的不锈钢钢筋多承受5倍的质量，这相当于是一根铅笔粗细的蛛丝能阻止一架波音747飞机的飞行。蜘蛛丝纤维具有如此好的机械性能，使其非常适合作为精细的缝线，用于眼部、神经和美容等手术。

不过，蚕丝很容易通过养蚕业大量得到，但蜘蛛这种动物的领域性和同类相食的特性使得"养蛛业"行不通，因此难以大量制备蜘蛛丝。这就促使人们尝试使用低成本、方便、可靠的生物技术途径，去大规模生产蜘蛛丝。

沿着这个方向的一大突破首先是有人克隆了金丝蜘蛛（*Nephila clavipes*）蛛丝蛋白的cDNA，包括壶腹状的丝心蛋白1、丝心蛋白2以及长丝状的丝蛋白。当得到这些基因以后，人们立刻想到利用多种外源蛋白质表达系统（如大肠杆菌、酵母、昆虫细胞、植物细胞和哺乳动物细胞表达系统）去大量表达这些基因，但却遇到一个难以克服的问题，就是表达出来的蛋白质虽多，却很难像在蜘蛛丝腺内一样，绕成蛛丝纤维。这就使得人工大规模制备蛛丝纤维的想法一直难以实现。

然而，就在2012年新年伊始，美国科学院院刊上刊登了一篇题为 *Silkworms transformed with chimeric silkworm/spidersilk genes spin composite silk fibers with improved mechanical properties* 的论文，使这个问题似乎终于有了突破。来自美国圣母大学、怀俄明大学和我国浙江大学的研究人员研

究出了一种方法，得到了一种蛛丝/蚕丝的复合纤维，其机械性能与天然的蛛丝相近。他们的基本思路是：使用一种特殊的载体，将编码蛛丝蛋白的基因导入家蚕的体内，培育出转基因家蚕，并使蛛丝蛋白的基因受蚕丝腺特异性启动子（DNA 分子上控制基因转录启动的特殊碱基序列，参见 DNA 转录内容）的驱动，在蚕丝腺内表达。表达出来的蛛丝蛋白能与蚕丝腺内原来表达的蚕丝蛋白一起，共同组装成蚕丝/蛛丝复合纤维。根据测定，这种复合丝纤维的性能比蚕丝强，与蛛丝不相上下。这种转基因蚕的问世，向大规模制备具有原始蛛丝特性的生物材料迈进了一大步。

第四章 核酸化学

第一节 概 述

核酸是重要的生物大分子，核酸的研究是分子生物学的重要领域。与蛋白质、糖和脂肪相比，核酸在生命的维持和繁殖过程中发挥的作用则更引人注目。

1869年由瑞士生物学家Miescher首先从外科手术绷带上脓细胞的细胞核中分离出一种白色微酸性的有机物质，它富含氮原子和磷酸基，同时也含有碳、氢、氧。由于是从细胞核中分离出来的，当时被称为"核质"（nuclein），即后来被纯化的DNA。

核酸的发现为人类提供了解开生命之谜的金钥匙。1944年，O. T. Avery通过细菌的转化实验，证明肺炎球菌转化子是DNA，1952年A. D Hershey和M. Chase分别用放射性同位素^{35}S和^{32}P标记噬菌体的外壳蛋白和染色体DNA，发现当噬菌体侵染大肠杆菌时，其蛋白外壳留在细菌体外，DNA则注入细菌体内，并且以噬菌体DNA为模板，合成DNA与蛋白质，形成新的噬菌体，这一实验结果进一步证实了DNA是遗传物质。1953年，Watson和Crick提出了DNA的双螺旋结构模型，揭开了分子生物学的序幕。1960年，Crick提出了遗传信息传递的中心法则，从此，核酸的研究进入了突飞猛进的发展时期。20世纪70年代初，DNA体外重组技术获得成功，以核酸研究为基本内容的基因工程高新技术，已成为当前科技领域中发展最快的学科之一，并大大推动了其他生物学科的发展。

核酸（nucleic acid）在细胞内通常以与蛋白质结合成核蛋白的形式存在。核酸可按其结构中所含戊糖的不同分为核糖核酸（ribonucleic acid，RNA）和脱氧核糖核酸（deoxy ribonucleic acid，DNA）两大类。DNA主要存在于细胞核内，但细胞核外的线粒体和叶绿体中也含有DNA；此外，原核细胞还有质粒DNA等。RNA主要分布在细胞质中，但细胞核内有RNA的前体。有些病毒只含有DNA，称为DNA病毒，有些病毒只含有RNA，称为RNA病毒。RNA主要负责遗传信息的表达，参与体内蛋白质的生物合成。

根据RNA在蛋白质合成过程中所起的作用不同又可分为三大类：

信使RNA（messenger RNA，mRNA），它是合成蛋白质的模板，在蛋白质合成时，控制氨基酸排列顺序。

核糖体RNA（ribosomal RNA，rRNA），细胞内RNA的绝大部分（80%~90%）都是核蛋白

体组织。它是蛋白质合成时多肽链的"装配机"。参与蛋白质合成的各种成分最终必须在核蛋白体上将氨基酸按特定顺序合成多肽链。

转运 RNA（transfer RNA，tRNA），蛋白质的合成过程中，tRNA 是搬运氨基酸的工具。氨基酸由各自特异的 tRNA "搬运"到核蛋白体，才能"组装"成多肽链。

真核生物和原核生物都含有这 3 种 RNA，除此之外，细胞中还有很多其他种类的不编码蛋白质的 RNA，它们在生命活动中起着重要作用，如核内不均一 RNA（heterogeneous nuclear RNA，hnRNA）和核小 RNA（small nuclear RNA，snRNA）。hnRNA 是 mRNA 的前提物，snRNA 参与 RNA 的修饰加工和对细胞与基因行为的调控，是一类新的核酸调控分子。研究发现小分子 RNA 揭示着一种新的基因表达调控方式。近年来关于一些小分子 RNA 的研究受到广泛重视，并由此产生了 RNA 组学的概念。RNA 组学主要研究细胞中全部 RNA 基因和 RNA 分子的结构和功能。但是目前 RNA 组学的研究尚处于初级阶段，但是必将对探索生命科学的奥秘做出巨大的贡献。

DNA 是遗传物质，具有自我复制的能力，同时还有作为模板指导 RNA 合成的功能，并通过 RNA 指导蛋白质的合成。生物通过这些过程，表现出基本的遗传现象。DNA 分子上的基因发生突变、重组及损伤修复中的差错，又使生物产生变异和进化。

第二节　核酸的化学组成

核酸的元素组成为碳（C）、氢（H）、氧（O）、氮（N）、磷（P）等，与蛋白质比较，其组成有两个特点：一是核酸一般不含元素 S，二是核酸中 P 元素的含量较多并且恒定，占 9%～10%，因此，核酸定量测定的经典方法，是以测定 P 含量来计算核酸量。

核酸是由多个单核苷酸（nucleotide）聚合而成的多核苷酸（polynucleotide）。RNA 是由几百至几千个单核苷酸所组成的，DNA 是由几亿个单核苷酸所组成的，所以单核苷酸是组成核酸的基本结构单位。单核苷酸进一步水解成核苷（nucleoside）和磷酸，核苷再进一步水解产生碱基（base）和戊糖（pentose）。戊糖有两种：D-核糖（D-ribose）和 D-2-脱氧核糖（D-2-deoxyribose），据此将核酸分为核糖核酸和脱氧核糖核酸。其关系如下：

$$
核酸 \rightarrow 核苷酸 \begin{cases} 磷酸 \\ 核苷 \begin{cases} 戊糖（核糖或脱氧核糖）\\ 有机碱（嘌呤和嘧啶） \end{cases} \end{cases}
$$

一、碱　基

碱基是核酸分子中含氮的杂环结构，可分为嘌呤和嘧啶两大类，嘌呤和嘧啶环中含有共轭双键，对 260nm 左右波长的紫外光有较强的吸收。碱基的这一特性常被用来对碱基、核苷、核苷酸和核酸进行定性和定量分析。

核苷酸中的嘌呤碱（purine）主要是鸟嘌呤（guanine，G）和腺嘌呤（adenine，A），嘌呤碱基由母体化合物嘌呤衍生而来。

核酸中的嘧啶碱（pyrimidine）主要是胞嘧啶（cytosine，C）、尿嘧啶（uracil，U）和胸腺嘧啶（thymine，T）。嘧啶碱基由母体化合物嘧啶衍生而来。

RNA 和 DNA 中所含的嘌呤碱相同，都含有腺嘌呤和鸟嘌呤。而含的嘧啶碱不同，两者都含有胞嘧啶，RNA 中含有尿嘧啶而不含胸腺嘧啶，DNA 中含有胸腺嘧啶而不含尿嘧啶。

两类碱基的结构及缩写符号如下：

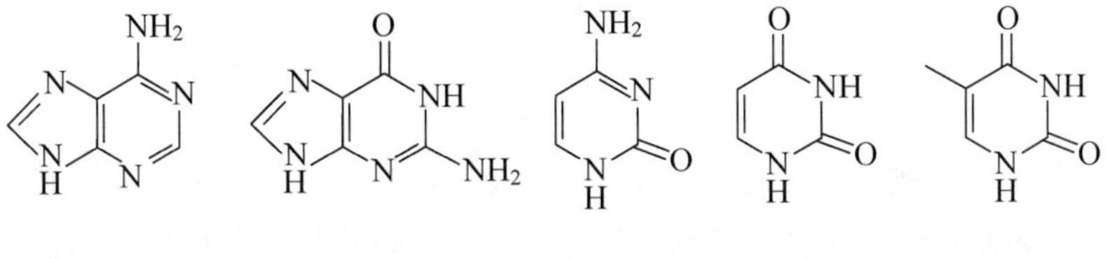

腺嘌呤(A)　　鸟嘌呤(G)　　胞嘧啶(C)　　尿嘧啶(U)　　胸腺嘧啶(T)

两类碱基可发生酮式-烯醇式互变，在生理条件下或者酸性和中性介质中，它们均以酮式为主。举例如下：

鸟嘌呤　烯醇式　⇌　酮式

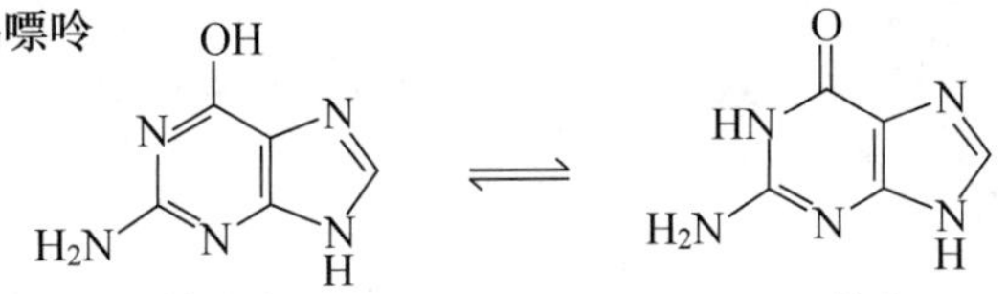

胞嘧啶　烯醇式　⇌　酮式

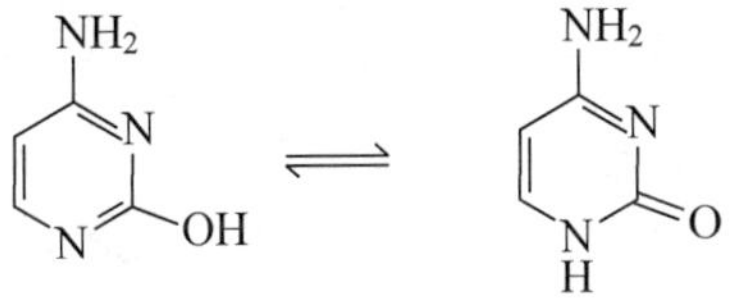

核酸分子中还含有一些稀有碱基（或修饰碱基）：是五种碱基环上的某一位置被一些化学基团（如甲基化、甲硫基化等）修饰后的衍生物。稀有碱基在核酸中的含量少，分布也不均一。如 DNA 中的修饰碱基主要见于噬菌体 DNA，RNA 中以 tRNA 含修饰碱基最多，含量可高达 10%。举例如下：

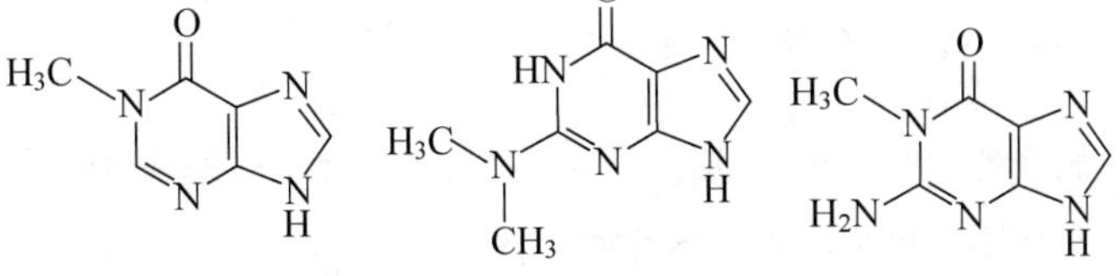

1-甲基次黄嘌呤(m^1I)　　N^2,N^2-二甲基鸟嘌呤　　1-甲基鸟嘌呤

二、戊　糖

核酸中所含戊糖有两种：核糖和脱氧核糖。RNA 含 β-D-核糖和少量的 β-D-2—O-甲基核糖，DNA 中的戊糖为 β-D-2-脱氧核糖。两者的差别只在于脱氧核糖中与 2 位碳原子连接的不是羟基而是氢，这一结构的不同使得 DNA 分子比 RNA 分子结构更稳定。为了与碱基标号相区别，通常将戊糖的 C 原子编号都加上 "′"，如 C'_1 表示糖的第一位碳原子。戊糖结构如下：

D-核糖　　　　　D-2-脱氧核糖　　　　β-D-2-甲氧基核糖

三、核　苷

戊糖与碱基缩合形成核苷，并以糖苷键连接。嘌呤环上的 N-9 或嘧啶环上的 N-1 与戊糖的 C_1' 上的—OH 形成 N—C 糖苷键。根据所含戊糖不同，核苷分为核糖核苷和脱氧核糖核苷；按照碱基的不同分为嘌呤核苷和嘧啶核苷。

核苷名称由相应的碱基名和戊糖名加苷而产生，全名为"某碱基核苷"或"某碱基脱氧核苷"，并可简化为"某苷"或"脱氧某苷"，如腺苷、脱氧腺苷。核苷符号依据相应碱基而来，对于脱氧核苷则在碱基代号前加"d"。

氮苷与氧苷一样对碱稳定，但在强酸溶液中可发生水解，生成相应的碱基和戊糖。

DNA 中常见的 4 种脱氧核糖核苷的结构式及名称如下：

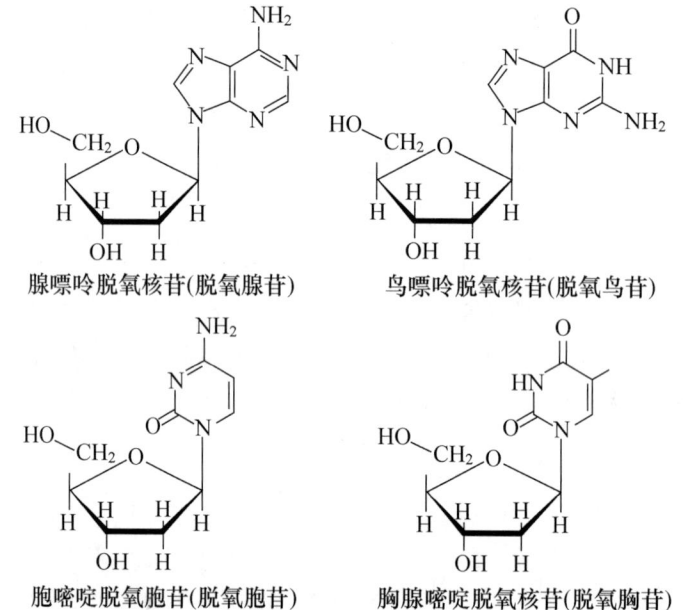

腺嘌呤脱氧核苷(脱氧腺苷)　　　鸟嘌呤脱氧核苷(脱氧鸟苷)

胞嘧啶脱氧胞苷(脱氧胞苷)　　　胸腺嘧啶脱氧核苷(脱氧胸苷)

RNA 中常见的 4 种核苷的结构式及名称如下：

腺嘌呤核苷(腺苷)　　　鸟嘌呤核苷(鸟苷)

胞嘧啶核苷(胞苷)　　　　　尿嘧啶核苷(尿苷)

四、核苷酸

核苷酸是形成核酸大分子的基本单元，可以将核苷酸看作核苷与磷酸结合的磷酸酯。核苷酸是核苷分子中戊糖基的自由羟基与一分子磷酸通过酯键相连形成的化合物。核苷的核糖有3个自由羟基，可以酯化分别生成 2′-、3′- 和 5′- 核苷酸。脱氧核苷只能生成 3′- 和 5′- 脱氧核苷酸。生物体内多为 5′- 核苷酸，一般其代号可略去 5′。

腺苷酸和脱氧胞苷酸结构如下：

腺苷酸
(adenylic acid)　　　　　脱氧胞苷酸
(deoxycytidylic acid)

核苷酸的命名要包括糖基和碱基的名称，同时要标出磷酸连在戊糖上的位置。例如，腺苷酸又称腺苷-5′-磷酸（adenosine-5′-phosphate）或腺苷一磷酸（adenosine monophosphate，AMP）。如果糖基为脱氧核糖，则要在核苷酸前加"脱氧"二字。例如，脱氧胞苷酸又称脱氧胞苷-5′-一磷酸或脱氧胞苷一磷酸（deoxycytidine monophosphate，dCMP）等。

RNA 中的核苷酸主要有4种：腺嘌呤核糖核苷一磷酸（腺苷一磷酸、腺苷酸）（adenosine monophosphate，AMP）、鸟嘌呤核糖核苷一磷酸（鸟苷一磷酸、鸟苷酸）（guanosine monophosphate，GMP）、胞嘧啶核糖核苷一磷酸（胞苷一磷酸、胞苷酸）（cytidine monophosphate，CMP）、尿嘧啶核糖核苷一磷酸（尿苷一磷酸、尿苷酸）（uridine monophosphate，UMP）；DNA 中的脱氧核苷酸主要有4种：腺嘌呤脱氧核糖核苷一磷酸（脱氧腺苷酸）（deoxyadenosine monophosphate，dAMP）、鸟嘌呤脱氧核糖核苷一磷酸（脱氧鸟苷酸）（deoxyguanosine monophosphate，dCMP）、胞嘧啶脱氧核糖核苷一磷酸（脱氧胞苷酸）（deoxycytidine monophosphate，dCMP）、胸腺嘧啶脱氧核糖核苷一磷酸（脱氧胸苷酸）（deoxythymidine monophosphate，dTMP）。

NMP 的磷酸基可以连接磷酸而形成核苷二磷酸（NDP 或 dNDP）、核苷三磷酸（NTP 或 dNTP）。除了 DNA 和 RNA 的核苷酸以外，还有一些具有生物学重要性的核苷酸，它们在细胞中也执行着某些重要功能。例如，三磷酸腺苷 ATP，它是由腺嘌呤、戊糖（核糖）以及三个磷酸基连接而成的化合物。把最后两个磷酸基连接到核苷酸的键，称为高能磷酸键（用"～"表示），它是生物的直接供能物质，在生物体内的代谢、贮存和利用等都是以 ATP 为中心，同时 ATP 还参与许多重要的生化反应。图 4-1 所示为 ATP（三磷酸腺苷）的结构。

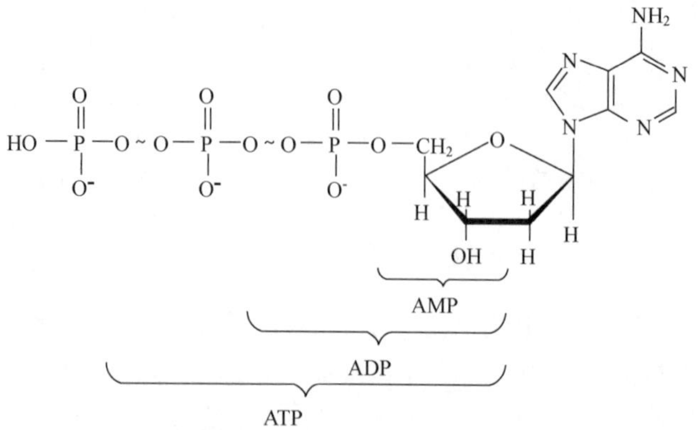

图 4-1　腺嘌呤核苷酸 ATP（三磷酸腺苷）的结构

环化核苷酸在细胞中的含量很低，却有极重要的生理功能，通常作为细胞功能的调节分子和信号分子，重要的有 3′,5′-环腺苷酸（3′,5′-cyclic adenylic acid，cAMP）和 3′,5′-环鸟苷酸（3′,5′-cyclic guanylic acid，cGMP），这两种环化核苷是多种动物激素作用于靶细胞后产生的胞内信使，有传递和放大激素信号的作用，又称"第二信使"。其结构如下：

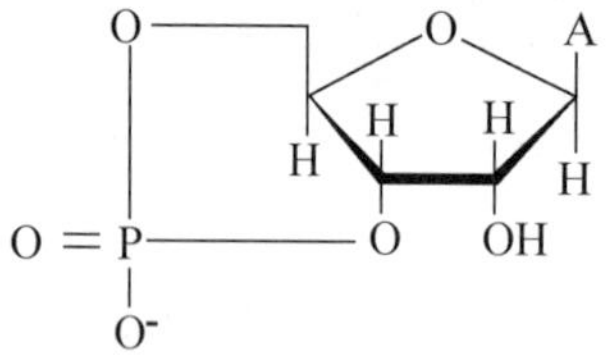

3′,5′-cAMP 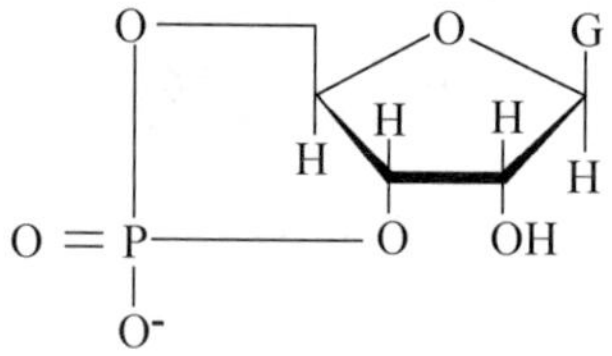　　　　　3′,5′-cGMP

第三节　核酸的分子结构

一、核酸的一级结构

核酸是由很多单核苷酸聚合形成的多聚核苷酸（polynucleotide），核酸的一级结构是指四种核苷酸按照一定的排列顺序，通过磷酸二酯键连接形成的多核苷酸，由于核苷酸之间的差异仅是碱基的不同，故又称碱基顺序。核苷酸之间的连接方式是：一个核苷酸的 5′ 位磷酸与下一位核苷酸的 3′-OH 形成 3′,5′-磷酸二酯键，如图 4-2 所示，构成不分支的线性大分子，其中磷酸基和戊糖基构成核酸链的骨架，可变部分是碱基排列顺序。

核酸是有方向性的分子，即核苷酸的戊糖基的 5′ 位不再与其他核苷酸的 5′ 末端相连，以及核苷酸的戊糖基 3′ 位不再连有其他核苷酸的 3′ 末端，两个末端并不相同，生物学特性也有差异。

表示一个核酸分子结构的方法由繁至简有许多种。由于核酸分子结构除了两端和碱基排列顺序不同外，其他的均相同，因此，在核酸分子结构的简式表示方法中，仅须注明一个核酸分子的哪一端是5′末端，哪一端是3′末端，末端有无磷酸基，以及核酸分子中的碱基顺序即可。如未特别注明5′和3′末端，一般约定，碱基序列的书写是由左向右书写，左侧是5′末端，右侧为3′末端。

DNA和RNA的部分多核苷酸链结构可用图4-3表示。

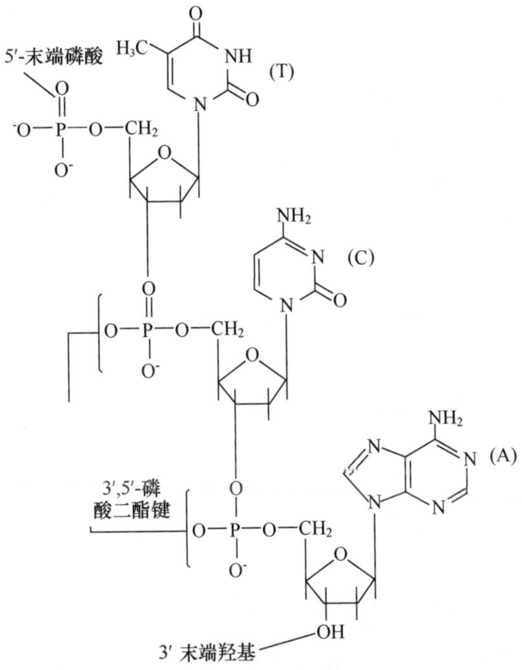

图4-2　3′,5′-磷酸二酯键

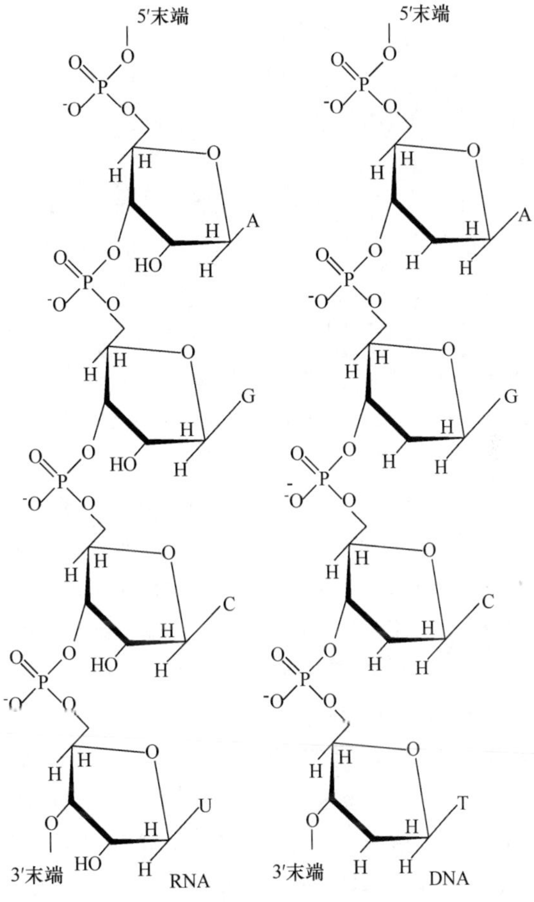

图4-3　DNA和RNA的链状结构

以上表示方法直观易懂，但书写麻烦。为了简化烦琐的结构式，常用P表示磷酸，用竖线表示戊糖基，表示碱基的相应英文字母置于竖线之上，用斜线表示磷酸和糖基酯键。以上RNA、DNA的部分结构可表示如下。

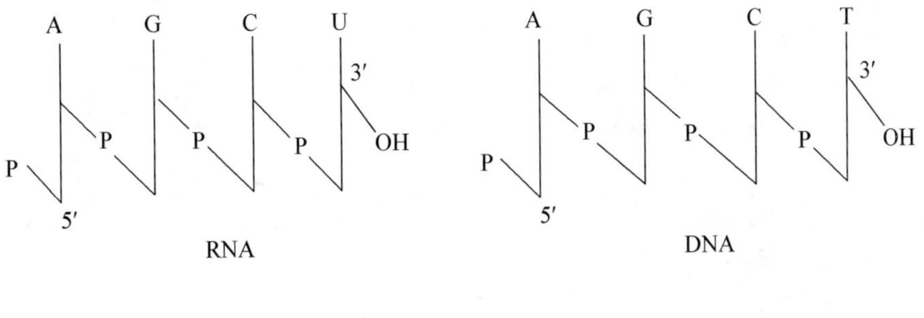

还可用更简单的字符表示，如上面 RNA 和 DNA 的片段可表示为：

RNA　5'pApGpCpU-OH 3'或 5'pAGCU 3'
DNA　5'pApGpCpT-OH 3'或 5'pAGCT 3'

二、DNA 的空间结构

（一）DNA 的二级结构

1953 年，Watson 和 Crick 提出了著名的 DNA 分子的双螺旋结构模型，揭示了遗传信息是如何储存在 DNA 分子中，以及遗传性状何以在世代间得以保持。这是生物学发展的重大里程碑。

在 DNA 双螺旋结构模型建立之前，早在 1868 年，Miescher 已经从脓细胞提取到核酸与蛋白质的复合物，当时称为核质（nuclein）。但核酸在生命活动中的重要地位，却迟至 20 世纪 50 年代才被认识。

20 世纪 20 年代，Levene 研究了核酸的化学结构并提出四核苷酸假说；40 年代末，Avery、Hershey 和 Chase 的实验严密地证实了 DNA 就是遗传物质；50 年代初，Chargaff 应用紫外分光光度法结合纸层析等简单技术，对多种生物 DNA 作碱基定量分析，发现 DNA 碱基组成有如下规律：

（1）同一生物的不同组织的 DNA 碱基组成相同；

（2）一种生物 DNA 碱基组成不随生物体的年龄、营养状态或者环境变化而改变；

（3）几乎所有的 DNA，无论种属来源如何，其腺嘌呤摩尔含量与胸腺嘧啶摩尔含量相同（[A] = [T]），鸟嘌呤摩尔含量与胞嘧啶摩尔含量相同（[G] = [C]），总的嘌呤摩尔含量与总的嘧啶摩尔含量相同（[A+G] = [C] + [T]）；

（4）不同生物来源的 DNA 碱基组成不同，表现在 (A+T) / (G+C) 比值的不同；

这些结果后来为 DNA 的双螺旋结构模型提供了有力的佐证。

Watson 和 Crick 以立体化学原理为准则，对 Wilkins 和 Franklin 的 DNA X 射线衍射分析结果加以研究，提出了 DNA 结构的双螺旋模式（图 4-4），其主要内容如下：

1. DNA 结构的双螺旋模式

（1）在 DNA 分子中，两股反向平行的 DNA 链围绕一假想的共同轴心形成一右手螺旋结构，磷酸核糖处于螺旋外侧，是亲水性的，糖环平面与中心轴平行而碱基位于双螺旋的内侧。

（2）两股链中的嘌呤和嘧啶碱基以其疏水的、近于平面的环形结构彼此密切相近，平面与双螺旋的长轴相垂直。一股链中的嘌呤碱基与另一股链中位于同一平面的嘧啶碱基之间以氢链相连，称为碱基互补配对或碱基配对（base pairing）。碱基互补配对总是出现于腺嘌呤与胸腺嘧啶之间（A＝T），形成两个氢键；鸟嘌呤与胞嘧啶之间（G＝C），形成三个氢键（图 4-5）。

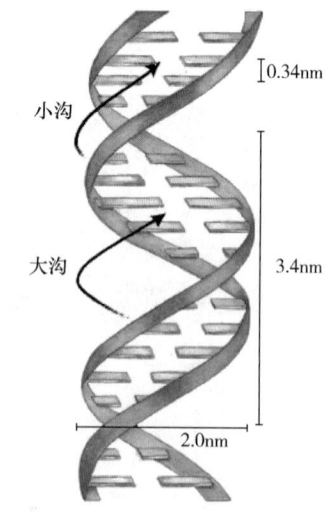

图 4-4　DNA 结构的双螺旋模式

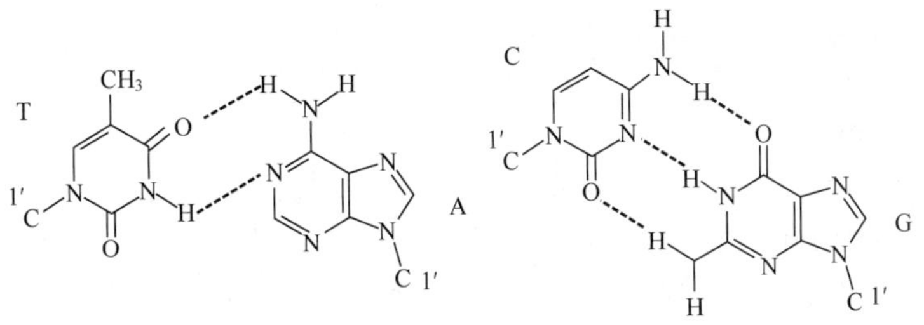

图 4-5　碱基互补配对所形成的氢键

（3）双螺旋平均直径为 2nm，相邻碱基对之间的距离也称碱基堆积，是 0.34nm，相邻碱基之间的夹角为 36°，每 10 个核苷酸形成一个螺旋，螺距 3.4nm。

（4）DNA 双螺旋中的两股链走向是反平行的，一股链是 5′→3′走向，另一股链是 3′→5′走向。两股链之间在空间上形成一条大沟（major groove）和一条小沟（minor groove），这是蛋白质识别 DNA 的碱基序列，与其发生相互作用的基础。

DNA 双螺旋的稳定由互补碱基对之间的氢键和碱基对层间的堆积力（base stacking force）维系。DNA 双螺旋中两股链中碱基互补的特点，逻辑地预示了 DNA 复制过程是先将 DNA 分子中的两股链分离开，然后以每一股链为模板（亲本），通过碱基互补原则合成相应的互补链（复本），形成两个完全相同的 DNA 分子。因为复制得到的每对链中只有一条是亲链，即保留了一半亲链，将这种复制方式称为 DNA 的半保留复制（semi conservative replication）。后来证明，半保留复制是生物体遗传信息传递的最基本方式。DNA 双螺旋是核酸二级结构的重要形式。

2. DNA 结构的多态性

Watson 和 Crick 提出的 DNA 双螺旋结构属于 B 型双螺旋，它是以在生理盐水溶液中抽出的 DNA 纤维在 92% 相对湿度下进行 X 射线衍射图谱为依据进行推测的，这是 DNA 分子在水性环境和生理条件下最稳定的结构。然而以后的研究表明 DNA 的结构是动态的。相对湿度为 75% 的 DNA 钠盐结构有所不同，其 X 射线衍射图给出的是 A 构象，A-DNA 每个螺旋含 11 个碱基对，而且变成 A-DNA 后，大沟变窄、变深，小沟变宽、变浅。由于大沟、小沟是 DNA 行使功能时蛋白质的识别位点，所以由 B-DNA 变为 A-DNA 后，蛋白质对 DNA 分子的识别也发生了相应变化。

一般说来，A-T 丰富的 DNA 片段常呈 B-DNA。采用乙醇沉淀法纯化 DNA 时，整个过程中，大部分 DNA 由 B-DNA 经过 C-DNA，最终变构为 A-DNA。若 DNA 双链中一条链被相应的 RNA 链所替换，会变构成 A-DNA。当 DNA 处于转录状态时，DNA 模板链与由它转录所得的 RNA 链间形成的双链就是 A-DNA。由此可见 A-DNA 构象对基因表达有重要意义。此外，B-DNA 双链都被 RNA 链所取代而得到由两条 RNA 链组成的双螺旋结构也是 A-DNA。除 A-DNA、B-DNA 螺旋外，还存在 Z-DNA。

1979 年，Wang 和 Rich 等人在研究人工合成的 CGCGCG 单晶的 X 射线衍射图谱时出人意料地发现这种六聚体的构象与上面讲到的完全不同。它是左手双螺旋，与右手螺旋的不同是螺距延长（4.5nm 左右），直径变窄（1.8nm），每个螺旋含 12 个碱基对，分子长链中磷原子不是平滑延伸而是锯齿形排列，有如"之"字形一样，因此称为 Z 构象（英文字 Zigzag 的第一个字母）。还有，这一构象中的重复单位是二核苷酸而不是单核苷酸；而且 Z-DNA 只有一个螺旋沟，它相当于 B 构象中的小沟，它狭而深，大沟则不复存在。进一步的分析还证明，Z-DNA 的形成是 DNA 单链上嘌呤与嘧啶交替排列所成的，比如 CGCGCGCG 或者 CACACACA。

Z-DNA 有什么生物学意义呢？应当指出 Z-DNA 的形成通常在热力学上是不利的。因为 Z-DNA 中带负电荷的磷酸根距离太近了，这会产生静电排斥。但是，DNA 链的局部不稳定区的存在就成为潜在的解链位点。DNA 解螺旋却是 DNA 复制和转录等过程中必要的环节，因此认为这一结构与基因调节有关。比如 SV40 增强子区中就有此结构，又如鼠类微小病毒 DNS 复制区起始点附近有 GC 交替排列序列。此外，DNA 螺旋上沟的特征在其信息表达过程中起关键作用。调控蛋白都是通过其分子上特定的氨基酸侧链与 DNA 双螺旋沟中的碱基对一侧的氢原子供体或受体相互作用，形成氢键从而识别 DNA 上的遗传信息的。大沟所带的遗传信息比小沟多。沟的宽窄和深浅也直接影响到调控蛋白质对 DNA 信息的识别。Z-DNA 中大沟消失，小沟狭而深，使调控蛋白识别方式也发生变化。这些都暗示 Z-DNA 的存在不仅是由于 DNA 中出现嘌呤-嘧啶交替排列的结果，也是在漫漫的进化长河中对 DNA 序列与结构不断调整与筛选的结果，有其内在而深刻的含义，只是人们还未充分认识而已。

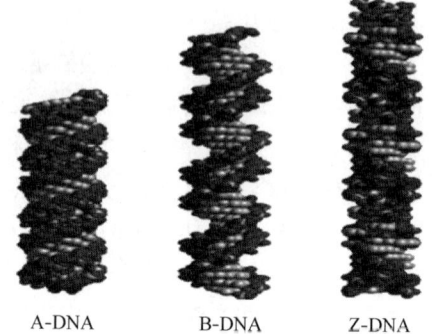

图 4-6　双螺旋结构的主要类型

DNA 构象的可变性，或者说 DNA 二级结构的多态性的发现拓宽了人们的视野。原来，生物体中最为稳定的遗传物质也可以采用不同的姿态来实现其丰富多彩的生物学功能。A-DNA、B-DNA 和 Z-DNA 的结构如图 4-6 所示。

（二）　DNA 的三级结构

DNA 的三级结构指 DNA 分子通过扭曲和折叠所形成的特定构象，包括不同二级结构单元间的相互作用，单链与二级结构的相互作用以及 DNA 的拓扑特征。

双螺旋 DNA 进一步扭曲盘绕则形成其三级结构，超螺旋是 DNA 三级结构的主要形式。自从 1965 年 Vinograd 等人发现多瘤病毒的环形 DNA 的超螺旋以来，现已知道绝大多数原核生物都是共价封闭环（covalently closed circle，CCC）分子，这种双螺旋环状分子再度螺旋化成为超螺旋结构（superhelix 或 supercoil），如图 4-7 所示。

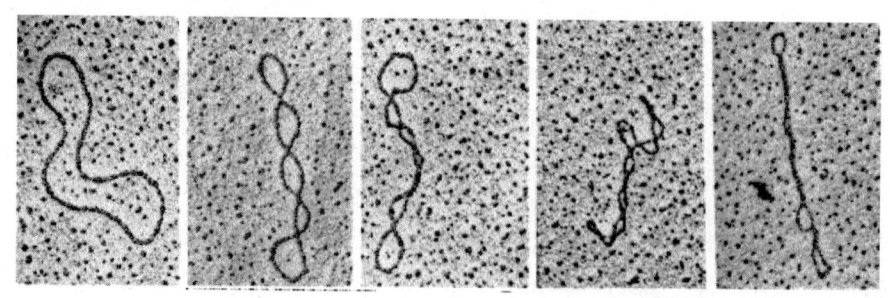

图 4-7　动态中的 DNA 超螺旋结构

有些单链环形染色体（如 φ×174）或双链线形染色体（如噬菌体 λ），在其生活周期的某一阶段，也必将其染色体变为超螺旋形式。对于真核生物来说，虽然其染色体多为线形分子，但其 DNA 均与蛋白质相结合，两个结合点之间的 DNA 形成一个突环（loop）结构，类似于 CCC 分子，同样具有超螺旋形式。超螺旋按其方向分为正超螺旋和负超螺旋两种。真核生物中，DNA 与组蛋白八聚体形成核小体结构时，存在着负超螺旋。

（三） 染色质和核小体

1. 染色质

真核生物的染色体（chromosome）在细胞生活周期的大部分时间里都是以染色质（chromatin）的形式存在的。染色质是一种纤维状结构，称为染色质丝，它是由最基本的单位——核小体（nucleosome）成串排列而成的，如图 4-8 所示。DNA 是染色体的主要化学成分，也是遗传信息的载体，约占染色体全部成分的 27%，另外组蛋白和非组蛋白占 66%，RNA 占 6%。组蛋白（histones）是一种碱性蛋白质，等电点一般在 pH 10.0 以上，其特点是富含两种碱性氨基酸（赖氨酸和精氨酸）。

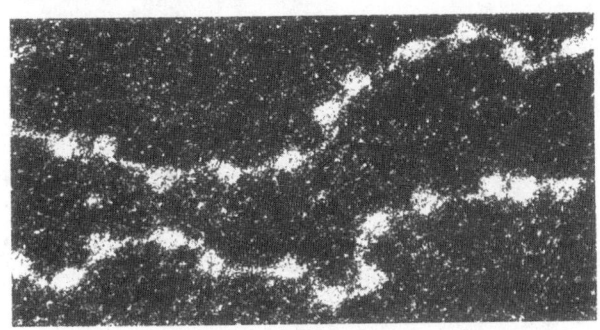

图 4-8　染色质与核小体

2. 核小体

核小体是构成染色质的基本结构单位，使得染色质中 DNA、RNA 和蛋白质组织成为一种致密的结构形式。核小体由核心颗粒（core particle）和连接区 DNA（linker DNA）两部分组成，在电镜下可见其成念珠状，前者包括组蛋白 H_{2A}、H_{2B}、H_3 和 H_4 各两分子构成的致密八聚体（又称核心组蛋白）以及缠绕其上 1.75 圈，长度为 146bp 的 DNA 链；后者包括两相邻核心颗粒间约 60bp 的连接 DNA 和位于连接区 DNA 上的组蛋白 H_1（图 4-9），连接区使染色质纤维获得弹性。

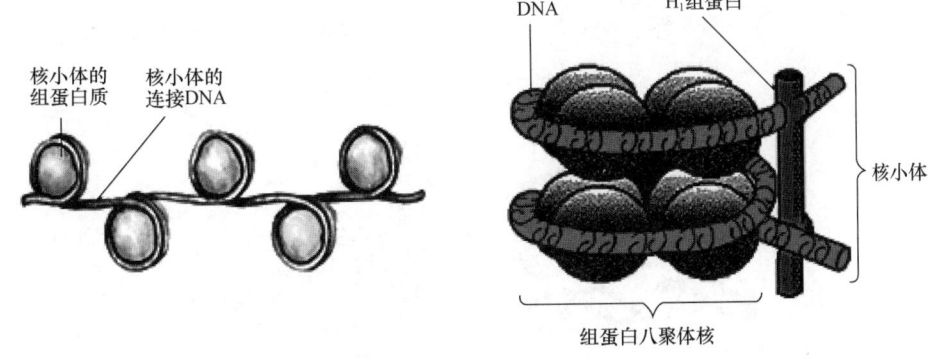

图 4-9　核小体结构示意图

核小体是 DNA 紧缩的第一阶段，在此基础上，DNA 链进一步折叠成每圈六个核小体、直径 30nm 的纤维状结构，这种 30nm 纤维再扭曲成玫瑰结，许多玫瑰结绕染色体骨架（scaffold）形成棒状的染色体，最终压缩将近一万倍。这样，才使每个染色体中几厘米长（如人染色体的 DNA 分子平均长度为 4cm）的 DNA 分子容纳在直径数微米（如人细胞核的直径为 6~7μm）的细胞核中，如图 4-10 所示。

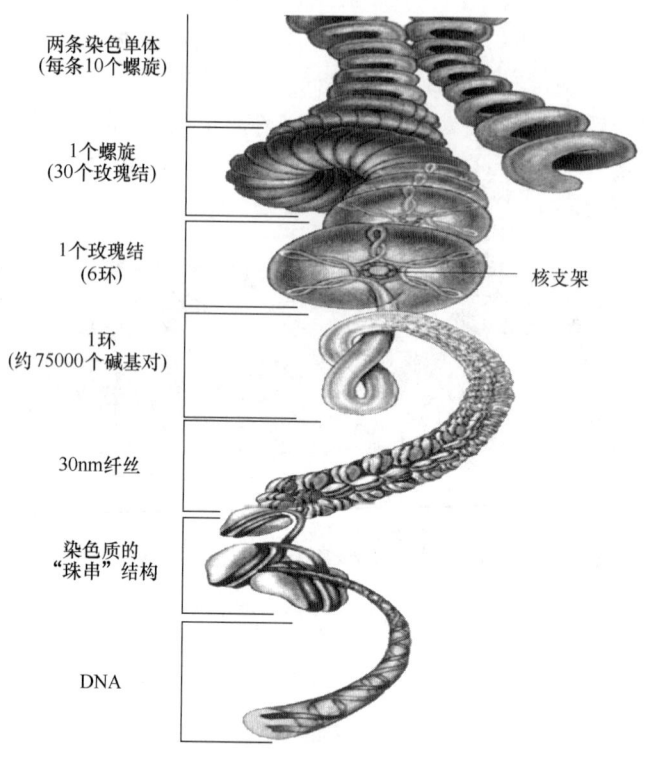

图 4-10　原核生物 DNA 与染色体

三、RNA 的空间结构

与 DNA 相比，RNA 种类繁多，相对分子质量相对较小。大多数天然 RNA 以单链形式存在，但在单链的许多区域可发生自身回折，在回折区内，可以相互配对的碱基以 A-U 与 G-C 配对，分别形成两个或三个氢键，配对的多核苷酸链（占 40%~70%）形成双螺旋结构，不能配对的碱基则形成突环，如图 4-11 所示。

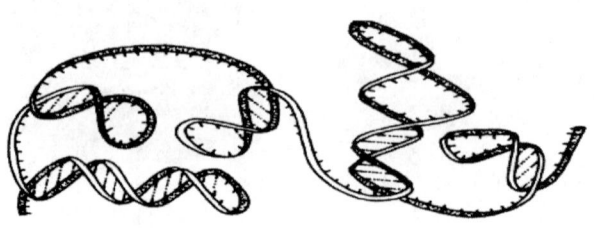

图 4-11　RNA 的二级结构

RNA 碱基组成特点是含有尿嘧啶而不含胸腺嘧啶，碱基配对发生于 C 和 G 与 U 和 A 之间，RNA 碱基组成之间无一定的比例关系，且稀有碱基较多。

(一) 信使 RNA（mRNA）

原核生物或以单个基因，或以多个基因组成的操纵子作为转录单位，前者产生单顺反子 mRNA（mono-cistronic mRNA），后者产生多顺反子 mRNA（polycistronic mRNA），即一条 mRNA 链上有多个编码区（coding region），5′端、3′端和各编码区之间为非翻译区（untranslated region，UTR），见图 4-12。原核生物 mRNA，包括噬菌体 RNA，都无修饰碱基。

真核生物的 mRNA 都是单顺反子，其一级结构的通式如图 4-12 所示。真核生物 mRNA 的 5′端有帽子（cap）结构，然后依次是 5′非翻译区、编码区、3′非翻译区、3′端为多聚腺苷酸 [polyadenylic acid，poly（A）] 尾巴。其分子内有时还有极少量甲基化的碱基。

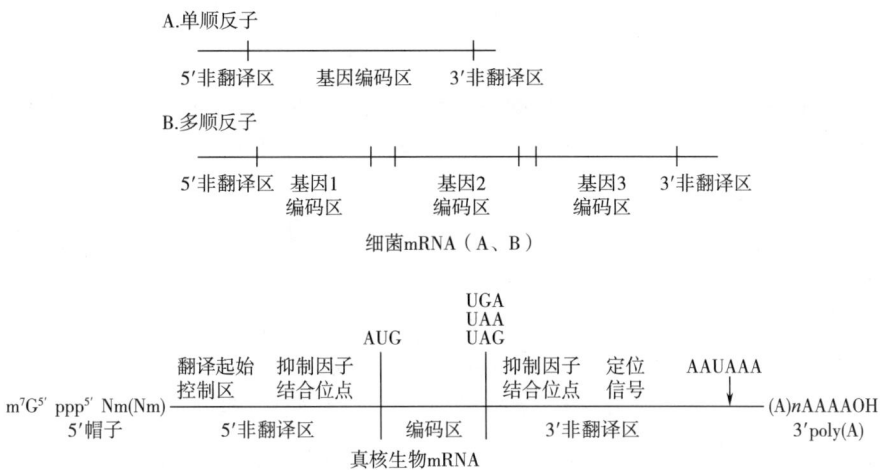

图 4-12 原核生物与真核生物 mRNA 结构模式图

绝大多数真核细胞 mRNA 3′端有一段长 20~250 的多聚腺苷酸。poly（A）是在转录后经 poly（A）聚合酶的作用添加上去的。poly（A）聚合酶专一作用于 mRNA，对 rRNA 和 tRNA 无作用。poly（A）尾巴可能与 mRNA 从细胞核到细胞质的运输有关。它还可能与 mRNA 的半衰期有关，新生 mRNA 的 poly（A）较长，而衰老的 mRNA poly（A）较短。

5′端帽子是一个特殊的结构。它由甲基化鸟苷酸经焦磷酸与 mRNA 的 5′端核苷酸相连，形成 5′,5′-三磷酸连接（5′,5′-triphosphate linkage）。帽子结构通常有三种类型（$m^7G^{5'}ppp^{5'}N_p$，$m^7G^{5'}ppp^{5'}NmpNp$ 和 $m^7G^{5'}ppp^{5'}NmpNmpNp$），分别称为 0 型、Ⅰ型、Ⅱ型。0 型是指末端核苷酸的核糖未甲基化，Ⅰ型是指末端一个核苷酸的核糖甲基化，Ⅱ型是指末端两个核苷酸的核糖均甲基化。在这里 G 代表鸟苷，N 代表任意核苷；m 在字母左侧表示碱基被甲基化，右上角数字表示甲基化位置，右下角数字表示甲基数目；m 在字母右侧表示核糖被甲基化。这种帽子结构有抗 5′-外切核酸酶的降解作用。在蛋白质合成过程中，它有助于核糖体对 mRNA 的识别和结合，使翻译得以正确起始。Ⅰ型帽子的结构如下：

有些核内小 RNA（snRNA）也有 5′帽子结构。但它们的帽子是三甲基鸟苷三磷酸（$m_3^{2,2,7}G^5{'}ppp^{5'}AmpNp$），而不是 mRNA 的甲基鸟苷三磷酸（$m^7G^5{'}ppp^{5'}Np$）。此外，动植物病毒 RNA 也有 5′帽子结构和 3′多聚腺苷酸；但有的没有 5′帽或 3′多聚腺苷酸。一些植物病毒 RNA 有类似 tRNA 的 3′端结构，可以接受氨基酸。

（二） 转运 RNA（tRNA）

tRNA（transfer RNA）是蛋白质合成中的接合器分子。tRNA 分子有 100 多种，各可携带一种氨基酸，将其转运到核蛋白体上，供蛋白质合成使用。tRNA 是细胞内相对分子质量最小的一类核酸，由 70~120 个核苷酸构成，各种 tRNA 无论在一级结构上，还是在二、三级结构上均有一些共同特点。tRNA 中含有 10%~20% 的稀有碱基（rare bases），如甲基化的嘌呤 mG、mA、双氢尿嘧啶（DHU）、次黄嘌呤等。此外，tRNA 内还含有一些稀有核苷，如胸腺嘧啶核糖核苷、假尿嘧啶核苷（pseudouridine，Ψ）等。胸腺嘧啶一般存在于 DNA 中；在假尿嘧啶核苷中，不是通常的嘧啶环中 1 位氮原子，而是嘧啶环中的 5 位碳原子与戊糖的 1′位碳原子之间形成糖苷键。

tRNA 分子内的核苷酸通过碱基互补配对形成多处局部双螺旋结构，未成双螺旋的区带构成所谓的环。现发现的所有 tRNA 均可呈现图 4-13 所示的这种三叶草样（clover leaf pattern）二级结构。

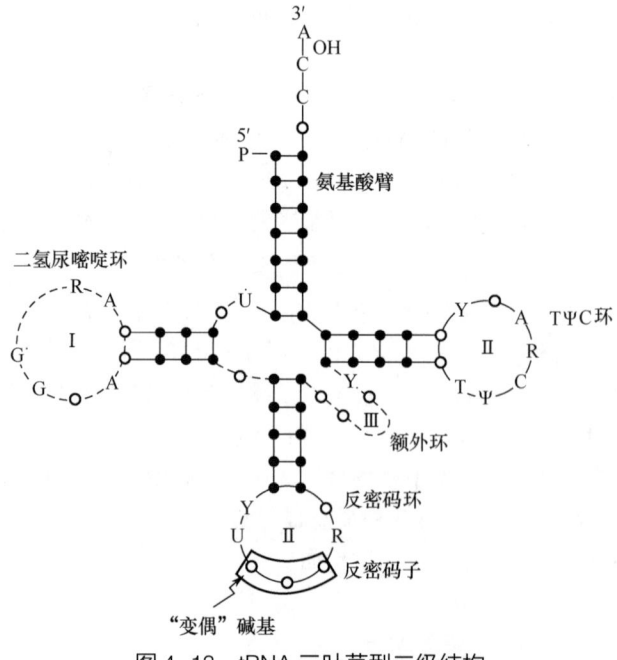

图 4-13　tRNA 三叶草型二级结构

氨基酸臂：含 7 个碱基对（bp），富含 G，末端为 CCA，接受活化的氨基酸。

二氢尿嘧啶环：由 8~12 个核苷酸组成，其中含 2 个二氢尿嘧啶。通过二氢尿嘧啶臂（3~4bp 组成的双螺旋区）与 tRNA 分子的其余部分相连。

反密码环：含 7 个碱基，环中部三个碱基是反密码子，可以识别 mRNA 的密码子。反密码环通过反密码臂（5bp 组成的双螺旋区）与 tRNA 其余部分相连。

额外环：含 3~18 个核苷酸。不同的 tRNA，额外环大小不同，所以该环可以作为 tRNA 的分类标志。

假尿嘧啶核苷-胸腺嘧啶核糖核苷环（TΨC loop）：7 个核苷酸通过由 5 对碱基对组成的 TΨC 臂与 tRNA 的其余部分相连。绝大多数 tRNA 在此环中都含有 TΨC，大多数 tRNA 的第 54~56 位存在 TΨC 序列。它对于 tRNA 分子与 5S rRNA 的结合和 tRNA 高级结构的维系有重要作用。

假尿苷是目前确定的糖苷键连接方式唯一与众不同的核苷，它是由嘧啶环的 C_5 与核糖的 C_1' 形成糖苷键。其结构如下：

假尿嘧啶核苷

tRNA 三级结构呈倒 L 型，氨基酸臂与 TΨC 臂形成一个连续的双螺旋区，构成字母 L 下面的一横，二氢尿嘧啶臂与反密码臂及反密码环共同构成 L 的一竖。二氢尿嘧啶环中的某些碱基与 TΨC 环及额外环中的某些碱基之间可形成一些额外的碱基对，维持了 tRNA 的三级结构，如图 4-14 所示。

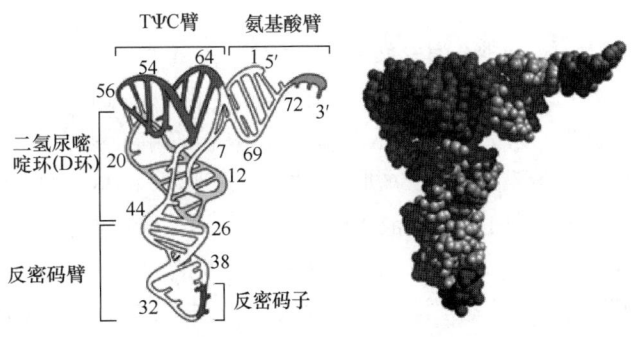

图 4-14 tRNA 的三级结构

（三）核蛋白体 RNA（rRNA）

核蛋白体 RNA 是细胞内含量最多的 RNA，约占 RNA 总量的 80% 以上，是蛋白质合成机器核蛋白体（核糖体）（ribosome）的组成成分。原核生物和真核生物的核蛋白体均由易于解聚的大、小亚基组成。对大肠杆菌核蛋白体的研究发现其质量中 2/3 是 rNRA，1/3 是蛋白质。rRNA 分为 5S，16S，23S 三种。大肠杆菌 5S，16SrRNA 结构如图 4-15 所示。

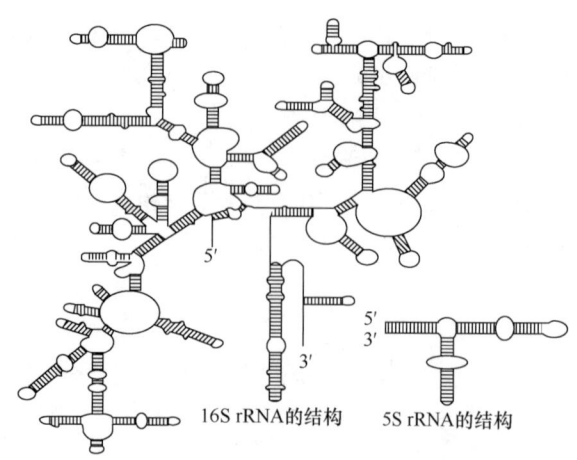

图 4-15 大肠杆菌 5S，16SrRNA 结构

S 是大分子物质在超速离心沉降中的一个物理学单位，可反映相对分子质量的大小。原核生物核蛋白体小亚基由 16SrRNA 和 21 种蛋白质构成，大亚基由 5S，23SrRNA 和 31 种蛋白质构成。真核生物核蛋白体小亚基含 18SrRNA 和 30 多种蛋白质，大亚基含 28S，5.8S，5S 三种 rRNA，近 50 种蛋白质。各种生物核蛋白体小亚基中的 rRNA 具有相似的二级结构。

第四节 核酸及核苷酸的性质

一、一般物理性质

1. 溶解度

DNA 为白色纤维状固体，RNA 为白色粉末状固体，RNA 和 DNA 都是极性的化合物，一般说来，这些化合物都微溶于水，可溶于 2-甲氧乙醇，但不溶于乙醇、乙醚、三氯甲烷等有机溶剂，其钠盐在水中的溶解度较大。因此，常用乙醇从溶液中沉淀核酸，当乙醇浓度达 50% 时，DNA 就沉淀出来，当乙醇浓度达 75% 时 RNA 也沉淀出来。DNA 和 RNA 在细胞内常与蛋白质结合成核蛋白，两种核蛋白在盐溶液中的溶解度不同，DNA 核蛋白难溶于 0.14mol/L 的 NaCl 溶液，可溶于高浓度（1~2mol/L）的 NaCl 溶液，而 RNA 核蛋白则易溶于 0.14mol/L 的 NaCl 溶液，因此常用不同浓度的盐溶液分离两种核蛋白。核苷酸是极性化合物，易溶于水。

2. 分子大小

DNA 分子极大，相对分子质量在 10^6 以上，制品为白色絮状物；RNA 的分子比 DNA 分子小得多，相对分子质量一般在 1 万~10 万，制品为白色粉末；核苷酸制品也是白色粉末。核酸分子的大小可用长度、核苷酸对（或碱基对）数目、沉降系数（S）和相对分子质量等来表示。

3. 形状和黏度

核酸（特别是线形 DNA）分子极为细长，其直径与长度之比可达 $1:10^7$，因此核酸溶液的黏度很大，即使是很稀的 DNA 溶液也有很大的黏度。RNA 溶液的黏度要小得多。核酸若发生变性或降解，其溶液的黏度降低。

二、核酸及核苷酸的两性解离性质

核酸及核苷酸中碱基上有可解离基团，如胞嘧啶的 N_3、嘌呤的 N_1 和 N_7，可接受质子，带正电荷。磷酸基团可进行酸性解离带负电荷。所以，核酸和核苷酸是两性化合物，有等电点。核酸和核苷酸的等电点概念类似于蛋白质和氨基酸。当溶液 pH 等于某种核酸或核苷酸的等电点时，其分子中的酸性基团和碱性基团解离度相等，呈电中性状态。

尿嘧啶和胸腺嘧啶不能进行碱性解离，故其核苷酸不是两性化合物。

一些核苷酸的解离平衡常数 pK' 值如表 4-1 所示。

核酸和核苷酸的两性解离性质和等电点，在分离、纯化、分析和制备过程中有重要应用。利用它们在同一 pH 溶液中带电性质不同的特性，可应用电泳和离子交换层析方法将它们彼此分离。通过调节溶液的 pH，使其达到某种核酸或核苷酸的等电点，便可将其从溶液中沉淀析出。如酵母 RNA 的 pI 2.0~2.8，根据核酸在等电点时溶解度最小的性质，把 pH 调至 RNA 的等电点，可使 RNA 从溶液中沉淀出来。

表 4-1　　核苷酸的解离常数 pK'_α

	碱基	烯醇式羟基	磷酸基一级解离	磷酸基二级解离
腺嘌呤核苷酸	3.70	—	0.89	6.01
鸟嘌呤核苷酸	2.30	9.33	0.70	5.92
胞嘧啶核苷酸	4.24	—	0.80	5.97
尿嘧啶核苷酸	—	9.43	1.02	5.88
胸腺嘧啶核苷酸	—	10.0	1.6	6.5

三、核酸及核苷酸的紫外吸收性质

嘌呤碱和嘧啶碱都具有共轭双键结构，所以核苷、核苷酸、DNA、RNA 都有吸收 240~290nm 紫外光的特性。DNA 和 RNA 的紫外吸收性质无明显差别，最大吸收峰都在 260nm，最小吸收都在 232nm。不同碱基的紫外吸收特性不同（图 4-16）。同一种碱基，在不同的 pH 条件下，不同波长下，紫外吸收值也不同，根据这些特性，可对核酸类物质进行定性和定量测定。

1. 鉴定 DNA 和 RNA 的纯度

待测 DNA 或 RNA 样品的纯度可用它们的 A_{260}/A_{280} 的比值来判断，纯 DNA 溶液的 A_{260}/A_{280} 比值为 1.8，而纯 RNA 溶液的比值为 2.0，样品中若含有蛋白质，则 A_{260}/A_{280} 的比值要下降，因为蛋白质的最大吸收峰在 280nm。

2. DNA 和 RNA 的定量测定

对于 DNA 和 RNA 制品，可以用分光光度计通过比色法测出制品溶液的 A_{260} 值，从而计算出

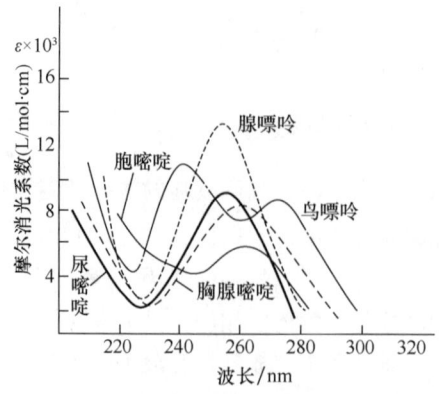

图 4-16 各种碱基的紫外吸收光谱（pH7.0）

含量。在溶液 pH 7，比色杯厚度为 1cm 的情况下，浓度为 1μg/mL 的天然 DNA 溶液，A_{260} = 0.020。浓度为 1μg/mL 的天然 RNA 溶液 A_{260} = 0.022，所以有计算公式如下：

$$DNA（μg/mL）= A_{260}/0.02$$
$$RNA（μg/mL）= A_{260}/0.022$$

3. 核苷酸的定性鉴定

各种核苷酸对不同波长的紫外光吸收特性不同，表 4-2 所示为一些主要核苷、核苷酸的紫外吸收数据。测定溶液 A_{250}、A_{260}、A_{280} 和 A_{240} 数据，再计算出 A_{250}/A_{260}、A_{280}/A_{260} 及 A_{290}/A_{260} 三项比值，与表中数值加以对照，便可以定性鉴定几种常见的核苷酸和核苷。近年来，应用自动记录分光光度计，可以直接扫描出核苷酸溶液的吸光度-波长曲线，根据曲线的特征形状，也可以快速鉴定出是何种核苷酸。

表 4-2 常见核苷、核苷酸的紫外吸收数据

	pH	λ_{max}	$\varepsilon_{max} \times 10^3$	$\lambda_{260} \times 10^3$	λ_{min}	$\varepsilon_{min} \times 10^3$	A_{250}/A_{260}	A_{280}/A_{260}	A_{290}/A_{260}
腺苷	1~2	257	14.6	14.3	230	3.5	0.84	0.215	0.03
鸟苷	1	256.5	12.2	11.75	228	2.4	0.94	0.695	0.50
胞苷	1~2	280	13.4	6.4	241	1.7	0.45	2.10	1.58
尿苷	1~7	260	10.1	9.55	231	2.0	0.74	0.35	0.03
AMP	2	257	15.0	14.5	230	2.5	0.84	0.22	0.038
GMP	1	256	12.2	11.6	223	2.6	0.96	0.68	0.49
CMP	1~2	280	13.2	6.3	241	1.7	0.45	2.10	1.55
UMP	2~7	262	10.0	9.9	230	1.95	0.73	0.33	0.03
TMP	2	267	9.6	8.4			0.64	0.72	0.23

4. 核苷酸的定量测定

测定某核苷酸制品溶液在最大吸收峰时的吸光度，即可根据该核苷酸在最大吸收峰时的摩

尔消光系数，计算出制品中该核苷酸的百分含量。公式如下：

$$核苷酸含量 = A_{max} \cdot M_r \cdot 100\% / (\varepsilon_{max} \cdot c)$$

式中 A_{max}——某核苷酸溶液最大吸收波长下测得的吸光度

M_r——该核苷酸的相对分子质量

ε_{max}——该核苷酸在最大吸收波长下的摩尔消光系数

c——该核苷酸制品溶液的浓度，g/L

摩尔消光系数定义为1mol/L的某核苷酸溶液，在特定波长下测得的吸光度。各种核苷酸的 ε_{min} 和 ε_{max} 如表4-2所示。

四、DNA的变性、复性与分子杂交

（一）变性

变性（denaturation）作用是核酸的重要物化性质。核酸的变性指核酸分子双螺旋区碱基对间的氢键受某种理化因素作用而断裂，变成单链的无规则线团，使核酸的某些光学性质和流体力学性质发生改变，有时部分或全部生物活性丧失（图4-17），但并不涉及共价键的断裂。多核苷酸骨架上共价键（3′，5′-磷酸二酯键）的断裂称核酸的降解。降解引起核酸相对分子质量降低。

当将DNA的稀盐溶液加热到80~100℃时，双螺旋结构即发生解体，两条链分开，形成无规则线团。一系列物化性质也随之发生改变：黏度降低，浮力密度升高，溶液旋光性发生改变等，同时改变二级结构，有时可以失去部分或全部生物活性。

DNA变性后，由于双螺旋解体，碱基堆积已不存在，藏于螺旋内部的碱基暴露出来，这样就使得变性后的DNA对260nm紫外光的吸光度比变性前明显升高（增加），这种现象称为增色效应（hyperchromic effect），如图4-18所示。常用增色效应跟踪DNA的变性过程，了解DNA的变性程度。

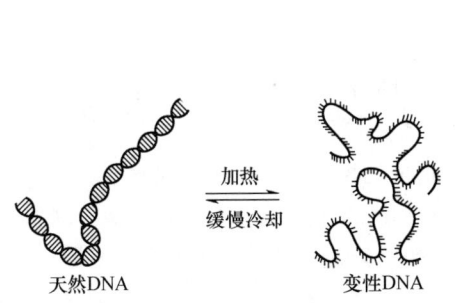

图4-17 DNA的加热变性

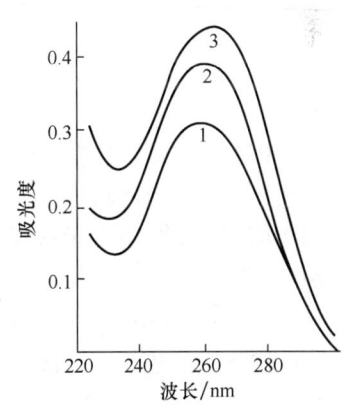

图4-18 增色效应

1—天然DNA 2—变性DNA 3—核苷酸总吸收值

可以引起核酸变性的因素很多，如加热、极端的pH、有机溶剂、酰胺、尿素等。由温度升高而引起的变性称热变性。由酸碱度改变引起的变性称酸碱变性。尿素是用聚丙烯酰胺凝胶电泳法测定DNA序列常用的变性剂。甲醛也常用于琼脂糖凝胶电泳法测定RNA的分子大小。

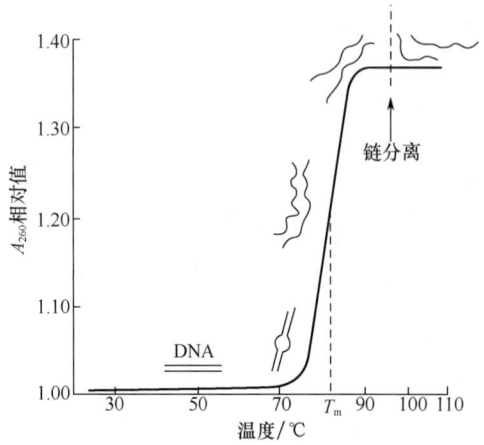

图 4-19　DNA 的热变性曲线及 T_m 值

DNA 热变性是爆发式的。当病毒或细菌 DNA 分子的溶液被缓慢加热进行 DNA 变性时，溶液的紫外吸收值在到达某温度时会突然迅速增加，并在一个很窄的温度范围内达到最高值。其紫外吸收增加 40%，此时 DNA 变性发生并完成。DNA 热变性时，其紫外吸收值到达总增加值一半时的温度，称为 DNA 的变性温度。由于 DNA 变性过程犹如金属在熔点的熔解，所以 DNA 的变性温度又称该 DNA 的熔点或熔解温度（melting temperature），用 T_m 表示。DNA 的 T_m 值一般在 70~85℃（图4-19），常在 0.15mol/L NaCl，0.015mol/L 柠檬酸钠（Trisodium citrate dihydrate）溶液中进行测定。

特定核酸分子的 T_m 值与其（G+C）所占总碱基数的百分比成正相关，两者的关系可表示为：

$$T_m = 69.3 + 0.41 \times (G+C)\%$$

一定条件下（相对较短的核酸分子），T_m 值大小还与核酸分子的长度有关，核酸分子越长，T_m 值越大；另外，溶在低离子强度介质中，DNA 的 T_m 下降，熔解温度范围较宽，而在离子强度较高的介质中，DNA 的 T_m 较高，熔解温度范围较窄，因此 DNA 制剂不应保存在离子强度过低的溶液中。

（二）复性

变性 DNA 在适当条件下，两条彼此分开的链重新缔合（reassociation）成为双螺旋结构的过程称为复性（renaturation）。DNA 复性后，许多物化性质又得到恢复，生物活性也可以得到部分恢复。复性过程基本上符合二级反应动力学，其中第一步是相对缓慢的，因为两条链必须依靠随机碰撞找到一段碱基配对部分，首先形成双螺旋。第二步快得多，尚未配对的其他部分按碱基配对相结合，像拉锁链一样迅速形成双螺旋。

影响复性速度的因素：

①单链片段浓度大，复性速度快。

②较大的单链片段扩散困难，链间错配频率高，复性较慢。

③片段内的重复序列多，容易形成互补区，复性较快。

④维持溶液一定的离子强度，消除磷酸基负电荷造成的斥力，可加快复性速度。

反应的进行与许多因素有关。将热变性的 DNA 骤然冷却时，DNA 不可能复性，例如用同位素标记的双链 DNA 片段进行分子杂交时，为获得单链的杂交探针，要将装有热变性 DNA 溶液的试管直接插入冰浴，使溶液在冰浴中骤然冷却至 0℃。由于温度降低，单链 DNA 分子失去碰撞的机会，因而不能复性，保持单链变性的状态，这种处理过程称为"淬火"（quench）。热变性 DNA 在缓慢冷却时，可以复性，这种复性称为退火（annealing）。DNA 的片段越大，复性越慢。DNA 的浓度越大，复性越快。在一定条件下，复性反应的速度可以用 Cot 来衡量。Co 为变性 DNA 的原始浓度，以核苷酸的摩尔浓度表示，t 为时间，以秒表示。实验证明，两种浓度相同但来源不同的 DNA，复性时间的长短与基因组的大小有关，具有很多重复序列的 DNA，复性也快。

DNA复性后,其溶液的A_{260}值减小,最多可减小至变性前的A_{260}值,这现象称为减色效应(hypochromic effect)。引起减色效应的原因是碱基状态的改变,DNA复性后其碱基又藏于双螺旋内部,碱基对又呈堆积状态,它们之间电子的相互作用又得以恢复,这样就使碱基吸收紫外光的能力减弱。可用减色效应的大小来跟踪DNA的复性过程,衡量复性的程度。

(三) 核酸的分子杂交(hybridization)

根据变性和复性的原理,将不同来源的DNA变性,若这些异源DNA之间在某些区域有相同的序列,则退火条件下能形成DNA-DNA异源双链,或将变性的单链DNA与RNA经复性处理形成DNA-RNA杂合双链,这种过程称为分子杂交(molecular hybridization)。核酸的杂交在分子生物学和分子遗传学的研究中应用极广,许多重大的分子遗传学问题都是用分子杂交来解决的。

核酸杂交可以在液相或固相上进行。目前实验室中应用较广的是用硝酸纤维素膜作支持物进行的杂交。英国的分子生物学家E. M. Southern所发明的Southern印迹法(Southern blotting)就是将凝胶上的DNA片段转移到硝酸纤维素膜上后再进行杂交的。这里以DNA-DNA杂交为例,较详细地介绍Southern印迹法。将DNA样品经限制性内切酶降解后,用琼脂糖凝胶电泳进行分离。将胶浸泡在碱(NaOH)中使DNA变性,并将变性DNA转移到硝酸纤维素膜上(硝酸纤维素膜只吸附变性DNA),在80℃烤4~6h,使DNA牢固地吸附在纤维素膜上。然后与放射性同位素标记的变性后DNA探针进行杂交。杂交须在较高的盐浓度及适当的温度(一般68℃)下进行数小时或十余小时,再通过洗涤,除去未杂交上的标记物。将纤维素膜烘干后进行放射自显影。全部过程见图4-20。

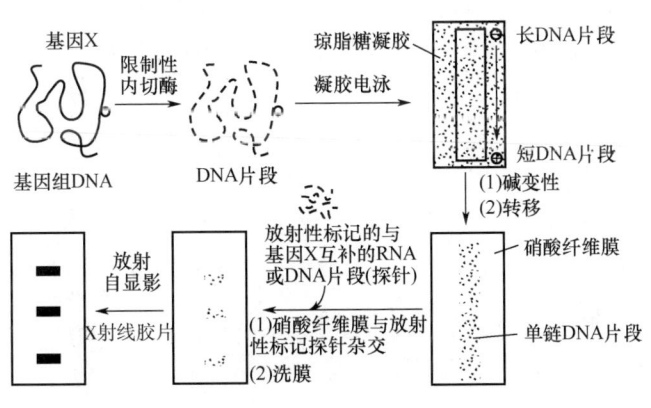

图4-20 Southern印迹法

除了DNA外,RNA也可用作探针(probe)。用^{32}P标记核酸时(用作探针),可以在3′,或5′末端标记,也可采用均匀标记。

应用类似的方法也可分析RNA,即将RNA变性后转移到纤维素膜上再进行杂交。此方法称Northern印迹法(Northern blotting)。

不同来源的核酸链的杂交形成了近代分子遗传学许多重要实践技术的基础。在有一段合适的互补DNA单链的情况下(通常对这个DNA链进行适当的标记),通过杂交可以在许多其他DNA序列存在时检出一个特殊DNA序列或基因。应用核酸杂交技术,可以将含量极少的真核细胞基因组中的单拷贝基因钓出来。

探针技术在遗传性疾病诊断上已开始应用。例如，诊断地中海贫血或血红蛋白病，可以由已确诊的病人白细胞中提取 DNA，这就是诊断探针。用诊断探针检查，不但可以对有症状患者进行确诊，还可以发现一些没有症状的隐性遗传性疾病。从胎儿的羊水也可以提取到少量 DNA。由于探针技术比较灵敏，就使遗传性疾病的产前诊断较为容易实现。杂交和探针技术是许多分子生物学技术的基础，在生物学和医学的研究中，以及临床诊断中得到了日益广泛的应用。

五、核酸的酸解、碱解与酶解

核酸在酸、碱和酶的作用下，发生共价键断裂，多核苷酸链被打断，相对分子质量变小，此过程称为降解。下面简要讨论酸、碱和酶对核酸的降解作用。

（一）酸解

酸对核酸的作用因酸的浓度、温度和作用时间长短而不同。用温和的或稀的酸作短时间处理，DNA 和 RNA 都不发生降解。但延长处理时间或提高温度，或提高酸的强度，则会使核酸中的部分糖苷键发生水解，先是嘌呤碱基被水解下来，生成无嘌呤的核酸，同时少数磷酸二酯键也发生水解，使链断裂。若用中等强度的酸在 100℃下处理数小时，或用较浓的酸（如 2~6mol/L HCl）处理，则可使嘧啶碱基水解下来，更多的磷酸二酯键断裂，核酸降解程度增加。

（二）碱解

RNA 在稀碱条件下很容易水解生成 2′-核苷酸和 3′-核苷酸。因为 RNA 中的核糖具有 2′-OH，在碱催化下 3′,5′-磷酸二酯键断裂，先形成中间物 2′,3′-环核苷酸，它不稳定而进一步水解，生成 2′-核苷酸和 3′-核苷酸的混合物。反应过程见图 4-21。

RNA 碱解所用的 KOH（或 NaOH）的浓度可因温度和作用时间而不同，如 1mol/L KOH（或 NaOH）在 80℃下作用 1h，或 0.3mol/L KOH（或 NaOH）在 37℃下作用 16h 均可以使 RNA 水解成单核苷酸。在同样的稀碱条件下，DNA 是稳定的，不会被水解成单核苷酸，因为 DNA 中的脱氧核糖 C_2' 位没有-OH，不能形成 2′,3′-环核苷酸。DNA 在碱的作用下，只发生变性，不发生磷酸二酯键的水解。

根据碱对 DNA 和 RNA 的不同作用，可用碱解法从 RNA 制取 2′-核苷酸和 3′-核苷酸；用碱处理 DNA 和 RNA 混合液，使 RNA 水解成单核苷酸保留在溶液中，再把 DNA 从溶液中沉淀下来，分别进行定量测定。

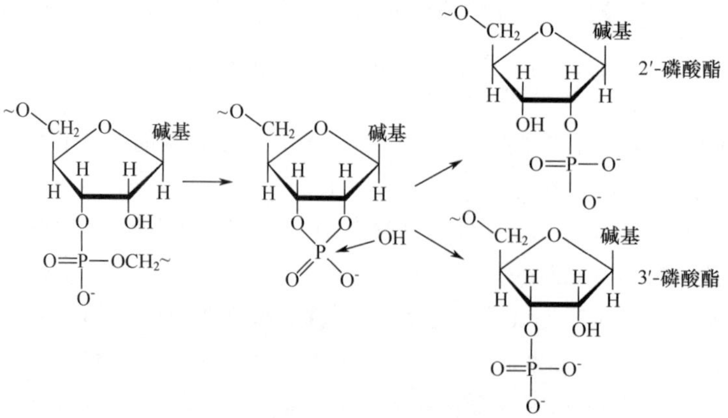

图 4-21 RNA 碱解反应过程

（三） 核酸的酶解

参见第十二章核酸的降解及核苷酸代谢第一节的内容。

第五节　核酸的分离提取和纯化

一、核酸的分离提取

制备核酸有两个目的，一是作为生产核苷酸的原料，所制备的核酸并不考虑长链大分子是否已经断裂，所用方法也就简单得多。二是为了制得分子完整、保持生物活性的天然核酸，制备过程中就要注意避免大分子的断裂和变性，方法也要复杂得多。

（一） 活性核酸的制备

正常情况下，无论是 DNA 还是 RNA，均位于细胞内，因此核酸分离与纯化的第一步就是破碎细胞、释放核酸。细胞的破碎方法非常多，包括机械法与非机械法两大类。机械法又可分为液体剪切法与固体剪切法。机械剪切作用的主要危害对象是高相对分子质量的线性 DNA 分子，因此该类方法不适合于染色体 DNA 的分离与纯化。非机械法可分为干燥法与溶胞法，目前，大多采用溶胞法。其中采用适宜的化学试剂与酶裂解细胞的溶胞法因裂解效率高，方法温和，能保证较高的得率与较好地保持核酸的完整性而得到了广泛的应用。

细胞裂解物是含核酸分子的复杂混合物，核酸分子本身可能仍与蛋白质结合在一起。在保证核酸分子完整性的前提下，要从中分离出一定量的、符合纯度要求的核酸分子，并不是一件很容易的事情，这需要我们在对核酸分子有关性质的充分认识的基础上，利用核酸与其他物质在一个或多个性质上的差异而设计有效方案加以分离。这种差异是多方面的，包括细胞定位与组织分布上的差异、物理化学性质上的不同以及各自独特的生物学特性。应该去除的污染物主要包括三个部分：即非核酸的大分子污染物，非需要的核酸分子和在核酸的分离纯化过程中加入的对后续实验与应用有影响的溶液与试剂。非核酸大分子污染物主要包括蛋白质、多糖和脂类物质等；非需要的核酸分子，是指制备 DNA 时，RNA 为污染物，制备 RNA 时，DNA 为污染物，制备某一特定核酸分子时，其他的核酸分子均为污染物；至于在核酸分离纯化过程中加入的有机溶剂和某些金属离子，由于对后续实验有影响，往往需要很好地去除。

利用苯酚法提取天然 DNA 和 RNA 的原理及步骤如下。

1. DNA 的提取

提取的第一步是破碎细胞，在破细胞之前，需先加去污剂十二烷基硫酸钠（SDS），用以抑制核酸酶的活性。在细胞破碎成匀浆后，再加入含 1mol/L NaCl 的 pH 8.0 缓冲液，1%SDS（终浓度）和 90%苯酚，一起振荡抽提。SDS 和苯酚可使蛋白质变性，并可使 DNA 从脱氧核糖核蛋白复合物中释放出来。抽提液经过离心分层后，变性蛋白位于中间层，下层酚相中含有变性蛋白和细胞碎片，上层水相中含有 DNA，取出水相，加两倍体积 95%乙醇，白色絮状 DNA 纤维即可从溶液中析出。

2. RNA 的提取

提取 RNA 的苯酚法使用的是 0.1%SDS 和 90%苯酚，在 pH 6.0 的缓冲液中反复抽提，离心去蛋白，取水相再加乙醇，便出现白色颗粒状沉淀，即为 RNA 粗品。

（二） 核酸的工业化生产

目前，通常利用啤酒厂废弃的啤酒酵母为原料提取 RNA，作为生产核苷酸的原料，提取的方法有稀碱法和浓盐法两种。稀碱法是用 1% NaOH 使酵母细胞壁破裂，核酸即可从细胞中释放，溶于水中，然后用 HCl 中和，离心除去菌体。溶液调 pH 2.5，使 RNA 在等电点时沉淀出来，离心收集即可得到粗品。浓盐法是在含 10% 干酵母的溶液中，加入 NaCl 使其终浓度达到 10%，然后加热到 90℃ 并抽提 3~4h，得到 RNA 提取液。高浓度的 NaCl 可以改变酵母细胞的渗透压，有利于 RNA 从菌体中释放。以下操作同稀碱法。

得到的粗品 RNA，可以用橘青霉 5′-磷酸二酯酶降解，生成四种 5′-核苷酸的混合液。再通过离子交换层析技术，将四种 5′-核苷酸分离开，便可得到纯度很高的单核苷酸。其中 5′-AMP 可作为生产 ATP 的原料，5′-GMP 可作为味精的助鲜剂，5′-CMP 可作为生产胞二磷胆碱的原料，5′-UMP 也可作为生产其他药物的原料。

二、核酸的纯化

提取制备得到的核酸，其中含有少量的蛋白质或多糖，或其他种类的核酸，需要进一步纯化。纯化的方法主要有超速离心、凝胶电泳、柱层析三种。

1. 超速离心

有两种超离心，一种是根据不同密度的分子分布在不同密度层溶液中的原理，而建立起来的密度梯度超离心。另一种是根据不同相对分子质量的分子在离心时有不同的沉降速度，建立起来的速度超离心。通常，不同 DNA 分子因其（G+C)% 含量不同，而具有不同的密度，利用密度超离心可把不同种 DNA 分子分离开。此外，由于 DNA、RNA、蛋白质的相对分子质量和密度都不同，所以也可用超离心将它们彼此分开，或者把不同的 RNA 分子分开，达到纯化专一核酸的目的。

2. 凝胶电泳

用于纯化核酸的凝胶电泳技术，主要是琼脂糖凝胶电泳（AGE）和聚丙烯酰胺凝胶电泳（PAGE）。凝胶电泳兼有分子筛和一般电泳的双重作用。一般电泳速度取决于分子大小、带电荷数和分子形状三个因素，但在凝胶中电泳，还取决于凝胶的浓度。浓度越大，凝胶孔径越小，适宜较小分子的通过，反之，欲分离较大分子核酸，则必须选用稀胶电泳。一般来说，AGE 可使用 1% 以下浓度，而 PAGE 只能使用 2% 以上浓度，太稀则不能达到足够的机械强度或不成胶。凝胶电泳可以把不同的 DNA 分开，甚至可把碱基顺序相同，而长度只差一个核苷酸的单链核酸片段彼此分开。它的高分辨力优点，已在分子生物学研究上做出了重要贡献。

3. 柱层析

用于纯化 DNA 的柱层析常用羟基磷灰石（HA）作层析剂。HA 对不同的 DNA 分子吸附能力不同，吸附双链 DNA 能力大于单链 DNA，而且不吸附 RNA 和蛋白质。所以，利用 HA 柱层析可以把天然 DNA 从混合物中纯化出来。近年来，DEAE（二乙胺乙基）-纤维素离子交换层析，Sepharose（琼脂糖）-4B 分子筛层析，oligo-dT（寡聚脱氧胸苷酸）-纤维素亲和层析，poly U（寡聚尿嘧啶核苷酸）-琼脂糖分子杂交亲和层析等新技术和新方法，均可用来分离纯化某些特定的 DNA 片段或专一性 RNA 分子，以供给高科技实验的需要。

【延伸阅读】

1. 科学故事——DNA 双螺旋结构的发现

提出 DNA 双螺旋结构模型的两位科学家是美国的 Watson 和英国的 Crick，他们也因此获得了 1962 年的诺贝尔生理学及医学奖。

1916 年 6 月 8 日，Crick 出生在英国，1947 年，他来到剑桥大学，开始从事生物学研究。1949 年，他在著名分子生物学家 Perutz 的指导下，分析蛋白质各种螺旋的 X 射线衍射。他经过一番思考，提出了 X 射线衍射的一般理论。同年，Crick 在英国剑桥大学 Cavendish 实验室与美国研究生 Watson 相遇，Watson 于 1928 年 4 月 6 日出生在美国。从此，两人开始了 DNA 分子结构的研究。

1953 年 2 月 28 日中午，剑桥大学两位年轻的科学家 Crick 和 Watson 在一非学术场所，位于剑桥大学国王学院斜对面的老鹰酒吧（The Eagle Pub）宣布他们的发现：DNA 是由两条互补的脱氧核苷酸链组成的双螺旋结构。1953 年 4 月 25 日，在 *Nature* 发表了这一成果。按照国际学术界的惯例，一项成果必须是在学术杂志上正式发表才能被视为正式宣布。因此，尽管 Watson 和 Crick 于 2 月 28 日就在老鹰酒吧宣布了这一成果，但包括英国官方机构在内的很多机构仍然把 4 月 25 日作为 DNA 双螺旋结构的发现纪念日。

与 Watson 和 Crick 分享诺贝尔奖的还有 Maurice Wilkins。Wilkins 的贡献在于为 Watson 和 Crick 的发现提供了实验证据。然而科学界就究竟是谁第一个发现了 DNA 的双螺旋结构一直存在不同的看法。一些 DNA 双螺旋结构发现者的私人手稿和信件揭示了科学史上一些鲜为人知的故事与细节。这其中涉及另外一位著名的科学家 Rosalind Franklin。Franklin 是一位非常优秀的实验科学家。在与 Wilkins 合作期间凭着独特的思维，设计了能从多方面了解 DNA 结构的实验方法，获取在不同温度下的 DNA 纤维的 X 射线衍射图，从而分辨出了这种分子的维度、角度和形状。她发现 DNA 是螺旋结构，至少有两股，其化学信息面朝里。这已经非常接近真理。然而，Franklin 非常有个性，经常对人进行直言不讳的尖锐批评，与 Wilkins 因性格不合也时常发生矛盾，最终她从 Wilkins 小组中分离了出来，另立门户。

受 Wilkins 和 Franklin 关于 DNA 的 X 射线衍射图分析报告的启发，在英国的卡文迪什实验室里，Watson 与 Crick 共同研究 DNA 的结构。最初，Watson 与 Crick 千辛万苦地按照他们的理解把糖和磷酸构成的主链置于中间，碱基则朝外，搭出了 DNA 三螺旋的结构。他们认为，这个模型与 Wilkins 和 Franklin 提供的 X 射线衍射图比较吻合。在向 Wilkins 和 Franklin 透露了他们的所谓最新重大成果时，Franklin 果断指出了这一成果的缺陷，特别是这个模型过分模仿水分子。尽管 Franklin 当时并不知道 DNA 的精确结构应当是什么样，但是通过她自己的研究，她至少知道 DNA 结构不应当是什么样。也就是说，DNA 的螺旋结构并不是三螺旋。正是她这种独特的指路明灯式的光芒，把 Watson 和 Crick 一步步引导到了正确的方向。

1962 年，Watson 和 Crick 获得诺贝尔奖发表演说时并没有提到她。然而 Franklin 的贡献是毋庸置疑的，她分辨出了 DNA 的两种构象，并成功地拍摄了它的 X 射线衍射照片，特别是有一张编号 51 的照片格外清晰。Watson 在 1968 年出版的 *The Double Helix* 一书中透露了 Wilkins 曾复制 Franklin 的研究成果并提供给他，其中就包括了现在众所周知的她证明螺旋结构的第 51 张 X 射线图像。Watson 和 Crick 未经她的许可使用了这张照片。在一封 Franklin 与 Watson、Crick 的通信中，Crick、Watson 对 Franklin 说，她和 Wilkins 的非常清晰的 DNA 图片对他们启发很大。可以说，如果没有 Franklin 的 X 射线衍射成果，要确定 DNA 的螺旋结构是很难的。

这个故事的结局是伤感的。当 1962 年 Watson、Crick 和 Wilkins 获得诺贝尔奖的时候，Franklin 却于 1958 年因卵巢癌去世了，年仅 37 岁。而按诺贝尔立下的规矩：诺贝尔奖只发给那些尚在人世、并为人类和社会发展做出了极大贡献的人，因而 Franklin 未能获得该殊荣。

2. 生化聚焦——DNA 分子中一定没有 "U" 吗？

DNA 分子上一般是不允许有 U 的，若是出现 U，细胞内的修复系统会将其视为损伤，迟早将其切除，然后换成与互补链碱基相配对的碱基。U 如果是由 C 脱氨基变来的，就换成 C；U 如果是在 DNA 复制中直接掺入的，就换成 T。但事实并非总是如此，迄今为止，已发现某些噬菌体的 DNA 完全用 U 代替 T，此外，某些生物在发育的某个阶段，会故意让细胞内 DNA 在复制的时候，掺入更多的 U，这两种情况的出现对于相关生物肯定具有某种进化上的优势。在 DNA 基因组上完全用 U 取代 T 的一个典型例子就是枯草芽孢杆菌的 PBS2 噬菌体，这种噬菌体为了让它的基因组 DNA 能稳定地掺入 U，一方面通过自身编码的一些酶，改造宿主细胞内的核苷酸合成代谢途径，以提高宿主细胞内 dUTP 的量；另一方面编码一种蛋白质抑制剂，专门抑制宿主细胞内用来切除 DNA 分子上 U 的尿嘧啶-DNA 糖苷酶。那么，PBS2 噬菌体用 U 代替 T 有什么好处呢？这应该是有利于保护它的基因组 DNA，使其免受宿主细胞编码的限制性内切酶的水解。

含有 U 的 DNA 还可能在完全变态昆虫的发育过程中起重要作用。这些昆虫（如蝴蝶）在生活周期经历化蛹，它们缺乏编码尿嘧啶-DNA 糖苷酶的主要基因，因此无法去除 DNA 分子上可能出现的 U。在果蝇的幼虫阶段，那些成体不需要的组织细胞降解 dUTP 和合成 dTTP 前体的酶水平极低，导致（dUTP）/（dTTP）的比值异常高，结果这些组织中的 DNA 在复制的时候，会掺入大量的 U。由于细胞内本来就缺乏尿嘧啶-DNA 糖苷酶，因此无法修复 DNA 中的 U，含有大量 U 的 DNA 反而作为一种细胞死亡的信号，使得有大量尿嘧啶-DNA 的组织在化蛹阶段被选择性降解。

尿嘧啶在高等动物抗体多样性的产生方面也有一定贡献，抗体多样性的产生对于动物各种对外来抗原的防御十分重要，有多种机制可产生抗体的多样性，其中一种就是编码抗体的基因在 B 淋巴细胞前体内进行超突变（hypermutation）。超突变开始于一种特定的胞嘧啶脱氨酶，它催化 DNA 分子上特定区域发生 C 脱氨基变成 U 的反应。通过这种方式，激发 B 淋巴细胞前体内的易错修复系统，从而将新的序列引入至编码抗体的基因片段上。当然，这种系统是受到严格调控的，以防止失控而导致细胞癌变。

第五章 酶化学

第一节 概 述

酶是一种生物催化剂。生物体最重要的特征是具有新陈代谢过程，新陈代谢过程中所包括的各种化学反应，基本上都是由酶来催化的。因而酶的存在是生物体进行新陈代谢的必要条件。没有酶就没有新陈代谢，也就没有生命。许多代谢反应放在体外自发进行，速度极慢，或几乎不能完成。但在生物体内，在酶的催化下得以顺利快速地实现。

不同生物体所包含的酶在类别与数量上各有不同，这种差异，决定了生物的代谢类型。而且，细胞自身还可以通过改变酶的活性及数量等来控制和调节代谢过程的强度，使代谢过程能经常地与周围环境和自身生理活动的需要保持平衡。

一、酶的研究简史

人们对酶的认识起源于生产实践。我国早在公元前2000多年前，就有酿酒、制酱和制饴的历史记载。西方国家19世纪对酿酒发酵过程进行了大量研究。1857年，法国科学家巴斯德（Pasteur）最早提出了"发酵系由微生物引起"的观点，并认为没有活细胞就不会有发酵过程，从而引起了关于酒精发酵的"生命催化论"和"化学催化论"之间的科学大论战。直到1897年，德国学者巴赫纳（Buchner）用石英砂磨碎酵母细胞，制备了不含酵母细胞的抽提液，并证明不含酵母细胞的抽提液也可以引起糖的酒精发酵，由此证明发酵是酶作用的化学本质。这无疑是酶发展史上的重要里程碑，从此揭开了酶学飞速发展的光辉一页。为此，Buchner获得了1907年诺贝尔化学奖。1833年Payen和Persoz从麦芽的水抽提物中，用酒精沉淀得到一种对热不稳定的物质，它可使淀粉水解出可溶性糖。他们把这种物质称为淀粉酶制剂（diastase），尽管当时它还是一个很粗的酶制剂，但是由于他们采用了最简单的提纯方法，得到了一个无细胞酶制剂，并指出了它的催化特性和热不稳定性，因而开始涉及酶的一些本质性问题，所以人们认为Payen和Persoz首先发现了酶。1878年Kuhne才给酶一个统一的名词为Enzyme。这个字来自希腊文，其意思"在酵母中"。1835—1837年，Berzelius提出了催化作用的概念，该概念的产生对酶学和化学的发展都是十分重要的。可见，对于酶的认识一开始就与它具有催化作用的能力联系在一起。1894年，Fisher提出酶与底物作用的"锁与钥匙"学说，用以解释酶作用的专一性。1903 年，Henri 提出了酶与底物作用的中间复合物学说。1913 年，Michaelis 和 Menten 根据中间复合物学说，导出了米氏方程，对酶反应机制的研究是一个重要突破。1926 年 Sumner 第一次从刀豆中提取出了脲酶结晶，并证明其是蛋白质，从而奠定了蛋白质化学与酶化学的基础。1963 年 Hirs、Moore 和 Stein 测定了 RNase A 的氨基酸顺序。1965 年 Phillips 首次用 X 射线晶体衍射技术阐明了鸡蛋清溶菌酶的三维结构。1969 年，Merrifiled 等人工合成了具有酶活力的胰 RNase（核糖核酸酶）。

20 世纪 80 年代，核酶、抗体酶、人工酶、生物酶工程生产的酶以及模拟酶的出现，使酶的传统概念受到了严峻的挑战。20 世纪 80 年代初 Cech 和 Altman 分别发现了具有催化功能的 RNA——核酶（ribozyme），这一发现打破了酶是蛋白质的传统观念，开辟了酶学研究的新领域，为此 Cech 和 Altman 于 1989 年共同获得诺贝尔化学奖。1986 年，Schultz 与 Lerner 等人成功研制抗体酶（abzyme）。人工酶是指人工合成的具有催化活性的蛋白质或多肽。1977 年 Dhar 等报道，人工合成的序列为 Glu-Phe-Ala-Glu-Glu-Ala-Ser-Phe 的多肽具有溶菌酶的活力，其活力为天然酶的 50%。所谓模拟酶，就是利用有机化学方法合成的一些比酶简单的具有催化功能的非蛋白质分子。它们可以模拟酶对底物的络合和催化过程，既可达到酶催化的高效性，又可以克服酶的不稳定性。

近几十年的酶学研究快速发展，一方面在酶的分子水平上揭示酶和生命活动的关系，阐明酶在细胞代谢调节和分化中的作用，酶生物合成的遗传机制，酶的催化机制等；另一方面酶的应用研究也得到迅速发展，如药物设计、疾病的诊断、病虫害的防治、工业发酵等，酶已广泛应用于食品、发酵、制革、纺织、日用化学及医药保健等行业。

二、酶催化作用的特点

酶是生物细胞产生的，以蛋白质为主要成分的生物催化剂。酶和一般催化剂之间既具有共性又具有特殊性。

（一）酶与一般催化剂的共同点

1. 可降低反应的活化能

在一个反应体系中，反应物的每一个分子所含的能量并不相同。根据化学反应的有效碰撞原理，只有那些能量已达到或超过某一水平的分子才能参加反应，这种分子称为活化态（或过渡态）分子。反应物分子由初态（初始能量状态）转化为活化态所需要的自由能称为活化自由能（活化能），单位是 kJ/mol。在化学反应体系中活化态的分子越多，反应速度就越快。因此，有两种方法可加快反应：①向反应体系提供能量，如光照、加热等可以促进分子的活化，加速化学反应。②想办法降低化学反应的活化能，使得那些能量水平较低，本来不能参加反应的大批分子也具有参加反应的能力，这样也能加快化学反应速度。在化学反应体系中加入催化剂能加快反应速度，就是由于催化剂能降低化学反应的活化能，酶和一般催化剂都能降低反应的活化能，如图 5-1 所示。

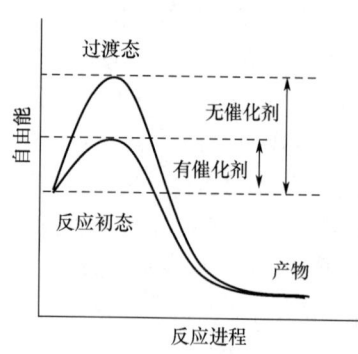

图 5-1 催化剂对化学反应的影响

2. 不能改变反应的平衡点

酶和一般催化剂一样，只能加快反应达到平衡点的速度，而不能改变反应的平衡点。

3. 反应前后不发生质与量的变化

在反应的前后，酶和一般催化剂一样，其本身不发生质与量的变化。

（二）酶作为生物催化剂的特点

1. 酶具有极高的催化效率

同一反应，酶催化反应的速度比非催化反应的速度快 $10^8 \sim 10^{20}$ 倍，比其他催化反应高 $10^7 \sim 10^{13}$ 倍。极少量的酶就可使大量的物质很快地发生化学反应。如在相同条件下，Fe^{3+}、血红素和过氧化氢酶催化过氧化氢的分解，反应速度分别为 6×10^{-4} mol/s，6×10^{-1} mol/s 和 6×10^6 mol/s，可见过氧化氢酶的催化效果比 Fe^{3+} 和血红素分别高 10 个和 7 个数量级。

2. 酶的催化作用具有高度的专一性

所谓酶作用的专一性（specificity），是指酶对参与反应的底物和反应类型具有严格的选择性。即一种酶只能作用于某一类或某一种特定的物质，发生某种特定类型的化学反应，产生特定的产物。例如蛋白酶只能催化蛋白质的肽键水解，产生小肽或氨基酸，但不能催化淀粉的水解。同样，淀粉酶只能水解淀粉类分子中的葡萄糖苷键，而不能作用于其他物质。无机催化剂则没有这么严格的专一性。盐酸既能催化蛋白质水解，也可促进淀粉水解。由于酶反应具有严格的专一性，所以它的催化反应产物比较单一，副产物少，甚至往往可以从比较复杂的原料中有选择地加工制备某些需要的物质，或除去其他不必要的成分。

根据对底物专一性程度的不同，可将酶分为以下三种类型：

（1）绝对专一性 有些酶只能作用于一种特定的底物，发生特定性质的反应，对其他任何物质都没有作用，这种专一性称为绝对专一性。例如脲酶只能催化尿素水解，发生下面的反应，对于其他同样酰胺键结构的肽类或其他化合物则没有作用。其反应式如下：

$$H_2N-\overset{\overset{O}{\|}}{C}-NH_2 + H_2O \xrightarrow{\text{脲酶}} 2NH_3 + CO_2$$

（2）相对专一性 这类酶对底物的专一性较低，可作用于一类结构相近的底物。大多数酶对底物具有相对专一性。这类酶中有的只对作用物的某一化学键发生作用，而对此化学键两端所连接的原子基团并无严格的选择性，这类情况称为"键专一性"，许多水解酶属于这一类，如酯酶、蛋白酶、淀粉酶等。有的相对专一性的酶不但要求作用物具有一定的化学键，而且对该键两端连接的两个原子基团之一也有一定的要求，这类情况称为"基团专一性"或"族专一性"，如 α-D-葡萄糖苷酶不但要求有 α-糖苷键，并且要求 α-糖苷键一端必须有葡萄糖残基，而对键的另一端 R 基团则要求不严，因此它可催化各种 α-D-葡萄糖苷衍生物α-糖苷键的水解。

（3）立体异构专一性（光学专一性） 这类酶不仅对底物的化学结构有要求，而且要求底物有一定的立体结构。许多酶有立体专一性，根据程度不同又可分为三类：

①旋光异构专一性：当底物具有旋光异构体时，酶只作用于其中一种。如 L-谷氨酸氧化酶只能催化 L-谷氨酸的氧化，而对 D-谷氨酸无作用。

②几何异构专一性：对含有双键的物质有顺反两种异构体，有些酶只能作用于其中的一种。如延胡索酸水化酶只能催化延胡索酸（即反丁烯二酸）水合成苹果酸，而不能催化顺丁烯二酸的水合作用。

③其他：酶的立体异构专一性还表现在能区分一些从有机化学观点来看属于对称分子中的

两个等同基团（即假手性碳上的两个等同基团），只催化其中的一个基团反应，而不催化另一个。一个典型的例子是甘油激酶催化甘油的磷酸化，一端用 ^{14}C 标记的甘油，在甘油激酶的催化下，和 ATP 作用，仅产生一种标记产物（即甘油-1-磷酸）。

酶的立体专一性在实践中很有意义，例如某些药物只有某一种构型才有生理效用，而有机合成的药物是外消旋产物，若用酶来催化便可进行不对称合成或不对称拆分。

3. 酶易失活

一般的催化剂在一定条件下会因中毒而失去催化能力，而酶较其他催化剂更加脆弱，更易失去活性。因为酶是蛋白质，凡是能使蛋白质变性的因素，如高温、强酸、强碱、重金属等都能使酶丧失活力。同时酶也常因温度、pH 等轻微的改变或抑制剂的存在而发生活力的变化。因此，酶促反应条件温和，一般酶的催化反应都是在常温、常压和近中性 pH 条件下进行的。

酶作为工业催化剂时，不用耐高温、高压的设备，也不需要耐酸、耐碱的容器，生产安全、快速，有利于改善劳动条件，也有利于环境保护。例如，用盐酸水解淀粉生产葡萄糖，需在约 0.15MPa 和 140℃ 的操作条件下进行，需要耐酸碱的设备。若用 α-淀粉酶和糖化酶水解，则可用一般设备在常压下进行。

4. 酶的催化活性受到调节、控制

酶作为细胞的蛋白质组成成分，随生长发育，不断进行自我更新和组分变化，其催化活性又极易受环境条件的影响发生变化，因此，生物体是通过多种机制和形式对酶活力进行调节和控制，使极其复杂的代谢活动不断地、有条不紊地进行。

酶催化活性的调控方式很多，包括抑制剂调节、共价修饰调节、别构调节、反馈调节、酶原激活及激素控制等。

5. 酶的催化活力与辅酶、辅基及金属离子有关

有些酶是复合蛋白质，其中的小分子物质（辅酶、辅基及金属离子）与酶的催化活性密切相关。若将它们除去酶就失去活力。

高效性、专一性以及作用条件温和使酶在生物体新陈代谢过程中发挥着强有力的作用，酶活力的调控使生命活动中各个反应得以有条不紊地进行。

三、酶的化学本质及其组成

（一）酶的化学本质

化学本质是蛋白质的酶在所发现的酶中占绝大多数。其中有的是简单蛋白质，有的是结合蛋白质。

然而酶的化学本质是蛋白质的观念，在 20 世纪 70 年代末、80 年代初受到了强有力的冲击。因为人们发现，在某些酶的结构组成中，除了蛋白质外，还含有 RNA，而且，RNA 在催化过程中起着不可或缺的作用。更有研究指出某些 RNA 分子单独存在时也有催化活性，例如，1982 年美国科罗拉多大学的 Cech 等人发现四膜虫的 rRNA 前体在有鸟苷存在时，即使在完全无蛋白质的情况下也能进行自我拼接。1983 年 Altman 和 Pace 在研究核糖核酸酶 P 催化 tRNA 前体从 5′端切去一个寡核苷酸片段，转变为成熟的 tRNA 的过程中发现，核糖核酸酶 P 是由 20%蛋白质和 80% RNA 组成的，其中具有催化活性的组分不是蛋白质，而是 RNA。Cech 和 Altman 各自发现了 RNA 的催化活性，并定义这类酶为核酶（ribozyme）。后来的研究发现，它

们主要在各种 RNA 分子的成熟过程中表现催化活性，甚至近年还有 DNA 分子具有催化活性的报道。

RNA 性质的生物催化剂的发现是现代生物学中的一个重大突破，因为它表明除了蛋白质性质的酶外，还可能存在着其他类型的生物催化剂，同时也表明 RNA 除了作为遗传信息的载体外，还可能具有其他生物学功能，为探索地球上最早的生命物质、研究生命的起源提供了一种新的信息。

酶是生物催化剂，是催化特定化学反应的蛋白质、RNA、DNA 或其复合体。本章主要讨论化学本质是蛋白质的酶类。

（二）酶的分子组成

酶和其他蛋白质一样，可以根据其组成成分分为简单蛋白质（单纯酶）和结合蛋白质（结合酶）两类。

有些酶，仅由氨基酸氨基组成，不含其他化学成分，这类酶属于简单蛋白质，又称单纯酶，如脲酶、蛋白酶、淀粉酶、脂肪酶以及核糖核酸酶等；另一些酶需要非蛋白质化学成分参与组成后，才表现出酶的活性，这类酶属于结合蛋白质，又称结合酶。结合酶中蛋白质成分称为脱辅酶（apoenzyme）；非蛋白成分称为辅助因子（cofactor）。酶蛋白与辅助因子结合形成的复合物称为"全酶"（holoenzyme），即全酶=酶蛋白+辅助因子。

在酶催化时，全酶一定要有酶蛋白和辅助因子同时存在才起作用，它们单独存在时，均无催化作用。酶的辅助因子可以是金属离子或有机小分子化合物，根据它们与酶蛋白结合的松紧程度不同，可分为两类，即辅酶（coenzyme）和辅基（prosthetic group）。通常辅酶是指与酶蛋白结合比较松弛的小分子有机物质，通过透析方法可以除去，如辅酶Ⅰ和辅酶Ⅱ等。而辅基与酶蛋白牢固结合，乃至共价结合，不能通过透析除去，如细胞色素氧化酶中的铁卟啉，琥珀酸脱氢酶中的黄素腺嘌呤二核苷酸（FAD），都属于辅基。所以辅酶和辅基的区别只在于它们与酶蛋白结合的牢固程度不同，并无严格的界限。

每一种需要辅酶（辅基）的酶蛋白往往只能与一特定的辅酶（辅基）结合，即酶对辅酶（辅基）的要求有一定的选择性，当换另一种辅酶（辅基）就不具活性，如谷氨酸脱氢酶需要辅酶Ⅰ，若换成辅酶Ⅱ就失去活性。但生物体内辅酶（辅基）数目有限，而酶的种类繁多，故同一种辅酶（辅基）往往可以与多种不同的酶蛋白结合而表现出多种不同的催化作用，如 3-磷酸甘油醛脱氢酶、乳酸脱氢酶都需要辅酶Ⅰ，但各自催化不同的底物脱氢。这说明酶蛋白部分决定酶催化的专一性；辅酶（辅基）在酶催化中通常是起着电子、原子或某些化学基团的传递作用，决定反应的性质。

金属离子在酶分子中的作用，或是作为酶活性部位组成成分，或是帮助形成酶活性中心所必需的构象，或是在酶与底物分子间起桥梁作用。

（三）单体酶、寡聚酶、多酶复合体

根据酶蛋白分子的特点，又可将酶分为以下 3 类：

1. 单体酶（monomeric enzyme）

单体酶一般由一条肽链组成，例如牛胰核糖核酸酶、溶菌酶、羧肽酶 A 等，但有的单体酶是由几条多肽链通过链间二硫键连接成的一个共价整体，如胰凝乳蛋白酶由 3 条肽链组成。单体酶种类较少，一般都是催化水解反应的酶，相对分子质量为 $(13\sim35)\times10^3$（表 5-1）。

表 5-1　　几种单体酶的相对分子质量及氨基酸残基数

酶	相对分子质量/10^3	氨基酸残基数
溶菌酶	14.6	129
核糖核酸酶	13.7	124
木瓜蛋白酶	23.0	203
胰蛋白酶	23.8	223
羧肽酶	34.6	307

2. 寡聚酶（oligomeric enzyme）

寡聚酶是由两个或两个以上亚基组成的酶，这些亚基可以是相同的，也可以是不相同的。绝大部分寡聚酶都含偶数亚基，但个别寡聚酶含奇数亚基，如荧光素酶、嘌呤核苷磷酸化酶均含 3 个亚基。亚基之间靠次级键结合，彼此容易分开。寡聚酶的相对分子质量一般 $>3.5 \times 10^4$（表 5-2）。大多数寡聚酶，其聚合形式是活性型，解聚形式是失活型。相当数量的寡聚酶是调节酶，在代谢调控中起重要作用。

表 5-2　　几种寡聚酶的亚基数目及相对分子质量

酶	亚基数目	亚基相对分子质量/10^3	酶相对分子质量/10^3
磷酸化酶 a	4	92.5	370.0
己糖激酶	4	27.5	102.0
磷酸果糖激酶	2	78.0	190.0
醛缩酶	4	40.0	160.0
3-磷酸-甘油醛脱氢酶	2	72.0	140.0
烯醇化酶	2	41.0	82.0
乳酸脱氢酶	4	35.0	150.0
丙酮酸激酶	4	57.2	237.0

3. 多酶复合体（multienzyme complex）

多酶复合体由几种酶靠非共价键彼此嵌合而成，它有利于一系列反应的连续进行。这类多酶复合体相对分子质量很高，例如大肠杆菌丙酮酸脱氢酶复合体由 60 个亚基 3 种酶组成，相对分子质量约为 4.6×10^6。脂肪酸合酶复合体，在不同生物中分子组织形式不完全一样，但都含有 6~7 种酶和一个酰基载体蛋白，在细胞内催化脂肪酸的合成。

细胞内还有一些结构化程度更高的多酶系统，它们固定在细胞的膜结构上，例如线粒体内膜上的呼吸链和叶绿体类囊体膜上的光合电子传递链。

（四）核酶

自从 1926 年 Sumner 首次从刀豆中获得脲酶结晶并证明是蛋白质以来，人们一直认为酶的化学本质就是蛋白质。20 世纪 80 年代初期，美国 Cech 和 Altman 各自独立地发现 RNA 具有生物催化功能，从而改变了生物体内所有的酶都是蛋白质的传统观念。

1982年Cech等以原生动物嗜热四膜虫为材料，研究tRNA的基因转录问题时发现：转录产物tRNA前体很不稳定，在鸟苷（或5′-GMP）和Mg^{2+}存在下，切除自身的413个核苷酸内含子使两个外显子拼接起来，变成成熟的tRNA分子。这个催化反应是在没有任何蛋白质酶的存在下发生的，称为自我剪接（self-splicing），证明了RNA具有催化功能。Cech给这种具有催化活性的RNA定名为ribozyme——核酶。

核酶的发现被认为是现代生物化学领域内最令人鼓舞的发现之一，不仅丰富和发展了酶的概念，并对于地球上生命起源的研究具有重要意义。为此T. R. Cech和S. Altmans共同获得了1989年度诺贝尔化学奖。

1994年，R. R. Breaker等人首先发现能够催化RNA磷酸二酯键水解的单链DNA分子，随后又发现DNA还具有连接酶的活性，称它们为脱氧核酶（deoxyribozyme）。这样，在蛋白质和RNA之后，DNA也成为酶家族的成员。

核酶（ribozyme）是作为生物催化剂的RNA分子，为核糖核酸酶（ribonucleic acid enzyme）的缩写；同样，脱氧核酶（deoxyribozyme）是作为生物催化剂的DNA分子，为脱氧核糖核酸酶（deoxyribonucleic acid enzyme）的缩写。核酸酶（nucleic acid enzyme）是核酶和脱氧核酶的总称，是具有催化功能的核酸分子。这样，酶的新概念应是指具有生物催化功能的蛋白质和核酸。

（五） 抗体酶

抗体酶是用化学反应的过渡态类似物作免疫原产生的催化性抗体，是一种具有催化能力的蛋白质，其本质是免疫球蛋白。抗体酶是生物学与化学的研究成果在分子水平上交叉渗透的产物，是将抗体的多样性和酶分子的巨大催化能力结合在一起的蛋白质分子设计的新方法。酶的催化作用的本质是专一性结合的相互作用形成过渡态，因此，用过渡态的类似物作为免疫原（半抗原）免疫动物将有可能产生有催化活性的抗体。抗体酶研究工作最先是在Schultz与Lerner两个实验室进行并取得成功的。

抗体酶的研究过程中，可以直接观察到过渡态理论对抗体酶设计所起到的重要作用，为酶的过渡态理论的正确性提供了一个有力的实验证据。另外，抗体酶的应用很可能使过去不能应用酶促反应的有机合成得以实现。

四、 酶的命名与分类

为了研究和使用的方便，需要对已知的酶加以分类，并给以科学名称。在1961年以前，酶的分类和命名都很混乱，酶的名称往往是沿用下来的，缺乏系统性和科学性，有时会出现一酶数名或一名数酶的情况。为了适应酶学发展的需要，避免名称的重复和混乱，1961年国际生物化学学会酶学委员会提出系统命名法，决定每一种酶应有一个系统名称和一个习惯名称。

（一） 习惯命名法

酶的结构复杂，不能像一般有机化合物那样，根据其结构来命名。现在普遍使用的酶的习惯名称是根据以下原则确定的。

1. 根据被作用的底物命名

例如，水解淀粉的酶称为淀粉酶；水解尿素的酶称为脲酶；水解蛋白质的酶称为蛋白酶等。

2. 根据催化反应的性质命名

例如，催化氧化还原反应的酶称为氧化酶或还原酶；催化转移氨基反应的酶称为转氨酶等。

3. 将酶的作用底物与催化反应的性质结合起来命名

例如，催化葡萄糖进行氧化反应的酶称为葡萄糖氧化酶；催化乳酸脱氢反应的酶称为乳酸脱氢酶。

4. 将酶的来源与作用底物结合起来命名

例如，酶作用底物分别为淀粉和蛋白质，来源于细菌时，分别称为细菌淀粉酶和细菌蛋白酶。

5. 将酶作用的最适 pH 和作用底物结合起来命名

例如，酶作用底物为蛋白质，作用最适 pH 为中性的称为中性蛋白酶；最适 pH 为碱性的称为碱性蛋白酶。

酶的习惯命名比较简单，使用起来也比较方便，应用历史较长，尽管缺乏系统性，但是现在还是被人们使用。

（二）国际系统命名法

国际系统命名法原则，是以酶所催化的整体反应为基础的，规定每种酶的名称应当明确标明酶的底物和催化反应的性质。如果催化两个底物起反应，两个底物均需标出，并用"："隔开；若其中一种底物是水，则可省略。举例见表 5-3。

表 5-3　　　　　　　　　　酶国际系统命名法则

习惯命名	系统命名	催化反应
乳酸脱氢酶	L-乳酸：NAD^+ 氧化还原酶	L-乳酸+NAD^+ ⟶ 丙酮酸+$NADH+H^+$
丙氨酸转氨酶	L-丙氨酸：α-酮戊二酸氨基转移酶	L-丙氨酸+α-酮戊二酸 ⟶ 丙酮酸+L-谷氨酸
蔗糖酶	蔗糖（：水）水解酶	蔗糖+水 ⟶ 葡萄糖+果糖

系统命名很严格，科学性强，可以消除习惯名称中的一些混乱现象。但是系统名称太长，使用不方便，所以酶学委员会推荐一个习惯名称供使用。同时规定，在以酶为主要论题的文献、著作中，在酶的名称首次出现时，要标出其系统名称和 E.C. 编号。因此，一种酶应该有一个系统名称、一个习惯名称和一个系统编号。

（三）国际系统分类法及编号

国际酶学委员会，在规定酶的系统命名原则的同时，也规定了酶的系统分类法和分类编号。根据催化反应的性质，将酶分为六大类，分别用 1, 2, 3, 4, 5, 6 表示。再根据底物中被作用的基团或键的特点，将每一大类分为若干个亚类。每个亚类再分为若干个亚亚类，亚亚类以下，按命名先后排列各个具体的酶。每个酶的分类编号由 4 个数字组成，数字间用圆点"."隔开。第一个数字表示该酶属于 6 个大类中的哪一类；第二个数字表示该酶属于哪一个亚类；第三个数字表示该酶属于哪一个亚亚类；第四个数字则表示该酶在亚亚类中的流水编号，编号前面冠以"E.C."标志，代表酶学委员会（Enzyme Commission）。

例如，乳酸脱氢酶的系统编号所代表的含义如下：

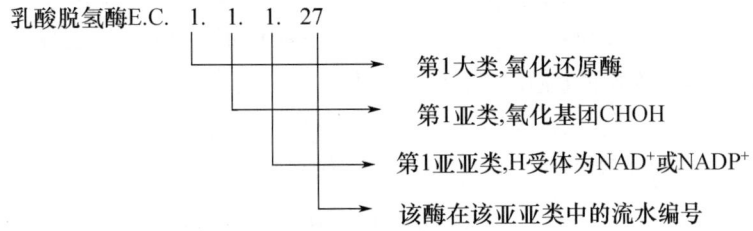

这种系统命名原则及系统编号是相当严格的，一种酶只可能有一个名称和一个编号。一切新发现的酶，都能按此系统得到适当的编号。从酶的编号可了解到该酶的类型和反应性质。

下面简要介绍各大类酶的作用方式。

1. 氧化还原酶类（oxido-reductases）

氧化还原酶类催化氧化还原反应，可分为氧化酶和脱氢酶，涉及 H 或 e^- 的转移，如琥珀酸脱氢酶、乙醇脱氢酶、多酚氧化酶等。其反应通式为：

$$AH_2+B \leftrightarrow A+BH_2$$

式中 AH_2 为供氢体，B 为受体。亚类表示底物中发生氧化的基团的性质，每个亚类又根据受体不同，分为若干亚亚类。

2. 转移酶类（transferases）

转移酶类催化分子间功能基团的转移，如谷丙转氨酶、己糖激酶等。其反应通式为：

$$A-R+B \leftrightarrow A+B-R$$

式中 R 为被转移的基团，它可以是一碳基团、醛基、酮基、酰基、磷酸基、糖基或氨基等。例如，谷丙转氨酶（GPT），属氨基转移酶类。

3. 水解酶类（hydrolases）

水解酶类催化水解反应，利用水使共价键分裂的酶，如蛋白酶、淀粉酶、纤维素酶、果胶酶、脂肪酶、蔗糖酶等。其反应通式为：

$$A-B + H-OH \leftrightarrow A-OH+BH$$

式中 A-B 一般是大分子底物。这类酶工业上应用广泛。

4. 裂合酶类（lyases）

裂合酶类催化底物 C—C、C—O、C—N 及其他键的断裂并形成双键的非水解性反应，如醛缩酶、脱水酶、脱氨酶、脱羧酶等。反应通式为：

$$AB \leftrightarrow A+B$$

例如，脱羧酶催化分子中 C—C 键断裂，产物中有 CO_2，脱水酶催化分子中 C—O 键断裂，生成物中有 H_2O，脱氨酶催化 C—N 键断裂，产物中有氨，醛缩酶催化分子中 C—C 键断裂，产生醛。

5. 异构酶类（isomerases）

异构酶类催化同分异构体之间的相互转变，即分子内部基团的重新排列，如葡萄糖（果糖）异构酶、磷酸甘油酸磷酸变位酶等。通式为：

$$A \leftrightarrow B$$

这类酶包括消旋酶、差向异构酶、顺反异构酶、分子内氧化还原酶、分子内转移酶和分子内裂解酶等亚类。

6. 合成酶类（synthetases，或连接酶 ligases）

催化一切必须与 ATP 相偶联的两种物质合成一种物质的反应。它关系到许多重要生命物质的合成，如蛋白质、核酸的生物合成，其通式为：

$$A+B+ATP \leftrightarrow AB+ADP+无机磷酸$$

式中 ADP 或为 AMP，无机磷酸或为无机焦磷酸。

五、酶的活性中心和必需基团

酶分子都具有球状蛋白质分子所共有的一、二、三级结构，许多酶还具有四级结构或更高级的结构形式。以一个独立三级结构为完整生物功能分子最高结构形式的酶，称为单体酶；以四级结构作为完整生物功能分子结构形式的酶，称为寡聚酶。酶的高效率、高度专一性和酶活可调节等催化特性，都与酶蛋白本身的结构直接相关。酶蛋白的一级结构决定酶的空间构象，而酶的特定空间构象是其生物功能的结构基础。

通过各种研究证明，酶的特殊催化能力只局限在酶分子的一定区域，也就是说，只有少数特定的氨基酸残基参与底物结合及催化作用。这些特定的氨基酸残基比较集中的区域，即与酶活力直接相关的区域称为酶的活性部位（active site）或活性中心（active center）。对需要辅酶的酶来说，辅酶分子或辅酶分子上的某一部分结构，往往也是酶活性部位组成部分。酶的活性中心内的一些化学基团是酶发挥催化作用与底物直接作用的有效基团，故称为活性中心的必需基团（essential group），但酶活性中心外还有一些基团虽然不与底物直接作用，却与维持酶分子的整个空间结构有关。这些基团可使活性中心的各个有关基团保持最适的空间位置，间接地对酶的催化作用发挥其必不可少的作用，这些基团称为活性中心外的必需基团。就功能来讲，构成酶活性中心的这些基团通常又根据它们在催化过程中的作用不同，分为结合基团（或结合部位）和催化基团（或催化部位），前者负责与底物的结合，决定酶的专一性；后者负责催化底物化学键的断裂并形成新键，决定酶的催化能力。研究发现，在酶活中心出现频率最高的氨基酸残基有：丝氨酸、组氨酸、半胱氨酸、酪氨酸、天冬氨酸、谷氨酸和赖氨酸。它们的极性侧链基团，常是酶活性中心的必需基团。催化部位和底物结合部位并不是各自独立存在的，而是相互关联的整体，往往催化效率能否充分发挥，在很大程度上取决于底物结合的位置是否合适，也就是说，底物结合部位的作用，不单单是固定底物，而且要使底物处于被优化的最优位置。因此，酶的催化部位与底物结合部位之间的相对位置是很重要的。

不同的酶在结构、专一性和催化模式上差别很大，但就活性部位而言有其共同特点。

（1）活性部位的氨基酸残基只占酶分子很小的一部分，通常只占整个酶分子体积的 1%~2%。表 5-4 所示为某些酶活性部位的氨基酸残基。

表 5-4 某些酶活性部位的氨基酸残基

酶	氨基酸残基	活性部位的氨基酸残基
核糖核酸酶 A	124	His12、His119、Lys41
溶菌酶	129	Asp52、Glu35
胰凝乳蛋白酶	241	His57、Asp102、Ser195
胰蛋白酶	223	His57、Asp102、Ser195

续表

酶	氨基酸残基	活性部位的氨基酸残基
弹性蛋白酶	240	His57、Asp102、Ser195
胃蛋白酶	348	Asp32、Asp215
木瓜蛋白酶	212	Cys25、His159
枯草杆菌蛋白酶	275	His64、Ser221、Asp32
羧肽酶	307	Arg127、Glu270、Tyr248、Zn^{2+}

(2) 酶的活性部位是一个三维实体，它是由酶的一级结构所决定且在特定外界条件下形成的。

活性部位的氨基酸残基在一级结构上可能相距甚远，甚至位于不同的肽链上，通过肽链的盘绕、折叠而在空间结构上相互靠近。酶的特定空间结构是酶执行催化功能的基础，一旦酶的高级结构受到物理因素或化学因素影响时，酶的活性部位遭到破坏，酶即失活。

(3) 酶的活性部位并不是和底物的形状正好互补的，而是在酶和底物结合的过程中，底物分子或酶分子，有时是两者的构象同时发生了一定的变化后才互补的，这时催化基团的位置也正好在所催化底物键的断裂和即将生成键的适当位置，这个动态的辨认过程称为诱导契合（induced-fit）。

(4) 酶的活性部位是位于酶分子表面的一个裂缝（crevice）内，底物分子（或一部分）结合在裂隙内并发生催化作用。

裂缝内是相当疏水的区域，非极性基团较多，但在裂缝内也含有某些极性的氨基酸残基，以便与底物结合并发生催化作用。其非极性性质在于产生一个微环境，提高与底物的结合能力，从而有利于催化。

(5) 底物通过较弱的次级键结合到酶上，酶与底物结合成 ES 复合物，主要靠次级键：氢键、盐键、范德华力和疏水相互作用。

(6) 酶活性部位具有柔性或可运动性 研究表明酶的活性部位，相对于整个酶分子来说更具柔性，这种柔性或可运动性，很可能正是表现其催化活性的一个必要因素。活性部位的形成要求酶蛋白分子具有一定的空间构象，因此，酶分子中其他部位的作用对于酶的催化作用来说可能是次要的，但绝不是毫无意义的，它们至少为酶活性部位的形成提供了结构基础。所以酶的活性部位与酶蛋白的空间构象的完整性之间，是辩证统一的关系。

有些酶分子除了具有与底物结合的活性部位外，还具有与非底物的化学物质结合的部位。这种部位有别于活性部位，而且与之结合的物质对其反应速率有调节作用，故称为别构部位或调节部位。

第二节 酶催化作用的机制

酶催化作用的机制包括酶如何与底物结合及酶如何能使反应速度加快两个内容。

一、酶与底物的结合——中间复合物学说

中间复合物学说能较好地解释酶为什么能降低反应的活化能。该学说认为，在酶促反应中，酶（E）总是先和底物（S）结合生成不稳定的中间复合物（ES），再分解成产物（P），并释放出酶（E）。反应式如下：

$$E+S \rightleftharpoons ES \longrightarrow P+E$$

游离出来的酶又可以和底物结合，继续发挥其催化功能，所以少量的酶可以催化大量底物。由于 E 与底物结合，形成 ES，致使底物分子内的某些化学键发生极化，呈现不稳定状态（过渡态），大大减低了底物的活化能，使反应加速进行。底物同酶结合成中间复合物是一种非共价结合，它们依靠氢键、离子键、范德华力等次级键来维系。

已经有不少间接和直接的证据证明中间产物学说的正确性。

有关中间复合物学说证据如下：

1. 理论证据

用中间复合物学说推导的酶促反应动力学（米氏方程）与实验数据极为相符。

2. 直接证据

寻找过渡态中间复合物（ES），这是一种极不稳定的物质，寿命只有 $10^{-12} \sim 10^{-10}$ s，正常情况下分离不到，通过低温处理（-50℃），使 ES 的寿命延长至 2d，弹性蛋白酶切片的电镜扫描照片及 X 光衍射图都证明了 ES 的存在。

另外，研究者发现利用过渡态类似物作为抗原或半抗原，去免疫动物，由此产生的抗体可能具备类似酶的催化作用。

酶与底物结合方式的解释，首先是 1894 年 Fischer 提出的锁钥学说，继而发展为 1958 年 Koshland 提出的诱导契合学说。

（1）锁钥学说　该学说认为只有特定的底物才能契入与它互补的酶分子表面的"缝隙"中，底物分子（或其一部分）像钥匙那样专一地嵌进酶的活性中心部位，而且底物分子化学反应的敏感部位与酶活性中心的催化基团具有密切互补的关系，如图 5-2 所示。锁钥学说可以较好地解释立体异构专一性，但是它不能解释酶专一性的所有现象。例如，假设酶活性中心是"锁"而底物是"钥匙"，那么就不能解释酶活性中心的结构既适合于可逆反应的底物，又适合于产物了。

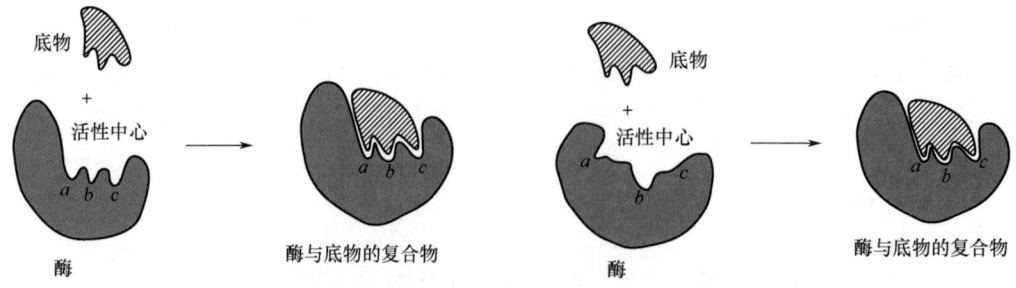

图 5-2　酶与底物结合的锁钥模型　　　　图 5-3　酶与底物结合的诱导契合模型

(2) 诱导契合学说　1958 年 Koshland 在锁钥假说的基础上，提出了诱导契合假说，认为酶的初始状态的活性基团并非处于它们起催化作用的最适位置，但是酶分子与底物分子相互接近时，酶蛋白受底物分子的诱导，其构象将发生有利于和底物结合的变化，从而使酶与底物互相契合而进行反应，如图 5-3 所示。近年来 X 衍射晶体结构分析的实验结果支持这一假说，证明了酶与底物结合时，确有显著的构象变化。因此目前公认诱导契合假说比较符合实际。事实上，底物与酶结合是一种相互作用的过程，底物的结合改变了蛋白质的构象，以便蛋白质和底物彼此更准确"契合"，同时底物分子的构象也发生改变，以便使它适应蛋白质的构象。

这种学说在某种程度上也帮助解释了酶的巨大催化效力：在酶的催化下，构成活性部位的催化残基准确地定向是发生反应的必需条件，底物的结合引起蛋白质构象发生的变化诱导这种准确的定向。

(3) "三点附着"模型　对于酶为什么可以区分对映体以及一个假手性碳上两个相同的基团，需要用酶与底物的"三点附着"模型（three attachment model）来解释，该模型认为底物与酶活性中心的结合有三个结合位点，只有当这三个位点都匹配的时候，酶才会催化相应的反应。一对对映体底物虽然基团相同，但空间排列不同，这就可能出现其中的一种对映体与酶结合的时候无法保证三点都与酶的三个结合位点匹配，当酶的作用位点与底物不匹配时，酶则无法作用。前面曾提到的甘油激酶对甘油的作用即可用此学说来解释：甘油的三个基团以一定的顺序附着到甘油激酶分子"表面"的特定结合部位上，由于酶的专一性，这三个部位中只有一个是催化部位，能催化底物磷酸化反应，这就是为什么甘油在甘油激酶的催化下只有一个—CH_2OH 能被磷酸化。同样，糖代谢中的顺乌头酸酶作用于柠檬酸时，底物中的两个—CH_2—COOH 对于酶来说也是不同的，也可以用上述假说来解释。

二、酶作用高效率机制

酶具有极高的催化效率，是哪些因素促成酶具有高的催化效率？酶和一般催化剂一样，也是通过降低活化自由能加速反应的。酶不同于非酶催化剂，就是因为酶是通过与底物结合形成 ES 复合物而起催化作用的。在 ES 复合体中每形成一个弱相互作用都伴随着少量自由能的释放以稳定相互作用。可见过渡态的形成和活化能的降低是反应进行的关键步骤。任何有助于过渡态形成与稳定的因素都有利于酶行使其高效催化。

目前认为酶具有极高的催化效率与下列几方面的因素有关：

（一）底物和酶的邻近效应（approximation，proximity）与定向效应（orientation）

酶和底物复合物的形成过程既是专一性的识别过程，更重要的是把分子间反应变为分子内反应的过程。在这一过程中包括两种效应即邻近效应和定向效应。

邻近效应是指酶与底物结合形成中间复合物之后，使底物和底物之间、酶的催化基团与底物之间结合于同一分子而使得底物有效浓度得以极大升高，从而使反应速率大大增加的一种效应。邻近效应的直接结果是底物在酶的活性部位的有效浓度比底物在溶液中的浓度要高很多。曾有人测到过，某底物在溶液中的浓度为 0.001mol/L，而在活性中心的浓度高达 100mol/L，即浓度增高 10^5 倍。由于化学反应速度与反应物的浓度成正比，在这种局部的高浓度下，反应速度将会相应提高。

定向效应是指反应物的反应基团之间和酶的催化基团与底物的反应基团之间的正确取位产

生的效应。正确定向取位问题在游离的反应物体系中很难解决，只能凭碰撞时的概率，但是当反应体系由分子间的反应变为分子内反应，特别是酶促反应，就有了解决问题的基础。在酶催化的反应中，反应物结合在酶的专一性活性部位上，给反应物分子轨道交叉提供了良好的条件。酶促反应是因为酶的特殊结构及功能，使参加反应的底物分子结合在酶的活性部位上，作用基团互相邻近并定向，大大提高了酶的催化效率（图5-4）。

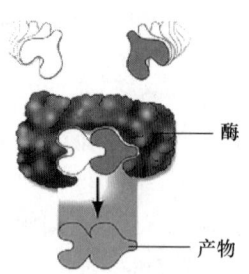

图5-4 酶的邻近效应和定向效应

"邻近"和"定向"紧密相关地影响着酶催化反应的效果，在酶催化中起着重要的作用。Page 和 Jencks 认为这两个效应在双分子反应中所起的促进作用分别可以达到 10^4 倍，两者共同作用可使反应速率升高 10^8 倍。

（二） 诱导契合和底物的形变（distortion）

很多酶的活性部位并不直接与底物契合，必须在底物诱导下发生构象变化才能与底物贴切结合，即所谓诱导契合。酶分子中某些基团或离子可以使底物分子内敏感键中的某些基团的电子云密度增高或降低，产生"电子张力"，使敏感键的一端更加敏感，底物分子发生形变，从而促使底物中敏感键更易于破裂。

X射线衍射分析证明，酶和底物结合并进行反应时，底物分子向酶的活性部位靠近并结合，底物诱导酶的构象发生改变，特别是酶的活性部位的结构发生改变，同时，酶也可诱导底物的构象发生变化，促使底物分子中的敏感键变形，从而形成一个互相契合的酶-底物复合物，进一步转换成过渡态，大大增加酶促反应速率。

（三） 酸碱催化（acid-base catalysis）

酸碱催化剂是催化有机反应最普通、最有效的。酸碱催化是通过瞬时地向反应物提供质子或从反应物接受质子以稳定过渡态的一类催化机制。酸碱催化剂有两种：①狭义的酸碱催化剂（specific acid-base catalyst），即 H^+ 和 OH^- 的催化加速反应，水溶液中的质子和氢氧化合物离子是有机化学中最常见的催化剂；②广义的酸碱催化剂（general acid-base catalyst），催化中由 H^+ 和 OH^- 之外的其他酸或碱加速反应，即广义酸或广义碱加速反应。根据 Bronsted-Lowry 的质子理论，凡能提供质子（H^+）的物质都称为酸（HA），能接纳质子的都称为碱（B^-）。在生理条件下，因 H^+ 和 OH^- 的浓度甚低，因此酶促反应中主要涉及广义酸碱催化机制。在很多酶的活性部位存在几种参与广义酸碱催化作用的功能基，如氨基、羧基、巯基、酚羟基及咪唑基，它们能在近中性 pH 的范围内，作为催化性的质子供体或受体（表5-5）。其中 His 残基的咪唑基是最常见、最有效的广义酸碱催化剂。

表 5-5　　　　　　　　　酶分子中参与广义酸碱催化作用的功能基团

氨基酸残基	广义酸基团（质子供体）	广义碱基团（质子受体）
Glu、Asp	R—COOH	R—COO$^-$
Lys、Arg	R—$\overset{H}{\underset{H}{\overset{+}{N}}}$H	R—$\ddot{N}$H$_2$
Cys	R—SH	R—S$^-$
His	咪唑基（质子化形式）	咪唑基（去质子形式）
Ser	R—OH	R—O$^-$
Tyr	R—C$_6$H$_4$—OH	R—C$_6$H$_4$—O$^-$

影响酸碱催化反应速度的因素有两个，即酸或碱的强度（pK）及质子传递的速率。组氨酸咪唑基的解离常数约为 6.0，因此，在接近生物体液 pH 的条件下，有一半以酸形式存在，另一半以碱形式存在，也就是说咪唑基既可以作为质子供体，又可以作为质子受体在酶反应中发挥催化作用。因此，咪唑基是催化中最有效最活泼的一个催化功能基。同时，咪唑基供出或接受质子的速度十分迅速，其半衰期 $<10^{-10}$ s。由于咪唑基有如此的优点，所以虽然组氨酸在大多数蛋白质中含量很少，却很重要。推测它很可能在生物进化过程中，不是作为一般的结构蛋白成分，而是被选择作为酶分子中的催化结构而存在下来的。

广义酸碱催化为在中性 pH 的生理条件下进行催化创造了有利条件，因为在这种接近中性 pH 的条件下，H$^+$ 和 OH$^-$ 的浓度太低，狭义的酸碱催化不足以起到催化剂的作用。如牛胰核糖核酸酶及牛凝乳蛋白酶等都是通过广义的酸碱催化而提高酶反应速度的。

（四）共价催化作用（covalent catalysis）

共价催化又分为亲核催化（nucleophilic catalysis）和亲电催化（electrophilic catalysis）。在催化时，亲核催化剂或亲电子催化剂能分别放出电子或吸取电子并作用于底物的缺电子中心或负电中心，迅速形成不稳定的共价中间复合物，降低反应活化能，使反应加速。

共价催化的最一般形式是催化剂的亲核基团（nucleophilic group）向底物中亲电子中心（常是碳原子核）提供电子，形成共价配位键。亲核催化在酶促反应机制中占极其重要的地位。酶作为亲核试剂催化反应，它具有一个非共用电子对的原子或基团，攻击缺少电子具有部分正电性的原子，并利用非共用电子对形成共价键催化反应。酶分子的氨基酸侧链可以提供各种亲核基团，最常见的亲核基团有丝氨酸羟基、半胱氨酸巯基和组氨酸咪唑基等（表 5-6）。

表 5-6　　　　　　　　　　　几种酶的共价催化

亲核基团	实例	共价中间物
Ser（—OH）	丝氨酸蛋白酶	脂酰化酶
Cys（—SH）	半胱氨酸蛋白酶	脂酰化酶
Asp（—COO$^-$）	Na$^+$/K$^+$-ATP 酶	磷酸化酶

续表

亲核基团	实例	共价中间物
Lys（ε-NH_2）	乙酰乙酸脱羧酶	希夫碱
His（咪唑基）	磷酸甘油酸变位酶	磷酸化酶
Tyr（—OH）	谷氨酰胺合成酶	腺苷酸化酶
TPP	丙酮酸脱羧酶和转酮酶	羟乙基化酶

在亲电催化中，共价中间物的形成源于亲电基团对底物分子上负电子基团进行攻击。由于酶分子上的氨基酸侧链并不能提供有效的亲电基团，因此亲电催化的酶通常依靠其缺乏电子的辅酶或金属离子，如磷酸吡哆醛。以磷酸吡哆醛作为辅酶的酶有转氨酶、消旋酶、脱羧酶等。磷酸吡哆醛在亲电催化中的实际功能是充当电子穴，稳定催化过程中形成的碳负离子。由于阳离子亚胺与芳香杂环-吡啶环相连，电荷分布得以分散，使得磷酸吡哆醛成为一个非常有效的亲电催化剂。

酶分子中的氨基、羧基、巯基、咪唑基等既可作为酸碱催化剂，又可作为亲核催化剂。胰凝乳蛋白酶催化机制中也有共价中间产物的形成。

广义的酸碱催化与共价催化可使酶反应速度大大提高，但是与前面两种方式比较看来，它们提供的速度增长较小。尽管如此，还必须看到它们在提高酶反应速度中起的重要作用。

（五） 金属离子催化（metal ion catalysis）

已知的酶中约有1/3都需要金属离子作为它的辅助因子。某些金属离子（如 Fe^{2+}、Cu^{2+}、Zn^{2+}、Mn^{2+}、Co^{3+}）与酶蛋白紧密结合或主要为稳定酶的天然构象所必需，这类酶称为金属酶（metalloenzymes）；有些金属离子（如 Na^+、K^+、Mg^{2+}、Ca^{2+}）与酶结合较弱，可能只在催化期间结合，这类酶称为金属激活酶（metal-activated enzyme）。金属离子在这两类酶中的一个作用是作为亲电催化剂稳定反应时形成的负电荷，以利于底物进入反应过渡态。此时金属离子的作用很像酸催化中的 H^+，但是又有它自己的特点：例如许多金属离子不止带一个正电荷，因此它的亲电作用更强；其次，不少金属离子有络合作用，在中性 pH 下，溶液中的 H^+ 浓度很低，但是金属离子却仍可维持在较高浓度。此外，金属离子的电荷使它结合的水分子比游离水更具有酸性，在中性甚至低于中性 pH 时，也能提供强亲核剂。金属离子还可以通过价态的可逆变化，作为电子受体或电子供体参与氧化还原反应。

（六） 疏水的微环境影响

一些酶的活性中心是非极性的，即酶的活性部位是一个疏水的微环境。微环境一方面影响酶活性部位本身的催化基团的解离状态；另一方面在疏水环境中介电常数比在水中低，两个带电基团之间的静电作用力显著增高。当底物分子与酶的活性中心相结合，就埋在疏水环境中，这里底物与催化基团之间的作用力将比在极性环境中的作用力要强得多，有利于催化基团与底物分子的敏感键发生作用，因而加速酶促反应。有人把这种低介电环境对反应的影响称为静电催化。如溶菌酶的例子就充分说明了微环境对酶催化反应的影响。

上面介绍了实现酶促反应高效率的几个有关因素，但不同的酶起主要作用的因素可能不同，各自都有其特点。不同的酶其主要影响因素不同。在酶促反应中经常是由几个基元催化配合在一起共同起作用的。例如胰凝乳蛋白酶是通过活性部位中 Asp102、His57 和 Ser195 组成的

"电荷中继网"催化肽键水解，包括亲核催化和广义碱催化的协同作用。

三、催化反应机制的实例——丝氨酸蛋白酶（serine proteases）

丝氨酸蛋白酶家族以一个特定的 Ser 残基作为必需的催化基团，该家族成员包括胰蛋白酶、胰凝乳蛋白酶、弹性蛋白酶、凝血酶、枯草杆菌蛋白酶、纤溶酶、组织纤溶酶原激活剂等。

1. 丝氨酸蛋白酶的催化三联体结构

参与消化作用的丝氨酸家族蛋白酶有三种：胰蛋白酶、胰凝乳蛋白酶和弹性蛋白酶。它们结构和作用机制很相似，但对底物有不同的专一性。胰蛋白酶裂解碱性氨基酸 Arg 或 Lys 羧基侧链肽，胰凝乳蛋白酶选择裂解芳香氨基酸如 Phe 和 Tyr 羧基侧链肽，弹性蛋白酶主要裂解小的中性氨基酸残基羧基侧链肽。

底物专一性的差别是其结合部位结构差别造成的，如胰蛋白酶在结合部位的底物有天冬氨酸，有利于带正电荷的 Arg 和 Lys 残基结合。胰凝乳蛋白酶的结合部位有一个被疏水氨基酸环绕的口袋，大的足以容纳一个芳香族残基。弹性蛋白酶的结合部位有一个浅的口袋，在口袋两侧有较大的 Val 和 Thr 残基，只能让丙氨酸残基等小的残基进入（图 5-5）。

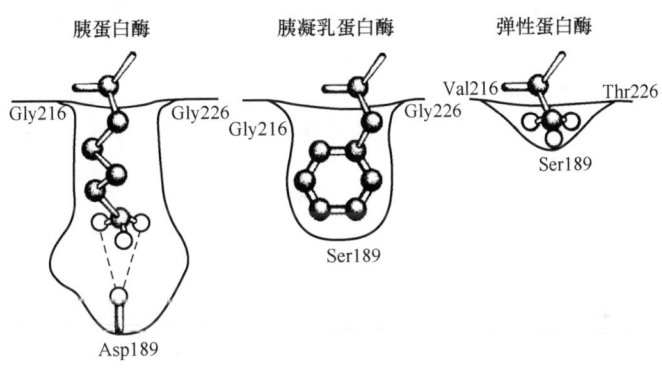

图 5-5　胰蛋白酶、胰凝乳蛋白酶和弹性蛋白酶底物结合口袋

三种酶的催化部位完全一样，即在丝氨酸附近的氨基酸顺序相似，具有共同的催化三联体结构，其活性中心 Ser、His 和 Asp 相邻，相互间通过氢键作用，催化蛋白质水解。在无底物时，His57 未质子化，当 Ser195 羟基氧原子对底物进行亲核攻击时，His57 接受羟基质子，Asp102 的—COO⁻ 能稳定过渡态中 His57 的正电荷形式，此外 Asp102 定向 His57 并保证从 Ser195 接受一个质子。咪唑基成为 Ser、Asp 间的桥梁（图 5-6）。

2. 丝氨酸蛋白酶的催化机制

以胰凝乳蛋白酶为例，肽水解主要分为酰化和脱酰两个阶段（图 5-7）。

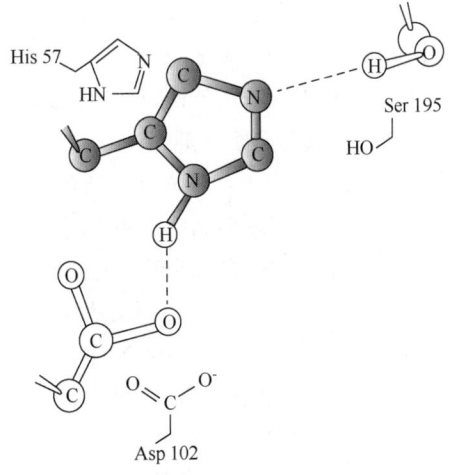

图 5-6　丝氨酸蛋白酶的催化三联体

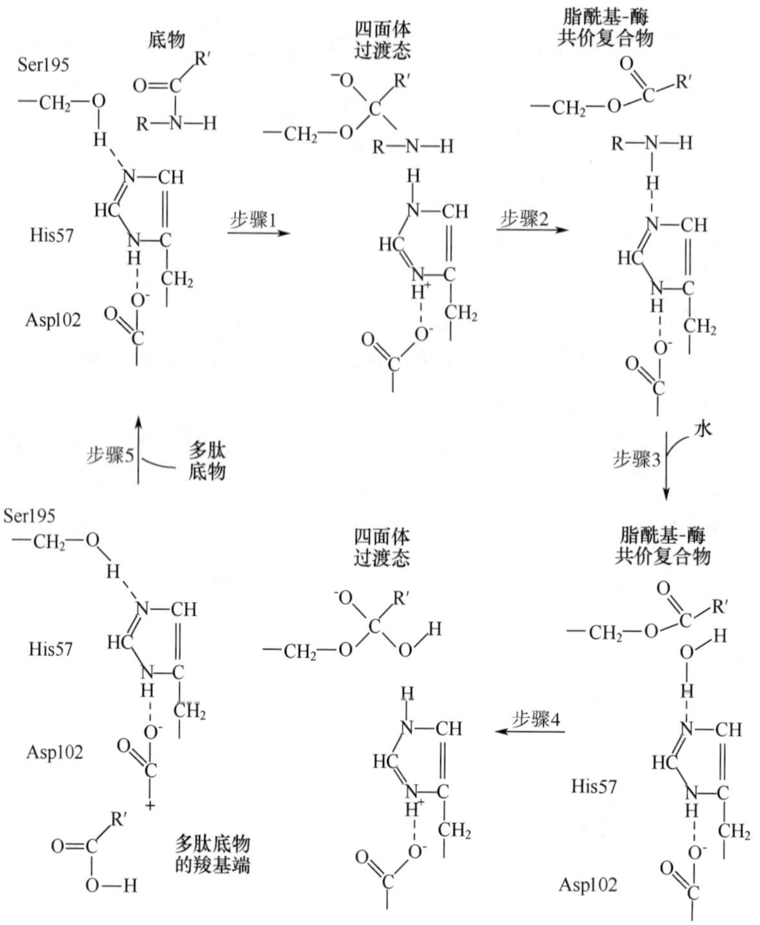

图 5-7 胰凝乳蛋白酶催化蛋白酶水解反应的全过程

(1) 第一阶段水解反应的酰化阶段　步骤1：底物在酶活性部位与酶专一性结合形成酶-底物复合物，要被断裂的肽键 N 端侧的残基侧链（此例为 Phe）伸进疏水口袋。步骤2：亲核的 Ser195 羟基氧攻击底物肽键的羰基碳，形成第一个四面体的过渡态中间物，其中有一个氧以氧阴离子的形式存在。碳四面体过渡态因氧阴离子在氧阴离子穴（疏水口袋附近的一个小口袋），并与胰凝乳蛋白酶主链 Ser195 及 Gly193 肽键的酰胺（—NH）形成氢键而得以稳定（图 5-8）。这些相互作用的净效应导致活化能的降低。活性中心的 3 个氨基酸残基依次参与此阶段的反应，构成催化三联体结构：His57 作为一个广义碱从 Ser195 吸取一个质子，致使 Ser195 的亲核性增强，而 His57 成为带正电荷的共轭酸，Asp102 通过氢键与 His57 的咪唑基结合，其功能始终是定向 His57。步骤3：过渡态中底物肽键发生断裂，生成一个酰基-酶中间复合物，被共价连接在中间物的是多肽底物 N 端部分，C 端部分接纳了由 His57 提供的一个质子，形成一个新的末端—NH_2，这部分肽段就随即释放。

(2) 第二阶段水解反应的脱酰基阶段　步骤4：H_2O 分子进入酰基-酶复合物的酰基和 His57 之间的位置，把一个质子转移给 His57，H_2O 分子的—OH 亲核攻击留下来的多肽羰基碳，于是第二个四面体的过渡态中间物形成。步骤5：质子从 His57 转移回 Ser195，四面体过

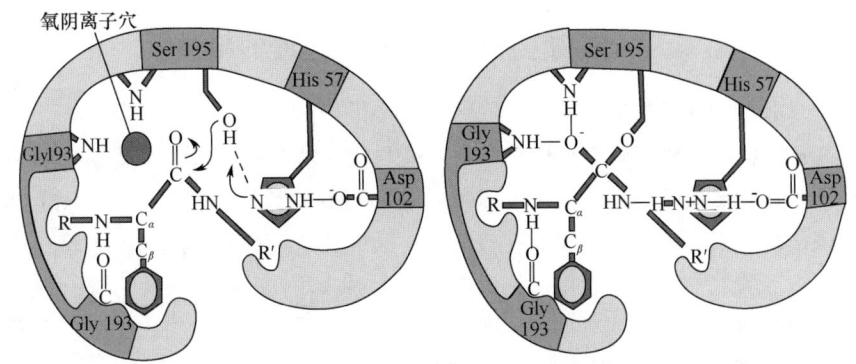

图 5-8 胰凝乳蛋白酶催化的四面体中间物的形成及其稳定性

渡态崩解，剩下的 N 端多肽链被释放，酶恢复自由状态。

整个过程是一个广义酸碱催化和共价催化的复杂形式。催化三联体中几个氨基酸残基是协同作用，His57 主要起广义酸碱催化作用，Ser195 主要起亲核催化作用。

第三节 酶促反应动力学

酶促反应动力学（kinetics of enzyme-catalyzed reactions）是研究酶促反应速率的规律以及各种理化因素对酶促反应速率影响的科学。这些因素包括底物浓度、酶浓度、pH、温度、抑制剂和激活剂等。酶促反应动力学对基础理论和生产实践都有十分重要的意义。例如，为了确定最有效的反应系统和反应条件以期能以最少的酶量、最短的时间完成最大量的反应；为了筛选出理想的药物或毒物，以期专一而有效地达到治疗疾病或消灭害虫的目的，这些都需要以酶促反应动力学为依据。此外，酶促反应动力学的研究也是探讨酶反应历程、酶作用机制，阐明代谢过程和进行代谢调控的重要手段。本节重点介绍酶的米氏动力学、影响酶促反应的因素。

一、酶促反应速率

反应速率是以单位时间内反应物或生成物浓度的改变来表示。随着反应的进行，反应物逐渐消耗，分子碰撞的机会也逐渐减小，因此反应速率也随着减慢（图 5-9）。因为每一瞬间的反应速率都不相同，所以用瞬时速率表示反应速率。设瞬时 dt 内反应物（或生成物）浓度的很小改变为 dc，则：$v = +(-) dc/dt$

式中负号表示反应物浓度的减少，正号表示生成物随时间的延长而增多。

至于反应速率用哪一种反应物或生成物浓度的改变来表示，可根据取得的实验数据来决定。反应速度的测定，实际上是测定不同时间的反应物或生成物的浓度。从图 5-9 的酶促反应时间进程曲线可以看出，随着反应时间的延长酶反应速度会下降，所以测定酶活力时，测定酶的反应初速度，初速度通常是指在酶促反应过程中，初始底物浓度被消耗 5% 以内的速度，因为在过量底物存在下，这时的反应速度与酶浓度成正比，而且可以避免一些因素，如产物的形成、反应体系中 pH 变化、逆反应速度加快、酶失活等对反应速度的影响。

二、底物浓度对酶促反应速度的影响

（一）中间复合物学说

1903 年 Henri 用蔗糖酶水解蔗糖研究底物浓度与反应速率的关系。当酶浓度不变时，可以测出一系列不同底物浓度下的反应速率，以反应速率对底物浓度作图，可得到如图 5-10 所示的曲线。从该曲线可以看出，当底物浓度较低时，反应速度与底物浓度的关系呈正比关系，表现为一级反应。随着底物浓度继续增加，反应速度不再按正比升高，表现为混合级反应。当底物浓度达到相当高时，底物浓度对反应速率影响变小，最后反应速度与底物浓度几乎无关，反应达到最大反应速率（v_{max}），表现为零级反应。

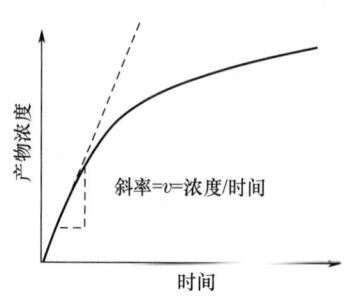
图 5-9　酶促反应时间进程曲线

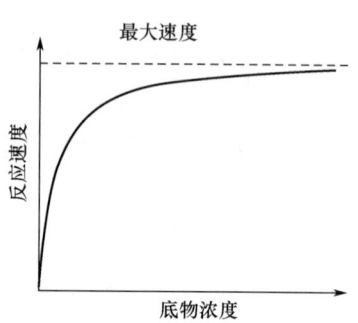
图 5-10　底物浓度与酶反应速率的关系

根据这一实验结果，Henri 和 Wurtz 提出了酶底物中间络合物学说。该学说认为当酶催化某一化学反应时，酶首先和底物（S）结合生成中间复合物（ES），然后生成产物（P），并释放出酶。反应用下式表示：

$$E+S \underset{k_{-1}}{\overset{k_1}{\rightleftharpoons}} [ES] \xrightarrow{k_2} E+P$$

根据中间复合物学说可以解释图 5-10 实验曲线，在酶浓度恒定条件下，当底物浓度很小时，酶未被底物饱和，这时反应速率取决于底物浓度。随着底物浓度变大，根据质量作用定律，ES 生成也增多，而反应速率取决于 ES 的浓度，故反应速率也随之增高。当底物浓度相当高时，溶液的酶全部被底物饱和，溶液中没有多余的酶，虽增加底物浓度也不会有更多的中间复合物生成，因此酶促反应速率与底物浓度无关，反应达到最大反应速率（v_{max}）。当底物浓度对反应速率作图时，就形成一条双曲线。需要指出的是，只有酶催化反应才有这种饱和现象，非催化反应无此饱和现象。

现在已有充分的证据证实这一学说，特别是来自电镜和 X 射线晶体学方面的研究，直接观察到中间复合体的存在。中间复合体是理解酶促反应动力学行为的关键。

（二）酶促反应的动力学方程

1913 年，Michaelis 和 Menten 根据中间复合物学说，提出了单底物酶促反应的快速平衡模型或平衡态模型，又称米-曼氏模型（Michaelis-Menten model），建立了表示底物浓度和反应速度之间的定量关系：

$$E+S \underset{k_{-1}}{\overset{k_1}{\rightleftharpoons}} [ES] \xrightarrow{k_2} E+P$$

$$v=\frac{v_{\max}[S]}{k_s+[S]}$$

式中　v——反应速率

　　　$v_{\max}$——酶完全被底物饱和时的最大反应速率

　　　[S]——底物浓度

　　　k_s——ES 解离常数（底物常数），即第一步反应中前向速率常数 k_1 和逆向速率常数 k_{-1} 之比

该方程就是著名的米氏方程，它是建立在以下几点假设上推导出来的。

①假设反应中只有一个中间复合体，反应的第一步 E+S ⇌ [ES] 是可逆反应，E 和 ES 之间快速达到平衡，并保持始终；

②反应第二步 ES→E+P 是限速步骤，这里 $k_2 \ll k_{-1}$，即 ES 分解生成 P 的速率不足以破坏 E 和 ES 之间的快速平衡；

③为了达到平衡，只用去初始底物浓度 [S_0] 的很小一部分，因为一般情况下 [S_0] ≫ [E_0]（初始酶浓度），因此在反应初期，底物浓度 [S] 可用 [S_0] 代替；

④酶在反应中不被消耗，只是或以游离形式 E 存在，或以复合体形式 ES 存在，因此游离酶浓度 [E] 和中间复合体浓度 [ES] 之和等于初始酶浓度 [E_0] 或总酶浓度 [E_t]，即 [E] + [ES] = [E_0] = [E_t]；

⑤该模型中没有考虑 P+E $\xrightarrow{k_{-2}}$ ES 这一逆反应，但显然 k_{-2} 是一个不等于零的常数，要忽略这一步，必须使 [P] 接近于零，因此米-曼氏方程只适用于反应的初速度。

根据快速平衡模型 S 转变成 P 的总速率应有限速步骤（模型中的第二步）决定，因此产物生成的速率 $v=k_2$[ES]。

ES 复合体的浓度 [ES] 在实验上不易测定，需要找出容易测定的其他参数（如某些常数和已知的 [S_0] 等）来代替它。为此，利用第一步反应（快速平衡）中 ES 解离成 E 和 S 的解离常数

$$k_s=\frac{k_{-1}}{k_1}=\frac{[E][S]}{[ES]}$$

则
$$[ES]=\frac{[E][S]}{k_s}$$

将 [E] = [E_t] - [ES] 代入上式中，得

$$[ES]=\frac{([E_t]-[ES])[S]}{k_s}$$

经整理得
$$[ES]=\frac{[E_t][S]}{k_s+[S]}$$

将 [ES] 表达式代入 $v=k_2$[ES] 中，得

$$v=\frac{k_2[E_t][S]}{k_s+[S]}$$

当底物浓度 [S] 高至使所有的酶分子都被饱和时，则 [ES] = [E_t]，反应速度 v 将达到最大值 $v_{\max}$，$v_{\max}=k_2[E_t]$

$$v = \frac{v_{\max}[S]}{k_s + [S]}$$

快速平衡模型中的前两点假设不具有普遍性，特别是没有理由认为所有酶促反应的 $k_2 \ll k_{-1}$。因此 1925 年 Briggs 和 Haldane 对该模型做了修正，提出了稳态理论（steady-state model），但仍保留米-曼氏假设中的后 3 点。

对于初速率（即产物 P 尚未生成或很少生成时）来说，式中看 k_{-2} 仍可以略去不计。所谓稳态是指反应进行不长时间内，系统中的 [ES] 由零增加到一定值，在一定时间内虽然 [S] 和 [P] 不断地变化，ES 复合体也在不断地生成和分解，但是 ES 的生成速率 v_f 与分解速率 v_d 接近相等，[ES] 保持基本不变，即

$$\frac{d[ES]}{dt} = 0$$

$$v_f = k_1([E_t] - [ES])[S]$$
$$v_d = k_{-1}[ES] + k_2[ES] = (k_{-1} + k_2)[ES]$$

所以，$k_1([E_t] - [ES])[S] = (k_{-1} + k_2)[ES]$。
重排得：

$$\frac{([E_t] - [ES])[S]}{[ES]} = \frac{k_{-1} + k_2}{k_1}$$

在这里，速率常数之比 $\frac{k_{-1} + k_2}{k_1}$ 本身也是一个常数，并被定义为米氏常数（Michaelis constant），即 K_m。

$$K_m = \frac{k_{-1} + k_2}{k_1}$$

将 K_m 代入式中并整理得：

$$[ES] = \frac{[E_t][S]}{K_m + [S]}$$

根据稳态模型，S 转变为 P 速率决定于稳态浓度 [ES] 和速率常数 k_2。因此 $v = k_2[ES]$，将 [ES] 代入，得

$$v = \frac{k_2[E_t][S]}{K_m + [S]}$$

$v_{\max} = k_2[E_t]$，得出：

$$v = \frac{v_{\max}[S]}{K_m + [S]}$$

Briggs 和 Haldane 推导出的速率方程和 Michaelis 和 Menten 推导出的方程从形式上看是一样的，两者不同的是 K_m 和 k_s，但比前者更合理，更具有普遍性。稳态下当 $k_2 \ll k_{-1}$ 时，则 $K_m = k_{-1}/k_1 = k_s$，因此可以把平衡态看成是稳态的一个特例。为了纪念 Michaelis 和 Menten 两人，人们把 $v = \frac{v_{\max}[S]}{k_s + [S]}$ 和 $v = \frac{v_{\max}[S]}{K_m + [S]}$ 都称为米-曼氏方程（Michaelis-Menten equation）。根据米-曼氏方程可以说明以下关系：

① 当 $[S] \ll K_m$ 时，表示 [S] 对 K_m 影响很小，[S] 可以忽略，米-曼氏方程可转变为：

$$v = \frac{v_{max}[S]}{K_m}$$

由于 K_m、v_{max} 均为常数，令 $v_{max}/K_m = k$，则 $v = k[S]$，说明酶促反应速度与底物浓度成正比，表现为一级反应。

②当 $[S] \gg K_m$ 时，K_m 忽略。米-曼氏方程为

$$v = \frac{v_{max}[S]}{[S]} = v_{max}$$

说明反应速度已达到最大值。此时，酶活性部位完全被底物占据，反应速率与底物浓度无关，表现为零级反应。

③当 $[S] = K_m$ 时，则：

$$v = \frac{v_{max}}{2}$$

也就是说，当底物浓度等于 K_m 值时，反应速率为最大速率的一半，因此 K_m 值就代表反应速率达到最大反应速率一半时的底物浓度。

（三）动力学参数的意义

1. 米氏常数 K_m 的意义

① K_m 是酶的一个特征常数：K_m 为反应速率达到最大反应速率一半时所对应的底物浓度。K_m 的单位等于浓度单位。K_m 的大小只与酶的性质有关，而与酶浓度无关。K_m 值随测定的底物、反应的温度、pH 及离子强度而改变。因此，K_m 值作为常数只是对一定底物、pH、温度和离子强度等条件而言。故对某一酶促反应而言，在一定条件下都有特定的 K_m 值，可用来鉴别酶。各种酶的 K_m 值相差很大，大多数酶的 K_m 在 $10^{-1} \sim 10^{-7}$ mol/L。

② K_m 值可以判断酶的专一性和天然底物，有的酶可作用于几种底物，因此就有几个 K_m 值，其中 K_m 最小的底物称为该酶的最适底物，也就是天然底物。如谷氨酸脱氢酶可作用于谷氨酸、α-酮戊二酸、NAD^+ 和 NADH，它们的 K_m 值依次为 1.2×10^{-4}，2.0×10^{-3}，2.5×10^{-5} 和 1.8×10^{-5} mol/L，显然 NADH 为谷氨酸脱氢酶的最适底物。

$1/K_m$ 可以近似地表示酶对底物亲和力的大小，$1/K_m$ 值越大，表明亲和力越大，因为 $1/K_m$ 越大，则 K_m 越小，达到最大反应速度一半所需底物浓度就越小。显然最适底物时酶的亲和力最大，K_m 最小。K_m 值随着不同底物而异的现象可以帮助判断酶的专一性，并且有助于研究酶的活性部位。

③
$$K_m = \frac{k_{-1} + k_2}{k_1}$$

当 k_2 是限速步骤的速率常数时，即 $k_2 \ll k_{-1}$，K_m 可简化为 $\frac{k_{-1}}{k_1}$。

即 $K_m = k_s$。在这种条件下，K_m 等于 ES 复合体的解离常数（底物常数），可以作为酶和底物结合紧密程度的一个度量，表示酶和底物结合的亲和力大小。在不知 K_m 确实等于 k_s 之前，用 K_m 表示酶和底物的亲和力是不确切的，严格地说应该用 $1/k_s$ 表示酶与底物亲和力的大小。

④若已知某个酶的 K_m，就可以计算出在某一底物浓度时，其反应速率相当于 v_{max} 的百分率。

⑤可以帮助推断某一代谢反应的方向和途径。催化可逆反应的酶，对正逆两向底物的 K_m 往往是不同的，例如谷氨酸脱氢酶，NAD^+ 的 K_m 为 2.5×10^{-5} mol/L，而 NADH 的 K_m 为 1.8×10^{-5} mol/L。

根据这些 K_m 的差别以及细胞内正逆两向底物的浓度,可以大致推测该酶催化正逆两向反应的速率,这对了解酶在细胞内的主要催化方向及生理功能有重要意义。

当一系列不同的酶催化一个代谢过程的连锁反应时,如能确定各种酶的 K_m 及其相应底物的浓度,便可有助于寻找代谢过程的限速步骤。在底物浓度大致相同的情况下,通常 K_m 最大的那个酶所催化的反应为限速步骤。

生物体内的代谢作用往往是在多酶体系下进行的,同一种底物往往可以被几种酶作用,催化不同的反应,走不同的途径。如丙酮酸在体内至少可被乳酸脱氢酶、丙酮酸脱氢酶、丙酮酸脱羧酶 3 种酶催化,分别形成乳酸、乙酰辅酶 A 和乙醛,它们的 K_m 分别为 1.7×10^{-5} mol/L,1.3×10^{-3} mol/L 和 1.0×10^{-3} mol/L。当丙酮酸浓度较低时,不能同时被几种酶作用,究竟走哪一条途径取决于 K_m 值最小的酶,只有 K_m 值小的酶反应比较占优势,从上述 3 种酶的 K_m 值可以推断在丙酮酸浓度较低时容易走乳酸脱氢酶催化丙酮酸形成乳酸的途径。

⑥反映激活剂或抑制剂的存在。酶不仅与底物结合,也可与其他配体(如激活剂、抑制剂)结合而影响 K_m,因此,如果发现某种酶在体外测定的 K_m 与体内差别较大,可以推测体内可能存在着天然激活剂(降低了 K_m)或抑制剂(提高了 K_m)。

2. v_{max} 和 k_2(k_{cat})的意义

$v_{max} = k_2 [E]$,酶完全被底物饱和时的反应速度,与酶浓度成正比。在一定酶浓度下,酶对特定底物的 v_{max} 也是一个常数。v_{max} 与 K_m 相似,同一种酶对不同底物的 v_{max} 也不同,pH、温度和离子强度等因素也影响 v_{max} 的数值。

k_2 表示当酶被底物饱和以后其催化产物生产情况。具体是指在单位时间内,一个酶分子将底物转变成产物的分子总数。这个常数又称转换数(简称 TN),或称为催化常数(catalytic constant,k_{cat})。k_{cat} 值越大,表示酶的催化效率越高。

(四) 利用作图法求 K_m 和 v_{max}

酶的动力学参数 K_m 和 v_{max} 可根据实验数据通过作图法直接求得。如果在一系列不同 [S] 下测得的反应初速度,以 v 对 [S] 作图,得到的是一条双曲线(图 5-11),在这样的图上需要通过渐近线求出 v_{max},再从 $v_{max}/2$ 求出相应的 [S],即 K_m。显然这种求法不易准确,只能得到 v_{max} 和 K_m 的近似值,因为即使 [S] 足够大,反应初速度也很难达到渐近线水平(v_{max})。这问题可以通过将米氏方程的形式加以变换使它成为直线方程来解决。然后用图解法求出 K_m 与 v_{max} 值。

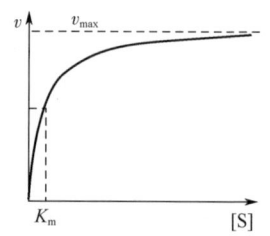

图 5-11 米氏酶反应速率与底物浓度的关系曲线

将米氏方程线性化的变换形式有多种,其中最常见的变换形式是 Lineweaver-Burk 方程。

对米氏方程作以下转换:

$$v = \frac{v_{max}[S]}{K_m + [S]} \Rightarrow \frac{1}{v} = \frac{K_m + [S]}{v_{max}[S]} = \frac{K_m}{v_{max}} \cdot \frac{1}{[S]} + \frac{1}{v_{max}}$$

直接在米氏方程的两边取倒数。以 $1/v$ 对 $1/[S]$ 作图,得一直线,如图 5-12 所示,直线的斜率为 K_m/v_{max},在纵轴上的截距是 $1/v_{max}$,在横轴上的截距是 $-1/K_m$。这种作图法称为双倒数作图或 Lineweaver-Burk 作图。双倒数作图常用于区分酶促反应机制的某些类型以及分析酶的抑制作用(详见本章后述)。

上述讨论的酶促反应动力学方程是对单底物而言的。实际上,酶促反应中更常见的是两个

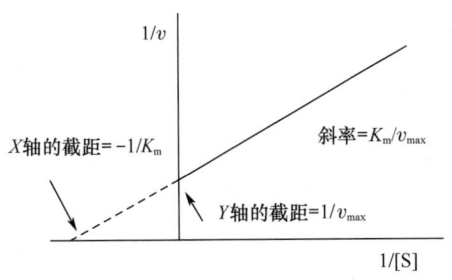

图 5-12 双倒数作图

或两个以上的不同底物跟酶结合参加反应,称为多底物反应。多底物酶动力学要复杂得多,用于描述单底物反应的动力学模型已不适应。在此多底物酶促反应动力学情况不做介绍。

三、酶浓度对反应速度的影响

在酶促反应中,[S] 足够大,其他反应条件也都一定的前提下,测定不同酶浓度下的反应速度,得 v-[E] 关系曲线,如图 5-13 所示。由图可见,反应速度与酶浓度成正比关系。这种关系,正是酶活力测定的依据。

在正常情况下,酶反应速度与酶浓度之间存在着这种线性关系。有时会发生坐标弯曲的现象,其原因可能是:底物浓度不足或酶浓度过高、产物积累对反应有抑制作用、酶发生了变性等等,如图 5-14 所示。

在生产实践中,酶的用量要根据具体情况和要求来确定。酶的浓度太低、反应时间长;酶浓度过高既造成浪费,又可能影响产品质量。通过前期准备工作可找出最佳用酶量。

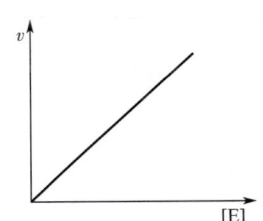

图 5-13 酶浓度与反应速度之间
的关系

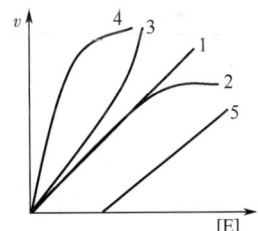

图 5-14 v-[E] 关系不正常现象
1—表示正常的反应曲线 2—含有酶的抑制剂
3—含有激活剂或相关酶类 4—底物不足
5—体系中存在一定量的失活剂

四、pH 对酶促反应速度的影响

酶的活力受环境 pH 的影响。在一定的 pH 条件下,酶表现最大活力,高于或低于此 pH 值,酶活力降低,通常把表现出酶最大活力的 pH 称为该酶的最适 pH。

各种酶在一定条件下都有其特定的最适 pH,因此最适 pH 是酶的特性之一。但是酶的最适 pH 不是一个常数,受许多因素影响,随底物种类和浓度、缓冲液种类和浓度的不同而改变,因此最适pH只有在一定条件下才有意义。大多数酶的最适pH 5.0~8.0。其中微生物和植物来源的酶pH常在4.5~6.5；动物来源的酶pH常在6.5~8.0。但有不少例外，如霉菌酸性蛋白酶最适pH 2.0，地衣芽孢杆菌碱性蛋白酶则为11.0，胃蛋白酶为1.8。

pH影响酶活力的原因可能有以下几个方面：

①过酸或过碱可以使酶的空间结构破坏，引起酶构象的改变，酶活力丧失。

②当pH改变不很剧烈时，酶虽未变性，但活力受影响。pH影响底物分子的解离状态，也会影响酶分子活性部位上有关基团的解离，从而影响酶和底物的结合或催化；也可能会影响中间复合体ES的解离状态，总之，都影响到ES的形成或解离，不利于催化生成产物，从而降低酶活力。

③pH影响维持酶分子空间结构的有关基团解离，从而影响了酶活性部位的构象，进而影响酶的活性。各种酶在最适pH时所处的某一种解离状态，最有利于与底物结合并发生催化作用，酶活力最高。

酶除了最适pH可能各不相同之外，酶分子的酸碱稳定性也不同。在一定条件下，能够使酶分子空间结构保持稳定，酶活力不损失或极少损失的pH范围，称为酶的酸碱稳定范围，或稳定pH范围。在实际工作中，例如，测定酶活力时，必须加入适宜的缓冲溶液，用以维持最适pH，而在酶提取纯化过程中，或者酶制剂使用过程中，只要按照酶的稳定pH范围控制工艺条件，就可以减少酶的失活，有利于酶分子结构的稳定。虽然多数酶的pH-酶活力曲线为钟罩形（图5-15），但有的酶并非如此，如胃蛋白酶和胆碱酯酶为钟形的一半，而木瓜蛋白酶的活性在较大的pH范围内几乎不受pH的影响（图5-16）。

应当指出酶的最适pH和酶最稳定pH不一定相同，和它在生物体细胞内的生理pH也未必相同。

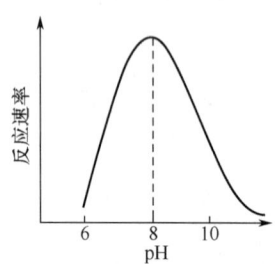

图5-15 pH-酶活力关系图

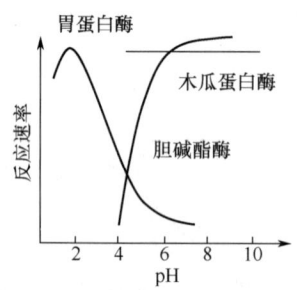

图5-16 三种酶的pH-酶活力关系

五、温度对酶促反应速度的影响

大多数化学反应的速率都和温度有关，酶的催化反应也不例外。在一定的温度范围内，温度升高，反应速度加快。但由于酶是蛋白质，温度过高会使酶变性失活。如果在不同温度条件下进行某种酶反应，测得反应速率，然后以反应速率相对于温度作图，可得到图5-17所示的钟罩形曲线。从图5-17曲线可以看出，在较低的温度范围内，酶反应速率随温度升高而增大，但超过一定温度后，反应速率反而下降，因此只有在某一温度下，反应速率达到最

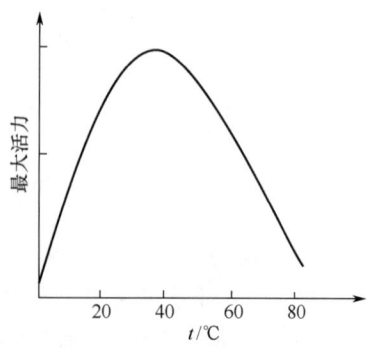

图5-17 温度对酶活力的影响

大值,这个温度通常称为酶反应的最适温度(optimum temperature)。每种酶在一定条件下都有其最适温度。

动物来源的酶最适温度一般在 35~40℃;植物来源的酶在 40~50℃;微生物中酶的最适温度差别较大,如 Taq DNA 聚合酶的最适温度可高达 72℃。

温度对酶促反应速度的影响有两个方面:一方面,与一般化学反应一样,随着温度升高,反应速度加快。反应温度提高 10℃,其反应速率与原来速率之比称为反应的温度系数,用 Q_{10} 表示。一般酶的 Q_{10} 值多为 2~3,也就是说,温度每升高 10℃,酶反应速率为原来反应速率的 2~3 倍。另一方面,由于酶是蛋白质,随着温度升高,酶蛋白逐渐变性失活,从而引起反应速率下降。酶所表现的最适温度就是这两种作用的综合结果。当反应体系的温度低于最适温度时,前一种影响为主;在高于最适温度时,后一种影响(酶的变性失活)起主导作用。

每一种酶都有一个最适反应温度,但是最适温度不是酶的特征物理常数。酶的最适温度往往受底物种类、作用时间、pH、离子强度等因素影响。例如,最适温度随作用时间而改变,由于温度使酶蛋白变性是随时间累加的,一般讲反应时间长,酶的最适温度低;反应时间短则酶的最适温度高。因此只有在规定的反应时间内才可确定酶的最适温度。

低温也会使酶活力降低,但酶不被破坏,当温度回升时,酶的催化活性又随之恢复。酶对低温的稳定性是生物制品、菌种等低温保存的理论基础。而酶的热变性则是高温灭菌的依据。

与 pH 的情况相类似,酶除了最适温度之外,还有一个与生产和应用关系密切的概念——酶的稳定温度范围。酶的稳定温度范围,是指在一定时间和一定条件下,不使酶变性或极少变性的温度范围。加入保护剂可以提高酶的热稳定性。

酶的分离、纯化和干燥的工艺条件的设计,以及酶制剂的应用,都必须充分考虑到酶的稳定温度范围。酶的固体状态比在溶液中对温度的耐受力要高,稳定得多。酶的冷冻干粉置冰箱中可放置几个月甚至更长时间,而酶溶液在冰箱中只能保存几周,甚至几天就会失活。通常酶制剂以固体形式保存为佳。

六、 激活剂对酶促反应速率的影响

凡是能提高酶活力的物质都称为激活剂(activator),其中大部分是无机离子或简单的有机化合物。激活剂按分子的大小可以分为以下三类:

(一) 无机离子

作为激活剂的金属离子有 K^+、Na^+、Ca^{2+}、Mg^{2+}、Zn^{2+} 及 Fe^{2+} 等,无机阴离子如 Cl^-、Br^-、I^-、CN^-、PO_4^{3-} 等都可以作为激活剂。如 Mg^{2+} 是多数激酶及合成酶的激活剂,Cl^- 是唾液淀粉酶的激活剂。其激活作用的机制通常认为有以下三种:①与酶分子肽链上的侧链基团相结合,稳定酶催化作用所需的构象。②作为底物(或辅酶)与酶蛋白之间联系的桥梁。③可能作为辅酶或辅基的一个组成部分,协助酶的催化作用。一般说,这三种功能相互间存在着协同作用。

激活剂的作用特点:①酶对激活剂具有一定的选择性,一种激活剂对某种酶有激活作用,但对另一种酶却起抑制作用。如 Mg^{2+} 对脱羧酶有激活作用,而对肌球蛋白的 ATP 酶却有抑制作用;Ca^{2+} 则相反,对前者有抑制作用,但对后者却起激活作用。②某些离子具有拮抗作用,如 Na^+ 抑制 K^+ 的激活作用;Ca^{2+} 抑制 Mg^{2+} 的激活作用。③有些金属离子激活剂可互相替代，如 Mg^{2+} 可被 Mn^{2+} 所替代。④激活剂的作用常与它的浓度有关，如 $NADP^+$ 合成酶，当 Mg^{2+} 浓度为 $(5~10) \times 10^{-3}$ mol/L 时有激活作用，但 Mg^{2+} 浓度升高至在 30×10^{-3} mol/L 时，酶活力反而下降。

（二）小分子有机化合物

有些小分子有机化合物可以作为酶的激活剂，如半胱氨酸、还原型谷胱甘肽等还原剂，能使酶中二硫键还原成巯基，从而提高了巯基酶的活性。木瓜蛋白酶和甘油醛-3-磷酸脱氢酶都属于巯基酶，在它们分离纯化过程中，往往需加入上述还原剂，以保护巯基不被氧化。一些金属螯合剂如 EDTA（乙二胺四乙酸）等能除去重金属离子对酶的抑制，也可视为酶的激活剂。

（三）具有蛋白质性质的大分子物质

另外，酶原可被一些蛋白酶选择性水解肽键而激活，这些蛋白酶也可以看作激活剂。在酶提取或纯化过程中，激活剂容易丢失。

七、抑制剂对酶促反应速度的影响

酶是蛋白质，凡是可使酶蛋白变性而酶活力丧失的作用称为失活作用（inactivation）。使酶活力下降但并不引起酶蛋白变性的作用称为抑制作用（inhibition）。某些物质不引起酶蛋白变性，但能使酶分子上某些的必需基团（酶活性中心上的一些基团）发生变化，引起酶活力的降低，甚至丧失，此类物质称为酶的抑制剂（inhibitor）。抑制作用与变性作用是不同的。变性剂对酶的变性作用是无选择性的，而一种抑制剂只能使一种酶或一类酶产生抑制作用，因此抑制剂对酶的抑制作用是有选择性的。

研究酶的抑制作用是研究酶的结构与功能、酶的催化机制以及阐明代谢途径的基本手段，也可以为新药物和新农药的合理设计提供理论依据，因此抑制作用的研究不仅有重要的理论意义，而且在实践上有重要价值。

根据抑制剂与酶作用的方式及是否可逆，可将抑制作用分为可逆抑制与不可逆抑制两大类。

（一）不可逆抑制作用

抑制剂与酶以共价键与酶蛋白中的必需基团结合，使酶活力降低，甚至丧失，丧失活力的酶不能用透析、超滤等方法除去抑制剂而恢复酶活力，实质是酶的修饰抑制。不可逆抑制剂可以分为4类，即基团特异性抑制剂、底物类似物抑制剂、过渡态类似物抑制剂和自杀型抑制剂。

1. 基团特异性抑制剂

此类抑制剂在结构上与底物无相似之处，可以和一类或几类基团反应。它们不但能和酶活性中心上的必需基团作用，同时也能和相应的非必需基团作用。这类抑制剂主要是一些修饰氨基酸侧链基团的化学试剂。它可与氨基、巯基、羟基、胍基及酚羟基反应。常见的例子有：有机磷化合物、烷化剂和有机汞、砷化合物等。

有机磷化合物能够与酶活力有关的丝氨酸的羟基结合，从而抑制某些蛋白酶及酯酶。这类化合物都有强烈地抑制与中枢神经系统有关的乙酰胆碱酯酶活力的作用。乙酰胆碱酯递质酶在神经递质乙酰胆碱的代谢中起重要作用。正常机体在神经兴奋时，神经末梢释放出乙酰胆碱传导刺激。乙酰胆碱发挥作用后，被乙酰胆碱酯酶水解为胆碱和乙酸，若被抑制，神经末梢分泌的乙酰胆碱不能及时地分解掉，造成乙酰胆碱的积蓄，以致肌肉过分收缩，导致肌肉痉挛，最终导致死亡。因此这类物质又称神经毒剂，如二异丙基氟磷酸（DIPF）、甲基氟磷酸异丙酯（沙林）、作为有机磷农药和杀虫剂的 1605、敌百虫、敌敌畏等。有机磷化合物与酶分子上丝氨酸羟基的作用如图 5-18 所示。有机磷化合物与酶结合后虽然不解离，但使用亲核性更强的试剂（解磷定-2-甲醛肟吡啶碘甲烷盐），使被共价修饰的 Ser 残基的侧链羟基恢复自由。临床上它们作为有机磷中毒后的解毒药物。

烷化剂：其中最主要的是含卤素的化合物，如碘乙酸、碘代乙酸、碘乙酰胺等。它们可使酶中巯基烷化，从而使酶失活。常用作鉴定酶中巯基的特殊试剂。

有机汞、砷化合物：这些化合物能与许多巯基酶的活性巯基结合使酶活力丧失。如路易氏气、砒霜类、对氯汞甲酸等。这类抑制剂对巯基酶引起的抑制作用，可通过加入过量的巯基化合物，如半胱氨酸、还原型谷胱甘肽、二巯基丙醇、二巯基丙磺酸钠等而使酶恢复活性，解除抑制。它们常被称为巯基酶保护剂，可被用作砷、汞、重金属等中毒的解毒剂。

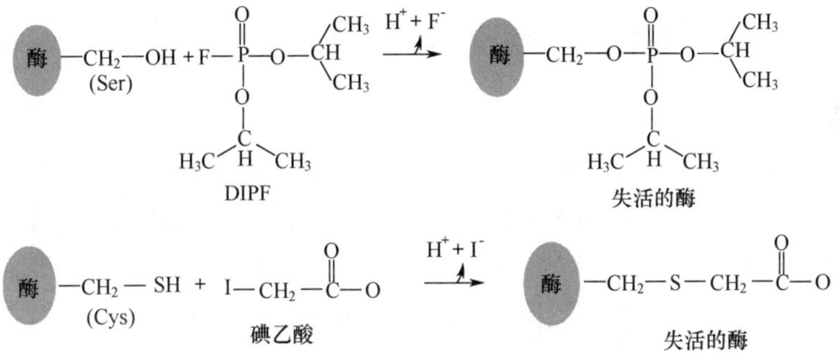

图 5-18　DIPF、碘乙酸对酶的抑制机制

2. 底物类似物抑制剂

该类抑制剂具有与底物类似的结构，它们能与特定的酶结合，其结构中还带有一个活泼的化学基团可以与酶分子中的必需基团反应，使酶活力受到抑制。该类抑制剂与竞争性抑制剂的差别在于后者缺乏反应性基团。在酶作用机制的研究中，巧妙地利用这一类抑制剂可以对酶分子活性中心进行亲和标记，以确定反应的必需基团。

例如，甲苯磺酰苯丙氨酰氯甲酮（TPCK）为胰凝乳蛋白酶的底物类似物，在与胰凝乳蛋白酶的活性中心结合以后，导致酶活力受抑制（图 5-19）；甲苯磺酰赖氨酰氯甲酮（TLCK）为胰蛋白酶的底物类似物，在与胰蛋白酶活性中心结合后，共价修饰活性中心的 His 残基，导致酶活力的丧失。

3. 过渡态类似物抑制剂

这一类抑制剂与酶促反应的过渡态极为相似，它们在化学结构和分子形状上与酶活性中心十分般配，能以极高的亲和力与活性中心结合，从而导致底物无法进入而使得酶活力受到不可逆性抑制。有些生物使用天然的过渡态类似物来抑制酶的活力，例如，胰腺细胞里有一种胰蛋白酶的过渡态类似物称为胰蛋白酶抑制剂，它的功能就是抑制在胰腺细胞内提前激活的胰蛋白酶的活性，保护细胞，防止细胞发生自溶。

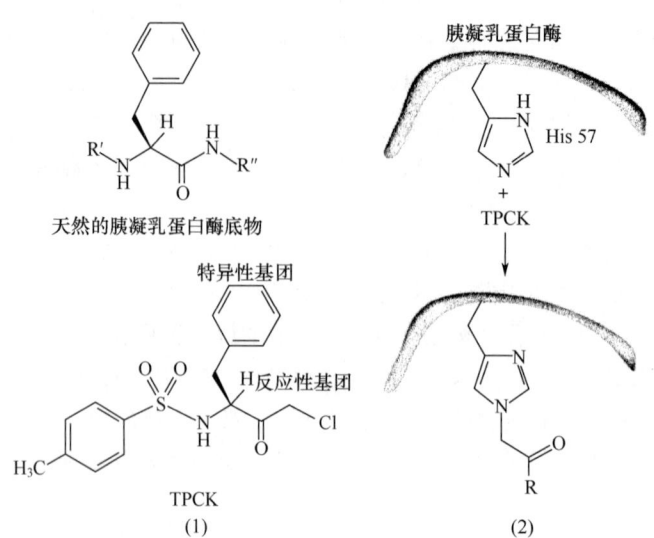

图 5-19　甲苯磺酰苯丙氨酰氯甲酮（TPCK）对胰凝乳蛋白酶活性中心 His 的亲和标记

4. 自杀性抑制剂

这类抑制剂是根据酶催化过程设计的，它们与底物类似，既能与酶结合，也能被催化发生反应，在它们的结构中还含有一种潜伏的反应基团，当酶对它进行催化反应时，其潜伏的反应基团被暴露或激活，并与酶的活性部位发生共价结合，使酶不可逆失活。此种抑制剂专一性强，又是经酶催化后引起，故有人把这种抑制剂称为酶的自杀性底物。

以 N,N-二甲基炔丙胺（DMPA）为例，它作为单胺氧化酶（MAO）的自杀型抑制剂，在与酶结合以后被氧化，反过来共价修饰酶的黄素辅基，导致酶活力不可逆抑制。由于 MAO 在体内能催化多巴胺和血清素等神经递质脱氨，促进它们在脑内水平的下降，而帕金森病和抑郁症分别与低水平多巴胺和血清素有关，因此可以使用 DMPA 来提高多巴胺和血清素的水平，从而达到治疗这两种疾病的目的。

（二）可逆性抑制作用

抑制剂与酶以非共价键结合而引起酶活力降低或丧失，可用透析、分子筛过滤等物理方法除去抑制剂而使酶的活力恢复，这种抑制作用是可逆的，称为可逆抑制（reversible inhibition）。

1. 可逆抑制的类型

根据抑制剂与底物的关系，可将可逆性抑制作用分为 3 种类型，即竞争性抑制、非竞争性抑制和反竞争性抑制。

（1）竞争性抑制（competitive inhibition）　是最常见的一种可逆抑制作用。

竞争性抑制剂有两类：

第一类是抑制剂（I）与底物（S）在化学结构和分子形状上有很强的相似性，抑制剂和底物竞争酶的结合部位，从而影响了底物与酶的正常结合。因为酶的活性部位不能同时既与底物结合又与抑制剂结合，因而在底物和抑制剂之间产生竞争，形成一定的平衡关系。竞争性抑制剂与酶的活性部位结合形成可逆的 EI 复合物，但 EI 复合物不能分解成产物（P），故酶促反应速率下降。

第二类是抑制剂与底物在化学结构和分子形状上无相似之处，因此抑制剂并不在活性中心与酶结合，而是在活性中心以外的地方结合，然而，它们一旦结合上去，酶的构象发生变化，从而导致活性中心不能再结合底物。同样，如果底物先与活性中心结合，就会导致抑制剂结合部位发生变化，致使抑制剂无法再与酶结合，因此，这一类竞争性抑制剂与底物在和酶结合位点上也是相互排斥的。

竞争性抑制剂抑制程度取决于底物与抑制剂的相对浓度，这种抑制作用可通过增加底物浓度而解除。作为竞争性抑制剂两个最典型的例子，一是丙二酸，为琥珀酸的类似物，能竞争性抑制琥珀酸脱氢酶的活性，从而阻断三羧酸循环。

$$FAD + \underset{\text{琥珀酸}}{\begin{array}{c} COO^- \\ | \\ CH_2 \\ | \\ CH_2 \\ | \\ COO^- \end{array}} \xrightarrow{\text{琥珀酸脱氢酶}} \underset{\text{反丁烯二酸}}{\begin{array}{c} {}^-OOC \quad H \\ \diagdown \quad / \\ C=C \\ / \quad \diagdown \\ H \quad COO^- \end{array}} + FADH_2 \qquad FAD + \underset{\text{丙二酸}}{\begin{array}{c} COO^- \\ | \\ CH_2 \\ | \\ COO^- \end{array}} \xrightarrow[\times]{\text{琥珀酸脱氢酶}} \text{无反应}$$

另一个是磺胺类药物，是对氨基苯甲酸的类似物，可竞争性结合细菌的二氢叶酸合成酶，从而抑制了细菌生长所必需的二氢叶酸合成，使细菌核酸合成受阻，进而抑制了细菌的生长和繁殖。

对氨基苯甲酸　　　　　　　　磺胺

（2）非竞争性抑制（noncompetitive inhibition）　　这类抑制作用的特点是底物和抑制剂同时和酶结合，两者没有竞争作用。酶与抑制剂结合后，还可以与底物结合，形成三元复合物 ESI；酶与底物结合后，也可以与抑制剂结合，形成三元复合物 ESI。但是中间复合物 ESI 不能进一步分解为产物，因此酶活力降低。这类抑制剂与酶活性部位以外的基团相结合，其结构与底物无共同之处，这一点似乎和与底物结构无相似性的竞争性抑制剂很像，但是非竞争性抑制剂并不阻止底物与酶活性中心结合，只阻止底物转变为产物。

既然非竞争性抑制剂和底物能够同时与酶结合形成酶-底物-抑制剂三元复合物（ESI），这就意味着抑制剂在高浓度或低浓度下能够等效地发挥抑制作用，也就是这种抑制作用不能用增加底物浓度来解除抑制。

例如亮氨酸是精氨酸酶的一种非竞争性抑制剂。某些金属离子 Ag^+、Cu^{2+}、Hg^{2+}、Pb^{2+} 等对酶的抑制作用也属于非竞争性抑制，这类抑制剂可以与酶的活性中心之外的巯基可逆结合，这种巯基对于酶活力来说也是很重要的，因为它们帮助维持酶分子的构象。此外，EDTA 结合金属引起的抑制也属于非竞争性抑制，如它对需要 Mg^{2+} 的己糖激酶的抑制作用。

（3）反竞争性抑制（uncompetitive inhibition）　　抑制剂 I 不能与游离酶 E 结合，只能和酶-底物复合体（ES）结合，形成 ESI，ESI 不能转化成产物。反竞争性抑制作用常见于多底物反应中，而在单底物反应中比较少见。有人证明，L-苯丙氨酸对碱性磷酸酶的抑制作用是反竞争性抑制，肼类化合物抑制胃蛋白酶、氰化物抑制芳香硫酸酯酶的作用也属于反竞争性抑制。

2. 可逆抑制作用的动力学

下面介绍 3 种可逆抑制剂类型的动力学。

（1）**竞争性抑制作用** 在竞争性抑制中，底物或抑制剂与酶的结合都是可逆的，存在着如图 5-20 所示的平衡式。

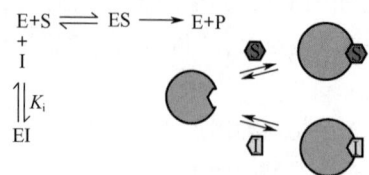

图 5-20 竞争性抑制中的平衡式

竞争性抑制的动力学方程为：

$$v=\frac{v_{\max}[S]}{K_m\left(1+\dfrac{[I]}{K_i}\right)+[S]}, \text{式中 } K_i=\frac{[E][I]}{[EI]}$$

令 $K'_m=K_m\left(1+\dfrac{[I]}{K_i}\right)$，$v=\dfrac{v_{\max}[S]}{K'_m+[S]}$

双倒数方程为：

$$\frac{1}{v}=\frac{K_m}{v_{\max}}\left(1+\frac{[I]}{K_i}\right)\frac{1}{[S]}+\frac{1}{v_{\max}}$$

竞争性抑制曲线如图 5-21 所示。

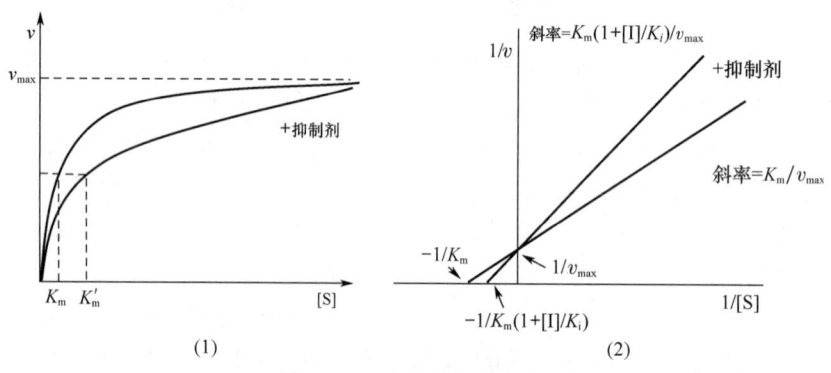

(1)　　　　　　　　　　(2)

图 5-21 竞争性抑制曲线

(1) v-[S] 关系曲线　(2) $1/v$-$1/$[S] 关系曲线

（2）**非竞争性抑制** 在非竞争性抑制中存在着如图 5-22 所示的平衡。

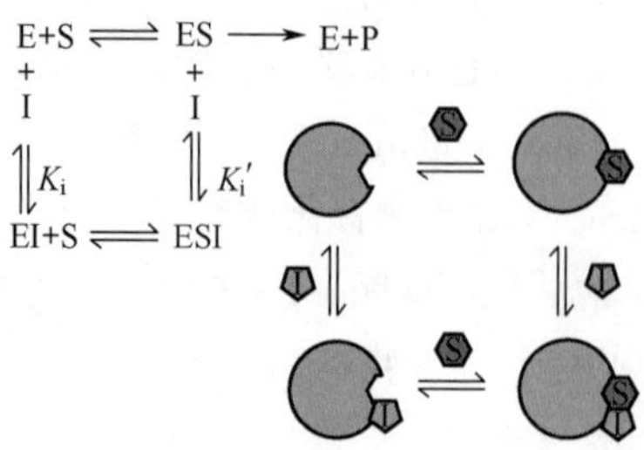

图 5-22 非竞争性抑制中的平衡式

非竞争性抑制的动力学方程：

$$v = \frac{v_{max}[S]}{(K_m + [S])\left(1 + \frac{[I]}{K_i}\right)}$$

双倒数方程：

$$\frac{1}{v} = \frac{K_m}{v_{max}}\left(1 + \frac{[I]}{K_i}\right)\frac{1}{[S]} + \frac{1}{v_{max}}\left(1 + \frac{[I]}{K_i}\right)$$

非竞争性抑制曲线如图 5-23 所示。

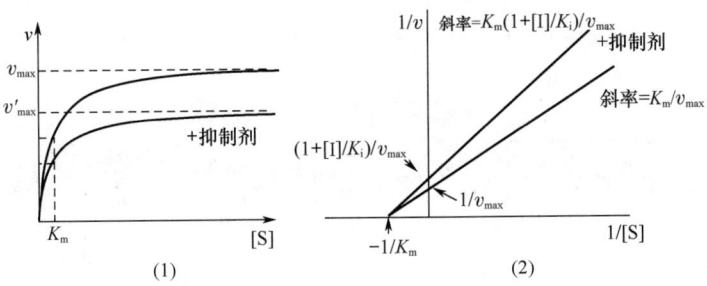

图 5-23　非竞争性抑制曲线

(1) v-[S] 关系曲线　(2) $1/v$-$1/$[S] 关系曲线

(3) 反竞争性抑制　这类抑制作用的特点是酶先与底物结合，然后才与抑制剂结合，存在着如图 5-24 所示的平衡：

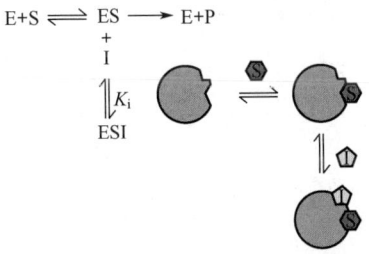

图 5-24　反竞争性抑制中的平衡式

反竞争性抑制的动力学方程：

$$v = \frac{v_{max}[S]}{K_m + [S]\left(1 + \frac{[I]}{K_i}\right)}$$

双倒数方程：

$$\frac{1}{v} = \frac{K_m}{v_{max}}\frac{1}{[S]} + \frac{1}{v_{max}}\left(1 + \frac{[I]}{K_i}\right)$$

反竞争性抑制曲线如图 5-25 所示。
现将无抑制剂和有抑制剂时的米氏方程的 v_{max} 和 K_m 的变化，归纳于表 5-7。

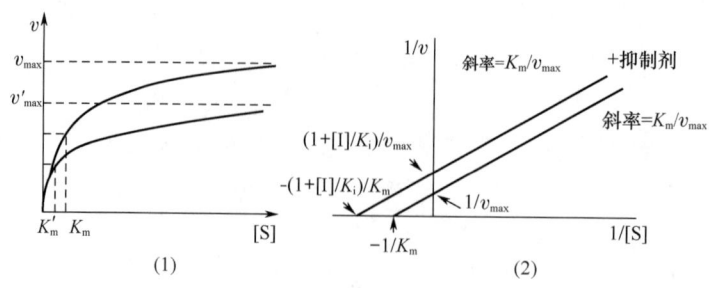

图 5-25　反竞争性抑制曲线

(1) v-[S] 关系曲线　(2) $1/v$-$1/$[S] 关系曲线

表 5-7　不同类型可逆抑制剂作用的米氏方程和常数

类型	方程式	v_{max}	K_m
无抑制剂	$v = \dfrac{v_{max}[S]}{K_m + [S]}$	v_{max}	K_m
竞争性抑制	$v = \dfrac{v_{max}[S]}{K_m\left(1 + \dfrac{[I]}{K_i}\right) + [S]}$	不变	增加
非竞争性抑制	$v = \dfrac{v_{max}[S]}{(K_m + [S])\left(1 + \dfrac{[I]}{K_i}\right)}$	减小	不变
反竞争性抑制	$v = \dfrac{v_{max}[S]}{K_m + [S]\left(1 + \dfrac{[I]}{K_i}\right)}$	减小	减小

第四节　酶活力的测定和分离纯化

酶催化的高效性和高度专一性，使得人们一直努力地将它应用到研究、工业、农业和医药等领域中。因此酶的分离纯化和酶的活力测定是酶学研究、酶制剂生产和应用中必不可少的工作。本节主要介绍常见的酶活力测定方法、酶纯化方案的设计原理等。

一、酶活力的测定

（一）酶活力的表示方法

1. 酶活力

在酶的分离和纯化过程中，随时需要对酶进行定量分析。但是由于酶的纯度通常不高，且可能有一部分处于非活性或部分活性状态，因此，在某一个过程中出现或使用的酶量很难用绝对的量纲去确定。而且，如果一种酶丧失了它的催化活性，即使再纯、再多，也没有任何意义。基于上述情况，酶学家对酶进行定量时，通常根据酶具有专一性催化能力的特点，用酶活力表示酶的存在数量。

酶活力是指酶催化一定化学反应的能力。酶活力的大小，规定用单位制剂中的酶活力单位数表示。对液体酶制剂，用每毫升酶液中的酶活单位数（U/mL）表示；对酶的粉质，用每克酶制剂中的酶活单位数（U/g）表示。在一定的条件下，酶的活力大小表现在反应速度上。酶促反应速度越大，表明酶活力越高；反之，酶活力就越低。所以，通过测定酶促反应速度，可以了解酶活力大小。

2. 酶活力单位（U）

酶活力单位是人为规定的一个对酶进行定量描述的基本度量单位，其含义是在一定反应条件下，单位时间内完成一个规定的反应量所需的酶量。这里的反应条件是酶反应的最适条件。单位时间有的用1min，有时用1h等。反应量可用底物减少的量，也可用产物增加的量。

实践中，往往对同一种酶，不同研究者所定义的酶活力单位不一样，因此，用酶活单位表达的酶活力也就失去了彼此参比的意义。为此，1961年国际生化学会酶学委员会对酶活力单位做了统一的规定：一个酶活力国际单位（IU）是指酶在最适条件下（最适底物、最适pH、最适缓冲液的离子强度及25℃），每分钟催化 1.0μmol 底物转化为产物的酶量，即 1IU = 1.0μmol/min。除了上述对酶活力单位的定义外，国际纯粹与应用化学联合会在1972年，还推荐了一种新的活力国际单位，即 Katal（简称 Kat）单位，规定为：在最适条件下，每1s 催化 1.0mol 底物转化为产物所需的酶量，1Kat = 1.0 mol/s。Kat 和 IU 之间的换算关系为：1Kat = 6×10^7 IU，1IU = 16.67×10^{-9} Kat。

国际单位虽然可以作为统一的标准进行酶活力的比较，但这样的单位实用性仍不强，所以，人们常用习惯沿用的单位。例如，α-淀粉酶活力单位规定为：每小时催化分解 1g 可溶性淀粉的酶量为一个酶单位。也有规定每小时分解 1mL 2% 可溶性淀粉溶液为无色糊精的酶量为一个酶单位。对蛋白酶规定：在规定条件下，每分钟分解底物酪蛋白产生 1μg 酪氨酸所需的酶量为一个酶单位。习惯上沿用的单位表示方法不统一，同一种酶有几种不同的单位，所以，当应用任何一种酶制剂时，不能只看有多少单位，还要注意所采用的单位是怎样定义的，是在什么条件下进行反应，用什么方法测定的。

3. 比活力

为了更好地表明一个种酶的纯度，国际生化学会推荐使用比活性或比活力（specific activity）来表示酶的纯度，通常是指每毫克蛋白质所含酶活单位数（U/mg）。显然，对同一种酶而言，比活力越高，酶纯度就越高。

$$比活力 = 活力单位/mg 蛋白 = 总活力单位/mg 总蛋白$$

有时用每克酶制剂中的酶活单位数（U/g）或每毫升酶液中的酶活单位数（U/mL）来表示比活力。比活力大小可以用来比较单位质量蛋白质的催化能力。比活力是酶学研究及生产中经常使用的数据。

在酶的分离纯化过程中，需要时刻关注比活力的变化，对每步纯化方法做出评价。随着纯化处理，去杂蛋白，酶的比活力会逐步提高，当酶的比活力不能再增加的时候，此酶可视为高纯度。然而还需要注意的是，酶的比活力和酶的稳定性有密切相关。任何一种酶的比活性都会随时间的推移而下降，稳定性越差，比活力下降得就越快。

（二） 酶活力测定的方法

测定一种酶的活力实际上就是测定它所催化的化学反应的最佳反应速率。而测定反应速率的方法原则上有两种，一种是检测单位时间内底物的减少量，另一种是测定单位时间内产物的增加量。使用后一种方法更为常见，原因是当测定反应的初速率时，产物量的变化是从无到有，其变化更为敏感。

既然酶促反应速率受到多种因素的影响，那么检测酶活力时，就应该尽可能让酶本身的催化能力充分展示出来，一切不利于酶促反应的因素都应当被降到最低。总的原则是：①反应条件为最适条件，包括最适 pH、最适温度和最适离子强度等；②反应速率为初速率，通常以底物浓度的变化在起始浓度的5%以内的速率为初速率；③底物浓度过量。

在采用上述原则后，测定一种酶活力最为关键的一步就是选择一种检测底物量或产物量变化的方法。然而，不同酶促反应的底物或产物在结构上千差万别，有的很容易检测，有的则不然。于是，人们根据底物或产物的结构和性质设计了不同的检测方法，综合起来，通常有以下3种。

1. 直接测定法

使用直接测定法的酶促反应的产物或底物会产生明确的可检测信号，只需利用专门的仪器就可以直接测定出它们的变化。例如，使用专门的放射性同位素计数仪，可测定被放射性同位素标记的底物量的变化；使用分光光度计，可在特定的波长检测具有光吸收的底物或产物量的变化；使用荧光光谱测定法，可测定能发出荧光的底物或产物量的变化。

以细胞色素氧化酶为例，它催化的反应是：细胞色素 c（Fe^{2+}）→ 细胞色素 c（Fe^{3+}）。由于底物（还原型细胞色素 c）和产物（氧化型细胞色素 c）具有不同的光吸收性质，前者在560nm 有吸收峰，后者无，因此通过分光光度计测定在单位时间内光吸收在560nm 处的减少，就可以测定这种酶的活力。

2. 间接测定法

使用间接测定法测定的酶促反应的产物和底物都无法提供明确的可检测信号，因此不能直接测定，但是可以将释放的产物与一个能产生特定的可检测信号的非酶促反应偶联在一起，进行间接的测定。以二氢乳清酸脱氢酶测定为例，反应是以二氢乳清酸和氧化态辅酶 Q 为底物，产生乳清酸和还原态辅酶 Q。如果反应系统中存在氧化态的二氯酚靛酚（DCPIP），它会与还原态辅酶 Q 起反应，将辅酶 Q 重新氧化成氧化态，而它自身则还原成还原态。由于还原态的 DCPIP 无色，氧化态的 DCPIP 呈深蓝色，因此可以利用 DCPIP 颜色的变化间接测定二氢乳清酸脱氢酶的活性。

3. 偶联测定法

偶联测定法的原理是将一个难以测定的酶反应跟一个容易测定的酶促反应偶联在一起，通过测定第二个酶促反应来测定第一个酶的活性。例如，己糖激酶催化的反应，该反应的产物6-磷酸葡萄糖可以作为第二个反应6-磷酸葡萄糖脱氢酶的底物，在此酶的催化下，6-磷酸葡萄糖脱氢转变为6-磷酸葡萄糖酸内酯，同时 $NADP^+$ 还原成 NADPH。由于 NADPH 在340nm 处有吸收峰，因此可以通过分光光度计测定340nm 处光吸收的增加来间接测定己糖激酶的活性。在选择偶联法测定酶活力的时候，必须让第一个酶促反应成为总反应的限速步骤，即必须保证第一个酶反应产物能立即被第二个酶利用。这可以通过让第二个酶过量来实现，否则，第二个酶促反应不能准确反应第一个酶的活性。此外，在设计两个偶联反应时，最好能兼顾到两个酶促反应的最适条件，同时注意到抑制剂或底物对两个酶可能的抑制作用。

二、酶的分离和纯化

（一）酶分离、纯化的一般原则与注意事项

绝大多数酶的化学本质是蛋白质，通常用来分离、纯化蛋白质的方法基本上都适用于酶的分离、纯化。由于各种酶的特性和发酵生产方式的差异及对酶的纯度要求不尽相同，故酶的分离提纯方法是各种各样的。

酶一般不太稳定，提纯过程中，酶纯度越高，越不稳定。在酶分离提纯中需要注意以下几个问题。

1. 防止酶蛋白变性

在酶的提纯过程中，要使整个操作尽可能在低温下进行，尤其是在用有机溶剂沉淀时更应注意控制低温和缩短时间。调整 pH 时应避免局部过酸或过碱，在选择 pH 时，同时要考虑酶的稳定 pH 范围和酶的溶解度。剧烈搅拌易引起蛋白质变性，因而在提纯中要避免剧烈搅拌和产生泡沫。

有些酶以金属离子或小分子有机化合物为辅助因子，经过透析等方法处理过的制剂，应补充流失的辅助因子。

2. 要随时测定酶活力

在提纯过程中的每一步骤中都必须测定酶的活力和蛋白质含量，以便计算酶的总活力和比活力，借以追踪酶的去向，了解每一提纯步骤的回收率和提纯倍数，掌握提纯效果，便于及早发现问题及解决问题。

3. 酶制剂的纯度应与使用目的相适应

酶的纯化过程越长，损失越多，所以酶制剂的纯度要求应与使用目的相适应，不要片面追求高纯度。例如，食品工业用酶允许含有蛋白质及多糖类杂质，不允许含有有毒物质和大量无机盐。在符合质量标准的前提下，尽可能缩短流程，以提高收率，降低成本。研究酶的性质、结构、反应动力学、阐明代谢途径等需要高纯度的酶。

（二）酶分离纯化一般流程

酶的分离提纯通常包括两方面的工作，一是把酶从很大体积浓缩到很小体积，二是把酶中大量的杂蛋白和其他大分子物质分离出去。酶的分离提纯一般流程：

起始材料（细胞）→细胞破碎→离心→分级沉淀（盐或等电点沉淀等）→透析
→离子交换层析＊→疏水层析＊→凝胶过滤层析＊→产物

＊表示可以选择的手段，它们的先后次序需要根据具体酶的性质做适当的调整。需要注意的是，每一步完成以后取得的进展可以通过以下几种方法进行鉴定：①测定回收到的蛋白量；②测定回收到的酶总活性；③凝胶电泳和比活性的测定，以观测目标酶纯度和杂蛋白条带的变化。

当纯化完成后，绘制一张酶纯化表（表5-8），在表中注明每一步纯化得到的数据：①酶溶液体积（mL）；②酶溶液蛋白质含量（mg/mL）；③酶溶液活力（U/mL）；④酶总活力（U）＝酶活力（U/mL）×体积（mL）；⑤比活力（U/mg）＝酶活力（U/mL）/蛋白质含量（mg/mL）；⑥总蛋白（mg）＝酶溶液蛋白质含量（mg/mL）×体积（mL）；⑦得率＝每步骤的总活力/第一步骤的总活力，以百分比表示，第一步骤的得率定为100%；⑧纯化倍数＝每步骤的比活力/第一步骤的

比活力。起始时的纯化倍数定为1。

一个正常、较合理的纯化程序，随着纯化的进行，由于杂蛋白不断去除，总蛋白量会逐渐减少。在纯化操作过程中，酶分子不可避免地受到各种变性因素的影响而部分失活，如搅拌、有机溶剂、温度等，另外，去除杂蛋白过程中不可避免地将部分酶分子和杂蛋白一起弃去，使得总活性会逐渐降低，回收率也逐渐降低，但比活性不断增加，纯化倍数总体会越来越高。

以某细菌分泌的某种胞外酶的分离纯化为例，说明各分离步骤指标的计算。将细菌发酵液离心，弃去菌体沉淀（胞外酶在上清液中），得上清液1000mL，测定总蛋白为100mg，总活力为2000U。经过硫酸铵盐析，重新将沉淀溶解于去离子水中，透析完全后得100mL酶液，测定总蛋白为80mg，总活力为1800U。经过DEAE-纤维素柱层析纯化，收集得到100mL酶液，测定总蛋白为30mg，总活力为1500U。最后经过Sephadex G-100分子筛层析纯化，得到50mL酶液，测定总蛋白为15mg，总活力为1200U，经聚丙烯酰胺凝胶电泳检测，显示单条酶带。纯化表见表5-8。

表5-8　　　　　　　　　　　　酶纯化表

步骤	总体积/mL	总蛋白/mg	总活力/U	比活力/(U/mg)	纯化倍数	得率/%
离心	1000	100	2000	20.0	1.00	100
盐析	100	80	1800	22.5	1.13	90
离子交换	100	30	1500	50.0	2.5	75
凝胶过滤	50	15	1200	80.0	4	60

另外，要注意酶制剂的保存。酶制剂易受各种因素的影响而渐渐变性失活。在贮存过程中，必须注意环境条件，特别是低温、干燥和避光这三条。冷冻干燥的酶粉在低温下可以较长时期保存。酶溶液浓度越低越易变性，因此不能保存酶的稀溶液。

第五节　酶 的 应 用

一、酶在食品加工中的应用

1. 酶在淀粉加工中的应用

用于淀粉加工的酶有 α-淀粉酶、β-淀粉酶、葡萄糖淀粉酶、葡萄糖异构酶、脱支酶、环糊精葡萄糖基转移酶等。用 α-淀粉酶将淀粉水解成糊精，然后加入上述各种酶，制成各种淀粉糖浆，如高麦芽糖、葡萄糖、果糖、果葡糖浆等。各种淀粉糖浆，糖成分不同其性质也不同，风味各异。

2. 酶在乳制品加工中的应用

用于乳制品加工的酶有凝乳酶、乳糖酶、过氧化氢酶、溶菌酶及脂肪酶等。凝乳酶用于制造干酪；乳糖酶用于分解牛乳中的乳糖；脂肪酶可增加干酪和黄油的香味等。

3. 酶在水果加工中的应用

用于水果加工和保藏的酶有果胶酶、纤维素酶、半纤维素酶、葡萄糖氧化酶和过氧化氢酶等。果胶是水果的成分，在果汁加工中会导致果汁过滤和澄清发生困难。果胶酶可以催化果胶分解。工业上用果胶酶处理破碎的水果，可以加速果汁过滤，促进果汁澄清，提高果汁产率。在制造橘子罐头时，用纤维素酶、半纤维素酶和果胶酶的复合酶处理橘瓣，可以从橘瓣上去囊衣。用葡萄糖氧化酶和过氧化氢酶处理橙汁，可以除去橙汁中的 O_2，从而使橙汁在贮藏期间保持原有的色、香、味。

4. 酶在酒类酿造中的应用

啤酒以大麦芽为原料，在大麦发芽过程中，由于呼吸使大麦中淀粉消耗很大，很不经济。因此，啤酒厂常用大麦、大米、玉米等作为辅料来代替一部分大麦芽，但这将引起淀粉酶、蛋白酶和 β-葡聚糖酶不足，使淀粉糖化不充分，蛋白和 β-葡聚糖的降解不足，从而影响了啤酒的风味和产率。工业生产中，使用微生物的淀粉酶、中性蛋白酶和 β-葡聚糖酶等酶制剂来处理上述原料，可以补偿原料中酶活力不足的缺陷，从而增加发酵度，缩短糖化时间。

糖化酶代替麸曲，用于制造白酒、黄酒、酒精，可以提高出酒率，节约粮食，简化设备等。

果胶酶、酸性蛋白酶、淀粉酶用于制造果酒，可以改善果实的压榨过滤，使果酒澄清。

5. 酶在肉、蛋、鱼类加工中的应用

老龄动物的肌肉，由于其结缔组织中胶原蛋白高度交联，机械强度很大，烹煮时不易软化，难以咀嚼。用木瓜蛋白酶、米曲蛋白酶等处理，可以水解胶原蛋白，从而使肌肉嫩化。用葡萄糖氧化酶和过氧化氢酶共同处理，可去除禽蛋中的葡萄糖，消除禽蛋产品"褐变"的现象。

6. 酶在面包与焙烤食品制造中的应用

由于陈面粉酶活力低，发酵能力低，因而用陈面粉制造的面包体积小、色泽差。在陈面粉团添加 α-淀粉酶等酶制剂可以提高面包的质量，此外，添加 α-淀粉酶，可以防止糕点老化；添加蛋白酶，可以使通心面条风味佳、延伸性好。

二、 酶在轻化工业中的应用

1. 酶在纺织业中的应用

酶已经在纺织工业的多个工艺流程中发挥着重要的作用。例如，纤维素酶可代替浮石打磨出流行的效果，称为"酶洗"，可减少对衣物的伤害、对机器的磨损及对环境的污染，节约了水资源。同时纤维素酶可使织物呈现明亮的色泽，并赋予织物永久性的柔软度及抗起毛、抗起球的性能。过氧化氢酶应用于氧漂的生物净化，即在染色之前，去除氧漂后残留于纺织品及其工艺环境中的过氧化氢。氧漂生物净化使染色质量稳定、染色更安全。另外，可利用复合脱胶酶去除麻类纤维中的果胶、半纤维素等杂质，改善麻纤维的可纺性能、染色性能和手感。淀粉酶用于织物表面的退浆处理。

2. 酶在洗涤剂工业中的应用

衣物被血渍、牛乳、果汁、酱油油脂等污染后，如用普通洗涤剂，一般很难消除这些污渍。如若在洗涤剂中加入相应的酶，洗涤将变得非常容易。不同酶有利于各种不同污渍的分解、洗净。如蛋白酶可以除去青草、血液等蛋白质为基质的污渍；脂肪酶有助于除去来自人体皮脂以及某些化妆品的油脂污渍；淀粉酶用于清除淀粉基食品的残余；果胶酶、花青素酶可用于洗去果汁、果胶及色素；纤维素酶用于织物的颜色护理、柔软以及微粒污垢的清除。

3. 酶在化妆品生产中的应用

将蛋白酶、胶原酶或脂肪酶加入面霜、洗发香波中可溶解皮屑角质，消除皮脂，使皮肤柔嫩并促进皮肤的新陈代谢，增加皮肤对药物的吸收。在头发处理方面，用酶法制成的用于永久染色和定型的染色剂和氧化剂，不仅对发质无损，其染发着色较传统方法均匀，定型效果经久不变。

4. 酶在造纸工业中的应用

在制浆、蒸煮过程就是用化学药品溶出、脱除木素的过程，不但要用到各种化学药品，而且成本高、能耗大，使用漆酶降解木素，方法简单，对环境无污染。原料的木素经过漆酶的降解成低分子质量木素，增加了木素的溶出和被抽提的能力，从而实现木素与纤维素、半纤维素的分离。在废纸脱墨中，利用纤维素酶、脂肪酶等生物酶，使油墨从纤维上游离出来，然后用传统的脱墨工艺分离出油墨。酶法脱墨浆较之常规碱法脱墨浆具有游离度高、滤水性能好、物理性能优、白度高和残余油墨量低的优点，并且可以缩短脱墨时间。在纸浆漂白过程中，用漆酶、木聚糖酶、半纤维素酶预处理能改善纸浆的可漂性，减少后续漂白剂的用量和提高漂白效果。

三、 酶在医学上应用

1. 酶作为药物用于临床治疗

胃蛋白酶、胰蛋白酶、胰脂肪酶、胰淀粉酶等可助消化；胰蛋白酶、胰凝乳蛋白酶、溶菌酶、木瓜蛋白酶、菠萝蛋白酶等可用于进行外科扩创、化脓伤口的净化、浆膜粘连的防治和一些炎症的治疗；链激酶、尿激酶、纤溶酶等可用于防治血栓等；天冬酰胺酶可以用于治疗白血病。

2. 酶作为药物靶点用于临床治疗

一些药物作为酶的竞争性抑制剂发挥作用。如磺胺类药物与二氢叶酸合成酶的底物对氨基苯甲酸结构相似，与其竞争结合二氢叶酸合成酶的活性中心，抑制二氢叶酸合成，从而造成细菌体内核苷酸合成障碍，抑制细菌生长繁殖。许多抗癌药物是核酸和蛋白生物合成酶的抑制剂。肿瘤细胞快速分裂增殖需要旺盛的核酸与蛋白质合成能力。抗癌药物如氨甲喋呤（MTX）、5-氟尿嘧啶（5-FU）、6-巯基嘌呤（6-MP）等，都是核酸合成代谢途径中酶的竞争性抑制剂，分别抑制四氢叶酸、脱氧胸苷酸及嘌呤核苷酸的合成，以抑制肿瘤细胞核酸的合成速度，从而抑制肿瘤细胞生长。

3. 酶在制药中的应用

酶在制药领域的应用越来越广泛。青霉素酰化酶可以裂解青霉素得到6-氨基青霉烷酸（6-APA），即无侧链青霉素，6-APA抑菌活力很小，但在6-APA分子上引入不同侧链，可以获得阿莫西林、氨苄西林等重要的半合成青霉素药物。6-APA是β-内酰胺抗生素工业中的重要中间体，用于生产6-APA的青霉素酰化酶是重要的医药用酶。

绝大多数的药物由手性分子构成，手性分子的两种异构体可能具有明显不同的生物活性。手性制药就是将其中单一对映体分离开，开发出药效高、副作用小的药物。手性药物除从天然产品中提取以外，拆分外消旋体（等量对映体的混合物）是最常用的方法。酶催化手性药物合成具有高度立体异构专一性、反应条件温和等特点，如脂肪酶对抗炎物萘普生的拆分、对用于治疗高血压和心肌梗死类疾病的 β-阻断剂普萘洛尔的中间体进行拆分等。

4. 酶在疾病诊断中的应用

在临床分析中，通过测量血清中的酶含量来提供组织受损的程度以及组织的活动性等方面的信息。如乳酸脱氢酶主要存在于心、肾、肝和肌肉组织中，当这些组织遭到损害时，会导致乳酸脱氢酶（LDH）升高，LDH 的升高与心肌梗死、肾损伤、肝炎及肌肉疾病等有关。肌酸激酶（CK）同工酶主要分布在心肌中，病毒性心肌炎、皮肌炎、肌肉损伤、肌营养不良、心包炎、脑血管意外及心脏手术等都可以使 CK 增高。它与天冬氨酸转氨酶、LDH 的测定结合进行，有助于急性心肌梗死的诊断和鉴别。尿酸氧化酶，用于测定血清和尿中的尿酸，有助于检查肾病、痛风症等疾病。转氨酶是体内氨基酸代谢过程中必不可少的，重要的转氨酶有两种，即丙氨酸转氨酶（ALT）和天冬氨酸转氨酶（AST），主要存在于肝脏、心脏和骨骼肌中。ALT 主要存在于肝细胞质中，AST 主要存在于肝细胞质的线粒体中。当肝细胞损伤时（如肝炎），ALT 首先进入血中，当肝细胞严重损伤、危及线粒体时，AST 也会进入血中。因此测定血清转氨酶活性是检查肝功能的重要指标。

四、酶应用与科学研究

酶在生物学、医学等研究领域中有广泛的应用。

溶菌酶又称胞壁质酶（或 N-乙酰胞壁质聚糖水解酶），是一种能够水解细菌细胞壁肽聚糖的碱性酶，主要破坏细胞中 N-乙酰胞壁酸和 N-乙酰氨基葡萄糖之间的 β-1，4 糖苷键，可用于细胞工程研究中原生质体的制备。Taq 酶是目前实验室最常用的 DNA 聚合酶之一。Taq 酶是一种来源于嗜热菌的高度热稳定的 DNA 聚合酶，可用于 PCR、DNA 标记和测序。T_4 连接酶催化相邻 DNA 或 RNA 链的 5′-P 端和 3′-OH 端形成磷酸二酯键的反应，可连接 DNA-DNA、DNA-RNA、RNA-RNA 和双链 DNA 黏端或平端，广泛应用于分子生物学研究。DNA 限制性内切核酸酶，是从细菌中分离出来的一种能在特异位点切割 DNA 分子的核酸内切酶，目前已从多种细菌中分离出 400 余种，能识别各自不同的核苷酸顺序，如 HindⅢ、EcoRⅠ、NotⅠ等，广泛应用于基因克隆的研究中。

另外，酶在环境保护、饲料养殖业等领域中都有广泛的应用。随着人类对酶研究的深入，基因工程以及酶工程技术的发展，酶的应用前景将会更加广阔。

【延伸阅读】

1. 科学故事——酶化学本质的确定

在阐明酶的化学本质过程中，美国科学家 James Batcheller Sumner 功不可没。Sumner 于 1887 年出生于美国马萨诸塞州，爱好物理和化学，也爱好打猎。17 岁外出打猎时，被同伴误伤左臂，不得不截去左前臂，因此他必须学会用右臂做事。1906 年，Sumner 进哈佛医学院专攻化学，1910 年毕业。1912 年，随 Otto Folin 教授学习化学，Folin 认为独臂人很难在化学方面获得成功，劝 Sumner 改学法律。Sumner 仍坚持己见，并在 1913 年获得硕士学位，1914 年获博士学位，随后到纽约康奈尔医学院任教。

1917 年他决定分离酶，并选择脲酶（urease）作为分离对象，起初并不成功。他在康奈尔医学院打算分离脲酶之前，曾用从大豆中制备的脲酶测定肌肉、血、尿中的尿素含量。1916年，有人发现南美刀豆中脲酶的含量比大豆多16倍。Sumner认为如此超常量的脲酶是可以用化学方法分离和鉴定的。Sumner选择富含脲酶的刀豆提取脲酶是他成功的第一步。Sumner在诺贝尔奖颁奖仪式上说："我之所以成功是因为幸运地选择了脲酶。"1917年，他开始从刀豆中分离和纯化脲酶。1921年，在他得到美国-比利时合作基金，决定到布鲁塞尔与写过有关酶书籍的Jean Effront一起工作。然而，Effront认为他分离脲酶的想法荒唐可笑，因此计划最终泡汤。回到美国以后，Sumner继续他的纯化脲酶的研究，1922年的一天，他没有使用以往用水、甘油和乙醇提取脲酶的方法，而改用30%丙酮。当他取出一滴丙酮抽提液放在显微镜下观察时，发现液体中长出许多小晶体，离心收集这些晶体后，发现它具有很高的脲酶活性，分离后的脲酶纯度一下子增加了700~1400倍，这是其他纯化方法难以比拟的，最终，Sumner分离出脲酶，此后他又做了一系列令人信服的实验，证明脲酶是蛋白质。成功分离和结晶脲酶起初得到很多生物学家的忽略和怀疑。1930年，John Howard Northrop从胃蛋白酶商品制剂中分离到了结晶的胃蛋白酶，之后他又结晶了一系列其他的酶，并用更严密的方法证明酶是蛋白质。酶本质的揭示为现代酶学的发展奠定了基础。1946年，Sumner和Northrop一起荣获诺贝尔化学奖。

2. 生活常识——甲醇或二甘醇的解毒

全球每年都有人因喝了工业酒精勾兑的假酒中毒致盲或致死的报道。另外，二甘醇作为一种保湿剂，曾广泛用在牙膏当中，只是到了2007年7月，在中国制造的牙膏先后在巴拿马和美国被指出二甘醇含量过高而遭到禁令后，人们才对它有所了解。但事实上，甲醇和二甘醇本身基本上都没有毒性，只是在它们进入人体以后，在人体内乙醇脱氢酶的催化下，被氧化后才有毒。如甲醇在视网膜中变成甲醛，就必然会影响到视觉的正常功能。

乙醇脱氢酶主要存在于肝细胞，其生理功能显然不是为贪杯者准备的，而是为了帮助机体代谢从食物中带入体内的乙醇，或者由肠道细菌发酵产生的乙醇。在视网膜细胞中，也有乙醇脱氢酶，但它的生理功能是促进视黄醇变为视觉产生必需的视黄醛。

乙醇脱氢酶的底物不止乙醇，还有视黄醇、甲醇、异丙醇和二甘醇，但对乙醇的K_m值最小，因此，在同等条件下，乙醇脱氢酶优先与乙醇结合，并将乙醇脱氢，产生乙醛。如果其他底物与乙醇脱氢酶结合，也可以脱氢产生相应的氧化产物。不过甲醇脱氢产生的甲醛和二甘醇脱氢产生的2-羟基乙氧基乙醛对机体是有剧毒的，如果不小心摄入甲醇或二甘醇到体内，只要它们不和肝细胞内的乙醇脱氢酶结合，就是安全的，因此，当有人不小心摄入少量的甲醇和二甘醇后，为了防止其中毒，可以让其饮入少量的优质白酒，这实际就是利用乙醇与乙醇脱氢酶的亲和力较高，而阻止甲醇或二甘醇与乙醇脱氢酶结合转变成有毒的产物，从而使它们有足够的时间从肾排出体外。因此，在某种意义上，酒量越大的人越容易发生甲醇或二甘醇中毒。

第六章 维生素和辅酶

第一节 概 述

一、维生素的定义

维生素（vitamin）是维持细胞生长和正常代谢所必需的微量有机化合物。人和哺乳动物所需的维生素大都不能自身合成或者合成量不足，必须由食物供给。人体缺乏维生素，则发生代谢障碍，表现出相应缺乏症，严重时会导致死亡，所以把这类物质称为维生素。由于缺乏维生素而引起的疾病称为维生素缺乏症。

生物体对维生素的需要量很少，每日仅以毫克或微克计算。维生素在生物体内不是作为碳源、氮源或能源物质，不是用来供能或构成生物体的组成部分，但却是代谢过程中所必需的。维生素在维持正常生命活动中的作用，大都是作为辅酶（或辅基）的组成成分参与生物体内的代谢反应，也有少数维生素具有一些特殊的生理机能。不仅人和动物体需要维生素，植物和微生物也需要。植物所需的各种维生素，自身都能合成，微生物一般也能合成自身需要维生素，个别维生素不能自身合成的，则成为其生长限制因子。因此，在微生物培养和发酵生产时，往往需要补充某些维生素作为生长因子。例如，培养产生谷氨酸或赖氨酸的棒杆菌时，需加入生物素（维生素 H）。

维生素名称一般是按发现的先后，在"维生素"（或 V）之后加上 A、B、C 和 D 等字母来命名。还有初发现的以为是一种，后来证明是多种维生素混合存在，便又在字母右下方注以 1、2、3 等数字加以区别，例如 B_1、B_2、B_6 及 B_{12} 等。

二、维生素的发现

人们对维生素的认识来源于医药实践和科学试验。中国唐代医学家孙思邈曾经指出，用动物肝防治夜盲症，用谷皮汤熬粥防治脚气病。现在我们知道，肝中多含维生素 A，谷皮中多含维生素 B_1。1886 年荷兰医生 Eijkman 在寻找引起脚气病的病因时发现，用白米喂养的实验鸡群暴发了多发性神经炎，表现与脚气病极为相似，1897 年，他终于证明该病是由于丢弃米糠而引起的，将其放回到饲料中就可治愈。后来 Grijns 证明米糠含有一种营养因素，并首先提出营养缺乏症这个概念。

维生素是通过实验动物的科学饲养试验而发现的。英国的 Hopkins 于 1906 年发现，大鼠饲以纯化的饲料，包括蛋白质、脂肪、糖类和矿物质后，不能存活；如果在纯化饲料中增加极微量的牛乳后，大鼠能正常生长。说明正常膳食中除蛋白质、脂肪、糖类和矿物质外，还有必需的食物辅助因子，即维生素。美国的生物化学家 Mendal 和 Osborni，Mcllum 和 Davis 于 1913 年发现维生素 A 和维生素 D。其后，其他维生素被陆续发现。

三、维生素的分类

维生素都是小分子有机化合物，在化学结构上不属于同一类化合物，有脂肪族、芳香族、脂环族、糖苷、杂环和甾类化合物等，但是它们的生物功能有共同性，都是维持正常代谢所必需的。通常根据溶解性质将维生素分为水溶性维生素和脂溶性维生素两大类。水溶性维生素有 B 族维生素、硫辛酸和维生素 C。重要的 B 族维生素有：硫胺素（维生素 B_1）、核黄素（维生素 B_2）、泛酸（维生素 B_3）、烟酸和烟酰胺（维生素 B_5）、吡哆素（维生素 B_6）、叶酸（维生素 B_{11}）、氰钴素（维生素 B_{12}）等。水溶性维生素易溶于水，进入体内的多余水溶性维生素及其代谢产物均自尿中排出，体内不能多贮存。当机体饱和后，食入的维生素越多，尿中的排出量也越大。所以要经常由膳食供应，也很少出现中毒现象。B 族维生素在生物体内通过构成辅酶而发挥对物质代谢的作用。这类辅酶在肝脏内含量最丰富。脂溶性维生素有：维生素 A、维生素 D、维生素 E、维生素 K 等。

以下重点讨论一些重要维生素的结构、名称及其参与组成的重要辅酶和主要生理功能。

第二节 水溶性维生素及有关辅酶

一、维生素 B_1 和焦磷酸硫胺素（TPP）

（一）结构

维生素 B_1 为抗神经炎维生素，其分子是由一个带氨基的嘧啶环和一个含硫的噻唑环组成的，故又称硫胺素。在体内它以焦磷酸硫胺素（TPP）形式存在，结构如图 6-1 所示。

（二）生理功能

TPP 是一个重要的辅酶，其作为辅酶的活性基团在噻唑环上。噻唑环中由于受第 3 位 N 原子上的正电荷和第 1 位电负性很强的 S 原子的影响，使第 2 位 C 原子上失去质子（H^+）而成为稳定的负碳离子。负碳离子很容易和 α-酮基结合成加成物。例如，在丙酮酸脱羧酶催化的反应中，TPP 作为辅酶先与丙酮酸结合，生成丙酮酸-TPP 加成物，然后丙酮酸-TPP 加成物脱羧，生成羟乙基-TPP。在转酮醇

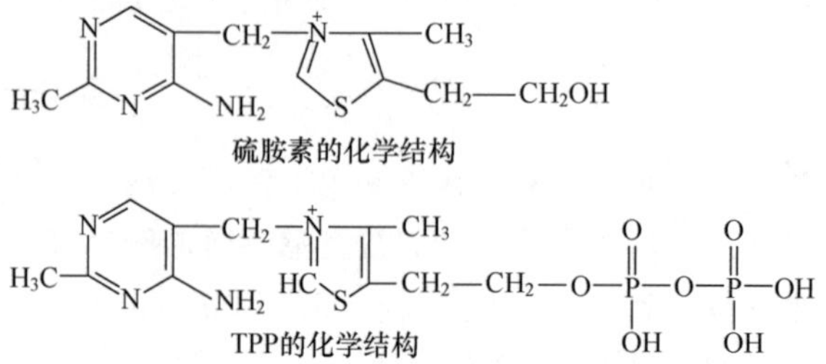

图 6-1 维生素 B_1 及 TPP 的化学结构

酶催化的反应中，是在酮糖-TPP加成物上脱去醛糖生成二羟乙基-TPP。将二羟乙基转移到另一分子醛糖上则生成新的酮糖。所以，TPP是体内α-酮酸氧化脱羧酶的辅酶，参与一些α-酮酸的脱羧反应；也是转酮醇酶的辅酶，参加磷酸戊糖代谢途径的转酮醇反应（分别详见第九章糖代谢中“丙酮酸脱氢酶系的反应机制”和“磷酸戊糖途径”）。

由于维生素B_1和糖代谢关系密切，因此，多食糖类食物，维生素B_1的需要量也相应增多。当维生素B_1缺乏时，糖代谢受阻，丙酮酸积累，使病人的血、尿和脑组织中丙酮酸含量增多，出现多发性神经炎、皮肤麻木、心力衰竭、四肢无力、肌肉萎缩和神经系统损伤等症状，临床上称为脚气病。维生素B_1在神经传导中也起一定的作用。因为神经递质乙酰胆碱的合成原料是乙酰辅酶A，而乙酰辅酶A来自于丙酮酸的氧化脱羧。同时，维生素B_1对胆碱酯酶有抑制作用，若维生素B_1缺乏，乙酰胆碱分解加剧，从而使神经传导受到影响。主要表现为消化液分泌减少、胃蠕动变慢、食欲不振、消化不良等。

（三）来源

维生素B_1在植物中分布广泛，例如，谷类、豆类的种皮，在糠麸和酵母中含量丰富。所以精加工食品应强化维生素B_1，维生素B_1易溶于水，故米不宜多淘洗以免损失。维生素B_1在酸性溶液中较稳定，中性或碱性溶液中易破坏，所以在煮粥、煮豆或蒸馒头时，若放入大量的碱，会造成维生素B_1的大量破坏。某些生鱼肌肉中含有热不稳定的硫胺素酶，能催化硫胺素分解，所以多食生鱼肉会导致维生素B_1缺乏。

二、维生素B_2和FAD、FMN

（一）结构

维生素B_2又称核黄素，是D-核糖醇与6，7-二甲基异咯嗪缩合而成的糖苷化合物。

在细胞中，维生素B_2参与组成两种重要辅酶：黄素单核苷酸（FMN）和黄素腺嘌呤二核苷酸（FAD）。FMN和FAD都和酶蛋白紧密的结合，成为酶的辅基。这些酶的制剂显黄色，故称为黄酶。维生素B_2、FAD、FMN结构如图6-2所示。

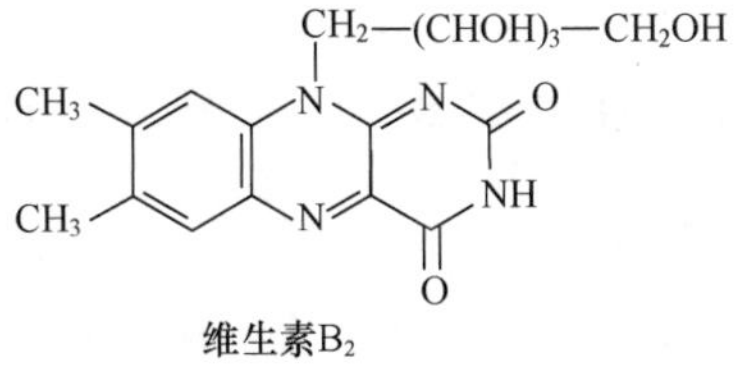

维生素B_2

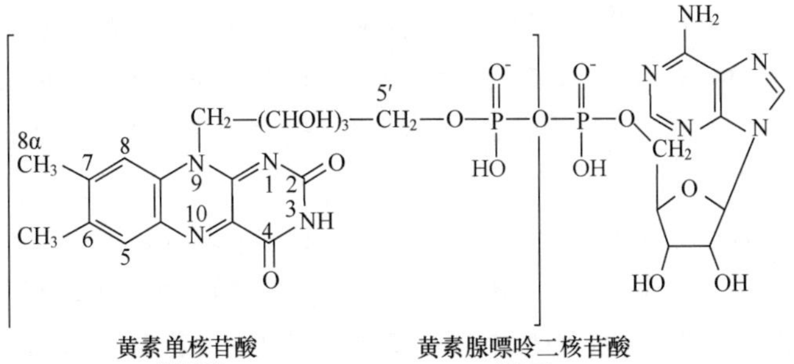

黄素单核苷酸（FMN）　　黄素腺嘌呤二核苷酸（FAD）

图6-2 维生素B_2、FMN和FAD的结构

(二) 生理功能

FMN 和 FAD 是黄素酶的辅基，从结构来看，FMN 和 FAD 分子中，在异咯嗪环的 N_1 和 N_{10} 之间有一对活泼的共轭双键，很容易发生可逆的加氢或脱氢反应，因此，在细胞氧化反应中，FMN 和 FAD 能起到递氢的作用，如图 6-3 所示。

琥珀酸脱氢酶、脂酰 CoA 脱氢酶、D-氨基酸氧化酶等以 FAD 为辅基，NADH 脱氢酶等以 FMN 为辅基，L-氨基酸氧化酶可以以 FAD 或 FMN 为辅基。

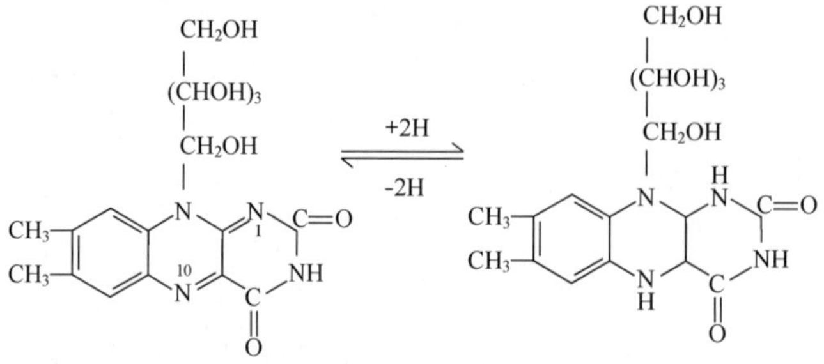

图 6-3　异咯嗪环的 N_1 和 N_{10} 之间的可逆的加氢或脱氢反应

维生素 B_2 广泛参与体内多种氧化还原反应，能促进糖、脂肪和蛋白质的代谢，它对维持皮肤、黏膜和视觉的正常机能均有一定作用。缺乏维生素 B_2 时，组织呼吸减弱，代谢强度降低，主要症状表现为口角炎、舌炎、结膜炎、视觉模糊、脂溢性皮炎等。

维生素 B_2 耐热，酸性环境中较稳定，遇光易破坏，在碱性溶液中不耐热，而且对光更为敏感。维生素 B_2 的水溶液具有黄绿色荧光，此性质可用于维生素 B_2 的定量分析。

(三) 来源

维生素 B_2 广泛存在于动物、植物中，米糠、酵母、肝、蛋黄中含量丰富。微生物核黄菌有合成核黄素的能力，我军医用核黄素除了化学合成和从酵母中提取以外，也利用豆腐渣水、缫丝废水等进行微生物发酵生产。

三、维生素 B_3（泛酸）与辅酶 A

(一) 结构

维生素 B_3 是 α,γ-二羟基-β,β-二甲基丁酸与 β-丙氨酸的氨基通过酰胺键结合而成的一种酸性化合物。因为在生物界分布广泛，称为泛酸，又称遍多酸。在细胞中，泛酸与磷酸和氨基乙硫醇结合生成 4′-磷酸泛酰巯基乙胺（4′-Ⓟ-PaSH），后者又与 5′-腺嘌呤核苷酸-3′-磷酸组成辅酶 A（CoASH）。泛酸、4′-Ⓟ-PaSH 及 CoASH 的分子结构如图 6-4 所示。

(二) 生理功能

辅酶 A（COA）是泛酸的主要活性形式，主要起传递酰基的作用，是各种酰化反应中的辅酶。例如，在糖代谢中，作为硫辛酰转酰胺酶的辅酶，参与丙酮酸的氧化脱羧反应生成乙酰辅酶 A。在脂肪酸分解代谢中，与脂肪酸结合形成脂酰辅酶 A，进入 β-氧化。在氨基酸分解代谢反应中，氨基酸脱氨生成 α-酮酸，有的也要与辅酶 A 结合生成脂酰辅酶 A，再进一步进行分解代谢。此外，辅酶 A 还参与体内一些重要物质如乙酰胆碱、胆固醇、卟啉、甾类激素和肝糖原等的合成，并能调节血浆脂蛋白和胆固醇的含量。

泛酸的另一种活性形式是酰基载体蛋白（ACP）的辅基，酰基载体蛋白参与脂肪酸合成代谢（详见第十章脂质代谢）。

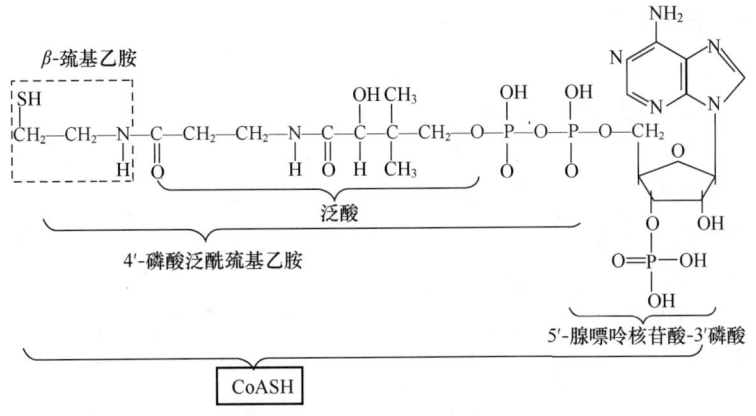

图 6-4　泛酸及其组成辅酶

辅酶 A 对厌食、乏力等症状有明显疗效，故被广泛用于多种疾病的重要辅助药物，如白细胞减少症、原发性血小板减少性紫癜、功能性低热、脂肪肝、各种肝炎及冠心病等症。

（三）来源

泛酸在酵母、肝、肾、蛋、小米、米糠、花生、豌豆中含量丰富，在蜂王浆中最多。

四、维生素 B_5 和辅酶Ⅰ（CoⅠ）、辅酶Ⅱ（CoⅡ）

（一）结构

维生素 B_5 又称抗糙皮因子或维生素 PP，包括烟酸（又称尼克酸）和烟酰胺（又称尼克酰胺）两种结构形式，都是吡啶的衍生物，体内主要以烟酰胺形式存在。结构式为：

$$\underset{\text{烟酸}}{\text{吡啶-COOH}} \quad \underset{\text{烟酰胺}}{\text{吡啶-CONH}_2}$$

在细胞内，烟酰胺参加组成两种重要辅酶：烟酰胺腺嘌呤二核苷酸（NAD^+），又称辅酶Ⅰ（CoⅠ）；烟酰胺腺嘌呤二核苷酸磷酸（$NADP^+$），又称辅酶Ⅱ（CoⅡ），结构如图 6-5 所示。

两者基本结构相同，差别仅在 $NADP^+$ 的核糖的 $2'$ 位上多一个磷酸。这两种辅酶都有氧化型及还原型两种形式，氧化型用 NAD^+ 及 $NADP^+$ 表示，还原型用 $NADH+H^+$ 和 $NADPH+H^+$ 或 $NAD·2H$（$CoⅠ·2H$）和 $NADP·2H$（$CoⅡ·2H$）表示。

（二）生理功能

NAD^+ 和 $NADP^+$ 是电子载体，在各种酶促氧化-还原反应中起着重要作用，都是作为不需氧脱氢酶的辅酶。有些酶以 NAD^+ 或 $NADP^+$ 为辅酶皆可，也有一些酶较为特异，其辅酶只能是两者中的一种。一般而言，NAD^+ 常用于产能分解代谢。还原型辅酶 I（CoI·2H）的氢原子对经呼吸链氧化。在多数情况下代谢物上脱下的氢先交给 NAD^+，使之成为 NADH 和 H^+，然后再把氢交给黄素蛋白中的黄素腺嘌呤二核苷酸（FAD）或黄素单核苷酸（FMN），再通过呼吸链的传递，最后交给氧。但也存在另一种情况，即代谢物上的氢先交给 NAD^+ 或 $NADP^+$，生成还原型的 NADH 或 NADPH，后者再将氢去还原另一个代谢物。因此通过 NAD^+ 或 $NADP^+$ 的作用，可以使某些反应起偶联的作用。此外，NAD^+ 也是 DNA 连接酶的辅酶，对 DNA 的复制有重要作用，为形成 3′, 5′-磷酸二酯键提供所需要的能量。NADPH 主要来自磷酸戊糖途径，主要用于合成代谢的还原反应。

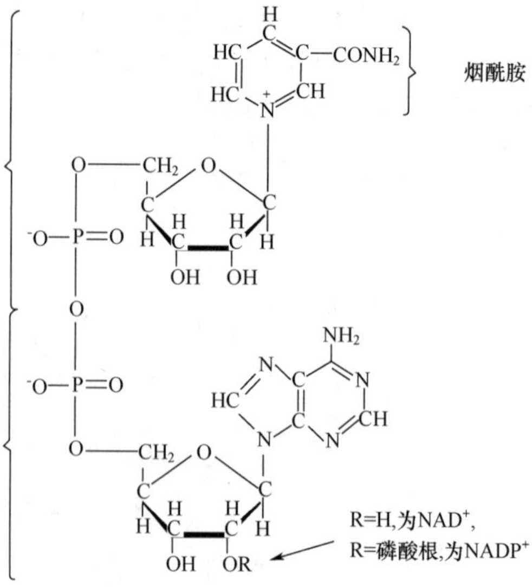

图 6-5　NAD^+ 及 $NADP^+$ 的结构

这两种辅酶分子中的吡啶环是在氧化还原反应中接受氢质子及电子的活性基团。吡啶环的 C_4 上可接受一个 H 原子，N 原子上可接受一个电子，另一个 H^+ 游离于反应基质中，反应机制如下式所示：

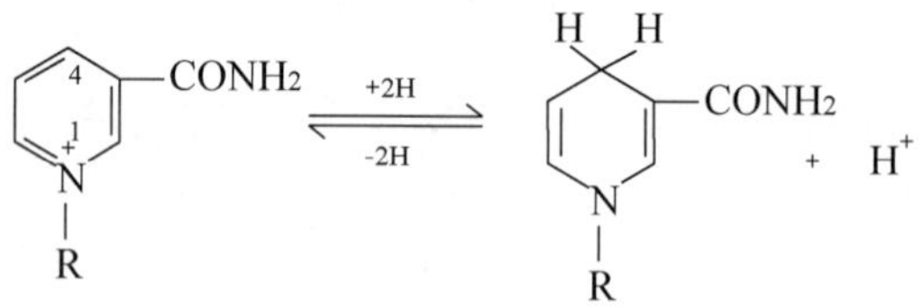

也可用简式表示：

$$NAD^+ \underset{-2H}{\overset{+2H}{\rightleftharpoons}} NADH + H^+$$

$$NADP^+ \underset{-2H}{\overset{+2H}{\rightleftharpoons}} NADPH + H^+$$

（三）来源

烟酰胺分布甚广，人体一般不缺，除了由食物直接供给外，在体内尚可由色氨酸转变生成烟酸。玉米中缺色氨酸，长期主食玉米会造成烟酸缺乏症。

烟酸缺乏症，又称糙皮病，主要表现为皮炎、腹泻以及痴呆。服用烟酸后，一日之内即可见效。

五、维生素 B_6、磷酸吡哆醛和磷酸吡哆胺

（一）结构

维生素 B_6 包括三种结构类似的物质，即吡哆醇、吡哆醛和吡多胺。化学结构上都是吡啶的衍生物。在体内，吡哆醇经磷酸化后可以转变成磷酸吡哆醛。磷酸吡哆醛与磷酸吡哆胺之间又可互相转变。它们结构如图 6-6 所示。

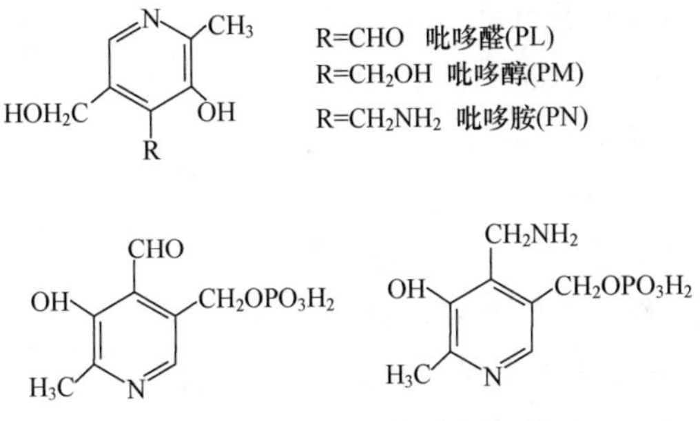

$$R=CHO \quad 吡哆醛(PL)$$
$$R=CH_2OH \quad 吡哆醇(PM)$$
$$R=CH_2NH_2 \quad 吡哆胺(PN)$$

磷酸吡哆醛　　　　磷酸吡哆胺

图 6-6　维生素 B_6 及其辅酶形式的结构

（二）生理功能

磷酸吡哆醛和磷酸吡哆胺是氨基酸代谢中的重要辅酶，它们与酶蛋白紧密结合，成为酶活中心的一部分，其辅酶作用主要有：

（1）作为转氨酶的辅酶参加转氨反应　其反应式如下：

$$\begin{array}{c}R_1\\CHNH_2\\COOH\end{array} + \begin{array}{c}R_2\\C=O\\COOH\end{array} \xrightleftharpoons[]{\text{转氨酶、磷酸吡哆醛}} \begin{array}{c}R_2\\CHNH_2\\COOH\end{array} + \begin{array}{c}R_1\\C=O\\COOH\end{array}$$

反应中，磷酸吡哆醛起氨基传递的作用，先接受氨基酸的氨基，形成磷酸吡哆胺，然后，再把氨基转移到另一酮酸上，生成新的氨基酸。

（2）作为脱羧酶的辅酶参与催化氨基酸脱羧反应　氨基酸脱羧的反应机制还没有完全弄清，可能磷酸吡哆醛的醛基与 α-NH_2 先形成希夫碱中间产物，后者有利于从氨基酸移去 CO_2 生成胺：

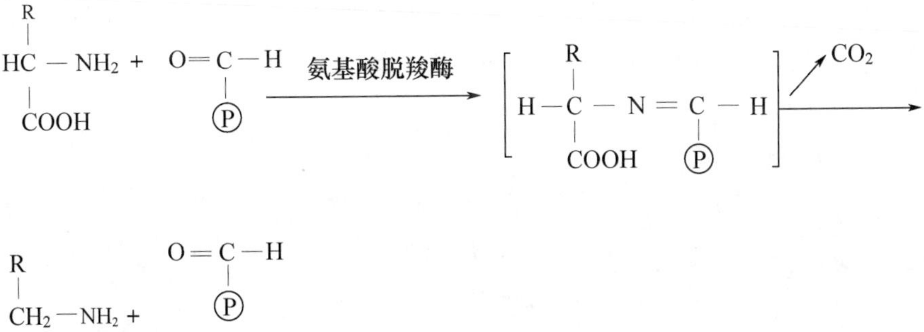

$$\begin{array}{c}R\\HC-NH_2\\COOH\end{array} + \begin{array}{c}O=C-H\\\textcircled{P}\end{array} \xrightarrow{\text{氨基酸脱羧酶}} \left[\begin{array}{c}R\\H-C-N=C-H\\COOH\quad\textcircled{P}\end{array}\right] \xrightarrow{CO_2}$$

$$\begin{array}{c}R\\CH_2-NH_2\end{array} + \begin{array}{c}O=C-H\\\textcircled{P}\end{array}$$

（3）作为丝氨酸转羟甲基酶的辅酶参与转一碳基团的反应。

（三）来源

维生素 B_6 在动植物中分布很广，蜂王浆、麦胚芽、米糠、大豆、酵母、蛋黄、肝、肾、肉、鱼中含量丰富，人体一般不缺。

六、维生素 B_7（生物素）与羧化酶辅酶

（一）结构

维生素 B_7 又称生物素、维生素 H。自然界中存在的生物素至少有两种：α-生物素（存在于蛋黄中）和 β-生物素（存在于肝脏中）。它们的生理功能相同，基本化学结构也相同，都是

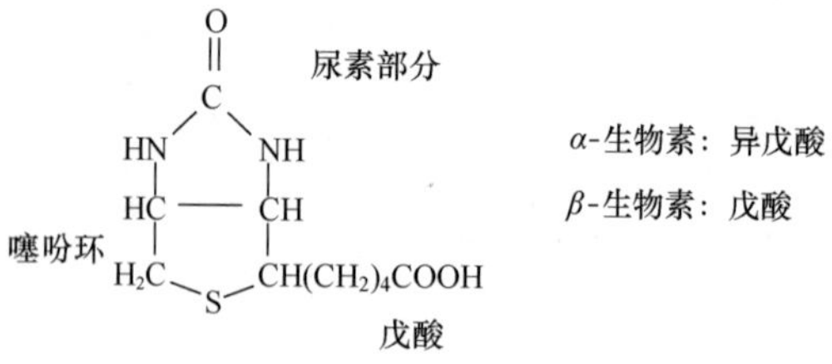

噻吩环与尿素相结合而成的骈环化合物。不同之处在于 α-生物素带有异戊酸侧链，β-生物素有戊酸侧链，结构如图 6-7 所示。

（二） 生理功能

生物素作为羧化酶的辅酶或辅基参与细胞内固定 CO_2 的反应。例如，作为丙酮酸羧化酶的辅酶，乙酰辅酶 A 羧化酶及丙酰辅酶 A 羧化酶等酶的辅酶。经过分析丙酰辅酶 A 羧化酶的结晶，发现生物素是通过其侧链戊酸的羧基与酶蛋白赖氨酸残基的 ε-氨基成酰胺键紧密结合。功能部位是尿环素上的一个 N 原子，它能与 COO^- 结合，然后再去羧化底物。生物素与糖、脂肪、蛋白质和核酸的代谢密切相关，因为这些物质代谢中均有产生或利用 CO_2 的反应。生物素对某些微生物如酵母菌、细菌等的生长有强烈的促进作用。

图 6-7 生物素的结构

（三） 来源

生物素在动物、植物界分布很广，如肝、肾、蛋黄、酵母、蔬菜、谷类中都有。在微生物的培养中，一般利用玉米浆或酵母膏就可以满足微生物对生物素的需要。在发酵中，例如谷氨酸发酵生产中，控制培养基中生物素浓度对发酵产物在胞外积累至关重要。

人体缺乏生物素时，毛发脱落，皮肤发炎。因肠道中有些微生物能合成生物素，一般不缺乏。未熟的鸡蛋清中有一种抗生物素的蛋白，能与生物素结合而使生物素不能为肠壁吸收。吃生鸡蛋过多或长期口服抗菌药易患生物素缺乏症。

七、 维生素 B_{11} （叶酸） 与辅酶 F （CoF）

（一） 结构

维生素 B_{11} 又称叶酸、蝶酰谷氨酸（PGA），是由 2-氨基-4-羟基-6-甲基蝶呤啶与对氨基苯甲酸（PABA）和 L-谷氨酸三部分组成。结构式如图 6-8 所示。

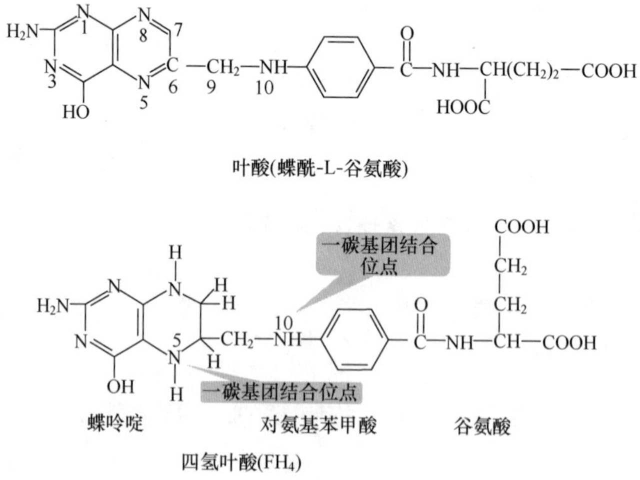

图 6-8 叶酸及其辅酶形式

（二） 生理功能

生物体内，由二氢叶酸还原酶催化，叶酸连续还原，先生成二氢叶酸，再生成四氢叶酸，反应需 NADP·2H 供氢。四氢叶酸是细胞中一碳基团代谢的辅酶，称为辅酶 F，缩写符号为：CoF 或 THFA 或 FH_4。FH_4 分子中的第 5 和第 10 位 N 原子是一碳基团的结合位点。可结合的一碳基团有：甲基（—CH_3）、亚甲基—CH_2、甲酰基（H—C=O）、甲川基（=CH—）、羟甲基（—CH_2OH）或甲酰亚胺基（—CH=NH）等。而且，这些基团在 FH_4 分子上可以发生互变。丝氨酸是一碳基团的主要供体，其羟甲基（—CH_2OH）转移到 FH_4 分子上，先生成 N_5、N_{10}-甲基-FH_4，然后再转化成其他形式的一碳基团，满足合成代谢需要。

以上各种形式的一碳单位可分别供应不同化合物的生物合成。例如 N_5，N_{10}-亚甲基-FH_4，可提供甲基（—CH_3）给尿苷酸合成胸苷酸。N_5，N_{10}-甲川-FH_4 和 N_{10}-甲酰-FH_4 可分别为嘌呤环的生物合成提供第 8 位和第 6 位的碳原子（详见第十二章核苷酸的合成代谢）。N_5-甲基-FH_4 可提供甲基给高半胱氨酸，生成甲硫氨酸。N_5，N_{10}-甲酰-FH_4 可提供一个羟甲基给甘氨酸合成丝氨酸（详见十二章核苷酸的合成代谢）。

由于 FH_4 是许多生物合成反应所必需的辅酶，若细胞内缺乏 FH_4，则使多种生物合成受阻，细胞不能生长。因此，医药上仿效叶酸的分子结构设计了多种磺胺类药物，例如，对磺基苯甲酸是对氨基苯甲酸的结构类似物，作为对氨基苯甲酸的代谢拮抗物能抑制细菌合成叶酸，从而抑制细菌生长繁殖。

叶酸拮抗药种类很多，其中氨甲蝶呤（methotrexate，MTX）在结构上与叶酸相似，是二氢叶酸还原酶的强抑制剂，常用作抗癌药：

氨甲蝶呤

由于叶酸与核酸的合成有关，当叶酸缺乏时，DNA 合成受到抑制，骨髓巨红细胞中 DNA 合成减少，细胞分裂减慢，细胞体积较大，细胞核内染色质疏松，称为巨红细胞，这种红细胞大部分在骨髓内成熟前就被破坏造成贫血，称为巨红细胞性贫血。因此，叶酸在临床上可用于治疗巨红细胞性贫血。

（三） 来源

植物和大多数微生物都能合成叶酸，某些微生物不能自行合成，则需要用现成的叶酸作为生长因子。人体和哺乳动物不能合成叶酸，但肠道微生物可以合成。绿叶蔬菜、肝、酵母等食品含叶酸丰富，故人体一般不会发生叶酸缺乏症。

八、维生素 B_{12} 及其辅酶

（一） 结构

维生素 B_{12} 结构复杂，是一种与卟啉环结构相似的咕啉环衍生物，分子中含有钴（Co^{2+}）和氰基（—CN），故又称氰钴胺素或氰钴素，是唯一的一种分子中含有金属元素的维生素。微生物 B_{12} 作为辅酶的主要结构形式是 5-脱氧腺苷钴胺素。它是维生素 B_{12} 的—CN 基被 5′-脱氧

腺苷取代的产物，称为维生素 B_{12} 的辅酶。结构式如图 6-9 所示。

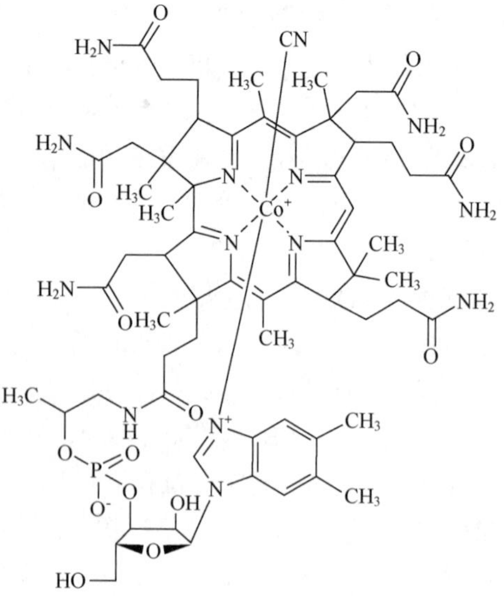

（二）生理功能

在体内，维生素 B_{12} 辅酶作为变位酶的辅酶，参加一些分子内重排（异构化）反应。例如，作为甲基天冬氨酸变位酶的辅酶，参加催化谷氨酸与 β-甲基天冬氨酸转化反应；作为甲基丙二酸单酰辅酶 A 变位酶的辅酶，参加催化 L-甲基丙二酸单酰辅酶 A 与琥珀酰辅酶 A 互变。维生素 B_{12} 的另一种辅酶形式为甲基钴胺素，它参与生物合成中的甲基化作用。例如胆碱、甲硫氨酸等化合物的生物合成。胆碱是乙酰胆碱和卵磷脂的组成成分。乙酰胆碱和卵磷脂分别是神经传递介质和生物膜的基本结构物质，因此，维生素 B_{12} 对神经功能有特殊的重要性。

图 6-9 维生素 B_{12} 的结构

维生素 B_{12} 对红细胞的成熟起重要作用，可能和维生素 B_{12} 参与 DNA 的合成有关。缺少维生素 B_{12} 时，巨红细胞的 DNA 合成受到阻碍，不能进行细胞分裂，因而，不能分化成红细胞。临床可以用维生素 B_{12} 治疗恶性贫血、神经炎、神经萎缩、烟毒性弱视等病症。

（三）来源

植物和动物均不能合成维生素 B_{12}，只有某些微生物能合成。因此，人和动物主要靠肠道细菌合成维生素 B_{12}，又因为动物肝、肾、鱼、肉、蛋类等食品富含维生素 B_{12}，所以人体一般不缺。

九、硫 辛 酸

（一）结构

硫辛酸是一个含硫的八碳酸，在第 6、8 位上有巯基可脱氢氧化成二硫键，称为 6, 8-二硫辛酸。在细胞中以氧化型和还原型两种形式存在，结构如下：

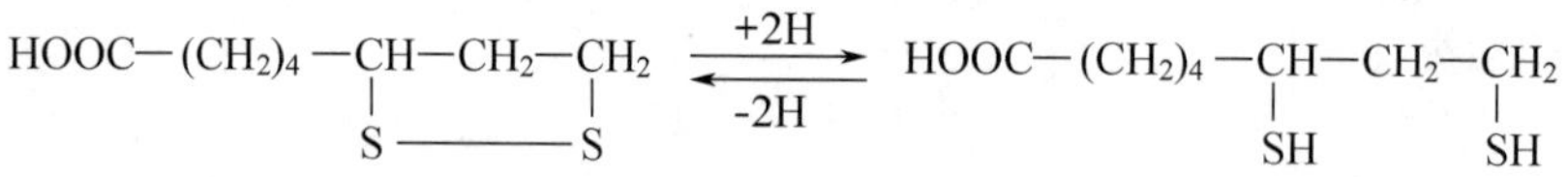

$$\text{HOOC}-(CH_2)_4-CH-CH_2-CH_2 \underset{-2H}{\overset{+2H}{\rightleftharpoons}} \text{HOOC}-(CH_2)_4-CH-CH_2-CH_2$$
$$\phantom{\text{HOOC}-(CH_2)_4-}||||$$
$$\phantom{\text{HOOC}-(CH_2)_4-}\text{S}\!\!-\!\!\!-\!\!\!-\!\!\text{S}\text{SH}\text{SH}$$

（二）生理功能及来源

硫辛酸是 α-酮酸氧化脱羧酶系的辅酶及转羟乙醛基酶的辅酶。起转移酰基和氢的作用，与糖代谢关系密切。

硫辛酸是微生物和原生动物的生长限制因子，人体能自行合成，在肝脏及酵母细胞中含量甚高。

十、维 生 素 C

（一）结构

维生素 C 的分子结构及化学变化如图 6-10 所示。

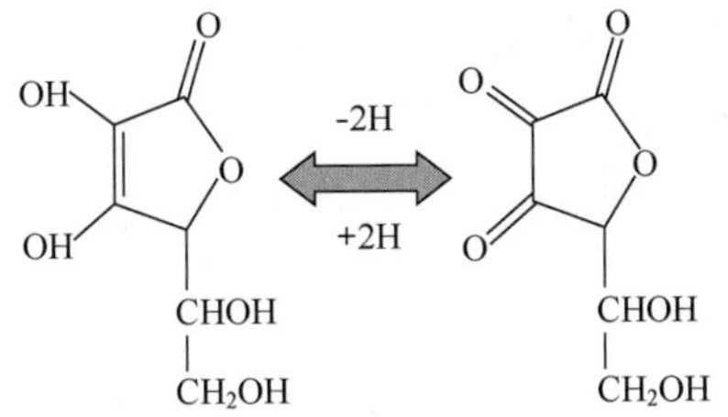

L-抗坏血酸(左)及L-脱氢抗坏血酸(右)的结构

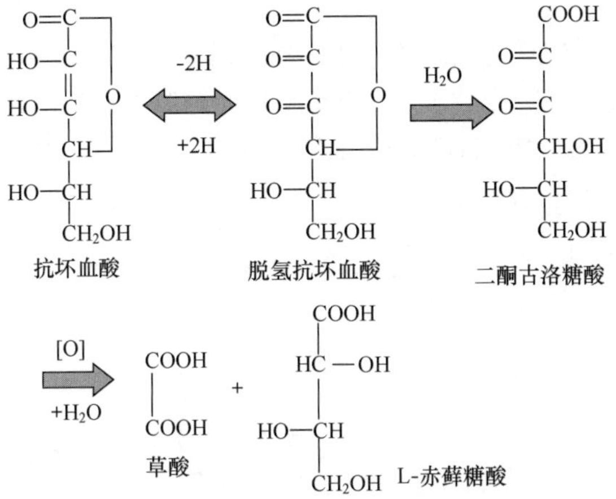

图6-10 维生素C分子结构及化学变化

维生素C是一种己糖酸内酯，其中分子中第2、3位C原子上的两个烯醇式羟基极易解离出质子（H^+）而显酸性，又因能防治坏血病，故得名抗坏血酸。维生素C分子中的两个烯醇式羟基易脱氢氧化成脱氢抗坏血酸。在体内，维生素C以还原型和氧化型两种形式存在，两者能可逆转化，在氧化还原反应中起递氢体作用。氧化型和还原型维生素C同样具有生理功能。但氧化型维生素C易水解成古洛酮酸，丧失生理活性，而且水解作用不能逆转。古洛酮酸继续氧化则分解成草酸和L-赤藓糖酸。

（二） 生理功能

维生素C的生理功能是多方面的：①可作为还原剂维持细胞中许多化合物的还原态，如四氢叶酸，巯基酶的—SH等。②可促进羟化酶的活性，参加一些的羟化作用，如前胶原分子中赖氨酸及脯氨酸残基，经羟化后，前胶原分子才能成为胶原蛋白分子。分子之间能交联成为正常胶原纤维，参加构成骨及毛细血管等结缔组织，所以，这些结缔组织的生成或维持完好都需要维生素C。③维生素C可与细胞中其他氧化还原体系偶联，发挥氧化还原作用，如谷胱甘肽、细胞色素C、NAD^+、$NADP^+$等。此外，维生素C的还原性还能将胃中的铁还原成亚铁，以利吸收。由于抗坏血酸能够降低食品体系中的氧气含量，可以保护食品中其他易氧化的物质不被氧化；可以还原邻位醌类而抑制食品加工的酶褐变，因此，在食品中，抗坏血酸具有广泛的用途。

（三） 来源

植物、微生物能够合成维生素C，人和灵长类动物自身不能合成，须靠食物供给。维生素

C广泛存在于水果、蔬菜中，柑橘、红枣、山楂、番茄、辣椒、松针和新生幼苗中含量丰富。工业上，可利用青霉菌或细菌，以葡萄糖为原料进行发酵生产。

维生素C易被氧化，受热易破坏，在中性或碱性溶液中尤甚。遇光或微量金属离子如Ca^{2+}、Fe^{2+}都可使其破坏。果蔬加工中提高维生素C的保存率是很受重视的技术问题。

第三节 脂溶性维生素

脂溶性维生素易溶于有机溶剂，不溶于水，在体内有一定量的储存（主要在肝脏）。由于在生物体内常与脂类共存，因而，它们的消化和吸收都与脂类有关，常因脂类吸收障碍而影响其吸收，甚至会引起缺乏症。重要的脂溶性维生素有维生素A、维生素D、维生素E、维生素K等，都是异戊二烯的衍生物。

一、维生素A

（一）结构

维生素A化学名称为视黄醇，有维生素A_1、维生素A_2两种，维生素A_1在海水鱼的肝脏中丰富，维生素A_2在淡水鱼的肝脏中丰富，两者都是以四个异戊二烯单位构成的脂环不饱和一元醇，彼此的差别是维生素A_2在脂环第三位上多一个双键，故维生素A_2又称为3-脱氢视黄醇。维生素A_2活性仅为维生素A_1的一半。

(1) 维生素A_1（视黄醇）　　　　(2) 维生素A_2

维生素A的化学结构[R＝H或$COCH_3$(乙酸酯或)$CO(CH_2)_{14}CH_3$(棕榈酸酯)]

（二）生理功能

维生素A与人的视觉关系极为密切，人的眼睛感受暗光的视觉色素为视紫红质，它是由维生素A_1转变成的11-顺视黄醛与视蛋白组成的结合蛋白，视黄醛与视蛋白在弱光中结合，在强光中分解。眼睛对弱光的感觉能力取决于视紫红质浓度。只有维生素A供应正常，视紫红质浓度才能正常。缺乏维生素A视紫红质不能合成，则患夜盲症，表现为暗适应丧失或缓慢。维生素A也是维持一切上皮组织健全所必需的物质，缺乏时上皮干燥、增生及角化。在眼部，由于泪腺上皮角化，泪液分泌受阻，以致角膜、结膜干燥产生干眼病，所以维生素A又称抗干眼病维生素。

维生素A能促进人体的生长、发育。它对人体细胞的增殖和生长具有重要作用，特别是儿童生长和胎儿的正常发育都不可缺少。一旦发生缺乏，就可能出现生长停止。

维生素A对身高的影响还在于它是骨骼发育的重要成分。如果维生素A摄入不足，骨骼就可能停止发育。另外，维生素A还是重要的自由基清除剂。

（三）来源

动物的肝、乳中含有丰富的维生素A。高等植物一般不含维生素A，但普遍能够合成胡萝卜素，例如，胡萝卜、菠菜、番茄、枸杞子等都有丰富的类胡萝卜素。某些微生物也能大量合成类胡萝卜素。类胡萝卜素可分为 α-、β-、γ-胡萝卜素三种结构类型，它们的基本结构相似，区别仅在一端的白芷酮环的双键数目或位置有所不同。

类胡萝卜素的分子结构相当于两个维生素 A 分子的基本结构，在人和动物体内可转化为维生素 A，因此把这些胡萝卜素称为维生素 A 原。其中，β-胡萝卜素是最重要的维生素 A 原，在体内经过氧化还原可生成两分子视黄醇，α-、γ-胡萝卜素也可转化为维生素 A，但转化率比 β-胡萝卜素低。

正常成人每日维生素 A 生理需要量为 2600~3300IU，过多摄入维生素 A 可以引起中毒症状，严重危害健康。

维生素 A 易氧化，遇热和光更容易氧化，加热或日光曝晒食品，维生素 A 会被大量破坏。

二、维生素 D

（一）结构

维生素 D，又称抗佝偻病维生素，有很多种，都是类固醇衍生物，含有环戊烷多氢菲结构，以维生素 D_2（麦角钙化醇）和维生素 D_3（胆钙化醇）最重要。维生素 D_2 与维生素 D_3 的分子结构仅在侧链上稍有不同，维生素 D_2 在 C_{22} 上有一个双键，C_{24} 上有一个甲基。维生素 D_2 与维生素 D_3 的分子结构如图 6-11 所示。

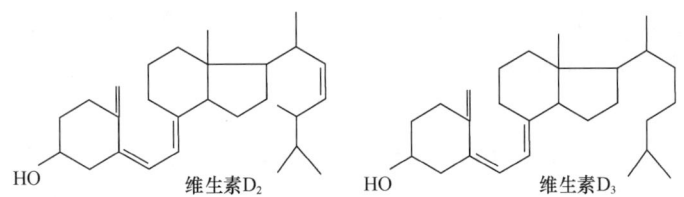

图 6-11 维生素 D_2 与维生素 D_3 的分子结构及转化生成

（二）生理功能

维生素 D 的主要生理功能是促进钙、磷吸收和促进成骨作用。他的活性分子形式是 1,25-二羟胆钙化醇，可简化成 1,25-$(OH)_2$-D_3。维生素 D 在体内转化成 1,25-$(OH)_2$-D_3 的过程是：先在肝中经羟化反应，生成 25-羟基胆钙化醇。然后，在肾脏发生羟化，变成 1,25-二羟胆钙化醇。羟化完成后才成为生理有效物质从肾脏转运到小肠及骨中，在这两个组织中调节 Ca^{2+} 和 PO_4^{3+} 的代谢。研究证明，维生素 D 是通过对 RNA 的影响，诱导钙的载体蛋白的生物合成，从而促进钙、磷吸收的。

缺少维生素 D 的婴儿，钙、磷代谢能力弱，骨、牙不能正常发育，临床表现为手足抽搐。严重者导致佝偻病，所以，维生素 D 又称抗佝偻病维生素，成人可致软骨病。

（三）来源

鱼肝油中含有丰富的维生素 D，蛋黄、牛乳和肝、肾、脑、皮肤等动物组织都含有维生素 D。植物体内不含维生素 D。动物、植物、微生物体内都含有可以转化为维生素 D 的固醇类物质，称为维生素 D 原。自然界中的维生素 D 原有 10 余种，以人及动物皮肤中的 7-脱氢胆固醇和植物、酵母及其他真菌中的麦角固醇最为重要，经紫外照射，它们可分别转化为维生素 D_3 和维生素 D_2。

三、维生素 K

（一）结构

维生素 K 是 2-甲基-1,4-萘醌的衍生物，有维生素 K_1、维生素 K_2、维生素 K_3 和维生素 K_4 四种。维生素 K_1 和维生素 K_2 是天然的，从化学结构上看，维生素 K_1 和维生素 K_2 都是 2-甲基-1,4-萘醌的衍生物，区别仅在于 R 基团不同，维生素 K_3 和维生素 K_4 是人工合成的。维生素 K 的分子结构如图 6-12 所示。

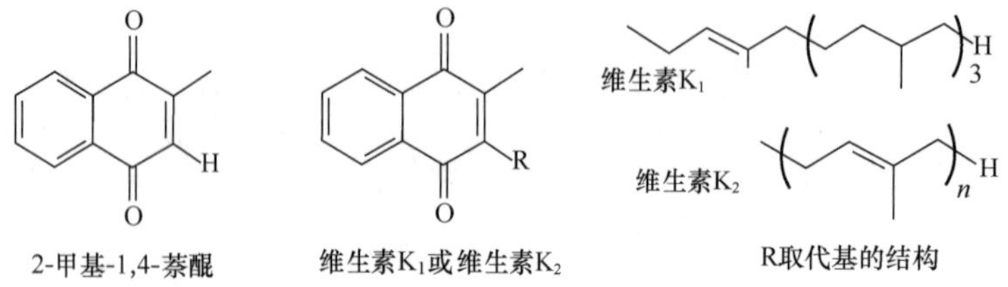

图 6-12 维生素 K 的结构

（二）生理功能

维生素 K 具有凝血活性，故又称凝血维生素。其凝血活性几乎集中在 2-甲基萘醌这一基本结构中。所以人工合成 2-甲基萘醌即维生素 K_3，临床中最为常用，维生素 K_3 和维生素 K_4 的活性高于维生素 K_1 和维生素 K_2。

（三）来源

人体维生素的来源一靠食物补充，二靠肠道微生物合成。食物中的绿色蔬菜、动物肝脏和鱼类含有较多的维生素 K，其次是牛乳、麦麸、大豆等食物。

人体一般不缺维生素 K，若食物中缺乏绿色蔬菜或长期服抗菌药影响肠道微生物生长，可造成维生素 K 缺乏，表现为出血时间或凝血时间延长，服用维生素 K 可以防治。

四、维生素 E

（一）结构

维生素 E 又称生育酚，为苯骈二氢吡喃的衍生物。天然存在的维生素 E 有多种不同的分子结构，主要是苯环上取代基的数目和位置不同，据此，可将维生素 E 分为 α、β、γ、δ、η 等数种。维生素 E 的分子结构如图 6-13 所示。

（二）生理功能

各种维生素 E 中，以 α-生育酚生理活性最高，β- 及 γ-生育酚的活性仅为 α-生育酚的 40% 和 8%。

维生素 E 为微带黏性的黄色油状物，在无氧的条件下稳定，甚至加热至 200℃ 以上也不被破坏，但在空气中极易被氧化，颜色变深。由于维生素 E 易于氧化，所以对其他易被氧化的物质，如维生素 A 和脂肪等有保护作用。在食品上可用作抗氧化剂。

在细胞中，维生素 E 极易与分子氧及自由基起反应，能防止磷脂中的不饱和脂肪酸被氧化，对生物膜有保护作用。

维生素E对动物生育是必需的，缺乏维生素E，会造成不育，但对人类生殖机能的重要性不很明确，在临床上也用于防治流产和早产。除此之外，目前，维生素E在临床上试用范围很广，对贫血、动脉粥样硬化、肌营养不良、脑水肿等病症都有一定的防治作用。近年来又发现有抗衰老作用。

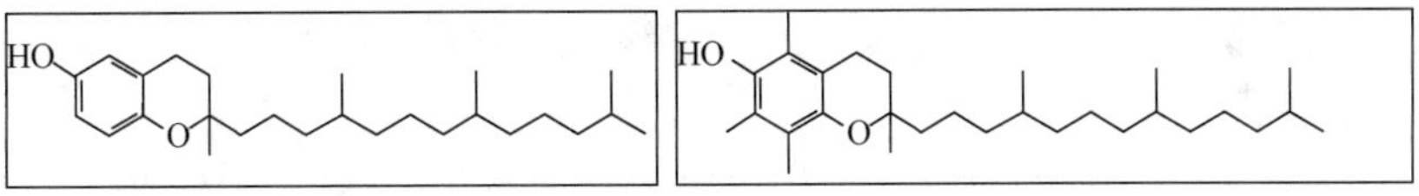

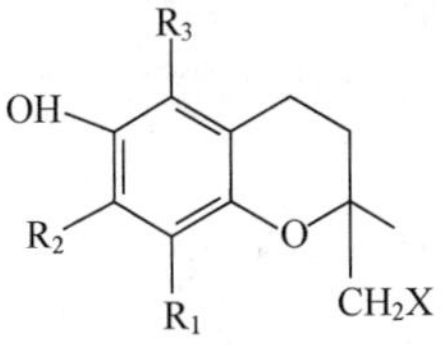

	R_1	R_2	R_3
α	CH_3	CH_3	CH_3
β	CH_3	H	CH_3
γ	H	CH_3	CH_3
δ	H	H	CH_3
生育酚	H	H	H

图 6-13 生育酚的基本结构

（三） 来源

一般食物中维生素E含量丰富，人体一般不缺。麦胚油、棉籽油、大豆油、玉米油中富含维生素E，豆类及绿色蔬菜类含量也较多。

【延伸阅读】

科学故事——维生素的发现

在第一种维生素（维生素B_1）被发现之前，许多特定食物的一些特殊的防病、治病的作用就早已被人们知晓。中国唐代医学家孙思邈曾经指出，使用动物肝可以防治夜盲症，用谷皮熬粥可以防治脚气病。这些食物中真正起作用的成分正是维生素，例如，动物肝中含有丰富的维生素A，而谷皮中含有丰富的维生素B_1，它们分别是治疗夜盲症和脚气病的特效药。

1886年，年轻的荷兰军医Christiaan Eijkman前往Java岛上的一个研究所工作，研究亚洲普遍流行的脚气病。在研究所工作的前几年中，他的两个同事想方设法从死于脚气病的病人体内提取致病的微生物，却一直没有成功。当他们回到欧洲的时候，工作就留给了Eijkman。

Eijkman尝试用微生物感染兔子和猴子，但是，动物并没有得病。于是，Eijkman得出结论：脚气病一定需要长时间才能发病。为此，他等了很久。可是无论是兔子还是猴子就是不得病。相反，这些动物患其他疾病的机会增大了。看来要想让动物得脚气病，必须同时饲养大量的动物，但还要考虑成本和是否容易饲养等因素。

于是，他购买了鸡，将它们关在研究所屋顶下面搭建的一个大的鸡笼里饲养。在不到一个月的时间内，所有的鸡都患病了。Eijkman认为是被注射了细菌的鸡患病后传给了没有注射的鸡。为了验证他的结论，他又购买了一批鸡。这次是将每一只鸡分开来喂养。然而，这些鸡也患病了。Eijkman意识到，一定是整个研究所都被细菌感染了，于是决定将新买的鸡放到新的地方去饲养。在这样做以后，他发现所有的鸡都好了。Eijkman不知道究竟是什么使鸡痊愈的，这时，那个喂鸡的饲养员告诉Eijkman，在鸡患病期间，他喂给鸡的是来自于隔壁医院剩下来的精白米。后来,那里一个新来的厨师不给他们剩的白米了,他才重新给鸡喂糙米。就在这以后,鸡痊愈了。

根据饲养员的叙述,Eijkman 推测鸡的脚气病与饲料有关。为此,他决定做下面一些实验以进一步确认他的推测:他同时饲养了 4 组共 11 只鸡,有 3 组喂糙米,1 组喂精白米。在 5 个星期以后,Eijkman 发现,只有喂精白米的鸡才患病,而吃糙米的鸡都很健康,而且原来患病的鸡也痊愈了。随后,他给所有的鸡喂糙米,结果 4 只病鸡也都痊愈了。这就证实了鸡饲料与脚气病之间有关联的推测。

不久,Eijkman 重复了实验,以确认病因的确在于烹调用的精白米上。对此,他提出了各种可能的解释:是不是精白米帮助了一种未知的微生物在鸡肠道内致毒的?或者只是白米放久了而有毒?为了测试后一种可能性,他给鸡吃新鲜的白米,但鸡仍然生病了。那么是不是鸡不能从精白米中吸收营养呢?或者煮白米的水有毒呢?

结果所有的答案都是否,但有一件事很明确,就是喂给鸡吃的米有没有米糠(谷皮)关系重大。只喂养精米的鸡才得病。如果鸡喂给精米,再添加米糠,它们就不得病。后来,Eijkman 给鸡喂生肉,结果鸡都很健康。Eijkman 因此得出结论:淀粉里面含有某些毒性成分,而在白米中被去掉的米糠中含有一种使毒性成分无害的物质,并称之为抗脚气病因子。1895 年,在对动物进行 9 年的研究以后,Eijkman 想调查人是否能通过吃糙米的方式来避免患脚气病。他请了一个名叫 A. G. Vorderman 的医生在监狱里进行研究。选择监狱的原因是因为在那里容易控制饮食的构成,而且相同的人可以待在那里很长的时间。结果很快发现,吃精米的犯人更容易得脚气病。在这个实验完成以前,Eijkman 回到了荷兰。Vorderman 和其他几名医生继续他们的研究。在 Eijkman 离开研究所以后,Gerrit Grinjs 接管了他的职位,并做了更多的研究。根据他的研究,Grinjs 认为,食物中含有人需要的其他东西,白米也不是有毒的,它只是缺乏某种重要的成分。

1906 年,英国生物化学家 Frederick Growland Hopkins 用纯化后的精饲料喂食老鼠,饲料中含有蛋白质、碳水化合物、脂肪和矿物质,然而老鼠依然不能存活;而如果向纯化后的饲料中加入哪怕只是微量的牛乳后,老鼠就能正常生长了。从而证明食物中除了蛋白、糖类、脂类、微量元素和水等营养物质外还存在一种必需的"辅助因子"(accessory factor)。1911 年,波兰化学家 Casimir Funk 发现糙米中能够防治脚气病的物质是一种胺,因此提议将这种化合物称为 Vitamine,意为 "Vital amine",其意思就是 "维持生命所必需的胺"。这个名词迅速被用于其他 "辅助因子"。但很快就发现,许多其他的 "辅助因子" 并不含有 "胺" 结构,但是由于 Funk 的叫法已被广泛采用,因而 Vitamine 这种叫法并没有被废弃,而仅将最后一个 "e" 去掉,改成了 "vitamin"。

1912 年,Hopkins 和 Funk 推出维生素缺乏假说,推测人体中如果缺乏特定的足够量的维生素,将会引起特定的疾病。Funk 并没有发现真正的维生素物质。直到 1926 年,后来被命名为硫胺素或维生素 B_1 的维生素才被纯化。到了 1936 年,它的结构才被阐明,并最终被人工合成。1929 年,Eijkman 与 Hopkins 共同荣获了诺贝尔生理学或医学奖。

第七章 生物膜

所有细胞原生质团的外面都有一层由脂类和蛋白质为主要成分组成的薄膜，它将内含物与外界环境隔开，这层膜称为细胞膜（cell membrane），又称外周膜、原生质膜或质膜。此外，真核细胞中还有广泛的内膜系统把内部空间分割成若干独立的区室，即组成具有各种特定功能的亚细胞结构和细胞器，例如，细胞核、线粒体、内质网、高尔基体、溶酶体、过氧化物酶体、叶绿体、液泡等，构成这些亚细胞结构或细胞器的膜称为胞内膜。我们把细胞膜和胞内膜统称为生物膜（biological membranes，biomembranes）。细胞膜及这些膜性细胞器都属于细胞的膜结构。膜结构可占真核细胞干重的70%~80%，原核细胞的内膜系统不很丰富，只有少量膜结构。

生物膜的研究不仅具有重要的理论意义，而且在工、农、医等生物学很多领域也有广阔的应用前景。例如医药领域，几乎所有疾病都与膜的变异有密切关系；很多质膜上的受体可能是药物的靶体；人工膜（脂质体）作为药物载体已经进行了大量研究，有的已进入临床。生物体内许多重要活动，如物质运输、能量转换、细胞识别、细胞免疫、神经传导和代谢调控以及激素和药物的作用、肿瘤发生等都与生物膜密切相关。膜结构对细胞内环境的恒定、细胞的生存及其协调一致的活动起着至关重要的作用。

第一节　概述

一、细胞膜

细胞膜是把细胞质与外界环境隔开的一层半透膜，厚度为5~10nm。细胞膜在细胞的生命活动中担负着许多重要的生理功能，如细胞与环境间的物质交换、能量转化、信息传递、代谢调节、细胞识别、细胞免疫、细胞对药物的反应、分泌作用等都与细胞膜的结构紧密联系。同时，细胞膜对细胞也起到一定的保护作用，使细胞不受或少受外界环境因素变化的影响。若没有完整的细胞膜，细胞内容物将迅速分散，细胞质的溶胶体系也将迅速改变，维持生命所必需的代谢不能进行，细胞便不能正常生存。

二、细胞内膜

真核细胞的内膜系统形成的各种细胞器，将细胞的内环境分隔成各个互相联系又相对独立的区间。在不同的细胞器内分布着不同的酶系，进行不同类型的代谢反应，从而实现了细胞结构和功能的"区域"化，使细胞内的复杂代谢活动相互联系，又互不干扰，协调一致地进行。

下面简要介绍几种主要细胞器的结构和功能。

1. 细胞核

细胞核是真核细胞最重要的细胞器。一般为圆形或卵圆形，由两层核膜包围而成，每层厚 7~8nm，两层膜间隔约 50nm，称为核腔。核膜上有的部位内膜和外膜相连，形成穿过核膜的直径为 50~70nm 的孔隙，称为核孔。核孔是细胞核与细胞质进行物质交流的重要通道。核孔处有专一识别蛋白，使物质进出核有高度选择性。核膜上核孔的密度因细胞类型不同而异，转录活跃的细胞，核孔多，反之则少。

细胞核外层膜与内质网相连，外面附着有核糖体颗粒，可进行蛋白质的合成；内层膜包围着的浆液为核质、核仁、染色体及多种酶系存在其中。细胞核是细胞的控制中心，通过核酸合成控制着细胞的生长、繁殖。一般来说，真核细胞失去细胞核后很快就会死亡。若把一个卵细胞的核去除，它将不能发育成一个新个体。

2. 内质网

所有真核细胞都具有内质网。内质网是广泛分布于细胞质中的由膜围起的扁囊、小管及小泡形成的网状系统。这些扁囊、小管的内腔（称内质网腔）彼此相通，与细胞核外膜相连，并通过小泡与高尔基体相连。内质网分两种类型，一种是粗面内质网，其外表面附着有许多核糖体。另一种是光面内质网，表面没有核糖体附着。

光面内质网膜上分布有参与固醇、磷脂及甘油三酯合成的酶以及与机体解毒反应有关的酶等，所以，光面内质网与固醇、磷脂、甘油三酯等的合成及药物解毒作用有关。

粗面内质网参与蛋白质合成后的加工、运转及膜的生成。粗面内质网上附着的核糖体负责合成分泌性蛋白及装配质膜、内膜系统的蛋白。这些蛋白质被送入内质网腔，进行一定的加工改造（如特定部位糖基化、形成二硫键等）后，在内质网末端以膜包围形成小囊泡，再被运转至高尔基体。经高尔基体进一步加工、分拣后，被运到特定功能部位，行使相应功能。粗面内质网还可利用蛋白质和类脂不断进行自身膜的装配和生成，这些膜再经一定的化学和结构上的改造，逐步变成细胞的各种膜，如光面内质网、高尔基体、溶酶体膜、质膜及核膜等。

3. 线粒体

线粒体是普遍存在于真核细胞中的细胞器，呈球状或棒状，通常直径为 0.2~1μm，长度为 3~10μm。不同细胞中含有的线粒体数目相差很大，可由几个到几十万个不等，一般来说，需能较多的细胞线粒体的数目多。线粒体具有双层膜，称为线粒体外膜和内膜。外膜平滑而连续，通透性大，相对分子质量1万以下的分子都能通过。内膜选择透性严格。外膜与内膜间有一厚为 8.5nm 的腔，称线粒体外室（膜间隙）。内膜以内称为内室，内膜反复延伸折入线粒体内室中，这些内折称为嵴，嵴的存在大大增加了线粒体内膜的表面积。内室中充满胶状的液体称基质，基质中含丰富的蛋白质。

线粒体外膜、内膜都是由脂类和蛋白质组成的，但在含量和种类上差异较大。外膜蛋白质含量占52%，脂类48%；内膜蛋白质占76%，脂类占24%。外膜、内膜和基质中的蛋白质主要是各种代谢途径的酶类及执行膜运转物质等功能的蛋白质。

线粒体基质中含有 TCA 循环、脂肪酸 β-氧化、氨基酸代谢等代谢途径的各种酶，它们催化糖、脂、氨基酸等营养物质最后阶段的氧化分解反应，产生大量含有很高能量的氢原子，由还原型辅酶（NADH 及 $FMNH_2$）携带，进入位于线粒体内膜上的电子传递链。在传递过程中氢原子被逐步氧化。氧化释放的自由能被线粒体内膜上的 ATP 合成酶利用，将 ADP 磷酸化生成 ATP（参见第八章生物氧化部分）。细胞活动所需要的 ATP 主要由线粒体提供，所以人们把线粒体比作细胞的动力站。

此外，线粒体基质中还含有线粒体 DNA、RNA、核糖体，以及参与线粒体 DNA 复制、RNA 转录和蛋白质合成的酶系。线粒体内能进行 DNA 复制、转录、并合成某些它们自身的蛋白质，线粒体能进行自主复制和再生而不受细胞核的控制，因此，它被认为是一个半自主的细胞器。但它并不是完全独立的结构，因为，在线粒体所含有的蛋白质中，一般只有 5%～10% 是由它自身合成的，其余的都是由核内基因编码，在细胞质中合成的。因此，它的结构和功能在相当大的程度上还是受核遗传信息控制的。

4. 高尔基体

高尔基体的基本结构是由膜围成的扁囊（扁囊内腔称为高尔基池）、扁囊边缘分枝的小管和小囊泡组成的。一般 4～8 层扁囊成摞存在。

高尔基体的主要功能：

（1）高尔基体是细胞蛋白质合成后的加工、分拣中心。由粗面内质网上的核糖体合成的蛋白质进入内质网腔，经初步加工后，以小囊泡形式在高尔基体的形成面（靠近细胞核的一面）汇集，内含物进入高尔基池。在这里，蛋白质被糖基化、磷酸化等进一步修饰，并进行肽链的改造，如将胰岛素原切去 C 肽转变为活性胰岛素等。加工后的蛋白质经储藏浓缩后，在高尔基体的成熟面（靠近质膜的一面）以小泡的形式分类包装，然后运往不同的部位。有的囊泡称为溶酶体，内装有各类水解酶，有的为分泌囊泡，里面是待分泌的肽类激素、消化酶及酶原等。分泌囊泡将迁移至质膜内侧，囊泡膜与质膜融合，内含物被排到胞外。

（2）高尔基体参与膜的转化。新的膜在内质网形成后，以小泡的形式在高尔基体的形成面汇集，成为高尔基体膜，此时膜较薄。小泡内装的蛋白质在高尔基池经修饰加工后，不断补充到膜上去，使膜的厚度增加，膜的成分也在变化。当到达高尔基体的成熟面时，分泌囊泡膜中已经含有了质膜需要的各种专一蛋白质和脂类物质。囊泡膜与质膜融合，囊泡膜就成了质膜的一部分。

（3）高尔基体也是多种多糖合成的场所。黏多糖、果胶、纤维素等是在高尔基体内合成，包装于小泡中分泌的。有证据表明，高尔基体内用于使蛋白质糖基化的糖链也是在高尔基体内合成的。

5. 叶绿体

叶绿体存在于植物和某些藻类细胞内，一般为盘形，直径 5～8μm，厚 2～3μm。一个植物细胞约含有 50 个叶绿体，是进行光合作用的细胞器。

叶绿体也如线粒体那样，有外膜、内膜、两膜间隙及内膜包围的基质；除此以外，在基质内还悬浮着许多由膜围成的小扁囊，称为类囊体。那些大的类囊体称为基质类囊体，形成了内膜系统的基质片层。那些小的类囊体象小圆盘，每个间隔 5nm，叠成一种称为基粒的结构。每个叶绿体含 40~80 个基粒。类囊体膜中含有叶绿素、胡萝卜素、细胞色素及相关的蛋白质、ATP 合成酶等。光合作用中捕捉光子、分解水释放氧气、产生还原力 NADPH 及合成 ATP 等将光能转变为化学能的反应都是在类囊体膜上进行的。这些反应统称为光反应。

叶绿体内膜与类囊体之间充满的基质内，含有参与固定 CO_2 合成糖反应的酶系。光合作用中，利用光反应产生的 NADPH 和 ATP 将 CO_2 还原生成糖的反应，是在基质中进行的。同时叶绿体基质中还含有叶绿体 DNA、RNA 及参与叶绿体内核酸和蛋白质合成的酶系。同线粒体一样，叶绿体也是半自主的细胞器。

光合作用的两大结果——释放氧气和合成糖，不仅对进行光合作用的生物本身十分重要，也是自然界好氧生物、异养生物赖以生存的物质基础。叶绿体中发达的膜结构大大提高了光合作用的效率。

6. 溶酶体和过氧化物酶体

（1）溶酶体　溶酶体是由单层膜围起的细胞器，里面含有各种水解酶类，直径约 $0.5\mu m$，在动物、植物和原生动物细胞中均有发现。溶酶体中含有的酶共有 50 余种，其中包括脂肪酶、蛋白水解酶、核酸酶、磷酸酯酶、糖苷酶和硫酸酯酶等。溶酶体酶的种类虽然很多，但每个溶酶体所含酶的种类却是有限的。这些消化酶被封闭在溶酶体中可防止细胞本身被酶消化。吞噬细胞通过质膜内陷，把环境中的大分子及颗粒物质以质膜包围的小泡形式运进细胞，此内吞小泡与溶酶体融合，内含物被溶酶体中的酶消化。细胞内衰老的细胞器等物质也是在溶酶体内被消化的。大分子物质经消化产生的氨基酸、单糖等可扩散出溶酶体，被细胞利用，消化残渣通过外排作用排出细胞。

溶酶体也能引起细胞自溶，如细胞受伤或衰老死亡时，溶酶体即自行解体，将酶释放到细胞液中将细胞本身消化掉。动物发育过程中一些细胞的清除，如蝌蚪变蛙时尾部的退化，也是通过细胞自溶方式进行。

（2）过氧化物酶体　过氧化物酶体是由内质网以出芽方式产生的。它也是由单层膜围起的细胞器，呈卵圆形，直径在 $0.2~1.7\mu m$。过氧化物酶体中除含有过氧化氢酶外，还含有多种以 FAD 或 FMN 为辅基的氧化酶，如尿酸氧化酶、D-氨基酸氧化酶、α-羟酸氧化酶等。这些氧化酶催化其底物脱氢，并将脱下的氢原子直接交给氧分子，生成双氧水。双氧水是强氧化剂，会对细胞产生毒害。过氧化物酶体中含有的过氧化氢酶能催化双氧水分解成水和氧气，以清除过氧化氢，对细胞起保护作用。

第二节　生物膜的化学组成与结构

一、生物膜的化学组成

生物膜主要由脂质（主要为磷脂）、蛋白质（包括酶）和少量糖（糖蛋白和糖脂）组成。

因生物膜的种类不同，其脂类和蛋白质的组成比例也有很大的差异。一般来说，功能越复杂的膜，其膜蛋白所占的比例越大，相反，膜功能越简单，其膜蛋白的种类和含量越少。例如神经髓鞘主要起绝缘作用，仅含几种蛋白质，而线粒体内膜，其功能复杂，包含了参与电子传递和偶联磷酸化的功能，约有 60 种蛋白质参与其中。表 7-1 所示为部分生物膜中的蛋白质与脂类的比例。

表 7-1　　　　　　　　　　部分生物膜内所含蛋白质与脂质的比例

生物膜	m（蛋白质）：m（脂类）	生物膜	m（蛋白质）：m（脂类）
神经髓鞘	0.25	视网膜杆状细胞	1.5
肝细胞质膜	1.0~1.4	革兰氏阳性菌	2.0~4.0
红细胞	1.5~4.0	革兰氏阴性菌	1.2
内质网	0.7~1.2	支原体	2.2
线粒体外膜	1.2	嗜盐菌	1.8
线粒体内膜	3.6		

此外，生物膜上还含有一定量的水和无机盐（金属离子），膜上的水约 20% 呈结合状态，其余则是自由水。膜上金属离子和一些膜蛋白与膜的结合有关，其中钙离子对于调节膜的生物功能有很重要的作用。

（一）　膜脂

1. 膜脂的种类

生物膜的脂质主要包括磷脂、固醇及糖脂等。不同的生物膜中脂类含量及种类会有较大差异，其中以磷脂为主要成分。

构成生物膜的磷脂主要是甘油磷酸二酯，最简单的是磷脂酸。磷脂酸含量虽不多，但它是其他甘油磷酸酯的合成前体，如卵磷脂、脑磷脂、磷脂酰丝氨酸、磷脂酰肌醇和二磷脂酰甘油（心磷脂）等。除甘油磷脂外，生物膜中还含有鞘磷脂。无论甘油磷脂还是鞘磷脂都是两性分子，每一分子既有亲水部分（又称"头部"）又有疏水部分（又称"尾部"）。这一特征决定了它们在生物膜中的双分子层排列（或称脂双层）。

一般动物细胞内固醇的含量高于植物细胞，而质膜内的固醇含量又高于细胞内膜系。高等植物的固醇主要为谷固醇和豆固醇。动物细胞膜的固醇最多的是胆固醇。胆固醇的两亲性特点使其在调节膜的流动性、增加膜的稳定性以及降低水溶性物质的通透性等方面都起着重要作用。

动物细胞质膜几乎都含有糖脂，其含量约占外层膜脂的 5%，这些膜脂大多都是鞘氨醇的衍生物，例如半乳糖脑苷脂是髓鞘膜的主要糖脂，约占外层膜脂的 40%。糖脂在膜脂中大多含有 1~15 个糖残基。糖脂中还有具有受体功能的神经节苷脂等。细菌和植物细胞膜的糖脂几乎都是甘油醇糖脂。

2. 膜脂的多态性

组成生物膜的膜脂是两性分子，且非极性部分所占比例较大。这一特性使之在水中容易自动聚集成微团结构或片状双分子层结构。以磷脂为例，当磷脂加入水中以后，由于疏水部分表面积较大，只有极少的分子以游离单体形式存在。磷脂分子在水-空气界面倾向于形成单分子层，极性部分与水接触，经"尾部"伸向空气一侧，如果加入较多的磷脂分子，使水-空气界面达到饱和，磷脂分子就以微团或双层形式存在。这两种形式都使磷脂分子的极性头部与水接触，并通过疏水键和范德华力的作用使脂酰基长链尽可能靠近，将水从邻近部位排除，同时极性头部相互吸引（图7-1）。

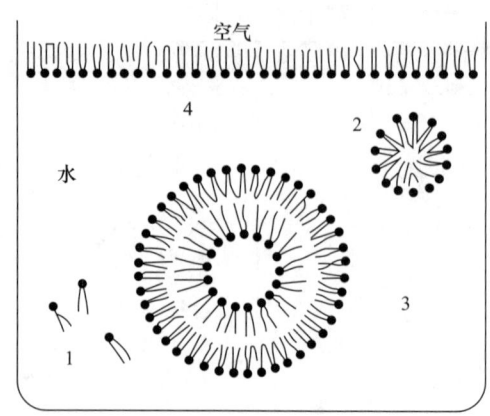

图7-1 膜脂分子在水中的存在形式
1—零散游离分子 2—微团 3—双层膜 4—单分子膜

（二）膜蛋白

膜蛋白根据在膜上定位和跟膜脂结合的牢固程度可分为外周膜蛋白质、内在膜蛋白质和兼在蛋白质。

外周膜蛋白质（peripheral membrane protein）分布在脂双层的内、外层表面上，借静电相互作用和氢键跟内在蛋白质的亲水结构域或膜脂的极性头基结合（图7-2）。大多数外周蛋白质通常只要用比较温和的（能干扰静电相互作用和破坏氢键的）方法，如改变pH或离子强度、用螯合剂除去Ca^{2+}或加入尿素或碳酸盐，即可把它们从膜上分离下来。外周膜蛋白质都溶于水，一般占膜蛋白的20%~30%。

内在膜蛋白质（integral membrane protein）主要特征为水不溶性，靠跟脂双层的疏水相互作用与膜结合的。蛋白质分子的非极性氨基酸残基常以α-螺旋形式与脂双层的疏水部分相互作用（细菌膜的内在蛋白质中常见有借多股β-桶状蛋白结合的）。内在蛋白质，有的只是部分埋在脂双层中，有的则横跨全膜；有的（如血型糖蛋白）跨越脂双层只是单个螺旋段，有的（如细菌视紫红质）来回多个螺旋段。内在蛋白质与脂双层结合得很牢固，只有用那些能够破坏跟脂双层疏水相互作用的介质，如去污剂、有机溶剂或变性剂，才能将它们提取出来。有些内在膜蛋白质本身并不进入膜内，而是跟一个或几个脂质分子如脂肪酸、类异戊二烯或糖基磷脂酰肌醇（glycosyl phosphatidylinositol；GPI）共价相连，并以它们为疏水锚钩（anchor）锚定在脂双层中（图7-2），这些膜蛋白可用专一性酶处理，例如以GPI为锚钩的内在蛋白质（GPI-锚定蛋白质）用磷脂酶C水解即可被释放。内在膜蛋白质占膜蛋白的70%~80%。

兼在蛋白质（amphitropic protein）有时存在于细胞溶胶，有时处于跟膜结合之中。它们对膜的亲和力在有些场合是由于这些蛋白质跟一个膜蛋白或膜脂的非共价相互作用或静电相互作用，在另些场合是因为存在一个或多个跟兼在蛋白质共价结合的脂质（图7-2）。一般说，兼在蛋白质跟膜的可逆结合是受调节的；例如磷酸化作用或配体结合可以使该蛋白质发生构象改变，暴露出原先接近不到的膜结合部位。因此兼在蛋白质有时跟膜结合，有时不与膜结合；这取决于调节过程的类型,如可逆的棕榈酰化(palmitoylation),如图 7-2 所示。

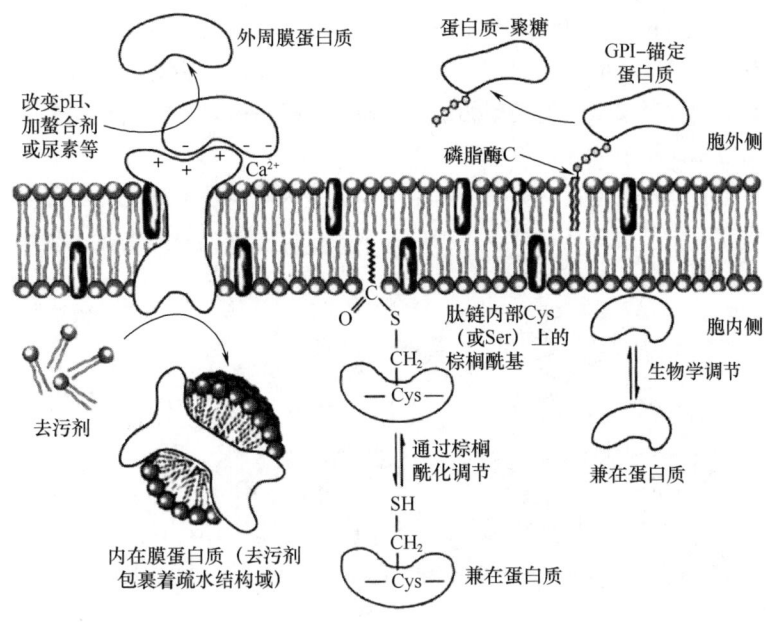

图 7-2 三类膜蛋白(外周蛋白、内在蛋白和兼在蛋白)

(三) 膜糖类

生物膜中含有一定量的糖类,它们主要是以糖蛋白和糖脂的形式存在。在细胞质膜表面分布较多,一般占质膜总量的 2%~10%。分布于质膜表面的糖残基形成一层多糖-蛋白复合物。与膜蛋白和膜脂结合的糖类主要有中性糖、氨基糖和唾液酸等。糖脂主要为神经糖脂。糖蛋白和糖脂与细胞的抗原结构、受体、细胞免疫反应、细胞识别、血型及细胞癌变等均有密切关系。

二、生物膜的结构

生物膜是由膜脂、膜蛋白、膜糖定向、定位排列、高度组织化的分子装配体。它是一种超分子复合物,具有特定的分子结构。脂质双分子层是所有生物膜具有的共同结构特征,即非极性(疏水)的尾部形成双层膜的内部,靠疏水作用聚在一起,极性(亲水)头部在膜的两个表面。另外,通过对各种天然生物膜和人工膜的研究,发现生物膜具有膜组分在脂双层两侧分布的不对称性和膜组分的流动性,它们是膜行使生物功能的基础。

1. 膜组分在脂双层两侧分布的不对称性

膜蛋白在脂双层的内外两层中的分布是不对称的,有些膜周边蛋白只附着在外层的表面,而有些膜周边蛋白正好相反。膜内在蛋白也一样,有的插在外层,有的只插在内层,有的虽然横跨内外两层,但是相连的寡糖只存在于生物膜的外侧(图 7-3)。膜蛋白分布的不对称性对于生物膜的正常生理功能是极为重要的,如充当传递生物信息的受体分子,只有当它与配体结合的部位面向细胞膜的外侧才能发挥其功能。

通常,在组成和功能上,膜内表面不同于膜的外表面,位于两单层的蛋白质性质和分布也不相同。这种不对称性赋予膜的作用具有方向性,溶质或信号可以按一个方向跨膜移动。

脂质在脂双层两个单层的分布，虽然也是不对称的，但没有像膜蛋白那样的绝对。例如，在红细胞的质膜中，含胆碱的脂质（磷脂酰胆碱和胆碱鞘磷脂）主要存在于质膜的胞外面（外层），而磷脂酰丝氨酸、脑磷脂和磷脂酰肌醇更多是在胞质面（内层）。脂质在质膜内外层分布的变化是有生物学效果的。例如，血小板只有它质膜中的磷脂酰丝氨酸移到外层时才能在血凝块形成中起作用。对很多其他类型的细胞，磷脂酰丝氨酸暴露在细胞外表面标示着一个细胞将遭程序性细胞死亡的破坏。

糖质在脂双层的分布也是不对称的，无论质膜还是内膜系统中糖脂和糖蛋白的寡糖分布都是不对称的。质膜的糖蛋白总是把携有寡糖的结构域定向在细胞的外表面（图7-3）。

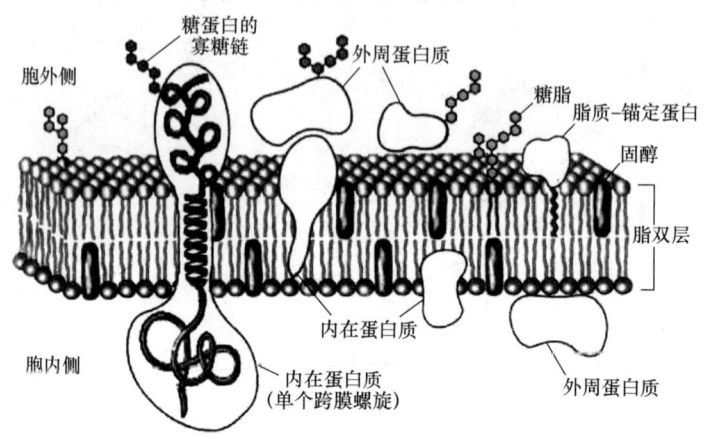

图7-3　膜成分分布的不对称性（流动镶嵌模型）

2. 生物膜的流动性

所有生物膜的一个显著特点是它们的柔性（flexibility），即不丢失它的完整性而改变形状的能力。这一性质的基础是脂双层中脂质分子之间的非共价相互作用和单个脂质的运动性（mobility），因为脂质不是相互共价锚定的。可见膜是处于流动状态的，既包括膜脂，也包括膜蛋白的流动。合适的流动性（fluidity）对膜表现它的正常功能十分重要。例如物质转运、能量转换、信息传递、细胞分裂和融合、胞吞和胞吐等都与膜的流动性有密切关系。

生物膜的流动性（fluidity）主要指膜脂和膜蛋白所做的各种形式的运动。

膜脂的流动性主要体现在：

（1）脂质在膜内的侧向扩散或侧向移动　是指磷脂分子在脂双层的同一层中与邻近分子进行交换；也即，这些分子在膜内进行布朗运动［图7-4（2）］。侧向扩散在生物膜和人工膜中都能发生，而且速度很快。例如，红细胞质膜外层中的一个脂质分子进行侧向扩散，在几秒钟内就能绕红细胞一圈。该脂双层平面内的这种快速侧向扩散在几秒钟内可使各个分子的位置趋于随机化（均匀分布）。

（2）酶催化下的跨膜运动　在生理温度下，脂质分子从脂双层的一层（一面）翻到另一层的运动称为跨膜运动或翻转扩散［图7-4（1）］。由于膜脂都是两亲分子，脂类分子极性的头部要从脂双层的一层翻转到另一层，它必须穿过脂双层的疏水区；这是一个需能过程，自由能变化是一个大的正值，因此翻转扩散比侧向扩散的速度要慢得多。然而这种高耗能的翻转在原核和真核细胞中都有发生。一个称为翻转酶（flippase）的转位蛋白（translocator）催化翻转扩散，此酶催化氨基磷脂（磷脂酰乙醇胺和磷脂酰丝氨酸）从质膜的胞外层到细胞溶胶层（内层）的转位，并因而造成磷脂的不对称分布：磷脂酰乙醇胺和磷脂酰丝氨酸主要在细胞溶胶层，鞘脂和磷脂酰胆碱在胞外层。翻转酶每转位一分子磷脂消耗约一个 ATP 分子［图 7-4（3）］。这种高耗能的翻转在原核和真核细胞中都有发生。

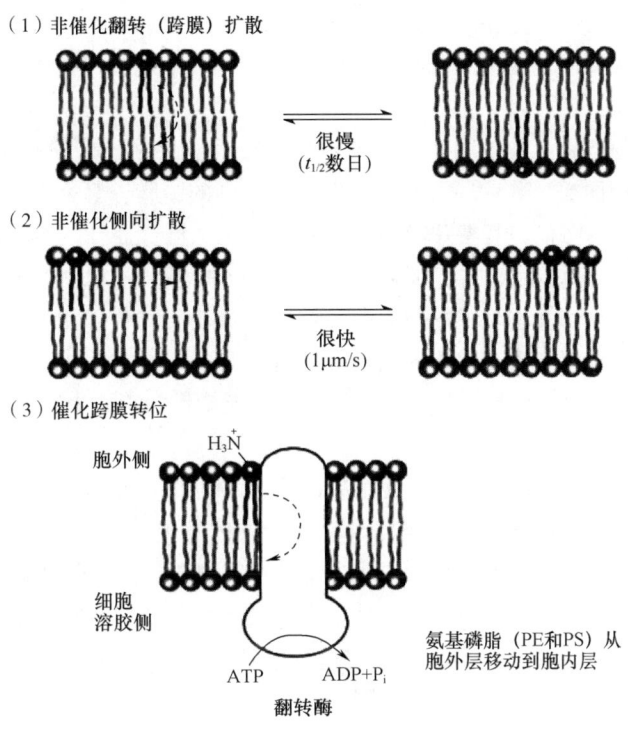

图 7-4　单个磷脂分子在脂双层中的运动示意图

（3）脂双层中脂质有序液态与无序液态的转变　虽然脂双层的整体结构是稳定的，但膜平面内的单个磷脂分子具有很大的运动自由度，这取决于温度和脂质组成。低于正常生理温度，膜脂运动慢，脂双层变成半固体的有序液态或称为类晶态或凝胶态，在这种状态单个脂质的所有运动形式都受到很大限制［图 7-5（1）］。在生理温度以上，膜脂运动加快，脂肪酸烃链处于不断的运动中，包括绕长脂酰链 C—C 键的旋转和单个脂质分子在脂双层内的侧向扩散；此时脂双层是流动的无序液态，或称液晶态［图 7-5（2）］。从有序液态过渡到无序液态，脂双层总的形状和大小保持不变，但单个脂质分子的运动（侧向和旋转）程度有变化。

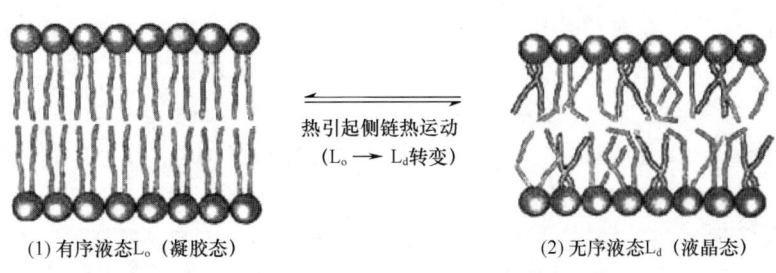

图 7-5　膜脂的相变（有序液态与无序液态转变）

膜脂的流动性与膜所处的温度、脂酰基的碳链长度和不饱和性以及胆固醇的含量有关。温度越高，膜的流动性越强。

饱和的碳氢链使疏水尾巴能更紧密有序地聚集在一起，从而导致范德华力增强。较长的碳氢链有类似的效果。而不饱和的碳氢链含有顺式的双键，这种双键将剧烈弯曲引入到疏水尾巴上，不利于疏水尾巴之间紧密有序聚集。因此，脂酰基的碳链越短、不饱和度越高，膜的流动性就越强。对哺乳动物在生理温度范围（20~40℃），长链脂肪酸（如16:0和18:0）倾向于组装成有序液态（凝胶态），但不饱和脂肪酸中的结节干扰装配，有利于处在无序液态（液晶态）。

一个膜的固醇含量（随不同生物和细胞器有很大变化）是脂质状态的另一重要的决定因素。固醇（例如胆固醇）作为一种在结构上十分特别的膜脂，对生物膜的流动性有双面影响：在膜的流动性较强的时候，其特殊的环结构使其能够"见缝插针"，填充在不饱和碳氢链因弯曲产生的缝隙之中，像胶水一样，加强疏水尾巴之间的范德华力，使脂酰链挤得更紧，并限制它们在脂双层中的运动；这时候的胆固醇使得膜的流动性降低；相反，如果膜的流动性不高，胆固醇刚性的环结构就夹杂在饱和的碳氢链之间，阻挠了脂酰链的有序装配，即不利于疏水尾巴之间紧密有序聚集，这时候它反而能够提高膜的流动性。正因为如此，有人将胆固醇称为动物细胞膜流动性的缓冲剂。

细胞可以调节自身的膜脂组成，使生物膜在各种生长条件下都能处于流动状态以利生长。例如细菌在低温下培养时比在高温下培养时，合成的不饱和脂肪酸更多，而饱和脂肪酸则更少。脂质成分的这种调整结果是在低温或高温下培养的细菌，约有同样程度的膜流动性。推测这是对脂双层中的许多蛋白质（酶、转运蛋白和受体）行使功能所必需的。

生物膜中的蛋白质也经常处于运动之中。很多膜蛋白的行为好像它们被漂浮在脂质的海洋里。和膜脂一样，这些蛋白质能在脂双层的流体平面内自由地侧向扩散，并处于恒定的运动中。

膜蛋白在膜上至少可做两种形式的运动：一是沿着与膜平面垂直的轴做旋转运动；另一是沿着膜表面做侧向扩散运动，这种侧向扩散在多数情况下是随意和无序的。

生物膜的流动性对生物膜的功能具有深刻的影响。比如，随着膜的流动性增强，膜对水和其他亲水性的小分子的通透性就增加。膜蛋白的流动性与膜脂的流动性密切相关，例如当膜脂流动降低时，膜内在蛋白暴露于膜外水相；反之，如果膜脂流动性增加，膜内的蛋白质则更多地深入脂层中。这种相关性将影响膜蛋白的构象与功能。

3. 生物膜的流动镶嵌模型

从19世纪末到20世纪中叶研究人员们对生物膜的结构曾提出过多种模型，包括脂双层模型、三夹板模型和单位膜模型等。1972年美国S. T. Singer和G. R. Nicolson吸取了前人提出的模型中合理部分，并总结对膜的电镜观察、化学组成及其分布不对称性的研究、膜通透性和膜流动性的物理研究，提出了流动镶嵌模型（fluid mosaic model）（图7-6）该模型的要点是：①膜的基质或膜结构的连续主体是极性的脂质双分子层，脂双层的每层中脂质分子的非极性尾部面向双层片的核心，极性头基面向外侧，跟每侧的水介质相互作用；②由于极性脂质的疏水尾部含有一定量的饱和或不饱和脂肪酸，而这些脂肪酸在细胞的正常温度下呈液体状态，因此脂质双分子层具有流动性；③膜的内在蛋白的表面具有疏水的氨基酸侧链基团，故可使此类蛋白"溶解"于双分子层的中心疏水部分中；④外周蛋白的表面主要含有亲水性R基，可通过静电引力与带电荷的脂质双分子层的极性头部连接；⑤膜蛋白可做横向移动，外周蛋白漂浮在双分子层"海洋"的表面，而内在蛋白犹如"冰山"，几乎完全埋在双层片中，借脂质和蛋白质的疏水结构域之间的疏水相互作用维系在一起。在这里膜脂和膜蛋白能做旋转和侧向运动；⑥双分子层中的脂质分子之间或蛋白质组分之间或蛋白质组分与脂质之间无共价结合。

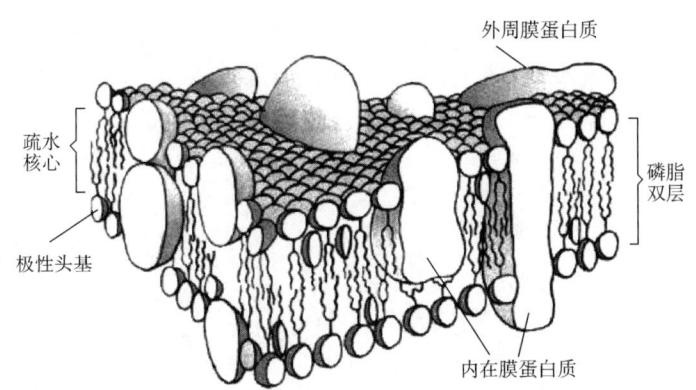

图 7-6　Singer 和 Nicolson 提出的膜结构流动镶嵌模型

此模型跟以往提出的各种模型主要差别在于：它突出膜的流动性和膜成分分布的不对称性。流动镶嵌模型虽还存在很多局限性，例如近年来很多实验结果表明，膜各部分的流动性是不均匀的。由于脂质组成不同、膜蛋白-膜脂的和膜蛋白-膜蛋白的相互作用以及环境因素（如温度、pH 等）的影响，在一定温度下有的膜脂处于凝胶态（有序液态），有的则呈流动的液晶态（无序液态）。即使都处于无序液态，膜中各部分的流动性也不全相同。这样，整个膜可视为具有不同流动性的"微区"相间隔的动态结构。因而 Jain 和 White 提出了一种"板块镶嵌"模型。然而至今尚无一个模型像流动镶嵌模型那样受到广泛的应用。

第三节　物质的跨膜转运

每一个活细胞必须从它周围的环境中吸收用于生物合成和产生能量的原材料，同时也必须将新陈代谢的副产物释放到环境中去。细胞膜上存在有一些蛋白质，这些蛋白质专一性识别和转运细胞所必需的物质，如糖、氨基酸和无机盐。在某些情况下，这些组分依靠浓度梯度、电势差或同时依靠二者来"泵入"细胞。与此同时，一些其他物质必须泵出细胞以保持细胞内浓度低于外环境。除极少数例外，小分子的跨膜转运需要通过蛋白质如跨膜通道、载体或泵来介导。生物大分子的跨膜运输则主要是通过外吐作用、内吞作用实现的，涉及生物膜结构的改变。

在真核细胞内，不同的细胞器中的代谢中间物和产物的浓度是不同的，这些物质也必须在严格调节的蛋白质介导的过程中转运跨越细胞内膜系统。

物质通过生物膜的过程有简单扩散（又称被动转运）、促进扩散（又称易化扩散）、主动转运、基团转位以及内吞外吐等。

一、离子与小分子物质的转运

对于离子与小分子物质而言,物质的跨膜转运可分为两种形式:一种是被动转运(passive transport),另一种是主动转运(active transport)。二者的差别一方面是转运的方向,是逆浓度梯度还是顺浓度梯度;另外一方面是表现在转运过程中对能量的依赖性。在被动转运的时候,被转运的物质从浓度高的一侧向浓度低的一侧转移,此过程在热力学上是有利的,不需要消耗能量;而主动转运则是逆浓度梯度进行的,需要提供能量,以克服能障。存在于细胞膜上的各种转运系统参见图 7-7 和表 7-2。

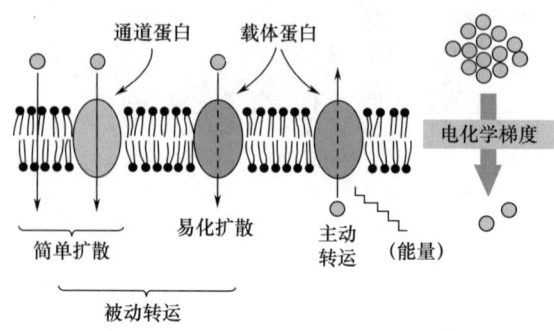

图 7-7 细胞膜上的各种转运系统

表 7-2 跨膜转运的几种方式比较

转运方式	载体蛋白	转运方向	能量消耗
简单扩散	无	顺浓度梯度	无
通道或膜孔	有	顺浓度梯度	无
易化扩散	有	顺浓度梯度	无
初级主动转运	有	逆浓度梯度	直接消耗,通常是 ATP 的水解
次级主动转运	有	逆浓度梯度	间接消耗

(一) 被动转运

当两个包含有不等浓度的可溶性化合物或离子的水溶液区域被渗透性分隔物(膜)隔离时,溶质通过简单扩散从高浓度区域通过膜到低浓度区域,直到两个区域的溶质浓度相等为止,称为顺浓度梯度扩散。当带有相反电荷的离子被半透膜分隔时,即产生跨膜电势差——膜电势(membrane potential),V_m(用伏特或毫伏表示)。这一膜电势产生一种力,这种力既能抑制离子运动而增加 V_m,也能驱动离子运动而降低 V_m。因此,带电溶质趋向于自动跨膜运动的方向是由化学势(由溶质浓度不同造成)和跨膜电势差(V_m)共同决定的。总之,这两种因素被称为电化学梯度(electrochemical gradient)或是电化学势(electrochemical potential)。溶质的这种行为符合热力学第二定律:分子趋向于自发地按照最大自由度进行分配,也就是说,熵将增加并且系统的能量将最小化。

被动转运分为简单扩散（simple diffusion）和易化扩散（facilitated diffusion），二者的差别在于后者需要蛋白质的主动参与。

在活的有机体中，非极性的小分子和不带电荷的极性小分子，例如各种气体（O_2、N_2、CH_4 和 NO 等）、脂溶性激素、脂溶性维生素和乙醇，很容易通过简单扩散的方式进出细胞或细胞器；而离子和较大的极性分子，如 Na^+ 和葡萄糖，需要在由膜蛋白形成的通道和转运蛋白的帮助下，通过通道运输或易化扩散才能出入细胞或细胞器。

红细胞中新陈代谢能量的产生依赖于血浆中葡萄糖的持续供给。血浆中葡萄糖浓度保持在大约 5mmol/L。葡萄糖进入红细胞就是通过葡萄糖特异性转运蛋白的协助扩散来实现的。如果一种分子或离子通过由某些蛋白质形成的跨膜通道或孔进行转运，这就是通道运输。通道运输与简单扩散十分相似。例如水通过单纯扩散经过脂双层膜是比较慢的，但水孔蛋白（水通道蛋白：aquaporin，AQP）则让水分子以更快的速率（每秒钟 $10^9 \sim 10^{11}$ 个水分子通过）进出细胞。

（二）主动转运

主动转运是一种直接依赖于能量并且逆浓度梯度或逆电化学梯度进行的转运方式。能量的来源可能直接偶联于 ATP 的水解，或者偶联于某一离子顺浓度梯度的转移。其中，直接偶联于 ATP 水解的主动转运方式称为初级主动转运（primary active transport），而偶联于某一离子逆浓度梯度转移的主动转运方式称为次级主动转运（secondary active transport）。图 7-8 直观表示出两种主动转运模式：初级主动转运，由 ATP 水解释放能量驱动溶质逆电化学梯度方向运动；次级主动转运，由初级主动转运建立 X 离子（通常是 Na^+）的浓度梯度，X 的顺电化学梯度方向的移动则为第二种溶质（S）的逆电化学梯度运动提供了能量。

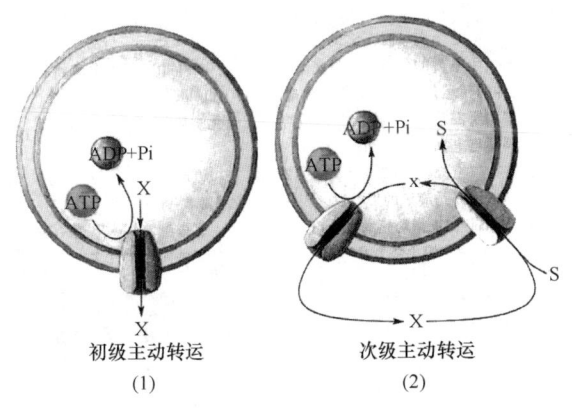

图 7-8　两种主动转运模式

主动转运可导致一种物质在膜一侧的积累，对细胞的生命活动具有特别重要的意义。

下面介绍几种主动转运体系。

1. Na^+/K^+ ATP 酶驱动的主动转运

动物细胞内 Na^+ 的浓度都要比周围液体环境低，而 K^+ 则相反。这种不平衡是由细胞膜上的初级主动转运系统建立和维持的。ATP 的水解与逆电化学势方向的移动这两个过程同时发生，在其中起作用的酶是 Na^+/K^+ ATP 酶，该酶是 1957 年由 Jens Skou 发现的。每一分子的 ATP 转化为 ADP 和 Pi 时，转运蛋白就将 2 个 K^+ 移入，3 个 Na^+ 移出（图 7-9）。这一过程对细胞内 Na^+/K^+ 浓度的形成和保持以及跨膜电势梯度的产生都起着重要作用，电势梯度是神经细胞中电信号传导的中心。

Na⁺的浓度梯度可驱动许多类型细胞中溶质逆浓度梯度的转运。

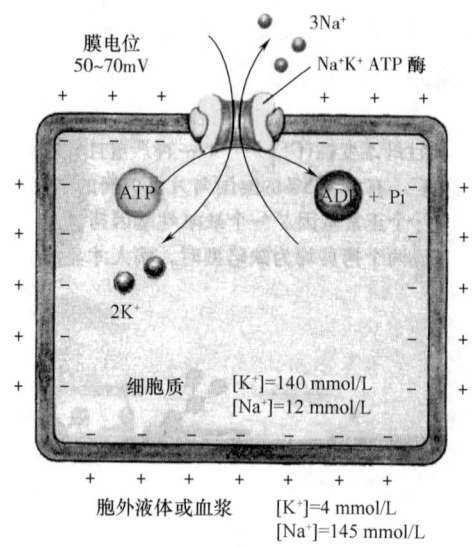

图 7-9　Na⁺/K⁺ATP 酶驱动的主动转运

Na⁺/K⁺ATP 酶是一个具有两个单体的膜内在蛋白（相对分子质量为 50000~110000），两个单体均跨膜存在。关于 Na⁺/K⁺ATP 酶作用的分子机制，目前的模型是 ATP 酶在两种构象形式之间循环，一种是对 Na⁺ 有高度亲和力而对 K⁺ 的亲和力较低的去磷酸化形式，另一种则是反过来对 K⁺ 有高亲和力而对 Na⁺ 的亲和力较低的磷酸化形式（图 7-10）。

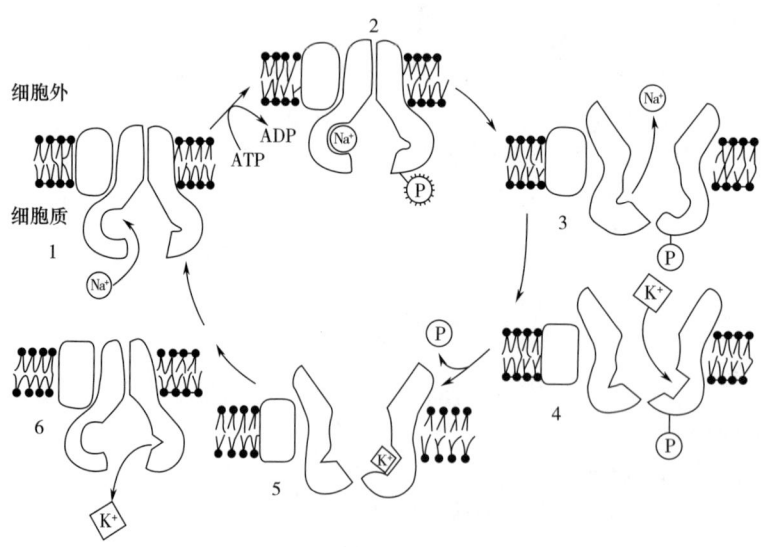

图 7-10　Na⁺/K⁺ATP 酶作用机制模式图

在膜内侧 Na⁺/K⁺ATP 酶有与 Na⁺ 专一结合的位点。酶与 Na⁺ 结合后，促进对 ATP 的水解，并使酶分子本身磷酸化（ATP 的 γ-磷酸基连接到酶大亚基的门冬酰胺残基上），酶的磷酸化，导致其从构象 I 转变为另一种构象 II，在这一构象转变过程中将 Na^+ 从膜内侧运到膜的外侧，释放 Na^+ 到细胞膜外。磷酸化后的 Na^+/K^+ ATP 酶，即构象 II 对 K^+ 有高亲和力，在膜外侧结合 K^+。K^+ 与酶结合后，促进酶去磷酸化，脱去磷酸基的酶又转变为第一种构象 I，在这一构象转变中将 K^+ 从膜外运送至膜内，在膜内侧释放。以第一种构象存在的酶又重复与 Na^+ 结合的上述过程。如此，由于 ATP 提供能量及酶构象的变化而使细胞内的 Na^+ 不断运出膜外，细胞外的 K^+ 不断运进膜内。

细胞对 Na^+、K^+ 的这种主动运送有极重要的生理意义。细胞膜两侧的 Na^+、K^+ 浓度梯度是维持细胞的膜电位、控制细胞体积和细胞兴奋性的基础，也是某些细胞从外环境吸收氨基酸、葡萄糖等的驱动力。

2. ATP 驱动的 Ca^{2+} 泵维持了胞质中较低的钙浓度

细胞质中游离 Ca^{2+} 的浓度很低，一般是在 $10^{-6} \sim 10^{-7}$ mol/L，远低于周围介质。这种差异是细胞质膜和细胞内膜系统中的 Ca^{2+} 泵进行的主动运输实现的。细胞质中普遍存在的毫摩尔数量级的无机磷酸盐需要细胞质中 Ca^{2+} 浓度保持在低水平，因为无机磷酸盐与钙化合会形成相对难溶的钙磷酸盐。

Ca^{2+} 可被一种质膜钙泵（plasma membrane Ca^{2+} pump），即细胞膜上一种 Ca^{2+}-ATP 酶由胞浆泵出，也可被内质网上的一种 Ca^{2+} 泵，将 Ca^{2+} 泵入内质网腔，使之与胞质隔离开。在肌细胞中，Ca^{2+} 通常集中在一种特殊的内质网-肌质网中。肌质网及内质网 Ca^{2+} 泵在结构和机制上都是紧密相关的，它们都可被肿瘤诱发物——毒胡萝卜素（thapsigargin）所抑制，而质膜钙泵则不会。质膜钙泵、肌质网及内质网钙泵都是膜内蛋白，作用机制与 Na^+/K^+ ATP 酶的机制相似，也都有 2 种构象存在形式（图 7-10）。肌质网上的钙泵占肌质网膜蛋白的 80%，有着明显的结构特征，它由一条跨膜 10 次的肽链（相对分子质量约为 100000）组成，在胞质中存在一个较大的结构域，含有 ATP 结合区和一个可在 ATP 作用下进行可逆磷酸化的天冬氨酸残基。磷酸化使胞质一侧与 Ca^{2+} 有高亲和力的部分暴露出来，而去磷酸化则使得与 Ca^{2+} 亲和力较低的部分暴露于内质网腔一侧。通过这两种形式的转换，转运蛋白在 Ca^{2+} 浓度较低的一侧结合 Ca^{2+}，而在浓度较高的一侧释放 Ca^{2+}。经这一磷酸化—去磷酸化循环，ATP 水解为 ADP 和 Pi，释放出来的能量使 Ca^{2+} 实现了跨膜逆电化学梯度的运输。

3. 离子梯度为次级主动转运提供能量

有些细胞中糖或氨基酸的主动运输不是靠直接水解 ATP 提供能量，而是依赖于以离子梯度形式储存的能量，形成这种离子梯度最常见的是 Na^+。由于膜外 Na^+ 浓度高，Na^+ 顺电化学梯度流向膜内，葡萄糖便利用 Na^+ 梯度提供的能量，通过 Na^+ 推动的葡萄糖载体蛋白，将葡萄糖转运入细胞，进入细胞的 Na^+ 又可通过 Na^+/K^+-ATP 酶的作用，转运到细胞外。Na^+ 梯度越大，葡萄糖进入细胞的速度就越快。如果细胞外 Na^+ 浓度减少，葡萄糖转运速度就减慢。再以大肠杆菌（E. coli）半乳糖苷的运输为例，这种转运使得细胞中乳糖的含量比周围培养基中多出 100 倍。大肠杆菌中通常存在由能量代谢造成的跨膜质子梯度和电荷梯度；质子有顺电化学梯度自发流回细胞中的趋势。脂质双分子层对于质子是不通透的，但是半乳糖苷转运蛋白为质子回流提供了通道；同时，乳糖也以同向转运而与质子一起进入细胞（图 7-11）。因此，吸能的乳糖积累和放能的质子流动偶联；这一偶联过程中整体自由能变化是负的。

乳糖逆其浓度梯度的摄入完全依赖于由电化学梯度所驱动的 H^+ 内流。

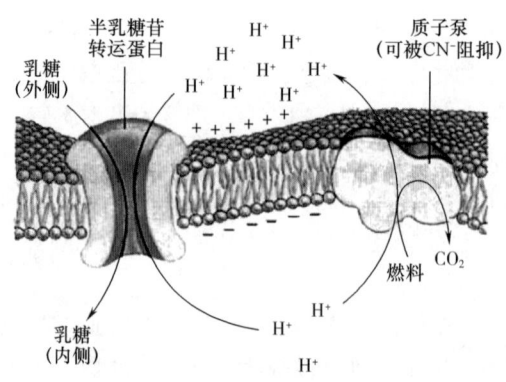

图 7-11 大肠杆菌中乳糖的吸收

Na^+ 或 H^+ 的初级转运形成了离子梯度，这种离子梯度又为其他溶质的共转运提供了动力。很多细胞中都存在着这种共转运系统，即一些离子自动顺梯度的运输与另一种离子（或糖或氨基酸）逆梯度的转运相偶联（表 7-3）。

表 7-3　　　　　　　　　　Na^+ 或 H^+ 梯度驱动的协同转运系统

生物体或组织	转运的溶质（逆梯度移动）	共转运的离子	运转方向
大肠杆菌	乳糖	H^+	同向转运
	脯氨酸	H^+	同向转运
	碳酸	H^+	同向转运
脊椎动物肠、肾	葡萄糖	Na^+	同向转运
	氨基酸	Na^+	同向转运
动物细胞	Ca^{2+}	Na^+	反向转运
高等植物	K^+	H^+	反向转运
真菌（链孢霉菌）	K^+	H^+	反向转运

4. 基团运送

基因运送是指生物在将物质穿膜运送时，由位于膜上的专一蛋白对被运送物质进行专一化学修饰，再运送过膜的过程。如 1964 年 S. Roseman 等在大肠杆菌质膜中发现的磷酸烯醇式丙酮酸磷酸转移酶系统，此酶系统利用磷酸烯醇式丙酮酸作为磷酸供体，使葡萄糖磷酸化，成为磷酸葡萄糖并运送过膜。此过程的总反应为：

$$\text{磷酸烯醇式丙酮酸} + \text{葡萄糖} \xrightarrow[\text{Mg}^{2+}]{\text{磷酸转移酶系统}} \text{丙酮酸} + \text{磷酸葡萄糖}$$
$$\text{（胞外）} \qquad\qquad\qquad\qquad \text{（胞内）}$$

这一过程中，使糖磷酸化并运送过膜的能量是由磷酸烯醇式丙酮酸（DEP）提供的（磷酸烯醇式丙酮酸分子内也含有高能磷酸键，水解时可释放的自由能为 61.1kJ/mol），所以，此种基团运送方式也属于消耗细胞能量的主动运送。细菌对脂肪酸、嘌呤、嘧啶等的运送可能也是通过基团运送的方式进行的。细菌中糖以基团运送方式通过质膜的过程如图 7-12 所示。

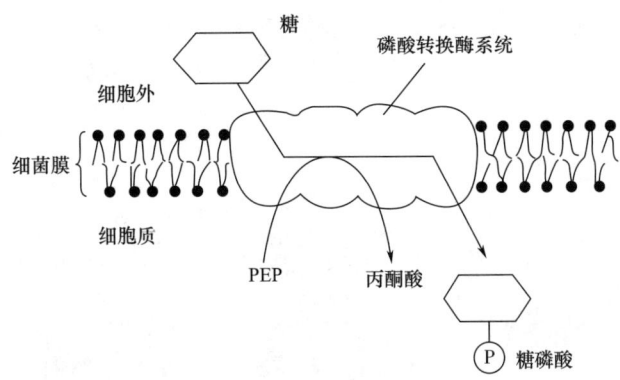

图 7-12　细菌中葡萄糖以基团运送方式通过质膜模式图

二、大分子物质的转运

生物大分子的跨膜转运采取与小分子物质完全不同的策略，小分子物质的跨膜运输主要是通过膜上的载体蛋白来实现的，不伴有生物膜结构的改变；而大分子物质运输涉及生物膜结构的变化。大分子物质进入细胞通过内吞（endocytosis）或胞吞，离开细胞则通过胞吐（exocytosis）。例如多核苷酸、多糖等生物大分子甚至颗粒的运输，主要是通过胞吐作用、胞吞作用等来运输的。蛋白质跨膜运输除胞吞、胞吐外，还有跨内质网膜和跨线粒体膜、叶绿体膜等运输类型。

（一）胞吐作用

胞吐作用又称外排作用。细胞内有些待排出的物质先被囊泡裹入形成分泌小泡，分泌小泡移动至膜内侧与质膜接触，然后小泡膜与质膜融合，融合的外侧面产生一个裂口，把所裹入的物质排出胞外，这一过程称为胞吐作用（图 7-13）。如内分泌腺体细胞合成的激素及消化腺细胞合成的消化酶，都是通过胞吐作用运送到细胞外。细胞内经溶酶体消化后处理的代谢废物，也是通过这种方式排出细胞的。

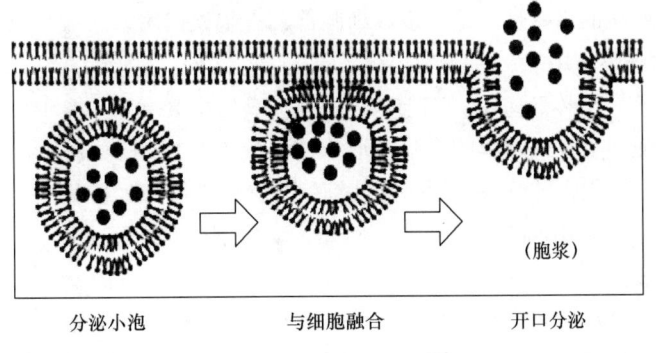

图 7-13　胞吐作用示意图

（二）胞吞作用

胞吞作用又称内吞作用，是与胞吐作用相反的过程。

内吞的基本过程是：局部细胞膜内陷—包被附近的大分子—形成小囊泡—囊泡脱离细胞膜，进入胞内—囊泡与细胞内膜融合（通常是溶酶体），将内容物转运到目的地。这一过程称为胞吞作用（图 7-14）。完成内吞一般需要消耗能量，还需要细胞质基质中的钙离子以及细胞内运动系统的协助。

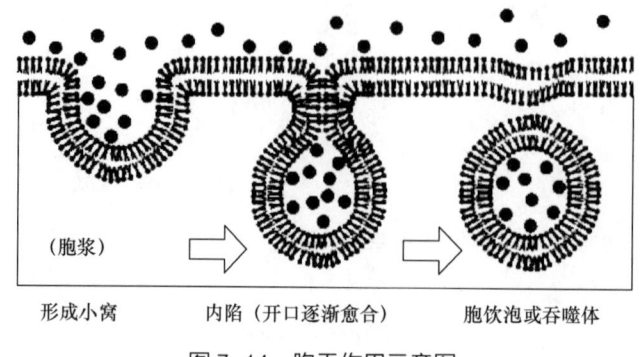

图 7-14　胞吞作用示意图

胞吞作用又可分为吞噬作用（phagocytosis）、胞饮作用（pinocytosis）以及受体介导的胞吞作用（receptor-mediated endocytosis）。

1. 吞噬作用

细胞以大的囊泡形式（常称为液泡 vacuoles）内吞较大的固体颗粒、直径达几微米的复合物、微生物以及细胞碎片等的过程，称为吞噬作用。例如，原生动物摄取细菌和食物颗粒等的过程，高等动物免疫系统的颗粒白细胞、巨噬细胞内吞入侵的细菌等。吞噬作用又可分为吸附和吞进两个相对独立的过程，即被吞噬的颗粒首先非专一性地吸附于细胞表面，引起质膜内陷，而后，颗粒物被质膜包围成囊泡，在质膜内侧，囊泡与质膜脱离进入胞内。总的来说，吞噬作用是一个需要能量的主动运送过程，但吸附并不需要能量。

2. 胞饮作用

细胞将其周围的微滴状液体（微滴一般直径<1μm）或极小的颗粒物质，以小的囊泡形式吞入细胞的过程称为胞饮作用。被吞进的微滴中可含有蛋白质、氨基酸、糖、离子或小分子。胞饮作用也不具有明显的专一性。绝大多数细胞都具有胞饮作用。

3. 受体介导的内吞作用

某些内吞物（称为配体 ligand，它们或是蛋白质或是小分子），可与细胞表面的专一性受体蛋白相结合，并随即引发细胞膜的内陷，形成的小囊泡将配体裹入并运送至细胞内的过程。因此，这是一种专一性很强的胞吞作用。能使细胞选择性地摄入大量的专一性配体，而无须像胞饮作用那样摄入相当大体积的细胞外液。例如，动物细胞摄取胰岛素、去唾液酸血浆蛋白、胆固醇等就是通过受体介导的内吞方式实现的。

内吞囊泡具有多种形状和不同大小，直径一般在 50~400nm。由于相互融合或与细胞内其他囊泡融合，因而常呈膨大状。内吞的速度也因细胞类型不同而异，但一般来说，速度相当惊人。如巨噬细胞 1h 引入的液体可达细胞体积的 25% 左右，而阿米巴的饮入速度比巨噬细胞更高。它们大多数最终要与溶酶体融合，但有些也可穿过细胞质，通过胞吐作用在细胞另一表面释放其内含物。

（三） 蛋白质的跨膜运输

蛋白质在细胞内的核糖体上合成后，要分送到细胞的各个部位（细胞质、细胞核、线粒体、内质网、溶酶体等）进行补充和更新，有的还要通过细胞质膜分泌到胞外。由于细胞各部分都有其特定的蛋白质组分，所合成的蛋白质必须定向且准确无误地运送到特定的部位发挥其作用。对于亚细胞结构和细胞器来说（尤其是真核细胞），蛋白质的运送往往涉及跨膜和定向问题，这是当前生物膜研究中比较活跃的一个领域。真核细胞中，蛋白质的跨膜运输主要有三种类型：

①以胞吞作用或胞吐作用的形式跨膜。

②通过内质网膜，一般认为在此过程中，信号肽、信号识别蛋白体、停泊蛋白等参与了识别和运送作用。

③通过线粒体膜、叶绿体膜、过氧化物酶体膜以及乙醛酸循环小体膜等，在这些过程中，引导肽起着重要作用。

【延伸阅读】

1. 被动转运中的不同通道

有的通道一直处于开放状态，如钾泄漏通道；有的通道则受到严格调控，平时处于关闭状态，仅在细胞需要的时候才会"开闸放流"。这些通道有的需要特殊的配体（如乙酰胆碱和cGMP）结合才能开放，有的受膜电位的控制，有的受机械力（摩擦力、压力、牵拉力、重力或剪切力等）控制，有的受磷酸化控制。例如，植物细胞的水通道蛋白比动物多了一个肽环，在干旱和水涝的时候，这个肽环像一个塞子一样，可以通过构象变化堵住通道。在干旱的时候，通道因为两个保守的丝氨酸残基发生脱磷酸化而关闭。而在水涝的时候，氧气的缺乏导致细胞质基质的pH下降，也促使通道上一个关键的组氨酸残基因质子化而关闭。两种情况都是环境因素的变化而诱发蛋白质的构象发生变化，而构象变化促使肽环移至通道口并堵住通道。

2. 科学故事——水孔蛋白的发现

生命系统约70%由水组成，所有生物都需要水进出细胞。科学家很早就知道水分子除了能够以简单扩散的手段通过细胞膜以外，还应该存在其他的机制，因为许多细胞对水的通透性要比简单扩散快得多，且如果水仅通过被动转运机制进出细胞，那么渗透压很容易导致细胞破裂或者细胞脱水（取决于细胞膜内外的盐浓度）。但这种机制究竟是什么却一直悬而未决，直到约翰斯·霍普金斯大学医学院的美国科学家彼得·阿格雷（Peter Agre）在细胞膜上发现了水孔蛋白。他与通过X射线晶体学技术确认钾离子通道结构的洛克菲勒大学霍华德·休斯医学研究中心的罗德里克·麦金农（Roderick MacKinnon）共同荣获了2003年诺贝尔化学奖。

在20世纪80年代中期，Agre及其同事在分离纯化红细胞膜上的Rh血型抗原时，偶然得到一种含量丰富、非常小的蛋白质"不速之客"。他们很快分离到这种蛋白质，这是一个28ku的疏水性跨膜蛋白，称为形成通道的整合膜蛋白28（channel-forming inte-gral membrane protein，CHIP28），后来发现它也存在于肾细胞的质膜上。很快，他们用了不到一年的时间测定出它的氨基酸序列并在1991年完成了其cDNA克隆。但当时并不知道该蛋白的功能。考虑到这种蛋白质也存在于与水代谢密切相关的肾细胞的质膜上，于是他们猜想它是组成水通道的蛋白质。

为了证明这种推测，他们构建了 CHIP28 表达质粒，随后，把构建好的质粒显微注射到非洲爪蟾的卵母细胞里进行表达。当他们将含有 CHIP28 表达质粒的卵母细胞放至低渗介质中后，发现卵母细胞迅速发生膨胀，并于 5min 内破裂。而没有 CHIP28 表达质粒的卵母细胞形状没有变化（图 7-15）。为了进一步确定其功能，他们还将纯化的 CHIP28 重组到人工合成的脂质体上，结果也发现这种人造细胞能够从低渗溶液中吸水膨胀。当他们将 Hg^{2+} 与 CHIP28 混在一起的时候，发现 Hg^{2+} 能使 CHIP28 失活，这种结果解释了 Hg^{2+} 能够阻止水的跨膜转运这个很早就为人所知的现象。综合以上的实验结果，可以毫不怀疑地认为，他们发现的 CHIP28 就是水孔蛋白。

2000 年，Agre 和其他几位科学家得到了红细胞膜水孔蛋白（现在被称为水孔蛋白-1，AQP1）的三维结构（图 7-16）。水通道的三维结构清楚表明，其肽链两个部分形成的半孔（hemipore）组装成了一个允许水分子通过的通道。

水通道的发现迎来了对这种存在于各种生物的蛋白质进行生化、生理学和遗传学等研究的黄金时代，对于它的研究可以更好地揭示生命现象，使科学家能够研发出治疗因水通道异常而导致的疾病的药物。

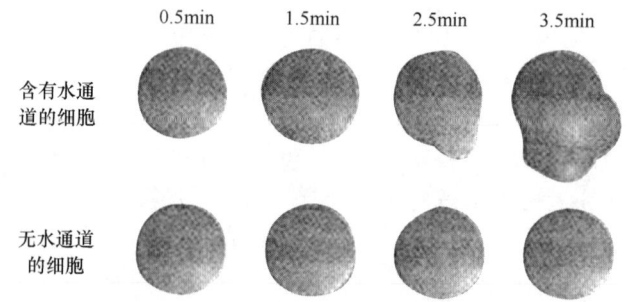

图 7-15　表达与不表达 CHIP28 的非洲爪蟾卵母细胞对水通透性的差别

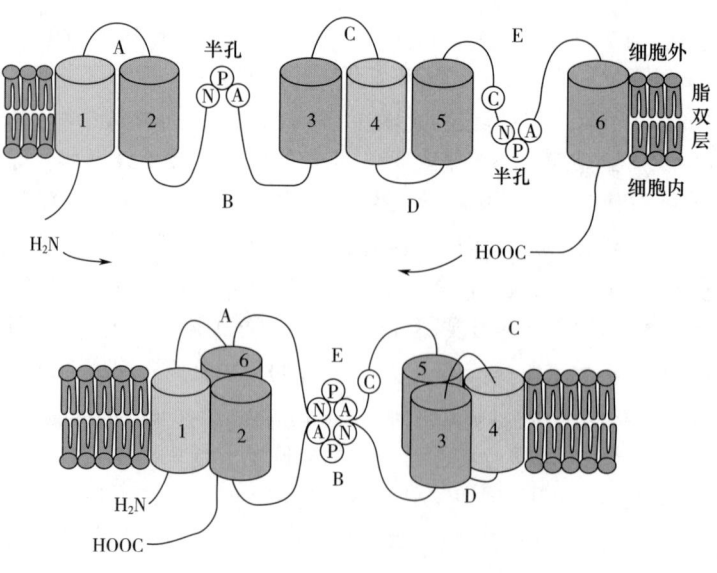

图 7-16　水孔蛋白-1 的结构模型

第八章 新陈代谢总论与生物氧化

第一节　新陈代谢总论

一、新陈代谢的概念与特征

新陈代谢（metabolism）是生物最基本的特征，是生命存在的前提。恩格斯曾深刻地揭示了新陈代谢的本质："生命是蛋白体的存在方式，这个存在方式的基本因素在于它与周围外部的自然界的不断的新陈代谢，而且这种新陈代谢一旦停止，生命就随之停止，结果便是蛋白体的分解。"

新陈代谢是生物与外界环境进行物质交换与能量交换的全过程。生物体把从周围环境中摄取的糖类、脂肪、蛋白质等营养物质，通过一系列生化反应，转变为自身结构化合物的过程称为合成代谢，又称同化作用（assimilation），反之将体内物质经过一系列的生化反应，分解为不能再利用的物质排出体外的过程，称为分解代谢，又称异化作用（catabolism）。新陈代谢包括生物体内所发生的一切合成和分解作用，合成代谢是吸能反应，分解代谢是放能反应。合成代谢与分解代谢关系如下：

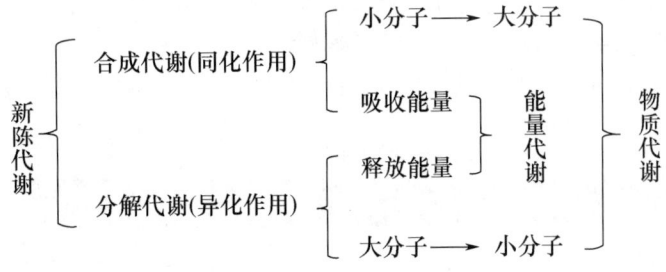

各种生物都具有各自特异的新陈代谢类型，此特异方式决定于遗传，环境条件也有一定的影响。各种生物的新陈代谢过程虽然复杂，但却有共同的特征：

（1）反应条件温和　生物体内发生的绝大多数代谢反应是在温和的条件下，由酶催化进行的。

（2）高度调控　生物体对内外环境条件有高度的适应性和灵敏的自动调节机制，包括分子水平、细胞水平和整体水平的调节机制（详见其他章节中与代谢调控相关的内容）。

（3）**每一条代谢途径都是不可逆的**　尽管每一条代谢途径之中的多数反应为可逆反应，可是总会有一两步反应由于 $\Delta G^{0\prime}$ 为极大的负值而不可逆。例如，糖酵解总共有10步反应，有3步是不可逆反应。不可逆反应的存在决定了每一条代谢途径的单向性，这更有利于机体对代谢进行调节。

（4）**一个代谢途径至少存在1个限速步骤**　代谢的调节并不需要对一条途径上所有的酶促反应进行控制，只需要对其中的一两步关键步骤或限速反应进行调控即可。限速反应一般是代谢途径的第一步不可逆反应。

（5）**新陈代谢的反应在真核细胞中都有严格的细胞定位**　真核细胞其内部结构是高度分室化的。分室化将不同的代谢途径限定在不同的区域，这不但有利于调控，而且能够防止一个反应在错误的时间发生在错误的地点。例如细胞内的水解酶如果不集中在溶酶体，细胞就会自溶而死。表8-1所示为真核细胞内主要代谢途径的区域化分布情况。

表 8-1　　　　　　　　　　代谢途径的区域化分布

代谢途径	发生区域
三羧酸循环、氧化磷酸化、脂肪酸氧化、氨基酸分解	线粒体基质
糖酵解、软脂酸合成、磷酸戊糖途径	胞浆
DNA复制、转录、转录后加工	细胞核、线粒体、叶绿体
膜蛋白和分泌蛋白的合成	糙面内质网
脂肪、磷脂、胆固醇的合成	光面内质网
翻译后加工（糖基化等）	内质网和高尔基体
尿素循环	肝线粒体和细胞质基质

二、生物的营养类型

自然界中的生物根据其所利用的碳源和能源，可分为不同的营养类型。

根据生物利用碳源的不同分为自养生物和异养生物，前者以无机物二氧化碳作为碳源，后者以现成的有机物作为碳源。根据不同生物对能源的要求，自养生物又可分为光能自养型和化能自养型，异养生物又可分为光能异养型和化能异养型。生物各种营养类型的特点见表8-2。

表 8-2　　　　　　　　　　生物营养类型

营养类型		碳源	能源	电子供体	生物举例
自养型	光能自养	CO_2	光	无机物：H_2O、H_2S、S 等	绿色植物、蓝藻、光合细菌
	化能自养	CO_2	无机物氧化	无机物：H_2S、Fe^{2+}、NH_3 等	氢细菌、硫细菌、铁细菌
异养型	光能异养	有机物	光	有机物	不需氧紫色细菌、藻类
	化能异养	有机物	有机物氧化	有机物，如糖、脂、蛋白质等	高等动物、大多数微生物等

四种营养类型中，光能自养型和化能异养型占绝大多数。另两种营养类型相对较少。不同

生物对分子氧的依赖关系也有很大区别，据此可分为需氧生物、厌氧生物和兼性生物。需氧生物是在有氧条件下才能维持代谢的生物。其代谢活动需要以分子氧（O_2）作为有机物氧化反应的电子受体。厌氧生物是在无氧的环境中生活的，以无机物或有机物为电子受体，不能用O_2作为电子受体，而且O_2对绝对厌氧生物会有毒害作用。兼性生物在有氧、无氧条件下都能生存，有氧时利用氧，无氧时能利用某些氧化型有机物作为电子受体。大多数异养细胞，特别是高等生物细胞都是兼性的，只要有氧存在，就优先利用氧，将燃料分子充分氧化，最大限度地取得能量。

目前，发酵生产中开发利用的微生物菌群基本上都是化能异养型，通过厌气或好气发酵分解现成的有机物取得能量，并以现成有机物作为碳源，以有机或无机含氮化合物作为氮源，维持代谢平衡。通过其代谢活动，积累发酵产品。

三、新陈代谢的一般过程

新陈代谢实质上就是错综复杂的化学反应相互配合、彼此协调，对周围环境高度适应而形成的一个有规律的化学反应网络。其过程包括营养物质的消化吸收、中间代谢（物质在细胞中合成和分解所经历的化学反应过程）以及代谢产物的排泄等阶段。消化作用是活细胞在胞外对大分子营养物质进行酶促降解的生化过程。作为营养物质的外源生物大分子，只有在胞外经酶促降解成单体小分子，才能被细胞吸收，进入中间代谢（又称狭义的代谢）。动物体内有专门的消化器官完成消化。微生物的消化作用则由分泌到细胞周围介质中的酶或细胞膜上的表面酶催化完成。中间代谢依其代谢过程分为分解代谢和合成代谢。

（一）分解代谢的一般过程

总览生物体内有机营养物质的分解，大致可分为以下四个阶段，如图8-1所示。

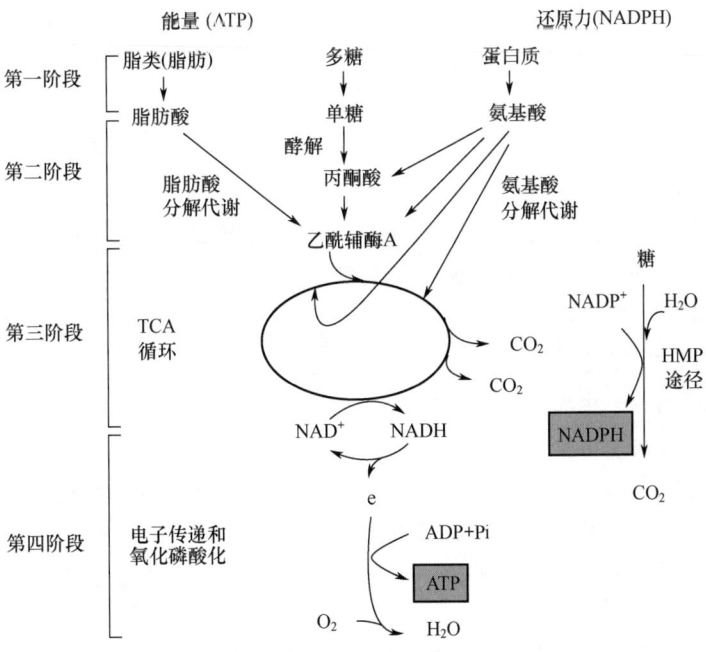

图8-1 有机物分解代谢的一般过程

1. 生物大分子的降解阶段

外源生物大分子通过消化作用降解，内源生物大分子通过胞内酶催化降解，分解为单体分子，即多糖降解为单糖，蛋白质降解为氨基酸，脂肪降解为甘油和脂肪酸等。这些降解反应不伴随产生可利用的生物能。

降解各种生物大分子的酶类都不止一种。单由一种酶一般不能将生物大分子完全降解成单体。如果生物体不能分泌使某种生物大分子完全降解的多组分酶系，它就不能独立地利用这种大分子作为营养源。例如人体和高等动物不产生纤维素酶，因此，不能消化纤维素。酒精酵母不能分泌淀粉糖化酶，因而需要由黑曲霉或其他产糖化酶的微生物先将淀粉原料分解为葡萄糖，然后供其发酵生产酒精。

2. 单体分子初步分解阶段

单体分子进入细胞后，按各自不同的分解代谢途径进行不完全分解。例如葡萄糖的酵解途径（EMP）、脂肪酸的 β-氧化降解、氨基酸的氧化脱氨分解等，各种单体分子通过不同的代谢途径都能巧妙地被降解成少数几种中间产物，主要有丙酮酸和二碳碎片——乙酰基（与 CoASH 结合成乙酰辅酶 A）。因此，第二阶段起到了殊途同归、把不同结构的底物分子向一体化结构集中的作用，为最后纳入同一代谢途径进行完全分解创造了条件。在此阶段可为细胞提供少量 ATP 和一定数量的还原型辅酶（NADH，$FADH_2$ 等）。

各种单体分子除了生成乙酰辅酶 A 的分解途径之外，还有其他降解途径，例如糖的 HMP、ED 途径等。各种降解途径都有其特定的生理意义，有的还与某些发酵产品的生成和积累有密切关系。糖代谢一章将详细介绍。

3. 乙酰基经三羧酸循环途径完全分解阶段

三羧酸循环途径是各种营养物质分解生成的乙酰基集中燃烧的公共途径。通过这条途径，乙酰基完全分解，碳原子以二氧化碳形式释放，大量的化学能以氢原子对 2H（$2H^+ + 2e$）的形式转入还原型辅酶分子（NADH，$FADH_2$）。还原型辅酶再将氢原子对送入呼吸链，氧化产生水的同时，释放能量，用于 ATP 的合成（即第四阶段）。这个阶段以底物水平磷酸化的方式也产生了少量 ATP。

三羧酸循环在中间代谢中处于特别重要的地位。与生产实践也关系密切。

4. 氢的燃烧阶段

这是有机物氧化分解的最后一个环节。主要包括电子传递过程和氧化磷酸化作用。在线粒体内膜上的呼吸链是使二、三阶段生成的氢原子对（$2H^+ + 2e$）完全氧化的组织体系，伴随着 H 的燃烧，释放能量，用于合成大量生物能 ATP。

（二）合成代谢的一般过程

生物合成包括组建生物大分子所需单体分子的合成、生物大分子的合成、细胞结构的组建、生理活性物质及次生物质的合成等。所有生物合成都是需能酶促反应过程。需要核苷三磷酸，主要是 ATP 供能，也有些生物合成所需能量是由 GTP、CTP 或 UTP 提供的。所有生物合成过程都需还原型辅酶（NADPH）供应还原力。除了营养贮存物质之外，一般正常生理状态下的生物合成都遵循细胞经济学的原理，用多少，合成多少。合成途径的启、闭、快、慢都受细胞调节系统调节。

不同生物类群的生物合成能力有所不同，所用的原材料和能量来源也不尽相同。但是，一切活细胞都需要自行合成本身所需要的种种生物大分子。

总览合成代谢概貌，以蛋白质、多糖、脂类及核酸合成过程为主体，可以分成三个阶段：原料准备阶段、单体分子合成阶段和生物大分子合成阶段。

生物合成所需的碳源、氮源、能量和还原力（NADPH）主要通过分解代谢供应。从这种意义上来讲，分解代谢可以视为合成代谢的原料准备阶段。如图 8-1 所示，呼吸链水平上的氧化磷酸化源源不断地供应能量。分解代谢的第二、三阶段都可为合成异质性单体分子提供素材和还原力。

一种供应丰富的单体分子，不论是单糖、脂肪酸或者是氨基酸，在细胞内既可直接用于生物大分子的合成，也可分解，参加异质性转化，即由一种营养物质转化为细胞的其他物质。特别是单糖分解生成的丙酮酸、乙酰辅酶 A，HMP 途径的多种中间产物，以及三羧酸循环的中间产物，可分别作为氨基酸、脂肪酸、核苷酸等单体分子生物合成的前体。有的异质性转化还需要某些无机物参加，例如微生物利用糖的分解代谢中间产物合成氨基酸时，需要有无机氮参加。

自养生物所需要的单糖、脂肪酸、氨基酸、核苷酸等各种单体分子及其他生理活性物质，生物自身都能合成。高等动物和人体有几种氨基酸和脂肪酸及维生素等生理活性质，自身不能合成，需要靠植物和微生物供给。微生物的生物合成能力差别很大，大多数类群都能合成自身所需要的单体分子，有些微生物缺乏合成某些单体分子的能力。自身不能合成的单体分子则为其生长限制因子，必须由外界供给。

对于异养生物而言，分解代谢是生物合成的先决条件，充足的营养源被分解，为生物合成供应必需的原料和能量。

在单体分子、能量和还原力都具备的条件下，细胞都能进行生物大分子的合成。核酸和蛋白质分子的合成需要由核酸作模板。脂类和多糖的生物合成虽然不需要模板，但参加合成反应的酶仍是 DNA 指导合成的。生物大分子的合成同样受代谢调节机制的调节。

合成代谢与分解代谢的关系见图 8-2。

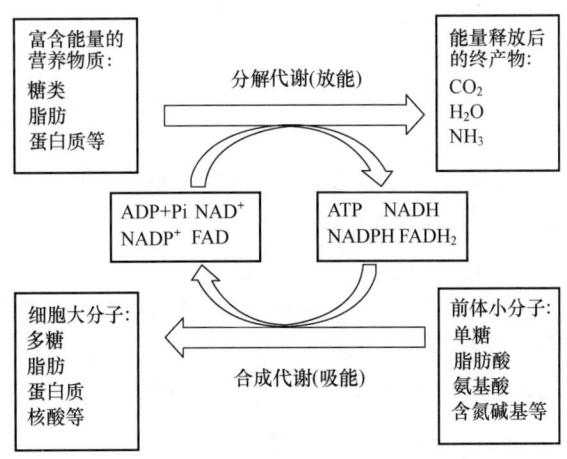

图 8-2　合成代谢与分解代谢的关系

四、代谢研究的主要内容及方法

生物体代谢的网络是由上万种酶催化的系列反应系统、膜传递系统和信号传递系统组成的，在生命进化过程中，生物体形成了完善的代谢调控机制，使细胞内复杂生物化学反应高度有序地进行，并对外界环境的改变迅速做出反应。虽然代谢的过程错综复杂，但它却有严格的规律性。研究中间代谢就是为了了解其过程中各个反应的顺序、生成的中间产物及最终产物，探索反应在生物体内发生的部位、发生的条件等因素，探讨反应之间的相互联系和相互制约，从中寻找出规律性，并运用到人类文明发展中。

代谢研究的主要内容包括以下几个方面：

（1）确定参与代谢反应的酶及辅酶的结构与功能。这需要对有关的酶进行分离、纯化，并进行定性和定量的研究。

（2）确定每条代谢途径中的底物、中间代谢物和终产物的结构、名称和代谢反应发生的细胞部位及条件。获取这些信息对于了解一个反应的机制非常重要。

（3）确定酶促反应系统的调节机制。

在进行代谢研究之前，必须选择好合适的研究对象：是以微生物作为研究对象，还是以动物为研究对象？是在整个生物体，还是以其中的一个器官、组织或在亚细胞水平去研究代谢？是在体内，还是在体外进行研究？在确定好研究对象和目的以后，就要选择合适的方法。代谢途径的阐明与研究方法的进步是分不开的，下面简要介绍最常用的几种方法。

1. 活体内与活体外实验

文献中通常用"in vivo"表示活体内实验，"in vitro"表示活体外实验。

活体内实验是指用整体生物材料进行中间代谢实验研究。拉丁语称"in vivo"为"在体内"的意思。用高等动物离体器官或微生物细胞群体进行的实验，也属于体内实验。活体内实验结果代表生物体在正常生理条件下，在神经、体液等调节机制下的整体代谢情况，比较接近生物体的实际。活体内实验为搞清许多物质的中间代谢过程提供了有力的实验依据。例如，1904年，德国化学家F. Knoop就是根据体内实验提出了脂肪酸的β-氧化学说。

活体外实验是用从生物体分离出来的组织切片、组织匀浆或体外培养的细胞、细胞器及细胞抽提物来研究代谢的过程。拉丁语称"in vitro"为"在体外"的意思。体外实验可同时进行多个样本，或进行多次重复实验。活体外实验曾为代谢过程的研究提供了许多重要的线索和依据。例如糖酵解、三羧酸循环、氧化磷酸化等反应过程均是从体外实验获得了证据。

活体内与活体外实验互相补充，反复印证，才能够得到有关中间代谢的正确认识。

2. 代谢物标记追踪实验

将代谢底物分子适当"标记"，然后追踪"标记"在细胞中的去向，就可以了解底物分子在中间代谢中经过什么中间产物，生成了什么终产物。这是探索代谢途径最有效的方法。标记方法有化学标记示踪法、同位素标记示踪法。

1904年，德国的F. Knoop根据苯基在高等动物体内不易被氧化分解的特点，首次设计了用苯环标记脂肪酸探讨中间代谢途径的实验。将标记的脂肪酸喂狗，分析其尿中代谢产物。发现食入标记奇数C原子脂肪酸者，尿中排出苯甲尿酸（马尿酸）；食入标记偶数C原子脂肪酸者，则有苯乙尿酸（犬尿酸）排出。苯甲尿酸与苯乙尿酸分别是苯甲酸和苯乙酸与甘氨酸分子合成的产物，是高等动物排毒的一种方式。苯甲尿酸与苯乙尿酸结构如下：

奇数C　　　　　　　　　偶数C

　　　　Ph-CH₂CH₂COOH　　　　　　Ph-CH₂CH₂CH₂COOH

　　　　　　↓ C₂化合物　　　　　　　　↓ C₂化合物

　　　　Ph-COOH　　　　　　　　　　Ph-CH₂COOH

　　　　　　↓ 甘氨酸　　　　　　　　　↓ 甘氨酸

　　　　Ph-CONHCH₂COOH　　　　　Ph-CH₂CONHCH₂COOH

　　　苯甲尿酸(马尿酸)　　　　　　苯乙尿酸(犬尿酸)

比较分析发现，脂肪酸是以二碳单位氧化降解的，否则不会出现这种实验结果。据此提出了脂肪酸 β-氧化学说。这是首次用标记化合物追踪实验，成功地研究代谢途径的实例。至今，β-氧化学说仍是正确的。不过，化学标记法使天然代谢物分子结构和理化性质发生了改变，这可能会给正常代谢造成某些影响，这是其不足的一面。

20 世纪 30 年代有人提出了同位素标记追踪的方法。同位素是指原子序数相同，在元素周期表上的位置相同，而质量不同的元素。它们是质子数相同而中子数不同的原子。同位素示踪技术是研究代谢过程的最有效方法。因为用同位素标记的化合物与非标记物的化学性质、生理功能及在体内的代谢途径完全相同。追踪代谢过程中被标记的中间代谢物、产物及标记位置，可获得代谢途径的丰富资料。例如，将 ^{14}C 标记在乙酸的羧基上，同时喂饲动物，如动物呼出的 CO_2 中发现 ^{14}C，则说明乙酸的羧基转变成了 CO_2。胆固醇分子中的碳原子来源于乙酰辅酶 A 就是用同位素示踪法得到阐明的。

放射性同位素指相对原子质量不同，衰变中有射线辐射的同位素。放射性同位素根据其衰变时放出的射线性质，可用不同的计数器进行测定。γ 射线可用 γ 计数器测定，β 射线可用液体闪烁计数器测定，稳定性同位素如 ^2H 可用质谱法测定。

同位素示踪法特异性强、灵敏度高、测定方法简便，是现代生物学研究中不可缺少的手段。放射性同位素对人体有毒害，而且某些同位素的半衰期长，容易造成环境污染，因此应在专门的同位素实验室操作。

3. 代谢途径阻断法

正常生物体的中间代谢过程中，中间产物不会过多积累，不容易进行分析研究。若用适当方法造成障碍，阻断代谢途径，则使中间产物积累，便于进行分析研究，探讨中间代谢途径的历程。阻断代谢途径常用的方法有使用抗代谢物或专一性酶抑制剂。

抗代谢物又称代谢拮抗物，其分子结构与代谢物的分子结构类似，故又称为代谢物结构类似物，它能够抑制正常代谢物的代谢。实际上，起竞争性抑制剂的作用。例如，丙二酸是琥珀酸的抗代谢物，能对琥珀酸脱氢酶发生很强的竞争性抑制作用，造成代谢中间产物琥珀酸积累，从而证明了 TCA 循环中有生成琥珀酸这一反应步骤。

许多酶的专一性抑制剂，被用于代谢途径分析。例如，碘乙酸是巯基酶的专一性抑制剂，可抑制酵母的酒精发酵，造成 3-磷酸甘油醛和磷酸二羟丙酮积累。由此证明了酵解途径中 1,6-二磷酸果糖是三三裂解生成了三碳糖。

4. 突变体研究法

突变是研究代谢的有效办法。由于基因的突变，造成某一种酶的缺失，导致相应产物的缺失和酶作用底物的堆积。对这些突变生物体的研究有助于鉴别代谢途径的酶及中间代谢物。例如，能够在乳糖培养基上生长的大肠杆菌基因突变后，因 β-半乳糖苷酶的缺失，造成了乳糖的堆积（不能被分解为半乳糖和葡萄糖），通过对这种大肠杆菌突变体的研究，最终阐明了乳糖的代谢过程。

营养缺陷型微生物及人类遗传性代谢病的研究，为进一步研究认清代谢过程开辟了新的实验途径。此外，我们也可以应用药物来造成实验动物的代谢异常，从而对其进行代谢研究。利用糖尿病例研究蛋白质与糖、脂代谢的关系就是一个成功的例子。给动物注射二氮嗪抑制胰岛素分泌，或注射根皮苷抑制肾小管对葡萄糖的吸收，则造成人工糖尿病。若饲以某些氨基酸，如 Ala、Glu 等，则发现其尿中葡萄糖排出量增加，说明这些氨基酸的碳链转化成了糖，这些氨基酸称为生糖氨基酸。另一些氨基酸，如 Tyr、Phe、Lys、Ile、Leu、Trp 和 Thr 能使尿中酮体（丙酮、乙酰乙酸、β-羟基丁酸）增加，这些氨基酸被称为生酮氨基酸。其中，单纯生酮的只有 Leu 和 Lys，其余几种都是生糖兼生酮氨基酸。

5. 测定特征性的酶

每条代谢途径都有其特征性酶，它的存在就表明该代谢途径存在。因此，对代谢途径不详的新菌种，可以根据已有的知识，通过特征性酶活测定，鉴定某代谢途径是否存在。例如一些糖代谢途径的特征性酶分别是：

EMP 途径：醛缩酶

HMP 途径：6-磷酸葡萄糖酸脱氢酶

磷酸解酮糖途径：5-磷酸木酮糖磷酸解酮酶

TCA 循环：柠檬酸合成酶

ED 途径：6-磷酸葡萄糖酸脱水酶

只要证明菌体中有某条代谢途径的特征性酶存在，就可断定存在这条代谢途径。

第二节 生 物 氧 化

一、生物氧化概述

（一）生物氧化的涵义

生物氧化又称细胞氧化，或细胞呼吸，是指能源物质在活细胞中氧化分解，释放化学能并转化为生物能的生化过程。

生物氧化在有氧条件和无氧条件下均能进行。

需氧生物和兼性好氧生物在有氧条件下，以氧作为最终电子受体，将能源物质完全氧化分解成 CO_2 和 H_2O，同时释放能量用于 ATP 的合成。此氧化过程底物燃烧完全、产能多，称为有氧氧化（aerobic oxidation）。

厌氧生物和兼性好氧生物在无氧条件下，最终的电子受体不是氧，而是分解代谢中产生的某种氧化型中间产物，或者是某些外源性电子受体，如硝酸盐、亚硝酸盐等。这种不需要氧参与的生物氧化过程称为无氧氧化（anaerobic oxidation）。无氧氧化底物燃烧不完全，产能也少。例如，酵母菌在无氧条件下，经 EMP 途径，将 1mol 葡萄糖分解为乙醇和二氧化碳，只能得到 2mol ATP。与葡萄糖的有氧氧化相比，获得能量要少很多（详见糖代谢）。实际上，无氧氧化是细胞对不利环境的一种适应能力。在无氧的不利条件下，通过这种氧化方式，可取得有限的能量维持生命活动。

需要注意的是，需氧生物的某些细胞或组织在某种条件下也能进行无氧氧化，如动物的肌肉细胞，虽然是严格需氧生物体的一部分，但在剧烈运动时，由于氧气供给相对不足，这时它可在厌氧条件下进行乳酸发酵。在这种发酵过程中没有彻底的氧化作用，只是代谢物分子内部发生了氧化还原作用。如在乳酸发酵中，一分子葡萄糖生成两分子乳酸，电子只在分子内的碳原子间进行传递。这种以代谢中间物为最终电子受体的发酵过程，其能量利用效率是很低的，大部分能量还保存在发酵产物分子中。

（二）生物氧化的化学本质和特点

生物氧化反应与体外氧化反应的化学本质一样，都是电子的得失过程。一种物质失去电子，另一种物质得到电子。失去电子的物质称还原剂，自身被氧化，得到电子的物质称为氧化剂，自身被还原。氧化和还原总是同时发生，一种物质的氧化必然伴随着另一种物质的还原，因为电子从一个分子上失去后必然被添加到另外一个分子上。

但是，与体外的氧化还原反应比，生物氧化又具有一些不同的特点：

（1）生物氧化是在细胞内的生理条件下进行，条件温和，近似恒温恒压。

（2）生物氧化经历许多复杂的酶促反应过程逐步完成，能量也是逐步释放出来的。这些被释放出来的能量一部分转变成热能，一部分用于生物能 ATP 分子的合成。例如葡萄糖，如在体外完全燃烧，其反应是在高温高压下一步完成，能量也是集中释放，而且全部转变成热能。其反应式如下：

$$C_6H_{12}O_6 + 6O_2 \Longrightarrow 6CO_2 + 6H_2O + (-2.867 \text{MJ/mol})$$

葡萄糖如在细胞内完全燃烧，其反应是由酶催化的一系列酶促反应，最终生成 CO_2 和 H_2O。这个过程能量逐步释放，一部分以热能散失，一部分用于 ATP 的合成。这样不会因氧化过程能量的骤然释放而损害机体，同时使释放的能量得到有效利用（详见第九章糖代谢）。

（3）脱氢氧化是生物氧化的主要方式，脱下的氢首先由辅酶接受，然后通过一系列电子传递体传给氧，产生水。

大多数生物氧化反应中电子的直接受体是几种辅酶中的一种，最普遍的是烟酰胺腺嘌呤二核苷酸（NAD^+）、烟酰胺腺嘌呤二核苷酸磷酸（$NADP^+$）和黄素腺嘌呤二核苷酸（FAD）。被还原为烟酰胺腺嘌呤二核苷酸（NADH）和黄素腺嘌呤二核苷酸（$FADH_2$）再通过一系列的电子传递体最后将电子传递给氧。被还原的烟酰胺腺嘌呤二核苷酸磷酸（NADPH）用来为生物合成提供还原力。

（4）生物氧化中，碳的氧化和氢的氧化非同步进行。在有氧条件下，氢的氧化经历了一系列电子传递，最终将氢交给氧，产生水。碳氧化成有机羧酸，然后酶促脱羧产生 CO_2。

（5）生物氧化过程还受到生物体的精确调控，这种调控决定了生物体中的生物氧化速率能正好满足生物体对 ATP 的需要。

（三） 生物氧化的几种反应形式

(1) 单纯失电子氧化反应。
(2) 加氧氧化反应，由加氧酶催化氧分子直接加入到有机分子中。
(3) 脱氢氧化反应。
(4) 加水脱氢氧化反应。

二、 生物氧化中的能量问题

（一） 氧化还原电势

对于任何一个氧化还原反应，任何一种可氧化（或可还原）物质都有氧化型和还原型两种形式，用通式表示为：

$$A \underset{+ne}{\overset{-ne}{\rightleftharpoons}} A^{n+}$$

式中　A^{n+}——氧化态物质
　　　A——还原态物质
　　　e——电子
　　　n——转移电子的数目

氧化态物质与还原态物质组成了反应体系中的一个"氧化还原对"，一个氧化还原对就是一个半电池。可写作 $A^{n+} + ne/A$，或简写为 A^+/A。

当两个半电池被放在同一种溶液中时，就会发生电子的转移，一个半电池的还原型物质失去电子，将电子传递给另一个半电池的氧化型物质。在反应物浓度一定的条件下，电子传递的倾向取决于两个半电池的氧化型物质接受电子的相对能力或还原型物质给出电子的相对能力。这种能力可用标准氧化还原电势（E_0）来表示。

1. 标准氧化还原电势

物理化学中规定，测定标准氧化还原电势的标准条件为：25℃，101kPa，反应物浓度 [A^+] = [A] = 1mol/L，pH 0.0。在标准条件下任意一个氧化还原对与标准氢电极比较（图 8-3）所得电位差称为该氧化还原对的标准氧化还原电势，用 E_0 表示，为了使 E_0 有确定的数值，规定标准条件下 $2H^+/H_2$ 的 $E_0 = 0.00V$。一个氧化还原对的 E_0 是个常数。

细胞内的生物氧化反应一般都是酶促反应，在 pH 0.0 的条件下反应不能进行，因而生物氧化还原对的标准氧化还原电势规定在 pH 7.0 的条件下测定。在标准生物学状态下（25℃，101kPa，1mol/L，pH 7.0），任意一个氧化还原对的标准氧化还原电势（用 E_0' 表示）可利用标准氢电极（$2H^+/H_2$）作为参比电极测定并换算出来。pH 7.0 的条件下氢电极的 $E_0' = 0.421V$。

样品半电池里加入 1mol/L 待测氧化还原电势的底物溶液，其中既有氧化型（A^+）也有还原型（A）。电极浸入样品半电池中，然后通过电位计连接到浸入参比半电池中的电极，参比半电池里含有 1mol/L 的 H^+，它被平衡在 101kPa 的 H_2 中。

由于不同底物具有不同的氧化还原能力，就会产生不同的电流，其方向或正或负。如果电流流向样品半电池，表明氧化还原对 H^+/H_2 失去电子，发生氧化反应，同时，样品半电池中发生还原作用，该氧化还原对的电势定义为正值；相反，如果电流从样品半电池流出，该氧化还原对的还原电势规定为负值，这时样品半电池中发生的是氧化反应。

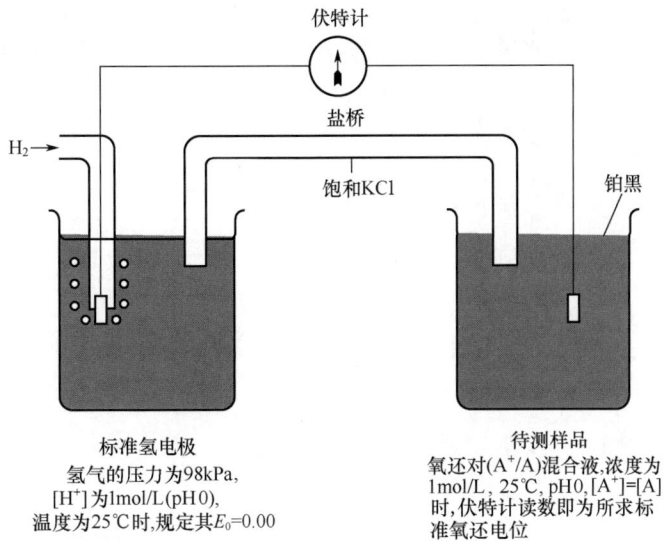

图 8-3　标准氧化还原电势的测定

还原电势的数值是在实验开始时从电位计中读出的伏[特]数。例如，测定丙酮酸/乳酸的标准氧化还原电势时，可以在样品半电池中加入乳酸和丙酮酸，使其浓度各为 1mol/L，参比电极是平衡在 $1.01×10^5$ Pa H_2 的 1mol/L H^+ 溶液，用琼脂桥连接两个半电池使保持电子流动，并放入两根电极，电子应答两个半电池之间产生的电动势而开始流动。因为乳酸比 H_2 更易失去电子，因此，在两个电池中的反应为：

样品半电池：乳酸 $-2H^+-2e \longrightarrow$ 丙酮酸

参比半电池：$2H^++2e \longrightarrow H_2$

总反应：乳酸 $\longrightarrow$ 丙酮酸 $+H_2$

电子在样品池中被释放，在参比池中被消耗，因此电流从样品池流出进入参比池。在实验开始阶段电势读数是 $-0.185V$，所以，乳酸/丙酮酸半电池的 $E_0'=-0.185V$。

表 8-3 所示为一些生物学中常见的氧化还原对的标准氧化还原电势。

表 8-3　一些生物学中常见的氧化还原对的标准氧化还原电势 E_0'（pH 7.0）

还原型	氧化型	E_0'/V	n
丙酮酸	乙酸+CO_2	−0.7	2
α-酮戊二酸	琥珀酸+CO_2	−0.67	2
乙醛	乙酸	−0.58	2
3-磷酸甘油醛	3-磷酸甘油酸	−0.55	2
异柠檬酸	α-酮戊二酸	−0.38	2
$NADH+H^+$	NAD^+	−0.32	2
3-磷酸甘油酸+Pi	1,3-二磷酸甘油酸	−0.29	2
乙醇	乙醛	−0.197	2

续表

还原型	氧化型	E_0'/V	n
乳酸	丙酮酸	−0.185	2
$FADH_2$	FAD	−0.18	2
苹果酸	草酰乙酸	−0.166	2
琥珀酸	延胡索酸	−0.031	2
细胞色素 b (Fe^{2+})	细胞色素 b (Fe^{3+})	+0.06	1
泛醌（$CoQH_2$）	泛醌（CoQ）	+0.10	2
细胞色素 c_1 (Fe^{2+})	细胞色素 c_1 (Fe^{3+})	+0.22	1
细胞色素 c (Fe^{2+})	细胞色素 c (Fe^{3+})	+0.235	1
细胞色素 a (Fe^{2+})	细胞色素 a (Fe^{3+})	+0.29	1
细胞色素 a_3 (Fe^{2+})	细胞色素 a_3 (Fe^{3+})	+0.385	1
H_2	H^+	+0.421	2
Fe^{2+}	Fe^{3+}	+0.77	1
H_2O	O_2	+0.816	2

注：(1) E_0'是在 pH 7.0 的标准条件下相对于标准氢电极的测定值。

(2) n 代表半电池反应中包含的电子数。

(3) FAD/$FADH_2$值是游离状态的，当它结合到不同的黄素蛋白时，根据蛋白质的不同，E_0'应在 0.00～+0.30V 变化。

(4) 标准氢半电池，要求 [H^+] = 1.0mol/L，即指 pH 0.0 的状态，E_0' = 0.0V。在 pH 7.0 时，$2H^+/H_2$ 的 E_0' 是 0.421V。

从表 8-3 中 E_0'的数值可以看出物质氧化还原能力的大小。E_0'越小（负值越大），对电子的亲和力越小，越容易失去电子，其本身为较强的还原剂；E_0'越大（负值越小或正值越大），对电子的亲和力越大，越容易获得电子，其本身为较强的氧化剂。因此，从标准氧化还原电位我们可以预知在标准情况下电子的流动方向，电子总是从较低氧还电位的氧还对流向较高氧还电位的氧还对。

在由两个氧化还原对组成的反应体系中，根据 E_0'的大小可以判断反应进行的方向。例如，在标准条件下，等摩尔浓度的 NAD^+/NADH、草酰乙酸/苹果酸组成的反应体系，由表 8-3 可知，NAD^+/NADH 的 E_0'比草酰乙酸/苹果酸的 E_0'负值更大，NADH 给出电子的能力比苹果酸强，草酰乙酸接受电子的能力比 NAD^+强。所以，反应体系发生如下反应：

$$NADH + H^+ - 2H^+ - 2e \longrightarrow NAD^+$$
$$草酰乙酸 + 2H^+ + 2e \longrightarrow 苹果酸$$
总反应：草酰乙酸 + NADH + H^+ $\longrightarrow$ 丙酮酸 + NAD^+

反应平衡向苹果酸方向进行。如果调整反应物浓度，可使平衡方向改变。譬如，不断减少草酰乙酸，或增加苹果酸浓度，则平衡朝向草酰乙酸方向进行。

2. 非标准氧化还原电势

前面讨论的是标准氧还电位。在非标准条件下，如果温度或物质的浓度改变了，氧化还原电位随之改变。根据能斯特（Nernst）方程，可计算非标准条件下的氧化还原电位。

能斯特方程：

$$E = E_0' + \frac{2.303RT}{nF} \log \frac{[电子受体(A^+)]}{[电子供体(A)]}$$

式中　E——氧还对在非标准条件下（但 pH 7.0）的氧还电位

　　　E_0'——氧还对的标准氧还电位

　　　R——摩尔气体常数，其值为 8.314J/（mol·K）

　　　T——热力学温度，K（1K = 273℃）

　　　F——法拉第常数，其值为 96485J/（V·mol）

　　　n——转移的电子数目

　　　[ ]——物质的量浓度

因此，$n = 2$ 时，$2.303RT/nF$ 项值约为 0.03。

即：

$$E = E_0' + 0.03 \log \frac{[电子受体(A^+)]}{[电子供体(A)]}$$

（二）　与热力学有关的基本概念

伴随着生物体的物质代谢所发生的一系列的能量转变称能量代谢。生物体能量代谢同整个自然界一样都要服从热力学定律。了解热力学的基本概念和基本原理，有助于理解具体的代谢反应过程能否发生，以及物质转化与能量转移的方向等。

（1）热力学第一定律　即能量守恒定律，是指能量既不能创造也不能消灭，只能从一种形式转变为另一种形式。生命活动所需要的能量来自物质的分解代谢。生命机体内的机械能、电能、辐射能、化学能、热能等可以相互转变，但生物体与环境的总能量将保持不变。

（2）热力学第二定律　该定律指出：热的传导只能由高温物体传至低温物体。热的自发地逆向传导是不可能的。第二定律说明，热力学体系的运动有一定的方向性，即自高温流向低温。

生活经验告诉我们，有许多过程在一定条件下可以自发进行。例如热从高温物体自动传给低温环境；金刚石与氧气可能自发地反应，生成二氧化碳。以上的相反过程不能自发进行。这些能够自发进行的过程称为自发过程。

热自高温物体传给低温环境时，即把原来集中于高温物体的能量分散到与它相联系的环境的质点中。这表明能量分散的程度增大。相反的过程是不可能自发进行的。金刚石生成二氧化碳也是一个能量由比较集中成为更分散的过程。自发过程的共同特征就是所有这些过程都向能量分散程度增大的方向进行。一个体系中能量分散的程度是该体系中大量微观质点进行各种运动的综合表现，从而汇集成一种宏观性质。这种性质随体系的状态而变化，也就是该体系的状态函数。这个代表体系能量分散程度的状态函数，统称为熵（entropy），用符号 S 表示。熵值也可以说是代表一个体系质点散乱无序的程度。一个体系的质点变为更混乱时，它的熵值增加。熵的变化用 ΔS 表示，是正值。

所以，热力学第二定律还可作如下的叙述：在隔离体系中，一个过程只有当其体系和周围环境的熵值总和增加时才能自发进行。任何一种物理或化学的过程都自发地趋向于增加体系与环境的总熵。

一个热力学上预示可以自发进行的过程，并不意味着这个过程已经在进行。一个过程是否真正进行，还要看是否存在适当的条件。对非生物体，可用改变压力、温度、提高反应物浓度等条件来促使反应进行。而生物体所处的是自然条件，机体内的一切反应都严格限制在一定的温度和压力下进行，反应物的浓度在体内也有一定的局限性。生物体如何遵循热力学规律驱动体内化学反应进行，并依靠化学反应所释放的能量维持生命活动，这是生物化学所要揭示的问题。

用熵衡量一个生物化学过程是否能够自发进行是困难的，化学反应的熵是不易测量的。用自由能作为衡量标准，可以排除这个困难。自由能也是一个状态函数，它是由热力学第二定律提出的另一个自然过程自发运动方向的判断依据。

（3）自由能　对生命机体所发生的各种生物化学反应来说，最重要、最有用的热力学函数是自由能（free energy），即生物体在恒温恒压下用以做功（如合成反应、机械运动等）的能量，在没有做功条件时，自由能将转变为热能丧失。

（4）自由能变化　在化学反应中，反应物和产物各自都有特定的自由能。产物自由能的总和和反应物自由能的总和之差，就是该反应的自由能变化。用 ΔG 表示。自由能变化可以判断反应能否自发进行，是吸能反应，还是放能反应。

熵是指混乱度或无序性，是一种无用的能。在恒温恒压下，反应体系发生变化时的自由能变化 ΔG、总热能变化 ΔH、总体熵的改变 ΔS，三者间关系可用下式表示：

$$\Delta G = \Delta H - T\Delta S$$

$\Delta G < 0$ 时，反应能自发进行（为放能反应）；

$\Delta G > 0$ 时，反应不能自发进行，当给体系补充自由能时，才能推动反应进行（为吸能反应）；

$\Delta G = 0$ 时，表明体系已处于平衡状态。

（5）标准自由能变化　在25℃，101.325kPa，反应物浓度都是1mol/L 时，反应系统自由能变化为标准自由能变化，用 ΔG^0 表示，单位为 kJ/mol。对于生物化学反应，标准状况还规定反应进行的环境 pH 7.0。这时的标准自由能变化用 $\Delta G^{0'}$ 表示。

应该值得注意的是，必须弄清 ΔG^0 和 ΔG 之间的区别。ΔG^0 是在特定条件下，一个化学反应的常数，因为是在标准状态下，这个值决定于参加反应的物质本身，所以每一个化学反应都有其特定的标准自由能变化。而 ΔG 是某一化学反应随参加反应物质的浓度、发生反应的 pH 和温度而改变的自由能变化。根据反应物和产物浓度计算出的 ΔG 值，可判断一个化学反应是否能按预想的方向进行。只有当 ΔG 是负值时，反应才能进行。因为这负值意味着反应发生时，将释放出能量。而 ΔG^0 若为正值，只要计算所得的 ΔG 为负值，反应仍会按预想的方向进行。ΔG 对于所有趋向化学平衡的反应都是负值。而且此绝对值逐渐缩小，直至达到零为止。这就是反应的平衡点。

（三）　标准自由能变化和平衡常数之间的关系

假如有如下反应式：

$$A+B \rightleftharpoons C+D$$

在恒温恒压下，这一反应的自由能变化遵循下式：

$$\Delta G = \Delta G^0 + RT \ln \frac{[C][D]}{[A][B]}$$

式中　　　　　ΔG^0——当反应物和产物都处于标准状态时的自由能变化，即标准自由能变化

R——气体常数

T——绝对温度

[A]、[B]、[C]、[D]——反应物和生成物的摩尔浓度

从以上公式可以看出，一个化学反应自由能的变化 ΔG，由两部分所决定，一部分是不变因素，即由反应物本身的性质所决定，另一部分是可变因素，即反应物和产物的浓度，反应的化学当量以及反应的温度。根据以上条件，对于任何一个化学反应，如果知道反应的温度、标准自由能变化、反应物和产物的浓度，就可以计算该反应的自由能变化。

当反应平衡时，$\Delta G=0$，这时的反应系统不再能做任何功。上述的第二个公式改写为

$$\Delta G^0 = -RT \ln \frac{[C][D]}{[A][B]}$$

因为，平衡常数 $K=[C][D]/[A][B]$

所以，一个化学反应的标准自由能变化与反应的平衡常数间的关系可以下式表示：

$$\Delta G^0 = -RT \ln K$$

将上式改写为 $\log_{10}$ 对数式：

$$\Delta G^0 = -2.303 RT \log K$$

式中 $R=8.31\times 10^{-3}$ kJ/(mol·K)，T 为热力学温度，等于298K，如果一个反应的平衡常数为已知，就可由此式求得 ΔG^0 值，单位为 kJ/mol。

这种从已知平衡常数，计算反应自由能变化的方法，在生物化学中有较大的实际意义。以此处假设的反应为例，若平衡常数 $K>1$ 时，ΔG^0 为一负值，反应趋向于生成 C 和 D 的方向进行。若平衡常数 $K<1$ 时，则 ΔG^0 为正值，反应不能自发发生。

生物体内的 pH 接近 7.0，通常用 $\Delta G^{0\prime}$ 表示生物体内的标准自由能变化。

则：$\Delta G^{0\prime} = -2.303 RT \log K$

还应注意的是，一反应系统的 ΔG 只取决于产物与反应物的自由能之差，而与反应历程无关。例如葡萄糖在体外燃烧与体内氧化分解成 CO_2 和 H_2O，反应历程截然不同，但却释放相同的 ΔG。葡萄糖在体内氧化总的自由能变化等于各步反应自由能变化的代数和。

（四）标准自由能变化和氧化还原电位之间的关系

生物体内的很多反应为氧化还原反应，一个氧化还原反应的标准自由能变化（$\Delta G^{0\prime}$）与两个半反应的标准氧化还原电势差值（$\Delta E^{0\prime}$）呈线性关系：

$$\Delta G^{0\prime} = -nF\Delta E^{0\prime}$$

式中 $\Delta G^{0\prime}$——氧化还原反应的标准自由能变化，kJ/mol

n——为转移的电子数目

F——法拉第常数，其值为 96.485 kJ/(V·mol)

$\Delta E_0{}'$——两个氧还对之间标准氧化还原电势差值

例如，NADH 呼吸链中 $NAD^+/NADH$ 的 $E^{0\prime} = -0.32V$，而 $1/2 O_2/H_2O$ 的 $E^{0\prime} = +0.82V$，则一对电子由 NADH 传递到氧分子的反应中，标准自由能的变化可按上式计算：

$$E^{0\prime} = 0.82 - (-0.32) = 1.14 \text{ (V)}$$

$$\Delta G^{0\prime} = -nF\Delta E^{0\prime} = -2\times 96.485\times 1.14 = -219.99 \text{ (kJ/mol)}$$

$\Delta G^{0\prime}$ 为负值，说明电子从一个低电位的氧化还原对流向高电位的氧化还原对时，为放能过程。放出的能量一部分用于了 ATP 的合成，一部分以热能形式散失。

（五）生命系统内的偶联化学反应

生命系统内偶联的化学反应中，其标准自由能变化具有可加性。这些偶联的化学反应的总的标准自由能变化等于各步反应自由能变化的总和。换句话说，即偶联化学反应各反应的标准自由能变化是可以相加的。例如，下面有两个相偶联的反应：

① A $\rightleftharpoons$ B+C $\Delta G^{0\prime}$ = +20.92kJ/mol

② B $\rightleftharpoons$ D $\Delta G^{0\prime}$ = -33.47kJ/mol

则 A $\rightleftharpoons$ C+D $\Delta G^{0\prime}$ = -12.55kJ/mol

因反应式①的标准自由能变化为正值（+20.92kJ/mol），所以该反应不能自发进行。但是反应式②的标准自由能变化为负值（-33.47kJ/mol），即由 B 形成 D 的反应是容易自发进行的。由于偶联反应的自由能变化是可以加和的，加和的结果由 A 形成 C 和 D 的标准自由变化 $\Delta G^{0\prime}$ = -12.55kJ/mol，即成为负值。因此由 A 形成 C 和 D 的反应就成为可以自发进行的。这就是说反应式②，即由 B 形成 D 的反应驱动了反应式①的反应，使原来不能自发进行的反应式①反应能够进行。这一事实表明：一个在热力学上不利的反应，可以由热力学上有利的反应所驱动。这种情况在生物化学反应中是很多的。下面以葡萄糖的磷酸化反应为例加以说明：

$$葡萄糖 + Pi \longrightarrow 6-磷酸葡萄糖 + H_2O$$

该反应的 $\Delta G^{0\prime}$ = 13.8kJ/mol，显然这样的反应在热动力学上是极端不利的。再来看另外一个反应：

$$ATP + H_2O \longrightarrow ADP + Pi$$

此反应的 $\Delta G^{0\prime}$ = -30.5kJ/mol，是一个极大的负值。如果这两个反应能够偶联起来，总反应式就为：

$$葡萄糖 + ATP \longrightarrow 6-磷酸葡萄糖 + ADP$$

总的自由能变化 $\Delta G^{0\prime}$ = 13.8 + （-30.5） = -16.7kJ/mol，依然是一个较大的负值，也就意味着葡萄糖可顺利地磷酸化为 6-磷酸葡萄糖。实际上在细胞内，在己糖激酶或葡萄糖激酶的催化下，这两个反应正是紧密地偶联在一起的。

（六）高能键和高能化合物

1. 高能键（high energy bond）和高能化合物

在生物化学中，有些化合物的个别化学键自由能很高，因此，其结构不稳定，性质很活泼，自发水解或基团转移的反应趋势很强。当其发生水解或基团转移反应时，释放或转移的自由能很多，远非其他普通化学键所具有的。这种含自由能很高的化学键，称为高能键。用符号"~"表示。这与化学中的"键能（energy bond）"（指断裂一个化学键所需要的能量）含义迥然不同。

分子结构中含有高能键的化合物称为高能化合物。高能化合物一般对酸、碱和热不稳定。

2. 细胞中重要的高能键

细胞中重要的高能键有高能磷酸键和高能硫酯键。

高能化合物中含有磷酸基团的占绝大多数，但并不是所有含磷酸基团的化合物都属于高能磷酸化合物。例如，6-磷酸葡萄糖、甘油-1-磷酸等化合物，水解时释放出的能量较低，不属于高能磷酸化合物。

表 8-4 所示为一些磷酸化合物和酰基化合物水解时的标准自由能变化。ATP 和 ADP 前面

的化合物都属于高能化合物。这些化合物中所含的高能键,有些是高能磷酸键(包括磷氧键型和磷氮键型),有些则是高能硫酯键。磷氧键型化合物,如乙酰磷酸、1,3-二磷酸甘油酸、二磷酸腺苷(ADP);磷氮键型化合物如磷酸肌酸、磷酸精氨酸;硫酯型高能化合物,如乙酰辅酶A。这些物质的结构如下:

表8-4　　　　　　　　　　某些化合物水解时的标准自由能变化

化合物	$\Delta G^{0\prime}$ (kJ/mol)	化合物	$\Delta G^{0\prime}$ (kJ/mol)
磷酸烯醇式丙酮酸	-61.9	乙酰辅酶A	-31.8
氨甲酰基磷酸	-51.5	ATP(产生ADP)	-30.5
1,3-二磷酸甘油酸	-49.4	ADP(产生AMP)	-30.5
乙酰基磷酸	-42.3	葡萄糖-1-磷酸	-20.9
磷酸肌酸	-43.1	果糖-6-磷酸	-15.9
磷酸精氨酸	-32.2	葡萄糖-6-磷酸	-13.8
琥珀酰辅酶A	-32.2	甘油-1-磷酸	-9.2

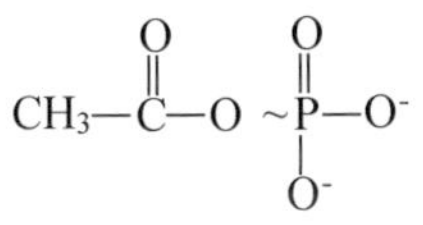

乙酰磷酸 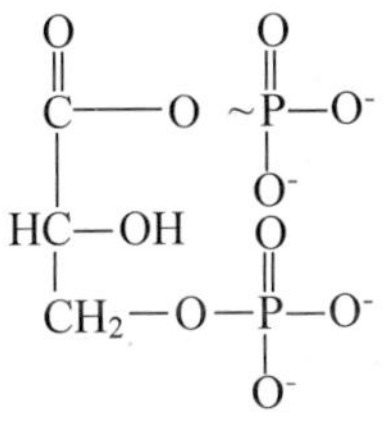　　　　1,3-二磷酸甘油酸 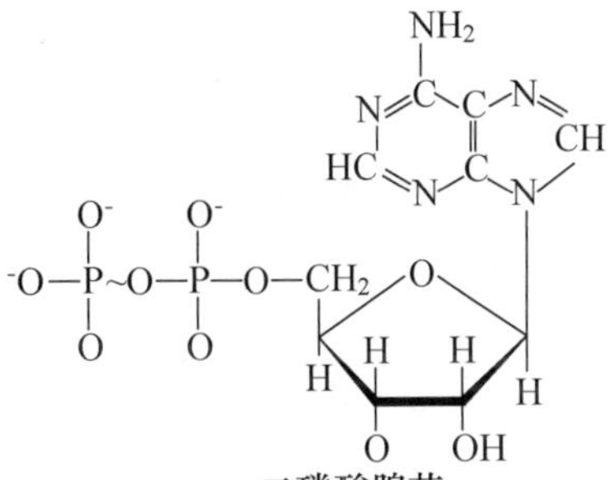　　　　二磷酸腺苷

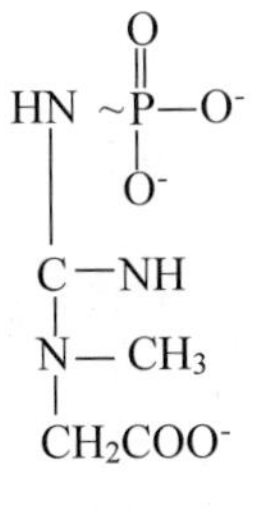

磷酸肌酸 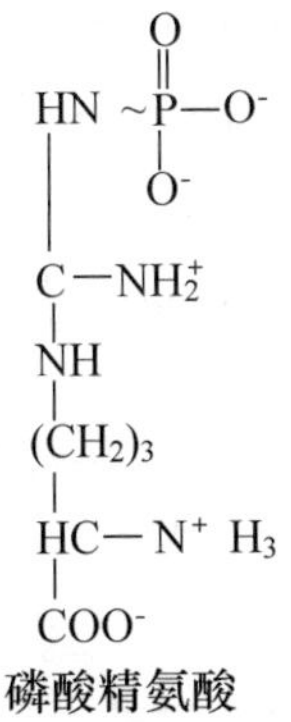　　　　磷酸精氨酸 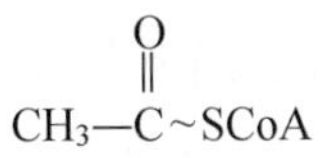　　　　乙酰辅酶A

不同种类的高能化合物其生理功能有所不同。高能硫酯键型化合物多为脂肪酸代谢中间产物,是脂酰基的活化状态,在脂肪的分解代谢和合成代谢中特别重要。高能磷酸化合物中的ATP、GTP、UTP、CTP等,能够作为生物能量的直接供体,参与生物合成、主动运输等需能反应。磷酸烯醇式丙酮酸、磷酸肌酸等高能磷酸化合物,自由能变化($\Delta G^{0\prime}$)比ATP高,被称为超高能化合物。它们的高能磷酸键一般不被水解,主要作为细胞中的贮能物质。当细胞中ATP浓度低时,通过基团转移反应,将高能磷酸基团转移至ADP,合成ATP。如:

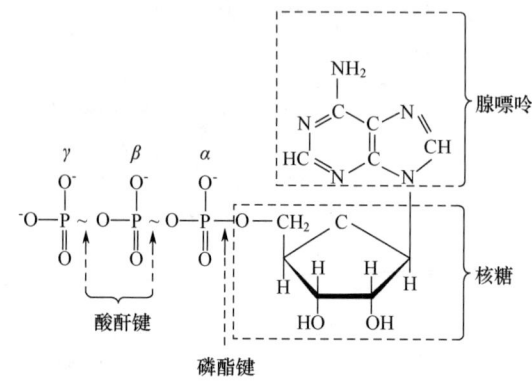

3. ATP 的结构和作用

ATP 的结构如图 8-4 所示。ATP 是细胞中最重要的高能化合物,其在能量代谢中起核心作用。

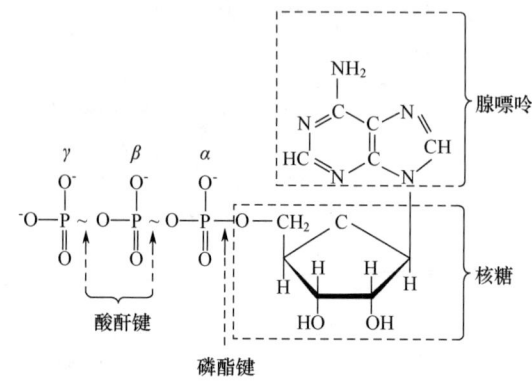

图 8-4 ATP 的结构

(1) ATP 是细胞内能量代谢的偶联剂 从低等的单细胞生物到高等的人类,能量的释放、贮存和利用都是以 ATP 为中心的。物质氧化时释放的能量大都必须先合成 ATP;ATP 水解释放的自由能可以直接驱动各种需能的生命活动。ATP 含有一个磷酸酯键和两个由磷酸基团(α 与 β 之间、β 与 γ 之间)形成的磷酸酐键(图 8-4)。磷酸酯键水解时放出 14kJ/mol 的自由能(AMP 不是高能化合物),两个磷酸酐键水解时各释放出 30.5kJ/mol 的自由能(ADP 和 ATP 都是高能化合物)。

$$ATP + H_2O \longrightarrow ADP + Pi \qquad \Delta G^{0\prime} = -30.5 kJ/mol$$

$$ADP + H_2O \longrightarrow AMP + Pi \qquad \Delta G^{0\prime} = -30.5 kJ/mol$$

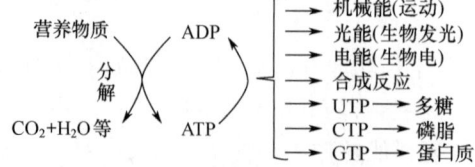

图 8-5 ATP 在能量代谢中的偶联作用

当 ADP+Pi ⟶ ATP 时,也需吸收 30.5kJ/mol 的自由能。ATP 可以把分解代谢的放能反应与合成代谢的吸能反应偶联一起。利用 ATP 水解释放的自由能可以用于合成反应和驱动各种需能的生命活动。如原生质的流动、肌肉的运动、电鳗放出的电能、萤火虫放出的光能以及动植物分泌、吸收的渗透能都靠 ATP 供给（图 8-5）。

体内有些合成反应可以直接利用其他核苷三磷酸供能。例如 UTP 用于多糖合成，CTP 用于磷脂合成，GTP 用于蛋白质合成等。

（2）ATP 在代谢反应中通过磷酸化活化底物　生化反应中，无论是分解代谢还是合成代谢，常需要先将反应底物分子活化。其中，磷酸化是一种普遍活化方式。ATP 具有很活泼的磷酸基团，可作为磷酸基的供体参与细胞中的磷酸化反应，此类反应由激酶催化，例如：

$$\text{葡萄糖} + \text{ATP} \xrightarrow{\text{己糖激酶，Mg}^{2+}} \text{葡萄糖-6-磷酸} + \text{ADP}$$

反应生成的磷酸化葡萄糖分子具有较高的自由能，易进一步参加反应。

（3）ATP 作为共同中间传递体参加磷酸基团转移反应　由于 ATP 结构的特性，它可以通过磷酸基团的转移实现其对能量的转移。ATP 的 $\Delta G^{0\prime}$ 在所有含磷酸基团的化合物中处于中间位置，具有居中的磷酸基团转移势能。这使 ATP 能将磷酸基团从高能化合物转移至低能化合物，提升它们的活化能水平，有可能在磷酸基团转移中作为中间传递体起作用。在物质的分解代谢中形成的具有更高磷酸基团转移势能的化合物，例如，磷酸烯醇式丙酮酸、1,3-二磷酸甘油酸都是葡萄糖分解的中间产物。葡萄糖分解为乳酸时释放出的大部分自由能，几乎都保留在这两个化合物中。在细胞中，这两个化合物并不直接水解，而是通过特殊激酶的作用，以转移磷酸基团的形式，将捕获的自由能传递给 ADP 从而形成 ATP，这就是葡萄糖在分解过程中产生 ATP 的一种方式。而 ATP 又倾向于将它的磷酸基团转移给具有较低磷酸基团转移势能的化合物，如 D-葡萄糖和甘油分子，从而依次生成葡萄糖-6-磷酸和甘油-3-磷酸。这就是 ATP 在磷酸基团转移中所起到的中间传递体的作用。可以说它是一个转移磷酸基团的"共同中间传递体"。它的作用如图 8-6 所示。

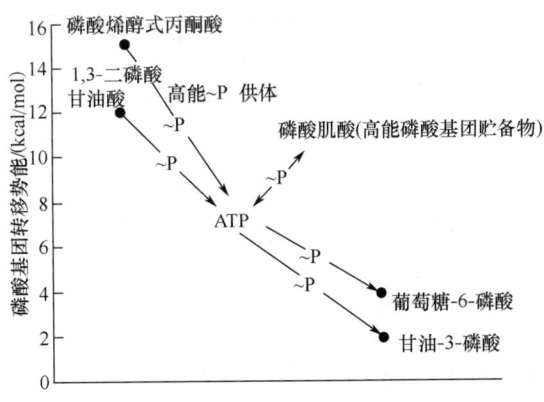

图 8-6　ATP 作为磷酸基团共同中间传递体示意图

注：1cal = 4.1840J

4. 磷酸肌酸是高能磷酸键的贮存形式

ATP 是能量的携带者或传递者，但严格地说不是能量的贮存者。磷酸肌酸是高能磷酸键的贮存形式，但不能直接为生物体利用。在肌肉、神经组织中肌酸含量丰富。当 ATP 合成迅速，ATP/ADP 比值增高时，在肌酸激酶（creatine kinase）催化下，ATP 将能量和磷酰基传给肌酸生成磷酸肌酸。当 ATP 急剧消耗时，磷酸肌酸将含有的能量转移给 ADP 生成 ATP 后，再用于耗能的生命活动。

在哺乳动物脑和肌肉组织中，ATP 的含量较低，难以满足激烈运动对能量的需求，而磷酸肌酸的含量远超过 ATP。磷酸肌酸的 P～N 键被水解成肌酸和磷酸，其标准自由能变化约为 −41.1kJ/mol。磷酸肌酸相对 ATP 的高含量和高转移势能，使它成为良好的能量贮存者。磷酸精氨酸是某些无脊椎动物蟹和龙虾等肌肉中的贮能物质。其作用机制和磷酸肌酸相似：

$$ATP+C\begin{array}{c}NH_2\\\parallel\\NH\\|\\N-CH_3\\|\\CH_2\\|\\COOH\end{array} \xrightleftharpoons{\text{磷酸肌酸激酶}} ADP+C\begin{array}{c}NH\sim\!\!P\\\parallel\\NH\\|\\N-CH_3\\|\\CH_2\\|\\COOH\end{array}$$

5. 辅酶 A 的递能作用

辅酶 A（CoA）作为酰基的载体参与许多代谢过程，巯基是起着 CoA 的功能基团。在酶促转乙酰基的反应中，CoA 起着接受乙酰基的作用，而乙酰辅酶 A 提供乙酰基作用。乙酰基与 CoA 通过一个硫酯键结合为乙酰 CoA。乙酰 CoA 的硫酯键和 ATP 的高能磷酸键相似，在水解时可释放出 31.38kJ/mol 的自由能。因此可以说，乙酰 CoA 具有高的乙酰基转移势能。乙酰 CoA 所携带乙酰基已不是一般的乙酰基，而是被 CoA 活化了的乙酰基团。乙酰 CoA 是代谢中起枢纽作用的重要物质，代谢网络中以乙酰 CoA 为中心的反应如图 8-7 所示。

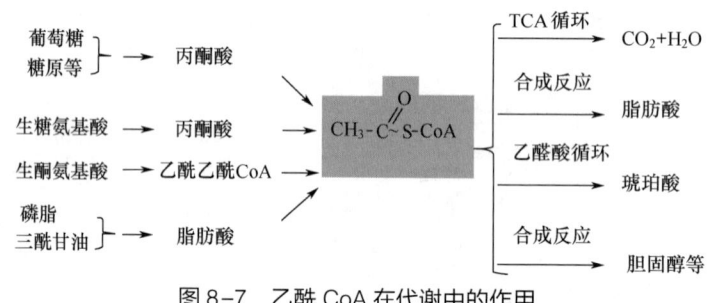

图 8-7　乙酰 CoA 在代谢中的作用

三、生物氧化酶类

参与生物氧化反应的酶类主要是脱氢酶类和氧化酶类，其中脱氢酶又可分为不需氧脱氢酶和需氧脱氢酶两类。

（一）不需氧脱氢酶类

1. 含义

不需氧脱氢酶是直接作用于底物，使之脱氢氧化，又不以氧作为直接受氢体的酶。这类酶是能量代谢中催化底物分子氧化的主要酶类。

2. 特点

（1）只激活底物分子，夺取其电子对和质子对使之氧化，酶分子的辅酶（NAD^+、$NADP^+$、

FAD、FMN）作为电子对和质子对的直接受体；但还原型的辅酶分子不能激活分子氧，不能直接以 O_2 为其电子受体。

（2）不需氧脱氢酶在有氧或无氧条件下都能催化底物分子脱氢氧化。有氧条件下，还原型辅酶的电子通过一系列电子传递体最终传递给分子氧。与生物能 ATP 的产生密切相关。无氧条件下，可由氧化型的代谢中间产物取代氧作为电子受体。

3. 种类

不需氧脱氢酶成员很多，底物专一性很强，但辅酶（或辅基）主要有 NAD^+、$NADP^+$、FAD、FMN 四种。据此，可将不需氧脱氢酶分为两类：以 NAD^+ 或 $NADP^+$ 为辅酶的不需氧脱氢酶和以 FMN 或 FAD 为辅基的不需氧脱氢酶。

（1）以 NAD^+ 或 $NADP^+$ 为辅酶的不需氧脱氢酶 这类酶大多数 NAD^+ 为辅酶，以 $NADP^+$ 为辅酶者相对少些。辅酶与酶蛋白结合疏松，透析易除去。

辅酶 NAD^+ 和 $NADP^+$ 接受底物脱下的氢原子对（2H）后，形成 NADH 和 NADPH。一般而言，生成的 NADH 通过呼吸链发生一系列氧化磷酸化反应合成 ATP；生成的 NADPH 为生物合成反应提供还原力。如脂肪酸、氨基酸、核苷酸等生物合成中都需要大量的 $NADPH+H^+$。

在糖、脂质分解代谢中，脱氢酶类催化仲醇基团（ CH—OH ）的脱氢反应和氨基酸 α-碳原子的氨甲基基团（ $CH—NH_2$ ）上的脱氢反应都是由 NAD^+ 或 $NADP^+$ 作为辅酶，如苹果酸脱氢酶催化的苹果酸脱氢反应和 L-谷氨酸脱氢酶催化的 L-谷氨酸的脱氢反应。

（2）以 FMN 或 FAD 为辅基的不需氧脱氢酶 这类酶分子中，FMN 或 FAD 与酶蛋白结合紧密，透析不易除去，故称为辅基。因为 FMN 及 FAD 是核黄素的衍生物，所以，这类酶的纯化制品呈黄色，故又称黄酶或黄素蛋白。还原型黄素蛋白上的氢原子对（$FMNH_2$ 或 $FADH_2$）通过呼吸链氧化供能。

这类酶专一性催化烃链中相邻亚甲基"—CH_2—CH_2—"基团的脱氢，底物分子中产生双键。例如琥珀酸脱氢酶、脂酰辅酶 A 脱氢酶、NADH 脱氢酶都是黄酶。

这类酶成员不多，但很重要。常见的有 3-磷酸甘油脱氢酶、琥珀酸脱氢酶、脂酰辅酶 A 脱氢酶、二氢硫辛酸脱氢酶等都是以 FAD 为辅基的黄酶。此外，还有 NADH 脱氢酶，辅基是 FMN，该酶位于线粒体内膜上，专事汇集线粒体基质中还原型辅酶Ⅰ（$NADH+H^+$）的氢原子对进入呼吸链氧化。琥珀酸脱氢酶和 3-磷酸甘油脱氢酶也位于线粒体内膜上。它们的还原型辅基是以辅酶 Q 为受氢体。

代谢中常见的一些不需氧脱氢酶，如表 8-5 所示。

表 8-5　　　　　　　　　　　　　　　常见的不需氧脱氢酶

酶名称	辅酶	催化的反应
乙醇脱氢酶	NAD^+	乙醇 $+NAD^+ \rightarrow$ 乙醛 $+NADH+H^+$
3-磷酸甘油醛	NAD^+	3-磷酸甘油醛 $+Pi +NAD^+ \rightarrow 1,$ 3-二磷酸甘油酸 $+NADH+H^+$
磷酸甘油脱氢酶	NAD^+	α-磷酸甘油 $+NAD^+ \rightarrow$ 磷酸二羟丙酮 $+NADH+H^+$
丙酮酸脱氢酶	NAD^+	丙酮酸 $+$ 辅酶 $A +NAD^+ \rightarrow$ 乙酰辅酶 $A +CO_2+NADH+H^+$
乳酸脱氢酶	NAD^+	乳酸 $+NAD^+ \rightarrow$ 丙酮酸 $+NADH+H^+$

续表

酶名称	辅酶	催化的反应
异柠檬酸脱氢酶	NAD$^+$ 或 NADP$^+$	异柠檬酸+NAD$^+$→ 草酰琥珀酸+NADH+H$^+$
α-酮戊二酸脱氢酶	NAD$^+$	α-酮戊二酸+辅酶 A+NAD$^+$→ 琥珀酰辅酶 A+ CO$_2$+ NADH+H$^+$
苹果酸脱氢酶	NAD$^+$	苹果酸+NAD$^+$→ 草酰乙酸+NADH+H$^+$
6-磷酸葡萄糖脱氢酶	NADP$^+$	6-磷酸葡萄糖+NADP$^+$→ 6-磷酸葡萄糖酸内酯+NADPH+H$^+$
6-磷酸葡萄糖酸脱氢酶	NADP$^+$	6-磷酸葡萄糖酸+NADP$^+$→ 5-磷酸核酮糖+NADPH+H$^+$
β-羟脂酰辅酶 A 脱氢酶	NAD$^+$	β-羟脂酰辅酶 A+NAD$^+$→β-酮脂酰辅酶 A+NADH+H$^+$
L-谷氨酸脱氢酶	NAD$^+$ 或 NADP$^+$	L-谷氨酸+H$_2$O+NAD$^+$→ α-酮戊二酸+ NH$_3$+ NADH+H$^+$
琥珀酸脱氢酶	FAD	琥珀酸+FAD→ 延胡索酸+FADH$_2$
脂酰辅酶 A 脱氢酶	FAD	脂酰辅酶 A+FAD→ 烯脂酰 CoA+FADH$_2$
NADH 脱氢酶	FMN	NADH+H$^+$+FMN→ NAD$^+$+FMNH$_2$

（二）需氧脱氢酶类

1. 含义

这类酶也催化底物分子的脱氢氧化，是以 FMN 或 FAD 为辅基的黄素蛋白。即需氧脱氢酶全是黄酶。它催化底物分子脱氢氧化，脱下的氢与 O$_2$ 直接接触，生成过氧化氢（H$_2$O$_2$）。反应生成的 H$_2$O$_2$ 对机体有毒害，需要有过氧化氢酶催化将其分解。

2. 特点

（1）既催化底物脱氢，又直接激活分子氧。

（2）产生的还原性辅酶由于不经过电子传递链，所以这类酶与生物能 ATP 的形成关系不密切。

代谢中常见的一些需氧脱氢酶如表 8-6 所示。

表 8-6　　　　　　　　　　常见的需氧脱氢酶

酶名称	辅基	催化的反应
D-氨基酸氧化酶	FAD	D-氨基酸+H$_2$O+O$_2$→α-酮酸+NH$_3$+H$_2$O$_2$
L-氨基酸氧化酶	FAD 或 FMN	L-氨基酸+H$_2$O+O$_2$→α-酮酸+NH$_3$+H$_2$O$_2$
甘氨酸氧化酶	FAD	甘氨酸+H$_2$O+O$_2$→乙醛+NH$_3$+H$_2$O$_2$
醛氧化酶	FAD、Fe、Mo	醛+H$_2$O+O$_2$→ 有机酸+H$_2$O$_2$
黄嘌呤氧化酶	FAD、Fe、Mo	次黄嘌呤→ 黄嘌呤→ 尿酸
乙醇酸氧化酶	FMN	乙醇酸→ 乙醛酸
葡萄糖氧化酶	FAD	D-葡萄糖+H$_2$O+O$_2$→D-葡萄糖酸+H$_2$O$_2$
胺氧化酶	FAD	胺+H$_2$O+O$_2$→醛+NH$_3$+H$_2$O$_2$

需氧脱氢酶催化的反应，在物质代谢中都有其特定的作用和生理意义。但在能量代谢中都不重要，代谢物在它们的催化下被氧直接氧化，反应过程释放的能量全部以热的形式散失，没有 ATP 的合成。值得指出的是，其中有些酶在工业上被广泛应用，如 D-氨基酸氧化酶和 L-氨基酸氧化酶，分别用于 D-氨基酸和 L-氨基酸的定量分析；葡萄糖氧化酶被用于葡萄糖浓度的分析测定，以及罐头、蛋品等食品的脱氧处理等。

（三）氧化酶类

1. 含义

氧化酶类是含铜或铁的金属蛋白，不能从底物上夺取氢，只能夺取底物上的电子对（2e），用于激活 O_2，H^+ 游离在反应介质中；氧化酶只能以分子氧为受体，无氧条件下不能起催化作用。

2. 重要的氧化酶

重要的氧化酶有细胞色素氧化酶（存在于呼吸链中）、酚氧化酶等。

（1）细胞色素氧化酶　它是广泛分布于动物、植物、微生物细胞中的一类血红素蛋白，是呼吸链的最后一个酶，因而，又称末端氧化酶。研究证明，细胞色素氧化酶是细胞色素 a（Cyt a）和细胞色素 a_3（Cyt a_3）组成的蛋白复合物，用 Cyt aa_3 表示。复合物含有两分子血红素 A，每个血红素分子中的铁原子都可发生二价与三价的可逆变化，从而将细胞色素传递来的电子转移给最终受体分子氧（O_2）。

（2）酚氧化酶　较重要酚氧化酶有多酚氧化酶、酪氨酸氧化酶、儿茶酚氧化酶等。这些酶在能量代谢中都没有意义，但与生产实践关系密切。其中，多酚氧化酶广泛分布于高等植物及真菌中，是以二价铜离子为辅基的金属蛋白。

在有氧条件下，酚氧化酶催化酚类化合物氧化，生成有色的醌类化合物，导致果蔬食品和饮料发生生物褐变，使产品质量降低。所以，在果蔬食品加工中都力戒酚氧化酶起作用。

四、生物氧化体系的类型

（一）不需传递体的生物氧化体系

代谢物的氧化过程不需传递体参加，代谢物经氧化酶（含金属离子的酶）或需氧脱氢酶（以 FMN 或 FAD 为辅基）催化进行的脱氢反应属于这种类型。其反应过程如下：

$$SH_2 \xrightarrow{2e} 2Cu^{2+} \rightarrow O^{2-} \xrightarrow{2H^+} H_2O \qquad SH_2 \rightarrow FAD \rightarrow 2O^- \xrightarrow{2H^+} H_2O_2$$

（氧化酶）　　　　　　　（需氧脱氢酶）

$$S \leftarrow 2Cu^+ \leftarrow 1/2 O_2 \qquad S \leftarrow FADH_2 \leftarrow O_2$$

氧化酶的作用在于其分子中含有金属离子（Cu^{2+}），它能直接从代谢物脱出的氢取得电子，并将电子直接传给分子氧，氧得到电子后成为活化态（O^{2-}）并与游离在溶液中的氢质子（H^+）结合生成水。由氧化酶催化的反应不能在无氧条件下进行，因为不能用其他受氢体代替氧。

需氧脱氢酶属于黄素蛋白，含有辅基 FAD 或 FMN，它接受代谢物脱出的氢，并将其直接传递给分子氧，产生 H_2O_2。H_2O_2 可在过氧化氢酶作用下分解成 H_2O 和 O_2 或在过氧化物酶的作用下氧化成其他物质。

D-或 L-氨基酸氧化酶催化 D-或 L-氨基酸的氧化脱氨，醛氧化酶催化醛氧化生成羧酸，这些反应都属于这种类型。其特点是底物分子在酶的作用下直接被氧氧化，不需要其他的电子传递体。此种类型的生物氧化体系不能产生 ATP，所以，在能量代谢中并不重要。

（二） 需传递体的生物氧化体系

这是生物体内的主要氧化体系，由不需氧脱氢酶和多个电子传递体组成。其反应过程如下：

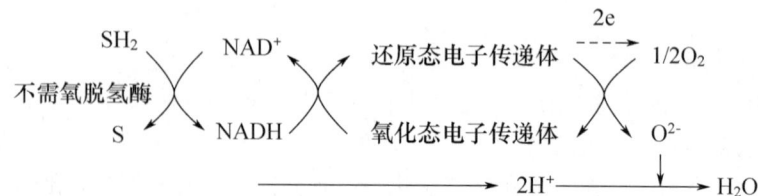

代谢物经这种氧化体系进行氧化的过程可以分成两个阶段：

第一阶段是在一些分解代谢的途径中，代谢中间物发生氧化，将电子传递给某种辅酶（NAD^+、FAD 或 $NADP^+$）。这一阶段，代谢物中的部分碳原子被氧化生成 CO_2，同时，参与氧化作用的辅酶被还原。

第二阶段是还原后的辅酶（NADH、NADPH 或 $FADH_2$）被重新氧化。还原型辅酶的重新氧化有几种不同的方式。NADPH 可被直接用于生物合成，为生物合成提供还原力。NADH 和 $FADH_2$ 的重新氧化，在需氧生物中（或兼性厌氧生物在有氧条件下）是通过一系列的电子传递体将电子传递给最终电子受体氧而完成的，氧接受电子后生成水，此过程又称有氧呼吸。在厌氧生物中（或兼性厌氧生物及需氧生物的短暂缺氧条件下）是通过将电子传递给代谢过程中氧化态的代谢中间物来完成的。代谢中间物接受电子后生成的物质称为发酵产物，这一过程又称无氧呼吸。

需传递体的生物氧化体系要比不需传递体的生物氧化体系复杂得多。这种复杂性不仅表现在它需要多种氧化还原酶的参加，还表现在这种氧化体系不是孤立进行的，而是要伴随着生物能 ATP 的合成。因此，此种类型的生物氧化体系与能量代谢密切相关。

第三节 电子传递体系及氧化磷酸化

一、电子传递体

1. 电子传递体的含义

电子传递体在原核细胞存在于质膜上，在真核细胞存在于线粒体内膜上。需氧细胞内糖、脂肪、氨基酸等能源物质通过各自的分解途径，所形成的还原型辅酶，包括 NADH 和 $FADH_2$，通过电子传递途径被重新氧化。其过程是还原型辅酶（NADH 和 FADH$_2$）上的氢原子在不需氧脱氢酶作用下，以质子对（2H$^+$）形式脱下，其电子（2e）沿着一系列的电子载体转移（实质上是发生了一系列氧化还原反应），最后转移到分子氧，使氧激活成为 O^{2-}，脱下的 2H$^+$ 与 O^{2-} 结合成水。电子传递过程中释放出大量自由能，一部分自由能使 ADP 磷酸化生成 ATP。该反应过程中的一系列反应介质，实际上起着传递电子的作用，被称为电子传递体。对于真核生物来讲，电子传递体都存在于线粒体内膜上，主要有 NADH 脱氢酶（辅基为 FMN）、铁硫蛋白、辅酶 Q（CoQ）及多种细胞色素（Cyt b、Cty c$_1$、Cyt c、Cyt aa$_3$ 等），如图 8-8 所示。其中，除 CoQ 是醌类化合物之外，其余都是结合蛋白，它们的辅基都有得失电子的可逆反应性能，蛋白质部分起识别电子供体和受体的作用。从反应机制看，NADH 脱氢酶和 CoQ 既传递电子对，也传递质子对，称为递氢体。铁硫蛋白和细胞色素类递体只传递电子，质子游离在反应介质中。这类递体为狭义的"电子传递体"。

2. 电子传递链各个成员

图 8-8 中所示电子传递链中的各个成员除 CoQ 是醌类化合物之外，其余都是结合蛋白质。

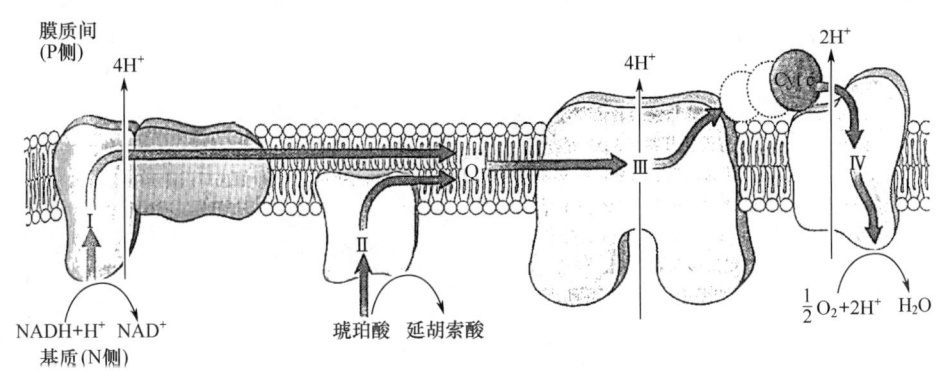

图 8-8　线粒体内膜上的电子传递体

（1）NADH 脱氢酶复合体　又称 NADH-Q 还原酶，简称复合体Ⅰ。它可能是线粒体内膜上最大的蛋白质复合物，至少含有 43 条多肽链，除了含 FMN 辅基外，至少含 6 个铁-硫中心。在该酶复合物催化下，使线粒体基质侧 NADH 脱氢氧化，脱下的 2H$^+$ 和 2e 由黄素蛋白中的 FMN 接受，生成 FMNH$_2$，FMNH$_2$ 中的电子通过铁-硫中心的传递，传给辅酶 Q（CoQ），辅酶 Q 在接受电子的同时还从基质吸取 2 个 H$^+$ 形成还原型辅酶 Q（CoQH$_2$）。故 NADH 脱氢酶又称 NADH-Q 还原酶，如图 8-9 所示。其反应式如下：

$$\text{NADH} + \text{H}^+ + \text{Q} \xrightleftharpoons{\text{NADH-Q 还原酶}} \text{NAD}^+ + \text{QH}_2$$

铁-硫蛋白（iron-sulfur protein）是一种与电子传递有关的非血红素铁蛋白，相对分子质量较小，分子中含有非血红素铁和对酸不稳定的硫，所以通常简写为 Fe-S 或 FeS。铁硫成等量关系。铁-硫蛋白在线粒体内膜上常常与黄素酶（黄素蛋白）、细胞色素结合成复合物，有人将存于这种复合物内的铁-硫蛋白称为铁-硫中心（ion-sulfur centre）。Fe、S 是很敏感的部分，往往受抑制剂的抑制。它们的作用是通过铁-硫中心内铁原子的价态变化进行电子传递。

已知的铁-硫蛋白有三种形式：最简单的是单个铁原子直接与蛋白质中的四个半胱氨酸的硫结合，没有无机硫原子参与；第二类是二铁二硫（Fe$_2$S$_2$），含有两个铁原子与两个无机硫原

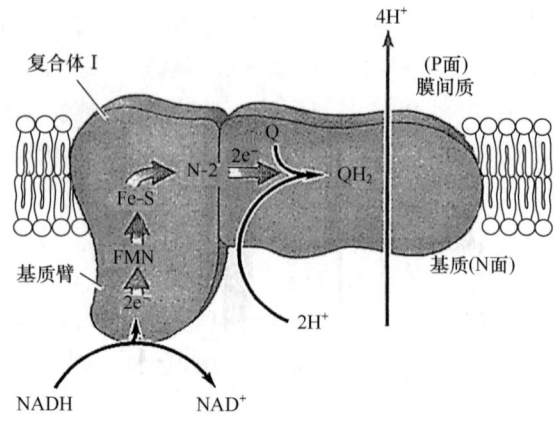

图 8-9 电子在复合体 I 中的流动

子,并含有四个半胱氨酸;第三类是四铁四硫(Fe_4S_4),含有四个铁原子与四个无机硫原子,并含有四个半胱氨酸(图 8-10)。

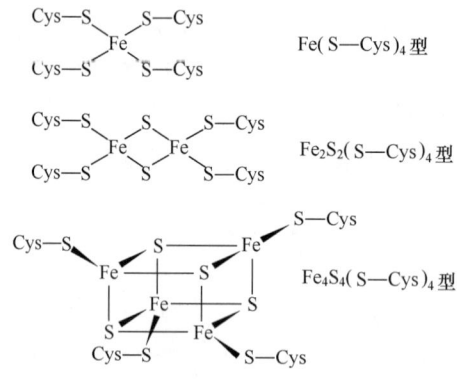

图 8-10 3 种类型 Fe-S 中心结构示意图

(2)辅酶 Q(CoQ) 辅酶 Q,又称泛醌,是对苯二醌的衍生物,有时简称为 Q,是脂溶性辅酶。其结构中有一个长的异戊二烯侧链,在不同生物中长度不同。哺乳动物中最常见的是具有 10 个异戊二烯单位的长链,简写为 Q_{10},在非哺乳类动物中可能只有 6~8 个异戊二烯单位。长的异戊二烯侧链使 Q 具有高度的疏水性,能在线粒体内膜的脂双层中迅速扩散,是电子传递体系中唯一的非蛋白电子载体。

辅酶 Q 不只接受 NADH-Q 还原酶脱下的电子和氢原子,还接受线粒体其他黄素酶类脱下的电子和氢原子,如琥珀酸-Q 还原酶、脂酰 CoA 脱氢酶以及其他黄素酶类脱下的电子和氢原子。可以说 CoQ 在电子传递链中处于中心地位。在黄素蛋白类和细胞色素类之间作为一种特殊灵活的电子载体起作用。电子传递复合体和 CoQ 等在可流动的线粒体脂双层中的局部扩散和碰撞是电子传递的前提和条件。辅酶 Q 发生氧化还原反应时即在氧化型的泛醌与还原型的二氢泛醌之间相互转变。其反应式如下:

$$\text{CoQ} \underset{-2H^+ -2e}{\overset{+2H^+ +2e}{\rightleftharpoons}} \text{CoQH}_2$$

(3) 琥珀酸脱氢酶复合体 又称琥珀酸-Q还原酶，或复合体Ⅱ。该复合体含有4个亚基。以FAD为辅基，并含有铁-硫中心，催化琥珀酸氧化成延胡索酸，同时使FAD还原成$FADH_2$，生成$FADH_2$后继续释放出电子，通过铁-硫中心传递给辅酶Q，形成还原型辅酶Q（$CoQH_2$）。故琥珀酸脱氢酶复合体也称琥珀酸-Q还原酶。

琥珀酸脱氢酶是三羧酸循环中唯一的一个内嵌膜蛋白，其他参与三羧酸循环的酶都在线粒体基质。除了琥珀酸脱氢酶外，还有一些结合FAD的脱氢酶也是内嵌膜蛋白，也以类似的方式将电子传递给辅酶Q，但不是通过复合体Ⅱ。如在脂肪酸的β-氧化中，脂酰辅酶A脱氢酶将从底物分子上脱下的氢通过电子传递黄素蛋白（ETF）、ETF-辅酶Q氧化还原酶传递给辅酶Q。镶嵌在线粒体内膜外侧的3-磷酸甘油脱氢酶也是将电子传给辅酶Q。甘油-3-磷酸脱氢酶在胞浆中的NADH再氧化过程中起重要作用，如图8-11所示。

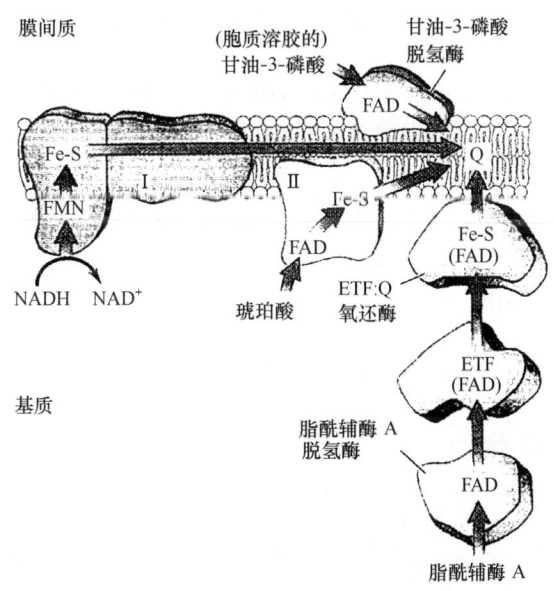

图8-11 电子从NADH、琥珀酸、脂酰辅酶A和磷酸甘油到辅酶Q的传递

（4）细胞色素bc_1复合体 又称辅酶Q-细胞色素c还原酶，或复合体Ⅲ，是线粒体内膜上的一种跨膜蛋白复合物，从牛心线粒体分离到的复合物Ⅲ是个二聚体，其单体的相对分子质量为248000，有11个亚基组成，参与电子传递的有三个功能单位：铁-硫蛋白、细胞色素c_1和细胞色素b。其中细胞色素b含细胞色素b562（或b_H或b_K）、细胞色素b566（或b_L或b_T）（562、566代表在562nm、566nm处有吸收峰），如图8-12所示。该复合物在电子传递链中的作用是

将还原型辅酶 Q（$CoQH_2$）氧化，并将电子通过细胞色素 b562、细胞色素 b566 和 Fe-S 中心、细胞色素 c_1 的 Fe^{2+} 和 Fe^{3+} 的价态变化转移给细胞色素 c，使其还原。其反应式如下：

$$CoQH_2 + 2Cytc(Fe^{3+}) \xrightleftharpoons{CoQH_2-Cytc\ 还原酶} CoQ + 2Cytc(Fe^{2+}) + 2H^+$$

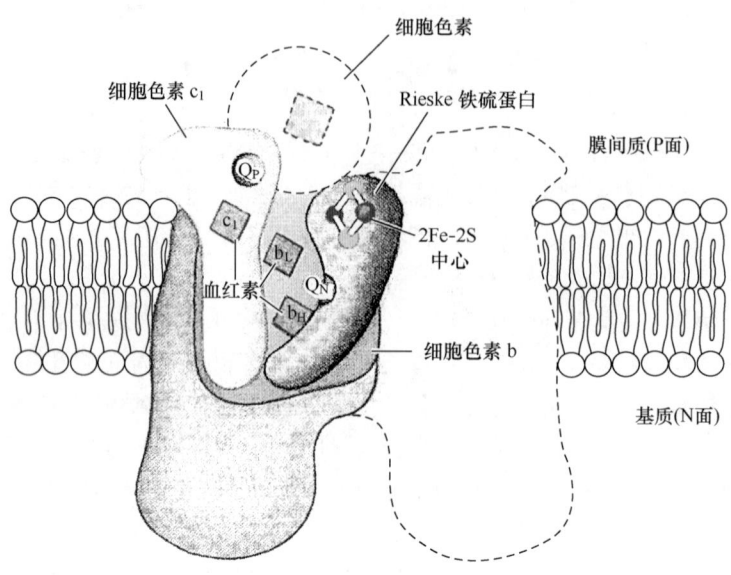

图 8-12 细胞色素 bc_1 复合体结构模式

细胞色素（cytochrome，Cyt）是一类含有血红素辅基的电子传递蛋白。各种细胞色素的血红素辅基结构略有不同，它们与蛋白质多肽链连接的方式也不同。根据所含血红素辅基还原状态时的吸收光谱的差异而将细胞色素分为若干种类。迄今发现的细胞色素有 30 多种，但在细胞内参与生物氧化的细胞色素有 a、b、c 三大类（图 8-13 和图 8-14）。在呼吸链中，它们负责将电子从 CoQ 传递到氧，其作用机制是通过铁卟啉中铁原子的氧化还原而往复传递电子，因而属于电子传递体，且为单电子传递体。

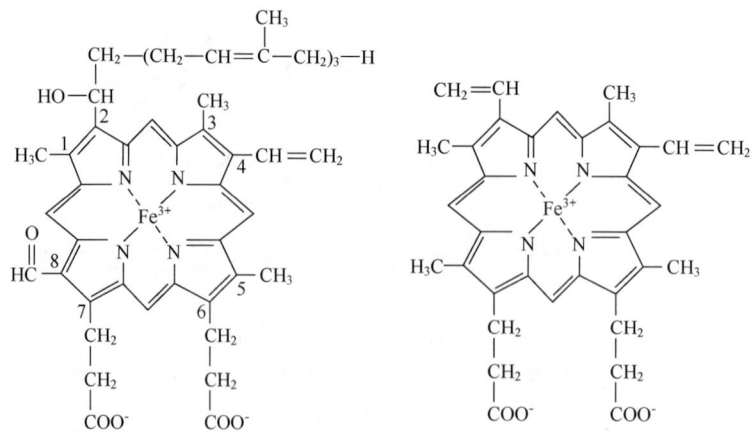

图 8-13 细胞色素的血红素 a 辅基（左）和血红素 b 辅基（右）结构

在高等动物的线粒体内膜上常见的细胞色素有五种，它们是：细胞色素 b、细胞色素 c_1、细胞色素 c、细胞色素 a、细胞色素 a_3。线粒体中的细胞色素绝大部分和内膜紧密结合，只有细胞色素 c 结合较松，位于线粒体内膜外表面，易于分离纯化，结构较清楚。细胞色素 c 和细胞色素 c_1 的血红素辅基与蛋白质的两个半胱氨酸残基侧链通过硫酯键相连。

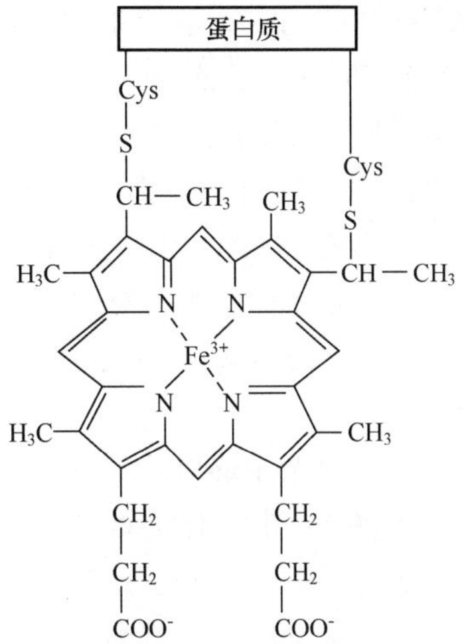

细胞色素类在呼吸链中传递电子的顺序：Cyt b→$Cytc_1$→Cyt c→Cyt a→Cyt a_3。

（5）细胞色素 c 细胞色素 c（Cyt c）是氧化呼吸链唯一水溶性细胞色素蛋白，它的相对分子质量很小（13000），是当前了解最透彻的细胞色素蛋白质。

图 8-14 细胞色素的血红素 c 辅基结构

细胞色素 c 是一个外周膜蛋白，位于线粒体内膜外侧的表面上，被认为能沿着膜运动，在较大的、相对不能移动的各个复合体之间穿梭传递电子。细胞色素 c 可与复合体Ⅲ结合，在复合体Ⅲ的催化下，接受一个电子，并经自身的铁原子价态的变化将接受的电子传递给呼吸链的下一个成员——复合体Ⅳ。

（6）细胞色素氧化酶复合体 又称细胞色素 c 氧化酶，或复合体Ⅳ。哺乳动物细胞色素氧化酶的相对分子质量大约为 20 万，是嵌在线粒体内膜的跨膜蛋白，其结构如图 8-15 所示。

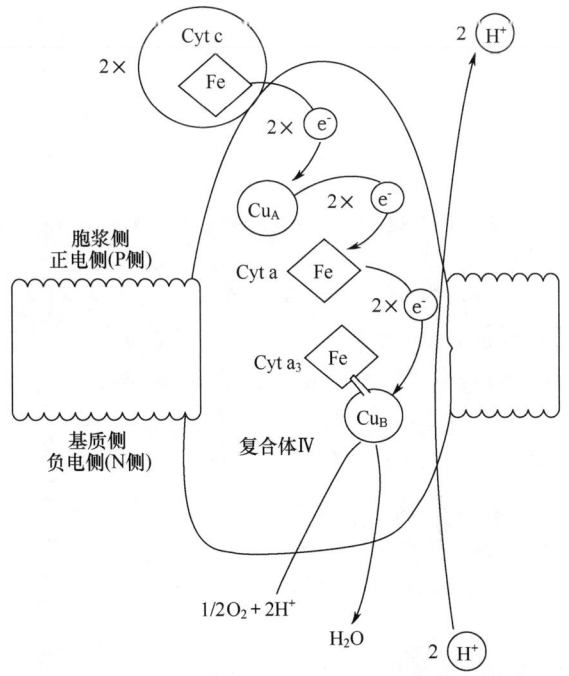

图 8-15 细胞色素 c 氧化酶结构示意图

该复合物的主要成分为细胞色素 aa_3 和 2 个铜离子。这 2 个铜离子可在 +1 和 +2 价之间变化。2 个血红素 a 分子虽然在化学结构上完全相同,但因定位在细胞色素氧化酶的不同部位,它们具有不同的性质。所以一种称为细胞色素 a,另一种称为细胞色素 a_3;2 个铜离子分别称为 Cu_A 和 Cu_B,也是由于它们所结合的蛋白质不同,其性质也有差异。细胞色素 a 与 Cu_A 接近,细胞色素 a_3 与 Cu_B 接近,还原型细胞色素 c 提供它的电子给血红素 a-Cu_A,然后传递给血红素 a_3-Cu_B,血红素 a_3-Cu_B 上有 O_2 的结合位,最后将 O_2 还原。在这电子传递过程中,除铁离子外,铜离子也参与电子传递。1 分子氧还原成水,是一个 4 个电子转移的过程。其反应式如下:

$$O_2 + 4H^+ + 4e \longrightarrow 2H_2O$$

3. 电子传递链中的质子泵

在电子传递链中共有 3 个质子泵,即 NADH 脱氢酶复合体(复合体Ⅰ)、细胞色素 bc_1 复合体(复合体Ⅲ)和细胞色素氧化酶复合体(复合体Ⅳ)。这些复合体在进行电子传递的同时,将伴随着将 H^+ 从线粒体基质侧转移到膜间隙。研究表明,复合体Ⅰ每传递一对电子,将伴随 4 个 H^+ 从线粒体基质侧被转移到膜间隙;复合体Ⅲ每传递一对电子,将伴随 4 个 H^+ 从线粒体基质侧被转移到膜间隙;复合体Ⅳ每传递一对电子,将伴随 2 个 H^+ 从线粒体基质侧被转移到膜间隙,如图 8-16 所示。

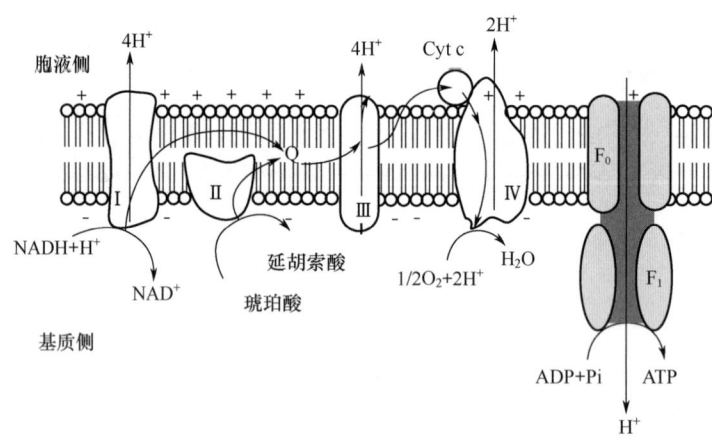

图 8-16　NADH 呼吸链中电子传递复合体Ⅰ、Ⅲ、Ⅳ的质子泵功能

综上所述,电子传递体包括四种蛋白质复合体(NADH 脱氢酶、琥珀酸脱氢酶、辅酶 QH_2-细胞色素 c 氧化还原酶和细胞色素 c 氧化酶)、一个单体蛋白(细胞色素 c)和一个有机物分子(辅酶 Q)。在真核细胞中,四种蛋白质复合体被定位在线粒体内膜上(图 8-8),在原核细胞中,它们被定位在质膜上,它们的位置是相对固定的。另外两种传递体,细胞色素 c 和辅酶 Q 是可以移动的。细胞色素 c 是水溶性蛋白,位于线粒体内膜的外表面。辅酶 Q 是脂溶性的有机物分子,位于线粒体膜(或质膜)内。除辅酶 Q 不是蛋白质外,其他电子传递体都是蛋白质,并且都是结合蛋白,辅基包括:黄素核苷酸(FMN、FAD)、血红素、铁-硫中心和铜离子。电子传递链中有 3 个蛋白质复合体(Ⅰ、Ⅲ、Ⅳ)在传递电子的同时还起质子泵作用。

线粒体内膜四种蛋白质复合体比较,如表 8-7 所示。

表 8-7　　　　　　　　　　　　　线粒体内膜四种蛋白质复合体比较

复合体	其他名称	辅酶或辅基	电子流动方向	传递 2e 泵出的质子数目
Ⅰ	NADH 脱氢酶复合体或 NADH 辅酶 Q 氧化还原酶	FMN、铁硫蛋白	NADH→FMN→铁硫蛋白→辅酶 Q	4
Ⅱ	琥珀酸脱氢酶复合体或琥珀酸辅酶 Q 氧化还原酶	FAD、铁硫蛋白	琥珀酸→FAD→铁硫蛋白→辅酶 Q	0
Ⅲ	细胞色素 bc_1 复合体或辅酶 Q-细胞色素 c 氧化还原酶	血红素、铁硫蛋白	CoQ→2Cyt b→铁硫蛋白→2Cyt c_1→2Cyt c	4
Ⅳ	细胞色素 c 氧化酶或末端氧化酶	血红素 Cu_A、Cu_B	2Cyt c→2Cyt aa_3→O_2	2

二、呼吸链及氧化磷酸化

（一）呼吸链的概念及类型

1. 呼吸链的概念

呼吸链又称电子传递链，是由位于真核生物线粒体内膜（原核生物质膜）上的一系列电子传递体按标准氧化还原电位，由低到高顺序排列组成的一种能量转换体系。其功能是接受还原型辅酶上的氢原子对（$2H^+ + 2e$），使辅酶分子氧化，并将电子对顺序传递，直至激活分子氧，使氧负离子（O^{2-}）与质子对（$2H^+$）结合，生成水。电子对在传递过程中逐步氧化放能，所释放的能量驱动 ADP 和无机磷酸发生磷酸化反应，生成 ATP。

呼吸链的组成，在不同物种之间有差异。哺乳动物线粒体中的呼吸链是研究比较清楚的例证，其成员组成如图 8-17 所示。

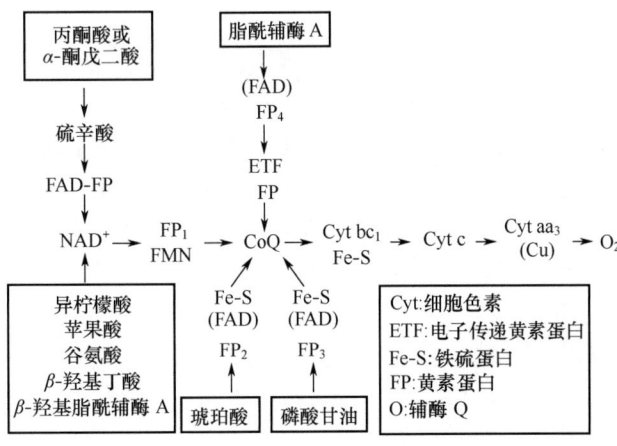

图 8-17　哺乳动物线粒体呼吸链的组成

2. 呼吸链的类型

（1）**NADH 呼吸链** 以 NAD^+ 为辅酶的各种不需氧脱氢酶催化产生的还原型辅酶（$NADH+H^+$）都要经线粒体内膜上的 NADH 脱氢酶（FMN 黄素蛋白）汇入呼吸链。先传给辅酶 Q（CoQ），生成还原型 $CoQH_2$。$CoQH_2$ 之后，质子对（$2H^+$）游离在反应介质中，电子对（2e）则由细胞色素体系依次传递，直至激活分子氧。被激活的氧负离子（O^{2-}）与游离在反应介质里的质子对结合，生成水（H_2O）。

因为该传递体系是从汇集还原型辅酶（$NADH+H^+$）的氢原子对开始的，故称其为 NADH 呼吸链。这是目前已知传递过程最长的一条呼吸链。其传递反应历程如图 8-18 所示。

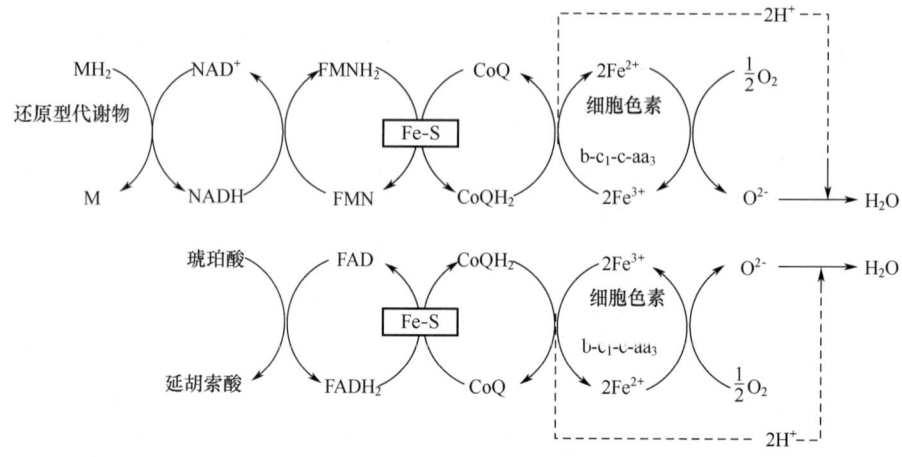

图 8-18　NADH 与 $FADH_2$ 呼吸链

（2）**$FADH_2$ 呼吸链** 如图 8-17 所示，琥珀酸脱氢酶（FP_2）、磷酸甘油脱氢酶（FP_3）、脂酰辅酶 A 脱氢酶（FP_4）等不需氧脱氢酶的氢原子对都要经过 CoQ 汇入呼吸链。但反应历程不尽相同，FP_2、FP_3 皆为膜上蛋白，可直接与自由移动的 CoQ 反应。FP_4 不在膜上，需要由膜上的电子传递黄素蛋白（ETF-FAD）将氢原子对传给 CoQ。以下的传递机制与 NADH 呼吸链相同，如图 8-18 所示。

因为上述电子传递体系是由汇集黄素不需氧脱氢酶的氢原子对开始的，故称为 $FADH_2$ 呼吸链。$FADH_2$ 呼吸链比 NADH 呼吸链的传递历程短，产能也少。

真核生物细胞都具有与动物细胞类似的电子传递体系。细菌则不同。因为原核细胞没有线粒体，其电子传递体在细胞膜的特化部位上。细菌呼吸链的组成变化很大，不同类群之间或在不同条件下生长的同一种细菌之间，呼吸链组成都可能不同。种间差别常表现为一种电子传递体被另一种电子传递体代替，例如 CoQ 被甲萘醌类代替，细胞色素氧化酶 aa_3 为细胞色素氧化酶 o、d 或 a_1 代替等。

由上述可知，两条电子传递链的起始不同，但复合体Ⅰ和复合体Ⅱ都将电子传递给 CoQ，至此两条链汇合到一起，如图 8-19 所示。

3. 电子传递的抑制剂

根据抑制作用的位置，抑制剂分三种类型：

（1）**鱼藤酮、安密妥** 抑制 NADH 脱氢酶（复合体Ⅰ）的活性，阻断电子由 NADH 向

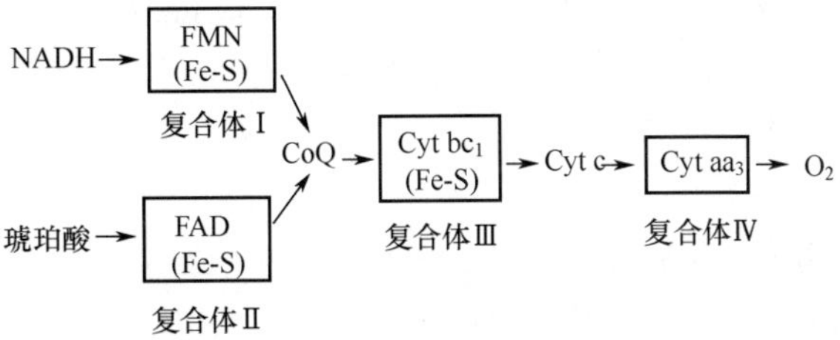

```
                    ┌─────────┐
   NADH ──→         │  FMN    │
                    │ (Fe-S)  │
                    └─────────┘
                     复合体 Ⅰ        ┌─────────┐      ┌─────────┐
                            ↘ CoQ → │ Cyt bc₁ │→Cyt c→│ Cyt aa₃ │→ O₂
                            ↗       │ (Fe-S)  │      └─────────┘
                    ┌─────────┐      └─────────┘       复合体 Ⅳ
   琥珀酸──→        │  FAD    │       复合体 Ⅲ
                    │ (Fe-S)  │
                    └─────────┘
                     复合体 Ⅱ
```

图 8-19 NADH 与 FADH$_2$ 呼吸链电子载体及传递顺序

CoQ 的传递。鱼藤酮是一种植物毒素，对鱼类和昆虫有剧毒。

(2) 抗霉素 A　从灰色链霉菌中分离得到的一种抗生素，抑制辅酶 Q-细胞色素 c 氧化还原酶（复合体Ⅲ）的活性，阻断电子从 CoQ 到细胞色素 c_1 的传递。

(3) 氰化物、叠氮化合物、一氧化碳等　抑制细胞色素氧化酶（复合物Ⅳ）的活性，阻断电子由细胞色素 aa$_3$ 到 O$_2$ 的传递。氰化物是好氧生物的一个剧毒药物，它封住了与氧相连的极其重要的呼吸作用。然而，一氧化碳由于它对血红蛋白氧合位点具有亲和力，所以也有毒性，它是通过阻止氧向组织的运输，而不是通过使呼吸链中毒来将好氧生物致死的。

抑制剂抑制部位示意如下：

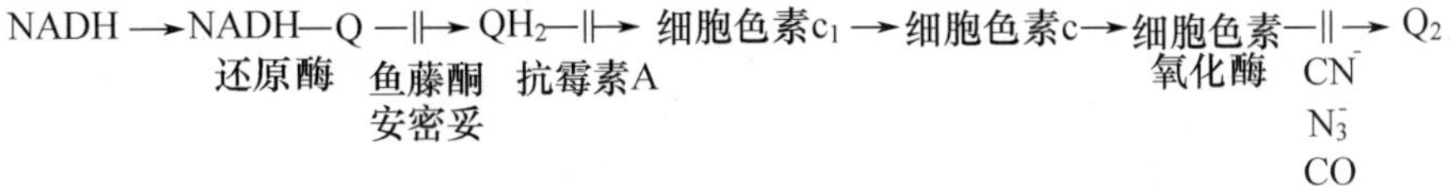

```
NADH ──→ NADH—Q ─‖→ QH₂─‖→ 细胞色素c₁ → 细胞色素c → 细胞色素─‖→ Q₂
         还原酶   鱼藤酮  抗霉素A                      氧化酶    CN⁻
                 安密妥                                         N₃⁻
                                                                CO
```

（二）氧化磷酸化

在生物氧化过程中，氧化放能反应常与吸能的磷酸化反应偶联发生。偶联反应将氧化释放的一部分自由能用于无机磷参加的高能磷酸键生成反应。这种氧化放能反应与磷酸化吸能反应的偶联，称为氧化磷酸化（广义的氧化磷酸化）。根据氧化方式可将氧化磷酸化分为底物水平的氧化磷酸化和电子传递水平的氧化磷酸化，后者又称狭义的氧化磷酸化。

1. 底物水平氧化磷酸化

反应底物在脱氢氧化时，分子内能量重新分布，形成了一种高能磷酸化合物。然后，在激酶的催化下，又将这种高能磷酸化合物的磷酸基团及高能键（~ⓟ）转移给 ADP 合成 ATP。这种底物分子氧化反应与磷酸化反应偶联生成 ATP 的反应称为底物水平氧化磷酸化。

例如，糖代谢中 3-磷酸甘油醛脱氢氧化生成 ATP 的反应：

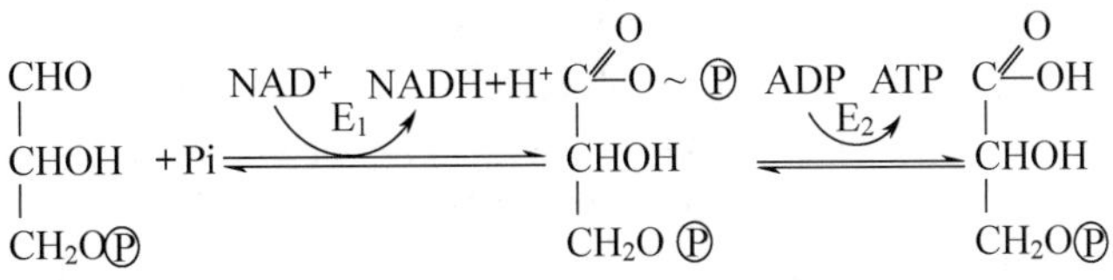

```
  CHO                                O                       O
   |      NAD⁺  NADH+H⁺            ‖                        ‖
  CHOH   +Pi  ⇌         C—O~ⓟ  ADP  ATP  C—OH
   |           E₁                   |      ⇌                 |
  CH₂Oⓟ                            CHOH     E₂              CHOH
                                     |                       |
                                    CH₂Oⓟ                   CH₂Oⓟ
  3-磷酸甘油醛              1,3-二磷酸甘油酸          3-磷酸甘油酸
```

底物水平磷酸化也可以在底物脱水时发生，如糖代谢中 2-磷酸甘油酸的脱水过程，也伴随着 ATP 的生成。

在葡萄糖酵解途径、ED 途径，以及细菌的异型乳酸发酵等途径中普遍有这种反应。底物水平磷酸化在有氧和无氧条件下都能进行，其特殊意义在于它是无氧条件下兼性生物细胞或厌氧微生物从有机物取得生物能量的唯一方式。

2. 电子传递水平氧化磷酸化

在不需氧脱氢酶作用下，从底物分子脱下的氢原子对，在有氧条件下通过电子传递链氧化的过程中，逐步释放自由能，驱动磷酸化偶联反应，利用 ADP 和无机磷（Pi）合成 ATP。这种在电子传递（氧化）过程中发生的偶联形成 ATP 的反应，称为电子传递水平氧化磷酸化。通常简称氧化磷酸化。这是有氧呼吸合成 ATP 的主要方式，是生命活动所需能量的主要来源。

电子对在呼吸链递体间的每一次传递都是氧化放能反应，但是并非每一次都能发生偶联合成 ATP 的反应。已知 ATP 末端磷酸基团水解，自由能变化（$\Delta G^{0'}$）等于 -30.5 kJ/mol。如果由 ADP 和 Pi 合成 ATP，则需要有更大的自由能才能推动合成反应的发生。根据 $\Delta G^{0'}$ 与 $\Delta E^{0'}$ 的关系式 $\Delta G^{0'} = -nF\Delta E^{0'}$ 可知，只有 $\Delta E^{0'} > 0.2V$ 的氧化还原反应，才能驱动一个磷酸化反应与之偶联。

电子对经电子传递链传递时，氧还电位变化、自由能变化及磷酸化偶联部位如图 8-20 所示。

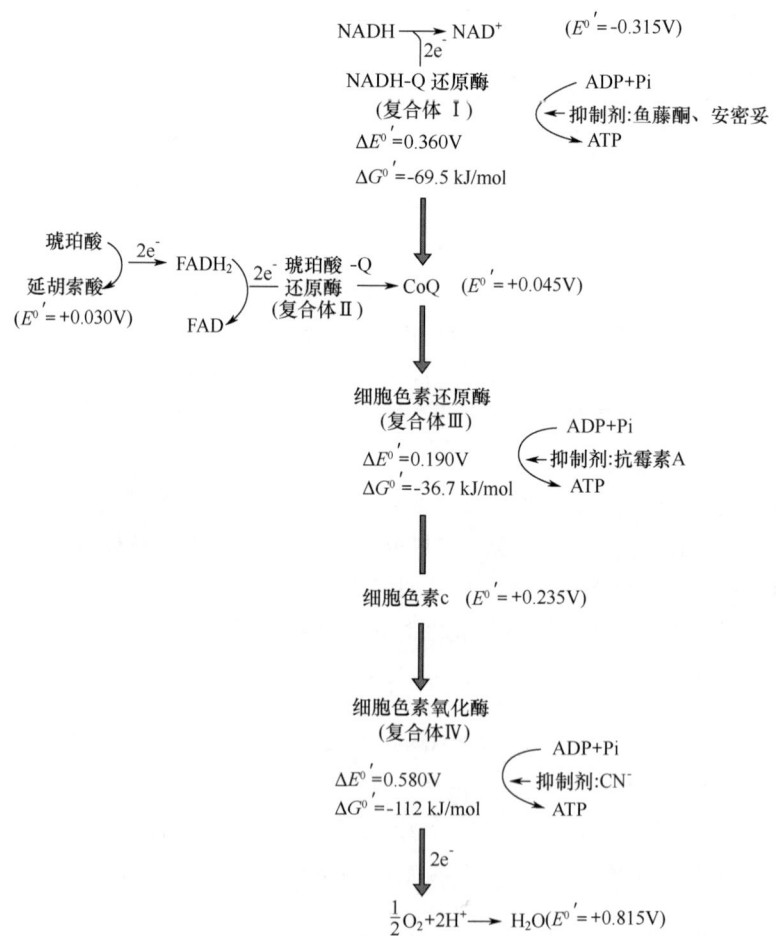

图 8-20　电子传递链标准氧还电位、自由能变化及 ATP 形成部位示意图

图 8-20 中三个 $\Delta G^{0\prime}$ 大的部位都能驱动偶联反应，合成 ATP。因为氧化磷酸化过程中既消耗 Pi，又消耗 O_2，一定时间内耗 Pi 的物质的量与耗氧原子物质的量的比值称为磷/氧比值，用 "P/O" 表示。P/O 比值也可以描述为每消耗 1mol 氧原子（$1/2O_2$）所产生的 ATP 的物质的量，也可以看作是当一对电子通过呼吸链传递至 O_2 所产生的 ATP 分子数。

测定 P/O 比值一般用华卜氏（Warburg）呼吸仪测一定时间内组织体系所消耗的氧，同时用测磷方法测有机磷的增加量或无机磷的消耗量，从而推算所产生的 ATP 数。由 P/O 比值即可得 ATP 的生成数目。实验测得：NADH 呼吸链 P/O=3，即表示能生成 3 个 ATP；$FADH_2$ 呼吸链 P/O=2，即表示能生成 2 个 ATP。这是生物化学文献中常规的计算方法。

使用专一性呼吸抑制剂可中断电子传递。解偶联剂可阻止偶联反应，使 ATP 不能合成。二者都可以帮助了解偶联发生的部位。例如抗霉素 A，专一性阻止电子从 CoQ→Cyt c 的传递，在抗霉素 A 存在下，加入人工电子受体高铁氰化物（Fe^{3+}）测得 P/O=1，证明 NADH→CoQ 是第一个偶联部位，生成一分子 ATP。类似的方法证明 CoQ→Cyt c 是第二个偶联部位；Cyt aa_3→O_2 是第三个偶联部位。

如图 8-20 所示，NADH 呼吸链有三个部位 $\Delta G^{0\prime}$ 较大，部位 Ⅰ 在 NADH 和 CoQ 之间，部位 Ⅱ 在 Cyt b 和 Cyt c 之间，部位 Ⅲ 在 Cyt aa_3 到分子氧之间。三个部位所产生的自由能都足够驱动磷酸化偶联反应，合成 ATP。所以，1mol 电子对经 NADH 呼吸链传递可合成 3mol ATP。

$$3mol\ 高能磷酸键贮能：-30.5 \times 3 = -91.5 kJ$$
$$1mol\ 电子对经\ NADH\ 呼吸链氧化：\Delta G^{0\prime} = -220.3 kJ$$
$$能量利用率 = 91.5/220.3 \times 100\% = 41.5\%$$

其余能量以热能形式散发到环境之中。

对于 $FADH_2$ 呼吸链，因为少了 NADH 到 CoQ 的偶联部位，所以，每传递一对电子只能生成 2 分子 ATP。

需要注意的是：对呼吸链电子传递过程中产生 ATP 的数目尚有争议。

近年来很多实验测定结果显示，以 NADH 作为电子供体时，P/O 比值为 2.5；以 $FADH_2$ 作为电子供体时，P/O 比值为 1.5。一对电子从 NADH 传递到 O_2 的过程中共有 10 个 H^+ 从线粒体基质中泵出。其中，在复合体Ⅰ的位置泵出 4 个，复合体Ⅲ的位置泵出 4 个，复合体Ⅳ的位置泵出 2 个。每合成一分子 ATP 需要有 3 个 H^+ 从线粒体外通过 ATP 合酶返回到基质，同时 ADP、Pi 进入线粒体基质和 ATP 从线粒体基质中移出相当于一个 H^+ 进入基质。也就是说，每合成一分子 ATP 共需要 3+1=4 个 H^+ 返回线粒体基质。所以一个 NADH 的氧化可产生 10/4=2.5 个 ATP。一对电子从 $FADH_2$ 传递到 O_2 共有 6 个 H^+ 从线粒体的基质中泵出，其中，复合体Ⅲ的位置泵出 4 个，复合体Ⅳ的位置泵出 2 个。所以 $FADH_2$ 的氧化可产生 6/4=1.5 个 ATP。

但在细菌等原核生物细胞内，由于不存在线粒体，ATP 合酶位于细胞膜上，合成的 ATP 直接释放到细胞质中，因此，没有磷酸的输入和 ATP 的输出过程，少消耗一个 H^+，合成一个 ATP 只需 3 个 H^+ 从细胞质膜外进入细胞质。所以 1 分子 NADH 的氧化可产生 10/3≈3 个 ATP；1 分子 $FADH_2$ 的氧化可产生 6/3=2 个 ATP。

真核生物线粒体中生成 1 分子 ATP 的过程如图 8-21 所示。

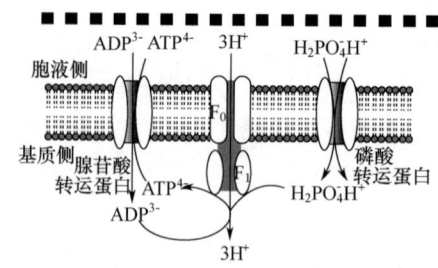

图 8-21 真核生物线粒体中生成 1 分子 ATP 的过程

三、氧化磷酸化的偶联机制

在正常的生理条件下，电子传递和 ATP 合成相偶联的事实早已确定，但偶联机制问题仍有待进一步研究。目前有三种假说来解释氧化磷酸化的偶联机制：化学偶联假说；构象偶联假说；化学渗透偶联假说。其中化学渗透偶联假说越来越受到人们的重视，是普遍为人们所公认的氧化磷酸化偶联机制。

（一）化学偶联假说

这一假说又称活性中间产物学说。最初是 E. C. Slater 于 1953 年提出来的，是用来解释氧化磷酸化偶联机制的最早的一个假说。该假说认为电子传递过程中，产生一种"活泼的高能共价中间物"，这个中间物随后的裂解推动氧化磷酸化作用。这种例证可见于糖酵解作用中 ATP 的合成。3-磷酸甘油醛脱氢氧化释放的能量供给形成 1，3-二磷酸甘油酸的需要。1，3-二磷酸甘油酸是一个活泼的具有高能磷酸基团的化合物，这个高能磷酸中间物在磷酸甘油酸激酶的作用下将其磷酸基团转移到 ADP 分子上而生成 ATP。

化学偶联学说曾经得到过普遍的支持，许多支持者还开展了寻找高能中间物的工作，但经过多年的努力，在氧化磷酸化作用中一直未能分离到任何一种活泼的高能中间产物。而且该假说也不能解释为什么线粒体内膜的完整性对氧化磷酸化是必要的。后来 Slater 本人也承认化学偶联假说"几乎肯定是不正确的"。

（二）构象偶联假说

该假说是由 P. D. Boyer 于 1964 年最先提出来的。他认为电子沿呼吸链传递，使线粒体内膜蛋白质组分发生了构象变化而形成一种高能状态，这种高能状态通过 ATP 的合成而恢复其原来的构象。这一假说实质上与化学偶联假说相似，只不过认为电子传递所释放的自由能不是贮存在高能化学中间物上，而是贮存在蛋白质的立体构象中。这一假说，至今也未能找到有力的实验证据。

（三）化学渗透偶联假说

这一假说是由英国生物化学家 P. Mitchell 于 1961 年最先提出的，并因此获得 1978 年诺贝尔化学奖。

其要点如下：

（1）呼吸链中的电子传递体按照一定的顺序排列在线粒体内膜上，氧化与磷酸化的偶联依赖于线粒体内膜的完整性。

(2) 底物脱下的氢在通过呼吸链传递的时候，线粒体内膜的电子传递体发挥了类似质子"泵"的作用。电子传递过程中释放的能量用于驱动线粒体基质中的 H^+ 迁移到膜间隙中。据测定，沿着 NADH 呼吸链，每转运一对电子，有 5 对质子从线粒体的基质中转运到膜间隙里。因此，膜间隙侧质子浓度高，为正电荷，而基质一侧质子浓度低，为负电荷。这样，在线粒体内膜的内侧与外侧就产生了跨膜质子梯度（ΔpH）和电位梯度（$\Delta \psi$）。

(3) 在膜内外势能差（ΔpH 和 $\Delta \psi$）的驱动下，"泵"出到膜间隙中的 H^+ 顺着浓度梯度沿着一个特殊通道（FoF_1-ATP 酶的组成部分），跨膜回到膜内侧（线粒体基质）。质子跨膜过程中释放的能量，直接驱动 ADP 和 Pi 合成 ATP，如图 8-22 所示。

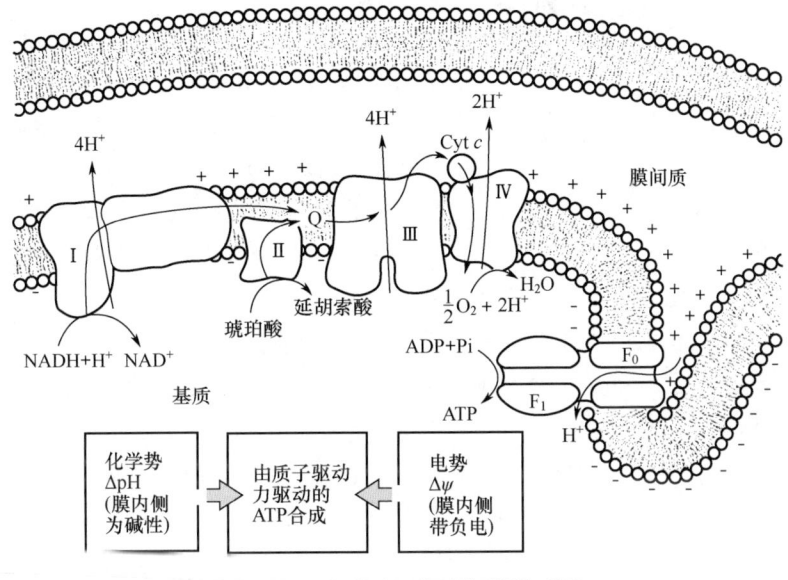

图 8-22　化学渗透偶联假说模式图

化学渗透偶联假说和许多实验结果是相符合的，是目前能较圆满解释氧化磷酸化作用机理的一种学说。例如，现已发现：

(1) 氧化磷酸化作用确实需要线粒体内膜保持完整状态；破损的内膜能够继续电子传递，但不再合成 ATP。

(2) 线粒体内膜对 H^+、OH^-、K^+、Cl^- 等离子是不通透的。

(3) 电子传递所形成的电子流确能将 H^+ 从线粒体内膜逐出到线粒体膜间隙，形成可测定的跨内膜电化学梯度，而 ATP 的形成又伴随着 H^+ 向膜内的转移运动。

(4) 破坏质子梯度的化学试剂（如 2,4-二硝基苯酚）能够抑制 ATP 的合成。

(5) 使用精确的 pH 计可以检测到一个呼吸活跃的线粒体的膜间隙的 pH 要比其基质的 pH 低 0.75 个单位。

(6) 人工建立的跨线粒体内膜得到的质子梯度也可驱动 ATP 的合成（缬氨霉素作为钾离子载体）。

虽然化学渗透偶联假说能够解释氧化磷酸化过程的大部分问题，但仍有一些问题尚未得到完满的解决。例如 H^+ 究竟是怎样通过电子传递链而被逐出的，当前虽然已经有些设想，还有许多问题有待解决。

四、ATP 合酶

ATP 合酶（ATP synthase）的研究开始于 1960 年，通过电子显微镜观察到在线粒体内膜的

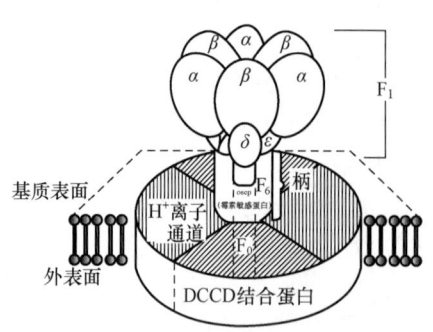

图 8-23 ATP 合酶结构示意图

内表面有许多直径约为 85nm 的"球形把手"状颗粒，在细菌细胞的质膜内表面也能看到相同的结构。这种球状颗粒就是 ATP 合酶。ATP 合酶实际上是一个酶的复合物，有时称为复合物 V（complex V），有两个主要功能单位 F_0 与 F_1，故又称 F_0F_1-ATP 酶（F_0F_1-ATPase）（图 8-23）。

ATP 合酶的总相对分子质量为 480000，由 2 个功能单位 F_0 与 F_1 组成。F_1 是球状部分，是一个水溶性的球状蛋白质，相对分子质量约 380000，由 5 种不同亚基组成（α_3、β_3、γ、δ、ε）。F_1 单独存在时不具有合成 ATP 的功能，但却能使 ATP 水解成 ADP 和 Pi，故单独存在的 F_1 又称 ATP 酶（ATPase）。在完整线粒体内 F_1 的正常功能是从 ADP 和 Pi 合成 ATP，其催化 ATP 合成的部位是在 β-亚基上。

F_1 与 F_0 之间由柄部相连，柄部含有一种寡霉素敏感性授予蛋白（OSCP），是一种碱性蛋白质，本身没有催化活性，在它存在下使 F_0 对寡霉素敏感。寡霉素是一种抗生素。它干扰了质子梯度的利用，从而抑制 ATP 的合成。

F_0 是跨线粒体内膜的一个疏水蛋白质，是质子通道。不同物种 F_0 亚基的类型和组成差别很大。在细菌中 F_0 由 a、b、c 共 3 种亚基组成，其比例为 $ab_2c_{10\sim12}$，每一个 c 亚基形成两个穿过膜的螺旋，10~12 个 c 亚基在膜的平面上形成一个环。当质子经过 F_0 上的质子通道返回线粒体基质时，所释放出的能量推动 ATP 的酶促合成。

二环己基碳二亚胺（dicyclohexylcarbodiimide）简称 DCCD，它的结构式如下：

$$\bigcirc\!\!-\!N=C=N\!-\!\bigcirc$$

二环己基碳二亚胺（DCCD）

DCCD 是一种脂溶性的羧基试剂，也有抑制质子通过 F_0 的作用，对哺乳动物，它只要与 F_0 蛋白中的一个亚基的一个谷氨酸（Glu）残基结合，就可起到抑制作用。对大肠杆菌（*E. coli*）是与天冬氨酸（Asp）结合。哺乳动物的 F_0 共有 6 个这种能与 DCCD 结合的蛋白质，称为 DCCD-结合蛋白。这些蛋白质联合起来好像木桶的桶板构成具有极性的 H^+ 通道。这个通道中埋藏着谷氨酸残基。

ATP 合酶合成 ATP 的机制是科学家十分感兴趣的课题之一，经过 20 多年的研究，美国生物化学家 P. Boyer 在 1977 年提出了 ATP 合酶的结合变化机制（binding change mechanism）假说，10 多年后，得到英国 John Walker 实验证据的支持，因此他们共同获 1997 年诺贝尔化学奖。

五、影响氧化磷酸化的因素

（一）［ADP］／［ATP］比值

实验表明，在正常生理条件下，电子由还原型辅酶到氧的传递过程是和 ATP 的合成偶联进行的。不仅 ATP 的生成绝对地依赖于电子流动，而且紧密的偶联也意味着只有当 ATP 能够被合成时才发生电子流动。这是一个重要的调节过程，因为意味着细胞中 ［ADP］／［ATP］的比值在调节电子传递链的活性中起重要作用。氧化磷酸化作用需要 NADH（或其他电子源）、氧、ADP 和 Pi。其中，真正调节氧化磷酸化速率的是 ADP，因为其他 3 种很少出现速率限制浓度。这种受 ADP 调节的氧化磷酸化速率调节过程称为呼吸调节。它的生理意义是十分清楚的。当 ATP 被消耗用于细胞活动时，ATP 水平降低，而 ADP 水平升高。ATP 合成因而受到激发，电子被传递，辅酶被再循环，底物被氧化，同时氧被消耗。但是，当 ATP 在细胞中积累时，ADP 浓度相应下降，电子传递减慢或停止，辅酶处于还原形式，氧化型辅酶不能再用来作为电子受体，而整个呼吸代谢就被有效抑制。因此氧化磷酸化作用是与细胞内 ATP 的需求紧密相关的。这种由 ADP 浓度控制的呼吸调节可以保证营养物质的氧化速度适应于细胞的能量需求。

（二）电子传递抑制剂

能够阻断呼吸链中某一部位电子的传递，从而阻止 ATP 产生的物质称为电子传递抑制剂。如前所述有鱼藤酮、安密妥、抗霉素 A、氰化物、叠氮化合物、一氧化碳等。

（三）氧化磷酸化抑制剂

氧化磷酸化抑制剂是指一些对电子传递及 ADP 磷酸化均有抑制作用的物质。动物细胞中典型的氧化磷酸化作用抑制剂为寡霉素。寡霉素（oligomycin）可结合 ATP 合酶的 F_0 单位，阻止质子从 F_0 质子通道回流，抑制 ATP 合酶活性。由于线粒体内膜两侧质子电化学梯度增高影响呼吸链质子泵的功能，继而抑制电子传递。

（四）解偶联剂

在氧化磷酸化过程中，有些物质，可使电子传递和 ADP 磷酸化形成 ATP 的两个过程分离，破坏它们的紧密联系，其结果是底物的脱氢氧化继续进行，电子的传递和氧气的消耗也在进行，并不断有能量的释放，但释放的能量不能用于 ATP 的合成。这类物质只抑制 ATP 的形成过程，不抑制电子传递过程，使电子传递所产生的自由能都变为热能，电子传递失去正常的控制，造成过分地利用氧气和燃料底物，而能量得不到储存。这种作用称为解偶联作用。具有解偶联作用的物质称为解偶联剂（uncoupler）。

现已发现多种解偶联剂，它们大多是一些带有酸性基团的芳香环类。典型的解偶联剂是 2,4-二硝基苯酚（2,4-dinitrophenol，DNP），其他一些酸性芳香族化合物也有作用。由于解偶联剂对底物水平的磷酸化作用没有影响，这就使得这些解偶联剂对于氧化磷酸化的研究成为很有用的试剂。

DNP 作为解偶联剂的作用机制是：DNP 对电子的传递没有抑制作用，但是它能消除产生 ATP 合成所需的质子推动力。因为 DNP 是一种亲脂的弱酸性化合物，它能以中性的分子状态穿过线粒体脂质双分子层的内膜。当存在跨膜的质子梯度时，它在膜的酸性侧结合质子，成为中性不带电荷的状态，通过扩散穿过膜，并在膜的碱性侧释放出质子，从而瓦解跨膜的质子梯度。

六、胞浆中 NADH 的再氧化问题

糖酵解代谢中，3-磷酸甘油醛的氧化脱氢发生在细胞胞浆，伴随着 3-磷酸甘油醛的氧化，不断产生还原型辅酶 NADH，那么这个在细胞胞浆中生成的 NADH 又如何通过线粒体内膜中的电子传递链而重新被氧化成 NAD^+ 呢？现在已经证明，NADH 本身不能直接通过线粒体内膜，而 NADH 上的电子可以通过两种穿梭的间接途径而进入电子传递链，即 α-磷酸甘油穿梭系统和苹果酸-天冬氨酸穿梭系统。

原核生物的电子传递链存在于原生质膜上，因此无须穿梭过程。

（一）α-磷酸甘油穿梭系统

脑细胞和骨骼肌细胞中主要存在 α-磷酸甘油穿梭系统（图 8-24）。

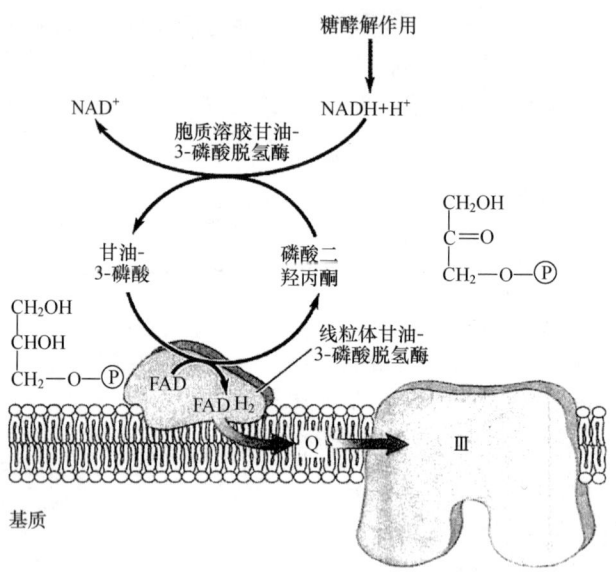

图 8-24　α-磷酸甘油-磷酸二羟丙酮穿梭系统

已知胞浆和线粒体内膜外表面都存在 α-磷酸甘油脱氢酶，但它们的辅酶不同。胞浆中的 α-磷酸甘油脱氢酶以 NAD^+ 为辅酶，可催化磷酸二羟丙酮加氢还原为 α-磷酸甘油；后者能自由通过线粒体外膜，进入线粒体膜间隙的 α-磷酸甘油由存在于线粒体内膜外表面的 α-磷酸甘油脱氢酶催化脱氢，转变为磷酸二羟丙酮，脱下的氢由该酶的辅酶 FAD 接受，FAD 接受 2H 转变为还原型的 $FADH_2$。这样胞浆中的 $NADH+H^+$ 相当于间接地转变为线粒体内的 $FADH_2$，可进入 $FADH_2$ 呼吸链彻底氧化。

（二）苹果酸-天冬氨酸穿梭系统

肝细胞和心肌细胞中主要存在苹果酸-天冬氨酸穿梭系统（图 8-25）。

在胞浆侧苹果酸脱氢酶的作用下，草酰乙酸接受 $NADH+H^+$ 中的 2H 转变为苹果酸；苹果酸通过线粒体内膜上的苹果酸-α-酮戊二酸载体转运至线粒体基质后，在基质侧苹果酸脱氢酶的作用下又转变为草酰乙酸。苹果酸脱下的氢被苹果酸脱氢酶的辅酶 NAD^+ 接受，NAD^+ 接受 2H 变为 $NADH+H^+$，这样胞浆中的 $NADH+H^+$ 就相当于转变成了线粒体基质内的 $NADH+H^+$，后

者可进入 NADH 呼吸链氧化。

为了维持胞浆中草酰乙酸的水平，草酰乙酸必须返回胞浆，但草酰乙酸不能自由通过线粒体内膜。线粒体基质中存在谷草转氨酶，可催化谷氨酸和草酰乙酸之间的氨基转换作用，使草酰乙酸转变为天冬氨酸，然后通过线粒体内膜上的谷氨酸-天冬氨酸载体转运至胞浆；胞浆中也存在谷草转氨酶，可催化天冬氨酸和 α-酮戊二酸之间的氨基转换作用，使天冬氨酸又变为草酰乙酸。这样，再重复上述过程，胞浆中的 NADH+H$^+$ 就可不断地通过线粒体内膜上的 NADH 呼吸链彻底氧化。

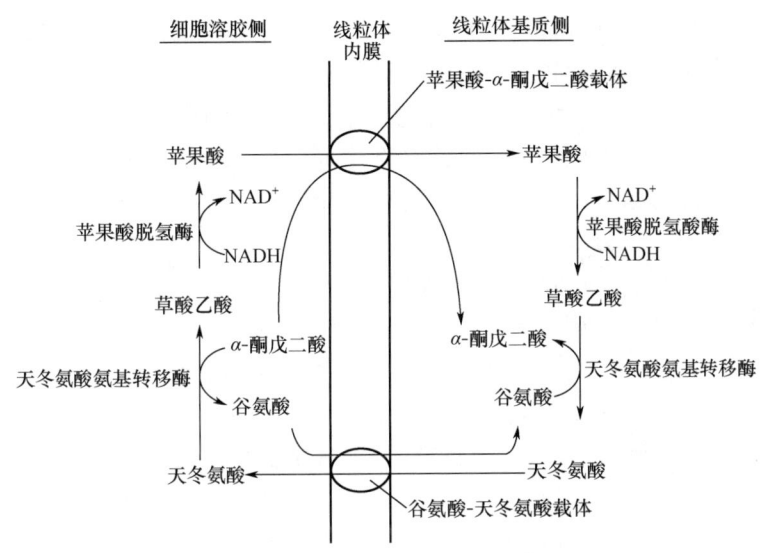

图 8-25　苹果酸-天冬氨酸穿梭系统

【延伸阅读】

1. 科学故事——结合变化学说的发现

ATP 作为细胞通用的能量货币，其合成机制一直是科学家研究的焦点课题之一。Mitchell 因提出氧化磷酸化的"化学渗透"学说而获得 1978 年的诺贝尔化学奖。在他的学说中，虽然正确地预测了电子在呼吸链上传递释放的能量转变成跨膜的质子梯度，但并没有正确解释 F_1F_0-ATP 合酶是如何利用质子梯度合成 ATP 的。

早在 20 世纪 50 年代早期，就有人使用 ^{18}O 发现线粒体能够催化 Pi 中的 O 与水分子上的 O 进行快速交换。当 Boyer 成为明尼苏达大学的一名研究者以后，也开始使用 ^{18}O 和 ^{32}P 研究氧化磷酸化的过程。他发现整个过程是动态可逆的，而且 ^{18}O 交换比 ^{32}P 交换要快。此结果以及其他的一些研究成果促使他和其他一些研究人员，去寻找氧化磷酸化过程中可能存在的高能中间物，以支持氧化磷酸化的"化学偶联"学说，但都以失败告终。

于是，Boyer 将其研究的重心转移到其他的酶，但并没有完全放弃对 ATP 形成的研究。到了 70 年代，Boyer 当上了刚刚成立的 UCLA 跨系科的分子生物学研究所的首任所长。在一次学术报告上，他的思绪重新回到以前一些始终没有得到解释的氧交换数据上。忽然，一种全新的氧化磷酸化的概念闪现在他的脑海里：他寻找的中间物可能并不存在，也许有一种意想不到的机制。他回忆道:"我清醒地意识到,如果来自氧化的能量并不用来制造 ATP 分子,而是用来驱动紧密结合的 ATP 释放,那么结果就能被解释了。"这是他第一次对 ATP 合酶制造 ATP 的机制有了满意的认识。但是,他的新设想并没有很快被接受。Boyer 递交给 The Journal of Biological Chemistry 的相关论文被拒就是证据。

怀疑甚嚣尘上。但是,Boyer 和他的研究助手感到他们在正确的轨道上。后来,Boyer 行使了他刚刚当上的美国科学院院士不需要同行审稿就能发表一篇论文的特权,使他的论文终于发表了。于是,这篇论文成为了后来被称为 ATP 合成"结合变化"机制的开始。在随后的十几年里,Boyer 的研究小组发现了 ATP 合酶的另一种不同寻常的特征,即它的 3 个催化亚基总是按照一种有序的方式进行催化。到了 80 年代早期,在这个领域的许多研究者开始接受他提出的学说。但是,另一个由 Boyer 提出的有争议的酶学概念还没有得到证明。^{18}O 交换研究显示,3 个催化位点上的催化行为一样。催化亚基似乎组织成一个圆圈,并受到内部的一个亚基影响。Boyer 提出,里面的一个亚基就像汽车上的凸轮轴(cam shaft),通过转动导致催化位点经历 3 个步骤:ADP 和 Pi 结合→ATP 形成和收紧→ATP 释放。在持续不断的旋转催化过程中,所有的 3 个催化位点在任何时候都处于不同的构象。

几千种酶已被研究过,但还没有人发现哪一种酶能进行旋转催化。Boyer 又开始冒险了。他也承认:"这个想法没有得到多大的热情"但很快,Boyer 的研究小组得到了支持旋转催化的数据,可是缺乏使它们令人信服的评估技术。到了 80 年代后期,Boyer 已进入古稀之年,他决定让其他人去解决旋转催化的问题。

John Walker 是英国剑桥大学分子生物学医学研究学会实验室的一位资深科学家。在 1994 年,他和他的同事根据 X 射线晶体分析,确定了 ATP 酶催化亚基的三维结构。Walker 的结构支持了 Boyer 提出的旋转催化的概念。另一个证据来自于日本的 Masasuke Yoshida 及其同事,他们使用特殊的方法在显微镜下观察到亚基的旋转。

Boyer 后来和 Walker 因 ATP 合酶的研究而获得了诺贝尔奖。对于 Boyer,这正是一个美妙的时刻。科学的发现就是这样:先是怀疑新的理论,然后是欣赏它。Boyer 曾说:"我是幸运的,因为我研究的酶不但重要,而且具有新的催化性质。"

2. 生化趣事——炸药与减肥

第一次世界大战期间,三硝基甲苯(TNT)作为炸药已在战争中大量使用,在炮弹和炸弹里面装载的都是它。奇怪的是,当时有人注意到,许多在军工厂里负责将 TNT 装载到炮弹和炸弹里面的妇女身体消瘦,而且经常发热,对此原因一直不明。在很长一段时间以后,人们发现了一个与 TNT 非常类似的化学品,即 DNP,它在体内作为氧化磷酸化的解偶联剂,可造成跨线粒体膜的质子泄漏,也能引起发烧和体重减轻。

显然,从结构上来看,TNT 并不能直接作为解偶联剂,原因是在它的苯环上没有亲水的可解离羟基。然而,一旦它被吸入到体内,在细胞内经内质网膜上的细胞色素 P450 的解毒处理,即羟基化修饰,便变成了与 DNP 类似的解偶联剂。

第九章 糖代谢

糖代谢可分为分解代谢和合成代谢两个方面，生物体内的糖代谢基本过程相类似。糖的分解代谢是指糖类物质分解成小分子物质的过程。糖在生物体内经过一系列的分解反应后，释放出大量的能量，供机体生命活动之用。同时在分解过程中形成的某些中间产物，又可作为合成脂类、蛋白质、核酸等生物大分子物质的原料（作为碳架）。糖的分解代谢可分为无氧代谢和有氧代谢。在无氧条件下，糖的分解通常不完全，此时释放的能量较少，并产生各种代谢产物；在有氧条件下，糖可以被完全氧化，最终生成二氧化碳和水，并释放出大量能量。

糖的合成代谢是指生物体将某些小分子非糖物质转化为糖或将单糖合成低聚糖及多糖的过程。这个过程需要供给能量。糖代谢还包括生物体对糖的吸收以及代谢产物的排泄，就微生物而言，这些过程是通过细胞膜来完成的。本章将着重讨论糖的分解代谢。

第一节 多糖的酶促降解

多糖分子不能进入细胞，动物或微生物在利用多糖作为碳源和能源时，需要分泌降解酶类，将多糖分子在胞外降解（即所谓消化）成单糖或双糖，才能被细胞吸收，进入中间代谢。不同生物分泌的多糖降解酶类不同，因此，利用多糖的能力也就不同。

一、淀粉水解酶类

凡是能够催化淀粉（或糖元）分子及分子片段中的 α-葡萄糖苷键水解的酶统称淀粉酶。动物、植物及绝大多数生物都能分泌淀粉酶，但不同生物所分泌的淀粉酶的种类不同。淀粉酶的种类，根据其作用特点可分为四种主要类型：α-淀粉酶、β-淀粉酶、γ-淀粉酶和异淀粉酶。几种主要淀粉水解酶的作用专一性如图 9-1 所示。

1. α-淀粉酶

α-淀粉酶又称淀粉-1, 4-糊精酶，液化酶，系统名称 1, 4-α-D-葡聚糖-葡聚糖水解酶（1, 4-α-D-glucan glucanohydrolase），编号 E.C. 3.2.1.1。广泛分布于动物、植物、微生物中。

工业酶制剂主要靠芽孢杆菌发酵生产，国内菌种有枯草芽孢杆菌 BF7658。

α-淀粉酶是一种内切酶，从淀粉分子内部随机切割 α-1,4 糖苷键（图 9-1）。底物分子越大，水解效率越高。随底物分子减小，水解速度减慢。该酶作用于黏稠的淀粉糊时，能使黏度迅速下降，成稀溶液状态，工业上称这种作用为"液化"。α-淀粉酶也因而得名"液化酶"。α-淀粉酶不能水解淀粉中的α-1,6苷键及其非还原性一侧相邻的α-1,4糖苷键。所以，水解产物中有含α-1,6糖苷键的各种分支糊精（即 α-极限糊精）。

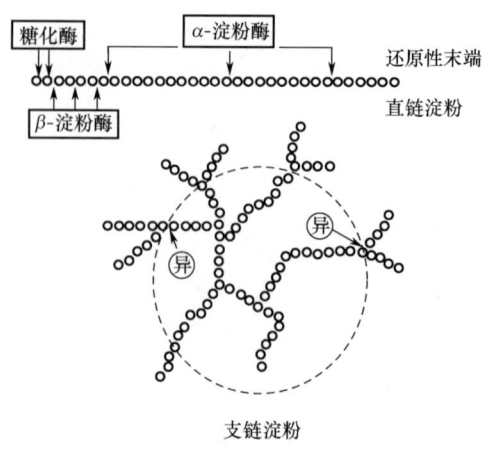

图 9-1 主要淀粉水解酶的作用专一性

α-淀粉酶分子中含有一个结合得相当牢固的钙离子，这个钙离子不直接参与酶-底物络合物的形成，其功能是保持酶的结构，使酶具有最大的稳定性和最高的活性。哺乳动物的α-淀粉酶需要 Cl^- 激活，植物和微生物中的α-淀粉酶则不需要。

α-淀粉酶依来源不同最适 pH 4.5~7.0，从人类唾液和猪胰得到的 α-淀粉酶的最适 pH 范围较窄，在 6.0~7.0；枯草杆菌 α-淀粉酶的最适 pH 范围较宽，在 5.0~7.0；嗜热脂肪芽孢杆菌-淀粉酶的最适 pH 则在 3.0 左右；高粱芽 α-淀粉酶的最适 pH 范围为 4.8~5.4；小麦 α-淀粉酶的最适 pH 在 4.5 左右，当 pH<4.0 时，活性显著下降，而超过 5.0 时，活性缓慢下降。

根据 α-淀粉酶的热稳定性可分为耐高温 α-淀粉酶和中温-淀粉酶。在耐高温 α-淀粉酶中，由淀粉液化芽孢杆菌和地衣芽孢杆菌产生的酶制剂已被广泛地应用于食品加工中。温度对这两种酶的活力影响不同，地衣芽孢杆菌-淀粉酶最适温度为 92℃，而淀粉液化芽孢杆菌-淀粉酶的最适温度仅为 70℃，除热稳定性存在差别外，这两种酶作用于淀粉的终产物也不相同。

α-淀粉酶主要用于水解淀粉制造饴糖、葡萄糖和糖浆等，以及生产糊精、啤酒、黄酒、酒精、酱油、醋、果汁和味精等。还用于面包的生产，以改良面团，如降低面团黏度、加速发酵进程，增加含糖量和缓和面包老化等。

2. β-淀粉酶

β-淀粉酶又称 α-1,4-葡聚糖-麦芽糖水解酶（α-1,4-glucan maltohydrolase），编号 E.C.3.2.1.2。

β-淀粉酶是一种外切酶，从非还原性末端逐次以麦芽糖为单位切断 α-1,4-葡聚糖链，生成麦芽糖。该酶不能水解，也不能越过 α-1,6 糖苷键。作用于支链淀粉或葡聚糖的时候，切断至 α-1,6 糖苷键的前面反应就停止了，因此生成相对分子质量比较大的极限糊精（即 β-极限糊精）。对于像直链淀粉那样没有分支的底物能完全分解得到麦芽糖和少量的葡萄糖。主要见于高等植物中（大麦、小麦、甘薯、大豆等），但在细菌、牛乳、霉菌中也存在。

3. γ-淀粉酶

γ-淀粉酶又称糖化酶，系统名称为 α-1,4-葡聚糖-葡萄糖水解酶，编号 E.C.3.2.1.3。γ-淀粉酶（γ-amylase）是外切酶，从淀粉分子非还原端依次切割 α-1,4 糖苷键和α-1,6 糖苷键，逐个切下葡萄糖残基，与 β-淀粉酶类似，水解产生的游离半缩醛羟基发生转位作用，释放 β-葡萄糖。无论作用于直链淀粉还是支链淀粉，最终产物均为葡萄糖。

4. 异淀粉酶

异淀粉酶又称淀粉-1,6-葡萄糖苷酶，系统名称为葡聚糖-6-葡萄糖水解酶，编号 E.C.3.2.1.33。只水解糖原或支链淀粉分枝点的 α-1,6 糖苷链，切下整个侧枝，形成长短不一的直链淀粉。异淀粉酶对底物的作用特点，可以从其对糯米淀粉作用后产物的特性得到证实。当异淀粉酶作用于糯米淀粉时，随着解支作用的进行，碘显色反应由红变蓝，还原力增加，在丁醇中发生沉淀，淀粉溶液变得易于老化，出现了直链淀粉的特征。异淀粉酶与其他淀粉酶配合使用时，可使淀粉完全水解。

各种淀粉酶的作用特点见表 9-1。

表 9-1 淀粉酶的主要类别及对淀粉的水解作用

编号	俗名	系统名称	作用方式和专一性	产物	分布
E.C.3.2.1.1	α-淀粉酶	1,4-α-D-葡聚糖-葡聚糖水解酶	内切酶，从淀粉分子内部随机切割 α-1,4 糖苷键，不切割 α-1,6 糖苷键	α-糊精及麦芽寡糖、二糖和葡萄糖	唾液，胰腺、麦芽、霉菌、细菌
E.C.3.2.1.2	β-淀粉酶	α-1,4-葡聚糖-麦芽糖水解酶	外切酶，从非还原性末端依次切割麦芽糖单位，遇 α-1,6 糖苷键便停止作用，不能切割，也不能越过	麦芽糖和 α-极限糊精	甘薯、大豆、大麦、麦芽、细菌等
E.C.3.2.1.3	γ-淀粉酶	α-1,4-葡聚糖-葡萄糖水解酶	外切酶，从非还原性末端依次切割葡萄糖单位，遇 α-1,4 糖苷键或 α-1,6 糖苷键都能水解	葡萄糖	动物组织、霉菌细菌
E.C.3.2.1.33	异淀粉酶	葡聚糖-6-葡萄糖水解酶	内切酶，水解支链淀粉或糖原中的 α-1,6 糖苷键	直链淀粉	肝脏、植物、酵母、细菌

二、果胶质降解酶类

果胶物质（pectic substance）主要存在于植物的初生细胞壁和细胞之间的中层（middle lamella）内。果胶物质是细胞壁的基质多糖。在浆果、果实和茎中最丰富。

能够催化果胶酸（多聚半乳糖醛酸）或果胶（多聚甲氧基半乳糖醛酸）分子降解的酶类统称为果胶酶。果胶酶是当今的五大工业酶制剂之一，主要依靠真菌（霉菌）发酵生产。果胶酶普遍存在于植物和微生物中，人和动物不能合成果胶酶。果胶酶主要应用在工业生产中，以解除果胶质在果品加工过程及产品中所产生的不良影响。此外，果胶酶在果皮、果渣废料再生等方面也有应用。

果胶酶根据其作用机制可以分为裂解酶和水解酶两类；又可以根据底物专一性和作用方式

划分为不同类别。不同果胶酶的类别和作用部位如表 9-2 所示。

表 9-2　　果胶酶的类别和特点

酶名称	底物	专一性和作用方式	产物	表观现象
果胶甲酯酶	果胶	果胶分子中的甲酯键	甲醇及果胶酸	水解液 pH 降低
外切果胶酸水解酶	果胶酸	从非还原末端水解 α-1,4 糖苷键	D-半乳糖醛酸	还原糖增加快
内切果胶酸水解酶	果胶酸	随机水解分子内的 α-1,4 糖苷键	聚半乳糖醛酸碎片	黏度降低快
果胶外裂酶	果胶	以反式消除方式，从非还原末端依次断裂 α-1,4 糖苷键		
果胶内裂酶	果胶	以反式消除方式，从分子内部随机断裂 α-1,4 糖苷键		

三、纤维素酶与纤维素的降解

纤维素酶是水解纤维素的一类酶的总称。20 世纪中期，Reese 等人提出了关于纤维素酶作用方式的 C_1—C_x 假说，即纤维素酶至少包括三种类型：破坏纤维素晶状结构的 C_1 酶，水解游离（直链）纤维素分子的 C_x 酶和水解纤维二糖的 β-葡萄糖苷酶。这三类酶对天然纤维素的降解过程被描述为：天然纤维素在 C_1 酶作用下产生游离（直链）纤维素，继而在 C_x 酶作用下继续水解，产生纤维二糖，最后在 β-葡萄糖苷酶作用下继续水解产生 D-葡萄糖。纤维素酶的存在方式有两种：胞外酶，游离于培养基中，霉菌中产生的纤维素酶属于这种形式；细胞表面酶结合存在于细胞表面上，如黏细菌的纤维素酶存在于细胞壁内。

人类和高等动、植物都不能合成纤维素酶类，因而自身不能消化纤维素。反刍动物的瘤胃中生存有大量纤维素微生物，所以能以纤维素作为营养物质。产生纤维素酶的微生物，在真菌中有木霉、漆斑霉、黑曲霉、青霉、根霉等；在细菌中有纤维黏菌属和纤维杆菌属；在放线菌中有黑红旋丝放线菌、玫瑰色放线菌、纤维放线菌及白玫瑰放线菌等。在已发现的产纤维素酶的菌株中，分解天然纤维素的能力都较弱，酶活力不高，因此纤维素的利用受到一定的限制。自然界中存在有大量的纤维素资源可供人类所利用，运用现代科学技术发现和分离具有高活性的纤维素酶的微生物，对世界文明进步具有重要意义。

四、糖原磷酸化酶与糖原的降解

糖原是葡萄糖残基以 α-D-1,4 糖苷键连接且带有分支链的多聚糖，主要储存于肝脏和骨骼肌中。肌肉中储存的糖原为肌肉收缩提供能量来源，肝脏中的糖原用于维持血糖水平。目前研究认为，糖原的降解是由糖原磷酸化酶（glycogen phosphorylase）和糖原脱支酶（glycogen-debranching enzyme）共同作用完成的。详细过程参见本章第五节。

第二节　葡萄糖的酵解

高等动物、植物和绝大多数微生物都能利用葡萄糖作为能源和碳源。因此，葡萄糖的分解代谢、能量转化和物质转化规律，具有生物学的普遍意义。

一、酵解与发酵

酵解这一名词最初是来自动物肌肉利用葡萄糖最后转化为乳酸的过程。即在动物机体缺氧条件下，葡萄糖经一系列酶促反应生成丙酮酸进而还原生成乳酸的过程称为糖酵解（glycolysis），又称糖的无氧氧化（anaerobic oxidation）。后来经过广泛的研究表明：酵解是动物、植物、微生物细胞中普遍存在的葡萄糖降解途径，有氧或无氧条件下都能进行。当前人们将葡萄糖降解产生丙酮酸这一段过程称为糖酵解过程或酵解过程。

对酵解途径研究贡献最显著的是德国生物化学家 Gustav Embdeno。他提出 1,6-二磷酸果糖裂解的形式以及随后的步骤。还有德国的 Otto Meyerhof，他对 Embden 提出的假设做了合理修改，而且研究了酵解作用的能量学。由于他们的重要贡献，从葡萄糖开始至产生丙酮酸的过程常被称为 Embden-Meyerhof 途径（简称 EM 途径）。此外，在酵解的研究中波兰科学家 J. Parnas 等人也做出了重要贡献，为了纪念这些科学家，又称 EMP 途径。

酵解途径是葡萄糖经 1,6-二磷酸果糖和 3-磷酸甘油醛降解，生成丙酮酸并产生 ATP 的代谢过程，又称二磷酸己糖途径（HDP）。

各种细胞在有氧条件和无氧条件下，经 EMP 途径降解葡萄糖生成丙酮酸的反应历程是一样的，不同之处仅在于丙酮酸的去路不同，还原型辅酶（NADH）的电子受体不同（氧化途径不同）。因此，有氧酵解与无氧酵解生成的 ATP 数量也就差别很大。

在某些植物和微生物中，葡萄糖分解产生的丙酮酸可转变为乙醇和二氧化碳，此为乙醇发酵（ethanol fermentation）。所以，最早发酵是指在无氧条件下，细胞将葡萄糖转化为酒精，转变 NADH 为 NAD+，同时产生 ATP 的过程。发酵是生物界普遍存在的一种获能方式。一些生物包括厌氧微生物和生活在缺氧环境下的深海鱼类等，都是以发酵的方式获取能量。此外，一些大型动物如大象、犀牛、鲸等都有强劲发达的肌肉，乳酸发酵为它们保持肌肉活力提供能量。人的红细胞虽然处于有氧环境，但由于没有线粒体，它能在有氧条件下将葡萄糖转变为乳酸而获得能量。

发酵工业领域关于发酵的含义与上述发酵的概念又很不相同，它是泛指通过微生物及其他生物材料的工业培养，达到积累发酵产品的种种生产过程，包括厌氧发酵和好氧发酵。因此，本书中关于利用淀粉发酵生产柠檬酸、谷氨酸等好氧代谢过程，也习惯地称为柠檬酸发酵、谷氨酸发酵等。发酵理论已广泛用于酿造工业、食品工业、医药工业等，有着重要的经济意义。

二、酵解途径反应历程

糖酵解途径从葡萄糖到丙酮酸共有十步反应，分别由十种酶催化。这些酶全部在细胞液中，组成了可溶性的多酶体系。酵解反应历程如图 9-2 所示。糖酵解途径人为分为三个阶段：

（一） 葡萄糖的分子活化阶段

该阶段是需能过程，共消耗 2 分子 ATP，将葡萄糖分子转化成高度活化的 1,6-二磷酸果糖形式。

1. 葡萄糖或糖原磷酸化为 6-磷酸葡萄糖（glucose-6-phosphate，G-6-P）

其反应式如下：

$$\text{葡萄糖} \xrightarrow[\text{己糖激酶}]{\text{ATP} \quad \text{ADP}, \text{Mg}^{2+}} \text{6-磷酸葡萄糖}$$

（1）催化葡萄糖生成 G-6-P 的是己糖激酶（hexokinase，HK），ATP 提供磷酸基团，Mg^{2+} 作为激活剂。这个反应的 $\Delta G^{0\prime\prime} = -16.7 kJ/mol$，基本是一个不可逆的反应。己糖激酶是糖酵解过程关键酶之一。

己糖激酶广泛存在各组织中，K_m 为 0.1mmol/L，对葡萄糖的亲和力高。哺乳动物中已发现了四种己糖激酶的同工酶 I～IV 型。IV 型酶只存在于肝脏，对葡萄糖有高度专一性，又称葡萄糖激酶（glucokinase，GK），GK 对葡萄糖的 K_m 为 10mmol/L，对葡萄糖的亲和力低，这种特性的存在，使 GK 催化的酶促反应只有在饮食后大量消化吸收的葡萄糖进入肝脏后才加强，生成糖原储存于肝中，在维持血糖浓度恒定的过程中发挥了重要作用。

（2）从糖原开始的分解途径，是糖原在磷酸化酶的作用下成为 1-磷酸葡萄糖（G-1-P），再变位成为 G-6-P。

（3）G-6-P 是一个重要的中间代谢产物，是许多糖代谢途径（无氧酵解、有氧氧化、磷酸戊糖途径、糖原合成、糖原分解）的连接点。

（4）葡萄糖进入细胞后进行了一系列的磷酸化，其目的在于：磷酸化后的化合物极性增高，不能自由进出细胞膜，因而葡萄糖磷酸化后不易逸出胞外，反应限制在细胞质中进行；同时从 ATP 中释放出的能量储存到了 6-磷酸葡萄糖中；另外结合了磷酸基团的化合物不仅能减低酶促反应的活化能，同时能提高酶促反应的特异性。

2. G-6-P 生成 6-磷酸果糖（fructose-6-phosphate，F-6-P）

其反应式如下：

$$\text{6-磷酸葡萄糖} \xrightarrow[\text{磷酸己糖异构酶}]{Mg^{2+}} \text{6-磷酸果糖}$$

3. 6-磷酸果糖生成 1,6-二磷酸果糖（fructose-1,6-bisphosphate，F-1,6-BP）

其反应式如下：

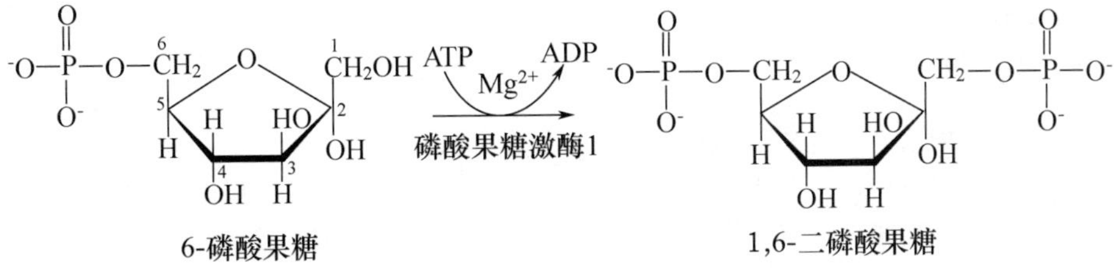

[6-磷酸果糖] + ATP →(Mg²⁺, 磷酸果糖激酶1)→ [1,6-二磷酸果糖] + ADP

催化此反应的酶是6-磷酸果糖激酶1（6-phosphofructokinase1，PFK 1），这是糖酵解途径的第二次磷酸化反应，需要 ATP 与 Mg^{2+} 参与，$\Delta G''_0 = -14.2 kJ/mol$，反应不可逆。6-磷酸果糖激酶1是糖酵解过程的主要限速酶，是糖酵解过程中的主要调节点。至此，糖酵解完成了代谢的第一个阶段，这一阶段的主要特点是葡萄糖的磷酸化，并伴随着能量的消耗，糖酵解若从葡萄糖开始磷酸化，则每生成1分子F-1,6-BP消耗了2分子ATP；若从糖原开始磷酸解，则每生成1分子F-1,6-BP消耗1分子ATP。在这一阶段中有二个不可逆反应，从葡萄糖开始由两个关键酶己糖激酶和6-磷酸果糖激酶1催化；从糖原开始由两个关键酶磷酸化酶和6-磷酸果糖激酶1催化，它们是糖酵解过程的调节点。

（二）1分子磷酸己糖裂解为2分子磷酸丙糖

1. 1,6-二磷酸果糖裂解为2分子磷酸丙糖

此反应由醛缩酶催化，反应可逆。反应式如下：

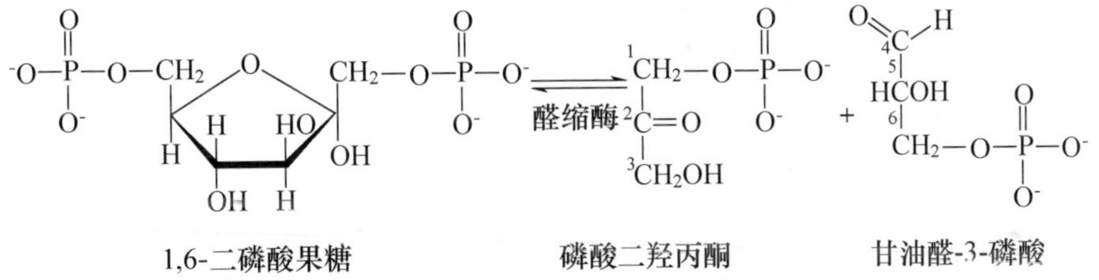

[1,6-二磷酸果糖] →(醛缩酶)→ [磷酸二羟丙酮] + [甘油醛-3-磷酸]

2. 磷酸二氢丙酮转变为3-磷酸甘油醛

3-磷酸甘油醛和磷酸二羟丙酮，两者互为异构体，在磷酸丙糖异构酶催化下可互相转变，当3-磷酸甘油醛在继续进行反应时，磷酸二羟丙酮可不断转变为3-磷酸甘油醛，这样1分子F-1,6-BP生成2分子3-磷酸甘油醛。

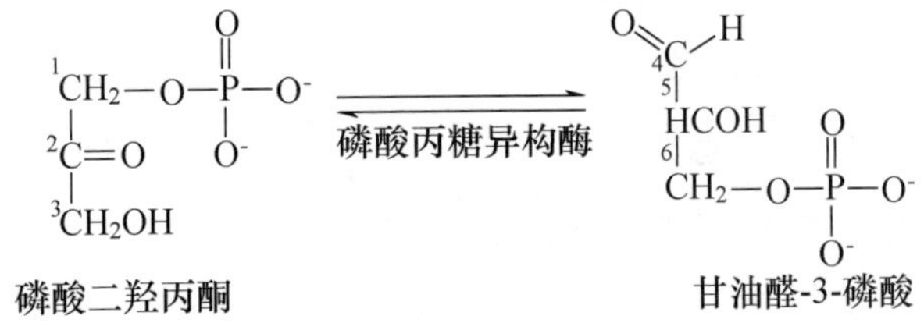

[磷酸二羟丙酮] →(磷酸丙糖异构酶)→ [甘油醛-3-磷酸]

（三）2分子磷酸丙糖氧化为2分子丙酮酸

1. 3-磷酸甘油醛脱氢氧化成为1,3-二磷酸甘油酸

此反应由3-磷酸甘油醛脱氢酶催化脱氢、加磷酸，其辅酶为 NAD^+，反应脱下的氢交给 NAD^+ 成为 $NADH+H^+$；反应时释放的能量储存在所生成的1,3-二磷酸甘油酸1位的羧酸与磷酸构成的混合酸酐内，此高能磷酸基团可将能量转移给 ADP 形成 ATP。其反应式如下：

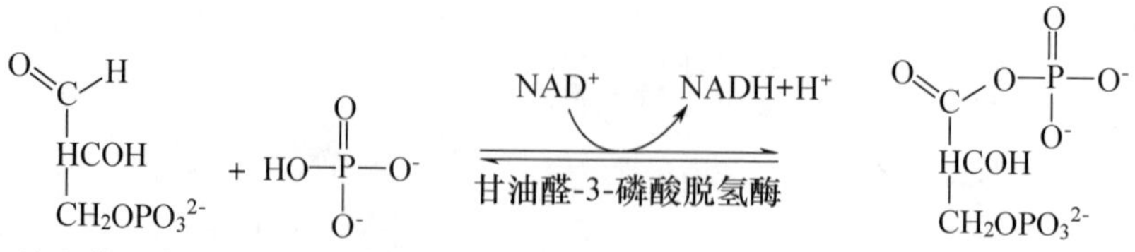

甘油醛-3-磷酸 + 无机磷酸 $\xrightleftharpoons[]{\text{甘油醛-3-磷酸脱氢酶}}$ 1,3-二磷酸甘油酸 （NAD⁺ → NADH+H⁺）

2. 1,3-二磷酸甘油酸转变成 3-磷酸甘油酸

其反应式如下：

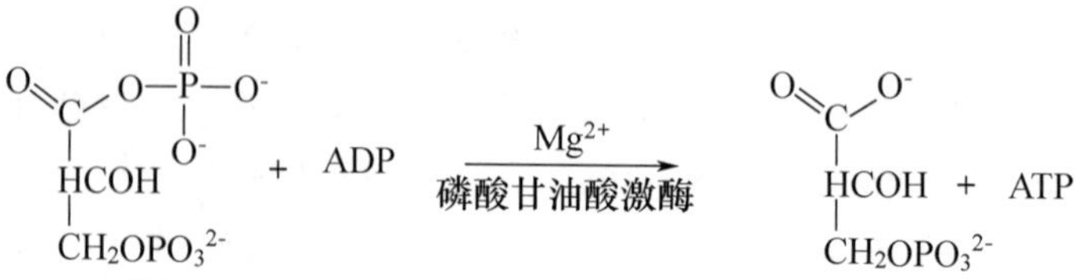

1,3-二磷酸甘油酸 + ADP $\xrightarrow[\text{磷酸甘油酸激酶}]{Mg^{2+}}$ 3-磷酸-甘油酸 + ATP

此反应由 3-磷酸甘油酸激酶催化，产生 1 分子 ATP，这是无氧酵解过程中第一次生成 ATP。由于是 1 分子葡萄糖产生 2 分子 1,3-二磷酸甘油酸，所以在这一过程中，1 分子葡萄糖可产生 2 分子 ATP。ATP 的产生方式是底物水平磷酸化（substrate level phosphorylation），能量是由底物中的高能磷酸基团直接转移给 ADP 形成 ATP。

3. 3-磷酸甘油酸转变成 2-磷酸甘油酸

其反应式如下：

3-磷酸甘油酸 $\xrightleftharpoons[]{\text{磷酸甘油酸变位酶}}$ 2-磷酸甘油酸

4. 2-磷酸甘油酸脱水生成磷酸烯醇式丙酮酸（phosphoenolpyruvate，PEP）

其反应式如下：

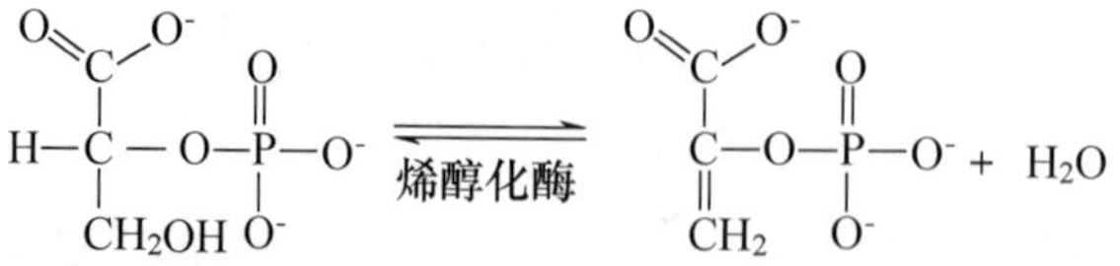

2-磷酸甘油酸 $\xrightleftharpoons[]{\text{烯醇化酶}}$ 磷酸烯醇式丙酮酸 + H_2O

此脱水反应由烯醇化酶所催化，Mg^{2+} 作为激活剂。反应过程中，分子内部能量重新分配，形成含有高能磷酸基团的磷酸烯醇式丙酮酸。

5. 磷酸烯醇式丙酮酸转变为丙酮酸

其反应式如下：

$$\begin{array}{c}\text{COO}^-\\|\\\text{C}-\text{O}-\overset{\text{O}}{\underset{\text{O}^-}{\text{P}}}-\text{O}^-\\\|\\\text{CH}_2\end{array} + \text{ADP} \xrightarrow{\text{丙酮酸激酶}} \begin{array}{c}\text{COO}^-\\|\\\text{C}=\text{O}\\|\\\text{H}-\text{C}-\text{H}\\|\\\text{H}\end{array} + \text{ATP}$$

磷酸烯醇式丙酮酸   丙酮酸

此反应由丙酮酸激酶（pyruvate kinase，PK）催化，Mg^{2+}作为激活剂，产生1分子ATP，$\Delta G'_0 = -61.9 kJ/mol$，在生理条件下，此反应不可逆。丙酮酸激酶也是无氧酵解过程中的关键酶及调节点。这是酵解过程中第二次生成ATP，产生方式也是底物水平磷酸化。由于是1分子葡萄糖产生2分子丙酮酸，所以在这一过程中，1分子葡萄糖可产生2分子ATP。

反应的第三阶段的特点是能量的产生。无氧酵解过程的能量产生主要在3-磷酸甘油醛脱氢成为1，3-二磷酸甘油酸及磷酸烯醇式丙酮酸转变为丙酮酸过程中，共产生4分子ATP，产生方式都是底物水平磷酸化。这一阶段中丙酮酸激酶是糖酵解过程的另一个关键酶和调节点。

以上是酵解途径的全部反应过程。从葡萄糖经酵解生成丙酮酸（图9-2）的总反应式为：

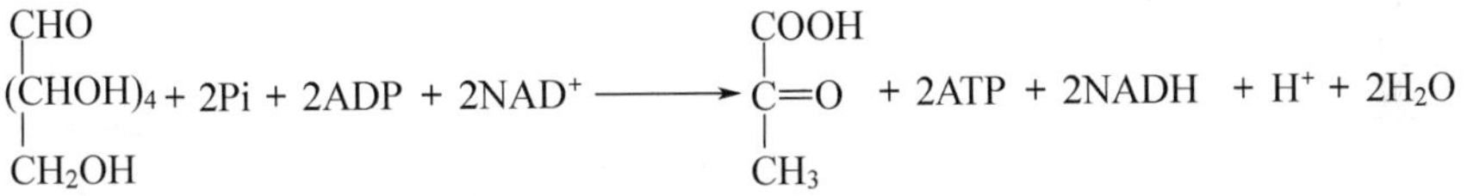

$$\begin{array}{c}\text{CHO}\\|\\(\text{CHOH})_4\\|\\\text{CH}_2\text{OH}\end{array} + 2Pi + 2ADP + 2NAD^+ \longrightarrow \begin{array}{c}\text{COOH}\\|\\\text{C}=\text{O}\\|\\\text{CH}_3\end{array} + 2ATP + 2NADH + H^+ + 2H_2O$$

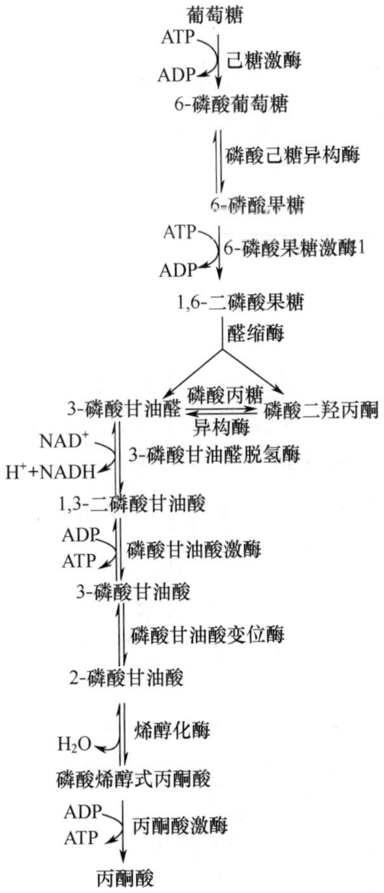

葡萄糖
↓ ATP→ADP 己糖激酶
6-磷酸葡萄糖
↕ 磷酸己糖异构酶
6-磷酸果糖
↓ ATP→ADP 6-磷酸果糖激酶1
1,6-二磷酸果糖
↓ 醛缩酶
3-磷酸甘油醛 ⇌ 磷酸丙糖异构酶 ⇌ 磷酸二羟丙酮
↓ NAD⁺→H⁺+NADH 3-磷酸甘油醛脱氢酶
1,3-二磷酸甘油酸
↓ ADP→ATP 磷酸甘油酸激酶
3-磷酸甘油酸
↕ 磷酸甘油酸变位酶
2-磷酸甘油酸
↓ H₂O 烯醇化酶
磷酸烯醇式丙酮酸
↓ ADP→ATP 丙酮酸激酶
丙酮酸
图9-2 糖酵解途径

酵解途径各步反应见表9-3。

表9-3　　　　　　　　　　　　糖酵解反应小结

反应	反应类型	酶	辅助因子	激活剂	抑制剂	调节作用
1	转磷酸基	己糖激酶	Mg^{2+}	ADP, Pi	6-P-G, ATP	调节步骤
2	同分异构反应	磷酸葡萄糖异构酶				
3	转磷酸基	磷酸果糖激酶	Mg^{2+}	Pi, ADP, AMP, 2,6-二磷酸果糖	ATP, 柠檬酸, 2,3-二磷酸甘油酸	主要限速步骤
4	醇-醛裂解反应	醛缩酶	Fe^{2+}, Co^{2+}		半胱氨酸	
5	同分异构反应	磷酸丙糖异构酶				
6	底物水平磷酸化	3-磷酸甘油醛脱氢酶	Mg^{2+}		碘乙酸	
7	转磷酸基	磷酸甘油酸激酶				
8	磷酸移位	磷酸甘油酸变位酶				
9	脱水反应	烯醇化酶	Mg^{2+}, Mn^{2+}		F^-	
10	转磷酸基	丙酮酸激酶	Mg^{2+}, K^+	1,6-二磷酸果糖	Ca^{2+}, ATP, 乙酰辅酶A, 脂肪酸	调节步骤

（四）丙酮酸的去路

丙酮酸是酵解途径的终产物。在不同的细胞或不同生理条件下，丙酮酸有不同的去向：①在有氧条件下，丙酮酸被氧化生成乙酰辅酶A，进入柠檬酸循环；②在无氧条件下，如在肌肉细胞中，丙酮酸被还原为乳酸，使NAD^+获得再生，从而保障酵解途径的顺利进行。而在微生物中，无氧条件下丙酮酸进一步转化成发酵产物，不同生物的酶系不同，发酵产物也不同。常见的有酵母菌的酒精发酵、甘油发酵，乳酸菌的乳酸发酵，丁酸菌的丙酮-丁醇发酵，这些发酵都是以糖酵解途径为基础的，故统称为EMP途径类型的发酵。

1. 乳酸发酵（lactic acid fermentation）

动物肌肉细胞中，在乳酸脱氢酶的催化下，丙酮酸作为氢受体，被途径中产生的NADH还原为乳酸。乳酸脱氢酶有多种同工酶，骨骼肌中主要含有LDH5，它和丙酮酸亲和力较高，有利于丙酮酸还原为乳酸，LDH5的辅酶是NAD^+。还原反应所需的$NADH+H^+$是3-磷酸甘油醛脱氢时产生，作为供氢体脱氢后成为NAD^+，再作为3-磷酸甘油醛脱氢酶的辅酶。因此，NAD^+来回穿梭，起着递氢作用，使无氧酵解过程持续进行。在有氧的条件下，3-磷酸甘油醛脱氢产生的$NADH+H^+$从细胞质中通过穿梭系统进入线粒体经电子传递链传递生成水，同时释放出能量。1分子的葡萄糖通过无氧酵解可净生成2分子三磷酸腺苷（ATP），这一过程全部在胞浆中完成。其反应式如下：

丙酮酸 →（乳酸脱氢酶，$NADH+H^+ \to NAD^+$）→ 乳酸

2. 乙醇发酵（ethanol fermentation）

酵母细胞中存在酵解途径的全部酶系，还能产生丙酮酸脱羧酶和乙醇脱氢酶。丙酮酸脱羧酶以焦磷酸硫胺素（TPP）作为辅酶，催化丙酮酸脱羧，生成乙醛。乙醇脱氢酶则以酵解途径第6步反应生成的NADH为辅酶，催化乙醛还原生成乙醇。两步反应过程如下：

$$\underset{\text{丙酮酸}}{\begin{array}{c}O=C-O^-\\|\\C=O\\|\\CH_3\end{array}} \xrightarrow[\text{丙酮酸脱羧酶}]{-CO_2} \underset{\text{乙醛}}{\begin{array}{c}O=C-H\\|\\CH_3\end{array}} \xrightarrow{\text{乙醇脱氢酶}} \underset{\text{乙醇}}{\begin{array}{c}H\\|\\HO-C-H\\|\\CH_3\end{array}}$$

乙醇发酵是酵母菌在无氧条件下分解葡萄糖获得生物能量的代谢方式，释放的化学能总共为234.3kJ/mol，净生成2mol ATP，能量利用率为28.6%。其余的能量以热能形式散发到发酵醪中，致使发酵醪温度升高，必要时需要采取降温措施。

3. 甘油发酵

正常的乙醇发酵中，要产生少量甘油，原因是酒精发酵之初，细胞内没有足够的乙醛作为受氢体，致使NADH浓度升高，被α-磷酸甘油脱氢酶用于磷酸二羟丙酮的还原反应，生成α-磷酸甘油，而NADH被氧化成NAD^+。α-磷酸甘油则在磷酸酯酶作用下水解，生成甘油。反应式如下：

$$\underset{\text{二羟丙酮}}{\begin{array}{c}CH_2OH\\|\\C=O\\|\\CH_2O\textcircled{P}\end{array}} \xrightarrow[NADH+H^+\quad NAD^+]{\text{α-磷酸甘油脱氢酶}} \underset{\text{α-磷酸甘油}}{\begin{array}{c}CH_2OH\\|\\HCOH\\|\\CH_2O\textcircled{P}\end{array}} \xrightarrow[H_2O]{\text{α-磷酸甘油磷酸酯酶}} \underset{\text{甘油}}{\begin{array}{c}CH_2OH\\|\\HCOH\\|\\CH_2OH\end{array}} + H_3PO_4$$

α-磷酸甘油脱氢酶催化的还原反应，有助于启动酒精发酵。一旦细胞中存在足够的乙醛作为受氢体，NADH优先用于乙醛还原生成乙醇，代谢途径不再向甘油进行。醇脱氢酶对NADH的K_m比α-磷酸甘油脱氢酶的K_m小很多。

酵母菌甘油发酵的基本原理是人工控制发酵条件，将受氢体乙醛去掉，造成发酵液中积累甘油。甘油发酵的方法有两种：

（1）亚硫酸盐法　在酵母酒精发酵时加入亚硫酸氢钠，能与乙醛起加成反应，生成难溶的结晶状加成物：

$$\underset{\text{乙醛}}{\begin{array}{c}CHO\\|\\CH_3\end{array}} + \underset{\text{亚硫酸氢钠}}{NaHSO_3} \longrightarrow \underset{\text{乙醛亚硫酸氢钠加成物}}{\begin{array}{c}OH\\|\\C-OSO_2Na\\|\\CH_3\end{array}}$$

这样就使乙醛不再作为受氢体，迫使NADH用于还原磷酸二羟丙酮生成甘油。用葡萄糖进行甘油发酵的总反应式为：

$$\underset{\text{葡萄糖}}{\begin{array}{c}\text{CHO}\\|\\\text{(CHOH)}_4\\|\\\text{CH}_2\text{OH}\end{array}} + \underset{\text{亚硫酸氢钠}}{\text{Na}_2\text{HSO}_3} \xrightarrow{\text{EMP}} \underset{\text{甘油}}{\begin{array}{c}\text{CH}_2\text{OH}\\|\\\text{CHOH}\\|\\\text{CH}_2\text{OH}\end{array}} + \underset{\text{乙醛加成物}}{\begin{array}{c}\text{CH}_2\text{OH}\\|\\\text{C-OSO}_2\text{Na}\\|\\\text{CH}_3\end{array}} + CO_2$$

反应式中：①1分子葡萄糖理论上只可生成1分子甘油。②甘油发酵时，菌体得不到ATP。因为磷酸二羟丙酮不再进入酵解第三阶段，无ATP生成，只有1分子3-磷酸甘油醛到丙酮酸生成的2分子ATP，正好补偿葡萄糖磷酸化阶段所消耗的2个ATP。可见，用加成反应方法进行甘油发酵时，必须控制亚硫酸的量，适当保留一部分乙醇发酵，使酵母获得一些能量，维持生长和发酵。也可利用足够数量的回收酵母进行非生长性发酵。

（2）碱法甘油发酵　将酵母乙醇发酵的发酵液pH调至碱性（保持pH 7.6以上），2分子乙醛之间会发生歧化反应，1分子被还原生成乙醇，1分子被氧化生成乙酸：

$$2CH_3CHO \xrightarrow{\text{NaOH}} CH_3CH_2OH + CH_3COONa$$

乙醛不再作为受氢体，NADH只好用于还原磷酸二羟丙酮，并生成甘油。自葡萄糖开始，总反应式为：

$$\underset{\text{葡萄糖}}{\begin{array}{c}\text{CHO}\\|\\\text{(CHOH)}_4\\|\\\text{CH}_2\text{OH}\end{array}} + NaOH \longrightarrow \underset{\text{甘油}}{\begin{array}{c}\text{CH}_2\text{OH}\\|\\\text{CHOH}\\|\\\text{CH}_2\text{OH}\end{array}} + \underset{\text{乙醇}}{CH_3CH_2OH} + \underset{\text{乙酸}}{CH_3COOH}$$

总反应式表明，碱法甘油发酵也不能为细胞提供ATP。因此只能用大量酵母在非生长情况下进行甘油发酵。

4. 乳酸菌的同型乳酸发酵

根据产物的不同，乳酸发酵可分为同型乳酸发酵和异型乳酸发酵两种。同型乳酸发酵的特点是发酵1mol葡萄糖产生1.8mol以上的乳酸，还会产生很少量的乙醇、乙酸和CO_2等。同型发酵的乳酸菌类群主要有乳杆菌（*Lactobacillus*）、双球菌（*Diplococcus*）、链球菌（*Streptococcus*）和微杆菌（*Microbacterium*）等，这些兼性微生物，能产生活性很强的乳酸脱氢酶（LDH）。在无氧条件下，可利用酵解反应（6）生成的还原型辅酶NADH，将丙酮酸还原生成乳酸：

$$\begin{array}{c}\text{O=C-O}^-\\|\\\text{C=O}\\|\\\text{CH}_3\end{array} \xrightleftharpoons[\text{乳酸脱氢酶}]{NADH+H^+ \quad NAD^+} \begin{array}{c}\text{O=C-O}^-\\|\\\text{HO-C-H}\\|\\\text{CH}_3\end{array}$$

与酵母菌的乙醇发酵类似，乳酸发酵对微生物本身的生理学意义在于将还原型辅酶及时转化成氧化型NAD^+，维持无氧酵解持续进行。哺乳动物和人体也有乳酸脱氢酶，特别是骨骼肌细胞，缺氧条件下，能酵解葡萄糖生成乳酸，乳酸可经糖异生作用再合成葡萄糖。

葡萄糖经乳酸发酵共释放化学能 196.5kJ/mol，生成 2mol ATP，能量利用率为 34.0%。

5. 梭状芽孢杆菌的丁酸型发酵

梭状芽孢杆菌进行丁酸发酵，此类发酵属严格厌气发酵。此类细菌都能分泌淀粉酶，可直接用淀粉原料发酵。不同梭状芽孢杆菌产生的主要产物不同，但都有丁酸生成。根据发酵生成的主要产物可将梭状芽孢杆菌分为几种类型：①丁酸梭菌，主要产丁酸。②丙酮、丁醇梭菌，主要产丙酮和丁醇。③丁醇梭菌，主要产丁醇和异丁醇。其中，丙酮、丁醇发酵已经工业化。

三类丁酸型发酵共同的代谢变化是葡萄糖经无氧酵解生成丙酮酸。然后在丙酮酸脱氢酶的作用下脱氢、脱羧生成乙酰辅酶 A，反应需要有 CoA-SH、TPP 参加：

$$\text{丙酮酸} \xrightarrow[\text{丙酮酸脱氢酶}]{\text{CoA-SH} \quad \text{NAD}^+ \quad \text{NADH+H}^+} \text{CH}_3-\text{C}(=\text{O})-\text{SCoA} + \text{CO}_2 \text{ (乙酰辅酶A)}$$

三、糖酵解的调节

糖酵解途径中有 3 个不可逆反应：分别由己糖激酶（葡萄糖激酶）、6-磷酸果糖激酶 1 和丙酮酸激酶催化的反应。它们是糖无氧酵解途径的三个调节点，其中 6-磷酸果糖激酶 1 的活性是该途径中的主要调节点。

（一）6-磷酸果糖激酶 1 的别构调节

6-磷酸果糖激酶 1 是糖酵解途径中最重要的一个调节点，它是别构酶，由 4 个亚基组成，有很多激活剂和抑制剂。高浓度 ATP、柠檬酸是此酶的变构抑制剂。ADP、AMP、2,6-二磷酸果糖（fructose-2,6-bisphosphate，F-2,6-BP）是此酶的变构激活剂。2,6-二磷酸果糖尽管和 1,6-二磷酸果糖结构相似，但 F-2,6-BP 不是 6-磷酸果糖激酶 1 的产物，而是 6-磷酸果糖激酶 1 最强烈的激活剂、最重要的调节因素。

6-磷酸果糖激酶 2 是双功能酶，包括 6-磷酸果糖激酶 2 与 2,6-二磷酸果糖酶 2 活性，它们同时存在于一条 $55×10^3$（55ku）的多肽链中。6-磷酸果糖激酶 2 的别构激活剂是底物 F-6-P，在糖供应充足时，F-6-P 激活双功能酶中的 6-磷酸果糖激酶 2 的活性、抑制 2,6-二磷酸果糖酶 2 活性，产生大量 F-2,6-BP。相反，在葡萄糖供应不足的情况下，胰高血糖素刺激产生 cAMP，激活蛋白激酶，使双功能酶磷酸化后，双功能酶中的 6-磷酸果糖激酶 2 活性抑制，而 2,6-二磷酸果糖酶 2 活性激活，减少 F-2,6-BP 产生。由此可见，在高浓度葡萄糖的情况下，2,6-二磷酸果糖浓度提高，可激活 6-磷酸果糖激酶 1，促进糖酵解过程进行。F-2,6-BP 在参与糖代谢调节中起着重要作用。

（二）丙酮酸激酶

丙酮酸激酶是糖酵解过程的第三个调节位点，1,6-二磷酸果糖是此酶的别构激活剂，而 ATP 是该酶的别构抑制剂，ATP 能降低该酶对底物磷酸烯醇式丙酮酸的亲和力；乙酰辅酶 A 及游离长链脂肪酸也是该酶抑制剂，它们都是产生 ATP 的重要物质。

（三） 己糖激酶活性的别构调节

骨骼肌中的己糖激酶的 K_m 相对较小，在血糖达到一定浓度后，活性就能达到最高，它是一种别构酶，其活性受到自身反应产物 6-磷酸葡萄糖的抑制。肝内的葡萄糖激酶的直接调节因素是血糖浓度，由于葡萄糖激酶 K_m 相对较大，在餐后、血糖浓度很高时，过量的葡萄糖运输到肝内，肝内的葡萄糖激酶激活；葡萄糖激酶也是别构酶，活性受到 6-磷酸果糖的抑制，而不受 6-磷酸葡萄糖的抑制，这样可保证肝糖原顺利合成。

四、糖酵解的生物学意义

1. 糖酵解在生物界普遍存在，是机体在缺氧或无氧状态获得能量的有效措施

糖酵解最主要的生理意义在于迅速提供能量，这对肌收缩更为重要。肌内 ATP 含量很低，仅 5~7μmol/g 新鲜组织，只要肌收缩几秒钟即可耗尽。这时即使氧不缺乏，但因葡萄糖进行有氧氧化的反应过程比糖酵解长，来不及满足需要，而通过糖酵解则可迅速得到 ATP。当机体缺氧或剧烈运动肌肉局部血流不足时，能量主要通过糖酵解获得。红细胞没有线粒体，完全依赖糖酵解供应能量。神经细胞、白细胞、骨髓细胞等代谢极为活跃，即使不缺氧也常由糖酵解提供部分能量。糖酵解时 1mol 磷酸丙糖有 2 次底物水平磷酸化，可生成 2mol ATP。因此 1mol 葡萄糖可生成 4mol ATP，在葡萄糖和 6-磷酸果糖磷酸化时共消耗 2mol ATP，故 1mol 葡萄糖无氧酵解净得 2mol ATP。1mol 葡萄糖经糖酵解生成 2mol 乳酸，可释放 196kJ/mol 的能量。标准状态下 ATP 水解为 ADP 和 Pi 时 $\Delta G'_0 = -30.5$ kJ/mol，可储能 61kJ/mol，效率为 31%。

2. 糖酵解是有氧条件下，单糖完全氧化分解成 CO_2 和 H_2O 的必要准备阶段

单糖分子经酵解途径初步降解之后可转入 TCA 循环完全燃烧。有氧酵解的能量转化率与无氧酵解不同。仍以 1mol 葡萄糖完全氧化为例，酵解阶段，有氧条件下，反应所生成的 2mol NADH 假设通过苹果酸穿梭系统进入线粒体内膜呼吸链，经氧化磷酸化作用可生成 6mol ATP（按 P/O=3），加上底物水平磷酸化净得的 2mol ATP，共 8mol ATP，相当于无氧酵解的 4 倍。

3. 糖酵解的一些中间代谢物是脂类、氨基酸等合成的前体

糖酵解途径为其他代谢途径提供中间产物（提供碳骨架），如 6-磷酸葡萄糖是磷酸戊糖途径的底物；磷酸二羟丙酮、α-磷酸甘油合成脂肪，丙酮酸用于合成丙氨酸等。

五、胞浆中 NADH 的再氧化

糖酵解反应发生在胞液中，反应中产生的 NADH 不能直接进入线粒体，必须将氢转移给能穿过线粒体膜的受氢体，通过受氢体的转运而把氢从胞质带入线粒体内，这种作用称为穿梭作用。

目前了解较多的是苹果酸穿梭作用和 3-磷酸甘油穿梭作用。这两种作用使胞质中的 NADH 氧化为 NAD^+，使其浓度恢复到反应前的水平。氧化脱下的氢以穿梭分子的一部分被带到线粒体内，并在呼吸链中氧化生成水且伴有氧化磷酸化反应产生能量物质 ATP（详见第八章）。

第三节 糖的有氧氧化

有氧氧化（aerobic oxidation）是指葡萄糖生成丙酮酸后，在有氧条件下，进一步氧化生成乙酰辅酶A，经三羧酸循环彻底氧化成水、二氧化碳及能量的过程。这是糖氧化的主要方式，是机体获得能量的主要途径。

一、有氧氧化反应过程

有氧氧化可分为两个阶段：第一阶段，胞液反应阶段，糖酵解产物NADH不用于还原丙酮酸生成乳酸，二者进入线粒体氧化。第二阶段，线粒体中的反应阶段。

（一）葡萄糖氧化生成丙酮酸

这一阶段和糖酵解过程相似，在细胞质中进行。在缺氧的条件下丙酮酸生成乳酸。在有氧的条件下丙酮酸进入线粒体生成乙酰辅酶A，再进入三羧酸循环。

（二）丙酮酸氧化脱羧生成乙酰辅酶A

在有氧条件下，丙酮酸从细胞质进入线粒体。在丙酮酸脱氢酶复合体（pyruvate dehydrogenase complex）的催化下进行氧化脱羧反应，该反应的 $\Delta G'_0 = -39.5 \text{kJ/mol}$，反应不可逆。丙酮酸脱氢酶复合体是由三种酶组成的多酶复合体，它包括丙酮酸脱氢酶、二氢硫辛酸乙酰转移酶及二氢硫辛酸脱氢酶。以乙酰转移酶为核心，周围排列着丙酮酸脱氢酶及二氢硫辛酸脱氢酶。参与的辅酶有TPP、硫辛酸、FAD、NAD^+ 和辅酶A。在多酶复合体中进行着紧密相连的连锁反应过程，反应迅速完成，催化效率高，使丙酮酸脱羧和脱氢生成乙酰辅酶A及 $NADH+H^+$，如图9-3所示。

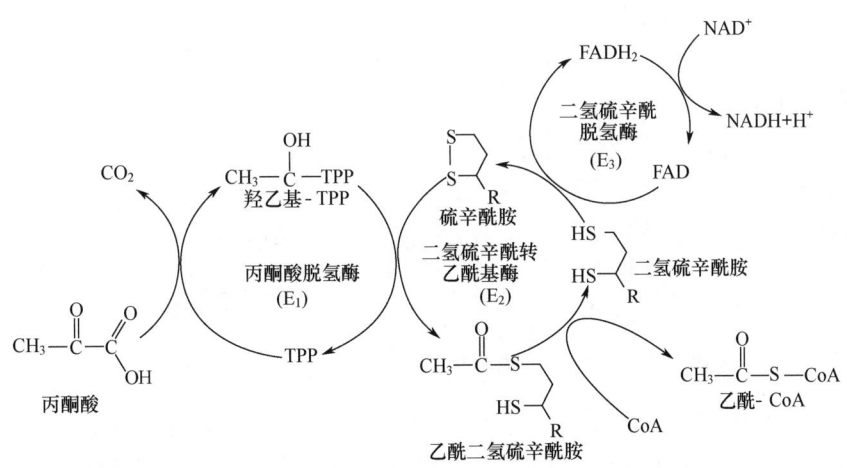

图9-3 丙酮酸脱氢酶复合体

其反应式如下：

$$\text{丙酮酸} \xrightarrow[\text{丙酮酸脱氢酶}]{\text{CoA—SH} \quad \text{NAD}^+ \quad \text{NADH+H}^+} \text{CH}_3\text{—C(=O)—SCoA} + \text{CO}_2 \quad \text{乙酰辅酶A}$$

（三）三羧酸循环

丙酮酸氧化脱羧生成的乙酰辅酶 A 要彻底进行氧化，这个氧化过程是三羧酸循环（tricarboxylic acid cycle，TCA cycle）。

三羧酸循环是一个由一系列酶促反应构成的循环反应系统，在该反应过程中，首先由乙酰辅酶 A 与草酰乙酸缩合生成含有 3 个羧基的柠檬酸，经过 4 次脱氢，2 次脱羧，生成 4 分子还原当量（NADH+H$^+$和 FADH$_2$）和 2 分子 CO$_2$，重新生成草酰乙酸。其中氧化反应脱下的氢经线粒体内膜上经呼吸链传递生成水，氧化磷酸化生成 ATP；而脱羧反应生成的二氧化碳则通过血液运输到呼吸系统而被排出，是体内二氧化碳的主要来源。反应历程如图 9-4 所示。

三羧酸循环是由德国科学家 Hans Krebs 于 1937 年发现的，故又称 Krebs 循环。因为循环中第一个中间产物是柠檬酸，故又称柠檬酸循环（citric acid cycle）。

1. 三羧酸循环过程

乙酰辅酶 A 进入由一连串反应构成的循环体系，被氧化生成 H$_2$O 和 CO$_2$。由于这个循环反应开始于乙酰辅酶 A 与草酰乙酸（oxaloacetic acid）缩合生成的含有三个羧基的柠檬酸，因此称为三羧酸循环或柠檬酸循环。在三羧酸循环中，柠檬酸合成酶催化的反应是关键步骤，草酰乙酸的供应有利于循环顺利进行。其详细过程如下：

（1）乙酰辅酶 A 进入三羧酸循环，与草酰乙酸缩合生成柠檬酸　乙酰辅酶 A 具有硫酯键，乙酰基有足够能量与草酰乙酸的羰基进行醛醇型缩合。首先柠檬酸合酶的组氨酸残基作为碱基与乙酰辅酶 A 作用，使乙酰辅酶 A 的甲基上失去一个 H$^+$，生成的碳阴离子对草酰乙酸的羰基碳进行亲核攻击，生成柠檬酰辅酶 A 中间体，然后高能硫酯键水解放出游离的柠檬酸，使反应不可逆地向右进行。

$$\text{草酰乙酸} + \text{乙酰辅酶A} \xrightarrow[\text{柠檬酸合酶}]{\text{H}_2\text{O} \quad \text{HS—CoA}} \text{柠檬酸}$$

该反应由柠檬酸合酶（citrate synthase）催化，是很强的放能反应。由草酰乙酸和乙酰辅酶 A 合成柠檬酸是三羧酸循环的重要调节点，柠檬酸合酶是一个变构酶，ATP 是柠檬酸合酶的变构抑制剂，此外，α-酮戊二酸能变构抑制其活性，长链脂酰辅酶 A 也可抑制它的活性，AMP 可对抗 ATP 的抑制而起激活作用。

（2）异柠檬酸形成　柠檬酸的叔醇基不易氧化，转变成异柠檬酸而使叔醇变成仲醇，就

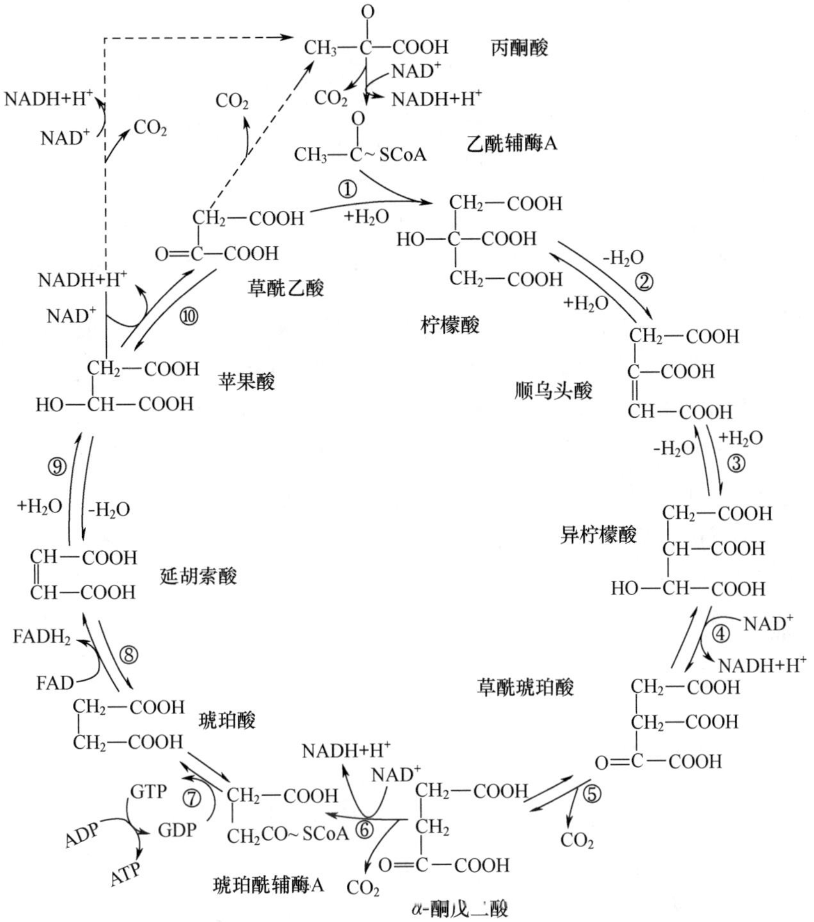

图 9-4　三羧酸循环的反应历程

①柠檬酸合成酶　②、③顺乌头酸酶　④、⑤异柠檬酸脱氢酶　⑥α-酮戊二酸脱氢酶
⑦琥珀酸硫激酶　⑧琥珀酸脱氢酶　⑨延胡索酸酶　⑩苹果酸脱氢酶

易于氧化，此反应由顺乌头酸酶催化，为一可逆反应。其反应过程如下：

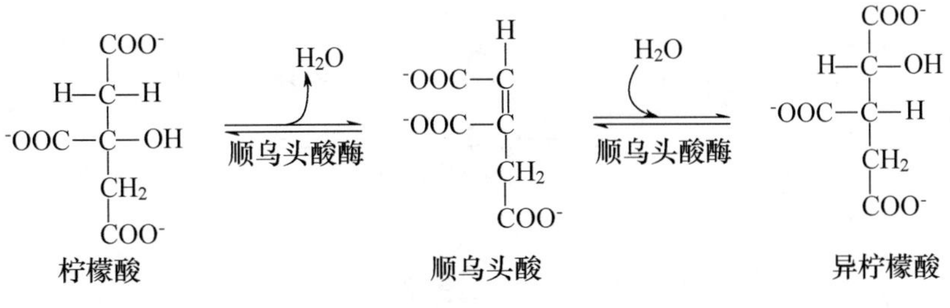

柠檬酸　　　　　　　顺乌头酸　　　　　　异柠檬酸

（3）第一次氧化脱羧　在异柠檬酸脱氢酶作用下，异柠檬酸的仲醇氧化成羰基，生成草酰琥珀酸（oxalosuccinic acid）的中间产物，后者在同一酶表面，快速脱羧生成 α-酮戊二酸（α-ketoglutarate）、NADH 和 CO_2。

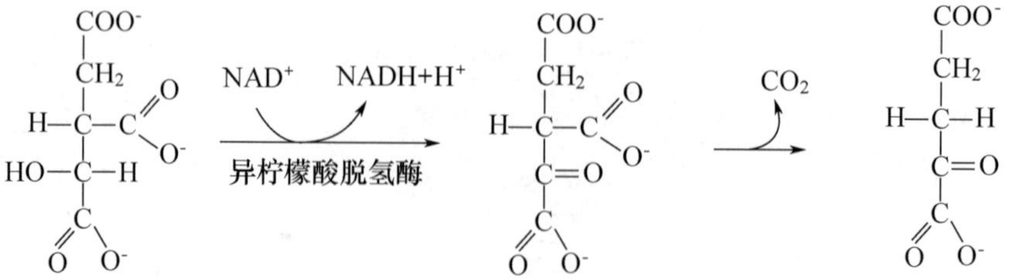

异柠檬酸 → 草酰琥珀酸 → α-酮戊二酸

此反应为 β-氧化脱羧，此酶需要 Mg^{2+} 作为激活剂。此反应是不可逆的，是三羧酸循环中的限速步骤，ADP 是异柠檬酸脱氢酶的激活剂，而 ATP、NADH 是此酶的抑制剂。

(4) 第二次氧化脱羧　在 α-酮戊二酸脱氢酶系作用下，α-酮戊二酸氧化脱羧生成琥珀酰辅酶 A、$NADH+H^+$ 和 CO_2，反应过程完全类似于丙酮酸脱氢酶系催化的氧化脱羧，属于 α-氧化脱羧，氧化产生的能量中一部分储存于琥珀酰辅酶 A 的高能硫酯键中。α-酮戊二酸脱氢酶系也由三个酶（α-酮戊二酸脱羧酶、硫辛酸琥珀酰基转移酶、二氢硫辛酸脱氢酶）和五个辅酶（TPP、硫辛酸、SH-CoA、NAD^+、FAD）组成。此反应也是不可逆的。α-酮戊二酸脱氢酶复合体受 ATP、GTP、NADH 和琥珀酰辅酶 A 抑制，但其不受磷酸化/去磷酸化的调控。其反应式如下：

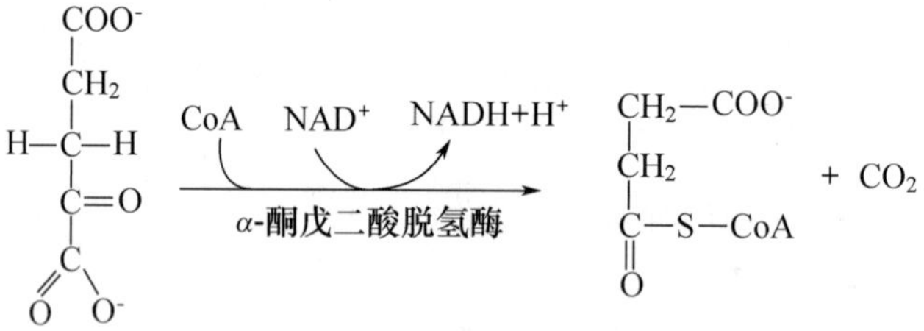

α-酮戊二酸 → 琥珀酰辅酶A

(5) 底物磷酸化生成 ATP　在琥珀酸硫激酶（succinate thiokinase）的作用下，琥珀酰辅酶 A 的硫酯键水解，释放的自由能用于合成 GTP，在细菌和高等生物可直接生成 ATP，在哺乳动物中，先生成 GTP，再生成 ATP，此时，琥珀酰辅酶 A 生成琥珀酸和辅酶 A。反应式如下：

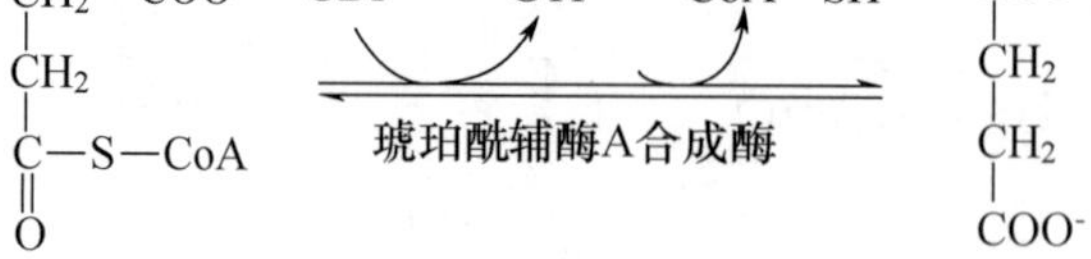

琥珀酰辅酶A → 琥珀酸

(6) 琥珀酸脱氢　琥珀酸脱氢酶（succinate dehydrogenase）催化琥珀酸氧化成为延胡索酸。其反应式如下：

$$\text{琥珀酸} \xrightarrow[\text{琥珀酸脱氢酶}]{FAD \quad FADH_2} \text{延胡索酸}$$

该酶结合在线粒体内膜上,而其他三羧酸循环的酶都是存在线粒体基质中的,这酶含有铁硫中心和共价结合的 FAD,来自琥珀酸的电子通过 FAD 和铁硫中心,然后进入电子传递链到 O_2,丙二酸是琥珀酸的类似物,是琥珀酸脱氢酶强有力的竞争性抑制物,所以可以阻断三羧酸循环。

(7) 延胡索酸的水化 延胡索酸酶仅对延胡索酸的反式双键起作用,而对顺丁烯二酸(马来酸)无催化作用,因而具有高度立体特异性。其反应式如下:

$$\text{延胡索酸} \xrightarrow[\text{延胡索酸酶}]{H_2O} \text{L-苹果酸}$$

(8) 草酰乙酸再生 在苹果酸脱氢酶(malicdehy drogenase)作用下,苹果酸仲醇基脱氢氧化成羰基,生成草酰乙酸(oxaloacetate),NAD^+ 是脱氢酶的辅酶,接受氢成为 $NADH+H^+$。其反应式如下:

$$\text{L-苹果酸} \xrightarrow[\text{苹果酸脱氢酶}]{NAD^+ \quad NADH+H^+} \text{草酰乙酸}$$

在此循环中,最初草酰乙酸因参加反应而消耗,但经过循环又重新生成。所以每循环一次,1 个乙酰基通过两次脱羧而被消耗。循环中有机酸脱羧产生的二氧化碳,是机体中二氧化碳的主要来源。在三羧酸循环中,共有 4 次脱氢反应,脱下的氢原子以 $NADH+H^+$ 和 $FADH_2$ 的形式进入呼吸链,最后传递给氧生成水,在此过程中释放的能量可以合成 ATP。

乙酰辅酶 A 不仅来自糖的分解,也可由脂肪酸和氨基酸的分解代谢中产生,都进入三羧酸循环彻底氧化。并且,凡是能转变成三羧酸循环中任何一种中间代谢物的物质都能通过三羧酸循环而被氧化。所以三羧酸循环实际是糖、脂、蛋白质等有机物在生物体内末端氧化的共同途径。三羧酸循环既是分解代谢途径,但又为一些物质的生物合成提供了前体分子。如草酰乙酸是合成天冬氨酸的前体,α-酮戊二酸是合成谷氨酸的前体。一些氨基酸还可通过此途径转化成糖。

2. 三羧酸循环总结

(1) 三羧酸循环的总反应式

$$\text{乙酰-CoA} + 3NAD^+ + FAD + GDP + Pi \rightarrow 2CO_2 + 3NADH + FADH_2 + GTP + 2H^+ + CoA\text{-SH}$$

反应式表明柠檬酸循环是二碳单位的分解途径,并伴随有还原辅酶和 ATP 的生成,是一条氧化供能途径。

(2) 三羧酸循环特征

①CO_2 的生成：循环中有两次脱羧基反应（反应 3 和反应 4），两次都同时有脱氢作用，但作用的机制不同，由异柠檬酸脱氢酶所催化的 β-氧化脱羧，辅酶是 NAD^+，它们先使底物脱氢生成草酰琥珀酸，然后在 Mn^{2+} 或 Mg^{2+} 的协同下，脱去羧基，生成 α-酮戊二酸。α-酮戊二酸脱氢酶系所催化的 α-氧化脱羧反应和前述丙酮酸脱氢酶系所催化的反应基本相同。通过脱羧作用生成 CO_2，是机体内产生 CO_2 的普遍规律，由此可见，机体 CO_2 的生成与体外燃烧生成 CO_2 的过程截然不同。

②三羧酸循环的四次脱氢，其中三对氢原子以 NAD^+ 为受氢体，一对以 FAD 为受氢体，分别还原生成 $NADH+H^+$ 和 $FADH_2$。它们又经线粒体内递氢体系传递，最终与氧结合生成水，在此过程中释放出来的能量使 ADP 和 Pi 结合生成 ATP，凡 $NADH+H^+$ 参与的递氢体系，每 2H 氧化成一分子 H_2O，生成 3 分子 ATP，而 $FADH_2$ 参与的递氢体系则生成 2 分子 ATP，再加上三羧酸循环中有一次底物磷酸化产生 1 分子 ATP，那么，一分子柠檬酸参与三羧酸循环，直至循环结束共生成 12 分子 ATP。

③乙酰辅酶 A 中乙酰基的碳原子：乙酰辅酶 A 进入循环，与四碳的受体分子草酰乙酸缩合，生成六碳的柠檬酸，在三羧酸循环中有两次脱羧生成 2 分子 CO_2，与进入循环的二碳乙酰基的碳原子数相等，但是，第一轮循环中，以 CO_2 方式失去的碳并非来自乙酰基的两个碳原子，而是来自草酰乙酸。

④三羧酸循环的中间产物，从理论上讲，可以循环不消耗，但是由于循环中的某些组成成分还可参与合成其他物质，而其他物质也可不断通过多种途径而生成中间产物，所以说三羧酸循环组成成分处于不断更新之中。例如草酰乙酸→天门冬氨酸；α-酮戊二酸→谷氨酸；草酰乙酸→丙酮酸→丙氨酸。

(3) 能量计算 在有氧条件下，1 分子葡萄糖经酵解和柠檬酸循环以及氧化磷酸化，总共可产生 38 分子或 36 分子 ATP，其中 24 分子 ATP 来自柠檬酸循环和氧化磷酸化（表 9-4）。

表 9-4　　葡萄糖有氧氧化时 ATP 的生成

反应过程	生成 ATP 数
葡萄糖——→葡萄糖-6-磷酸	-1
果糖-6-磷酸——→果糖 1, 6-二磷酸	-1
甘油-3-磷酸——→1, 3-二磷酸甘油酸	2×3 或 2×2（NADH 通过磷酸甘油穿梭）
1, 3-二磷酸甘油酸——→3-磷酸甘油酸	2×1
磷酸烯醇式丙酮酸——→烯醇式丙酮酸	2×1
丙酮酸——→乙酰辅酶 A	2×3
异柠檬酸——→α-酮戊二酸	2×3
α-酮戊二酸——→琥珀酰辅酶 A	2×3
琥珀酰辅酶 A ——→琥珀酸	2×1
琥珀酸——→延胡索酸	2×2
苹果酸——→草酰乙酸	2×3
总计	36 或 38

二、三羧酸循环生理意义

1. 三羧酸循环是生物机体获取能量的主要方式

糖有氧氧化的主要功能是提供能量，人体内绝大多数组织细胞通过糖的有氧氧化获取能量。糖的有氧氧化中，1分子葡萄糖通过电子传递水平氧化磷酸化反应得到34（或32）分子ATP，通过底物水平磷酸化生成6分子ATP。在肝、肾、心等组织中1分子葡萄糖彻底氧化可生成38分子ATP，而骨骼肌及脑组织中只能生成36分子ATP，这一差别是由于葡萄糖到丙酮酸这阶段的反应是在细胞质中进行，3-磷酸甘油醛脱氢酶的辅酶$NADH+H^+$又必须在线粒体内进行氧化磷酸化，因此$NADH+H^+$要通过穿梭系统进入线粒体，由于穿梭系统的不同，最后获得ATP数目也不同。从糖原的葡萄糖残基开始氧化，则每分子糖基氧化可形成39（或37）分子ATP。

2. 三羧酸循环是糖、脂肪和蛋白质三种主要有机物在体内彻底氧化的共同代谢途径

三羧酸循环的起始物乙酰辅酶A，不但是糖氧化分解产物，它也可来自脂肪的甘油、脂肪酸和来自蛋白质的某些氨基酸代谢，因此三羧酸循环实际上是三种主要有机物在体内氧化供能的共同通路（图9-5），估计人体内2/3的有机物是通过三羧酸循环被分解的。

3. 三羧酸循环是体内三种主要有机物互变的联络机构

因糖和甘油在体内代谢可生成α-酮戊二酸及草酰乙酸等三羧酸循环的中间产物，这些中间产物可以转变成为某些氨基酸；而有些氨基酸又可通过不同途径变成α-酮戊二酸和草酰乙酸，再经糖异生的途径生成糖或转变成甘油，因此三羧酸循环不仅是三种主要的有机物分解代谢的最终共同途径，而且也是它们互变的联络机构（参阅第十六章第一节的内容）。

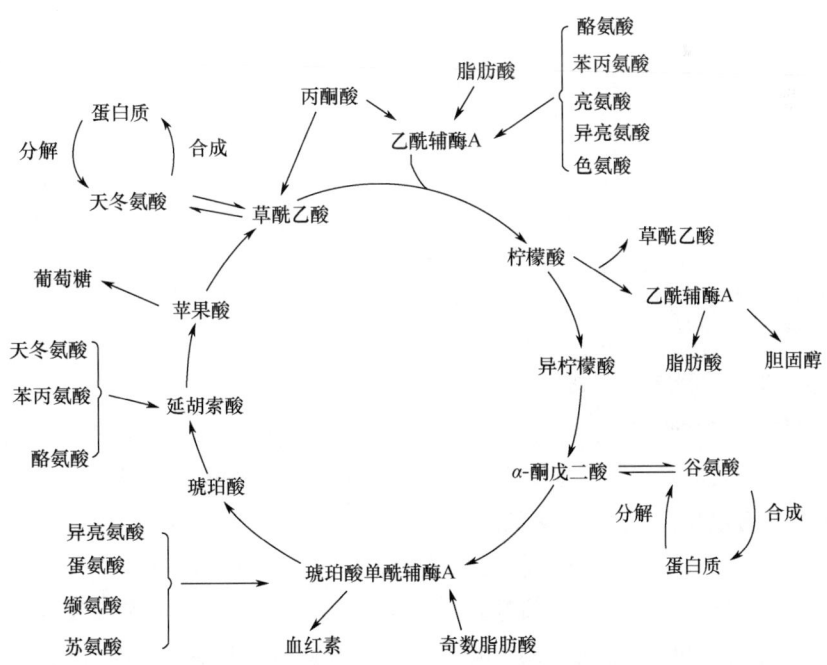

图9-5 三羧酸循环是糖、脂肪和蛋白质在体内彻底氧化的共同代谢途径

三、糖有氧氧化的调节

糖有氧氧化分为两个阶段，葡萄糖生成丙酮酸过程的调节和糖酵解中一样，这里主要讨论丙酮酸脱氢酶复合体和三羧酸循环的调节。

（一）丙酮酸脱氢酶复合体的调节

丙酮酸脱氢酶复合体有别构调节和共价调节两种。别构调节的抑制剂有 ATP、乙酰辅酶 A（CoA）、NADH、脂肪酸等。激活剂是 ADP、CoA、NAD$^+$ 和 Ca^{2+} 等。当［ATP］/［ADP］、［NADH］/［NAD$^+$］和［乙酰 CoA］/［CoA］很高时，提示能量足够，丙酮酸脱氢酶复合体被别构后活性受抑制。

丙酮酸脱氢酶复合体还存在共价修饰调节机制：组成成分之一的丙酮酸脱氢酶中的丝氨酸残基可被特定的磷酸激酶磷酸化而使丙酮酸脱氢酶失活；相应的磷酸酶可使磷酸化的丙酮酸脱氢酶去磷酸化而恢复其活性。这个特定的磷酸激酶又受到 ATP 的别构激活：当 ATP 浓度高时，特定的磷酸激酶别构激活，使丙酮酸脱氢酶被磷酸化抑制其活性，如图 9-6 所示。

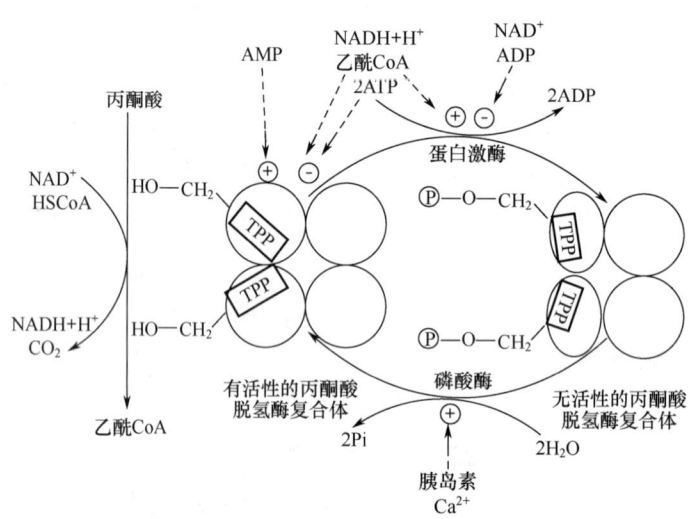

图 9-6　丙酮酸脱氢酶复合体

（二）三羧酸循环的调节

三羧酸循环的三个调节点：柠檬酸合酶、异柠檬酸脱氢酶、α-酮戊二酸脱氢酶复合体这三个限速酶，最重要的调节点是异柠檬酸脱氢酶，其次是 α-酮戊二酸脱氢酶复合体；对三羧酸循环中柠檬酸合成酶、异柠檬酸脱氢酶和 α-酮戊二酸脱氢酶的调节，主要通过产物的反馈抑制来实现的，而三羧酸循环是机体产能的主要方式。因此 ATP/ADP 与 NADH/NAD$^+$ 两者的比值是其主要调节物。ATP/ADP 比值升高，抑制柠檬酸合成酶和异柠檬酸脱氢酶活性，反之 ATP/ADP 比值下降可激活上述两个酶。NADH/NAD$^+$ 比值升高抑制柠檬酸合成酶和 α-酮戊二酸脱氢酶活性，除上述 ATP/ADP 与 NADH/NAD$^+$ 之外其他一些代谢产物对酶的活性也有影响，如柠檬酸抑制柠檬酸合成酶活性，而琥珀酰辅酶 A 抑制 α-酮戊二酸脱氢酶活性。总之，组织中代谢产物决定循环反应的速度，以便调节机体 ATP 和 NADH 浓度，保证机体能量供给，如图 9-7 所示。

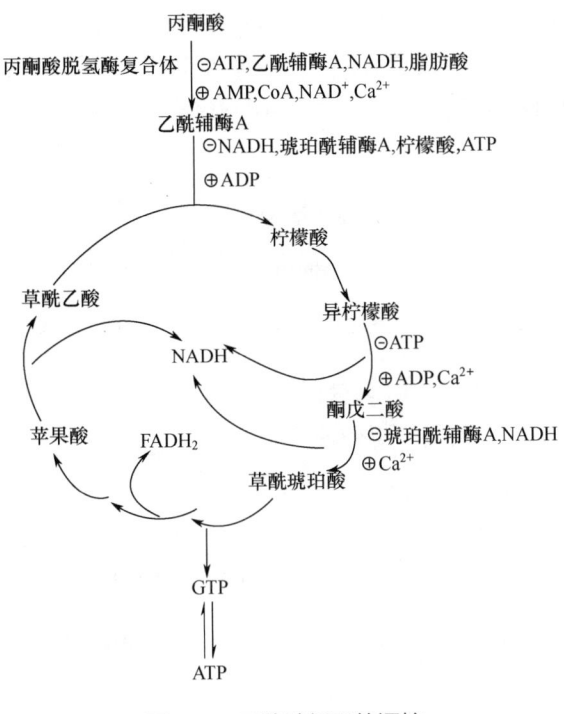

图 9-7　三羧酸循环的调控

四、糖有氧氧化与糖酵解的相互调节

巴斯德效应（Pastuer effect）是指：在有氧的条件下糖有氧氧化抑制糖无氧酵解。这个效应是 Pastuer 在研究酵母菌葡萄糖发酵时发现的，在无氧的条件下，糖无氧酵解产生 ATP 的速度和数量远远大于有氧氧化，为产生 ATP 的主要方式。但在有氧的条件下，酵母菌的酵解作用受到抑制。这种现象同样出现在肌肉中：肌肉组织供氧充分的情况下，有氧氧化抑制糖无氧酵解，产生大量能量供肌肉组织活动所需。缺氧时，则以糖无氧酵解为主。

在一些代谢旺盛的正常组织和肿瘤细胞中，即使在有氧的条件下，仍然以糖无氧酵解为产生 ATP 的主要方式，这种现象称为 Cratree 效应或反巴斯德效应。在具有 Cratree 效应的组织细胞中，其糖无氧酵解酶系（己糖激酶、6 磷酸果糖激酶 1、丙酮酸激酶）活性较强，而线粒体中产生 ATP 的酶系活性较低，氧化磷酸化减弱，以糖无氧酵解酶系产生能量为主。

五、柠檬酸循环中间物回补途径

当柠檬酸循环中间物用于其他物质合成时，其中间物浓度就会降低，导致途径的整体水平降低，影响循环正常运行，使能量产生和中间物的供应都受阻。生物体通过中间物的回补反应（anaplerotic reaction），对中间物进行补充，特别是对草酰乙酸的补充，保障了柠檬酸循环的畅通和中间物水平的相对恒定。

（一） 丙酮酸羧化支路

丙酮酸羧化支路是 TCA 循环的一条附属线路，能为 TCA 供应草酰乙酸或苹果酸。最具普遍意义的有丙酮酸羧化酶和苹果酸酶。

（1）丙酮酸羧化酶是寡聚酶，有 4 个亚基，各需一分子生物素和一个二价金属离子（Mg^{2+}外）作辅基，乙酰 CoA 是其变构激活剂，反应需要 ATP 供能。丙酮酸羧化酶是重要调节酶，它的活性直接控制着草酰乙酸的浓度，并最终影响柠檬酸循环途径的速度。其反应式如下：

$$\underset{\text{丙酮酸}}{\begin{matrix}COO^-\\|\\C=O\\|\\CH_3\end{matrix}} + CO_2 + ATP + H_2O \xrightleftharpoons[\text{丙酮酸羧化酶}]{\text{生物素},Mg^{2+}} \underset{\text{草酰乙酸}}{\begin{matrix}O=C-COO^-\\|\\CH_2-COO^-\end{matrix}} + ADP + Pi$$

（2）磷酸烯醇式丙酮酸羧激酶催化磷酸烯醇式丙酮酸羧化成草酰乙酸（心脏、骨骼肌）是草酰乙酸回补的又一个重要途径。其反应式如下：

$$\underset{\text{磷酸烯醇式丙酮酸}}{\begin{matrix}COO^-\\|\\C-OP_3^{2-}\\\|\\CH_2\end{matrix}} + CO_2 + GDP \xrightleftharpoons[\text{磷酸烯醇式丙酮酸羧激酶}]{Mn^{2+}} \underset{\text{草酰乙酸}}{\begin{matrix}O=C-COO^-\\|\\CH_2-COO^-\end{matrix}} + GTP$$

（3）苹果酸酶催化丙酮酸羧化生成苹果酸，该反应广泛存在于真核生物和原核生物。反应不需要 ATP，但需要 $NADPH+H^+$。其反应式如下：

$$\underset{\text{丙酮酸}}{\begin{matrix}COO^-\\|\\C=O\\|\\CH_3\end{matrix}} + CO_2 + NADPH + H^+ \xrightleftharpoons{\text{苹果酸酶}} \underset{\text{苹果酸}}{\begin{matrix}H\\|\\HO-C-COO^-\\|\\CH_2-COO^-\end{matrix}} + NADP^+$$

（二） 乙醛酸循环支路（glyoxylate cycle）

1. 乙醛酸循环反应历程

乙醛酸循环支路是三羧酸循环的支路，存在于高等植物及微生物体内。乙醛酸循环的五种酶中，尽管有三种酶与柠檬酸循环相同，但两条途径有本质的差别。柠檬酸循环为二碳单位的分解途径，而乙醛酸循环为四碳单位的合成途径。

乙醛酸循环途径共有五步反应（图9-8），其中三步与柠檬酸循环途径相同，即苹果酸脱氢酶、柠檬酸合酶和顺乌头酸酶催化的反应。当生成异柠檬酸后没有转变成 α-酮戊二酸，而是在异柠檬酸裂解酶的催化下裂解为琥珀酸和乙醛酸。琥珀酸进入糖异生途径，乙醛酸与另一分子乙酰 CoA 缩合为苹果酸后，在苹果酸脱氢酶作用下生成草酰乙酸。再进行下一轮循环。这样，循环一次，2 分子乙酰 CoA 进入途径，以 1 分子琥珀酸的形式释放出来，途径本身没有净碳得失。其反应式如下：

$$2 \text{乙酰 CoA} + NAD^+ + 2 H_2O \rightarrow \text{琥珀酸} + 2CoASH + NADH + H^+$$

动物体内没有乙醛酸循环存在。植物种子发芽时，乙醛酸循环进行得十分活跃。可以将种子中储存的脂肪降解，生成的脂肪酸转变成葡萄糖。在植物细胞中，异柠檬酸酶和苹果酸合成酶分布在胞浆细胞器乙醛酸体中。

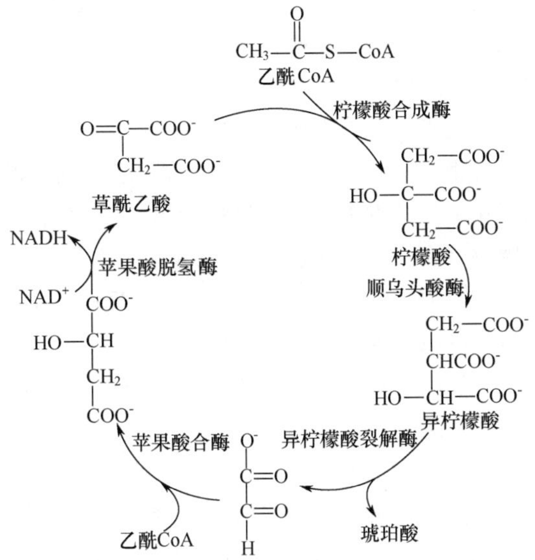

图 9-8　乙醛酸循环

2. 乙醛酸循环的意义

乙醛酸循环对植物和有些微生物特别重要：①借此附属路线可以利用脂肪酸或乙酸作为唯一能源获得生物能量。在微生物中，通过乙醛酸循环将乙酸转变成琥珀酸，进入糖异生途径生成葡萄糖，为它们的生长提供碳源和能源，在植物中特别是油料种子萌发过程中在其具备光合作用能力之前，种子中的脂肪酸分解产生大量的乙酰 CoA，乙醛酸循环转变它们为四碳化合物和葡萄糖，然后运送到根和茎中，供生长需要。②利用脂肪酸或乙酸作为唯一碳源合成糖类化合物和氨基酸、蛋白质，维持正常生长。没有乙醛酸循环，则脂肪酸分解生成乙酰 CoA，进入 TCA 则完全分解，不能合成糖类。脊椎动物没有乙醛酸循环特有的酶：异柠檬酸裂解酶和苹果酸合成酶，因此，它们不能将脂肪酸转变为葡萄糖。

（三）其他的回补途径

除上述回补途径之外，某些能生成 TCA 中间产物的代谢反应都可为 TCA 循环回补新的成员。例如 L-ASP、L-GLu 以及它们的酰胺，脱氨后的碳架草酰乙酸（或反丁烯二酸）和 α-酮戊二酸均可进入 TCA 循环。

六、发酵生产柠檬酸的生化机理

1. 自然发酵与代谢调节发酵

在无氧条件下，有关的兼性微生物具有适应环境条件利用无氧酵解途径取得能量，维持生长的代谢特性。但是，因为环境条件不好，燃料利用率并不高，大部分不可避免地成为燃烧不完全的终端产物，如酒精、乳酸等。像这类利用微生物在特定条件下的固有代谢规律，自然积累某种产品的发酵，称为自然发酵。许多自然发酵产品都是微生物自身不能再利用的代谢产物，容易积累。所以，在人们对代谢途径完全没有认识的情况下已能进行生产了。

柠檬酸发酵是在发酵技术和原理上都与自然发酵不同的一种新型发酵。尽管早在1923年已能通过培养微生物生产，但产率很低。直到对微生物糖代谢途径及其调节机理都十分清楚之后，才能有针对性地采取措施，改变微生物的固有代谢平衡，大幅度地提高柠檬酸的产率，这种在代谢途径调节控制理论指导下建立的发酵技术称为代谢调节发酵。

2. 积累代谢途径中间产物的基本条件

细胞的正常代谢途径都遵循细胞经济学原理并受调控系统的精确调控，中间产物一般不会超常积累。因此，若想在发酵生产上利用已知的微生物的代谢途径积累某种中间产物作为发酵产品，或将其进一步代谢转化成其他发酵产品，仅选育出有关代谢途径旺盛的菌种是不够的。在这样的前提下，还必须解决好两个基本问题：

①设法阻断代谢途径，使所要求的中间产物不能进一步反应，实现积累。常用的方法主要有酶活抑制的方法或菌种诱变造成营养缺陷型。

②代谢途径被阻断部位之后的产物，必须有适当的补充机制，满足代谢活动的最低需求，维持细胞生长，才能维持发酵持续进行。

3. 利用 EMP-TCA 途径积累柠檬酸的措施

柠檬酸是 TCA 循环的中间产物，正常运转的 TCA 循环不会大量积累。要想利用微生物的 EMP-TCA 途径积累柠檬酸，关键技术之一是阻断顺乌头酸酶催化的反应。方法之一是针对顺乌头酸酶的酶学性质使用抑制剂。该酶是个含铁的非血红素蛋白，有铁硫中心（Fe_4S_4）作为辅基，催化底物脱水、加水反应。因此，在菌体生长繁殖到足够菌数的时候，适量加入亚铁氰化钾（黄血盐），使与铁硫中心的 Fe^{2+} 生成络合物，则顺乌头酸酶失活或活力大大降低，从而实现柠檬酸积累。方法之二是通过诱变造成生产菌种顺乌头酸酶缺损或活力很低，同样可以积累柠檬酸。

草酰乙酸是合成柠檬酸的前体之一，顺乌头酸酶的催化反应被阻断之后，草酰乙酸就不能由 TCA 循环本身产生了。即便 $CH_3CO\sim SCoA$ 能源源不断地生成，也无法合成柠檬酸。因此，解决草酰乙酸的来源是积累柠檬酸的关键之二。向培养基中加入草酰乙酸虽然可行，但经济上不允许。实用的办法是选育回补途径旺盛的菌种。目前柠檬酸发酵生产菌种都是黑曲霉，具有很强的丙酮酸羧化支路，可以利用丙酮酸固定 CO_2，生成草酰乙酸。

第四节 磷酸戊糖途径

磷酸戊糖途径（pentose phosphate pathway）是葡萄糖氧化分解的另一条重要途径，它的功能不是产生 ATP，而是产生细胞所需的具有重要生理作用的特殊物质，如 NADPH 和 5-磷酸核糖。这条途径存在于肝脏、脂肪组织、甲状腺、肾上腺皮质、性腺、红细胞等组织中。代谢相关的酶存在于细胞质中。

戊糖磷酸途径由一个循环式的反应体系构成。该反应体系的起始物为葡萄糖-6-磷酸，经过氧化分解后产生五碳糖、CO_2、无机磷酸和 NADPH 即还原型烟酰胺嘌呤二核苷酸磷酸（reduced nicotinamide adenine dinucleotide phosphate，又称还原型辅酶Ⅱ）。NADPH 结构式如下：

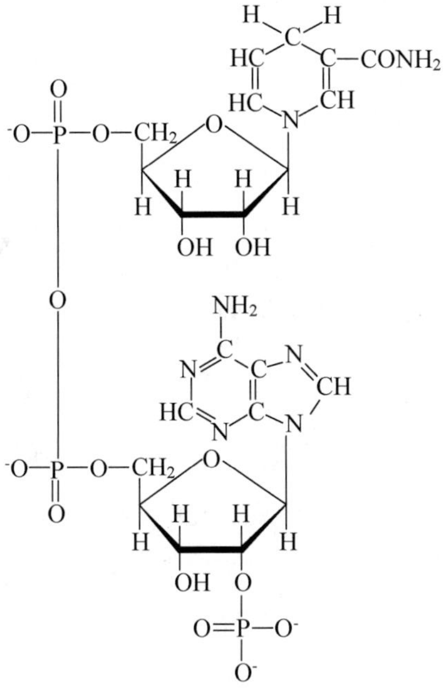

还原型NADPH的结构式

戊糖磷酸途径的核心反应可作如下概括：

葡萄糖-6-磷酸+2NADP$^+$+H$_2$O → 核糖-5-磷酸+2NADPH+2H$^+$+CO$_2$

一、磷酸戊糖途径反应过程

磷酸戊糖途径的反应过程可分为两个阶段：第一阶段是氧化反应，产生 NADPH 及 5-磷酸核酮糖；第二阶段是非氧化反应，是一系列基团的转移过程。

1. 氧化反应——产生还原型 NADPH

这个阶段包括六碳糖氧化脱羧形成五碳糖（核酮糖，ribulose）并使 NADP$^+$ 还原形成还原型 NADPH。氧化阶段共包括三步反应：

（1）葡萄糖-6-磷酸在葡萄糖-6-磷酸脱氢酶的作用下形成 6-磷酸葡萄糖酸-δ-内酯（6-phosphoglucose-δ-lactone）。该反应是分子内第 1 碳（C$_1$）的羧基和第 5 碳（C$_5$）的羟基之间发生酯化作用。酶的催化过程需要辅酶 NADP$^+$ 参加反应。其反应式如下：

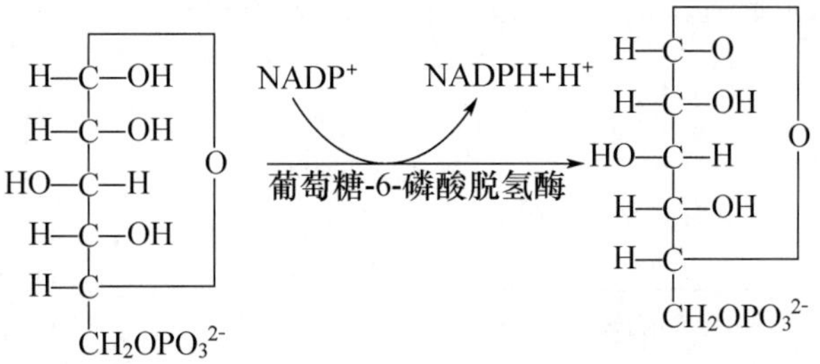

葡萄糖-6-磷酸 → 6-磷酸葡萄糖酸-δ-内酯

葡萄糖-6-磷酸脱氢酶高度严格地以 $NADP^+$ 为电子受体。以 NAD^+ 为辅酶测得的 K_m 值相当于以 $NADP^+$ 为辅酶的千倍。

（2）6-磷酸葡萄糖酸-δ-内酯在专一内酯酶（lactonase）作用下水解，形成6-磷酸葡萄糖酸（6-phosphogluconate）。反应式如下：

6-磷酸葡萄糖酸-δ-内酯 → 6-磷酸葡萄糖酸内酯酶（H_2O, Mg^{2+}, H^+）→ 6-磷酸葡萄糖酸

（3）6-磷酸葡萄糖酸在6-磷酸葡萄糖酸脱氢酶（6-phosphogluconate dehydrogenase）作用下，氧化脱羧形成核酮糖-5-磷酸（ribulose-5-phosphate，Ru5P），电子受体仍是 $NADP^+$。其反应式如下：

6-磷酸葡萄糖酸 → 6-磷酸葡萄糖酸脱氢酶（$NADP^+$ → $NADPH + H^+ + CO_2$）→ D-核酮糖-5-磷酸

6-磷酸葡萄糖酸脱氢酶也是专一地以 $NADP^+$ 为电子受体，催化的反应包括脱氢和脱羧步骤。

2. 非氧化反应阶段

全部戊糖磷酸途径除上述的三步反应外，都是非氧化反应。包括核酮糖-5-磷酸通过形成烯二醇中间步骤，异构化为核糖-5-磷酸。核酮糖-5-磷酸还通过差向异构形成木酮糖-5-磷酸，再通过转酮基反应和转醛基反应，将戊糖磷酸途径与糖酵解途径联系起来，并使葡萄糖-6-磷酸再生。

（1）核酮糖-5-磷酸异构化为核糖-5-磷酸　核酮糖-5-磷酸在异构酶（ribulose-5-phosphate isomerase）作用下，通过形成烯二醇中间产物，异构化为核糖-5-磷酸（ribose 5-phosphate）。其反应式如下：

D-核酮糖-5-磷酸 →（H^+，核酮糖-5-磷酸异构酶）→ 烯二醇中间产物 →（H^+）→ D-核糖-5-磷酸

此反应和糖酵解过程中葡萄糖-6-磷酸转变为果糖-6-磷酸的反应以及二羟丙酮磷酸异构化为甘油醛-3-磷酸的反应都属于酮-醛异构化反应。它们都通过烯二醇中间产物步骤。

葡萄糖-6-磷酸通过三步氧化反应和一步异构化反应形成两分子 NADPH 和一分子核糖-5-磷酸。

（2）核酮糖-5-磷酸转变成木酮糖-5-磷酸 核酮糖-5-磷酸在其差向异构酶（ribulose-5-phosphate epimerase）作用下转变成核酮糖-5-磷酸的差向异构体（epimer）木酮糖-5-磷酸（xylulose-5-phosphate）。其反应式如下：

$$\text{核酮糖-5-磷酸} \xrightleftharpoons[]{\text{核酮糖-5-磷酸差向异构酶}} \text{木酮糖-5-磷酸}$$

（3）木酮糖-5-磷酸与核糖-5-磷酸作用，形成景天庚酮糖-7-磷酸和甘油醛-3-磷酸 木酮糖不仅具有转酮酶所要求的结构，还将戊糖磷酸途径与糖酵解途径联成一体。木酮糖经转酮酶的作用，将两碳单位（two-carb unit）转移到核糖-5-磷酸上，结果木酮糖转变为甘油醛-3-磷酸，同时形成另外一个七碳产物，即景天庚酮糖-7-磷酸（sedoheptulose-7-phosphate）。其反应式如下：

$$\text{木酮糖-5-磷酸} + \text{核糖-5-磷酸} \xrightleftharpoons[]{\text{转酮酶-TPP}} \text{甘油醛-3-磷酸} + \text{景天庚酮糖-7-磷酸}$$

（4）景天庚酮糖-7-磷酸与甘油醛-3-磷酸之间发生转醛基反应，形成果糖-6-磷酸和赤藓糖-4-磷酸（erythrose-4-phosphate） 在转醛酶（transaldolase）的催化下，将景天庚酮糖-7-磷酸的3个碳单位转移给甘油醛-3-磷酸，形成果糖-6-磷酸，剩余的4个碳则转变为赤藓糖-4-磷酸。其反应式如下：

$$\text{甘油醛-3-磷酸} + \text{景天庚酮糖-7-磷酸} \xrightleftharpoons[]{\text{转醛酶}} \text{赤藓糖-4-磷酸} + \text{果糖-6-磷酸}$$

(5) 木酮糖-5-磷酸和赤藓糖-4-磷酸作用形成甘油醛-3-磷酸和果糖-6-磷酸 这是戊糖磷酸途径第 2 次转酮基反应。木酮糖-5-磷酸和赤藓糖-4-磷酸之间发生转酮基作用,生成糖酵解途径的两个中间产物:甘油醛-3-磷酸和果糖-6-磷酸。

$$\text{木酮糖-5-磷酸} + \text{赤藓糖-4-磷酸} \xrightleftharpoons{\text{转酮酶-TPP}} \text{甘油醛-3-磷酸} + \text{果糖-6-磷酸}$$

由上述反应可看出,在转酮酶和转醛酶的作用下,戊糖磷酸途径和糖酵解途径之间的沟通主要是通过下列的碳原子的转换过程:

$$C_5 + C_5 \xrightleftharpoons{\text{转酮酶}} C_3 + C_7$$

$$C_3 + C_7 \xrightleftharpoons{\text{转醛酶}} C_4 + C_6$$

$$C_5 + C_4 \xrightleftharpoons{\text{转酮酶}} C_3 + C_6$$

这些反应的结果由 3 分子五碳糖可产生 2 分子六碳糖和 1 分子三碳糖。这里提供 2 碳和 3 碳单位的糖永远是酮糖,接受此单位的则永远是醛糖。

果糖-6-磷酸可在磷酸葡萄糖异构酶催化下转变为葡萄糖-6-磷酸。如果 6 个葡萄糖-6-磷酸分子通过戊糖磷酸途径后,每个葡萄糖-6-磷酸分子氧化脱羧失掉一个 CO_2,最后生成了 5 个葡萄糖-6-磷酸分子。全部反应可用下式表示:

$$6\text{ 葡萄糖-6-磷酸} + 7H_2O + 12NADP^+ \rightarrow 6CO_2 + 5\text{ 葡萄糖-6-磷酸} + 12NADPH + 12H^+ + Pi$$

由上式可看出通过戊糖磷酸途径使一个葡萄糖-6-磷酸分子全部氧化为 6 分子 CO_2 并产生 12 个具有强还原力的分子,即 12 个 NADPH。但此反应不可能由 1 个葡萄糖-6-磷酸分子来完成,而是由 6 个葡萄糖-6-磷酸分子共同作用才能完成全部过程。

戊糖代谢的非氧化阶段,全部反应都是可逆的。这保证了细胞能以极大的灵活性满足自己对糖代谢中间产物以及大量还原力的需求。戊糖磷酸途径的总览以 6 个葡萄糖-6-磷酸分子为例,如图 9-9 所示。

二、戊糖磷酸途径反应速率的调控

(1) 戊糖磷酸途径氧化阶段的第一步反应,即葡萄糖-6-磷酸脱氢酶催化的葡萄糖-6-磷酸的脱氢反应,实质上是不可逆的。在生理条件下属于限速反应(rate-limiting reaction),是一个重要的调控点。

(2) 最重要的调控因子是 $NADP^+$ 的水平。因为 $NADP^+$ 在葡萄糖-6-磷酸氧化形成 6-磷酸葡萄糖酸-δ-内酯的反应中起电子受体的作用。形成的还原型 NADPH 与 $NADP^+$ 争相与酶的活性部位结合从而引起酶活力的降低,即竞争性地抑制作用。所以 $NADP^+/NADPH$ 的比例直接影响葡萄糖-6-磷酸脱氢酶的活性。$NADP^+$ 的水平对戊糖磷酸途径的氧化阶段具有极明显的效果。只要 $NADP^+$ 的浓度稍高于 NADPH,就能够使酶激活从而保证所产生的 NADPH 及时满足

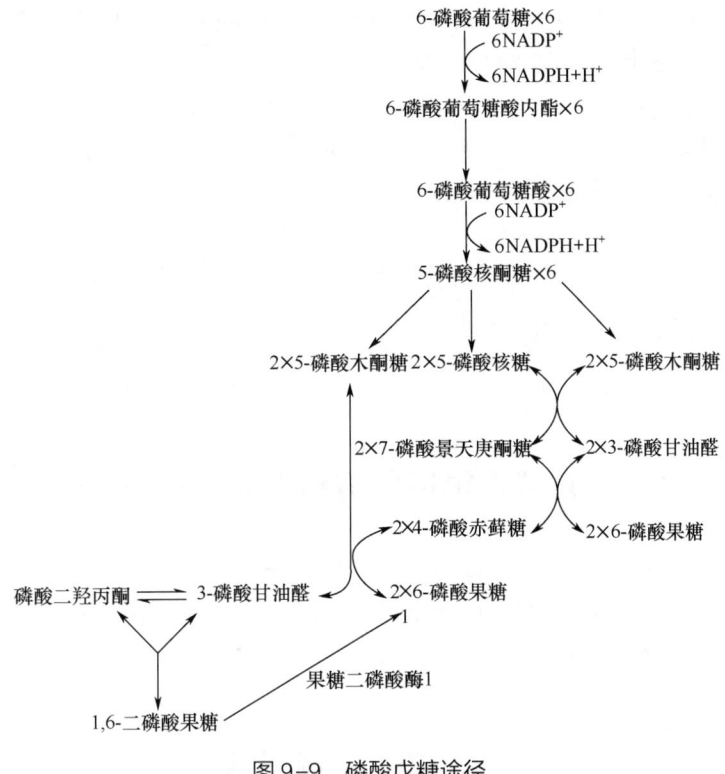

图 9-9 磷酸戊糖途径

还原性生物合成以及其他方面的需要。所以说 NADP⁺ 的水平对戊糖磷酸途径在氧化阶段产生 NADPH 的速度和机体在生物合成时对 NADPH 的利用形成偶联关系。

（3）戊糖磷酸途径中葡萄糖-6-磷酸的去路，可受到机体对 NADPH、核糖-5-磷酸和 ATP 不同需要的调节。

三、戊糖磷酸途径的生物学意义

戊糖磷酸途径不是供能的主要途径，它的主要生理作用是提供生物合成所需的一些原料。

（1）戊糖磷酸途径是细胞产生 NADPH 的主要途径

①NADPH+H⁺ 作为供氢体，参与生物合成反应。如脂肪酸、类固醇激素等生物合成时都需 NADPH+H⁺，所以脂类合成旺盛的组织如肝脏、乳腺、肾上腺皮质、脂肪组织等磷酸戊糖途径比较活跃。

②NADPH+H⁺ 是加单氧酶体系的辅酶之一，参与体内羟化反应，例如一些药物、毒物在肝脏中的生物转化作用等。

③NADPH+H⁺ 是谷胱甘肽还原酶的辅酶，NADPH 使氧化型谷胱甘肽变为 GSH，对维持红细胞中还原型谷胱甘肽（GSH）的正常含量起重要作用。GSH 能去除红细胞中的 H_2O_2，维护红细胞的完整性；H_2O_2 在红细胞中的积聚，会加快血红蛋白氧化生成高铁血红蛋白的过程，降低红细胞的寿命；H_2O_2 对脂类的过氧化会导致红细胞膜的破坏，造成溶血。

遗传性 G-6-PD 缺乏的患者，磷酸戊糖途径不能正常进行，造成 NADPH+H⁺ 减少，GSH 含量低下，红细胞易破坏而发生溶血性贫血。

(2) 戊糖磷酸途径中产生的 5-磷酸核糖及其衍生物作为 ATP、辅酶 A、NAD$^+$、FAD、RNA 以及 DNA 等重要生物分子的组成部分。

(3) 非氧化重排阶段的一系列中间产物及酶类与光合作用中卡尔文循环的大多数中间产物和酶相同，因而戊糖磷酸途径可与光合作用联系起来，并实现某些单糖间的互变。戊糖磷酸途径中产生的三碳糖、四碳糖、五碳糖、六碳糖及七碳糖的碳骨架是细胞内糖类不同的结构分子。

(4) 戊糖磷酸途径是由葡萄糖直接氧化起始的可单独进行氧化分解的途径。因此可以和 EMP、TCA 相互补充、相互配合，增加机体的适应能力。

第五节　糖原的分解与合成代谢

糖原是动物体内糖的储存形式，主要以肝糖原、肌糖原形式存在。肝糖原的合成与分解主要是为了维持血糖浓度的相对恒定；肌糖原是肌肉糖酵解的主要来源。糖原是由许多葡萄糖通过 α-1,4 糖苷键（直链）及 α-1,6 糖苷键（分支）相连而成的带有分支的多糖，存在于细胞质中。

一、糖原的分解代谢

糖原降解是在限速酶糖原磷酸化酶（glycogen phosphorylase）的催化下，从分支的非还原端开始，逐个分解以 α-1,4 糖苷键连接的葡萄糖残基，形成葡萄糖-1-磷酸。降解的实质是其葡萄糖残基的磷酸解。磷酸解只需要磷酸参与反应，不需要消耗 ATP。糖原分子的 90% 降解为葡萄糖-1-磷酸，其余的 10% 则成为游离的葡萄糖分子。其反应式如下：

$$\text{糖原} + \text{无机磷酸} \xrightarrow{\text{糖原磷酸化酶}} \text{葡萄糖-1-磷酸} + \text{糖原（少一个葡萄糖残基）}$$

葡萄糖-1-磷酸转变为葡萄糖-6-磷酸，也不消耗 ATP 分子。肝及肾中含有葡萄糖-6-磷酸酶，使葡萄糖-6-磷酸水解变成游离葡萄糖，释放到血液中，维持血糖浓度的相对恒定。由于肌肉组织中不含葡萄糖-6-磷酸酶，肌糖原分解后不能直接转变为血糖，产生的葡萄糖-6-磷酸在有氧的条件下被有氧氧化彻底分解，在无氧的条件下糖酵解生成乳酸，后者经血液循环运到肝脏进行糖异生，再合成葡萄糖或糖原。糖原降解产生的游离葡萄糖若转变为葡萄糖-6-磷酸则需消耗 1 个 ATP 的高能磷酸键。若贮存 1 个葡萄糖-6-磷酸分子也只消耗约 1 个 ATP 高能磷酸键的能量。而葡萄糖-6-磷酸彻底氧化为 CO_2 和水则可产生约 31 个 ATP 的高能磷酸键。因此葡萄糖转变为贮存形式的糖原大约可收到高达 97% 的效益。

当糖原分子的分支被糖原磷酸化酶作用到距分支点只有 4 个葡萄糖残基时，糖原磷酸化酶不能再发挥作用。此时脱支酶发挥作用，脱支酶具有转寡糖基酶和 α-1,6-葡萄糖苷酶两个酶活性：转寡糖基酶将分支上残留的 3 个葡萄糖残基转移到另外分支的末端糖基上，并进行 α-1,4 糖苷键连接；而残留的最后一个葡萄糖残基则通过 α-1,6-葡萄糖苷酶水解，生成游离的葡萄糖；分支去除后，糖原磷酸化酶继续催化分解葡萄糖残基形成葡萄糖-1-磷酸。

糖原降解需要糖原磷酸化酶的作用，还需要糖原脱支酶（glycogen debranching enzyme）和磷酸葡萄糖变位酶（phosphoglucomutase）以及葡萄糖-6-磷酸酶的协同催化作用。

1. 糖原磷酸化酶的作用

糖原磷酸化酶（简称磷酸化酶）催化的反应是从糖原分子的非还原末端（nonreducing end）葡萄糖残基的 C_1 原子与相邻葡萄糖的 C_4 原子之间的 $\alpha-1,4$ 糖苷键的断裂，产生一个葡萄糖-1-磷酸分子，同时又出现一个新的非还原末端。这样可以连续地将末端葡萄糖残基逐一移去。葡萄糖-1,4 糖苷键断裂后，原来与糖苷相连的氧原子仍留在相邻葡萄糖残基的第 4 个碳原子上（图 9-10）。糖原磷酸化酶催化的作用位点是距离糖原分支点至少 5 个以上葡萄糖残基的位置。

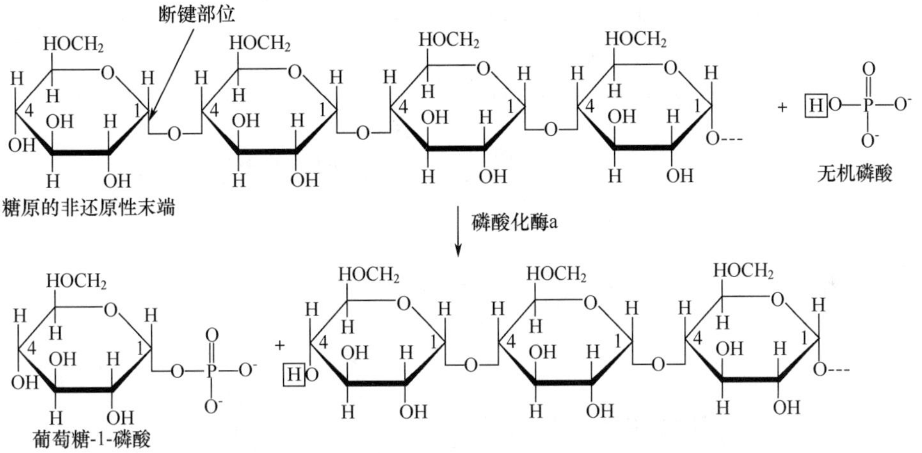

图 9-10 磷酸化酶的作用位点

糖原磷酸解使解下的葡萄糖分子带上磷酸基团。葡萄糖-1-磷酸不需要提供能量即可容易地转变为葡萄糖-6-磷酸而进一步走向降解途径。如果是水解而不是磷酸解，则所得到的水解产物是葡萄糖，它需要消耗 1 分子 ATP 才能转变为葡萄糖-6-磷酸。此外，在生理条件下，磷酸解生成的葡萄糖-1-磷酸呈解离形式，不会扩散到细胞外，而葡萄糖分子则可以扩散。

磷酸化酶有两种，分别称为磷酸化酶 a 和磷酸化酶 b，它们是一种酶的两种不同存在形式。这个酶由两个相同的亚基组成，若每个亚基多肽链中的第 14 个丝氨酸的羟基被磷酸化而带上磷酸基团就成为有催化活性的磷酸化酶 a；若缺少这两个亚基上的磷酸基团则成为没有催化活性的磷酸化酶 b。它们以两种可以互相转变的形式存在。磷酸化酶由 b 转变为 a 的作用是共价修饰作用（covalent modification），是由专一的磷酸化酶激酶（phosphorylase kinase）实现的；去修饰作用（demodification）是由另一种专一的磷酸酶（phosphatase）实现的。磷酸化酶的辅基是磷酸吡哆醛。

2. 糖原脱支酶的作用

糖原磷酸化酶的作用直至到达与 $\alpha-1,6$ 糖苷键分支点相距 4~5 个葡萄糖残基处即行停止。结果形成一个具有许多短分支的多糖分子称为极限糊精（limit dextrin）。$\alpha-1,6$ 糖苷键的分解需要糖原脱支酶（glycogen debranching enzyme）的作用。糖原脱支酶的肽链上具有两个起不同作用的活性部位：一个起转移葡萄糖残基的作用，也可称为糖基转移酶（glycosyl transferase）；一个起分解葡萄糖 $\alpha-1,6$ 糖苷键的作用，即糖原脱支酶。因此糖原脱支酶被视为双重功能酶（bifunctional enzyme）。

磷酸化酶和和脱支酶的协同作用如图9-11所示。当磷酸化酶的作用停止后，脱支酶分子上糖基转移酶的活性先起作用，将极限糊精分支点前面的以 α-1，4 糖苷键连接的 3~4 个葡萄糖残基转移到另外一个分支的非还原性末端葡萄糖残基上，或者转移到糖原的核心链上。结果形成带有 3~4 个葡萄糖残基的新的 α-1，4 糖苷键，同时又暴露出一个以 α-1，6 糖苷键相连的葡萄糖残基。这时脱支酶即行使其分解 α-1，6 糖苷键的作用，将分支点消除。于是磷酸化酶又可继续发挥作用。脱支酶脱下葡萄糖分子不是磷酸解作用而是水解作用。

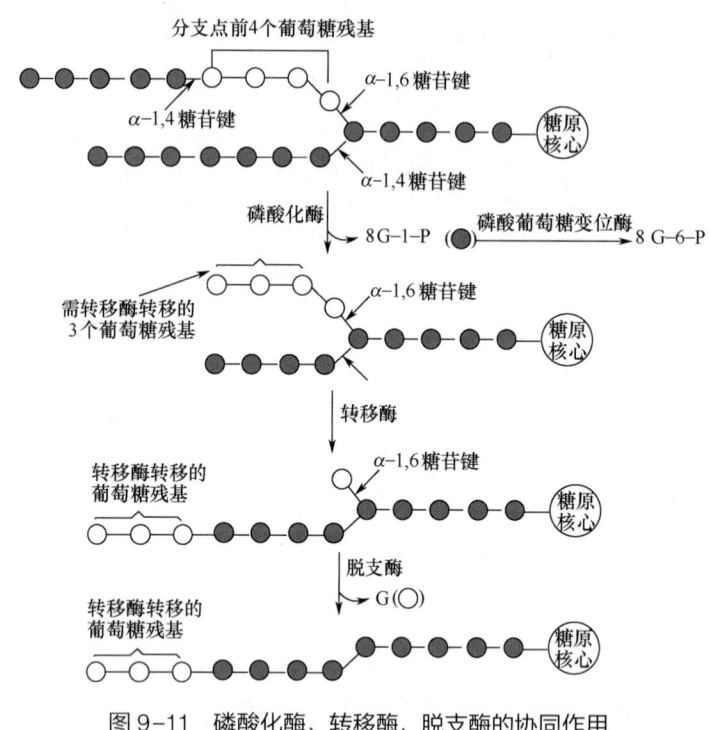

图 9-11　磷酸化酶、转移酶、脱支酶的协同作用

3. 磷酸葡萄糖变位酶的作用

糖原分子磷酸解形成的葡萄糖-1-磷酸必须转变为葡萄糖-6-磷酸才能进入代谢主流，参加糖酵解或转变成游离葡萄糖。担负磷酸基团转移的酶就是磷酸葡萄糖变位酶。活化的磷酸葡萄糖变位酶的一个丝氨酸分子的羟基上带有一个磷酸基团，它催化的正反应第 1 步是由葡萄糖-6-磷酸 C_1 原子上的羟基攻击酶分子的磷酸基团，形成葡萄糖-1，6-二磷酸结合的中间体。第 2 步，葡萄糖-1，6-二磷酸 C_6 上的磷酸基团又转移到磷酸葡萄糖变位酶分子原来的羟基上，于是葡萄糖-1，6-二磷酸即转变成葡萄糖-1-磷酸。

4. 葡萄糖-6-磷酸酶的作用

葡萄糖-6-磷酸酶专门催化葡萄糖-6-磷酸的水解，形成葡萄糖和无机磷酸分子。该酶主要存在于肝、肾、肠等组织。肌肉和脑中都不存在此酶。因糖原对肌肉和脑主要是提供能量，葡萄糖-6-磷酸可迅速直接地进入糖酵解途径。肝细胞必须依靠此酶维持血糖水平的相对稳定，因此需将葡萄糖-6-磷酸转变为葡萄糖，才能扩散到血液中。

二、糖原的合成

糖原合成（glycogenesis）是由葡萄糖合成糖原的过程。反之，糖原分解（glycogenolysis）则是指肝糖原分解为葡萄糖的过程。糖原合成及分解反应都是从糖原分支的非还原性末端开始，分别由两组不同的酶催化，如图 9-12 所示。

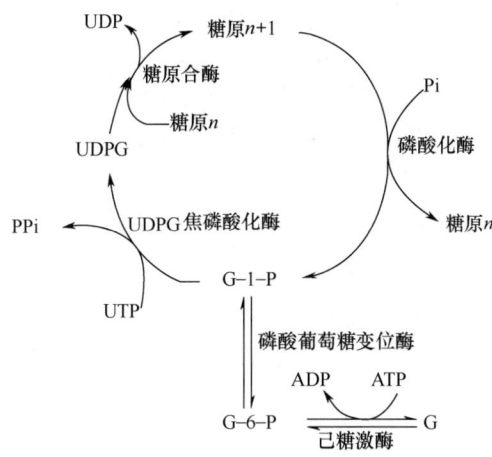

图 9-12　糖原的合成和降解

糖原合成首先以葡萄糖为原料合成尿苷二磷酸葡萄糖（uridine diphosphate glucose，UDP-Glc），在限速酶糖原合酶（glycogen synthase）的作用下，将 UDP-Glc 转给肝、肌肉中的糖原蛋白（glycogenin）上，延长糖链合成糖原。其次糖链在分支酶的作用下再分支合成多支的糖原。反应可以分为二个阶段：

第一阶段：糖链的延长。

游离的葡萄糖先磷酸化为 G-6-P 再转变为 G-1-P，后者与尿苷三磷酸（UTP）作用形成 UDP-Glc 及焦磷酸（PPi）。其反应式如下：

$$\text{葡萄糖-1-磷酸} + \text{P}\sim\text{P}\sim\text{P}-\text{尿苷} \xrightarrow{\text{UDPG焦磷酸化酶}} \text{尿苷二磷酸葡萄糖} + \text{PPi}$$

UDP-Glc 是糖原合成的底物，葡萄糖残基的供体，称为活性葡萄糖。UDP-Glc 在糖原合酶催化下将葡萄糖残基转移到糖原蛋白中糖原的直链分子非还原端残基上，以 α-1,4 糖苷键相连延长糖链。

第二阶段：糖链分支。

糖原合酶只能延长糖链，不能形成分支。当直链部分不断加长到超过 11 个葡萄糖残基时，分支酶可将一段糖链（至少含有 6 个葡萄糖残基）转移到邻近糖链上，以 α-1,6 糖苷键相连接，形成新的分支（图9-13），分支以 α-1, 4 糖苷键继续延长糖链。分支的形成不仅可增加糖原的水溶性，更重要的是可增加非还原端数目，以便磷酸化酶能迅速分解糖原。

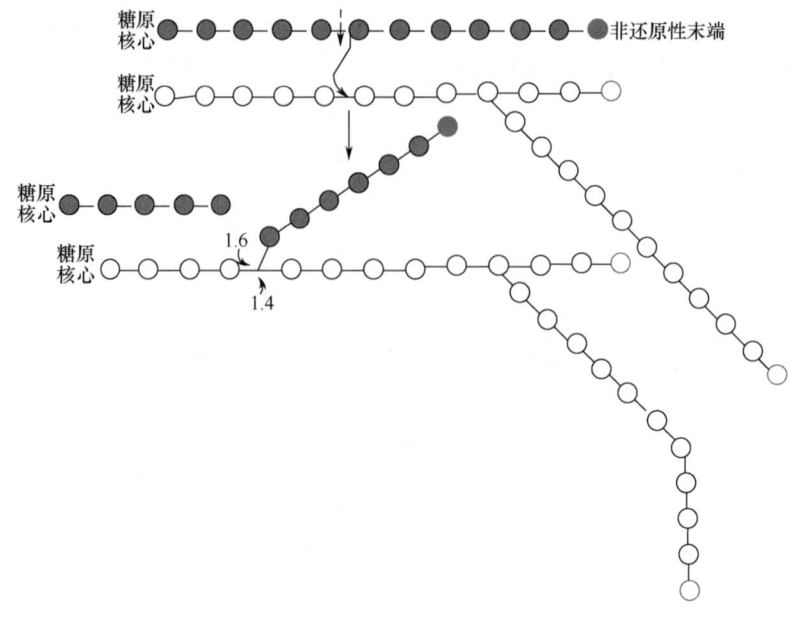

图9-13 脱支酶的作用

糖原蛋白是一个分子质量为 37ku 的蛋白质，它既是糖链延长的引物，又具有酶活力，在糖原合成起始中具有重要作用。①UDP-Glc 提供的一个葡萄糖残基和糖原蛋白上的酪氨酸残基进行共价连接，这一步是由糖原蛋白本身具有的糖基转移酶（glucosyl transferase）所催化的。②结合了一个葡萄糖残基的糖原蛋白和糖原合酶一起，三者形成一个牢固的复合物，之后的反应都在这个复合物上进行。③UDP-Glc 在糖基转移酶催化下提供葡萄糖残基，糖原合酶催化合成，以 α-1, 4 糖苷键延长，形成 7 个葡萄糖残基以上的短链。④随着糖链的延长，糖原合酶最终和糖原蛋白分离。⑤在糖原合酶和分支酶的联合作用下完成糖原的合成，糖原蛋白仍然保留在糖原分子中。

糖原合酶是糖原合成的限速酶，是糖原合成的调节点。糖原蛋白每增加一个葡萄糖残基要消耗 2 分子 ATP（葡萄糖磷酸化以及生成 UDP-Glc）。

三、糖原合成与糖原分解的调节

在肌肉中糖原的合成与分解主要是为肌肉提供 ATP；在肝脏中，糖原合成、糖原分解主要是为了维持血糖浓度的相对恒定。它们的作用受到肾上腺素、胰高血糖素、胰岛素等激素的影响；肾上腺素主要作用于肌肉；胰高血糖素、胰岛素主要调节肝脏中糖原合成和分解的平衡。糖原合酶与糖原磷酸化酶分别是糖原合成和糖原分解的限速酶，糖原磷酸化酶和糖原合酶的活性不会同时被激活或同时被抑制，它们可以通过别构调节和共价修饰调节两种方式进行活性的调节。

（一）糖原磷酸化酶活性调节

糖原磷酸化酶以 a、b 两种形式存在。在糖原磷酸化酶激酶及 ATP 存在下，在糖原磷酸化酶b的丝氨酸残基进行磷酸化修饰，使无活性的糖原磷酸化酶b转变成有活性的糖原磷酸化酶a。糖原磷酸化酶a可经磷蛋白磷酸酶作用使其丝氨酸残基脱去磷酸，成为无活性的糖原磷酸化酶b。

在肌肉剧烈运动时，糖原磷酸化酶的活性受到肾上腺素的调节。肾上腺素通过信号传导系统使cAMP的浓度提高，激活A激酶（蛋白激酶A，又称cAMP-依赖性蛋白激酶）使无活性的糖原磷酸化酶激酶b磷酸化成为有活性的糖原磷酸化酶激酶a，糖原磷酸化酶激酶a进一步使无活性的糖原磷酸化酶b成为有活性的糖原磷酸化酶a，促进糖原分解，产生能量。

当肌肉剧烈运动时，肌糖原分解增加，这过程也涉及两个别构调节机制。一个是Ca^{2+}的别构调节：Ca^{2+}是肌肉运动的信号，它结合并别构糖原磷酸化酶激酶b使其具有活性，促进无活性的糖原磷酸化酶b转变为有活性的糖原磷酸化酶a。另一个是AMP和ATP的别构调节：AMP在剧烈运动的肌肉中积聚，别构激活糖原磷酸化酶；当ATP足够时，ATP和别构位点结合，使糖原磷酸化酶失活。

在肝脏中，糖原磷酸化酶的活性调节主要受胰高血糖素调节，当血糖浓度降低到一定程度，通过胰高血糖素形成cAMP，激活A激酶使磷酸化酶激酶b成为磷酸化酶激酶a，催化无活性的磷酸化酶b转变为有活性的磷酸化酶a，促使肝糖原分解成葡萄糖释放到血液中，达到升血糖目的。在肝脏中糖原磷酸化酶的活性也存在着别构调节机制。当血糖浓度恢复正常时，葡萄糖进入肝细胞并和糖原磷酸化酶a的别构位点结合，使糖原磷酸化酶a上磷酸化的丝氨酸残基暴露给糖原磷酸化酶a磷酸酶，糖原磷酸化酶a脱磷酸成无活性的糖原磷酸化酶b，此时葡萄糖是别构剂。

（二） 糖原合成酶活性的调节

糖原合酶也分为a、b两种形式。糖原合酶a具有活性，糖原合酶b无活性。糖原合酶a被磷酸化转变成无活性的糖原合酶b。在磷蛋白磷酸酶的作用下，无活性的糖原合酶b脱磷酸转变为有活性的糖原合酶a。糖原磷酸化酶和糖原合酶的活性在磷酸化与去磷酸化作用下相互调节，一个酶被激活，另一个酶被抑制，两个酶不会同时被激活或抑制。

糖原磷酸化酶激酶a、糖原磷酸化酶a和糖原合酶b，它们的脱磷酸均由磷蛋白磷酸酶催化。磷蛋白磷酸酶可与磷蛋白磷酸酶抑制物结合而失去活性，以保证糖原磷酸化酶激酶a、糖原磷酸化酶a和糖原合酶b维持磷酸化的状态。只有磷酸化的磷蛋白磷酸酶抑制物才能和磷蛋白磷酸酶结合而使磷蛋白磷酸酶失去活性。因此cAMP激活A激酶，不仅促进糖原磷酸化酶激酶b磷酸化成为糖原磷酸化酶激酶a、磷酸化酶b磷酸化成为磷酸化酶a，又通过磷蛋白磷酸酶抑制剂的磷酸化，达到抑制磷蛋白磷酸酶对糖原磷酸化酶激酶a、糖原磷酸化酶a和糖原合酶b脱磷酸化的目的，最终促进糖原分解，抑制糖原合成中酶的磷酸化与去磷酸化，使酶活力相应改变，构成一组连续的、级联式的酶促反应过程，各级反应不仅都可被调节，而且有放大效应。这种调节机制有利于机体针对不同生理状况作出反应。

（三） 激素对糖原代谢的调节

哺乳动物的糖原代谢主要受到三种激素的调节，即胰岛素、肾上腺素和胰高血糖素。

胰岛素是促糖原合成的主要激素，通过对糖原合酶的去磷酸化使糖原合酶活化；同时使磷酸化酶激酶和磷酸化酶a去磷酸化而失去活性。胰岛素通过级联放大而发挥作用。胰岛素在质膜上的专一受体由两两相同的4个亚基（$\alpha_2\beta_2$）构成。胰岛素和受体的α亚基结合，其β亚基实际上是一种酪氨酸激酶。胰岛素和受体结合后，即使其β亚基的酪氨酸激酶能够利用ATP

的 γ-磷酸基团将自身关键性的酪氨酸残基磷酸化。自身磷酸化的结果，进一步使该酶活化，通过激活一种激酶而间接地激活胰岛素敏感蛋白激酶又称受胰岛素刺激的蛋白激酶。通过胰岛素敏感蛋白激酶的作用又使蛋白磷酸酶-1活化。蛋白激酶A也使蛋白磷酸酶-1活化。这两种激酶对蛋白磷酸酶-1磷酸化的部位不同。胰岛素对糖原合成的促进途径见图9-14。此外，胰岛素还有促进葡萄糖进入肌细胞和脂肪组织的作用。

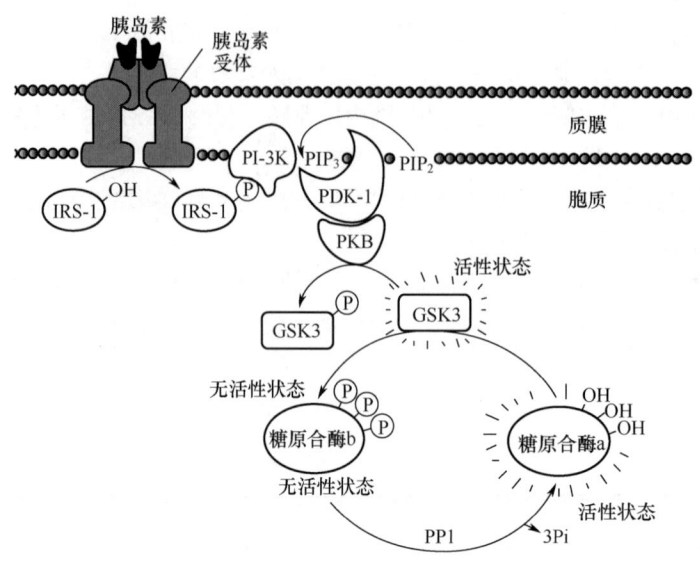

图9-14　胰岛素对糖原合成的调节

在应激状态下，肾上腺素大量分泌，肾上腺素促进肝糖原降解和糖的异生作用，抑制肝细胞中的糖酵解，使血糖升高；同时，促进肌糖原的降解和肌细胞中的糖酵解作用，为肌肉收缩提供能量。

胰高血糖素作用于肝脏的糖原磷酸化酶，促进肝脏糖原降解。当低血糖时，胰腺分泌胰高血糖素，通过cAMP第二信使级联放大系统的调节，抑制肝糖原的合成，促进肝糖原的分解。同时抑制糖酵解，促进糖异生作用，使血糖升高。

四、糖原累积症

糖原累积症（glycogen storage disease）是一类遗传性代谢疾病，由先天性缺乏与糖原代谢有关的酶缺陷所致。表现为异常种类和数量的糖原在组织中沉积，产生不同类型的糖原累积病，每种类型表现为糖原代谢中的一个特定的酶缺陷或缺失而使糖原贮存。糖原合成和分解代谢中所必需的各种酶至少有8种，由于这些酶缺陷所造成的临床疾病有12型，其中Ⅰ、Ⅲ、Ⅳ、Ⅵ、Ⅸ型以肝脏病变为主；Ⅱ、Ⅴ、Ⅶ型以肌肉组织受损为主。例如，缺乏葡萄糖-6-磷酸酶，不能动用糖原维持血糖，则将引起严后果。溶酶体的 α-葡萄糖苷酶可分解 α-1,4糖苷键和 α-1,6糖苷键，缺乏此酶所有组织均受损，常因心肌受损而突然死亡。由于肝脏和骨骼肌是糖原代谢的重要部位，因此糖原累积症的最主要累积部位为肝脏、肌肉。

第六节 糖异生

糖异生（gluconeogenesis）又称葡糖异生，是由简单的非糖前体（乳酸、甘油、生糖氨基酸等）转变为糖（葡萄糖或糖原）的过程。糖异生不是糖酵解的简单逆转。虽然由丙酮酸开始的糖异生利用了糖酵解中的七步近似平衡反应的逆反应，但还必须利用另外四步酵解中不曾出现的酶促反应，绕过糖酵解过程中不可逆的三个反应。糖异生保证了机体的血糖水平处于正常水平。糖异生的主要器官是肝。肾在正常情况下糖异生能力只有肝的1/10，但长期饥饿时肾糖异生能力可大为增强。

一、糖异生途径

糖异生反应过程基本上是糖酵解反应的逆过程。由于糖酵解过程中由己糖激酶、6-磷酸果糖激酶-1及丙酮酸激酶催化的三个反应释放了大量的能量，构成难以逆行的能障，因此这三个反应是不可逆的。这三个反应可以分别通过相应的、特殊的酶催化，使反应逆行，完成糖异生反应过程（图9-15）。

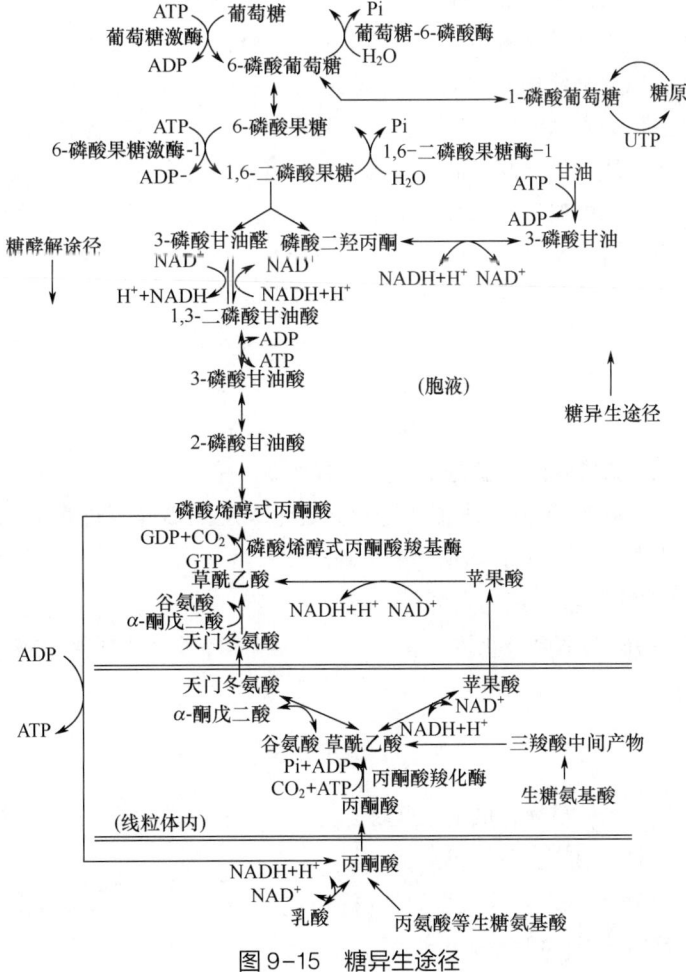

图9-15 糖异生途径

（一） 丙酮酸转变为磷酸烯醇式丙酮酸

丙酮酸生成磷酸烯醇式丙酮酸的反应包括丙酮酸羧化酶和磷酸烯醇式丙酮酸羧激酶催化的两步反应，构成一条所谓"丙酮酸羧化支路"使反应进行。这个反应是糖酵解过程中丙酮酸激酶催化的磷酸烯醇式丙酮酸生成丙酮酸的逆过程。其反应式如下：

丙酮酸 → 草酰乙酸 → 磷酸烯醇式丙酮酸

1. 丙酮酸羧化生成草酰乙酸

反应由丙酮酸羧化酶催化，辅酶是生物素，ATP、Mg^{2+}（Mn^{2+}）参与羧化反应，CO_2通过生物素使丙酮酸羧化生成草酰乙酸。此酶存在于线粒体中，故丙酮酸必须进入线粒体才能被羧化为草酰乙酸，这也是体内草酰乙酸的重要来源之一。

2. 草酰乙酸脱羧生成磷酸烯醇式丙酮酸（PEP）

此反应由磷酸烯醇式丙酮酸羧激酶催化，由 GTP 提供能量，释放 CO_2。磷酸烯醇式丙酮酸羧激酶存在于人体的线粒体及胞液中。线粒体中的磷酸烯醇式丙酮酸羧激酶，可直接催化草酰乙酸脱羧生成 PEP，PEP 从线粒体转运到细胞质，通过糖酵解逆行过程生成 1，6-二磷酸果糖。细胞质中的磷酸烯醇式丙酮酸羧激酶，首先要使草酰乙酸从线粒体转运到细胞质中，由于草酰乙酸不能自由进出线粒体内膜，需借助两种方式将其转运入胞液：一种是经苹果酸脱氢酶作用，将其还原成苹果酸，然后再通过线粒体膜进入胞液，再由胞液中苹果酸脱氢酶将苹果酸脱氢氧化为草酰乙酸而进入糖异生反应途径。另一种方式是经经谷草转氨酶作用，生成天冬氨酸后再逸出线粒体，进入胞液的天冬氨酸再经胞液中谷草转氨酶的催化而恢复生成草酰乙酸。有实验表明，以丙酮酸或能转变成丙酮酸的某些生糖氨基酸作为原料异生成糖时，以苹果酸通过线粒体方式进行糖异生；而乳酸进行糖异生反应时，常在线粒体生成草酰乙酸后，再转变成天冬氨酸而进入胞液。

（二） 1，6-二磷酸果糖转变为 6-磷酸果糖

此反应由 1，6-二磷酸果糖酶-1 催化进行。这个反应是糖酵解过程中 1，6-二磷酸果糖酶-1 催化 6-磷酸果糖生成 1，6-二磷酸果糖的逆过程。

（三） 6-磷酸葡萄糖转变为葡萄糖

此反应由葡萄糖-6-磷酸酶催化进行。这个反应是糖酵解过程中己糖激酶催化葡萄糖生成 6-磷酸葡萄糖的逆过程。

二、 能量消耗

从 2 分子丙酮酸开始，最终合成 1 分子葡萄糖，需要消耗 6 分子 ATP/GTP。相比糖酵解过程能净产生 2ATP，糖异生是耗能的过程。

这 6 分子 ATP/GTP 是在三步反应里面被消耗的，而生成 1 分子六碳化合物要重复这过程一次，所以总的能量消耗是 3×2＝6：

(1) 丙酮酸在丙酮酸羧化酶的催化下，消耗 1 分子 ATP，生成草酰乙酸。

(2) 草酰乙酸在磷酸烯醇式丙酮酸羧化激酶的帮助下成为磷酸烯醇式丙酮酸。反应消耗 1 分子 GTP。

(3) 3-磷酸甘油酸在磷酸甘油酸激酶的帮助下，消耗 1 分子 ATP 生成 1,3-二磷酸甘油酸。注意，这一反应是可逆的。

三、糖异生的调控

糖异生与糖酵解是方向相反的两条代谢途径，其中 3 个限速步骤分别由不同的酶催化底物互变，称为底物循环。当催化互变反应的两种酶活性相等时，代谢不能向任何方向推进，结果仅是无谓地消耗 ATP 而释放热能，形成无效循环（futile circle）。通常细胞内两种酶活性不完全相等，因此代谢朝着酶活性强的一方进行。要进行有效的糖异生，就必须抑制糖酵解；反之亦然。这种协调主要依赖对 2 个底物循环的调节。

第一个底物循环在果糖-6-磷酸与果糖-1,6-二磷酸之间进行：

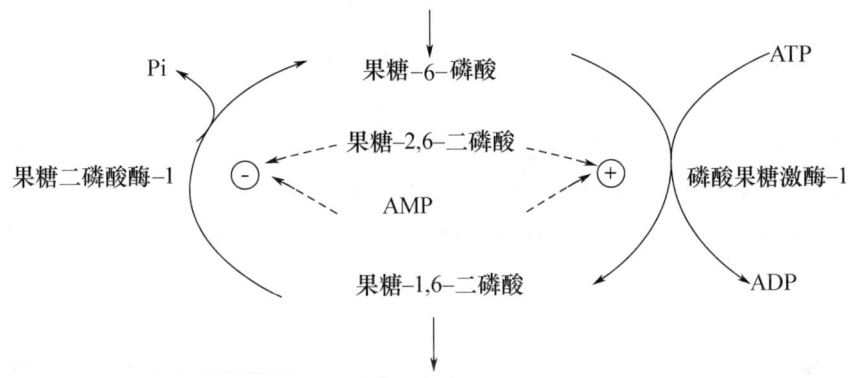

糖酵解时果糖-6-磷酸磷酸化生成果糖-1,6-二磷酸，糖异生时果糖-1,6-二磷酸去磷酸化生成果糖-6-磷酸，由此构成了一个底物循环。催化此互变反应的两种酶活性常呈相反的变化。果糖-2,6-二磷酸和 AMP 激活磷酸果糖激酶-1 的同时，抑制果糖二磷酸酶-1 的活性，使糖酵解启动而糖异生被抑制。胰高血糖素通过 cAMP 和蛋白激酶 A，使磷酸果糖激酶-2 磷酸化而失活，降低肝细胞内果糖-2,6-二磷酸水平，从而促进糖异生而抑制糖酵解。胰岛素则作用相反。

果糖-2,6-二磷酸在糖酵解、糖异生的相互调节中起着重要作用。果糖-2,6-二磷酸的水平是肝内糖酵解与糖异生的主要调节信号。2,6-二磷酸果糖是 6-磷酸果糖激酶-1 最强烈的别构激活剂，同时也是 1,6-二磷酸果糖酶-1 的别构抑制剂。进食后，胰岛素分泌增加，2,6-二磷酸果糖浓度增高激活 6-磷酸果糖激酶-1，抑制 1,6-二磷酸果糖酶-1，糖酵解增强而糖异生减弱。饥饿时，胰高血糖素分泌增加，2,6 二磷酸果糖浓度降低，降低对 6-磷酸果糖激酶-1 的激活、降低对 1,6-二磷酸果糖酶-1 的抑制，糖异生增强而糖酵解减弱。维持底物循环虽然损失一些 ATP，但却使代谢调节更为灵敏、精细。

第二个底物循环在磷酸烯醇式丙酮酸与丙酮酸之间进行：

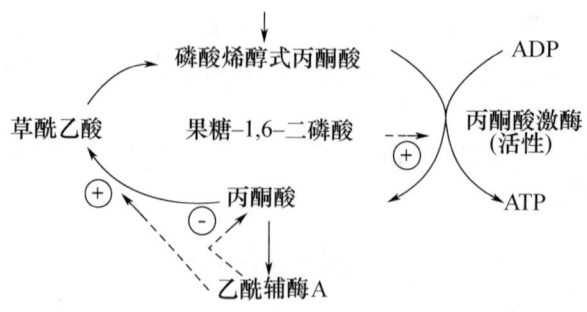

糖酵解时磷酸烯醇式丙酮酸转变为丙酮酸并产生能量，糖异生时丙酮酸消耗能量生成磷酸烯醇式丙酮酸，由此构成了又一个底物循环。果糖-1,6-二磷酸别构激活磷酸果糖激酶-1 的同时，还能别构激活丙酮酸激酶，从而将两个底物循环相联系和协调。

胰高血糖素促进脂肪组织分解脂肪，增加血浆脂肪酸，所以促进糖异生；而胰岛素的作用正相反。胰高血糖素和胰岛素都可通过影响肝脏酶的磷酸化修饰状态来调节糖异生作用，胰高血糖素激活腺苷酸环化酶以产生 cAMP，也就激活 cAMP 依赖的蛋白激酶，后者磷酸化丙酮酸激酶而使之抑制，这一酵解途径上的调节酶受抑制就刺激糖异生途径，因为阻止磷酸烯醇式丙酮酸向丙酮酸转变。胰高血糖素降低 2,6-二磷酸果糖在肝脏的浓度而促进 1,6-二磷酸果糖转变为 6-磷酸果糖，这是由于 2,6-二磷酸果糖是果糖二磷酸酶的别位抑制物，又是 6-磷酸果糖激酶的别位激活物，胰高血糖素能通过 cAMP 促进双功能酶（6-磷酸果糖激酶-2/果糖-2,6-二磷酸酶）磷酸化。这个酶经磷酸化后就灭活激酶部位却活化磷酸酶部位，因而 2,6-二磷酸果糖生成减少而被水解为 6-磷酸果糖增多。这种由胰高血糖素引致的 2,6-二磷酸果糖下降的结果是 6-磷酸果糖激酶-1 活性下降，果糖二磷酸酶活性增高，果糖二磷酸转变为 6-磷酸果糖增多，有利于糖异生，而胰岛素的作用正相反。

第二个底物循环的调节还可与丙酮酸脱氢酶复合体的活性变化相协调。饥饿时大量脂酰辅酶 A 在线粒体内 β-氧化，生成大量的乙酰辅酶 A。乙酰辅酶 A 一方面激活丙酮酸羧化酶，使其转变为草酰乙酸，加速糖异生；另一方面反馈抑制丙酮酸脱氢酶复合体，阻止糖的氧化利用。

四、糖异生生理意义

1. 糖异生作用的主要生理意义是保证在饥饿情况下，血糖浓度的相对恒定

血糖的正常浓度为 3.89~11mmol/L，即使禁食数周，血糖浓度仍可保持在 3.40mmol/L 左右，这对保证某些主要依赖葡萄糖供能的组织的功能具有重要意义，停食一夜（8~10h）处于安静状态的正常人每日体内葡萄糖利用，脑约 125g，肌肉（休息状态）约 50g，血细胞等约 50g，仅这几种组织消耗糖量即达 225g，体内贮存可供利用的糖约 150g，贮糖量最多的肌糖原仅供本身氧化供能，若只用肝糖原的贮存量来维持血糖浓度最多不超过 12h，由此可见糖异生的重要性。

2. 糖异生作用与乳酸的作用密切相关

在激烈运动时，肌肉糖酵解生成大量乳酸，后者经血液运到肝脏可再合成肝糖原和葡萄糖，因而使不能直接产生葡萄糖的肌糖原间接变成血糖，并且有利于回收乳酸分子中的能量，更新肌糖原，防止乳酸酸中毒的发生。

3. 协助氨基酸代谢

实验证实进食蛋白质后，肝中糖原含量增加；禁食晚期、糖尿病或皮质醇过多时，由于组织蛋白质分解，血浆氨基酸增多，糖的异生作用增强，因而氨基酸成糖可能是氨基酸代谢的主要途径。

4. 促进肾小管泌氨的作用

长期禁食后肾脏的糖异生可以明显增加，发生这一变化的原因可能是饥饿造成的代谢性酸中毒，体液 pH 降低可以促进肾小管中磷酸烯醇式丙酮酸羧激酶的合成，使成糖作用增加，当肾脏中 α-酮戊二酸经草酰乙酸而加速成糖后，可因 α-酮戊二酸的减少而促进谷氨酰胺脱氨成谷氨酸以及谷氨酸的脱氨，肾小管细胞将 NH_3 分泌入管腔中，与原尿中 H^+ 结合，降低原尿 H^+ 的浓度，有利于排氢保钠作用的进行，对于防止酸中毒有重要作用。

五、乳酸循环

人体在剧烈运动时，糖酵解作用产生 NADH 的速度超出通过氧化呼吸链再形成 NAD^+ 的速度。这时肌肉中酵解过程形成的丙酮酸由乳酸脱氢酶转变为乳酸以使 NAD^+ 再生，使糖酵解作用能继续进行以提供 ATP。乳酸属于葡萄糖分解代谢的一种最终产物，除了再转变为丙酮酸外，别无其他去路。肌肉细胞内的乳酸扩散到血液并随着血流进入肝脏细胞，在肝细胞内通过糖异生途径转变为葡萄糖，又回到血液随血流满足肌肉和脑对葡萄糖的需要。这个循环过程称为乳酸循环，又称可立氏循环（Cori cycle）（图 9-16）。

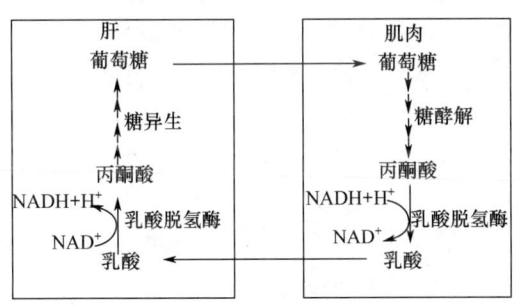

图 9-16 乳酸循环

【延伸阅读】

1. 生化与健康——蚕豆与溶血性贫血

蚕豆病（favism）又称遗传性 6-磷酸葡萄糖脱氢酶缺乏症，是一种常见的与 X 染色体连锁的不完全显性遗传病。此病患者编码 6-磷酸葡萄糖脱氢酶的基因先天性缺陷，因此其体内红细胞的 6-磷酸葡萄糖脱氢酶活性很低。由于 6-磷酸葡萄糖脱氢酶是 HMP 途径的限速酶，而 HMP 途径是红细胞产生 NADPH 的唯一途径，因此 6-磷酸葡萄糖脱氢酶的缺陷会影响到 HMP 途径的进行，从而使红细胞内的 NADPH 水平极低，而无法维持还原型谷胱甘肽（GSH）的再生。

GSH 是红细胞清除引起氧化性损伤的自由基所必需的。缺乏 GSH 将使红细胞在受到氧化性胁迫下很容易发生破裂。因此，缺乏 6-磷酸葡萄糖脱氢酶的人在氧化胁迫状态下很容易发生溶血性贫血。氧化性胁迫源于机体感染或者机体直接接触一些富含氧化剂的药物或食物，例如抗疟疾的药物——伯氨喹（primaquine），蚕豆中的氧化剂——巢菜碱（vicine）、蚕豆嘧啶（divicine）、伴蚕豆嘧啶核苷（convicine）和异脲咪（isouramil）。这些成分在体内能够增强自由基的形成。当红细胞内的GSH被耗尽以后，其内的多种酶和蛋白质（包括血红蛋白）以及膜上的脂质受到氧化剂和自由基的作用而被破坏，红细胞膜的完整性因此受到影响，其中的电解质失去平衡。受损的红细胞受吞噬，离开循环系统，被隔离在脾。血红蛋白则被代谢成胆红素，高水平的胆红素可造成黄疸。

6-磷酸葡萄糖脱氢酶缺乏症的临床表现与一般的溶血性贫血大致相同。因6-磷酸葡萄糖脱氢酶缺乏而诱发的重度急性溶血性贫血可使红细胞破坏过多，如不及时处理，可引起肝、肾或心功能衰竭，甚至导致死亡。有趣的是，6-磷酸葡萄糖脱氢酶缺乏症患者对疟疾具有一定的抵抗能力，这是因为疟疾原虫在红细胞中生存需要高水平的NADPH。

2. 机体的三大能源贮备——糖原、脂肪和蛋白质

对于脂肪来说，其优点是贮能效率高，在细胞内的合成不会影响到细胞的渗透压，因此，在理论上它可以无限地贮存。但它的缺点是动员起来较慢，故只适合长期的能源贮备。另外，脂肪酸的氧化必须在有氧的条件下才能进行，因而，如果肌细胞使用脂肪作为唯一的储能物质，那当细胞缺氧时，就会面临能源的短缺。由此可见，当机体在做并不激烈的运动时（如慢跑和长跑），脂肪才是一种不错的能源。

对于糖原来说，其优点有以下三点：首先，糖原动员起来很容易。糖原是高度分支的分子，其磷酸解反应可以在各非还原端同时展开，故当一种动物需要在短时间内消耗较多能量的时候，糖原就是最好的能源。其次，糖原分解以及随后的糖酵解在有氧和无氧条件下都可以进行。选择糖原的最后一个好处是动物体内脂肪（其中的甘油和奇数脂肪酸除外）无法转化为葡萄糖，但红细胞、脑细胞和其他神经组织严重依赖葡萄糖的氧化供能。当饥饿的时候，肝糖原可迅速分解并转化为血糖，为脑组织等提供燃料。使用糖原的缺点是，贮能的效率要低于脂肪，在细胞内合成的时候，会影响细胞的渗透压，因此在细胞内积累有限，只适合充当短期能源贮备。人在饥饿一天一夜以后，糖原即被耗尽，无法供能。

对于蛋白质而言，它是机体最后的能源贮备，一般不会轻易动用。只有当机体长时间处于饥饿的状态时，蛋白质才会分解。分解产生的氨基酸主要是提供糖异生的原料，用来稳定血糖，并为脑细胞供能。蛋白质作为能源最大的缺点是，释放出来的氨基酸在分解的时候，会产生有毒的氨，机体需要对其解毒。而对氨的解毒耗能又耗水。

第十章

CHAPTER 10

脂质代谢

第一节　脂肪的分解代谢

一、脂肪酶与甘油三酯的酶促水解

在哺乳动物体内，甘油三酯广泛存在于各个组织器官和体液中，主要集中存在于脂肪组织中。当机体需要能量的时候脂肪开始动员，在脂肪酶的作用下，逐步将甘油三酯水解成甘油和脂肪酸，供给全身各组织摄取利用或氧化供能。组织中催化甘油三酯水解的酶有三种，即脂肪酶、甘油二酯脂肪酶和甘油单酯脂肪酶，如图 10-1 所示。

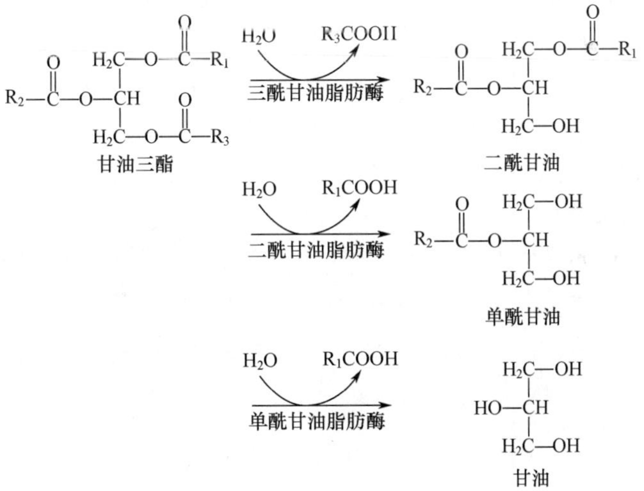

图 10-1　脂肪的水解

甘油三酯首先被脂肪酶催化水解为甘油二酯和脂肪酸 R_3 或 R_1，再继续被甘油二酯脂肪酶和甘油单酯脂肪酶水解为脂肪酸和甘油。脂肪水解的第一步反应为限速反应，催化这步反应的脂肪酶受激素调节，所以也被称为激素敏感性脂肪酶。在某些生理或病理条件下，如兴奋、饥饿、糖尿病等，一些促脂解激素如肾上腺素、胰高血糖素等的分泌增加。这些激素通过与靶细胞膜受体的结合激活腺苷酸环化酶，使胞内 cAMP 浓度升高，cAMP 又进一步激活蛋白激酶 A（依赖于 cAMP 的蛋白激酶）使脂肪酶磷酸化并被激活，从而促进脂肪水解。相反，胰岛素具有抗脂解作用。

二、甘油的代谢

脂肪细胞缺少甘油激酶，不能直接利用脂肪水解产生的甘油，必须通过血液循环运至肝脏进行代谢。在肝细胞内，甘油在甘油激酶的催化下，被磷酸化生成 3-磷酸甘油，然后在磷酸甘油脱氢酶的作用下氧化生成磷酸二羟丙酮，再经异构化生成 3-磷酸甘油醛。3-磷酸甘油醛是糖酵解途径的中间产物，可以继续氧化，经丙酮酸进入三羧酸循环彻底氧化成 CO_2 和 H_2O，又可经糖异生作用合成葡萄糖。甘油的分解代谢过程如下：

$$甘油 \xrightarrow[\text{甘油激酶}]{ATP \quad ADP} 3\text{-磷酸甘油} \xrightleftharpoons[\text{磷酸甘油脱氢酶}]{NAD^+ \quad NADH+H^+} 磷酸二羟丙酮 \longleftrightarrow 糖酵解$$

三、脂肪酸的氧化分解

（一）脂肪酸的 β-氧化

1904 年，F. Knoop 用不被机体分解的苯基标记脂肪酸 ω-甲基，喂养犬，检测尿液中的代谢产物。发现无论碳链长短，如果标记脂肪酸碳原子是偶数，尿中排出苯乙酸；如果标记脂肪酸碳原子是奇数，尿中排出苯甲酸。据此，Knoop 提出脂肪酸在体内氧化分解从羧基端 β-碳原子开始，每次断裂 2 个碳原子，即 β-氧化学说。

脂肪酸在有充足氧供给的情况下，可经脂肪酸活化、转移至线粒体、β-氧化生成乙酰辅酶 A（CoA）、乙酰 CoA 进入三羧酸循环彻底氧化分解 4 个阶段，释放大量 ATP，因此脂肪酸是机体主要能量来源之一。肝和肌肉是进行脂肪酸氧化最活跃的组织，其最主要的氧化形式是 β-氧化。

1. 脂肪酸活化为脂酰 CoA

和葡萄糖一样，脂肪酸参加代谢前也先要活化。其活化形式是硫酯：脂酰 CoA，催化脂肪酸活化的酶是脂酰 CoA 合成酶（acyl CoA synthetase）。其反应式如下：

$$\underset{\text{脂肪酸}}{R-COOH} + ATP + HS-CoA \xrightarrow[Mg^{2+}]{\text{脂酰 CoA 合成酶}} \underset{\text{脂酰 CoA}}{R-CO-SCoA} + \underset{\text{腺苷酸}}{AMP} + \underset{\text{焦磷酸}}{PPi}$$

活化后生成的脂酰 CoA 极性增强，易溶于水；分子中有高能键、性质活泼；是酶的特异底物，与酶的亲和力大，因此更容易参加反应。

脂酰 CoA 合成酶又称硫激酶，分布在胞浆中、线粒体膜和内质网膜上。胞浆中的硫激酶催化中短链脂肪酸活化；内质网膜上的酶活化长链脂肪酸，生成脂酰 CoA，然后进入内质网用于甘油三酯合成；而线粒体膜上的酶活化的长链脂酰 CoA，进入线粒体进入 β-氧化。

2. 脂酰 CoA 进入线粒体

催化脂肪酸 β-氧化的酶系在线粒体基质中，但长链脂酰 CoA 不能自由通过线粒体内膜，

要进入线粒体基质就需要载体转运,这一载体就是肉毒碱(carnitine),即 3-羟-4-三甲氨基丁酸。其结构如下:

$$CH_3-\underset{\underset{CH_3}{|}}{\overset{\overset{CH_3}{|}}{\underset{4}{N^+}}}-\underset{3}{CH_2}-\underset{\underset{OH}{|}}{\overset{}{\underset{2}{CH}}}-\underset{1}{CH_2}-COO^-$$

肉毒碱(3-羟-4-三甲氨基丁酸)

长链脂肪酰 CoA 和肉毒碱反应,生成 CoA 和脂酰肉毒碱,脂肪酰基与肉毒碱的 3-羟基通过酯键相连接。其反应式如下:

$$脂酰\ CoA + 肉毒碱 \underset{}{\overset{肉毒碱脂酰转移酶}{\rightleftharpoons}} 脂酰肉毒碱 + HSCoA$$

$$CH_3-\underset{\underset{CH_3}{|}}{\overset{\overset{CH_3}{|}}{N^+}}-CH_2-\underset{\underset{O-CO-R}{|}}{CH}-CH_2-COO^-$$

脂酰肉毒碱

催化此反应的酶为肉毒碱脂酰转移酶(carnitine acyl transferase)。线粒体内膜的内外两侧均有此酶,是同工酶,分别称为肉毒碱脂酰转移酶 I 和肉毒碱脂酰转移酶 II。酶 I 使胞浆的脂酰 CoA 转化为 CoA 和脂肪酰肉毒碱,后者进入线粒体内膜。位于线粒体内膜内侧的酶 II 又使脂肪酰肉毒碱转化成肉毒碱和脂酰 CoA,肉毒碱重新发挥其载体功能,脂酰 CoA 则进入线粒体基质,成为脂肪酸 β-氧化酶系的底物(图 10-2)。

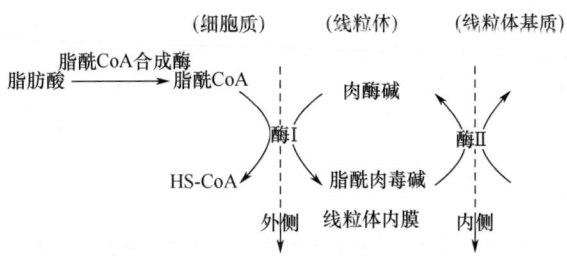

图 10-2 肉毒碱参与脂酰 CoA 转入线粒体示意图
酶 I—位于线粒体内膜外侧的肉毒碱脂酰转移酶
酶 II—位于线粒体内膜内侧的肉毒碱脂酰转移酶

长链脂酰 CoA 进入线粒体的速度受到肉毒碱脂酰转移酶 I 和酶 II 的调节,酶 I 受丙二酰 CoA 抑制,酶 II 受胰岛素抑制。丙二酰 CoA 是合成脂肪酸的原料,胰岛素通过诱导乙酰 CoA 羧化酶的合成使丙二酰 CoA 浓度增加,进而抑制酶 I。可以看出胰岛素对肉毒碱脂酰转移酶 I 和酶 II 有间接或直接抑制作用。饥饿或禁食时胰岛素分泌减少,肉毒碱脂酰转移酶 I 和酶 II 活性增高,转移的长链脂肪酸进入线粒体氧化供能。

3. β-氧化的反应过程

脂酰 CoA 在线粒体基质中进入 β-氧化要经过四步反应,即脱氢、加水、再脱氢和硫解,生成一分子乙酰 CoA 和一个少两个碳原子的新的脂酰 CoA。

第一步脱氢（dehydrogenation）反应由脂酰 CoA 脱氢酶活化，辅基为 FAD，脂酰 CoA 在 α 和 β 碳原子上各脱去一个氢原子生成具有反式双键的 α、β-烯脂酰 CoA。其反应式如下：

$$R-CH_2-CH_2-CH_2-\underset{O}{\overset{\parallel}{C}}-SCoA \xrightarrow[\text{脂酰CoA脱氢酶}]{FAD \quad FADH} R-CH_2-\underset{H}{\overset{H}{C}}=\underset{H}{\overset{}{C}}-\underset{O}{\overset{\parallel}{C}}-SCoA$$

脂酰CoA　　　　　　　　　　　　反式-Δ^2-烯脂酰CoA

第二步加水反应（hydration）由烯酰 CoA 水合酶催化，生成具有 L-构型的 β-羟脂酰 CoA。其反应式如下：

$$R-CH_2-\underset{H}{\overset{H}{C}}=\underset{H}{\overset{}{C}}-\underset{O}{\overset{\parallel}{C}}-SCoA \xrightarrow[\text{烯酰CoA水合酶}]{H_2O} R-CH_2-\underset{OH}{\overset{H}{C}}-\underset{H}{\overset{H}{C}}-\underset{O}{\overset{\parallel}{C}}-SCoA$$

反式-Δ^2-烯脂酰CoA　　　　　　　　　　L-β-羟脂酰CoA

第三步脱氢反应是在 β-羟脂酰 CoA 脱氢酶（辅酶为 NAD^+）催化下，β-羟脂肪酰 CoA 脱氢生成 β-酮脂酰 CoA。其反应式如下：

$$R-CH_2-\underset{OH}{\overset{H}{C}}-\underset{H}{\overset{H}{C}}-\underset{O}{\overset{\parallel}{C}}-SCoA \xrightarrow[\text{β-羟脂酰CoA脱氢酶}]{NAD^+ \quad NADH+H^+} R-CH_2-\underset{O}{\overset{\parallel}{C}}-\underset{H}{\overset{H}{C}}-\underset{O}{\overset{\parallel}{C}}-SCoA$$

L-β-羟脂酰CoA　　　　　　　　　　　β-酮脂酰CoA

第四步硫解（thiolysis）反应由 β-酮硫解酶催化，β-酮酯酰 CoA 在 α 和 β 碳原子之间断链，加上一分子辅酶 A 生成乙酰 CoA 和一个少两个碳原子的脂酰 CoA。其反应式如下：

$$R-CH_2-\underset{O}{\overset{\parallel}{C}}-\underset{H}{\overset{H}{C}}-\underset{O}{\overset{\parallel}{C}}-SCoA \xrightarrow{\text{硫解酶}} R-CH_2-\underset{O}{\overset{\parallel}{C}}-SCoA + CH_3-\underset{O}{\overset{\parallel}{C}}-SCoA$$

β-酮脂酰CoA　　　　　　少2个碳的脂酰CoA　　　乙酰CoA

上述四步反应与 TCA 循环中由琥珀酸经延胡索酸、苹果酸生成草酰乙酸的过程相似，只是 β-氧化的第四步反应是硫解，而草酰乙酸的下一步反应是与乙酰 CoA 缩合生成柠檬酸。长链脂酰 CoA 经上面一次循环，碳链减少两个碳原子，生成一分子乙酰 CoA，多次重复上面的循环，就会逐步生成乙酰 CoA。

脂肪酸的 β-氧化过程具有以下特点：首先要将脂肪酸活化生成脂酰 CoA，这是一个耗能过程。中、短链脂肪酸不需载体可直接进入线粒体，而长链脂酰 CoA 需要肉毒碱转运。β-氧化反应在线粒体内进行，因此没有线粒体的红细胞不能氧化脂肪酸供能。β-氧化过程中有 $FADH_2$ 和 $NADH+H^+$ 生成，这些氢要经呼吸链传递给氧生成水，需要氧参加，乙酰 CoA 的氧化也需要氧。因此，β-氧化是绝对需氧的过程。

脂肪酸 β-氧化的整个过程可用图 10-3 表示。

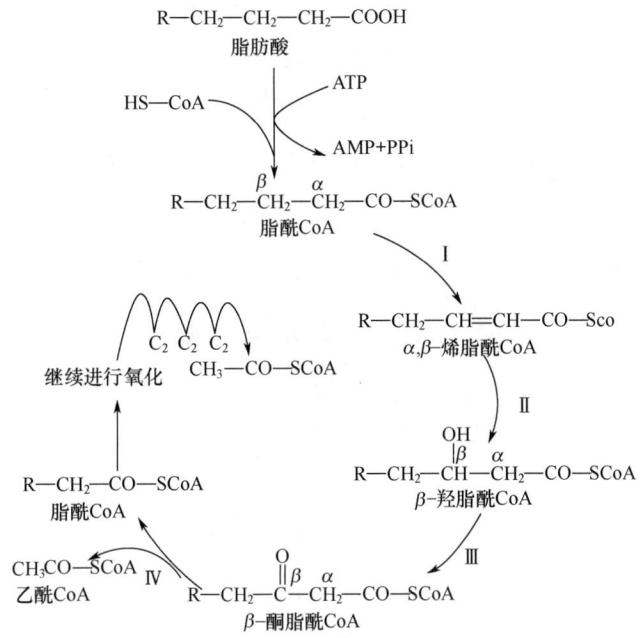

图 10-3　脂肪酸 β-氧化反应过程

Ⅰ—脂酰 CoA 脱氢酶　Ⅱ—Δ^2-烯酰 CoA 水化酶　Ⅲ— L（+）-β-羟脂酰 CoA 脱氢酶
Ⅳ—β-酮脂酰 CoA 硫解酶

（二）不饱和脂肪酸的氧化

不饱和脂肪酸的氧化与饱和脂肪酸基本相同，也经过 β-氧化而降解。但在双键处还需有另外的反应步骤。

1. 单不饱和脂肪酸的氧化降解

具有 18 碳和一个双键的油酸（oleic acid），（双键在 C_9 和 C_{10} 之间）基本上也以 β-氧化形式进行分解。它们活化后进入 β-氧化，起始的 3 个循环，完全与饱和脂肪酸相一致，当脂酰 CoA 脱氢酶遇到第 3 轮产生的 3-顺烯脂酰 CoA 时，需要顺-3-反-2-异构酶催化使其生成 2-反烯脂酰 CoA 以便进一步反应。2-反烯脂酰 CoA 加水后生成 D-β-羟脂酰 CoA，需要 β-羟脂酰 CoA 差向异构酶催化，使其由 D-构型转变成 L-构型，以便再进行脱氢反应（只有 L-β-羟脂酰 CoA 才能作为 β-羟脂酰 CoA 脱氢酶的底物）。这样，在油酰 CoA 的 β-氧化中有一处没有使用脂酰 CoA 脱氢酶，与饱和的硬脂酰 CoA 相比，少产生一个 $FADH_2$。不饱和脂肪酸完全氧化生成 CO_2 和 H_2O 时提供的 ATP 少于相同碳原子数的饱和脂肪酸。单不饱和脂肪酸的氧化降解如图 10-4 所示。

2. 多不饱和脂肪酸的氧化降解

多不饱和脂肪酸的氧化也可经过 β-氧化途径进行降解，在氧化的过程中需要烯脂酰 CoA 异构酶和 2，4-二烯酰 CoA 还原酶。以亚油酰 CoA 为例。

亚油酸（十八碳-δ^9-顺-δ^{12}-顺-二烯酸）经过三次 β-氧化后形成十二碳-δ^3-顺-δ^6-顺二烯脂酰 CoA，后者在烯脂酰 CoA 异构酶的催化下 3 位顺式转变为 2 位反式双键后继续进行

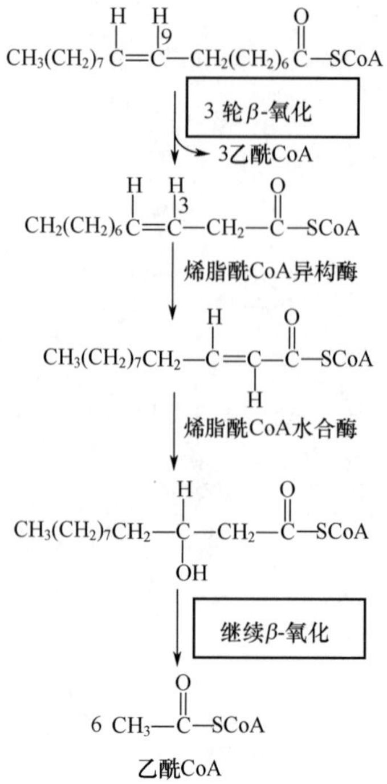

图 10-4 单不饱和脂肪酸的氧化降解

β-氧化，当释放出 1 分子乙酰 CoA 后，6 位双键转变为 4 位顺式双键，在烯脂酰 CoA 脱氢酶的作用下形成 2，4-二烯脂酰 CoA，然后又在 2，4-二烯脂酰 CoA 还原酶的作用下转变为 3 顺式双键，再次被异构酶催化生成-烯脂酰 CoA 后继续进行 β-氧化。所以，单不饱和脂肪酸要比正常 β-氧化多一种酶即异构酶，而多不饱和脂肪酸则要多两种酶，即异构酶和还原酶。

（三） 奇数碳原子脂肪酸的氧化

奇数碳原子脂肪酸主要存在于反刍动物，经过 β-氧化除生成乙酰 CoA 外还生成一分子丙酰 CoA，丙酰 CoA 经 3 步酶促反应，转变成琥珀酰 CoA，三种酶依次为丙酰 CoA 羧化酶、甲基丙二酰 CoA 差向异构酶、甲基丙二酰 CoA 变位酶。反应过程见图 10-5。

（四） 脂肪酸的 α-氧化和 ω-氧化

α-氧化是脂肪酸降解的一种方式，是指在 α-碳上的氧化。脂肪酸在微粒体中由加单氧酶和脱羧酶催化生成 α-羟脂肪酸或少一个碳原子的脂肪酸的过程称为脂肪酸的 α-氧化。长链脂肪酸由加单氧酶催化、由抗坏血酸或四氢叶酸作供氢体在 O_2 和 Fe^{2+} 参与下生成 α-羟脂肪酸，α-羟脂肪酸继续氧化脱羧就生成奇数碳原子脂肪酸。

α-氧化可以发生在游离的脂肪酸上，不需脂肪酸与 ATP 形成混酐而被活化；而且，这种过程不产生 ATP，既可在内质网发生，也可在线粒体或过氧化物酶体发生。

α-氧化作用是以具有 3~18 碳原子的游离脂肪酸作为底物，有分子氧间接参与，经脂肪酸过氧化物酶催化作用，由 α 碳原子开始氧化，氧化产物是 D-α-羟脂肪酸或少一个碳原子的脂肪酸。

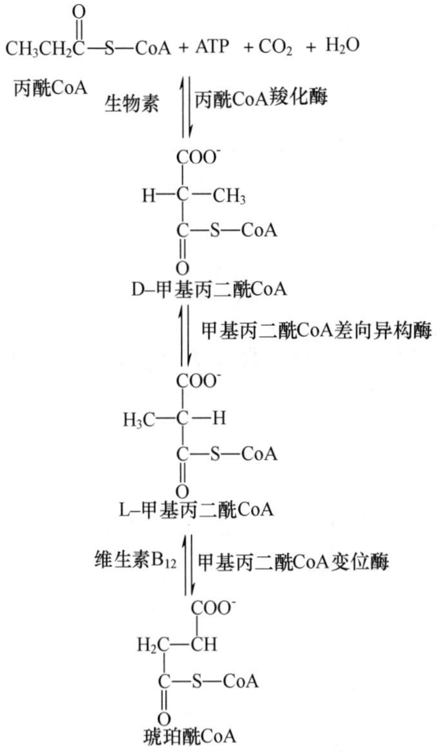

$$\text{CH}_3\text{CH}_2\overset{\text{O}}{\underset{\|}{\text{C}}}-\text{S}-\text{CoA} + \text{ATP} + \text{CO}_2 + \text{H}_2\text{O}$$

丙酰CoA 生物素 ⇅ 丙酰CoA羧化酶

D-甲基丙二酰CoA

⇅ 甲基丙二酰CoA差向异构酶

L-甲基丙二酰CoA

维生素B_{12} ⇅ 甲基丙二酰CoA变位酶

琥珀酰CoA

图 10-5 丙酰 CoA 形成琥珀酰 CoA

脂肪酸 ω-氧化酶系由羧化酶、脱氢酶、$NADP^+$、NAD^+ 及细胞色素 P_{450} 等组成。脂肪酸的 ω-甲基碳原子在脂肪酸 ω-氧化酶系作用下，羟化生成 ω-羟脂肪酸，再经 ω-醛脂肪酸生成 α, ω-二羧酸，然后在 α-端或 ω-端活化，进入线粒体进入 β-氧化，最后生成琥珀酰 CoA。

（五） 脂肪酸 β-氧化的能量计算

脂肪酸 β-氧化是体内脂肪酸分解的主要途径，脂肪酸氧化可以供应机体所需要的大量能量，以十六个碳原子的饱和脂肪酸软脂酸为例，其 β-氧化的总反应为：

$$C_{15}H_{31}CO\sim SCoA + 7FAD + 7NAD^+ + 7CoASH + 7H_2O \rightarrow 8CH_3COSCoA + 7FADH_2 + 7NADH + 7H^+$$

1 分子软脂酸进行 7 轮 β-氧化，产生 7 分子 $FADH_2$、7 分子 NADH 及 8 分子乙酰 CoA，7 分子 $FADH_2$ 提供 7×2＝14 分子 ATP，7 分子 $NADH+H^+$ 提供 7×3＝21 分子 ATP，8 分子乙酰 CoA 完全氧化提供 8×12＝96 个分子 ATP，因此 1 分子软脂酸完全氧化生成 CO_2 和 H_2O，共提供 131 分子 ATP。

软脂酸的活化过程消耗 2 分子 ATP，所以 1 分子软脂酸完全氧化可净生成 129 分子 ATP。脂肪酸氧化时释放出来的能量约有 40% 为机体利用合成高能化合物，其余 60% 以热的形式释出，热效率为 40%，说明人体能很有效地利用脂肪酸氧化所提供的能量。

四、酮体的生成与利用

酮体 (acetone bodies) 是脂肪酸在肝脏进行正常分解代谢所生成的特殊中间产物，包括乙酰乙酸（acetoacetic acid）约占 30%，β-羟丁酸（β-hydroxybutyric acid）约占 70% 和极少量的丙酮（acetone）。

在正常生理状态下，血液中酮体的含量很低，这是因为脂肪酸的氧化和糖的降解处于适当平衡，脂肪酸氧化产生的乙酰 CoA 进入三羧酸循环后被彻底氧化分解。乙酰 CoA 能否全部进入三羧酸循环，还要取决于草酰乙酸的供应能力。在长期饥饿或病理状态下，如糖尿病等，由于糖供应不足或利用率降低，机体需动员大量的脂肪酸供能，同时生成大量的乙酰 CoA。此时草酰乙酸进入糖异生途径，又得不到及时的回补而浓度降低，因此不能与乙酰 CoA 缩合成柠檬酸。在这种情况下，大量积累的乙酰 CoA 衍生为乙酰乙酸、β-羟丁酸和丙酮，如图 10-6 所示。

由于催化酮体生成的主要酶存在于肝细胞线粒体内膜上，所以肝脏为酮体生成的主要场所。糖尿病人血中、尿中的酮体含量往往会高于正常人，严重时会出现酮血症和酮尿症，导致酸中毒。

1. 酮体的生成过程

酮体是在肝细胞线粒体中生成的，其生成原料是脂肪酸 β-氧化生成的乙酰 CoA。首先是 2 分子乙酰 CoA 在硫解酶作用下脱去 1 分子 CoA，生成乙酰乙酰 CoA。其反应式如下：

$$CH_3-\overset{O}{\underset{}{C}}-SCoA + CH_3-\overset{O}{\underset{}{C}}-SCoA \xrightarrow{硫解酶} CH_3-\overset{O}{\underset{}{C}}-\overset{O}{\underset{}{C}}-C-SCoA$$

乙酰 CoA   乙酰 CoA   乙酰乙酰 CoA

在 3-羟基-3-甲基戊二酰 CoA（3-hydroxy-3-methyl glutaryl CoA，HMG-CoA）合成酶催化下，乙酰乙酰 CoA 再与 1 分子乙酰 CoA 反应，生成 HMG-CoA，并释放出 1 分子辅酶。这一步反应是酮体生成的限速步骤。其反应式如下：

$$CH_3-\overset{O}{\underset{}{C}}-CH_2-\overset{O}{\underset{}{C}}-SCoA + CH_3-\overset{O}{\underset{}{C}}-SCoA \xrightarrow[\text{HMG-CoA合成酶}]{H_2O \quad CoASH} {}^-OOC-CH_2-\underset{\underset{CH_3}{|}}{\overset{\overset{OH}{|}}{C}}-CH_2-\overset{O}{\underset{}{C}}-S-CoA$$

乙酰乙酰 CoA   乙酰 CoA   3-羟基-3-甲基戊二酰 CoA

HMG-CoA 裂解酶催化 HMG-CoA 生成乙酰乙酸和乙酰 CoA，后者可再用于酮体的合成。其反应式如下：

$${}^-OOC-CH_2-\underset{\underset{CH_3}{|}}{\overset{\overset{OH}{|}}{C}}-CH_2-\overset{O}{\underset{}{C}}-S-CoA \xrightarrow{\text{HMG-CoA裂解酶}} CH_3-\overset{O}{\underset{}{C}}-SCoA + {}^-OOC-CH_2-\overset{O}{\underset{}{C}}-CH_3$$

3-羟基-3-甲基戊二酰 CoA   乙酰 CoA   乙酰乙酸

线粒体中的 β-羟丁酸脱氢酶催化乙酰乙酸加氢还原（NADH+H$^+$ 作供氢体），生成 β-羟丁酸，此还原速度决定于线粒体中 [NADH+H$^+$] / [NAD$^+$] 的比值，少量乙酰乙酸自行脱羧生成丙酮。其反应式如下：

$$H_3C-\underset{OH}{\underset{|}{CH}}-CH_2-COO^- \xrightarrow[\text{羟丁酸脱氢酶}]{NADP^+ \quad H^+ + NADPH} {}^-OOC-CH_2-\underset{\underset{\displaystyle O}{\|}}{C}-CH_3 \xrightarrow[-CO_2]{H_2O} CH_3-\underset{\underset{\displaystyle O}{\|}}{C}-CH_3$$

D-β-羟丁酸　　　　　　　　　　乙酰乙酸　　　　　　　　　　丙酮

上述酮体生成过程实际上是一个循环过程，又称雷宁循环（lynen cycle），2分子乙酰CoA通过此循环生成1分子乙酰乙酸（图10-6）。

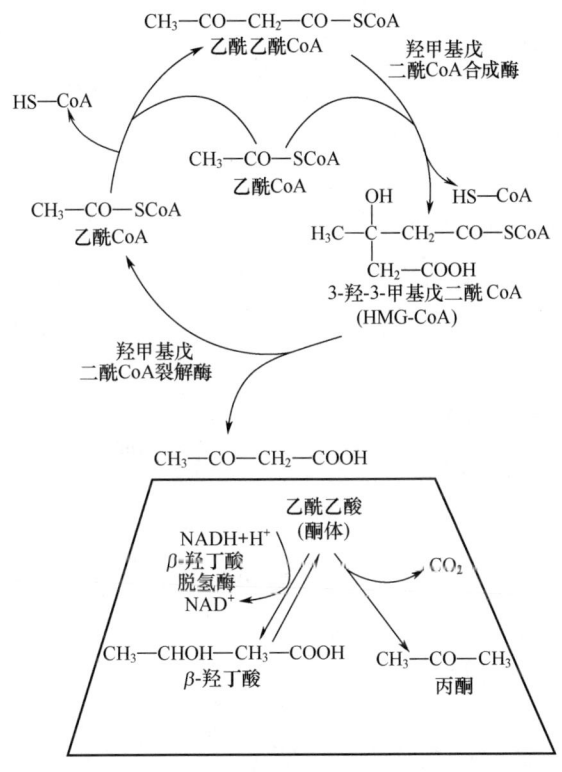

图 10-6　肝脏内酮体的生成

酮体生成后迅速透过肝线粒体膜和细胞膜进入血液，转运至肝外组织利用。

2. 酮体的利用过程

肝内产生的酮体通过血液循环被运送至肝外组织利用。心肌、肾上腺皮质和脑组织等在糖供应不足时，都可以酮体为主要燃料。特别是脑细胞，在正常情况下，主要以葡萄糖为燃料，但是在长期饥饿或糖尿病状态下，脑中约75%的燃料来自酮体。酮体可通过图10-7所示的途径被利用。

骨骼肌、心肌和肾脏中有琥珀酰CoA转硫酶（succinyl CoA thiophorase），在琥珀酰CoA存在时，此酶催化乙酰乙酸活化生成乙酰乙酰CoA。其反应式如下：

$$\text{乙酰乙酸} + \text{琥珀酰CoA} \xrightleftharpoons{\text{琥珀酰CoA转硫酶}} \text{琥珀酸} + \text{乙酰乙酰CoA}$$

心肌、肾脏和脑中还有硫激酶,在有 ATP 和 CoA 存在时,此酶催化乙酰乙酸活化成乙酰乙酰 CoA。其反应式如下:

$$\text{乙酰乙酸} + \text{CoA—SH} \xrightarrow[\text{硫激酶}]{\text{ATP} \quad \text{AMP + PPi}} \text{乙酰乙酰 CoA}$$

经上述两种酶催化生成的乙酰乙酰 CoA 在硫解酶作用下,分解成 2 分子乙酰 CoA,乙酰 CoA 主要进入三羧酸循环氧化分解。其反应式如下:

$$\text{乙酰乙酰 CoA} \xrightarrow[\text{硫解酶}]{\text{CoASH}} 2\ CH_3-\overset{O}{\underset{\|}{C}}-SCoA \xrightarrow{\text{三羧酸循环}} CO_2 + H_2O$$

丙酮除随尿排出外,有一部分直接从肺呼出,代谢上不占重要地位,肝外组织利用乙酰乙酸和 β-羟丁酸的过程可用图 10-7 表示。

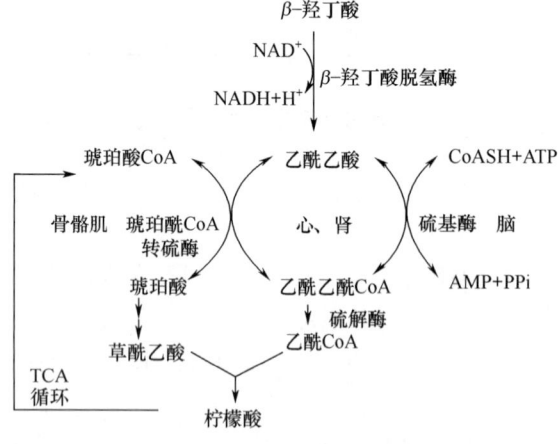

图 10-7 酮体利用过程

肝细胞中没有琥珀酰 CoA 转硫酶和乙酰乙酸硫激酶,所以肝细胞不能利用酮体。

第二节 脂肪的合成代谢

一、甘油的生物合成

甘油的合成在细胞质中进行，由糖酵解的中间产物磷酸二羟丙酮还原而成。反应式如下：

$$\underset{\text{磷酸二羟丙酮}}{\begin{array}{c}H_2C-OH\\|\\O=C\\|\\H_2C-OPO_3^{2-}\end{array}} \xrightarrow[\text{磷酸甘油脱氢酶}]{NADH+H^+ \quad NAD^+} \underset{\text{3-磷酸甘油}}{\begin{array}{c}H_2C-OH\\|\\HO-CH\\|\\H_2C-OPO_3^{2-}\end{array}} \xrightarrow[\text{磷酸酯酶}]{H_2O \quad Pi} \underset{\text{甘油}}{\begin{array}{c}H_2C-OH\\|\\HO-CH\\|\\H_2C-OH\end{array}}$$

在甘油和脂肪酸缩合成脂肪时，所需的底物是3-磷酸甘油，而不是游离的甘油。

二、脂肪酸的生物合成

1. 饱和脂肪酸的合成

高等动物脂肪酸合成最活跃的组织是脂肪组织、肝脏和乳腺脂肪。脂肪酸合成的起始原料乙酰CoA主要来自糖酵解产物丙酮酸。脂肪酸合成主要部位在胞液，称为脂肪酸非线粒体合成途径。该途径的终产物是软脂酸，故又称软脂酸合成途径。由软脂酸可进一步转化成其他长链脂肪酸和单不饱和脂肪酸。脂肪酸的合成途径与分解途径完全不同。

（1）乙酰CoA的转运　乙酰CoA可由糖氧化分解或由脂肪酸、酮体和蛋白分解生成，生成乙酰CoA的反应均发生在线粒体中，而脂肪酸的合成部位是胞浆，因此乙酰CoA必须由线粒体转运至胞浆。但是乙酰CoA不能自由通过线粒体膜，需要通过一个柠檬酸-丙酮酸循环（citrate pyruvate cycle）来完成乙酰CoA由线粒体到胞浆的转移，如图10-8所示。

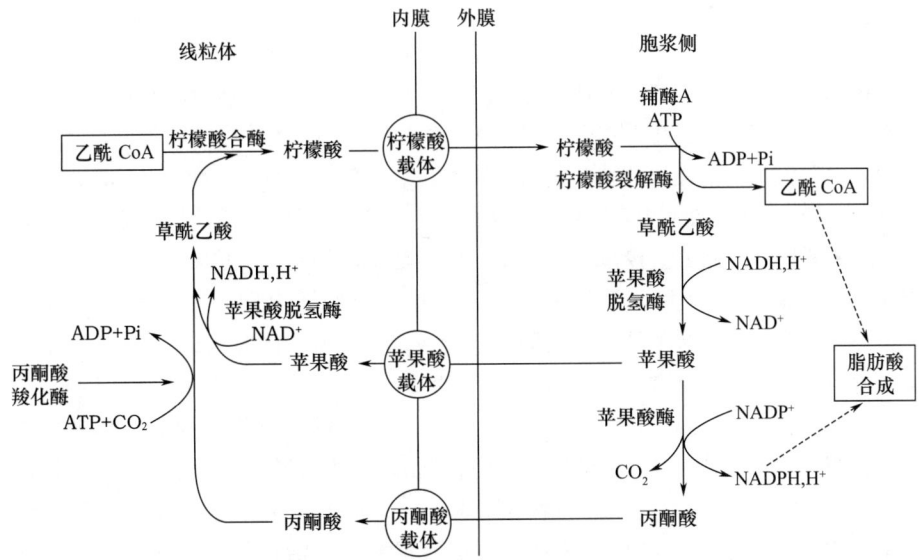

图10-8　乙酰CoA的柠檬酸-丙酮酸穿梭

首先在线粒体内，乙酰 CoA 与草酰乙酸经柠檬酸合成酶催化，缩合生成柠檬酸，再由线粒体内膜上相应载体协助进入胞液，在胞液内存在的柠檬酸裂解酶（citrate lyase）可使柠檬酸裂解产生乙酰 CoA 及草酰乙酸。前者即可用于生成脂肪酸，后者可返回线粒体补充合成柠檬酸时的消耗。但草酰乙酸也不能自由通透线粒体内膜，故必须先经苹果酸脱氢酶催化，还原成苹果酸再经线粒体内膜上的载体转运入线粒体，经氧化后补充草酰乙酸。也可在苹果酸酶作用下，氧化脱羧生成丙酮酸，同时伴有 NADPH 的生成。丙酮酸可经内膜载体被转运入线粒体内，此时丙酮酸可再羧化转变为草酰乙酸。每经柠檬酸丙酮酸循环一次，可使一分子乙酰 CoA 由线粒体进入胞液，同时消耗两分子 ATP，还为机体提供了 NADPH 以补充合成反应的需要。

（2）丙二酸单酰 CoA 的合成　脂肪酸合成是二碳单位的延长过程，逐加的二碳单位并不是直接来源于乙酰 CoA，而是乙酰 CoA 的羧化产物丙二酸单酰 CoA。其反应式如下：

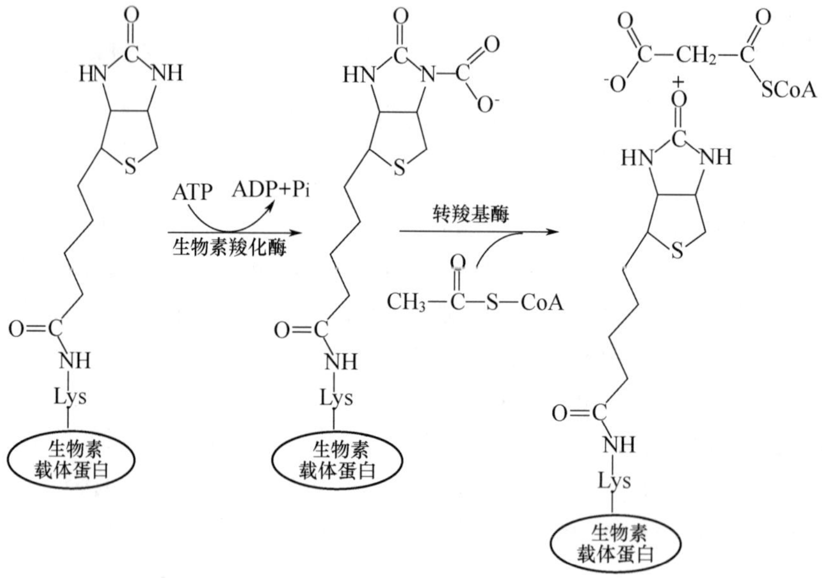

此步反应为脂肪酸合成的限速步骤。催化这一反应的酶是乙酰 CoA 羧化酶（ACC），辅基为生物素。该酶由 3 个多肽链构成，分别称为生物素载体蛋白、生物素羧化酶和转羧基酶。在细菌中，这 3 个多肽链分离存在；在动物中，结合成一个多功能酶；植物中则两种形式都存在。它们都含有一个以共价键与酶的赖氨酸残基相结合的生物素辅基。来源于碳酸（HCO_3^-）的羧基，借助 ATP 降解为 ADP+Pi 的推动力转移到载体蛋白的生物素辅基上。生物素辅基起着 CO_2 临时载体的作用，随后由转羧基酶将 CO_2 转移到乙酰 CoA 分子上，形成丙二酸单酰 CoA。

乙酰 CoA 羧化酶严格控制着脂肪酸合成的速度，当酶活力升高时产生大量丙二酸单酰 CoA，为脂肪酸合成提供充足的原料，使脂肪酸合成走向旺盛。同时丙二酸单酰 CoA 可抑制肉碱酰基转移酶 Ⅰ 的活性，阻断脂肪酸进入线粒体的转运，使脂肪酸的氧化分解停止。

乙酰 CoA 羧化酶受别构调节和共价修饰调节。柠檬酸可使酶从无活性的单体转变为有活性的多聚体，脂肪酸合成的终产物软脂酰 CoA 通过抑制多聚体的形成而抑制其活性。植物和原核生物如大肠杆菌的乙酰 CoA 羧化酶不被柠檬酸激活。乙酰 CoA 羧化酶受磷酸化和脱磷酸化调节：①胰高血糖素和肾上腺素可使乙酰 CoA 羧化酶保持在无活性的磷酸化状态，从而抑制脂肪酸的合成，相反胰岛素可激活该酶；②乙酰 CoA 羧化酶受 AMP 和 ATP 水平的调节。当体内能荷水平低时，AMP 浓度升高并激活 AMP-活化的蛋白激酶（注：AMP-活化的蛋白激酶不同于 cAMP-活化的蛋白激酶，前者与能量代谢有关，受能荷水平的调节；后者与信号转导有关），使羧化酶磷酸化而失活，从而抑制脂肪酸的合成，减少能量的消耗。

（3）乙酰 ACP 和丙二酸单酰-ACP 的合成　在脂肪酸合成过程中，不同长度的脂肪酸中间产物是在酰基载体蛋白（acyl carrier protein，ACP）的携带下进行逐步延长的。酰基载体蛋白在脂肪酸合成中的作用犹如 CoA 在脂肪酸降解中的作用。它的辅基是磷酸泛酰巯基乙胺，该辅基的磷酸基团与 ACP 多肽的 Ser 残基以磷酸酯键相接。磷酸泛酰巯基乙胺的另一端为—SH 基团，与脂酰基形成硫酯键。这样构成一个长的摆臂，可把脂酰基在一个酶反应后转移到另一个酶。磷酸泛酰巯基乙胺又是 CoA 的一部分，它在脂肪酸的降解中也起重要作用。ACP 结构如图 10-9 所示。

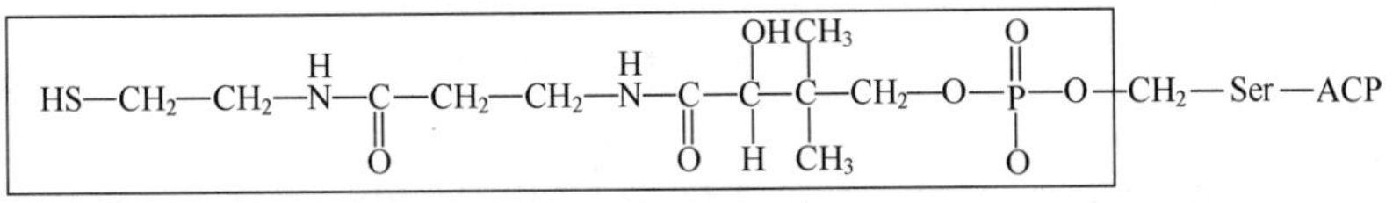

$$HS-CH_2-CH_2-N\overset{H}{\underset{O}{C}}-CH_2-CH_2-N\overset{H}{\underset{O}{C}}-\overset{OH}{\underset{H}{C}}\overset{CH_3}{\underset{CH_3}{C}}-CH_2-O-\overset{O}{\underset{O}{P}}-CH_2-Ser-ACP$$

图 10-9　磷酸泛酰巯基乙胺是酰基载体蛋白 ACP 的活性基团

在丙二酸单酰/乙酰 CoA-ACP 转移酶催化下，乙酰 CoA 与 ACP 活性基团的—SH 共价连接形成乙酰-ACP，然后乙酰基被转移至 β-酮脂酰—ACP 合酶（KS）的 Cys-SH 上。其反应式如下：

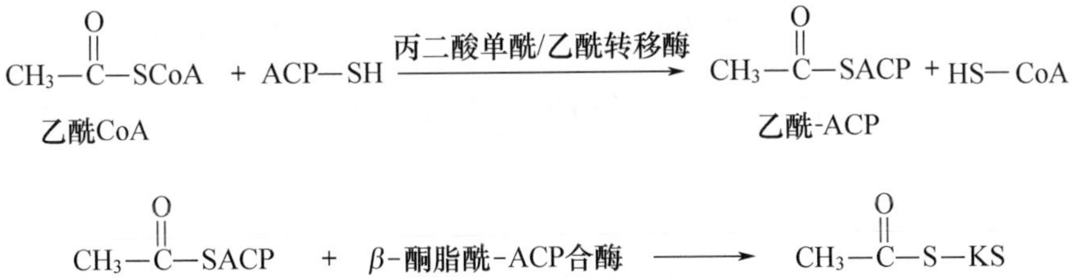

$$CH_3-\overset{O}{\underset{}{C}}-SCoA + ACP-SH \xrightarrow{\text{丙二酸单酰/乙酰转移酶}} CH_3-\overset{O}{\underset{}{C}}-SACP + HS-CoA$$
乙酰CoA　　　　　　　　　　　　　　　　　　　　　　乙酰-ACP

$$CH_3-\overset{O}{\underset{}{C}}-SACP + \beta\text{-酮脂酰-ACP合酶} \longrightarrow CH_3-\overset{O}{\underset{}{C}}-S-KS$$

同时在丙二酸单酰/乙酰 CoA-ACP 转移酶催化下，丙二酸单酰 CoA 与 ACP 活性基团的—SH 共价连接形成丙二酸单酰 ACP。其反应式如下：

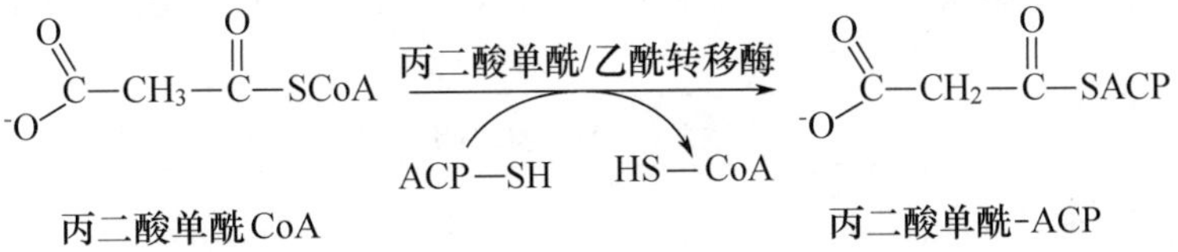

$$\overset{O}{\underset{}{C}}-CH_3-\overset{O}{\underset{}{C}}-SCoA \xrightarrow[\text{ACP-SH　HS-CoA}]{\text{丙二酸单酰/乙酰转移酶}} \overset{O}{\underset{}{C}}-CH_2-\overset{O}{\underset{}{C}}-SACP$$
丙二酸单酰CoA　　　　　　　　　　　　　　　　　丙二酸单酰-ACP

（4）软脂酸合成　软脂酸经 7 次缩合、还原、脱水、再还原基本反应循环合成，与各种脂肪酸生物合成过程基本相似，经反复加成反应完成，每次（缩合—还原—脱水—再还原）循环延长 2 个碳原子。16 碳软脂酸合成需经 7 次循环反应。

催化大肠杆菌脂肪酸合成的是脂肪酸合酶复合体，其结构模式如图 10-10 所示。其核心由 7 种独立的酶/多肽组成，这 7 种多肽包括酰基载体蛋白（ACP）、β-乙酰 CoA-ACP 转酰基酶（乙酰基转移酶）、β-酮脂酰-ACP 合酶（β-酮脂酰合酶）、丙二酸单酰 CoA-ACP 转酰基酶（丙二酸单酰转移酶）、β-酮脂酰-ACP 还原酶（脂酰还原酶）、β-羟脂酰-ACP 脱水酶（脱水酶）及烯脂酰-ACP 还原酶（烯脂酰还原酶）。

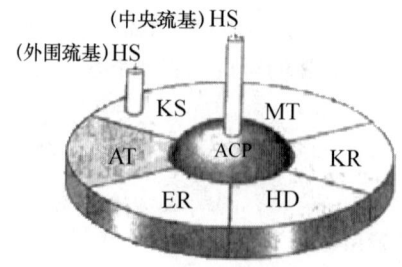

图 10-10 大肠杆菌脂肪酸合酶复合体结构模式图

AT：β-乙酰 CoA-ACP 转酰基酶　KS：β-酮脂酰-ACP 合酶　MT：丙二酸单酰 CoA-ACP 转酰基酶
KR：β-酮脂酰-ACP 还原酶　HD：β-羟脂酰-ACP 脱水酶　ER：烯脂酰-ACP 还原酶
ACP：酰基载体蛋白

① 缩合反应：在 β-酮脂酰-ACP 合酶的催化下，乙酰基与丙二酸单酰-ACP 缩合生成乙酰乙酰-ACP，同时释放出一分子 CO_2，脱羧时产生的能量供缩合反应需要。其反应式如下：

$$CH_3-\overset{O}{\overset{\|}{C}}-S-KS + \overset{O}{\overset{\|}{\underset{O^-}{C}}}-CH_2-\overset{O}{\overset{\|}{C}}-SACP \xrightarrow[CO_2+ACP]{缩合} CH_3-\overset{O}{\overset{\|}{C}}-CH_2-\overset{O}{\overset{\|}{C}}-S-ACP$$

丙二酸单酰-ACP　　　　　　　　　　乙酰乙酰-ACP

② 第一次还原：乙酰乙酰-ACP 在 β-酮脂酰-ACP 还原酶作用下还原为 D-β-羟脂酰-ACP。其反应式如下：

$$CH_3-\overset{O}{\overset{\|}{C}}-CH_2-\overset{O}{\overset{\|}{C}}-S-ACP \xrightarrow[NADPH+H^+ \quad NADP^+]{β-酮脂酰-ACP还原酶} H_3C-\overset{H}{\overset{|}{\underset{OH}{C}}}-CH_2-\overset{O}{\overset{\|}{C}}-S-ACP$$

乙酰乙酰-ACP　　　　　　　　　　　　D-β-羟脂酰-ACP

③ 脱水反应：β-羟脂酰-ACP 在羟脂酰-ACP 脱水酶的作用下形成烯脂酰-ACP。

$$H_3C-\overset{H}{\overset{|}{\underset{OH}{C}}}-CH_2-\overset{O}{\overset{\|}{C}}-S-ACP \xrightarrow{羟脂酰-ACP脱水酶} H_3C-\overset{H}{\overset{|}{C}}=\overset{}{C}-\overset{O}{\overset{\|}{C}}-S-ACP$$

D-β-羟脂酰-ACP　　　　　　　　　　　　烯脂酰-ACP

④ 第二次还原：在烯脂酰-ACP 还原酶的作用下，烯脂酰-ACP 被还原为丁酰-ACP。

$$H_3C-\overset{H}{\overset{|}{C}}=\overset{}{\underset{H}{C}}-\overset{O}{\overset{\|}{C}}-S-ACP \xrightarrow[NADPH+H^+ \quad NADP^+]{烯脂酰-ACP还原酶} H_3C-CH_2-CH_2-\overset{O}{\overset{\|}{C}}-S-ACP$$

烯脂酰-ACP　　　　　　　　　　　　　丁酰-ACP

丁酰-ACP 的合成完成了脂肪酸合成的第一次循环，第二次循环是丁酰-ACP 与丙二酸单酰-ACP 进行缩合，依此类推，每次延长 2 个碳原子。每合成 1mol 软脂酰-ACP 需循环 7 次，最后形成的软脂酰-ACP 在硫酯酶的作用下，水解释放出游离脂肪酸。在真核生物和原核生物中（如 E. Coli），虽然脂肪酸合酶的结构形式不同，但脂肪酸合成的四步反应在所有生物体中都是相同的。

哺乳类动物脂肪酸合酶是由两个相同亚基（M_r = 240ku）首尾相连形成的二聚体（M_r = 480ku）。两个亚基的功能是相互独立的，因为任意一个亚基的全部活性位点突变而失去活性时，影响的只是脂肪酸合成量减少。每个亚基含有 3 个结构域。结构域 1 含有乙酰基转移酶、丙二酸单酰转移酶及 β-酮脂酰合酶，与底物的"进入"、缩合反应相关。结构域 2 含有 β-酮脂酰还原酶、β-羟脂酰脱水酶及烯脂酰还原酶，催化还原反应，该结构域还含有一个肽段——酰基载体蛋白（ACP）。结构域 3 含有硫酯酶，与脂肪酸的释放有关。3 个结构域之间由柔性的区域连接，使结构域可以移动，利于几个酶之间的协调、连续作用。脂肪酸合酶以多功能肽链的结构形式存在，不仅脂肪酸合成效率增加，而且软脂酸（16C）是唯一产物，没有任何中间体形成。哺乳类动物软脂酸合成途径如图 10-11 所示。

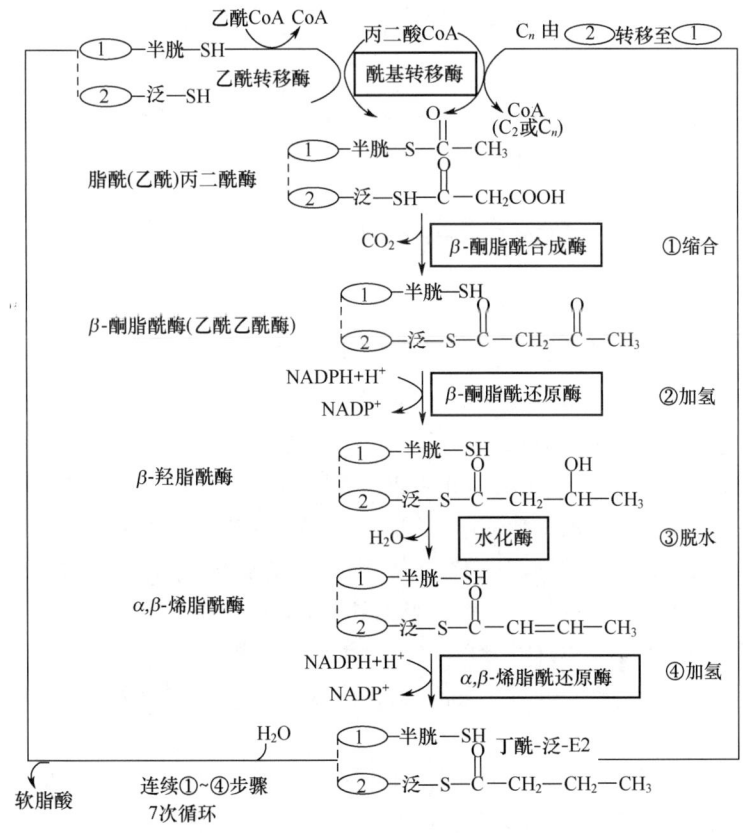

图 10-11 哺乳动物软脂酸的生物合成

丁酰-泛-E2 是哺乳动物脂肪酸合酶复合体催化合成的第一轮产物。通过这一轮反应，即酰基转移、缩合、还原、脱水、再还原等步骤，产物碳原子由 2 个增加至 4 个。然后，丁酰由 E1-

泛-SH（ACP）的—SH 转移至 E2-半胱-SH，E1-泛-SH 又可与另一丙二酸单酰基结合，进行缩合、还原、脱水、再还原等步骤的第二轮循环。经 7 次循环后，生成 16 碳软脂酰-E2；由硫酯酶水解，软脂酸从脂肪酸合酶复合体释放。

奇数碳脂肪酸以相同的步骤进行合成，但起始物为两个丙二酸单酰-ACP。

合成 1mol 软脂酸（16C）的总反应式如下：

$$8 \text{乙酰 CoA} + 14\text{NADPH} + 7\text{ATP} + 14\text{H}^+ \longrightarrow \text{软脂酸} + 8\text{CoASH} + 14\text{NADP}^+ + 7\text{ADP} + 7\text{Pi} + 7\text{H}_2\text{O}$$

脂肪酸的合成与分解比较如表 10-1 所示。

表 10-1　　脂肪酸合成和分解的比较

项目	合成代谢	分解代谢
反应最活跃时期	高糖膳食后	饥饿
刺激激素	胰岛素/胰高血糖素高比值	胰岛素/胰高血糖素低比值
主要组织定位	肝脏为主	肌肉、肝脏
亚细胞定位	胞浆	线粒体为主
酰基载体	柠檬酸（线粒体到胞浆）	肉毒碱（胞浆到线粒体）
含磷酸酰疏基乙胺的活性载体	酰基载体蛋白区，CoA	CoA
氧化还原辅因子	NADPH	NAD^+，FAD
二碳供体；产物	丙二酰 CoA；酰基供体	乙酰 CoA：产物
激活剂	柠檬酸	ADP，AMP，Pi
抑制剂	脂酰 CoA（抑制乙酰 CoA 羧化酶）	丙二酰 CoA（抑制肉毒碱酰基转移酶）
反应产物	软脂酸	乙酰 CoA

（5）脂肪酸的延长　在真核生物中，β-酮脂酰-ACP 缩合酶对链长有专一性，它接受 14 碳酰基的活力最强，所以在大多数情况下仅限于合成软脂酸。另外软脂酰 CoA 对脂肪酸的合成也有反馈抑制作用。这样 16 碳以上的饱和脂肪酸和不饱和脂肪酸是通过进一步的延长反应合成的。脂肪酸碳链的延长可在滑面内质网和线粒体中经脂肪酸延长酶体系催化完成。

在内质网，软脂酸延长是以丙二酰 CoA 为二碳单位的供体，由 $\text{NADPH}+\text{H}^+$ 供氢，也经缩合、加氢、脱水、再加氢等过程延长碳链，与胞液中脂肪酸合成过程基本相同。但催化反应的酶体系不同，其脂肪酰基不是以 ACP 为载体，而是与 CoA 相连参加反应。除脑组织外一般以合成硬脂酸（18C）为主，脑组织因含其他酶，故可延长至 24 碳的脂肪酸，供脑中脂类代谢需要。

在线粒体，软脂酸经线粒体脂肪酸延长酶体系作用，与乙酰 CoA 缩合逐步延长碳链，其过程与脂肪酸 β-氧化逆行反应相似，仅烯脂酰 CoA 还原酶的辅酶为 $\text{NADPH}+\text{H}^+$ 与 β-氧化过程不同。通过此种方式一般可延长脂肪酸碳链至 24 或 26 碳，但以硬脂酸最多。

2. 不饱和脂肪酸的合成

真核生物不饱和脂肪酸的合成是在去饱和酶系的作用下，在已合成的饱和脂肪酸中引入双键的过程。去饱和作用也是在内质网膜上进行的氧化反应，需要 NADH（或 NADPH）和分子氧的参加，如图 10-12 所示。

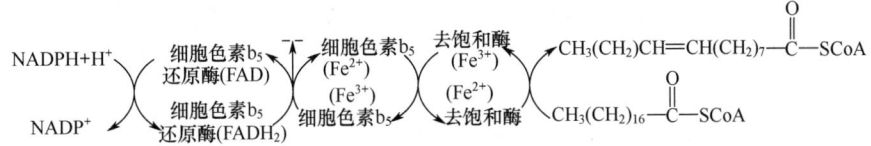

图 10-12　不饱和脂肪酸的形成

人和动物组织含有的不饱和脂肪酸主要为棕榈酸（$16:1\triangle^9$）、油酸（$18:1\triangle^9$）、亚油酸（$18:2\triangle^{9,12}$）、亚麻酸（$18:3\triangle^{9,12,15}$）、花生四烯酸（$20:4\triangle^{5,8,11,14}$）等。其中最普通的单不饱和脂肪酸——棕榈酸和油酸可由相应的脂肪酸活化后经去饱和酶（acyl CoA desaturase）催化脱氢生成。催化双键形成的酶称为脂酰 CoA 去饱和酶。该酶是一种混合功能氧化酶，它的催化反应需要 NADPH 和 O_2。它与细胞色素 b、还原酶（黄素蛋白）和细胞色素 b_5 三者结合在光面内质网膜上构成一个电子传递体系。细胞色素 b_5 还原酶将一对电子从 NADPH 通过 FAD 转移到细胞色素 b_5。被还原的细胞色素 b_5 的氧化通过去饱和酶的非血红素铁原子（$Fe^{3+}—Fe^{2+}$），Fe^{3+} 从细胞色素 b_5 接受一对电子（逐个地接收），同时使饱和脂肪酸的 9、10 位之间形成顺式不饱和双键。去饱和作用的全部反应如图 10-12 所示。

因脂酰 CoA 去饱和酶只催化在 $\triangle^9$ 形成双键，而不能在 C_{10} 与末端甲基之间形成双键，故亚油酸（linoleate）、亚麻酸（linolenate）及花生四烯酸（arachidonate）在体内不能合成或合成不足（图 10-13）。但它们又是机体不可缺少的，所以必须由食物供给，因此，称为必需脂肪酸（essential fatty acid）。植物组织含有可以在 C_{10} 与末端甲基间形成双键（即 ω-3 和 ω-6）的去饱和酶，能合成以上 3 种多不饱和脂肪酸。当食入亚油酸后，在动物体内经碳链加长及去饱和后，可生成花生四烯酸。

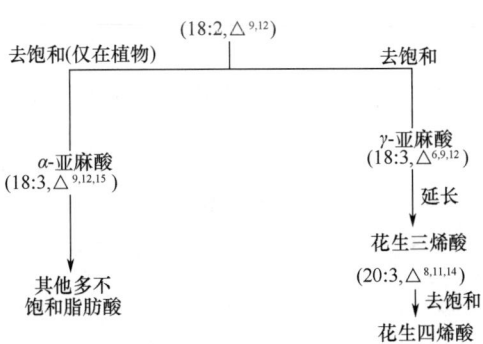

图 10-13　花生四烯酸的合成

三、甘油三酯（脂肪）的合成

肝脏和脂肪组织是合成甘油三酯最活跃的组织。合成甘油三酯的原料是 3-磷酸甘油和脂酰 CoA，由 3-磷酸甘油逐步与 3 分子脂酰 CoA 缩合生成的。催化甘油三酯合成的酶是甘油磷酸脂酰转移酶、磷脂酸磷酸酶、甘油二酯转酰基酶。合成途径如图 10-14 所示。

（1）磷脂酸的生成　3-磷酸甘油先后与 2 分子脂酰 CoA 缩合形成磷脂酸，反应由磷酸甘油脂酰转移酶催化。

（2）二酰甘油的生成　磷脂酸在磷酸酶催化下脱去磷酸生成二酰甘油。

（3）三酰甘油的生成　二酰甘油与1分子脂酰CoA缩合形成三酰甘油，反应由二酰甘油脂酰转移酶催化。

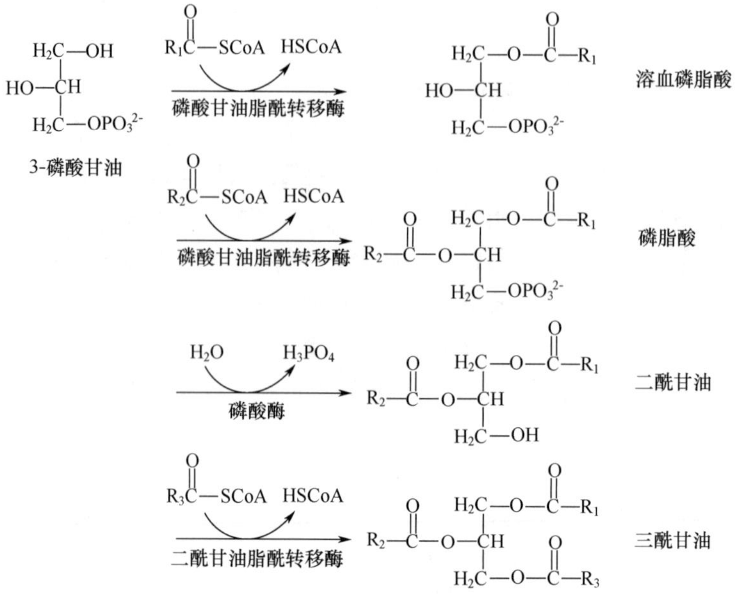

图 10-14　三酰甘油的生物合成

第三节　磷脂和鞘脂的代谢

一、磷脂的代谢

1. 磷脂的分解

磷脂在磷脂酶的作用下进行分解，主要磷脂酶有 A_1、A_2、C 和 D。磷脂酶的特异性，如图 10-15 所示。磷脂的水解产物脂肪酸可以进入 β-氧化或被再利用合成脂肪；甘油可进入酵解或糖异生途径；磷酸可进入糖代谢或钙、磷代谢；含氮化合物分别进入自己的代谢途径或合成新的磷脂。磷脂的水解是在溶酶体中进行的。

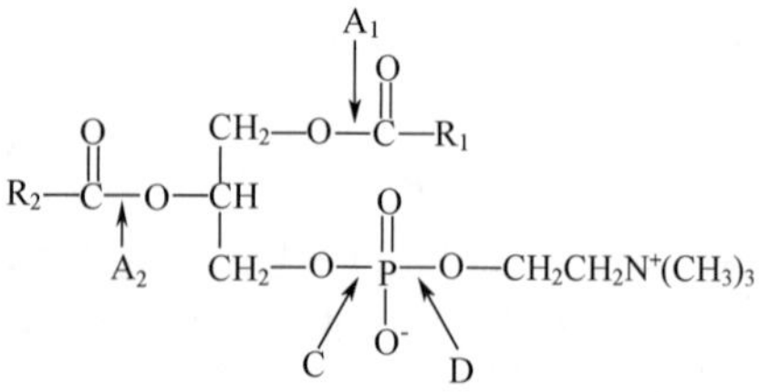

2. 磷脂的合成

（1）甘油磷脂合成的原料　甘油磷脂合成的基本原料包括甘油、脂肪酸、磷酸盐、胆胺、胆碱、丝氨酸、肌醇等。甘油磷脂合成还需 ATP、CTP。ATP 供能，CTP 参与乙醇胺、胆碱、甘油

图 10-15　磷脂酶的特异性

二酯活化，形成 CDP-乙醇胺、CDP-胆碱、CDP-甘油二酯等活化中间物。图 10-16 和图 10-17 所示为 CDP-乙醇胺和 CDP-胆碱的合成。产生活化中间物的反应式如下：

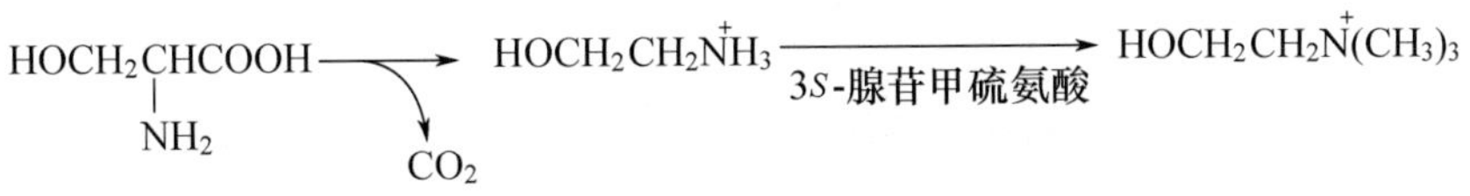

丝氨酸　　　　乙醇胺　　　　胆碱

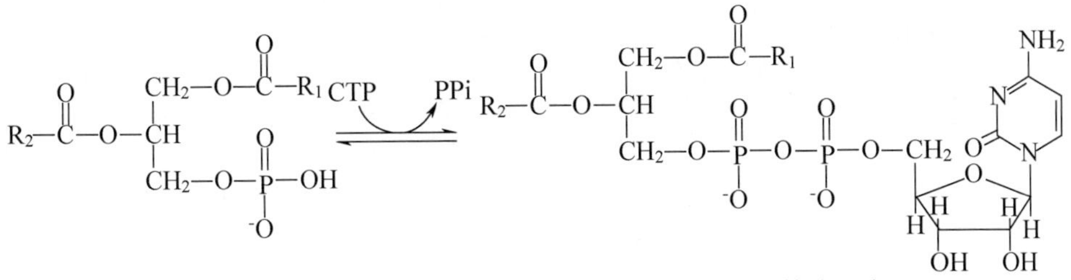

磷脂酸　　　　CDP-甘油二酯

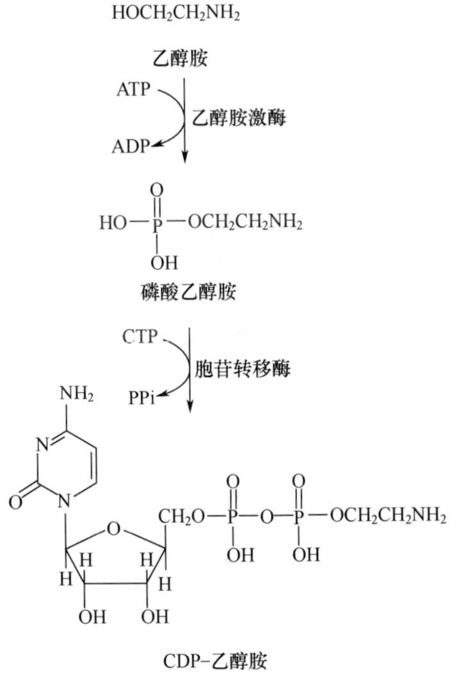

图 10-16　CDP-乙醇胺的合成图

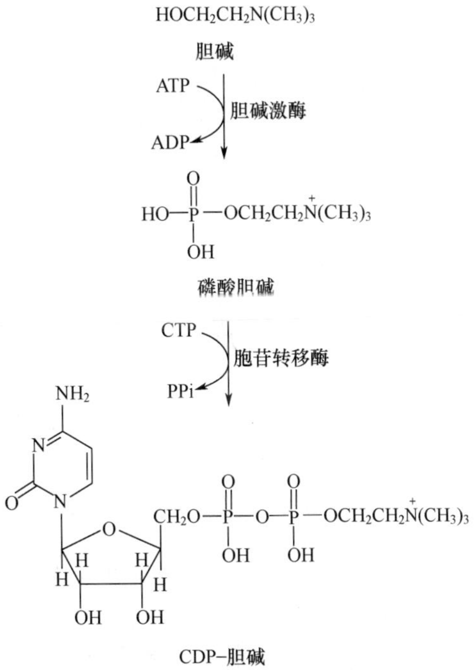

图 10-17　CDP-胆碱的合成

在真核细胞，磷脂的合成发生在光面内质网膜表面和线粒体内膜。不同磷脂的合成途径虽有所不同，但都是以胞嘧啶核苷酸为载体。

（2）甘油磷脂的 2 条合成途径　磷脂酰丝氨酸、磷脂酰肌醇、心磷脂通过 CDP-甘油二酯途径合成：以磷脂酸为前体与 CTP 反应生成 CDP-甘油二酯、丝氨酸、肌醇等无须活化，然后以 CDP-甘油二酯为活性中间体与丝氨酸、肌醇或磷脂酰甘油缩合，生成磷脂酰丝氨酸、磷脂酰肌醇及二磷脂酰甘油（心磷脂），如图 10-18 和图 10-19 所示。

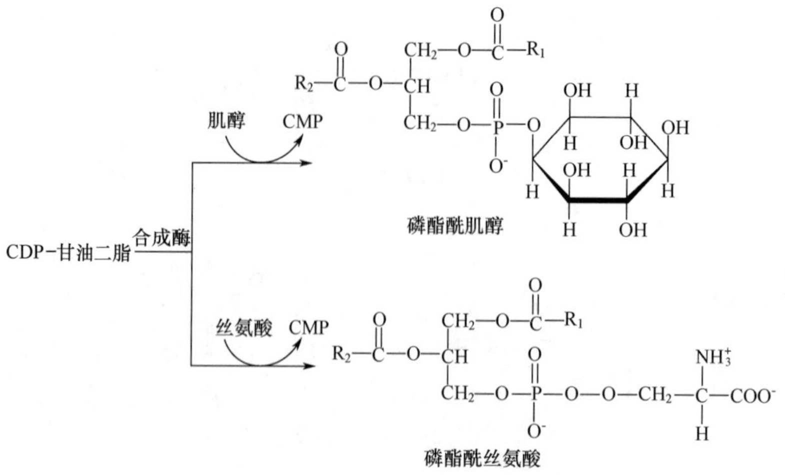

图 10-18 磷脂酰丝氨酸和磷脂酰肌醇的合成

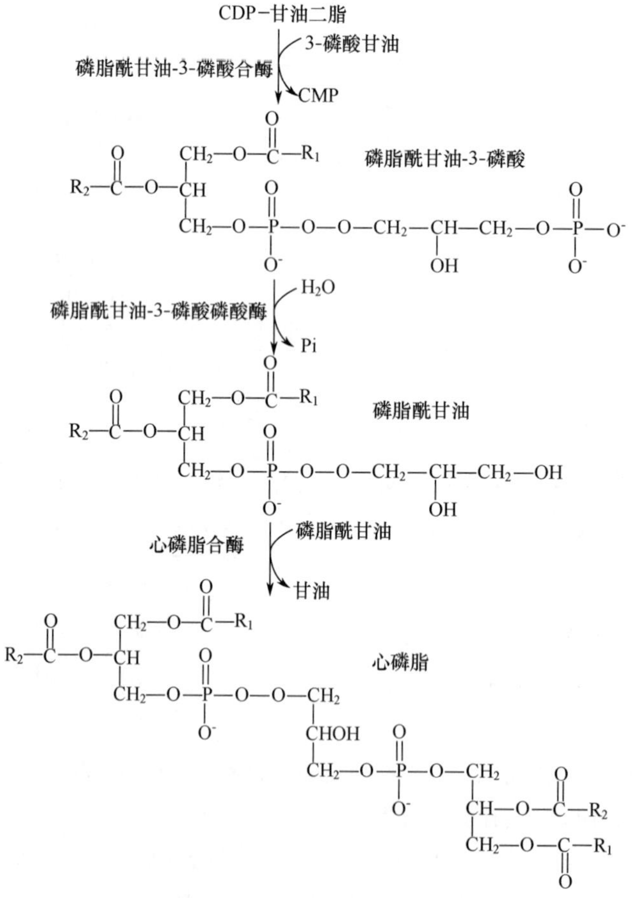

图 10-19 心磷脂的合成

磷脂酰胆碱和磷脂酰乙醇胺通过甘油二酯途径合成：以甘油二酯为前体分别与 CDP-乙醇胺和 CDP-胆碱作用生成磷脂酰乙醇胺和磷脂酰胆碱。在这一反应中，活性中间体是 CDP-胆碱和 CDP-乙醇胺（图 10-20）。

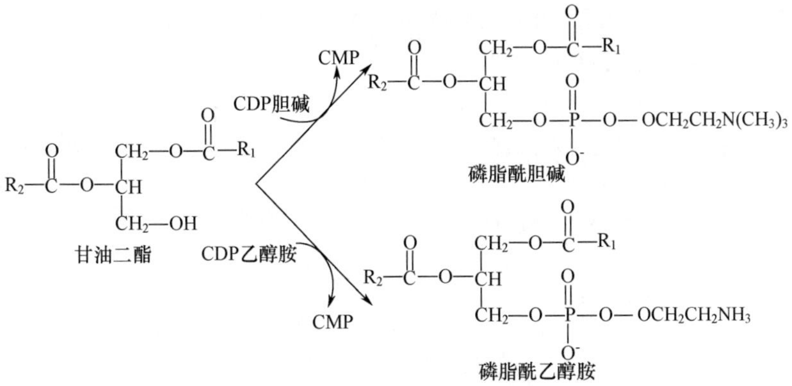

图 10-20　磷脂酰胆碱和磷脂酰乙醇胺的合成

（3）不同磷脂可相互转变，如哺乳动物细胞的磷脂酰丝氨酸不能以 CDP-甘油二酯为前体合成，而是通过丝氨酸与乙醇胺的交换，从磷脂酰乙醇胺转变而来。磷脂酰胆碱也可通过磷脂酰乙醇胺的三次甲基化形成，甲基供体是 S-腺苷甲硫氨酸，如图 10-21 所示。

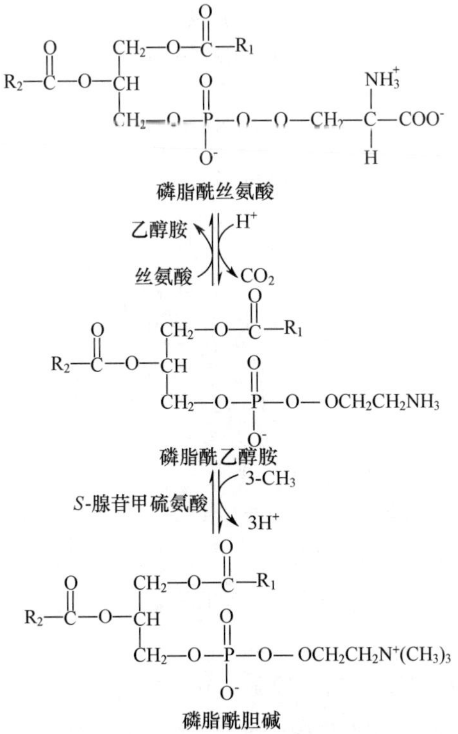

图 10-21　不同磷脂之间的相互转化

二、鞘脂的代谢

鞘脂类是生物膜的重要成分，是第二大类膜脂。鞘脂类包括鞘糖脂和鞘磷脂，与磷脂相似，也是具有亲水性和疏水性的兼性分子。鞘脂类以鞘氨醇为基本骨架，鞘氨醇 C_2 位的氨基与软脂酰 CoA 作用生成神经酰胺。神经酰胺是鞘脂类的共同前体，其 C_1 位的羟基与磷酰胆碱结合时形成鞘磷脂，与糖类基团（如葡萄糖、半乳糖或寡聚糖等）结合时则形成鞘糖脂。

（1）鞘氨醇的合成 如图 10-22 所示。

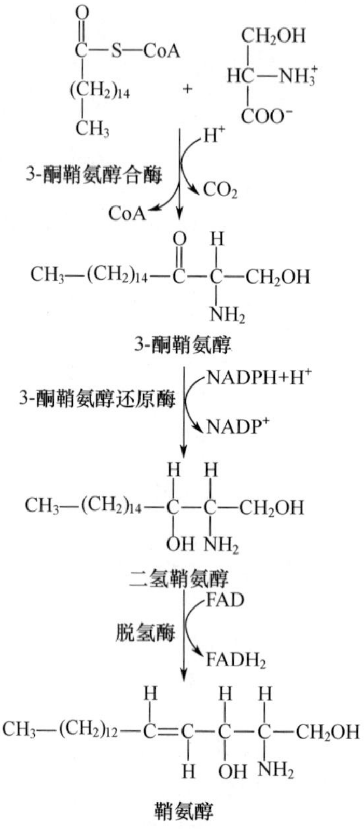

图 10-22 鞘氨醇的合成

（2）鞘糖脂和鞘磷脂的合成 如图 10-23 所示。

鞘糖脂的种类很多，有中性鞘糖脂和酸性鞘糖脂。当 C_1 位结合 1mol 葡萄糖或半乳糖时称为脑苷脂，是一种中性鞘糖脂；当 C_1 位结合含有唾液酸（N-乙酰神经氨糖酸，NAN）的寡聚糖时，形成神经节苷脂。神经节苷脂是最复杂的鞘脂类，也是一类含有唾液酸的鞘糖脂的总称，属于酸性鞘糖脂。神经节苷脂富含于神经系统中，特别是脑中含量最高。

鞘脂和磷脂一样，不断更新。正常情况下，它们的合成与降解处于动态平衡。鞘糖脂是通过顺序除去糖基进行降解，各种糖基水解酶的特异性很强，任何一种水解酶的缺乏都会影响鞘糖脂的正常降解，导致神经功能障碍。一种家族遗传缺陷病泰萨氏幼年黑朦白痴症（Tay-Sachs disease），就是因为 β-N-乙酰氨基己糖酶的缺陷，阻断了神经节苷脂的降解途径而堆积

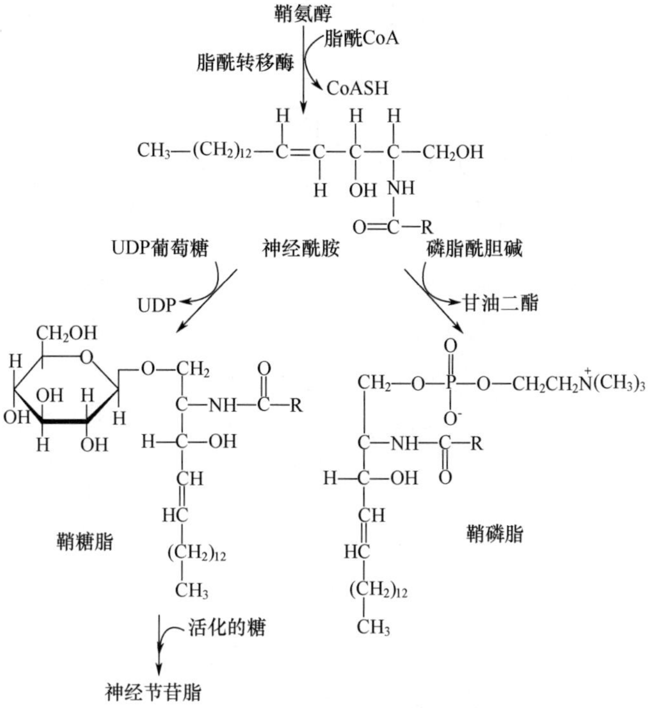

图 10-23 鞘磷脂、鞘糖脂合成

在细胞溶酶体中，使溶酶体膨胀，最终导致神经细胞功能障碍。病人通常 1 岁左右发病，表现为痴呆、失明，3 岁左右死亡。

第四节 胆固醇的代谢

胆固醇是脊椎动物细胞膜的重要成分，也是脂蛋白的组成成分。胆固醇代谢与一般脂质不同，它不被降解，不被氧化为水和 CO_2，而是通过氧化形成许多具有特殊生物活性物质的前体。

一、胆固醇的代谢

胆固醇在肝脏中代谢的主要途径是转化为胆汁酸（图 10-24）在 7-α-羟化酶作用下，先转变为 7-α-羟胆固醇。然后经多步反应转变为胆汁酸。胆汁酸形成后，绝大部分都转变为胆汁酸盐（胆盐）进入肠道。胆汁酸盐对来自膳食中脂质的消化和吸收是不可缺的。它乳化肠内的脂质，帮助肠内消化脂质的酶对脂质进行分解。进入肠道的剩余胆汁酸在细菌作用下，其 C_5、C_6 双键被还原成为饱和单键。这个化合物称为粪固醇，被直接排出体外。

胆固醇是维生素 D_3 的前体。胆固醇先在胆固醇-7-脱氢酶作用下，形成 7-脱氢胆固醇，经紫外线照射皮肤后，一步转变为维生素 D_3，再经转维生素 D_3 蛋白介导进入肝脏，由一种混

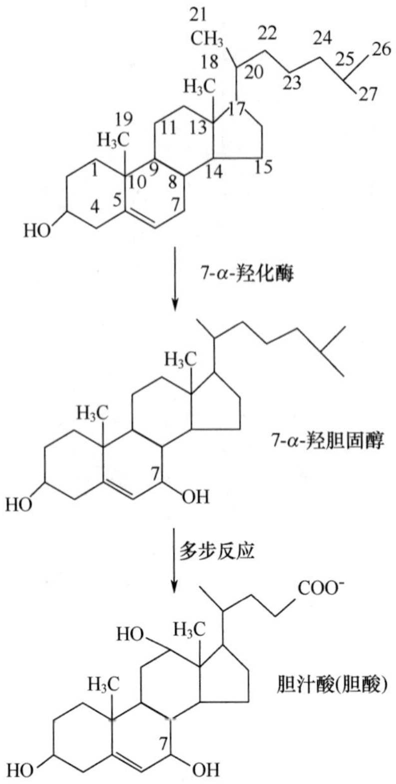

图 10-24 胆汁酸的合成

合功能氧化酶催化，发生羟基化成为具有弱活性的 25-羟维生素 D_3，然后再由血液进入肾脏转化为具有强活性的 1,25-二羟维生素 D_3（图 10-25），再转送至有关组织，它的作用类似激素，调节钙和磷的代谢。

胆固醇的 3-位羟基还可与脂肪酸（脂酰 CoA）结合成胆固醇酯。在内质网细胞溶胶面的脂酰 CoA 胆固醇脂酰转移酶作用下，将脂酰基转移到游离胆固醇上而形成胆固醇脂。其反应式如下：

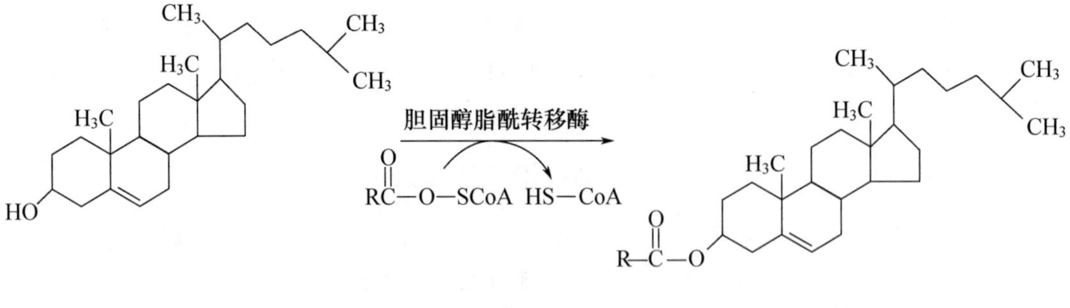

在血浆中的胆固醇酯是低密度脂蛋白（LDL）以及高密度脂蛋白（HDL）内核的主要成分。HDL 可从肝外组织将胆固醇运送至肝内进行代谢，称为逆向转运。机体通过这样的转运将衰老细胞膜中的胆固醇送到肝脏，再排泄到体外。

胆固醇的衍生物胆酸盐在脂类消化中起重要作用，维生素 D 和类固醇激素对动物的生长、发育、成熟等都具有重要生理作用。

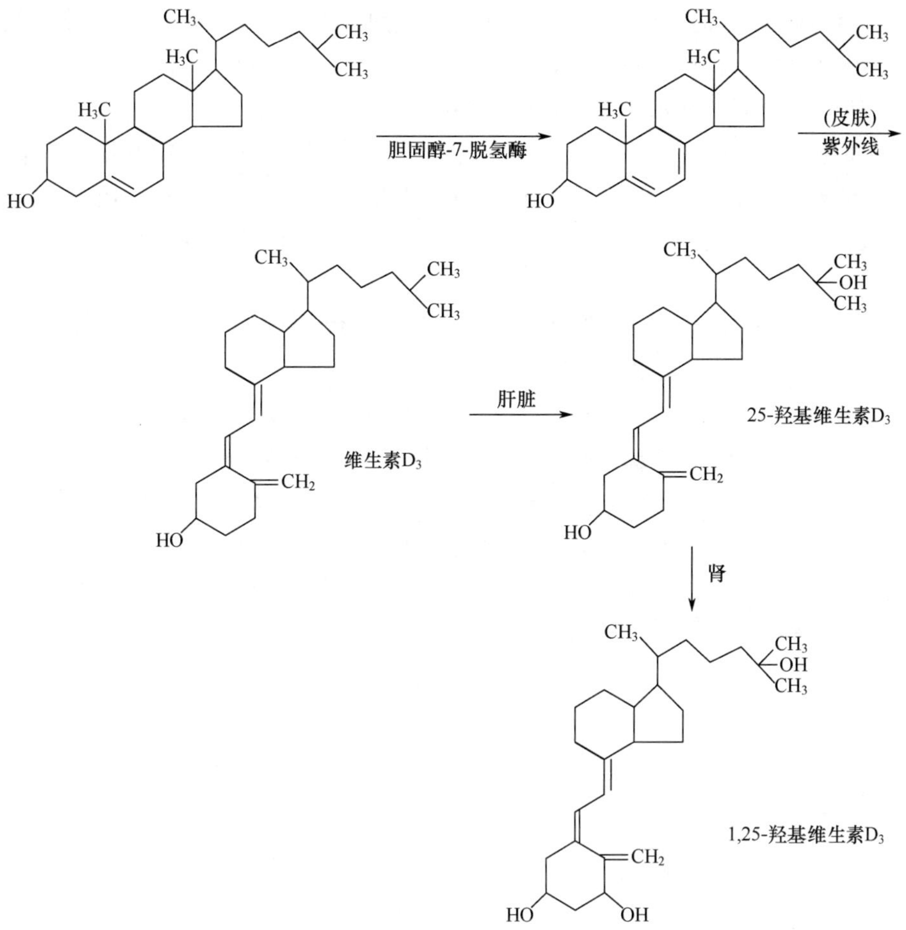

图 10-25　维生素 D_3 的合成

体内胆固醇来源于两个方面：一是自身合成；一是从外界摄入。膳食中摄入的胆固醇被小肠吸收后，通过血液循环进入肝脏代谢。当外源胆固醇摄入量增高时，可抑制肝内胆固醇的合成，所以在正常情况下体内胆固醇量维持动态平衡。各种因素引起胆固醇代谢紊乱都可使血液中胆固醇水平增高，从而引起动脉粥样硬化，因此高胆固醇血症患者应注意控制膳食中胆固醇的摄入量。

二、胆固醇的生物合成

胆固醇含有 27 个碳原子，是高度修饰的生物小分子。胆固醇生物合成的前体是乙酸分子。其中 15 个碳原子来自乙酸的甲基，12 个碳原子来自乙酸的羧基。胆固醇结构如下：

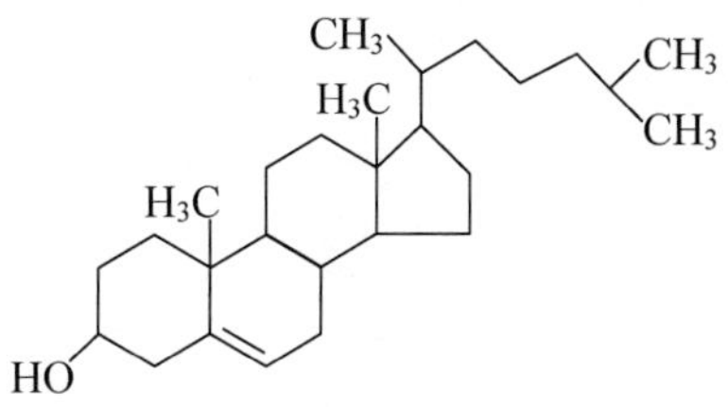

胆固醇

几乎全身各组织均可合成，肝脏是人体自身合成胆固醇的主要场所。合成主要在胞液及内质网中进行。乙酰 CoA 是合成胆固醇的原料，因为乙酰 CoA 是在线粒体中产生的，与前述脂肪酸合成相似，须通过柠檬酸-丙酮酸循环进入胞液，另外，反应还需大量的 NADPH+H$^+$ 及 ATP。合成 1 分子胆固醇需 18 分子乙酰 CoA、36 分子 ATP 及 16 分子 NADPH+H$^+$。乙酰 CoA 及 ATP 多来自线粒体中糖的有氧氧化，而 NADPH 则主要来自胞液中糖的磷酸戊糖途径。另外，小肠、皮肤、肾上腺皮质、性腺和动脉血管壁也能合成少量胆固醇。胆固醇的合成可概括为四个阶段：

$$\text{乙酰 CoA} \longrightarrow \text{二羟甲基戊酸} \longrightarrow \text{异戊酰焦磷酸} \longrightarrow \text{鲨烯} \longrightarrow \text{胆固醇}$$

1. 二羟甲基戊酸（MVA）的生成

首先 2 分子乙酰 CoA 缩合生成乙酰乙酰 CoA，后者再与 1 分子乙酰 CoA 在 β-羟甲基戊二酰 CoA 合酶（HMG-CoA 合酶）的催化下合成 β-羟基-β-甲基戊二酰 CoA（HMG-CoA）。在线粒体中，β-羟基-β-甲基戊二酰 CoA 被裂解为乙酰 CoA 和乙酰乙酸，进入酮体代谢。在胞液中，β-羟基-β-甲基戊二酰 CoA 在 β-羟甲基戊二酰 CoA 还原酶（HMG-CoA 还原酶）的作用下生成二羟甲基戊酸，如图 10-26 所示。这步反应是胆固醇合成的关键步骤，HMG-CoA 还原酶是胆固醇合成途径中的限速酶。

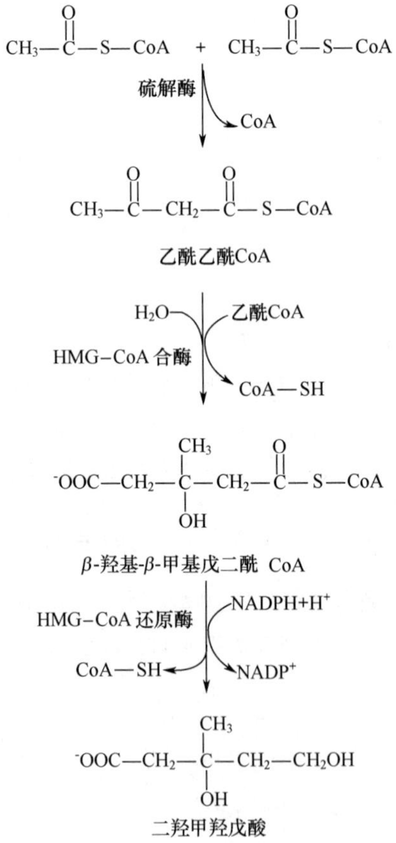

图 10-26 二羟甲羟戊酸的合成

研究发现还原酶特异性抑制剂可有效控制胆固醇的合成,使其既能满足机体正常生理功能的需要,又避免过量时造成的危害。

2. 异戊烯醇焦磷酸酯(IPP)的生成

甲羟戊酸(MVA)在甲羟戊酸激酶和磷酸甲羟戊酸激酶的催化下,经3次磷酸化生成3-磷酸-5-焦磷酸 MVA,后者不稳定,在脱羧酶作用下脱羧形成 IPP(图10-27),IPP 可互变异构为二甲基丙烯焦磷酸酯(DPP)。IPP 不仅是合成胆固醇的活泼前体,也是植物合成萜类物质、昆虫合成保幼激素、蜕皮素等的活泼前体。

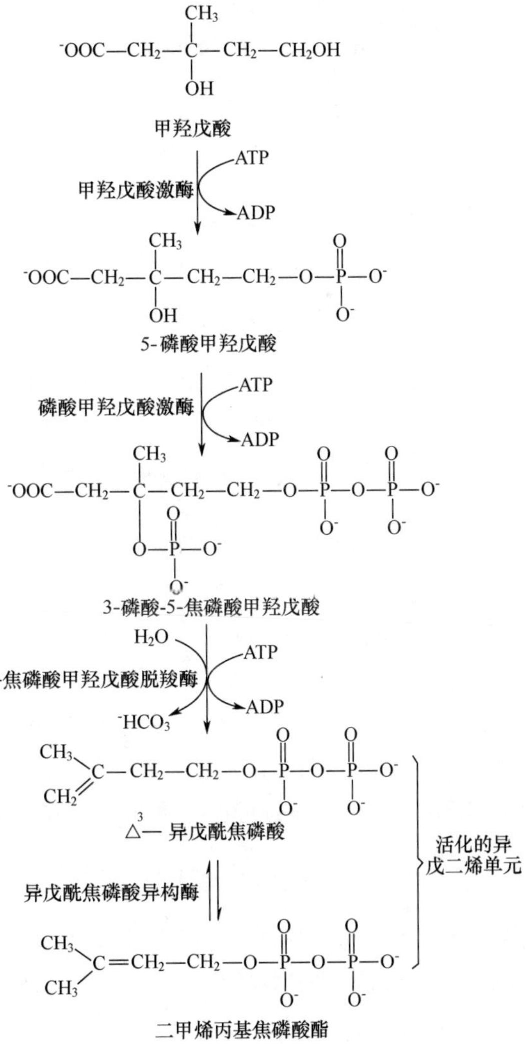

图 10-27 异戊烯醇焦磷酸酯的合成

3. 鲨烯的合成

1分子二甲基丙烯焦磷酸酯与2分子 IPP 逐一进行头尾缩合,先后生成牻牛儿焦磷酸酯(GPP)和法尼焦磷酸酯(FPP)。2分子 FPP 尾尾缩合并被 NADPH 还原脱去2分子焦磷酸生成鲨烯(图10-28)。

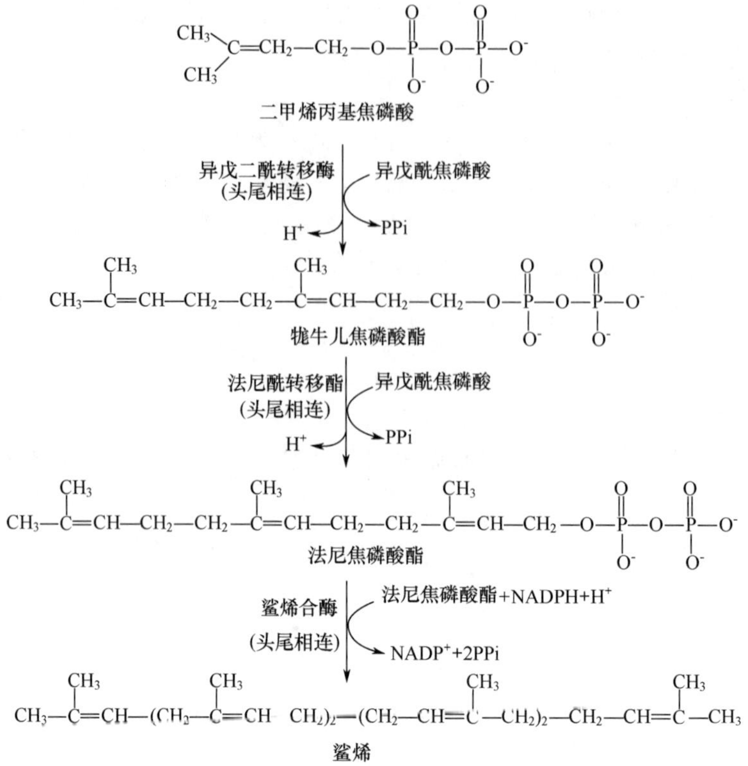

图 10-28 鲨烯的合成

4. 鲨烯再经环化、双键还原、去甲基等一系列反应生成胆固醇

鲨烯首先在 2、3 位上环氧化生成 2,3-环氧鲨烯；然后整条长链环化形成羊毛固醇。羊毛固醇经 3 次脱甲基，双键从 7、8 位向 5、6 位移动以及侧链双键被 NADPH 还原成单键等多步反应，最终形成胆固醇（图 10-29）。环氧鲨烯除了在动物中形成胆固醇外，在植物中可转化成豆甾醇，在真菌中可转化成麦角固醇。胆固醇主要在脊椎动物的肝中合成。研究发现，在胆固醇合成的 4 个阶段中，第一阶段由膜酶催化，第二、三阶段由可溶性酶催化，第四阶段即合成鲨烯后，鲨烯被固体载体蛋白（SCP）转运至内质网膜上，在那里继续进行合成反应。

三、胆固醇合成的调节

HMG-CoA 还原酶是胆固醇合成的限速酶。多种因素对胆固醇的调节主要是通过对此酶活性的影响来实现的。胆固醇可反馈抑制胆固醇的合成。胰岛素能诱导 HMG-CoA 还原酶的合成，增加胆固醇的合成，胰高血糖素及皮质醇正相反。

（1）当细胞内胆固醇含量增加时，可反馈抑制 HMG-CoA 还原酶的活性，抑制其 mRNA 的合成，促进酶的降解，使肝细胞中胆固醇的合成停止。

（2）细胞内高水平的二羟甲基戊酸可反馈抑制 HMG-CoA 还原酶的活性。

（3）HMG-CoA 还原酶受激素调节。胰高血糖素能激活酶的磷酸化作用，使其成为无活性状态，抑制胆固醇的合成。胰岛素能激活酶的脱磷酸化作用，进而激活酶的活性，促进胆固醇的合成。

（4）细胞内高水平胆固醇能激活 ACAT（acyl-CoA：cholesterol acyl transferase，酰基辅酶 A-

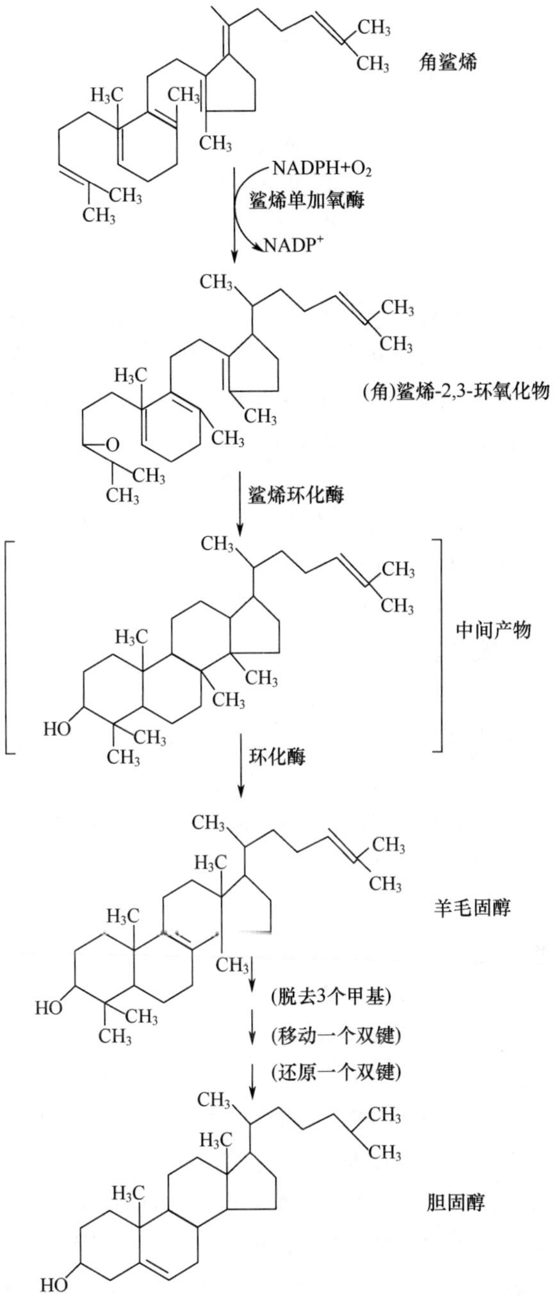

图 10-29 胆固醇的合成

胆固醇酰基转移酶），促进胆固醇酯的形成。胆固醇酯在低密度脂蛋白（LDL）携带下，经组织间转运，到达并进入需要胆固醇的细胞。

(5) 胆固醇合成是一个耗能过程，所以受 ATP/AMP 比值的调节。当 ATP/AMP 比值低时，高浓度的 AMP 激活 AMP-依赖性蛋白激酶（AMP-依赖性蛋白激酶不同于 cAMP-依赖性激酶，前者与能量代谢有关，后者与信号转导有关），使 HMG-CoA 还原酶磷酸化而失活，胆固醇合成停止。

(6) 胞内高水平胆固醇能抑制 LDL 受体的基因转录，从而降低 LDL 受体含量，减少细胞对胆固醇的摄取。

【延伸阅读】

1. 生化与健康——TZD 治疗 II 型糖尿病的机制

II 型糖尿病又称成人发病型糖尿病，多在 35 岁之后发病，占糖尿病患者 90% 以上。II 型糖尿病患者体内产生胰岛素的能力并非完全丧失，有的患者体内胰岛素甚至产生过多，但患者对胰岛素的作用有抗性。

肥胖被认为是诱发 II 型糖尿病的主要原因，而有关 II 型糖尿病患者体细胞对胰岛素的作用不敏感原因还不十分清楚。但目前市场上治疗 II 型糖尿病的少数几种药物——噻唑烷二酮类（thiazolidinedione，TZD），不仅能让病人体内胰岛素发挥作用，还能增加体重。这是为什么呢？

原来，TZD 能够激活脂肪细胞产生甘油激酶，这种酶在脂肪细胞内一般不表达，它催化甘油变成甘油磷酸，这是脂肪合成中的一步反应。TZD 的作用等于是在脂肪细胞内引入一种"无效"循环：一方面，脂肪细胞分解脂肪，释放出游离的脂肪酸和甘油，另一方面，在脂肪细胞中，由 TZD 诱导产生的甘油激酶又将脂肪酸和甘油转变成脂肪贮存起来。由于甘油激酶催化脂肪合成的速率更快，因此，最终导致流入脂肪组织的脂肪酸更多，从而减少了循环系统中游离脂肪酸的含量，使病人对胰岛素的敏感性增强。

当机体需要燃料的时候，比如糖尿病患者的细胞不能吸收血糖时，脂肪细胞开始分解脂肪，产生甘油和 FFA。甘油可随循环进入肝细胞，在肝细胞内经糖异生变成葡萄糖，而脂肪酸可进入肌肉细胞氧化分解。TZD 的作用是逆转上述过程，它能与脂肪细胞膜上的 PPAR-γ 受体结合，诱导脂肪细胞产生甘油激酶，促进脂肪的重合成。这也让脂肪细胞能够"捕获"路过的脂肪酸，于是使血流中的 FFA 水平下降。

2. 生化医药——降胆固醇药物的新靶点

2011 年 3 月 *Cell Metabolism* 杂志上一份由新南威尔士大学的 Andrew Brown 所做的研究报告表明，参与胆固醇合成的鲨烯单加氧酶（squalene mono-oxygenase，SM）是胆固醇合成的又一步重要的调控位点。

细胞内胆固醇的合成涉及 20 多种酶，人们熟悉的限速酶是 HMG-CoA 还原酶，这种酶是目前所使用的绝大多数降胆固醇药物的作用靶点，如斯达汀。HMG-CoA 还原酶催化的是胆固醇合成的第三步反应，由它合成产生的甲羟戊酸不仅参与胆固醇的合成，还参与体内其他一些重要生物分子的合成，如多萜醇和 CoQ。因此，早早地将其抑制影响的并不单单是胆固醇的合成，这就是斯达汀这一类药物产生副作用（如肌肉痛）的原因。与 HMG-CoA 还原酶不同的是，SM 是胆固醇合成中所特有的酶，抑制它的活性也应该能够降低胆固醇的水平，并且不会影响到体内其他物质的合成，因此不会带来不必要的副作用。

通常体内的胆固醇水平会受到严格的调控。但是，不健康的饮食习惯，以及某些遗传倾向可导致胆固醇产生的速率超过机体能够代谢它的速率，从而出现高胆固醇血脂症，并引起动脉粥样硬化和心血管疾病的发生。

现在有一种很有效的抗真菌药物称为托萘酯（tolnaftate），广泛用于浅表皮肤真菌感染和花斑癣的治疗，其作用的靶点就是真菌细胞内的 SM。这让人相信，在不久的未来，市场上一定会有以人 SM 为靶点的降胆固醇药物，并且这样的药物肯定不会存在斯达汀带来的副作用。

第十一章

蛋白质的降解及氨基酸代谢

第一节 概 述

一、机体中氨基酸的来源与去向

机体中氨基酸的来源可分为外源性氨基酸和内源性氨基酸。外源性氨基酸是指食物蛋白质经消化而被吸收的氨基酸;内源性氨基酸是指体内组织蛋白质降解产生的氨基酸及体内自身合成的非必需氨基酸。这些氨基酸混在一起共同组成了机体的氨基酸代谢库,参与代谢活动。氨基酸代谢库通常以游离氨基酸总量计算,这些氨基酸的总量可以因代谢需要而减少,也可以因吸收或合成而增加,是处于动态变化之中。

机体中氨基酸的主要去向是合成蛋白质和多肽。此外,也可以转变成多种含氮生理活性物质,如嘌呤、嘧啶、胆碱、胆酸、卟啉等;多余的氨基酸通常用于分解供能,极少数氨基酸直接排出体外。不同的氨基酸由于结构不同,各有其自己的分解方式,但它们都有 α-氨基和 α-羧基,又有共同的代谢途径。体内氨基酸代谢的概况如图 11-1 所示。

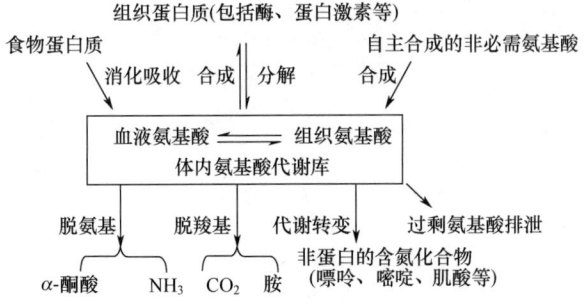

图 11-1 体内氨基酸的代谢概况

二、蛋白质的水解及水解酶类

(一) 外源性蛋白质的水解（消化）及有关酶类

外源蛋白质进入生物体内，总是先经过水解作用变为小分子的氨基酸，然后才被吸收。生物种类不同，利用外源蛋白质类物质的能力也不同。高等动物摄入的蛋白质在专门的消化道内降解成它们的组成成分氨基酸。食物蛋白质进入胃后，经胃蛋白酶作用水解生成多肽及少量氨基酸。胃蛋白酶的最适 pH 1.5~2.5，酸性的胃液可使蛋白质变性，有利于蛋白质的水解。胃蛋白酶由胃蛋白酶原经胃酸激活生成。胃蛋白酶原（$M_r = 40000$）是一种没有活性的前体或酶原，在其自身的催化下自肽链氨基端切下 42 个氨基酸残基，剩下的部分转变为具有活性的胃蛋白酶（pepsin；$M_r = 33000$），在胃中水解由芳香族氨基酸（Phe、Trp 和 Tyr）的—NH_2 形成的肽键，将大分子的蛋白质变为小分子的多肽混合物。

食物在胃中的停留时间较短，因此对蛋白质的消化很不完全。蛋白质在胃中消化后，连同胃液进入小肠，在小肠中，未经消化或消化不完全的蛋白质受胰液及肠黏膜细胞分泌的多种蛋白酶及肽酶的共同作用，进一步水解成小肽和氨基酸。因此，蛋白质的消化主要在小肠进行。

胰液中的蛋白酶基本上分为两大类，即内肽酶和外肽酶。内肽酶可以特异地水解蛋白质内部的一些肽键，而外肽酶则特异地水解蛋白质或多肽末端的肽键。内肽酶包括胰蛋白酶、胰凝乳蛋白酶和弹性蛋白酶，这些酶对不同氨基酸组成的肽键有一定的专一性。

胰蛋白酶可水解由赖氨酸、精氨酸的羧基形成的肽键；胰凝乳蛋白酶可水解由苯丙氨酸、酪氨酸和色氨酸的羧基形成的肽键；弹性蛋白酶其专一性最低，能水解缬氨酸、亮氨酸、丝氨酸及丙氨酸等各种脂肪族氨基酸羧基形成的肽键。经它们作用后的蛋白质，已变成短链的肽和部分游离氨基酸。小肠中短肽的降解由小肠中的外肽酶完成，包括羧肽酶和氨肽酶，它们分别从肽段的 C 端和 N 端连续移走氨基酸残基。羧肽酶有 A、B 两种，分别称为羧肽酶 A 和羧肽酶 B。羧肽酶 A 主要水解除了脯氨酸、精氨酸、赖氨酸以外的多种氨基酸为羧基末端构成的肽键；羧肽酶 B 主要水解由赖氨酸、精氨酸等碱性氨基酸为羧基末端构成的肽键，氨肽酶则水解氨基末端的肽键，如图 11-2 所示。

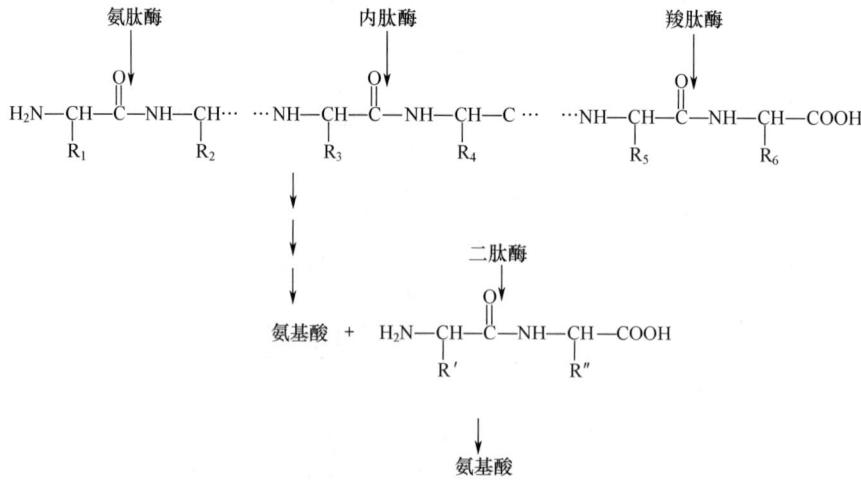

图 11-2 蛋白质水解酶作用示意图

肠液中的这些酶以酶原形式由胰腺细胞分泌,通过胰腺管进入小肠,随后被激活而发挥作用。胰蛋白酶原被小肠细胞分泌的肠激酶激活,从分子的 N 端脱掉一段六肽,转变为有活性的胰蛋白酶。同时,胰蛋白酶也可以活化胰凝乳蛋白酶原、羧肽酶原和弹性蛋白酶原(图 11-3)。

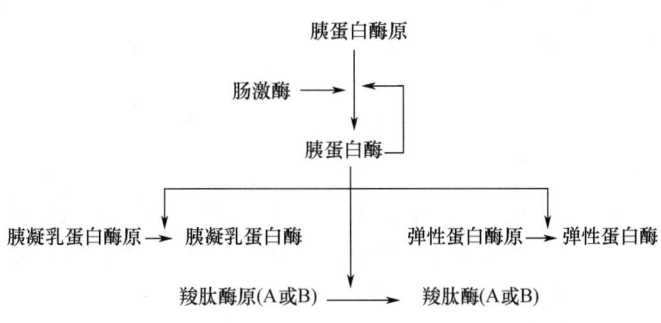

图 11-3　胰液中各种蛋白质水解酶的激活过程

上述蛋白酶和肽酶的相继作用就把蛋白质最终水解成了游离氨基酸,通过小肠上皮细胞的吸收,通过血流,输送到肝脏及其他组织。

高等植物体中也含有蛋白酶类,如木瓜中的木瓜蛋白酶、菠萝中的菠萝蛋白酶和无花果中的无花果蛋白酶等皆可使有关蛋白质水解。植物组织中蛋白质的酶水解作用,以种子萌芽时最为旺盛。发芽时,种子中储存的蛋白质即水解成氨基酸,释放出的氨基酸即可利用来重新合成植物的蛋白质。

不同种类的微生物,分泌蛋白酶的种类和性质也不同。根据其作用的最适 pH 分为碱性蛋白酶、中性蛋白酶和酸性蛋白酶。它们的最适 pH 分别为 pH 9.0~11.0,pH 7.0~8.0 和 pH 2.0~5.0。许多细菌、霉菌、放线菌能产生碱性蛋白酶,目前我国酶制剂生产用菌种主要是地衣芽孢杆菌 2709、短小芽孢杆菌 289、209 等;中性蛋白酶是一类最常见的蛋白酶,不少微生物所产的中性蛋白酶已经纯化,并进行了详尽的研究,目前酶制剂生产菌主要是枯草杆菌 BF1.398、S114、S172,放线菌 166,栖土曲霉 3.942;工业酶制剂中的酸性蛋白酶主要是由真菌产生的,生产菌主要有黑曲霉 3.350、宇佐美曲霉变异株 537、肉桂色曲霉 NO.81 和酱油生产用的米曲霉 3042 等。

(二)　细胞内蛋白质的降解及有关酶类

细胞内的蛋白质有自己的存活时间,存活时间的长短通常用半衰期表示,即蛋白质降解至其浓度一半所需的时间,不同的蛋白质存活时间差异很大,真核蛋白质的半衰期由 30s 到许多天不等。蛋白质的降解作用防止了异常或不需要的蛋白质的积累,有利于氨基酸的循环利用。所有细胞中蛋白质最终均由专一的蛋白酶解系统降解。细胞中蛋白质降解可概括为两种体系:一种是溶酶体的蛋白质降解体系,另一种是 ATP-依赖性的蛋白质降解体系。分述如下:

1. 溶酶体的蛋白质降解体系

细胞内溶酶体中的各种蛋白水解酶催化蛋白质降解,这是细胞内蛋白质降解的主要途径,一般半衰期长的蛋白质可经此途径降解。

溶酶体是由单层膜包裹的一种细胞器,它含有 RNA 酶、DNA 酶、蛋白水解酶、酸性糖苷酶、酸性磷酸酯酶、硫酸酯酶、脂酶、磷脂酶等种类的水解酶 50 多种。溶酶体保持其内部 pH 在 5.0 左右,其中酶的最适 pH 也在 5.0,因而称其为酸性水解酶。少量的溶酶体酶泄漏到胞质中，并不引起细胞损伤，因为胞质中的 pH 为 7.0 左右，在这种情况下，溶酶体的酶基本上没有活性。

溶酶体对细胞内各组分的再利用是通过它融合细胞质的膜被点块（bits）即自体吞噬泡，将分解物纳入，并随即将其分解；溶酶体还可以降解细胞通过胞吞作用摄取的物质。溶酶体中的蛋白水解酶可使膜蛋白、胞外蛋白以及那些半衰期特别长的蛋白质降解，产生的氨基酸可由细胞重新循环利用。

许多正常的和病理的活动常伴有溶酶体活性的增加。例如机体不使用的肌肉或由于神经切除以及创伤等导致的肌肉损毁都可引起溶酶体的活性增高；糖尿病会刺激溶酶体对蛋白质的分解；分娩后子宫的萎缩，这个肌肉器官的质量可在产后 9d 内从 2kg 减少到 50g；许多慢性炎症，如类风湿性关节炎等引起溶酶体酶的细胞外释放，从而损坏周围的组织。

2. ATP-依赖性的蛋白质降解体系

在细菌和真核细胞中几乎所有半衰期短的蛋白质都经这个途径降解。细胞中半衰期短的蛋白质即细胞中快速降解的蛋白质，包括那些掺入错误氨基酸的缺陷蛋白质和在发挥正常功能过程中有损伤积累的蛋白质，以及在代谢途径的关键调节点上起关键作用的酶。

在大肠杆菌中，有缺陷的蛋白质和迅速代谢的蛋白质存在时会激活依赖 ATP 的蛋白酶，ATP 水解促使肽键断裂，使蛋白质被降解成无活性的肽。无活性的肽又在其他不依赖 ATP 的蛋白酶作用下继续完成降解过程。ATP 水解的详细作用还不很清楚。

真核细胞中依赖 ATP 的途径要涉及一种称为泛素（ubiquitin）的蛋白质，它遍布真核生物界，而且含量丰富，因而得名。泛素是一个由 76 个氨基酸残基组成的小分子碱性蛋白质，它高度保守，氨基酸序列很少变化，如在酵母和人类这样差别很大的有机体中其氨基酸组成基本相同。泛素与被选定降解的蛋白质以共价键连接而加以标记。这个连接过程依赖于 ATP，先后需要三个不同酶的作用，其降解过程如图 11-4 所示。

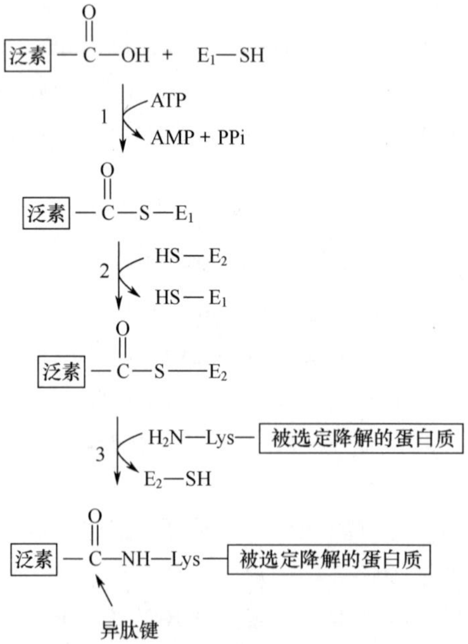

图 11-4 泛素与蛋白质连接的 3 步反应过程

1—泛素活化酶 2—泛素结合酶 3—泛素-蛋白质结合酶

(1) 在 ATP 水解的推动下，泛素的末端羧基与 E_1 的巯基以硫酯键相连。

(2) 泛素随即转接到 E_2 的巯基上（E_2 为泛素结合蛋白，也称泛素携带蛋白），以硫酯键相连，形成"泛素–携带蛋白"。

(3) 在 E_3 的催化下，将活化了的泛素从 E_2 转移到被选定降解蛋白质的赖氨酸的 ε-氨基上，形成了一个异肽键。在真核生物中，可周而复始重复三步反应。在一般情况下，通常是若干个泛素分子形成多聚泛素，与选定的将要被降解的蛋白质共价连接。

泛素化的蛋白质由蛋白酶体（proteasome）降解。该酶是一个很大的多蛋白复合体（相对分子质量 $2.5×10^6$），其结构和作用相当复杂，其中含有多种酶，故具有多种催化功能。蛋白酶体可以识别泛素，将与之结合的蛋白质首先降解为多个小的肽段，并将此片段释放，然后由细胞溶胶中的肽酶水解为氨基酸。

第二节 氨基酸的分解代谢

不同氨基酸的分解代谢途径有共性，也有个性。一方面因为所有 α-L-氨基酸分子都有共同的结构特征，所以，它们具有相同的分解代谢途径；另一方面，各种氨基酸的 R-基团都不一样，所以，各种氨基酸又有自己的特殊代谢途径。在这一节里只讨论氨基酸分解代谢的公共途径。在大多数生物中氨基酸分解代谢途径相当类似。每一种氨基酸分子都含有一个 α-氨基，所以在氨基酸降解途径中就包括了一个步骤，即 α-氨基从碳骨架分离，生成 α-酮酸和氨，这是氨基酸分解代谢的主要途径；此外，每一种氨基酸分子也可以脱去羧基，生成相应的胺和二氧化碳。简示如下：

$$\text{R—CH(NH}_2\text{)—COOH} \xrightarrow{\text{脱氨基}} \text{R—CO—COOH} + NH_3 \quad (\alpha\text{-酮酸})$$
$$\text{R—CH(NH}_2\text{)—COOH} \xrightarrow{\text{脱羧基}} \text{R—CH}_2\text{—NH}_2 + CO_2 \quad (\text{胺})$$

氨基酸在脱氨、脱羧后生成的有机酸、胺、NH_3、CO_2 等产物可进一步分解利用或排出体外。

一、氨基酸的脱氨基作用

氨基酸经酶促脱去氨基的过程称为脱氨基作用。氨基酸脱氨基作用主要包括氧化脱氨基作用、转氨基作用和联合脱氨基作用。

（一）氨基酸的氧化脱氨基作用

氨基酸在酶的催化下，在氧化脱氢的同时释放出游离的氨，生成相应的 α-酮酸的过程称为氧化脱氨基作用。其反应分两步进行：第一步脱氢，形成 α-亚氨基酸，第二步水解脱氨，形成 α-酮酸，此步反应自发进行，不需要酶的催化。

第一步：脱氢。

$$\text{R}-\underset{\underset{\text{NH}_2}{|}}{\text{CH}}-\text{COOH} + \text{FAD(NAD}^+) \xrightarrow{\text{酶}} \text{R}-\underset{\underset{\text{NH}}{\|}}{\text{C}}-\text{COOH} + \text{FADH}_2(\text{NADH}+\text{H}^+)$$

α-氨基酸   α-亚氨基酸

第二步：水解。

$$\text{R}-\underset{\underset{\text{NH}}{\|}}{\text{C}}-\text{COOH} + \text{H}_2\text{O} \longrightarrow \text{R}-\underset{\underset{\text{O}}{\|}}{\text{C}}-\text{COOH} + \text{NH}_3$$

α-亚氨基酸   α-酮酸

催化氨基酸氧化脱氨的酶主要有 L-氨基酸氧化酶、D-氨基酸氧化酶和 L-谷氨酸脱氢酶等。

L-氨基酸氧化酶催化 L-氨基酸氧化脱氨，该酶能催化十几种 L-氨基酸的氧化氨基作用，但对甘氨酸、含 β-羟基的氨基酸（L-丝氨酸和 L-苏氨酸）、酸性氨基酸（L-谷氨酸、L-天冬氨酸）及碱性氨基酸（L-赖氨酸、L-精氨酸、L-鸟氨酸）都无催化作用，这些氨基酸可能有特殊专一性强的氨基酸氧化酶催化氧化脱氨；D-氨基酸氧化酶能以不同速度催化各种 D-氨基酸氧化脱氨。L-氨基酸氧化酶和 D-氨基酸氧化酶都是一类黄素蛋白酶，前者辅基为 FMN 或 FAD（人和动物体中的 L-氨基酸氧化酶以 FMN 为辅基），后者的辅基为 FAD。这类黄素蛋白酶能催化氨基酸脱氨脱氢，脱下的氢由辅基 FMN 或 FAD 携带并转交给分子氧，形成过氧化氢，再由细胞内过氧化氢酶分解为水和氧。但是由于 L-氨基酸氧化酶在体内分布不普遍，其最适 pH 为 10 左右，在正常生理条件下活力低，所以该酶在氨基酸的氧化脱氨作用中并不起主要作用。D-氨基酸氧化酶虽在动植物，微生物体内分布广，活性也强，但体内 D-氨基酸很少，故这个酶的作用也不大。

L-谷氨酸脱氢酶是一种不需氧脱氢酶，以 NAD$^+$ 或 NADP$^+$ 为辅酶，催化的反应如下：

$$\underset{\text{L-谷氨酸}}{\begin{array}{c}\text{COOH}\\|\\\text{CH}_2\\|\\\text{CH}_2\\|\\\text{CHNH}_2\\|\\\text{COOH}\end{array}} \underset{\text{L-谷氨酸脱氢酶}}{\overset{\text{NAD(P)}^+ \quad \text{NAD(P)H}+\text{H}^+}{\rightleftharpoons}} \underset{\alpha\text{-亚氨基戊二酸}}{\begin{array}{c}\text{COOH}\\|\\\text{CH}_2\\|\\\text{CH}_2\\|\\\text{C}=\text{NH}\\|\\\text{COOH}\end{array}} \overset{+\text{H}_2\text{O}}{\rightleftharpoons} \underset{\alpha\text{-酮戊二酸}}{\begin{array}{c}\text{COOH}\\|\\\text{CH}_2\\|\\\text{CH}_2\\|\\\text{C}=\text{O}\\|\\\text{COOH}\end{array}} + \text{NH}_3$$

L-谷氨酸脱氢酶不仅催化 L-谷氨酸脱氢脱氨，生成 α-酮戊二酸和氨，又可催化其逆反应，即催化 α-酮戊二酸及氨合成谷氨酸，在合成谷氨酸时，用 NADPH 作辅酶。从 L-谷氨酸脱氢酶所催化的反应平衡常数偏向于 L-谷氨酸的合成看，该酶主要是催化谷氨酸的合成，但是在 L-谷氨酸脱氢酶催化 L-谷氨酸产生的 NH$_3$ 在体内被迅速转化为尿素等其他物质时，反应可趋向于脱氨基作用，特别在 L-谷氨酸脱氢酶和转氨酶联合作用时，几乎所有氨基酸都可以脱去氨基（详见后述的联合脱氨）。L-谷氨酸脱氢酶在动物、植物和微生物中普遍存在，而且活性很强，特别在肝肾组织中活力更强，它的最适 pH 在中性附近，是使氨基酸直接脱去氨基的活性最强的酶，因此 L-谷氨酸脱氢酶在氨基酸的代谢上占有重要地位。

L-谷氨酸脱氢酶是一种别构酶，由 6 个相同的亚基聚合而成，每个亚基的相对分子质量为 56000，已知 ATP、GTP、NADH 是此酶的别构抑制剂，而 ADP、GDP 是别构激活剂。因此当细胞中能荷低时（即 ATP、GTP 不足时），谷氨酸氧化脱氨作用便加速，形成的 α-酮戊二酸可进入 TCA 循环，彻底氧化产生能量，从而调节机体对能量的需要。相反，当细胞中能荷充足时，在糖代谢中所产生的 α-酮戊二酸在该酶的作用下，通过还原氨基化也可以生成谷氨酸，用 NADPH 作为辅酶（此反应将在氨基酸生物合成一节中介绍）。由此可见，L-谷氨酸脱氢酶又是联系糖代谢和氨基酸代谢的一个重要的酶，这是工业上利用糖质原料进行谷氨酸发酵的一个重要生化依据。

（二）氨基酸的转氨基作用

转氨基作用又称氨基移换作用，是 α-氨基酸和 α-酮酸之间的氨基转移作用。α-氨基酸的 α-氨基在转氨酶的催化下转移到 α-酮酸的酮基位置，结果原来的氨基酸生成相应的 α-酮酸，原来的 α-酮酸则形成相应的 α-氨基酸。转氨基作用的简式如下：

$$\underset{\alpha\text{-氨基酸}1}{\underset{|}{\overset{R_1}{\underset{|}{CH-NH_2}}}\atop COOH} + \underset{\alpha\text{-酮酸}2}{\underset{|}{\overset{R_2}{\underset{|}{C=O}}}\atop COOH} \xrightleftharpoons{\text{转氨酶}} \underset{\alpha\text{-酮酸}1}{\underset{|}{\overset{R_1}{\underset{|}{C=O}}}\atop COOH} + \underset{\alpha\text{-氨基酸}2}{\underset{|}{\overset{R_2}{\underset{|}{CH-NH_2}}}\atop COOH}$$

式中转氨酶催化的反应是可逆的，平衡常数接近 1.0。α-氨基酸可以看作是氨基的供体，α-酮酸则是氨基受体。α-氨基酸和 α-酮酸在生物体内可以相互转化，因此，转氨基作用一方面是氨基酸分解代谢的开始，另一方面也可以利用细胞内 α-酮酸合成氨基酸。反应的实际方向取决于氨基酸和 α-酮酸的相对浓度。由糖代谢产生的丙酮酸、草酰乙酸及 α-酮戊二酸通过转氨基作用可分别转变为丙氨酸、天冬氨酸及谷氨酸；同样由蛋白质分解代谢产生的丙氨酸、天冬氨酸及谷氨酸也可通过转氨基作用分别转变为丙酮酸、草酰乙酸及 α-酮戊二酸，参与 TCA 循环，从而沟通了糖与蛋白质的代谢。

转氨酶的种类很多，在动物、植物及微生物中广泛分布，大多数转氨酶需要以 α-酮戊二酸作为氨基受体或者要求以谷氨酸作为氨基供体。因此，它们对其催化反应中两个底物中的一个，即 α-酮戊二酸或谷氨酸是专一的，而对另一底物则无严格的专一性。虽然某种转氨酶对某种氨基酸表现出较高的催化活力，但对其他氨基酸也有一定作用，此类酶的名称就是根据其催化活力最大的氨基酸种类来命名的。如 L-丙氨酸转氨酶（又称谷丙转氨酶，GPT）以催化 L-丙氨酸、α-酮戊二酸的转氨反应活力最高；L-天冬氨酸转氨酶（又称谷草转氨酶，GOT）以催化 L-天冬氨酸、α-酮戊二酸的转氨反应活力最高。反应式如下：

$$\underset{\text{L-谷氨酸}}{\underset{|}{\overset{COOH}{\underset{|}{CH_2}}}\atop{\underset{|}{\overset{|}{CH_2}}\atop{\underset{|}{\overset{|}{CHNH_2}}\atop COOH}}} + \underset{\text{丙酮酸}}{\underset{|}{\overset{CH_3}{\underset{|}{C=O}}}\atop COOH} \xrightleftharpoons{\text{谷丙转氨酶}} \underset{\alpha\text{-酮戊二酸}}{\underset{|}{\overset{COOH}{\underset{|}{CH_2}}}\atop{\underset{|}{\overset{|}{CH_2}}\atop{\underset{|}{\overset{|}{C=O}}\atop COOH}}} + \underset{\text{L-丙氨酸}}{\underset{|}{\overset{CH_3}{\underset{|}{CHNH_2}}}\atop COOH}$$

$$\text{L-谷氨酸} + \text{草酰乙酸} \underset{}{\overset{\text{谷草转氨酶}}{\rightleftharpoons}} \text{α-酮戊二酸} + \text{L-天冬氨酸}$$

在不同动物或人体组织中，这两种转氨酶活力各不相同。谷丙转氨酶在肝中活力最强，当肝细胞损伤时，酶就释放到血液中，使血清中谷丙转氨酶活力明显增高。早期肝炎患者谷丙转氨酶的活力大大高于正常人，因此临床上常以血清中谷丙转氨酶的活力来推断肝功能的正常与否，有助于肝脏疾病的诊断。谷草转氨酶以心脏中活力最大，其次为肝脏，心肌炎、心肌梗死患者血清中谷草转氨酶活力明显增加。

氨基酸的转氨基作用在生物体内是极为普遍的，而且在真核细胞的胞质和线粒体内都可进行转氨基作用。据用 ^{15}N 标记的氨基酸做实验结果证明，除了 L-苏氨酸、L-赖氨酸外，其他氨基酸都可参加转氨作用。通过转氨作用，使一些多余的氨基酸脱去氨基，所以，转氨基作用也是氨基酸脱氨基的一种主要方式。

转氨酶的种类虽多，但其辅基只有一种，即磷酸吡哆醛，它是维生素 B_6 的磷酸酯。磷酸吡哆醛与转氨酶活性部位的 Lys 残基上的 ε-氨基共价连接，形成一个亚胺型希夫碱。希夫碱是指伯胺与醛或酮缩合的产物，含碳-氮双键（ $\diagdown C\!\!=\!\!N\!\!-$ ）的化合物。其反应式如下：

$$\text{酶}-Lys-NH_2 + O\!\!=\!\!C\!\!-\!\!H \xrightarrow{-H_2O} \text{酶}-Lys-N\!\!=\!\!C\!\!-\!\!H$$

转氨酶　　　磷酸吡哆醛　　　　　亚胺型希夫碱

在催化转氨过程中，α-氨基酸的氨基取代了活性部位 Lys 的 ε-氨基，磷酸吡哆醛与 α-氨基酸底物形成了新的共价希夫碱式连接，经分子重排形成其异构体，再水解亚胺键而生成 α-酮酸和磷酸吡哆胺；然后磷酸吡哆胺再将氨基转给另一底物 α-酮酸，生成相应的 α-氨基酸，而其本身又转变成磷酸吡哆醛。转氨基作用经过了醛亚胺和酮亚胺的中间产物阶段，如图 11-5 所示。

（三）氨基酸的联合脱氨基作用

生物体内除了 L-谷氨酸脱氢酶以外，其余的 L-氨基酸氧化酶活性不高。尽管转氨酶普遍存在，但是仅靠转氨作用并不能真正脱掉氨基，只是氨基的转移。因此，一般认为 L-氨基酸在生物体内往往不是直接氧化脱去氨基，而是通过两种不同的联合脱氨使各种不同氨基酸的氨基脱掉。

1. 转氨酶与 L-谷氨酸脱氢酶联合作用脱去氨基

在体内一般氨基酸氧化酶活力弱，而转氨酶、L-谷氨酸脱氢酶活力强，因此，体内大部分氨基酸可通过两者的联合作用脱去氨基。其过程是 α-氨基酸先与 α-酮戊二酸经转氨作用转变为相应的 α-酮酸和谷氨酸，谷氨酸经谷氨酸脱氢酶作用脱去氨基，又重新生成 α-酮戊二酸。

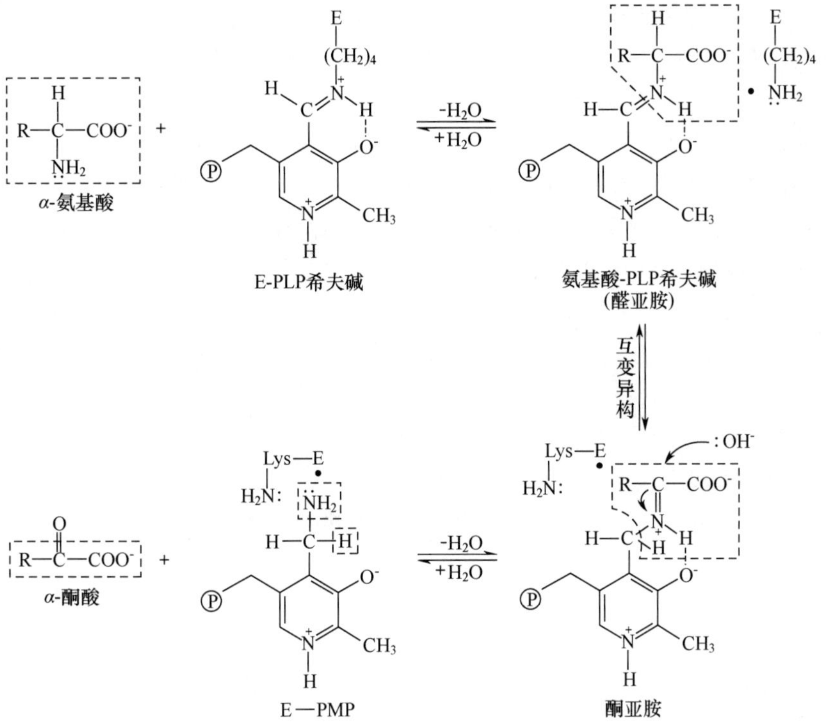

图 11-5　转氨反应的机制

其反应式如下：

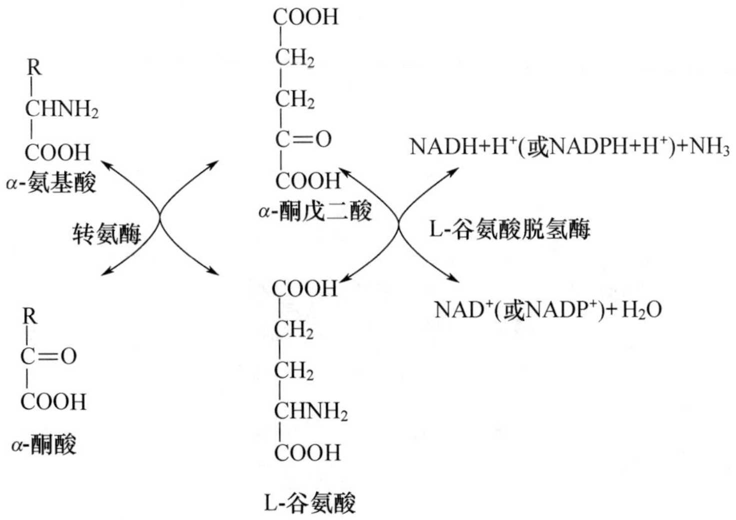

从上式中可以看到，转氨反应的效果是从许多不同的氨基酸分子上以谷氨酸形式收集氨基，然后谷氨酸作为生物合成途径或排泄途径中的一种氨基供体起作用。可见谷氨酸在氨基酸代谢中所处的的中心位置。事实证明，组织中除了 L-谷氨酸外其他 L-氨基酸的脱氨基作用非常缓慢，如果加入少量 α-酮戊二酸，则脱氨作用显著增强。因此曾经认为此种联合脱氨方式可能是体内氨基酸脱氨基作用的主要方式，也是合成非必需氨基酸的重要途径。

2. 转氨基作用和嘌呤核苷酸循环联合脱去氨基

转氨酶与 L-谷氨酸脱氢酶联合作用脱去氨基虽在体内广泛存在，但并不是所有组织细胞的主要脱氨方式。20 世纪 70 年代初有人提出嘌呤核苷酸循环才是氨基酸脱氨基的主要途径。实验表明，骨骼肌、心肌、肝脏和脑组织主要的脱氨方式是以嘌呤核苷酸循环脱氨基作用为主，例如脑组织中的氨有 50%来自嘌呤核苷酸循环产生的。另外，根据实验测定的结果，哺乳动物骨骼肌中 L-谷氨酸脱氢酶的含量很少，而嘌呤核苷酸循环中的腺苷酸代琥珀酸合成酶、腺苷酸代琥珀酸裂解酶及腺苷酸脱氨酶含量很丰富，因此认为氨基酸是通过转氨作用和嘌呤核苷酸循环联合进行脱氨的，如图 11-6 所示。

图 11-6 表明，氨基酸分子上的 α-氨基通过二次转氨基作用形成天冬氨酸，天冬氨酸与次黄嘌呤核苷酸（IMP）在腺苷酸代琥珀酸合成酶作用下生成中间产物腺苷酸代琥珀酸，然后在腺苷酸代琥珀酸裂解酶作用下生成腺苷酸（AMP）和延胡索酸，腺苷酸在腺苷酸脱氨酶催化下脱去氨基，重新形成了次黄嘌呤核苷酸，次黄嘌呤核苷酸可继续参加上述反应，故称嘌呤核苷酸循环。嘌呤核苷酸循环的实质也是转氨基和脱氨基联合进行的方式。

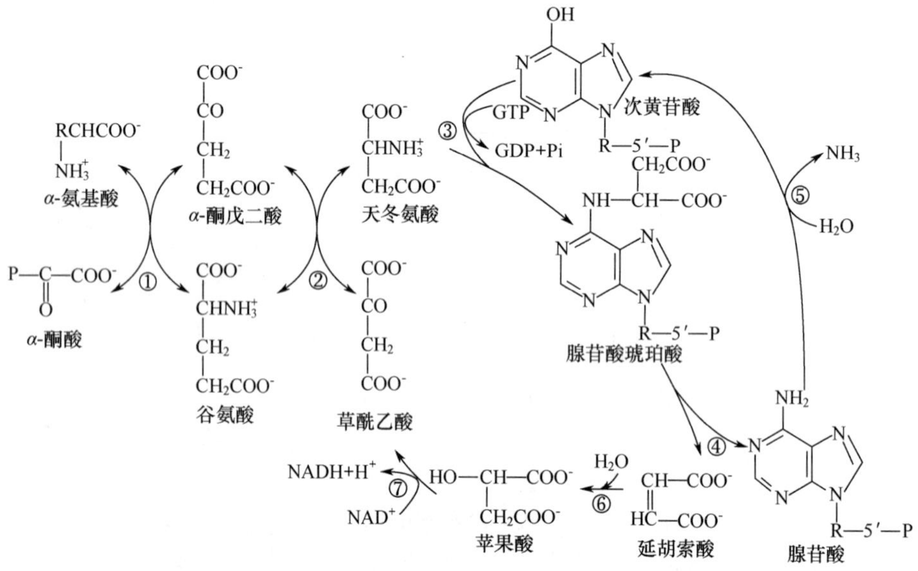

图 11-6　嘌呤核苷酸循环
①转氨酶　②谷草转氨酶　③腺苷酸琥珀酸合成酶　④腺苷酸琥珀酸裂解酶
⑤腺苷酸脱氨酶　⑥延胡索酸酶　⑦苹果酸脱氢酶

氨基酸的脱氨基方式，除了上述 3 种方式外，某些氨基酸还可以进行非氧化脱氨基作用。这种脱氨基方式，主要在微生物体内进行。动物体内也有，但并不普遍。

二、氨基酸的脱羧基作用

组织细胞内的氨基酸在氨基酸脱羧酶催化下进行脱羧作用，生成二氧化碳和伯胺。

氨基酸脱羧酶专一性很高，除了个别脱羧酶外，一种氨基酸脱羧酶一般只对一种氨基酸起脱羧作用。氨基酸脱羧酶中除了组氨酸脱羧酶不需要任何辅酶外，其余各氨基酸脱羧酶均需要磷酸吡哆醛作为辅酶。其作用机制为：

$$\underset{\text{氨基酸}}{\underset{|}{\overset{COOH}{\underset{R_1}{CHNH_2}}}} + \underset{\text{磷酸吡哆醛}}{\underset{|}{\overset{}{\underset{\textcircled{P}}{O=C-H}}}} \xrightarrow{-H_2O} \underset{|}{\overset{COOH}{\underset{R_1}{CHN=CH}}}\underset{|}{\underset{\textcircled{P}}{}} \xrightarrow{-CO_2} \underset{|}{\overset{}{\underset{R_1}{CH_2N=CH}}}\underset{|}{\underset{\textcircled{P}}{}} \xrightarrow{+H_2O} \underset{\text{胺}}{\underset{|}{\overset{NH_2}{\underset{R_1}{CH_2}}}} + \underset{\text{磷酸吡哆醛}}{\underset{|}{\underset{\textcircled{P}}{O=C-H}}}$$

氨基酸脱羧酶普遍存在于动、植物和微生物中，但氨基酸脱羧作用并不是氨基酸代谢的主要方式。有些氨基酸脱羧后产生的胺低浓度下对人体具有特殊的生理作用，有一些是组成某些维生素或激素的成分，如脑组织中游离的 γ-氨基丁酸是谷氨酸的脱羧产物，它对中枢神经系统的传导有抑制作用。

组胺是组氨酸的脱羧产物，有降低血压的作用，又是胃液分泌刺激剂，医学上认为过敏性鼻炎病人即因体内组胺产生过多，引起鼻道毛细血管扩张，增加分泌，故鼻涕很多。

酪胺是酪氨酸的脱羧产物，具有升高血压的作用。

天冬氨酸脱羧酶催化天冬氨酸脱羧形成 β-丙氨酸，它是维生素 B_3 的组成成分。

由于氨基酸脱羧酶专一性很高，这一性质被用来测定发酵液中某种氨基酸的含量，只要所使用的脱羧酶纯度很高，就不会受到同时存在的其他氨基酸的干扰，例如，在谷氨酸生产中测定发酵液中谷氨酸的含量，就是用的这一方法。取一定量的谷氨酸发酵液，加入适量的谷氨酸脱羧酶，在适宜的条件下反应，用微量气体检压仪（瓦氏呼吸计）测量出反应所释放的 CO_2 量，根据放出 CO_2 的量可以计算出谷氨酸的含量。

体内如果形成大量胺类，能引起神经或心血管等系统的功能紊乱，但体内的胺氧化酶能催化胺类氧化成醛和氨，醛可继续氧化成脂肪酸，再分解成二氧化碳和水，氨则可用来合成酰胺、新氨基酸重新利用或合成尿素排出体外，从而减少胺类对人体造成的毒害。

三、氨基酸代谢产物的去向

（一）α-酮酸的代谢去向

α-氨基酸脱氨以后生成的 α-酮酸有下列 3 种代谢途径：①氧化成二氧化碳和水，并产生 ATP 供给机体的各种需能过程；②再合成新的氨基酸；③转变为糖和脂肪。

1. 氧化成二氧化碳和水

在有氧情况下，生物体内 20 种氨基酸脱氨后生成的 α-酮酸，可经不同的酶系催化进行氧化分解。虽然氨基酸的氧化分解途径各异，但它们都集中形成了 5 种中间产物分别进入三羧酸循环，最后生成 CO_2 和 H_2O，并产生 ATP 供给机体需能过程。这 5 种中间产物是乙酰辅酶 A、α-酮戊二酸、琥珀酰辅酶 A、延胡索酸、草酰乙酸，如图 11-7 所示。

2. 合成新氨基酸

α-酮酸可在体内需要氨基酸时经转氨基作用或还原氨基化形成新的氨基酸（见氨基酸的合成代谢）。

3. 转变为糖和脂肪

α-酮酸在体内可以转变为糖及脂肪，这已为动物实验所证明。例如，用氨基酸喂患人工糖尿病的狗，分析其尿液，发现大多数氨基酸可使尿中葡萄糖的含量增加，说明这些氨基酸的碳链转化成了糖，这些氨基酸称为生糖氨基酸；另一些氨基酸如 Phe、Trp、Tyr、Ile 能使尿中

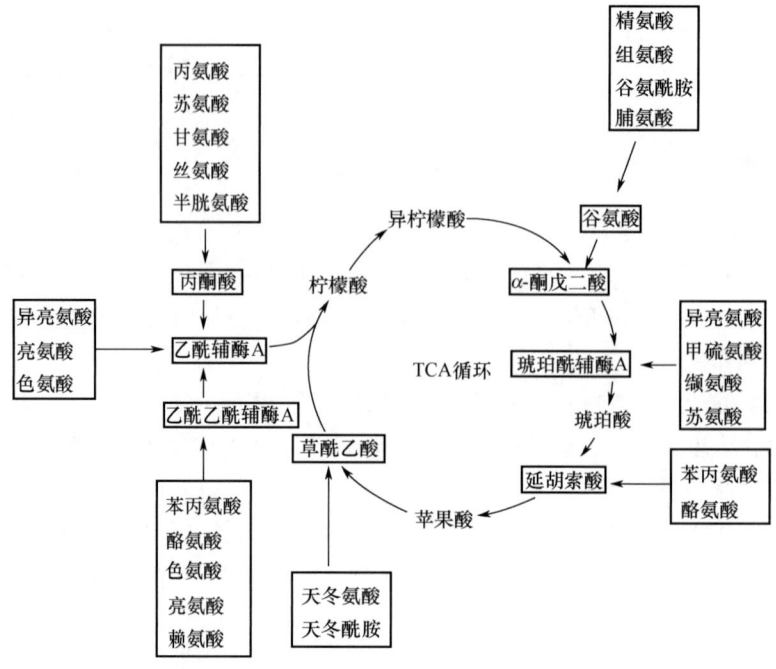

图 11-7 氨基酸碳骨架进入三羧酸循环的路径

葡萄糖及酮体同时增加，这些氨基酸称为生糖兼生酮氨基酸；还有的氨基酸如 Leu，只能使尿中酮体（包括丙酮、乙酰乙酸和 β-羟基丁酸）的含量增加，称为生酮氨基酸。通常情况下，生糖氨基酸的分解中间产物都是糖代谢过程中的丙酮酸、α-酮戊二酸、琥珀酰辅酶 A、延胡索酸、草酰乙酸，它们转变为丙酮酸后，再沿 EMP 的逆途径合成糖。生酮氨基酸脱氨后产生的 α-酮酸经复杂变化后转变为糖代谢中间产物乙酰辅酶 A，乙酰辅酶 A 在动物体内不能转变为糖，但可用于脂肪酸的合成（详见脂质代谢）。

（二）氨的代谢去向

氨气对人体及动物来说是有毒物质，体内不能大量积累。有资料表明，在兔体内，当血液中氨的浓度达到 5mg/100mL 时，兔即死亡。高等动物的脑组织对氨也相当敏感，血液中含 1% 氨便能引起中枢神经系统中毒。人类氨中毒后引起语言紊乱、视力模糊，出现一种特殊的震颤，甚至昏迷或死亡。氨中毒的机制一般认为高浓度的氨与三羧酸循环中的 α-酮戊二酸结合成 L-谷氨酸，使大脑中的 α-酮戊二酸大量减少，导致三羧酸循环无法正常进行，ATP 生成受到严重阻碍，同时，对 NADPH 的大量消耗，严重地影响需要还原力反应的正常进行，从而引起脑功能受损。其反应式如下：

$$\begin{array}{c} \text{COOH} \\ | \\ \text{C=O} \\ | \\ \text{CH}_2 \\ | \\ \text{CH}_2 \\ | \\ \text{COOH} \end{array} + NH_3 + NADPH + H^+ \longrightarrow \begin{array}{c} \text{COOH} \\ | \\ \text{CHNH}_2 \\ | \\ \text{CH}_2 \\ | \\ \text{CH}_2 \\ | \\ \text{COOH} \end{array} + NADP^+ + H_2O$$

α-酮戊二酸   L-谷氨酸

因此，机体内氨基酸脱氨放出的游离氨必须立即进行代谢处理。处理氨的方法，各种生物有所不同，有直接排氨的，有排尿酸的，有排尿素的。就动物而言，水生动物中除个别种类外，一般将氨直接排出体外；两栖类是将氨转变为尿素再排出体外；鸟类及生活在比较干燥环境中的爬虫类，由于水的供应困难，所产生的氨不能直接排出，而是将氨转变为溶解度较小的尿酸排出体外；人和陆栖高等动物由于体内水的供应不是太欠缺，代谢产生的氨主要是在肝中转变为溶解度较大的尿素排出体外。氨基酸代谢产生的氨除了上述几种处理方式以外，还有的以谷氨酰胺或天冬酰胺形式储存，或合成其他含氮物质，如嘌呤、嘧啶、氨基酸、铵盐等。

1. 形成酰胺储存

酰胺是没有毒性的，氨基酸脱氨基作用产生的氨可以转变成酰胺储存于生物体内。在脑、肌肉等组织中谷氨酰胺合成酶的活性较高，它催化氨与谷氨酸反应生成谷氨酰胺，此反应需要ATP参与。其反应式如下：

$$\begin{matrix} COOH \\ | \\ CHNH_2 \\ | \\ CH_2 \\ | \\ CH_2 \\ | \\ COOH \end{matrix} + NH_3 + ATP \xrightarrow{谷氨酰胺合成酶} \begin{matrix} COOH \\ | \\ CHNH_2 \\ | \\ CH_2 \\ | \\ CH_2 \\ | \\ CONH_2 \end{matrix} + ADP + Pi$$

L-谷氨酸　　　　　　　　　　　　　L-谷氨酰胺

氨在天冬酰胺合成酶的催化下，也可与天冬氨酸反应生成天冬酰胺，此反应大量存在于植物体内，是植物体内储氨的重要形式，植物体不合成尿素。天冬酰胺在动物体内也有发现，但它在动物体内的作用是不重要的。

$$\begin{matrix} COOH \\ | \\ CHNH_2 \\ | \\ CH_2 \\ | \\ COOH \end{matrix} + NH_3 + ATP \xrightarrow{天冬酰胺合成酶} \begin{matrix} COOH \\ | \\ CHNH_2 \\ | \\ CH_2 \\ | \\ CONH_2 \end{matrix} + ADP + Pi$$

L-天冬氨酸　　　　　　　　　　　　L-天冬酰胺

储存于酰胺基上的氨基可用于合成新的氨基酸或其他含氮化合物，如嘌呤、嘧啶、铵盐、尿素等，谷酰胺和天冬酰胺也可直接参与蛋白质合成。

2. 合成尿素

哺乳动物体内代谢产生的氨是通过谷氨酰胺和丙氨酸两种形式在血液中运输，而不是以游离 NH_3 形式转运。

（1）通过谷氨酰胺转运氨　多数动物细胞内有谷氨酰胺合成酶，在其催化下，将氨基酸代谢产生的氨与谷氨酸反应生成谷酰胺，谷酰胺是中性无毒物质，容易透过细胞膜，是氨的主要运输形式。谷氨酰胺由血液运送到肝或肾，再经谷氨酰胺酶的催化，将谷氨酰胺水解为谷氨酸和氨。氨在肝中合成尿素，在肾中则以铵盐形式排出体外。其反应过程如下：

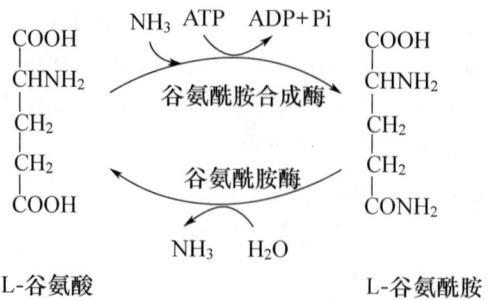

L-谷氨酸　　　　　　　　　　　　　L-谷氨酰胺

(2) 通过葡萄糖-丙氨酸循环转运氨　实验证明，在肌肉细胞中，氨基酸通过转氨作用将氨基转给丙酮酸生成丙氨酸；丙氨酸随血液运送到肝，在肝中通过氧化脱氨生成丙酮酸，并释放出氨，释放出的氨用于合成尿素或合成其他化合物，生成的丙酮酸经糖异生途径生成葡萄糖，葡萄糖再经血液运至肌肉，在肌肉中，沿糖酵解途径转变为丙酮酸，丙酮酸再接受氨基而生成丙氨酸。这一途径称为葡萄糖-丙氨酸循环，如图11-8所示。

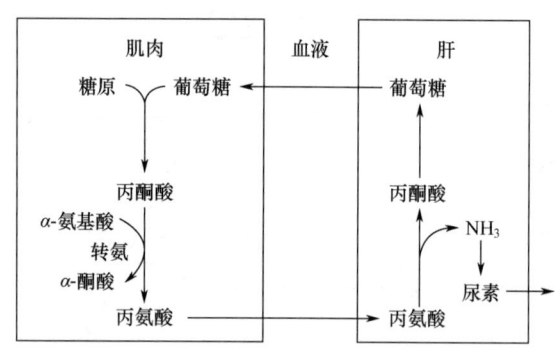

图11-8　葡萄糖-丙氨酸循环

(3) 尿素的生物合成途径——鸟氨酸循环　尿素的形成在肝脏中进行，是高等动物的一种重要解氨毒方式。通过一个循环机制完成。这一循环机制被称为鸟氨酸循环，又称尿素循环，是由1932年发现柠檬酸循环的同一人 H. Krebs 和他的学生 K. Henseleit 发现的，比 H. Krebs 发现柠檬酸循环还早5年。当今公认的尿素循环过程如图11-9所示。

尿素分子的两个N原子来自一个氨分子和一个天冬氨酸分子，其C原子则来自 HCO_3^-。尿素循环包括5步酶促反应，其中2步发生在肝细胞线粒体内，3步发生在肝细胞溶胶中。

鸟氨酸循环酶促反应表示如下：

①合成氨甲酰磷酸，尿素的第一个N原子由 NH_3 分子提供：谷氨酸通过氧化脱氨作用产生的 NH_3 和糖代谢产生的 CO_2 可在氨甲酰磷酸合成酶（carbamoyl phosphate synthetase，CPS）的催化下反应生成氨甲酰磷酸，这个反应发生在线粒体中，伴随有两个ATP的水解，并需要 N-乙酰谷氨酸和 Mg^{2+} 的参与。其反应式如下：

$$NH_3 + CO_2 + H_2O + 2ATP \xrightarrow[N\text{-乙酰谷氨酸、}Mg^{2+}]{\text{氨甲酰磷酸合成酶}} H_2N-\overset{\overset{O}{\|}}{C}-O\sim ℗ + 2ADP + Pi$$

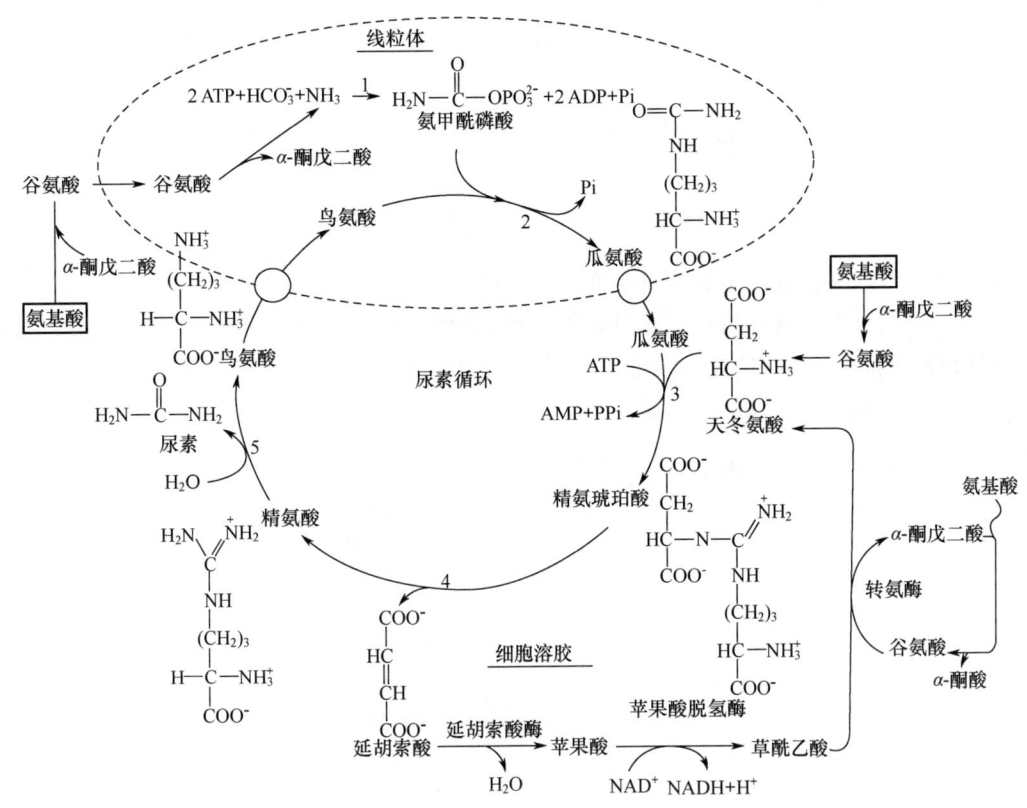

图 11-9　鸟氨酸循环
1—氨甲酰合成酶　2—鸟氨酸转氨甲酰基酶　3—精氨琥珀酸合成酶
4—精氨琥珀酸裂解酶　5—精氨酸酶

真核生物中的氨甲酰磷酸合成酶（CPS）有两类：氨甲酰磷酸合成酶Ⅰ（CPSⅠ）和氨甲酰磷酸合成酶Ⅱ（CPSⅡ）。

CPSⅠ是尿素循环中的酶，存在于线粒体中，以氨作为氮的供体，需要 N-乙酰谷氨酸作为酶的别构激活剂，催化的反应基本不可逆，生成的氨甲酰磷酸用来合成尿素。CPSⅠ催化的这步反应是尿素循环中的限速步骤。CPSⅡ存在于胞质溶胶中，以谷酰胺作为氮的供体，不需要 N-乙酰谷氨酸，合成的氨甲酰磷酸用来合成嘧啶。其反应式如下：

$$\text{谷酰胺} + CO_2 + H_2O + 2ATP \xrightarrow{\text{氨甲酰磷酸合成酶Ⅱ}} H_2N-\overset{O}{\underset{}{C}}-O\sim\text{P} + 2ADP + Pi + \text{谷氨酸}$$

②合成瓜氨酸：氨甲酰磷酸在鸟氨酸转氨甲酰基酶催化下将氨甲酰基转移到鸟氨酸上，形成瓜氨酸，此反应发生在线粒体中，鸟氨酸借助于特异的运送体系进出线粒体。其反应式如下：

$$H_2N-\overset{O}{\underset{}{C}}-O\sim ℗ + \begin{matrix}NH_2\\(CH_2)_3\\CHNH_2\\COOH\end{matrix} \xrightarrow{\text{鸟氨酸转氨甲酰基酶、}Mg^{2+}} \begin{matrix}NH_2\\C=O\\NH\\(CH_2)_3\\CHNH_2\\COOH\end{matrix} + Pi$$

氨甲酰磷酸　　　鸟氨酸　　　　　　　　　　　　　　　　　瓜氨酸

③合成中间物精氨基琥珀酸，尿素第二个 N 原子由天冬氨酸提供；瓜氨酸（烯醇式）在 ATP 和 Mg^{2+} 的存在下，通过精氨基琥珀酸合成酶的催化与天冬氨酸缩合为一种中间产物，即精氨基琥珀酸，同时产生 AMP 及焦磷酸，反应消耗了两个高能磷酸键。天冬氨酸在此作为尿素第二个 N 原子的供体。其反应式如下：

$$\begin{matrix}NH_2\\C=O\\NH\\(CH_2)_3\\CHNH_2\\COOH\end{matrix} \rightleftharpoons \begin{matrix}NH\\C-OH\\NH\\(CH_2)_3\\CHNH_2\\COOH\end{matrix}$$

瓜氨酸　　　　　瓜氨酸(烯醇式)

$$\begin{matrix}NH\\C-OH\\NH\\(CH_2)_3\\CHNH_2\\COOH\end{matrix} + \begin{matrix}H\;\;\;COOH\\N-CH\\H\;\;\;CH_2\\COOH\end{matrix} \xrightarrow[\text{ATP　AMP+PPi}]{\text{精氨基琥珀酸合成酶}\atop -H_2O} \begin{matrix}H\;\;\;H\;\;\;COOH\\N-C-N-CH\\(CH_2)_3\;NH\;\;CH_2\\CHNH_2\;\;\;COOH\\COOH\end{matrix}$$

瓜氨酸(烯醇式)　　天冬氨酸　　　　　　　　　　　　　　精氨基琥珀酸

④精氨酸的合成：在精氨基琥珀酸裂解酶的催化下，精氨基琥珀酸裂解成精氨酸和延胡索酸。其反应式如下：

$$\begin{matrix}H\;\;\;H\;\;\;COOH\\N-C-N-CH\\(CH_2)_3\;NH\;\;CH_2\\CHNH_2\;\;\;COOH\\COOH\end{matrix} \xrightarrow{\text{精氨基琥珀酸裂解酶}} \begin{matrix}NH\\NH-C-NH_2\\(CH_2)_3\\CHNH_2\\COOH\end{matrix} + \begin{matrix}COOH\\CH\\\|\\HC\\COOH\end{matrix}$$

精氨基琥珀酸　　　　　　　　　　　　精氨酸　　　　　延胡索酸

精氨酸最终成为尿素的直接供体，延胡索酸可以进入三羧酸循环，经苹果酸变为草酰乙酸。草酰乙酸可以同乙酰辅酶 A 缩合成柠檬酸，也可经转氨作用产生天冬氨酸，或经糖异生作用转变为葡萄糖。可见，延胡索酸是沟通三羧酸循环和尿素循环之间的桥梁，如图 11-10 所示。

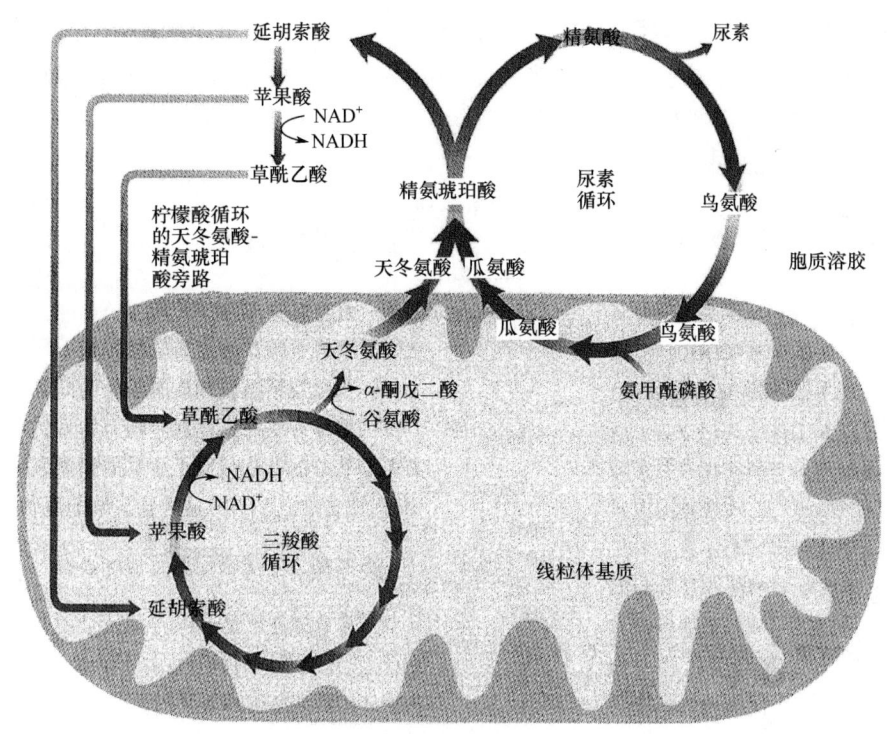

图 11-10 三羧酸循环和尿素循环之间的链接

⑤精氨酸水解生成尿素：精氨酸在精氨酸酶催化下水解成尿素和鸟氨酸。其反应式如下：

$$\text{精氨酸} + H_2O \xrightarrow{\text{精氨酸酶}} \text{鸟氨酸} + \text{尿素(烯醇式)}$$

生成的鸟氨酸又回到线粒体中进入另一轮尿素循环。就这样，尿素循环把两个氨基（一个来自氨基酸脱氨基作用，一个来自天冬氨酸）和一个 CO_2 转化为非毒性的排泄物尿素，不仅消除了 NH_3 对机体的毒害，同时也消耗了一部分体内不需要的 CO_2。在这个过程中，消耗了 4 个高能磷酸键。

尿素循环总反应式如下：

$$2NH_3 + CO_2 + 3ATP + 3H_2O \longrightarrow H_2N-\underset{\underset{O}{\|}}{C}-NH_2 + 2ADP + AMP + 4Pi$$

3. 合成新氨基酸

此部分内容详见本章第三节氨基酸的合成代谢。

（三） CO_2的代谢去路

氨基酸脱羧形成的CO_2大部分直接排到细胞外，小部分可用于体内的羧化反应，如通过丙酮酸羧化支路被固定，生成草酰乙酸或苹果酸。这些有机酸的生成对于三羧酸循环及通过三羧酸循环产生发酵产物（如柠檬酸、谷氨酸、延胡索酸、苹果酸等）有促进作用。

（四） 胺的代谢去路

氨基酸脱羧生成的胺可在胺氧化酶的催化下生成醛。醛在醛脱氢酶的催化下，加水脱氢生成有机酸，有机酸再经β-氧化作用，生成乙酰辅酶A，进而通过三羧酸循环被氧化成CO_2和H_2O。

四、 由氨基酸衍生的一碳单位

生物化学中将具有一个碳原子的基团称为"一碳单位"（one carbon unit）或"一碳基团"（one carbongroup）。

生物体内的一碳单位有许多形式，例如：

①亚氨甲基：—CH=NH；

②甲酰基：H—C=O；

③羟甲基：—CH_2OH；

④亚甲基（又称甲叉基）：—CH_2—；

⑤次甲基（又称为甲川基）：—CH=；

⑥甲基：—CH_3。

许多氨基酸都可作为一碳单位来源，如甘氨酸、苏氨酸、丝氨酸和组氨酸等。

一碳单位不只与氨基酸代谢密切相关，还参与嘌呤和胸腺嘧啶的生物合成以及S-腺苷甲硫氨酸的生物合成。它是生物体各种化合物甲基化的甲基来源。

许多带有甲基的化合物在生物学上都有重要功能。如肾上腺素、肌酸、卵磷脂等。嘌呤和嘧啶又是合成核酸的重要成分。

一碳单位的转移靠四氢叶酸（5，6，7，8-tetrahydrofolic acid，THF），曾用HF_4表示，携带甲基的部位是在N^5、N^{10}位（参看维生素一章叶酸部分）。一碳单位与THF在N^5、N^{10}，或N^5和N^{10}位以共价相连。与THF相连的一碳单位可处于不同的氧化水平，如甲酸（formate）、甲醛（formaldehyde）或甲醇（methanol）等，在氧化还原酶的催化下，可以互相转化。

氨基酸和一碳单位的关系可列举如下：

（1） 甘氨酸脱氨基生成乙醛酸后，与HF_4反应生成N^5，N^{10}-亚甲基-HF_4。

（2） 苏氨酸可分解为甘氨酸和乙醛，所以苏氨酸是通过甘氨酸形成一碳单位。

（3） 丝氨酸分子上的β-碳原子可转移至HF_4上，同时脱去一分子水，生成N^5，N^{10}-亚甲基-HF_4（N^5，N^{10}-CH_2-HF_4）。丝氨酸的β-碳原子转移后转变为甘氨酸。所以丝氨酸既可直接与HF_4作用形成一碳衍生物，又可通过甘氨酸途径形成N^5，N^{10}-亚甲基-HF_4。

（4） 组氨酸在分解过程中形成亚氨甲酰谷氨酸（N-fonuimino glutamate）后与HF_4作用，将亚氨甲酰基转移到HF_4上，形成亚氨甲酰-HF_4，再脱去氨后即形成N^5，N^{10}-次甲基四氢叶酸。

（5） S-腺苷甲硫氨酸可提供甲基，它是在甲硫氨酸腺苷转移酶（methionine adenosyl transferase）作用下，由ATP和甲硫氨酸合成。在这个反应中，甲硫氨酸上的硫原子对ATP核糖上的5′碳原子发起亲核进攻，导致三磷酸基被释放，裂解成PPi和Pi，随后，PPi通过焦磷酸酶的作用进一步裂解，如下式所示。

$$\text{甲硫氨酸} + \text{ATP} \xrightarrow{\text{甲硫氨酸腺苷转移酶}} S\text{-腺苷甲硫氨酸} + \text{PPi} + \text{Pi}$$

尽管 N^5-甲基四氢叶酸在 N^5 上携带一个甲基，但是其转移势对于体内大多数合成反应是不够的。生物体内合成胆碱、肌酸、肾上腺素等所需的甲基都是由 S-腺苷甲硫氨酸直接提供。S-腺苷甲硫氨酸是大约 50 种不同甲基受体的直接供给者。催化甲基转移的酶称为甲基转移酶，脱甲基后的产物是 S-腺苷高半胱氨酸。如 1 分子胆胺接受 3 分子 S-腺苷甲硫氨酸提供的甲基可转变成胆碱，作用如下式所示。

$$\text{胆胺} + 3S\text{-腺苷甲硫氨酸} \xrightarrow{\text{甲基转移酶}} \text{胆碱} + 3S\text{-腺苷高半胱氨酸}$$

虽然甲硫氨酸是甲基的直接供给者，但是，其分子中的甲基却只能由极少数反应提供，主要途径是从 N^5-甲基-四氢叶酸的甲基转移到高半胱氨酸上。作用如下式所示：

$$S\text{-腺苷高半胱氨酸} + \text{H}_2\text{O} \xrightarrow{\text{水解酶}} \text{高半胱氨酸} + \text{腺苷}$$

$$\text{高半胱氨酸} + N^5\text{-甲基-四氢叶酸} \xrightarrow{\text{甲硫氨酸合成酶}} \text{甲硫氨酸} + \text{四氢叶酸}$$

一碳单位还可参与嘌呤和胸腺嘧啶的合成（参看核苷酸代谢部分）。

第三节　氨基酸的合成代谢

氨基酸是合成蛋白质的原料。氨基酸的主要生化特性不在于它的氧化供能，而在于其为蛋白质合成提供合成单元。不同生物合成氨基酸的能力不同。

植物能合成自身所需要的全部氨基酸；各种微生物合成氨基酸的能力有很大差异，合成方式也不尽相同；人和其他动物不能合成构成蛋白质的全部 20 种氨基酸，因此必须从食物中获得不能合成的氨基酸。这些不能自身合成，必须从食物中获得的氨基酸称为必需氨基酸（essential amino acids）。它们是缬氨酸、异亮氨酸、亮氨酸、苯丙氨酸、甲硫氨酸、色氨酸、苏氨酸、赖氨酸、组氨酸和精氨酸。其中后两种（组氨酸和精氨酸）在幼小动物体内合成的量甚少，不能满足需要，但成年以后可以满足需要，故也将这两种氨基酸称为半必需氨基酸。其余氨基酸人及动物体能够自身合成，则称为非必需氨基酸（nonessential amino acids）。

虽然生物合成氨基酸的能力有种种差异，合成某种氨基酸的途径也不尽相同，但仍可将氨基酸生物合成的共同方式概括为三类：①还原氨基化作用；②转氨基作用；③氨基酸之间的相互转化。下面分组介绍 20 种编码氨基酸的代谢途径。

氨基酸合成中，α-酮酸作为氨基酸合成的碳骨架，其重要的来源就是糖代谢过程中几种"主要途径"的关键中间物，如柠檬酸循环中的 α-酮戊二酸、草酰乙酸；糖酵解途径中的 3-磷酸甘油酸，磷酸烯醇式丙酮酸、丙酮酸；磷酸戊糖途径中的 5-磷酸核糖、4-磷酸赤藓糖等，如图 11-11 所示。氨基酸合成中的氨基则多来自谷氨酸和谷酰胺的转氨基作用。

根据图 11-11，可按 20 种编码氨基酸合成起始物的不同将其分为六组来介绍其代谢途径。

一、由 α-酮戊二酸起始形成的氨基酸

α-酮戊二酸是三羧酸循环的中间体，以其为碳骨架，作为起始物质可以合成谷氨酸、谷

氨酰胺、脯氨酸、精氨酸，因此，这几种氨基酸被称为 α-酮戊二酸衍生型氨基酸。

1. 谷氨酸及谷氨酰胺的生物合成

如前所述，L-谷氨酸脱氢酶普遍存在于动物、植物、微生物中，在 L-谷氨酸脱氢酶作用下使 α-酮戊二酸还原氨基化形成谷氨酸是生物体内普遍存在的反应。其反应式如下：

$$\begin{array}{c}\text{COOH}\\|\\\text{C=O}\\|\\\text{CH}_2\\|\\\text{CH}_2\\|\\\text{COOH}\end{array} + NH_3 \underset{NAD(P)H+H^+ \quad NAD(P)^+}{\overset{\text{L-谷氨酸脱氢酶}}{\rightleftharpoons}} \begin{array}{c}\text{COOH}\\|\\\text{CHNH}_2\\|\\\text{CH}_2\\|\\\text{CH}_2\\|\\\text{COOH}\end{array} + H_2O$$

α-酮戊二酸   L-谷氨酸

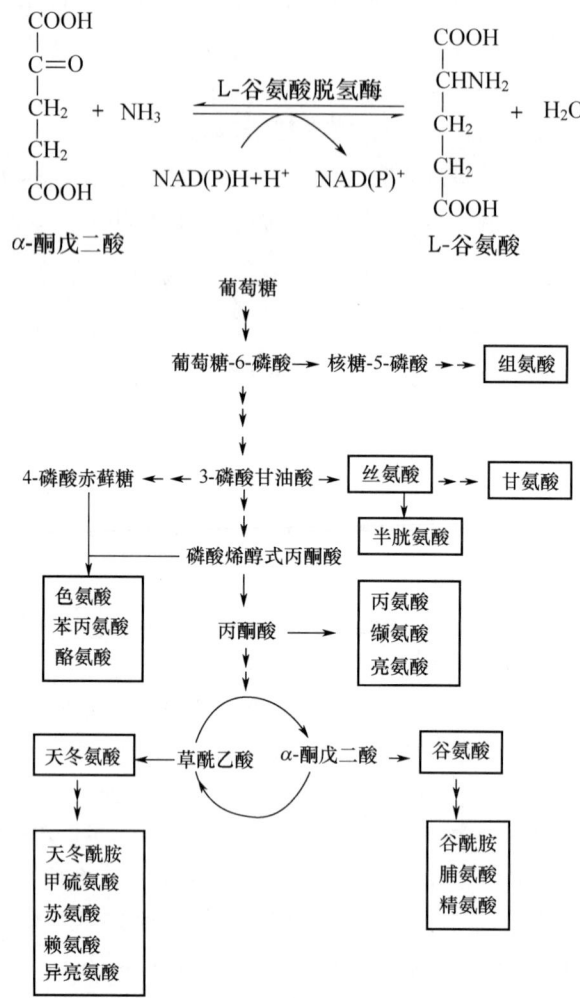

图 11-11 糖代谢"主干线"上的中间物作为氨基酸合成的碳骨架

由谷氨酰胺合成酶（glutamine synthetase）催化 L-谷氨酸和氨形成 L-谷氨酰胺。其反应式如下：

$$\begin{array}{c}\text{COOH}\\|\\\text{CHNH}_2\\|\\\text{CH}_2\\|\\\text{CH}_2\\|\\\text{COOH}\end{array} + NH_3 \underset{ATP \quad ADP+Pi}{\overset{\text{谷氨酰胺合成酶}}{\rightleftharpoons}} \begin{array}{c}\text{COOH}\\|\\\text{CHNH}_2\\|\\\text{CH}_2\\|\\\text{CH}_2\\|\\\text{CONH}_2\end{array}$$

L-谷氨酸   L-谷氨酰胺

此反应对哺乳动物机体还有更重要的生理作用，即将对机体有毒的氨转变为无毒的谷氨酰胺。

在细菌和植物体内 L-谷氨酰胺还可提供氨基给 α-酮戊二酸，由谷氨酸合酶（glutamate synthetase）催化形成两个谷氨酸。动物体内不存在此反应。反应如下：

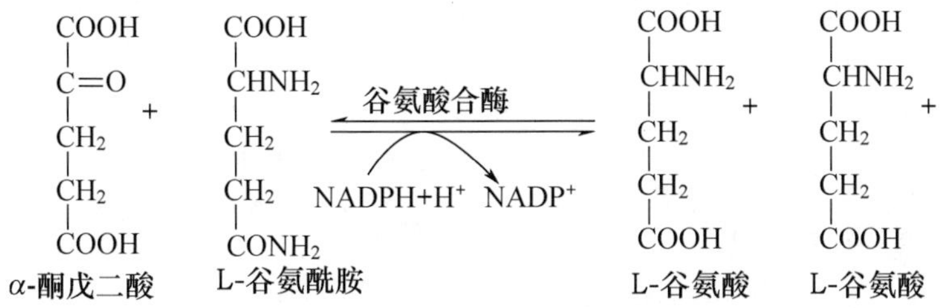

$$\text{α-酮戊二酸} + \text{L-谷氨酰胺} \xrightarrow[\text{NADPH+H}^+ \quad \text{NADP}^+]{\text{谷氨酸合酶}} \text{L-谷氨酸} + \text{L-谷氨酸}$$

原核生物中，当环境中的 NH_4^+ 浓度低时，主要由谷酰胺合成酶和谷氨酸合酶联合作用，首先在谷酰胺合成酶作用下将 NH_4^+ 与 L-谷氨酸合成 L-谷氨酰胺，再由谷氨酸合酶将酰胺部分转给 α-酮戊二酸形成 L-谷氨酸。只有当环境中的 NH_4^+ 浓度很高时，才由 L-谷氨酸脱氢酶催化 NH_4^+ 和 α-酮戊二酸直接合成 L-谷氨酸。因为谷氨酰胺合成酶对 NH_4^+ 的 K_m 值远低于 L-谷氨酸脱氢酶对 NH_4^+ 的 K_m 值。

2. 脯氨酸的生物合成

脯氨酸是谷氨酸环化的产物。首先是谷氨酸的 γ-羧基与 ATP 反应形成一个酰基磷酸，再由 NADPH 或 NADH 还原成为谷氨酸-γ-半醛，随后自发环化形成 Δ'-二氢吡咯-5-羧酸，最后再还原生成脯氨酸。反应式如图 11-12 所示。

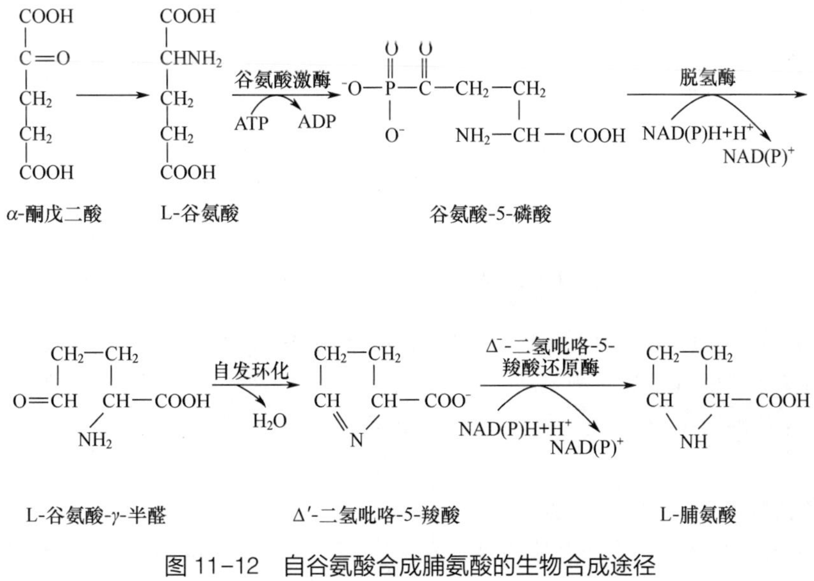

图 11-12 自谷氨酸合成脯氨酸的生物合成途径

3. 精氨酸的生物合成

精氨酸可由谷氨酸经过 5 步反应合成 L-鸟氨酸，然后通过与尿素循环相同的步骤合成精氨酸。反应式如图 11-13 所示。

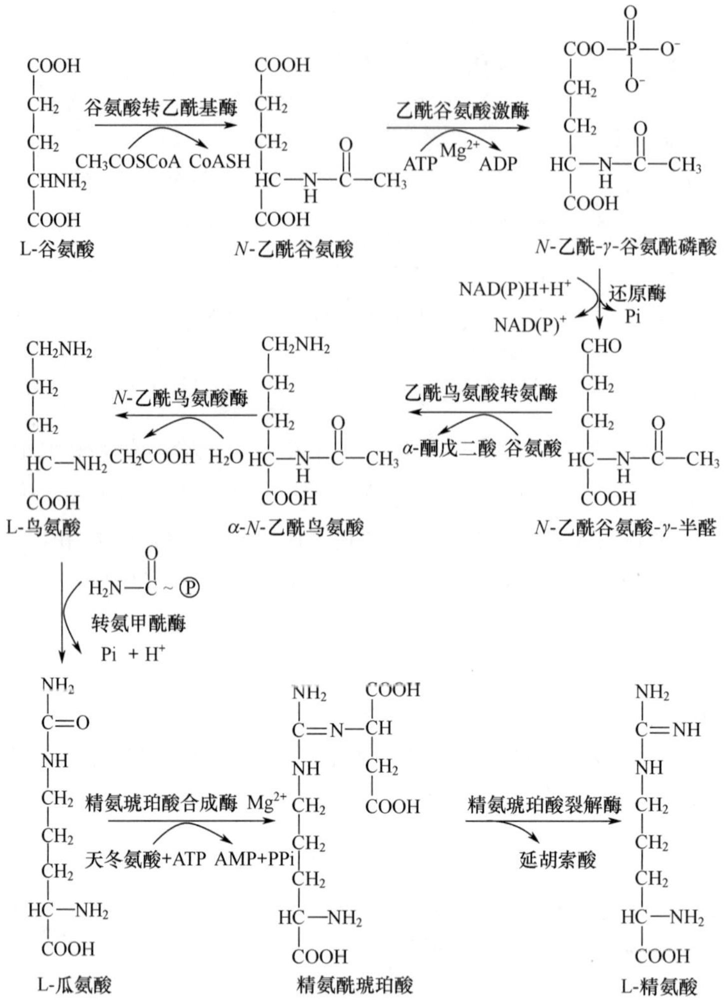

图 11-13 自谷氨酸合成精氨酸的生物合成途径

二、由草酰乙酸起始形成的氨基酸

草酰乙酸是三羧酸循环的中间体，以其为碳骨架，作为起始物质可以合成天冬氨酸、天冬酰胺、苏氨酸、甲硫氨酸、赖氨酸、异亮氨酸。因此，这几种氨基酸被称为草酰乙酸衍生型氨基酸。苏氨酸、甲硫氨酸、赖氨酸、异亮氨酸是人体必需氨基酸，由植物和微生物合成。

1. 天冬氨酸和天冬酰胺的生物合成

天冬氨酸由草酰乙酸与谷氨酸在谷草转氨酶催化下转氨基而形成。天冬酰胺在天冬酰胺合成酶催化下，由 ATP 供能，使谷酰胺的酰胺基（在细菌中是直接利用 NH_3）转移到天冬氨酸的 β-羧基上而成。反应式如下：

$$\text{草酰乙酸} + \text{L-谷氨酸} \underset{\text{谷草转氨酶}}{\rightleftharpoons} \text{L-天冬氨酸} + \alpha\text{-酮戊二酸}$$

$$\text{L-天冬氨酸} + \text{谷氨酰胺}(NH_3,\text{细菌}) \xrightarrow[ATP \quad ADP+Pi]{\text{天冬酰胺合成酶}} \text{L-天冬酰胺} + \text{L-谷氨酸}$$

2. 甲硫氨酸、苏氨酸、赖氨酸和异亮氨酸的生物合成

此三种氨基酸的生物合成过程是个多分支代谢途径，如图 11-14 所示。从图 11-14 中可

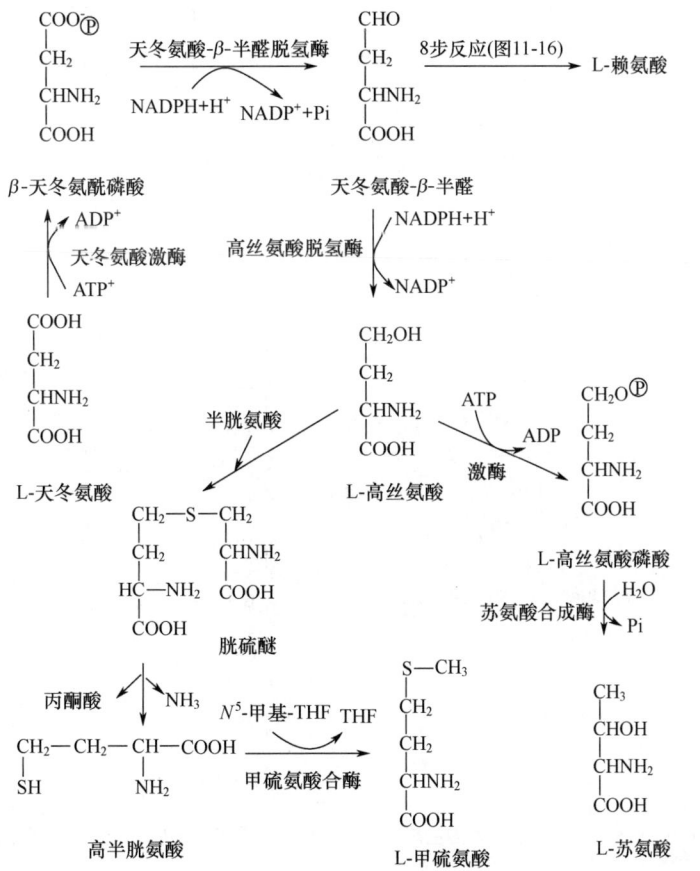

图 11-14　自天冬氨酸合成甲硫氨酸、苏氨酸和赖氨酸（植物、细菌）的合成途径

看到天冬氨酸首先被激活成 β-天冬氨酰磷酸，后者经还原脱磷酸基生成天冬氨酸-β-半醛。天冬氨酸-β-半醛成为甲硫氨酸、苏氨酸和赖氨酸合成的分支点；高丝氨酸是甲硫氨酸和苏氨酸合成的分支点。第一分支点处的天冬氨酸-β-半醛与丙酮酸缩合脱水，生成环状中间产物二氢吡啶二羧酸，然后又经一系列反应生成赖氨酸（图 11-15）。由 L-高丝氨酸开始，一个分支生成苏氨酸，苏氨酸可进一步转变为异亮氨酸（图 11-16）；另一分支，L-高丝氨酸经胱硫醚合成酶催化与半胱氨酸缩合，生成胱硫醚，再经胱硫醚裂解酶分解，形成高半胱氨酸，并释放出丙酮酸和氨。高半胱氨酸由转甲基酶催化，N^5-甲基四氢叶酸提供甲基，生成甲硫氨酸。

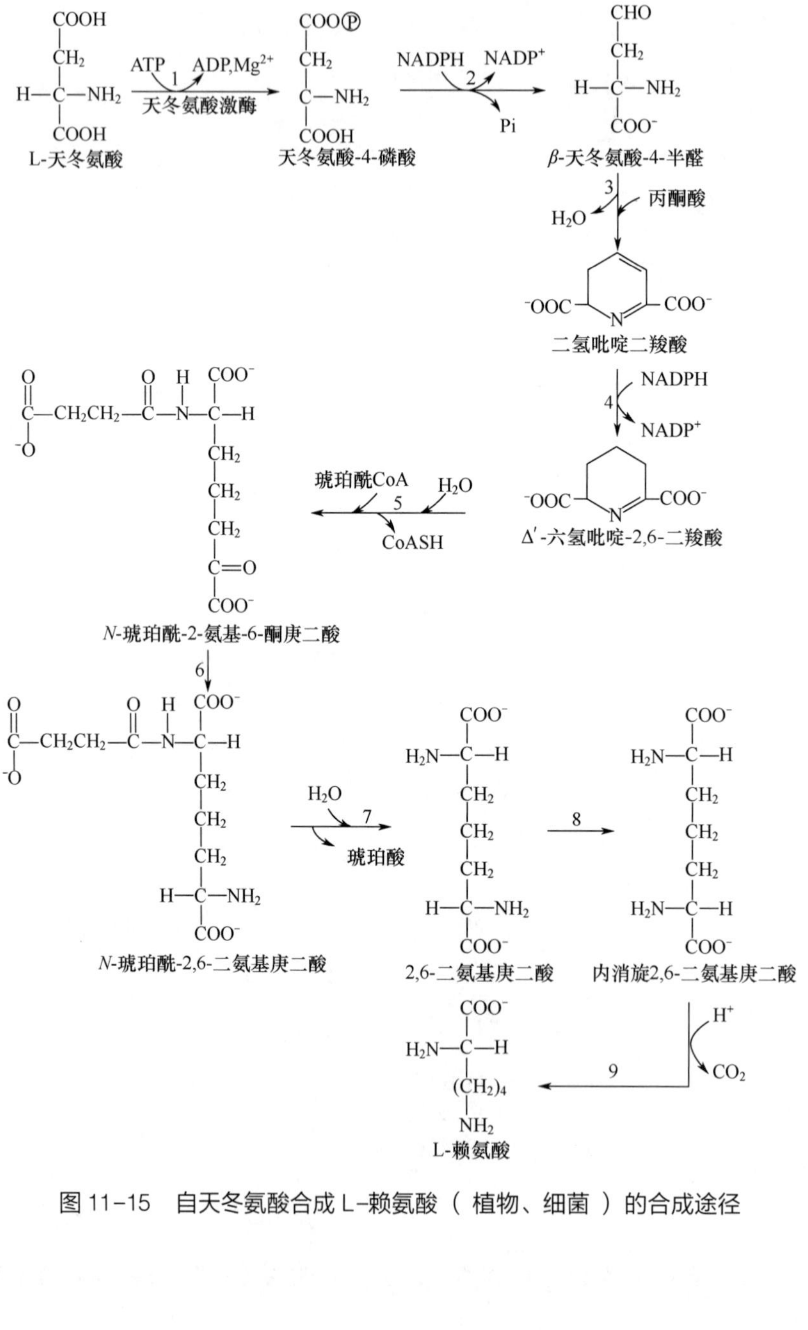

图 11-15 自天冬氨酸合成 L-赖氨酸（植物、细菌）的合成途径

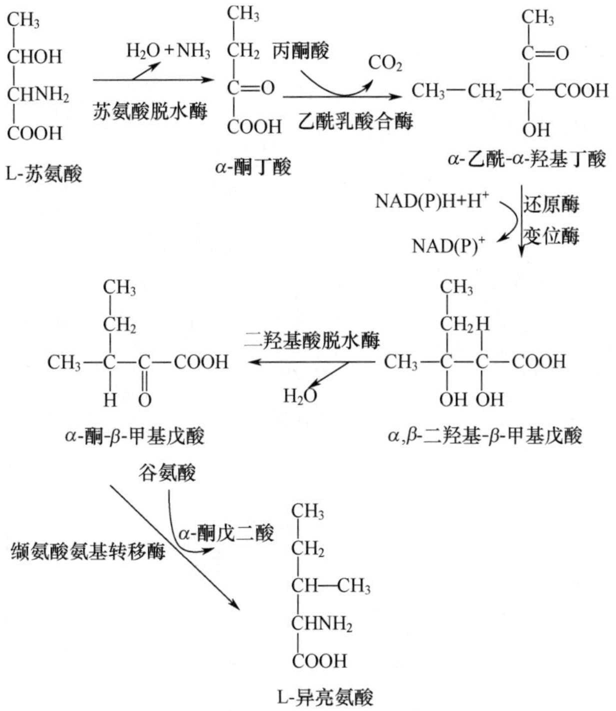

图 11-16　自天冬氨酸合成苏氨酸后再合成 L-异亮氨酸（植物、细菌）的合成途径

三、由丙酮酸起始形成的氨基酸

丙酮酸是酵解途径的产物，以其为碳骨架，作为起始物质，可以合成丙氨酸、缬氨酸、亮氨酸。因此，这几种氨基酸被称为丙酮酸衍生型氨基酸。缬氨酸、亮氨酸是人体必需氨基酸，由植物和微生物合成。

1. L-丙氨酸的生物合成

L-丙氨酸的生物合成直接由丙酮酸通过转氨作用从谷氨酸获得氨基而形成，动物、植物和微生物体内都含有丰富的丙氨酸转氨酶，此反应式如下：

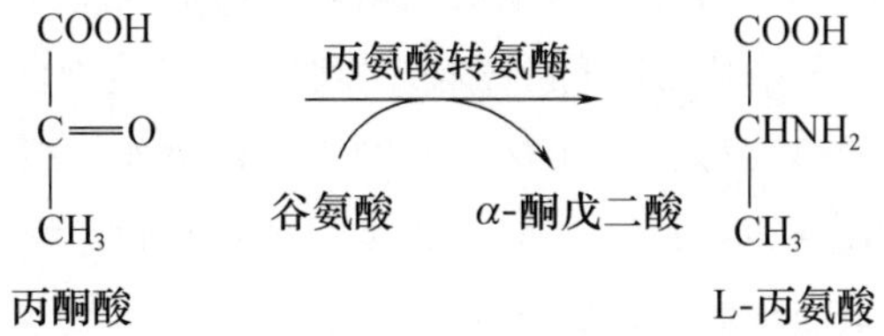

2. L-缬氨酸和 L-亮氨酸的生物合成

L-缬氨酸和 L-亮氨酸合成的初始物是丙酮酸及丙酮酸脱羧产生的活性乙醛，首先由二者缩合，产生 α-乙酰乳酸，再经异构、还原、脱水等步骤生成 α-酮异戊酸，后者经转氨生成 L-缬氨酸；L-亮氨酸的合成要在 α-酮异戊酸的基础上继续与乙酰辅酶（CoA）缩合，再经异构、脱氢、脱羧等反应生成 α-酮异己酸，再经转氨生成 L-亮氨酸，如图 11-17 所示。

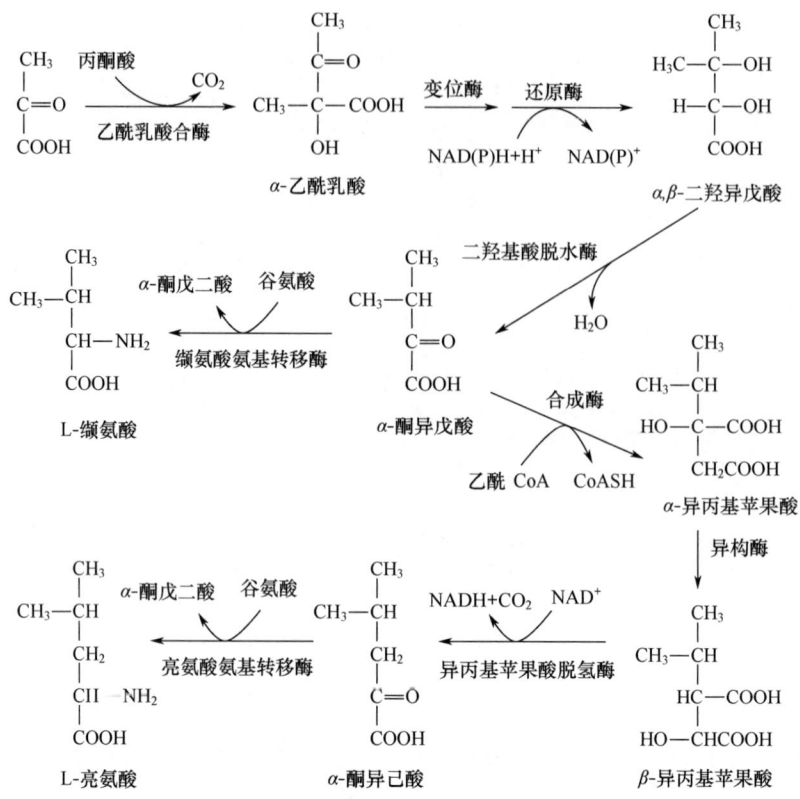

图 11-17 自丙酮酸合成 L-缬氨酸和 L-亮氨酸（植物、细菌）的合成途径

四、由 3-磷酸甘油酸起始形成的氨基酸

3-磷酸甘油酸是酵解途径的中间体，以其为碳骨架，作为起始物质可以合成 L-丝氨酸、甘氨酸、L-半胱氨酸。因此，这几种氨基酸被称为 3-磷酸甘油酸衍生型氨基酸。它们的合成途径如图 11-18 所示。

3-磷酸甘油酸在磷酸甘油酸脱氢酶和 NAD^+ 作用下氧化为 3-磷酸羟基丙酮酸，再经转氨作用生成 3-磷酸丝氨酸，由磷酸丝氨酸磷酸酶脱去磷酸后即形成丝氨酸；再由以四氢叶酸为辅酶的丝氨酸转羟甲基酶脱去羟甲基而形成甘氨酸。半胱氨酸的生物合成是在丝氨酸转乙酰酶催化下，将乙酰辅酶 A 的乙酰基转移到丝氨酸上，生成 O-乙酰丝氨酸。后者经硫氢基化而生成 L-半胱氨酸。值得提出的是还原型硫（S^{2-}）的来源。植物和微生物都能从环境中的硫酸盐制造还原型硫化物供给半胱氨酸合成的需要。

哺乳动物半胱氨酸的合成是由丝氨酸提供碳骨架，由甲硫氨酸提供硫原子。甲硫氨酸先转变为 S-腺苷甲硫氨酸，然后失去甲基后转变为 S-腺苷高半胱氨酸，在 $β$-胱硫醚合酶催化下，再与丝氨酸缩合形成胱硫醚，最后在胱硫醚-$γ$-裂解酶作用下形成 L-半胱氨酸及 $α$-酮丁酸，如图 11-19 所示。

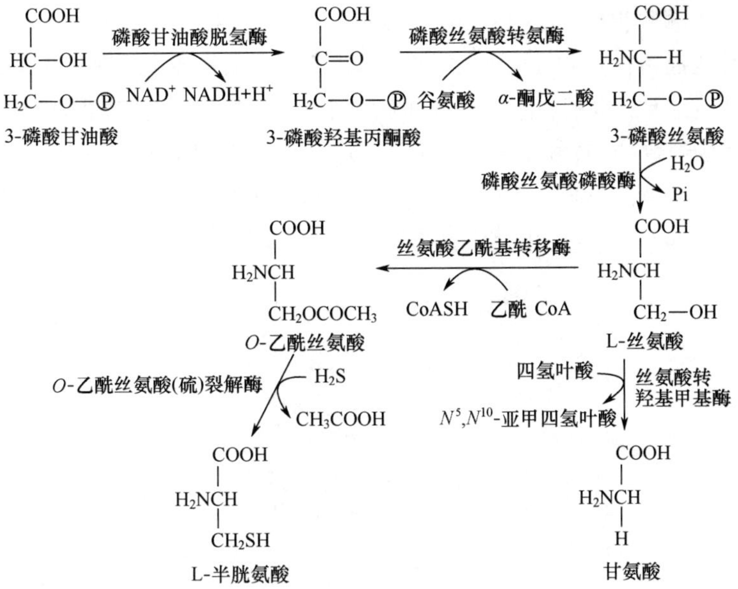

图 11-18　自 3-磷酸甘油酸合成 L-丝氨酸、甘氨酸和 L-半胱氨酸的合成途径

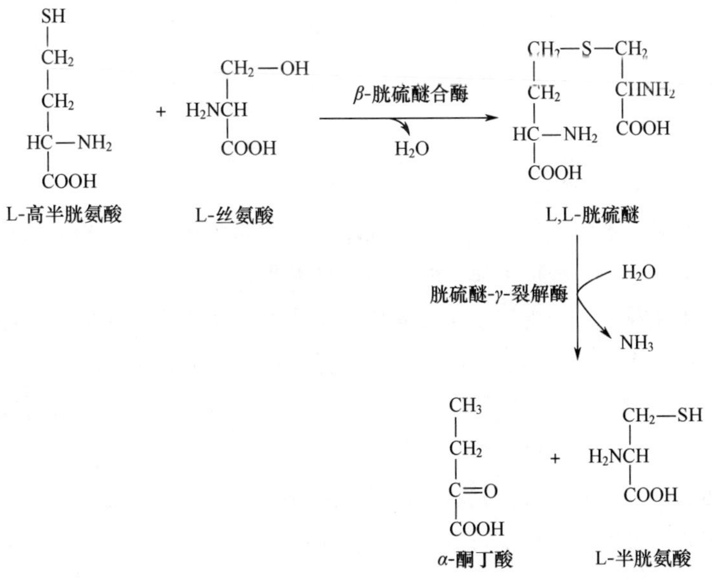

图 11-19　在哺乳动物体内由高半胱氨酸和丝氨酸合成 L-半胱氨酸的生物途径

五、由磷酸烯醇式丙酮酸和 4-磷酸赤藓糖起始形成的氨基酸

磷酸烯醇式丙酮酸和赤藓糖-4-磷酸分别是来自酵解途径和磷酸戊糖途径的中间体，以它们为碳骨架，作为起始物质可以合成色氨酸、苯丙氨酸、酪氨酸这三种芳香族氨基酸，它们的合成途径有 7 步反应是共同的，它们都是由赤藓糖-4-磷酸和磷酸烯醇式丙酮酸缩合形成 3-脱氧-D-阿拉伯庚酮糖酸-7-磷酸开始，经过一系列反应形成共同的中间产物分支酸，这也是三种氨基酸合成的分支点。因此，这几种氨基酸被称为赤藓糖-4-磷酸和磷酸烯醇式丙酮酸衍生型氨基酸。分支酸的合成途径如图 11-20 所示。

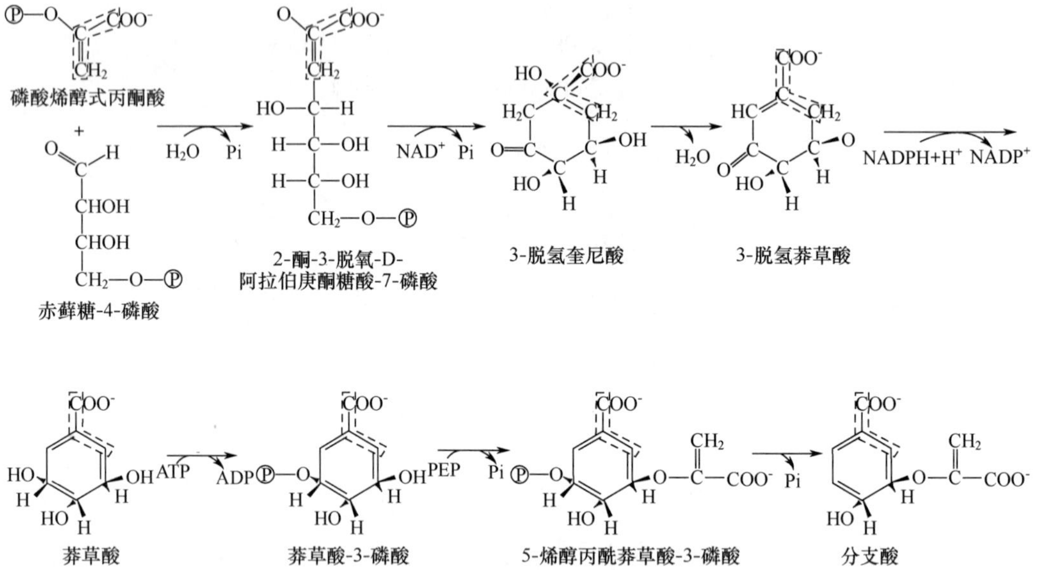

图 11-20 分支酸合成途径

分支酸是色氨酸、苯丙氨酸、酪氨酸合成的关键中间产物，然后由分支酸分成两个途径，其一途径生成色氨酸，另一途径生成苯丙氨酸和酪氨酸。

在色氨酸合成途径中，分支酸接受谷氨酰胺的氨基生成邻氨基苯甲酸，生成的邻氨基苯甲酸的氨基氮就是参与形成吲哚环的氮。色氨酸的碳骨架则来源于 4 种化合物：1，6 碳来源于烯醇式丙酮酸，2，3，4，5 碳来源于赤藓糖-4-磷酸，7，8 碳来源于 5-磷酸核糖-α-焦磷酸（PRPP）。由分支酸合成色氨酸的途径如图 11-21 所示。

在植物和细菌中，从分支酸合成苯丙氨酸和酪氨酸要比合成色氨酸简单一些。它们的共同中间产物是预苯酸，最后一步都是与谷氨酸的转氨作用。由分支酸合成苯丙氨酸和酪氨酸的途径如图 11-22 所示。

动物体内的酪氨酸可由苯丙氨酸在苯环的 C_4 位羟基化形成，催化此反应的酶称为苯丙氨酸羟化酶，如图 11-23 所示。该酶也可参加苯丙氨酸的降解。酪氨酸只是在可以由必需氨基酸苯丙氨酸合成的情况下才被认为是非必需氨基酸。

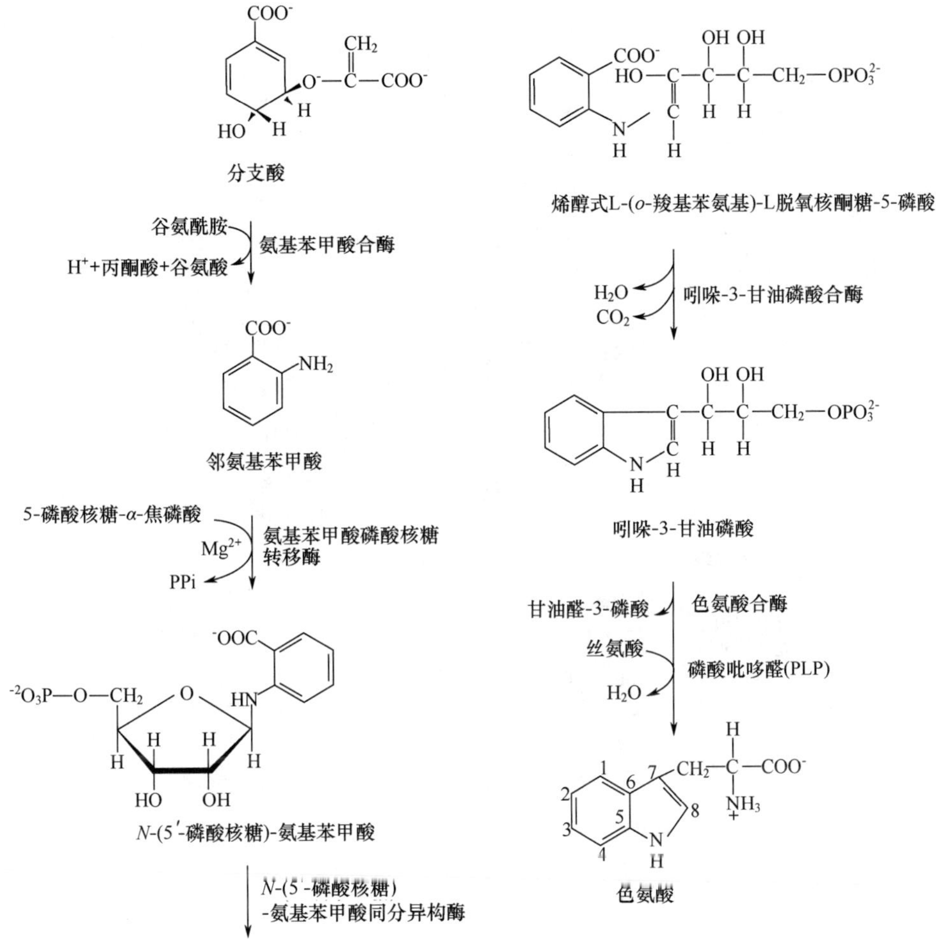

图 11-21 由分支酸合成色氨酸的途径

六、组氨酸的生物合成

L-组氨酸合成的起始物质是磷酸核糖焦磷酸（PRPP），还要从 ATP 和谷酰胺上获得 N 原子和 C 原子。因此，组氨酸可看成是由三种前体物质形成的，即磷酸核糖焦磷酸（PRPP）、ATP 和谷酰胺。其中 PRPP 为组氨酸提供 5 个碳原子，ATP 的腺嘌呤为组氨酸咪唑环的生成提供了一个碳和一个氮原子，组氨酸咪唑环的另一个氮原子来自谷酰胺的酰胺基。L-组氨酸的生物合成途径如图 11-24 所示。

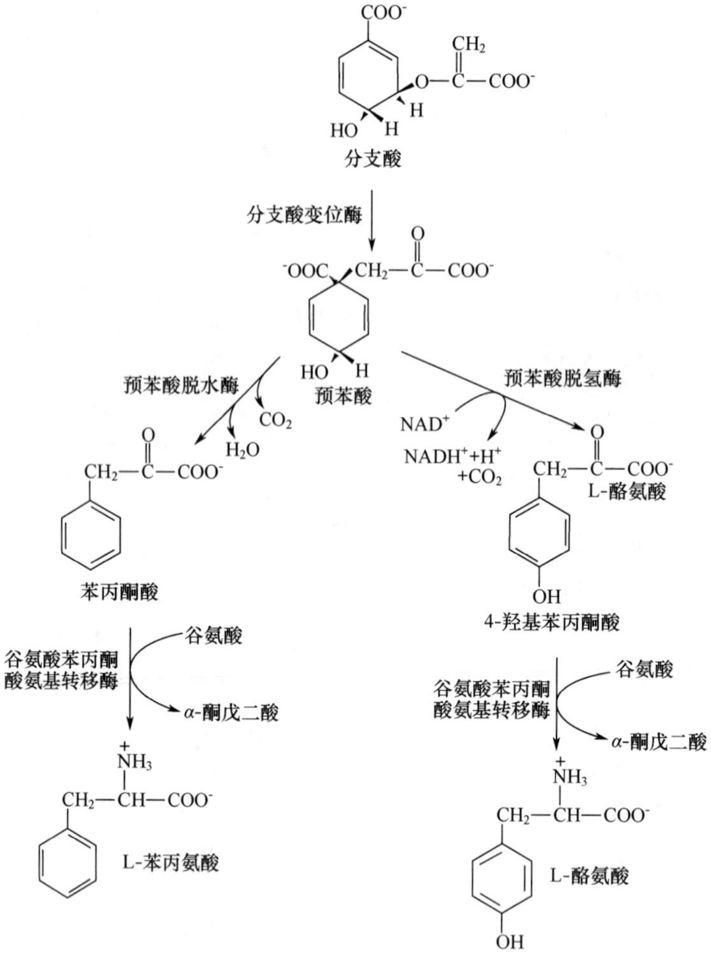

图 11-22　植物、细菌中由分支酸合成苯丙氨酸和酪氨酸的途径

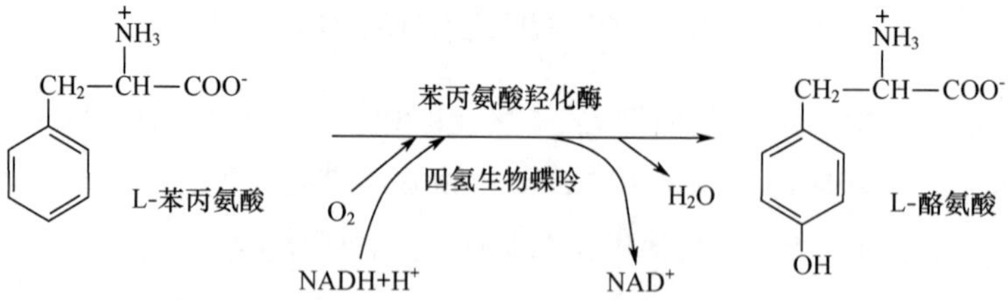

图 11-23　动物体内由苯丙氨酸合成酪氨酸

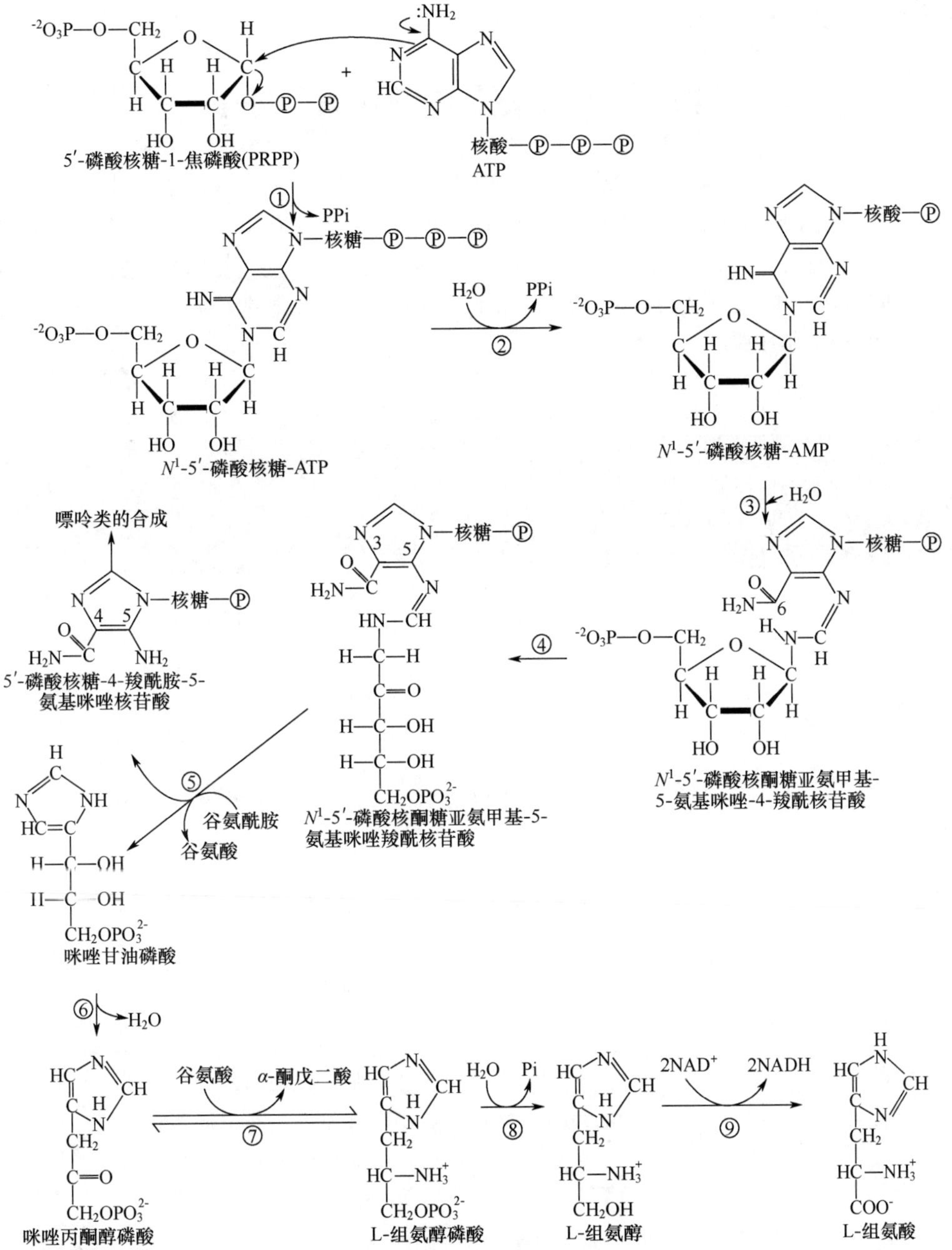

图 11-24　L-组氨酸的生物合成途径

第四节　个别氨基酸的代谢与健康

氨基酸代谢中，由于某种酶的缺乏，致使该酶的作用底物在血中或尿中大量出现，造成代谢缺陷。这种代谢缺陷属于分子疾病，其病因和 DNA 分子突变有关，往往是先天性的，这类先天性代谢缺陷症，大部分发生在婴儿时期，常在幼年就导致死亡。在这些疾病中大多数都出现特异中间产物的积累，引起神经发育缺陷和智力迟钝。人类氨基酸代谢的许多遗传缺陷已经被鉴定，如表 11-1 所示。

表 11-1　人类部分先天性氨基酸代谢缺陷症

疾病名称	大约的发病概率（每 100 000 例出生）	缺陷的过程	缺陷的酶	临床症状
苯丙酮尿症	8	苯丙氨酸到酪氨酸的转化	苯丙氨酸羟化酶	新生儿呕吐，智力缺陷
白化症	3	利用酪氨酸的黑色素合成	酪氨酸酶	色素缺乏；白发，皮肤粉色
尿黑酸症	0.4	酪氨酸降解	尿黑酸氧化酶	尿液中有黑色素
精氨酸血症	<0.5	尿素合成	精氨酸酶	晚期关节炎
精氨琥珀酸尿	1.5	尿素合成	精氨琥珀酸裂解酶	呕吐，痉挛
氨甲酰磷酸合成酶 I 缺乏症	>0.5	尿素合成	氨甲酰磷酸合成酶 I	嗜睡，痉挛，夭折，骨骼发育不良，智力缺陷
高胱氨酸尿症	0.5	甲硫氨酸降解	胱硫醚 β-合酶	呕吐，痉挛
甲基丙二酸血症	<0.5	丙酰辅酶 A 到琥珀酰辅酶 A 的转化	甲基丙二酸单酰辅酶 A 变位酶	智力缺陷，夭折

表 11-1 中值得特别提出的是在苯丙氨酸代谢中由于缺乏苯丙氨酸羟化酶而引起的苯丙酮尿症（phenylketonuria, PKU）。当机体缺乏苯丙氨酸羟化酶时，苯丙氨酸的正常代谢途径（图 11-25）不能进行，改变为苯丙氨酸的第二条途径，这条途径在正常情况下很少利用，但是在苯丙酮尿症患者体内却被利用起来。在此途径中，苯丙氨酸与丙酮酸发生转氨反应，生成苯丙酮酸（图 11-26）。苯丙氨酸和苯丙酮酸在血液和组织中积累，然后从尿液中排出体外，故称"苯丙酮尿症"。不过，大部分苯丙酮酸并非以这种方式直接排出，而是经过脱羧反应生成苯乙酸或者还原成苯基乳酸。苯乙酸使尿液产生一种特征性气味，传统上护士以此来判断婴儿是否患有苯丙酮尿症。苯丙氨酸或其代谢物在生命早期的积累会损害大脑的正常发育，产生严重

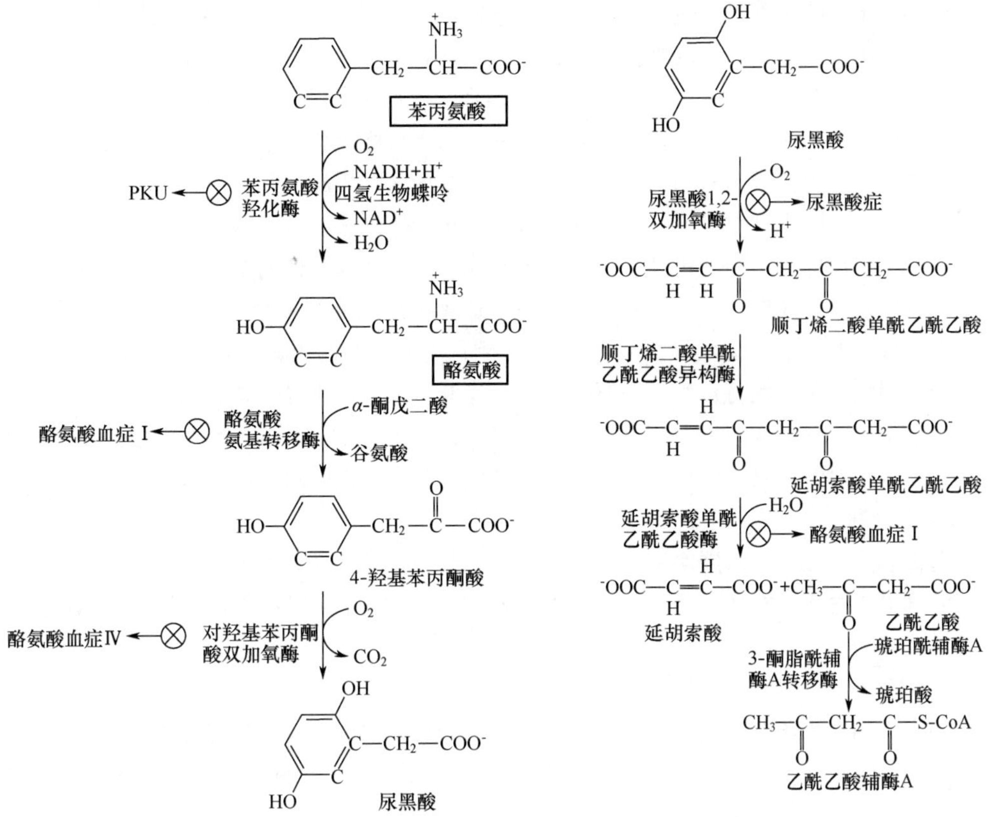

图 11-25　苯丙氨酸和酪氨酸的分解代谢途径

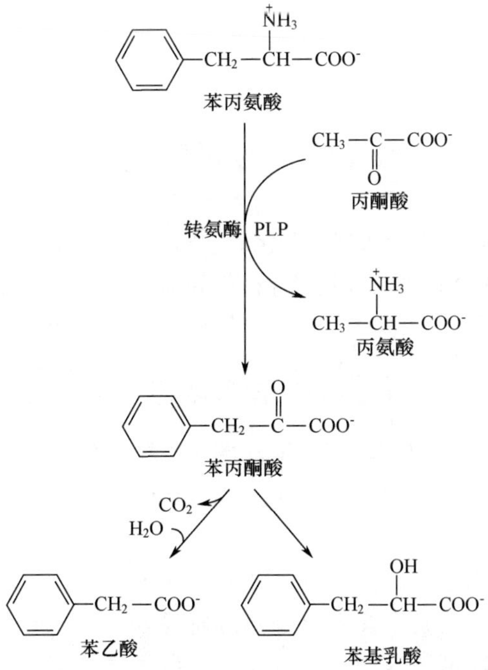

图 11-26　苯丙酮酸尿症患者体内苯丙氨酸分解代谢的可供选择途径

的智力障碍。苯丙酮尿症是人们最早认识的一种遗传性代谢缺陷之一。如果这种病症在婴儿早期就及时诊断出来，通过严格的饮食控制，智力迟钝就基本上可以避免。饮食中使苯丙氨酸和酪氨酸的量严格控制在足够满足蛋白质合成所需即可，同时，富含蛋白质的食物也必须少吃。至少在儿童期间，天然蛋白质，例如牛乳中的酪蛋白等，必须首先进行水解，去除大部分苯丙氨酸后才能食用。因为人工增甜剂是由天冬氨酸和苯丙氨酸甲酯之间所形成的二肽，所以，用它增甜的食物必须贴上针对需要控制苯丙氨酸摄入量个体的警告性标签。

苯丙氨酸代谢的另一种遗传性疾病是尿黑酸症，其中所缺陷的酶是尿黑酸氧化酶。这种病人尿中含有尿黑酸，在碱性条件下暴露于空气中即氧化并聚合成为类似黑色素的物质而使尿显黑色。因此称为"尿黑酸症"，这种病人的结缔组织有不正常的色素沉着。

遗传代谢病需要依赖特殊生化分析技术进行诊断，筛查新生婴儿是否患有遗传病，特别是PKU这一疾病，从经济角度看是非常值得的。近几十年来，随着生物化学和分子生物学的发展，从基因水平对各类疾患进行诊断、治疗，已成为医学发展的新方向。

1. 基因诊断

基因诊断是直接检测基因的结构及其表达水平是否正常，从而对疾病作出诊断的方法。基因诊断的基本方法建立在核酸分子杂交、PCR和DNA序列分析技术或几种技术联合使用的基础之上。

2. 基因治疗

各种疾病的发生均与基因结构变异或表达异常密切相关，因此，理想的根治手段应是在基因水平上予以纠正。从广义上讲，将某种遗传物质转移到患者细胞内，使其在体内发挥作用，以治疗疾病的方法，均称基因治疗。

但现阶段，基因治疗还有许多理论、技术和伦理问题有待探讨，对于其潜在的风险也需要充分的认识。

第五节 谷氨酸发酵

发酵法生产谷氨酸是在1957年实现工业化的。发酵法生产的L-谷氨酸是目前世界上生产量最大的一种氨基酸，发酵用菌种为谷氨酸棒杆菌等细菌。谷氨酸的单钠盐，俗称味精，是日常生活中广泛应用的调味品。

一、谷氨酸生物合成的代谢途径

谷氨酸发酵的生化机制现已基本清楚。利用糖质原料和无机氮源发酵生产谷氨酸，其生物合成过程包括酵解途径（EMP）、磷酸己糖途径（HMP）、三羧酸循环（TCA循环）、乙醛酸循环及丙酮酸羧化支路等。

由葡萄糖生物合成谷氨酸的代谢途径如图11-27所示。

谷氨酸发酵时，谷氨酸生成菌首先通过糖酵解途径（EMP）和磷酸己糖途径（HMP）转变为丙酮酸。转变成丙酮酸的这两条途径在谷氨酸发酵过程中始终存在，但随发酵条件不同，两者在合成过程中所占比例有所变化。当培养基中生物素充足时，HMP所占比例是

38%，当控制生物素亚适量时，EMP 所占比例较大，而 HMP 所占比例约为 26%。生成的丙酮酸，一部分氧化生成乙酰辅酶 A，一部分固定 CO_2 生成草酰乙酸或苹果酸。草酰乙酸与乙酰辅酶 A 都进入 TCA 循环，在柠檬酸合成酶催化下生成柠檬酸，进而转化为 α-酮戊二酸。α-酮戊二酸通过下述三种方式可以合成谷氨酸：①由 L-谷氨酸脱氢酶催化，发生还原氨基化反应；②由转氨酶催化的转氨作用；③由谷氨酸合成酶催化，由谷酰胺提供氨基的反应（上述反应见氨基酸的合成反应）。以上三个反应中，L-谷氨酸脱氢酶催化的还原氨基化反应占主导地位。

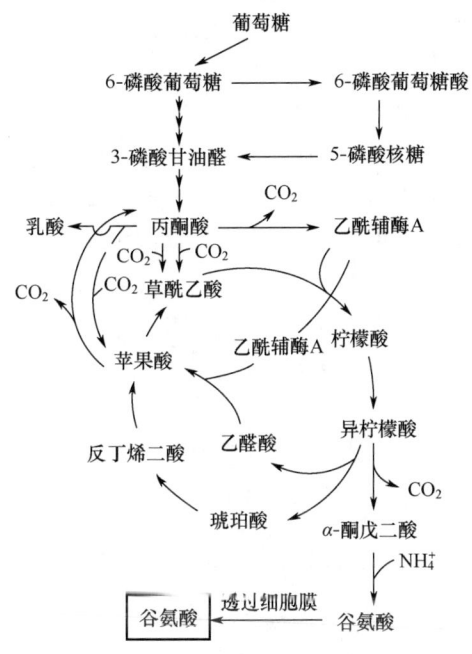

图 11-27 由葡萄糖发酵产生谷氨酸的代谢途径

二、谷氨酸生产菌主要生化特点

谷氨酸生产菌能生长在 10% 以上葡萄糖的培养基中，在有无机氮供应的条件下，能超常积累高浓度谷氨酸，这是细菌的异常生理现象。任何维持正常代谢平衡的生物，细胞内各种氨基酸的合成速度是受着严格的调节控制的，其中很重要的调控方式是受终产物浓度的反馈抑制和阻碍，因此，不会大量积累某种氨基酸。利用微生物进行谷氨酸发酵，实现谷氨酸的超常积累，是通过选育菌种并控制发酵条件，解除细胞固有的代谢调节机制，破坏了其正常的代谢平衡而获得成功的。

现有谷氨酸生产菌主要是棒状杆菌属、短杆菌属、小杆菌属及节杆菌属中的细菌。总括起来谷氨酸生产菌具有如下主要生化特点：

（1）α-酮戊二酸氧化能力弱，即 α-酮戊二酸脱氢酶丧失或活力极弱。这样 α-酮戊二酸不能正常地转变为琥珀酸而造成积累，在过量 NH_4^+ 存在下，依靠 L-谷氨酸脱氢酶的催化，经还原氨基化反应生成谷氨酸。

（2）谷氨酸脱氢酶活力都很强，并且其活力不被高浓度的谷氨酸所抑制。这样可使生成

的 α-酮戊二酸迅速向谷氨酸转化，以解除 α-酮戊二酸积累对途经中异柠檬酸脱氢酶可能造成的反馈抑制作用。

（3）丙酮酸羧化支路旺盛，通过高活性丙酮酸羧化酶作用使丙酮酸与 CO_2 结合，提供谷氨酸合成中大量需要的草酰乙酸。草酰乙酸也可由乙醛酸循环生成。

（4）在谷氨酸的生物合成中需要充足的 $NADPH+H^+$ 供给 α-酮戊二酸进行还原氨基化作用。沿着柠檬酸到谷氨酸合成途径中，有两种酶以 $NADP^+$ 为辅酶，即谷氨酸脱氢酶和异柠檬酸脱氢酶。异柠檬酸脱氢酶催化异柠檬酸脱氢产生的 $NADPH+H^+$ 为谷氨酸脱氢酶提供了还原氨基化作用需要的还原力；α-酮戊二酸的还原氨基化作用又使 $NADP^+$ 得到再生，进而推动异柠檬酸的脱氢反应，在铵离子存在下，两者非常密切地偶联起来，形成氧化还原共轭体系，促使谷氨酸不断生成。

（5）细胞膜对谷氨酸的通透性高。谷氨酸生产菌大多为生物素缺陷型，即其自身不能合成生物素，需要由培养基提供。生物素是脂肪合成途径中乙酰辅酶 A 羧化酶的辅酶，生物素不足会引起脂肪酸合成受阻，进而影响磷脂的合成。当细胞中磷脂减少到正常量一半时，就会引起细胞变形，谷氨酸向膜外漏出，积累于发酵液中。同时生物素又是丙酮酸羧化酶的辅酶，该酶催化的丙酮酸羧化成草酰乙酸反应在谷氨酸合成中同样占有重要地位。控制发酵液中生物素亚适量，一方面确保谷氨酸的旺盛合成及菌体的正常活性；另一方面造成菌体磷脂合成不足，细胞膜有良好通透性，使谷氨酸易于分泌泄露于胞外，从而消除因细胞内谷氨酸浓度积累过高对谷氨酸脱氢酶活力的抑制。

还可通过选育油酸缺陷型或甘油缺陷型等突变株控制细胞膜对谷氨酸的通透性。也可通过添加表面活性剂、高级饱和脂肪酸或青霉素等控制细胞膜对谷氨酸的通透性。

三、环境条件对谷氨酸发酵的影响

发酵液中生物素、铵离子、溶解氧及磷酸盐等的浓度、发酵液 pH、氧化还原电位等因素，对谷氨酸发酵影响很大。当发酵条件与环境因素发生改变时，必然会影响代谢中有关酶的合成及活性，从而导致改变反应方向，使谷氨酸积累减少，其他副产物积累增加。例如：①溶解氧适中，谷氨酸产量增加；当供氧不足，会积累乳酸和琥珀酸，这是因为缺氧时丙酮酸可加氢还原成乳酸，三羧酸循环上的草酰乙酸和延胡索酸又可加氢还原成琥珀酸；当供氧过多时，NADPH 进行氧化，则 α-酮戊二酸还原氨基化受阻，造成 α-酮戊二酸积累，谷氨酸反而减少。②铵离子浓度适中，谷氨酸产量增加；当铵离子浓度不足，则 α-酮戊二酸积累，谷氨酸产量减少；当铵离子浓度过高，则谷氨酸又进一步形成谷酰胺，谷氨酸产量也减少。③pH 在中性偏碱（一般为 6.5~8.0）条件下积累谷氨酸；pH 酸性（5.0~6.0）条件下，铵离子过量，易形成谷酰胺和 N-乙酰谷酰胺；若 pH 过高，抑制菌体生长，糖代谢缓慢，发酵时间延长。④生物素亚适量时积累谷氨酸；过量时积累乳酸或琥珀酸。⑤磷酸盐适中，有利于谷氨酸的积累；过量的磷酸盐能促进 EMP 途径，并增加丙酮酸和乙醛缩合生成 α-乙酰乳酸的量，α-乙酰乳酸增加，缬氨酸产量增加，谷氨酸产量下降。

关于各种因素对谷氨酸发酵的影响及发酵条件的管理，在《氨基酸工艺学》一书有详细讨论，此处不再赘述。

【延伸阅读】

科学故事——"N 端规则"的发现

　　细胞内的蛋白质从合成出来到被分解之间，往往有一定的半衰期，而各种蛋白质的半衰期不尽相同。有的蛋白质一旦被翻译出来就很稳定，其半衰期较长，甚至比合成它们的细胞还长；有的蛋白质则非常不稳定，几乎是一合成出来就很快被分解掉了。一般说来，组织细胞必要的结构蛋白半衰期都比较长，而对于负责细胞特殊应变的调节蛋白，其半衰期往往就很短。但科学家曾一直不清楚细胞是使用何种机制来决定蛋白质半衰期的。直到 20 世纪 80 年代，麻省理工学院的 Alexander Varshavsky 终于摸索到了一种规律。这种规律的核心内容是，蛋白质在细胞内的分解速率一般由 N 端氨基酸的性质来决定，因此被称为 N 端规则。

　　Varshavsky 起初只是对泛素的功能有兴趣，有一次他获悉，东京大学的 Yamada 得到一种有趣的温度敏感型细胞突变株，这种变种细胞在高于允许温度的条件下不会分裂。而 Yamada 也发现，这种突变细胞主要的问题在于它无法将泛素连接到别的蛋白质上，原因是负责连接反应的酶发生了变异，在允许温度之上就失去了活性。Varshavsky 就想到利用这种突变细胞来探讨泛素和蛋白质分解的问题。当时，许多科学家都认为，泛素是决定蛋白质半衰期的一个重要因素。根据这个理论，泛素会和那些要被消化的蛋白质结合，而促进它们的分解。如果这个理论是对的，Yamada 发现的突变细胞在允许温度之上就无法将泛素接到蛋白质上，在这样的条件下突变细胞内的蛋白质就无法被分解。

　　Varshavsky 做了一个简单的实验，将细胞放在允许温度之上培养，然后直接观察细胞内一些半衰期很短的蛋白质。结果发现，半衰期短的蛋白质在允许温度之上都变得十分稳定。这第一个直接的证据显示，如果泛素不加到蛋白质上，蛋白质就不会被分解。泛素通常是接在蛋白质氨基酸侧链的游离氨基上。但利用基因工程的方法，可以把泛素接到一种蛋白质的 N 端，制造出单链的融合蛋白，然后通过直接比较这种蛋白质在接上泛素前后被分解的情形，就可以了解泛素在蛋白质分解过程中所扮演的角色。

　　Varshavsky 挑选了一种细菌蛋白——β-半乳糖苷酶作为研究的对象。他把泛素的基因接到该酶基因的 5′-端，然后将这个重组融合基因分别送进大肠杆菌和酵母菌。在大肠杆菌中，重组基因如期翻译出了融合蛋白——泛素-β-半乳糖苷酶，这表明重组基因的结构和表达都没有问题。但在酵母菌中，这个重组基因的表达却出现了寻常，它只能得到单独的 β-半乳糖苷酶。究其原因，原来是在酵母菌里，一旦泛素-β-半乳糖苷酶被表达，N 端的泛素就立刻被切掉。而在细菌里没有这种机制存在，因此泛素可以稳定地结合在 β-半乳糖苷酶的 N 端。为了克服这个困难，Varshavsky 就想，是否可以通过变换 β-半乳糖苷酶在 N 端的氨基酸，来得到一种比较稳定的泛素-β-半乳糖苷酶融合蛋白。

　　Varshavsky 利用定点突变的方法，把 β-半乳糖苷酶 N 端的氨基酸做了 16 种不同的替换，结果发现只有 Pro 在 N 端时，泛素才不会立即被切除。但与此同时，β-半乳糖苷酶本身的稳定性立刻降低了许多，其在细胞内的半衰期从二十几个小时一下降低到只有 7min。

　　Varshavsky 根据上述结果得出了几个重要的结论：①在真核细胞中，切除泛素的酶不太介意 β-半乳糖苷酶的 N 端氨基酸是什么（Pro 除外）；②当泛素接在蛋白质的 N 端时，也会加速蛋白质在细胞内的分解；③因为所有蛋白质合成都利用 AUG 作为起始密码子，所以 N 端最初的氨基酸都是 Met，但大多数蛋白质在后加工的时候会将其切除，而导致成熟的蛋白质在 N 端的氨基酸不一定还是 Met。这让分子生物学家很难合成一种 N 端氨基酸可任意选定的蛋白质。但利用真核细胞会准确切除融合蛋白 N 端泛素的特性，就可以先改变蛋白质基因上决定 N 端氨基酸的碱基序列，再将编码泛素的碱基序列接上。这个融合基因在真核细胞表达后，泛素会立刻被切除，而直接得到含有特定 N 端氨基酸的蛋白质了。

到此为止，Varshavsky 并没有达到最初的实验目的，但他在酵母中得到了 15 种带不同 N 端氨基酸的 β-半乳糖苷酶。接着他就顺便测定一下这些 β-半乳糖苷酶在细胞内的稳定性。他首先将带有各种不同 β-半乳糖苷酶基因的质粒导入到酵母中，然后将这些酵母菌放进含有 [^{35}S]-Met 的培养基中生长 1~5 min，在其间合成的 β-半乳糖苷酶因含有放射性 [^{35}S]-Met 而具放射性，然后将酵母菌转移到没有放射性 Met 的培养基中，隔一段时间再检查酵母菌内 β-半乳糖苷酶的放射性。如果 β-半乳糖苷酶非常稳定，那标记过的 β-半乳糖苷酶就一直能被检测到；相反，如果 β-半乳糖苷酶不稳定，那 β-半乳糖苷酶上的标记就会很快消失。

然而，结果大大出乎他的意料，这些仅在 1 个 N 端氨基酸有别的 β-半乳糖苷酶，在酵母中半衰期的差异从 20 多个小时到 2 min。由此看来，N 端氨基酸的性质似乎直接影响到蛋白质在细胞内的稳定性。为了要进一步确定这个 N 端规则的准确性，Varshavsky 在计算机数据库中，找了 208 种位于细胞质中的稳定蛋白，发现这些蛋白的 N 端氨基酸无一例外地全属于稳定的一组。

有趣的是，他检查了 94 种分泌性的毒蛋白，发现超过 80% 的毒蛋白，其 N 端氨基酸属于非常不稳定的一组，而其他一些分泌性蛋白也有这种倾向。因此，N 端规则主要适用于最终定位于细胞质中的蛋白质。那为什么分泌性蛋白分泌出细胞外多半相当稳定，但却有不稳定的 N 端氨基酸呢？对此的解释是，如果它们在制造过程中，不小心漏进细胞质内，就会很快地被分解掉。这个解释十分合理地说明细胞在制造分泌性毒蛋白的时候，为什么不会伤害到自己，原因是毒蛋白的合成主要局限在内质网里，在那里 N 端规则不适用，若有外泄则立刻被分解。

由此可见，Varshavsky 发现 N 端规则的过程可谓是"有心栽花花不开，无意插柳柳成荫"，这为科学进展的偶发性，提供了又一个很好的例子。

CHAPTER 12

第十二章 核酸的降解及核苷酸代谢

第一节 核酸的降解

一、核酸酶及其分类

生物细胞中含有多种水解核酸的酶,它们在核酸的分解更新、降解异常核酸和外源核酸等方面具有重要作用。DNA 限制性内切酶还是分子生物学研究的工具酶,它的应用引发了一系列生物技术的发展。

核酸的磷酸酯键(包括磷酸单酯键和磷酸二酯键)、糖苷键都能在酶的作用下水解。酶的作用位点在核酸链两端的磷酸基,水解磷酸单酯键,产生磷酸,这类酶称为磷酸单酯酶;作用位点在核酸链中的 3′,5′-磷酸二酯键,这类酶称为磷酸二酯酶;N-糖苷酶可水解糖苷键。通常情况下,专一水解核酸链中 3′,5′-磷酸二酯键的磷酸二酯酶被称为核酸酶。

核酸酶的分类如下。

(一) 根据底物专一性分类

(1) 核糖核酸酶(ribonuclease,RNase) 专一性水解核糖核酸(RNA)的磷酸二酯酶。

(2) 脱氧核糖核酸酶(deoxyribonuclease,DNase) 专一性水解脱氧核糖核酸(DNA)的磷酸二酯酶。

(3) 非特异性核酸酶 DNA、RNA 都能作为底物被水解的磷酸二酯酶。

(二) 根据磷酸二酯键断裂的方式分类

(1) 水解磷酸二酯键的 3′-羟基与磷酸基之间磷酸酯键,形成 5′-磷酸和 3′-羟基末端。如图 12-1 (1) 所示。

(2) 水解磷酸二酯键的 5′-羟基与磷酸基之间磷酸酯键,形成 3′-磷酸和 5′-羟基末端。如图 12-1 (2) 所示。

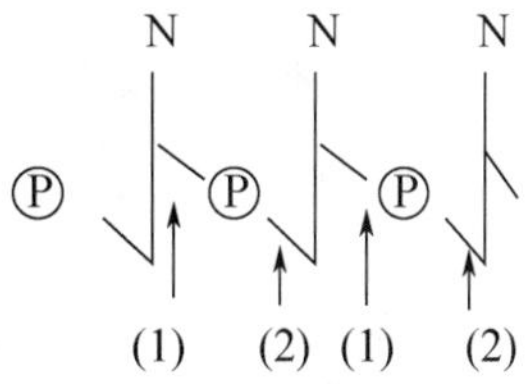

图 12-1 磷酸二酯键断裂方式

（三） 根据在核酸链中水解位置分类

1. 核酸内切酶

核酸内切酶特异性地水解分子内部的磷酸二酯键，水解部位可能是3′-磷酸酯键一侧，也可能是5′-磷酸酯键一侧。包括核糖核酸酶和脱氧核糖核酸酶。

实验室常用的核糖核酸酶有三种：

（1）牛胰核糖核酸酶（RNaseA） 这个酶存在于牛胰中，所以称为牛胰核糖核酸酶（pancreatic ribonuclease），简称 RNase Ⅰ，于1940年时就制成结晶，其相对分子质量为13700，最适 pH 7.0~8.2，十分耐热。是一种专一性极高的内切酶。只作用于 RNA 分子中嘧啶核苷酸的 C 或 U 位点，切断-CPN-或-UPN-之间的5′-磷酸酯键，生成3′-嘧啶核苷酸或末端为3′-嘧啶核苷酸结尾的寡核苷酸。

（2）核糖核酸酶 T_1（RNaseT$_1$） 这是米曲霉中分离到的一种内切酶，相对分子质量较小、耐热、耐酸、专一性更强，它的作用点是3′-鸟苷酸的磷酸基与其相邻的5′-羟基之间的连接键，产物是3′-鸟苷酸，或以3′-鸟苷酸为末端的低聚核苷酸。

（3）核糖核酸酶 T_2（RNaseT$_2$） 这也是米曲霉中分离到的一种内切酶，它的主要作用点是3′-腺苷酸的磷酸基与其相邻的5′-羟基之间的连接键，产物是3′-腺苷酸，或以3′-腺苷酸为末端的低聚核苷酸。

核糖核酸酶 T_1 与核糖核酸酶 T_2 的作用位点如图12-2所示。

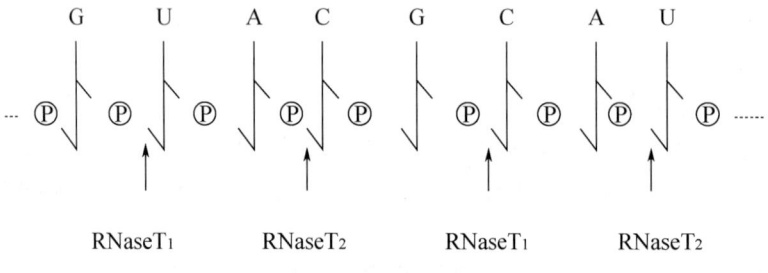

图12-2 核糖核酸酶作用位点

重要的脱氧核糖核酸酶类：

（1）牛胰脱氧核糖核酸酶（pancreatic deoxyribonuclease，DNase Ⅰ） 此酶水解双链或单链 DNA，在切点处留下5′-P 和3′-OH 末端。以5′-磷酸为末端的寡聚核苷酸平均长度为4个核苷酸。

（2）牛脾脱氧核糖核酸酶（spleen deoxyribonuclease，DNase Ⅱ） 此酶水解 DNA，在切点处留下3′-P 和5′-OH 末端。产物为3′-磷酸末端的寡聚核苷酸，平均长度为6个核苷酸。

（3）限制性内切酶——基因工程中的工具酶 在细菌中发现此类酶，主要降解外源的

DNA。属于具有高度特异性的核酸内切酶，它能专一性识别外源 DNA 双螺旋中 4~8 个碱基对所组成的特异的具有二重旋转对称性的回文序列（回文序列是指 180°旋转对称的结构。即 DNA 一条链上的核苷酸顺序旋转 180°后，与其互补链上对应的一段核苷酸顺序相重复），并在此序列的某位点水解 DNA 双螺旋链，产生黏性末端或平末端，产物仍为双链 DNA 片段，其 3′-端为羟基，5′-端为磷酸基。细菌利用此酶水解入侵的外源 DNA，从而限制了外源 DNA，对自己起到保护作用，因此，这类酶被称为限制性核酸内切酶（restriction endonuclease），简称限制酶。

细菌除具有限制性内切酶外，还具有一种对自身 DNA 起修饰作用的甲基化酶，甲基化酶和限制性内切酶对底物的识别和作用部位是相同的，但甲基化酶首先使该部位的碱基甲基化，从而使限制性内切酶对这种修饰过的 DNA 不再起作用。在细胞中，限制性内切酶的生物学功能是降解外源侵入的 DNA，但不降解自身细胞中的 DNA，因为自身 DNA 的酶切位点经甲基化修饰而受到保护。

限制性内切酶作用于二重对称回文序列时，如果剪切发生在对称性回文结构的中心位置上，则形成平末端；如果不直接彼此相对，产生的是一个交错的断口，则形成 5′或 3′突出的末端，称为黏性末端。例如，限制性内切酶 *Eco*R I 识别下列六核苷酸序列：

$$5'\ldots\ldots \text{GAATTC} \ldots\ldots 3'$$
$$3'\ldots\ldots \text{CTTAAG} \ldots\ldots 5'$$

*Eco*R I 将其切割后产生黏性末端：

$$5'\ldots\ldots \text{G}3' \qquad 5'\text{AATTC}\ldots\ldots \text{G}3'$$
$$3'\ldots\ldots \text{CTTAA}5' \qquad 3'\text{G}\ldots\ldots 5'$$

而有些限制酶，如 *Bal* II，它识别的二重对称序列如下：

$$5'\ldots\ldots \text{TGGCCA} \ldots\ldots 3'$$
$$3'\ldots\ldots \text{ACCGGT} \ldots\ldots 5'$$

Bal II 的水解位点在对称性回文结构的中心位置上（G 与 C 之间），切割后形成平末端：

$$5'\ldots\ldots \text{TGG} \qquad \text{CCA} \ldots\ldots 3'$$
$$3'\ldots\ldots \text{ACC} \qquad \text{GGT} \ldots\ldots 5'$$

限制性内切酶的命名是取分离菌属名的第一个字母，种名的前两个字母，如有株名也取一个字母，当一个分离菌中不止一种限制酶时，以罗马数字表示分离出来的先后次序。修饰性甲基化酶标以 M；限制酶标以 R。如 Smith 等最初分离到的限制酶，因是第二个分离出来的酶，应称为 R. *Hind* II，但 R 通常都省略不写；相应的甲基化酶则为 M. *Hind* II。又如，从大肠杆菌 *Escherichia coil* RY13 中分离到的甲基化酶为 M. *Eco*R I，限制酶为 *Eco*R I。限制性内切酶是 DNA 体外重组技术和进行大分子 DNA 分析的重要工具。

2. 核酸外切酶

核酸外切酶作用于核酸链的一端（3′-端或 5′-端）水解多核苷酸链的磷酸二酯键，水解出 3′-或 5′-核苷酸。

（1）蛇毒磷酸二酯酶（VPDase）　来源于毒蛇的毒腺、枯草芽孢杆菌等生物材料。它从单链 DNA 或 RNA 的 3′-羟基端开始，逐个地切断 3′，5′-磷酸二酯键的 3′-磷酸酯键，水解产生 5′-单核苷酸。

（2）牛脾磷酸二酯酶（SPDase）　来源于牛脾脏及小球菌。表现出与蛇毒磷酸二酯酶相反的专一性。它从单链 DNA 或 RNA 的 5′-羟基端开始,逐个地切断 3′,5′-磷酸二酯键的 5′-磷酸酯键,水解产生 3′-单核苷酸。

(3) 橘青霉磷酸二酯酶　由橘青霉产生的磷酸二酯酶。能水解 DNA 或 RNA。它能从多核苷酸链的 3′-末端开始,逐个水解出 5′-核苷酸。此酶没有碱基专一性,最适 pH4.5~6.0,最适温度 70℃,Zn^{2+} 有激活作用。工业上常用它来水解酵母 RNA,生产 5′-核苷酸。

二、核酸的降解

食物中的核酸多与蛋白质结合而以核蛋白的形式存在,核蛋白在胃中经胃酸作用,分解成蛋白质和核酸（DNA 和 RNA）。核酸进入小肠后,被胰核酸酶（包括 DNase 和 RNase）降解为核苷酸和寡聚核苷酸;肠黏膜释放的磷酸二酯酶（phosphodiesterase）协同胰核酸酶进行消化,将核酸水解为单核苷酸;单核苷酸小部分可被细胞吸收,但绝大部分在肠黏膜细胞产生的核苷酸酶（nucleotidase 或 phosphomonoesterase）作用下,继续水解为核苷和磷酸;核苷在核苷水解酶和核苷磷酸化酶作用下进一步水解为碱基和戊糖,或者磷酸解为碱基和磷酸戊糖。分解产生的戊糖被吸收而参加体内的戊糖代谢,嘌呤和嘧啶碱基则主要被分解而排出体外,因此,食物来源的嘌呤和嘧啶碱基很少被机体利用。人体内的核苷酸主要由机体细胞自身合成,因此,与氨基酸不同,核苷酸不属于营养必需物质。

食物中核酸的降解如图 12-3 所示。

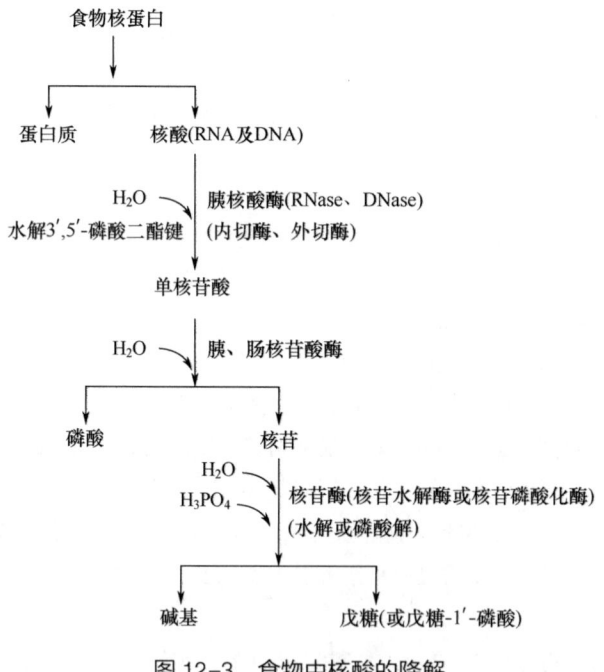

图 12-3　食物中核酸的降解

细胞内核酸的降解类似于食物中核酸的消化过程。核酸在核酸酶（核酸内切酶与核酸外切酶）作用下将核酸降解为核苷酸,核苷酸在核苷酸酶作用下降解为核苷和磷酸,核苷在核苷水解酶或核苷磷酸化酶作用下继续水解或磷酸解,降解为含氮碱基和戊糖（或磷酸戊糖）,这些产物均可被细胞吸收再利用或进一步降解。

第二节 核苷酸的分解代谢

一、嘌呤核苷酸的分解代谢

(一) 嘌呤碱基的分解代谢过程

1. 不同生物分解嘌呤碱基的能力不一样，因而代谢产物也各不相同

人和猿类及一些排尿酸的动物（如鸟类、某些爬虫类和昆虫等），缺乏分解尿酸的能力，其嘌呤碱基的最终代谢产物为尿酸。其他大多数种类的生物能够继续分解尿酸，除人和猿以外的其他哺乳类动物能将尿酸继续分解为尿囊素；某些硬骨鱼含有尿囊素酶，能水解尿囊素生成尿囊酸；多数鱼类及两栖类的动物含有尿囊酸酶，能水解尿囊酸生成尿素和乙醛酸；某些低等动物，如海洋无脊椎动物还能将尿素分解成氨和二氧化碳再排出体外。尿酸在不同动物体内的进一步分解如图 12-4 所示。

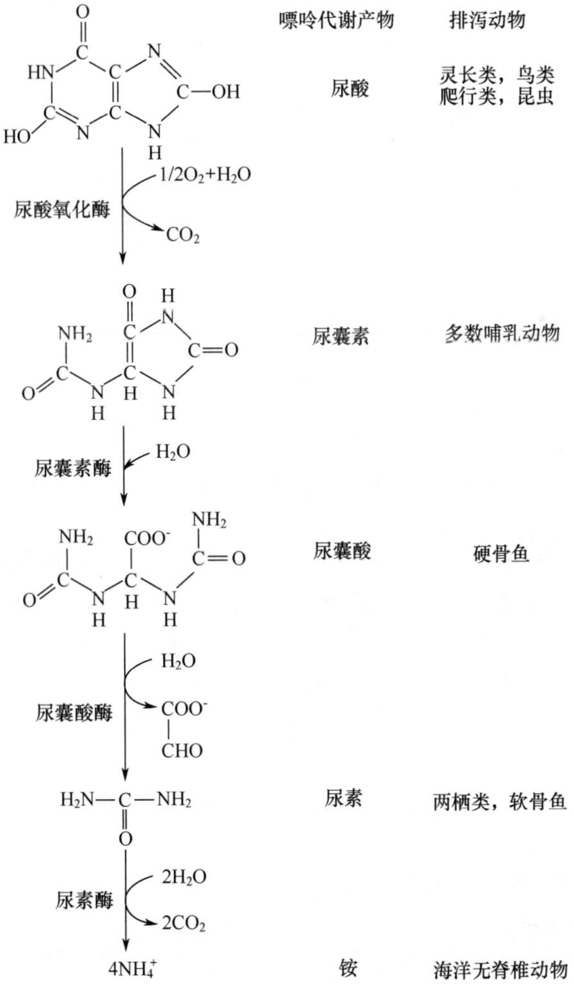

图 12-4 不同生物体内嘌呤代谢的产物

植物和微生物体内嘌呤碱基代谢的途径大致与动物相似。植物体内广泛存在着尿囊素酶、尿囊酸酶和脲酶等；嘌呤碱基代谢的中间产物，如尿囊素和尿囊酸等也在多种植物中大量存在。微生物一般能分解嘌呤碱基类物质，生成氨、二氧化碳以及一些有机酸，如甲酸、乙酸、乳酸等。

2. 嘌呤碱基的分解

首先是在各种酶的作用下水解脱去嘌呤环上的氨基。脱氨反应可以在碱基、核苷或核苷酸的水平上进行。

腺嘌呤可在腺嘌呤脱氨酶作用下水解脱氨生成次黄嘌呤；也可在腺嘌呤核苷脱氨酶（adenosine deaminase）或腺嘌呤核苷酸脱氨酶（adenylate deaminase）的作用下水解脱氨生成次黄嘌呤核苷或次黄嘌呤核苷酸。在动物组织中腺嘌呤脱氨酶（adenylate deaminase）的含量极少，而腺嘌呤核苷脱氨酶和腺嘌呤核苷酸脱氨酶的活性较高，因此，腺嘌呤的脱氨分解主要发生在核苷和核苷酸的水平上。它们之间的关系如图12-5所示。

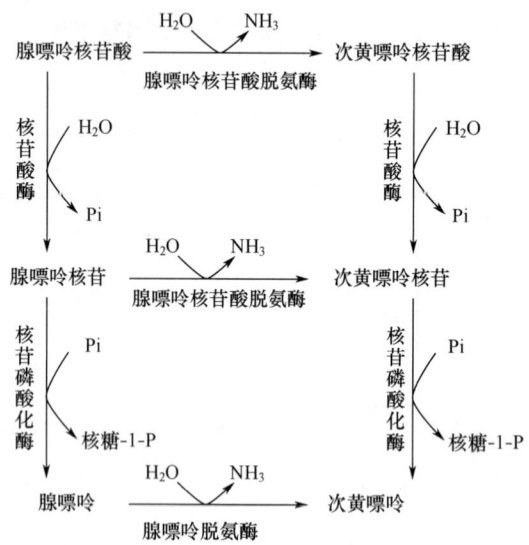

图 12-5　腺嘌呤在碱基、核苷或核苷酸的水平上进行的脱氨反应

鸟嘌呤在鸟嘌呤脱氨酶作用下水解脱氨生成黄嘌呤。鸟嘌呤脱氨酶（guanine deaminase）的分布较广，鸟嘌呤的脱氨分解主要是在该酶的作用下在碱基水平上进行的：

$$\text{鸟嘌呤} \xrightarrow[\text{鸟嘌呤脱氨酶}]{H_2O \quad NH_3} \text{黄嘌呤}$$

次黄嘌呤和黄嘌呤在黄嘌呤氧化酶（xanthine oxidase）的作用下氧化生成尿酸：

$$\text{次黄嘌呤} \xrightarrow[\text{黄嘌呤氧化酶}]{O_2+H_2O \quad H_2O_2} \text{黄嘌呤} \xrightarrow[\text{黄嘌呤氧化酶}]{O_2+H_2O \quad H_2O_2} \text{尿酸}$$

次黄嘌呤（或黄嘌呤）的氧化是一极其复杂的过程，它要求分子氧作为电子受体，还原产物是过氧化氢，进入尿酸的氧来自水。产物过氧化氢随即被过氧化氢酶所分解。

人体内嘌呤碱基的分解代谢主要在肝脏、小肠及肾脏中进行，最终产物为尿酸。

尿酸的进一步分解代谢随不同种类生物而异，如前所述，嘌呤碱基的分解代谢过程如图 12-6 所示。

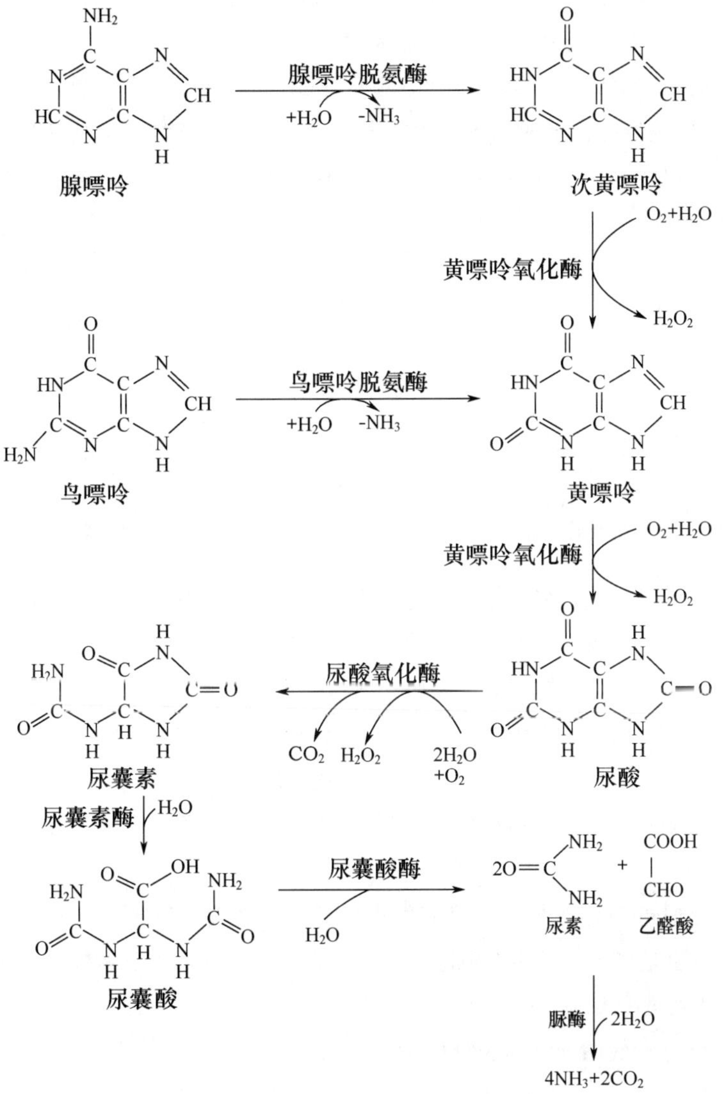

图 12-6 嘌呤碱基的分解代谢

（二）嘌呤核苷酸分解代谢异常与疾病

1. 嘌呤核苷酸分解代谢异常与痛风症

痛风症是嘌呤代谢障碍性疾病。由于嘌呤代谢紊乱或者尿酸排泄减少导致高尿酸血症，而尿酸钠结晶沉积到关节或者关节周围所引起的急性或慢性病变称为痛风，其主要临床表现是反复发作的关节炎和（或）肾病变。患病率男性远高于女性。

人体内嘌呤核苷酸分解代谢的终产物为尿酸,尿酸经肾脏排泄。正常人血浆尿酸含量为 0.12~0.36mmol/L。痛风症患者由于体内嘌呤核苷酸分解代谢异常,可致血中尿酸水平升高,以尿酸或尿酸钠形式积累,二者水溶性均较差,当血浆尿酸含量>0.48 mmol/L 时将析出尿酸钠结晶,形成的晶体沉积于关节、软组织、软骨及肾脏等处,导致关节肿胀、疼痛或关节炎,肾小管中沉积过量的尿酸会导致尿路结石及肾疾病。

结构与次黄嘌呤很相似的别嘌呤醇(allopurinol)对黄嘌呤氧化酶有很强的抑制作用,可抑制尿酸的形成,所以临床上常用它治疗痛风症。

别嘌呤醇可被黄嘌呤氧化酶氧化成别黄嘌呤(alloxanthine),后者能与黄嘌呤氧化酶活性中心的 Mo(Ⅳ)牢固结合,形成不可逆的复合物,从而抑制黄嘌呤氧化酶所催化的反应,减少尿酸的形成。经别嘌呤醇治疗的患者排泄黄嘌呤和次黄嘌呤,它们在水中的溶解度比尿酸大,因此不会结晶沉淀。

次黄嘌呤与别嘌呤醇的结构式:

次黄嘌呤　　　　　　　　　别嘌呤醇

痛风症的确切病因并未研究清楚。目前公认为原发性痛风症是由于嘌呤代谢过程中某种酶的遗传性缺陷所引起的疾病。例如,次黄嘌呤-鸟嘌呤磷酸核糖转移酶(HGPRT)缺乏,则嘌呤碱基不能通过补救途径合成核苷酸再利用,累积的嘌呤碱基就通过分解途径转变为尿酸。5-磷酸核糖-1-焦磷酸合成酶(PRPP synthetase)活性过高,可引起 PRPP 大量合成,继而促使嘌呤核苷酸的从头合成加强,也导致嘌呤分解产物尿酸的增多。

继发性痛风症是由于疾病引起肾功能减退,尿酸排出功能降低,尿酸排出减少,从而导致血尿酸升高。

此外,饮食习惯也不容忽视。有研究发现,高嘌呤膳食如啤酒、酵母、鱼卵、小虾、牡蛎、肝、肠、心等也是痛风症发生的危险因素。已患痛风症的病人日常饮食中更应避免高嘌呤食物。常用食物嘌呤含量见表 12-1。

2. 嘌呤核苷酸分解代谢异常与免疫疾病

腺嘌呤核苷脱氨酶(adenosine deaminase,ADA)基因缺陷是一种常染色体隐性遗传病,由于基因突变造成该酶活性下降或消失,常导致 AMP、dAMP 和 dATP 蓄积。dATP 是核糖核苷酸还原酶的别构抑制剂,能减少 dGDP、dCDP 和 dTTP 合成,从而使 DNA 合成受阻。由于正常情况下淋巴细胞中腺苷酸脱氨酶活性较高,而当 ADA 基因缺陷时,可造成严重损害,导致细胞免疫和体液免疫反应均下降,即严重联合免疫缺陷症(severe combined immunodeficiency,SCID)。患者必须生活在无菌的环境中,任何病原体的感染都可能是致命的。

表 12-1　　　　　　　　　　常用食物嘌呤含量　　　　　　　　单位：mg/100g

食物	含量	食物	含量	食物	含量
谷薯类		**水产类**		豆芽	14.6
麦片	24.4	凤尾鱼	363.0	茄子	14.3
大米	18.1	沙丁鱼	295.0	苦瓜	11.3
面粉	17.1	白带鱼	291.6	青椒	8.7
小米	11.1	白鲳鱼	238.0	胡萝卜	8.0
玉米	9.4	牡蛎	239.0	萝卜	7.5
马铃薯	5.6	鲢鱼	202.4	番茄	4.3
白薯	2.4	草鱼	140.2	洋葱	3.5
豆类		鲤鱼	137.1	冬瓜	2.8
黄豆	166.5	鳝鱼	92.8	橘	2.2
黑豆	137.4	乌贼	87.9	苹果	0.9
绿豆	75.1	海蜇皮	9.3	西瓜	1.1
红豆	53.2	海参	4.2	香蕉	1.2
肉类		**蔬菜水果类**		**乳蛋类**	
鸡肉	140.3	蘑菇	28.4	牛乳	1.4
猪肉	122.5	韭菜	25.0	鸡蛋（1个）	0.4
羊肉	111.5	菠菜	23.0	**其他**	
牛肉	83.7	菜花	20.0	黑芝麻	57.0
小肠	262.2	白菜	12.6	花生	32.4
肝	233.0	芹菜	10.3	瓜子	24.5
脑	175.0	黄瓜	14.6	红枣	8.2
猪血	11.8	卷心菜	12.4	木耳	8.8

摘自：杨月欣，葛可佑.《中国营养科学全书》. 北京：人民卫生出版社，2004.

当今 SCID 的治疗除了骨髓移植和基因治疗（在体外将正常的 ADA 基因转到患者的淋巴细胞，再回输体内）以外，尚没有其他有效的方法。虽然世界上第一次成功的基因治疗就是应用在 SCID 上，但基因治疗的费用昂贵，成功率不高，一时还难以推广。

嘌呤核苷磷酸化酶（purine nucleoside phosphorylase，PNP）基因缺陷是一种罕见的常染色体隐性遗传病。纯合子 PNP 基因缺陷的患儿表现为 T 细胞免疫缺陷，原因是 PNP 不能发挥正常作用，所以患儿体内鸟苷、脱氧鸟苷、次黄苷及脱氧次黄苷浓度均增加，脱氧鸟苷转化成 dGTP，造成 dGTP 堆积。dGTP 是核糖核苷酸还原酶的别构抑制剂，导致 dCDP 及 dCTP 下降，最终 DNA 合成不足，影响胸腺细胞增殖，造成 T 细胞免疫缺陷。

二、嘧啶核苷酸的分解代谢

嘧啶核苷酸在核苷酸酶及核苷磷酸化酶的催化下依次脱去磷酸及核糖，生成的嘧啶碱基再进一步分解。

胞嘧啶经脱氨基反应转变为尿嘧啶。其反应式如下：

$$\text{胞嘧啶} \xrightarrow[\text{胞嘧啶脱氨酶}]{H_2O \quad NH_3} \text{尿嘧啶}$$

尿嘧啶和胸腺嘧啶则先在二氢尿嘧啶脱氢酶的催化下，被 NAD(P)H+H$^+$ 分别还原为二氢尿嘧啶和二氢胸腺嘧啶。其反应式如下：

$$\text{尿嘧啶} \xrightarrow[\text{二氢尿嘧啶脱氢酶}]{NAD(P)H+H^+ \quad NAD(P)^+} \text{二氢尿嘧啶}$$

$$\text{胸腺嘧啶} \xrightarrow[\text{二氢尿嘧啶脱氢酶}]{NAD(P)H+H^+ \quad NAD(P)^+} \text{二氢胸腺嘧啶}$$

然后，二氢尿嘧啶和二氢胸腺嘧啶在二氢嘧啶酶作用下水解开环，产生 β-脲基丙酸和 β-脲基异丁酸；进而在 β-脲基丙酸酶作用下进一步水解，β-脲基丙酸水解为氨、二氧化碳和 β-丙氨酸，β-脲基异丁酸水解为氨、二氧化碳和 β-氨基异丁酸；β-丙氨酸和 β-氨基异丁酸经转氨作用脱去氨基后还可参加有机酸代谢。其反应式如下：

$$\text{二氢尿嘧啶} \xrightarrow[\text{二氢嘧啶酶}]{H_2O} \beta\text{-脲基丙酸} \xrightarrow[\beta\text{-脲基丙酸酶}]{H_2O \quad CO_2+NH_3} \beta\text{-丙氨酸}$$

$$\text{二氢胸腺嘧啶} \xrightarrow[\text{二氢嘧啶酶}]{H_2O} \beta\text{-脲基异丁酸} \xrightarrow[\beta\text{-脲基丙酸酶}]{H_2O \quad CO_2+NH_3} \beta\text{-氨基异丁酸}$$

嘧啶碱基的分解代谢总图如图 12-7 所示。

与嘌呤碱基的分解产物尿酸不同，嘧啶碱基的降解终产物均为开环的化合物，并易溶于水，生成的产物可直接随尿排出或进一步降解。所以，嘧啶代谢异常的疾病较少。

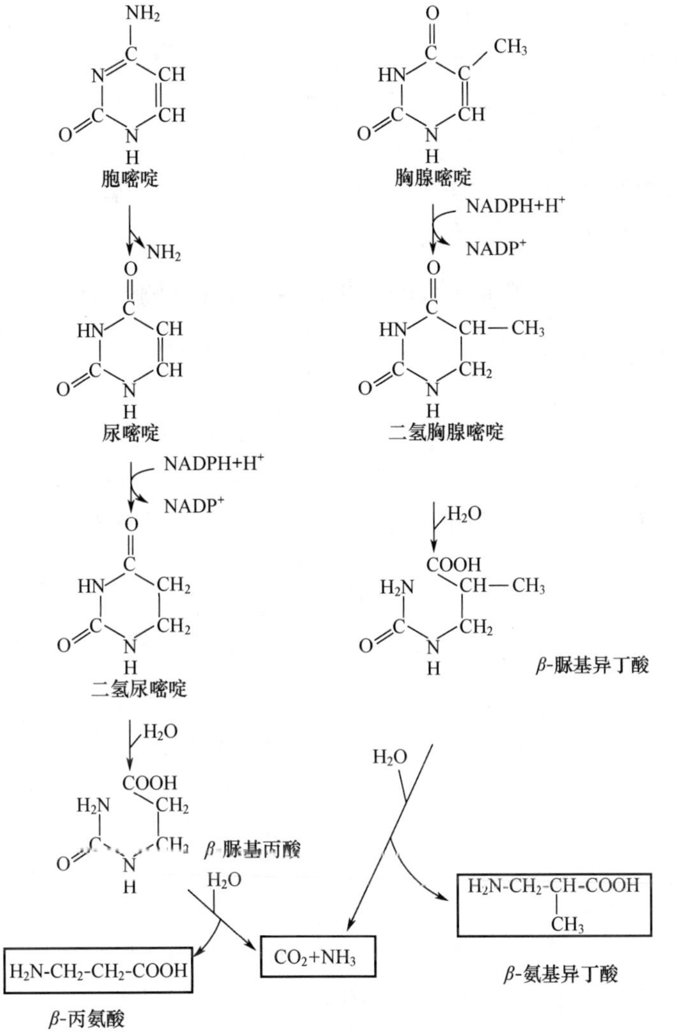

图 12-7　嘧啶碱基的分解代谢总图

第三节　核苷酸的合成代谢

核苷酸是核酸的基本结构单位。人体内的核苷酸主要由机体细胞自身合成，因此，与氨基酸不同，核苷酸不属于营养必需物质。

核苷酸的生物合成有两条基本途径：

其一是利用磷酸核糖、某些氨基酸、CO_2 和 NH_3 等简单物质为原料，经一系列酶促反反应合成核苷酸。此途径并不经过碱基、核苷的中间阶段，称为从头合成途径（*de novo* synthesis）。

其二是利用体内游离的碱基或核苷,经过简单的反应过程,合成核苷酸,称为补救途径(salvage pathway)。

二者在不同组织的重要性各不相同,如肝组织主要进行从头合成,而脑、骨髓等则进行补救合成。此外,遗传原因、疾病、药物、毒物甚至生理紧张都能造成从头合成途径中某些酶的缺乏,致使合成核苷酸的速度不能满足细胞生长的需要。此时,补救途径对正常生命活动的维持来说,是必不可少的。补救途径所需的碱基和核苷主要来源于细胞内核酸的分解,细菌生长介质或动物消化道食物分解产生的核苷和碱基,进入细胞后也可用于补救途径。一般情况下,从头合成途径是主要途径。

一、 嘌呤核苷酸的从头合成和补救合成

(一) 嘌呤核苷酸的从头合成

1. 合成嘌呤碱基的前身物质

从头合成途径除了某些细菌外,几乎所有生物体都能合成嘌呤碱基。同位素示踪实验证明,合成嘌呤碱基的前身物质均为简单物质。嘌呤环上 N_1 来自天冬氨酸的 α-氨基, C_2 来自一碳单位 N^{10}—CHO—FH_4, N_3 和 N_9 来自谷氨酰胺的酰胺基, C_4、C_5 和 N_7 均来自甘氨酸, C_8 来自一碳单位 N^{10}—CHO—FH_4, C_6 来自碳酸氢盐或 CO_2,如图 12-8 所示。

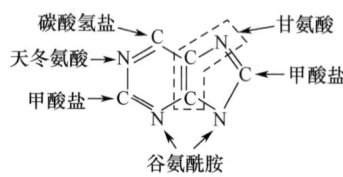

图 12-8 嘌呤环各元素来源

2. 嘌呤核苷酸的从头合成过程

嘌呤核苷酸的从头合成在胞液中进行,反应步骤比较复杂。生物体内不是先合成嘌呤碱基,再与核糖和磷酸结合成嘌呤核苷酸,而是从磷酸戊糖活化成 5-磷酸核糖焦磷酸开始,首先合成次黄嘌呤核苷酸(IMP),然后,IMP 再转变成腺嘌呤核苷酸(AMP)和鸟嘌呤核苷酸(GMP)。

(1)磷酸戊糖的活化 磷酸戊糖来自糖代谢的磷酸戊糖途径。当磷酸戊糖活化为 5′-磷酸核糖-1′-焦磷酸(PRPP)后,才可以接受碱基成为核苷酸。磷酸戊糖活化反应如下所示,该反应由磷酸核糖焦磷酸激酶(又称 PRPP 合成酶)催化。

5-磷酸核糖(R-5-P) → 5-磷酸核糖-1-焦磷酸(PRPP)
(ATP → AMP, PRPP合成酶, Mg^{2+})

(2)次黄嘌呤核苷酸(IMP)的合成 IMP 的合成是一系列连续的酶促反应过程,首先由 PRPP 供给核苷酸合成的磷酸核糖部分,然后,在其上把一些简单原料再装配成嘌呤环。反应可分两个阶段,简述如下。

第一阶段的反应:

5-磷酸核糖-1-焦磷酸(PRPP)与谷氨酰胺反应生成 5-磷酸核糖胺(PRA)、谷氨酸和无机焦磷酸盐。催化这一反应的酶为谷氨酰胺-磷酸核糖焦磷酸酰胺基转移酶(glutamine phosphoribosyl amidotransferase）。此酶是别构酶，是调节嘌呤核苷酸合成的关键酶。在这一步反应里，原来的 α-构型核糖化合物变为 β-构型。即 5-磷酸核糖胺具有 β-构型，嘌呤环就是在此构型基础上形成的。

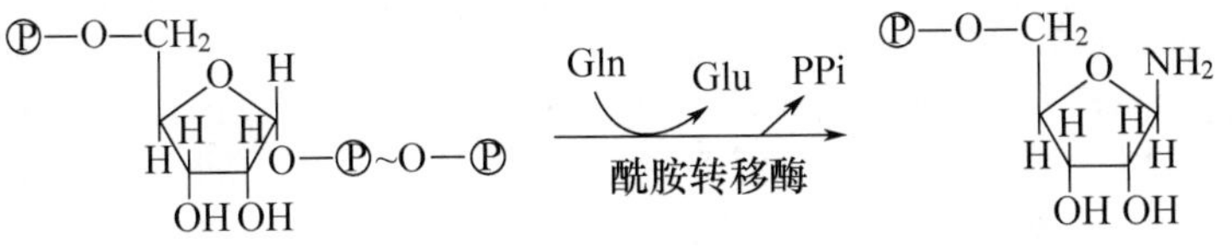

5-磷酸核糖-1-焦磷酸(PRPP)　　5-磷酸核糖胺(PRA)

在 5-磷酸核糖胺（PRA）的基础上，由 ATP 供能，甘氨酸为嘌呤环的合成提供 C_4、C_5 和 N_7，在甘氨酰胺核苷酸合成酶（glycinamide ribotide synthetase）催化下，产生甘氨酰胺核苷酸（GAR）；在甘氨酰胺核苷酸的基础上，一碳单位 N^{10}—CHO—FH_4 为嘌呤环的合成提供 C_8，合成甲酰甘氨酰胺核苷酸（FGAR）；在甲酰甘氨酰胺核苷酸的基础上，谷酰胺提供酰胺氮，ATP 供能，进一步转化为甲酰甘氨脒核苷酸（FGAM）；在有 ATP 参与下，甲酰甘氨脒核苷酸（FGAM）脱水环化形成 5-氨基咪唑核苷酸（AIR），至此，合成了嘌呤环中的咪唑环部分。反应过程如图 12-9 所示。

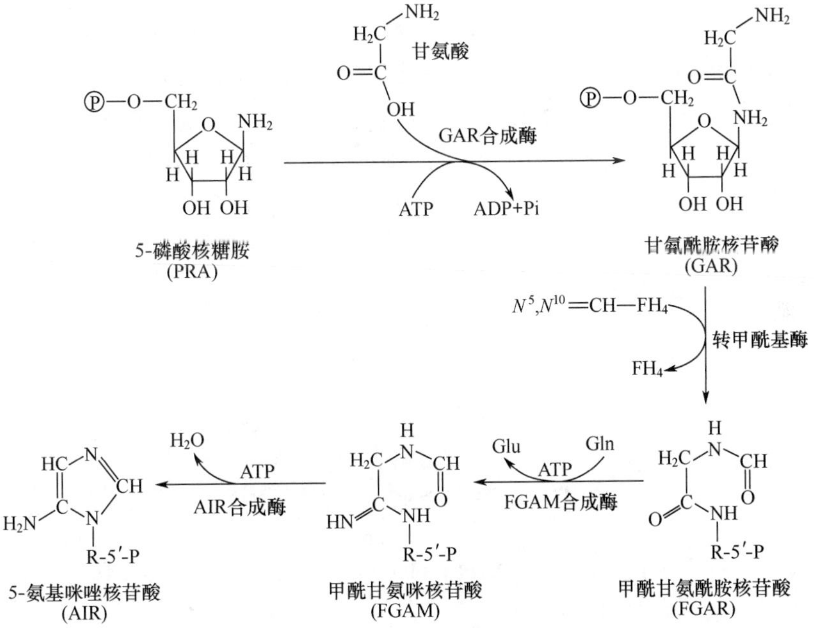

图 12-9　次黄嘌呤核苷酸的从头合成途径-AIR 的合成

第二阶段的反应：

在 5-氨基咪唑核苷酸（AIR）的基础上，CO_2 连接到咪唑环上，作为嘌呤碱中 C_6 的来源，生成 5-氨基咪唑-4-羧酸核苷酸（CAIR）；在有 ATP 存在时，5-氨基咪唑-4-羧酸核苷酸与天冬氨酸缩合，生成产物再脱去 1 分子延胡索酸而裂解为 5-氨基咪唑-4-氨甲酰核苷酸（AICAR）；然后再由 N^{10}-甲酰四氢叶酸提供一碳单位，使 AICAR 甲酰化，生成 5-甲酰胺基咪唑-4-甲酰胺核苷酸（FAICAR）；最后，FAICAR 脱水环化，生成 IMP。反应过程如图 12-10 所示。

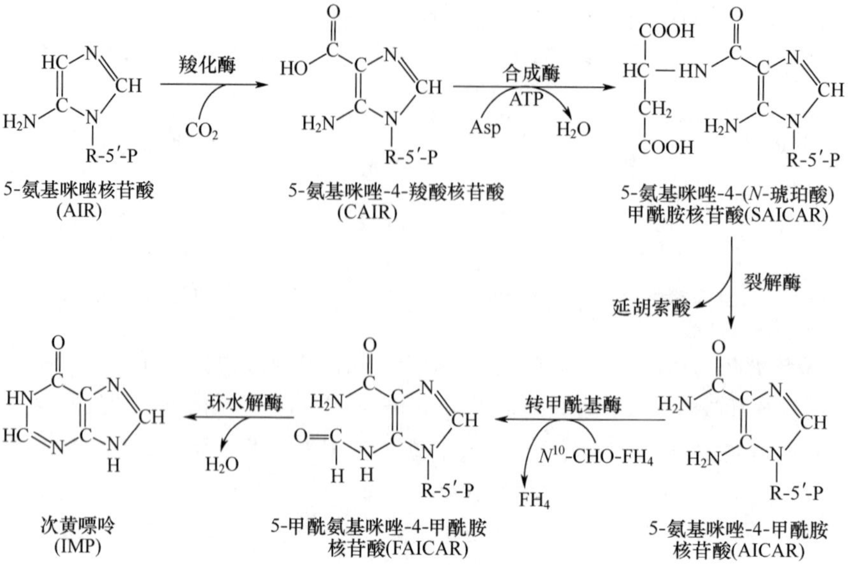

图 12-10 次黄嘌呤核苷酸的从头合成途径——由 AIR 生成 IMP

（3）在 IMP 的基础上合成 AMP 和 CMP　IMP 虽然不是核酸分子的主要组成成分，但它是嘌呤核苷酸合成的重要中间产物，由 IMP 可以分别转变成 AMP 和 GMP。

由 IMP 转变为 AMP 的过程：在腺苷酸代琥珀酸合成酶与腺苷酸代琥珀酸裂解酶的连续作用下，消耗 1 分子 GTP，以天冬氨酸的氨基取代嘌呤环 C_6 上的氧而生成 AMP。

黄嘌呤核苷酸（xanthosine monophosphate，XMP），然后在鸟苷酸合成酶催化下，由 ATP 供能，以谷氨酰胺上的酰胺基取代 XMP 中嘌呤碱基 C_2 上的氧而生成 GMP。

反应过程如图 12-11 所示。

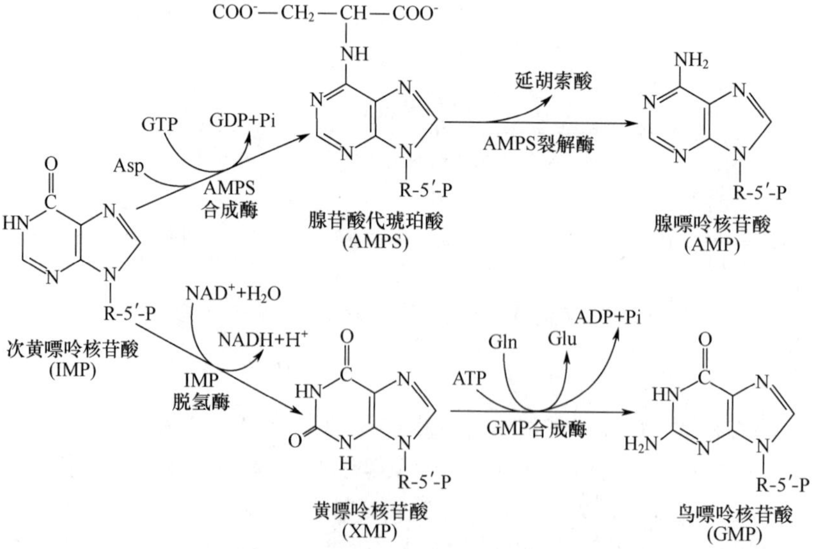

图 12-11　由 IMP 合成 AMP 和 GMP

3. 嘌呤核苷酸从头合成的调节

嘌呤核苷酸的从头合成是体内提供核苷酸的主要来源，但这个过程需要消耗氨基酸等原料及大量 ATP。机体对其合成进行着精确的调节，以满足合成核酸对嘌呤核苷酸的需要，同时又不会"供过于求"，以节省营养物及能量的消耗。调节是反馈调节，主要发生在如下几个部位，如图 12-12 所示。

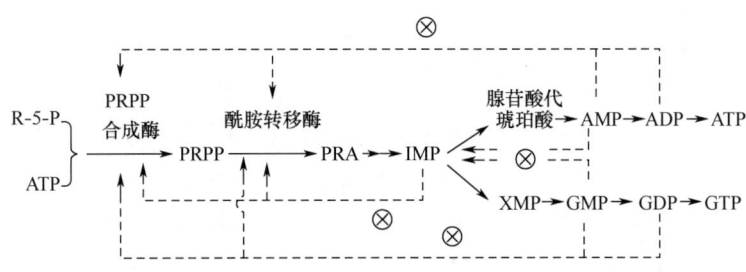

图 12-12　嘌呤核苷酸从头合成的调节（⊗表示反馈抑制）

（1）PRPP 合成酶　嘌呤核苷酸从头合成途径的第 1 个酶，可被 IMP、AMP、GMP、ADP、GDP 反馈抑制，而 ATP 可提高 PRPP 合成酶的活性。

（2）谷氨酰胺-PRPP 酰胺转移酶　是嘌呤核苷酸从头合成途径的限速酶。该酶可被 IMP、AMP、GMP、ADP、GDP 及 ATP、GTP 等反馈抑制，其中对 AMP 和 GMP 尤其敏感。

从人胎盘中分离出的谷氨酰胺-PRPP 酰胺转移酶是一种别构酶，其活性形式为单体，非活性形式为二聚体。过量的 AMP、GMP 及 IMP 等均可使其由单体转变为二聚体，导致核糖胺-5-磷酸生成的抑制。PRPP 则可使其由二聚体转变为单体，增强此酶的活性。

在核糖胺-5-磷酸与 IMP 之间，未发现调节步骤。

（3）AMP 与 GMP 的相互作用　在由 IMP 转变成 AMP 或 GMP 的过程中，过量的 AMP 反馈抑制腺苷琥珀酸合成酶，但不影响 GMP 的生成。同样，过量的 GMP 反馈抑制 IMP 脱氢酶，但不影响 AMP 的生成。此外，IMP 转变成腺苷琥珀酸时，需要 GTP 做能源，黄嘌呤核苷酸转变成 GMP 时，需要 ATP 做能源，即 GTP 可以促进 AMP 的生成，ATP 也可以促进 GMP 的生成，这种交叉调节作用对维持 ATP 与 GTP 浓度的平衡具有重要意义。

（二）嘌呤核苷酸合成的补救合成

大多数细胞更新其核酸（尤其是 RNA）过程中，要分解核酸产生核苷和游离碱基。细胞利用现成的游离碱基或核苷重新合成相应核苷酸的过程称为补救合成。与从头合成不同，补救合成过程较简单，消耗能量也较少。

1. 利用嘌呤碱与 PRPP 合成嘌呤核苷酸

此过程有两种酶参与合成：腺嘌呤磷酸核糖转移酶（APRT）和次黄嘌呤-鸟嘌呤磷酸核糖转移酶（HGPRT）。前者催化 AMP 的合成，后者催化 IMP 和 GMP 的合成。APRT 受 AMP 的反馈抑制，HGPRT 受 IMP 与 GMP 的反馈抑制。其反应过程如下：

腺嘌呤+PRPP ——→ AMP+PPi

次黄嘌呤+PRPP ——→ IMP（GMP）+PPi

2. 利用嘌呤核苷合成嘌呤核苷酸

核苷在适当的核苷磷酸激酶作用下，由 ATP 供给磷酸基，即生成核苷酸。其反应式如下：

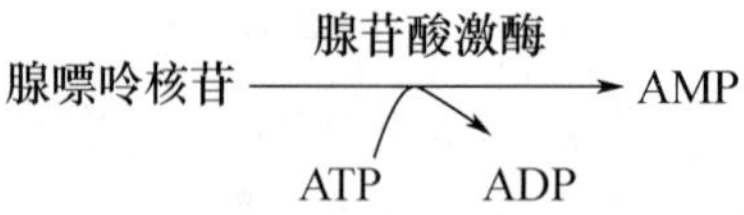

$$\text{腺嘌呤核苷} \xrightarrow[\text{ATP} \quad \text{ADP}]{\text{腺苷酸激酶}} \text{AMP}$$

在生物体内，除了腺苷酸激酶外，缺乏其他嘌呤核苷酸激酶，可见在嘌呤核苷酸的补救合成途径中，此途径不很重要。

嘌呤核苷酸补救合成是一种次要途径。其生理意义一方面在于可以节省能量及减少氨基酸的消耗。另一方面对某些缺乏从头合成途径的组织，如人的白细胞和血小板、脑、骨髓、脾等，具有重要的生理意义。这些组织只能利用红细胞运来的嘌呤碱及核苷，经补救途径合成嘌呤核苷酸。由于存在于 X 染色体上的 HGPRT 基因缺陷而导致 HGPRT 完全缺失的患儿，表现为自毁容貌症，或称 Lesch-Nyhan 综合征。这是一种遗传代谢病，见于男性。患者表现为尿酸增高及神经异常。如脑发育不全、智力低下、具有攻击和破坏性行为，1 岁后可出现手足徐动，继而发展为肌肉强迫性痉挛，四肢麻木，发生自残行为，常咬伤自己的嘴唇、手和足趾。其发病的机制是，由于次黄嘌呤-鸟嘌呤磷酸核糖转移酶的缺乏，停止了嘌呤的补救合成，使嘌呤核苷酸从头合成的底物，尤其是磷酸核糖焦磷酸（PRPP）堆积，高水平的 PRPP 导致嘌呤核苷酸和嘧啶核苷酸过量生成。由于嘌呤核苷酸的从头合成是在 PRPP 基础上进行的，因而 HGPRT 缺陷对嘌呤核苷酸合成影响更大。高水平的嘌呤核苷酸进而促使它的分解加强，结果导致血液中尿酸的堆积，过量尿酸导致自毁容貌症。

自毁容貌症患者在发病时会毁坏自己的容貌，用各种器械把脸弄得狰狞可怕。这种疾病患者常被束缚在床上或轮椅上。自毁容貌症患者大多死于儿童时代，很少活到 20 岁以后。现有的医疗技术对此无计可施，而只能寄希望于基因治疗。

二、嘧啶核苷酸的从头合成和补救合成

（一）嘧啶核苷酸的从头合成

1. 合成嘧啶碱基的前身物质

从头合成途径同位素示踪实验证明，嘧啶核苷酸中嘧啶碱基合成的原料来自谷氨酰胺、CO_2 和天冬氨酸，如图 12-13 所示。

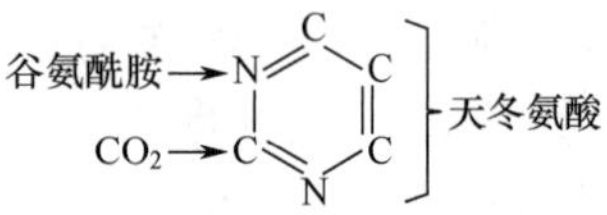

2. 嘧啶核苷酸的从头合成过程

图 12-13 嘧啶环上各元素来源

与嘌呤核苷酸的从头合成途径不同，嘧啶核苷酸的从头合成是先合成嘧啶环，然后再与磷酸核糖相连而成的。

嘧啶核苷酸从头合成的过程如下：

（1）尿嘧啶核苷酸的合成　嘧啶环的合成开始于氨基甲酰磷酸的生成。正如氨基酸代谢一章所讨论的，氨基甲酰磷酸也是尿素合成的原料。但是，尿素合成中所需的氨基甲酰磷酸是在肝线粒体中由氨基甲酰磷酸合成酶 I 催化生成的，而嘧啶合成所用的氨基甲酰磷酸则是在细胞液中用谷氨酰胺为氮源，由氨基甲酰磷酸合成酶 II 催化生成的。这两种合成酶的性质不同。其反应式如下：

$$HCO_3^- + 谷氨酰胺 \xrightarrow[2ATP \quad 2ATP+Pi]{氨基甲酰磷酸合成酶 II} 谷氨酸 + 氨基甲酰磷酸$$

上述生成的氨基甲酰磷酸在胞液中的天冬氨酸氨基甲酰转移酶的催化下，与天冬氨酸化合生成氨甲酰天冬氨酸。后者经二氢乳清酸酶催化脱水，形成具有嘧啶环的二氢乳清酸，再经二氢乳清酸脱氢酶的作用，脱氢成为乳清酸（orotic acid）。乳清酸不是构成核酸的嘧啶碱，但它在乳清酸磷酸核糖转移酶催化下可与 PRPP 化合，生成乳清酸核苷酸，后者再由乳清酸核苷酸脱羧酶催化脱去羧基，即为组成核酸分子的尿嘧啶核苷酸（UMP）。反应过程如图 12-14 所示。

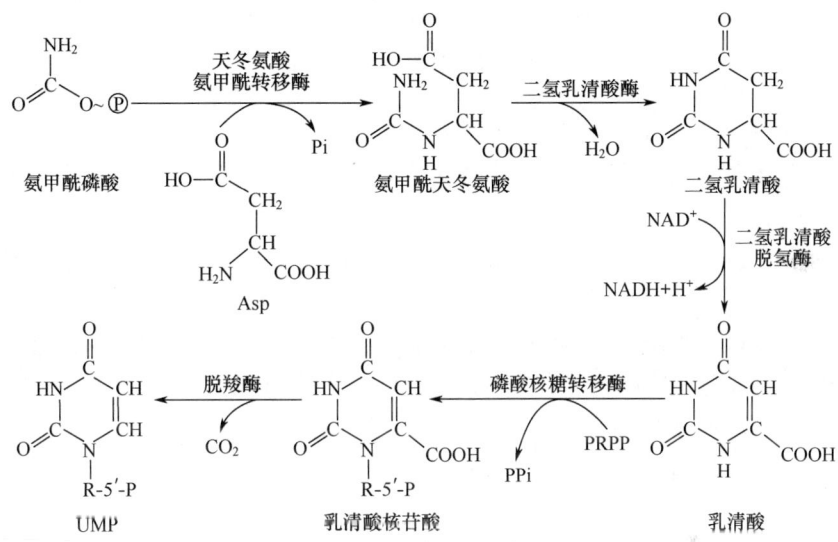

图 12-14　尿嘧啶核苷酸从头合成过程

（2）CTP 的合成　尿嘧啶、尿嘧啶核苷和尿嘧啶单核苷酸都不能氨基化转变成相应的胞嘧啶化合物，只有尿嘧啶三核苷酸才能氨基化生成胞嘧啶三核苷酸。所以，UMP 首先通过尿苷酸激酶和二磷酸核苷激酶的连续作用，生成三磷酸尿苷（UTP），然后在 CTP 合成酶催化下，哺乳动物中的 UTP 接受谷氨酰胺的侧链氨基转变为 CTP；而在大肠杆菌中，UTP 的氨基化反应利用的是 NH_4^+。这两个氨基化反应都消耗一分子 ATP。

哺乳动物：

$$UMP \xrightarrow[ATP \quad ADP]{尿嘧啶核苷酸激酶} UDP \xrightarrow[ATP \quad ADP]{尿嘧啶核苷二磷酸激酶} UTP$$

$$UTP + 谷氨酰胺 \xrightarrow[ATP+H_2O \quad ADP+Pi]{CTP合成酶, Mg^{2+}} CTP + 谷氨酸$$

$$\text{UTP} \xrightarrow[\text{CTP合成酶}]{\text{Gln+ATP} \quad \text{Glu+ADP+Pi}} \text{CTP}$$

大肠杆菌：

$$\text{UTP} + \text{NH}_4^+ \xrightarrow[\text{ATP}+\text{H}_2\text{O} \quad \text{ADP}+\text{Pi}]{\text{CTP合成酶, Mg}^{2+}} \text{CTP}$$

3. 嘧啶核苷酸从头合成的调节

细菌中，天冬氨酸氨基甲酰转移酶是嘧啶核苷酸从头合成的主要调节酶，受 CTP 反馈抑制。

哺乳类动物细胞中，嘧啶核苷酸从头合成的调节酶主要是氨基甲酰磷酸合成酶Ⅱ，它受 UMP 反馈抑制。

同位素掺入实验表明，嘧啶与嘌呤的合成有着协调控制关系，两者的合成速度通常是平行的。由于 PRPP 合成酶是嘧啶与嘌呤两类核苷酸合成过程中共同需要的酶，它可同时接受嘧啶核苷酸及嘌呤核苷酸的反馈抑制。

嘧啶核苷酸合成的调节部位如图 12-15 所示。

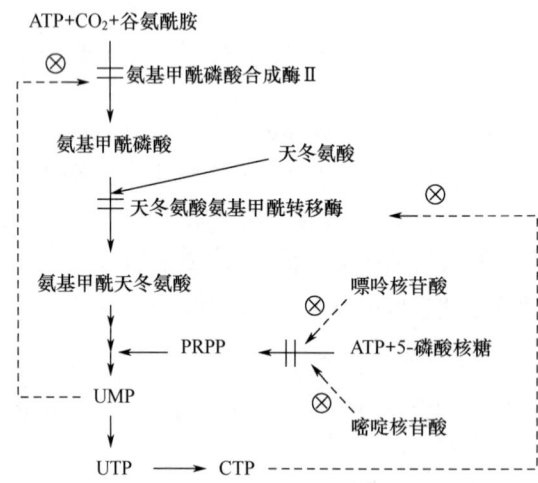

图 12-15 嘧啶核苷酸从头合成的调节（⊗表示反馈抑制）

（二） 嘧啶核苷酸合成的补救合成

嘧啶磷酸核糖转移酶是嘧啶核苷酸补救合成的主要酶。它催化嘧啶碱基与 PRPP 合成嘧啶核苷酸：

$$\text{嘧啶} + \text{PRPP} \xrightarrow{\text{嘧啶磷酸转移酶}} \text{嘧啶核苷酸} + \text{PPi}$$

从人红细胞纯化的嘧啶磷酸核糖转移酶能利用尿嘧啶、胸腺嘧啶及乳清酸为底物,但对胞嘧啶不起作用:

$$\text{尿嘧啶} + \text{核糖}-1-\text{磷酸} \xrightarrow{\text{尿苷磷酸化酶}} \text{尿嘧啶核苷} + \text{Pi}$$

尿苷激酶也是一种补救合成酶,催化尿苷生成尿苷酸:

$$\text{尿嘧啶核苷} + \text{ATP} \xrightarrow{\text{尿苷激酶}} \text{尿嘧啶核苷酸} + \text{ADP}$$

胞嘧啶不能直接与 PRPP 反应生成 CMP,但尿苷激酶也能催化胞苷的磷酸化反应:

$$\text{胞嘧啶核苷} + \text{ATP} \xrightarrow{\text{尿苷激酶}} \text{尿嘧啶核苷酸} + \text{ADP}$$

脱氧胸苷可通过胸苷激酶生成 TMP,但此酶在正常肝细胞中活性很低,再生肝(指肝脏受损后代偿性再生产生的肝组织)中活性升高,恶性肿瘤中明显升高,并与恶性程度有关。

三、脱氧(核糖)核苷酸的生成

DNA 由各种脱氧核苷酸组成。细胞分裂旺盛时,脱氧核苷酸含量明显增加,以适应合成 DNA 的需要。脱氧核苷酸,包括嘌呤脱氧核苷酸和嘧啶脱氧核苷酸从何而来?现已证明,体内脱氧核苷酸中所含的脱氧核糖并非先形成后再结合到其分子上,而是通过相应的核糖核苷酸的直接还原作用,以氢取代其核糖分中 C_2 上的羟基而生成的。这种还原作用基本上在二磷酸核苷(NDP)水平上进行(在这里 N 代表 A、G、U、C 等碱基),由核糖核苷酸还原酶催化。反应如下:

$$\text{NDP} \xrightarrow[\text{NADPH}+\text{H}^+ \quad \text{NADP}^+ + \text{H}_2\text{O}]{\text{核糖核苷酸还原酶}} \text{dNDP}$$

其实,这一反应的过程比较复杂(图 12-16),核糖核苷酸还原酶从 NADPH 获得电子时,需要一种硫氧化还原蛋白(thioredoxin)作为电子载体,硫氧化还原蛋白的相对分子质量约为 12000,其所含的巯基在核糖核苷酸还原酶作用下氧化为二硫键。后者再经另一种称为硫氧化还原蛋白还原酶(thioredoxin reductase)的催化,重新生成还原型的硫氧化还原蛋白,由此构成一个复杂的酶体系。在 DNA 合成旺盛,分裂速度较快的细胞中,核糖核苷酸还原酶体系活性较强。

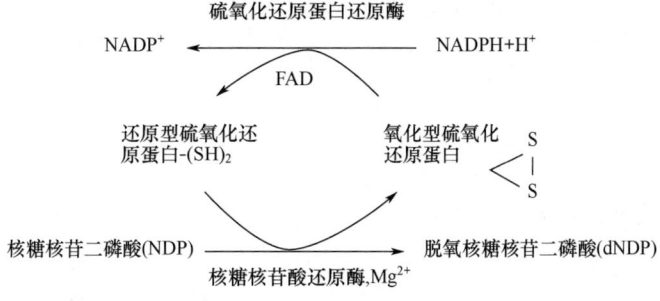

图 12-16 脱氧核苷酸的生成

经过激酶的作用，上述 dNDP 再磷酸化成三磷酸脱氧核苷：

$$\text{dNDP}+\text{ATP} \xrightarrow{\text{激酶}} \text{dNTP}+\text{ADP}$$

脱氧胸腺嘧啶核苷酸，可由脱氧尿嘧啶核苷酸经甲基化作用而生成，如图 12-17 所示。

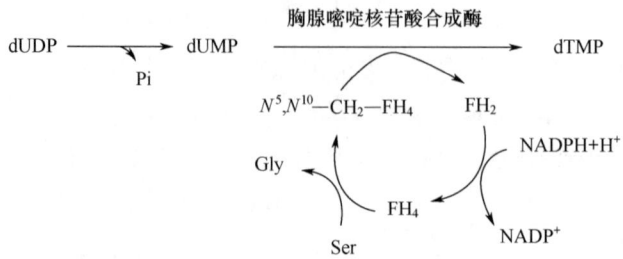

图 12-17　脱氧胸腺嘧啶核苷酸的生成

反应由胸腺嘧啶核苷酸合成酶催化，N^5,N^{10}-亚甲基四氢叶酸是甲基的供体，产物为脱氧胸腺嘧啶核苷酸和二氢叶酸。四氢叶酸可以从二氢叶酸再生，还原反应经二氢叶酸还原酶催化，丝氨酸为四氢叶酸提供一碳单位，生成 N^5,N^{10}-亚甲基四氢叶酸。

四、核苷（或脱氧核苷）二磷酸、三磷酸的生成

核苷酸不直接参加核酸的生物合成，而是先转化成相应的核苷三磷酸后再掺入 RNA 或 DNA。从核苷酸转化为核苷二磷酸的反应是由相应的激酶催化的。这些激酶对碱基专一，对其底物含核糖或脱氧核糖无特殊要求。例如：

$$\text{(d)AMP}+\text{ATP} \xrightarrow{\text{(脱氧)腺苷酸激酶}} \text{(d)ADP}+\text{ADP}$$

此类反应的通式是：

$$\text{(d)NMP}+\text{ATP} \xrightarrow{\text{激酶}} \text{(d)NDP}+\text{ADP}$$

核苷二磷酸转化为核苷三磷酸由另一种激酶催化，该酶对碱基和戊糖都没有特殊要求，磷酸基的供体为 ATP：

$$\text{(d)NDP}+\text{ATP} \xrightarrow{\text{激酶}} \text{(d)NTP}+\text{ADP}$$

小结：核苷酸合成总结如图 12-18 所示。

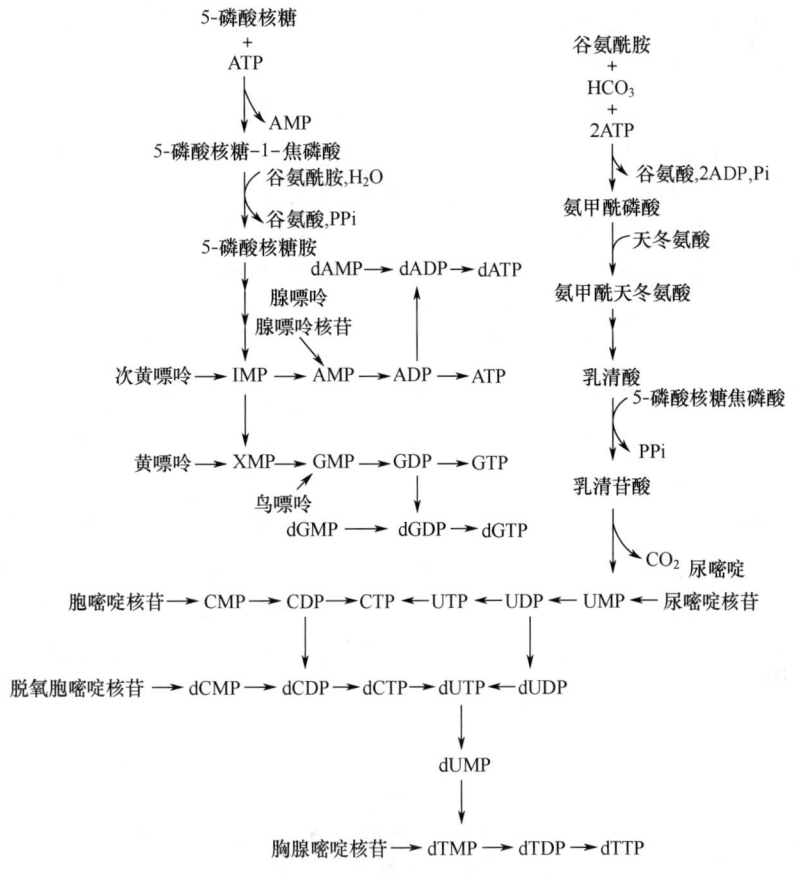

图 12-18 核苷酸的生物合成

【延伸阅读】

1. 生化聚焦——噬菌体对宿主菌内核苷酸代谢途径的改造

在一些噬菌体的基因组 DNA 上，有时可以看到一些修饰的碱基。两种常见的修饰碱基是 U 和 5-羟甲基尿嘧啶（hydroxymethyl uracil, hmU）。例如，枯草杆菌的 PBS2 噬菌体基因组 DNA 上完全用 U 代替了 T，而大肠杆菌 T4 噬菌体基因组 DNA 上含有大量的 hmU 代替 T。这些噬菌体这么做的目的是保护自己的基因组免受宿主细胞编码的限制性内切酶对其进行水解。假如 T4 噬菌体 DNA 上没有这些修饰碱基时，其上的 GAATTC 很容易被大肠杆菌编码的限制性内切酶 *Eco*R I 识别并切割，但如果 T 换成了 hmU，*Eco*R I 就不能被识别了。

但噬菌体 DNA 上的 U 和 hmU 是如何参入的呢？原来两种噬菌体基因组编码了几种酶，对宿主细胞内原有的核苷酸合成代谢途径进行了改造。改造的目的是降低宿主细胞内 dTTP 的水平，同时提高 dUTP 或 hmdUTP 的水平，这样 dUTP 和 hmdUTP 在噬菌体 DNA 复制的时候，可代替 dTTP 直接掺入到 DNA 分子之中。

2. 核苷酸的抗代谢物

一些嘌呤、嘧啶、氨基酸或叶酸类似物，主要以竞争性抑制或以假乱真等方式干扰或阻断核苷酸代谢，从而进一步阻止核酸及蛋白质的生成，这些类似物称为核苷酸的抗代谢物，它们对核苷酸生物合成有抑制作用。

癌细胞比正常的组织细胞生长要快得多，它们需要大量的核苷酸作为 DNA 和 RNA 合成的前体，因此与正常细胞相比，对核苷酸合成过程的抑制也更加敏感。目前许多重要化疗药物的作用机制就是抑制该途径的一种或多种酶的活性。

(1) 嘌呤核苷酸的抗代谢物　嘌呤类似物如 6-巯基嘌呤的化学结构与次黄嘌呤相似，只是后者 C_6 的羟基被巯基取代。6-巯基嘌呤在体内可变成 6-巯基嘌呤核苷酸，可以反馈抑制 PRPP 合成酶和谷氨酰胺磷酸核糖酰胺转移酶的活力，也能抑制 IMP 向 AMP 和 GMP 的转变，从而可抑制肿瘤生长。

氨基酸类似物主要有叠氮丝氨酸等，其化学结构与谷氨酰胺相似，可抑制谷氨酰胺酰胺转移酶的活力。谷氨酰胺在核苷酸合成的至少一半以上的反应中是氮的提供者。叠氮丝氨酸等氨基酸类似物干扰谷氨酰胺在核苷酸合成中的作用，从而抑制嘌呤核苷酸的从头合成，也抑制 CTP 和 dTMP 的从头合成。叶酸类似物主要有氨蝶呤（aminopterin）和氨甲蝶呤（methotrexate 或 amethopterin，MTX）。作为二氢叶酸类似物，它们能竞争性抑制二氢叶酸还原酶（氨甲蝶呤与二氢叶酸还原酶的结合力比二氢叶酸高 100 倍），使叶酸不能被还原成二氢叶酸及四氢叶酸，由此使得作为嘌呤合成原料的一碳单位得不到供应，从而抑制嘌呤核苷酸的合成，同样也会使 dUMP 由于缺乏一碳单位供应，不能甲基化，从而不能合成 dTMP，故有抗肿瘤生长的效用。

嘌呤核苷酸的抗代谢物见表 12-2。

表 12-2　　　　　　　　　　　嘌呤核苷酸的抗代谢物

嘌呤类似物	氨基酸类似物	叶酸类似物
6-巯基嘌呤	叠氮丝氨酸	氨蝶呤
6-巯基鸟嘌呤	6-重氮-5-氧正亮氨酸	氨甲蝶呤
8-氮杂鸟嘌呤		

(2) 嘧啶核苷酸的抗代谢物　嘧啶核苷酸的抗代谢物主要有嘧啶类似物如 5-氟尿嘧啶（5-fluorouracil，5-FU），即尿嘧啶 C_5 的 H 被 F 取代，也是一种临床常见的抗癌剂。5-FU 与胸腺嘧啶相似，在体内可转变成 FdUMP，FdUMP 能与胸苷酸合成酶结合成不解离的复合物，抑制由 dUMP 向 dTMP 的合成，从而抑制 DNA 的合成。5-氟尿嘧啶也可生成 FUTP，合成 RNA，从而破坏 RNA 的结构与功能。

此外，还有某些改变了核糖结构的核苷类似物如阿糖胞苷，抑制 CDP 还原为 dCDP，从而影响 DNA 的合成。

核苷酸合成抑制剂的医药学应用并不仅局限于癌症的治疗，所有生长快速的细胞（包括细菌和原生生物）都受到此类化合物的控制。例如，引起非洲睡眠病（非洲锥体虫病）的锥体虫核苷酸缺乏从头合成途径，因此，它们对能抑制从周围环境中摄取核苷酸进行补救合成的药物特别敏感。嘌呤类似物直接通过竞争性抑制，影响次黄嘌呤-鸟嘌呤磷酸核糖转移酶（HGPRT），使 PRPP 分子中的磷酸核糖不能向鸟嘌呤及次黄嘌呤转移，阻止了补救合成途径。

第十三章

DNA 的生物合成

DNA（脱氧核糖核酸）是生物体遗传信息的主要物质基础。生物体必须通过 DNA 的生物合成，又称 DNA 复制（replication），将遗传信息由亲代忠实地传递给子代，而在后代的个体发育过程中，遗传信息则由 DNA 转录（transcription）给 RNA，然后翻译（translation）成蛋白质，以执行各种生物学功能，并最终让后代表现出与亲代相似的遗传性状。这种遗传信息的传递方向，是从 DNA 到 RNA 再到蛋白质，即所谓的生物学"中心法则"，20 世纪 80 年代以后在某些致癌 RNA 病毒中发现遗传信息也可存在于 RNA 分子中，其遗传信息的流向是 RNA 可以直接通过复制，将遗传信息由亲代传递给子代，或由 RNA 通过逆转录（reverse transcription）的方式将遗传信息传递给 DNA，再由 DNA 将遗传信息进行传递（图 13-1）。这为中心法则加入了新的内容。

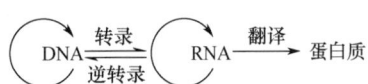

图 13-1　遗传信息传递的中心法则

本章主要涉及 DNA 生物合成的三个方面：DNA 复制；逆转录和其他复制方式；DNA 损伤及修复。

第一节　DNA 复制

DNA 作为遗传信息载体，在细胞分裂前必须准确地进行自我复制（self-replication），成为两个拷贝，并在细胞分裂时分配到两个子代细胞中去才能真正完成其传递遗传信息的使命。DNA 的双链结构对于维持这类遗传物质的稳定性和复制的准确性都是极为重要的。

DNA 复制是个非常复杂的过程，在复制的起始、延伸和终止三个阶段，无论是原核生物还是真核生物都需要多种蛋白和酶的协同参与。

一、DNA 的半保留复制

早在 1953 年，Watson 和 Crick 提出 DNA 双螺旋结构模型时指出，DNA 是由两条互补的脱氧核苷酸链组成，一条链上的核苷酸排列顺序决定了另一条链的核苷酸顺序。这就说明 DNA 的复制是以原来存在的 DNA 分子为模板来合成新的链。并且推测 DNA 在复制时，以亲代 DNA 的每一条链为模板，合成完全相同的两条双链子代 DNA，每个子代 DNA 中都含有一条亲代 DNA 链，这种现象称为 DNA 的半保留复制（semiconservative replication）（图 13-2）。

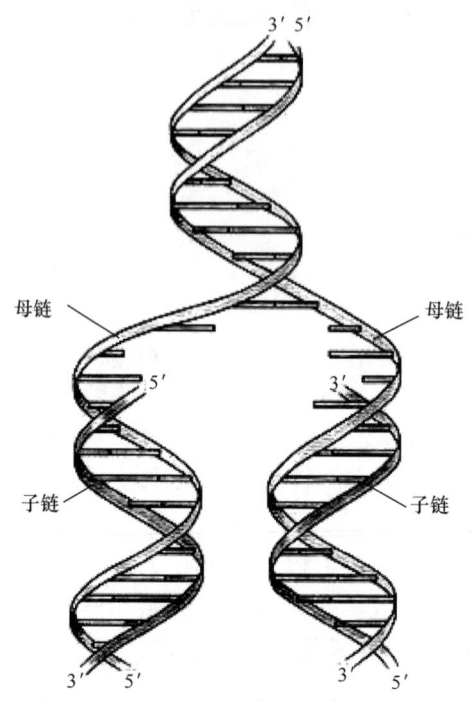

图 13-2 半保留复制保证子代和亲代 DNA 碱基序列的一致性

1958 年，Meselson 和 Stahl 设计并实现了这组著名的，可以直接证明 DNA 复制的半保留机制的实验。试验中，他们先将大肠杆菌细胞用 $^{15}NH_4Cl$ 作为唯一氮源的培养液培养较长一段时间，使得细胞内所有的氮原子都以 ^{15}N 的形式存在（包括 DNA 分子里的氮原子）。这时再加入过量的 $^{14}NH_4Cl$ 和各种 ^{14}N 的核苷酸分子，细菌从此开始摄入 ^{14}N，因此细胞内所有"老"DNA 分子部分都应该是 ^{15}N 标记的，而新生成的 DNA 则应该是未标记的普通 ^{14}N。随后在培养不同代数时，收集细菌，裂解细胞，提取其 DNA 分子并用氯化铯（CsCl）密度梯度离心法（density gradient centrifugation）观察 DNA 所处的位置。此方法在离心结束后，从离心管底到管口，不同密度 CsCl 溶液从高到低形成密度梯度，质量不同的 DNA 分子就停留在与其质量相当的 CsCl 密度处，在紫外光下可以看到 DNA 分子形成的区带。由于 ^{15}N-DNA 的密度比普通 DNA（^{14}N-DNA）的密度大，在氯化铯密度梯度离心时，两种密度不同的 DNA 则会分布在不同的区带中。实验结果显示：在全部由 ^{15}N 标记的培养基中得到的 ^{15}N-DNA 显示为一条重密度带位于离心管的管底。当转入 ^{14}N 标记的培养基中繁殖第一代时得到了一条中密度带，这是 ^{15}N-DNA 和 ^{14}N-DNA 的杂交分子。第二代则获得中密度带及低密度带两个区带，这表明它们分别为 $^{15}N^{14}N$-DNA 和 $^{14}N^{14}N$-DNA。随着以后在 ^{14}N 培养基中培养代数的增加，低密度带增强，而中密度带逐渐减弱（图 13-3）。

同时为了证实第一代杂交分子确实是一半 ^{15}N-DNA-半 ^{14}N-DNA，将这种杂交分子经加热变性，对于变性前后的 DNA 分别进行 CsCl 密度梯度离心，结果变性前的杂交分子为一条中密度带，变性后则分为两条区带，即重密度带（^{15}N-DNA）和低密度带（^{14}N-DNA）。此实验结果首次直接并且充分地证实了 DNA 复制的半保留方式。

此后，又对动植物细胞及病毒进行了类似的实验研究，证明了无论是原核生物还是真核生物的 DNA 都是以半保留复制方式遗传的。DNA 的这种半保留复制保证了 DNA 在代谢上的稳定性。经过许多代的复制，DNA 多核苷酸链仍可完整地存在于后代而不被分解掉。这种稳定性与 DNA 的遗传功能相符。

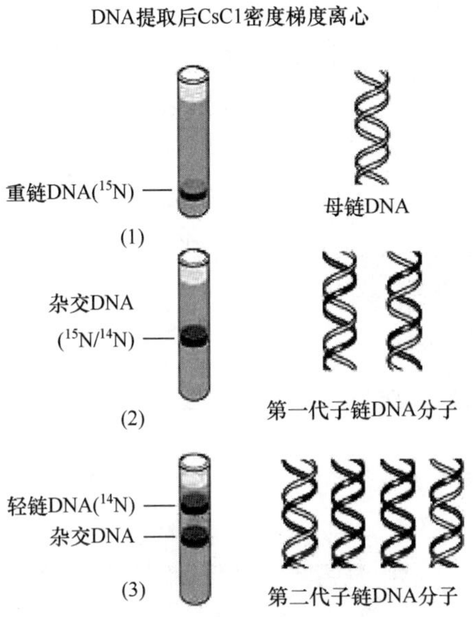

图 13-3　DNA 的半保留复制图

二、DNA 复制的起始点和方向

DNA 复制开始于染色体上固定的起始点（origin）。复制时，双链 DNA 分子从起始点解开成两股链分别进行，所以这个复制起点呈现叉子的形式，被称为复制叉（replicative fork）。随后复制叉开始沿着 DNA 链连续移动完成 DNA 的复制（图 13-4）。DNA 复制从起始点开始直到终点为止，每个这样的 DNA 单位称为复制子或复制单元（replicon）。然而起始点可以启动单向复制或双向复制，这主要取决于复制起点形成一个复制叉还是两个复制叉。在单向复制中，所产生的一个复制叉离开起始点，沿 DNA 链前进；在双向复制中，起始点处产生两个复制叉，它们从起始点开始沿着相反的方向前进。通常原核生物染色体 DNA 是环状的，只有一个复制起点，形成两个延伸方向相反的复制叉，并等速前进。例如大肠杆菌（E. coli）经放射性标记其 DNA 后，在电镜下观察到复制时呈 θ 型（图 13-5）。而真核生物核染色体 DNA 是线状的，存在多个复制起始点，可以同时在多个复制起点上进行双向复制（图 13-6），也就是说它们的基因组 DNA 包含有多个复制子（表 13-1）。因此尽管真核生物的染色体 DNA 远大于原核生物的，但复制一代的时间却远快于原核生物。例如果蝇胚胎的 DNA 在 3min 内可增加一倍，而基因组总长度只有果蝇 1/40 的大肠杆菌染色体，复制一代却需 40min。

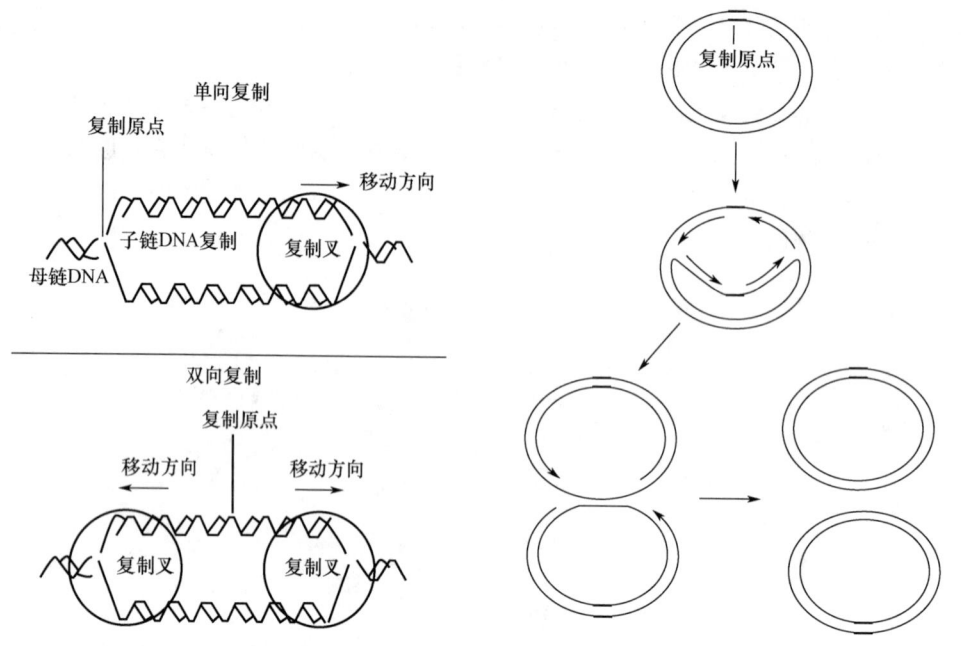

图 13-4　DNA 复制叉及移动方向

图 13-5　大肠杆菌环形染色体 DNA 分子 θ 型复制（1 个复制原点的双向复制）

表 13-1　部分生物复制子的比较

物种	细胞内复制子数目/个	平均长度/kb	复制子移动速度/（bp/min）
大肠杆菌	1	4200	50000
酵母	500	40	3600
果蝇	3500	40	2600
爪蟾	15000	200	500

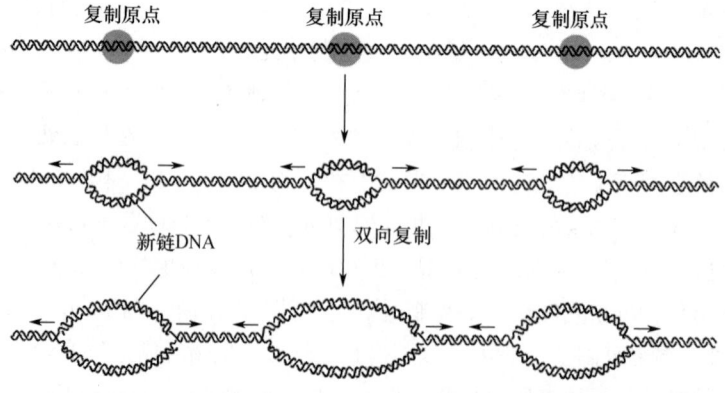

图 13-6　真核生物核染色体 DNA 复制（多个复制原点的双向复制）

三、DNA复制的酶学和拓扑学变化

DNA复制是在酶催化下的核苷酸聚合反应，需要多种生物分子共同参与。

反应底物：dATP、dGTP、dCTP、dTTP，总称为dNTP；

酶：主要为依赖DNA的DNA聚合酶，简称DNA-pol；

模板：解开成单链的DNA母链；

引物：提供3′-OH末端的一段寡核苷酸链；

反应所需的其他酶和蛋白质因子。

总化学反应公式：$(dNMP)_n + dNTP \rightarrow (dNMP)_{n+1} + PPi$

下面将对此反应所涉及的酶等主要生物分子的特点做进一步介绍。

（一）原核生物的DNA聚合酶

DNA聚合酶全称是依赖DNA的DNA聚合酶（DNA-dependent DNA polymerase，DDDP），简称DNA-pol，是1957年由Arthur Kornberg首次在大肠杆菌中发现的，后来命名为DNA聚合酶Ⅰ（DNA poly Ⅰ）。现已发现在大肠杆菌中存在5种DNA聚合酶，根据发现的先后顺序分别命名为DNA聚合酶Ⅰ、Ⅱ、Ⅲ、Ⅳ和Ⅴ。其中主要的DNA聚合酶为Ⅰ、Ⅱ和Ⅲ。实验证明催化大肠杆菌DNA复制的主要聚合酶为DNA聚合酶Ⅲ，而DNA聚合酶Ⅰ和DNA聚合酶Ⅱ主要在DNA错配的校正和修复中起作用。有关DNA聚合酶Ⅰ、Ⅱ和Ⅲ的活性、功能及特点等归纳如表13-2所示。这三种酶都属于多功能酶，具有多种酶活力，尽管在DNA复制中所起的生物学作用各有不同，但它们具有许多共同催化特点，总结如下：

①以脱氧核苷酸三磷酸（dNTP）为底物催化合成DNA；

②需要DNA模板和引物的存在，因此这类酶又称依赖DNA的DNA聚合酶；

③不能起始新的DNA链合成，需要RNA或DNA作为引物（primer）；

④催化dNTP加到生长中的DNA链的3′-OH末端；

⑤催化DNA合成的方向是5′→3′；

⑥需Mg^{2+}激活。

表13-2　　　　　　　　　　大肠杆菌DNA聚合酶特征

项目	DNA聚合酶Ⅰ	DNA聚合酶Ⅱ	DNA聚合酶Ⅲ
相对分子质量	109ku	120ku	>600ku
每个细胞中的分子数	400	100	10~20
5′→3′外切活性	+	−	−
3′→5′外切活性	+	+	+
功能与作用	DNA修复，切去RNA引物并填补空缺	DNA修复	DNA复制

大肠杆菌中这三种DNA聚合酶在DNA复制和修复过程的不同阶段发挥作用。由于DNA聚合酶Ⅰ是研究得最清楚而且代表了其他DNA聚合酶的基本特点，所以我们着重介绍DNA聚合酶Ⅰ的作用并指出另外两种DNA聚合酶的特殊性。

1. DNA 聚合酶 I

DNA 聚合酶 I 是第一个被鉴定出来的 DNA 聚合酶，但它不是复制大肠杆菌染色体的主要聚合酶。纯化出的 DNA 聚合酶 I 由一条多肽链组成，约含 1000 个氨基酸残基，分子质量为 109ku。每个酶分子中含有一个 Zn^{2+}，在 DNA 聚合反应中起着很重要的作用。每个大肠杆菌细胞中含有约 400 个该酶分子，每个分子每分钟在 37℃ 下能催化 667 个核苷酸掺入正在生长的 DNA 链。经过枯草杆菌蛋白酶处理后，DNA 聚合酶 I 分裂成两个片段，位于 C 端区域的大片段分子质量约为 76ku，通常称为 Klenow 片段，同时具有 DNA 聚合酶活性和 3′→5′核酸外切酶活性（详述见下文），既可合成 DNA 链，又能降解 DNA，保证了 DNA 复制的准确性。位于 N 端区域的小片段的分子质量约为 34ku，具有 5′→3′核酸外切酶活性，可作用于双链 DNA，又可水解 5′末端或距 5′末端几个核苷酸处的磷酸二酯键，因而该酶被认为在切除因紫外线照射而形成的嘧啶二聚体中起重要作用。它也可以除去冈崎片段 5′端 RNA 引物（详述见下文）。总之 DNA 聚合酶 I 的活性特点主要有以下三点。

（1）DNA 聚合酶的 5′→3′聚合活性　这是 DNA 聚合酶最主要的活性，按模板 DNA 上的核苷酸顺序，将互补的 dNTP 逐个加到引物 RNA 3′-OH 末端，并促进 3′-OH 与 dNTP 的 5′-PO_4 形成磷酸二酯键，酶的专一性表现为新进入的 dNTP 必须与模板 DNA 碱基配对时才有催化作用，5′→3′聚合活性存在于 Klenow 片段上（图 13-7）。

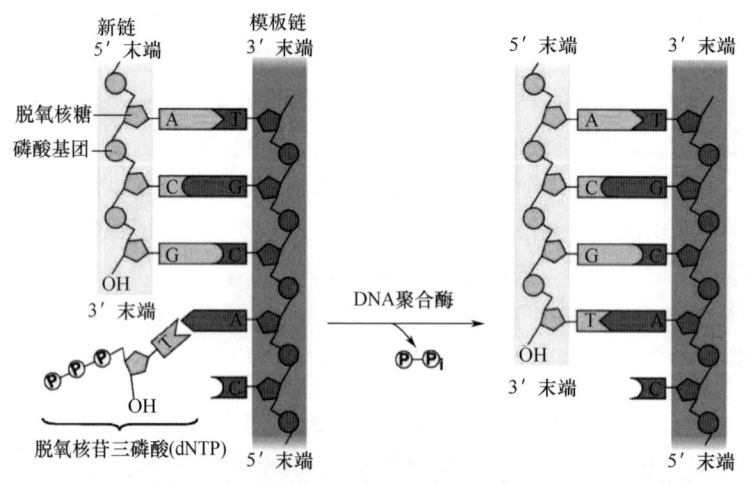

图 13-7　DNA 聚合酶催化的 DNA 链延长

（2）DNA 聚合酶的 3′→5′外切核酸酶活性　这种酶活性的主要功能是从 3′→5′方向识别并切除 DNA 新链末端与模板 DNA 不配对而游离的核苷酸，这种功能称为校对功能，这是保证其聚合作用的正确性所不可缺少的，因此对于 DNA 复制中极高的保真性是至关重要的。此活性也存在于 Klenow 片段上（图 13-8）。

（3）DNA 聚合酶的 5′→3′外切核酸酶活性　这种酶活性是从 DNA 链的 5′末端向 3′末端水解已配对的核苷酸，本质是切断磷酸二酯键，每次能切除 10 个核苷酸。因此这种酶活性在 DNA 损伤的修复中可能起重要作用，对 DNA 复制中冈崎片段去除 5′末端 RNA 引物也是必需的。此活性存在于该酶 N 端区域的小片段上。

2. DNA 聚合酶 Ⅱ

DNA 聚合酶 Ⅱ 分子质量为 120ku，每个细胞内约有 100 个该酶分子，活性只有 DNA 聚合酶

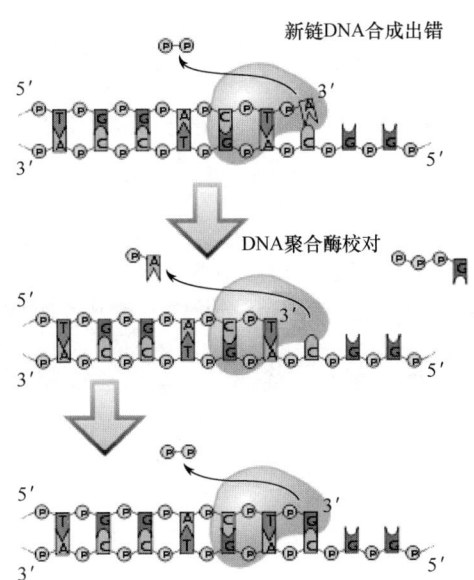

图 13-8 DNA 聚合酶在新链 DNA 合成中的校对功能

Ⅰ的 5%。该酶能催化 DNA 的聚合，但是对模板有特殊的要求，即最适模板是双链 DNA 中有空隙（gap）的单链 DNA 部分，而且该空隙部分不长于 100 个核苷酸。对于较长的单链 DNA 模板区该酶的聚合活性很低。但是用单链结合蛋白（SSBP）可以提高其聚合速率，可达原来的 50~100 倍。另外，该酶也具有 3′→5′外切酶活性，但无 5′→3′外切酶活性。它也不是 DNA 复制的主要聚合酶，可能在 DNA 的损伤修复中起到一定作用。

3. DNA 聚合酶Ⅲ

DNA 聚合酶Ⅲ是在 DNA 复制过程中起主要作用的聚合酶，其分子质量>600ku。整个酶分子形成一个不对称的二聚体（图 13-9），每个大肠杆菌细胞中只有 10~20 个酶分子，但催化 dNTP 掺入 DNA 链的速率却是最快的，约为 9000 核苷酸/每分钟/每个酶分子，分别是 DNA 聚合酶Ⅰ和Ⅱ的 15 倍和 30 倍。DNA 聚合酶Ⅲ也有 3′→5′和 5′→3′外切酶活性，但是 3′→5′外切酶活性的最适底物是单链是 DNA，只产生 5′-单核苷酸，不会产生二核苷酸，即每次只能从 3′-末端开始切除一个核苷酸。5′→3′外切酶活性也要求有单链 DNA 为起始作用底物，但一旦开始后，便可作用于双链区。DNA 聚合酶Ⅲ是大肠杆菌细胞内 DNA 复制所必需的酶，此酶突变株的裂解液不能合成 DNA，但加入外源的 DNA 聚合酶Ⅲ则可以恢复其合成 DNA 的能力。这也证明 DNA 聚合酶Ⅲ是 DNA 复制过程中发挥主要作用的酶。

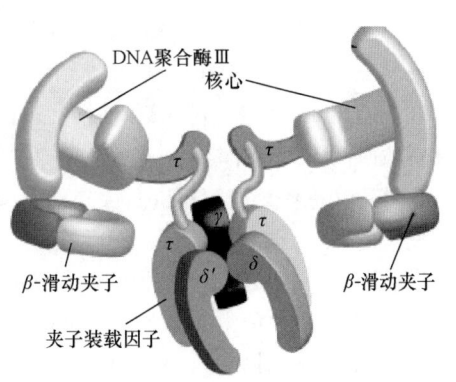

图 13-9 DNA 聚合酶Ⅲ结构模式图

(二) 真核生物的 DNA 聚合酶

已发现真核生物 DNA 聚合酶有 15 种以上。在哺乳动物细胞中主要有 5 种，分别为 DNA 聚合酶 α、β、γ、δ 及 ε。它们的基本特性相似于大肠杆菌 DNA 聚合酶，均以 dNTP 为底物，需 Mg^{2+} 激活，聚合时必须有模板链和具有 3′-OH 末端的引物链，链的延伸方向为 5′→3′。但真核细胞的 DNA 聚合酶一般不具有核酸外切酶活性，推测一定有另外的酶在 DNA 复制中起校对作用。其基本特征见表 13-3。

表 13-3　　　　　　　　　真核生物 DNA 聚合酶

性质	DNA 聚合酶				
	α	β	γ	δ	ε
亚基数	4~5	1	2	2~3	≥1
细胞内定位	细胞核	细胞核	线粒体	细胞核	细胞核
5′→3′聚合活性	+	+	+	+	+
3′→5′外切活性	-	-	+	+	+
5′→3′外切活性	-	-	-	-	-
功能	DNA 合成引发	修复	线粒体 DNA 复制	主要 DNA 复制酶	复制修复

DNA 聚合酶 α 主要负责引物的合成，它以复合体的形式存在，具有引发和延伸链的双重功能。DNA 聚合酶 β 活性水平稳定，可能主要在 DNA 损伤的修复中起作用，属于高忠实性修复酶。DNA 聚合酶 γ 和 δ 是主要负责 DNA 复制的酶，并具有 3′→5′外切酶活性。据认为真核生物 DNA 复制是在 DNA 聚合酶 α 和 DNA 聚合酶 δ 协同作用下进行的，前导链的合成靠 DNA 聚合酶 δ 催化，而随从链的合成靠 DNA 聚合酶 α 配合作用完成。DNA 聚合酶 γ 在线粒体 DNA 的复制中发挥作用。

(三) 复制中的解链和 DNA 分子拓扑学变化

当 Watson 和 Crick 发表 DNA 双螺旋结构时就预言生物细胞要解开 DNA 双链是个关键难题。DNA 分子的碱基埋在双螺旋的内部，只有把 DNA 解成单链，它才能起模板作用。

1. 解旋酶、引物酶和单链 DNA 结合蛋白

复制起始时，需要多种酶和辅助的蛋白质因子，共同解开、理顺 DNA 链，并维持 DNA 分子在一段时间内处于单链状态。

解链酶又称解旋酶 (helicase)，它能通过水解 ATP 获得能量来解开双链 DNA。在大肠杆菌中发现的 DnaB 蛋白就有解链酶活性。

引物酶 (primase) 是一种特殊的依赖 DNA 的 RNA 聚合酶，可催化短片段 RNA 的合成。这种短 RNA 片段一般十几个至数十个核苷酸不等，它们在 DNA 复制起始处作为引物。RNA 引物为 DNA 聚合酶提供了启动 DNA 新链合成所需的 3′-OH 末端。

单链结合蛋白 (single strand binding proteins, SSBP) 与解开的单链 DNA 结合，稳定 DNA 单链状态，使其不会再度螺旋化，并且避免核酸内切酶对单链 DNA 的水解，保证了单链 DNA 作为模板时的伸展状态，SSB 蛋白可以重复利用。

在真核生物中，一种单链 DNA 结合蛋白称为复制蛋白 A (replication protein A, RPA) 结合

到暴露的单链上。

2. DNA 拓扑异构酶（DNA topoisomerase）

DNA 拓扑异构酶简称拓扑酶。拓扑酶可将 DNA 双链中的一条链或两条链切断，松开超螺旋后再将 DNA 链连接起来，从而避免出现链的缠绕。在 DNA 复制时，复制叉行进的前方 DNA 分子会过分缠绕产生正超螺旋，由此形成的压力使解链不能继续进行。而拓扑酶可消除解链造成的正超螺旋的堆积，有利于复制叉的前进及 DNA 的合成。DNA 复制完成后，拓扑酶又可将 DNA 分子引入超螺旋，使 DNA 缠绕、折叠、压缩以形成染色质。

DNA 拓扑异构酶有 I 型和 II 型，它们广泛存在于原核生物及真核生物中。拓扑异构酶 I（Topo I）的主要作用是将环状双链 DNA 的一条链切开一个口，切口处链的末端绕螺旋轴按照松弛超螺旋的方向转动，然后再将切口封起来。这就使 DNA 复制叉移动时所引起的前方 DNA 正超螺旋得到缓解，利于 DNA 复制叉继续向前打开。DNA 复制完成后，靠拓扑酶将 DNA 分子引入超螺旋结构。拓扑异构酶 II（Topo II）是在大肠杆菌中发现的，曾被称为旋转酶（gyrase），作用特点是切开环状双链 DNA 的两条链，分子中的部分经切口穿过而旋转，然后封闭切口，拓扑酶 II 还可使 DNA 分子从超螺旋状态转变为松弛状态，此反应不需要 ATP 参与。DNA 复制完成后，拓扑酶 II 在 ATP 参与下，DNA 分子从松弛状态转变为负超螺旋。

（四）DNA 连接酶

连接酶（ligase）的作用是催化相邻的 DNA 片段以 3′、5′-磷酸二酯键相连接。连接反应中的能量来自 ATP（或 NAD$^+$）。连接酶先与 ATP 作用，以共价键相连生成酶（E）与 AMP 中间体。中间体即与一个 DNA 片段的 5′-磷酸相连接形成 E-AMP-5′-DNA。然后再与另一个 DNA 片段的 3′-OH 末端作用，E 和 AMP 脱下，两个 DNA 片段以 3′、5′-磷酸二酯键相连接。复制中子链分段合成，是不连续的，最后总留有切口，要靠连接酶连接成完整的 DNA 分子。

DNA 连接酶不但在复制中起最后结合切口的作用，在 DNA 修复、重组、剪接中也起缝合切口的作用。

四、DNA 生物合成过程

DNA 复制的全部过程可以人为地分成三个阶段，第一个阶段为 DNA 复制的起始；第二阶段为 DNA 链的延长；第三阶段为 DNA 复制的终止。原核生物基因组相对简单，传代也快，便于研究。目前有关复制的知识来自大肠杆菌的实验居多。真核生物基因组庞大、复杂，其单个复制子的复制过程大致与原核生物相似，只在复制的起始和终止与原核差异较大。下面将按照 DNA 复制所经历的三个阶段介绍原核生物 DNA 复制的主要过程。

（一）原核生物 DNA 复制

1. DNA 复制的起始

起始是复制中较为复杂的环节，主要包括 DNA 解链、引发体形成及引物合成。相关的蛋白及功能见表 13-4。

（1）DNA 解链及复制叉形成　复制不是在基因组上的任何部位开始的。大肠杆菌 DNA 上有一个固定的复制起始点，称为 OriC。解链过程主要由 DnaA、DnaB、DnaC 三种蛋白共同参与。其中 DnaA 蛋白辨认并结合复制起始点 OriC。然后 DnaB 蛋白在 DnaC 蛋白的协同下，结合 DNA 链并沿解链的方向移动，使双链解开足够用于复制的长度，并且逐步置换出 DnaA 蛋白。此时复制叉已初步形成。

表 13-4　　　　　　　　　　　原核生物复制起始的相关蛋白

蛋白质（基因）	通用名	功能
DnaA		辨认复制起始点
DnaB	解旋酶	解开 DNA 双链
DnaC		运送和协助 DnaB
DnaG	引物酶	催化 RNA 引物生成
SSB	单链结合蛋白	稳定已解开的单链
拓扑异构酶		理顺 DNA 链

SSB 此时也参与进来，结合在形成的单链 DNA 上，在一定时间内使具有单链结构的复制叉保持适当的长度，利于核苷酸依据模板参入。

(2) DNA 复制的引发　复制过程需要引物 (primer)，引物是由引物酶催化合成的短链 RNA 分子。在上述解链的基础上，已经形成的 DnaB 蛋白、DnaC 蛋白和起始点相结合的复合体，此时引物酶进入形成含有 DnaB 蛋白、DnaC 蛋白、引物酶和 DNA 起始点区域的复合结构共同形成引发体。

引发体通过 ATP 供应能量在 DNA 链上移动。在适当的位置上，引物酶以 DNA 链为模板，依据碱基配对原则，按照 $5'\rightarrow 3'$ 方向催化 NTP（不是 dNTP）合成一段短的 RNA 引物。引物长度约为十个或数十个核苷酸不等。已合成的引物必然留有 $3'$-OH 末端，此时就可能进入 DNA 的复制延长。在 DNA 聚合酶Ⅲ的催化下，引物末端与 dNTP 生成磷酸二酯键。新链每次反应后也留有 $3'$-OH，复制就可进行下去。

此外，解链是一种高速的反向旋转，其下游势必发生打结现象。此时，由 DNA 拓扑异构酶在将要打结或已打结处作切口，下游的 DNA 穿越切口并作一定程度旋转，把结打开或解松，然后旋转复位连接。因拓扑异构酶改变 DNA 分子的拓扑构象，理顺 DNA 链来配合复制进程，故在复制全过程中都是有作用的。

2. 复制的延长

DNA 复制的延长实际上就是以 DNA 为模板在 DNA 聚合酶作用下，将游离的四种脱氧三核苷酸（dATP、dGTP、dCTP 及 dTTP）聚合成 DNA 的过程。由于 DNA 双螺旋的两条链是反向平行的，因此在复制叉附近解开的 DNA 链一条走向为 $5'\rightarrow 3'$，另一条为 $3'\rightarrow 5'$，但所有 DNA 聚合酶合成方向都是在引物 $3'$-OH 上合成，使链从 $5'\rightarrow 3'$ 延长，这就无法解释 DNA 的两条链如何能够同时进行复制，为了解释这一等速复制的现象，日本学者冈崎（Okazaki）等提出了 DNA 半不连续复制 (semidiscontinuous replication) 模型。原来，复制开始时，双链打开，形成复制叉，在以 $3'\rightarrow 5'$ 方向的母链为模板时，复制合成出一条 $5'\rightarrow 3'$ 方向的前导链 (leading strand)，因前导链的合成方向与复制叉打开方向是一致的，故前导链的合成是连续进行的，而另一条母链 DNA 是 $5'\rightarrow 3'$ 方向，它作为模板时，随着 DNA 双链的打开会复制合成许多条 $5'\rightarrow 3'$ 方向的短链，称为随从链 (lagging strand)，因随从链的合成方向是与复制叉的打开方向相反的，故随从链的合成是不连续进行的。最终这些短链必须在 DNA 连接酶的作用下才能连成一条完整的长链。鉴于这个问题由冈崎及其同事所证实,这些短片段就称为冈崎片段(Okazaki fragments)。原核生物冈崎片段含有 1000~2000 核苷酸,真核生物一般 100 核苷酸。由于前导链的合成是连续进行的,而随从链的合成是不连续进行的,所以从总体上看 DNA 的复制是半不连续复制(图 13-10)。

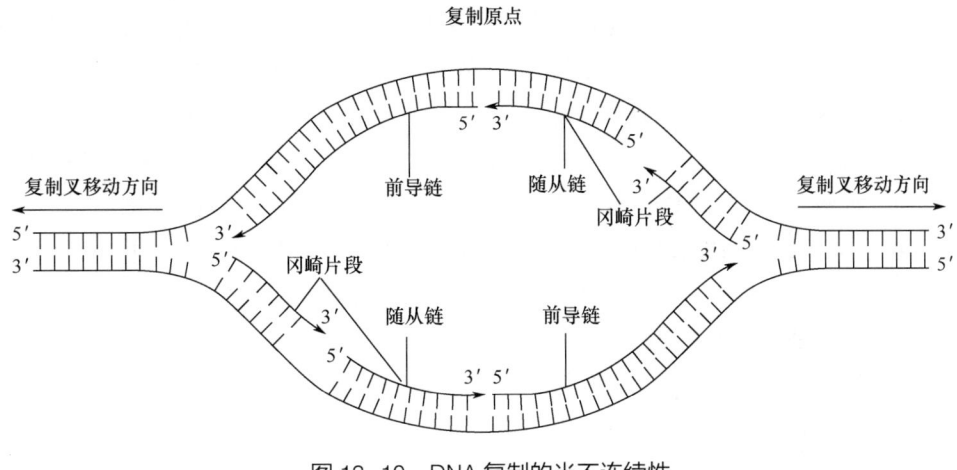

图 13-10　DNA 复制的半不连续性

在大肠杆菌染色体 DNA 进行复制时,DNA 聚合酶Ⅲ全酶并不是单独起作用的,而是与引发体构成一个复制体(replisome)。由于复制体的存在,前导链和随从链可以同时朝相反方向复制。DNA 聚合酶Ⅲ是由十种亚基组成的不对称二聚体,它可能同时负责前导链和随从链的复制,在噬菌体 $\phi\times 174$ 的复制中观察到引发体总是伴随着 DNA 环(loop)的存在。图 13-11 可以看到,由于随从链的模板 DNA 在 DNA 聚合酶Ⅲ全酶上绕转了 180°而形成一个环,因此冈崎片段的合成方向能够与前导链的合成方向以及复制体移动方向保持一致。

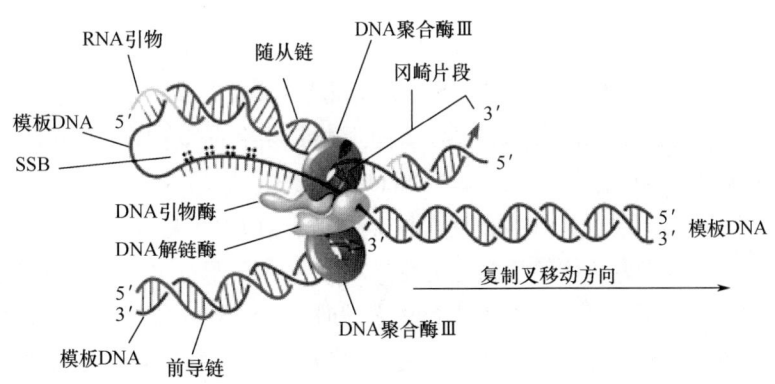

图 13-11　DNA 聚合酶Ⅲ催化前导链和随从链的合成

随着 DNA 聚合酶Ⅲ向前移动,前导链的合成逐渐延长的同时,冈崎片段也在不断延长,这一环也在不断扩大。当冈崎片段合成到前一个片段的 5′末端时,这一大环就释放出来,由于复制叉向前移动又可将另一部分随从链的模板置换出来,由引发体合成新的引物,然后再形成一个小的环，进行新的冈崎片段的合成。由此模型不难看出随从链的合成需要周期性的引发，因此其合成进度总是与前导链相差一个冈崎片段的长度。冈崎片段完成后，其 5′末端的 RNA 引物由 RNA 酶切除，由此造成的空隙再由 DNA 聚合酶 Ⅰ 的 5′→3′聚合活性催化 dNTP 聚合得到填补。填补完成后，会留下相邻两个冈崎片段的 3′-OH 和 5′-P 的切口。切口由连接酶连接。按照这种方式，所有的冈崎片段在环状 DNA 模板上连接完成完整的 DNA 子链。前导链也有引物水解后的空隙，然而在环状前导链 DNA 最后复制的 3′-OH 末端可以在 DNA 聚合酶Ⅲ的催化下继续延长，即可填补该空隙，切口也由连接酶连接，实现前导链的首尾相接。最终完成基因组 DNA 的复制过程。

3. 复制的终止

已有研究证明大肠杆菌染色体 DNA 具有复制终止位点，此处可以结合一种特异的蛋白质分子称为 Tus，这个蛋白质可能是通过阻止解链酶的解链活性而终止复制的。详细的机制还不完全清楚。DNA 复制完成后，拓扑酶则在 DNA 分子中引入超螺旋结构。

（二） 真核生物 DNA 复制的特点

真核生物基因组庞大、复杂，其单个复制子的复制过程大致与原核生物相似，该部分主要介绍真核和原核生物 DNA 生物合成的差异。

（1）与原核生物不同，真核生物 DNA 复制有许多起始点，例如酵母 *Sacharomyces. cerevisiae* 的 17 号染色体约有 400 个起始点，因此，虽然真核生物 DNA 复制的速度（60 核苷酸/s）比原核生物 DNA 复制的速度（大肠杆菌 1700 核苷酸/s）慢得多，但复制完全部基因组 DNA 也只要几分钟的时间。

（2）SV40 病毒 DNA 主要依靠宿主细胞中的 DNA 复制体系进行 DNA 的复制，这是了解真核生物 DNA 复制的体外模型。在真核生物 DNA 复制叉处，需要两种不同的酶，分别为 DNA 聚合酶 α（pol α）和 DNA 聚合酶 δ（pol δ）。聚合酶 α 和引物酶紧密结合，在 DNA 模板上先合成 RNA 引物，再由聚合酶 α 延长 DNA 链，这种活性还要复制因子 C 参与。同时结合在引物模板上的 PCNA（增殖细胞核抗原，proliferating cell nuclear antigen）此时释放了聚合酶 α，然后由聚合酶 δ 结合到生长链 3′末端，并与 PCNA 结合，继续合成前导链。而随从链的合成靠聚合酶 α 紧密与引物酶结合并在复制因子 C 帮助下，合成冈崎片段。

（3）真核生物端粒（telomere）的复制。端粒是指真核生物染色体线性 DNA 分子末端的结构部分，通常膨大成粒状，它是由许多富含鸟嘌呤脱氧核苷酸的特殊重复序列 DNA 及相关蛋白质组成的复合体。人的端粒包含数百个六核苷酸（TTAGGG）重复序列，位于染色体 DNA 的 3′末端。端粒参与维持染色体结构的稳定性，避免 DNA 分子重组，并且与衰老有关。线性 DNA 在复制完成后，当复制叉到达线性染色体末端时，前导链可以连续合成到头，而由于随从链是以一种不连续的形式合成冈崎片段，一旦子代 DNA 5′末端的 RNA 引物被去除后，就会留下短的空缺，无法填补。如果这个问题不解决，真核生物在细胞分裂时 DNA 复制将产生 5′末端丢失，使 DNA 缩短。为了避免这种情况发生，真核生物体内都存在一种特殊的反转录酶称为端粒酶（telomerase），它由蛋白质和 RNA 两部分组成，在端粒酶的催化下，它可以自身携带的 RNA 为模板，通过逆转录过程对末端 DNA 链进行延长，继续合成随从链（图 13-12）。由此可见端粒酶在保证染色体复制的完整性上有重要意义。

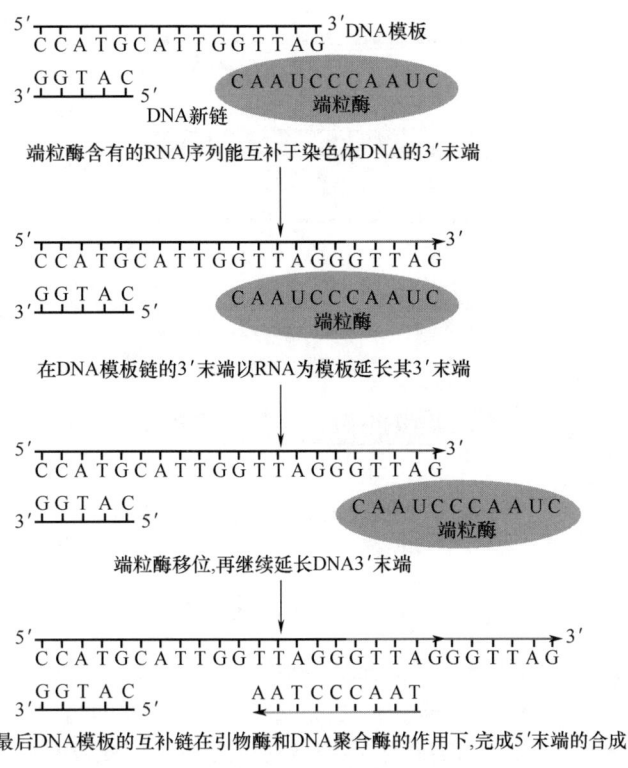

图 13-12 真核生物端粒酶催化端粒的合成

第二节 反转录作用

1970 年 Temin 等在致癌 RNA 病毒中发现了一种特殊的 DNA 聚合酶，该酶以 RNA 为模板，根据碱基配对原则，按照 RNA 的核苷酸顺序（其中 U 与 A 配对）合成 DNA。这一过程与一般遗传信息流转录的方向相反，故称为反转录（reverse transcription，RT），催化此过程的 DNA 聚合酶称为反转录酶（reverse transcriptase），全称是依赖 RNA 的 DNA 聚合酶（RNA dependent DNA polymerase，RDDP）。反转录酶存在于一些 RNA 病毒中，可能与病毒的恶性转化有关。人类免疫缺陷病毒（HIV）也是一种 RNA 病毒，含有反转录酶。在小鼠及人的正常细胞和胚胎细胞中也有反转录酶，推测可能与细胞分化和胚胎发育有关。

一、反转录过程

反转录过程由反转录酶催化，即以 dNTP 为底物，以 RNA 为模板，在引物 RNA 3′-OH 末端上，按 5′→3′方向，合成一条与 RNA 模板互补的 DNA 单链，这条 DNA 单链称为互补 DNA（complementary DNA，cDNA）。随后又在反转录酶的作用下，水解掉模板 RNA 链，再以 cDNA 为模板合成第二条 DNA 互补链（图 13-13）。

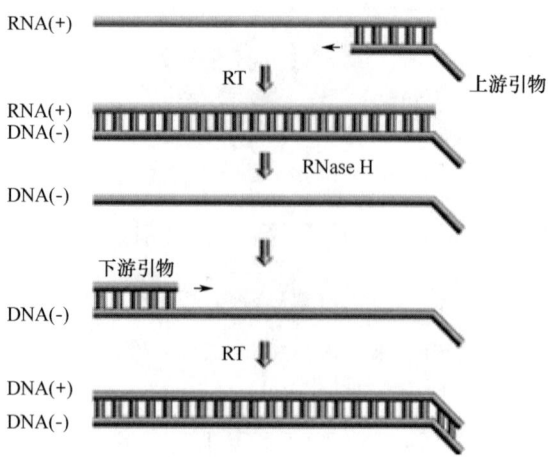

图 13-13 反转录酶催化的反转录作用

二、反转录酶特点

大多数反转录酶都具有多种酶活性，主要包括以下几种活性。

①DNA 聚合酶活性以 RNA 为模板，催化 dNTP 聚合成 DNA 的过程。此酶需要引物 RNA，以 5′→3′方向合成 DNA。反转录酶不具有 3′→5′外切酶活性，因此没有校正功能，所以由反转录酶催化合成的 DNA 出错率比较高。

②RNase H（H=Hybrid）水解活性：由反转录酶催化合成的 cDNA 与模板 RNA 形成的 DNA-RNA 杂交分子，将由 RNase H 从 RNA 5′末端水解掉 RNA 分子。

③DNA 指导的 DNA 聚合酶活性：以反转录合成的第一条 DNA 单链为模板，以 dNTP 为底物，再合成第二条 DNA 分子。除此之外，有些反转录酶还有 DNA 内切酶活性，这可能与病毒基因整合到宿主细胞染色体 DNA 中有关。

三、反转录的意义

反转录酶和反转录现象是分子生物学研究中的重大发现。中心法则认为：DNA 的功能兼有遗传信息的传代和表达，因此 DNA 处于生命活动的中心位置。反转录现象说明：至少在某些生物，RNA 同样兼有遗传信息的传代和表达功能。这是对传统中心法则的挑战。20 世纪 80 年代末又发现某些 RNA 具有催化功能，称为核酶（ribozyme）。过去所知有生物催化作用的酶，其化学本质是蛋白质。核酶的发现使科学界对 RNA 在生命活动中的重要性添加更深刻的认识。有人认为，RNA 在进化过程是比 DNA 更早出现的生物大分子。

反转录酶的发现对于基因工程技术也起了很大的推动作用，目前它已成为一种重要的工具酶。用组织细胞提取 mRNA 并以它为模板，在反转录酶的作用下，合成出互补的 DNA（cDNA），由此可构建出 cDNA 文库（cDNA library），从中筛选特异的目的基因，并成为基因工程技术中最常用的获得目的基因的方法。

第三节 DNA 的损伤（突变）与修复

DNA 存储着生物体赖以生存和繁衍的遗传信息，因此维护 DNA 分子的完整性对细胞至关重要。如果 DNA 的损伤或遗传信息的改变在下一轮复制之前不能被修复，那就会使碱基发生改变而导致 DNA 序列的永久性变化。对体细胞就可能影响其功能或生存，对生殖细胞则可能影响到后代。所以在进化过程中生物细胞所获得的修复 DNA 损伤的能力就显得十分重要，也是生物能保持遗传稳定性的原因。在细胞中能进行修复的生物大分子只有 DNA，反映了 DNA 对生命的重要性。在生物进化中突变又是与遗传相对立而普遍存在的现象，正因为如此生物才会有变异、有进化。

一、DNA 的突变

（一）DNA 突变的原因

由自发的或环境的因素引起 DNA 一级结构的任何异常的改变都称为 DNA 的突变。常见的 DNA 突变包括碱基脱落、碱基修饰、交联，链的断裂，重组等。引起 DNA 突变的因素主要有：

1. 自发因素

（1）DNA 复制中的错配　以 DNA 为模板按碱基配对进行 DNA 复制是严格而精确的，但也不是完全不发生错误的。碱基配对的错误频率为 $10^{-1} \sim 10^{-2}$，在 DNA 聚合酶的作用下碱基错误配对频率降到 $10^{-5} \sim 10^{-6}$，复制过程中如有错误的核苷酸掺入，DNA 聚合酶还会暂停催化作用，以其 3′-5′外切核酸酶的活性切除错误掺入的核苷酸，然后再继续正确的复制，这种校正作用广泛存在于原核和真核的 DNA 聚合酶中，可以说是对 DNA 复制错误的修复形式，从而保证了复制的准确性。但校正后的错配率仍在 10^{-10} 左右，即每复制 10^{10} 个核苷酸大概会有一个碱基的错误。

（2）DNA 的自发性化学变化　生物体内 DNA 分子可以由于各种原因发生变化，包括以下类型：

①碱基的异构互变：DNA 中的 4 种碱基各自的异构体间都可以自发地相互变化（例如烯醇式与酮式碱基间的互变），这种变化会使碱基配对间的氢键改变，可使腺嘌呤能配对胞嘧啶、胸腺嘧啶能配对鸟嘌呤等，如果这些配对发生在 DNA 复制时，就会造成子代 DNA 序列与亲代 DNA 不同的错误性损伤，如图 13-14 所示，（1）中腺嘌呤的稀有互变异构体与胞嘧啶，（2）中胸腺嘧啶的稀有互变异构体与鸟嘌呤，形成氢键，导致下一世代中 G-C 配对取代 A-T 配对。

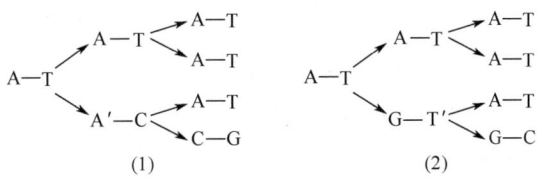

图 13-14　碱基的异构互变

②碱基的脱氨基作用：碱基的环外氨基有时会自发脱落，从而胞嘧啶会变成尿嘧啶、腺嘌呤会变成次黄嘌呤（I）、鸟嘌呤会变成黄嘌呤（X）等，遇到复制时，U 与 A 配对、I 和 X 都与 C 配对，最终导致子代 DNA 序列的错误变化。胞嘧啶自发脱氨基的频率约为每个细胞每天 190 个。

③脱嘌呤与脱嘧啶：自发的水解可使嘌呤和嘧啶从 DNA 链的核糖磷酸骨架上脱落下来。一个哺乳类细胞在 37℃ 条件下，20h 内 DNA 链上自发脱落的嘌呤约 1000 个、嘧啶约 500 个；据估计在人体的细胞内每天每 10^9bp 中有多达 10^3 次的脱嘌呤作用。

④碱基修饰与链断裂：细胞呼吸的副产物 O_2、H_2O_2 等会造成 DNA 损伤，能产生胸腺嘧啶乙二醇、羟甲基尿嘧啶等碱基修饰物，还可能引起 DNA 单链断裂等损伤，每个哺乳类细胞每天 DNA 单链断裂发生的频率约为 5 万次。此外，体内还可以发生 DNA 的甲基化、结构的其他变化等，这些损伤的积累可能导致老化。

由此可见，如果细胞不具备高效率的修复系统，生物的突变率将大大提高。

2. 物理因素引起的 DNA 损伤

（1）紫外线引起的 DNA 损伤　DNA 分子损伤最早就是从研究紫外线的效应开始的。当 DNA 受到最易被其吸收波长（约 260nm）的紫外线照射时，主要是使同一条 DNA 链上相邻的嘧啶以共价键连成二聚体，相邻的 TT 或 CC 或 CT 间都可以形成环丁基环（cyclobutane ring）连成二聚体，其中最容易形成的是 TT 二聚体，如图 13-15 所示。

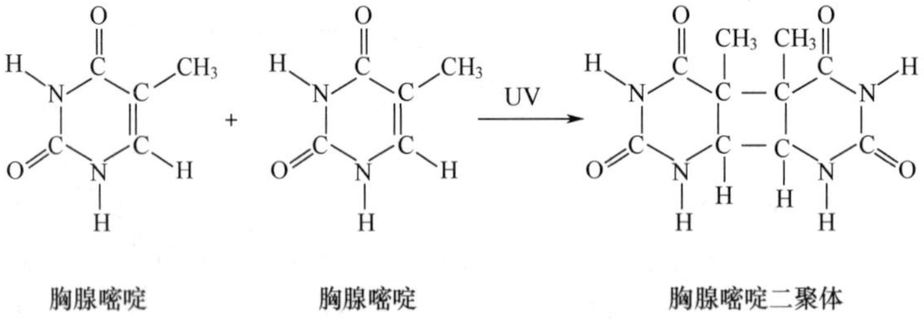

图 13-15　胸腺嘧啶二聚体的形成

（2）电离辐射引起的 DNA 损伤　电离辐射损伤 DNA 有直接和间接的效应，直接效应是 DNA 直接吸收射线能量而遭损伤，间接效应是指 DNA 周围其他分子（主要是水分子）吸收射线能量产生具有很高反应活性的自由基进而损伤 DNA。电离辐射可导致 DNA 分子的多种变化：

①碱基变化：主要是由水在电离时所形成的自由基引起，包括 DNA 链上的碱基氧化修饰、过氧化物的形成、碱基环的破坏和脱落等。一般嘧啶比嘌呤更敏感。

②脱氧核糖变化：脱氧核糖上的每个碳原子和羟基上的氢都能与—OH 反应，导致脱氧核糖分解，最后会引起 DNA 链断裂。

③DNA 链断裂：这是电离辐射引起的严重损伤事件，断链数随照射剂量而增加。射线的直接和间接作用都可能使脱氧核糖破坏或磷酸二酯键断开而致 DNA 链断裂。DNA 双链中一条链断裂称为单链断裂（single strand broken），DNA 双链在同一处或相近处断裂称为双链断裂（double strand broken）。虽然单链断裂发生频率为双链断裂的 10~20 倍，但还比较容易修复；对单倍体细胞来说（如细菌）一次双链断裂就是致死事件。

④交联：包括 DNA 链交联和 DNA-蛋白质交联。同一条 DNA 链上或两条 DNA 链上的碱基

间可以共价键结合，DNA与蛋白质之间也会以共价键相连，组蛋白、染色质中的非组蛋白、调控蛋白、与复制和转录有关的酶都会与DNA共价键连接。这些交联是细胞受电离辐射后在显微镜下看到的染色体畸变的分子基础，会影响细胞的功能和DNA复制。

3. 化学因素引起的DNA损伤

化学因素对DNA损伤的认识最早来自对化学武器杀伤力的研究，以后对癌症化疗、化学致癌作用的研究使人们更重视突变剂或致癌剂对DNA的作用。

（1）烷化剂对DNA的损伤　烷化剂是一类亲电子的化合物，很容易与生物体中大分子的亲核位点起反应。烷化剂可提供甲基或其他烷基，引起DNA分子中碱基或磷酸基的烷基化，甚至可引起邻近碱基的交联。烷化剂的作用可使DNA发生各种类型的损伤：

①碱基烷基化：烷化剂很容易将烷基加到DNA链中嘌呤或嘧啶的N或O上，其中鸟嘌呤的N^7和腺嘌呤的N^3最容易受攻击，烷基化的嘌呤碱基配对会发生变化，例如鸟嘌呤N^7被烷化后就不再与胞嘧啶配对，而改与胸腺嘧啶配对，结果会使G-C转变成A-T。

②碱基脱落：烷化鸟嘌呤的糖苷键不稳定，容易脱落形成DNA上无碱基的位点，复制时可以插入任何核苷酸，造成序列的改变。

③断链：DNA链的磷酸二酯键上的氧也容易被烷化，结果形成不稳定的磷酸三酯键，易在糖与磷酸间发生水解，使DNA链断裂。

④交联烷化剂有两类：一类是单功能基烷化剂，如甲基甲烷碘酸，只能使一个位点烷基化；另一类是双功能基烷化剂，化学武器如氮芥、硫芥等，一些抗癌药物如环磷酰胺、苯丁酸氮芥、丝裂霉素等，某些致癌物如二乙基亚硝胺等均属此类，其两个功能基可同时使两处烷基化，结果就能造成DNA链内、DNA链间，以及DNA与蛋白质间的交联（图13-16）。

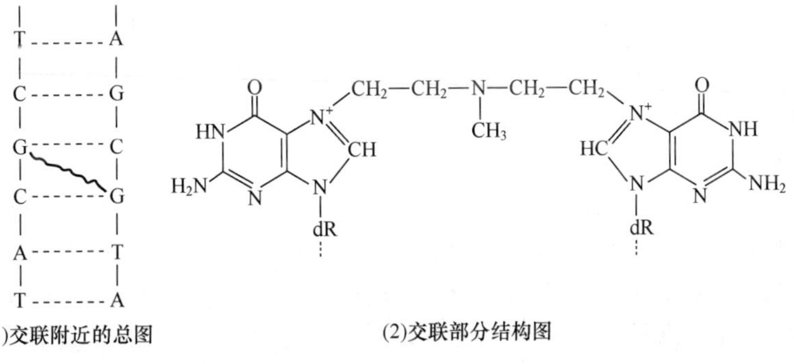

(1) 交联附近的总图　　(2) 交联部分结构图

图13-16　氮芥引起DNA分子两条链在鸟嘌呤上的交联

（2）碱基类似物、修饰剂对DNA的损伤　人工可以合成一些碱基类似物用作促突变剂或抗癌药物，如5-溴尿嘧啶（5-BU）、5-氟尿嘧啶（5-FU）、2-氨基腺嘌呤（2-AP）等。由于其结构与正常的碱基相似，进入细胞能替代正常的碱基掺入到DNA链中而干扰DNA复制合成，例如5-BU结构与胸腺嘧啶十分相近，在酮式结构时与A配对，却又更容易成为烯醇式结构与G配对，在DNA复制时导致A-T转换为G-C。

还有一些人工合成或环境中存在的化学物质能专一修饰DNA链上的碱基或通过影响DNA复制而改变碱基序列，例如亚硝酸盐能使C脱氨变成U，经过复制就可使DNA上的C-G配对变成U-A配对；羟胺能使T变成C，结果是T-A改成C-G配对；黄曲霉素B也能专一攻击

DNA 上的碱基导致序列的变化，这些都是诱发突变的化学物质或致癌剂。

（二） DNA 损伤的后果

上述损伤会最终导致 DNA 分子结构的变化，这种 DNA 分子水平上的突变是整体遗传突变的基础。

(1) DNA 突变的类型归纳　DNA 损伤后分子最终的改变，有以下几种类型。

①点突变（point mutation）：是指 DNA 上单一碱基的变异。嘌呤替代嘌呤（A 与 G 之间的相互替代）、嘧啶替代嘧啶（C 与 T 之间的替代）称为转换（transition）；嘌呤变嘧啶或嘧啶变嘌呤则称为颠换（transvertion）。如果点突变发生在基因的编码区，可导致氨基酸的改变。

②缺失（deletion）和插入（insertion）：缺失是指 DNA 链上一个或一段核苷酸的消失。而插入是指一个或一段核苷酸插入到 DNA 链中。在基因的编码区中如缺失及插入的核苷酸数不是 3 的整倍数，则发生移码突变（frame shift mutaion），使插入或缺失位点后所译读的氨基酸序列发生改变，其后果是翻译出来的蛋白可能完全不同。

③倒位或易位（transposition）：是指 DNA 链重组使其中一段核苷酸链方向倒置，或从一处迁移到另一处。

④双链断裂：已如前述，对单倍体细胞一个双链断裂就是致死性事件。

(2) DNA 突变的后果　突变对生物可能是致死的，或使生物丧失某些功能，当然也可能仅改变生物体的基因型而不改变其表型，或对生物产生有利于物种生存的结果，促进生物进化。

二、DNA 修复

DNA 修复（DNA repairing）是细胞对 DNA 受损伤后的一种反应，这种反应可能使 DNA 结构恢复原样，能重新执行它原来的功能；但有时并非能完全消除 DNA 的损伤，只是使细胞能够耐受这种 DNA 的损伤而能继续生存。对不同的 DNA 损伤，细胞可以有不同的修复反应。主要包括光修复（light reparing）、切除修复（excision reparing）、重组修复（recombination reparing）和 SOS 修复等。

（一） 光修复

光修复是最早发现的 DNA 修复方式。修复由细菌中的 DNA 光修复酶（photolyase）完成，此酶能特异性识别紫外线造成的核酸链上相邻嘧啶共价结合的二聚体，并与其结合，这步反应不需要光；结合后在可见光 300~600nm 照射下将二聚体分解为两个正常的嘧啶单体，然后酶从 DNA 链上释放，DNA 恢复正常结构（图 13-17）。后来发现类似的修复酶广泛存在于动植物中，人体细胞中也有发现。这种修复功能虽然普遍存在，但主要是低等生物的一种修复方式，随着生物的进化，它所起的作用也随之削弱。

（二） 切除修复

切除修复是修复 DNA 损伤最为普遍的方式，对多种 DNA 损伤包括碱基脱落形成的无碱基位点、嘧啶二聚体、碱基烷基化、单链断裂等都能起修复作用。这种修复方式普遍存在于各种生物细胞中，也是人体细胞主要的 DNA 修复机制。这种修复机制可适用于多种 DNA 损伤的修复。

切除修复过程包括去除损伤的 DNA、填补空隙和连接。后两步和复制去除 DNA 引物的填补和连接相似。损伤部位的去除，原核生物和真核生物需要不同的酶系统。图 13-18 分别是大肠杆菌（左）和人类细胞（右）中的修复过程。损伤发生后，首先由 DNA 切割酶（excinuclease）在已损伤的核苷酸 5′和 3′位分别切开磷酸糖苷键，产生一个由 12~13 个核苷酸（原核生

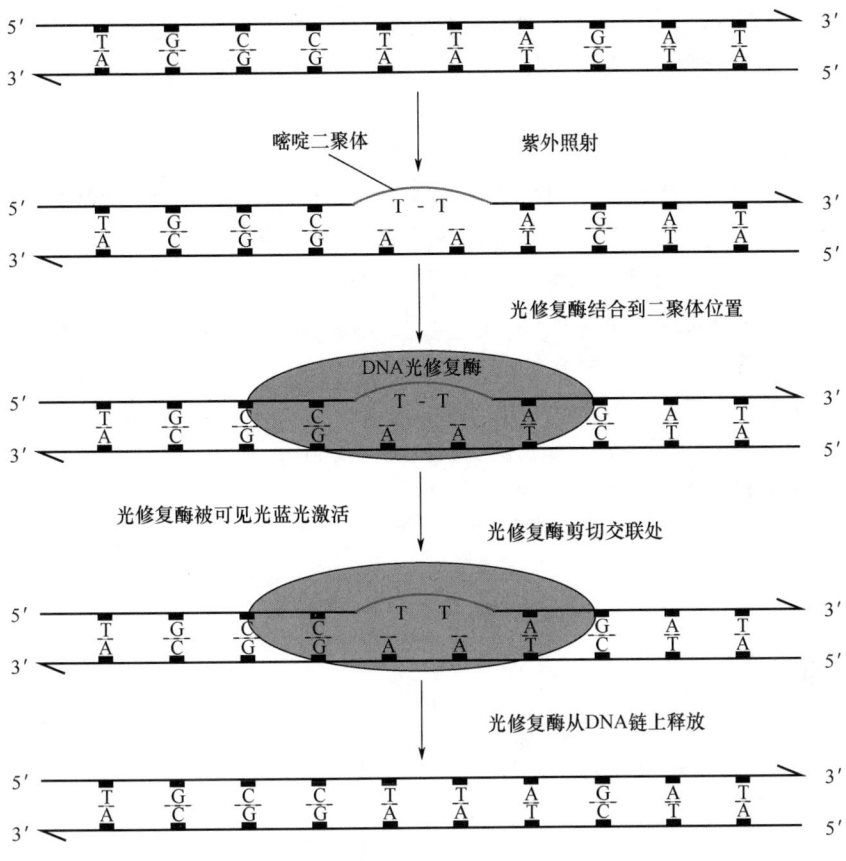

图 13-17　DNA 光修复过程

图 13-18　DNA 切除修复

物)或 27~29 个核苷酸(人类或其他高等真核生物)组成的小片段,移去小片段后由 DNA 聚合酶Ⅰ(原核)或聚合酶 ε(真核)合成新的片段,并由 DNA 连接酶完成修复中的最后一道工序。

(三) 重组修复

重组修复又称"复制后修复",它发生在复制之后。机体细胞对在复制起始时尚未修复的 DNA 损伤部位可以先复制再修复,即先跳过该损伤部位,在新合成链中留下一个对应于损伤序列的缺口。该缺口由 DNA 重组来修复:先从同源 DNA 母链上将相应核苷酸序列片段移至子链缺口处,然后再用新合成的序列补上母链空缺(图 13-19)。大肠杆菌的 rec 基因编码主要的重组修复系统。它的一个主要作用是重新启动停滞的复制叉。

重组修复不能完全去除损伤,损伤的 DNA 段落有可能仍然保留在亲代 DNA 链上,只是重组修复后合成的 DNA 分子是不带有损伤的,但经多次复制后,损伤就被"冲淡"了,在子代细胞中只有一个细胞是带有损伤 DNA 的。

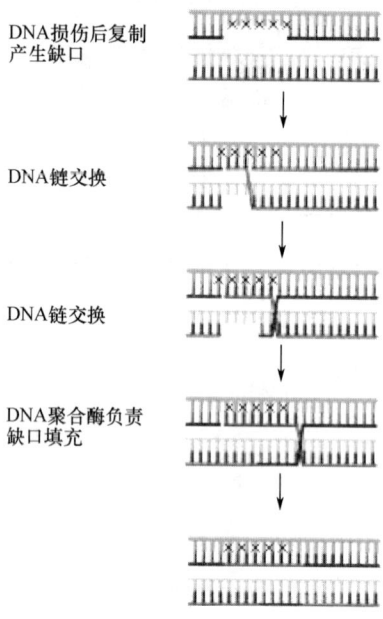

图 13-19 大肠杆菌 DNA 重组修复

(四) SOS 修复

SOS 修复是一种在 DNA 分子受到较大范围损伤并且使复制系统受到抑制时出现的应急修复机制。修复结果只是能维持基因组的完整性,提高细胞的生成率,但留下的错误较多,故又称错误倾向修复(error prone repair)。

如图 13-20 所示,当 DNA 两条链的损伤邻近时,损伤不能被切除修复或重组修复,这时在核酸内切酶、外切酶的作用下造成损伤处的 DNA 链空缺,再由损伤诱导产生的一整套特殊 DNA 聚合酶——SOS 修复酶类,催化空缺部位 DNA 的合成,这时补上去的核苷酸几乎是随机的,但仍然保持了 DNA 双链的完整性,使细胞得以生存。但这种修复带给细胞很高的突变率。

总之,生物在进化过程中获得的 DNA 修复功能,对生物的生存和维持遗传的稳定性是至

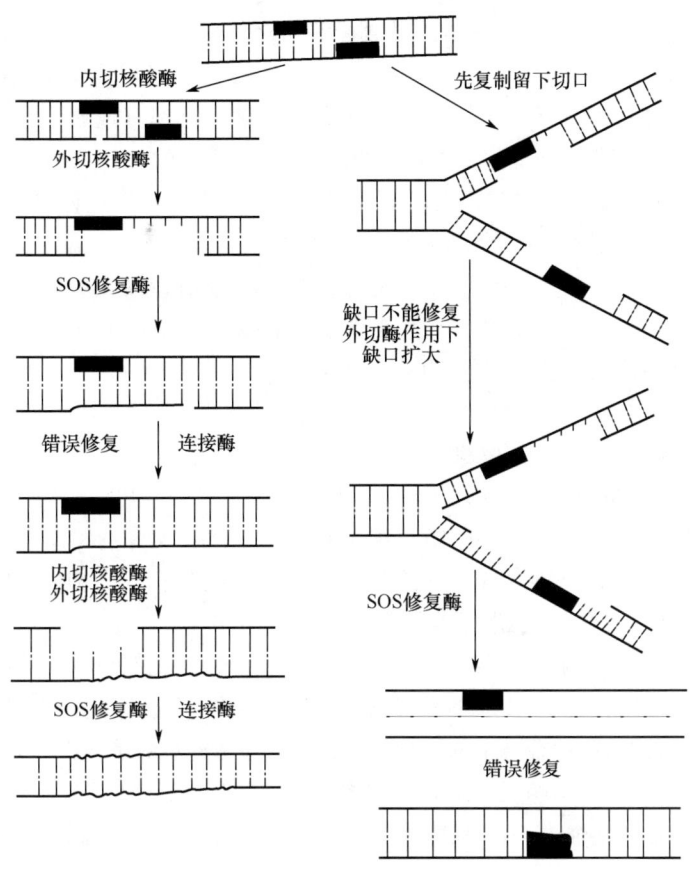

图 13-20 SOS 修复

关重要的。对有些 DNA 的损伤，细胞能采用光修复等方式将其完全修复到原样；对 DNA 较严重的损伤，细胞可采取重组修复、SOS 修复等方式进行反应，以期提高细胞的存活率，但不能完全消除 DNA 的损伤，会带给细胞较高的突变率。

【延伸阅读】
1. 生化与健康——端粒激活与青春再现

近年来，有许多研究表明端粒缩短是衰老的主要原因。人类有一种早衰性遗传疾病称为先天性角化不良症（dyskeratosis congenita），这种疾病患者编码角化不良蛋白（dyskerin）的基因有缺陷，致使体内的端粒酶 RNA 的量比正常人低 5 倍，而使得患者体内所有细胞的端粒酶活性先天不足而引发早衰。而正常人体细胞内的端粒酶活性很低，这使得我们每一个人都会经历一个正常的衰老过程。有人通过某种方法激活端粒酶活性（telomerase activation，TA），则发现有助于延年益寿和抗衰老，而不会增加癌变或其他副作用的机会。例如，哈佛医学院的 Ronald A. DePinho 等人，在 2010 年 10 月 *Nature* 上发表的一篇论文就报道，他们从中草药黄芪中提炼的一种名为"TA-65"的有效成分，可以激活"端粒酶"。当"TA-65"被注射到老的小鼠体内后发现，小鼠的染色体端粒不仅延长了，衰老的脑细胞、免疫系统、脾细胞和生殖器官也恢复了活力，甚至连骨密度都提高了，近似于让年龄相当于 80 岁人的小鼠变得像幼鼠。再如，西班牙国立癌症研究中心的 Maria Blasco 等，在 2011 年 4 月份的 *Aging Cell* 上的论文也报道，TA-65 能延长特别短的端粒，并在不同的器官中都有"复活"的功效，对改善健康跨度（health span）很有效。当他们在雌鼠的食物中添加 TA-65 后，发现了食用 TA-65 的雌鼠在许多健康跨度指标（葡萄糖耐受、骨质疏松和皮肤弹性等）上都有改善。另一份来自美国加利福尼亚州立大学的研究报告显示，人类老化的速率与平时的生活方式和遗传基因有着很大关系，那些有着稍短染色体端粒的人患心脏病的风险是带有长染色体端粒人群的 3 倍。而"TA-65"的存在将会让人类的每个细胞都活跃起来。

若是人类注射了这种"TA-65"，是否有相同的效果还有待观察，尽管现在市场上已有这种产品销售。如果它能在人体内，就像在试验动物身上一样，有相同的效果的话，那么"TA-65"为人类带来的不仅是美丽，更是健康……

2. 身边的生物化学——UV 与健康

大家都知道，阳光中的 UV 对于人的健康来说是一把"双刃剑"：好的一面是它可以促进皮下的胆固醇转变为维生素 D，有利于防止维生素 D 的缺乏；不好的一面就是它对 DNA 造成的损伤。DNA 分子上相邻的嘧啶碱基，尤其是 TT，在 UV 照射下形成嘧啶二聚体或 6，4-光产物。尽管正常的人体内有核苷酸切除修复系统，可以及时将嘧啶二聚体和 6，4-光产物这样的损伤修复，但如果长时间受阳光的照射，UV 引发的 DNA 损伤会超过机体的修复能力，从而导致突变的发生，进而还可以诱发皮肤癌。根据美国西雅图华盛顿大学的一个研究小组 2011 年 4 月发表在美国科学院皮肤科学杂志上的一项研究报告，经常开车的美国人身体左侧得皮肤癌的机会比右侧高，而在行车方向相反的国家（如澳大利亚和英国），却是身体右侧得皮肤癌的机会大。这样的结果是不奇怪的，因为身体的一侧接受了更多的 UV 辐射，所以更容易得皮肤癌。

第十四章

RNA 的生物合成

基因为细胞中的每一个生命活动进行编码，其生物功能是以蛋白质的形式表达出来的。所以说，DNA 序列是遗传信息的贮存者，它通过自主复制得到永存，并通过转录生成信使 RNA，翻译生成蛋白质的过程来控制生命现象。

贮藏在任何基因中的生物信息都必须首先被转录生成 RNA，才能得到表达。DNA 和 RNA 虽然很相似，只有 T 或 U 及核糖的第二位碳原子上有所不同，但它们的生物学活性却很不同。除了少数 RNA 病毒，所有的 RNA 分子都来自 DNA。储存于 DNA 双链中的遗传信息通过一个被称为转录的酶促反应按照碱基互补配对的原则被转化成为单链 RNA 分子。生物体内共有三种主要的 RNA，即信使 RNA（mRNA）、转运 RNA（tRNA）及核糖体 RNA（rRNA）。它们各自行使不同的功能，共同完成蛋白质的翻译。

总之，转录是生物界 RNA 合成的主要方式，是遗传信息由 DNA 向 RNA 传递的过程，也是基因表达的开始。转录所需的酶称为依赖 DNA 的 RNA 聚合酶（DNA - dependent RNA polymerase，DDRP）。转录产生初级转录物为 RNA 前体，它们必须经过加工过程变为成熟的 RNA，才能表现其生物活性（图 14-1）。

本章主要涉及 RNA 生物合成的两个方面：RNA 转录和 RNA 转录后加工。

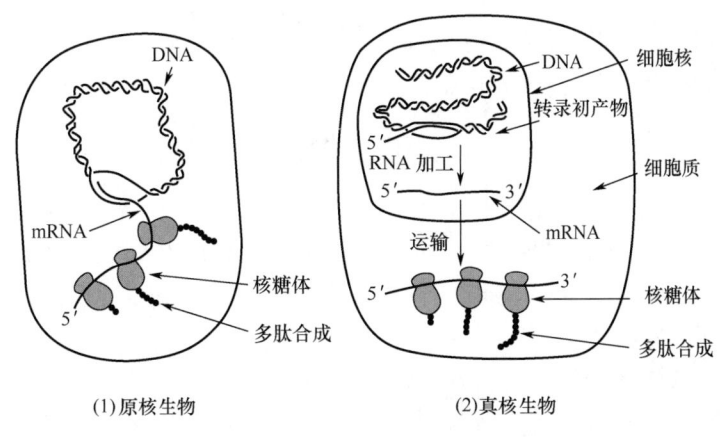

图 14-1　原核生物和真核生物基因表达

第一节 RNA 转录

RNA 的转录合成从化学角度来讲类似于 DNA 的复制，都是酶促的核苷酸聚合过程；都是以 DNA 为模板；都需要聚合酶；聚合过程都是核苷酸之间生成磷酸二酯键；都是从 5′→3′方向延伸聚核苷酸链；都遵从碱基配对规律。但是，由于复制和转录的目的不同，转录又具有其特点（图 14-2）。

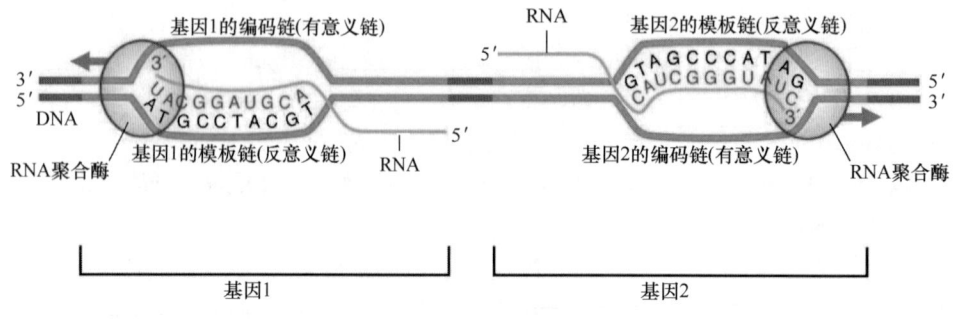

图 14-2　RNA 转录特点

①转录独立性：对于一个基因组来说，转录只发生在一部分基因上，而不是整个的基因组。而且每个基因的转录都受到相对独立的控制；

②转录是不对称的：它有两方面含义，其一是在 DNA 分子双链上，一股链用作模板指导转录，另一股链不转录；其二是对于不同的基因来说模板链并非总是在同一单链上。我们把与 mRNA 序列相同的那条 DNA 链称为编码链（coding strand）或称为有意义链（sense strand），并把另一条根据碱基互补原则指导 mRNA 合成的 DNA 链称为模板链（template strand），或称为反意义链（antisense strand）。

③转录的连续性：RNA 转录合成时不需要引物，在 RNA 聚合酶的催化下，连续合成一条完整的 RNA 链。

④有特定的起始和终止位点：RNA 转录合成时，只能以 DNA 分子中的某一段作为模板，故存在特定的起始位点和特定的终止位点。

一、RNA 聚合酶

RNA 聚合酶全称依赖 DNA 的 RNA 聚合酶（DNA-dependent RNA polymerase，DDRP），简称 RNA pol。真核和原核细胞内都存在有 DDRP，迄今发现的 DDRP 有以下共同特点：

①以 DNA 为模板；由于 RNA 的转录合成是以 DNA 的任意一条链为模板而进行的，所以这种转录方式又称不对称转录；

②都以四种三磷酸核苷即 ATP、GTP、CTP、UTP 为原料；

③都遵循 DNA 与 RNA 之间的碱基配对原则，A＝U，T＝A，C＝G，合成与模板 DNA 序列互补的 RNA 链；

④RNA 链的延长方向是 $5'\to 3'$ 的连续合成；

⑤需要 Mg^{2+} 或 Mn^{2+}；

⑥不需要引物；

⑦与大肠杆菌的 DNA 聚合酶不同，大肠杆菌的 RNA 聚合酶没有 $3'\to 5'$ 外切核酸酶的校正活性，因此错误率较高（$10^{-4} \sim 10^{-5}$）。

原核和真核生物的 RNA 聚合酶虽然都能催化 RNA 的合成，但在其分子组成、种类和生物化学特性上各有特色。

（一）原核生物的 RNA 聚合酶

在细菌中，一种 RNA 聚合酶几乎负责所有 mRNA、tRNA 和 rRNA 的合成。大多数原核生物 RNA 聚合酶的组成是相同的，大肠杆菌 RNA 聚合酶全酶由 6 个亚基组成，即 $\alpha_2\beta\beta'\omega\sigma$，分子量为 465ku。其中 $\alpha_2\beta\beta'\omega$ 这 5 个亚基构成 RNA 聚合酶的核心［图 14-3（1）］，又称核心酶。各亚基及功能见表 14-1。转录的起始过程需要全酶，由 σ 亚基（或称为 σ 因子）辨认起始点，延长过程则仅需要核心酶的催化。

表 14-1　　　　　　　　　　大肠杆菌 RNA 聚合酶组分

亚基	相对分子质量	亚基数	组分	功能
α	3.65×10^4	2	核心酶	核心酶组装，启动子识别
β	1.51×10^5	1	核心酶	β 和 β' 共同形成 RNA 合成的活性中心
β'	1.55×10^5	1	核心酶	
ω	11×10^4	1	核心酶	未知
σ	7.0×10^4	1	σ 因子	存在多种 σ 因子，用于识别不同的启动子

原核生物的 RNA 聚合酶都受一种抗生素特异性抑制。利福平和利福霉素能结合在 β 亚基上而对此酶发生强烈的抑制作用。β 亚基似乎是酶和核苷酸底物结合的部位。β' 亚基是酶与 DNA 模板相结合的组分，也参与转录的全过程。α 亚基可能决定转录哪些类型和种类的基因。而 σ 因子的功能是辨认转录起始点，在转录合成开始后被释放。现已发现多种 σ 因子，并用其分子质量命名区别。这些不同的 σ 因子可以识别不同的基因启动子，以适应不同生长发育阶段的要求，调控不同基因的转录起始。例如，枯草芽孢杆菌中就有 6 种不同的 σ 因子，其中 σ^{55}（分子质量为 55ku）是该菌 RNA 聚合酶中 σ 因子的主要存在形式，出现在营养细胞中，而 σ^{29} 则主要出现在孢子形成阶段，参与孢子形成期基因转录的调控。在大肠杆菌中，最常见的是 σ^{70}，而 σ^{32} 与热休克蛋白基因转录密切相关，σ^{54} 则参与细胞氮代谢相关的基因启动。

（二）真核生物的 RNA 聚合酶

真核生物的 RNA 聚合酶有三种，分别称为 RNA 聚合酶 Ⅰ、RNA 聚合酶 Ⅱ 和 RNA 聚合酶 Ⅲ。其结构比大肠杆菌 RAN 聚合酶更复杂，它们在细胞核中的位置不同，而且负责转录不同类型的基因，对 α-鹅膏蕈碱的敏感性也不同（表 14-2）。

RNA 聚合酶 Ⅰ 位于核仁中，主要转录产物是 45S rRNA，经剪接修饰后生成除了 5S rRNA 外的各种 rRNA。rRNA 与蛋白质组成的核糖体是蛋白质合成的场所。

RNA 聚合酶 Ⅱ 位于核质中，负责转录生成 hnRNA，然后加工成 mRNA 并输送给胞质的蛋白质合成体系，作为蛋白质合成的模板。

表 14-2　　　　　　　　　　　真核细胞中三类 RNA 聚合酶特性比较

酶	细胞内定位	转录产物	对 α-鹅膏蕈碱的敏感性
RNA 聚合酶 I	核仁	45S rRNA	不敏感
RNA 聚合酶 II	核质	hnRNA	敏感
RNA 聚合酶 III	核质	tRNA，5S rRNA，snRNA	存在物种差异

RNA 聚合酶III位于核质中，转录产物都是小分子质量的 RNA，其中包括 tRNA、小核 RNA（snRNA）和 5S rRNA。

真核生物 RNA 聚合酶一般由 8~16 个亚基所组成，分子质量>500ku［图 14-3（2）］。每种 RNA 聚合酶都有两个分子质量>100ku 的大亚基作为催化亚基，功能上与原核生物的 β' 和 β 亚基相对应，结构上也与 β' 和 β 有一定的同源性。

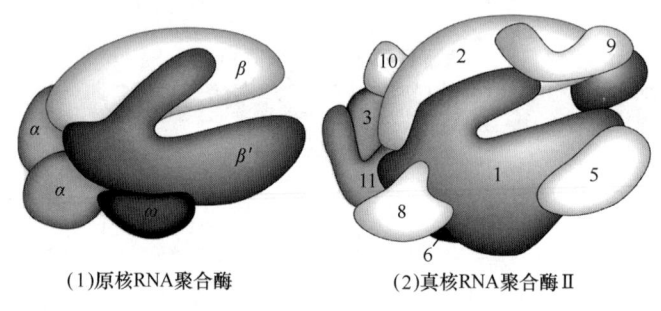

(1) 原核RNA聚合酶　　　(2) 真核RNA聚合酶 II

图 14-3　RNA 聚合酶核心组成

二、RNA 的转录过程

原核生物和真核生物的 RNA 聚合酶种类不同，结合模板的特性不一样。原核生物 RNA 聚合酶可以直接结合 DNA 模板，而真核生物 RNA 聚合酶需辅助因子的协助才能结合模板，所以两者的转录起始过程有较大的区别，转录终止也不相同。

（一）原核生物的 RNA 转录过程

原核生物的转录是以 RNA 聚合酶结合到基因的特定部位开始的，此位置又称启动子（图 14-4）。为了方便，人们将在 DNA 上开始转录的第一个碱基定为+1，沿转录方向顺流而下的核苷酸序列均用正值表示；逆流而上的核苷酸序列均用负值表示。原核生物启动子区包括两个高度保守的序列。一个序列位于转录起始点的上游约-10 bp，保守序列（或称一致性序列）为 5′-TATAAT-3′，这是 Pribnow 首先发现的，故被称为 Pribnow 框，RNA 聚合酶就结合在此处。第二序列位于-35bp 附近，保守序列为 5′-TTGACA-3′，已被证实与转录起始的辨认有关，是 RNA 聚合酶中的 σ 亚基识别并结合的位置。-35 序列的重要性还在于在很大程度上决定了启动子的强度。

原核生物的转录过程包括三个阶段：起始、延长和终止（图 14-5）。

1. 转录起始

RNA 的转录通常以嘌呤核苷三磷酸开始，即开始于 pppG 或 pppA。转录起始的位置随启动

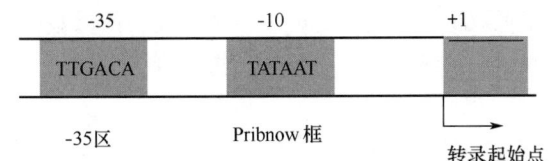

图 14-4　原核生物启动子区域

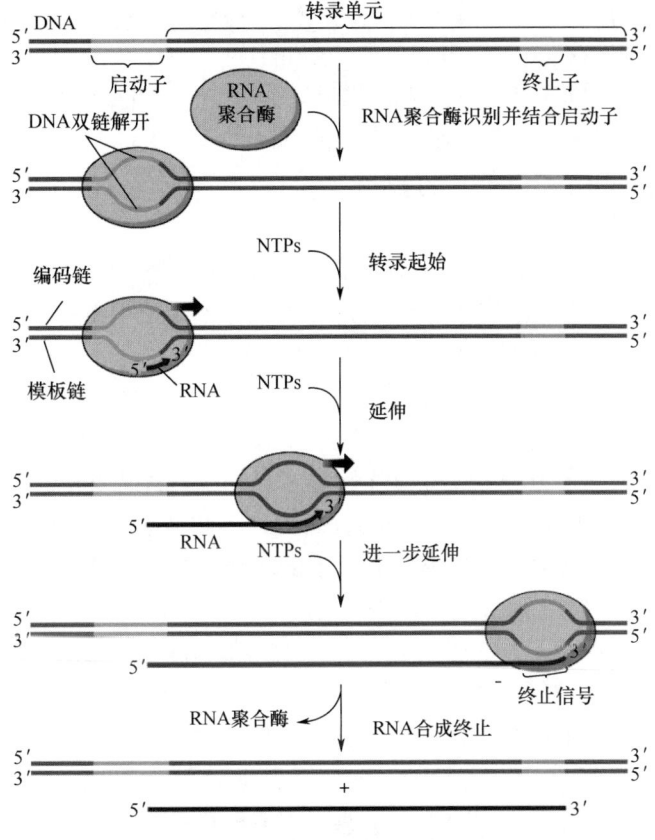

图 14-5　原核生物 RNA 合成

子的不同而有些区别，但一般是在从 Pribnow 框 T 下游 5~8bp 开始的。RNA 转录的起始合成需要两个步骤。第一步，RNA 聚合酶全酶相对弱地结合到 DNA 启动子上，形成一个闭合的复合物。第二步，全酶形成更紧密的开环复合物，其特征是 DNA 双螺旋局部解开大约 10bp。因为 Pribnow 框是富含 AT 的，它有利于这种局部的解旋。解链的 DNA 与起始的三磷酸嘌呤核苷酸及 RNA 聚合酶结合，然后形成第一个磷酸二酯键。此酶移动到另一个位置并继续合成。一旦起始的核苷酸链形成一小段后，σ 因子便从全酶释放出来，核心酶进入延长阶段继续发挥其催化作用。另外一个 RNA 聚合酶分子可以识别并结合到启动子上，开始另一轮转录。这样，一个基因可以被同时转录许多次。

2. 转录延伸

RNA 聚合酶连续地合成新的磷酸二酯键，平均合成 40 个核苷酸/s。RNA 聚合酶沿着 DNA

前进，它不断拆分 DNA 模板双链。在这一过程中，DNA 模板的碱基与正在延长的 RNA 链碱基配对。解旋过程及 DNA 双螺旋的恢复借助于拓扑异构酶的作用，它们是转录复合物的成分。

3. 转录终止

转录是在 DNA 模板某一位置上停止的，通过比较了若干原核生物 RNA 转录终止位点附近的 DNA 序列，发现 DNA 模板上的转录终止信号有两种情况：一类是不依赖于蛋白质因子 ρ 而实现的终止作用；另一类是依赖蛋白质因子 ρ 才能实现的终止作用。

(1) 不依赖于 ρ 因子的自动终止　模板 DNA 链在接近转录终止点处存在相连的富含 GC 和 AT 的区域，使 RNA 转录产物形成寡聚 U 及发夹形（或称为茎环形）的二级结构（图 14-6），引起 RNA 聚合酶变构及移动停止，导致 RNA 转录的终止（图 14-7）。

(2) 依赖 ρ 因子的终止　由终止因子识别特异的终止信号，并促使 RNA 的释放（图 14-8）。这种蛋白质辅助因子称为释放因子，通常又称 ρ 因子。

（二） 真核生物的 RNA 转录过程

1. 转录起始

真核生物有三种 RNA 聚合酶，每一种都有自己的启动子类型，因此真核生物的启动子有其特殊性。以 RNA 聚合酶 Ⅱ 的启动子结构为例，在转录起始点上游 −25 区有 TATA 框，又称 Hogness 框。其保守序列为 TATA（A/T）（A/T）A，括号内的核苷酸可以是 A 或 T。RNA 聚合酶 Ⅱ 主要结合到这一区域。离体转录实验表明，TATA 框决定了转录起点的选择。有少数缺少 TATA 框的基因，其转录起始点的位置则不固定。此外，在转录起始点的上游 −40 和 −110 碱基对之间，某些启动子还含有 CAAT 框和 GC 框。这些结构也与转录的起始有关（图 14-9），某些蛋白因子（又称转录因子，transcriptional factor，TF）可以与其相结合，从而刺激转录。

真核生物转录起始十分复杂，但都需要进行 RNA 聚合酶与 DNA 模板启动子区域的结合。真核生物 RNA 聚合酶与启动子的结合必须在转录因子的协助下完成。这些转录因子与 RNA 聚合酶共同组成转录起始复合物，转录才能在正确的位置上开始。以 RNA 聚合酶 Ⅱ 的转录起始复合物组装为例（图 14-10）。首先是 TF Ⅱ D 的 TBP（TATA 框结合蛋白）亚基结合 TATA 框。在 TF Ⅱ A 和 TF Ⅱ B 的促进和配合下形成 Ⅱ D-Ⅱ A-Ⅱ B-DNA 复合体。TF Ⅱ B 作为桥梁并提供结合表面，促进已与 TF Ⅱ F 结合的 RNA 聚合酶 Ⅱ 进入 TATA 框。随后 RNA 聚合酶 Ⅱ 促进 TF Ⅱ E 及 TF Ⅱ H 的进入。其中 TF Ⅱ E 具有 ATP 酶和解旋酶的作用，可以解开 DNA 双链的局部，而 TF Ⅱ H 具有蛋白激酶的作用，可以磷酸化 RNA 聚合酶 Ⅱ，以便 RNA 聚合酶 Ⅱ 离开启动子区域向下游移动，进入转录的延长阶段。此后，大多数的 TF Ⅱ 就会脱离转录起始复合物。

2. 转录延伸

真核生物转录延长过程与原核生物大体相同。但因有核膜相隔，没有转录与翻译同步的现象。随着 RNA 链的延长，RNA 聚合酶沿着 DNA 模板向 RNA 链的 3′方向移动并不断地解开 DNA 双链。同时与 DNA 模板链序列互补的核苷酸逐一地进入反应体系，在 RNA 聚合酶的作用下，不断延伸 RNA 链。合成的方向为 5′→3′。如此，合成的 RNA 逐渐延伸。DNA 双螺旋的解旋及重新恢复双螺旋是在 DNA 拓扑异构酶的作用下进行的。DNA 拓扑异构酶也是转录复合物组分之一。

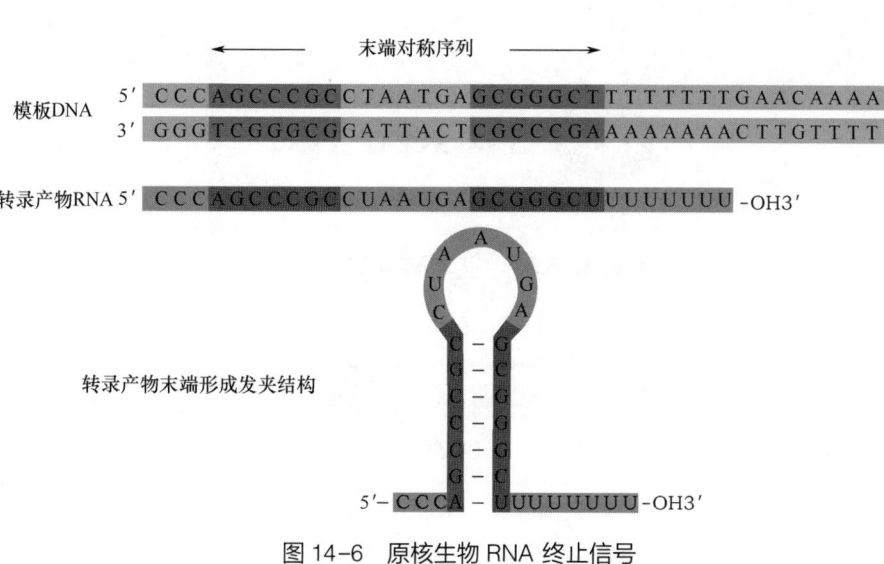

图 14-6 原核生物 RNA 终止信号

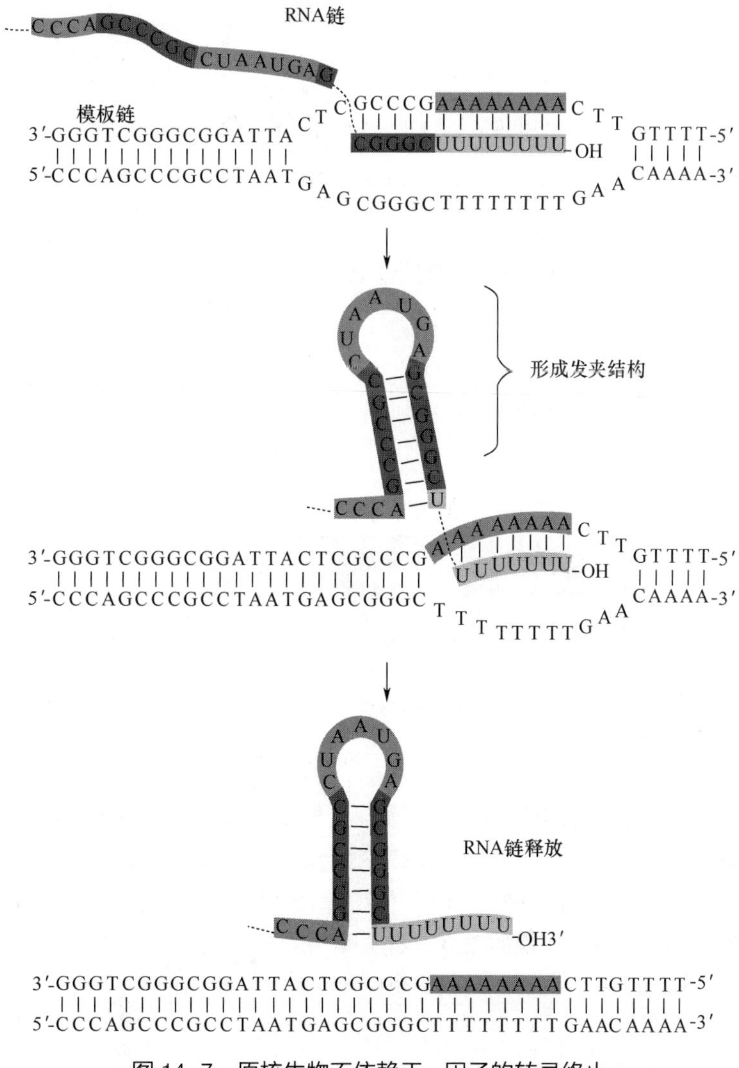

图 14-7 原核生物不依赖于 ρ 因子的转录终止

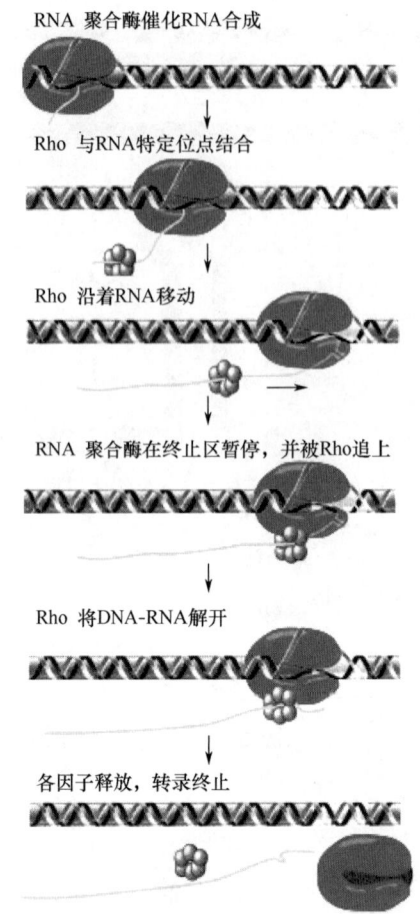

图 14-8　原核生物依赖于ρ因子的转录终止

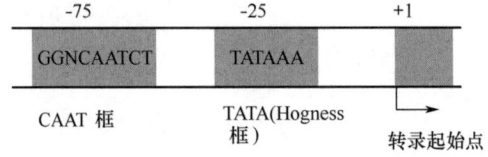

图 14-9　真核生物启动子区域

3. 转录终止

真核生物由于 RNA 转录后很快就进行了加工，因此很难确定原初转录物的 3′末端的情况。爪蟾 5SRNA 的 3′末端有 4 个 U，它们前后的序列为富含 GC 的序列，这是所有真核生物 RNA 聚合酶Ⅲ转录的终止信号。这种序列特征高度保守，从酵母到人都很相似，任何改变这种序列特征的突变都将导致转录终止位置的改变。此外研究发现，转录后的 RNA 可形成一个发夹结构，3′末端带有一连串的 U，很像大肠杆菌的不依赖 ρ 因子的终止子，这些结构都利于转录的终止。

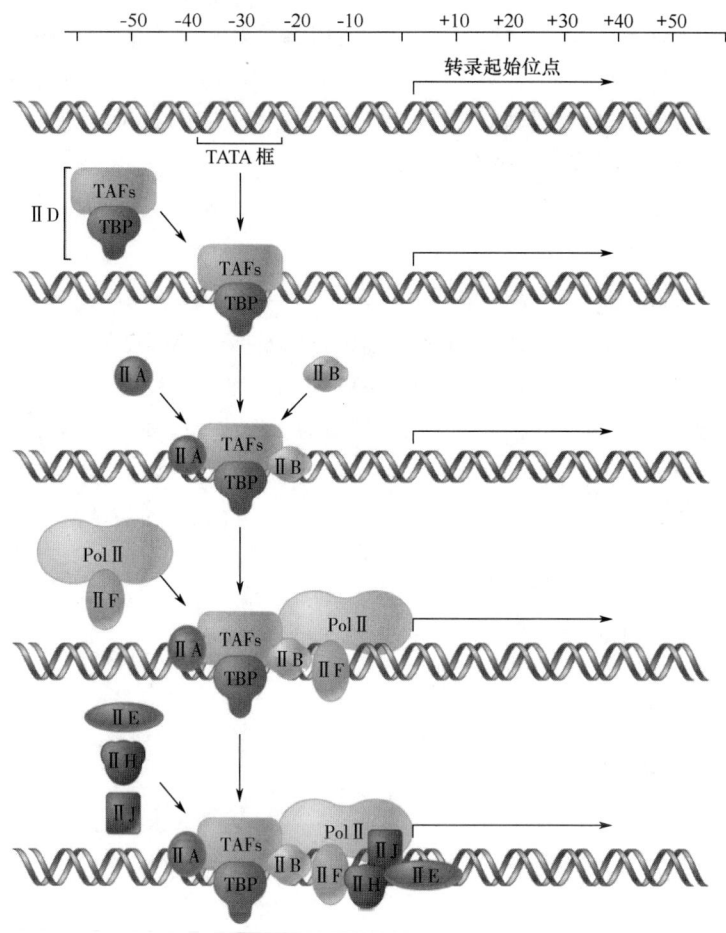

图 14-10　真核生物 RNA 转录起始复合物组装

第二节　RNA 转录后的加工

几乎所有真核生物 RNA 转录的初级产物都需经过一系列变化后才能生成具有生物活性的 RNA 分子。这一系列变化过程称为转录后的 RNA 加工（RNA processing）。加工过程包括核苷酸部分水解、连接反应、末端核苷酸"戴帽""接尾"，以及核苷的修饰。

一、mRNA 前体的加工

原核生物中转录生成的 mRNA 为多顺反子，即几个结构基因，利用共同的启动子和共同终止信号经转录生成一条 mRNA，所以此 mRNA 分子编码几种不同的蛋白质。例如乳糖操纵子上的 Z、Y 及 A 基因。绝大多数原核生物由于缺乏细胞核结构，转录和翻译是同时连续进行的，即随着 mRNA 开始从 DNA 上转录合成，核蛋白体立刻附着在 mRNA 上并以其为模板进行蛋白质的合成，因此原核细胞的 mRNA 并无特殊的转录后加工过程。然而，真核生物转录生成的 mRNA 为单顺反子，即一个 mRNA 分子只为一种蛋白质分子编码。但真核生物由于细胞核的存在，转录和翻译在时间和空间上是分开的，刚转录出来的 RNA 称为核内不均一 RNA（hnRNA），是 mRNA 的前体，hnRNA 分子很大，大约只有 10% 的 hnRNA 加工成成熟的 mRNA，其余部分将在转录后的加工过程中被降解掉。

真核生物 mRNA 的加工修饰，主要包括对 5′末端和 3′末端的修饰以及对中间部分进行剪接。

（一） 在 5′端加帽

成熟的真核生物 mRNA，其结构的 5′末端都有一个 $m^7G-ppNmN$ 结构，该结构被称为甲基鸟苷的帽子。此过程发生在细胞核内，如图 14-11 所示。加工过程首先是在磷酸酶的作用下，将 RNA 5′末端的磷酸基水解，然后再加上鸟苷三磷酸，形成 GpppN 的结构，当鸟苷上第 7 位碳原子被甲基化形成 $m^7G-ppNmN$ 时，此时形成的帽子被称为 5′末端加帽。5′末帽中在鸟苷和 mRNA 的第一个核苷酸（通常是腺苷酸）之间有一个不常见的 5′-5′三磷酸键。

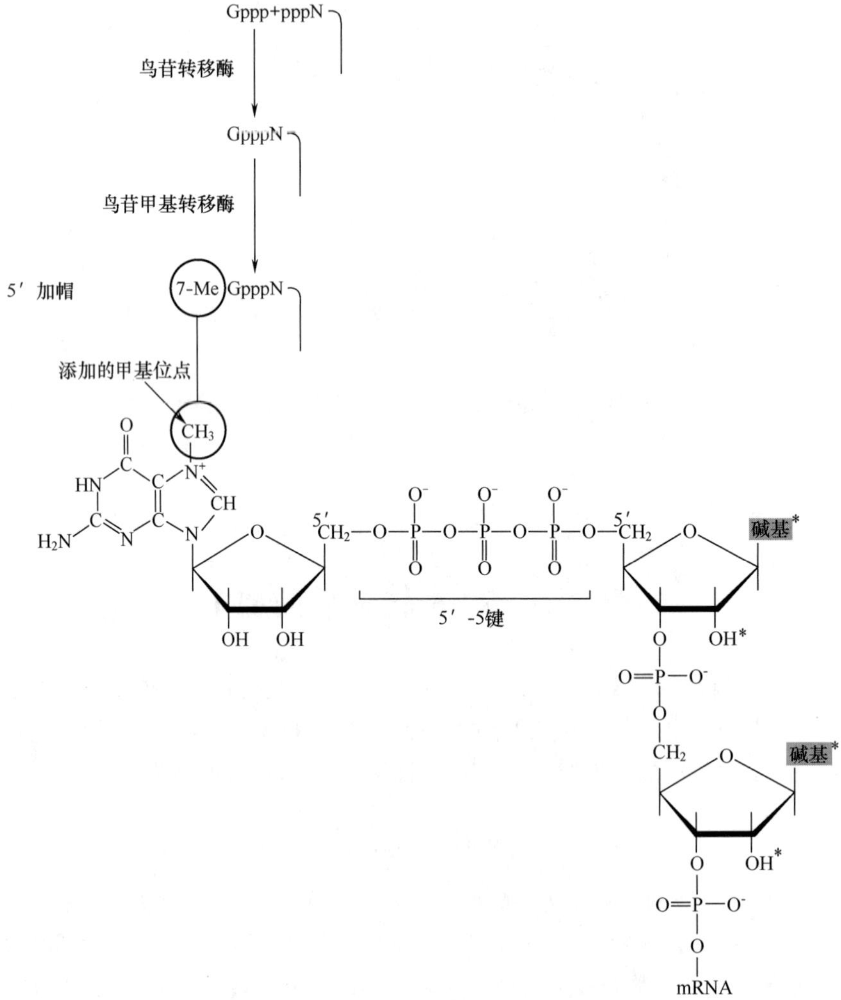

图 14-11 真核生物前体 RNA 5′加帽

真核生物 mRNA 5'末端帽子结构的重要性在于它是 mRNA 作为翻译起始的必要的结构,为核糖体对 mRNA 的识别提供了信号,这种帽子结构还可能增加 mRNA 的稳定性,保护 mRNA 免遭胞质 5'外切核酸酶的降解。原核生物 mRNA 没有帽子结构。

(二) 在 3'端加尾

大多数的真核 mRNA 都有 3'末端的多聚腺苷酸尾巴(poly A tail),含有 20~200 个 A 残基。这一过程也是在细胞核内完成,首先由核酸外切酶切去 3'末端一些过剩的核苷酸,然后在 poly A 聚合酶催化作用下,通过该酶识别 mRNA 的游离 3'-OH 端,并加上 poly A 尾巴。

$$RNA + nATP \xrightarrow{\text{多腺苷酸聚合酶}} RNA-(AMP)_n + nPPi$$

近年来已知,在大多数真核基因的 3'末端有一个 AATAA 序列,这个序列是 mRNA 3'端加入 poly A 尾巴的信号。由核酸酶在此信号下游 10~15 碱基外切断磷酸二酯键,在 poly A 聚合酶催化下,在末端 3'-OH 上逐聚合 20~200 个 A 碱基。

Poly A 的有无与长短是维持 mRNA 作为翻译模板的活性,以及增加 mRNA 本身稳定性的因素。一般真核生物在胞质内出现的 mRNA,其 ploy A 长度为 100~200 个核苷酸,也有少数例外,如组蛋白基因的转录产物,无论是初级的或成熟的,都无 poly A 尾巴。

(三) mRNA 前体(hnRNA)的剪接

与原核生物的基因不同,真核生物中的结构基因基本上都是断裂基因。结构基因中的编码区(外显子)被非编码区(内含子)间隔开,只有去除前体 mRNA 中的内含子并将外显子连接为成熟的 RNA,才能翻译出完整的多肽链,此过程又称 RNA 的剪接(RNA splicing)。

真核生物内含子的碱基序列的共同特点是开始于 GU,结束于 AG。催化切除内含子的酶称剪接酶(splicing enzyme),由一些小核核蛋白(small nuclear ribonucleo protein,snRNP)组成。它们催化内含子和相邻两个外显子之间的两步转酯反应,最终将外显子片段拼接起来形成一个完整的 mRNA(图 14-12)。

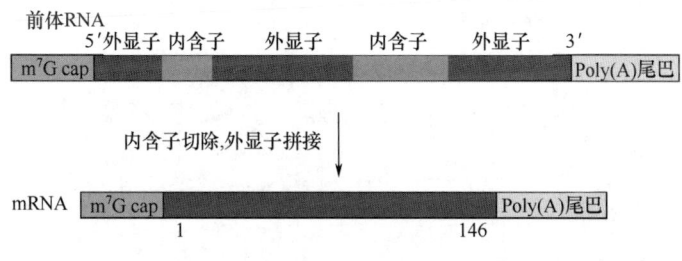

图 14-12 真核生物前体 RNA 剪接

二、rRNA 前体的加工

在哺乳动物细胞的核仁内,三种 rRNA 的合成过程均先形成 45S 的共同前体。然后,该前体再断裂成相应的 rRNA。它们的关系如图 14-13 所示。

rRNA 前体的加工是由多亚基的核蛋白复合物来完成的。真核细胞的 5S RNA 基因与其他 rRNA 基因相分开。转录后经过适当的加工,28S、5.8S 与相关的蛋白一起组成核糖体的大亚基。18S 则是小亚基的成分。rRNA 的成熟过程中也包括碱基的甲基化修饰和部分核糖的 2'-OH 甲基化反应。甲基的供体是 S-腺苷甲硫氨酸。

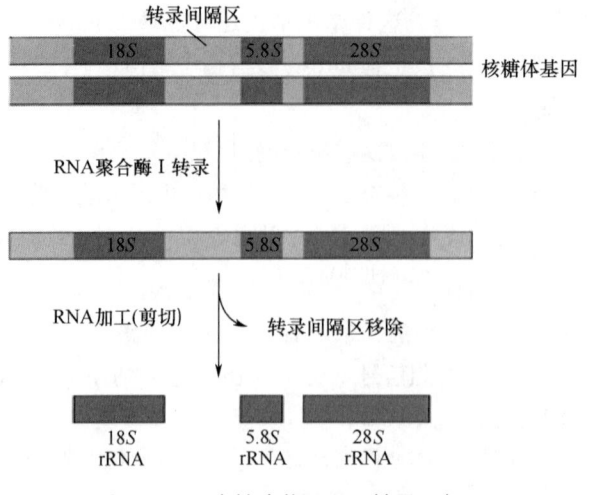

图 14-13 真核生物 rRNA 转录及加工

三、tRNA 前体的加工

tRNA 前体通常包括一个以上 tRNA，通过核酸水解加工过程将它们分开。成熟的 tRNA 比转录初产物的核苷酸数目少。加工过程包括内含子的去除和外显子的拼接。某些 tRNA 3′末端的 CCA 顺序也是转录后加上去的。一些稀有碱基的修饰也在核内进行。tRNA 的加工主要包括核苷酸的剪切，加入及碱基的修饰过程（图 14-14）。

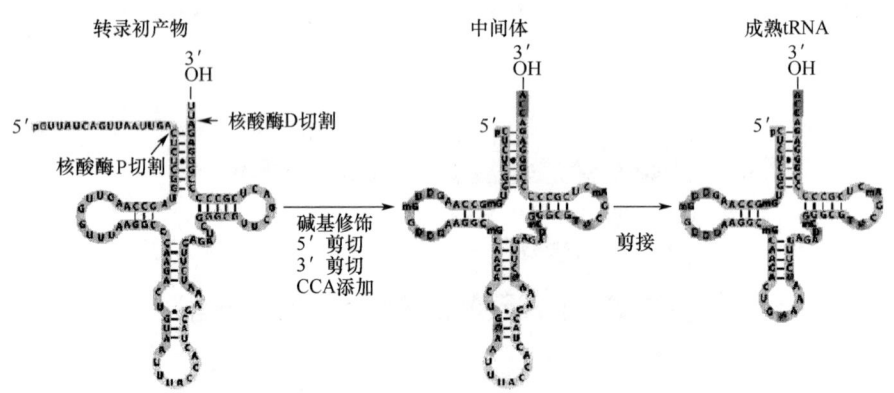

图 14-14 真核生物 tRNA 加工

（一）剪切

tRNA 基因的初级转录物 5′及 3′末端均含有多余的核苷酸。在某些情况下，这些初级转录物在 tRNA 反密码环上也存在内含子。加工反应首先是初级转录物在非特异情况下被剪切成具有较短的 5′和 3′延伸的前身物。然后，核酸酶 P（一种核酶）通过内切水解去除 5′延伸物。3′末端被外切核酸酶水解，随后 CCA 末端被合成。修饰核苷酸的合成可发生在核酸剪切的任何时候。内含子的除去受前体二级结构的指令，有两个可溶性的酶复合物参与，一个酶除去内含子，另一个酶封闭核苷酸链。

（二） 填补

每一个有功能的 tRNA 的末端都具有 CCA 顺序。此顺序对于 tRNA 接受氨基酸是必需的。在大多数情况下，此顺序是由 tRNA 核苷酸转移酶催化加上的。核苷酸转移酶利用 ATP 和 CTP 作底物，以 2C/1A 比例掺入到 tRNA 上。在胞质及线粒体 tRNA 中都发现有 CCA 末端。

（三） 核苷酸的修饰

所有核酸中，tRNA 分子是高度甲基化的。有 60 多种碱基及核糖被修饰，需要 100 多种不同的酶促反应。许多反应是简单的一步甲基化反应，另一些是多步反应，如假尿嘧啶的修饰。大多数修饰酶是位点或核苷酸顺序特异性的，并在 tRNA 前体裂解为成熟的 tRNA 之前完成。

【延伸阅读】

1. 科学故事——逆转录酶的发现

1961 年，Howard Temin 开始收集与"中心法则"不相吻合的证据。可以说，他几乎将他的全部学术生涯都花在了 RNA 肿瘤病毒的研究上。他的早期研究工作集中在劳氏肉瘤病毒（Rous sarcoma virus，RSV）上。RSV 是一种 RNA 病毒，能够将正常细胞转化成肿瘤细胞。Temin 认为，对这种病毒行为最好的解释就是为此病毒如何处于一种显性或前病毒状态建立一个模型。然而，既然 RNA 是出了名的不稳定，Temin 就提出了 RSV 的 RNA 基因组转变成 DNA 原病毒的模型。心里有了这个模型，他开始寻找证据去证明它。他首先得到 RSV 对 DNA 合成的抑制剂（放线菌素 D），敏感的数据，而且发现在转化的细胞里有与 RSV 基因组 RNA 互补的 DNA。对于他的模型，其他的研究者表示怀疑，看来需要一个决定性的实验来证明他的模型。

与此同时，名为 David Baltimore 的病毒学家一直在研究病毒的复制。他依靠生物化学途径，直接研究病毒本身的 RNA 和 DNA 合成。起初，他在一种非致瘤 RNA 病毒（nontumorigenic RNA virus）——疱性口炎病毒（vesicular stomatitis virus）中，分离到一种依赖于 RNA 的 RNA 聚合酶，于是他的注意力转移到 RNA 肿瘤病毒，并最终开始研究劳舍尔鼠白血病病毒（Rauscher murine leukemia virus，R-MLV）。他使用这种 RNA 肿瘤病毒，独立地证明了 Temin 的模型。

Temin 和 Baltimore 各自使用不同的途径，设计了一系列关键的实验来证明 Temin 的模型。两人都从纯的病毒样品开始，使用非离子去垢剂破裂病毒颗粒。有了破裂的病毒颗粒，他们提出了一个极为关键的问题：一种 RNA 肿瘤病毒能够进行 DNA 合成吗？为了回答这个问题，两个研究小组都加入了放射性标记的 dTTP 和其他 3 种 dNTPs（dATP、dCTP 和 dGTP）到病毒抽取物中，然后，检测有没有放射性 dTTP 掺入到 DNA 分子之中。实际上，在每一个实验中，都发现有放射性标记的 dTTP 掺入到核酸中。当 Baltimore 将放射性标记的 1 种 rNTP 和其他 3 种 rNTP 加到病毒抽取物时，没有检测到任何 RNA 合成。为了证明真正形成的核酸产物就是 DNA，他们分别使用专门水解 RNA 的 RNA 酶和专门水解 DNA 的 DNA 酶处理合成的产物，发现产物只对 DNA 酶敏感。这些实验结果证明病毒颗粒里含有催化 DNA 合成的酶。然而，合成 DNA 的模板是什么呢？为了一劳永逸地显示 DNA 只能从 RNA 模板合成，Baltimore 和 Temin 都事先用 RNA 酶与病毒抽取物进行孵育，以水解可能的 RNA。如果 RNA 真是模板，那 RNA 酶的作用就导致 DNA 无法合成。事实证明，结果正是如此：RNA 酶与病毒抽取物孵育的时间越长，合成 DNA 的活性就越低。这就证明了在 RNA 肿瘤病毒里含有催化依赖于 RNA 的 DNA 聚合酶。由于这种酶催化的反应与转录相反，因此被称为逆转录酶。起初，许多科学家不愿意承认逆转录酶的存在,因为其活性违背"中心法则",但不久对酶纯化和定性的成功让他们改变了观点。

逆转录病毒的发现从许多方面影响着人类的生活。使用逆转录酶,很容易将细胞内不稳定的 mRNA 反转录成 cDNA,这就大大加速了基因的克隆和功能的研究。该发现也激励人们去寻找更多的逆转录病毒,在某种意义上,为 15 年后发现艾滋病病毒提供了方向。

Temin 和 Baltimore 的发现的重要性很快得到了世界的公认,他们因此荣获 1975 年的诺贝尔生理学和医学奖。

2. 身边的生物化学——路边的"野蘑菇"勿采

除非你是研究蘑菇的专家,否则就不要随意采集路边免费的蘑菇去食用,原因是你采到的蘑菇很可能是有毒的。尽管在民间有很多所谓鉴别有毒和无毒蘑菇的方法,但基本上都无科学依据。有的毒蘑菇和无毒蘑菇看起来非常像,有时专家也需要通过显微镜才能区分开来。

有毒的蘑菇之所以有毒,是因为在它们的体内含有毒素。毒素中最常见的是两种双环寡肽毒素:一种是 α-鹅膏蕈碱,另外一种是毒蕈肽即鬼笔环肽(phalloidin),约 90% 的蘑菇中毒致死事故都是由它们造成的。鹅膏蕈碱和毒蕈肽都是由核糖体合成的多肽前体加工而来,其中前者的多肽前体为 35 肽,后者的多肽前体为 34 肽。

α-鹅膏蕈碱可与真核生物的 RNA 聚合酶 II 紧密地结合,也可微弱结合 RNA 聚合酶 III,但几乎不会与 RNA 聚合酶 I 结合。α-鹅膏蕈碱结合在 RNA 聚合酶 II 上一段特殊的桥螺旋的下面,横跨 RPB1 和 RPB2 这两个亚基之间的裂缝。位于桥螺旋 822 号的残基与 α-鹅膏蕈碱上的羟脯氨酸形成氢键,此外,在 RPB1 紧靠桥螺旋的区域与毒素之间也有氢键。α-鹅膏蕈碱并不影响 NTP 的结合,但它与聚合酶形成的这些氢键阻止了桥螺旋的移动,也就影响了 RNA 聚合酶为合成下一个磷酸二酯键必须进行的移位,使 RNA 聚合酶 II 的移位速率降低了几千倍。

毒蕈肽的毒性比鹅膏蕈碱弱,它在细胞内能与聚合的微丝结合,但不会与肌动蛋白单体分子结合。它同聚合的微丝结合后,可抑制微丝的解体,而破坏了微丝的聚合和解聚的动态平衡,从而影响到细胞内依赖于微丝的运动系统。

若不小心误食毒蘑菇,又没有及时处理,那就十分危险。起初的反应是在食入 6~12h 以后,肠胃不适。接着是假恢复,持续 12~24h。由于肝细胞的功能依赖于其持续的蛋白质的合成,所以在 3~5d 以后,肝功能会受到严重伤害。严重的中毒者可能随时死亡,除非立刻进行肝移植手术。

第十五章

蛋白质的生物合成

蛋白质是基因表达的最终产物。生物的一切性状直接通过蛋白质的结构和作用来实现。按照生物学中心法则，蛋白质的生物合成过程称为基因的翻译（translation），这是基因表达的最后一步。蛋白质的生物合成过程十分复杂，几乎涉及细胞内各种 RNA 和几百种蛋白质。

第一节 遗传密码

一、三联体密码的概念和破译

1. 三联体密码的概念

DNA 编码链或 mRNA 中对应于氨基酸的核苷酸序列称为遗传密码。实验证明，在 mRNA 链上每三个相邻核苷酸为一组，称为密码子或三联体密码，起着编码一种氨基酸的作用。

2. 三联体密码的破译

20 世纪中叶人们已经知道 DNA 是遗传信息的携带分子，并通过 RNA 控制蛋白质的合成，于是科学家们的注意力被吸引到核酸分子如何指导蛋白质中氨基酸排列顺序的问题上。一些科学家从不同角度去破译遗传密码。第一个用实验给遗产密码以确切解答的人是德国出生的美国生物化学家 M. W. Nirenberg，1961 年，他和另一位德国科学家 Matthaei 发现了苯丙氨酸的密码是 RNA 上的尿嘧啶（UUU）。

Nirenberg 等采用大肠杆菌的无细胞提取液进行实验。早期实验使用的多聚核糖核苷酸为均聚尿嘧啶核苷酸（poly U），原以为 poly U 不能替代 mRNA 或活性很低，但出乎意料的是，在无细胞蛋白质合成系统中，它能指导多聚苯丙氨酸的合成，而且只合成多聚苯丙氨酸。由此推断密码子 UUU 代表 Phe。用同样的方法证明 poly C 指导 Pro 掺入蛋白质，poly A 指导 Lys 掺入蛋白质。poly G 因易于形成多股螺旋，不宜作为 mRNA。这三个密码子最早得到破译。当时对起始密码子和终止密码子还一无所知，虽然从 Crick 等的实验结果已预示遗传密码的阅读有起始和终止信号。十分幸运的是，Nirenberg 等的实验采用的 Mg^{2+} 浓度较高，以致合成的均聚核苷酸不需要起始密码子便可指导肽链的合成，此时密码子阅读的起点是任意的。

均聚核苷酸的实验获得成功之后，Nirenberg 和 Ochoa 等又进一步用两种核苷酸或三种核苷酸的共聚物作为模板，重复上述实验，又确定了 UUU 是苯丙氨酸的密码子，CCC 是脯氨酸的密码子，AAA 是赖氨酸的密码子等。需要指出的是，用此方法可以确定 20 种氨基酸密码子的碱基组成，但不知道它们的排列顺序。

1964 年 Nirenberg 发现，用人工合成的三核苷酸取代 mRNA，在没有 GTP 时，不能合成蛋白质，但是核苷酸三联体却能与其对应的氨酰 tRNA 一起结合在核糖体上。将此反应混合物通过硝酸纤维素滤膜时，核糖体便和核苷酸三联体以及特异结合的氨酰 tRNA 形成复合物而留在膜上。用这种核糖体结合技术可以直接测出三联体对应的氨基酸。所有 64 种可能的三联体都已合成，经试验其中 50 种都得到确切的结果。但是在此系统中仍有一些三联体编码的氨基酸不能肯定，需要用其他方法来破译。

与此差不多同一时间，H. G. Khorana 和他的同事将化学合成和酶促合成巧妙地结合起来，合成含有重复序列的多聚核苷酸。例如 poly（UG），它含有两种三联体密码子 UGU 和 GUG，在无细胞蛋白质合成系统中指导合成 poly（Cys-Val）。经与核糖体结合技术所得结果相比较，可以确定 UGU 是 Cys 的密码子，GUG 是 Val 的密码子。如果用聚三核苷酸作为模板，由于阅读框架不同，可以指导产生三种不同的均聚多肽，如 poly（UUC）指导 poly Phe、poly Ser 和 poly Leu 的合成。

用以上所述方法，经过 5 年的努力，终于在 1966 年完全确定了编码 20 种氨基酸的密码子，另有 3 个密码子用作翻译的终止信号。表 15-1 所示为全部 64 个遗传密码子的字典。

除甲硫氨酸和色氨酸只有一个密码子外，其余氨基酸均有不止一个密码子。已知多肽合成的第一个氨基酸为甲酰甲硫氨酸（原核生物）或甲硫氨酸（真核生物），但甲硫氨酸的密码子只有一个，这就是说编码多肽链内部的甲硫氨酸和起始氨基酸是同一个密码子。

破译遗传密码是用无细胞系统进行实验得出的。那么生物体内的情况是否也是如此呢？不少实验室对此做了许多研究，都得到肯定的结论。例如，Sanger 等测定噬菌体 R17 RNA 一些区段的序列并与其编码蛋白质的氨基酸序列相比较，完全符合遗传密码表。还有一些实验室利用突变，得出三联体密码子的可靠资料。20 世纪 70 年代兴起的基因克隆和快速测序技术，充分证明了遗传密码表的正确。

表 15-1　　　　　　　　　　　　三联体密码子

第一个碱基 5′端	第二个碱基（中间）				第三个碱基 3′端
	U	C	A	G	
U	苯丙氨酸	丝氨酸	酪氨酸	半胱氨酸	U
	苯丙氨酸	丝氨酸	酪氨酸	半胱氨酸	C
	亮氨酸	丝氨酸	终止密码	终止密码	A
	亮氨酸	丝氨酸	终止密码	色氨酸	G

续表

第一个碱基 5′端	第二个碱基（中间）				第三个碱基 3′端
	U	C	A	G	
C	亮氨酸	脯氨酸	组氨酸	精氨酸	U
	亮氨酸	脯氨酸	组氨酸	精氨酸	C
	亮氨酸	脯氨酸	谷氨酰胺	精氨酸	A
	亮氨酸	脯氨酸	谷氨酰胺	精氨酸	G
A	异亮氨酸	苏氨酸	天冬酰胺	丝氨酸	U
	异亮氨酸	苏氨酸	天冬酰胺	丝氨酸	C
	异亮氨酸	苏氨酸	赖氨酸	精氨酸	A
	甲硫氨酸	苏氨酸	赖氨酸	精氨酸	G
G	缬氨酸	丙氨酸	天冬氨酸	甘氨酸	U
	缬氨酸	丙氨酸	天冬氨酸	甘氨酸	C
	缬氨酸	丙氨酸	谷氨酸	甘氨酸	A
	缬氨酸	丙氨酸	谷氨酸	甘氨酸	G

注：密码子的阅读方向 5′→3′，如 UUA＝pUpUpA$_{OH}$＝亮氨酸，AUG 为起始密码子。

二、遗传密码特性

1. 起始密码子（initiation codon）和终止密码子（termination codon）

在 64 个密码子中有 61 个编码氨基酸，3 个不编码任何氨基酸，不能识别也不能与氨酰 tRNA 分子进行氨基配对结合，而是多肽合成的终止信号，称为终止密码子（termination codon），它们是 UAG、UAA、UGA。AUG 是 Met 的密码子，又是肽链合成的起始信号，称为起始密码子（initiation codon）。在 mRNA 分子中，起始密码子位于 5′端，终止密码子位于 3′端。

科学家采用均聚核苷酸、人工合成三核苷酸取代 mRNA 和多聚核苷酸，对编码氨基酸的密码子进行了大量实验。在 1966 年完全确定了编码 20 种氨基酸的密码子。AUG 为甲硫氨酸兼起始密码子，细胞内多肽链的合成一般从这里开始。对原核生物而言，少数生物的起始密码是 GUG 和 UUG。UAA、UAG 和 UGA 为多肽链合成的终止密码子，其本身不代表任何氨基酸。其余 61 个密码子对应于 20 种氨基酸。因此要正确阅读密码，必须从起始密码子开始，按一定的读码框架（reading frame）连续读下去，直至遇到终止密码子。

2. 密码子的连续性（continuity）

Crick 等最早推测蛋白质中氨基酸序列的遗传密码编码在核酸分子上，是不重叠，无标点的三联体密码子，密码子之间无任何分隔，翻译从起始密码子开始，按照顺序连续阅读至终止密码子结束。如果在 mRNA 中插入或删除任何一个碱基，就导致其后的密码子阅读框架改变，产生移码误译(frame shift),产生错误多肽链。

3. 密码子的方向性(direction)

编码蛋白质的密码子是线性排列的,其基本单位是按照 5′→3′方向编码,从起始密码子到终止密码子构成一个完整的读码框架(不包含终止子),这个框架又称开放阅读框架(open reading frame, ORF)。整个阅读是沿着 mRNA 分子 5′→3′方向进行的,起始密码子位于 mRNA 密码区 5′末端,终止密码子位于 3′末端,即翻译过程的进行是从 mRNA 的 5′→3′端进行的。其中每个密码子的 3 个核苷酸也是 5′→3′方向阅读,靠近 5′末端的密码子代表蛋白质氨基酸残基中靠近氨基末端的氨基酸,如 GCU 是 Ala 的密码子,G 为 5′-末端碱基,U 为 3′末端碱基。

4. 密码子的简并性(degeneracy)

由几个密码子同时编码同一种氨基酸的现象称为密码子的简并性(表 15-2)。比如 GGA、GGU、GGG 和 GGC 都编码 Gly。也可以定义密码子的简并性为同一种氨基酸有两个或更多密码子的现象。对应于同一种氨基酸的不同密码子称为同义密码子(synonymous codon)。所有的密码子总共有 64 个,除了 3 个终止密码子外,其余 61 个密码子代表 20 种氨基酸。在这些密码子中,只有色氨酸(Trp)和甲硫氨酸(Met)没有兼并密码子,其余的氨基酸有 2、3、4 甚至多达 6 个密码子。密码子的简并性不是随机的,第一位和第二位核苷酸是相同的,密码子的专一性也是由这前两位碱基决定的,发生变化的一般仅涉及第三位(3′末端)碱基。

5′末端的 2 个碱基决定密码子的特性,第三位的变动可以不影响正常的蛋白质翻译。密码子的简并性和它的特殊排列,对保证物种稳定、防止突变有很大作用。

密码子兼并性的生物学意义在于:有效降低由于遗传密码突变造成的灾难性后果。比如每种氨基酸只有一个密码子,20 组密码子编码 20 种氨基酸,剩下的 44 个密码子都是终止密码子,如果某个氨基酸的密码子发生了单碱基突变,造成的后果即为肽链合成的提前终止,这样产生的非完整蛋白质大多不具有生物活性。

密码子的简并性对维持物种的稳定性作用非常大,当 DNA 的碱基组成相差较大时,仍能维持蛋白质上氨基酸序列不变。细菌 DNA 中 G-C 含量相差很大(30%~70%),但它们可以编码相同的蛋白质。

5. 密码子的通用性(universal)

所谓密码子的通用性即自然界中,从最简单的病毒、原核生物直至人类,基本上使用同一套遗传密码。较早时进行的实验显示,将兔网织红细胞的核糖体(结合有 mRNA)与大肠杆菌的氨酰-tRNA 及其他蛋白质因子一起进行反应,合成的是血红蛋白,说明大肠杆菌 tRNA 上的反密码子可以正确阅读兔血红蛋白 mRNA 的编码序列。20 世纪 70 年代后,各种生物大量基因被测序,同时蛋白质序列的资料也迅速积累,结果充分证明生物界有一套共同的遗传密码,这说明生物有共同的起源。

表 15-2　　　　　　　　　　　　　三联体密码子的简并

氨基酸	密码子数目	氨基酸	密码子数目
Ala	4	Leu	6
Arg	6	Lys	2

续表

氨基酸	密码子数目	氨基酸	密码子数目
Asn	2	Met	1
Asp	2	Phe	2
Cys	2	Pro	4
Gln	2	Ser	6
Glu	2	Thr	4
Gly	4	Trp	1
His	2	Tyr	2
Ile	3	Val	4

在地球上，生命起源距今已经有 40 亿年，现今不同生物仍用一套遗传密码，说明其十分保守。即使只有一个氨基酸发生置换，都有可能对蛋白质结构带来巨大有害的影响。但是密码子的通用性并非十分严格，而是有一些例外。在正常密码中，有两种氨基酸只有一个密码子，即甲硫氨酸和色氨酸。按照线粒体的编码规则，它们各有两个密码子，即各增加一个密码子。正常的甲硫氨酸密码子为 AUG，在线粒体中 AUA 由异亮氨酸密码子转变为甲硫氨酸密码子。正常的色氨酸密码子是 UGG，在线粒体中终止密码子 UGA 转变为色氨酸密码子。甲硫氨酸的两个密码子和色氨酸的两个密码子各有单个的 tRNA 识别。正如人线粒体中 UGA 不再是终止密码子，而是编码 Trp，在酵母线粒体，原生动物纤毛虫等也有类似情形。所以遗传密码并不是绝对通用的，而是近于完全通用。

6. 密码子的摆动性（wobble）

tRNA 借助其反密码子的 3 个碱基序列与 mRNA 的密码子形成碱基对。mRNA 密码子的第一个碱基（按 5′→3′方向阅读）与反密码子的第三个碱基反向配对，如图 15-1 所示。

如果一个 tRNA 的反密码子通过 Watson - Crick 碱基配对原则仅识别一个密码子，那么对于一个氨基酸的每个密码子而言，细胞就要有不同的 tRNA。事实并非如此，例如，有些 tRNA 的反密码子含有次黄嘌呤核苷酸（以 I 表示），其稀有碱基次黄嘌呤能与 3 种不同的碱基（U，C 和 A）形成氢键。与 Watson - Crick 碱基配对 G≡C 和 A=U 相比，这些配对要弱得多。在酵母中，一个 tRNA^{Arg}其反密码子（5′）ICG，能识别 3 个精氨酸密码子（5′）CGA、（5′）CGU 和 (5′) CGC，这些密码子的前两个碱基都是相同的（CG），并且与相应的反密码子的碱基组成

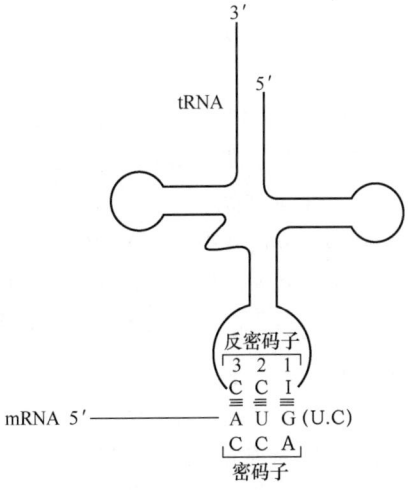

图 15-1 密码子的摆动

很强的 Watson-Crick 碱基对。3 个精氨酸密码子的第 3 个碱基（A、U、C）与处于反密码子第一个位置的次黄嘌呤核苷酸（I）形成较弱的氢键。

Crick 根据这些结果和其他密码子-反密码子配对情况提出一个论断，认为大多数密码子的第 3 个碱基与其反密码子的相应碱基配对比较松，用他的生动的话来说，密码子的第 3 个碱基和它们相应的反密码子的第一碱基配对具有"摆动性"。

Crick 提出的摆动假说（wobble hypothesis）内容概括如下：

① 一个 mRNA 的前两个碱基总是与 tRNA 反密码子相应的碱基形成很强的 Watson-Crick 碱基对，并且赋予大部分密码专一性。

② 反密码子的第一个碱基（按 5′→3′方向阅读，与密码子的第 3 个碱基配对）决定了 tRNA 识别密码子的数目。当反密码子的第一个碱基是 A 或 C 时，碱基配对是专一的，那个 tRNA 仅仅识别一个密码子。当第一个碱基是 U 或 G 时，碱基配对很少专一，可以阅读两个不同的密码子。当次黄嘌呤核苷酸是一个反密码子的第一个碱基时，能识别 3 个密码子——这是任何 tRNA 识别的最大数目。如表 15-3 所示。

表 15-3　　　　　　　　　　密码子和反密码子之间的碱基配对

反密码子	密码子	反密码子	密码子
A	U	I	U、C、A
C	G	U	A、G
G	U、C		

③ 当一个氨基酸能使用几个不同的密码子时，密码子的前两个碱基的任一个产生差异也需要不同的 tRNA。

④ 翻译所有 61 个密码子最少需要 32 个 tRNA。密码子的摆动（或第 3）碱基对专一性也起作用，但是，因为它与其相应的反密码子的碱基配对很弱，因此，在蛋白质合成期间，这使得 tRNA 能与其密码子快速分离。如果密码子的 3 个碱基均与反密码子的 3 个碱基形成强的 Watson-Crick 配对的话，tRNA 将分离太慢，这将严重地限制蛋白质合成速率。密码子-反密码子相互作用平衡了准确和速度的需要。

7. 密码子的防错系统

虽然密码子的简并程度各不相同，但同义密码子在密码表中的分布十分有规则，而且密码子中碱基顺序与其相应氨基酸物理化学性质之间存在巧妙的关系。在密码表中，氨基酸的极性通常由密码子的第二位碱基决定，简并性由第三位碱基决定。例如，中间碱基是 U，它编码的氨基酸是非极性、疏水的和支链的，常在球蛋白的内部；中间碱基是 C，相应的氨基酸是非极性的或具有不带电荷的极性侧链；中间碱基是 A 或 G，其相应氨基酸常在球蛋白外围，具有亲水性；第一位是 A 或 C，第二位碱基是 A 或 G，第三位可以是任意碱基，其相应氨基酸具有可解离的亲水性侧链并具有碱性；带有酸性亲水侧链的氨基酸其密码子前两位为 AG，第三位为任意碱基。

这种分布使得密码子中一个碱基被置换，其结果或者是仍然编码相同的氨基酸，或者被物理化学性质最接近的氨基酸相取代，从而使得基因突变可能造成的危害降为最低。

第二节 核糖体与 RNA 在蛋白质合成中的作用

一、核糖体的基本组成单位

核糖体是一个巨大的核糖核蛋白体，又称核蛋白体，由核糖核酸和几十种蛋白质分子组成，是蛋白质合成的场所。

在原核细胞中，核糖体可以游离形式存在，平均每个细胞约有 2000 个核糖体。真核细胞中核糖体按其在细胞质中的位置分为游离核糖体（合成细胞质蛋白）和内质网核糖体（合成分泌蛋白和细胞器蛋白）。真核细胞所含核糖体的数目比原核细胞多很多，一般为 $10^6 \sim 10^7$ 个。线粒体、叶绿体及细胞核内也有自己的核糖体。

不同种类生物体中核糖体的结构高度保守，但是在细菌、真核细胞质及细胞器的核糖体中，其总体大小及 RNA 与蛋白质的比例有很大的差异。

任何生物的核糖体都是由大、小两个亚基组成。原核细胞核糖体由 30S 和 50S 两个亚基组成，30S 小亚基单位含有 16SrRNA 和 21 种不同相对分子质量的蛋白质，50S 大亚基单位含有一个 5SrRNA、一个 23SrRNA 和 34 种蛋白质。真核细胞核糖体由 40S 和 60S 两个亚基构成，40S 亚基中有 18SrRNA 和 30 多种蛋白质，60S 亚基中有一个 5SrRNA、一个 28SrRNA 和大约 50 种蛋白质。哺乳类生物核糖体的 60S 大亚基中还有一个 5.8S 的 rRNA，如表 15-4 所示。

表 15-4　　原核细胞和真核细胞核糖体组成差异

原核细胞			真核细胞	
70S	30S 亚基	16SrRNA 21 种蛋白质	80S	40S 亚基	18SrRNA 30 多种蛋白质
	50S 亚基	5SrRNA 23SrRNA 34 种蛋白质		60S 亚基	5SrRNA 28SrRNA 大约 50 种蛋白质 个别有 5.8SrRNA

应用电镜和其他物理学方法，已经提出了大肠杆菌 30S、50S 和 70S 核糖体的结构模型（图 15-2）。70S 核糖体为一椭球体。30S 亚基的外形像一个动物的胚胎，长轴上有一凹下去的颈部，将 30S 亚基分成头部和躯干部两部分。50S 亚基的外形很特别，像一把特殊的椅子，三边带有突起，中间凹下去的部分有一个很大的空穴。当 30S 和 50S 亚基相互结合成 70S 核糖体时，30S 亚基水平地与 50S 亚基集合，腹面与 50S 亚基的空穴相抱，它的头部与 50S 亚基中含蛋白质较多的一侧相结合。两亚基结合面上留有相当大的空隙，蛋白质合成在该空隙中进行。

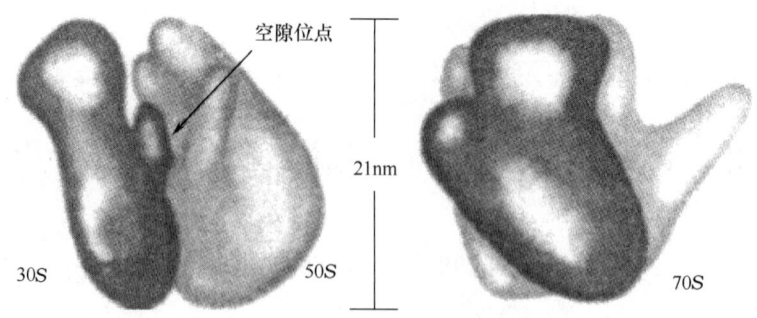

图 15-2　50S 和 70S 核糖体的结构模型

二、核糖体的发现及功能

早在 1950 年就有人将放射性同位素标记的氨基酸注射到小鼠体内，经短时间后取出肝脏，制成匀浆，离心，分成核、线粒体、微粒体及上清液等组分。发现微粒体中的放射性强度最高。再用去污剂，如脱氧胆酸，处理微粒体，将核糖体从内质网中分离出来，发现核糖体的放射强度比微粒体的要高 7 倍。这就说明核糖体是合成蛋白质的部位。

1968 年已在体外对大肠杆菌小亚基进行了自我装配研究，加入 16SrRNA 和 21 种蛋白质，即可形成有天然活性的 30S 小亚基。通过这些研究使人们能够进一步认识到小亚基和大亚基中 rRNA 与蛋白质的特异功能，并且核糖体是高度复杂的体系，它的任何个别组分或局部组分都不能起整体的作用，因此必须研究核糖体中蛋白质和 rRNA 的空间结构和位置，才能更完全地了解蛋白质合成的具体过程。

核糖体的大小亚基与 mRNA 有不同的结合特性。大肠杆菌的 30S 亚基能单独与 mRNA 结合形成核糖体-mRNA 复合体，而后与 tRNA 专一地结合。50S 亚基不能单独与 mRNA 结合，但可非专一地与 tRNA 相结合。50S 亚基上有两个重要的位点：P 位点和 A 位点，这两个位点的位置可能是在 50S 亚基与 30S 亚基相结合的表面上。50S 亚基上还有一个 E 位点。另在 50S 和 30S 亚基的接触面上有一个结合 mRNA 的位点（图 15-3）。

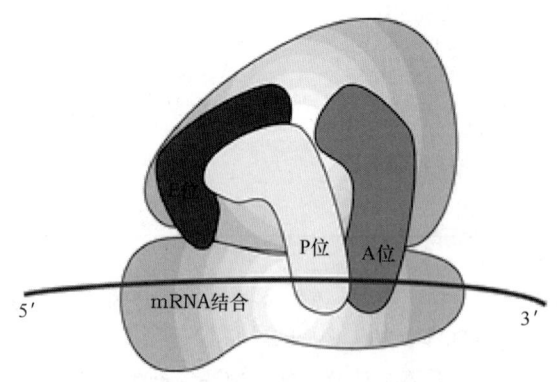

图 15-3　核糖体的功能位点

原核细胞中，一条 mRNA 同时被几个核糖体阅读，把同时结合并翻译同一条 mRNA 的多个核糖体称为多聚核糖体（图 15-4）。两个核糖体之间有一段裸露的 mRNA，每个核糖体可以独立地完成一条多肽链的合成。所以多核糖体上可以同时进行多条肽链的合成。

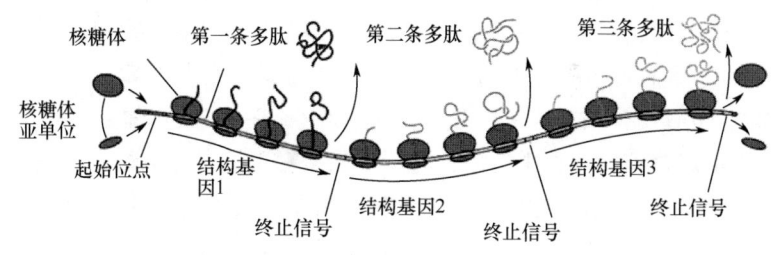

图 15-4　多聚核糖体

核糖体功能位点：

（1）容纳 mRNA　位于 30S 小亚基头部，此处有几种蛋白质构成一个以上的结构域，特别是 16SrRNA 3′末端与 mRNAAUG 之前的一段序列互补是这种结合必不可少的。并能沿着 mRNA 由 5′→3′移动，由 tRNA 解读其密码。

（2）氨基酰位点（A 位点，aminoacyl-tRNA site），可结合氨基酰-tRNA（AA-tRNA），又称氨基酰-tRNA 位或受位。它大部分位于大亚基而小部分位于小亚基，它是结合一个新进入的氨基酰-tRNA 的位置。

（3）肽酰基位点（P 位点，peptidyl-tRNA site），又称肽酰基-tRNA 位或 P 位。它大部分位于小亚基，小部分位于大亚基，它是结合起始 tRNA 并向 A 位给出氨基酸并可结合肽酰基-tRNA（肽-tRNA）的位置。

（4）脱氨基酰-tRNA 的出口位（E 位点）是在肽酰基-tRNA 移位过程中使 GTP 水解的位点。

（5）肽酰基转移酶中心是转肽酶活性部位，位于 P 位和 A 位的连接处，催化肽键的形成，是形成肽键的位点等。

（6）结合参与蛋白质合成的因子，如起始因子（initiation factor，IF）、延长因子（elongation factor，EF）和终止因子或释放因子（release factor，RF）。

三、RNA 在蛋白质合成中的作用

（一）rRNA（核糖体 RNA）

核糖体内所有的 rRNA 在形成核糖体的结构和功能上都起着重要的作用。rRNA 中有很多双螺旋区，大量的颈环结构和发夹结构，可能是核糖体的钢筋骨架。16SrRNA 在识别 mRNA 上蛋白质合成起始位点中起重要作用，但对 rRNA 的其他生物学功能目前还未知。

（二）mRNA（信使 RNA）

mRNA 是信使 RNA，它是以 DNA 为模板合成的。mRNA 以核苷酸序列的方式携带遗传信息，通过这些信息来指导蛋白质合成。mRNA 上的遗传密码以连续的方式连接，组成读码框架。在读码框架的 5′末端由起始密码子 AUG 开始，它编码甲硫氨酸。在读码框架的 3′末端，含有一个或一个以上的终止密码子 UAA、UAG 和 UGA，终止蛋白质的合成。mRNA 的半衰期很短，很不稳定，一旦完成蛋白质合成后很快就被水解。

（三）tRNA（转运 RNA）

按照 mRNA 中密码子的指导，tRNA 将氨基酸携带进入核糖体，用以合成多肽链。

氨基酸首先与特异 tRNA 相连接生成氨基酰-tRNA，tRNA 凭借反密码子与 mRNA 分子上的密码子相识别，把所带的氨基酸送到肽链的一定位置上。对于组成蛋白质的 20 种氨基酸来说，每种 tRNA 只能携带一种氨基酸，但由于密码子的简并性，绝大多数氨基酸需要一种以上的 tRNA 作为转运工具。运输同一种氨基酸的不同 tRNA 称为同工受体 tRNA。

组成蛋白质的 20 种氨基酸，每一种至少有一种 tRNA 来负责转运。为了准确地翻译，每一种 tRNA 必须能被很好地识别。在书写时，将所运氨基酸写在 tRNA 的右上角，如 $tRNA^{Phe}$ 及 $tRNA^{Ser}$ 分别表示为苯丙氨酸和丝氨酸转运的 tRNA。大多数氨基酸具有几种用来转运的 tRNA。一个细胞中，通常含有 50 或更多的不同的 tRNA 分子。$tRNA_f^{Met}$ 称为起始 tRNA（initiation tRNA），具有携带甲酰氨基酸的功能。

第三节　蛋白质的生物合成

蛋白质的生物合成又称翻译（translation）。蛋白质翻译是在 mRNA 指导下，由一系列酶的催化作用，在核糖体上把 mRNA 分子中碱基排列顺序转变为蛋白质或多肽链中的氨基酸排列顺序的过程。

不同的组织细胞具有不同的生理功能，是因为它们表达不同的基因，产生具有特殊功能的蛋白质。在蛋白质合成过程中，需要多种蛋白质因子参与，参与蛋白质生物合成的成分至少有 200 种，其主要由 mRNA、tRNA、核糖核蛋白体以及有关的酶和蛋白质因子共同完成。原核生物与真核生物的蛋白质合成过程中有很多的区别，真核生物此过程更复杂，下面着重介绍原核生物蛋白质合成的过程，并指出真核生物与其不同之处。

蛋白质生物合成可分为三个阶段：氨基酸的活化、多肽链的合成、多肽链合成后的加工修饰等。

一、蛋白质生物合成的物质基础

生物体内要完成蛋白质合成需要：翻译所需要的模板 mRNA；蛋白质合成的场所核糖体；蛋白质合成所需要的酶和各个阶段参与反应的多种蛋白质因子；能量的提供者 ATP 和 GTP。

蛋白质翻译需要的酶类主要包括氨基酰-tRNA 合成酶（aminoacyl-tRNA synthetase）此酶是催化氨基酸与 tRNA 结合的酶，它可以识别特定的氨基酸，又可以识别转运该种氨基酸的 tRNA，此酶在有 ATP 和 Mg^{2+} 参与的条件下，催化氨基酸的活化，同时催化活化的氨基酸与相应的 tRNA 结合，形成特定的氨基酰-tRNA。

蛋白质翻译需要的蛋白质因子（非核糖体蛋白质）有：起始因子（initiation factor，IF）、延长因子（elongation factor，EF）和终止因子（termination factor）。

起始因子参与蛋白质起始复合物的形成。原核生物有三种起始因子（表 15-5），分别称为 IF-1、IF-2、IF-3；真核生物有九种起始因子，分别称为 eIF-1~9。

延长因子对原核生物而言有三种，分别是 EF-Tu、EF-Ts、EF-G（表 15-5）；真核生物延长因子分别为 eEF-1α、eEF-1βγ 和 eEF-2。

表 15-5　　　　　　　　　　　原核生物起始因子和延伸因子功能

起始因子	生物功能
IF-1	占据 A 位点防止结合其他 tRNA
IF-2	促进起始 tRNA 与小亚基结合
IF-3	促进大小亚基分离，提高 P 位点结合起始 tRNA 的敏感性
延伸因子	生物功能
EF-Tu	促进氨酰-tRNA 进入 A 位点，结合分解 GTP
EF-Ts	调节亚基
EF-G	促进 mRNA-肽酰-tRNA 由 A 位点移到 P 位点，促进 tRNA 释放

终止因子又称释放因子（release factor，RF），其功能是识别 mRNA 上的终止密码子，终止多肽链的合成并且释放出肽链。原核生物的释放因子是 RF-1、RF-2 和 RF-3；真核生物只有一种释放因子即 RF。

二、蛋白质生物合成的过程

肽链合成是向氨基端（N 端）还是羧基端（C 端）延伸是研究蛋白质生物合成前需要解决的问题。科学家通过大量的实验已经证明，mRNA 上信息的阅读（翻译）是从 mRNA 的 5′末端向 3′末端进行的，该方面的实验结果很多，如用人工合成的多核苷酸作模板：

$$5'—pAAA—(AAA)_n—AAC—OH—3'$$

在细胞体系中进行翻译，多肽产物为：

$$赖氨酰—(赖氨酰)_n—天冬氨酰$$

而且，天冬氨酰是以羧基为末端，所以它的密码子 AAC 是最后被翻译的。该实验证明了翻译的方向，mRNA 上信息的阅读是沿 5′→3′方向进行的，多肽链的合成自氨基端开始。因此在原核生物细胞内，当 mRNA 的转录还没有完成时，翻译工作即可以开始。

（一）氨基酸的活化

游离的氨基酸在氨基酰-tRNA 合成酶的催化下与 tRNA 相连形成氨基酰-tRNA 的过程称为氨基酸的活化。

氨基酸活化分两步进行：

$$氨基酸+ATP+酶 \longrightarrow 氨酰-AMP-酶+PPi \tag{1}$$

$$氨酰-AMP-酶+tRNA \longrightarrow 氨酰-tRNA+AMP+酶 \tag{2}$$

首先氨基酰-tRNA 合成酶识别它所催化的氨基酸以及另一底物 ATP 在氨基酰-tRNA 合成酶的催化下，氨基酸的羧基与 AMP 上的磷酸之间形成酯键，同时释放出一分子的 PPi。该反应平衡常数大约为 1，使得 ATP 分子中磷酸酐键断裂所具备的能量继续保存到了氨基酰-AMP 分子中，此时氨基酰-AMP 仍然紧密地与酶分子结合。然后氨基酸从相应的氨基酰-AMP-酶复合物转移到相应的 tRNA 上，形成氨基酰-tRNA，这是一个高能化合物，其能量足以形成肽键。在该反应过程中，随着 PPi 被焦磷酸酶水解成两个自由磷酸分子，每个氨基酸的活化需要净消耗 2 个高能磷酸键。氨基酸与核糖之间形成的高能酯键对蛋白质合成中肽键的形成十分重要。

氨基酰-tRNA 合成酶催化特定的氨基酸与特异的 tRNA 相结合，生成各种氨基酰-tRNA，它既能识别相对应的氨基酸，又能识别与此相对应的一个或多个 tRNA 分子（运载同一种氨基酸的一组不同 tRNA 称为同功 tRNA）。它对氨基酸的识别特异性很高，而对 tRNA 识别的特异性较低。因此，将氨基酰-tRNA 合成酶和与之对应的 tRNA 分子称为"第二遗传密码"或"遗传密码第二"。同时氨基酰-tRNA 合成酶的高度的专一性，保证了氨基酸与其特定的 tRNA 准确配对。

氨基酰-tRNA 合成酶参与氨基酸的活化具有两方面的意义：一是氨基酸与 tRNA 分子的结合使得氨基酸本身被活化，有利于下一步进行的肽键形成的反应；二是 tRNA 可以携带氨基酸到 mRNA 的指定部位，使得氨基酸能够被掺入到多肽链合适的位置。通过这个作用，氨基酰-tRNA 合成酶不仅为蛋白质合成解决了能量问题，同时解决了专一性问题。

原核细胞中起始氨基酸活化后，还要甲酰化，形成甲酰甲硫氨酸-tRNA，由 N^{10}-甲酰四氢叶酸提供甲酰基，而真核细胞没有此过程。

（二）多肽链合成过程

1. 肽链合成的起始

（1）原核生物细胞肽链合成的起始

①起始密码子的识别：mRNA 上的起始密码子常为 AUG，少数情况下为 GUC、UUC。原核生物中每一个 mRNA 都具有其核糖体结合位点 SD 序列。这段序列正好与 30S 小亚基中的 16S rRNA 3′末端一部分序列互补，因此 SD 序列又称核糖体结合序列，这种互补就意味着核糖体能选择 mRNA 上 AUG 的正确位置来起始肽链的合成，该结合反应由起始因子 3（IF-3）介导，另外 IF-1 促进 IF-3 与小亚基的结合，故先形成 IF3-30S 亚基-mRNA 三元复合物。

②起始氨基酸及起始 tRNA：原核生物的起始氨基酸是 Met，但并不是以甲硫氨酰-tRNA 作为起始物，而是以 N-甲酰甲硫氨酸-tRNA（fMet-tRNA$_f$）的形式起始。细胞内有两种携带 Met 的 tRNA：tRNA^{Met} 携带正常的 Met 掺入肽链；tRNA$_f$ 与 fMet 相结合，参与起始肽链的合成。细胞内有一种甲酰催化酶催化 Met 的 $α-NH_2$ 甲酰化，形成 N-甲酰甲硫氨酸-tRNA。该酶只催化 Met-tRNA$_f$ 而不能催化游离的 Met 或 Met-tRNA^{Met} 的甲酰化。

③30S 前起始复合物的形成：在起始因子 IF2 作用下，甲酰甲硫氨酰起始 tRNA 与 mRNA 分子中的 AUG 相结合，即密码子与反密码子配对，同时 IF3 从三元复合物中脱落，形成 30S 前起始复合物，即 IF2-30S 亚基-mRNA-fMet-tRNA$_f$ 复合物，此步需要 GTP 和 Mg^{2+} 参与。

④70S 起始复合物的形成：在大肠杆菌中，mRNA 首先与核糖体的 30S 亚基结合，在起始因子 IF3 的作用下形成 IF3-30S-mRNA，进一步与 fMet-tRNA$_f$ 及 GTP 结合后，IF3 解离下来，形成 30S 起始复合物（30SmRNA-fMet-tRNA$_f$）。30S 起始复合物与 50S 大亚基相结合后，IF-1 和 IF-2 解离下来，GTP 水解成 GDP 和磷酸提供能量，形成了具有生物学功能的 70S-mRNA-fMet-tRNA$_f$ 复合物（图 15-5）。此时 fMet-tRNA$_f$ 占据着核糖体肽酰位点（P 位），而核糖体 A 位将等待携带某氨基酸的氨基酰-tRNA 上的反密码子与 mRNA 上第二个密码准确配对进入，从而进入延长阶段。

（2）真核生物细胞蛋白质合成的起始　真核细胞蛋白质合成起始复合物的形成中需要更多的起始因子参与，因此起始过程也更复杂。

①需要特异的起始 tRNA 即-tRNA$_f^{Met}$：起始过程中不需要将甲硫氨酸 N 端甲酰化。已发现的真核细胞起始因子（eukaryote initiation factor，eIF）有近 10 种。

②起始复合物形成在 mRNA 5′末端 AUG 上游的帽子结构（除某些病毒 mRNA 外）。

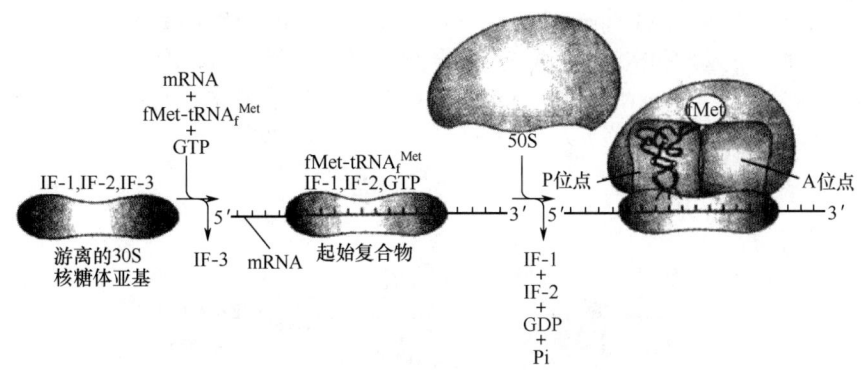

图 15-5　原核生物起始复合物的形成

③ATP 水解为 ADP 供给 mRNA 结合所需要的能量。

真核细胞起始复合物的形成过程是：翻译起始也是由 eIF-3 结合在 40S 小亚基上而促进 80S 核糖体解离出 60S 大亚基开始，同时在 eIF-2 作用下，与 Met-tRNA$_f^{Met}$ 及 GTP 结合，再通过 eIF-3 及 eIF-4 的作用，先结合到 40S 小亚基，然后再与 mRNA 结合。mRNA 结合到 40S 小亚基时，除了 eIF-3 参加外，还需要 eIF-1 和 eIF-4，并由 ATP 水解为 ADP 及 Pi 来供能，形成的复合物在多个因子的帮助下开始与 mRNA 5′末端结合，其中 eIF-4 含有一个亚基能够特异性地结合在 mRNA 的帽子结构上，通过帽结合后，mRNA 在核糖体小亚基上向下游 3′末端移动而进行扫描，直到移动到第一个 AUG 进行翻译开始。然后通过 eIF-5 的作用，可使结合 Met-tRNA^{Met}·GTP 及 mRNA 核糖体 40S 小亚基与 60S 大亚基结合，形成 80S 复合物。eIF-5 具有 GTP 酶活力，催化 GTP 水解为 GDP 及 Pi，并有利于其他起始因子从 40S 小亚基表面脱落，从而有利于 40S 与 60S 两个亚基结合起来，最后经 eIF-4D 激活而成为具有活性的 80S-mRNA-Met-tRNA^{Met} 起始复合物（图 15-6）。

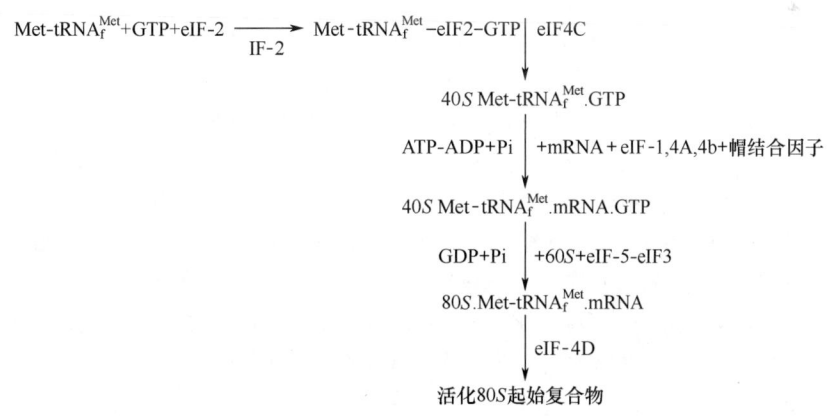

图 15-6　真核细胞起始复合物合成

2. 多肽链合成的延长阶段

70S 起始复合物形成后，蛋白质合成进入肽链延伸阶段。大肠杆菌中肽链的延伸分为三步进行，即进位、转肽和移位。每步都是在相应的蛋白质延长因子催化下完成的，需要 GTP 供能。

（1）进位（entrace）　肽酰-tRNA 占据 P 位点，氨酰-tRNA 结合到核糖体的 A 位点，称为进位。氨基酰-tRNA 在进位前需要有三种延长因子的作用，即热不稳定的 EF（unstable temperature EF,

EF-Tu），热稳定的 EF（stable temperature EF，EF-Ts）以及依赖 GTP 的转位因子。EF-Tu 首先与 GTP 结合，然后再与氨基酰-tRNA 结合成三元复合物，这样的三元复合物才能进入 A 位。此时 GTP 水解成 GDP 和磷酸，EF-Tu 和 GDP 与结合在 A 位上的氨基酰-tRNA 分离（图 15-7）。

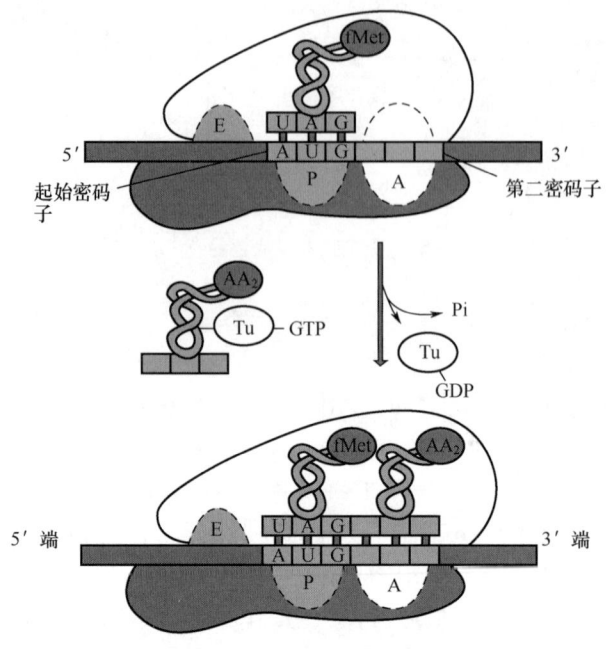

图 15-7　肽链延伸中的进位

（2）转肽——肽键的形成（peptide bond formation）　在 70S 起始复合物形成过程中，核糖核蛋白体的 P 位上已结合了起始甲酰甲硫氨酸-tRNA。当进位后，P 位和 A 位上各结合了一个氨基酰-tRNA，两个氨基酸之间在核糖体转肽酶作用下，P 位上的氨基酸提供 α-COOH，与 A 位上的氨基酸的 α-NH$_2$ 形成肽键，从而使 P 位上的氨基酸（或者肽链）连接到 A 位点氨基酰-tRNA 的氨基酸的氨基上，这就是转肽。转肽后，在 A 位上形成了一个二肽酰 tRNA，将无负载的 tRNA 留在 P 位点上（图 15-8）。肽酰转肽酶是 50S 亚基上的一个蛋白质组分，氯霉素、林可霉素、红霉素等能够作用于 50S 亚基，抑制转肽酶的活性，妨碍移位。

（3）移位（translocation）　转肽作用发生后，氨基酸都位于 A 位，P 位上无负载的 tRNA 就此脱落，离开核糖体。核蛋白体沿着 mRNA 由 5′端向 3′端方向移动一个密码子，二肽酰 tRNA 处在 P 位，而 A 位空出，可以接受下一个新的氨基酰 tRNA 进入。移位过程需要 EF-2、GTP 和 Mg^{2+} 的参加。以后，肽链上每增加一个氨基酸残基，即重复上述进位、转肽、移位的步骤，直至所需的长度。实验证明 mRNA 上的信息阅读是从 5′端向 3′端进行，而肽链的延伸是从氨基端到羧基端。所以多肽链合成的方向是 N 端到 C 端。

3. 多肽链合成的终止

终止阶段（termination）包括终止密码子的辨认、肽链从肽酰-tRNA 中水解，mRNA 从核糖体中分离及大小亚基的拆开。终止过程也需蛋白质因子。

肽链合成的终止步骤包括两步：一是识别 mRNA 上的终止信号；二是形成的肽酰-tRNA 被酯酶水解，释放出新合成的肽链。

当 mRNA 分子中的终止密码子进入核糖体的 A 位上时，各种氨基酰-tRNA 均不能进入 A

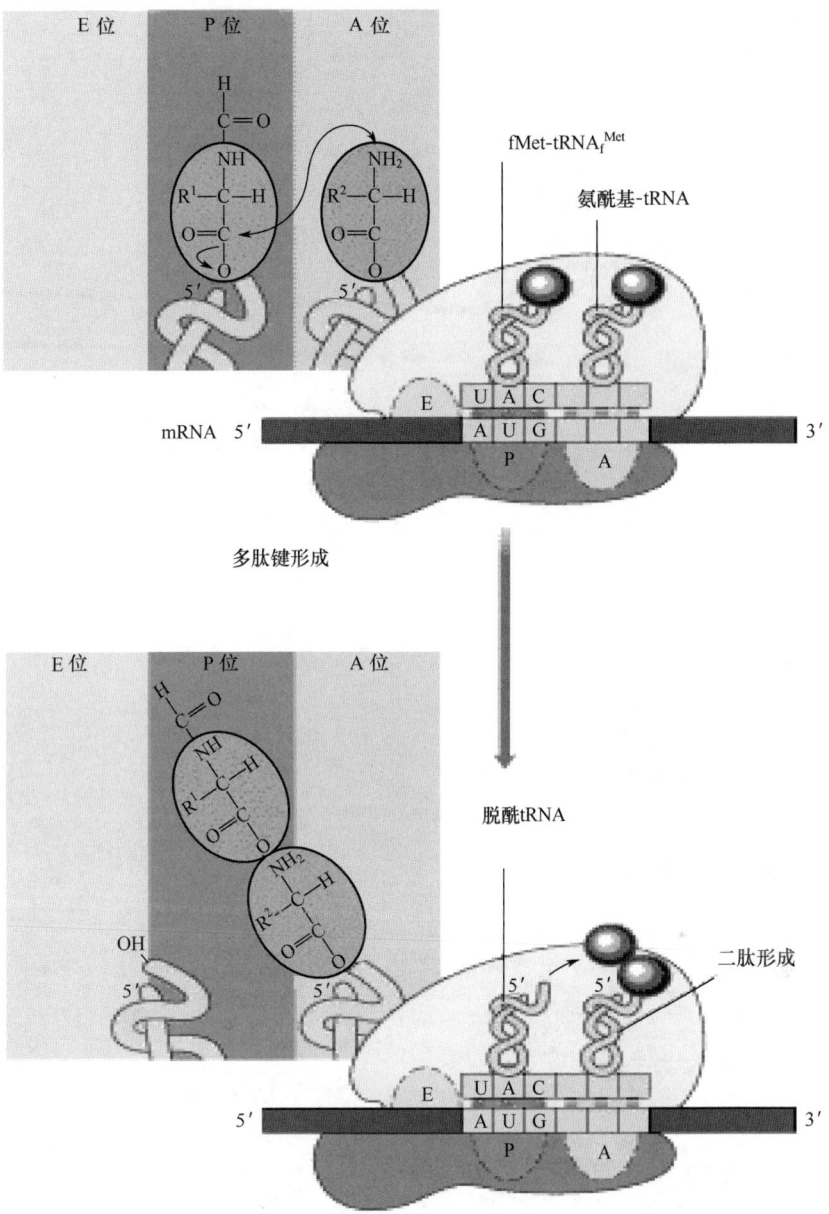

图 15-8 转肽-肽键的形成

位与其结合，而释放因子（RF）在 GTP 存在下能识别终止密码并进入 A 位，并与 A 位结合，使核糖体转肽酶活性转变为水解酶活性，水解 P 位上的 tRNA 与肽链之间的酯键，使肽链从核糖体上脱落下来。最后，核糖体与 mRNA 分离，tRNA 和 RF 分别从核糖体 P 位和 A 位上脱落，大亚基与小亚基分离（图 15-9）。

无论原核生物还是真核生物都有三种终止密码子 UAG、UAA 和 UGA。没有一个 tRNA 能够与终止密码子作用，而是靠特殊的蛋白质因子促成终止作用。这类蛋白质因子称为释放因子，原核生物有三种释放因子：RF-1、RF-2 和 RF-3。RF-1 识别 UAA 和 UAG，RF-2 识别 UAA 和 UGA。RF-3 的作用还不明确。真核生物中只有一种释放因子 eRF，它可以识别三种终止密码子。

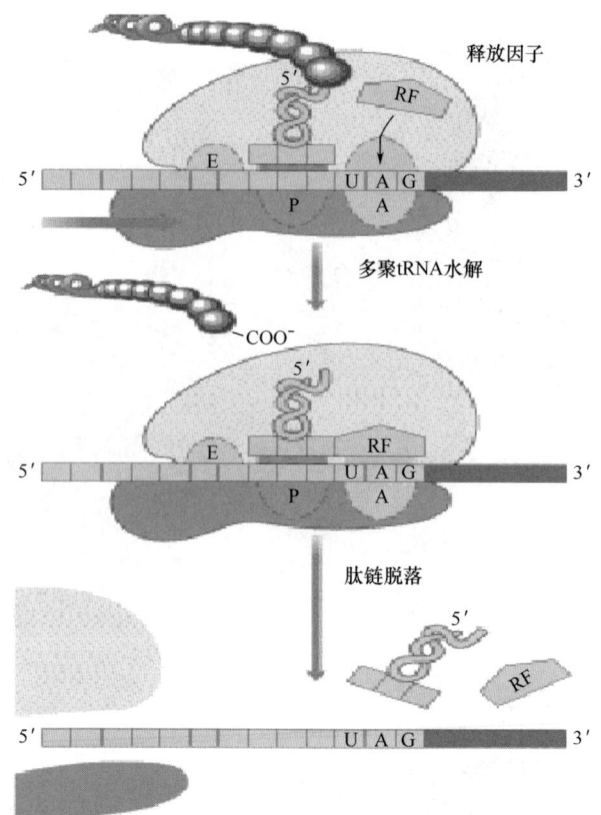

图 15-9 蛋白质合成终止示意图

多肽链合成延长过程如图 15-10 所示。

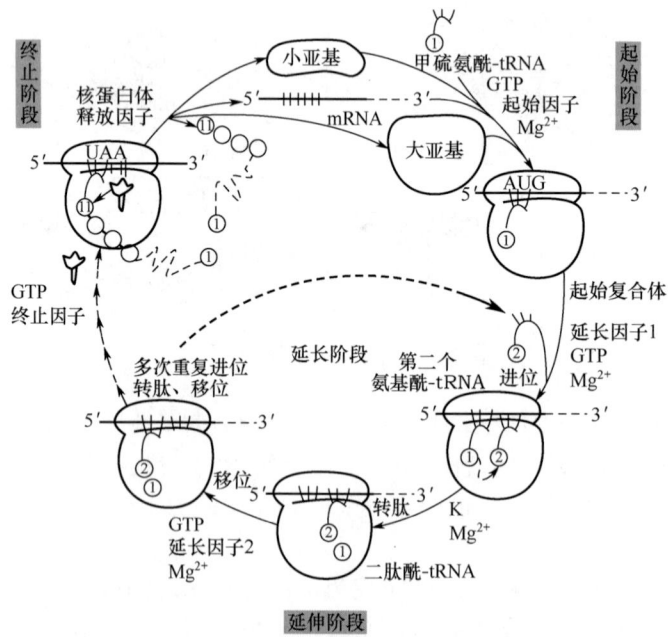

图 15-10 多肽链合成延长示意图

4. 多核糖体循环

所谓多核糖体循环又称多聚核糖体（polyribosome），即在一条 mRNA 链上，可以同时结合多个核糖体，这样一条 mRNA 链上多个核糖体呈串珠状排列，也就是说多个核糖体可以在一条 mRNA 链上同时合成几条多肽链。从某种意义上说，多核糖体循环提高了蛋白质的翻译效率。

蛋白质生物合成启动以后，每形成一个肽键，消耗四个高能磷酸键。

三、多肽链合成后的加工修饰

新合成的蛋白质通常需要经过一定的加工或修饰才能成为具有生理活性的蛋白质分子。肽链从核糖体释放后，经过修饰处理，由多条肽链构成的蛋白质和带有辅基的蛋白质，其各个亚单位必须互相聚合才能成为完整的、有活性的成熟蛋白质，称为翻译后加工修饰。一般情况下，加工修饰既是功能的需要，也是折叠成天然构象、定向转运的需要。这在真核生物中尤为复杂，合成的蛋白要定向运输到细胞质、质膜、各种细胞器等。从核糖体上释放出来的多肽链，按照一级结构中氨基酸侧链的性质，卷曲后形成一定的空间结构。

（一）一级结构的加工修饰

1. 切除加工

在原核生物中几乎所有新合成的蛋白质都是从 N-甲酰甲硫氨酸开始，真核生物从甲硫氨酸开始。但成熟的蛋白质分子 N 端没有甲酰基或没有甲硫氨酸。

在原核生物细胞内脱甲酰基酶或氨基肽酶可以去除 N-甲酰甲硫氨酸的 N-甲酰基或 N 末端的一段肽段。真核生物细胞除切除 N 末端的一段肽段外，还要切除部分肽段，将无活性的前体转变成活性形式。

信号肽（signal peptide），又称引导肽（leader peptide），分泌蛋白新生肽链 N 端的一段 20~30 个氨基酸残基组成的肽段。其作用一般认为是将分泌蛋白引导进入内质网，同时这个肽段被切除。信号肽一般包括三个区：一个带正电的 N 末端，称为碱性氨基末端；一个中间疏水序列，以中性氨基酸为主，能够形成一段 α-螺旋结构，它是信号肽的主要功能区；一个较长的带负电荷的 C 末端，含小分子氨基酸，是信号序列切割位点，又称加工区。在典型情况下信号肽位于被转运多肽链的 N 端。

2. 共价修饰

许多蛋白质可以进行不同类型化学基团的共价修饰，修饰后可以表现为激活状态，也可以表现为失活状态。

（1）乙酰化　某些蛋白质分子氨基端要进行乙酰化。

（2）磷酸化　蛋白质磷酸化参与代谢调控和信号转导，以及蛋白与蛋白之间的相互作用。近年来，已经发现由蛋白激酶和蛋白磷酸化酶催化的蛋白质磷酸化/去磷酸化在原核生物中十分普遍。磷酸化多发生在多肽链丝氨酸、苏氨酸的羟基上，偶尔也发生在酪氨酸残基上，这种磷酸化的过程受细胞内一种蛋白激酶催化，磷酸化后的蛋白质可以增加或降低它们的活性，例如，促进糖原分解的磷酸化酶，无活性的磷酸化酶 b 经磷酸化以后，变为有活性的磷酸化酶 a。而有活性的糖原合成酶 I 经磷酸化以后变成无活性的糖原合成酶 D，共同调节糖原的合成与分解。

（3）糖基化　真核生物中糖基化修饰很普遍。粗面内质网的核糖体是膜蛋白和分泌性蛋白合成的地方，也是蛋白质分泌的起点。多肽经移位后，在内质网小腔中被修饰，包括切除 N 端信号肽，形成二硫键，使线性多肽呈现一定空间结构及糖基化作用，糖基化作用使多肽链变成糖蛋白。质膜蛋白质和许多分泌性蛋白质都具有糖链,这些寡糖链结合在丝氨酸或苏氨酸的羟基上,例如红细胞膜上的 ABO 血型决定簇,也可以与天冬酰胺连接。这些寡糖链是在内质网或高尔基体中加入的(图 15-11)。

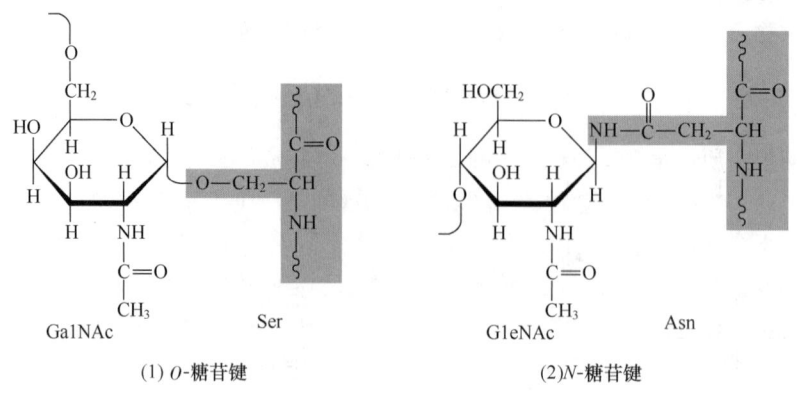

图 15-11　糖蛋白中常见的糖-肽连接键

糖基化作用使多肽链转变成糖蛋白。许多膜本体蛋白及抗原蛋白都是糖蛋白。糖蛋白中的糖苷键有两类:一类是肽链上天冬酰胺侧链上的 N 原子与寡聚核糖之间构成的 N-糖苷键。另一类是肽链上丝氨酸、苏氨酸侧链上的氧原子与寡聚核糖之间构成的 O-糖苷键。通常在糖蛋白上发现的寡聚糖(oligosaccharide core)是五聚糖。其成分为 3 分子甘露糖及 2 分子 N-乙酰胺基葡萄糖。寡聚核糖是如何被带到蛋白质上的呢?已证明携带的载体是长萜醇的磷酸酯(dolichol phosphate)。它是一条具有很长的烃链的磷酸酯。末端的磷酸基可与核糖结合。高尔基体上的特殊结构也有利于糖基化修饰。高尔基体是由许多层袋状的膜结构组成的。糖蛋白的进一步糖基化修饰就是在这种膜结构中完成的。以溶酶体中的酶类的输送为例,由于这些酶类自身构象的变化可与 6-磷酸甘露糖酯相结合,后者可被高尔基体膜上的受体识别,最终使这些酶-糖蛋白进入溶酶体。所以,6-磷酸甘露糖酯是一种导向标志,指挥糖蛋白的运输方向。但 6-磷酸甘露糖酯对分泌蛋白与质膜蛋白并不起导向标志的作用。

(4) 羟基化　胶原蛋白前 α 链上的脯氨酸和赖氨酸残基在内质网中受羟化酶、分子氧和维生素 C 作用产生羟脯氨酸和羟赖氨酸,如果此过程受阻胶原纤维不能进行交联,极大地降低了它的张力强度。

(5) 二硫键的形成　mRNA 上没有胱氨酸的密码子,多肽链中的二硫键,是在肽链合成后,通过两个半胱氨酸的巯基氧化而形成的,二硫键的形成对于许多酶和蛋白质的活性是必需的。如核糖核酸酶合成后,肽链中 8 个半胱氨酸残基构成 4 对二硫键,此 4 对二硫键对它的酶活力是必要的。

(6) 甲基化　甲基转移酶利用 SAM(S-腺苷甲硫氨酸)对特定蛋白质进行甲基化修饰。在大肠杆菌等细菌中发现一种甲基转移酶,能将与膜结合的化学受体蛋白谷氨酸残基甲基化。这种甲基转移酶和另外一种甲基酯酶催化甲基化/去甲基化过程,在细菌趋化性的信号转导中起重要作用。真核细胞中天冬氨酸的甲基化能促进已破坏蛋白的修复或降解。在 2,3-二磷酸核酮糖羧化酶、钙调蛋白、组氰酸和某些核糖体蛋白及细胞色素 C 中都有甲基化的赖氨酸残基。其他可甲基化的氨基酸残基还有组氨酸(如组蛋白)、精氨酸(如休克蛋白)等。

（二） 高级结构的形成

过去一直认为，蛋白质空间结构的形成靠其一级结构决定，不需要另外的信息。近些年来发现许多细胞内蛋白质正确装配都需要一类称为"分子伴侣"的蛋白质帮助才能完成，这一概念的提出并未否定"氨基酸顺序决定蛋白空间结构"这一原则，而是对这一理论的补充，分子伴侣的功能主要是：从多肽链合成开始到折叠发生，分子伴侣起到保护多肽链不受其他蛋白攻击；帮助蛋白质正确、快速地折叠或组装成多亚基蛋白的作用。

"分子伴侣"是一类蛋白质，能介导其他蛋白质正确装配成有功能活性的空间结构，而它本身并不参与最终装配产物的组成。目前认为"分子伴侣"蛋白质有两类：第一类是一些酶，例如，蛋白质二硫键异构酶在内质网腔活性很高，可在较大区段肽链中催化错配二硫键断裂并形成正确的二硫键连接，最终保证蛋白质能够形成热力学最稳定的天然构象。肽-脯氨酰顺反异构酶是蛋白质三维构象形成的限速酶，在肽链合成需要顺反异构时可使多肽在各脯氨酸弯折处形成准确折叠；第二类是一些蛋白质分子，它们可以和部分折叠或没有折叠的蛋白质分子结合，稳定它们的构象，免遭其他酶的水解或促进蛋白质折叠成正确的空间结构。总之"分子伴侣"在蛋白质合成后折叠成正确空间结构中起重要作用。

具有四级结构的蛋白质是有两个及以上的亚基或其他辅助成分通过非共价键聚合形成寡聚体，各亚基必须相互依存才有活性。蛋白质的各个亚单位相互聚合时所需要的信息，蕴藏在肽链的氨基酸序列之中。

辅基的结合：结合蛋白质如糖蛋白、脂蛋白和色素蛋白分别需要加糖、加脂和加辅基才能成为活性蛋白质。

第四节 蛋白质的转运

不论是原核还是真核生物，在细胞浆内合成的蛋白质需定位于细胞特定的区域。

蛋白质运转可分为两大类：①翻译-运转同步机制：蛋白质的合成和运转同时发生；②翻译后运转机制：蛋白质从核糖体上释放后才发生运转。分泌蛋白质大多是以同步机制运输的。在细胞器发育过程中，由细胞质进入细胞器的蛋白质大多是以翻译后运转机制运输的。参与生物膜形成的蛋白质，依赖于上述两种不同的运转机制镶入膜内。

一、翻译运转同步机制

采用此机制的蛋白有分泌蛋白、质膜蛋白、溶酶体蛋白、内质网和高尔基体滞留蛋白。首先在游离核糖体上合成含信号肽的肽段后，就结合到内质网上，然后边合成边进入内质网腔，经过初步的加工和修饰后，部分多肽以芽孢的形式被转运到高尔基体，再经过进一步的加工和修饰后被运往质膜、溶酶体或被分泌到细胞外。

细菌细胞质中合成的多肽可以在合成部位或被整合到质膜上或者通过质膜分泌出来行使功能。大多数非细胞质细菌蛋白在核糖体上合成的同时也被运送到质膜或跨过膜，这一过程称为翻译中转运。

分泌蛋白的生物合成开始于核糖体，翻译到大约 50 个氨基酸残基，信号肽开始从核糖体的大亚基露出，被内质网膜上的受体（信号识别颗粒SRP）识别并与之结合。信号肽过膜后被内质网腔的信号肽酶水解，新生肽随之通过蛋白孔道穿越疏水的双层磷脂。当核糖体移到mRNA的"终止"密码子，蛋白质合成即告完成，翻译体系解散，膜上的蛋白孔道消失，核糖体重新处于自由状态（图15-12）。

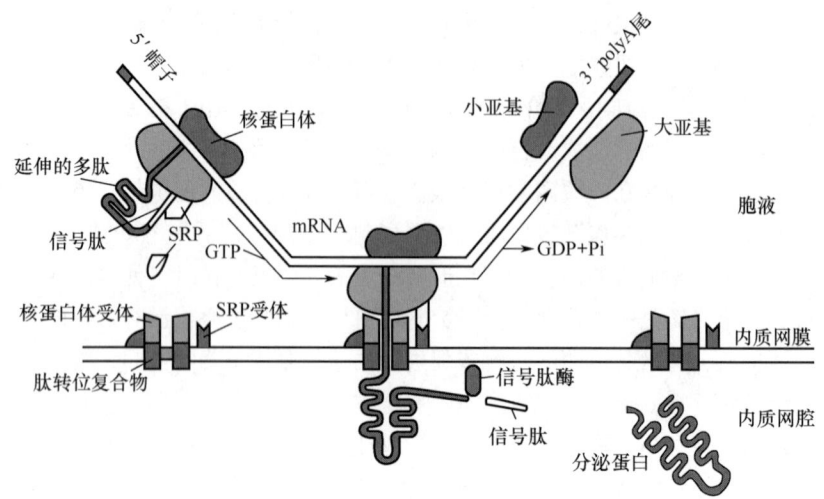

图15-12　信号肽引导分泌蛋白进入内质网

对于分泌蛋白来说，跨膜转运后要切除N端信号肽，多肽进入内质网腔，此后在高尔基体内进行下一步加工修饰。跨膜蛋白转运的起始阶段与分泌蛋白类似，N端的信号肽作为起始信号结合到膜上，多肽链的其余部分线性穿过膜。单跨膜蛋白有一个终止转运信号，它阻止后续肽的继续穿膜，多跨膜蛋白质有一系列交替出现的起始和终止信号。

二、翻译后运输

线粒体DNA基因组可编码全部线粒体DNA，但只编码一小部分线粒体蛋白。叶绿体的情况与线粒体基本类似。大部分线粒体和叶绿体的蛋白质是由细胞核基因组DNA编码的，并在细胞质内游离核糖体上合成后，通过新生肽的信号肽序列直接运到细胞器，这种运输称为翻译后转运。这个过程需要蛋白质通过多肽链结合蛋白的帮助进行折叠。

线粒体蛋白质跨膜运转具体内容主要有（图15-13）。

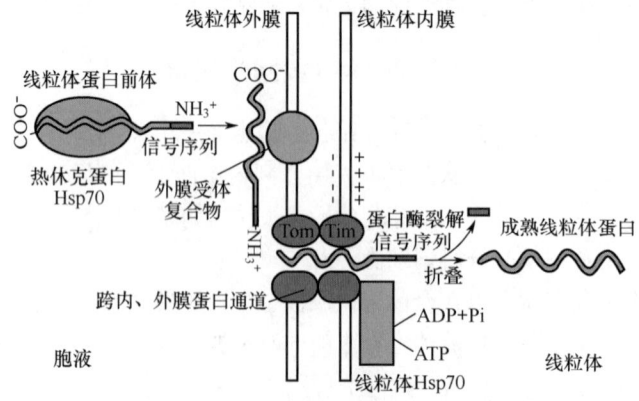

图15-13　线粒体蛋白的靶向运输

（1）通过线粒体膜的蛋白质在运转之前大多数以前体形式存在，它由成熟蛋白质和位于 N 端的一段前导肽（leader peptide）共同组成，前导肽含 20~80 个氨基酸残基，当前体蛋白通过膜时，前导肽被多肽酶所水解，释放成熟蛋白质。

（2）蛋白质通过线粒体膜运转时，首先由外膜上的受体复合蛋白识别与分子伴侣相结合的待运转多肽，通过 Tom 和 Tim 组成的膜通道进入线粒体内腔。蛋白质跨膜运转时的能量来自线粒体 Hsp70 引发的 ATP 水解和膜电位差。

（3）前导肽的作用与性质拥有前导肽的线粒体蛋白质前体能够跨膜运转进入线粒体，在这一过程中前导肽被水解，前体转变为成熟蛋白，则失去继续跨膜能力。因此，前导肽对线粒体蛋白质的识别和跨膜运转起着关键作用。

【延伸阅读】

1. 科学故事——"信号学说"的发现

1999 年的诺贝尔生理学或医学奖被授予美国洛克菲勒大学的 Gunter Blobel，因为他发现了蛋白质具有内在的信号以控制它们在细胞中的转运和定位（proteins have intrinsic signals that govern their transport and localization in the cell）。那么，Blobel 是如何取得这一发现的呢？

生物化学家曾一直想搞清楚：细胞内一个特定的多肽链是如何横跨生物膜，进入属于自己的亚细胞空间或被分泌到细胞外的？20 世纪 50~60 年代的一些研究结果表明，分泌蛋白是在与膜结合的核糖体上合成并同时完成跨膜转移的，但没能解释为什么分泌蛋白需要在与膜结合的核糖体上合成而细胞质基质蛋白不需要的现象。

直到 1971 年，Blobel 和 David Sabatini 提出了一种假说，对上述现象提出了他们的解释：①在与膜结合的核糖体上翻译的 mRNA 5′末端紧跟起始密码子之后含有一段特殊的密码子；②这些密码子编码特殊的氨基酸序列；③这种特殊的氨基酸序列诱发了多肽链的跨膜转移。1975 年，Blobel 和 Dobberstein 相继获得一系列实验证据支持他们最初的假说，在此基础上，他们对原来的学说做了一些修改，并正式命名为信号学说。

骨髓瘤是一种 B 淋巴细胞瘤，它能旺盛地合成和分泌免疫球蛋白（IgG），因此是一种非常理想的研究信号假说的模型。Cesar Milstein 实验室早期的研究结果显示，与在体内正常分泌出来的 IgG 的轻链相比，IgG 轻链的 mRNA 在体外翻译出来的多肽链在 N 端多出约 20 个氨基酸残基。Blobel 和 Dobberstein 认为，正是这些多出来的氨基酸序列充当信号，指导核糖体与膜的结合。为了证实这种设想，Blobel 和 Dobberstein 继续研究 IgG 轻链在与膜结合的核糖体上合成的过程，他们既重复出 Cesar Milstein 实验室的结果，又进一步发现在与微粒体膜结合的核糖体上合成的 IgG 轻链对加入的蛋白酶水解有抗性，这说明 IgG 轻链在合成中被转移到微粒体的腔中，随后充当信号的序列被微粒体上的酶切除了。根据上述结果，Blobel 和 Dobberstein 提出了更为详细和准确的信号学说。

1980 年，Blobel 根据对细胞内其他的一些膜蛋白和细胞器蛋白跨膜转移的研究结果，认为定向并输送到不同细胞器的新生蛋白也含有内在的信号序列，这些特殊的信号序列由原来的蛋白质基因编码，它可能位于多肽链的两端，也可能在多肽链的内部。

蛋白质高度选择性的跨膜定位和分拣对于细胞，特别是对真核细胞的功能至关重要。为了维持各种不同细胞器的个性，相关的蛋白质必须准确地到达属于自己的"领地"。信号学说不仅正确地解释了分泌蛋白是如何通过内质网最后被分泌出细胞，还为探索其他需要跨膜转移的蛋白质的定向转运机制提供了正确的方向。

2. 身边的生物化学——为什么蓖麻毒素不会杀死蓖麻自身

2003 年，伦敦警察突袭了一处公寓，逮捕了一些恐怖分子嫌疑人，发现了实验用的玻璃器皿和蓖麻子。这次行动提醒了世人，恐怖分子可能一直在想利用蓖麻毒素作为生化武器。蓖麻毒素的毒性是很强的，仅次于钚和肉毒杆菌毒素，其毒性是氰化物的 6000 倍，是眼镜蛇毒液毒性的两倍，1g 蓖麻毒素可致 3600 人死亡。蓖麻毒素存在于蓖麻植物所有的组织，但在种子中的含量最高。蓖麻毒素的毒性强是因为它在进入真核细胞之后作为一种核糖体失活蛋白，使核糖体失活，从而导致蛋白质合成受到强烈抑制。蓖麻毒素是由 2 条肽链组成，一条肽链被称为 RTB，具有凝集素的活性可与细胞膜结合，另一条肽链被称为 RTA，在 RTB 与膜结合以后进入细胞内，作为一种高度特异性的 28SrRNA 糖苷酶，去水解 28SrRNA 的 A4324，由于 A4324 处于 28SrRNA 一段高度保守的十二聚核苷酸序列之中，这个位置恰好是 eEF-2 与核糖体结合的地方，因此，一旦 A4324 被水解下来，核糖体就不能催化蛋白质合成的移位反应，从而导致翻译受阻。蓖麻毒素作用的效率是很高的，1 分子蓖麻毒素在 1min 内可以让 15000 个核糖体失活。由于蓖麻毒素的作用位点的保守序列几乎存在于所有真核生物核糖体的 28SrRNA 分子上，因此，真核生物的蛋白质合成都会受到它的抑制，也包括蓖麻植物本身。

但为什么蓖麻毒素并没有杀死蓖麻自身呢？

原来是在种子形成的时候，蓖麻毒素就像胰岛素一样，是由单一的 mRNA 翻译而成的，这个单一的 mRNA 编码的是蓖麻毒素的前体——前蓖麻毒素原（preproricin）。前蓖麻毒素有 576 个氨基酸残基，其中 N 端前 35 个残基是它进入内质网腔的信号序列，在前体进入内质网腔以后被切除，产生蓖麻毒素原。蓖麻毒素原仍然由一条肽链组成，因为 RTA 和 RTB 之间由 12 个残基组成的连接肽还没有除掉。蓖麻毒素原会在内质网腔发生 N-糖基化修饰，同时进行折叠并形成 5 个二硫键。其中有 4 个二硫键在 RTB 内部，1 个是在 RTA 的 C 端和 RTB 的 N 端之间。折叠好的蓖麻毒素原进入高尔基体，再通过小泡运输，进入液泡，在液泡中被一种半胱氨酸蛋白酶去除 RTB 和 RTA 之间的 C 肽，而变成成熟的形式并被分泌到细胞壁。由此可见，蓖麻毒素不会让蓖麻自身中毒，有两个原因：一是最初制造出来的是没有活性的前体，二是等它最后有活性的时候，已经进入了液泡，被隔离起来，无法回到细胞质去作用于其中的核糖体。

第十六章
物质代谢的调节与控制

生物体内各代谢途径之间相互联系，错综复杂，但也是有序的。正常情况下，生物体内各种物质代谢能适应内外环境的变化，有条不紊地进行，这是由于生物体存在精细的调节机制，不断调节各种物质代谢的强度、方向和速度以适应内外环境的变化。

代谢调节（metabolic regulation）普遍存在于生物界，是生物体新陈代谢的重要特征之一。所谓代谢调节就是生物体根据环境条件的变化和生理活动的需要，自身对代谢反应速度进行调节和对代谢途径方向加以控制的技能。就整个生物界来说，代谢的调节是在3个不同水平上进行的。即分子水平的调节、细胞水平的调节、多细胞整体水平的调节。分子水平和细胞水平的调节是最基本的调节方式，为动、植物和单细胞生物所共有。多细胞整体水平的调节是随着生物进化而发展起来的调节机制，植物出现了激素水平的调节，而动物不仅有激素水平的调节，而且还出现了更加完善的神经水平的调节，但高级水平的神经和激素的调节仍然是通过分子水平和细胞水平的原始调节发挥其作用的。

生物体的调控机制十分复杂，非常精确，本章不可能对其进行详细的深入介绍。只能从物质代谢的相互关系，细胞结构对代谢途径的分割控制，酶活力调节机制，酶量调节机制，能荷调节等角度进行概要的介绍。

第一节 物质代谢的相互联系

生物体内各类物质代谢途径是相互影响、相互转换的。糖、脂类和蛋白质之间可以相互转化，当糖代谢失调时会立即影响到蛋白质代谢和脂类代谢。

一、糖代谢与脂肪代谢的相互关系

糖和脂类都是以碳氢元素为主的化合物，糖可以转变为脂肪，这一代谢转化过程在植物、动物和微生物中普遍存在。油料作物种子中脂肪的积累；用含糖多的饲料喂养家禽家畜，可以获得育肥的效果；某些酵母在含糖的培养基中培养，其合成的脂肪可达干重的40%。这都是糖转变成脂肪的典型例子。

对于动物体来说，摄入糖类物质过多，超过体内能量的消耗时，除合成糖原储存在肝和肌肉外，可大量转变为脂肪贮存起来。糖转变为脂肪的大致步骤为：糖经过酵解产生磷酸二羟丙酮和3-磷酸甘油醛，其中磷酸二羟丙酮可以还原为甘油；而3-磷酸甘油醛能继续通过糖酵解途径形成丙酮酸，丙酮酸氧化脱羧后转变成乙酰辅酶A，乙酰辅酶A可用来合成脂肪酸，最后由甘油和脂肪酸合成脂肪。此外，糖的分解代谢增强不仅为脂肪合成提供了大量的原料，而且其生成的ATP及柠檬酸是乙酰辅酶A羧化酶的变构激活剂，促使大量的乙酰辅酶A羧化为丙二酸单酰辅酶A进而合成脂肪酸及脂肪在脂肪组织储存。

脂肪分解成甘油和脂肪酸，其中甘油可经磷酸化生成α-磷酸甘油，再转变为磷酸二羟丙酮，然后经糖异生的途径可转变为葡萄糖；而脂肪酸部分在动物体内不能转变为糖。相比而言，甘油占脂肪的量很少，其生成的糖量相当有限，因此，动物细胞内脂肪绝大部分不能在体内转变为糖。在植物和微生物细胞中，由于存在乙醛酸循环途径，所以，脂肪酸转变成乙酰辅酶A后，通过乙醛酸循环途径及糖异生途径是可以转变为糖的。

脂肪分解代谢的强度及代谢过程能否顺利进行与糖代谢密切相关。三羧酸循环的正常运转有赖于糖代谢产生的中间产物草酰乙酸来维持，当饥饿或糖供给不足或糖尿病糖代谢障碍时，引起脂肪大量动员，脂肪酸β-氧化生成酮体的量增多，生成大量的乙酰辅酶A，由于糖的不足导致草酰乙酸相对不足不能进入三羧酸循环，而在肝细胞线粒体内转变为酮体，血酮浓度升高，产生高血酮症。

二、糖代谢与蛋白质代谢的相互联系

糖是生物体内的重要碳源和能源。来自糖代谢主流途径（EMP-TCA、HMP等）上的中间产物可为氨基酸合成提供碳骨架。糖酵解途径产生的丙酮酸，通过转氨基作用可合成L-丙氨酸，并进一步合成L-缬氨酸、L-亮氨酸；TCA循环中的草酰乙酸通过转氨基作用可合成L-天冬氨酸，并进一步合成L-天冬酰胺、L-赖氨酸、L-甲硫氨酸、L-苏氨酸、L-异亮氨酸；TCA循环中的α-酮戊二酸，作为氨基酸的碳链结构，通过氨基化或转氨基作用形成相应的L-谷氨酸，并进一步合成L-谷酰胺、L-脯氨酸、L-精氨酸；以糖酵解途径的3-磷酸甘油酸做起始碳链结构，可合成L-丝氨酸，并进一步合成甘氨酸和L-半胱氨酸；以4-磷酸赤藓糖和磷酸烯醇式丙酮酸做起始碳链结构，可合成L-苯丙氨酸、L-酪氨酸、L-色氨酸；以来自HMP途径的磷酸核糖为起始碳链结构，可合成磷酸核糖焦磷酸（PRPP），并进一步合成组氨酸。在合成了各种氨基酸的前提下，进一步合成蛋白质。但是在动物细胞内，赖氨酸、色氨酸、甲硫氨酸、苯丙氨酸、亮氨酸、苏氨酸、异亮氨酸和缬氨酸8种必需氨基酸不能由糖代谢中间产物转变而来，必须由食物提供。此外，由糖分解产生的能量，也可供氨基酸和蛋白质合成之用。

蛋白质可以降解形成氨基酸，在体内转变为糖。组成蛋白质的20种氨基酸，除亮氨酸和赖氨酸（生酮氨基酸）外，通过转氨基或脱氨作用所生成的相应的α-酮酸都可转化为糖代谢的中间产物，它们既可通过三羧酸循环部分途径及氧化磷酸化生成CO_2和H_2O并释放能量，生成ATP，也可通过糖异生作用转变为糖。所以糖不能替代食物蛋白质的维持组织细胞生长、更新与修补的重要作用，而蛋白质在体内能转变为糖，在一定程度上替代糖供能。

三、脂类代谢与蛋白质代谢的相互联系

脂肪分解产生甘油和脂肪酸，甘油可转变为丙酮酸、草酰乙酸及 α-酮戊二酸，分别接受氨基而转变为丙氨酸、天冬氨酸及谷氨酸。脂肪酸可以通过 β-氧化生成乙酰辅酶 A，乙酰辅酶 A 与草酰乙酸缩合进入三羧酸循环，可产生 α-酮戊二酸和草酰乙酸，进而通过转氨作用生成相应的谷氨酸和天冬氨酸，但必须消耗三羧酸循环的中间物质而受限制，如无其他来源补充，反应将不能进行下去。因此脂肪酸不易转变为氨基酸。在植物和微生物中存在乙醛酸循环，可以由 2 分子乙酰辅酶 A 合成 1 分子苹果酸，用以增加三羧酸循环过程中的有机酸，从而促进脂肪酸合成氨基酸。但在动物体内不存在乙醛酸循环，因此动物组织不能利用脂肪酸合成氨基酸。

蛋白质转变成脂肪，在动物体内也能进行。生糖氨基酸可通过丙酮酸转变为磷酸甘油；而生糖氨基酸、生酮氨基酸及生糖兼生酮氨基酸均可转变为乙酰辅酶 A，后者可作为脂肪酸合成的原料，最后合成脂肪。因而蛋白质可转变为脂肪。此外，乙酰辅酶 A 还是合成胆固醇的原料。丝氨酸脱羧生成乙醇胺，经甲基化形成胆碱，而丝氨酸、乙醇胺和胆碱分别是合成磷脂酰丝氨酸、脑磷脂及卵磷脂的原料。因此，蛋白质是可以转变为脂肪的，而人体几乎是不利用脂肪来合成蛋白质的。

四、核酸与糖、脂类和蛋白质代谢的相互联系

核酸是遗传物质，在机体的遗传、变异及蛋白质合成中，起着决定性的作用。许多游离核苷酸在代谢中起着重要的作用。如 ATP 是能量生成、利用和贮存的中心物质，UTP 参与糖原的合成，CTP 参与卵磷脂的合成，GTP 供给蛋白质肽链合成时所需要部分能量。此外，许多重要辅酶也是核苷酸的衍生物，如辅酶 A、NAD^+、$NADP^+$、FAD 等。另一方面，核酸或核苷酸本身的合成，又受到其他物质特别是蛋白质的影响。如甘氨酸、天冬氨酸、谷氨酰胺及一碳单位（是由部分氨基酸代谢产生的）是核苷酸合成的原料，参与嘌呤和嘧啶环的合成；核苷酸合成需要酶和多种蛋白因子的参与；合成核苷酸所需的磷酸核糖来自糖代谢中的磷酸戊糖途径等。

糖、脂、蛋白质及核酸代谢途径间的相互关系见图 16-1。

第二节 物质代谢的调节和控制

代谢调节能力是生物进化的结果，进化程度越高的生物，其代谢调节系统越精细、越复杂。微生物作为原始的单细胞生物只有细胞水平上的调节，高等动物和人类除了细胞水平的调节之外，还具有更高级的激素调节和神经调节。

一、细胞水平的代谢调节

细胞水平的代谢调节主要是通过对酶的控制来实现，因此又称酶水平的调节，简称细胞调节。细胞调节主要包括三种调节机制：①以膜结构和膜功能为基础的细胞结构效应；②以酶分

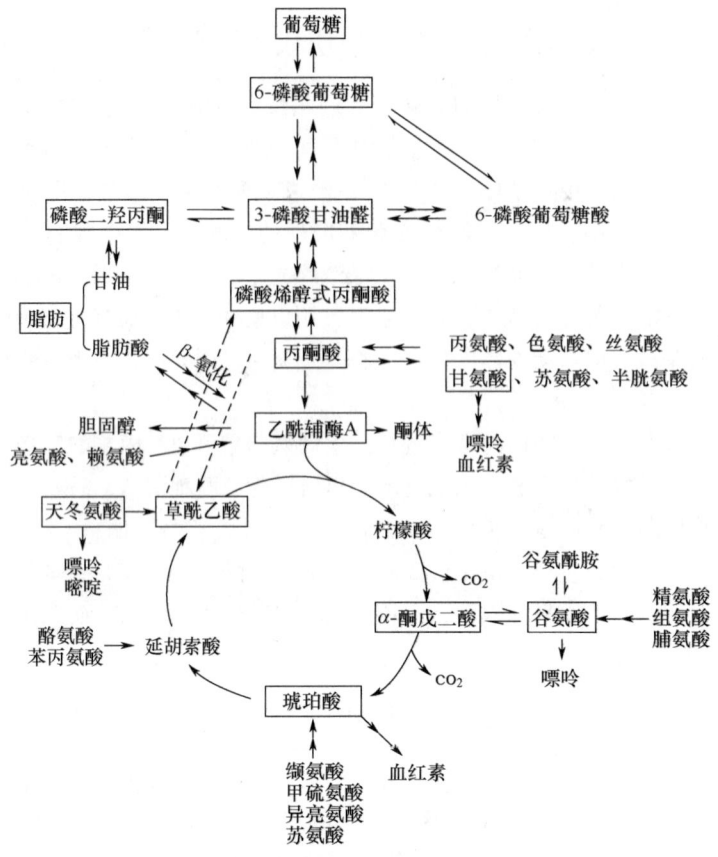

图 16-1 糖、脂、氨基酸代谢途径间的相互关系

子结构为基础的酶活力的改变;③以酶的合成系统为基础的酶量的变化。

(一) 区域定位的调节——以膜结构和功能为基础的细胞结构效应

细胞是生物体结构和功能的基本单位。细胞内存在由膜系统分开的区域,使各类反应在细胞中有各自的空间分布,称为区域化(compartmentation)。原核细胞无明显的细胞器,其细胞质膜上连接有各种代谢所需的酶,例如参加呼吸链、氧化磷酸化、磷脂及脂肪酸生物合成的各种酶类,都存在于原核细胞的质膜上。真核生物细胞呈更高度的区域化,细胞核、线粒体、核糖体和高尔基体、细胞质均以隔离分室状态存在。这些分室,如线粒体,又可分为外膜、内膜、嵴、基质等部分。分室由膜结构分隔开,膜是由磷脂、蛋白质及多糖构成的,具有固定的结构,对各种物质的出入有调节作用。由于隔离分室的结果,ADP/ATP 比例、NAD^+/NADH 比例、$NADP^+$/NADPH 比例、磷酸离子浓度、Mg^{2+} 浓度、氧的分压和 CO_2 分压在各分室中保持一定。各分室中的代谢也受各分室代谢物浓度、酶浓度及其他因素浓度的调节。因此,由细胞中这种分室的不同功能,对代谢进行精致的调节。如果这些分室间的相互联系机制出现紊乱,必然引起细胞内代谢的紊乱。

除了上述隔离分室对代谢的调节外,代谢上相关的酶常组成一个多酶体系(multienzyme system)或多酶复合体(multienzyme complex),分布在细胞的某一特定区域,执行着特定的代谢功能。例如,糖酵解、糖原合成与分解、磷酸戊糖途径、脂肪酸从头合成、氨基酸合成的酶系存在于细胞质中;三羧酸循环、脂肪酸 β-氧化、电子传递、氧化磷酸化、脂肪酸碳链延长、尿素循环部分反应等的酶系存在于线粒体中；核酸合成的酶系大部分在细胞核中；水解酶系在溶酶体中。即使在同一细胞器内，酶系分布也有一定的区域化。例如在线粒体内，在外膜、内膜、膜间隙以及内部基质的酶系是不同的：细胞色素和氧化磷酸化的酶分布在内膜上，而三羧酸循环的酶则主要是在线粒体基质中。

这种细胞内酶的区域化分布对物质代谢及调节有重要的意义：①使得在同一代谢途径中的酶互相联系、密切配合，同时将酶、辅酶和底物高度浓缩，使同一代谢途径一系列酶促反应连续进行，提高反应速度；②使得不同代谢途径隔离分布，各自行使不同功能，互不干扰，使整个细胞的代谢得以顺利进行；③使得某一代谢途径产生代谢产物在不同细胞器呈区域化分布，而形成局部高代谢物浓度，有利于其对相关代谢途径的特异调节。此外，一些代谢中间产物在亚细胞结构之间还存在着穿梭，从而组成生物体内复杂的代谢与调节网络。因此，酶在细胞内的区域化分布也是物质代谢调节的一种重要方式。

酶在真核细胞内的区域化分布如表 16-1 所示。

表 16-1　　　　　　　　　　　　　　酶在真核细胞内的分布

细胞器	酶　系
细胞核	DNA、RNA、NAD$^+$的合成等
线粒体	三羧酸循环，电子传递，氧化磷酸化，尿素循环，脂肪酸氧化，脂肪酸碳链延长，铁卟啉生成等
溶酶体	水解酶类（脂酶、酸性磷酸酶、组织蛋白酶等）
微粒体（核糖体、内质网、多核糖体）	蛋白质合成，药物解毒，脂肪酸合成（碳链延长），黏多糖、胆固醇、磷脂的合成等
过氧化物休	氧化酶，过氧化氢酶等
高尔基体	多糖，核蛋白，黏液生成
细胞胞浆	糖酵解途径，HMP 途径，糖原分解与合成，糖异生，脂肪酸从头合成，嘌呤与嘧啶分解，氨基酸合成等
质膜	ATP 酶，腺苷酸环化酶等

（二）　酶活力对代谢的调节

1. 调节酶（关键酶）

细胞中各种长短不同的代谢途径都是由一系列酶催化的连续反应。酶的功能首先是负责催化代谢途径中特定的反应。就此而言，每种酶都是代谢途径不可缺少的，否则就会使代谢途径中断。酶的第二种功能是作为调节代谢速度和方向的调控元件，这种功能不是所有酶都具有的，只有个别限速反应步骤的酶具有这种功能。根据在代谢方面的这种功能差别，可以把酶分为静态酶和调节酶（关键酶）。

静态酶所催化的反应一般是可逆的，反应速度快，能迅速达到反应平衡点。在代谢途径中，一旦有其底物，很快就转化为产物，因而，这类酶对代谢途径的速度无调控作用。

调节酶类是酶的分子结构（或构象）和活性可以受有关调节因子的影响而变化的酶类。这类酶的催化速度比途径中的静态酶慢，因而对代谢途径的反应速度和方向具有调节控制的作用。这种酶又称限速酶或关键酶。它们所催化的反应步骤被称为限速反应或关键反应。限速反应一般是一条代谢途径的起始步骤，或者分支途径的发散步骤，或者在异质性代谢（如氨基酸、糖、脂的互相转化）的转换点上。

关键酶催化的反应具有以下特点：

① 速度最慢，它的速度决定整个代谢途径的总速度，故又称其为限速酶（limiting velocity enzymes）。

② 催化单向反应不可逆或非平衡反应，它的活性决定整个代谢途径的方向。

③ 这类酶活性除受底物控制外，还受多种代谢物或效应剂的调节。

关键酶可以是变构调节酶、共价修饰酶或同工酶等，酶活调节主要是通过这些酶起作用。

例如，糖代谢有关途径的关键酶如表16-2所示。

表16-2　　　　　　　　　　糖代谢有关途径的关键酶

代谢途径	关键酶
糖原降解	糖原磷酸化酶
糖原合成	糖原合酶
糖的有氧氧化	己糖激酶
	磷酸果糖激酶
	丙酮酸激酶
	丙酮酸脱氢酶复合体
	柠檬酸合酶
	异柠檬酸脱氢酶
	α-酮戊二酸脱氢酶复合体
糖异生	丙酮酸羧化酶
	磷酸烯醇式丙酮酸羧激酶
	果糖-1，6-二磷酸酯酶

酶活力的调节是以酶分子的结构为基础的，酶活力的强弱与其分子结构密切相关，一切导致酶分子结构改变的因素都可以影响酶的活力，有的改变使酶活力升高，有的使酶活力降低，因而存在着多种酶活力调节机制。下面重点介绍酶的变构调节和共价修饰调节。

2. 酶的变构调节

(1) 变构调节的概念　某些小分子化合物能与酶分子活性中心以外的某一部位特异地非共价可逆结合，引起酶蛋白分子的构象发生改变，进而改变酶的催化活性，改变代谢的速度和方向。这种调节称为变构调节（allosteric regulation）或别构调节。受变构调节的酶称为变构酶（allosteric enzyme）或别构酶。这种现象称为变构效应。能使变构酶发生变构效应的一些小分子化合物称为变构效应剂（allosteric effector），其中能使酶活力增高的称为变构激活剂（allosteric activator），而使酶活力降低的称为变构抑制剂（allosteric inhibitor）。变构调节在生物界普遍存在，代谢途径中的关键酶大多数是变构酶。

(2) 变构酶的特点　变构酶又称别构酶，其特点概括为：

①变构酶常具有四级结构，由两个或两个以上亚基组成的酶蛋白，相对分子质量较大。

②在变构酶分子中不仅有能与底物分子结合并催化底物转变为产物的活性中心，还有能与变构效应剂相结合的调节中心，当调节中心与调节因子结合后，便立刻引起酶分子的构象和活性发生改变，即别构效应。

③变构酶的酶促反应动力学特征不遵守米氏动力学关系，其 $v \sim [S]$ 曲线（酶促反应速度和底物浓度的关系曲线）不是双曲线，而是呈"S"形曲线，与氧合血红蛋白的解离曲线相似。如图 16-2 所示。

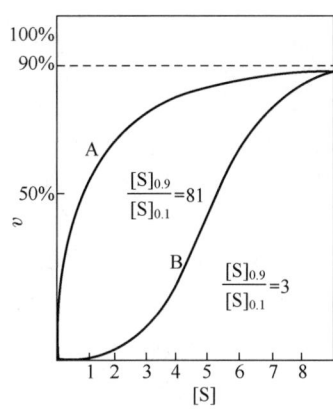

图 16-2　变构酶与米氏酶 $v \sim [S]$ 关系曲线
A—米氏酶　B—变构酶

不同变构酶的亚基组成情况是不同的，有的变构酶由结构和功能都相同的亚基组成，每个亚基都有活性中心和调节中心；有的变构酶则由结构不同、功能也不同的两类亚基组成，一类亚基只有调节中心，没有活性中心，专与别构剂结合，起调节作用，称为调节亚基，另一类亚基只有活性中心，没有调节中心，专与底物结合，起催化作用，称为催化亚基。例如，嘧啶核苷酸生物合成途径中，天冬氨酸转氨甲酰基酶（ATCase）就是一个由两类不同的亚基组成的变构酶。调节物与酶分子中的别构中心结合后，诱导出稳定住酶分子的某种构象，使酶活性中心对底物的结合与催化作用受到影响，从而调节酶反应速度，此效应即为酶的变构效应。变构效应是变构酶的基本特征，引起变构效应的物质称为变构剂或效应物，它们可以是该酶的底物、产物或其他物质。

变构效应有正、负之分。若调节物与一个亚基结合后，该亚基的构象发生变化，进而导致其他亚基的构象变化，提高酶的活力，则称为正变构效应；反之，若酶活力降低，则称负变构效应。正变构剂（变构激活剂）一般是反应的底物，负变构剂（变构抑制剂）一般是代谢的终产物。

当然，当调节物达到一定浓度时，才能与酶分子的调节中心发生非共价结合，从而引起酶分子的变构作用。

变构酶的催化反应动力学曲线如图 16-3 所示（图中 $R_{0.5}$ 为使变构酶的初速度 v 达到最大速度一半时的底物浓度）。

该曲线不是双曲线形，而是呈 S 形（见图 16-2），这是其协同调节性质的反映。在米氏酶的米氏方程曲线中，K_m 和 v_m 绝对值无关，当 v_m 分成两个互补的速度分数，即 $v_1 + v_2 = 100\% v_m$ 时，两速度分数所对应的底物浓度之比为常数。例如，$v_1 = 90\% v_m$ 对应 $[S]_{0.9}$，$v_1 = 10\% v_m$ 对应

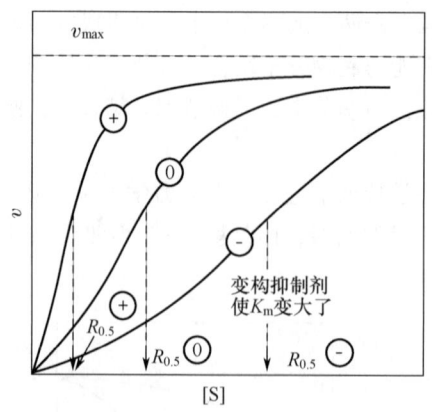

图 16-3 变构激活剂和变构抑制剂对 $v \sim [S]$ 曲线的影响
⊕—变构激活剂 ⊖—变构抑制剂 ⓪—对照

$[S]_{0.1}$，带入米氏方程可求得 $[S]_{0.9}/[S]_{0.1}=81$。为了比较变构酶与米氏酶的动力学性质，用同样方法可求得变构酶的 $[S]_{0.9}/[S]_{0.1}=3$。这就是说，变构酶的反应速度从 v_1 提高到 v_2，$[S]$ 要上升到原来的 3 倍，而米氏酶要升高同样的速度，却需使 $[S]$ 增加到原来的 81 倍。这就是说，第一，当 $[S]$ 很低时，米氏酶表现敏感，$[S]$ 稍有变化 v 随之明显变化；因为此时 $[S]$ 小，对代谢影响不大，所以变构酶调节没有明显影响；第二，当 $[S]$ 提高到一定水平时，米氏酶表现迟钝，随 $[S]$ 的提高，v 增加得越来越不明显；而变构酶却相反，表现异常敏感，随 $[S]$ 的较小变化而极大地改变 v。所以，变构酶作为调节酶之一，能够灵敏而有效地调控代谢。

在考察变构酶中各亚基之间的变构关系时，引用协同效应的概念。若一个亚基与变构激活剂结合后，构象改变，活力增加，其他亚基的活力也增加，或者一个亚基与变构抑制剂结合后，活力降低，促使其他亚基都发生活力降低的变化时，称为正协同效应；反之，若一个亚基与效应物结合后，构象和活力的变化（增加或降低）导致其他亚基发生相反方向的变化（降低或增加）时，则称为负协同效应。一般讲，正协同效应例子较普遍，负协同效应则少见。

（3）变构酶调节原理举例 大肠杆菌的天冬氨酸转氨甲酰基酶（ATCase）是具有正协同效应的一种酶，3-磷酸甘油醛脱氢酶是具有负协同效应的一种酶。正、负协同别构酶与非调节酶的动力学曲线比较如图 16-4 所示。

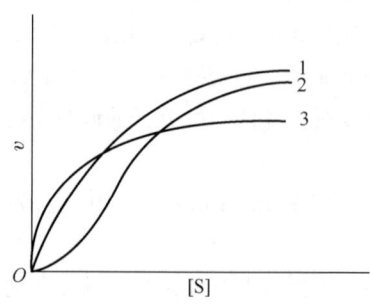

图 16-4 正、负协同别构酶与非调节酶的动力学曲线比较
1—非别构酶 2—正协同 3—负协同

①3-磷酸甘油醛脱氢酶催化的反应：

$$3\text{-磷酸甘油醛} + NAD^+ + H_3PO_4 \xrightarrow{3\text{-磷酸甘油醛脱氢酶}} NADH + H^+ + 1,3\text{-二磷酸甘油酸}$$

NAD$^+$对3-磷酸甘油醛脱氢酶的变构调节作用属于典型的负协同效应，其动力学曲线与双曲线相似但不相同（图16-4）。在［S］较低时，v随［S］的升高而快速升高，但继续下去，［S］虽有较大变动v变化却较小。即酶的反应速度对环境中［S］的变化不敏感。

3-磷酸甘油醛脱氢酶表现负协同效应的意义在于保证NAD$^+$首先供应酵解途径的需要。因为NAD$^+$是多种代谢途径中都需要的辅助因子，而酵解途径在能量代谢中特别重要，在氧供应不足的情况下，NAD$^+$浓度小，其他需要NAD$^+$的代谢反应都减慢了，3-磷酸甘油醛脱氢酶却与浓度很低的NAD$^+$保持着很好的亲和力，从而保证了酵解途径的进行。当NAD$^+$浓度高时，由于负协同效应的调节作用，酵解途径并不过分地加快。显然，负协同效应性质，使酶对一定范围的配基浓度变化很不敏感。

②天冬氨酸转氨甲酰基酶催化的反应：

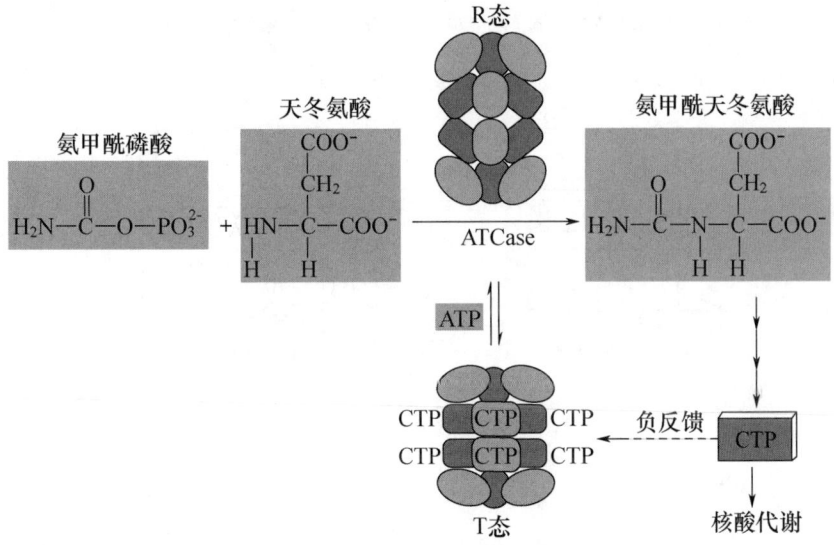

此反应是由氨基甲酰磷酸合成CTP过程的第一步反应，ATCase是CTP合成的多酶体系的第一个酶，ATP是正调节物，CTP是负调节物，使酶发生变构反应。ATCase是具有正协同效应的一种酶，它由12个亚基组成，包括6个催化亚基和6个调节亚基。其催化亚基又以三个一组，形成二个三聚体的催化活性单位（2CCC），每个三聚体单位上有3个活性中心，结合底物发生反应；调节亚基则两个一组，形成三个二聚体的调节功能单位（3RR），每个二聚体上有2个变构中心，结合调节物发生变构效应，调节酶活力。ATCase的结构模型如图16-5所示。ATCase以活性和非活性两种形式存在，两者在ATP和CTP作用下互相转变，如图16-6所示。

以下简要分析ATCase对Asp、CTP、ATP的变构动力学特点。

首先，对Asp：当氨甲酰磷酸浓度足够大，使酶被底物饱和，v-［Asp］曲线呈S形（图16-7中的1）。两端平而中段陡，表明底物Asp是变构剂，能灵敏地调节酶活力，即ATCase与Asp结合后构象改变，对后续Asp亲和力提高，结合更容易，因此反应加快。这是一种正协同效应。

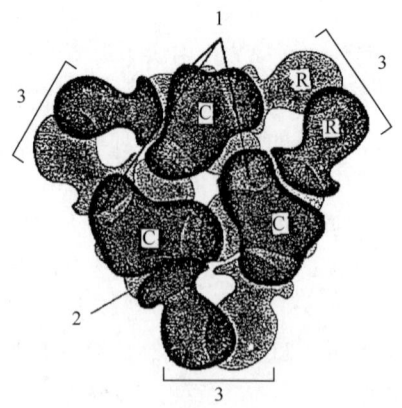

图 16-5　ATCase 的结构模型图
1—三个催化亚基 C 组成一个催化单位　2—另一组催化单位在背面
3—两个调节亚基 R 组成一个调节功能单位，并分别与两个催化单位中的一个亚基连接

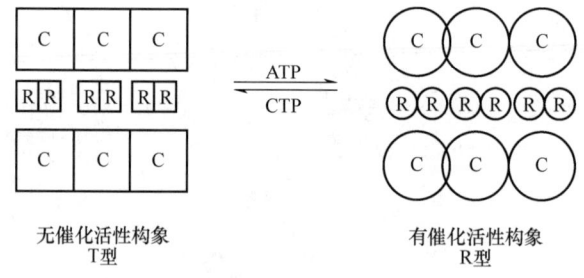

图 16-6　ATCase 的构象互变

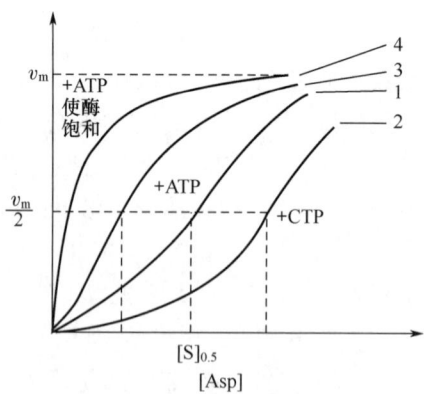

图 16-7　ATCase 的动力学特征

其次，对 CTP：当反应体系中有 CTP 存在时，v-［Asp］曲线右移，即 $1/2v_m$ 的［Asp］$_{0.5}$ 提高（图 16-7 中的 2）。表明 CTP 是 ATCase 的负调节物，与调节亚基结合，酶构象改变，对

Asp 亲和力下降，反应速度变小。增加 [Asp] 才能提高酶活力。其生物学意义是：体内 CTP 的合成量与需要量平衡后，CTP 反馈以致 ATCase 停止 CTP 合成，进行自我调控。

第三，对 ATP：当反应体系中 ATP 存在时，v-[Asp] 曲线 S 形变陡转弱，$[Asp]_{0.5}$ 降低，向左移动（图 16-7 中的 3）；表明 ATP 是酶的正调节物，与调节亚基结合，改变酶构象，与 ATP 亲和力增强，反应速度加快。也就是说，ATP 使 ATCase 的 [Asp] 敏感域转向低值区，S 形曲线向双曲线转变，甚至在 ATP 饱和时，变构酶近似于米氏酶，对 [Asp] 变化的敏感度严重下降（图 16-7 中 3，4）。

正协同效应和负协同效应对代谢的调节都是非常重要的。正协同效应可以把几条代谢途径共同需要的底物进行合理的分配利用。负协同效应则使共同的底物首先保证供应重点。这种微妙的调节非常符合细胞经济学的要求。

（4）变构酶的鉴别 S 形的 v-[S] 关系曲线是多数变构酶的表观特征，但具有 S 形关系曲线的酶并不一定都是变构酶。因为一些没有别构效应的酶由于一些复杂的作用原理，也会出现 S 形曲线，因此，S 形 v-[S] 关系曲线只能提供可能属于变构酶的判断，但不能作为最后断定依据。

Koshland 等人建议用不同饱和度时的配基的浓度比值 R_s 值鉴定三类酶。

$$R_s = \frac{\text{酶与底物（或配基）结合达到 90\% 饱和度时的底物（或配基）浓度}}{\text{酶与底物（或配基）结合达到 10\% 饱和度时的底物（或配基）浓度}}$$

典型米氏型酶的 $R_s=81$，具有正协同效应的变构酶 $R_s<81$，具有负协同效应的变构酶 $R_s>81$。

脱敏作用是鉴别变构酶的一个方便可行的方法。在证明酶制剂是均一的之后，用加热、化学试剂或其他方法处理，使寡聚蛋白解离成单个亚基，若酶的活力仍能保持，但失去了协同效应的性质，这为酶的脱敏现象，具有脱敏现象的酶则是变构酶。

（5）变构调节机制模型 关于变构调节机制，至今已提出多种假说，并设计了多种酶分子模型，其中最重要的有两种，即 Koshland 等人提出的序变模型和 Monod 等人提出的齐变模型。

①序变模型：又称渐变模型，简写为 KNF 模型。该模型认为酶分子的活化型和抑制型之间各亚基的转变是按照顺序发生的，亚基与调节物结合后，其他亚基的构象逐个依次变化（图 16-8，R 代表活化态，T 代表抑制态）。这种解释适宜于大多数变构酶。

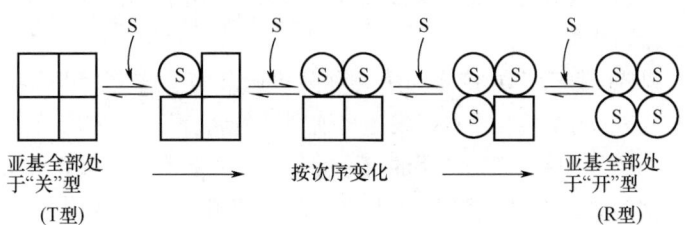

图 16-8 别构酶序变模型变化图

②齐变模型：又称对称模型，简称 MWC 模型。该模型认为酶的抑制型和活化型之间各亚基的构象转变是同时发生的（图 16-9，R、T 分别代表活化态和抑制态）。一般认为，齐变模型可以较好地解释正变构调节作用，但不适用于负协同反应。

（6）酶分子的解离和聚合 这是别构调节的另一种表现形式。在代谢途径中，多数酶是

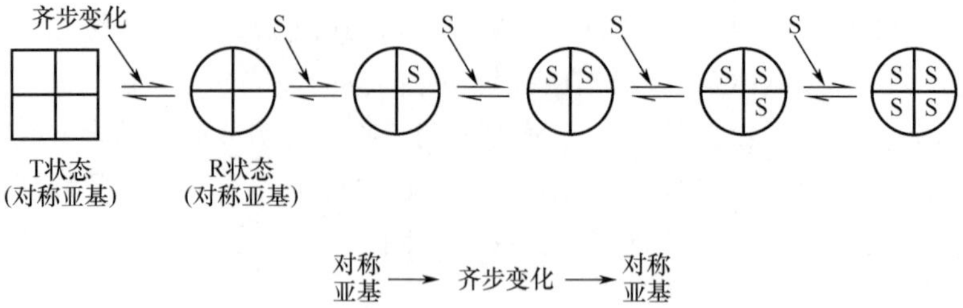

图 16-9 别构酶齐变模型变化图

寡聚酶，由若干个亚基组成，在酶活力的别构调节中，常伴有亚基的解离和聚合。这种相互关系，也是生物体内调节酶活力的重要方式。

一般来说，多数寡聚酶亚基的聚合使活力提高，解离使酶活力降低，或完全丧失。例如，碱性磷酸酶的两个亚基聚合时，才表现催化活力；乙酰辅酶 A 羧化酶是脂肪酸合成途径中的第一个酶，也是限速酶，它含有 4 个亚基，当有柠檬酸盐存在时，引起亚基聚合，表现出催化活力，而除去柠檬酸盐或加入丙二酰辅酶 A（该步反应的产物）或软脂酰辅酶 A 则引起该酶的解离，使活力下降。而大肠杆菌的苏氨酸脱氨酶在低浓度 AMP 存在时，聚合成不稳定的二聚体，则丧失活力；蛋白激酶的别构效应环化腺苷酸（cAMP）可与蛋白激酶的调节亚基结合，解离出催化亚基而表现出催化活力。

(7) 变构调节的意义　变构调节是细胞水平代谢调节中一种较常见的快速调节。代谢途径终产物常可使催化该途径起始反应的酶受到抑制，即反馈抑制（feedback inhibition）。这类抑制多为变构抑制，例如长链脂酰辅酶 A 可反馈抑制乙酰辅酶 A 羧化酶，从而抑制脂酸的合成。这样可使代谢物的生成不致过多；变构调节还可使能量得以有效利用，不致浪费。例如 G-6-P 抑制糖原磷酸化酶以阻断糖酵解及糖的氧化使 ATP 不致产生过多，同时 G-6-P 又激活糖原合成酶，使多余的磷酸葡萄糖合成糖原，能量得以有效储存。又如 ATP 可变构抑制磷酸果糖激酶、丙酮酸激酶及柠檬酸合成酶阻断糖酵解、有氧氧化及三羧酸循环，使 ATP 生成不致过多，造成浪费。在这类代谢调节中，负反馈作用更多见。这是因为过量生成多余产物，不仅是浪费，而且对机体有害；变构调节还可使不同代谢途径相互协调，例如柠檬酸既可变构抑制磷酸果糖激酶，又可变构激活乙酰辅酶 A 羧化酶，使多余的乙酰辅酶 A 合成脂酸。

3. 酶的共价修饰调节

(1) 共价修饰调节的概念　共价修饰酶又称共价调节酶。这类酶蛋白肽链上的某些基团可在另一种酶的催化下，与某些化学基团发生可逆地共价结合从而引起酶的活力改变，这种调节称为酶的共价修饰调节。目前已知的酶的可逆共价修饰主要有：磷酸化和去磷酸化，乙酰化和去乙酰化，甲基化和去甲基化，腺苷酰化和去腺苷酰化、尿苷酰化和去尿苷酰化及—SH 和—S—S—互变等。

共价修饰酶被修饰后，既发生分子共价结构和构象的变化，也可能存在各亚基的解离和聚合两种形式的互相转变。因而，共价修饰对酶活力的调节是生物体内重要的调节方式之一，它具有生理意义广泛、反应灵敏、调节机制多样等特点。表 16-3 所示为几种共价调节酶的修饰类型和活力变化情况。

表 16-3　　几种共价调节酶的修饰类型和活力变化

酶类	修饰类型	酶活力变化
糖原磷酸化酶	磷酸化/去磷酸化	升/降
磷酸化酶 b 激酶	磷酸化/去磷酸化	升/降
糖原合成酶	磷酸化/去磷酸化	降/升
丙酮酸脱氢酶	磷酸化/去磷酸化	升/降
脂酶	磷酸化/去磷酸化	升/降
谷氨酰合成酶	腺苷酰化/去腺苷酰化	降/升

(2) 共价修饰调节的特点

①大多数化学修饰的酶都存在有活性（或高活性）与无活性（或低活性）两种形式，且两种形式之间通过两种不同的酶的催化可以相互转变。对于磷酸化与脱磷酸化而言，有些酶脱磷酸化状态有活性，而另一些酶磷酸化状态有活性。

②由于化学修饰调节本身是酶促反应，且参与酶促修饰的酶又常常受其他酶或激素的影响，故化学修饰具有瀑布式级联放大效应。少量的调节因素可引起大量酶分子的化学修饰。因此，这类反应的催化效率往往较变构调节高。

③磷酸化和脱磷酸化是最常见的酶促化学修饰反应，其消耗的能量是由 ATP 提供，这与合成酶蛋白所消耗的 ATP 相比要少得多，因此，化学修饰是一种经济、快速而有效的调节方式。

(3) 共价修饰酶举例　通过蛋白激酶和磷酸酯酶催化酶的磷酸化和去磷酸化从而调节代谢反应，这是细胞代谢调节的一种重要机制。20 世纪 50 年代在研究糖原代谢中就已发现这种调节机制。例如，糖原磷酸化酶是典型的共价修饰酶，催化糖原磷酸化生成 1-磷酸葡萄糖。该酶有两种存在形式：有活性的磷酸化的 a 型和无活性的去磷酸的 b 型。a、b 两型在酶促共价调节中互变，磷酸化酶 b 在磷酸化酶 b 激酶催化下，接受 ATP 上的磷酸基团转变为磷酸化酶 a 而活化；磷酸化酶 a 也可在磷酸化酶 a 磷酸酯酶催化下转变为磷酸化酶 b 而失活。该酶被修饰的基团是丝氨酸的羟基，如图 16-10 所示。

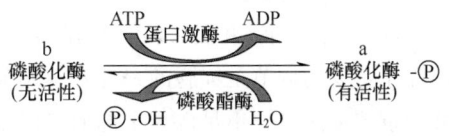

图 16-10　磷酸化酶的两种形式互变

共价修饰调节和变构调节不同，修饰基团是以共价键与酶分子结合，且由于酶的共价修饰反应是酶促反应，只要有少量信号分子（如激素）存在，即可通过加速这种酶促反应，而使大量的另一种酶发生化学修饰，从而对调节信号产生放大效应。这种调节方式快速、效率极高。

糖原磷酸化酶的共价调节作用是酶促磷酸化修饰，所以它就参与了调节糖原分解代谢的"级联放大系统"。级联放大系统的调节效应，类似于行波放大原理。生物内源激素携带的化学信息，通过第二信使 cAMP，诱发一系列生化反应，基本特征是前反应产物成为后反应的酶，酶对酶连锁激活，逐级联合放大激素的信号，此调节系统称级联放大系统。当一种危险信号刺激生物，生物必须做出应答反应，这样就需要大量供能以做功。于是肾上腺髓质产生肾上腺素（第一信使），通过血液送到靶细胞，活化那里的腺苷酸环化酶，催化 ATP 生成 cAMP（第二信使），cAMP 诱发一系列反应（图 16-11）：cAMP 激活蛋白激酶，蛋白激酶又激活磷酸化酶 b 激酶，后者把磷酸化酶 b 共价修饰成 a，以分解糖原为 1-磷酸葡萄糖，最后酶促脱磷酸使血糖升高，成为做功的能源，一直到信号解除，cAMP 变为 AMP 使血糖下降。已知酶的转换率很高，可达千万以上，假设级联系统中每一步酶的转换率为 10^2/min，那么，从肾上腺素促进 cAMP 生成到磷酸化酶 b 激活，共经历四级反应，即经四级放大信号，激素调节新陈代谢的效率放大了 10^8。由此看见，共价调节酶在代谢调节中的地位是很重要的。

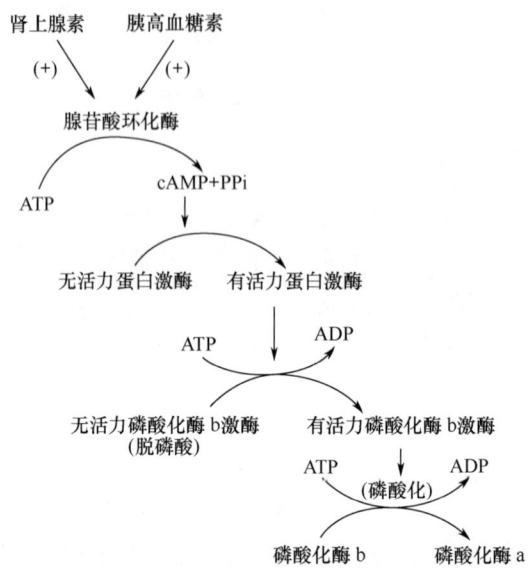

图 16-11　磷酸化酶激活的级联反应

变构调节和化学修饰调节是调节酶活力的两种不同方式，对某一种酶来说，它可以同时接受这两种方式的调节，相互补充，使相应代谢途径调节更为精细、有效。例如，二聚体糖原磷酸化酶存在磷酸化位点，且每个亚基都有催化部位和调节部位，因此，在受化学修饰的同时也可由 ATP 变构抑制，并受 AMP 变构激活。细胞中同一种酶受变构和化学修饰双重调节的意义可能在于：变构调节是细胞的一种基本调节机制，对维持代谢物和能量平衡具有重要作用，但当效应剂浓度过低，不足以与全部酶蛋白分子的调节部位结合时，就不能动员所有的酶发挥作用，难以发挥应急效应。当在应激状态下，随着肾上腺素的释放，通过 cAMP，启动一系列的级联酶促化学修饰反应，迅速有效地满足机体的急需。

（三）　酶量对代谢的调节

酶量的调节就是指对酶的合成和降解的调节。

酶的生物合成与其他蛋白质的生物合成一样，受基因转录和翻译过程的限制，属于基因表达调控的范畴。酶含量的调节是一种慢调节，是酶活力快速调节的补充。

原核生物的基因组和染色体结构都比真核生物简单，转录和翻译可在同一时间和空间上进行；真核生物由于存在细胞核结构的分化，转录和翻译在空间和时间上都被分隔开，基因表达远比原核生物复杂。

1. 原核生物基因表达调节

从 20 世纪 40 年代到 60 年代，法国巴黎的巴斯德研究所的 J. Monod 和 F. Jacob 对大肠杆菌乳糖发酵过程酶的适应生成以及一系列有关突变型进行广泛深入的研究。1961 年 J. Monod 和 F. Jacob 提出了操纵子模型（operon model），操纵子模型可以很清楚地说明原核生物基因表达的调节机制。

所谓操纵子是原核细胞基因表达的一种功能单位。操纵子由若干个在功能上相关的结构基因（structural gene）和控制位点所组成。控制位点包括启动基因（promoter gene）和操纵基因（operator gene），在基因图上，它们顺序连接在一起。启动基因（或启动子）是一段供 RNA 聚合酶定位的 DNA 序列，长度一般不超过 200bp，RNA 聚合酶与启动基因结合是启动转录过程的先决条件。操纵基因（O）是调节 RNA 聚合酶启动（或终止）转录的调控位点，操纵基因不能被转录和翻译，没有基因产物，它的操纵功能是被动的，它受一个远离操纵基因的调节基因（regulator gene）的调控。若干个（通常 3~8 个）结构基因依次连接在操纵基因之后，它们转录合成蛋白质所需要的 mRNA。通常，这些功能相关的结构基因的表达产物，负责协同完成一个生理生化过程。在操纵子上游还有对操纵子调控的调节基因（regulator gene）。操纵子的结构模型如图 16-12 所示。

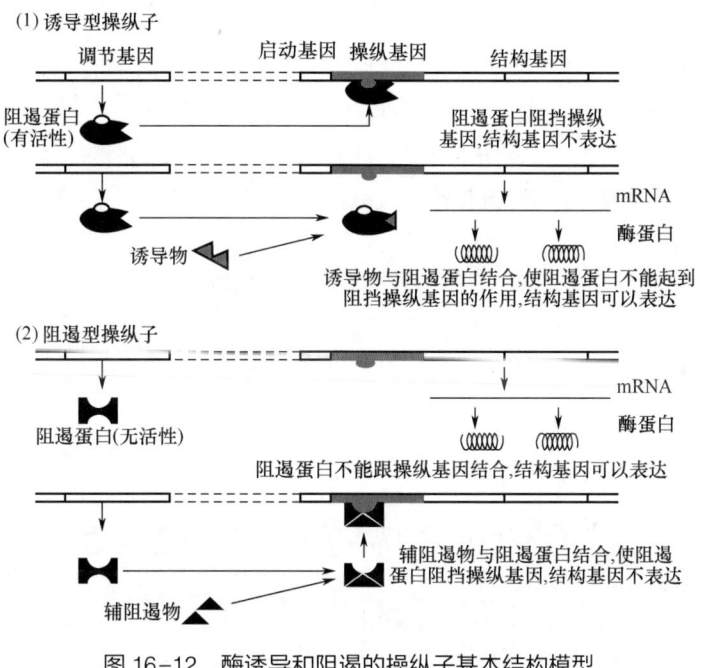

图 16-12　酶诱导和阻遏的操纵子基本结构模型

（1）操纵子的类型和特点　如图 16-12 所示，调节基因能编码一种蛋白质，习惯上称为阻遏蛋白，它是变构蛋白，其分子表面至少有两个可结合部位，一个与操纵基因结合，另一个与诱导物或辅阻遏物结合。不同类型的操纵子可结合阻遏蛋白的性质是不同的，依此可分为诱导型和阻遏型两种操纵子。在诱导型操纵子中，其阻遏蛋白本身呈活性状态，专一性很高，可直接与特定操纵基因结合，以挡住 RNA 聚合酶在 DNA 模板上的移动，转录不能进行，此时结构基因呈关闭状态，没有酶蛋白的合成。当有诱导物存在时，诱导物与阻遏蛋白结合，导致其构象变化，从操纵子中脱落，操纵子呈开放状态，结构基因得以表达。

在阻遏型操纵子中，阻遏蛋白本身呈非活性状态，不能与操纵基因结合，操纵子呈开放状态，可以表达结构基因的产物（酶蛋白）；一旦该酶催化的代谢产物或辅阻遏物与阻遏蛋白结合后，阻遏蛋白变构活化，可与操纵基因结合，则操纵子呈关闭状态，结构基因的表达立即停止。

一般来讲，诱导型操纵子见于物质分解代谢途径中酶的含量调控，即在没有代谢底物时，这种操纵子处于被阻遏状态；而阻遏型操纵子是细菌细胞内控制生物合成的操纵子，其特点是，当合成的终产物积累到一定浓度时，起反馈抑制作用，阻遏操纵子的转录，抑制了有关酶系的合成，从而抑制终产物的继续合成。

实际上，细胞内基因的表达调控是相当复杂的，上述诱导和阻遏作用只是两种典型机制。严格讲原核细胞的操纵子不可能绝对关闭，上述所谓的关闭是指操纵子的开放（或表达）水平在临界点以下，而操纵子由关闭转入开放，意味着基因的表达水平在短时间内大幅度提高。另外，在某些条件下，如阻遏蛋白的编码基因突变时，使诱导型操纵子变得不可诱导；相反，另一些条件下可能使阻遏蛋白无法去阻遏。此时，生物体内必定有一些补偿机制确保其体内的物质代谢不至于失控。尽管人们对生物学的研究获得了极为丰富的知识，但对于解释生命的奥秘来说，这些知识是极其有限的。随着分子生物学研究的日益深入，有关基因表达调控的机制会逐渐被解释和认识。

(2) 酶合成的诱导作用　某些物质（诱导物）能促进细胞内酶的合成，这种作用称为酶合成的诱导作用。例如大肠杆菌可利用多种糖作为碳源，当用乳糖作为唯一碳源时，需要合成将乳糖水解和利用的三种酶，即水解乳糖的 β-半乳糖苷酶，催化乳糖透过大肠杆菌质膜的 β-半糖苷通透酶，另一种是 β-半乳糖苷转乙酰基酶。这三种酶都是以乳糖作为唯一碳源时，而诱导生成的诱导酶。如何解释酶合成的诱导作用呢？

现以大肠杆菌乳糖操纵子来说明酶合成的诱导作用机制。

乳糖操纵子（lactose operon）是由一组功能相关的结构基因（Z、Y、A）、操纵基因（O）、和与 RNA 聚合酶结合的启动基因（P）组成。调节基因编码的产物阻遏蛋白可调节操纵基因的"开"与"关"。

当无诱导物乳糖存在时，调节基因编码的阻遏蛋白（repressor protein）处于活性状态，阻遏蛋白可与操纵基因相结合，阻止了 RNA 聚合酶与启动基因的结合，使结构基因（Z、Y、A）不能编码参与乳糖分解代谢的 3 种酶。在诱导物乳糖存在的情况下，乳糖同阻遏蛋白结合，使阻遏蛋白发生构象变化而处于失活状态，不能与操纵基因结合，此时 RNA 聚合酶就可将结构基因（Z、Y、A）转录出一条多顺反子的 mRNA，并翻译乳糖分解代谢的 3 种酶。这一简单模型解释了乳糖代谢体系的调节机制，目前已被人们广泛接受。图 16-13 所示为乳糖操纵子诱导和阻遏状态的示意图。

(3) 降解物的阻遏作用　细菌在含有葡萄糖和乳糖的培养基中生长时，则先利用葡萄糖，而不利用乳糖。只有当葡萄糖耗尽后，细菌生长经过一段停滞期，出现二度生长曲线。不久在乳糖诱导下，分解乳糖代谢的酶开始合成，细菌才能利用乳糖。这种现象称为降解物阻遏作用。如何解释降解物的阻遏作用呢？大肠杆菌含有一种基因表达的正调控蛋白，称代谢产物活化蛋白（catabolite activator protein，CAP），又称 cAMP 受体蛋白（cAMP receptor protein，CRP），CAP 及 cAMP，都是 Lac mRNA 合成所必需的，进一步的研究发现，CAP 能够与 cAMP 形成复合物，cAMP-CAP 复合物结合在乳糖操纵子的启动基因上，可促进转录的进行。因此，cAMP-CAP 是一个不同于阻遏蛋白的正调控因子。因葡萄糖分解代谢的降解物能抑制腺苷酸环

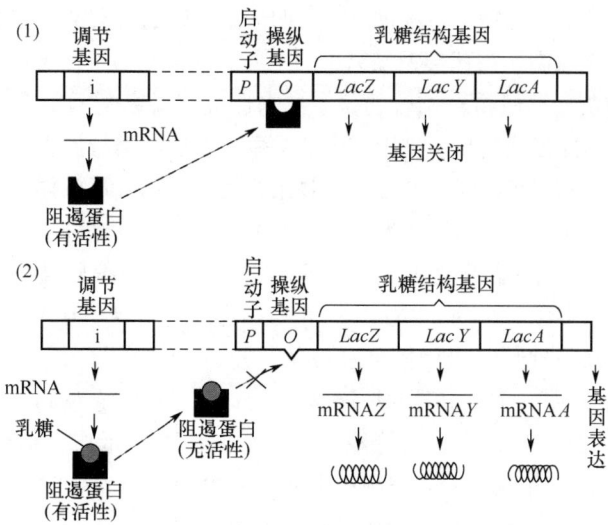

图 16-13 乳糖操纵子的诱导状态和阻遏状态

化酶活性,并活化磷酸二酯酶,从而降低 cAMP 浓度,此时,不能形成 cAMP-CAP 复合物,使许多与分解代谢相关酶的基因不能转录。葡萄糖分解代谢对乳糖操纵子的影响如图 16-14 所示。

乳糖操纵子"开"与"关"是在 CAP 和阻遏蛋白两个相互独立的正、负调节因子的作用下实现的,原核生物不少与分解代谢有关的操纵子均有与此类似的调控机制。

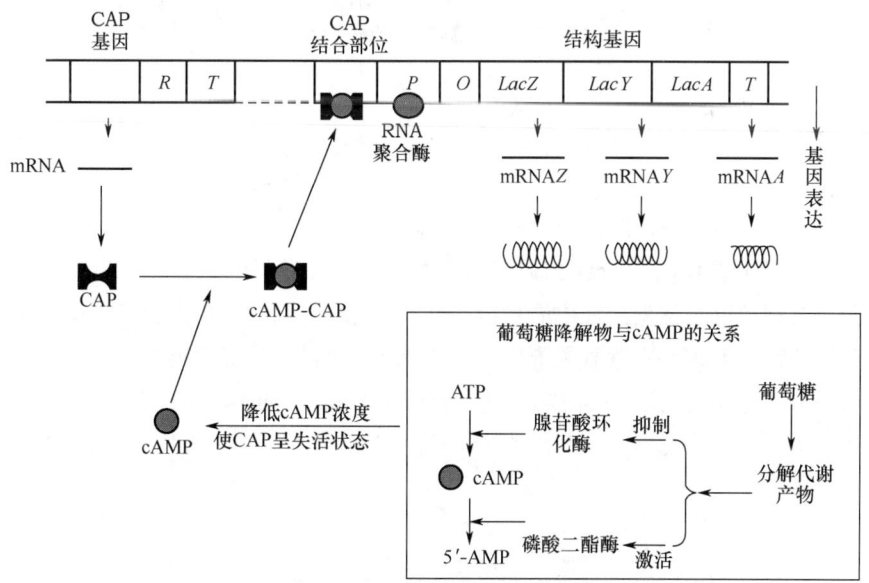

图 16-14 葡萄糖利用对乳糖操纵子的影响

(4) 基因表达的阻遏作用和衰减作用 下面以色氨酸操纵子为例说明这类操纵子的作用机制。

①色氨酸操纵子的阻遏机制:阻遏型操纵子属于合成代谢途径的操纵子。如氨基酸、核苷

酸的生物合成，它们是细胞内需要持续进行的代谢活动，因此，有关酶类的合成体系（阻遏型操纵子）经常处于工作状态。与诱导型操纵子的主要区别是阻遏蛋白合成出来后无活性，只具有与辅阻遏物（产物及其类似物）结合的位点，未形成与操纵基因结合的位点。在没有足够浓度的终产物时，它不能形成与操纵基因结合的构象，所以阻遏型操纵子常处于转录状态。只有合成途径的终产物过剩时阻遏蛋白与辅阻遏物结合发生变构，形成操纵基因结合位点并结合于其上，才使操纵子处于阻遏状态。大肠杆菌色氨酸操纵子具有这种典型阻遏调控机制。

E. coli 的色氨酸的合成分五步完成。每个环节需要一种酶，编码这 5 种酶的基因紧密连锁在一起，被转录在一条多顺反子的 mRNA 上。色氨酸操纵子由启动基因、操纵基因及 5 个结构基因组成（图 16-15），5 个结构基因依次为 trp E、trp D、trp C、trp B 和 trp A，分别编码从分支酸到色氨酸五步反应的酶。在远离操纵子处有一个调节基因，它编码的阻遏蛋白是由 4 个亚基组成的，相对分子质量 48000。当细胞缺乏色氨酸时，阻遏蛋白无活性，不能与操纵基因 (O) 结合，操纵子处于工作状态。当细胞中色氨酸积累到一定浓度时，作为辅阻遏物使阻遏蛋白变构成活性构象，并与操纵基因 (O) 结合，停止转录。

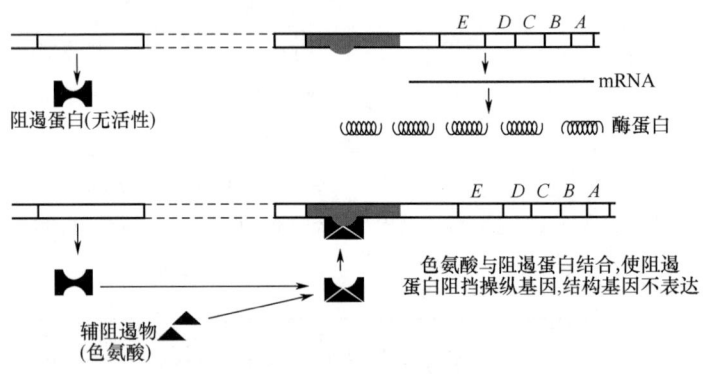

图 16-15　色氨酸操纵子的阻遏机制

②色氨酸操纵子的衰减机制：上述操纵子的阻遏调控机制是靠阻遏蛋白与操纵基因结合产生的位阻效应，阻止了 RNA 聚合酶与启动子的结合，是在转录起始点上进行调控，是以代谢终产物作为调节因子阻遏酶蛋白合成的基本调节方式之一。除此之外，色氨酸操纵子还有衰减子的衰减作用的调节方式。所谓衰减子是位于结构基因之前，前导序列中，当色氨酸和其他氨基酸过量时形成终止子的一段 DNA 序列，使转录中途停止（约 140 个碱基），结构基因不能转录，如图 16-16 所示。可见衰减子与阻遏蛋白作用机制不同，它控制转录起始后是否继续转录下去。

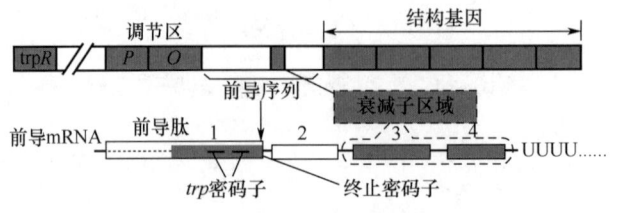

图 16-16　色氨酸操纵子衰减子的结构

在衰减子的上游有一段能编码 14 个氨基酸的肽，称为前导肽，前导肽中有两个紧密连在一起的色氨酸密码子 UGGUGG，衰减子就是前导肽的终止子。当细胞中色氨酸的浓度高时，衰减子成为前导肽的终止子，前导肽能顺利合成，而合成色氨酸的结构基因不能被转录而终止。当细胞中色氨酸不足时，前导肽不能合成，衰减子也不能成为终止子，使转录继续，也就是说此时并没有起到衰减作用。衰减作用机制如图 16-17 所示。

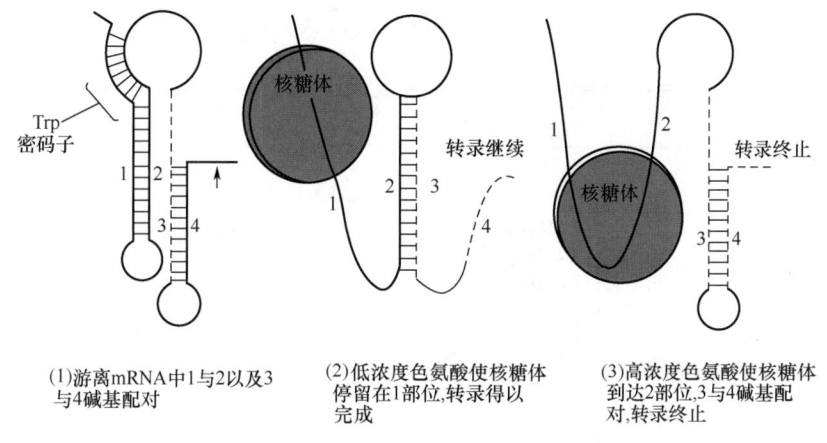

(1)游离mRNA中1与2以及3与4碱基配对　(2)低浓度色氨酸使核糖体停留在1部位,转录得以完成　(3)高浓度色氨酸使核糖体到达2部位,3与4碱基配对,转录终止

图 16-17　色氨酸操纵子衰减作用调控模型

除色氨酸外，苯丙氨酸、苏氨酸、亮氨酸、异亮氨酸和组氨酸的有关基因组中都存在衰减子的调节位点，其 mRNA 前端可编码前导肽，能在翻译水平上抑制相应基因的转录。

2. 真核生物基因表达调节

原核生物基因表达的调控机制研究得比较清楚，真核生物基因表达的调控远比原核生物复杂。真核生物基因表达，在多层次并受多种因子协同调节控制，是一种多级调控方式，如图 16-18 所示。

转录前水平的调控指通过改变 DNA 序列和染色质结构调控基因的表达，包括染色质的丢失、基因扩增、基因重排、基因修饰等。但转录前水平的调控并不是普遍存在的调控方式。例如，染色质的丢失只在某些低等真核生物中发现。真核生物的基因表达调控主要集中在转录水平的调控，关于真核生物基因转录调控的研究，目前主要集中在顺式作用元件（cis-acting element）和反式作用因子（trans-acting factor）以及它们的相互作用上。基因转录的顺式作用元件包括启动子（promotor）和增强子（enhancer）两种特异性 DNA 调控序列。启动子是 RNA 聚合酶识别并与之结合，从而起始转录的一段特异性 DNA 序列。增强子是能够增强基因转录活性的调控序列。这种增强作用是通过结合特定的转录因子或改变染色质 DNA 的结构而促进转录。基因调控的反式作用因子主要是各种蛋白质调控因子，这些蛋白质调控因子一般都具有不同的功能结构域。研究基因调控序列和蛋白质调控因子的相互作用是阐明真核生物基因表达调控分子机制的基础。

转录后水平的调控包括转录产物的加工和转运的调节。通过不同方式的拼接可产生不同的 mRNA，从而产生多种多样的蛋白质。翻译水平的调控主要是控制 mRNA 的稳定性和 mRNA 翻译的起始频率。

翻译后水平的调控主要控制多肽链的加工和折叠，产生不同功能活性的蛋白质。

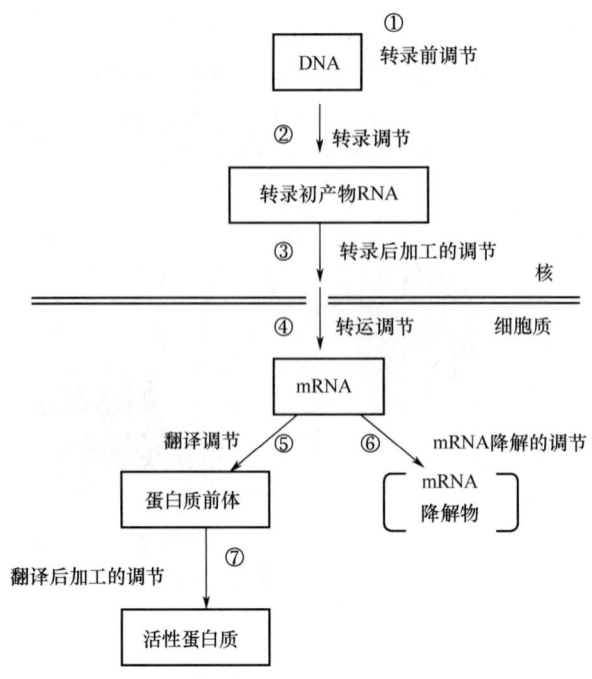

图 16-18 真核生物基因表达在不同水平上进行调节

以上概要介绍了真核生物基因表达的多级调控系统，各个调控系统控制着机体的代谢过程和生理功能。

3. 酶蛋白的降解

酶蛋白分子的降解速度也能调节细胞内酶的含量。细胞蛋白水解酶主要存在于溶酶体中，故凡能改变蛋白水解酶活性或影响蛋白酶从溶酶体释出速度的因素，都可间接影响酶蛋白的降解速度。通过酶蛋白的降解，调节酶的含量远不如酶的诱导和阻遏重要。近年来发现除溶酶体外，细胞内还存在由泛素介导的蛋白质降解体系。该降解体系在代谢调控中起着重要作用。

二、激素水平的代谢调节

激素（hormone）是由多细胞生物（植物、无脊椎动物与脊椎动物）的特殊细胞所合成，并经体液输送到其他部位显示特殊生理活性的微量化学物质。哺乳动物的激素依其化学本质大致分为 4 类：氨基酸及其衍生物、肽及蛋白质、固醇、脂肪酸衍生物。此外昆虫体表还释放外激素，无脊椎动物内分泌腺也分泌激素。植物激素可分为 5 类：生长素、赤霉素类、细胞分裂素类、脱落酸、乙烯。激素对代谢起着强大的调节作用，体内的一种代谢过程常可受多种激素影响，一种激素通常也可影响多种代谢过程。

激素对代谢的调节是通过与靶细胞受体（receptor）特异结合，将激素信号转化为细胞内一系列化学反应，最终表现出激素的生物学效应。根据受体在细胞内的部位不同，激素可分为膜受体激素及胞内受体激素。前者为蛋白质、多肽及氨基酸衍生物等含氮类激素，具有亲水性，通过与膜受体结合可将跨膜信号传递入细胞内；后者为疏水性激素，如固醇类激素可通过细胞膜进入细胞内与胞内受体结合后,再与 DNA 上特定核苷酸序列结合,以调控特定基因的表达(图 16-19)。

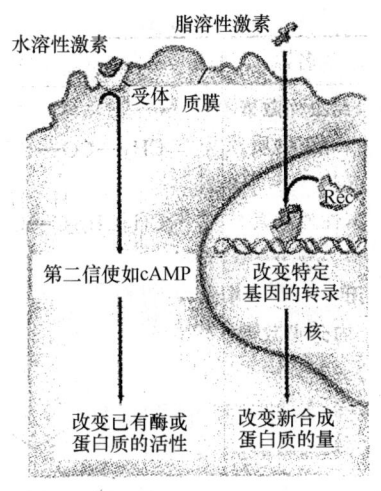

图 16-19 激素作用的机制

蛋白质、肽类激素及大多数氨基酸衍生物类激素从内分泌腺分泌出来后,经血液循环送到靶细胞,首先与细胞膜上的特定受体相结合,然后激活细胞膜上的腺苷酸环化酶,促使细胞内的 ATP 转化为环腺苷一磷酸(cAMP),cAMP 能与催化蛋白质磷酸化反应的蛋白激酶结合使其活化,活化的蛋白激酶再催化细胞内的蛋白质或酶磷酸化,通过共价修饰改变其活性而产生一定的生理效应。此后,所生成的 cAMP 在细胞内又可被磷酸二酯酶水解为 5′-AMP 而使浓度降低。在这调节过程中激素作为"第一信使"把改变靶细胞生理活动的信息传送到靶细胞,然后再由 cAMP 把此信息传送到靶细胞内某种酶系,发挥对靶细胞的调节作用。因此,将 cAMP 称为"第二信使"(second messenger)。除 cAMP 外,作为第二信使的还有肌醇三磷酸(IP_3)、二酰甘油(DAG)和 Ca^{2+},有时,cGMP 和 NO 等也可起第二信使的作用。固醇类激素从内分泌腺分泌出来后,经血液循环送到靶细胞,即进入细胞内与一种称为"受体蛋白"的特殊蛋白质相结合,形成激素-受体蛋白复合物。这种复合物在一定条件下进入细胞核,与 DNA 上特定核苷酸序列结合,通过影响 RNA 和蛋白质的合成过程而影响某种酶蛋白的合成及其活性,发挥其调节作用。因此固醇类激素的作用也是分两步完成的,激素仍然是"第一信使",而细胞内的激素-受体蛋白复合物相当于"第二信使"。

然而这两类作用机制也不能绝对分开,如最近发现,胰岛素除作用于细胞膜受体外,还能进入靶细胞,与细胞核等亚细胞结构结合,而甲状腺素除能进入细胞外,似乎对细胞膜上的腺苷酸环化酶也有激活作用。

昆虫的蜕皮激素和保幼激素分泌出来后,先与载体蛋白结合,经体液运送至靶细胞,再与细胞膜上受体结合进入细胞核,能分别对染色质纤维上的不同部位起作用,促使转录出具有不同遗传信息的 mRNA,合成相应的蛋白质而发挥调节作用。

植物激素的作用可能有些地方与动物激素的作用相似,它们也与受体结合从而特异性地影响核酸合成、蛋白质合成、酶活力以及其他某些生理作用,如膜通透性的改变。生长素的作用机制可能是与质膜作用释放出一种因子从胞浆进入细胞核。这一因子控制核中 RNA 聚合酶 II

的活力引起新 mRNA 的合成。所合成的新 mRNA 在胞浆中翻译成新的蛋白质从而促进细胞的生长。脱落酸的作用可能是抑制 DNA 的复制、DNA 向 mRNA 的转录及蛋白质的生物合成，它也能调节膜的通透性。乙烯的作用可能包含着调节 DNA 转录或者 RNA 翻译的某些方面。细胞分裂素的作用可能是通过抑制核酸酶，保护含有细胞分裂素的 tRNA。赤霉素的作用可能是通过调节基因的转录，或者作用于细胞膜而实现的。

三、神经水平的代谢调节

高等动物有完善的神经系统，神经系统不仅控制各种生理活动，也控制物质代谢。很多内分泌腺的活动受中枢神经系统的控制，即神经系统对代谢的控制在很大程度上是通过激素而发挥其作用的。此外，神经对其所支配的器官组织的代谢也有直接影响，其机制可能是直接或间接影响了分子和细胞水平的调节机制。例如刺激兔延脑的第四脑室底部的神经核，使冲动经由交感神经而作用于肝细胞，促进肝糖原转化为葡萄糖，使血糖含量升高出现糖尿。用电刺激兔下丘脑交感中枢可引起磷酸化酶活力上升，肝糖原含量下降，血糖含量上升。刺激副交感中枢可引起糖原合成酶活力上升，血糖含量降低。又如人在精神紧张或遭意外刺激时，肝糖原即迅速分解使血糖含量增高，这是大脑直接控制的代谢反应。和糖代谢一样，脂肪代谢也处于神经系统的影响下。例如切除大脑半球的小狗其肌肉中的脂肪含量减少，肝胆固醇显著增加。损伤动物下丘脑可以引起动物肥胖。在内分泌腺中，垂体、性腺、甲状腺、胰腺和肾上腺均参与脂肪代谢的调节，而它们的活动则又受中枢神经系统的调节。

第三节　能荷对糖代谢的调节

细胞在进行物质代谢的同时，伴随着能量的代谢，许多代谢反应受到能量状态的调节。细胞中的能量主要来自糖、脂等能量物质的分解代谢。其中，特别是糖的分解代谢，对于异养微生物来说具有更重要的意义，是其最丰富的能量来源。有机物在分解过程中所释放出的化学能被腺苷酸接受、贮存，生命活动需要时，再放出来。细胞内的腺苷酸体系：ATP、ADP、AMP，犹如蓄电池一样，是接受、贮存和供应生物能量的主要体系。细胞中贮存能量的多少用腺苷酸存在形式的比率可以表示。为了确切表达细胞的能量状态，Atkinson 引入了能量负荷（简称能荷）这一概念。其含义为：细胞内总的腺苷酸系统（即 ATP、ADP、AMP 之和）所负载的高能磷酸基数量，规定细胞中能荷最高水平为 1。用公式表达为：

$$能荷 = \frac{[ATP] + 1/2\,[ADP]}{[ATP] + [ADP] + [AMP]}$$

若细胞中的腺苷酸全部为 AMP 形式，则没有高能键，这时能荷为零；若全部为 ATP 状态，则高能键最多，这时的能荷为 1；若全部为 ADP 形式时，则能荷介于"0"到"1"之间，为 1/2。

能荷对能量物质的分解代谢和需能代谢，都起着重要的调节作用。因为 ATP 可以视为糖、脂等分解代谢的共同最终产物，所以，它对糖、脂等分解代谢有反馈抑制作用。对糖、脂的合成代谢及所有的需能反应则有促进作用。

EMP 途径是糖代谢的主要途径之一，是生物体内普遍存在的途径。从能量代谢角度讲，EMP 是多数微生物在无氧条件下由糖的分解供应细胞能量的主要途径（底物水平磷酸化的方式）。在有氧条件下，EMP 又是糖的有氧氧化的必经之路，所生成的丙酮酸经 TCA 循环彻底氧化分解，使细胞获得更多的 ATP。ATP 及其转化形式 AMP、ADP、Pi 是 EMP 途径和 TCA 循环的重要调节因子。对糖代谢的其他各种途径也都有调节作用。细胞中 ADP、AMP 及 Pi 的浓度变化与 ATP 的作用正好相反。例如，磷酸果糖激酶是 EMP 途径的限速酶，对 EMP 和 TCA 途径等都具有调节作用，ATP 浓度增加时，抑制该酶；在 TCA 循环中，柠檬酸合成酶、异柠檬酸脱氢酶和 α-酮戊二酸脱氢酶是三个主要的调节位点，这几种酶都可被 ATP 变构抑制，又可被 AMP、ADP 等变构激活；α-酮戊二酸脱氢酶复合体与丙酮酸脱氢酶复合体很相似，其调节机制复杂，受共价修饰和变构作用两种调节机制的调节。ATP 在其酶活调节中起重要作用。

培养基中氧的浓度对 EMP 和 TCA 循环有影响。早在 19 世纪，巴斯德在研究酵母的酒精发酵时发现，有氧供应时，酒精产量大大降低，糖的消耗速度减慢。这显然是由于呼吸作用对酒精发酵产生了抑制作用。此即所谓巴斯德效应。除酒精酵母之外，几乎一切兼性嫌气微生物都具有这种效应，其中，包括谷氨酸棒杆菌的谷氨酸发酵。

对巴斯德效应过去曾有种种不同的解释。然而，只有在代谢调控的概念确立和许多重要调节机制被认识之后，巴斯德效应才得到正确解释。这实际是三羧酸循环和酵解途径之间的一种互相协调。有氧情况下，TCA 循环使糖的不完全分解产物彻底氧化分解，生成的 ATP 数量大，从生物能角度讲，糖的利用效率高了，消耗就少了。从代谢调节来说，ATP 浓度高了就反馈抑制 EMP 和 TCA 的限速酶。从发酵产品来说，酒精产量就低了，因为己糖激酶和磷酸果糖激酶都是 EMP 和 TCA 循环有关的限速酶，ATP 对这些酶的抑制实质是限制了糖的磷酸化反应，也就是限制了其分解代谢的速率。

从生物能利用角度，有氧条件下的糖代谢比无氧糖酵解可生成更多的 ATP，糖的利用效率高，糖的消耗也应该更少。因此，在发酵工业生产中，根据菌体生长和产品发酵的实际需要，在不同的发酵阶段，需要适当控制发酵罐中氧的含量。

第四节　代谢调控与发酵工业生产

发酵工业是指利用微生物代谢活动工业化生产特定化合物的过程，如氨基酸发酵、核苷酸发酵、抗生素发酵、维生素发酵等。发酵工业是一个古老的生产行业，早在 3000 年前古埃及就出现了啤酒生产工业，但一直到 20 世纪上半叶，发酵工业都是运用微生物固有的代谢能力积累特定的代谢终产物（主要是分解代谢过程），是一种自然发酵过程，人们无法按照自己的意愿控制和改变这些代谢过程。

20 世纪 50 年代以来，由于微生物代谢调控机制研究的成就，不仅对某些代谢途径的调控系统有了深入的认识，而且在代谢调控理论指导下，能通过某些技术措施改变细胞的调控系统，打破原有的代谢平衡，使正常代谢本来不能积累或很少积累的产物能够大量积累，并作为发酵产品，直接发酵生产，满足人类需要。这种在代谢调控理论指导下新开拓出来的发酵生产领域，称为代谢调控发酵。这是发酵工业史上的重大进展。

代谢调控发酵的产品主要有氨基酸类、核苷酸类以及抗生素、多糖等次生代谢产物。因为微生物自身都具有完善的代谢调控系统，随时可以调节代谢活动，维持代谢平衡。代谢调控发酵的出发点就是采取措施，利用微生物的代谢规律，改变其调节系统，破坏其代谢平衡。目前常用的技术措施主要是解除现有的反馈抑制和阻遏作用。具体内容包括：

（1）改变细胞膜透性，使目的产物向细胞外分泌，减少其在胞内的积累，从而避免发生反馈抑制和阻遏。

（2）选育营养缺陷型菌株，利用这些菌株合成途径中某一反应步骤缺陷而不能合成最终产物，解除反馈抑制使中间产物积累；或在分支代谢途径中，只积累一条分支途径的末端产物。

（3）选育抗反馈作用的突变菌株，即这些菌株不再受某最终产物的反馈抑制，从而提高该终产物积累的浓度。

上述因素是针对细胞结构和调控机制自身方面的，是目的产物能否大量产生和积累的关键。除此之外，发酵培养条件方面，需要必要的管理措施：如混合碳源发酵，流加补料发酵，控制 pH、通气量，使用表面活性剂等。总之，代谢控制发酵从菌种选育到发酵技术都与自然发酵有着质的区别。

一、 营养缺陷型菌株的选育

所谓营养缺陷型（X^-），顾名思义，是由于基因突变，造成某种营养物质不能自身合成，须由外界供给才能维持生长的微生物突变型。例如某种氨基酸的营养缺陷型的形成是由于其野生型菌株的结构基因突变，造成其合成途径中某一酶的缺失，因而这种氨基酸就不能合成了。要使这种突变株生存下来就必须供给它所不能合成的氨基酸。因此，这种氨基酸就成了其生长的限制因子。

营养缺陷型菌株常用其必需营养物质的头三个字母加"-"号表示。如甲硫氨酸营养缺陷型以 Met^- 表示，其野生型以 Met^+ 表示。腺嘌呤缺陷型以 Ade^- 表示，其野生型用 Ade^+ 表示等。

营养缺陷型菌株选育方法：选育营养缺陷型要经过诱变，淘汰野生型 X^+，检出 X^-，定出 X^- 的具体营养要求等几个步骤。这些步骤要分别利用三种培养基进行。

（1）基本培养基（以 MM 表示）只能满足野生型（X^+）生长的要求，是诱变和淘汰野生型时用的。

（2）完全培养基（以 CM 表示）能满足各种营养缺陷型的营养要求，无疑 X^+ 型也能用，它与 MM 对照培养可以检出 X^-。

（3）补充培养基（以 SM 表示）在 MM 中补充某种营养物质（育种的目的物质）。若 X^- 株能在上面生长而不能在 MM 上生长，则证明它是该营养物质的缺陷型。

筛选方法以 Lederberg 首创的影印平板筛选方法简单易行（图 16-20）。

在发酵生产上，利用单一线性代谢路线的营养缺陷型菌种，只能积累代谢路线的中间产物。利用分支代谢路线的营养缺陷型可以积累支路的终产物。选育营养缺陷型出发菌株的选择也需要有代谢调控研究基础。需要对出发菌株的代谢路线及调控机制有比较清楚的认识，这样才能预计遗传标记产生的位置，并有针对性地确定选育方法。如果原始菌种比较多，要进行对比分析，选用那些调控机制比较简单，容易通过诱变解除其调控机制，正向变异概率高的菌株作为出发菌株。

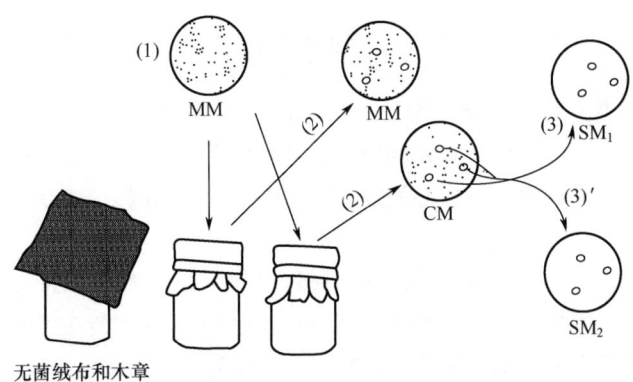

图 16-20　影印法筛选营养缺陷型突变株示意图

二、抗代谢物结构类似物突变株的选育

上述营养缺陷型主要是造成合成某末端产物的酶缺失，解除反馈抑制而积累中间产物或分支中的另一末端产物。但是在单一代谢途径中，如果希望得到的产物正是末端产物本身，则用营养缺陷型方法就难以达到目的，况且缺陷型中积累的产物也可能造成新的反馈抑制。因此有必要选育另一类突变菌株，它能够抵抗（或不受）高浓度代谢终产物的反馈抑制和阻遏。这种菌株在选育过程中使用了代谢产物的结构类似物，因此称为抗代谢物结构类似物突变株，简称抗性突变株。这是代谢调控理论应用于育种和发酵生产的又一途径。

抗性突变株对反馈抑制不敏感，主要是因为编码酶蛋白的结构基因发生突变，产生的酶蛋白性质发生了变化；对阻遏有抗性，往往是由于调节基因或（和）操纵基因突变，它们的亲和关系发生了变化。在诱导酶合成体系中也会发生类似的突变，即突变的结果不需要诱导物的存在就可进行酶的合成（称为组成性突变）。

抗性突变株的筛选方法最常用的是梯度平板法，即把一定浓度的代谢物结构类似物作为抑制剂加入培养基中制成浓度梯度平板（图 16-21）。将大量的经过诱变处理的菌液涂布在平板上进行培养，可能出现三种情况：抑制剂浓度很低的一侧，微生物生长良好，即未受到抑制；抑制剂浓度很高的一侧，全部微生物被抑制；中间抑制剂浓度适中，有少数抗抑制剂的突变株生长，经过进一步的分离纯化和经济性能的测定，即可选做生产菌种。

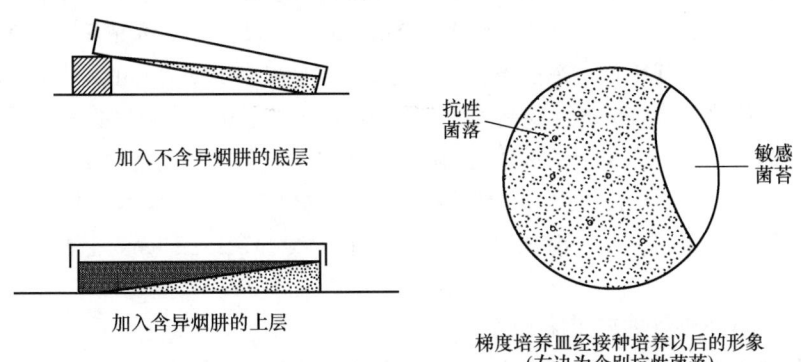

图 16-21　浓度梯度平板定向筛选抗性突变株

三、回复突变

由营养缺陷型（突变型）向原养型（野生型）的突变即为回复突变。回复突变中原突变基因真正恢复原状的并不多，而是在别的位点上又发生突变，所编码的蛋白质恢复了酶活性中心的结构，具有催化活性，但调节中心失效，不会发生反馈抑制。这种菌株性状介于野生型和营养缺陷型之间。

在营养缺陷型菌株保存或连续发酵期间，缺陷的营养得不到保证时常发生回复突变，丧失高产菌种的遗传特性，因此应尽量避免回复突变。但由于某些回复突变的特性是人们所需要的，所以应注意观察和筛选。把大量的营养缺陷型菌株接种在基本培养基上，生长特别缓慢且特别小的菌落，最有可能是回复突变菌株。

四、改善细胞膜的通透性

膜的选择透性和屏障作用对于调节代谢，维持细胞的正常生活起着重要作用。与此相反，在发酵生产中常采取措施，破坏膜的正常生理功能使胞内所产生的代谢产物及时分泌到胞外，不在胞内积累过多，以避免发生反馈作用。这样能保证代谢产物不断产生，在胞外积累逐渐增多。因此，改善膜的通透性是许多发酵生产成功的关键之一。在氨基酸、核苷酸等物质的发酵生产中，改善膜透性的技术措施主要有以下几种。

1. 控制发酵条件

例如，在谷氨酸发酵生产中，生物素浓度的影响很大。没有生物素，菌体长不好；生物素过多，谷氨酸不能透出细胞膜，发酵不能成立。只有把生物素浓度控制在亚适量时，细胞才能边合成边透出，在培养基中大量积累谷氨酸。这是因为生物素作为乙酰辅酶 A 羧化酶的辅酶，直接影响脂肪酸的生物合成。控制生物素亚适量，即能维持磷脂的生物合成，又使其合成受到限制，使生物膜虽能组建起来，但很疏松，有良好的透性。

如果培养基中生物素过多时，加入青霉素、表面活性剂、高级饱和脂肪酸及其衍生物，可以解除其影响。表面活性剂和饱和脂肪酸的作用是拮抗脂肪酸的合成。青霉素是革兰阳性菌细胞壁肽聚糖合成途径中转肽酶的抑制剂。因此，谷氨酸发酵液中添加青霉素，则细胞壁合成受阻。没有完整细胞壁的保护，细胞膜不能承受巨大的细胞内外压力差，膜易损伤，透性变大，利于谷氨酸漏出胞外。

在核苷酸发酵生产中，Mn^{2+} 浓度对细胞膜的通透性有重要影响，它是核苷酸发酵成败的关键性技术之一。以产氨棒杆菌生产次黄嘌呤核苷酸（IMP）时，一般情况下培养基中并不积累 IMP 而是次黄嘌呤，只有在 Mn^{2+} 浓度限量的情况下才在培养基中获得 IMP，研究表明 IMP 是在细胞外由次黄嘌呤进一步合成的。碱基和核苷在细胞膜上的通透性较好，但经过磷酸化后则不易从细胞内透出。在 Mn^{2+} 限量时，菌体内脂肪酸显著减少（这一点与生物素作用相似），影响细胞膜的合成，改变其通透性，此时磷酸核糖焦磷酸（PRPP）及其激酶、核苷酸磷酸化酶等更容易渗到细胞外，在培养基中合成 IMP。当然，在发酵前期应使 Mn^{2+} 过量，保证菌体生长良好。

2. 选育细胞膜透性好的突变株

例如，谷氨酸生产菌种除了必须具有利于谷氨酸合成的遗传标记之外，还常具有油酸缺陷型、甘油缺陷型或生物素缺陷型等遗传标记，这些突变型的共同特点是，合成生物膜所必需的前体物质不能自身合成,需要在培养基中供给这些必需的营养物质(油酸、甘油或生物素等),细胞才能正常生长,这对人为控制细胞膜的透性提供了一个方便,只要不是充足的,而是亚适量地供给所缺陷的物质,则膜的合成受到限制,这可保持膜的良好透性,利于谷氨酸排出,避免发生反馈。代谢调控理论已经对发酵生产产生了巨大的影响,相信将来生物化学的成就会对发酵生产有更大的贡献。

【延伸阅读】

科学故事——"核开关"的发现

RNA 似乎总是给我们带来惊喜,这次的惊喜是发现了核开关,发现人是耶鲁大学的 Ronald Breaker。

虽然早在 20 世纪 60 年代就有人意识到有可能存在核开关,但并没有人真正去做有关的研究。在 80 年代核酶被发现以后,科学家认为,在 30 亿~40 亿年之前,即在 DNA 或蛋白质出现之前,有一个 RNA 世界,在 RNA 世界里,由 RNA 说了算。

20 世纪 90 年代后期,Breaker 设想,如果确实有 RNA 世界,那过去就一定存在 RNA 开关来检测代谢状态,以便在瞬间打开和关闭某些代谢过程。而且,在现在的活细胞内极有可能残留有天然的核开关。随后他在体外做了一些实验,结果很容易地得到了几种人造的核开关。

在 2000 年夏天的一次实验室晨会上,Breaker 中途停止了会议,他对自己的学生说,既然在试管里很容易制造出核开关,而且运作得很好,它们一定也存在于现代的细胞里。于是,他和他的弟子打了两个赌,第一个赌是如果现代细胞里有核开关,它们就一定位于 mRNA 上,因为 mRNA 能够控制蛋白质的合成;第二个赌是生物学家一定曾经遇到过核开关,只是没有意识到,因为每一个人都期待感应代谢物水平变化的因子应该是蛋白质。假如一个研究小组发现一个基因的表达受代谢物 X 控制,代谢物 X 含量升高,基因就会关闭,但是,研究者却苦于找不到那种结合 X 并关闭基因的蛋白质。就在那次会议的第二天,他的一个博士后在图书馆里好不容易翻阅到一篇有关维生素 B_{12} 生物感应器的论文,那没有找到的感应器蛋白事实上就是一种核开关。随后,Breaker 的研究小组进行了大量的实验,证明了大肠杆菌细胞内存在维生素 B_{12} 的核开关,并且发现这个核开关在结合维生素 B_{12} 以后会改变形状,而它与维生素 B_{12} 结合也是高度特异性的,即便是它的类似物存在也不会引起类似的反应。

在随后更多的文献调研中,他们发现并证实了其他 5 种类似的被遗漏的核开关,但他们并没有就此罢休,认为还应该有更多的核开关会被发现,为此他们建立了一种快速地在微生物基因组里寻找类似的核开关生物信息学手段,很快他们就有了惊人的发现。在 2004 年 2 月召开的美国科学促进会年会上,Breaker 报道了在枯草芽孢杆菌内他发现的第 8 个细菌核开关。这个核开关不同于早先发现的 7 个核开关,是一种核酶,即是用核酶来调节 6-磷酸葡糖胺的水平。6-磷酸葡糖胺是细菌细胞壁合成的关键成分,在转氨酶催化下,6-磷酸果糖和谷氨酰胺之间发生转氨反应,生成 6-磷酸葡糖胺和谷氨酸。当细胞内的 6-磷酸葡糖胺浓度较高时,它就与转氨酶的 mRNA 结合,激活了它的核酶活性,而使 mRNA 发生自我切割,从而关闭转氨酶的合成。奇怪的是,mRNA 被剪切的部位并非蛋白编码区,但却仍然能成功破坏基因表达。

目前研究发现位于 mRNA 非编码区的核开关广泛存在于细菌中。估计枯草芽孢杆菌约有 2%基因的表达受到这种机制的调控。比较典型的几种是分别由维生素 B_{12}、TPP、FMN、SAM、鸟嘌呤、腺嘌呤、6-磷酸葡糖胺、甘氨酸和赖氨酸控制的核开关。

　　核开关的发现不仅为 RNA 俱乐部补充了新的成员，还为 RNA 世界的假说提供了新的证据。目前 Breaker 不仅在寻找新的核开关，还在尝试使用人造的核开关来杀死细菌和肿瘤细胞。随着越来越多的复杂 RNA 分子被发现，人们越来越清楚地认识到 RNA 世界不仅存在于遥远的过去，实际上，我们今天就生活在 RNA 世界。

第十七章

重组 DNA 技术

重组 DNA 技术是现代生物学发展的一项基本技术，该技术指明了现在和未来生物化学的发展方向，揭示了许多重要的生物化学原理。生物学家为了理解复杂的生物过程，需要提取并在体外研究其中的独立组分，分子信息的主要来源是储存于细胞本身的 DNA。那么，如何从染色体基因组中找到某个特定的基因，并加以研究呢？这个问题的解决开始于 20 世纪 70 年代。

1972 年，保罗·贝格和他的同事将 λ 噬菌体基因和大肠杆菌乳糖操纵子插入猴病毒 SV40 DNA 中，首次构建出 DNA 的重组体（recombinant）。由于 SV40 能使动物致癌，出于安全考虑，这项工作没有进行下去。第二年，斯坦利·科恩和赫伯特·伯耶将细菌质粒通过体外重组后导入宿主大肠杆菌细胞内，经繁殖得到基因的分子克隆（molecular cloning），由此产生了基因工程。基因工程是对携带遗传信息的基因进行设计和施工的分子工程，包括基因重组、克隆和表达。基因工程这个术语既可用来表示特定的基因施工项目，也可泛指它所涉及的技术体系，其核心是构建重组体 DNA 的技术，因此基因工程和重组体 DNA 技术有时也就成为同义词。蛋白质工程（protein engineering）是在基因工程基础上发展起来的。1983 年 K. M. Ulmer 最早提出蛋白质工程这个名词，随即被学术界广泛采用。蛋白质工程又称第二代基因工程，是指通过对蛋白质已知结构与功能的认识，使用遗传学和化学手段，利用基因定位、诱变等技术，从改变或合成基因入手，改造蛋白质的结构，以达到改进其某些性能的目的。基因工程和蛋白质工程既反映了基础学科研究的新成果，也充分体现了工程科学所开拓出来的新技术和新工艺。它的兴起标志着人类已经进入设计和创建新的基因、新的蛋白质和生物新的性状的时代，也因此造成当今社会中的某些混乱选择和伦理矛盾。

本章重点阐述重组 DNA 技术的基本原理及应用。

第一节 DNA 克隆基础

克隆（clone），即制造一个完全相同的复制品。这个术语原本是指提取单个细胞，使其复制，产生用以研究的相同细胞群体。DNA 克隆包括从大段染色体上分离出特定基因或 DNA 片段，将其连接到一个小分子的 DNA 载体上，然后通过细胞的增殖及每个细胞中克隆 DNA 的增殖，使修饰过的 DNA 成百上千倍地复制，从而使特定的基因或 DNA 片段得到选择性扩增。任何生物的 DNA 扩增都需要 5 个基本步骤，如图 17-1 所示。

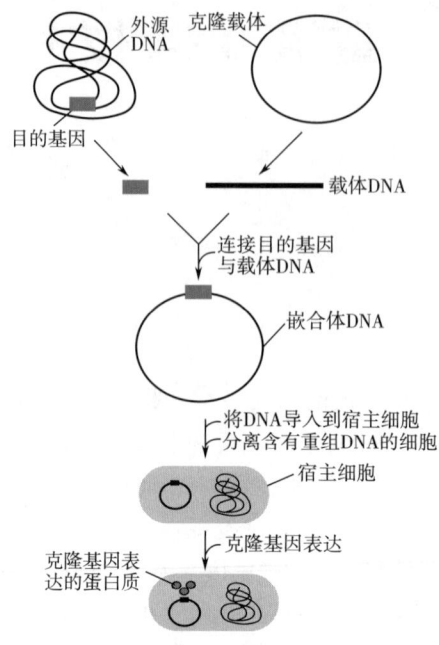

图 17-1　重组 DNA 技术的基本步骤

（1）在精确的位置切割 DNA。为能识别特定序列的 DNA 限制性内切酶提供了必要的分子剪刀。

（2）共价连接两段 DNA 片段。DNA 连接酶起此作用。

（3）选择一个能够自我复制的 DNA 小分子。要克隆的 DNA 片段可以连接到质粒或病毒 DNA（克隆载体：载体即将外源 DNA 带入宿主细胞并进行复制的运载工具）中。两个或更多的 DNA 片段通过共价连接成组合的 DNA，称为重组 DNA（recombinant DNA）。

（4）将重组 DNA 由试管转移至宿主细胞中，宿主细胞可以提供 DNA 复制所需的整套酶。

（5）筛选并鉴定含有重组 DNA 的宿主细胞。

用于实现以上步骤的方法及相关工作统称为重组 DNA 技术（recombinant DNA technology），或简称遗传工程（genetic engineering）。

大肠杆菌是最早用于 DNA 重组的，并且现今仍是一个最常用的宿主细胞。

大肠杆菌有很多优点：其 DNA 的代谢（及许多其他的生化过程）已研究清楚；同大肠杆菌相关的许多天然克隆载体，如噬菌体、质粒也研究得十分清楚；将 DNA 从一个细菌细胞转移至另一个细胞中也有有效的技术。下面重点讨论大肠杆菌中的 DNA 克隆。

一、限制性内切酶和 DNA 连接酶构建重组 DNA

在 DNA 重组技术方面起重要作用的酶如表 17-1：

表 17-1　　　　　　　　　　　　　　常用于重组 DNA 技术的酶

酶	作用
Ⅱ 类限制性内切酶	在特殊的碱基序列处切割 DNA 产生一系列较小的片段
DNA 连接酶	连接两个 DNA 分子或片段
DNA 聚合酶 Ⅰ（大肠杆菌中）	通过逐个向 3′端添加核苷酸来填补双链缺口
反转录酶	从 RNA 分子合成 DNA
多核苷酸激酶	向多核苷酸链 5′-OH 端添加磷酸基，以标记它或者达到连接的目的
末端转移酶	向线性双链两个 3′-OH 端添加同聚核苷酸尾巴
外切核酸酶 Ⅲ	由一个 DNA 链的 3′-端移去核苷酸单位
λ 噬菌体外切核酸酶	从双链两个 5′端移去核苷酸，从而使单链 3′端暴露
碱性磷酸酶	从 5′端或 3′端（或者二者均有）移去末端磷酸基

表 17-1 中有两类酶在重组 DNA 分子产生与扩增方面起着核心作用：即 Ⅱ 类限制性内切酶（type Ⅱ restriction endonuclease）和 DNA 连接酶（DNA ligase）。

限制性内切酶广泛存在于各类细菌中。Werner Arber 等早在 20 世纪 50 年代就已发现大肠杆菌具有对付噬菌体和外来 DNA 的限制系统，及至 60 年代后期始证明存在修饰酶和限制酶，前者修饰宿主自身的 DNA，使之打上标记，以避免被消化；后者用以识别并酶解外来 DNA（如感染的病毒 DNA）。1970 年 H. O. Smith 和 K. W. Wilcox 从流感嗜血杆菌（*Hemophilus influenza* Rd）中分离出特异切割 DNA 的限制性内切核酸酶，简称限制酶。1971 年 K. Danna 和 D. Nathans 用此限制酶切割 SV40 DNA（5234 bp），绘制出第一个 DNA 限制酶切图谱。此后数年从不同细菌中分离出许多修饰性甲基化酶（modification methylase）和限制性内切核酸酶（restriction endonuclease）。细菌中的限制酶及相应的甲基化酶有时被称为限制修饰系统（restriction-modification system）。

1973 年 Smith 和 Nathans 提出修饰-限制酶的命名法：取分离菌属名的第一个字母，种名的前两个字母，如有株名也取一个字母，当一个分离菌中不止一种酶时，以罗马数字表示分离出来的先后次序。修饰性甲基化酶标以 M，限制酶标以 R。例如，Smith 等最初分离到的限制酶因是第 2 个分离出来的酶，应称为 R. *Hind* Ⅱ，但 R 通常都省略不写；相应的甲基化酶则为 M. *Hind* Ⅱ。又如，从大肠杆菌 *Escherichia coli* RY13 中最先分离到的甲基化酶为 M. *Eco* Ⅰ，限制酶为 *Eco* R Ⅰ。限制酶的发现为切割基因提供了方便的工具，DNA 重组才得以成为可能。

现在发现有 3 类限制性内切酶，分别以 Ⅰ、Ⅱ 和 Ⅲ 表示。

Ⅰ 类和 Ⅲ 类一般分子比较大，而且是具有内切酶和甲基化酶活性的多亚基聚合体。Ⅰ 类限制性内切酶可以在距识别序列 1000 个碱基以上的任意位置随机切割 DNA，由于切割是随机的，这类酶在基因操作中并无实际用途。Ⅲ 类限制性内切酶在距识别序列 25 个碱基处切割 DNA。两类酶都需要借助 ATP 的能量而在反应中沿 DNA 链移动。

Ⅱ 类限制性内切酶首先是由 Hamilton Smith 提取出来的，其结构较简单，不需要 ATP，并且在识别序列本身以内切割 DNA。

类型 Ⅱ 酶的修饰和限制活性由分开的两个酶来完成。甲基化酶由一条多肽链组成；限制酶由两条相同的多肽链组成。类型Ⅱ酶的识别序列常为4~6 bp的回文序列。甲基化酶能使半甲基化DNA识别位点上特定碱基甲基化（即一条链甲基化，另一条链未甲基化，可使未甲基化的链甲基化），产生5-甲基胞嘧啶、4-甲基胞嘧啶或6-甲基腺嘌呤。DNA两条链都已甲基化时无反应；两条链都未甲基化则被限制酶降解。限制酶的切割位点在识别位点内，或靠近识别位点。切割DNA或是将两条链对应酯键切开，形成平末端；或是将两条链交错切开，形成单链突出的黏性末端。有些限制性内切酶在相对的磷酸酯键处切割DNA双链，在末端处不遗留任何未配对核苷酸，这类末端常称为平末端（blunt end）；一些限制性内切酶在两条DNA链上形成交错切口，最后在两端都留下了1~4个未配对的核苷酸，这样的端点称为黏性末端（sticky end），因为它们可以相互作用而配对或同其他DNA片段的互补黏性末端配对。

在基因工程操作中限制酶可作为切割DNA分子的手术刀，用以制作DNA限制酶谱、分离限制片段、进行DNA体外重组等，是十分有用的工具酶。限制片段常用凝胶电泳或高效液相层析（HPLC）法分离。

表17-2所示为一些Ⅱ类限制性内切酶识别的序列。

表 17-2　　　　　　　　　　某些Ⅱ类限制性内切酶的识别序列

限制性内切酶	顺序	限制性内切酶	顺序
*Bam*H Ⅰ	↓ * (5′) GGATCC (3′) 　　 CCTAGG 　　　 * ↑	*Hin*d Ⅲ	↓ (5′) AAGCTT (3′) 　　 TTCGAA 　　　　 ↑
Cla Ⅰ	↓ * (5′) ATCGAT (3′) 　　 TAGCTA 　　 * ↑	*Not* Ⅰ	↓ (5′) GCGGCCGC (3′) 　　 CGCCGGCG 　　　　 ↑
*Eco*R Ⅰ	↓ * (5′) GAATTC (3′) 　　 CTTAAG 　　　 * ↑	*Pst* Ⅰ	*↓ (5′) CTGCAG (3′) 　　 GACGTC 　 ↑*
*Eco*R Ⅴ	↓ (5′) GATATC (3′) 　　 CTATAG 　　　 ↑	*Pvu* Ⅱ	↓ (5′) CAGCTG (3′) 　　 GTCGAC 　　　 ↑
Hae Ⅲ	↓* (5′) GGCC (3′) 　　 CCGG 　　 *↑	*Tth* Ⅲ	↓ (5′) GACNNNGTC (3′) 　　 CTGNNNCAG 　　　　　 ↑

注：↑↓表示每个限制性内切酶切割的磷酸酯键；* 表示被相应甲基化酶甲基化的碱基（已知的）；N 表示任意碱基。

目的 DNA 分离出来之后，就要用 DNA 连接酶（DNA ligase）将它与经同样酶消化的克隆载体（质粒、噬菌体和细菌人工染色体）连接起来。实验室使用的 DNA 连接酶有两种：T4 DNA 连接酶和大肠杆菌 DNA 连接酶，前者以 ATP 提供连接所需能量，后者以 NAD$^+$ 提供能量。T4 DNA 连接酶可以连接黏性末端，也可以连接平末端；大肠杆菌 DNA 连接酶只连接黏性末端。因此，DNA 连接反应常用 T4 DNA 连接酶，大肠杆菌 DNA 连接酶使用较少。

互补黏性末端之间碱基配对促使连接反应容易进行。平末端之间连接反应效率很低，为提高平末端连接效率常采取以下措施：①提高 T4 DNA 连接酶浓度；②提高 DNA 片段浓度；③降低 ATP 浓度，以增强连接酶与 DNA 的结合；④加入多胺化合物，如亚精胺（spermidine），降低 DNA 的静电排斥力；⑤加浓缩剂，如大分子排阻剂乙二醇（PEG）、强水化物三氯化六氨合钴等。

DNA 片段两末端若为相容黏性末端或平末端，连接时可以发生分子间串联，或是分子自身环化。此两过程以何者占优势取决于 DNA 片段的链长与浓度，DNA 链较短，浓度较低，有利于自身环化；反之，链较长，浓度较高，有利于分子间串联。DNA 的黏性末端和平末端连接见图 17-2。

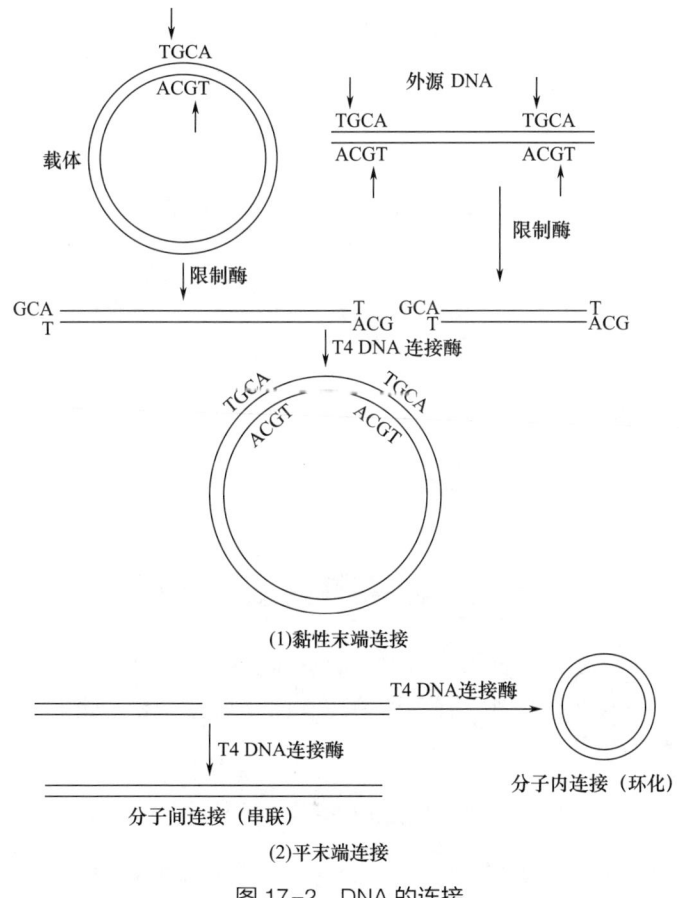

图 17-2　DNA 的连接

在 DNA 的末端加上一段限制性内切酶的识别序列，随后用限制酶切出所需要的黏性末端，使 DNA 的平端得以转变成为较易进行连接的黏性末端。此合成的含限制酶识别序列的 DNA 称为接头（linker），通常是一条含回文结构（palindrome）的寡核苷酸，在溶液中自身配对成为双链片段。例如，EcoR I 的接头为 GGAATTCC；Hind Ⅲ 的接头为 CCCAAGCTTGGG。限制酶的切割位点靠近 DNA 片段的末端时其活性将受影响，不同限制酶所受影响不同，因此限制酶的接头通常要比识别序列长，EcoR I 的接头是八核苷酸，Hind Ⅲ 的接头是十二核苷酸。当合成的片段含有不止一种限制酶的识别序列，则称为多接头（polylinker）。如果合成两条互补的寡核苷酸，使其配对后一端为平末端，另一端为黏性末端，或两端为不同的黏性末端，此合成的片段称为衔接物（adaptor）。衔接头可以使 DNA 片段的平末端转变为黏性末端，或由一种黏性末端转变为另一种黏性末端，并且无须用限制酶切，在基因工程中十分有用。

在需要连接的两个 DNA 片段末端加上互补的均聚核苷酸后，连接反应比较容易进行。末端核苷酸转移酶（terminal deoxynucleotidyl transferase）（表 17-1）能催化 DNA3'-OH 末端上添加脱氧核苷酸。如果在一个 DNA 片段的末端添加寡聚 dT，在另一片段末端添加寡聚 dA；或者分别添加寡聚 dC 和寡聚 dG，这样两个片段末端可以"黏合"。然后用 DNA 聚合酶（常用 DNA 聚合酶 I 的大片段 Klenow 酶）填补缺口，最后留下的切口被 T4 DNA 连接酶连上。互补均聚核苷酸末端的连接可显著提高连接效率，其过程见图 17-3。

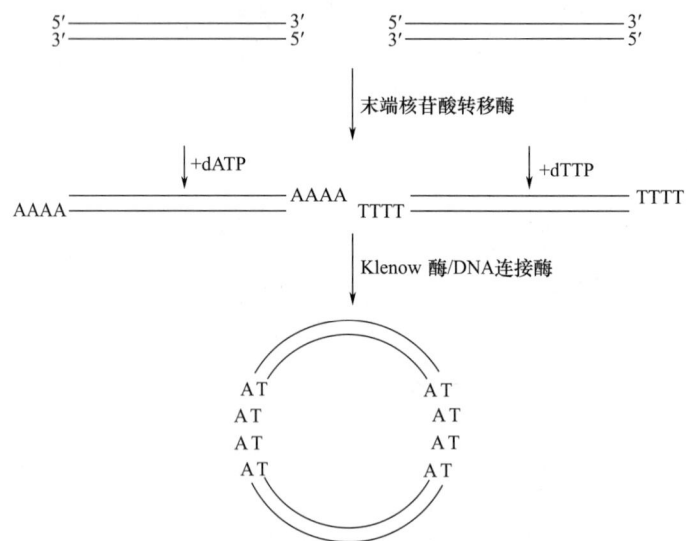

图 17-3　互补均聚核苷酸末端之间的连接

在基因工程操作中需要用到许多工具酶，除上面提到的限制酶、修饰酶、DNA 连接酶、DNA 聚合酶及末端核苷酸转移酶外，常用的酶还有反转录酶、RNA 聚合酶、多核苷酸激酶、磷酸酯酶及外切核酸酶等。

二、克隆载体使插入的 DNA 片段扩增

借助限制酶可切出含有目的基因序列的 DNA 片段。将外源 DNA 带入宿主细胞并进行复制的运载工具称为载体（vector）。克隆载体含有在受体细胞内复制的起点，因此可以自主复制，是一个复制子。

实验室中常用的 3 类克隆载体：质粒、病毒和细菌人工染色体（一段能自主复制的染色体 DNA）。细菌与真菌的克隆载体常用质粒来构建，只对特殊的要求才用噬菌体构建。动、植物的基因载体更多是用病毒或染色体 DNA 构建。

通过对3类克隆载体的研究，可以了解将克隆的重组DNA向宿主细胞转化及其序列扩增的原理。

（一）质粒

质粒（plasmid）是独立于宿主染色体外能够复制的环状DNA分子。自然界存在的细菌质粒的大小一般在5000~400000个碱基对。它们可通过转化过程导入细菌细胞。为使宿主细胞接纳DNA，要将细胞与质粒DNA共同置于0℃的氯化钙溶液中，然后迅速转到37~43℃予以刺激。一些细胞通过这种途径可以接纳DNA，但原因尚不清楚。或者与质粒DNA一起孵育的细胞也可用高压脉冲加以刺激，这种方法称为电穿孔法（electroporation），能在短时间让大分子进入细胞。无论用何种方法，实际上只有少量细胞可接纳质粒DNA，所以需要对这些细胞进行筛选。常用的方法是：保证质粒含有一个宿主细胞在特定情况下生长所需的基因，例如，一个能使细菌对抗生素抵抗的基因。最常用的抗生素抗性基因，如氨苄青霉素抗性基因（amp^r）、四环素抗性基因（tet^r）、氯霉素抗性基因（cm^r）及卡那霉素抗性基因（kan^r）。只有被转化过的、含有重组质粒的细胞才可以在这种抗生素存在的环境下生长，这样利用抗生素就可以筛选出含这些质粒的细胞。这种基因有时称为选择性标记基因。

许多适宜克隆的不同载体可以通过对天然质粒的修饰改造而成。1977年Bolivar等从天然质粒出发，经删除、融合、转座及重排等操作，构建成适合多种用途至今仍在广泛使用的克隆载体：大肠杆菌质粒pBR322（图17-4）。其特征有以下几点：

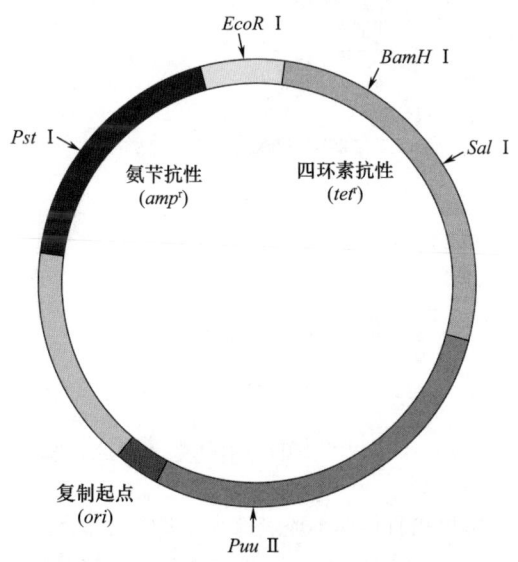

图17-4 大肠杆菌质粒pBR322的结构

（1）它全长4361bp，具有一个天然质粒pMB的复制起点（ori），以使质粒复制，使其在每个细胞中的拷贝数达到25个以上。

（2）含有两个不同抗生素的抗性基因（amp^r和tet^r），使得含有完整质粒或重组质粒的细胞得以鉴别。

（3）质粒上有一段集中了数个限制性内切酶识别位点的序列，该处可经切割后插入外源DNA。

（4）比较小的质粒更容易进入细胞，也便于进行DNA的生化操作。当质粒的碱基数目增加时，用纯化的 DNA 转化进入细菌的效率就降低，因此用质粒做载体时很难克隆>15000bp 的 DNA 片段。

现今许多新构建的载体，往往是由大肠杆菌质粒 pBR322 改建而成。

一般质粒载体约可携带数千个 bp 外源 DNA，但欲构建基因文库（genomic library），需要载体的容量更大，常用 λ 噬菌体改造而成的载体。

（二） 噬菌体（bacteriophage）

λ 噬菌体可以十分有效地将其 48502bp 的 DNA 导入细菌内，因此可用来克隆相对较大的 DNA 片段。它的两个重要特征有利于这方面的应用：

（1） 在整个 λ 噬菌体基因组中，大约 1/3 的染色体 DNA 序列对于噬菌体的复制和装配来说是非必需的，因此可用外源 DNA 来取代它们。此时，λ 噬菌体携带外源 DNA 一起增殖，起到载体的作用。

（2） 只有在 40000～53000bp 的 DNA 才能被包装成为有感染性的噬菌体颗粒，这一限制可使得仅那些重组 DNA 被包装 ［图 17-5（1）］。

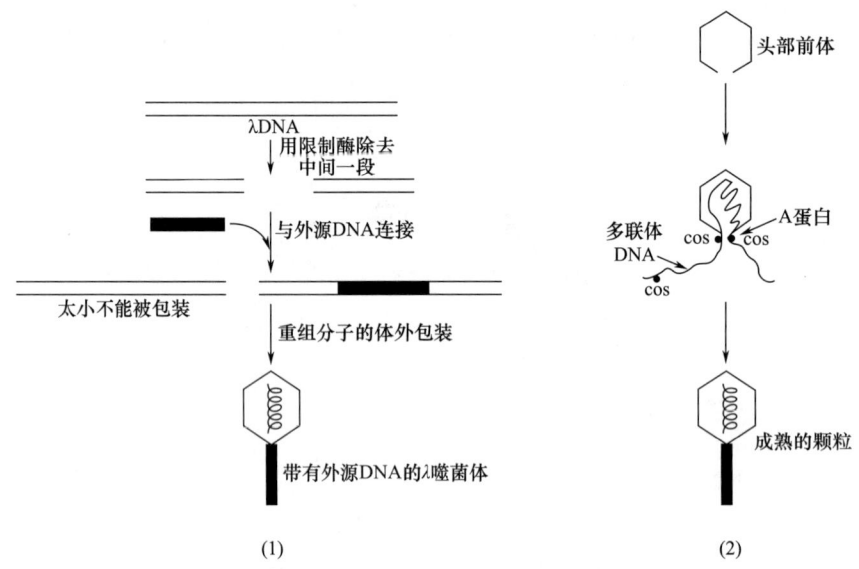

图 17-5　以 λ 噬菌体载体克隆 DNA 图解

目前用作载体的 λ 噬菌体可被直接切割成三部分，其中两部分含有噬菌体所必需的基因，加起来长约 30000bp。第三部分是"填充"DNA，当载体用于克隆外源基因时，这部分则可丢弃。外源 DNA 必须插入前两部分之间形成一个足够长的连接 DNA 分子以产生感染性噬菌体颗粒。噬菌体包装机制对重组噬菌体 DNA 有选择性，最长的插入片段可达 23000bp。一旦 λ 噬菌体载体与适当大小的外源 DNA 连接后，加入含有各种包装所需蛋白质的细菌粗提物就可使重组 DNA 包装在噬菌体颗粒中。这就是体外包装（in vitro packing）［图 17-5（2）］。所有可见的感染性噬菌体颗粒都将含有外源 DNA 片段。随后将重组 DNA 导入大肠杆菌是非常高效的。

（三） 细菌人工染色体

细菌人工染色体（bacterial artificial chromosome，BAC）是专门为了克隆大片段 DNA 而设计的简单质粒（图 17-6）。这个质粒只包含选择性标记如氯霉素抗性（Cm^r）和一个非常稳定的复制原点（ori），用于保证每个细胞中有 1~2 个拷贝。可将长达数百万碱基对的 DNA 片段克隆到 BAC 载体中，然后用电穿孔的方法将大的环状 DNA 导入到宿主菌中。用于重组 BAC 的宿主菌细胞壁成分产生了突变，从而使摄取大分子 DNA 变得容易。

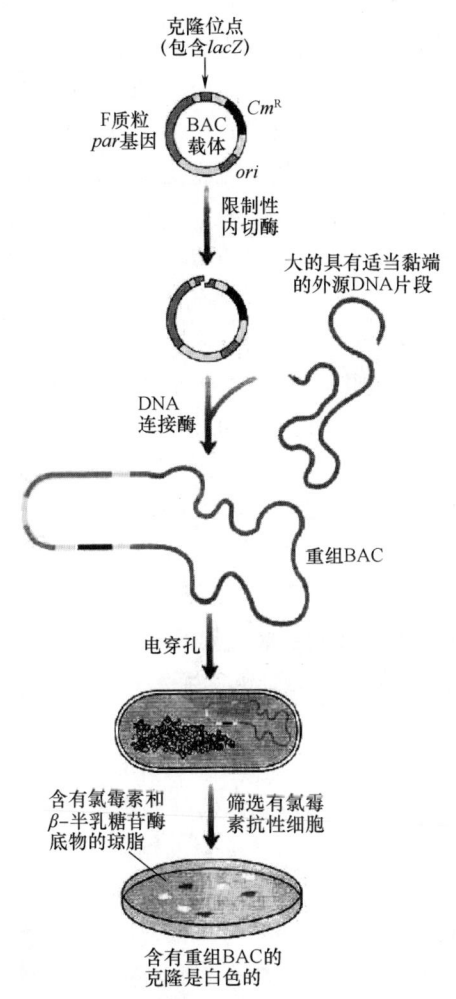

图 17-6　利用细菌人工染色体（BAC）克隆

三、基因的分离

从事一项基因工程，通常总要先获得目的基因。利用限制酶切割生物基因组 DNA，然后用适当方法常可分离到所需要的基因片段。倘若基因的序列是已知的，可以用化学方法合成，或者用聚合酶链式反应（PCR）由模板扩增出该基因。此外，最常用并且无须已知序列的方法是建立一个基因文库（genomic library）或 cDNA 文库（cDNA library），从中筛选出目的基因的克隆。

（一）基因文库的构建

大致可分为五个步骤。

1. 染色体 DNA 的片段化

从生物组织中提取染色体 DNA 需将其切割成一定大小的片段，才能在插入 λ 噬菌体载体后被包装成噬菌体颗粒。

DNA 的切割必须是随机的，这样才可使各种不同片段被克隆的概率相等。细长的 DNA 分子很容易用机械的方法随机切割，如 DNA 溶液用超声波处理、高速搅拌或通过细的注射器针头等。机械切割 DNA 片段的克隆操作比较麻烦，需要先将片段分级分离，取合适大小的片段，并使末端填平补齐，再连上衔接物，方能与相应切开的载体 DNA 两片段（臂）连接。而用限制酶部分消化的 DNA 片段克隆比较方便，只需将消化所得片段经分级分离后就可以直接与相应切开的载体 DNA 连接。但是由于限制酶的切点在染色体 DNA 中的分布并非随机的，采用识别序列较短的限制酶部分消化所得片段的随机程度比长识别序列限制酶消化片段要高些。常用来构建基因文库的限制酶是识别 4bp 的 *Mbo* I 和 *Sau*3A 等，它们接近于随机切割。此外，限制片段超过一定大小范围就不能在 λ 噬菌体载体中克隆，因此，在构建基因文库过程中可能会丢失一部分遗传信息。

2. 载体 DNA 的制备

选择适当的 λ 噬菌体载体，用限制酶切开，得到左、右两臂，以便分别与染色体 DNA 片段的两端连接。

3. 体外连接与包装

将染色体 DNA 片段与载体 DNA 片段用 T4 DNA 连接酶连接。然后重组 DNA 与 λ 噬菌体包装蛋白在体外进行包装。

4. 重组噬菌体感染大肠杆菌

将 λ 噬菌体载体与外源 DNA 连接和包装得到的重组噬菌体，用以感染大肠杆菌。重组体 DNA 在大肠杆菌细胞内经增殖并裂解宿主细胞，得到重组噬菌体克隆库，即基因文库。

5. 基因文库的鉴定和扩增

构建得到的基因文库应测定其库容量，即库中包含的克隆数。噬菌体通常以噬菌斑形成单位（pfu）来表示；重组体不能形成噬菌斑则以菌落形成单位（colony forming unit，cfu）来表示。对于文库的鉴定，可以通过随机挑选一定数量的克隆，用限制酶切、PCR 或其他方法对重组体 DNA 进行分析。一个基因文库可以多次使用，从中筛选出各种克隆的基因，如果需要可以适当对文库加以扩增。但必须认识到，在扩增基因文库时并不是所有克隆成员都以同样速度增殖的，插入外源 DNA 在大小及序列上的差异可能会影响重组体的复制速度。这样，当基因文库经过扩增后，某些重组体的比例可能会增加，而另一些重组体可能会减少，甚至全然丢失。

现在由于新的载体和克隆技术的发展，构建基因文库的程序已大为简化，一些工作者宁愿在每次筛选基因时重新构建文库，而不喜欢使用经过储存和扩增的文库。

（二） cDNA 文库的构建

构建 cDNA 文库的基本步骤与上述基因文库的构建十分相似。

1. 首先从特定个体或细胞中提取 mRNA

构建 cDNA 文库质量好坏的关键是制得高质量的 mRNA。无处不在的 RNA 酶极易降解 mRNA，在制备 mRNA 的操作过程中必须自始至终防止 RNA 酶的降解作用：①所有用于 mRNA 实验的器皿都要高温烘烤，或是用 RNA 酶的强变性剂焦碳酸二乙酯（diethyl pyrocarbonate，DEPC）0.1%溶液洗涤，所有试剂都要用 DEPC 处理过的水配制，DEPC 经煮沸即分解除去，以避免残留物影响实验；②在破碎细胞的同时用强变性剂（如酚、胍盐等）使 RNA 酶失活；

③在 mRNA 反应中加 RNA 酶的抑制剂 RNasin。

目前实验室中提取细胞总 RNA 的方法主要有：胍盐/氯化铯密度梯度超速离心法和酸性胍/酚/三氯甲烷抽提法。前一方法常用于大量制备 RNA；后一方法用于一般小量制备 RNA，因此更为常用。真核生物的 mRNA 3′端常都含有多聚腺苷酸［poly（A）］，可以用寡聚胸苷酸［oligo（dT）］纤维素或琼脂糖亲和层析法来分离纯化。在高盐缓冲溶液中 poly（A）RNA 与 oligo（dT）结合，低盐缓冲液使它们解离和洗脱。

2. 以 mRNA 为模板通过逆转录酶合成互补 DNA

合成互补 DNA（complementary DNA，cDNA）的逆转录酶有两种，一种来自禽成髓细胞白血病病毒（avian myeloblastosis virus，AMV），另一种来自莫洛尼鼠白血病病毒（Moloney murine leukemia virus，M-MuLV）。逆转录酶为多功能酶，它能以 RNA 链为模板合成第一条 cDNA 链，并具有 RNase H 活性，水解杂合分子中的 RNA 链，再以第一条 cDNA 链为模板合成第二条 cDNA 链。逆转录酶以 4 种 dNTP 为底物，合成 cDNA 时需要引物，无校对功能。AMV 逆转录酶由两条多肽链组成，它们由同一基因编码，但在翻译后加工不同，使 A 链比 B 链短。AMV 逆转录酶反应的最适温度为 42℃，最适 pH 8.3，并且具有较强的 RNase H 活性。M-MuLV 逆转录酶由一条多肽链构成，反应最适温度为 37℃，最适 pH 7.6，具有较弱的 RNase H 活性。

3. 制备载体 DNA

用来克隆 cDNA 的载体主要为质粒和 λ 噬菌体载体。

4. 双链 cDNA 的分子克隆

常用的克隆方法有：

①平端连接法，需先用 Klenow 酶或 T4 DNA 聚合酶将双链 cDNA 两端填平补齐，然后用平末端与载体 DNA 连接，平端连接效率较低。

②cDNA 两端加接头或衔接物，接头需用限制酶水解，因此加接头前 cDNA 应先用相应甲基化酶加以甲基化，以保护 cDNA 不被消化。用衔接物则无须使 cDNA 甲基化。二者都可使 cDNA 以黏性末端与载体 DNA 连接。

③均聚物加尾法，用末端转移酶在 cDNA 两条链的 3′端各加均聚（A）或均聚（G），载体 DNA 的 3′端加配对的均聚（T）或均聚（C），当 cDNA 末端与载体 DNA 末端"退火"（annealing）后彼此"黏合"，即可用于于转化宿主细胞。

④在几种改进的方法中可以将上述几步合并进行，例如，用衔接物与引物在一起，当合成 cDNA 后即具有黏性末端，或者将引物加在载体 DNA 上，cDNA 合成后直接连在载体上。

5. 对构建的 cDNA 文库进行鉴定

测定文库包含的克隆数，抽查克隆的质量和异质性，如果需要可适当扩增。

上述步骤与基因文库的构建十分相似。对 cDNA 文库的要求有两点：一是希望文库能包含各种稀有 mRNA 的 cDNA 克隆；二是克隆的 cDNA 应是全长的，避免丢掉 5′端的序列。

总之，把合成的双链 DNA 插入合适的载体中克隆，创建一个克隆群体，称为 cDNA 文库（cDNA library）。寻找特定基因时可利用来自表达该基因的细胞所制备的 cDNA 文库。

（三）克隆基因的分离与鉴定

从一个庞大的克隆文库中分离出感兴趣的基因是一项难度很大、费时费力的工作。基于载体的特征或目的基因的序列或基因的产物，已经发展出一系列行之有效的方法。

1. 基于载体特征的直接选择

根据载体的表型特征直接选择重组体克隆是十分有效也是最常用的方法。

通常载体都带有可选择的遗传标志，最常用的是抗药性标记、营养标记和显色标记。对噬菌体而言，噬菌斑的形成则是其自我选择的结果。

(1) **抗药性选择** 载体常携带氨苄青霉素抗性基因（amp^r）、氯霉素抗性基因（cm^r）、四环素抗性基因（tet^r）等。将细胞培养在含抗生素的选择培养基中，便可以检测出获得此种载体的转化子细胞。若将外源 DNA 插在抗性基因编码序列内，可通过插入失活进行选择。例如，外源 DNA 插在 tet^r 基因内，抗性基因失活成为对四环素敏感的表型 Tet^s，将转化子培养在加有环丝氨酸和四环素的培养基中，环丝氨酸能杀死生长的细胞，四环素只是抑制敏感细胞生长。经此处理，凡载体带有四环素抗性基因未被失活的细胞均被杀死；抗性基因插入失活的重组体细胞便被保存下来，转移到不含环丝氨酸和四环素的培养基中就能正常生长。

(2) **营养标记选择** 当细胞生物合成途径某个酶的编码基因失活，就成为营养缺陷型（auxotroph），但如果导入细胞的重组体 DNA 能够弥补缺陷的基因，培养基中就无须补充有关的营养成分。营养标记为重组体克隆的选择提供了方便的方法。

(3) **β-半乳糖苷酶显色反应的选择** 当载体的 $lacZ'$ 区插入外源 DNA 后就失去编码 α-肽的活性，在显色反应后带有外源 DNA 的菌落呈白色，不带外源 DNA 的菌落呈蓝色，由此将二者区分。

2. 细菌菌落或噬菌斑的原位杂交

从众多重组体中分离目的基因克隆常用特异的探针进行原位杂交（in situ hybridization）。这是一种十分灵敏、快速的方法。

利用标记的核酸做探针，与转化细胞的 DNA 或 RNA 进行杂交，可以直接筛选和鉴定目的序列克隆。其中以 DNA 为杂交对象的杂交法称为 Southern 杂交或 Southern 印迹，以 RNA 为杂交对象的方法称为 Northern 杂交或 Northern 印迹。核酸探针可以用放射性同位素标记，也可以用非放射性物质标记，前者用放射自显影显示阳性克隆，后者借助特殊的显色反应显示阳性克隆。

3. PCR 法

PCR 技术的出现给克隆的筛选增加了一个新手段。如果已知目的序列的长度和两端的序列，就可以设计合成一对引物，以转化细胞所得的 DNA 为模板进行扩增，若能得到预期长度的 PCR 产物，则该转化细胞就可能含有目的序列。

4. 免疫化学法

利用特定抗体与目的基因表达产物特异性结合的性质进行筛选。此法不是直接筛选目的基因，而是通过与基因表达产物的反应，指示含有目的基因的转化细胞的存在。

5. 受体/配体的结合性质

此方法也不是直接筛选目的基因，而是利用标记的配体或受体，与目的基因表达出来的蛋白质之间的相互作用来进行筛选。例如，利用过渡态类似物来筛选目的基因为酶的阳性克隆。

6. Southwestern/Northwestern 印迹法

这种方法专门用来筛选含有核酸结合蛋白基因的克隆，其中以得到 DNA 结合蛋白基因为目的的筛选方法称为 Southwestern 印迹，而以得到 RNA 结合蛋白基因为目的的筛选方法称为 Northwestern 印迹。此方法以标记的具有特定序列的双链寡聚核苷酸作为"诱饵"，筛选含有能够与此序列结合的蛋白质基因的克隆。

7. DNA 限制性内切酶图谱分析法

外源 DNA 插入载体会使载体 DNA 限制性酶酶切图谱发生变化，观察其酶切图谱并与预期的酶切图谱相比较，从而判断转化细胞是否含有目的基因。

8. DNA 序列分析法

通过上述方法筛选得到的阳性克隆，都需要使用碱基序列测定来做最后的鉴定。已知序列的基因克隆要经序列分析确认所获得的克隆准确无误；未知序列的克隆只有在测定序列后才能了解其结构、推测其功能，以做进一步的研究。

（四）特定 DNA 序列的扩增

如果知道特定基因的部分序列，则可通过聚合酶链式反应（polymerase chain reaction, PCR）大量扩增该基因的拷贝。PCR 是体外酶促扩增，故又称无细胞分子克隆法。扩增的 DNA 可直接用于克隆或用作其他分析。PCR 方法是由美国科学家 Kary Mullis 于 1983 发明的。

PCR 的原理并不复杂：理论上，DNA 分子数目经复制呈指数增长，如果提供足够的引物和 dNTP，1 分子 DNA 复制 n 次后，就可产生 2^n 个 DNA 分子。但与体内 DNA 复制不一样的是：PCR 的解链反应使用的是热变性，而不是解链酶；PCR 使用的引物是人工合成寡聚 DNA，而不是体内由引发酶合成的 RNA；为了增加 DNA 聚合酶的稳定性，PCR 使用的是耐热的 DNA 聚合酶（如 Taq I 聚合酶，来自一种耐 90℃ 高温的细菌）。

整个 PCR 反应由多个循环组成（循环次数为 30~40 次），每循环一次，DNA 复制一次。每一个循环由 3 步反应组成（图 17-7）。

①DNA 变性：采取热变性，使模板 DNA 在 95℃ 左右的高温下解链；

②退火：降低温度（通常在 50~65℃），使引物与模板 DNA 配对；

③延伸反应：在 DNA 聚合酶催下，在引物的 3′ 端合成 DNA，温度通常在 72℃ 左右。在循环结束以后，一般还有一步专门的延伸反应，持续 10~30min。最后得到的 PCR 产物可以通过常规的琼脂糖凝胶电泳进行鉴定分析。

一个标准的 PCR 系统包括：DNA 模板、耐热的 DNA 聚合酶、一对脱氧寡核苷酸引物、4 种 dNTP、合适的 Mg^{2+} 和一定体积的缓冲液等。人工合成引物的序列设计是 PCR 成功的关键，现有专门的软件（如 Primer Premier 5.0）可以辅助设计合适的引物。

PCR 自诞生以后，就引起了人们的高度关注。如今，该技术已渗透到生命科学几乎每一个领域，并进行了各种形式的扩展、改进和优化，用途也越来越广。综合起来，PCR 主要应用在以下几个方面和领域：

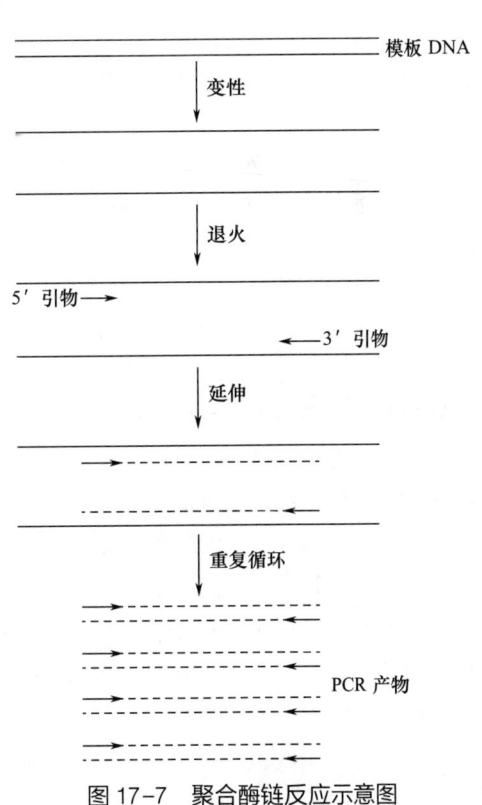

图 17-7　聚合酶链反应示意图

①基因或基因片段的克隆和鉴定；
②基因诊断；
③亲子鉴定；
④基因表达差异定量；
⑤确定未知基因表达变化；
⑥法医鉴定；
⑦古代 DNA 的分析（分子考古学和分子古生物学）；
⑧循环测序（cycle sequencing）。

上述各项应用的原理和具体步骤可以在许多 PCR 手册上查到。

必须指出，由于 PCR 的高度敏感性，在进行相关的实验时，需要严防样品发生污染，此外，最好同时做阴性对照反应。

第二节　重组 DNA 技术的应用

改变基因的碱基对可以导致蛋白质中未知氨基酸序列的变化，这在研究蛋白质的折叠、结构和功能方面是非常有用的方法。在各种细胞中导入和去除 DNA，方法日趋成熟和完善，为研究基因功能及调控、植物和动物中导入新性状都提供了新的途径。

这里，从克隆基因生产蛋白质开始，着重讲述 DNA 克隆的应用。然后了解用于不同真核细胞中的克隆步骤，最后概述这项技术的潜在应用及问题。

一、　克隆基因可以表达

许多真核细胞基因缺少在大肠杆菌中表达的 DNA 序列元件（如启动子），所以必须在载体 DNA 相对真核基因的适当位点插入细菌的转录、翻译调控序列，以得到高水平，可调节的表达。有些情况下，克隆基因可以高效表达，其蛋白质产物可以达到细胞总蛋白质的 10% 或更高。一些外源蛋白质在高浓度时可以使大肠杆菌致死，所以基因表达必须限于计划收获细胞前的几小时内。

具有调控克隆基因表达所需转录和翻译信号的克隆载体称为表达载体（expression vector）。为控制克隆基因的表达效率，可以使用载体提供的更有效和方便的启动子和调控序列来替换原基因本身的序列。通常，将清楚了解其功能的启动子及其调控区放在几个单克隆限制性位点附近，以便插入在限制位点的基因能由启动子调控表达（图 17-8）。

这样的表达载体还加入了其他特性，如：①增强 mRNA 翻译所具备的细菌核糖体结合位点：为使外源基因能在大肠杆菌中高水平表达，不仅要用强启动子以产生大量 mRNA，而且还要强的核糖体结合位点，使 mRNA 高效翻译。大肠杆菌的核糖体结合位点是一段由 3~9 个核苷酸组成富含嘌呤的序列，位于起始密码子（AUG）上游 3~11 个核苷酸处。该序列与 16S rRNA 3′端互补，因其由 Shine 和 Dalgarno 所发现，故称为 SD 序列。mRNA 的翻译效率受 SD 序列与 16S rRNA 3′端互补程度的影响，还受 SD 序列与起始密码子间距离以及起始密码子上、下游序列的影响。②具有转录终止序列：基因表达水平也受转录终止信号（终止子）和翻译终

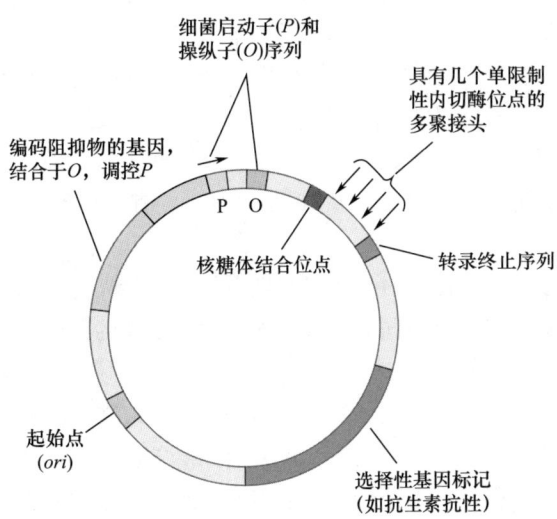

图 17-8　经典的大肠杆菌表达载体的 DNA 序列

止信号（终止密码子）的影响。如果转录的 mRNA 过长，不仅耗费能量和底物，而且 3′端序列易于和前导序列或编码序列形成二级结构，妨碍翻译进行。在 UAA、UAG 和 UGA 三个终止密码子中以 UAA 的终止能力最强。

现已知道可用来提高外源基因表达水平的措施归纳起来有以下几类：①选用高效表达载体。对于某一外源基因需选择何种类型表达载体、何种启动子、与转录起点间的距离，以及起始密码子附近的序列等可逐项试验，以便得到最好的效果。②增加表达载体在细胞内的拷贝数。③挑选蛋白酶活性低或有缺陷的菌株作为宿主。④宿主细胞要能高水平表达分子伴侣，必要时通过基因工程增强其表达。⑤选用宿主细胞偏爱密码子（biased codon）。由于密码存在简并性，对应于一个氨基酸可以有不止一个密码子，生物往往对其中某个密码子的使用频率高于另外的密码子。不同生物或不同的蛋白质其密码子的使用频率各不相同，挑选使用频率最高的密码子以提高表达。⑥以融合蛋白形式表达。使外源蛋白的 N 端与宿主细胞丰度高的蛋白质 N 端部分序列相连。⑦以分泌蛋白形式表达。⑧从包涵体中分离纯化外源蛋白，并使其复性。⑨选择合适的宿主菌，找出高产的生长、诱导和发酵条件。

通常在构建高产工程菌后还可通过诱变和选育以提高外源蛋白的产量。

在细菌或其他细胞中，基因的高效表达能够提供大量特定蛋白质，有益于科研人员的工作，提高了工业产量。

二、克隆基因可以改造

克隆技术不仅可以用来生产普通蛋白质，也可以生产与原蛋白质天然形式完全不同的蛋白质。特定的氨基酸可以通过定点突变（site-directed mutagensis）逐个替换。这种对研究蛋白结构和功能非常有力的方法是通过改变克隆基因的 DNA 序列而改变氨基酸序列。

在要改变序列的旁边如果也有合适的限制性位点，只需简单切除原来的 DNA 片段，连接与之等同的有突变的人工合成的 DNA 片段就可使该基因得到突变。当合适的限制性位点不存在时，可以用一种称为寡核苷酸介导突变（oligonucleotide-directed mutagenesis）的方法产生特定突变 DNA 序列。合成的有一个特定碱基改变的短 DNA 链可与合适载体内克隆基因单链 DNA 退火结合。在合适的温度下，15~20 个碱基对中一个碱基的错配不会影响这种退火结合。这条退火的单链 DNA 充当与质粒载体互补链合成的引物。用这种轻微错配的双链重组质粒来转化细菌，细菌可以通过 DNA 修复酶修复错配位点。大约半数的修复将移去并取代改变了的碱基而恢复基因原来的碱基序列；另外半数的修复将移去并取代正常的碱基，从而保留我们所需的突变。筛选转化的细菌（通常只是进行质粒 DNA 的测序）直到找到含有改变 DNA 序列的质粒菌落为止。

碱基的改变也可以多于一个碱基对。用限制性内切酶切除大部分的基因后，剩下的部分可以连接形成一个较小的基因。两个不同的基因可连接成一个新的重组体。这种融合基因的产物称为融合蛋白（fusion protein）；

通过各种巧妙的方法，几乎可以在体外对基因进行任意改造。将改造过的基因重新导入细胞内，就可以观察到改造后的效果。定点突变极大地方便了蛋白质的研究。研究者通过这个方法可以特定地改变一个蛋白质的基本结构，并观察这些改变对蛋白质折叠、三维结构以及活性的影响。商业上已经利用这个方法来构建特殊用途的蛋白质，如高活性，或耐极限温度、pH以及诸如承受有机溶剂之类苛刻环境的蛋白质。

三、 酵母是重组 DNA 一种重要的真核宿主

大肠杆菌决不是基因工程中唯一的宿主细胞。酵母细胞是一种方便而又独特的，能够满足基因工程要求的真核宿主细胞。

酵母是单细胞真核生物。因其基因组小（约 1.2×10^7 bp），世代时间短（在丰富培养基中仅 90 min），遗传学背景清楚（约 6000 个基因，大多已知），故常作为真核生物细胞结构和基因表达调节研究的对象，真核生物基因工程也以它为首选，因而有真核生物的大肠杆菌之称。1996 年完成其基因组全序列的测定，更有助于酵母的基因操作。

酿酒酵母（*Saccharomyces cerevisiae*）是最为常用的一种酵母，它的基因组仅有 14×10^6 对核苷酸（虽然从真核生物角度上来说，这是一个较小的基因组，但是它却接近大肠杆菌基因组大小的 4 倍），并且它的基因组核苷酸序列已经完全知道；另外，在实验室的条件下，酵母也是一种较容易生长及大规模培养的微生物。

利用前面述及的用来构建大肠杆菌载体的原则，在酵母中的表达型载体现在也已经被构建出来。用酵母表达真核生物的基因要比用大肠杆菌更合适一些，因为许多真核生物蛋白质在翻译后要经过真核细胞中一些相关酶的修饰才能转变为成熟的有活性蛋白质，但是这些酶在大肠杆菌等低等原核生物中是不存在的，所以用大肠杆菌表达的真核生物蛋白质可能缺少对它们的活性起关键作用的修饰。把外源 DNA 导入或移出酵母细胞的手段促进了真核细胞生物化学各方面的发展。外源 DNA 转化酵母细胞后，此 DNA 片段可以通过同源重组的方式整合到酵母细胞的染色体中，不过这种整合型转化（integrative transformation）发生的几率是比较低的。

转化效率的提高可以通过将克隆 DNA 导入到在酵母中有复制能力的质粒上来实现。对天然产生的只有 $2\mu m$ 大小的酵母质粒经过改造，已经构建出各种各样的用于酵母转化的克隆载体，它们具有复制原点和在酵母中维持质粒的相关序列。还有一些重组型载体通过加入多个复制起始点和其他元件后不仅能够在一种生物（如大肠杆菌或酵母）中增殖，也能够在两种或两种以上物种中增殖，这种载体称为穿梭载体（shuttle vector）。

酵母细胞的克隆载体共有五类：①酵母整合质粒（yeast integrating plasmid，YIP）含有可选择遗传标记，但无酵母复制起点，在酵母细胞内只有整合到染色体中才能稳定存在。②酵母附加体质粒（yeast episomal plasmid，YEP）含有可选择遗传标记和酵母2μm质粒的复制起点，在酵母细胞内以高拷贝数存在。③酵母复制质粒（yeast replicating plasmid，YRP）含有酵母染色体DNA的自主复制序列（autonomous replicating sequence，ARS），以中等拷贝数存在于酵母细胞内。④酵母着丝粒（CEN）质粒（yeast centromere-containing plasmid，YCP），含有ARS和CEN，后者在有丝分裂时与纺锤体结合，以单拷贝稳定存在。⑤酵母人工染色体（yeast artificial chromosome，YAC），含有构成染色体的关键序列ARS、CEN和TEL（telomere，端粒），能以微型染色体的形式存在，可用以克隆超过100kb的大片段DNA。

四、克隆基因在植物细胞中的表达

将重组DNA导入植物对农业起了巨大的作用，它可改变粮食的营养成分和产量，并且可增强作物对环境压力，如虫害、疾病、寒冷、盐碱和干旱等的抗性。

还没有发现天然存在的植物细胞质粒用以在植物中进行克隆，因此最大的技术挑战就是将DNA导入植物细胞中。一个重要而且适宜的介质就是根瘤土壤杆菌（*Agrobacterium tumefaciens*）。这种细菌是诱发裸子植物和双子叶植物产生冠瘿（crown gall）的病原菌。这类菌可在有伤口的植物体表面侵入，并附着在植物细胞壁表面，产生细纤丝将细菌裹起来形成细菌集结。随后，根瘤土壤杆菌细胞内质粒上的一段DNA转移到植物细胞内，并整合到染色体DNA中，导致植物细胞形成肿瘤，然后大量合成和分泌冠瘿碱，以供细菌营养的需要。根瘤土壤杆菌携带的特殊质粒受到分子生物学家的关注并被开发成植物基因工程广泛使用的克隆载体。

根瘤土壤杆菌的质粒称为Ti质粒（tumor-inducing plasmid），即诱发寄主植物产生肿瘤的质粒，其大小在200kb左右（$Mr = 90 \times 10^6 \sim 150 \times 10^6$），为双链闭环分子。Ti质粒中与诱发肿瘤有关的基因区段有两个，即T-区段（T-DNA）和毒性（*vir*）区段，其余的基因分别控制冠瘿碱代谢、细菌的生长周期、宿主特异性以及Ti质粒的接合转移等。

T-DNA长度为15~30kb，相当于Ti质粒DNA长度的1/10。其两端为25bp的正向重复，分别称为左端边缘（left-handed border，LB）和右端边缘（right-handed border，RB）。当根瘤土壤杆菌与受伤的植物细胞接触时，T-DNA片段从Ti质粒中转出并整合在该植物细胞染色体中一个随机的位置。从这类菌到植物细胞染色体的转化不仅依赖于T-DNA两端的两段25个碱基对的重复序列，还依赖于毒性基因（*vir*）的产物及Ti质粒。

T-DNA具有编码一些酶的基因，这部分基因只有在插入植物染色体后才被激活表达。

其中包括：①冠瘿碱合成酶基因（opine synthetase gene）。②细胞分裂素合成酶基因 *tmr*，这个基因突变的结果激发肿瘤出现大量根的增生，故又称根性肿瘤（rooty tumor）基因。③植物生长素合成酶基因 *tms*1 和 *tms*2，这两个基因中任何一个发生突变都会激发肿瘤出现芽的增生，故称为芽性肿瘤（shooty tumor）基因。*tmr*、*tms*1 和 *tms*2 这三个基因统称为致瘤基因（*onc*）。

Ti质粒是理想的植物基因工程载体，将外源基因插入T-DNA，即可借以转化植物细胞。但是Ti质粒太大，操作十分不便，对此可有两种解决方法：

①构建二元载体系统（binary vector system）

② 采用共整合载体（cointegrate vector）

二元载体系统是将 Ti 质粒的 T-DNA 和 vir 基因区段分置于两个载体。T-DNA 通常插在易于操作的细菌小质粒载体中，为免于引起宿主产生肿瘤，将 T-DNA 的致瘤基因全部除去，但保留合成胭脂碱的基因 nos，作为遗传标记。vir 基因则仍留在缺失 T-DNA 的 Ti 质粒内存在于土壤杆菌中。外源基因插入小质粒的 T-DNA 后，将质粒转移到根瘤土壤杆菌中，在 vir 基因产物的作用下 T-DNA 即转入植物细胞核染色体内。

共整合载体是使用无致瘤基因（onc⁻）的 Ti 质粒作为载体，其中 T-DNA 只保留边缘区和 nos 基因，其余部分被删除，而代之以 pBR 型质粒的一段序列，例如，氨苄青霉素抗性基因（amp^r）序列。外源基因插入 pBR 型的质粒内。为便于 T-DNA 转化后植物细胞的筛选，pBR 型质粒带有对植物细胞有剧毒的新霉素的抗性基因（neo），并与胭脂碱合成酶基因（nos）的启动子融合，nos-neo 杂合基因可在植物细胞内表达。此外，pBR 型质粒还带有细菌选择标记卡那霉素的抗性基因（kan^r）。携带外源基因的 pBR 型质粒转入根瘤土壤杆菌后，onc⁻ Ti 质粒与 pBR 型质粒都存在一段相同的序列，很容易发生同源重组，形成两质粒的共整合体，其中外源基因被包围在 T-DNA 的边缘区之间，因此可转化植物细胞。

五、克隆基因在哺乳动物细胞中的表达

将外源遗传物质导入动物细胞，既能加深我们对动物基因组结构和功能的理解，也能赋予动物新的性状。这种潜力激发了人们对日益复杂的动物克隆方法的深入研究。

尚没有合适的类似质粒的载体可用于将 DNA 导入动物细胞，因此转化常需要将 DNA 整合到宿主细胞的染色体中。DNA 进入细胞核的效率、如何整合到染色体又不影响任何关键基因，这些仍是动物基因工程面临的主要技术问题。

现行的将 DNA 导入动物细胞的方法在效率和方便程度上区别很大。一些成功的方法是自动摄入 DNA 或电穿孔技术，这些技术方法大致和转化细菌常用的方法一致，其效率很低，仅在 $10^2 \sim 10^4$ 个细胞中转化 1 个。显微注射（microinjection）是用极细的针头将 DNA 直接注入细胞核。对于熟练者，这种方法有很高的成功率，但因为每个细胞必须单独处理，使得可处理细胞的总数太少。最有效且广泛应用的转化动物细胞的方法是借助于脂质体和病毒载体。

脂质体是脂双层组成的小泡，内部是亲水区间。包含了重组 DNA 分子的脂质体可与靶细胞膜融合，从而将 DNA 带入细胞内部。DNA 有时能进入细胞核并被整合入染色体（位置通常是随机的）。

病毒载体（viral vector）转化 DNA 的效率更高。动物病毒进化出了将其核酸转入细胞的有效机制，有几种病毒还发展出了将 DNA 整合入宿主细胞染色体中的机制。哺乳动物基因工程的表达载体通常都由动物病毒改造而得，常用的病毒如猿猴空泡病毒 40（simian vacuolating virus 40，SV40）、逆转录病毒和腺病毒等。

SV40 是一种小的二十面体病毒，含双链环状 DNA，长约 5kb，它感染猿猴细胞，如非洲绿猴肾细胞（CV-1 细胞），便产生感染性病毒颗粒，并使寄主细胞裂解，因此将猿猴细胞称为允许细胞（permissive cell）。但如果感染啮齿动物的细胞，就不产生感染性颗粒，病毒 DNA 整合到寄主 DNA 中去，细胞被转化，也就是说发生癌变，啮齿类细胞为非允许细胞（non-permissive cell）。人体细胞是半允许细胞（semi-permissive cell），只有 1%~2% 的细胞产生感染性病毒颗粒，在极少的例子中发生整合。

SV40 只能短时间保留在寄主细胞中，外源基因只能做瞬时表达（transient expression），因为病毒的感染或复制子的复制失控，最终都会导致寄主细胞的裂解死亡。

逆转录病毒以其高效感染和整合而受关注，并被构建成基因工程的重要载体。

逆转录病毒为致瘤 RNA 病毒，其病毒 RNA 经逆转录产生原病毒 DNA，两端为重复逆转录形成的长末端重复序列（long terminal repeat，LTR），5′端附近有结合 tRNA 引物的引物结合位点（primer binding site，PBS）和包装位点 Ψ，3′端附近有多聚嘌呤序列（polypurine tract，PPT），可作为合成正链 DNA 的引物。共有三个编码基因：*gag*（group specific antigen gene，种群特异性抗原基因）、*pol*（polymerase gene，聚合酶基因）和 *env*（envelope gene，被膜基因）。在 *gag-pol* 左边有 5′剪接位点（splicing site，SS），右边有 3′剪接位点。在构建病毒质粒载体时，将原病毒 DNA 插入大肠杆菌质粒 pBR322，然后删除 *gag*、*pol* 和 *env* 三个基因的大部分或全部序列，加入选择标记和外源基因，常用的选择标记为 *neo*（新霉素抗性基因）、*gpt*（黄嘌呤-鸟嘌呤磷酸核糖转移酶基因）、*dhfr*（二氢叶酸还原酶基因）。重组体 DNA 用以转化适当的受体细胞，并用辅助病毒超感染转化细胞，产生"假型包装（pseudotype）"的病毒颗粒，就是说它具有感染所需的全部必要蛋白质，而其中基因组 RNA 却是重组体 DNA 转录的 RNA。如果用包装缺陷的原病毒 DNA 转化寄主细胞，并发生整合，由此可以得到辅助细胞，用以取代辅助病毒。它产生的重组病毒产量高，转移基因成功率几乎可达 100%。病毒载体的 LTR 具有控制基因整合和表达的能力，可使转化细胞持久表达外源基因，故广泛用于转基因动物和基因治疗。图 17-9 所示为逆转录病毒质粒载体及其 RNA 转录物的一般结构。

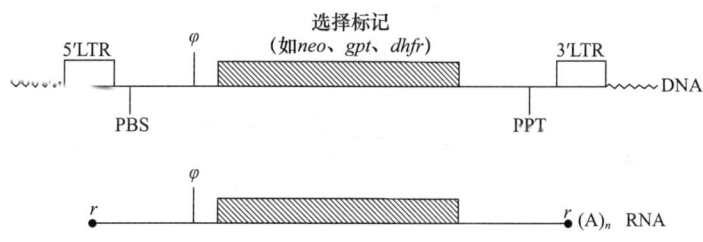

图 17-9 逆转录病毒载体的一般结构

每种病毒各有不同的属性，腺病毒缺乏将 DNA 整合入染色体的机制。因此，通过腺病毒载体导入的重组 DNA 只能短期表达，然后被破坏。这对于瞬时表达某基因是很有用的。

利用上述各种技术转化动物细胞都存在问题。导入的 DNA 通常随机整合到染色体的某个位置。即使是外源 DNA 含有与宿主染色体同源的序列，使得发生在特定位置的整合成为可能，然而，非同源整合的数目仍超过同源整合 100~100000 倍。如果这些整合事件扰乱了关键的基因，就会杀死细胞。整合的位置也能决定整合基因的表达水平，因为不是在染色体的任何位置整合基因都能获得相同水平的转录速率。

尽管存在这些困难，动物细胞的转化已经广泛应用于研究染色体的结构和基因在细胞内的功能、调节和表达之中。

六、重组 DNA 技术带来新产品和新选择

重组 DNA 技术产品涵盖的范围从蛋白质一直到改造过的有机体。大量有商用价值的蛋白

质可以靠这些技术生产出来。对微生物可以进行设计使其具有专门用途；对动植物可进行工程改造以赋予有农业和药用价值的性状。目前，这种技术的一些产品已经被消费者或专业应用所接受，且还有更多的产品正处于开发状态。几年内，基因工程已经从一项有前景的技术发展成数十亿美元的产业，尤其在医药工业上有长足发展。表 17-3 中列出了一些主要的重组 DNA 产品。

基因重组技术的应用领域还在不断扩展。重组 DNA 技术生产出的酶已经用于制造去污剂、糖和奶酪；生产的蛋白质用作食品添加剂，可增加养分，改善口味和香味；代谢途径部分或完全改变的微生物可用于从地下沉积物中提取石油和矿物，消化溢出的石油，消除垃圾堆积处和下水道废弃物的毒物；植物增强了对水涝、霜冻、虫害和疾病的抵抗力，提高了庄稼的产量，并减少化学物质的使用。如果将整个核和所有遗传物质转移到一个事先去除了自身核的卵细胞内，整个动物都可以被克隆。从长期来看，这项技术对人类和全球环境的影响是无法估量的，但毫无疑问的是，我们需要全面加深对细胞代谢过程和生态学的了解。

表 17-3　　医药方面的一些重组 DNA 产品

产品分类	举例/用途
抗凝血剂	组织纤溶酶原激活物（TPA）激活纤溶酶、纤溶酶溶解血块；用于治疗心脏病发作的病人
凝血因子	因子Ⅷ促进凝血，血友病患者缺少此因子；重组 DNA 技术生产出的因子Ⅷ减少了输血过程中感染的几率
集落刺激因子	免疫系统生长因子，刺激白细胞产生；用于治疗免疫系统缺陷和抵抗感染
红细胞生成素	刺激红细胞产生；用于治疗肾病患者的贫血
生长因子	刺激各种类型细胞的生长和分化；促进伤口愈合
人生长激素	用于治疗侏儒症
人胰岛素	用于治疗糖尿病
干扰素	干扰病毒复制；用于治疗某些癌症
白细胞介素	激活和刺激不同类型的白细胞；可用于治疗外伤、HIV 感染、癌症和免疫缺陷
单克隆抗体	有极高的结合特异性，可用于：诊断测试；定点转运（癌症治疗中，使药物、毒素或放射性化合物定位于肿瘤发生处）；许多其他应用
超氧化物歧化酶	外科手术中，某些短时间缺氧的组织在血流突然恢复时，易受活性氧分子的损伤，超氧化物歧化酶可保护组织不受伤害
疫苗	病毒外壳蛋白与传统的死病毒疫苗相比，同样可引起免疫系统反应，而且更安全；第一个研发出的是乙型肝炎疫苗

重组 DNA 技术大大促进了对基因结构和功能的研究。从大的染色体中分离基因需要多种方法：首先是切割和连接 DNA 片段，这就需要有合适的 DNA 载体，它能自主复制，又能插入基因；接下来是如何将携带外源 DNA 的载体导入细胞，在其中增殖并形成克隆；最后还要能

鉴别含有目的基因的细胞。这项技术的进步给医药、农业、工业等许多方面带来了革命性的变化。

首先用于 DNA 克隆的有机体是大肠杆菌。细菌限制性内切酶和 DNA 连接酶是切割特定 DNA 序列并连接 DNA 片段的重要工具。质粒、噬菌体、细菌人工染色体（BAC）等克隆载体的出现，使各种长度 DNA 片段的克隆成为可能。通常，载体提供在宿主菌中增殖所需的复制原点以及可筛选的基因性状（如抗生素抗性），用来鉴别那些带有重组载体的细胞。病毒载体或人为增加细胞壁通透性的方法可使 DNA 转入靶细胞。

克隆基因的第一步通常是构建 DNA 文库，文库中包含的 DNA 片段可代表某一物种的全部基因组序列。cDNA 文库中只包含表达的基因，因为只克隆分离出 mRNA 的互补 DNA 拷贝。DNA 上某特异片段可通过聚合酶链反应（PCR）进行扩增和克隆。包含文库中某特殊基因的克隆可用杂交的手段检测到，所用探针是互补的核酸序列，并具有放射性。DNA 微阵列分析为广泛的基因表达谱的研究提供了详细的文库。

表达载体为克隆基因提供了转录、翻译和调控所需的 DNA 序列。这使得研究用和商用蛋白质的大量生产成为可能。克隆基因可以通过定点突变技术实施改造，这有助于蛋白质结构和功能的研究。

酵母用来克隆真核 DNA，与大肠杆菌相比，有很多相同的优点。酵母人工染色体（YAC）载体可以克隆长达 2×10^6 个碱基对的 DNA。动植物细胞的克隆创造了许多性状变异的有机体。例如，通过根瘤土壤杆菌的 Ti 质粒介导的基因转移技术，能够定向培育出抗病、抗虫、抗除草剂和抗水灾的植物。改造过的 DNA 可以通过电穿孔、显微注射、脂质体和病毒载体等方式导入动物细胞，赋予动物新的遗传性状。这项技术可进一步应用于人类，主要是针对人类遗传病而开展的基因治疗。重组 DNA 技术对经济、社会和环境的影响是广泛而深远的。

【延伸阅读】

人类基因组和基因治疗

在不久的将来，人类疾病腺苷脱氨酶缺失可以诊断出来，这种疾病是一种能影响免疫系统的有害遗传缺陷。治疗将采取接种变型的 HIV（该病毒导致 AIDS）基因工程毒株，这种基因工程病毒已经切除了与自身繁殖有关的基因。而且这种基因工程病毒对人类来说是完全无害的，因为这种毒株只含有其来源于 HIV 祖先的蛋白外壳。

然而，一旦这种基因工程病毒出现在血液中，那层蛋白外壳将促进免疫系统细胞靶向捕获，于是外壳将被脱去从而暴露出含有功能性的腺苷脱氨酶基因的重组 DNA 分子（这种 DNA 分子是事先构建的）。这种基因工程病毒里包装的高效基因重组系统将使该 DNA 整合到染色体的特定位置，而不干扰其他的细胞功能。然后，一个强有力的启动子将负责这种整合基因的表达，使免疫系统恢复到正常功能。这样就治愈了腺苷脱氨酶缺失这种遗传疾病。

这种基因治疗，将注定成为人们每日用药的现实生活一部分。

第一次的人类基因治疗临床实验是于 1990 年在美国马里兰州贝赛斯达的国际健康学院进行的。是一个四岁的小女孩，她的免疫系统因腺苷脱氨酶的缺陷而被破坏。选择这种罕见的人类疾病作为早期临床治疗的目标是由于这种疾病符合一些重要的基因治疗要求。首先，对这种遗传缺陷的机制研究得十分清楚。从原理上说，这种疾病可以通过修正单个基因来治疗。正常功能基因甚至可以在非正常基因的存在下起作用，因此没有必要将后者消除。最后，也是最重要的一点，这种疾病的后果非常严重，新技术治疗该病的风险与其治疗疾病可能性的重要性相比则可不计。

就像后来的许多实验一样，在1990年的临床实验中，先从病人体中取出骨髓细胞，并在实验室中用含有一种正常功能腺苷脱氨酶基因的基因工程反转录病毒转化该细胞，然后再重新导入病人骨髓中。四年后，这个小女孩可以正常生活、上学。尽管这个实验很成功，然而模棱两可的阳性结果仍使人难以捉摸，甚至腺苷脱氨酶基因治疗实验未有明确结论。因为这个接受基因治疗的小女孩同时还被定期有规律地注射人工合成的腺苷脱氨酶，这就使这项实验是不是导致阳性临床结果的主要原因变得不确定。

基因治疗的临床实验仍在继续，用更多可以设计出的方法来处理新出现的病例。这种实验同时也促进了跟人类基因治疗有关的新兴生物技术工业的发展。随着科技的发展，传统的、有效的基因治疗一直面临的障碍正在被逐渐克服，同时有更多的疾病得到确诊，认为原则上可用这种正在兴起的技术来进行治疗。跟人类疾病有关的基因已被存录下来，包括亨廷顿病、囊性纤维化、家族性高胆固醇血症以及各种各样的遗传病和癌症。

对于基因治疗来说，一个难以克服的障碍是如何将 DNA 高效导入细胞中。反转录病毒载体能够将 DNA 高效地导入细胞，但导入的 DNA 只在细胞分裂时核膜暂时破坏的情况下才能到达并整合到宿主细胞的染色体上。对于不常分裂或根本不分裂的细胞，如成熟神经元和骨骼肌细胞，都不容易被这些载体转化。此外，反转录病毒载体虽然肯定能进入一些可定期分裂的细胞，但无法实现靶向治疗，而且由于它能随机整合到宿主染色体上，这样就有可能打断一些关键性的基因。这些因素会直接限制将基因工程病毒导入病人体中的范围。与之相对立的方法是在体外转化细胞并将之送回要治疗的个体中（即细胞治疗）。但是，已有一些载体可被靶向定位到特定组织中，这是因为靶细胞上的受体只与病毒的蛋白质外壳相结合。

当前，正在发展一些新的载体来替代反转录病毒载体。基因工程腺病毒可携带重组 DNA 大片段，但它们缺少一种整合到基因组上的重组系统，因此，导入的基因只是趋于短期表达。当一种表达蛋白质（如噬菌体的外壳蛋白）仅是短时需要用来介导一强有力的免疫应答时，这种载体就是很有用的。可惜的是，腺病毒本身可引发强的免疫反应，这种反应可削弱重复治疗的效果。另外，也需要建立将腺病毒靶向导入特定组织的方法。合成的脂质体本身不会导致疾病，但它们将重组 DNA 导入到细胞中就不像病毒那样有效了。随着对具有应用特征的新病毒的研究和驯服以及脂质体技术的发展，基因治疗载体的选择范围在逐渐扩大。对遗传重组和基因表达的深入了解将提高治疗载体设计的能力。

人类基因治疗将不局限于遗传病，还可用来对准癌细胞。其方法是导入能破坏癌细胞或恢复调控细胞正常分裂的蛋白质基因。可将与肿瘤相关的免疫系统细胞（称为肿瘤渗透淋巴细胞）进行遗传修饰以产生肿瘤坏死因子（TNF）。当把这些淋巴细胞从癌症患者身上取出、在体外进行修饰后重新导入患者体内时，这些基因工程细胞即靶向到达肿瘤组织，它们所产生的肿瘤坏死因子将促进肿瘤的萎缩。艾滋病同样可发展为进行基因治疗，即把编码与致命的 HIV mRNA 互补的 RNA 分子的 DNA 导入免疫系统细胞（HIV 的靶细胞）中，导入的 DNA 会转录出该 RNA，后者与 HIV mRNA 配对结合，抑制其翻译而干扰病毒的繁殖（即反义核苷酸治疗）。此外，还可导入编码多亚基 HIV 酶中的无活性型亚基的基因，若一个亚基没有功能，则整个酶都将失活。

反义寡核苷酸已被研究作为潜在药物用于癌症（包括肺癌、结肠直肠癌、胰腺癌、恶性胶质瘤和恶性黑色素瘤）、糖尿病、肌萎缩侧索硬化症（ALS）、肌营养不良、脊髓性肌萎缩、关节炎和有炎症成分的脓包皮炎等疾病。截至 2016 年，美国食品与药物管理局（FDA）批准了几种反义药物：fomivirsen 作为巨细胞病毒视网膜炎的治疗方法，mipomersen 用于纯合子家族性高胆固醇血症，eteplirsen 用于 Duchenne 肌营养不良症，nusinersen 用于脊髓性肌萎缩。

随着我们对人类基因组和一些疾病遗传背景的日益深入了解，早期诊断和基因治疗呈现出广阔的前景。最新成果如：2018 年 7 月 5 日，Adams 等人在《新英格兰医学杂志》在线发表了题为 "*Patisiran, an RNAi Therapeutic, for Hereditary Transthyretin Amyloidosis*" 的研究论文，揭示了 patisiran 改善了遗传性转甲状腺素蛋白淀粉样变性的多种临床表现；而 Benson 等人也在线发表了题为 "*Inotersen Treatment for Patients with Hereditary Transthyretin Amyloidosis*" 的研究论文，揭示了 Inotersen 改善了遗传性转甲状腺素蛋白淀粉样变性患者的神经系统疾病和生活质量；同期的《新英格兰医学杂志》发表了题为 "Oligonucleotide Drugs for Transthyretin Amyloidosis" 的点评，高度赞赏这 2 个临床试验，认为 Adams 等人和 Benson 等人的试验代表了一个里程碑：他们一起表明，通过使用全身给药的寡核苷酸药物，可以减缓并可能改善周围神经系统疾病的进展速度。2018 年 4 月 19 日，哈佛医学院 Leboulch 等研究组在《新英格兰医学杂志》发表题为 "*Gene Therapy in Patients with Transfusion-Dependent β-Thalassemia*" 的研究论文，该研究用 BB305 载体转导的自体 CD34+细胞的基因治疗减少或消除了对 22 名患有严重 β 地中海贫血的患者长期红细胞输血的需要，而没有发生与药物产品相关的严重不良反应。这也为基因治疗开创了新篇章，给基因治疗领域带来极大鼓舞。

早期诊断和基因治疗，同时也带来了新的伦理问题。大范围遗传信息的检验可为我们未来的健康做出预言，尽管还没有有效的治疗方案来完全实现这种预言。我们应该有足够的安全措施来防止遗传学歧视问题。这类技术的发展将更要强调个人和社会双方的责任，找出能保护个人隐私和避免携带潜在的不良遗传特征的个体对遗传群体影响的途径。

参考文献

[1] 魏述众. 生物化学 [M]. 北京：中国轻工业出版社，2003.
[2] 金凤燮. 生物化学 [M]. 北京：中国轻工业出版社，2011.
[3] 王艳萍. 生物化学 [M]. 北京：中国轻工业出版社，2013.
[4] 王淼，吕晓玲. 食品生物化学 [M]. 北京：中国轻工业出版社，2010.
[5] 查锡良. 生物化学 [M]. 北京：人民卫生出版社，2008.
[6] 杨荣武. 生物化学原理 [M]. 北京：高等教育出版社，2012.
[7] 张丽萍，杨建雄. 生物化学简明教程 [M]. 北京：高等教育出版社，2009.
[8] 陈晓平. 食品生物化学 [M]. 郑州：郑州大学出版社，2011.
[9] 王镜岩，朱圣庚，徐长洁. 生物化学：第3版 [M]. 北京：高等教育出版社，2002.
[10] 郑集，陈均辉. 普通生物化学：第4版 [M]. 北京：科学出版社，2004.
[11] 纳尔逊. 生物化学原理 [M]. 周海梦，译. 北京：高等教育出版社，2005.
[12] Garret RH, Grisham CM. Biochemistry. 2nd ed [M]. USA：Saunder College Publishing, 1999.
[13] Campbell MK, Farrell SO. Biochemistry. 7th ed [M]. USA：Brooks/Cole Publishing, 2010.
[14] Nelson DL, Cox MM. Lehninger. Principles of Biochemistry. 4th ed [M]. USA：W. H. Freeman Publishing, 2004.
[15] 欧伶，俞建瑛，欧阳立明，李素霞. 应用生物化学：第2版 [M]. 北京：化学工业出版社，2001.
[16] 王冬梅，吕淑霞. 生物化学 [M]. 北京：科学出版社，2010.
[17] 杨志敏，蒋立科. 生物化学：第2版 [M]. 北京：高等教育出版社，2010.
[18] 古练权，黄志纾，马林，等. 生物化学：第2版 [M]. 北京：高等教育出版社，2011.
[19] 姚文兵. 生物化学：第7版 [M]. 北京：人民卫生出版社，2011.
[20] 张忠，郭巧玲，李凤林. 食品生物化学：第3版 [M]. 北京：中国轻工业出版社，2009.
[21] 黄熙泰，于自然，李翠凤. 现代生物化学：第3版 [M]. 北京：化学工业出版社，2012.
[22] 张洪渊，万海清. 生物化学：第3版 [M]. 北京：化学工业出版社，2014.
[23] 翟中和，王喜忠，丁明孝. 细胞生物学：第3版 [M]. 北京：高等教育出版社，2007.
[24] Proud C C. Protein phosphorylation in translation control [J]. Curr. Top. Cell Regul, 1992, (32)：243-369.
[25] 李宪臻. 生物化学 [M]. 武汉：华中科技大学出版社，2008.
[26] 胡耀辉. 食品生物化学 [M]. 北京：化学工业出版社，2014.